Inseln im Häusermeer

Hartwig Stein

Inseln im Häusermeer

Eine Kulturgeschichte
des deutschen Kleingartenwesens
bis zum Ende des Zweiten Weltkriegs

Reichsweite Tendenzen
und Groß-Hamburger Entwicklung

2., korrigierte Auflage

PETER LANG
Frankfurt am Main · Berlin · Bern · Bruxelles · New York · Oxford · Wien

Die Deutsche Bibliothek - CIP-Einheitsaufnahme

Stein, Hartwig:

Inseln im Häusermeer : eine Kulturgeschichte des deutschen Kleingartenwesens bis zum Ende des Zweiten Weltkriegs ; reichsweite Tendenzen und Groß-Hamburger Entwicklung / Hartwig Stein. - 2., korrigierte Aufl. - Frankfurt am Main ; Berlin ; Bern ; Bruxelles ; New York ; Oxford ; Wien : Lang, 2000
Zugl.: Hamburg, Univ., Diss., 1997
ISBN 3-631-36632-9

Die Originale für die Filmmontage auf der 1. Umschlagseite wurden freundlicherweise vom Landesmedienzentrum Hamburg und von Herrn Gerd Grünig zur Verfügung gestellt.

Gedruckt auf alterungsbeständigem, säurefreiem Papier.

D 18
ISBN 3-631-36632-9
© Peter Lang GmbH
Europäischer Verlag der Wissenschaften
Frankfurt am Main 1998
2., korrigierte Auflage 2000
Alle Rechte vorbehalten.

Das Werk einschließlich aller seiner Teile ist urheberrechtlich geschützt. Jede Verwertung außerhalb der engen Grenzen des Urheberrechtsgesetzes ist ohne Zustimmung des Verlages unzulässig und strafbar. Das gilt insbesondere für Vervielfältigungen, Übersetzungen, Mikroverfilmungen und die Einspeicherung und Verarbeitung in elektronischen Systemen.

Printed in Germany 1 2 3 4 6 7

Inhalt

Vorwort		13
1.	Das verlorene Paradies und seine Rückgewinnung.	23
2.	Die Armengärten des frühen 19. Jahrhunderts.	45
2.1.	Das englische Vorbild: „allotments to the labouring poor".	45
2.2.	Armengärten in Deutschland: landesherrliche und stadträtliche Reformbestrebungen zur Minderung der Armenlast des Pauperismus.	49
3.	Ursprünge des modernen Kleingartenwesens.	61
3.1.	Klein–Gartenlandvergabe durch Groß–Unternehmer: Der Verein zur Förderung des Wohls der arbeitenden Klassen im schlesischen Kreis Waldenburg	61
3.2.	Inspiration vom „Erbfeind": Geheimrat Alwin Bielefeldt, die Arbeitergärten vom Roten Kreuz und die Entdeckung des Kleingartens als „Gesundbrunnen".	68
3.3.	Die Leipziger Schrebergärten.	87
3.3.1.	Nomen est omen oder bloß Schall und Rauch? Zur Begriffsgeschichte des Schrebergartens – Teil I.	87
3.3.2.	Der Leipziger Arzt und Erzieher Daniel Gottlob Moritz Schreber: Orthopädagogischer „Prokrustes" am „deutschen Sonderweg" oder national–liberaler Vertreter der europäischen Moderne?	96
3.3.2.1.	Der Turner.	100
3.3.2.2.	Der Arzt.	103
3.3.2.3.	Der Erzieher. Die Grundlagen.	110
Exkurs:	Robinson Crusoe oder Kleiner Exkurs auf eine grüne Insel, die genausogut im (Leipziger) „Häusermeer" liegen könnte.	120
3.3.2.4.	Der Erzieher. Fortsetzung und Schluß.	144
3.3.3.	Nomen est omen oder Vom Naturismus des Vormärz zu den Naturheilvereinen des Kaiserreichs. Zur Begriffsgeschichte des Schrebergartens Teil II.	153
3.3.4.	Die Schreberspielpädagogik.	161

3.3.4.1.	Die Gründung des ersten Schrebervereins – eine frühe Verschränkung von Spielpädagogik, Fröbel–Kindergarten und grünplanerischer Großstadtkritik.	161
3.3.4.2.	Zur Archäologie der Kinderbeete. Ein Rückblick auf die gartenarbeitspädagogischen Provinzen des Reformabsolutismus und die philanthropische Genesis des homo oeconomicus.	174
3.3.5.	Die Schreberpädagogik und ihre Spielräume: Rettungsinseln im brandenden Verkehrsmeere der Großstadt.	202
3.3.5.1.	Zielsetzung und Umfang der Schreberpädagogik in Abgrenzung gegen konkurrierende Bestrebungen.	205
3.3.5.2.	Spiel und Turn–Sport.	214
3.3.5.3.	Vereinserziehung als staatsbürgerliches Propädeutikum.	220
3.3.5.4.	Der Spielbetrieb: Schreberpädagogik zwischen arbeitsmoralischem Utilitarismus und moralisierender Industrie–Kulturkritik.	226
3.4.	Die Berliner Laubenkolonien.	238
3.4.1.	Die Anfänge: Stadt–Laube statt Wohnung.	240
3.4.2.	Zwischen Pachtpreisdruck und Konsumterror: Das Generalpachtsystem und seine Kritiker.	247
3.4.3.	Die Wilden. Einige Gedanken zur Charakteristik der Kolonien und ihrer Bewohner.	251
3.4.4.	Über die Verwandtschaft von Laubenkolonie, innerer Kolonisation und Kolonialismus.	255
4.	Die Kleingartenbewegung im Großraum Hamburg bis zum Vorabend des Ersten Weltkriegs.	283
4.1.	Im Anfang war die Tat – doch gleich danach kam der Buchhalter.	283
4.2.	Wilhelminisches Kleingartenpanorama oder Wie man fast alle Idealtypen des deutschen Kleingartens in der Hamburger Realität wiederfinden kann.	288
4.2.1.	Wilde Wurzel und erste Domestizierung(sversuche): Der Aufschwung des Hamburger Kleingartenwesens um die Jahrhundertwende.	291
4.2.2.	Die Familiengärten der „Patriotischen Gesellschaft" oder Wie man in Hamburg die Generalpacht mit Hilfe der Generalpacht reformierte.	297
4.2.2.1.	Von der Kritik der kommerziellen zur Forderung gemeinnütziger Generalpacht.	297

4.2.2.2.	Sozialpolitische Begründung und Zielsetzung der Familiengärten oder Georg Hermann Sieveking als Franz August Adolf Garvens redivivus.	300
4.2.2.3.	Vertragliche Stellung und sozialpolitische Leistungen des neuen Generalpächters. Ein Blick auf die Musteranlage an der Ulmenau.	304
4.2.2.4.	Raumzeitliche Entwicklung und Verteilung der Familiengärten.	310
4.2.3.	Die Anfänge der Hamburger Kleingarten- und Schrebervereinsbewegung	314
4.2.3.1.	Die „Schreber". Gegensätze und Übereinstimmungen mit „Laubenpiepern" und „Patrioten".	316
4.2.3.2.	Die Gründung des „Verbandes Hamburger Schrebervereine" und der Kompromiß mit der „Patriotischen Gesellschaft".	322
4.2.3.3.	Hamburger Schreberpädagogik in Theorie und Praxis.	326
5.	Der Take-off des deutschen Kleingartenwesens im Ersten Weltkrieg.	333
5.1.	Die Bestandsaufnahme der „Zentralstelle für Volkswohlfahrt" und der erste deutsche Kleingartenkongress im Jahre 1912.	333
5.2.	Kriegsausbruch im Kleingarten.	342
5.3.	Antäus und „Mutter Erde" oder Vater Staat auf dem Weg „zu den Müttern"?	346
5.4.	Heimatfront Hamburg.	354
5.4.1.	Kleingärtner an die Heimatfront!	355
5.4.1.1.	Die Anfänge der staatlichen Förderung des Kriegsgemüsebaus im Winter 1914/15. Fortsetzung der Streitigkeiten zwischen „Patrioten" und „Schrebern".	357
5.4.1.2.	Der Aufschwung der Kleingartenbewegung im Rahmen des Kriegsgemüsebaus: Ein Rundblick von den Zinnen der belagerten „Hammaburg" auf die „Garten- und Feldoffensive" des Ersten Weltkriegs.	362
5.4.1.3.	Der Kleingarten als Faktor der Ernährungswirtschaft. Einige Gedanken zur Ertragsfrage in Krieg und Frieden.	366
5.4.1.4.	Hamburger Kriegsgemüsebau oder Antäus in Aktion.	374
5.4.1.5.	Im Bannkreis der Kartoffel oder Wes der Magen leer ist, des gehet der Mund noch lange nicht über.	378
5.5.	Rechtliche und organisatorische Schritte zur weiteren Förderung des Kriegsgemüsebaus im Kleingarten.	384

5.5.1.	Die Bundesratsverordnungen des Jahres 1916 und die Errichtung der „Zentralstelle für den Gemüsebau im Kleingarten".	384
5.5.2.	Annäherung unter dem Druck der „Hungerblockade": Die Weiterentwicklung der Hamburger Kleingartenbewegung bis zur Kleingartenbau–Ausstellung im September 1918.	388
6.	Die Revolution 1918/19 oder Wie der „Landhunger" der Laubenkolonisten mit dem „Linsengericht" der Kleingarten- und Kleinpachtlandordnung abgespeist wurde.	397
6.1.	Vom Jahresende zur Zeitenwende: Der Winter 1918/19.	397
6.2.	Auf dem Weg zu einem neuen deutschen Bodenrecht? Bodenreformer, Krieger–Heimstätter und Kleingärtner bis zur Verabschiedung des Reichsheimstättengesetzes.	404
6.3.	Die Verabschiedung der Kleingarten- und Kleinpachtlandordnung durch die Weimarer Nationalversammlung.	415
6.3.1.	Entstehungsgeschichte, Inhalt und Charakter des ersten deutschen Kleingartengesetzes.	415
6.3.2.	Die KGO im Widerstreit: Gegenangriffe der Verpächter und kleingärtnerische Ergänzungsversuche.	423
6.4.	Die Umsetzung der KGO in Hamburg.	433
6.4.1.	Der Stand der Hamburger Kleingartenbewegung zum Zeitpunkt ihrer rechtlichen Regulierung.	433
6.4.2.	Der Kompetenzstreit zwischen Bau- und Finanzdeputation um Einrichtung und Zuordnung der Hamburger Kleingartendienststelle.	436
6.4.3.	Die Hamburger Kleingartendienststelle unter Karl Georg Rosenbaum.	446
6.4.3.1.	Die Reorganisation der Zwischenpacht auf der Grundlage selbstverwalteter Vereine. Streit mit Preußen und dem RVKD um das „closed allotment"–System.	448
6.4.3.2.	Kündigung, Entschädigung und Ersatz–Landbeschaffung.	457
6.4.3.3.	Die Pachtpreisfestsetzung nach § 1 KGO. Ein Blick auf die Inflation und ein kurzes Resümee.	468
7.	Raumzeitliche Entwicklung und sozialgeschichtliches Profil der deutschen Kleingartenbewegung.	475
7.1.	Das „Pfingstwunder" von Berlin und die Gründung des RVKD.	475
7.2.	Einige Anmerkungen zum Sozialprofil der (organisierten) deutschen Kleingärtnerschaft.	479

7.3.	Kleingarten und Politik: quietistische Baumschule agrarromantischer „Mauerblümchen" oder staatsbürgerliche Pflanzschule für „zooi politikoi"?	486
7.4.	Re–Konstruktion der Hamburger Kleingarten(vereins)bewegung vor dem Hintergrund der Entwicklung im Reich.	499
8.	„Verweile doch, du bist so schön": Der Kampf um den Dauer-(klein)garten und seine Gegner.	511
8.1.	Hamburger Stadtgrün um die Jahrhundertwende. Eine vergleichende Bestandsaufnahme.	513
8.2.	Der Umschwung in der sozialhygienischen Bewertung des Stadtgrüns zwischen Jahrhundertwende und Erstem Weltkrieg. Hamburger Grünbilanz bis zum Vorabend der Groß–Hamburg–Lösung.	519
8.3.	Kleingärten im Bebauungsplan. Einige Gedanken zur boden– und planungsrechtlichen Entwicklung.	526
8.4.	Ästhetische und spielpädagogische Initiativen zur Verbesserung der grünpolitischen Konkurrenzfähigkeit des Kleingartens.	529
8.4.1.	Ansätze zur ästhetischen und konzeptionellen Optimierung des Kleingartens in der Weimarer Republik.	531
8.4.1.1.	„Raumkunst im Freien": Der Umschwung im Gartenbau und seine Auswirkungen auf den Kleingarten.	531
8.4.1.2.	Maass gegen Migge oder „Kleingartenproduktionstheorie" versus Multifunktionalismus.	537
8.4.1.3.	„Ordnung ist Schönheit". Der Kleingarten als „Baumschule" der Nation.	543
8.5.	Dauergärten in Hamburg.	549
8.5.1.	Der Standpunkt des Senats, der betroffenen Behörden und die Haltung der Städtebauer.	549
8.5.2.	Der Standpunkt der Bürgerschaft und der in ihr vertretenen Parteien.	556
8.5.3.	Die Dauergartenbestrebungen der Hamburger Kleingärtner.	559
8.5.3.1.	Kaufkolonien als verbandspolitische Alternative?	559
8.5.3.2.	Die Renaissance der Hamburger Schreberjugendpflege. Sozialpolitische „Inwertsetzung" kleingärtnerischen Grüns oder exotische Scheinblüte?	561
8.5.3.3.	„Fortschritt und Schönheit": Die erste und einzige Hamburger Dauerkolonie der Weimarer Republik.	566

9.	Weltwirtschaftskrise und „wilde" Laubenkolonisation. Der Kleingarten als „Rettungsinsel" für Erwerbs- und Obdachlose.	571
9.1.	Die Laube.	571
9.2.	Die Laube als Wohnlaube. Laubenkoloniales Logieren bis zur Weltwirtschaftskrise.	582
9.3.	Depression und Laubenboom. Groß–Hamburger Kleingärten in der Weltwirtschaftskrise.	586
9.3.1.	Ökonomischer Großraum und politischer Kleinmut: Hamburg und Preußen im Streit um die Kleingartenfrage.	586
9.3.2.	Hanseatische „Frontier" oder „Wildwest" im hamburgisch-preußischen Grenzgebiet.	593
9.3.3.	Die Kleingärten für Erwerbslose nach der 3. Notverordnung vom 6.10.1931. Antizyklisches Beschäftigungsprogramm oder beschäftigungstherapeutische „Robinsonade"?	613
10.	Das Kleingartenwesen im Nationalsozialismus.	627
10.1.	„Gleichschaltung" und Selbstgleichschaltung der deutschen Kleingärtner am Beispiel Hamburgs.	627
10.1.1.	Die „Säuberung" des Hamburger Gartenwesens: Denunziation und Suspension des „Juden" Rosenbaum, Pensionierung Otto Linnes.	628
10.1.2.	Die „Gleichschaltung" des RVKD und ihre Auswirkungen auf Hamburg.	636
Exkurs:	Kleingärtnerischer Exodus als „innere Emigration": laubenkoloniale „Wildnis" als Zuflucht für politisch und „rassisch" Verfolgte?	647
10.1.3.	Die „Gleichschaltung" des Landesverbandes Groß–Hamburg und seine Folgen.	651
10.2.	Die ideologische „Aufnordung" des deutschen Kleingartenwesens im Zeichen von „Blut und Boden".	656
10.3.	Die Funktionalisierung des deutschen Kleingartenwesens für Kriegsvorbereitung und Krieg.	662
10.3.1.	Im Bannkreis kleingärtnerischer Autarkie I: Die Reichsbund-Propaganda für „Nutzgarten" und „Nahrungsfreiheit".	662
10.3.2.	Im Bannkreis kleingärtnerischer Autarkie II: Wehrkraft und Wohnwirtschaft im Zeichen von „Blut und Boden".	673
10.3.2.1.	Städtisches Kleingartengrün als Brandschneise.	673
10.3.2.2.	Stadt(grün)planung und Wohnungsbau: vom Kleingarten mit Dauer–Wohnlaube zu „Leybude" und „Behelfsheimgarten".	675

Inhalt

11.	Von Robinson zum „Robinson Club" oder Wie die „Eingeborenen von Trizonesien" die „Inseln im Häusermeer" verließen und auswanderten.	693
12.	Verzeichnisse	703
12.1.	Personenverzeichnis	703
12.2.	Abkürzungsverzeichnis.	710
12.3.	Quellen- und Literaturverzeichnis.	712
12.3.1.	Quellen.	712
12.3.1.1.	Archivalien.	712
12.3.1.2.	Periodika und Reihentitel.	716
12.3.1.3.	Amtsblätter, Gesetzessammlungen und -kommentare, Protokolle, Statistiken.	720
12.3.1.4.	Broschüren, Dokumentensammlungen, Festschriften und (verstreute) zeitgenössische Publizistik.	722
12.3.2.	Bibliographien, Handbücher, Lexika und sonstige Nachschlagewerke.	741
12.3.3.	Darstellungen.	744

Vorwort

Kleine Gärten gibt es spätestens seit der neolithischen Revolution, Kleingärten erst seit dem Beginn der industriellen und politischen Doppelrevolution des 19. Jahrhunderts. Auch wenn ihre Vorläufer und Vordenker bis in die Tage der Anciens Régimes zurückverfolgt werden können, atmen die Armengartenprojekte des Spät–Absolutismus doch allenthalben schon den „industriösen", protoindustriellen Geist des kommenden kapitalistischen Zeitalters. Mit den bekannten horti extra muros, den mittelalterlichen Bürger– oder Festungsgärten außerhalb der Stadtmauern[1], haben die modernen Kleingärten daher nicht viel mehr gemein als die äußere Erscheinungsform[2]. Selbst charakteristische Übereinstimmungen wie die Trennung von Wohnung und Garten, die randständige Verbundlage der Flächen, ihre durchweg rechteckige Gestalt oder die überall erkennbaren Einfriedigungen und Lauben können nicht darüber hinwegtäuschen, daß ihre sozialgeschichtliche Funktionsbestimmung einer vollkommen anderen Wirtschafts– und Sozialverfassung entsprang[3].

In der Tat waren die außerstädtischen Gärten der Vergangenheit in erster Linie ökonomische Nutzgärten[4], während die modernen Kleingärten im Idealfall eine ganze sozialpolitische Palette volksgesundheitlicher, volkspädagogischer,

---

1 Einen Eindruck dieser horti vermittelt die Ansicht von Soest aus der zweiten Hälfte des 16. Jahrhunderts bei Dieter Hennebo, Geschichte des Stadtgrüns I, Hannover u. a. 1970, 45.
2 Zu den Verfechtern einer Vorläuferschaft der Festungsgärten zählen: Albrecht Bailly, Dauerkleingärten, in: Gartenkunst 44 (1931), 108-113; Förster/Bielefeldt/Reinhold, Zur Geschichte des deutschen Kleingartenwesens, Frankfurt/M. 1931, 7ff. (Schriften des RVKD 21); Hennebo (1), 45; Xaver Kamrowski, Die Kleingärtner und der Achtstundentag, in: NZKW 2 (2) (1923), Sp. 38; Herbert Keller, Kleine Geschichte der Gartenkunst, Berlin – Hamburg 1976, 38; Carl Vincent Krogmann, Geliebtes Hamburg, 2. Aufl. Hamburg (1963), 62ff.; Werner Lendholt, Kleingarten, in: Hwb. der Raumforschung und Raumordnung, Hannover 1970, Sp. 1559; Hermann Steinhaus, Grundsätzliche Kleingartenfragen, Frankfurt/O. – Berlin (1938), 13 (Das deutsche Kleingartenwesen 3); Hans Wegener, Die Entwicklung des Kleingartenwesens, in: Gartenkunst 51 (1938), 13f.; Heinrich Wiepking-Jürgensmann, Über die Geschichte des deutschen Kleingartens, in: Gartenkunst 51 (1938), 8
3 Darauf verweist schon: Gert Gröning, Tendenzen im Kleingartenwesen, Stuttgart 1974, 9.
4 Hennebo (1), 36; Keller (2), 38.

volkswirtschaftlicher und volkswohlfahrtlicher Funktionen auf sich vereinigten. Tritt uns in den Festungsgärten daher ein weitgehend eindimensionaler Wirtschaftsraum entgegen, begegnet uns in den Kleingärten ein vielschichtiges Kontinuum, in das Fragen der Wohnungs- und Städtebaureform ebenso hineinspielten wie Probleme der Familienpolitik, der Jugendpflege oder der Sozialhygiene. Obwohl auch die Kleingärten als Wirtschaftsfaktor eine nicht zu unterschätzende Bedeutung erlangten, die namentlich in Kriegs- und Krisenzeiten ungestüm zutage trat, blieb ihr ökonomisches Gewicht doch stets ein Faktor unter vielen, da die Kleingärtnerei selbst bei rationellster Anleitung und Organisation keine Alternative zur mechanisierten Großlandwirtschaft bot.

Stand in den Festungsgärten die einfache Reproduktion einer vergleichsweise selbstgenügsamen Hauswirtschaft im Vordergrund des Interesses, ging es in den Kleingärten um das häusliche Über-Leben der völlig neuen Klasse der modernen Fabrikarbeiterschaft unter den grundstürzenden Existenzbedingungen von Industrialisierung und Urbanisierung. Im Gegensatz zu den Festungsgärten, die in der Regel Privateigentum mehr oder minder vermögender Bürger gewesen sein dürften, die ihren Landbedarf obendrein zu Lasten der kommunalen Äcker und Weiden deckten[5], lagen die Kleingärten in ihrer überwiegenden Mehrzahl auf Pachtland, dessen Löwenanteil von der öffentlichen Hand zunehmend gezielt bereitgestellt wurde.

Abgesehen von Zeiten militärischer Belagerungen blieben die Bürgergärten vor den Toren denn auch eine rein private Angelegenheit. Demgegenüber mobilisierte die Schaffung von Kleingärten von Beginn an ein beachtliches, im Laufe der Zeit sprunghaft wachsendes, öffentliches Interesse. Das Auftreten moderner Kleingärten im Bannkreis der expandierenden Groß-Städte war daher nicht nur ein quasi naturwüchsiges Abfallprodukt radikal veränderter Lebensverhältnisse, sondern zugleich das gesellschaftliche Ergebnis des organisierten politischen Willens einer sozialen Reformbewegung, die auf vielfältige Weise mit den verwandten Bestrebungen der Boden-, Lebens-, Schul-, Städte- und Wohnungsbaureformer verbunden war. Was immer die Festungsgärten mithin gewesen sein mögen, Vorläufer der Kleingärten waren sie nicht. Jeder materiellen Kontinuität enthoben, dienten die längst verschwundenen horti den Kleingärtnern weder zur unmittelbaren Anschauung noch zur mittelbaren geistigen Anregung. Von der auf den ersten Blick frappierenden äußeren Ähnlichkeit bleibt so bei näherer Betrachtung nicht viel mehr als ein fragwürdiges Déjà vu.

Eines geistesgeschichtlichen Vorbildes muß der moderne Kleingarten gleichwohl nicht entraten. Im Gegenteil: In der schriftlichen Überlieferung der Klein-

---

5 Helmut Jäger, Entwicklung, Stellung und Bewertung städtischen Grüns, in: Städtisches Grün in Geschichte und Gegenwart, Hannover 1975, 8.

gartenbewegung tritt dem Historiker allenthalben die immer wieder beschworene Wunschvorstellung eines irdischen Kleingartenparadieses entgegen[6]. Diese Berufung auf den verlorenen Garten Eden bildete für den einzelnen Kleingärtner wie für seine verbandspolitischen Fürsprecher im Gegensatz zu der bloß akademisch ausgeklügelten Bezugnahme auf die Festungsgärten eine echte, ebenso farbenprächtige wie wirkungsmächtige Geschichte ohne Ende.

Das im Laufe der Zeit zum gruppenspezifischen Sprachtopos geronnene Ideal gründete zunächst auf einer etymologischen Verknüpfung. In der Tat bedeutet das vom awestischen „pairidaeza" abstammende Wort Paradies soviel wie „umschlossener Ort" oder „umfriedeter Garten"[7]. Zu dieser wortgeschichtlichen Dimension trat freilich eine tiefere, heilsgeschichtliche Konnotation. Schon bei Pascal war der Garten nicht nur der Ort, in dem der Mensch der Sünde verfiel, sondern zugleich die Stätte, in der er (wieder) erlöst wurde. In seinen „Pensées" heißt es über das Heils-Geschehen im Garten Gethsemane: „Jesus ist in einem Garten, nicht in einem Garten der Freuden wie der erste Adam, wo er sich und das ganze menschliche Geschlecht verlor; sondern in einem der Seelen-Qualen, wo er sich und das ganze menschliche Geschlecht errettet hat"[8]. Die Tatsache, daß der Kleingarten von seinen Verfechtern gelegentlich als „heilig(es) Land"[9], die Kleingartenwirtschaft gar als „Himmelreich der Arbeiterfamilien"[10] bezeichnet wurde, macht die Inbrunst der einsetzenden Laubenkolonisation ebenso deutlich wie die karikierende Abwandlung der Paulinischen Heilsformel „Laube, Liebe, Hoffnung" durch Heinrich Zille[11].

---

6 Vgl. hierzu: (Max) Christian, Städtische Freiflächen und Familiengärten, Berlin 1914, 30 u. 42; Das wiedergewonnene Paradies. Onkel Wassermanns lehrreiche, erprobte und immerwährende Ratschläge für Kleingärtner und Siedler, o.O. o.J.; Fs. hg. anläßlich des 10-jährigen Bestehens des Bezirksverbandes Stormarn des RVKD, Hamburg 1933, 30 u. 34; Harry Maass, Dein Garten, Dein Arzt, Frankfurt/O. o.J., 42; Parzelle – Laube – Kolonie. Kleingärten zwischen 1880 und 1930. Texte und Bilder zur Ausstellung im Museum Berliner Arbeiterleben um 1900 v. 18.5.1988 bis 8.4.1989, Berlin/Ost o.J., 44; Franz Rochau, Der Gemüsebau im dritten Kriegsjahre, in: Gartenflora 65 (1916), 54.
7 Christopher Thacker, Die Geschichte der Gärten, (Zürich 1979), 15ff.; Germain Bazin, Du Mont's Geschichte der Gartenbaukunst, (Köln 1990), 12f.
8 Pensées de Pascal sur la Religion et sur quelques autres Sujets. Nouvelle Édition, Paris o.J., 309. Übersetzung von mir.
9 Fritzsche, Kleingartenbau und Jugendpflege, in: Vier Vorträge über Kleingartenwesen, Frankfurt/M. 1927, 31 (Schriften des RVKD 13).
10 Josef Goemaere, Eröffnungsrede, in: 2. Internationaler Kongreß der Kleingärtnerverbände und 7. Reichs-Kleingärtnertag Essen 1929. Verhandlungsbericht, Frankfurt/M. o.J., 12 (Schriften des RVKD 18).
11 So der Untertitel eines laubenkolonialen Rendezvous am Gartenzaun bei: H. Zille, Berliner Geschichten und Bilder, 6.-10. Ts., Berlin 1925. Das Buch ist unpaginiert.

Im Unterschied zu allen anderen „künstlichen Paradiesen" qualifiziert sich der Garten damit als menschliches Ersatzparadies schlechthin. Trotz seiner physischen Begrenzung scheint nur der Garten als Topos mit gleichsam utopischer Qualität den Keim einer metaphysischen Entgrenzung zu enthalten, die der Gottesebenbildlichkeit des Menschen[12] eine entsprechende Paradiesesebenbildlichkeit des Gartens an die Seite stellt. Größe und Gestalt des einzelnen Gartens spielen in diesem Zusammenhang keine Rolle. Was auf den Garten schlechthin zutrifft, gilt im Prinzip für jeden Garten – auch für den Kleingarten. Ob Utopie oder „Utöpchen"[13], ist daher letzten Endes gleichgültig.

Trotz dieser spezifisch utopischen Qualität als Ersatzparadies der „kleinen Leute" sind die Kleingärten, wie die Privatgärten der großen Städte insgesamt, eine historische „terra incognita" geblieben[14]. Dieser erstaunliche Befund trifft nicht nur auf die Darstellungen zur Geschichte des utopischen Denkens zu[15], sondern ebensosehr auf die bekannten Überblickswerke zur Alltagsgeschichte[16], zur Gartengeschichte[17] und zur Stadtgeschichte[18]. Für sie gilt, ob gewollt oder

---

Vgl. auch: Franz Hessel, Spazieren in Berlin, Wien u. Leipzig 1929, zit. n. Henning Rogge, Fabrikwelt um die Jahrhundertwende am Beispiel der AEG-Maschinenfabrik Berlin – Wedding, Köln 1983, Abb. 39, wo die Kleingärten als „proletarische oder kleinbürgerliche Gefilde der Seligen" bezeichnet werden.

12 Vgl. 1. Mose 1, 27.
13 Der Diminutiv stammt von Ernst Wilhelm Schmidt, In Utöpchen, Berlin 1947.
14 Elisabeth Lichtenberger, Aspekte zur historischen Typologie städtischen Grüns und zur gegenwärtigen Problematik, in: Städtisches Grün (5), 14.
15 Vgl. hier vor allem Ernst Bloch, Das Prinzip Hoffnung, Bd. 1, (5. Aufl. Frankfurt/M. 1978), 449-452; Birgit Wagner, Gärten und Utopien. Natur- und Glücksvorstellungen in der französischen Spätaufklärung, Frankfurt/M. 1982.
16 Vgl. Philippe Ariès u. Georges Duby (Hg.), Geschichte des privaten Lebens, 5 Bde, Frankfurt/M. 1989ff.; Jürgen Kuczynski, Geschichte des Alltags des deutschen Volkes 1600-1945, 6 Bde, Köln 1980ff.; Otto Rühle, Illustrierte Kultur- und Sittengeschichte des Proletariats, 2 Bde, Berlin 1930.
17 Vgl. hier etwa: Gustav Allinger, Der deutsche Garten, München 1950; Bazin (7); Derek Clifford, Geschichte der Gartenkunst, München 1966; Marie Luise Gothein, Geschichte der Gartenkunst, 2 Bde, Jena 1926; Dieter Hennebo u. Alfred Hoffmann, Geschichte der deutschen Gartenkunst, 3 Bde, Hamburg 1963ff.; Keller (2); Friedrich Schnack, Traum vom Paradies. Eine Kulturgeschichte des Gartens, Hamburg 1962; Thacker (7).
18 Vgl. etwa: Lutz Niethammer (Hg.), Wohnen im Wandel, Wuppertal 1979; Elisabeth Pfeil, Großstadtforschung, 2. Aufl. Hannover 1972; Jürgen Reulecke, Geschichte der Urbanisierung in Deutschland, Frankfurt/M 1985; H.-J. Teuteberg (Hg.), Homo habitans. Zur Sozialgeschichte des ländlichen und städtischen Wohnens in der Neuzeit, Münster 1985; Ders., Urbanisierung im 19. und 20. Jahrhundert, Köln – Wien 1983; Clemens Wischermann, Wohnen in Hamburg vor dem Ersten Weltkrieg, Münster 1983.

ungewollt, das Hegelsche Ver–Diktum: „Die Weltgeschichte ist nicht der Boden des Glücks. Die Perioden des Glücks sind leere Blätter in ihr; denn sie sind die Perioden der Zusammenstimmung, des fehlenden Gegensatzes"[19].

Doch auch die beschriebenen Blätter, die sich ausdrücklich, ja ausschließlich mit dem Kleingartenwesen befassen, bleiben trotz der Vielzahl der im Literaturverzeichnis aufgeführten Druckerzeugnisse seltsam lückenhaft. Diese nicht minder überraschende Leere in der Fülle resultiert zunächst aus der durchweg mangelnden archivalischen Absicherung der vorgelegten Arbeiten. Auch unter den neueren Dissertationen findet sich keine Veröffentlichung, die die Geschichte der Kleingartenbewegung auch nur einer einzigen Stadt von der Höhe des kommunalen „Aktenberges" retrospektiv erschlossen hätte[20]. Zu dem Mangel fehlenden Quellenstudiums tritt eine arbeitsteilige Beschränkung, die die ursprünglich multifunktionale Totalität des Kleingartenwesens[21] auf bestimmte Einzelaspekte reduziert. Die zwangsläufige Folge dieser Betrachtungsweise bestand darin, daß bestimmte Gesichtspunkte des Gesamtphänomens entweder gar nicht ins Blickfeld gerieten oder aber in einem diffusen Zwielicht verblieben, das die Realität mehr verdunkelte als erhellte. Ein Paradebeispiel für die Überlappung der in Rede stehenden Mängel bildet auch heute noch die für die Früh–Geschichte des deutschen Kleingartenwesens zentrale Figur des Leipziger Orthopäden und Pädagogen Daniel Gottlob Moritz Schreber, dessen „Charakterbild in der Geschichte" (Friedrich Schiller) nicht weniger schwankt(e) als das „von der Parteien Gunst und Haß verwirrte" Konterfei Wallensteins.

Was für Schreber und die von ihm verfochtenen lebensreformerischen und jugendpädagogischen Vorstellungen gilt, trifft in vergleichbarer Weise auf die konjunkturellen Wechsellagen der Kleingartenbaukonjunktur und ihre Rolle als alternativ–ökonomische Nische, die wohnwirtschaftliche Ergänzungs– bzw. Ersatzfunktion der Kleingartenlaube oder das Sozialprofil und die Mentalität der frühen, statistisch nur schwer faßbaren Kolonistengruppen zu. Auch das Verhältnis von spontaner Kolonisation und verbandlicher Selbst– bzw. volkswohlfahrtlicher Fremdorganisation blieb ebenso im Dunkel wie die sich im Zuge der

---

19 G. W. F. Hegel, Vorlesungen über die Philosophie der Geschichte, (Werke 12), (Frankfurt/M. 1970), 42.
20 Das trifft auch auf die folgenden Studien zu: Eckart Friebis, Vom Armengarten zur human–ökologischen Ausgleichsfläche, Freiburg 1987; Gröning (3); Ingrid Matthäi, Grüne Inseln in der Großstadt. Eine kultursoziologische Studie über das organisierte Kleingartenwesen in Westberlin, Marburg 1989.
21 Vgl. hierzu: Christian (6), 30-34; Arthur Hans, Planmäßige Förderung des Kleingartenwesens, Dresden o.J., 3-10; Neue Aufgaben in der Bauordnungs– und Ansiedlungsfrage. Eine Eingabe des Deutschen Vereins für Wohnungsreform, Göttingen 1906, 39ff.

rechtlichen Kodifizierung des Kleingartenwesens entwickelnde Kooperation bzw. Konfrontation von Interessenverbänden und Kommunalverwaltungen.

Die Hauptschwäche der bisherigen Kleingarten–Geschichtsschreibung liegt allerdings nicht allein in ihrer lückenhaften Analytik und der ihr unmittelbar korrespondierenden mangelhaften Synthese, sondern weit mehr noch in ihrem offenkundigen Unvermögen, die reale Funktionsvielfalt der modernen Kleingärten als ideal(typisch)e Einheit zu fassen und gleichsam geschichtsphilosophisch auf den Begriff zu bringen. Diese Einheit in der Vielfalt findet in der oben skizzierten geistes– und mentalitätsgeschichtlichen Wunschvorstellung vom Kleingartenparadies ein zentrales Motiv. Der ideengeschichtliche Bezug auf den verlorengegangenen heilsgeschichtlichen Ursprung ist freilich leichter auf– als hergestellt. In der Tat war das Kleingartenparadies von Beginn an nicht nur eine öffentlichkeitswirksame Wunschvorstellung, sondern zugleich ein privater locus amoenus, den Adam und Eva „Schreber" mit Hilfe von Zaun oder Hecke gegen die vermeintlich fried– und freudlose Lebenswelt der Moderne einfriedigten. Wunsch und Wirklichkeit, Sein und Sollen (bzw. Wollen) gerieten damit unweigerlich in Widerstreit, die Utopie wurde Topos, vulgo: „Utöpchen", und folglich Gegenstand sentimentalischer Elegie oder Satire[22], die im Laufe der Zeit zu künstlerisch wertloser „Kleingarten–Poesie" oder billiger Häme degenerierten.

Doch der Bezug auf den Garten Eden enthält noch einen weiteren, nicht minder tiefgreifenden Widerspruch. Er liegt nicht im Gegensatz von Ideal und Wirklichkeit begründet, sondern im Ideal selbst. In der Tat erweist sich das Paradies der Genesis bei näherer Betrachtung nicht als Ort menschlicher Selbstbestimmung, sondern als Stätte göttlicher Fremdbestimmung. Ohne der genaueren Analyse vorzugreifen, erscheinen Adam und Eva in der bekannten Geschichte allenthalben als irdische Kinder eines himmlischen Über–Vaters, die gleichermaßen in der kindlichen „Furcht des Herrn" wie in der infantilen Lust an der Auflehnung gegen seine Gebote leben. Man kann das Paradies von daher als eine Art Erden–Kindergarten oder pädagogische Provinz auffassen.

Diese Schattenseite des retrospektiv verklärten Paradiesgartens zeigt auch das laubenkoloniale Abziehbild des Ersatzparadieses Kleingarten. Weit entfernt, sich in einer spontanen Gegenbewegung zu Industrialisierung und Urbanisierung zu erschöpfen, die dem herrschenden Manchester–Liberalismus der Epoche im Namen eines agrarromantisch getönten Naturismus Paroli bot, wurde die Kleingartenbewegung vielmehr von Beginn an Gegenstand einer organisierten Vereinnahmung im Zeichen einer arbeitspädagogisch orientierten, vom Geist protestantischer Ethik inspirierten, neomerkantilistischen Staatsintervention. An die

---

22 Vgl.: F. Schiller, Über naive und sentimentalische Dichtung, in: Schillers sämtliche Werke Bd. 3, hg. v. P. Merker, Leipzig o.J., 310ff u. 320ff.

Vorwort

Stelle des Vaters im Himmel, der seine unbotmäßigen Erden–Kinder aus dem Paradies vertrieb, trat Vater Staat, der seinen aufrührerischen Landes–Kindern das Ersatzparadies Kleingarten einräumte, um sie (und sich) vor dem modernen „Sündenfall" der Revolution zu schützen.

Die Geschichte dieser, zwischen Natur und Industrie–Kultur, Fluchtpunkt Paradies und Gravitationszentrum Moderne, naturistischem Exodus und großstädtischer Miets–Kasernierung, Freiraum und sozialer Kontrolle angesiedelten pädagogischen Provinz oder Insel (im Häusermeer) ist der Gegenstand dieser Studie. Sie beginnt – wie alle Garten–Geschichte – bei Adam und Eva. Weit entfernt, ihren Gegenstandsbereich vorschnell einzugrenzen, womöglich aprioristisch zu definieren und nach Art des Koffer packenden Chaplin alle heraushängenden und hervorquellenden Teile kurzerhand abzuschneiden, setze ich, soweit wie möglich, auf konsequente Entgrenzung. Nur sie bringt die utopische Tiefendimension des Kleingartens zum Vorschein, nur sie läßt seine multifunktionale Breitenwirkung erkennen. An die Stelle des juristisch kodifizierten gesellschaftlichen Seins, dem das eigene Werden als bloße Vorgeschichte erscheint, tritt damit der geschichtliche Werdegang selbst, für den der spätere Terminus (technicus) nur den Totenschein (s)einer einst lebendigen Vielfalt darstellt.

Was denn der, womöglich typisch deutsche Kleingarten (gewesen) sei, bleibt daher am Ende genauso offen wie zu Beginn. Dies nicht zuletzt deshalb, weil die Garten–Kunst lang, das Leben aber kurz ist, und jedes Buch bloß eine Buchbindersynthese der Wirklichkeit bietet. Alles Schreiben endet so als Monographie, die der Polysemie des Lebens unmöglich die Tinte zu reichen vermag. Dieser notwendigen Selbstbeschränkung fielen die Grenzgebiete der Kleinsiedlung[23] und Kleintierzucht ebenso zum Opfer wie die Spezialgeschichte der Reichsbahnlandwirtschaft oder die Organisationsgeschichte der „Grünen Internationale"[24]. Auch die schwer überschaubare Binnenstruktur der verschiedenen kleingärtnerischen Hilfseinrichtungen wie Bausparringe, Einkaufsgenossenschaften für Gartenbedarf, Gaststätten und Vereinsbudiken, Pachtsparkassen, Sanitätsdienste oder Unterstützungs– und Versicherungskassen gegen Feuer– und Einbruchschäden[25] finden keine systematische Berücksichtigung.

---

23 Einen Einblick in die Organisationsgeschichte der Siedlungsbestrebungen im Großraum Berlin bis zum Beginn der NS–Diktatur bietet: Johann Tadler, Wie es zu Millionen Kleingärtnern und Kleinsiedlern kam und was sie heute bewegt, Berlin/Ost 1949, 17f.
24 Einen ersten Einstieg erlaubt: Franz Schmidt, Der Schrebergarten als kultureller Faktor. Ein Überblick über das Kleingartenwesen unter besonderer Berücksichtigung des Raumes Wien, Diss. Wien 1975, 40-63.
25 Vgl. hierzu etwa das Jahrbuch 1933 des LV Groß-Hamburg e.V. im RVKD, Hamburg o.J., 24ff., 27ff., 30ff. u.43.

Weit schwerer wiegt der Umstand, daß die archivalische Basis der Studie allein auf der Überlieferung Groß–Hamburgs beruht. Diese Begrenzung fußt freilich auf der äußeren Lebenssituation eines Hausmannes und Vaters, der den natürlichen Mittelpunkt seines Tagewerks nun einmal am heimischen Herd findet. Trotz dieser Ortsgebundenheit ist die Arbeit keine laubenkoloniale „Hamburgensie"[26]. Überregionale Relevanz gewinnt die Studie zum einen aus dem besonderen Charakter des Hamburger Stadt–Staates und seiner innigen Verquickung mit der Geschichte des ihn umgebenden Flächenstaates Preußen. Anstatt sich auf die Entwicklung der Hansestadt zu beschränken, handelt die Darstellung daher, wo immer möglich, von den Geschicken des Vier–Städte–Gebietes Altona, Hamburg, Harburg–Wilhelmsburg und Wandsbek einschließlich der ihnen benachbarten preußischen Landkreise und Gemeinden. Obwohl die leitenden Provenienzen der Groß–Hamburger Archivbestände zur Kleingartenfrage vom „Feuersturm" des Jahres 1943 vernichtet wurden[27], bietet die verbleibende Überlieferung[28] immer noch eine erstaunliche Materialfülle, die alle Aspekte des Kleingartenwesens abdeckt. Das Verdienst, diese verstreuten Dokumente erschlossen zu haben, gebührt Herrn Claus Stuckenbrock vom Hamburger Staatsarchiv. Ihm sei an dieser Stelle, vor allen anderen, aufrichtig gedankt.

Überregionale Bedeutung gewinnt die Studie zum anderen aus der konsequenten Auswertung aller gedruckten Quellen und Darstellungen, die durch bibliothekarische „Fernleihe" nur irgend er– und vermittelt werden konnten. Sie bilden eine in der Geschichtsschreibung des Kleingartenwesens bis dahin beispiellose Versammlung informativer „Rinnsale", die das aus dem archivalischen „Quellstrom" der Elbe gewonnene Geschichtsbild in vielfältiger Weise ergänzen und erweitern. Dank und Anerkennung gebührt daher auch der Berufsgruppe der deutschen Bibliothekare.

---

26 Vgl. die Arbeiten von: H. Bayer, Die Familiengärten der Patriotischen Gesellschaft 1907-1922, in: Geschichte der Hamburgischen Gesellschaft zur Beförderung der Künste und nützlichen Gewerbe (Patriotische Gesellschaft), Bd. 2, H. 2, Hamburg 1936, 201-213; (Karl) Gerhard Müller, Stein auf Stein. Eine Chronik der Hamburgischen Kleingartenbewegung, (Hamburg 1958).

27 Dieser Befund trifft – nach Auskunft von Herrn Ingo Kleist, dem gegenwärtigen Geschäftsführer des „Landesbundes der Gartenfreunde Hamburg", und Herrn Claus Stuckenbrock vom Hamburger Staatsarchiv – sowohl auf die Überlieferung der 1913 einsetzenden kleingärtnerischen Verbandsorganisation als auch auf die Unterlagen der zwischen 1907 und 1922 im Bereich der städtischen Kleingartenfürsorge dominierenden Patriotischen Gesellschaft und die Akten der 1921 geschaffenen Hamburger KGD zu.

28 Außer auf die im Staatsarchiv vorhandenen Quellen trifft das in besonderem Maße auf das statistische Rohmaterial in den Vereinsregistern des Amtsgerichts Hamburg zu, das in diesem Zusammenhang erstmals aufbereitet und ausgewertet wurde.

Vorwort

Bei dem Versuch, diese „Informationsflut" zu meistern und erneut „Papier" werden zu lassen, haben mich drei Menschen in hervorragender Weise unterstützt: mein „Doktorvater", Prof. Dr. Klaus Saul, der diese sieben Jahre währende „Kopfgeburt" mit ebensoviel persönlichem Zuspruch wie sachlicher Kritik überwacht hat, mein alter Freund Volker Böge, der ihm dabei mit bewährter Sorgfalt assistierte, und meine Frau Susanne, die diese „Entbindung" mit sokratischer oder vielmehr: xanthippischer Maieutik gefördert und nicht zuletzt finanziell ermöglicht hat. Für diverse technische Hilfe in den Bereichen Photographie und EDV danke ich meinen Freunden Hans–Rudolf („Rudi") Schwarz und – mit ganz besonders herzlichem Nachdruck – Ulrich („Ulli") Matz, der diese Arbeit mit technischen Hilfen hartnäckig vorangetrieben und den Text umgebrochen hat. Gewidmet ist das Werk meinem Sohn Tilman, der, allen schreberpädagogischen Anwandlungen seines Vaters zum Trotz, im Garten immer noch „querbeet" läuft ... .

1. Das verlorene Paradies und seine Rückgewinnung.

„Wohlbekannt ist einem jeden,
daß dereinst im Garten Eden
Adam lebte; erst allein,
doch weil's besser ist zu zwei'n
hat ihm Gott für's spät're Leben
Eva noch dazu gegeben.
Aus der Rippe ihm entnommen,
ist sie auf die Welt gekommen,
und so war denn, dies ist klar,
hier das erste Schreberpaar".

(Max Demuth, Vom Garten Eden zum Dauergarten)

Jede Gartengeschichte beginnt – zumindest im Abendland – unweigerlich mit dem berühmt-berüchtigten Garten, den ein gewisser Herr Zebaoth „in Eden gegen Morgen" pflanzte und in den er „den Menschen (...), den er gemacht hatte", hineinsetzte[1]. Wie der Mensch aus diesem „Terrarium" in die rauhe Terra hinausgelangte, dürfte weitgehend bekannt sein, weniger, wie er es anstellen müßte, um wieder hineinzugelangen; denn das Paradies bleibt das wahre Ziel seines Verlangens – allen Einkaufsparadiesen zum Trotz.

Der Zweck dieser und anderer Wunschvorstellungen scheint überall der, „den Menschen im Stand der Unschuld, d.h. in einem Zustand der Harmonie und des Friedens mit sich selbst und von außen darzustellen. Aber ein solcher Zustand findet nicht bloß vor dem Anfange der Kultur statt, sondern er ist es auch, den die Kultur, wenn sie überall nur eine bestimmte Tendenz haben soll, als ihr letztes Ziel beabsichtigt. Die Idee dieses Zustandes allein und der Glaube an die mögliche Realität derselben kann den Menschen mit allen den Übeln versöhnen, denen er auf dem Wege der Kultur unterworfen ist"[2].

Was Schiller im realisierten Ideal aufgehobener Widersprüche zwischen Mensch und Natur wie zwischen Mensch und Mitmensch als geistiges Prinzip entwickelte, entfaltete Freud als natürliches Prinzip der menschlichen Triebstruktur, „indem er die konservative Tendenz der Triebnatur letztendlich als Regression zum Anorganischen deutete und somit den Lebenstrieb, den Eros, für einen

---

1 1. Mose 2, 8.
2 F. Schiller, Über naive und sentimentalische Dichtung, in: Sämtliche Werke hg. v. P. Merker, Bd. 3, Leipzig o.J., 338.

umgeleiteten Todestrieb erklärte. (...) Da alle Triebe nach der Wiederherstellung eines ursprünglichen Gleichgewichtszustandes verlangen, so ist der letzte Ursprung des menschlichen Lebens nicht die individuelle 'Mutter', sondern die 'Mutter Natur', aus der jedoch nicht allein der Mensch, sondern alles Leben seinen Ursprung genommen hat. Alles Lebendige also strebt in dem Bemühen um Auflösung der inneren Spannungen, wie Freud meinte, im Grunde wieder zu der Spannungslosigkeit des Anorganischen zurück"[3].

Das irdische Paradies am Anfang und das (verheißene) himmlische Paradies am Ende aller Zeiten wären von daher nichts anderes als ein und dasselbe Muttersymbol[4]. Ob uns das „Ewigweibliche" dabei letztendlich hinan– oder hinabzieht, ob Goethe und Schiller oder Freud die Szene beherrschen, besseres Über–Ich oder regressive Natur der Triebe, Geschichte mithin in letzter Instanz zyklisch oder linear verläuft, muß uns nicht weiter bekümmern. Es reicht, wenn wir uns vergegenwärtigen, daß die Geschichte des Menschen erst mit der Vertreibung aus dem Garten Eden begann. Alles, was vorher geschah, war Schöpfungsgeschichte: „Das Erkennen als Aufhebung der natürlichen Einheit ist der Sündenfall, der keine zufällige, sondern die ewige Geschichte des Geistes ist. Denn der Zustand der Unschuld, dieser paradiesische Zustand, ist der tierische. Das Paradies ist ein Park, wo nur die Tiere und nicht die Menschen bleiben können. Denn das Tier ist mit Gott eins, aber nur an sich. Nur der Mensch ist Geist, d.h. für sich selbst. Dieses Fürsichsein, dieses Bewußtsein ist aber zugleich die Trennung von dem allgemeinen göttlichen Geist. Halte ich mich in meiner abstrakten Freiheit gegen das Gute, so ist dies eben der Standpunkt des Bösen. Der Sündenfall ist daher der ewige Mythos des Menschen, wodurch er eben Mensch wird"[5].

Wir wissen nicht, ob Hegel die Gestaltung des Sündenfalls in der Sixtinischen Kapelle kannte. Das Faszinierende des Freskos von Michelangelo[6] liegt jedenfalls darin, daß die Schlange nicht naturalistisch als bestimmtes Tier dargestellt wird, sondern als mythisches Doppelwesen, aus dessen Schlangenleib Oberkörper und Kopf einer Frau wachsen, die trotz veränderten Gesichtsaus-

---

3 Eugen Drewermann, Tiefenpsychologie und Exegese, Bd. 1: Traum, Mythos, Märchen, Sage und Legende, (2. Aufl.) Olten u. Freiburg (1985), 240ff. Die Referenzstelle bei S. Freud: Jenseits des Lustprinzips, in: Freud – Studienausgabe, Bd. 3, (Frankfurt/M. 1975), 248f.
4 Drewermann (3), 240.
5 G. W. F. Hegel, Vorlesungen über die Philosophie der Geschichte, (Werke 12), (Frankfurt/M. 1970), 389. Ähnlich schon: I. Kant, Mutmaßlicher Anfang der Menschengeschichte, in: Ders., Schriften zur Geschichtsphilosophie, Stuttgart (1974), 68-75.
6 Vgl.: Michelangelo. Gemälde. Skulpturen. Architekturen. Gesamtausgabe von L. Goldscheider, Köln 1964, Tafel 56.

drucks und anderer Haarfarbe unverkennbar das alter ego Evas bildet. Nicht allein also, daß der Mensch hier gleichsam entwicklungsgeschichtlich aus dem Tier hervorgeht, er wird sich auch selbst Objekt, tritt sich als ein anderer, fremder Mensch gegenüber. Aus dieser gleichzeitigen Verdoppelung und Entzweiung schlägt der Geistesblitz des Selbstbewußtseins und mit ihm der Schmerz über den Verlust der ursprünglichen Einheit, die zugleich Gegenstand einer existentiellen Sehnsucht wird. Abgenabelt von der „Mutter Natur" ist der kindische Mensch hinfort verdammt, auf eigenen Füßen zu stehen und seinen Lebensweg selbst zu bestimmen.

Löst man den Sündenfall aus seinem mythologischen Kontext und untersucht ihn allein im Hinblick auf das sozialökonomische Beziehungsgeflecht im Garten Eden, eröffnet sich eine zweite, thematisch nicht weniger reizvolle Perspektive. Die bekannte Geschichte lautet jetzt folgendermaßen: Ein patriarchalisch eingestellter Großgrundbesitzer überläßt einer jungen, von ihm abhängigen Familie, die offenbar über kein geregeltes Einkommen verfügt, ein Stück Gartenland zur gemeinsamen Nutzung. Wie die Ereignisse ausweisen, wird das Land nicht verschenkt, sondern verpachtet. Neben dem Recht auf fristlose Kündigung bedingt sich der Eigentümer einen – offenkundig pädagogisch inspirierten – Nutzungsvorbehalt aus. Er erläßt daher eine Gartenordnung, deren Einhaltung durch die Androhung von Sanktionen garantiert werden soll. Trotz der vertraglichen Regelung kommt es zu einem Interessenkonflikt zwischen Pächtern und Verpächter. Der Ausgang ist bekannt: Der Garten wird zwangsgeräumt, die vertragsbrüchigen Pächter werden zum Teufel gejagt. Die Einstellung eines bewaffneten Flurwächters, der künftige Felddiebstähle verhindern soll, beendet den Konflikt.

Zugegeben, die Pächter sind – jedenfalls anfänglich – nackt, Laube und Zaun fehlen ebenso wie das nahegelegene großstädtische „Sündenbabel", in dessen Bebauungsplänen die zukünftige „Paradies-Tangente" schon ausgewiesen ist. Und doch ähnelt der Garten Eden im Hinblick auf seine Strukturelemente in vieler Beziehung den späteren Armen-, Arbeiter- und Familiengärten, fast so, als sei Vater Staat in der Kleingartenfrage bei Gott Vater in die Lehre gegangen. Einrichtung auf Initiative einer patriarchalischen Obrigkeit, Orientierung auf die Kleinfamilie, Pachtvertrag mit Nutzungsvorbehalt und erzieherisch orientierte Gartenordnung einschließlich Sanktionsdrohung bis hin zum Verlust der Parzelle weisen weit über den Bereich zufälliger Ähnlichkeiten hinaus. So nimmt es nicht Wunder, daß die späteren Kleingärtner ihre Kolonien zum Teil mit so beziehungsreichen Namen wie „Eden", „Erdenglück" oder „Paradies" schmückten. Noch zum 50. Jahrestag der „Grünen Internationale" Anno 1976 erklärte der damalige Präsident des Schweizer Familiengarten-Verbandes, Ernst Tschopp: „Unsere Familiengärten sind Inseln, die Struktur und das Leben darin mit der Familie in den Ferien und in der Freizeit macht sie zu Paradiesen, wo Geist und

Körper gesunden"[7]. Wie stark der Mythos vom Garten Eden gerade in einer Zeit nachwirkt, in der der homo oeconomicus Gefahr läuft, den natürlichen Ast abzusägen, auf dem er mit seinen Industriezweigen sitzt wie die Mistel auf dem Apfelbaum, mag nicht zuletzt ein Zitat des Philosophen Klaus–Michael Meyer–Abich belegen: „Für die Keimzelle einer Erneuerung unserer Kultur halte ich den Garten. In einem Garten hat ja auch einmal alles angefangen. Hier gilt es heute (...) erneut vom Baum der Erkenntnis zu essen, der dann zum Baum des Lebens wird"[8].

Die mythologisch genuine Form einer Rückkehr in das verlorene Paradies bildet freilich nicht die säkularisierte Versöhnung von Ökonomie und Ökologie, sondern die theologische Verknüpfung von Vertreibung und Verheißung, irdischem und himmlischem Paradies. Wie der „alte" Adam dem „zweiten Adam" Christus korrespondiert[9] und die „gefallene" Eva der unbefleckten Maria, so entsprechen sich Baum der Erkenntnis und Kreuz, Apfelgenuß und Eucharistie. Zeitliche Geschichte erweist sich damit als ewige Heilsgeschichte, die sich alljährlich im Weihnachtsfest auf symbolische Weise aktualisiert. „Schwäbische protestantische Familien erzählten noch um 1940 in einem dunklen Raum die Geschichte von der Vertreibung aus dem Paradies, bevor sich die Tür zum Weihnachtszimmer öffnete. Vor dem hell erleuchteten Baum sangen sie die letzte Strophe des 1554 gedichteten Liedes 'Lobt Gott, ihr Christen, alle gleich':

'Heut schleust er wieder auf die Tür
zum schönen Paradeis:
Der Cherub steht nicht mehr dafür,
Gott sei Lob und Ehr und Preis'"[10].

Überlebt hat der Name Paradies oder Paradeisl in den apfeltragenden Weihnachtsgestellen und namentlich in den Paradiesgärten[11], von denen einer auf der folgenden Seite zu sehen ist[12].

---

7 Ernst Tschopp, Der Kleingarten als Familiengarten, in: Die Freizeitgestaltung in den Kleingärten Europas, Bettembourg (1976), 54. Aloyse Weirich, Die „Grüne Internationale" in ihrer Entwicklung, in: Ebd., 14.
8 FAZ v. 22.7.1984. Bekenntnisse bundesdeutscher Politiker zum Kleingartenbau sind Legion. Eine Auswahl bietet: Sozialpolitische und städtebauliche Bedeutung des Kleingartenwesens, Bonn 1976, 20f.
9 Vgl. Römer 5, 12 - 21.
10 Rüdiger Vossen, Weihnachtsbräuche in aller Welt, (Hamburg 1985), 96. Worte und Weise stammen von Nikolaus Hermann. (Evangelisches Kirchengesangbuch. Ausgabe für die Evangelisch–lutherischen Landeskirchen Schleswig–Holstein–Lauenburg Hamburg Lübeck und Eutin. (Hamburg 1961), 243.).
11 Vossen (10), 96f. u. 169.
12 Entnommen aus ebd., 168.

Das verlorene Paradies und seine Rückgewinnung

Hohenloher Paradiesgärtle

Sieht die Heilige Familie nicht aus wie die allseits vertraute Schreberfamilie? Wahrhaftig, da sitzen sie, Vater, Mutter und Kind in trautem Verein, grad so, als wollten sie über zwei Jahrtausende hinweg allen Fortschrittsglauben ad absurdum führen. Ein paar liebe Gäste sind auch da: Hier die Heiligen Drei Könige, dort das „soziale Kaisertum" in Gestalt einiger sporadisch auftauchender Ministerialbeamter. Die Laube mag im Stall ihr Pendant finden, während umgekehrt Ochs und Esel mit den späteren Kleintierzuchtbestrebungen in Beziehung gesetzt werden könnten. Gewiß, der Christ–Baum ist etwas arg ausgeschlagen, man hätte wohl besser einen Halbstamm gewählt, aber das sind Probleme, die auch für die spätere Kleingartenbewegung charakteristisch waren[13]. Was Paradiesgärtle und Schrebergarten nun aber vor allem auszeichnet, sind Miniaturisierung und Privatisierung. Aus dem Paradies ausgesperrt, grenzt der Mensch seinerseits aus. Ich und Welt, innen und außen, das Eigene und das Fremde treten dabei ebenso auseinander wie das Wilde und das Zahme, Kraut und Unkraut. Factum brutum und zugleich Symbol der neuen Ordnung ist der Zaun. Rousseau hat diese Entwicklung in einer berühmten Fiktion suggestiv imaginiert: „Der erste, der, kaum daß er ein Grund–Stück eingezäunt hatte, auf den Gedanken kam, zu behaupten: *Dies gehört mir*, und Leute fand, die einfältig genug waren, ihm das zu glauben, war der eigentliche Begründer der bürgerlichen Gesellschaft. Wieviele Verbrechen, Kriege, Morde, wieviel Elend und Schrecken hätte nicht derjenige dem menschlichen Geschlecht ersparen können, der, während er die Pfähle herausriß oder den Graben zuwarf, Seinesgleichen zugerufen hätte: 'Hütet euch, auf diesen Betrüger zu hören; ihr seid verloren, wenn ihr vergeßt, daß die Früchte für alle da sind, und die Erde keinem gehört'"[14].

In der Tat hat der Garten nicht nur die Absonderung des Menschen vom Menschen befördert, ein Umstand, der noch in der Etymologie des Wortes privat nachwirkt, das vom lateinischen Verb privare (= rauben) stammt und den Rousseauschen Drahtzieher gleichsam in allgemeiner Gestalt konserviert, sondern auch die Trennung des Menschen von der Natur im Zuge der neolithischen Revolution entscheidend vorangetrieben: „Dem Garten kommt im Gesamtprozeß der Domestizierung zentrale Bedeutung zu: Er war die Brücke, die die beständi-

---

13 Walter Janicaud, Aus den Schrebergärten Leipzigs, in: Die Gartenwelt XVI (49) (1912), 683.
14 J.-J. Rousseau, Discours sur L'Origine et les Fondements de L'Inégalité parmi les Hommes, (Paris 1973), 94. Hervorhebung i.O., Übersetzung von mir. Zum Zusammenhang von Garten und Zaun vgl. auch: Deutsches Wörterbuch von Jacob und Wilhelm Grimm, Bd. 4, 1. Abt., 1. Hälfte, Leipzig 1878, Sp. 1390f. Wie wichtig der Zaun noch im „real existierenden" Sozialismus blieb, bezeugt: Klaus Beuchler, Reporter zwischen Spree und Panke, Berlin/Ost (1953), 179.

ge Pflege und Kultivierung von Knollen und Bäumen mit dem Ausroden wilder Gewächse und dem Anbau der ersten einjährigen Getreidepflanzen (...) verband. Der Getreideanbau im großen Maßstab war nur der Gipfelpunkt in diesem langen Versuchsprozeß"[15].
Es unterliegt keinem Zweifel, daß diese Domestizierung von Flora und Fauna letztendlich auch auf den Menschen ausstrahlte. Indem der homo sapiens Pflanzen und Tiere kultivierte, zivilisierte er sich und seinesgleichen nach und nach selbst. Manche Hortikulturhistoriker sahen im Garten denn auch nichts weniger als die universelle Grundlage jeder Humanität: „Zucht und Veredelung der Wildlinge aus dem Walde erzogen und veredelten auch den Menschen. Der Garten war seine früheste Schule"[16]. Weit entfernt, eine Schöpfung der Muße zu sein[17] oder gar als romantischer locus amoenus[18] in die Welt zu treten, erweist sich der menschliche Garten zunächst als reiner Nutzgarten im unmittelbaren Umfeld der Wohnung. „Seit Jahrtausenden war in der indogermanischen Welt Wohnen immer nur im Zusammenhang mit dem dazugehörenden umhegten und umwehrten Raum des Gartens als der Hofstatt, der Hofreute, des Gehägs denkbar. Hier herrschte der Friede des persönlichen Daseins. Der Mensch war geschützt vor der unbefriedeten, ungestalteten und feindlichen Welt"[19]. Was die Menschheit als ganze verloren hatte, suchte der Mensch als einzelner zurückzugewinnen. Sozialökonomischer Binnenraum gegenüber einer feindlichen Außenwelt und partielle Gegenmacht zur Allmacht der Natur verschränkten sich. Utopie wurde auf diese Weise zum Topos, Ideal zum Idyll, Glück zum „Glück im Winkel"[20]. Ein Blick in die Festschrift eines beliebigen Kleingartenvereins kann das verdeutlichen: „In den Jahren des Bestehens unseres Vereins sind politische Veränderungen einander gefolgt und haben Staatsformen verändert, aber

---

15 Lewis Mumford, Mythos der Maschine. Kultur, Technik und Macht, (11. bis 15. Ts. Frankfurt/M. 1978), 172. Vgl. auch: Gustav Allinger, Der deutsche Garten, München 1950, 28 und Geschichte des deutschen Gartenbaus, hg. v. G. Franz, Stuttgart 1984, 19f.
16 Friedrich Schnack, Traum vom Paradies. Eine Kulturgeschichte des Gartens, Hamburg (1962), 10.
17 Derek Clifford, Geschichte der Gartenkunst, München 1966, 9. Vgl. auch: Herbert Keller, Kleine Geschichte der Gartenkunst, Berlin – Hamburg 1976, 11.
18 Christopher Thacker, Die Geschichte der Gärten, (Zürich 1979), 9.
19 Eberhard Herzner, Der Garten in der Ortsplanung und im Wohnungsbau, in: Bauamt und Gemeindebau 5 (1960), 199. Noch ausführlicher, wenn auch völkisch aufgeladen: Heinrich Fr. Wiepking-Jürgensmann, Über die Geschichte des deutschen Kleingartens, in: Die Gartenkunst 51 (1938), 8.
20 Vgl.: Hans Paul Bahrdt, Die moderne Großstadt, Reinbek 1961, 58.

die alte Idylle von 1906 ist in etwa geblieben"[21]. Kein Zweifel: Die Kleingärtner haben Utopia entdeckt – als lauschige Insel im tosenden Häusermeer[22].

Doch Vorsicht, die Kleingärtner stehen mit ihren quietistischen Wunschvorstellungen keineswegs allein: „In den alten Städten findet man die repräsentativen Häuser der führenden Familien mitten in der Stadt, und überall entdeckt man nach Jahrhunderten Spuren ihrer Bautätigkeit, die zeigen, welchen Anteil sie am Leben der Gemeinde nahmen. In einer Industriegroßstadt bleiben die führenden Personen der Wirtschaft, die ohne Zweifel auch über große politische Macht verfügen, fast unsichtbar. Sie wohnen meist außerhalb der Stadtgrenze am Waldrand, wo der Ruß ihrer Fabriken nicht hindringt"[23].

Die endgültige Reduktion der auf den Menschen als Gattungswesen zielenden Utopie zum privaten Topos des Einzelwesens steht in engem Zusammenhang mit der Herausbildung der bürgerlichen Gesellschaft, deren Verkehrsform sachlicher, über die städtischen Märkte vermittelter Ware–Geld–Beziehungen schon im Schoß des mittelalterlichen Personenverbandsstaates aufscheint. Zentraler Ort der bürgerlichen Gesellschaft ist weder das Rathaus noch die Kirche, sondern der Markt. Man kann den Prozeß der bürgerlichen Umwälzung daher mit Groh und Sieferle als „zunehmende Marktintegration"[24] beschreiben. Eine solche Marktintegration bedeutet freilich zugleich zwischenmenschliche Desintegration. „Jede auf Warenproduktion beruhende Gesellschaft hat das Eigentümliche, daß in ihr die Produzenten die Herrschaft über ihre eigenen gesellschaftlichen Beziehungen verloren haben. Jeder produziert für sich mit seinen zufälligen Produktionsmitteln und für sein besonderes Austauschbedürfnis. Keiner weiß, wieviel von seinem Artikel auf den Markt kommt, wieviel davon überhaupt gebraucht wird, keiner weiß, ob sein Einzelprodukt einen wirklichen Bedarf vorfindet, ob er seine Kosten herausschlagen oder überhaupt wird verkaufen können. Es herrscht Anarchie der gesellschaftlichen Produktion. Aber die Warenproduktion, wie jede andere Produktionsform, hat ihre eigentümlichen, inhärenten, von ihr untrennbaren Gesetze; und diese Gesetze setzen sich durch, trotz der Anarchie, in ihr, durch sie. Sie kommen zum Vorschein in der einzigen, fortbestehenden Form des gesellschaftlichen Zusammenhangs, im Austausch, und machen sich geltend gegenüber den einzelnen Produzenten als Zwangsgesetze der Konkurrenz (...). Sie setzen sich also durch, ohne die Produzenten und gegen die

---

21 GBV „Zum Alten Lande". 75 Jahre., o.O. o.J, 25.
22 Zum Insel–Topos:Tschopp (7), 54. Oskar Schneider, Rede zur Schlußveranstaltung im Bundeswettbewerb 1987 „Gärten im Städtebau" am 12.12.1987 in der Stadthalle Bonn–Bad Godesberg, o.O. o.J., 7.
23 Bahrdt (20), 87.
24 Dieter Groh u. Rolf Peter Sieferle, Naturerfahrung, Bürgerliche Gesellschaft, Gesellschaftstheorie, in: Merkur 7 (1981), 663.

Das verlorene Paradies und seine Rückgewinnung

Produzenten, als blindwirkende Naturgesetze ihrer Produktionsform. Das Produkt beherrscht die Produzenten"[25].

Es ist erstaunlich, daß ausgerechnet Voltaire, der führende Kopf der älteren Aufklärung, wohl nicht zuletzt unter dem Eindruck des Erdbebens von Lissabon 1755 und dem ein Jahr darauf einsetzenden Siebenjährigen Krieg, seiner Zeit mit dem 1759 erschienen episodischen Picaro–Roman „Candide"[26] einen satirischen Zerr–Spiegel vor Augen gehalten hat, der den aufgeklärten Fortschrittsoptimismus der Epoche ebenso vernichtend karikierte wie ihre rationalistische Vernunftgläubigkeit an eine göttliche Weltordnung. Wie alle Satiren ist „Candide" im Grunde ein anti–utopisches Werk. Nichts wird hier dermaßen blamiert wie der Glaube an die großen Lösungen – im Roman beispielhaft repräsentiert von der Leibnizschen Theodizee. Am Ende des Werks steht denn auch der Rückzug in ein privates Glück. Nach einer „Tour du Monde" des aus dem „Kindheitsparadies" Westfalen vertriebenen Romanhelden[27], in der alle erblichen und zeitlichen Laster des Menschen in einer blutigen Narrenparade vorbeigezogen sind, erreichen Candide und die kleine Schar seiner Freunde Konstantinopel. Hier treffen sie einen türkischen Kleinbauern, der ihnen die Augen für das wahre Glück öffnet. Das Sesam–öffne–dich zu diesem privaten Paradies bilden politische Abstinenz und Gartenarbeit. Namentlich letztere erscheint geeignet, drei Grundübel vom Menschen fernzuhalten: Langeweile, Laster und Notdurft[28]. Das Resümee der kleinen Gesellschaft lautet von daher: „Ich weiß auch, sagte Candide, daß wir unseren Garten bestellen müssen. – Sie haben recht, sagte Pangloss, denn als der Mensch in den Garten Eden gesetzt wurde, wurde er dorthin gesetzt, ut operaretur eum, damit er ihn bearbeite; was beweist, daß der Mensch nicht für die Muße geboren worden ist. – Laßt uns arbeiten, ohne viel nachzudenken, sagte Martin, das ist das einzige Mittel, das Leben erträglich zu machen"[29].

Ohne die Stellung des „Candide" im Werk Voltaires überzubewerten oder gar den Doppelschlag von Erdbeben und Kriegsausbruch zu einem „Damaskuserlebnis" hochzustilisieren, darf doch gesagt werden, daß die „Dialektik der Aufklärung" anders einsetzt und komplizierter abläuft, als Adorno und Horkheimer annahmen. Apriori entschieden ist ihr Prozeß für Voltaire jedenfalls

---

25 F. Engels, Die Entwicklung des Sozialismus von der Utopie zur Wissenschaft, in: MEW 19, Berlin/Ost 1973, 214f. Vgl. auch: K. Marx, Das Kapital, Bd. 1, in: MEW 23, Berlin/Ost 1972, 86f.
26 Ausgangspunkt für die folgende Analyse war die Lektüre von Birgit Wagner, Gärten und Utopien. Natur- und Glücksvorstellungen in der französischen Spätaufklärung, Frankfurt/M. 1982, 109-125.
27 Ebd., 110.
28 Voltaire, Candide ou l'optimisme, in: Ders., Romans et Contes, o.O. (1972), 233.
29 Ebd., 234. Übersetzung von mir.

nicht[30]. Im Gegenteil: Am Ende des Romans steht nicht der Einzug in eine „schöne neue Welt", sondern der Rückzug aus der bösen alten. Gartenarbeit und „Glück im Winkel" erweisen sich als das Ergebnis der Desillusionierung des Helden. Unter dem Genrebild des Idylls schimmert daher das Zerrbild des zerbrochenen Ideals: Die Theodizee ging zum Teufel.

Es ist hier nicht der Ort, die Leibnitzsche Rechtfertigung der Erde als der besten aller möglichen Welten zu würdigen. Es reicht, festzuhalten, daß die Philosophie des Tout–est–bien[31], in der die einzelnen Übel notwendig das allgemeine Gute bewirken, wie eine abstrakte Präfiguration des ordnungspolitischen Grundprinzips des modernen Wirtschaftsliberalismus erscheint. Auf jeden Fall besteht eine geradezu frappierende Ähnlichkeit zwischen der „prästabilierten Harmonie" Gottfried Wilhelm Leibniz'[32] und der „unsichtbaren Hand" Adam Smiths, die bekanntlich den Egoismus der einzelnen Wirtschaftssubjekte derart steuert, daß er die Wohlfahrt aller als marktgerechtes Abfallprodukt des „pursuit of happiness" hervorbringt[33]. Die „fensterlose Monade" ließe sich vor diesem Hintergrund unschwer dem „autonomen Individuum", ihr inneres Streben (appetit) dem Gewinnstreben des „natürlichen Erwerbstriebs", der Glaube dem Fortschrittsglauben zuordnen, während der Gott der „Theodizee" im „Wealth of Nations" als Mammon erschiene.

Neben die Atomisierung und Privatisierung des Utopischen tritt mit dem Beginn der bürgerlichen Epoche eine grundstürzende Umwälzung im Verhältnis des Menschen zur Natur. Im Zuge der Kopernikanischen Wende entwickelte das Abendland einen quasi arbeitsteiligen Naturbegriff. Schon Descartes „hatte die 'kleine Sonne' der sinnlichen Anschauung von der 'großen Sonne' der Astronomie unterschieden"[34]. Diese arbeitsteilige Trennung zwischen subjektiver und objektiver Natur, persönlichem Naturerleben und sachlicher Naturwissenschaft vertiefte sich in der Folgezeit, doch blieben ihre Elemente zugleich kooperativ aufeinander bezogen, so daß die Entwicklung des englischen Landschaftsgartens, wie ihn Milton 1667 poetisch evoziert, Shaftesbury 1709 propagiert und

---

30 Vgl. Max Horkheimer u. Theodor W. Adorno, Dialektik der Aufklärung, (76. bis 80. Ts. Frankfurt/M 1984), 25.
31 Vgl. Voltaire, Bien (tout est), in: Ders., Dictionnaire philosophique, Paris (1967), 54-60.
32 Vgl. Karl Vorländer, Philosophie der Neuzeit (Geschichte der Philosophie IV), (38. bis 40. Ts. Reinbek 1978), 62-82.
33 Die berühmt-berüchtigte Stelle findet sich in: Adam Smith, Der Wohlstand der Nationen, München 1974, 371.
34 Joachim Ritter, Landschaft. Zur Funktion des Ästhetischen in der modernen Gesellschaft, in: Ders., Subjektivität, Frankfurt/M 1974, 156. Vgl. auch: Novalis, Heinrich von Ofterdingen, Potsdam o.J., 151, wo zwischen der „Natur für unseren Genuß und unser Gemüt" und der „Natur für unseren Verstand" unterschieden wird.

Pope seit 1719 in Twickenham realisiert hatte, mit der Entwicklung der Dampfmaschine vom Papinschen Apparat 1690 über das Patent von Newcomen und Cawley 1705 bis zur einfach wirkenden Kondensatormaschine James Watts 1769 nahezu in Phase verlief.

„Im 18. Jahrhundert entstand in einigen europäischen Ländern aber nicht nur eine neue ästhetische Naturerfahrung in Dichtung, Malerei und Gartenkunst, sondern auch eine neue alltagskulturelle Naturerfahrung, die im Wandern, Spazierengehen, Bergsteigen, kurz: im In–die–Natur–Hinausgehen ihren Ausdruck fand"[35]. Nach dem großartigen Vorspiel, das Petrarca mit der Besteigung des Mont Ventoux gegeben hatte[36], tummelte sich im 18. Jahrhundert alles, was Rang und Namen hatte, in „Gottes freier Natur": Klopstock machte die Ostsee mit seinen „Wasserkothurnen", vulgo: Schlittschuhen, unsicher, Goethe popularisierte sie in Weimar, suchte nebenbei nach der „Ur–Pflanze" und sammelte Mineralien, die Gebrüder Stolberg badeten nackt in einem Darmstädter Teich und Schiller schrieb, dem „promeneur solitaire" Rousseau zu Ehren, die Elegie „Der Spaziergang".

Joachim Ritter hat diese Entstehung von Landschaft als ästhetischer Kategorie als geistige Kompensation gedeutet, mit deren Hilfe der moderne Mensch den Riß zwischen Natur als ursprünglichem Lebenszusammenhang und Natur als Forschungsgegenstand und Objekt industrieller Ausbeutung zwar nicht aufhebe, aber doch geistig zu versöhnen suche: „Die Natur als Landschaft hat so im Gegenspiel gegen die dem metaphysischen Begriff entzogene Objektwelt der Naturwissenschaft die Funktion übernommen, in 'anschaulichen', aus der Innerlichkeit entspringenden Bildern das Naturganze und den 'harmonischen Einklang im Kosmos' zu vermitteln und ästhetisch für den Menschen gegenwärtig zu halten"[37].

Trotz ihrer rein geistesgeschichtlichen Dimension, die sowohl den alltagskulturellen Aspekt des neuen Naturbewußtseins als auch seine materielle Basis in Gestalt der sich herausbildenden kapitalistischen Klassengesellschaft vollkommen ausblendet[38], bildet Ritters Theorie eine brauchbare Grundlage, um auch historisch jüngere Phänomene wie Agrarromantik, Großstadtfeindschaft, Ausflug ins Grüne oder Evasion in die Laube zu integrieren. Der Ausgangspunkt des arbeitsteiligen Naturbegriffs der Moderne erfährt dabei insofern eine Präzision, als die objektive Natur offenbar der technisch–szientifischen Produktion, die

---

35 Groh/Sieferle (24), 663.
36 Vgl. hierzu die glänzende Analyse von Ritter (34), 141-150.
37 Ebd., 153.
38 Vgl. hierzu die Kritik bei Groh / Sieferle (24), 663.

subjektive Natur dagegen der individuellen Reproduktion zugeordnet werden muß.

Kein Geringerer als Johann Wolfgang Goethe hat diesen Zusammenhang als einer der ersten erkannt und 1808 in seiner „Faust"–Dichtung ausgemalt. Auftreten Faust und Wagner. Sie machen den bekannten Osterspaziergang. Auf einem Höhenzug im Weichbild der Stadt halten sie inne.

Faust blickt zurück und spricht[39]:

> „Kehre dich um, von diesen Höhen
> Nach der Stadt zurückzusehen!
> Aus dem hohlen, finstern Tor
> Dringt ein buntes Gewimmel hervor.
> Jeder sonnt sich heute so gern.
> Sie feiern die Auferstehung des Herrn;
> Denn sie sind selber auferstanden:
> Aus niedriger Häuser dumpfen Gemächern,
> Aus Handwerks– und Gewerbesbanden,
> Aus dem Druck von Giebeln und Dächern,
> Aus der Straßen quetschender Enge,
> Aus der Kirchen ehrwürdiger Nacht
> Sind sie alle ans Licht gebracht.
> Sieh nur, sieh! wie behend sich die Menge
> Durch die Gärten und Felder zerschlägt,
> Wie der Fluß in Breit und Länge
> So manchen lustigen Nachen bewegt,
> Und, bis zum Sinken überladen,
> Entfernt sich dieser letzte Kahn.
> Selbst von des Berges fernen Pfaden
> Blinken uns farbige Kleider an.
> Ich höre schon des Dorfs Getümmel,
> Hier ist des Volkes wahrer Himmel,
> Zufrieden jauchzet groß und klein:
> 'Hier bin ich Mensch, hier darf ich's sein!'"

Im Grunde sind in dieser fiktiven Rede alle wesentlichen Elemente späterer Zivilisationskritik im Kern enthalten. Da ist zunächst der Gegensatz von Stadt und Land mit seinen antithetischen Wortfeldern, die hier – um nur ein Beispiel zu nennen – Adjektive wie hohl, finster, niedrig, dumpf und quetschend, dort dagegen Eigenschaftswörter wie bunt, lustig, farbig und wahr versammelt. Ihm korrespondiert der Widerspruch zwischen gesellschaftlichem Zwang und persönlicher Freiheit, ausgemalt auf der ehrwürdigen Folie des überkommenen Unterschieds von Werktag und Sonn– bzw. Feiertag. Ganz scharf zeichnet Goethe

---

39 J. W. Goethe, Faust. Eine Tragödie, in: Sämtliche Werke Bd. 5, (München 1977), 171f.

Das verlorene Paradies und seine Rückgewinnung 35

diesen Gegensatz: Die Menschen sind auferstanden. Erniedrigung, Dumpfheit, Gewerbesbande, Druck und Enge der Stadt sind von ihnen abgefallen. Im ländlich–festlichen Getriebe des österlichen Feiertags kommen sie endlich wieder zu sich selbst, fühlen sich erneut – als Menschen.

Ohne den geistesgeschichtlichen Hintergrund dieses Osterspaziergangs zu verkennen, der in durchaus traditioneller Weise Naturgeschichte und Heilsgeschichte, Frühling und Auferstehung parallelisiert, erfüllt und entfaltet sich diese kosmische Harmonie doch in einer bestimmten geschichtlichen Situation. Die Landschaft, in der sich Faust und Wagner ergehen, ist die Kulturlandschaft der Moderne. Das Weichbild der Stadt besteht aus Gärten und Feldern, der Fluß strömt behäbig, und selbst die fernen Berge werden von gebahnten Pfaden durchzogen, auf denen es sich in bunten Sonntagskleidern gefahrlos spazieren läßt. Von Natur – keine Spur.

Wie entfremdet der moderne Mensch Faust der ursprünglichen Natur und dem ihr nahestehenden Landleben bereits zu diesem Zeitpunkt war, bezeugt die berühmte Szene in der Hexenküche:

„Mephistopheles.

Mein Freund, nun sprichst du wieder klug.
Dich zu verjüngen gibt's auch ein natürlich Mittel;
Allein es steht in einem andern Buch
Und ist ein wunderlich Kapitel.

Faust.

Ich will es wissen.

Mephistopheles.

Gut! Ein Mittel, ohne Geld
Und Arzt und Zauberei zu haben:
Begieb dich gleich hinaus aufs Feld,
Fang an zu hacken und zu graben,
Erhalte dich und deinen Sinn
In einem ganz beschränkten Kreise,
Ernähre dich mit ungemischter Speise,
Leb mit dem Vieh als Vieh und acht es nicht für Raub,
Den Acker, den du erntest, selbst zu düngen!
Das ist das beste Mittel, glaub,
Auf achtzig Jahr dich zu verjüngen!

Faust.

Das bin ich nicht gewohnt, ich kann mich nicht bequemen,
Den Spaten in die Hand zu nehmen;
Das enge Leben steht mir gar nicht an.

Mephistopheles.
So muß denn doch die Hexe dran!"[40].

Da in der Klein- und Schrebergartenbewegung von Beginn an viele Lehrer mitwirkten und z.T. führende Positionen einnahmen, ist diese Passage schon bald entdeckt und rezipiert worden. Der Münchner Oberlehrer Karl Freytag hat sie für die Kleingarten-Anthologie des Reichsverbandes der Kleingartenvereine Deutschlands (RVKD) bearbeitet und verbandspolitisch optimiert. Freytags „Faustulus" liest sich wie folgt:

> „Mein Freund nun sprichst du wieder klug!
> Dich zu verjüngen gibts auch ein natürlich Mittel;
> Allein es steht in einem andern Buch
> Und ist ein wunderlich Kapitel.
> Ein Mittel ohne Geld
> Und Arzt und Zauberei zu haben!
> Begieb dich gleich in deinen Garten,
> Fang an zu hacken und zu graben,
> Und acht es nicht für Raub
> Den Garten, den du erntest, selbst zu düngen,
> Das ist das beste Mittel, glaub,
> Auf achtzig Jahr dich zu verjüngen!"[41].

Sieht man von Äußerlichkeiten wie der Abschaffung des Dialogs, der damit verbundenen Anonymisierung der Textpassage, ihrer willkürlichen Einkürzung, der Umfälschung des Feldes in den Garten und dem damit verbundenen Wegfall des Schweifreimes ab, bleibt ein spießbürgerlich umgewerteter Zitatfetzen, aus dem alles Problematische des Kunstwerks mit beispielloser Konsequenz entfernt worden ist. Alles, was nicht in das lyrische Prokrustes-Bett der Schreberidylle paßte, hat Freytag wie Unkraut ausgerissen. Der von Mephisto gezeichnete

---

40 Ebd., 214f.
41 Kleingarten und Poesie. Frankfurt/M. 1930, (Schriften des RVKD 20), 8. Eine ähnlich präparierte Version bietet: Paul Brando, Kleine Gärten einst und jetzt. Geschichtliche Entwicklung des deutschen Kleingartenwesens, (Hamburg 1965), 296; Ders., Saure Wochen – Frohe Feste, Hamburg 1955, 79. Vergleichbare Beispiele verbandspolitisch optimierter Zwangsvereinnahmungen Goethes präsentieren: (Alwin) Bielefeldt, Die volkswirtschaftliche Bedeutung des Kleingartenbaues, in: Arbeiten der Landwirtschaftskammer für die Provinz Brandenburg 45 (1924), 63; Anna Blos, Goethe und der Kleingarten, in: NZKW 1 (3) (1922), Sp. 57ff.; Otto Gotthilf, Gesundheitlicher Wert der Gartenarbeit, in: Der Kleingarten 4 (1919), 54; H. Hinz, Die Bedeutung der Schrebergärten für die Volkswohlfahrt, in: Körper und Geist 24 (10) (1915), 147.

Das verlorene Paradies und seine Rückgewinnung 37

„Idiotismus des Landlebens"[42], wo man in ganz beschränktem Kreise als Vieh mit dem Vieh lebt, wird deshalb genauso zensiert wie Fausts Entscheidung gegen den „Jungbrunnen" Kleingarten und für die Hexe.
Welche grotesken rezeptionsgeschichtlichen Blüten das bildungsbürgerliche Legitimationsbedürfnis der Kleingärtner und ihrer Funktionäre trieb, bezeugt auch der Osnabrücker Oberlandvermesser G. Peters: „Der Gartenbesitzer, der seine Scholle selbst düngt und gräbt, sie besät und von ihr erntet, gewinnt wieder einen innigen Zusammenhang mit der Natur. Kräfte werden in ihm lebendig, die nur die ewig junge, ewig neue Natur ausstrahlt und zu geben vermag. Mit Faust kann er die Natur ansprechen: 'Nicht kalt staunenden Besuch erlaubst du nur, vergönnst mir, in deine tiefe Brust wie in den Busen meines Freundes zu schauen'. Seelische Zufriedenheit und frische Kraftquellen sprießen aus dem Stückchen heimatlichen Bodens, das der Mensch bearbeitet. Ohne Zweifel ist dies von veredelndem Einfluß auf das ganze Geistes- und Gemütsleben, hebt und vertieft den ganzen Anschauungs- und Gedankenkreis"[43].

Auch dieses Zitat ist nicht korrekt wiedergegeben. Zunächst gilt Fausts Anrede in der „Wald und Höhle" überschriebenen Szene nicht der Natur, sondern dem Erdgeist. Er ist der Ansprechpartner, die Natur Gesprächsgegenstand. Das Originalzitat lautet daher korrekt:

„Nicht kalt staunenden Besuch erlaubst du nur,
Vergönnest mir, in ihre tiefe Brust
Wie in den Busen eines Freunds zu schauen"[44].

Weitaus erheblicher als diese Verwechslung ist freilich der Umstand, daß Peters das Zitat nicht in „Wald und Höhle", sondern im Kleingarten situiert. Was Faust der Wildnis zuschreibt – und die Bilder des inneren Monologs mit dem Erdgeist sind da, vom Titel der Szene ganz zu schweigen, genauso eindeutig wie Fausts gegen Mephistopheles ausgesprochene Einsicht:

„Verstehst du, was für neue Lebenskraft
Mir dieser Wandel in der Öde schafft?"[45]

–, schreibt Peters diese regenerative Wirkung der Kulturlandschaft zu, mehr noch: der vita activa kleingärtnerischen Schaffens, während Faust in dieser Szene umgekehrt neue Lebenskraft aus der vita contemplativa schöpft.

---

42 So K. Marx u. F. Engels, Das Manifest der Kommunistischen Partei, in: MEW 4, Berlin/Ost 1972, 466.
43 G. Peters, Zur Kleingartenbewegung, in: Der Landmesser 6 (4) (1918), 50.
44 Goethe (39), 244.
45 Ebd., 245.

Von entscheidender Bedeutung ist jedoch die vollkommene Umwertung des geistigen Gehalts der Szene. Während Faust bei Peters seelische Zufriedenheit und eine Veredelung seines Geistes- und Gemütslebens erfährt, erlebt Goethes Faust das gerade Gegenteil:

„O daß dem Menschen nichts Vollkomm'nes wird,
Empfind' ich nun! Du gabst zu dieser Wonne,
Die mich den Göttern nah und näher bringt,
Mir den Gefährten, den ich schon nicht mehr
Entbehren kann, wenn er gleich, kalt und frech,
Mich vor mir selbst erniedrigt und zu Nichts,
Mit einem Worthauch, deine Gaben wandelt"[46].

Während Faust bei Peters (einmal mehr) seine Erfüllung im Kleingarten findet, bleibt bei Goethe das utopische „Verweile doch!"[47] unausgesprochen. Faust empfindet vielmehr, genauso wie in der Hexenküche zuvor, sowohl das subjektiv Unangemessene als auch das objektiv Unmögliche, kurzum: das völlig Unzeitgemäße einer wie auch immer gearteten „Rückkehr zur Natur". Der „am sausenden Webstuhl der Zeit" schaffende Erdgeist, der „der Gottheit lebendiges Kleid" wirkt, bleibt ihm fremd. Nur mit Mühe vermag er, „ein furchtsam weggekrümmter Wurm", seinem Anblick in der korrespondierenden „Nacht"–Szene standzuhalten. Sogar als Faust sich ermannt und angesichts der „Flammenbildung" ein Gefühl von Nähe und Verwandtschaft zu verspüren meint, verweist ihm der Erdgeist diese Empfindung als Einbildung: „Du gleichst dem Geist, den du begreifst, Nicht mir!" und verschwindet[48].

Wie sehr diese faustische Entfremdung von der Natur den modernen Menschen trotz seiner Sehnsucht nach einer Rückkehr zu seinen natürlichen, vermeintlich paradiesischen Ursprüngen konstituiert, soll hier ein zweiter Spaziergang belegen, der noch dazu den Vorteil besitzt, daß er den elementaren Zusammenhang von Naturgenuß und Naturbeherrschung thematisiert[49]. Die 1795 entstandene Elegie „Der Spaziergang" von Friedrich Schiller beginnt zunächst mit dem gleichen Glücksgefühl, das auch der Osterspaziergang vermittelt: „Endlich entflohn des Zimmers Gefängnis und dem engen Gespräch", rettet sich das lyrische Ich freudig ins Freie[50]. Durch Feld und Wald geht es in die Berge,

---

46 Ebd., 244.
47 Ebd., 194.
48 Ebd., 159.
49 Vgl. hierzu – noch vor Hegel und Marx – F. Schiller, Über die ästhetische Erziehung des Menschen, in: Sämtliche Werke, hg. v. P. Merker, Bd. 3, Leipzig o.J., 180ff.
50 Ders., Der Spaziergang, in: Ebd., Bd. 1, Leipzig o.J., 133-138. Alle folgenden Zitate ebendort. Auch Ritter (34) hat die Elegie interpretiert – allerdings nur den Anfang.

doch auch da „trägt ein geländerter Steig sicher den Wandrer dahin". Der Blick ins Tal eröffnet nun das erste große Panorama: Vor dem Auge des Wanderers erstreckt sich die Weite der bäuerlichen Kulturlandschaft. Ihre Beschreibung gipfelt in dem Ausruf:

> „Glückliches Volk der Gefilde! Noch nicht zur Freiheit erwachet,
> Teilst du mit deiner Flur fröhlich das enge Gesetz.
> Deine Wünsche beschränkt der Ernten ruhiger Kreislauf,
> Wie dein Tagewerk, gleich, windet dein Leben sich ab!"

Plötzlich fällt, den „lieblichen Anblick" störend, der Schatten der Stadt in das selbstgenügsame Bild. Eine andere Welt tut sich vor dem Spaziergänger auf, ein Ort der Freiheit und des ausgreifenden Gewerbefleißes:

> „Tausend Hände belebt ein Geist, hoch schläget in tausend
> Brüsten, von einem Gefühl glühend, ein einziges Herz,
> Schlägt für das Vaterland".

Unter dem Schutz des „Nachtwächterstaates" entfaltet sich, „des Eigentums froh, das freie Gewerbe", beschleicht im „stillen Gemach" der Weise „forschend den schaffenden Geist". Ausbeutung und Ausforschung der Natur arbeiten Hand in Hand und schaffen gemeinsam die Grundlage der bürgerlichen Freiheit. Die Leistungen der Bourgeoisie werden dabei in der Elegie nicht weniger eindrucksvoll beschrieben als im „Kommunistischen Manifest", zumal der Prozeß der Aufklärung bei Schiller ähnlich problematisiert wird wie bei Voltaire. In dem Augenblick, in dem „der Nebel des Wahnes, und die Gebilde der Nacht" vor dem „tagenden Licht" der Vernunft weichen, heißt es im Text:

> „Seine Fesseln zerbricht der Mensch. Der Beglückte! Zerriss' er
> Mit den Fesseln der Furcht nur nicht die Zügel der Scham!
> Freiheit ruft die Vernunft, Freiheit die wilde Begierde,
> Von der heil'gen Natur ringen sie lüstern sich los".

Was folgt, ist eine apokalyptische Vision der hemmungslosen Begierde des „entfesselten Prometheus" (David S. Landes), die, einer Springflut gleich, alle menschlichen Werte wie Wahrheit, Glaube, Treue, Liebe und Freundschaft mit sich reißt:

Die große, problematische Traum-Vision hat er bedauerlicherweise ignoriert, so daß Schiller bei ihm unvermutet als naiver, eindimensionaler Sänger liberalen Kultur-Fortschritts erscheint.

„Bis die Natur erwacht (…),
Aufsteht mit des Verbrechens Wut und des Elends die Menschheit
Und in der Asche der Stadt sucht die verlorne Natur.
O, so öffnet euch, Mauern, und gebt den Gefangenen ledig
Zu der verlassenen Flur kehr' er gerettet zurück!"

Vom Pfade abgekommen, hat sich der Spaziergänger in der Wildnis verirrt, er glaubt sich allein, da merkt er, daß er nur geträumt hat. Einige Fort–Schritte weiter sieht die Welt schon wieder ganz anders aus, und „mit dem stürzenden Tal stürzte der finstre (Traum) hinab".

Am Ende waltet Versöhnung. Der Aufruhr der Elemente in der menschlichen Brust fließt zurück in den alles umfassenden Kreislauf der Natur, in dem selbst der „Strom der Geschichte" nur ein bescheidenes Rinnsal bildet. Erquickt und geläutert empfindet der Spaziergänger:

„Reiner nehm ich mein Leben von deinem reinen Altare,
Nehme den fröhlichen Mut hoffender Jugend zurück!
Ewig wechselt der Wille den Zweck und die Regel, in ewig
Wiederholter Gestalt wälzen die Taten sich um;
Aber jugendlich immer, in immer veränderter Schöne
Ehrst du, fromme Natur, züchtig das alte Gesetz.
Immer dieselbe, bewahrst du in treuen Händen dem Manne.
Was dir das gaukelnde Kind, was dir der Jüngling vertraut,
Nährest an gleicher Brust die vielfach wechselnden Alter:
Unter demselben Blau, über dem nämlichen Grün
Wandeln die nahen und wandeln die vereint die fernen Geschlechter,
Und die Sonne Homers, Siehe! sie lächelt auch uns".

Problemlos verknüpft der noble Idealismus Schillers das Naheliegende mit dem Fernsten, die Gegenwart mit der Vergangenheit. Ein natürliches, mütterliches Band umschlingt die Lebensalter des Einzelnen und die Epochen der Menschheitsgeschichte, verbindet Mensch und Mitmensch, die Menschheit als ganze, synchron wie diachron. Aber es ist dies, so dürfen wir vermuten, nur ein vorübergehendes Glücksgefühl, ein überhöhter Augenblick, der die voraufgegangene Schreckensvision nicht unmöglich, geschweige denn vergessen macht. In Wahrheit ist die Sonne Homers längst ausgebrannt, werden im solaren Fusionsmeiler ganz andere Wasserstoffatome zu Helium verschmolzen, nimmt das Sonnensystem infolge der Rotation der Milchstraße eine veränderte Position ein, hat sich die Galaxis weiter vom Zentrum des Universums entfernt. Goethe, der im Gegensatz zu Schiller zugleich ein bedeutender Naturforscher war, hat diese völlig veränderte „Natur" der modernen Natur denn auch mit sicherem Blick erkannt, als er feststellte, „daß die Natur, die uns zu schaffen macht, gar keine Natur mehr ist, sondern ein ganz anderes Wesen als dasjenige, womit sich die

Das verlorene Paradies und seine Rückgewinnung 41

Griechen beschäftigten"[51]. Was auch immer der Übergang vom französischen Architektur- zum englischen Landschaftsgarten daher bedeuten mag, eine Rückkehr zur Natur war er gewiß nicht. Schon der locus amoenus des Rokoko, den man getrost als adligen Vorläufer des bürgerlichen Landschaftsgartens betrachten kann, ist ein Produkt der Herrschaft. Kein Wolf bricht aus dem nahen Gehölz, um Schäfer und Schäferin zu zerreißen; das besorgen sie, wenn nötig, schon selbst: homo homini lupus.

Was sich mit der Revolution der Gartenkunst wandelt, ist daher weniger der Gehalt als die Gestalt der menschlichen Naturbeherrschung. Versailles – das ist „Mutter Natur" im höfischen „Sonntagsstaat", der Englische Garten in München zeigt sie im häuslichen Freizeitlook. Im Zeichen des Naturrechts bekommt auch die Natur scheinbar ihr Recht: Der Buchs darf wieder wachsen, wie es seinem genetischen Code entspricht. In der Tat gibt sich der Landschaftspark als Ort der Zwanglosigkeit: War der Architekturgarten eine Einbeziehung der Umgebung ins Haus, präsentiert sich der Landschaftsgarten als Einbeziehung des Hauses in seine Umgebung[52]. Hier herrscht der Schein der Natürlichkeit und mit ihm der Schein einer vermeintlich natürlichen Freiheit, kurzum: ein dem Laissez–faire korrespondierendes Laissez–croître. Und doch ist die neue Freiheit nur eine Schein–Freiheit. Gärtner und Gartengestalter wurden ja nicht über Nacht arbeitslos. Im Gegenteil, sie schrieben bald mehr und dickere Bücher als ihre barocken Vorgänger. Wirkungsästhetisch wird der Landschaftsgarten am Ende nicht weniger optimiert als der Architekturgarten. Komposition, also menschlicher Geist, waltet hier wie dort - man sieht es nur nicht so deutlich.

Nichts macht die Schein–Natur der Freiheit und die Schein–Freiheit der Natur deutlicher als die ästhetische Entgrenzung des Landschaftsgartens, die die überkommenen Zäune und Mauern optisch hinwegzuzaubern versuchte. Neben natürlichen Begrenzungen wie Seen und Bächen diente hierzu vor allem der Ha–Ha, eine in der Erde versenkte Abgrenzung, die der Lustwandelnde erst bemerkte, wenn er unmittelbar vor ihr stand. Der Ha–Ha hat in der Folge geradezu Schule gemacht, „als klar wurde, daß ein Landschaftsgarten theoretisch nirgends ein Ende hat und der Kern ist für die Ausbreitung des Paradieses über die ganze Welt"[53]. Politisch ausgedrückt: Das Privateigentum kennt keine Grenzen.

In der Tat ist das Bürgertum die erste Klasse, die als weltweite Menschheitsbeglückerin auftritt. Die Erklärung der Menschen- und Bürgerrechte gilt virtuell noch dem letzten, unedelsten Wilden und beschert ihm, ob er es will oder nicht,

---

51 J. W. Goethe, Maximen und Reflexionen, in: Sämtliche Werke Bd. 9, (München 1977), 671.
52 Vgl. hierzu Ritter (34), 188.
53 Hans Daiber, „Wir pumpen die Fische direkt in die Küche". Erkundungen in Europas ersten Landschaftsgärten, in: Die Welt v. 5.7.1986.

einen unveräußerlichen Rechtsanspruch auf alle Errungenschaften der Zivilisation. Der ästhetischen Entgrenzung im privaten Landschaftsgarten entspricht daher die öffentliche Forderung nach „natürlichen Grenzen" für das jeweilige Staatsgebiet. Natürlich aber, und das ist der Witz dieser scheinbaren Definition, ist allenfalls der Flächeninhalt des Erdkugelmantels. Marx und Engels haben diese Landnahme im „Manifest der Kommunistischen Partei" zutreffend beschrieben: „Die Bourgeoisie reißt durch die rasche Verbesserung aller Produktionsinstrumente, durch die unendlich erleichterten Kommunikationen alle, auch die barbarischsten Nationen in die Zivilisation. Die wohlfeilen Preise ihrer Waren sind die schwere Artillerie, mit der sie alle chinesischen Mauern in den Grund schießt, mit der sie den hartnäckigsten Fremdenhaß der Barbaren zur Kapitulation zwingt. Sie zwingt alle Nationen, die Produktionsweise der Bourgeoisie sich anzueignen, wenn sie nicht zugrunde gehen wollen; sie zwingt sie, die sogenannte Zivilisation bei sich selbst einzuführen, d.h. Bourgeois zu werden. Mit einem Wort: sie schafft sich eine Welt nach ihrem eigenen Bilde"[54].

Die Ausbreitung des Einkaufs–Paradieses über den Globus erfolgt in der Form der Massenproduktion: Wenn der Topos nur zahlreich genug ausgestoßen wird, erfüllt sich die Utopie eines schönen Tages mit unwiderstehlicher Gewalt von selbst. Ihr Entstehungszeitpunkt fällt exakt mit der Schließung der letzten Marktlücke zusammen. Der Kleingartenapostel Wegmann bietet für diesen Funktionszusammenhang ein anschauliches Beispiel: „Fangen wir also ruhig einmal mit einem Stück heiler Welt bei uns selber an. Schaffen wir uns ein Gärtchen und rücken wir dann alle diese Millionen winziger Gärtchen zusammen, immer näher und näher, bis zuletzt daraus ein Weltgesundheitspark unvorstellbaren Ausmaßes wird"[55].

Trotz dieser Einwände wohnt Landschaft auch ein Moment realer Freiheit inne, und zwar zunächst in dem Sinne, daß hier ein Erlebnisraum entsteht, der seiner Natur nach volkstümlich, um nicht zu sagen, demokratisch ist. Der herrschaftliche Barockgarten war ein kompliziertes Gesamtkunstwerk, das zugleich als sommerliche Bühne diente, auf der sich das fürstliche Welttheater – wenn auch oft nur im Duodezformat – in repräsentativer Form abspielte. Der bürgerliche Landschaftsgarten erweist sich dagegen als einfach strukturiert, leicht verständlich, ja konsumierbar. Seine Rezeption verlangt keine Bildung, wie sie der Kunstgenuß barocker Boskette, Parterres und allegorischer Statuen erfordert. „Das ästhetische Erlebnis der Landschaft und Natur ist sozialisierbarer als das

---

54 Marx/Engels, Manifest (42), 466.
55 Wegmann, Gärten und die Gefahren der Zivilisation, in Der Kleingarten 4 (1969), zit. n. Sozialpolitische und städtebauliche Bedeutung des Kleingartenwesens, Bonn 1976, 18.

der Kunst; es beruht nicht in dem Maße wie der Zugang zu Kunstwerken auf literarischer Bildung, sondern ist unmittelbar sinnlich und gefühlsmäßig zugänglicher. Die herablassende Verachtung literarisch gebildeter Intellektueller gegenüber dem romantischen Genuß der Natur sollte uns nicht darüber hinwegtäuschen, daß hier breite und kräftige Wurzeln des ästhetischen Erlebens für viele Menschen liegen"[56].

Die reale Basis dieser Freiheit bildet freilich die Emanzipation des Menschen von der Natur, die in dem Augenblick massenhaft einsetzt, in dem der homo sapiens seinen Lebensunterhalt auf eine eigene, von den Launen der Natur vermeintlich unabhängige Basis stellt. Mit der Verkehrung des alten Abhängigkeitsverhältnisses wuchs dem Menschen allerdings zugleich eine neue Verantwortung zu, deren Bandbreite zwischen den Extremen von Freiheit und Willkür, Selbstherrlichkeit und Selbstbeschränkung schwankt. Wie problematisch sich die neugewonnene Machtvollkommenheit im Einzelfall darstellt, belegt die folgende, programmatische Aussage eines führenden Kleingartenfunktionärs: „Ja, der Kleingärtner genoß in seinem Garten noch immer volle Lebensqualität. Denn was ist Lebensqualität? Es ist das Wesen des Menschen selbst: das, was den Menschen zum Menschen macht, die schöpferische Tat, die Möglichkeit, eine Initiative zu ergreifen, etwas zu meistern, etwas aus dem Nichts zu formen, zu schaffen, nach seinem Gutdünken und Willen. Für dieses Erleben liefert der Garten das Instrument. Hier kann er pflanzen, schneiden, formen, ausreißen, zerstören und wieder aufbauen. Er kann sich die Erde untertan machen"[57]. Wie man sieht, sind wir wieder an unserem Ausgangspunkt angelangt. Erneut stehen Adam und Eva vor uns. Ihr Kleingarten blüht, wächst und gedeiht, und aus dem Äther dringt die elektronisch verstärkte Botschaft: „Seid fruchtbar und mehret euch und füllet die Erde und machet sie euch untertan" [58].

Wollte man angesichts dieser einleitenden Befunde ein vorläufiges Resümee ziehen, ließe sich glaubhaft machen, daß der Kleingarten, wenn er denn tatsächlich so etwas wie ein Paradies ist, zuerst und vor allem ein Paradies darstellt, in dem mehr oder minder hemmungslos gearbeitet wird; denn Arbeit, das mußte selbst eine so heitere, aufrichtige und ungekünstelte Natur wie Candide erfahren, stellt wenigstens in der bürgerlichen Gesellschaft das einzige Mittel dar, das Leben erträglich zu machen. Während in den Architekturgärten des Barock leichtgeschürzte Faune und Nymphen ihr mutwilliges Spiel trieben, und in den Landschaftsgärten der Aufklärung Freiheitsmonumente prangten – in England etwa

---

56 So Helmut Schelsky beim 13. Mainauer Gespräch „Freizeitlandschaft der Zukunft" im Jahre 1970, zit. n. Gärten im Städtebau. Dokumentation zum 1. - 14. Bundeswettbewerb, Bonn 1981, 16.
57 Weirich (7), 16f.
58 1. Mose 1, 28.

eine Ruine, die an die Kriege der Barone oder die Magna Charta erinnern sollte –, bevölkern den Kleingarten – Gartenzwerge, kleine, sinnbildliche Verkörperungen nützlicher, kontrollierter Naturkräfte, die, streng arbeitsteilig organisiert, bald mit Schubkarre oder Rechen, bald mit Gießkanne oder Spaten, immer aber mit männlichen Ernst ihrer Arbeit nachgehen. Es deutet daher alles darauf hin, daß uns im Kleingarten zuerst und vor allem ein spezifisch modernes Phänomen entgegentritt, bildet ein Garten doch stets „das Idealbild des Menschen von der Welt, und da die meisten Menschen von der Gesellschaft, deren Teile sie sind, geprägt werden, so folgt daraus, daß der Garten jeder Gemeinschaft und jeder Periode die Traumwelt der Zeitgenossen spiegelt, und das Wunschbild der betreffenden Epoche ist"[59].

---

59 Clifford (17), 9

2. Die Armengärten des frühen 19. Jahrhunderts.

2.1. Das englische Vorbild: „allotments to the labouring poor"[1].

Eine bekannte Feststellung von Marx besagt, daß „das industriell entwickeltere Land (...) dem minder entwickelten nur das Bild der eigenen Zukunft" zeige[2]. In der Tat war England, das klassische Land der industriellen und politischen Doppelrevolution der Moderne, zugleich das Ursprungsland der europäischen Kleingartenfürsorge. Obwohl die ersten Allotments für land- und rechtlose Arme bereits während der Auflösung des mittelalterlichen „Manorial System" im 14. und 15. Jahrhundert entstanden[3], erfolgte ihr sozialpolitischer Durchbruch erst im Zuge der „ursprünglichen Akkumulation"[4]. Mithilfe der „Bills for Enclosures of Commons"[5] hegte das Parlament zwischen 1760 und 1867 rund „7 Millionen Acres (= 2.828.800 ha) Gemeindeland (ein). Um die Häusler für ihre verlorenen Nutzungsrechte zu entschädigen, sahen viele dieser Einhegungen vor, ihnen Gartenlandparzellen bereitzustellen. Diese wohlwollende Absicht scheint fehlgeschlagen zu sein, da zwischen 1845 und 1867 fast eine halbe Million Acres (= 202.340 ha) Land eingehgt, aber nur 2.119 Acres (= 853 ha) für die Armen bereitgestellt wurden."[6]Die ungeheure Dynamik, mit der die Enclosures „gerade im ausgehenden 18. Jahrhundert vollzogen wurden, verdeutlicht eine Statistik, in der alle durch 'Private Parliamentary Acts' (...) herbeigeführten Verfahren aufgelistet sind. Danach entwickelten sich die Einhegungen seit 1700 in jeweils 20 Jahre umfassenden Zeiträumen wie folgt: 9, 68, 194, 1066 und 793. Dabei erreichte die Zahl der Einhegungen im Jahrzehnt 1770/1780 mit 642 'Private Acts' ihren Höhepunkt. Gelegentlich wird diese Dekade (daher) als 'Höhepunkt der Agrarrevolution' bezeichnet"[7]. Wie blutig ernst die bürgerlichen „Private Acts"

---

1 So der zeitgenössische Terminus laut: Allotments, in: Encyclopaedia of the Social Sciences, Vol. II, New York 1949, 5.
2 K. Marx, Das Kapital, Bd. 1, in: MEW 23, Berlin/Ost 1972, 12.
3 F. L. Tomlinson, The Cultivation of Allotments in England and Wales during the War, in: International Review of Agricultural Economics (n.s.), Vol. 1 (1923), 164f.
4 Vgl. Marx (2), 741-791.
5 Ebd., 753-756.
6 Allotments, in: Everyman's Encyclopaedia, Bd. 1, London u. a. 1978, 232. Übersetzung von mir.
7 Klaus Hermann, Pflügen, Säen, Ernten. Landarbeit und Landtechnik in der Geschichte, (Reinbek 1985), 137.

den etymologischen Sinn des Wortes privat(isieren) nahmen, bezeugt ein weit verbreiteter, überaus populärer Vierzeiler, der die Un–Rechtssetzung des Parlaments mit dialektischem Scharfsinn karikierte:

> „The law condemns the man or woman
> Who steals the goose from of the common
> But let's the greater sinner loose
> Who steals the common from the goose"[8].

Obwohl die ländlichen Allotments 1819 erstmals Gegenstand einer selbständigen, im Laufe des Jahrhunderts wiederholt ergänzten Gesetzgebung wurden[9], bedeuteten sie für die enteigneten Häusler und Tagelöhner nicht viel mehr als eine unzureichende Brosame, zumal die Vergabe von Gartenparzellen im Zuge der liberalen Transformation des öffentlichen Fürsorgewesens[10] politisch unter Druck geriet. Hauptgegenstand liberaler Kritik bildete zunächst das herkömmliche, seit 1796 landesweit geltende „Speenhamland–System" mit seinen öffentlichen, am Brotpreis orientierten Lohnzuschüssen für Bedürftige. In den Augen der englischen Bourgeoisie behinderte dieses leistungsfeindliche Verfahren die Herausbildung eines freien Arbeitsmarktes, indem es einerseits den Arbeitern unverdiente Subsistenzmittel sicherte und andererseits der Landwirtschaft einen kostenlosen Lohnvorteil gegenüber der Industrie garantierte. Als die Whigs 1830 die Regierungsgewalt zurück erlangten, erzwangen sie daher mit der Einführung des „Less Eligibility Test" im Rahmen des Poor Law Amendment von 1834 eine prinzipielle Trennung von Arbeiter– und Armenpolitik. Der gezahlte Unterstützungssatz lag von da an grundsätzlich unter dem Mindestlohn und wurde „nur natural und für die Able Bodied (Arbeitsfähigen) nur unter Aufsicht und Arbeitsdisziplin des Armen– und Arbeitshauses gewährt"[11].

Im gleichen Jahr endete auch die bis dahin bestehende formelle Verbindung von Gartenlandvergabe und Armenunterstützung[12]. Ihre Einstellung schloß zugleich die bis dahin andauernde öffentliche Debatte über Vor– und Nachteile der Allotments ab. Mit der parlamentarischen Macht bekamen die Liberalen auch in dieser Streitfrage wohl oder übel Recht, obwohl sie einräumen mußten, daß „die

---

8 G. W. Giles, The Origin and Progress of Allotments in Britain, in: Der Fachberater für das deutsche Kleingartenwesen 3 (8/9) (1953), 6.
9 Vgl.: Allotments (1), 5; Tomlinson (3), 166f.
10 Florian Tennstedt, Sozialgeschichte der Sozialpolitik in Deutschland, (Göttingen 1981), 85ff.
11 Ebd., 87.
12 Allotments (1), 5.

Die Armengärten des frühen 19. Jahrhunderts 47

Bewirtschaftung eines Allotments den Pächter und seine Familie zu Mäßigkeit, Fleiß und Sparsamkeit anhielt"[13].

Diese volkspädagogischen Funktionen der Allotments gewannen in der Folgezeit zunehmend öffentliches Gewicht und trugen nicht unerheblich dazu bei, das multifunktionale Bild der späteren Kleingärten vorwegzunehmen. Einen besonderen Stellenwert nahmen in diesem Zusammenhang die Mitteilungen der Poor Law Commissioners aus dem Jahre 1843 ein. Ihnen zufolge vermehrten die Allotments „das Einkommen des Arbeiters, die Reichhaltigkeit und Mannigfaltigkeit der Nahrungsmittel, gaben Frauen und Kindern Gelegenheit, sich zu beschäftigen und erzeugten Fleiß, Höflichkeit und Ehrlichkeit"[14]. „Der Arbeiter gehe weniger ins Wirtshaus, bleibe bei seiner Familie, Mann, Frau und Kinder arbeiteten zusammen. Sie änderten den Charakter unwirtschaftlicher Menschen, höben die Stellung des Arbeiters in seiner eigenen Achtung, gäben ihm ein Gefühl der Unabhängigkeit und der Selbstachtung und ersetzten zum Teil '*den Mangel an harmlosen Vergnügen und vernünftiger Erholung, welcher so besonders schwer auf den unteren Klassen dieses Landes lastet* und zu den Ursachen gerechnet werden muß, welche zum *Verbrechen* führen'"[15].

Bei den Theoretikern des Manchestertums bewirkten diese Einsichten freilich zunächst keinen Sinneswandel. Zwar räumte der liberale Ökonom John Stuart Mill 1848 ein, daß „ein wesentlicher Unterschied zwischen der Ergänzung unzureichender Löhne durch einen im Wege der Besteuerung aufgebrachten Fond und (…) der Erreichung des gleichen Zweckes durch Mittel (bestehe), die augenscheinlich den Rohertrag des Landes vermehr(t)en (…), ob man einen Arbeiter durch Unterstützung seiner eigenen Erwerbstätigkeit (helfe), oder ob man seinen Unterhalt in einer Art ergänz(e), die die Tendenz (habe), ihn sorglos und träge zu machen"[16], doch sah der Verfasser die für alle Formen der Lohnbezuschussung geltende Gefahr, „daß sie den Preis für die Arbeit herabdrück(t)en"[17], „wenn das System allgemein (würde)"[18], als weitaus gravierender an. Erst im Zuge der „großen Depression" gaben die Liberalen ihren Widerstand gegen die staatliche Vergabe von Gartenlandparzellen auf und schwenkten in der zweiten Amtszeit ihres Premierministers William Ewert Gladstone auf die Linie der Allotment-Befürworter ein. Der Hauptgegenstand des 1882 verabschiedeten

---

13 Ebd.
14 Referiert von Wilhelm Hasbach, Die englischen Landarbeiter in den letzten 100 Jahren und die Einhegungen, Leipzig 1894, 244.
15 Ebd., 245. Hervorhebungen i.O. gesperrt.
16 John Stuart Mill, Grundsätze der politischen Ökonomie, Bd. 1, 2. Aufl. Jena 1924, 545.
17 Ebd., 545f.
18 Ebd., 547.

„Allotment Extension Act" waren freilich nicht mehr in erster Linie die ländlichen „field allotments", sondern die im Gefolge der Urbanisierung allenthalben aufgekommenen städtischen „garden allotments"[19].

Während die staatliche Förderung der Allotments in England unter dem Einfluß der Liberalen in der Zwischenzeit weitgehend stagnierte, erregten die spontan weiterwachsenden Gartenlandbestrebungen der britischen Bevölkerung in Deutschland das Interesse des sozialkonservativen Genossenschaftstheoretikers Victor Aimé Huber. Huber war denn auch vermutlich der erste Deutsche, der die Allotments auf einer Studienreise im Sommer 1854 kennengelernt und der deutschen Öffentlichkeit bekanntgemacht hat. Er beschrieb sie am Beispiel der Pachtgärten der „Coventry Labourer's and Artisan's Cooperative Society". Die 1842 von einem „Schulmeisterlein mit ein paar armen Handwerkern und Fabrikarbeitern"[20] gegründete Assoziation, die zunächst dem gemeinsamen Kohleneinkauf und der Darlehensbeschaffung diente[21], hatte in der Folgezeit auch Gartenland angepachtet und an die Genossen untervermietet[22]: „Die Gärten, etwa 200, zu je einem viertel, halben oder ganzen Acre, waren in ihrer mannigfaltigen Ordnung oder Unordnung im Diamantenglanz der Morgensonne und des Morgenthaus gar lustig anzusehen, und hätte ich Zeit gehabt, ich hätte allerlei Schlüsse aus der Physiognomie der Gärten auf die Besitzer ziehen wollen. Im Ganzen herrschte allerdings das bloße Nützlichkeitsprincip vor; dann bei einigen das Bedürfniß bequemern Anblicks und Genusses in allerlei oft seltsamen Laubenbauten. Bei wenigen, und doch häufiger als ich es erwartet hatte, zeigte sich Freude an Blumen und Sinn für Anordnung und Sauberkeit. Doch scheint der Hauptzweck in den meisten Fällen vollkommen erreicht zu sein: nicht blos eine Vermehrung gesunder Nahrungsmittel mit den möglichst geringsten Kosten und unter Benutzung der Zeit, die sonst verloren oder schlecht und kostbar verwendet wird, sondern auch eine geistige und leibliche Erfrischung an und in der Natur"[23].

Die enge Verwandtschaft der Allotments mit den modernen Kleingärten tritt bei dieser frühen Beschreibung deutlich hervor: Die Allotments liegen auf Pachtland, ihre Anmietung erfolgt im Rahmen einer Vereinigung, die Untermieter entstammen der Arbeiter- und Handwerkerschaft. Auch die fragwürdige

---

19 Vgl. Allotments (1), 5; Tomlinson (3), 166; Hasbach (14), 348.
20 Victor Aimé Huber, Reisebriefe aus England im Sommer 1854, Hamburg (1855), 241. Vgl. auch Peter Schmidt, Die Bedeutung der Kleingartenkultur in der Arbeiterfrage, Berlin 1897, 20ff.
21 Huber (20), 249.
22 Ebd., 245.
23 Ebd., 245f. Ein acre entspricht 40,47 a = 4.047 qm. Die Parzellen waren also rd. 1.012, 2.024 oder 4.047 qm groß.

Die Armengärten des frühen 19. Jahrhunderts 49

Schönheit der Anlage mit ihren „seltsamen Laubenbauten" und ihre Zweckbestimmung im Rahmen gesunder Ernährung, sinnvoller Freizeitbeschäftigung und seelisch–körperlicher Regeneration am „Busen der Natur" lassen sich bruchlos mit dem späteren laubenkolonialen Ambiente vermitteln, zumal die Idylle der Assoziationspachtgärten bereits bei Huber einer „Mammonswelt" kontrastiert, deren „schwärzester Kern Manchester selbst ist"[24].

2.2. Armengärten in Deutschland: landesherrliche und stadträtliche Reformbestrebungen zur Minderung der Armenlast des Pauperismus.

Wie in England entstanden die ersten Gartenlandparzellen für Arme[25] auch in Deutschland im Gefolge der zerfallenden spätfeudalen Agrargesellschaft. Im Spannungsfeld der durch die Napoleonischen Kriege beschleunigten Entfeudalisierung und der dank englischer und niederländischer Technologietransfers vehement fortschreitenden Agrarrevolution mit ihrer beispiellosen Vermehrung und Mobilisierung der einheimischen Bevölkerung entwickelte sich in der ersten Hälfte des 19. Jahrhunderts eine bis dahin unbekannte, durch das frühkapitalisti-

---

24 Ebd., 233.
25 Vereinzelt werden auch die 1789 von Kurfürst Karl Theodor von Pfalzbayern begründeten Militärgärten zu den Vorläufern der deutschen Kleingärten gerechnet. So: Edmund Gassner, Geschichtliche Entwicklung und Bedeutung des Kleingartenwesens im Städtebau, Bonn 1987, 14-18. Die auf eine Anregung des kurbayerischen Kriegsministers, Sir Benjamin Thompson, zurückgehenden Gärten existierten allerdings nur bis 1802 (Ebd., 17.). Sie wurden offensichtlich nicht einmal in jeder Garnisonsstadt angelegt. Das bekannteste Beispiel dieses Gartentyps bildete die Militärgartenanlage des 1792 eröffneten Theodorparks im Auengelände der Isar nordöstlich von München. Siehe auch: Margret Wanetschek, Die Grünanlagen in der Stadtplanung Münchens von 1790-1860, München 1971, 13. Ihre Funktion bestand zudem nicht nur darin, eine „sinnvolle Freizeitbeschäftigung des Militärstandes mit einem ökonomischen Nutzen für das gesamte Volk zu verbinden" und „Agrarkenntnisse – vor allem im Kartoffelbau – an die landwirtschaftlichen Betriebe des ganzen Landes weiter(zu)vermitteln" (Ebd., 15.). Die Gärten sollten vielmehr zugleich als „öffentliche Promenaden" dienen und obendrein als „Lehrbeispiele militärischer Schanzarbeit" in die soldatische Ausbildung einbezogen werden (Ebd., 13.). Diese Ausbildungsfunktion betonen auch: Waldemar Kuhn, Kleinbürgerliche Siedlungen in Stadt und Land, München 1921, 99f.; Egon Larsen, Graf Rumford. Ein Amerikaner in München, München 1961, 98. Nach Funktionsbestimmung und Zielgruppe lassen sich die Militärgärten denn auch weit zutreffender in die bekannten Arbeitseinsätze des stehenden Heeres bei landesherrlichen Baumaßnahmen einordnen als in die Vorgeschichte des großstädtischen Kleingartenwesens. Vgl. zum „produktiven Arbeitseinsatz" der stehenden Heere in Deutschland: Hb. zur deutschen Militärgeschichte, hg. v. MGFA, Bd. 1, München 1979, 185f.

sche Manufaktur- und Verlagswesen nur unzureichend aufgefangene Form der Massenarbeitslosigkeit, die im vormärzlichen Pauperismus ihren charakteristischen Ausdruck fand[26]. „Fast überall wuchs die Bevölkerung schneller als die Erwerbschancen, während gleichzeitig die bisherigen Möglichkeiten landwirtschaftlicher Selbstversorgung einschließlich der traditionellen Existenzsicherung durch die Nutzung der Gemeindeweiden und -wälder oder durch die Lese- und Sammelrechte in den herrschaftlichen Forsten immer stärker beschnitten wurden"[27]. Auch die geistlichen Fürstentümer und Kirchengüter hatte man in der „Fürstenrevolution" von 1803 großzügig säkularisiert, die von ihnen unterhaltenen mildtätigen Institutionen dagegen rücksichtslos liquidiert. „Indem man das Klostereigentum zum Privateigentum machte und etwa die Klöster entschädigte, hat(te) man (freilich) nicht die Armen entschädigt, die von den Klöstern lebten"[28].

Angesichts dieser sich öffnenden Schere zwischen Hilfsbedürftigen und Hilfseinrichtungen mußten die verbleibenden sozialen Sicherungen trotz einer seit den 30er Jahren verstärkten Auswanderung[29] über kurz oder lang unweigerlich durchbrennen. „In großen Städten wie Hamburg, Köln, Barmen und Elberfeld erhielten regelmäßig 10-20% der Bevölkerung Armenunterstützung, in besonderen Krisenjahren sogar bis zur Hälfte der Bevölkerung (...). Auf dem Lande verdreifachte sich die Zahl der Angehörigen unterbäuerlicher Schichten in der ersten Hälfte des Jahrhunderts; nahezu 50% aller Dorfbewohner Preußens waren eigentumslos, bis zu 70% waren überwiegend auf Lohnarbeit angewiesen"[30]. Da die Armenfürsorge trotz der neuen Freizügigkeit und dem mit ihrer Einführung verbundenen Wechsel des Unterstützungswohnsitzes vom Geburts- zum Wohn-

---

26 Grundsätzlich zum Pauperismus: Hans-Ulrich Wehler, Deutsche Gesellschaftsgeschichte, Bd. 2, Frankfurt/M. o.J., 283-286. Als Quellensammlung immer noch unentbehrlich: C. Jantke u. D. Hilger (Hg.), Die Eigentumslosen. Der deutsche Pauperismus und die Emanzipationskrise in Darstellungen und Deutungen der zeitgenössischen Literatur, Freiburg – München (1965).
27 Reinhard Rürup, Deutschland im 19. Jahrhundert 1815-1871, Göttingen 1984, 162.
28 K. Marx, Debatten über das Holzdiebstahlsgesetz, in: MEW 1, Berlin/Ost 1972, 117.
29 Sozialgeschichtliches Arbeitsbuch I. Materialien zur Statistik des Deutschen Bundes 1815-1870, München (1982), 34. Vgl. zur damals bereits ausführlich erörterten revolutionsprophylaktischen Entlastungsfunktion der Auswanderung z.B.: Traugott Bromme, Die freie Auswanderung als Mittel zur Abhilfe der Noth im Vaterlande, Dresden 1831, 9; Martin Cunow, Europäische Auswanderungen zur Colonisierung Afrikas und Asiens am mittelländischen Meere. Beste Mittel zur Beruhigung Europas und gegen dessen Gefahr der Übervölkerung und Vermassung, 2. Aufl. Leipzig 1834.
30 Rürup (27), 161.

Die Armengärten des frühen 19. Jahrhunderts 51

ort in die Kompetenz der Kommunen fiel[31], setzten die Gemeinden, bei Strafe des eigenen Bankrotts, alles daran, sich der unproduktiven Kostgänger „durch sog. künstliche Verschiebung der Armenlast"[32] zu entledigen.

In dieses sozialpolitische Chaos mit seiner lokal borniertenRette–sich–wer–kann–Mentalität gegenseitiger Kosten– und Schuldzuweisungen fielen die ersten Ansätze einer Neuorientierung. Ihre Motive wurzelten ebensosehr im sozialen Verantwortungsbewußtsein einsichtiger Landesherren, städtischer Magistrate und wohlmeinender Philanthropen wie in der durch die „grande peur" des Sommers 1789 inspirierten Revolutions–„Gespensterfurcht" besorgter Philister[33]. Ein Element der einsetzenden sozialpolitischen Innovationen bildeten die ursprünglich aus dem Geist des polizeiwissenschaftlichen Reformabsolutismus[34] entstandenen Armengärten. Ihr Entstehungsgebiet war Schleswig-Holstein, das seit dem Erwerb Glücksburgs im Jahre 1779 vollständig zu Dänemark gehörte, ihr Ziehvater „der volkstümliche, durch seine freimaurerischen Neigungen und alchimistischen Forschungen sowie durch seinen Hang zum Okkultismus und Mystizismus bekannte Landgraf Karl von Hessen (...), der von Gottorf und seiner Sommerresidenz Louisenlund (...) aus die Aufsicht über die gesamte Verwaltung führte"[35].

Schon auf seiner hessischen Besitzung Völckershausen hatte der Statthalter den Versuch unternommen, noch arbeitsfähigen Verarmten statt Almosen unkultivierte Landstücke zur Bebauung zuzuweisen[36]. Bereits diese frühe Anlage zeigte den zwiespältigen, halb konservativen, halb innovativen Charakter der nun einsetzenden Bestrebungen: Abgabe von Ödland, ländliche Lage und anfängliche Abgabenfreiheit erinnerten an den territorialherrlichen Landesausbau der Vergangenheit, Zielgruppe und Intention an die sich herausbildende „produktive Armenfürsorge"[37] im Vorfeld des „Elberfelder Systems"[38], das nach dem Grundsatz der „Hilfe zur Selbsthilfe" den Geber von der finanziellen Bela-

---

31 Tennstedt (10), 42f.
32 Ebd., 44.
33 Wehler (26), 282 u. 290f.
34 Vgl. ebd., Bd. 1, 233-236.
35 Otto Brandt, Geschichte Schleswig-Holsteins, 7. Aufl. Kiel 1976, 206. Landgraf Karl von Hessen–Kassel war der Schwager Christians VII. und der Schwiegervater Friedrichs VI. Er übte seine, im wesentlichen repräsentative, Funktion – oberste Verwaltungsbehörde war die Deutsche Kanzlei in Kopenhagen – von 1768 bis zu seinem Tode 1836 aus. Siehe dazu: ADB, Bd. 15, Nachdruck Berlin 1969, 296f.
36 Ernst Erichsen, Das Bettel– und Armenwesen in Schleswig-Holstein während der ersten Hälfte des 19. Jahrhunderts, in: Zs. der Gesellschaft für Schleswig-Holsteinische Geschichte 80 (1956), 119f.
37 Ebd., 119.
38 Vgl. hierzu: Tennstedt (10), 95f.

stung, den Empfänger von der demoralisierenden Wirkung „milder Gaben" zu entlasten suchte. Die „Hilfe zur Selbsthilfe" erfolgte dabei nach dem Prinzip: Lieber Arbeit als Naturalien, lieber Naturalien als Geld[39], da die ebenso wohlhabenden wie wohlmeinenden Philanthropen fest davon überzeugt waren, daß „im Gelde für die meisten Armen eine große Versuchung (läge) und könnten sie richtig damit wirtschaften, so wären sie vermutlich gar nicht arm"[40].

Nach dem Pionierversuch Völckershausen und einem Pilotprojekt in Kappeln, wo 1806 die Karls–Gärten eingerichtet wurden, eine 10,7 ha große, in Erbpacht vergebene Anlage parzellierter Landstücke, die freilich vor allem dem Gartenmangel innerhalb des Städtchens abhelfen und die Gegend verschönern sollten[41], unternahm der Statthalter um die Jahreswende 1821/22, unterstützt von dem Landinspektor Friedrich Wilhelm Otte[42] und offenbar in engem Kontakt zum dänischen König Friedrich VI.[43], den Versuch, seine Erfahrungen aus der privaten Retorte in die soziale Wirklichkeit zu überführen. Karls Initiative stieß freilich zunächst auf den passiven Widerstand vieler Städte[44], die angesichts des 1808 auch in Schleswig–Holstein erfolgten Wechsels im Unterstützungswohnsitz vom Geburts– zum Aufenthaltsort der letzten drei Jahre die Armen lieber abschoben als ernährten[45], zumal im Gefolge der Aufhebung der Leibeigenschaft am 1.1.1805[46] und der durch sie begünstigten Bevölkerungszunahme[47] die Armenlast landesweit sprunghaft angestiegen war. Gleichwohl erschienen die Bestrebungen des Statthalters in den Augen der Schleswig–Holsteinisch–Lauenburgischen Kanzlei in Kopenhagen[48] dringend geboten, da die Landwirtschaft zu diesem Zeitpunkt von einer bis in die 30er Jahre währenden Nachkriegskrise heimgesucht wurde, die Erb– und Zeitpächter derart unter Druck setzte, daß es zeitweise zu Massenkonkursen der Güter kam[49].

---

39 Wilhelm Roscher, System der Armenpflege und Armenpolitik. Ein Hand– und Lesebuch für Geschäftsmänner und Studierende, 3. Aufl. Stuttgart u. Berlin 1906, 72.
40 Ebd.
41 Zu den „Carls–Gärten": Günther Burmeister, Die Chronik des Kleingartenwesens von Kappeln, Kappeln 1961, 6-13; Richard Albert, Wie Kappeln sich in der Zeit von 1800 bis heute aus der Umklammerung des Roester Gutsbezirkes befreite, in: Jahrbuch des Angler Heimatvereins 37 (1973), 43-46.
42 Erichsen (36), 120.
43 Ebd., 122.
44 Ebd., 121.
45 Olaf Klose u. Christian Dege, Die Herzogtümer im Gesamtstaat 1721-1830, (Geschichte Schleswig-Holsteins 6), Neumünster 1960, 386.
46 Vgl. ebd., 242-265.
47 Vgl. ebd., 386f.
48 Erichsen (36), 121.
49 Klose / Dege (45), 389f.

Die Armengärten des frühen 19. Jahrhunderts 53

Nach einem ersten Erfolg in Schleswig, das 1821 23 Parzellen à 16 q(uadrat)–Ruten (= 338,4 qm)[50] „an 23 arbeitsfähige Arme und Bedürftige, die das Armenkollegium der Stadt ausgewählt hatte, und in Gegenwart der Stadtbeamten verlost"[51] hatte, wurden bis zum Frühjahr 1926 „in beiden Herzogtümern, ungefähr zu gleichen Teilen, reichlich 30 to Land zu 314 Armengärten ausgelegt"[52], umgerechnet also insgesamt 16,5 ha im Weichbild von 20 Städten, was einer – arithmetisch gemittelten – Durchschnittsgröße des Einzelgartens von 525,5 qm entspräche. Die beteiligten Städte waren in Holstein: Glücksstadt, Heiligenhafen, Itzehoe, Krempe, Neustadt, Oldenburg, Oldesloe, Rendsburg und Segeberg, in Schleswig: Apenrade, Burg, Eckernförde, Flensburg, Friedrichstadt, Hadersleben, Husum, Schleswig, Sonderburg, Tondern und Tönningen[53].

Überall verfolgte das Konzept neben der ökonomischen „Hilfe zur Selbsthilfe" und dem Ausbau des Landes zugleich eine offenkundig volkspädagogische Absicht, die gartentechnische Anleitung[54] und soziale Kontrolle bis hin zur „Weckung der Arbeitslust von Kindern"[55] verband. Der Medizinprofessor Adolph Friedrich Lüders pries die Armengärten deshalb mit Blick auf die zum Teil immer noch widerstrebenden Städte geradezu als „*Radicalmittel*" gegen das Übel der Armut[56]: „Die Ausgabe (…) für das Land zu den Gärten wird sich reichlich verzinsen an dem erwachenden Fleiße, an der beginnenden Ordnung im Hauswesen des Armen, an seiner größern Sittlichkeit, die dem Fleiße und der Ordnung sich immer bald zugesellt und die schon durch das moralische Selbstgefühl, daß er nicht ganz von fremder Unterstützung lebt, daß er sich aus seiner Dürftigkeit durch vermehrte Anstrengung herausarbeiten kann, wenn er selbst gewonnene Producte birgt und den Überfluß vielleicht verkauft, erwachen wird. Und daß er durch die Bearbeitung seines Gartens etwa den Tagelohn (…) verlie-

---

50 Erichsen (36), 120. Erichsen setzt fälschlich (?) 33 ha. Warum er hier, ebenso wie auf S. 119 u. 121, die Tonne (to), also die Fläche, die mit einer Tonne Korn besät werden konnte, für beide Herzogtümer einheitlich mit 260 q–Ruten (= 0,55 ha) ansetzt (Vgl. ebd., 123) bleibt unerfindlich. Nach O. Mensing (Hg.), Schleswig-Holsteinisches Wörterbuch, Bd. 5, Neumünster 1935, 110 herrschte in Schleswig-Holstein eine kleinteilige Gemengelage der Maßeinheiten, deren Hauptvertreter „lütt Tonn" (= 240 q–Ruten oder 0,5 ha) und „grot Tonn" (= 280 q–Ruten oder 0,58 ha) beide nicht mit der von Erichsen verwendeten Tonne übereinstimmen.
51 Erichsen (36), 120.
52 Ebd., 123.
53 Gartenanlagen für Arme, in: Schleswig-Holstein-Lauenburgische Provinzialberichte 15 (1826), 309.
54 Erichsen (36), 122.
55 Ebd., 124.
56 Adolph Friedrich Lüders, Einige Bemerkungen über mehrere Ursachen des Elends in der unteren Volksklasse, Altona 1829, 21. Hervorhebung i.O.

ren sollte, das ist nicht zu befürchten, da er theils gerne eine Stunde von seinem Feierabende an den Garten wendet, theils Alte und Kinder einen großen Theil seiner Bearbeitung besorgen können, ohne andern Erwerbsmitteln oder der Schule sich zu entziehen"[57].

Wie bedeutsam die arbeitspädagogische Vermittlung bürgerlicher Sekundärtugenden[58] für die Errichtung der Armengärten war, zeigt auch die Entwicklung der 1830 beginnenden Gartenlandvergabe durch die Stadt Kiel[59], wo sich die gartenbauenden Handwerker und Tagelöhner bei königlichen Besichtigungen nachgerade als wohlfahrtspolizeilicher Arbeitsdienst avant la lettre präsentierten: „Wenn König Friedrich VI. Kiel besuchte, so pflegte er die neue Einrichtung zu besichtigen und nahm dann gleichzeitig über die mit geschulterter Schaufel aufmarschierten Parzelleninhaber die Parade ab"[60]. Eine Impression aus dem Jahre 1882 ließ diese Kontinuitätslinie noch deutlicher hervortreten, indem sie zugleich ihren revolutionsprophylaktischen Zweck anklingen ließ: „Will man so recht die heilsamen Wirkungen der Einrichtung beobachten, so folge man einmal an einem Frühlingssonntage während der Bestellzeit der Gärten diesem munteren Völkchen hinaus in's Freie. Singend und neckend zieht bei Tagesgrauen Alles mit Kind und Kegel, mit Hacke und Spaten, den nöthigen Mundvorrath aber auch nicht zu Hause lassend, an die Arbeit. Da wird nun mit einer solchen Schaffenslust und Wirkensfreudigkeit bis in den sinkenden Abend gearbeitet, dass man wirklich in Erstaunen gesetzt wird. (...). Keiner will hinter dem Andern zurückstehen. Jeder setzt seine Ehre darin, seinen Garten am saubersten zu halten und die schönsten und grössten Erzeugnisse zu liefern. (...). Es gestaltet sich diese Einrichtung in der That zu einem nachahmungswürdigen Mittel, den Wohlstand der unteren Klassen zu heben und den Geist der Zufriedenheit in dieselben hineinzutragen"[61].

Ähnlich wie in Schleswig-Holstein entstanden Armengärten in der Folgezeit auch in anderen Teilen des späteren Deutschen Reiches. Ihre Einrichtung erfolg-

---

57 Ebd., 20f. Ähnlich Jantke u. Hilger (Hg.) (26), 61, 112 u.477.
58 Grundsätzlich zum Begriff der Sekundärtugenden: Carl Amery, Die Kapitulation oder Deutscher Katholizismus heute, Reinbek 1963, 10, 23, 27 u. 32; Paul Münch, Einleitung zu: Ordnung, Fleiß und Sparsamkeit. Texte und Dokumente zur Entstehung der „bürgerlichen Tugend", (München 1984).
59 Grundsätzlich zur Kieler Entwicklung: Paul Trautmann, Kiels Ratsverfassung und Ratswirtschaft, Kiel 1909 sowie für die Folgezeit: L. Krütgen, Öffentliche Gärten, in: P. Chr. Hansen (Hg.), Schleswig-Holstein, seine Wohlfahrtsbestrebungen und gemeinnützigen Einrichtungen, Kiel 1882, 664-668; Die städtischen Gärten in Kiel, in: Concordia VIII (18) (1901), 221f.; Familiengärten und andere Kleingartenbestrebungen für Stadt und Land, Berlin 1913 (Schriften der ZfV (N.F. 8)), 107-111.
60 Trautmann (59), 372.
61 Krütgen (59), 667.

Die Armengärten des frühen 19. Jahrhunderts 55

te freilich nirgendwo sonst auf die zentrale Initiative eines Landesherrn bzw. seines Statthalters, sondern aufgrund der lokalen Bemühungen städtischer Magistrate. Zu nennen wären hier seit 1829 Königsberg[62], seit 1832 Leipzig[63], seit 1833 Berlin[64] sowie Frankfurt/M.[65]. In der späteren „Schreberstadt" Leipzig entstanden die Gärten auf Anregung des Stadtrats Seeburg, der 1832 mit Unterstützung der Deputierten vom Rat die Erlaubnis erwirkte, eine Sandgrube bei der Johannisvorstadt zu kultivieren[66] und mit Hilfe von 300 „arbeitslosen Handwerkern"[67] „aus dieser öden Gegend ein schönes Paradies zu schaffen"[68]. Der sozialpolitische Zweck der Anlage Johannisthal lag auch für die Leipziger Honoratioren in erster Linie weniger im physischen als im moralischen Gewinn[69]. Zielgruppe waren dabei nicht zuletzt die Kinder, die sich durch ein derartiges Projekt nach Meinung der Initiatoren „von den wilden Freuden der Welt abziehen lassen, so daß die fromme und einfache Sitte unserer Väter auch wieder in unsere Mauern zurückkehret"[70].

In die gleiche Richtung zielten die erhofften heilsamen Wirkungen, die die erneuerte Naturverbundenheit der ärmeren Volksklassen begleiteten. In den Augen des Johannisthal–Chronisten, des Leipziger Armenschullehrers Fürchtegott Leuschner, erschien der „Busen der Natur" in diesem Zusammenhang geradezu als Born einer „Milch der frommen Denkart" (Friedrich Schiller), die noch den rebellischsten proletarischen „Tell" fromm und friedlich stimmte: *„Die Freuden, welche wir in der Natur genießen, sind die schönsten, reinsten und edelsten*, weil sie 1. den Körper stärken; 2. den Geist erheitern und das Gemüth erheben; 3. un-

---

62 Schmidt (20), 34 u.v.a.: Karl Wille, Entwicklung und wirtschaftliche Bedeutung des Kleingartenwesens, (Diss. Münster 1939), 15-19.
63 Die Stadt Leipzig in hygienischer Beziehung. Fs. für die Theilnehmer der XVII. Versammlung des Deutschen Vereins für öffentliche Gesundheitspflege, Leipzig 1891, 186f.
64 A. Dreitzel, Der Kartoffelbau durch Arme Berlins, seine Entstehung und sein Zweck, Berlin 1880, 8.
65 Wille (62), 26f. Den Beginn der Main–Frankfurter Aktivitäten habe ich nicht datieren können.
66 Entstehungsgeschichte und Einweihung des Johannisthals zu Leipzig, hg. zum Besten der Armenschüler v. M. L. Fürchtegott Leuschner, o.O. o.J., 4f.
67 Ebd., 5.
68 Ebd., 16.
69 Ebd., 17 sowie v.a. die Fortgesetzte Chronik des Johannisthales mit kurzen Verständigungen über das Kinderfest und über die Linden, hg. zum Besten des Kinderfestes v. M. Carl Fürchtegott Leuschner, Leipzig 1834, 31f.
70 Entstehungsgeschichte (66), 17; Fortgesetzte Chronik (69), 31f., wo die Absicht geäußert wird, einen Schülergarten einzurichten, um dort „das Manna der Armen zu erbauen".

sere Gefühle und unseren Willen veredeln; und 4. unser Gottvertrauen erhöhen und befestigen"[71].

Auch die Armengärten der nachmaligen Laubenkolonialmetropole Berlin fügten sich bruchlos in dieses volkspädagogische Panorama ein. Hier war die Vergabe von Land nach den „Bedingungen und Vorschriften für die Theilnahme an dem Kartoffelbau für Arme" in der Fassung vom 1.4.1880[72] auf solche Familien beschränkt, „welche sich redlich und sittlich betragen, friedlich, einig und nüchtern, mäßig und sparsam leben, arbeitsam und fleißig sind und ihre Kinder gut erziehen, ihnen ein gutes Beispiel geben und sie regelmäßig zu Schule anhalten"[73]. Bei Übernahme einer Parzelle verpflichtete sich der Nutznießer bei Strafe verschiedener Sanktionen, die bis zum Verlust des Landes reichten, zur Einhaltung einer umfassenden Gartenordnung von 23 Punkten, die sein Wirtschafts— und Sozialverhalten einer genau geregelten und überwachten Kontrolle unterwarfen.

Alles in allem gesehen bietet der Begriff Armengarten insofern ein viel zu prosaisches, ja schiefes Bild. Wer hier eine Parzelle bekam, betrat kein beliebiges Stück Öd–Land, sondern eine ebenso künstliche wie kunstvolle pädagogische Provinz. Wer hier arbeitete, mußte nicht nur den Boden in Kultur nehmen, sondern zugleich sich selbst kultivieren. Wer diese Kartoffeln aß, verzehrte nicht bloß eine selbstgezogene Frucht, sondern unweigerlich auch den Erd–Apfel vom wohlfahrtspolizeilichen Kraut der Erkenntnis des Guten und Bösen. Kurzum: Der prosaische Armenacker verwandelte sich ihm unter der Hand in eine poetische Pflanzschule bürgerlicher Lebensart, in der die vorgeschriebene Vertilgung des Unkrauts[74] mit der moralischen Veredelung des inneren „Schweinehundes" zusammenfiel.

Die deutschen Armengärten zählen daher ebenso wie die englischen Allotments oder die allenthalben entstehenden europäischen Werk– und Armenhäuser zu den öffentlichen Zwangs–Instrumenten, die die sozialökonomische Herausbildung der modernen Arbeiterklasse im Zuge der Früh–Industrialisierung sozialpolitisch flankiert haben. Marx hat den elementaren Unterschied zwischen dem entstehenden und dem entstandenen Proletariat als einer der ersten erkannt und folgendermaßen beschrieben: "Im Fortgang der kapitalistischen Produktion entwickelt sich eine Arbeiterklasse, die aus Erziehung, Tradition und Gewohnheit die Anforderungen jener Produktionsweise als selbstverständliche Naturgesetze anerkennt. Die Organisation des ausgebildeten kapitalistischen Produkti-

---

71 Ebd., 32. Hervorhebung i.O. gesperrt.
72 Abgedruckt bei Dreitzel (64), 20-23.
73 Ebd., 20.
74 Ebd., 21.

Die Armengärten des frühen 19. Jahrhunderts 57

onsprozesses bricht jeden Widerstand (...), der stumme Zwang der ökonomischen Verhältnisse besiegelt die Herrschaft des Kapitalisten über den Arbeiter. Außerökonomische, unmittelbare Gewalt wird zwar immer noch angewandt, aber nur ausnahmsweise. Für den gewöhnlichen Gang der Dinge kann der Arbeiter den 'Naturgesetzen der Produktion' überlassen bleiben, d.h. seiner aus den Produktionsbedingungen selbst entspringenden, durch sie garantierten und verewigten Abhängigkeit vom Kapital. Anders während der historischen Genesis der kapitalistischen Produktion"[75].

In der Tat: Die Entstehung des Industrieproletariats sah anders aus. Die Arbeiter mußten nämlich erst einmal lernen, zu arbeiten, und erst indem sie es lernten, wurden sie das, was sie nach dem Willen ihrer neuen Herren werden sollten. Der ganze mittelalterliche Schlendrian des kirchlichen Festkalenders mit seinen unzähligen Feiertagen, dem kanonischen Zinsverbot und den vielfältigen zünftigen Privilegien mußte daher ebenso beseitigt werden wie das Gewohnheitsrecht des „Blauen Montags" oder die „Bildungsreisen" der wandernden Handwerksgesellen. Nichts war dem angeblich humanistisch gebildeten Bürger so fremd wie das antike Ideal der Muße. Geschäft war dem römischen Patrizier kein Wort wert gewesen. Nur ex negativo, als negotium (=Nicht–Muße), ist die spätere Lieblingsbeschäftigung des Bürgers in den lateinischen Wortschatz eingegangen. Die ganze Tradition der vita contemplativa, die noch im mittelalterlichen Bettelmönchs– und Einsiedlertum über wirkungsmächtige Repräsentanten verfügt hatte, ging auf diese Weise in Konkurs. Ihre Zwangsvollstreckung übernahm der neue homo oeconomicus.

Die in Berlin getroffene Auswahl der Bewerber erweist sich in diesem Zusammenhang als zeittypisch. Die Teilnehmer am Kartoffelbau für Arme kamen nämlich keineswegs aus der „Volkshefe" der „wilden Viertel" und „Lazarusslums"[76], sondern durchweg aus „kinderreiche(n) Arbeiter– und Handwerker–Familien (...), die, in bedrängter Lage befindlich, eben durch diese Beihülfe davor bewahrt werden sollten, die eigentliche Armenpflege in Anspruch zu nehmen"[77]. Unter diesen wählte die Stadtverwaltung die „Würdigsten und Bedürftigsten"[78] aus. Ihrer sozialen Zusammensetzung nach waren das, einer Momentaufnahme des Jahres 1879 zufolge, bei 2290 Familienhäuptern „177 Maurer, 93 Zimmerleute, 72 Schuhmacher, 40 Weber, 31 Schneider, 425 betrieben verschiedene andre Handwerke, 1209 waren Arbeiter (Tagelöhner), 46 Kutscher, 2 Dienstleute und 196 Wittwen"[79]. Eine aus demselben Jahr stammende Übersicht

---

75 Marx, Kapital (2), 765.
76 Vgl. Tennstedt (10), 65.
77 Dreitzel (64), 14.
78 Ebd., 9.
79 Ebd., 12.

aus Kiel bestätigt diesen Befund. Ihr zufolge waren unter 724 (erfaßten) Armengartenpächtern 300 Arbeiter, 172 Handwerker, 84 Händler, Höker, Kaufleute und Wirte, 80 Witwen, 42 kleine Beamte, 35 Gärtner, Milcher und Fuhrleute, 6 Rentiers sowie 5 Personen ohne Geschäft[80].

Die Vorzüge des Kartoffelbaus sah der Berliner Stadtverordnete Dreitzel, der seit 1872 zugleich Dezernent der Armendirektion war, im Hinblick auf die Kommune in erster Linie darin, daß er die „großen Kosten der eigentlichen Armenpflege" mindere und „zugleich die betreffenden Mitbürger (...) steuerfähig" erhalte, während er die Vorteile für die Geförderten neben dem sozialhygienischen Ausgleich für beschränkte, schlecht ventilierte Wohnungen, „dumpfe Werkstätten und ungesunde Fabrikräume" vor allem in der Hebung ihres Selbstbewußtseins erkannte, dem dadurch „das drückende Gefühl, ein Almosen empfangen zu haben" erspart werde[81].

In den Armengärten tritt uns daher zugleich eine frühe Form der rationellen Ausgestaltung der Armenpflege entgegen, die ökonomische Prophylaxe, wohlfahrtspolizeiliche Kontrolle und soziale Konditionierung nach Kräften verband. Geistesgeschichtlich teils der überkommenen reformabsolutistischen „Volksbeglückung von oben" und der ihr eng verwandten kameralistischen Wirtschaftsgesinnung, teils den aufkommenden bürgerlichen Sozialreformbestrebungen verbunden, dienten auch die Armengärten in der Hochphase des Pauperismus dem Hauptzweck bürgerlicher Philanthropie, „die stark fluktuierenden städtischen Unterschichten in die bürgerliche Welt fest einzubinden und ein Absinken weiterer Schichten ins Proletariat zu verhindern"[82].

Trotz der durchweg günstigen Erfahrungen auf Seiten der Initiatoren und der hohen Akzeptanz auf Seiten der Nutzer blieben die Armengärten im sozialpolitischen Spektrum des 19. Jahrhunderts eine auf wenige Städte begrenzte Randerscheinung. Ohne Ausnahme fielen sie, oft schon nach wenigen Jahrzehnten, der Expansion der Städte, der Bodenspekulation großer Terraingesellschaften oder der gewandelten Einstellung der Behörden zum Opfer, die den öffentlichen Grundbesitz der „Boomtowns" lieber gewinnbringend vermarkteten oder an zahlungskräftige Pächter versteigerten. Wo die ursprünglichen sozialpolitischen Hilfsquellen nicht einfach versiegten, verwandelten sie sich zumindest in kommunale Einnahmequellen[83]. So wurde in Kiel die geltende Zulassungsbeschränkung bei der Vergabe der Gärten auf Arbeiter und kleine Handwerker 1868 zu-

---

80 Krütgen (59), 666.
81 Dreitzel (64), 14f.
82 Jürgen Reulecke, Geschichte der Urbanisierung in Deutschland, (Frankfurt/M 1985), 33.
83 Wille (62), 27f.; Krütgen (59), 665; Die städtischen Gärten in Kiel (59), 221.

Die Armengärten des frühen 19. Jahrhunderts 59

gunsten der Verpachtung an den Meistbietenden aufgehoben[84], während sich in Leipzig „eine Art Erbzinsverhältnis herausgebildet" hatte[85], das den Gartenbenutzern gegen eine jährliche Abgabe an den Rat das Recht einräumte, ihre Parzellen mit allem beweglichen und unbeweglichen Gut gegen eine angemessene Abstandszahlung abzutreten. Mit dem Erliegen des Kartoffelbaus in Berlin 1897[86] fand das ohnehin schmale Kapitel der Armengärten denn auch ein sang- und klangloses Ende.

---

84 Schmidt (20), 32 u.v.a. Krütgen (59), 666.
85 Die Stadt Leipzig (63), 187.
86 Familiengärten (59), 158.

3. Ursprünge des modernen Kleingartenwesens.

Wie im Paradies der Genesis vier Hauptwässer entsprangen, so führten umgekehrt vier Quellströme in das moderne Kleingartenparadies. Neben den Gartenlandparzellen, die patriarchalische Unternehmer für die Belegschaften ihrer Betriebe zur Verfügung stellten und den auf Initiative hoher Regierungs- und Verwaltungsbeamter entstandenen Arbeitergärten vom Roten Kreuz wären hier in erster Linie die ursprünglich aus einer schulischen Spielplatzinitiative hervorgegangenen Leipziger Schrebergärten und die von der Über–Lebenskunst des großstädtischen Proletariats spontan geschaffenen Laubenkolonien Groß–Berlins zu nennen.

Der gemeinsame geschichtliche Beweggrund dieser unterschiedlichen Ausdrucksformen meist städtischer Grünbestrebungen (zugunsten) „kleiner Leute" wurzelte in allen Fällen in den sich verschränkenden Prozessen von Industrialisierung und Urbanisierung. Alle vier Quellströme des modernen Kleingartenparadieses gingen insofern mittelbar oder unmittelbar auf die „Steinwüsten" der entstehenden Industriestädte zurück. Während sich die beiden erstgenannten Bestrebungen geistesgeschichtlich jedoch vor allem vom weitgehend versiegten Strom der Armengärten herleiteten, entwickelten die Leipziger Schrebergärten und die Berliner Laubenkolonien im Zeichen von staatsbürgerlicher Eigeninitiative und verbandlicher Selbstorganisation charakteristische Ausdrucksformen einer neu entstehenden Urbanität. Beide Richtungen und ihre jeweiligen Strömungen sollen hier in ihrer idealtypischen, historisch–systematischen Abfolge skizziert und beispielhaft charakterisiert werden.

3.1. Klein–Gartenlandvergabe durch Groß–Unternehmer: Der Verein zur Förderung des Wohls der arbeitenden Klassen im schlesischen Kreis Waldenburg

Die Gartenlandvergabe durch Unternehmer nahm im Rahmen der modernen Bemühungen zur Bereitstellung von Kleingärten in vielfacher Hinsicht eine Sonderstellung ein. Diese Ausnahmeposition gründete zunächst auf dem Umstand, daß Arbeitergärten aus Unternehmerhand durchweg als Bestandteil einer umfassenden betrieblichen Arbeiterfürsorge auftraten[1]. Nicht minder bedeutsam war die Tatsache, daß Kleingärten dieses Typs allem Anschein nach vorzugsweise in eher agrarischen Regionen entstanden. Ihre sozialpolitische Funktion lag demzufolge weniger in der ansonsten dominierenden Therapie der Folgen großstädtischer Lebensweise als in der Prophylaxe gegen ihre nichtsdestoweniger ungebrochene Anziehungskraft. In einer 1913 von der „Zentralstelle für Volkswohlfahrt" veröffentlichten Übersicht lagen von 101 (bekannten) Firmen, die Gärten ohne direkte Verbindung mit Werkswohnungen vergaben, nur 23, also weniger als ein Viertel, innerhalb einer Groß–Stadt[2].

Diese ländliche Kleingartenfürsorge beruhte durchaus auf beiderseitigen, Arbeit und Kapital gleichermaßen berührenden Interessen. Was die Seite der Arbeiter anlangte, faßte der Bericht sie wie folgt zusammen: „Ihre Arbeiter entstammen zum nicht geringen Teile ländlichen Verhältnissen. Sie haben das Bedürfnis nach gärtnerischer Betätigung, finden bei dem Mangel anderer Anregungen und Zerstreuungen in dieser Beschäftigung eine willkommene Ausfüllung ihrer freien Zeit und schätzen vor allem auch bei ihrer gewohnten Vorliebe für pflanzliche Nahrungsmittel die Erträgnisse ihrer Garten– und Ackerarbeit als bedeutsamen Zuschuß zu den Lebenskosten. Den Firmen ist es leicht, den bezüglichen Wünschen ihrer Arbeiter entgegenzukommen. Sie haben sich meist reichlich mit Gelände versorgt, dessen sie für die industriellen Anlagen noch nicht benötigen, und wo das nicht der Fall ist, können sie es im großen zu billigem Preise pachten"[3]. Das Interesse der Unternehmer und des Staates[4] konzentrierte sich demgegenüber auf die Heranbildung und Verwurzelung eines ständigen, nah– wie fernwanderungsresistenten Arbeiterstamms[5]. Ein „solches Handeln (lag) durchaus in einer langen Tradition, denn die aufgrund des Bergregals vom Landesfürsten oft an entlegenen Stellen errichteten Berg– und Hüttenunternehmen hatten

---

1 Vgl. Jürgen Reulecke, Geschichte der Urbanisierung in Deutschland, (Frankfurt/M. 1985), 33 u. 45f.; Familiengärten und andere Kleingartenbestrebungen in ihrer Bedeutung für Stadt und Land, Berlin 1913 (Schriften der ZfV (N.F. 8)), 93–101.
2 Ebd., 93.
3 Ebd., 93f.
4 Zu den Aktivitäten des Bahn– und Bergfiskus: Ebd., 101; Julius Magenau, Die Steigerung der Erträge des nutzbaren Eisenbahnareals hauptsächlich durch Obstkultur, Stuttgart 1873; Peter Schmidt, Die Bedeutung der Kleingartenkultur in der Arbeiterfrage, Berlin 1897, 33; Die Einrichtungen zum Besten der Arbeiter auf den Bergwerken Preußens. I.A. seiner Exzellenz des Herrn Ministers für Handel, Gewerbe und öffentliche Arbeiten. Nach amtlichen Quellen bearbeitet, Bd. 1, Berlin 1875, 26.
5 Vgl. ebd., 64; F(ritz) Hanisch, Errichtung von Arbeitergärten, in: 3 Vorträge, gehalten auf der Hauptversammlung der Deutschen Gesellschaft für Gartenkunst in Nürnberg, 18.–23.8.1906, Würzburg (1907), 47.

immer schon die Notwendigkeit zur Folge gehabt, auch für die Ansiedlung der entsprechenden Anzahl von Berg- und Hüttenarbeitern zu sorgen"[6].

In der Tat stellte das Berg- und Hüttenwesen unter den Gartenland vergebenden Branchen sowohl im Hinblick auf die Zahl der beteiligten Betriebe wie mit Rücksicht auf die Größe der überlassenen Landflächen mit Abstand den Löwenanteil aller Parzellen bereit[7]. Die Schwerpunkte ihrer Aktivitäten lagen dabei – nach Maßgabe ihrer Bedeutung – in Preußen 1875 in den Oberbergamtsbezirken Breslau, Halle, Dortmund und Bonn[8]. Diese Spitzenstellung der Bergbauunternehmen in den preußischen Provinzen Schlesien[9], Sachsen und Rheinland blieb während der gesamten Zeit des Kaiserreiches bestehen. Noch 1913 ließen sich reichsweit folgende acht Spitzenreiter namhaft machen[10]:

Steinkohlenwerk Charlotte (Cernitz) .... 562 ha
Mansfeldsche Kupferschiefer (Eisleben) .... 397 ha
Gräflich Ballestremsche Güterdirektion (Ruda) .... 378 ha
Schaffgottsche Werke (Beuthen) .... 201 ha
Kattowitzer AG für Bergbau und Hüttenbetrieb (Kattowitz) .... 180 ha
Harpener Bergbau AG (Harpen) .... 142 ha
Friedrich Krupp AG (Essen) .... 100 ha
Eisenhütte Silesia (Paruschowitz) .... 76 ha

Alle aufgeführten Unternehmen gehörten zur Montanindustrie und lagen ausnahmslos auf preußischem Staatsgebiet. Die insgesamt 2.036 ha, die diese Spitzengruppe bereitstellte, verteilten sich wie folgt: 1.397 ha (= 69%) entfielen auf die Provinz Schlesien, 397 ha (= 19%) auf die Provinz Sachsen und 242 ha (= 12%) auf die Provinz Rheinland. Trotz ihrer vorwiegend halb-ländlichen Lage befand sich der Großteil der betrieblichen Arbeitergärten damit in klassischen Pionierräumen der deutschen Industrialisierung.

Das bekannteste Beispiel unternehmerischer Kleingartenfürsorge boten im 19. Jahrhundert die immer wieder zitierten Aktivitäten des „Vereins zur Förde-

---

6 Reulecke, Geschichte (1), 45.
7 Vgl. zur Gartenlandvergabe in anderen Branchen: Arbeiter. Kultur und Lebensweise im Königreich Württemberg. Materialien zur Wanderausstellung, Tübingen 1979, 51; Julius Jablanczy, Die Arbeitergärten der Leobersdorfer Maschinenfabrik Ganz & Co., deren Anlage und Pflege, Wien 1890.
8 Die Einrichtungen (4), 64f.
9 Eine (unvollständige) Zwischenbilanz der Aktivitäten in Oberschlesien bietet: Tittler, Arbeiterverhältnisse und Arbeiterwohlfahrtseinrichtungen im Oberschlesischen Industriebezirk, Breslau 1905, 42f., 53, 55, 65, 69, 73, 76, 78, 81, 83 u. 86.
10 Zusammengestellt nach Familiengärten (1), 94. Alle anderen Unternehmen lagen mit maximal 30 ha weit abgeschlagen auf den folgenden Rängen.

rung des Wohls der arbeitenden Klassen" im schlesischen Kreis Waldenburg[11]. Der am 30.3.1878 offenbar neu gegründete Verein zählte ursprünglich zu den Filialen des 1844 aus der Taufe gehobenen, „patriarchalisch–exklusiv" gelenkten „Centralvereins für das Wohl der arbeitenden Klassen"[12], der sich im Rahmen seiner sozialreformerischen Bestrebungen bereits im Vormärz für die Vergabe von Gartenland in Arbeiterhand stark gemacht hatte[13]. Der Zweck des Waldenburger Vereins bestand laut § 2 seines Statuts in der Aufgabe: „Unter Bekämpfung der sozialdemokratischen Bestrebungen, wie solche von den derzeitigen Agitatoren zum Nachtheil der Arbeiter verbreitet werden, das Wohl der arbeitenden Klassen im Kreise Waldenburg und dessen Nachbarschaft auf wirthschaftlichem, intellektuellem und sittlichem Gebiet durch Wort, Schrift und andere geeignete Mittel zu fördern"[14].

Vereinsgründung wie Zielsetzung entsprangen nicht nur abstrakten Erwägungen einer allgemeinen Umsturzvorsorge, sondern ganz konkreten, vor Ort umgehenden Befürchtungen. Bereits im Winter 1869/70 waren nämlich rund 8.000 Waldenburger Bergarbeiter in den Ausstand getreten, um u.a. für die Anerkennung ihrer Gewerksgenossenschaft durch die Grubenherren einzutreten[15]. Diese Eruption, die in der Folge dazu beitrug, daß sich der Stimmanteil der Sozialdemokraten im Reichstagswahlkreis „Breslau 10 – Waldenburg" zwischen 1874 und 1878 mehr als vervierfachte[16], war für die Unternehmer Grund genug, dem „roten Gespenst" Paroli zu bieten. Neben dem Bau von Arbeiterwohnungen, der Gründung von Arbeitsschulen für Handfertigkeits– und Kochunterricht sowie verschiedenen Versuchen zur Belebung der Hausindustrie[17] setzte der

---

11 Ebd., 97–100; Schmidt (4), 37–44; Die ZfV in Berlin und einige Ergebnisse ihrer ersten Informationsreise, in: Arbeiterfreund 45 (1907), 293ff.; Harms, Wohlfahrtseinrichtungen im Kreise Waldenburg i. Schl., in: Zs. der Centralstelle für Arbeiter–Wohlfahrtseinrichtungen V (9) (1898), 101–104.
12 Grundsätzlich zum Centralverein: Jürgen Reulecke, Sozialer Frieden durch Soziale Reform. Der Centralverein für das Wohl der arbeitenden Klassen in der Frühindustrialisierung, Wuppertal 1893. Zur vorübergehenden Einstellung der Waldenburger Aktivitäten vgl.: Ebd., 181ff., 197 u. 200.
13 Ebd., 78.
14 Statuten des Vereins zur Förderung des Wohls der arbeitenden Klassen im Kreise Waldenburg in Schlesien v. 30.3.1878 i.d.F. v. 15.12.1888, in: Hans Albrecht (Hg.), Hb. der sozialen Wohlfahrtspflege in Deutschland, Berlin 1902, Anlage 6, 15f. Zur Umsturz–Prophylaxe vgl. auch: F. Winkler, Arbeitergärten, in: Der praktische Ratgeber im Obst– und Gemüsebau 14 (18) (1899), 161.
15 Dieter Fricke (Hg.), Die deutsche Arbeiterbewegung 1869 bis 1914. Ein Handbuch über ihre Organisation und Tätigkeit im Klassenkampf, (Berlin/Ost 1976), 630.
16 Ebd., 530.
17 Harms (11), 102ff.; Der praktische Ratgeber im Obst– und Gemüsebau 11 (2) (1896), 14.

Verein dabei auch auf die 1879 begonnene Vergabe von Arbeitergärten. „Um die Lust am Gartenbau zu wecken, mußte der Verein den meist mittellosen Arbeitern (freilich) nicht nur die umzäunten Parzellen, sondern auch die Sämereien, Stecklinge, Bäume, Sträucher und Pflanzen, sogar Düngemittel und meist auch die erforderlichen Werkzeuge umsonst liefern, ebenso eine gedruckte umfangreiche 'Anweisung zum Gärtnereibetrieb'"[18].

Betriebsorganisation und Beaufsichtigung der Gartenarbeit oblag einer Gruppe von Vertrauensmännern aus „den Kreisen der Lehrer, der Forst- und Grubenbeamten"[19]. Sie wählten „bedürftige und geeignete Leute" als Pächter aus, standen ihnen beratend zur Seite, achteten darauf, daß die überlassenen Rohstoffe und Produktionsmittel sachgemäß verwandt wurden, und empfahlen die „Würdigsten" für die einmal im Jahr stattfindende „Prämienvertheilung" durch den Vorsitzenden der vereinseigenen Gartenbaukommission[20]. Bei der Besichtigung des Jahres 1896 bekamen von 511 Gärten 253 das Prädikat sehr gut, 126 gut, 110 genügend und 22 ungenügend[21]. Arbeiter, die das Klassenziel der unternehmerischen Pflanzschule verfehlten, verloren zunächst die kostenlose Überlassung der Sämereien und im Wiederholungsfall die Parzelle[22]. Trotz dieser klaren politischen Zielsetzung und der fühlbaren sozialen Kontrolle erfreute sich die Gartenlandvergabe wachsenden Zuspruchs, so daß die Zahl der Gärten von 69 in 1879 auf 1.409 in 1910 stieg. In diesem Jahr kamen zwei Drittel der Gartenbesitzer aus der Berufsgruppe der Bergarbeiter, während das dritte Drittel aus Fabrikarbeitern, einigen Handwerkern, Beamten und Eisenbahnern bestand[23]. Die Größe der Parzellen lag zwischen 50 und 250 qm, Hauptkulturen waren Gemüse und Beerenobst[24].

Die Hauptvorteile der Kleingartenfürsorge sahen die Waldenburger Unternehmer in der Seßhaftmachung eines festen Arbeiterstamms, der Verbesserung der innerbetrieblichen Beziehungen zwischen Kapital und Arbeit sowie dem

---

18 Schmidt (4), 39; Hanisch (5), 53f.
19 Familiengärten (1), 98.
20 Instruktion für die Vertrauensmänner der Gartenbaukommission des Vereins zur Förderung des Wohls der arbeitenden Klassen im Kreise Waldenburg i. Schl. (v. Februar 1882), in: Albrecht (Hg.) (14), Anlage 116, 264f.
21 Mitteilung aus: Der praktische Ratgeber im Obst- und Gemüsebau (17), 14. Die „Zensierung" des Jahres 1898 dokumentiert Harms (11), 103.
22 Schmidt (4), 40.
23 Familiengärten (1), 99. Vgl. auch Harms (11), 103, der für 1898 50% Bergarbeiter, 25% Fabrikarbeiter und 25% Handwerker, Tagelöhner und Witwen angibt.
24 Der Anbau von Kartoffeln war laut Instruktion (20) §7 verboten. Der Grund dürfte in der schon damals bezweifelten Rentabilität zu suchen sein. Vgl. Max Hesdörffer, Der Kleingarten, 35.–40. Ts. Berlin o.J., 43.

konsolidierenden Einfluß auf das proletarische Familienleben[25]. Uneigennützige Wohltätigkeit und wohlverstandenes Eigeninteresse verschmolzen damit zu einer im Einzelfall kaum noch zu trennenden Legierung. Der 1893 vom Obergärtner Heinrich Köchel im Auftrag des Oberschlesischen Berg- und Hüttenmännischen Vereins[26] verfaßte Gartenbauleitfaden hat diese doppelte Zielsetzung in Form einer unmittelbaren Anrede des lesenden Arbeiters mit panegyrischem Schwung zum Ausdruck gebracht: „Wenn Du nun nach der Schicht in Deinem Gärtchen weilst und darin nebst Frau und Kindern, die natürlich auch mit Hand anlegen müssen, thätig bist; wenn Dir dies oder jenes gut gedeiht, und Du Dich in Deinem grünenden, duftenden, kleinen Paradies recht wohlgemut und zufrieden fühlst: dann danke Gott, dass er Dir soviel reinen Genuss, so viel schöne Erholung gewährt, und kein Vergnügen wird Dir höher gelten, als die stille Lust, in Deinem Gärtchen im Verkehr mit Deinen Blumen und Pflanzen zu weilen. Und wenn dann weiter aus den Erträgnissen Deines Gärtchens Deine Küche (…) stets wohl versorgt und Dein Mittagstisch abwechslungsreich besetzt ist, wenn Dir der selbst gezogene Kohl so recht prächtig schmeckt, und wenn schliesslich sogar die Ernte Deines Gärtchens manche blanke Mark als Gewinn abwirft: dann erinnere Dich auch der Pflicht der Dankbarkeit gegen diejenigen, deren Wohlwollen und warmherzige Fürsorge Dir die nutzbringende, Deinen Geist und Körper gesund und frisch erhaltende Thätigkeit im Garten zugewiesen und ermöglicht haben"[27].

Ob die paradiesische Imagination Köchels ein Abbild der Wirklichkeit bot oder bloß eine Vorspiegelung falscher Tatsachen, steht freilich dahin. Der Breslauer Landschaftsgärtner Hermann Lüdtke schilderte die Lage im Revier drei Jahre später jedenfalls weitaus trüber. In einem Stil, der an Victor Aimé Hubers Beschreibung der „Mammonswelt" Manchesters erinnert, notierte er: „Die ganze Gegend ist mit trüber Luft erfüllt. Nadelholz sieht man wenig, junge Anpflanzungen davon verkümmern von vornherein. Ist die Witterung danach angethan, so verdichtet sich der Rauch derart, daß die nächsten Kirchtürme wie schattenhafte Gespenster dreinschauen. Da der Acker unter seiner Oberfläche wertvolle Schätze birgt, so ist er nach Eisenerzen tief durchwühlt; die Schlacke ist stellenweise zu einem Gebirge angehäuft, so daß man gelegentlich den Eindruck geradezu schauerlicher Einöde erhält"[28]. Besonders drastische Formen hatte die

---

25 Familiengärten (1), 99ff.
26 Von vergleichbaren Aktivitäten berichten: Hanisch (5), 55; Zs. des Oberschlesischen Berg- und Hüttenmännischen Vereins (Kattowitz), XXX (1891), 230ff u. 447ff.
27 Heinrich Köchel, Der oberschlesische Arbeitergarten. Ein Gartenbau-Leitfaden für den oberschlesischen Berg- und Hüttenarbeiter, Laurahütte 1893, 1f.
28 Hermann Lüdtke, Gartenanlagen und Hüttenwerke I, in: Gartenflora 45 (1896), 131.

Ursprünge des modernen Kleingartenwesens 67

Umweltverschmutzung in Zaborze, dem Sitz der Oberschlesischen Kokswerke, angenommen. Hier mußte Lüdtke feststellen, „daß Korn und Kartoffeln gedeihen, wenn auch Spuren der Schädigung sich bisweilen bemerklich machen und Kartoffeln namentlich in nächster Nähe der Koksöfen wohl einmal geradezu verbrannt werden. In Küchengärten waren Bohnen und Erbsen erst gar nicht gewachsen, während Saubohnen zwar wuchsen, aber keinen Ertrag brachten. Der Rasen ist dürftig und die Pferde mögen das Gras nicht fressen"[29].

Was für die Arbeiter demnach zwischen den Extremen sinnvoller Freizeitbeschäftigung und fragwürdiger Beschäftigungstherapie schwankte, erwies sich für die Unternehmer durchweg als Vorteil, da sich die Investitionen, die derartige Projekte verlangten, betriebswirtschaftlich als Bestandteile der Lohnkosten auffassen lassen. Auf jeden Fall wäre die Reproduktion der Ware Arbeitskraft angesichts des Konkurrenzdrucks, den die städtischen Ballungszentren ausübten, ohne diese, in Form von Sachleistungen erbrachten Mittel nur schwer zu bewerkstelligen gewesen. Da die besondere Gestalt, in der dieser Teil der Lohnkosten verausgabt wurde, zugleich dazu beitrug, zumindest den Stamm der Belegschaft fest an den Betrieb zu binden, konnten Anziehung und Erziehung, Heranbildung und Ausbildung der Arbeiter in einer für die damalige Zeit erstaunlichen Weise koordiniert und kontrolliert werden. Wie gut landwirtschaftlicher Nebenerwerb geeignet war, das Denken und Handeln von Arbeitern zu prägen, zeigen die kurz nach der Jahrhundertwende geschriebenen Aufzeichnungen eines badischen Fabrikinspektors, auf den ein solcher halbländlicher Arbeiter „selbst nach vieljähriger Tätigkeit in der Fabrik noch weit mehr den Eindruck eines Bauern als den eines Industriearbeiters macht(e)"[30]. Nicht zu Unrecht sprach ein Gewerkschaftsredakteur denn auch noch 1911 im Hinblick auf die betrieblichen Wohlfahrtseinrichtungen der chemischen Industrie Elberfelds von den „Polypenarmen der Farbwerkswohltätigkeit", die freie Staatsbürger zu „Hörigen des Industriefeudalismus" mache: „Will sich aber ein Arbeiter den Armen des Wohlfahrtspolypen entziehen, will er eine Zeitung nach seinem Geschmack lesen, einer Organisation nach eigener Wahl angehören, macht er Anspruch auf politische Überzeugung – flugs tritt die Farbwerksspionage in Tätigkeit. Und rücksichtslos wird aus dem 'Paradiese' getrieben, wer es wagt, vom Baume der Erkenntnis zu essen"[31].

---

29 Ders., Gartenanlagen und Hüttenwerke II, in: Ebd., 351.
30 Rudolf Fuchs, Die Verhältnisse der Industriearbeiter in 17 Landgemeinden bei Karlsruhe, zit. n.: Klaus Saul u.a. (Hg.), Arbeiterfamilien im Kaiserreich, (Düsseldorf) 1982, 97.
31 H. Schneider, Gefahren der Arbeit in der chemischen Industrie, zit. n.: Ebd., 114. Vgl. zum „Industrie-Feudalismus" auch: Die bayerische Fabrikinspektion im Jahre 1888, in: Die Neue Zeit 7 (1889), 505. Das berühmteste Beispiel für eine derartige

Ob die Arbeiter nach diesem Apfel der Erkenntnis allerdings überhaupt verlangten, oder ob ihnen das reale Klein–Gartenparadies unter den Füßen mehr bedeutete als das ideale Arbeiterparadies vor ihren geistigen Augen, war freilich schon damals eine offene Frage. Was ein wenig Grün auf dem Fabrikgelände vermochte, bewies aufmerksamen Zeitgenossen ein Blick in „God's own country"[32]. Hier hatte der Registrierkassenfabrikant J. E. Patterson in Dayton (Ohio) 1897 das gesamte Fabrikgelände durch den damals führenden amerikanischen Landschaftsarchitekten Frederick Law Olmsted unter Einbezug von Arbeiter- und Jugendgärten kunstvoll begrünen lassen, „so daß die bisher nüchternen Häuschen nach und nach ein idyllisches Aussehen bekamen und die Fabrik in Dayton eine Sehenswürdigkeit wurde (...). Nannten die Arbeiter die Fabrik früher '*Pattersons* Fegefeuer', so nennen sie sie heute mit Stolz '*Pattersons* Paradies'"[33].

3.2. Inspiration vom „Erbfeind": Geheimrat Alwin Bielefeldt, die Arbeitergärten vom Roten Kreuz und die Entdeckung des Kleingartens als „Gesundbrunnen".

Ähnlich wie die Werkskleingärten patriarchalischer Unternehmer entsprangen auch die Arbeitergärten vom Roten Kreuz dem wohlverstandenen, zugleich philanthropischen und systemstabilisierenden Eigeninteresse besserer Kreise. Während die von Unternehmern bereitgestellten Gärten jedoch eine rein private und die von Bahn– oder Bergfiskus vergebenen Parzellen eine staatliche Einrichtung darstellten, bildeten die in der Trägerschaft des Roten Kreuzes angelegten Kleingärten eine offiziöse, halb private, halb öffentliche Variante wohltätiger Arbeiterfürsorge. In gewisser Weise nahmen die Arbeitergärten daher eine Mittelstellung zwischen den Extremen ein, auch wenn sie im Prinzip die Tradition der Armengärten genauso fortentwickelten wie die von ihnen unterschiedenen Exponenten.

„Sozialpatronage" bot die Firma Alfred Krupp in Essen. Vgl.: Krupp 1812–1912. Zum 100jährigen Bestehen der Firma Krupp und der Gußstahlfabrik zu Essen. Hg. auf den Hundertsten Geburtstag Alfred Krupps, Jena 1912, 202–215, 385–394 u. 401f.

32 Vgl. zur Entwicklung der Kleingärten in den USA (Alwin) Bielefeldt, Arbeitergärten, in: Zs. für das Armenwesen V (8) (1904), 232f.

33 Leopold Katscher, Fabrik–, Jugend–, Armen– und Heilgärten, in: Soziale Medizin und Hygiene 6 (1911), 75. Hervorhebungen i.O. in Kapitälchen. Vgl. auch: Bernhard Cronberger, Der Schulgarten des In– und Auslandes, 2. Aufl. Berlin 1909, 211f.

Entstanden sind die Arbeitergärten in lockerer Anlehnung an die Mitte der 90er Jahre des 19. Jahrhunderts im Kampf gegen die Tuberkulose ins Leben gerufene Volksheilstättenbewegung vom Roten Kreuz. Die unter dem Protektorat des damaligen Reichskanzlers Chlodwig Fürst zu Hohenlohe–Schillingsfürst und seiner Frau stehenden Bestrebungen hatten es sich zum Ziel gesetzt, „daß die bis dahin nur den Begüterten zugängliche hygienisch–diätetische Behandlung der Krankheit in besonderen Heilanstalten auch den Unbemittelten zugänglich gemacht werde"[1]. Wie der „Hamburger Patriziersproß Hans Castorp" zur Kur auf den Thomas Mann'schen „Zauberberg" fuhr, sollte der kranke „Jan Hagel" fortan in die Volksheilstätte am Berliner Grabowsee oder zum „Kurdienst" in den Kleingarten geschickt werden, und so wie sich der „Zauberberg" nach kurzer Zeit als pädagogische Provinz entpuppte, erwiesen sich auch die Arbeitergärten vom Roten Kreuz von Beginn an als Pflanzschulen besonderer Art, die weniger der Schwindsucht als allen möglichen „sozialen Krebsschäden" abhelfen sollten.

Initiator und Mentor der Rot–Kreuz–Gärten war der im Berliner Reichsversicherungsamt tätige Geheime Regierungsrat Alwin Bielefeld[2], ihr Vorbild die auf

---

1 Das Rothe–Kreuz und die Tuberkulose–Bekämpfung. Denkschrift, der 1. Internationalen Tuberkulose–Konferenz Berlin 22.–26.10.1902 gewidmet vom Volksheilstättenverein von Rothen–Kreuz, hg. v. B. v. d. Knesebeck u. G. Pannwitz, Berlin 1902, 4. Das „hygienisch–diätetische Heilverfahren" beruhte auf der Überzeugung, daß die Heilung der Lungenschwindsucht in erster Linie „im Wege einer den strengsten Anforderungen genügenden gesundheitsgemässen Lebensführung" gesucht werden müsse. Siehe: Otto Dammer (Hg.), Hb. der Arbeiterwohlfahrt, Bd. 2, Stuttgart 1903, 296f.
2 Alwin Bielefeldt wurde am 21.9.1857 auf Groß Garz in der Altmark geboren. Im Anschluß an den Gymnasialbesuch in Stendal studierte er Jura und trat nach bestandenem Examen in den Elsaß–Lothringischen Staatsdienst. Seit 1883 Regierungsassessor, wurde Bielefeldt 1891 auf Vorschlag des Reichslandes als Regierungsrat in das Berliner Reichsversicherungsamt berufen. Hier avancierte er 1897 zum Geheimen Regierungsrat und Senatsvorsitzenden. Bis zu seinem Ausscheiden aus dem RVA bekleidete er das Aufsichtsreferat der LVA der Hansestädte und das Generalreferat für das (vorbeugende) Heilverfahren. 1907 verließ er die Reichshauptstadt und wechselte auf den Direktionsposten der LVA der Hansestädte, „nachdem man noch unter der Hand festgestellt hatte, daß er trotz des 'etwas verdächtigen' Namens nicht Jude sei und auch nicht linksradikalen Gedanken 'etwa im Sinne Friedrich Naumanns' anhinge". Siehe dazu: E. Helms, Die LVA der Hansestädte in Lübeck 1891–1938, in: Zs. für Lübeckische Geschichte XXXVIII (1958), 62. Bielefeldt selbst umriß seine damalige sozialpolitische Einstellung wie folgt: „Wenn ein Herr Naumannscher Richtung gewünscht wird, so bin ich völlig ungeeignet. Ich bin überzeugter Gegner der Naumannschen Auffassung wie überhaupt jeder (Das folgende Adjektiv habe ich nicht lesen können.) 'Wohltätigkeitsduselei'. Mein Streben geht dahin, den Arbeiter wieder dazu zu erziehen, daß er sich nicht auf andere, sondern auf die eigene Kraft zu verlassen hat!". Belegt in: StAHH. Se-

Bestrebungen religiöser Vereine, privater Unternehmer und einzelner Wohltäter zurückgehenden französischen Arbeitergartenbestrebungen der Dritten Republik[3]. Die Anregung zur Rezeption der „jardins ouvriers" erhielt Bielefeldt auf der Pariser Weltausstellung von 1900[4], wo er als Repräsentant des RVA die Arbeitergärten der am 21.10.1896 in Hazebrouck ins Leben gerufenen „Ligue Française du Coin de Terre et du Foyer"[5] und ihren Vorsitzenden, den Deputierten des Département du Nord, Abbé Jules–Auguste Lemire[6], persönlich kennengelernt hatte. Besonders beeindruckt war Bielefeldt von der Tätigkeit des

---

natskommissariat für die Reichsversicherung 21, Bd. 2, Acten des Senats betr. den Direktor der LVA der Hansestädte Alwin Bielefeldt: Schreiben Senator Neumann (HL) an Senator Sander (HH) v. 20.12.1906. Als Direktor der LVA der Hansestädte wirkte Bielefeldt bis zum 31.1.1924. Obwohl mittlerweile 67 Jahre alt, blieb er als Delegierter der Arbeitgeber noch nahezu zehn weitere Jahre ehrenamtliches Vorstandsmitglied, bevor er im August 1933 auch aus dieser Funktion ausschied. Seit September 1933 Witwer, verzog Bielefeldt im Januar 1934 nach Berlin (Briefliche Auskunft des Archivs der Hansestadt Lübeck v. 19.1.1989.), wo er bis 1943 im Adreßbuch nachweisbar ist. (Mitteilung des Magistrats von Berlin. Büro für stadtgeschichtliche Dokumentation und technische Dienste beim Stadtarchiv v. 26.7.1989.). Sein Todesdatum habe ich nicht ermitteln können. Weitere Quellen: Geheimrat Bielefeldt, in: Lübeckische Blätter 66 (1924), 119f.; Geschäftsberichte der Hanseatischen Versicherungsanstalt 1923, 5; 1930, 6 u. 14; 1933, 6; (Georg) Kaisenberg, Geheimrat Bielefeldt, in: KGW 4 (10) (1927), 114f. mit Bild.

3 Grundlegend zur französischen Entwicklung: Louis Rivière, Les jardins ouvriers, Paris 1898.

4 (Alwin) Bielefeldt, Arbeitergärten vom Rothen Kreuz, in: Das Rothe Kreuz (1), 132f.

5 Vgl.: M. S. Arbelet, Le jardin ouvrier, in: Der Fachberater für das deutsche Kleingartenwesen 3 (8/9) (1953), 12f.; Heinrich Förster, Das Kleingartenwesen des Auslands, Frankfurt/O.–Berlin 1938, 62ff.; Pierre Pulby, Die Gründung der „Grünen Internationale", in: Die Freizeitgestaltung in den Kleingärten Europas, hg. v. Office International du Coin de Terre et des Jardins Ouvriers, Bettembourg (1976), 4–12.

6 Jules–Auguste Lemire wurde 1853 in Vieux–Berquin (Département du Nord) geboren. Von Beruf Priester arbeitete der 1878 geweihte Lemire zunächst als Lehrer und Schriftsteller, bevor er 1893 Deputierter seines Heimat–Départements wurde. Obwohl Lemire in der Kammer zur Linken gehörte, galt sein sozialpolitisches Hauptinteresse der Stabilisierung der bürgerlichen Kleinfamilie, deren Zusammenhalt er mit Hilfe von Kleingartenbau und Kleineigentum festigen wollte. Vgl. Arbelet (5), 13. Am 21.10.1896 schloß Lemire die französischen Kleingärtner, deren Ursprungsgebiete in den Industrieregionen von Lille, Sedan und St. Etienne lagen, zur „Ligue Française du Coin de Terre et du Foyer" unter seinem Vorsitz zusammen. Er starb 1928 als erster Präsident des am 2./3.10.1926 in Luxemburg gegründeten „Office International du Coin de Terre et des Jardins Ouvriers". (Grand Larousse encyclopédique, Tome sixième, Paris 1962 und Larousse du XX Siècle, Tome quatrième, Paris 1958).

Jesuitenpaters Volpette[7] in St. Etienne, der „unter den schwierigsten Verhältnissen gegenüber einer sich aus Atheisten, Katholiken, Protestanten, Israeliten, Sozialisten und Anarchisten zusammensetzenden Arbeiter–Bevölkerung geradezu Erstaunliches geleistet (hatte), indem er trotz strengen Verbots der Sonntagsarbeit in wenigen Jahren mehr als 500 wohlbebaute Arbeitergärten in 14 Abteilungen für etwa 3.000 hilfsbedürftige Personen schuf und mit dieser Organisation zahllose andere gemeinnützige Einrichtungen zur Besserung der wirtschaftlichen Lage der Garteninhaber verband"[8].

In der Tat zeigte das Volpettesche Projekt[9], das 1895 unter dem Eindruck der Arbeitslosigkeit entstand, die die ein Jahr zuvor erfolgte Stillegung der örtlichen Waffenfabriken hervorgerufen hatte, alle Charakteristika der späteren Arbeitergärten vom Roten Kreuz. Das besondere Unterscheidungsmerkmal der Anlage in St. Etienne lag dabei weit weniger in einzelnen Innovationen wie der hierarchisch aufgebauten, von „comités de dames patronnesses"[10] dominierten Selbstverwaltung oder dem Bestreben, die Kleingärten langfristig in Siedlungen nach dem Muster des „homestead americain" umzuwandeln[11], als vielmehr in seiner lebensweltlichen Gesamtkonzeption, in der die einzelne Parzelle nur als Wabe eines Bienenstocks fungierte, der Bibliothek, Kleidermagazin, Spar–, Darlehenskasse und Ziegelei ebenso einschloß wie ärztliche Betreuung, Arbeitsvermittlung, Ehe–, Rechtsberatung und Rentenversicherung.

Wie sein Vorbild Volpette ließ sich auch Geheimrat Bielefeldt von zwei Grundgedanken leiten: Zum einen sollten die geplanten Arbeitergärten eine klassenübergreifende Funktion als volkstümliche Orte innenpolitischer Versöhnung übernehmen, zum anderen aber den Führungsanspruch der besser gebildeten und gestellten Schichten nach Möglichkeit wahren und sozialintegrativ absichern. Der tiefere Grund für Bielefeldts Kontaktaufnahme zum Roten Kreuz beruhte auf dieser klassenversöhnenden Grundkonzeption. Bielefeldt selbst hat seinen Vorstoß aus der Erinnerung wie folgt beschrieben: „Als ich (...) nach Paris kam (...), wußte ich von vornherein, daß den Bericht über die französischen Kleingärten, den ich erstatten wollte (...), kaum einer lesen würde. Ich wußte, daß

---

7 Vgl. hierzu: Rivière (3), 15–27.
8 Bielefeldt, Arbeitergärten vom Rothen Kreuz (4), 133.
9 Vgl. zur Rezeption Volpettes in Deutschland: (Alwin) Bielefeldt, Arbeitergärten, in: Zs. für Armenwesen V (8) (1904), 226ff.; Förster (5), 56f.; Wilhelm Fromm, Arbeitergärten, in: Zs. für Gewerbehygiene XIII (24) (1907), 668f.; Leopold Katscher, Fabrik–, Jugend–, Armen– und Heilgärten, in: Soziale Medizin und Hygiene 6 (1911), 70f.; Ders., Der jetzige Stand der Arbeitergartenbewegung, in: Die Hilfe 3 (1912), 45.
10 Rivière (3), 83.
11 Ebd., 112.

damit gar nichts erreicht würde und sagte mir: Hier muß tatkräftig eingegriffen werden (...). Ich suchte daher nach Freunden in der Kleingärtnerschaft. Sie waren zerstreut, zersplittert, deshalb dachte ich, das Rote Kreuz ist ein Zeichen, das noch über den Parteien steht. Aus dieser Erwägung bin ich damals mit meinen Kleingartenideen zum Roten Kreuz gekommen"[12].

Im Gegensatz zu der vermeintlich klassenübergreifenden, politisch neutralen Verbandsphilosophie des Trägers stand freilich seine teils von oben inspirierte, teils obrigkeitsstaatlich dominierte Verbandsführung. Dieser Tatbestand traf nicht allein auf die vom Reichskanzler Hohenlohe und seiner Frau protegierten Volksheilstättenvereine zu, sondern auch auf die unter der Schirmherrschaft der Kaiserin Auguste Viktoria stehenden, ebenfalls zu den Vereinen des Roten Kreuzes zählenden, Vaterländischen Frauenvereine[13]. Auch der „Vaterländische Frauenverein Charlottenburg" [14], der im Frühjahr 1901 im Charlottenburger Westend die erste Arbeitergartenkolonie des Roten Kreuzes eröffnete[15], stand bezeichnenderweise unter der Leitung der Gattin des damaligen preußischen Innenministers, Georg Freiherr von Rheinbaben[16].

Der französische Journalist Jules Huret charakterisierte die Zielsetzung der Arbeitergärten aufgrund seiner Recherchen vor Ort insofern ganz anders als ihr Promoter Bielefeldt: „Besitzt die Familie der Hohenzollern nicht zahllose Forsten bei Berlin? Steht nicht die Kaiserin an der Spitze dieses Werkes von Besenstielen, das dazu dienen soll, die Sehnsucht der städtischen Arbeiter nach Wald und Feld zu stillen? Denn der Verein des 'Roten Kreuzes', der unter dem Protektorat der Kaiserin steht, ist es gewesen, der auf den Gedanken kam, diesen Natursinn des deutschen Volkes zu benützen und eine Waffe gegen die liberalen und sozialistischen Einflüsse daraus zu schmieden. 'Das ist unser soziales „Verteidigungsdepartement"', vertraute mir ein Mitglied des leitenden Ausschusses an, das mich zu einem Besuche eines solchen Experimentiergebietes

---

12 So Bielefeldt auf dem 5. Reichskleingärtnertag. Verhandlungsbericht nebst Geschäftsbericht des Vorstands der RVKD. Frankfurt/M. 30. und 31.7.1927, Frankfurt/M. 1927, 80 (Schriften des RVKD 12).
13 Zur Gründung und Zielsetzung des am 12.4.1867 als preußischer Landesverein gegründeten Vaterländischen Frauenvereins: v. Stegmann, Die Vereine zur Pflege im Felde verwundeter und erkrankter Krieger, in: P. Chr. Hansen (Hg.), Schleswig–Holstein, seine Wohlfahrtsbestrebungen und gemeinnützigen Einrichtungen, Kiel 1882, 702.
14 Bielefeldt, Arbeitergärten vom Rothen Kreuz (4), 131.
15 Ebd., 134.
16 Vgl. hierzu beispielhaft: Chr. Bruhn, Die Frauenvereine, in: Hansen (Hg.) (13), 654.

Ursprünge des modernen Kleingartenwesens

aufgefordert hatte. 'Auf solche Weise nützen wir die Muße unserer Friedenszeit aus'"[17].

Eine der Hauptaufgaben dieses sozialen „Verteidungsdepartements" bestand darin, den Arbeiterfamilien, die in den Augen der Öffentlichkeit einem fortschreitenden moralischen Zersetzungs- und Auflösungsprozeß unterlagen[18], die für die bürgerliche Zivilisation charakteristische innerfamiliäre Rollenverteilung nahezubringen. Das zehn Punkte umfassende Programm des Rot-Kreuz-Gartenprojekts[19] befaßte sich daher zur Hälfte mit familienpolitischen Konsolidierungsmaßnahmen wie der Stärkung des Familiensinns, der Förderung gemeinsamer Erholung im Grünen, der Ablenkung des Mannes vom Wirtshausbesuch, der Aufbesserung der Renten und der Unterstützung armer und kinderreicher Familien durch materielle und ideelle „Hilfe zur Selbsthilfe"[20]. Ein besonderes Augenmerk richtete der Verein dabei auf die Stärkung bzw. Wiederherstellung der traditionellen Rolle der Haus-Frau. So setzten namentlich die das Projekt protegierenden Frauen ihre Ehre darein, ihre proletarischen Geschlechtsgenossinnen mit Hilfe von Kochkursen und Lehrveranstaltungen in der Obst- und Gemüseverwertung weiterzubilden[21].

Wie wichtig die Vermittlung häuslicher Fertigkeiten nicht zuletzt im Hinblick auf das familiäre Ansehen der Arbeiterfrau war, bezeugte die Charlottenburger Vereinsvertreterin, Frau Konsul Fränkel, noch über ein Jahrzehnt nach der Gründung der ersten Arbeitergärten: „Der Mann (...) achtet 'diese Arbeit der Frau im Hause' gar nicht hoch genug, trotzdem sie eigentlich das Beste tut, was sie nur tun kann. Es sind sogar leider Fälle vorgekommen, in denen der Mann die Frau mißhandelte, um sie gewaltsam zu zwingen, in die Fabrik zu gehen und mit zu erwerben. Unsere Aufgabe ist es nun, dem Arbeiter klar zu machen, daß diese häusliche Arbeit der Frau besonders bewertet werden muß und von dem Manne nicht unterschätzt werden darf. Denn die häusliche Arbeit der Frau bedeutet das ganze Wohl und Wehe des Hauses und der Familie, und mit Recht kann man diese Frage als eine der wichtigsten des Volkswohles betrachten"[22].

Zu den familienpolitischen Zielsetzungen traten als weitere Vereinsvorhaben das Bestreben, die Binnenwanderung in die Städte abzubremsen und durch

---

17 Jules Huret, Berlin um 1900, Berlin 1979 (Nachdruck der Ausgabe München 1909), 80.
18 Vgl.: Klaus Saul u.a. (Hg.), Arbeiterfamilien im Kaiserreich, (Düsseldorf) 1982, 8ff.
19 Das Programm findet sich bei: Bielefeldt, Arbeitergärten vom Rothen Kreuz (4), 135f.
20 Vgl. auch: Huret (17), 82f.
21 Emma Stropp, Arbeitergärten vor den Toren Berlins, in: Daheim 49 (48) (1913), 4.
22 Familiengärten und andere Kleingartenbestrebungen in ihrer Bedeutung für Stadt und Land, Berlin 1913, 347 (Schriften der ZfV (N.F. 8)).

„Heranziehung zukünftiger Landarbeiter (...) aus den Kreisen der städtischen Arbeiterbevölkerung" zum Zweck der inneren Kolonisation tendenziell umzukehren, die „Lösung der Arbeiterwohnungsfrage" durch langfristige Umwandlung der Kleingartenkolonien in Kleinsiedlungen und die „Erweckung eines Eigentumsgefühls an dem gegen Entgelt erworbenen Garten und an den selbstgebauten Früchten"[23].

Diese letztgenannte, mit der nicht minder emphatisch proklamierten „Erweckung des Sparsinnes"[24] unmittelbar verknüpfte Zielsetzung bildete in gewisser Weise den Springpunkt des gesamten Programms. Während der homo sapiens von Natur aus über fünf bzw. sechs Sinne verfügt, eignet dem homo oeconomicus der Industriekultur ein zusätzlicher siebter Sinn – der Spar- oder Erwerbssinn. Ihn galt es bei den Arbeitern zu wecken und systematisch zu fördern. Mit Erfolg, wie Alwin Bielefeldt 1924 feststellen konnte: „Der Sparsinn wird gefördert. Die Achtung vor fremdem Eigentum wird geweckt. Wer weiß, wie es tut, wenn einem die Äpfel gestohlen werden, hütet sich, einem anderen gleiches anzutun. Fremde Kinder stehlen in den Gärten und nicht solche, die selbst Gärten haben"[25].

Die vermögenswirksame Bedeutung der proletarischen Teilhabe am gemeinsamen Vaterland stand freilich in einem krassen Mißverhältnis zu ihrer propagandistischen Betonung. In der Tat ging es den Wohltätern weniger um die reale Aufteilung des nationalen Grund und Bodens als um den „*ideale*(n) Mitbesitz an Gottes Erde"[26] und die mit ihm verbundene sozialpsychologische Wohlfahrtswirkung eines bescheidenen Glücksempfindens am imaginären „inneren Grundbesitz"[27]. Umfang und Güte der Teilhabe spielten daher in der Wirklichkeit eine weit geringere Rolle als die Idee der Teilhaberschaft als solche; denn nannten die „vaterlandslosen Gesellen" erst einmal ein Stück Vaterland ihr Eigen, und sei es nur ein Pachtgrundstück des Vaterländischen Frauenvereins, hatten sie ihren ursprünglichen Status in gewisser Weise bereits verloren. Stärker als alle Ketten banden das Proletariat seine eigenen (konsumgenossenschaftlichen) Ladenketten, und schon ein dünnes Sparbuch wog das gesamte Marxsche Kapital auf –

---

23 Bielefeldt, Arbeitergärten vom Rothen Kreuz (4), 135f.
24 Ebd.
25 (Alwin) Bielefeldt, Die volkswirtschaftliche Bedeutung des Kleingartenbaues, in: Arbeiten der Landwirtschaftskammer für die Provinz Brandenburg 45 (1924), 63.
26 So der Gründer des Bundes Heimatschutz Ernst Rudorff: E.R., Über das Verhältnis des modernen Lebens zur Natur, in: Preußische Jahrbücher XLV (3) (1880), 275. Hervorhebung i.O. gesperrt.
27 So der Münchner Bezirksschulrat Oskar Strobel in: Kleingarten und Poesie, Frankfurt/M. 1930, 39 (Schriften des RVKD 20).

einschließlich seiner Theorien über den Mehrwert. Mit einem Wort: „Der Proletarier, der ein Gärtchen erwirbt, ist kein Proletarier mehr"[28].

Die Überzeugung, daß Kleingartenarbeit die „Vaterlandsliebe" wecke[29] und die aus der Parzelle erwachsende Erdverbundenheit obendrein „allen umstürzlerischen Bestrebungen" den Boden entziehe[30], war denn auch ebenso weit verbreitet wie der Glaube, daß alle Formen der Hortikultur bis hin zur Zimmerblumenpflege[31] das Geistes- und Gemütsleben verfeinerten[32]. In den Augen der Sozialreformer, die „eine der Hauptwurzeln unserer sozialen Not" in der „Loslösung von der heimischen Scholle" erblickten, war daher „ein gut Stück der soviel beschrieenen sozialen Frage gelöst", wenn es gelang, „die Massen wieder in Beziehung zum heimatlichen Boden zu setzen". Da nun nicht jeder ein „Rittergut" erwerben konnte, und auch „ein eigenes Haus mit eigenem Garten (…) wenigstens in großen Städten für die allermeisten Leute zu derjenigen Kategorie von Immobilien (zählte), die man als Luftschlösser zu bezeichnen pflegt", bot sich das Auskunftsmittel des Kleingartens fast von selbst an[33], zumal der Kleingarten um die Jahrhundertwende auch in Deutschland längst eine öffent-

---

28 Otto Auhagen, Die volkswirtschaftliche Bedeutung des deutschen Gartenbaus, in: Gartenflora 60 (1911), 7.
29 Siehe hierzu etwa: Basse, Kleingärten und Gartenheime in ihrer Bedeutung für die Volkswirtschaft, in: Hannoversche Garten- und Obstbauzeitung 27 (12) (1917), 134; (Max) Christian, Städtische Freiflächen und Familiengärten, Berlin 1914, 34; Der Kleingarten. Eine Darstellung seiner historischen Entwicklung in Nürnberg, Nürnberg 1923, 1; Kleingarten und Poesie (27), 8, 39, 120f. u. 123; Karl von Mangold, Über Gartenkolonien als Bestandteile der Ortsanlage, in: Neue Aufgaben in der Bauordnungs- und Ansiedlungsfrage. Eine Eingabe des DVfW, Göttingen 1906, 41; R. Röbert, Warum Dauernanlagen, in: KGW 3 (1) (1926), 5; Peter Schmidt, Die Bedeutung der Kleingartenkultur in der Arbeiterfürsorge, Berlin 1897, 52.
30 Zur Revolutions-Prophylaxe siehe: Hans Graf, Familiengärten in der Schweiz, in: Freizeit- und Kleingartennutzung in Städten der Ballungszentren. Internes Seminar des Bundesverbandes Deutscher Gartenfreunde v. 20.–22.8.1987 in Ratingen, o.O. o.J., 106; G. Peters, Zur Kleingartenbewegung, in: Der Landmesser 6 (4) (1918), 51; F. Winkler, Arbeitergärten, in: Der praktische Ratgeber im Obst- und Gemüsebau 14 (18) (1899), 161.
31 Der erste Theoretiker der in der zweiten Hälfte des 19. Jahrhunderts um sich greifenden Zimmergärtnerei war der Engländer Nathaniel Bagshaw Ward. Siehe dazu: Claus Alexander Wimmer, Geschichte der Gartentheorie, Darmstadt (1989), 290ff.
32 Bestimmungen und Bemerkungen über die Blumenpflege in Arbeiterfamilien des GBV Darmstadt, in: Arbeiterfreund 26 (1888), 349–352; Otto Moericke, Die Bedeutung der Kleingärten für die Bewohner unserer Städte, Karlsruhe 1912, 8; Schmidt (29), 52.
33 Julius Schröder, Mietsgärten, in: Der praktische Ratgeber im Obst- und Gemüsebau 19 (39) (1904), 358.

lichkeitswirksame, publizistisch wie praktisch gleichermaßen fundierte Ausdrucksform städtischen Grüns geworden war[34].

Die Arbeitergärten vom Roten Kreuz waren von daher alles andere als originell. Einer Anregung durch die „jardins ouvriers" der Pariser Weltausstellung hätten sie – objektiv – keineswegs bedurft. Was das französische Vorbild seinen deutschen Nachahmern vermittelte, war in erster Linie der von Volpette begründete sozial–fürsorgerische Totalitätsanspruch und das ihm korrespondierende Organisationsmuster des Patronats[35]. Die dem Patronatswesen innewohnende Logik machte das Charlottenburger Projekt tatsächlich zu einer im doppelten Sinn staatstragenden Einrichtung. Initiiert von einem Geheimen Regierungsrat und Senatspräsidenten im RVA, getragen von einem Vaterländischen Frauenverein unter Leitung der Gattin des preußischen Innenministers, protegiert von den städtischen Behörden Charlottenburgs und dem preußischen Eisenbahnfiskus, der das Gelände zu Vorzugspreisen verpachtete[36], erhob sich über einer quasi staatssozialistischen Basis ein wohltätiger, ja wohlfahrtspolizeilicher Überbau, der den administrativen Einfluß der Obrigkeit bis in die letzte Parzelle trug: Jedes zusammenhängende Gartenfeld wurde in Verwaltungseinheiten zerlegt, die jeweils zehn bis zwölf Gärten umfaßten, jedes dieser „Patronate" von einem „Patronatsvorstand" geleitet, den zwei bis drei Delegierte des Frauenvereins und zwei Abgeordnete der Pächter stellten. Sämtliche Patronatsmitglieder bildeten ihrerseits den Gesamtvorstand eines Gartenfeldes, an dessen Spitze wieder eine „Patronatsdame" stand, die die Einhaltung der Gartenordnung beaufsichtigte[37].

Die in Charlottenburg begründete Arbeitergartenkolonie bildete damit „eine unter Aufsicht stehende Republik"[38], deren bürgerliche Führung nicht nur das Gartenleben, sondern auch das Arbeits- und Familienleben der Kolonisten nachhaltig beeinflußte und mit Hilfe verschiedener Sozialeinrichtungen wie Arbeitsvermittlung, Einkaufsgesellschaften für Kohlen und Wintergemüse, kostenlosen Klinikkarten und einer Sparkasse[39] im Laufe der Zeit zu einem System sozialer Kontrolle ausweitete, das sich selbst mit elaborierten Formen eines großunternehmerischen „Fabrikfeudalismus" messen konnte.

---

34 Das bezeugt nicht zuletzt die erste Monographie zur deutschen Kleingartenkultur von Schmidt (29), von der zugleich eine Kurzfassung erschien: Der Arbeiterfreund 35 (1897), 221–273
35 Zum Patronatswesen siehe: Bielefeldt, Arbeitergärten vom Rothen Kreuz (4), 134f.; Huret (17), 83f.
36 Bielefeldt, Arbeitergärten vom Rothen Kreuz (4), 134f.
37 Ebd., 134. Ein Abdruck der Gartenordnung findet sich in: Familiengärten (22), 194.
38 Huret (17), 83.
39 Bielefeldt, Arbeitergärten (9), 238.

Am Patronatswesen entzündete sich denn auch schon früh berechtigte Kritik. So erklärte der Sekretär des Ansiedlungsvereins Groß–Berlin, Friedrich Coenen, den kleinen Einzugsbereich der Arbeitergärten vom Roten Kreuz mit dem „ausgedehnten Protektoratswesen", das zwar theoretisch „eine an sich erfreuliche Erscheinung für das soziale Verständnis der höheren Schichten" bilde, praktisch jedoch die unverkennbare Wirkung habe, „daß sich weite Kreise der unteren Klassen zurückhalten, weil sie irgendwelche Bevormundung fürchten"[40]. Auch der Sozialdemokrat Otto Albrecht, ein führender Funktionär der Berliner Laubenkolonisten, tadelte die Patronatsverfassung bei aller Anerkennung für Bielefeldts Engagement und die musterhafte Gestaltung der Kolonien als Ausdruck einer prinzipiellen Verkennung der „großstädtische(n) Arbeiterpsyche": „Zunächst wurde in damaliger Zeit von diesen Arbeitermassen das Rote Kreuz mit all seinen Zweigeinrichtungen und Anhängseln noch als eine Organisation gewertet, die weit davon entfernt sei, lediglich um der Sache willen der Volkswohlfahrt zu dienen. Die Auffassung, daß es sich vielmehr um berechnende Wohltäterei zur Verherrlichung dynastischer Zwecke und zur Unterstützung kapitalistischer Interessen handle, wurde durch den zweiten Umstand verstärkt, daß an die Spitze der einzelnen Kolonien je eine Dame aus gesellschaftlich höheren Ständen als sogenannte Patronin gestellt worden war"[41].

Die Arbeitergärten vom Roten Kreuz blieben infolgedessen nach Zahl und Ausmaß ein vergleichsweise bescheidener Repräsentant des deutschen Kleingartenwesens. Ihr räumliches Einzugsgebiet konzentrierte sich vornehmlich auf die Reichshauptstadt, wo der „Vaterländische Frauenverein Charlottenburg" seit 1901 und der „Volksheilstättenverein vom Roten Kreuz" seit 1905 Arbeitergärten vergaben, die Hansestadt Lübeck[42] und Merseburg[43]. Im späteren Reichsverband der Kleingartenvereine Deutschlands nahmen die Rot–Kreuz–Gärten nach der Statistik von 1931 unter 31 angeschlossenen Mitgliedsverbänden nichtsdestoweniger mit 90 Vereinen und 9.759 Bewirtschaftern den 12., nach der Größe des gepachteten Landes mit rund 365 ha den 16. Rang ein. Prozentual gesehen waren das, bei 409.630 organisierten Kleingartenbewirtschaften im Reich, freilich nur magere 2,38%. Der preußische Provinzialverband Groß–Berlin und der Landesverband Sachsen, die beiden mit Abstand größten Verbände, waren denn

---

40 Friedrich Coenen, Das Berliner Laubenkoloniewesen, seine Mängel und seine Reform, Göttingen 1911, 33.
41 Otto Albrecht, Kleingartenwesen, Kleingartenbewegung und Kleingartenpolitik, Berlin 1924, 3f.
42 Inge Brand, Entwicklung und sozialhygienische Bedeutung des Lübecker Kleingartenwesens, Med. Diss. Hamburg 1952, 7 u. 15ff.
43 Elli Richter, Das Kleingartenwesen in wirtschaftlicher und rechtlicher Hinsicht, dargestellt an der Entwicklung von Groß–Berlin, Staatswiss. Diss. Berlin 1930, 40.

auch mit 66.400 bzw. 64.682 Bewirtschaftern – jeder für sich – mehr als sieben Mal so groß[44]. Gleichwohl bleibt festzuhalten, daß die Arbeitergärten vom Roten Kreuz trotz ihrer Patronatsverfassung Anklang fanden und sich schon früh einen festen Platz in der entstehenden Kleingartenbewegung sichern konnten. In einer Zwischenbilanz aus dem Jahre 1912 hieß es denn auch: „Die anfängliche Zurückhaltung der Arbeiterkreise ist völlig gewichen. Es bedarf überhaupt keiner Veröffentlichung mehr zur Ermittlung von Gartenlandbewerbern. Hunderte melden sich ungerufen und bitten um etwa frei werdende Gärten, ein Fall, der nur äußerst selten eintritt"[45]. Kurz: Das „Paradies auf Erden"[46] erblickten die „Mühseligen und Beladenen" nicht nur im Zeichen des Passionskreuzes, sondern auch unter dem Signum des Roten Kreuzes.

Dieser Sachverhalt gründete nicht zuletzt in den umfangreichen Aktivitäten des Roten Kreuzes auf den Gebieten der Krankheits- und Wohlfahrtspflege. Die Friedenstätigkeit der Männer und Frauen vom Roten Kreuz gemahnte insofern nicht nur an die Hilfsbereitschaft des barmherzigen Samariters[47] im Neuen, sondern ebensosehr an das Paradies im Alten Testament. Der Garten Eden war auf jeden Fall nicht nur ein locus amoenus, sondern weit mehr noch ein locus salutis, ein Ort geistlichen und körperlichen Heils, dem Alter, Krankheit, Schmerz und Tod von Natur aus fremd waren[48]. So lag es denn durchaus in der Ana-Logik des allseits beliebten Paradiestopos, diese Eigenschaft des Gartens Eden auch dem Kleingarten zuzuschreiben.

In der Tat verband sich der Name der Rot-Kreuz-Gärten in der Geschichte der deutschen Kleingartenbewegung in besonderer, wenn auch keineswegs ausschließlicher, Weise mit der Vorstellung vom „Jung"- oder „Gesundbrunnen" Kleingarten[49]. Dieser sozialmedizinische Gedanke zielte freilich weniger auf die

---

44 Heinrich Förster/Alwin Bielefeldt/Walter Reinhold, Zur Geschichte des deutschen Kleingartenwesens, Frankfurt/M. 1931, 78f. (Schriften des RVKD 21).
45 Familiengärten (22), 193.
46 Ebd., 346.
47 Lukas 10, 30–37.
48 1. Mose 3, 16–19.
49 Zu diesen beiden Topoi siehe: Ärzteschaft und Kleingartenwesen, Frankfurt/M., 7 u. 31 (Schriften des RVKD 17.); R. Bock, Der Kleingarten als Gesundbrunnen, in: KGW 3 (5) (1926), 52; Der Kleingarten, der Gesundbrunnen der Großen Stadt, in: KGW 5 (5) (1928), 45ff.; Fischer, Der Kleingarten, ein Heilmittel für Leib und Seele, in: Der Kleingarten 2 (1926), 21; H(einrich). Hinz, Die Bedeutung der Schrebergärten für die Volkswohlfahrt, in: Körper und Geist 24 (10) (1915), 147; Gerhard Richter, 75 Jahre Dienst am Kinde. Geschichte des Schrebervereins der Westvorstadt in Leipzig, Leipzig 1939, 65; Schröder (33), 358; StAHH. Senat Cl. I Lit. Sd. No. 2 Vol. 9i. Fasc. 9 Inv. 4: Schreiben Stellinger Kleingärtner an den Senat v. 3.6.1922.

in den Kolonien vereinzelt vorhandenen realen Gewässer, auch wenn der Leipziger Schreberpädagoge Gerhard Richter ein lokales Planschbecken vollmundig als „Seebad Schreberplatz. Keine Kurtaxe! Unentgeltliche Behandlung durch Dr. Luft, Dr. Licht und Dr. Sonne" anpries[50]. Der eigentliche „Gesundbrunnen" war vielmehr der metaphorische Born des Kleingartens selbst, in dessen schattiges Grün der gestreßte Arbeiter eintauchen sollte wie der erkrankte Gläubige in die Heilquelle der Grotte von Lourdes. Am „Busen der Natur" sollte der industriekapitalistische Teilarbeiter gewissermaßen neu zusammengesetzt, mit frischer Luft beatmet und aus der Entfremdung des Werktagslebens zu sich selbst zurückgeführt werden[51]. Adolf Damaschke, der Vorsitzende des Bundes Deutscher Bodenreformer, hat diesen Gedanken 1927 auf dem 5. Reichskleingärtnertag so zum Ausdruck gebracht: „Es bedeutet etwas Großes, wenn müde gearbeitete Menschen erklären: 'Und wenn wir eine Stunde gehen sollen, wir wollen ein Stückchen Erde gewinnen, ein Stückchen Vaterland. Dort wollen wir gestalten, nicht nach übermächtigen, kaum gekannten Gesetzen irgend eines Großbetriebes, da wollen wir gestalten nach unserem Willen, da soll es still um uns sein. Nicht Maschinen sollen um uns lärmen – leises organisches Wachsen aus der Erde heraus in Pflanzen– und Tierwelt soll uns umgeben. Da kann in Harmonie sich lösen, was verzerrt und verkümmert war im mechanisierenden Betriebe. Da können wir die Elastizität, die Spannkraft an Leib und Seele wiedergewinnen, die ein Mensch braucht, wenn er eine Persönlichkeit werden und bleiben will'"[52].

Das Bestreben, die Reproduktionsbedingungen der Arbeiter mit Hilfe des Kleingartens zu verbessern, entsprang freilich nicht allein philanthropischer Wohltätigkeit, sondern ebensosehr nationalökonomischer Zweckrationalität[53]. Bereits Coenen hatte in diesem Zusammenhang den Grundsatz formuliert: „Zufriedene, glückliche und gesunde Arbeiter sind auch durchweg leistungsfähiger"[54]. Ergänzt wurden derartige Überlegungen durch Hinweise auf die komparativen Sozialkostenvorteile. So schrieb der Leiter der sächsischen Zentralstelle

---

50 G(erhard). Richter, Kinderärzte des Schrebergärtners, in: KGW 6 (8/9) (1929), 90.
51 Ärzteschaft und Kleingartenwesen (49), 36. Vgl. auch: Josef Goemaere, in: 2. Internationaler Kongreß der Kleingärtnerverbände und 7. Reichs–Kleingärtnertag. Essen 1929. Verhandlungsbericht, Frankfurt/M. o.J., 13. (Schriften des RVKD 18.).
52 Zit.n.: 5. Reichs–Kleingärtnertag (12), 61f. Vgl. auch: Ärzteschaft und Kleingartenwesen (29), 12f.; Die Reichsgesundheitswoche und die Kleingärtner, in: Der Kleingarten 2 (1926), 19f.
53 Damaschke (52), 62.
54 Coenen (40), 8. Ähnlich auch: 75 Jahre Bundesbahnlandwirtschaft, in: Eisenbahn–Landwirt 68 (1985), 147.

für das Kleingartenwesen, Kurt Schilling: *„Besser tausend Dauerkleingärten eingerichtet als ein Kranken–, ein Siechen–, ein Verwahrlostenhaus gebaut!"*[55].
Das negative Gegenbild zum positiven Wunschbild Kleingarten verkörperte allenthalben die großstädtische Mietskaserne. Wurde diese als Inbegriff der Stadt verschrien, erschien jener als Muster des platten Landes, galt jene als Brutstätte aller möglichen „Wohnungskrankheiten" wie Blutarmut, Rachitis, Säuglingssterblichkeit, Skrofulose und Tbc[56], wurde dieser als „Jung"– oder „Gesundbrunnen" propagiert. Kleingartenbefürworter gleich welcher parteipolitischen Couleur sahen ihre Hauptaufgabe denn auch, wie der einflußreiche sozialdemokratische Arzt Julius Moses, in erster Linie darin, die unter den „Wohnkrankheiten" leidenden Arbeitermassen, „und sei es auch nur für die Zeit des Sommers, herauszuziehen aus diesen Sterbehäusern und sie zu verpflanzen in den Mutterboden der Natur"[57].

Obwohl als Gegenstück zur Mietskaserne propagiert, wurde der Kleingarten damit allerdings zugleich zu ihrem partiellen Seitenstück. Mochte „der Garten als eine Art erweiterte Wohnung" die Arbeiterfamilien wieder zusammenführen[58], den Sparsinn für die „gute Stube" zerbrechen und den „in engen Mauern verkümmerten Wohngeist wieder lebensvoll und heiter" stimmen[59], seine Entlastungsfunktion blieb vorübergehender Natur. Das „lebende Zimmer"[60] des Kleingartens erwies sich insofern als bloßes Anhängsel der Stadtwohnung, die Laubenkolonie als Fortsetzung der Mietskaserne im Grünen. Indem die Kleingartenanlagen die Wohnblocks während der schönen Jahreszeit entlasteten, machten sie eine im Grunde menschenunwürdige Wohnform aber nicht nur besser bewohnbar, sie sorgten zugleich für ihre erweiterte Reproduktion, indem sie die verdichtete Wohnweise mit ihren unzulänglichen sanitären Verhältnissen in verkleinertem Maßstab wiederholten. Die meisten Laubenkolonien bildeten insofern nur ausgewalzte, horizontale Gegenstücke zu den von ihren Pächtern bewohnten, vertikal hochgezogenen Massenquartieren.

Der Glaube an die heilsame Wirkung des „Gesundbrunnens" Kleingarten wurde von solchen Überlegungen freilich nicht angekränkelt. Eine wiederholt aufgelegte Broschüre des einflußreichen Gartenbauarchitekten Harry Maass trug insofern zu Recht den ebenso programmatischen wie verheißungsvollen Titel:

---

55 Kurt Schilling, Das Kleingartenwesen in Sachsen, Dresden 1924, 59. Zit. i. O. gesperrt.
56 Ärzteschaft und Kleingartenwesen (49), 10f.; Moericke (32), 3 u. 6f.
57 Ärzteschaft und Kleingartenwesen (49), 11. Zu Moses siehe: Daniel S. Nadev, Julius Moses und die Politik der Sozialhygiene in Deutschland, Göttingen 1985.
58 Peters (30), 50.
59 Harry Maass, Dein Garten – Dein Arzt, Frankfurt/O. o.J., 16.
60 Ebd., 48.

„Dein Garten – Dein Arzt". In diesem Klein-Garten, der gleichermaßen als *„Ersatz für Arzt und Apotheke, für Höhensonne und Nervenheilanstalt"*[61] gedacht war, sollte der erholungs- und heilungsbedürftige Großstädter passiv mit Hilfe von Licht- und Luftbädern[62], aktiv durch ausgleichende Gartenarbeit und sportliche Betätigung[63] regeneriert werden. Ihre diätetische Ergänzung fanden diese Vorschläge in der vielfach empfohlenen Umstellung der Ernährung auf selbstgezogene vegetarische Frischkost[64] und einer abstinenten Lebensweise, die zwar in erster Linie auf den Alkoholkonsum, aber auch auf den Genuß von Kaffee, Tee und Tabak zielte[65].

Einen besonderen Schwerpunkt kleingärtnerischer Gesundheitsfürsorge bildete daher die Bekämpfung des proletarischen Alkoholmißbrauchs, der namentlich in den Berliner Laubenkolonien immer wieder feuchtfröhliche Urständ feierte. Anlässe zum Um-Trunk gab es genug. Wie das Kirchenjahr besaß auch das Kneipenjahr seinen hergebrachten, altehrwürdigen Festkalender. Der später als Sexualwissenschaftler bekannt gewordene sozialdemokratische Arzt Magnus Hirschfeld hat diesen trunkenen Kreislauf akribisch dokumentiert: Angestoßen zu Silvester, trank man sich über „Kaisers Geburtstag" Ende Januar, die „Bocksaison" im Februar und März zur ersten „Baumblüte" im April durch, um sich nach diversen Sommer- und Erntefesten erneut zum „Jahreswechsel" zuzuprosten[66].

In diesem modernen bacchantischen Reigen stellten die Arbeitergärten vom Roten Kreuz freilich von Beginn an eine „rühmliche Ausnahme" dar[67], da sie selbst bei Erntefesten den Ausschank von Wein und Schnaps strikt verboten[68], so daß das Rote Kreuz – nicht nur bei nüchterner Betrachtung – dem Blauen Kreuz zum Verwechseln ähnlich sah. Im Idealfall wurde der Kleingarten damit zum quasi alternativen „Sorgenbrecher"[69], der den etablierten „Sorgenbecher" erfolgreich substituierte.

---

61 Ebd., 9. Zit. i. O. gesperrt.
62 Ebd., 16, 25 u. 42; Ärzteschaft und Kleingartenwesen (49), 21 u. 34; H(einrich). Förster, Kleingartenbau und Volksgesundheit, in: KGW 4 (1) (1927), 2.
63 Ärzteschaft und Kleingartenwesen (49), 24f.; Förster, Kleingartenbau und Volksgesundheit (62), 2.
64 Ärzteschaft und Kleingartenwesen (49), 15 u. 25; Bielefeldt, Die volkswirtschaftliche Bedeutung (25), 61f.; Förster, Kleingartenbau und Volksgesundheit (62), 2; Ders. u. M. Krüger, Schafft Kleingärten, Frankfurt/M. 1924, 12f. (Schriften des RVKD 1.).
65 Ärzteschaft und Kleingartenwesen (49), 18 u. 26f.
66 Magnus Hirschfeld, Die Gurgel Berlins, Berlin und Leipzig o.J., 52ff.
67 Ebd., 52. Vgl. auch: Familiengärten (22), 348.
68 Huret (17), 84.
69 Der Kleingarten als Sorgenbrecher, in: Der Kleingarten 6 (1926), 83f.

In der Masse der Kolonien bildete die Alkoholfrage dagegen ein notorisches „Wespennest–Thema"[70]. Das lag allerdings nicht nur an den subjektiven Schwächen der Kleingärtner, deren Alltagsfreuden und -sorgen stets neue Anlässe und Vorwände zum Trinken boten, sondern auch an der objektiven Finanzschwäche der Kleingartenvereine, deren Mitgliedschaft sich zum größten Teil aus „kleinen Leuten" zusammensetzte. In der Tat zählte der Verkauf von mehr oder minder starken Getränken, neben dem noch gesondert zu erörternden alkoholischen „Verzehrzwang" in den Laubenkolonien Groß–Berlins, in weiten Teilen der Bewegung zum integralen Bestandteil der Vereinsgeschäftsführung. Namentlich die sächsischen Schrebergärten machten in dieser Hinsicht von sich reden[71]. Da jeder Kleingartenverein über ein gesichertes Einzugsgebiet verfügte und zugleich einen kommunikativ verdichteten Kreis Gleichgesinnter bildete, erhielt er von vielen Brauereien Sonderkonditionen, die es ihm ermöglichten, konkurrierende freie Gaststätten zu unterbieten, ohne dabei auf eine eigene Gewinnspanne verzichten zu müssen, zumal viele Bierproduzenten zugleich als Darlehensgeber oder Sponsoren für Spielplätze und Vereinshäuser auftraten[72]. Für die betroffenen Vereine wurden Geld– und Zapfhahn auf diese Weise unweigerlich eins, auch wenn die einzelnen Kolonisten sie, zumindest in heiteren Stunden, weiterhin doppelt sahen.

Das Verhältnis der Kleingartenbewegung zur Alkoholfrage blieb nichtsdestoweniger zwiespältig. Die vielfach gescholtenen Sachsen verwiesen denn auch nicht ohne Grund auf die Vorteile kolonialer Vereinshäuser. Nach Hugo Fritzsche und Kurt Schilling bildete das eigene Versammlungslokal nämlich nicht nur einen geselligen Anziehungspunkt, der trinkfreudige Mitglieder, die ansonsten ins Wirtshaus abwanderten oder private Festivitäten organisierten, in das Vereinsleben integrierte, sondern zugleich einen unabhängigen Kommunikationsraum, der den ganzen Verein von der andernfalls üblichen Anmietung nahegelegener Gaststätten und dem mit ihr verbundenen Konsumzwang befreite[73].

Diese pragmatische Haltung, die am Ende die Tugend mit Hilfe des Lasters finanzierte und beispielsweise die Ausgaben für einen Kinderspielplatz mit den

---

70 Kurt Poenicke, Kleingartenwesen und Antialkoholbewegung, in: KGW 6 (1) (1929), 3.
71 Else Rathje, Die Bedeutung der Kleingärten für Fürsorge und Erziehung, WiSo. Diss. Frankfurt/M. 1934, 61f.
72 Siehe hierzu: Bielefeldt, in: Familiengärten (22), 329; Fritzsche, in: Ebd., 361f.; Poenicke (70), 3f.; Kurt Schilling, Kleingartenwesen und Antialkoholbewegung, in: KGW 6 (2) (1929), 15f.
73 Fritzsche, in: Familiengärten (22), 362 u.v.a.: Schilling, Kleingartenwesen und Antialkoholbewegung (72), 15.

Einnahmen aus der Vereinskneipe bestritt, wurde freilich nicht von allen Vereinen geteilt. So begründete der „Verband Hamburger Schrebervereine" ein Gesuch vom 16.4.1914 um eine einmalige Zuwendung von 6.000 M zu Zwecken der Jugendpflege gegenüber dem Senat mit der demonstrativen Abgrenzung von der in Mitteldeutschland geübten Finanzierungspraxis, „weil nach unserer Auffassung dadurch auf der einen Seite wenigstens soviel geschadet wie auf der andern genützt wird. Wir wollen unsere Mitglieder gerade möglichst dem Alkoholgenuß entziehn und den Alkohol von unsern Kolonien fernhalten"[74].

Was in den einzelnen Kleingartenanlagen geschah, war freilich nicht nur eine Angelegenheit der jeweiligen Vereine, sondern zugleich Sache des Reichsverbandes und der einzelnen Länder. Während der RVKD seinen Gliederungen nur Vorschläge unterbreiten konnte[75], waren die Länder in der Lage, den Vereinen Vorschriften zu machen. Ihre Bereitschaft, entsprechende Verordnungen zu erlassen, erwies sich allerdings als begrenzt. Mit wirklichem Nachdruck wandte sich nur Preußen gegen das laubenkoloniale Ausschankwesen. Hier untersagte ein Runderlaß des Ministers für Volkswohlfahrt vom 30.11.1923 jede Schankerlaubnis im Sinne von § 33 der Gewerbeordnung und bedrohte Zuwiderhandlungen mit dem Entzug der Gemeinnützigkeit[76].

Gleichwohl war der Erlaß nur bedingt geeignet, die Kolonien „trockenzulegen". Die Gründe für diesen Umstand lagen zunächst darin, daß Zwangsmaßnahmen den wirklich „suchtgefährdeten" Teil der Alkoholkonsumenten nicht eines Besseren belehrten, sondern bloß in die Illegalität abdrängten. Hinzu kam, daß der Erlaß „alte Gerechtsame" in der Regel bestehen ließ und den Flaschenbierhandel während der Geschäftsstunden und aufgrund polizeilicher Erlaubnis vollkommen ausnahm[77]. Im Endeffekt stand die mangelnde Entschlußfreude der Länder damit dem ungenügenden Entschliessungsvermögen der Vereine kaum nach. In der Praxis beschränkte sich der Kampf gegen den Alkoholmißbrauch daher weitgehend auf die von Kurt Schilling propagierte volkspädagogische Maxime „Erziehen" statt „zwangsweise Entziehen"[78].

Das zweite sozialmedizinische Spezialgebiet, auf dem sich die Arbeitergärten vom Roten Kreuz besonders engagierten, war die Bekämpfung der Tuberkulose im Rahmen des hygienisch–diätetischen Heilverfahrens. Auch diese Aktivitäten

---

74 StAHH. Senat. Cl. VII. Lit. Qd. No. 453. Vol. 1: Eingabe des VHS an den Senat v. 16.4.1914.
75 Vgl.: Poenicke (70), 4 und den eindringlichen Aufruf des RVKD–Vorstands, kein Brauereikapital zu Finanzierungszwecken anzunehmen, in: KGW 5 (4) (1928), 36.
76 StAHH. Polizeipräsidium Harburg–Wilhelmsburg IV 50.32: Runderlaß des MfV v. 30.11.1923.
77 Poenicke (70), 4.
78 Schilling, Kleingartenwesen und Antialkoholbewegung (72), 14.

wurden im wesentlichen von Alwin Bielefeldt angeregt, der an der Tbc-Bekämpfung schon von Amts wegen interessiert war. Ein, vermutlich von ihm selbst verfaßter, Artikel in den einflußreichen, von Mitgliedern des RVA herausgegebenen „Monatsblättern für Arbeiterversicherung" pries die Arbeitergärten als beste „Bundesgenossen" der Arbeiterversicherung „für ihre vorbeugenden, gesundheitlichen Maßnahmen", schrieb ihnen bei Nachkur und Rekonvaleszenz den Wert von „Freiluft-Erholungsstätten" zu, hob den Beitrag des Gartenertrages zur Aufbesserung der oft nicht ausreichenden Rente hervor, erinnerte an die ernährungsphysiologische Bedeutung des Frischgemüses und wußte nicht zuletzt den günstigen Einfluß der Gartenarbeit auf die Regeneration „unserer gewerblichen Arbeiterbevölkerung" herauszustreichen[79].

Wie positiv sich bereits eine vergleichsweise kurze Gartenarbeitszeit von täglich zwei Stunden auswirkte, bezeugt ein Erfahrungsbericht der Sophienheilstätte im Sachsen-Weimarischen Berka an der Ilm. Hier zeitigte die Gartenarbeit nach Feststellung des leitenden Arztes insbesondere „eine außerordentlich appetitanregende Wirkung und übte auf die Gemütsverfassung der Kranken einen wohltätigen Einfluß aus, dadurch, daß ihr Selbstvertrauen gehoben und sie vor den schädlichen Folgen der Langeweile bewahrt werden"[80].

Als Kooperationspartner und Darlehensgeber hoffte Bielefeldt, die Landesversicherungsanstalten zu gewinnen[81], die im Rahmen ihrer Anlagepolitik eine, wenn auch begrenzte, Möglichkeit besaßen, Arbeitergärten finanziell zu fördern[82]. In der Tat haben verschiedene Landesversicherungsanstalten wie die von Braunschweig, Hannover, der Hansestädte, von Sachsen-Anhalt, Schlesien und Schleswig-Holstein in der Folgezeit von dieser Ermächtigung Gebrauch gemacht[83], doch blieb der Umfang ihrer Aktivitäten allem Anschein nach gering.

---

79 Arbeiterversicherung und Arbeitergärten, in: Monatsblätter für Arbeiterversicherung 2 (4) (1908), 43–46. Die Autorschaft Bielefeldts belegt: StAHH. Senat. Cl. VII. Lit. Qd. No. 453. Vol. 1: Gesuch des VHS an den Senat v. 16.4.1914. Vgl. auch: Die Arbeitergärten des Volksheilstättenvereins vom Roten Kreuz in Berlin, in: Monatsblätter für Arbeiterversicherung 5 (7) (1911), 87ff.
80 Moericke (32), 7.
81 Arbeiterversicherung und Arbeitergärten (79), 41. Weitere Kooperationspartner waren Armenverwaltungen und Fürsorgestellen. Vgl.: Krautwig, Schrebergärten für Lungenkranke in Cöln, in: Centralblatt für allgemeine Gesundheitspflege. Organ des Niederrheinischen Vereins für öffentliche Gesundheitspflege 31 (1912), 407f.
82 Bielefeldt dachte dabei vor allem an eine analoge Anwendung der nach § 18 Invaliden-Versicherungsgesetz gangbaren Hergabe von Geldmitteln für Walderholungsstätten und der nach § 164 Abs. 3 erlaubten Finanzierung von Arbeiterwohnungen. (Arbeiterversicherung (81), 44ff.). Siehe auch: Familiengärten (22), 336; Arthur Hans, Planmäßige Förderung des Kleingartenwesens. Eine Aufgabe der Gegenwart und Zukunft, Dresden 1918, 36ff.
83 Familiengärten (22), 336.

Ursprünge des modernen Kleingartenwesens 85

Selbst die von Bielefeldt geleitete LVA der Hansestädte stellte während seiner, von 1907 bis 1924 währenden, Amtszeit gerade 7.950 M für Kleingartenzwecke zur Verfügung[84]. Ob die Lungenkranken von Hamburg, Lübeck und Bremen die ihnen erteilte Empfehlung, „sich möglichst viel *im Freien* auf(zu)halten, was am besten durch *Pachtung eines Gartens* in der Nähe der Wohnung erreicht wird"[85], angesichts einer derart bescheidenen Förderung überhaupt umsetzen konnten, muß daher bezweifelt werden, zumal die Masse der Mittel zunehmend in die Wohnungsreform floß, deren „Geburtsstunde" mit dem „glücklichen Zusammentreffen" des 1889 verabschiedeten Invaliditäts- und Altersversicherungsgesetzes, das die Anlage des LVA-Vermögens zu gemeinnützigen Zwecken vorschrieb, mit der Novellierung des Genossenschaftsgesetzes koinzidierte, das die beschränkte Haftung einführte[86]. Diese Randstellung des laubenkolonialen „Luftkurortes" wurde noch dadurch verstärkt, daß seine Begründung erst zu einem Zeitpunkt erfolgte, als die Tuberkulosesterblichkeit aufgrund der Entdeckung des Tuberkelbakteriums 1882 und der Einführung der Krankenversicherung 1883 bereits seit geraumer Zeit im Sinken begriffen war[87].

Die geringe Bedeutung des Kleingartens für die Tbc-Bekämpfung wuchs freilich auch dann nicht, als die Tuberkulose-Sterblichkeit infolge des Ersten Weltkriegs erneut zunahm[88]. Obwohl „der Anstieg der Tbc-Mortalität während der Kriegszeit (...) prozentual fast genau dem rückläufigen Kaloriengehalt der rationierten Lebensmittel" entsprach[89], erlangte der Kleingarten trotz seiner kriegswirtschaftlich bedingten Expansion bei Sozialmedizinern nur bedingt Aufmerksamkeit. Zwar fand der Gedanke einer Bereitstellung von Kleingärten Anfang 1920 im Entwurf des Reichsinnenministeriums für ein Reichstuberkulo-

---

84 Geschäftsberichte (2) 1911, 20; 1914, 28 u. 1918, 29. Helms (2), 60 wertet die Kleingartenfürsorge denn auch als „Steckenpferd Bielefeldts". Hans Haustein, Die sozialhygienische Betätigung der LVA, dargestellt am Beispiel der LVA der Hansestädte, Leipzig 1919 erwähnt dagegen den Komplex gar nicht.
85 Ratschläge für Lungenkranke. Für die bei der LVA der Hansestädte versicherten Personen zusammengestellt, Lübeck o.J., 5. Hervorhebungen i.O.
86 Kohlrausch, Die Landesversicherungsanstalten als Förderer der Wohnungsreform, in: 30 Jahre Wohnungsreform 1898-1928. Denkschrift aus Anlaß des 30jährigen Bestehens, hg. v. DVfW, Berlin 1928, 129.
87 Das Deutsche Reich in gesundheitlicher und demographischer Beziehung, Fs., den Teilnehmern am 14. Internationalen Kongreß für Hygiene und Demographie, Berlin 1907, 120f.
88 Bielefeldt, Der Kleingarten als Waffe im Kampf gegen die Tuberkulose, in: NZKW 1 (2) (1922), Sp. 29f.
89 Ulrich Kluge, Die deutsche Revolution 1918/19, (Frankfurt/M 1985), 42.

segesetz[90] ebenso Eingang wie in die Mitte 1922 veröffentlichten Richtlinien des „Deutschen Zentralkomitees zur Bekämpfung der Tuberkulose"[91], doch begründeten derartige Empfehlungen noch lange keine verbindlichen Verpflichtungen. Das maßgebliche, 1926 erschienene „Handbuch der Tuberkulose–Fürsorge" enthielt denn auch bezeichnenderweise weder ein Stichwort, geschweige denn einen Artikel zum Thema Kleingarten und Tbc[92].

Die im Frühjahr 1927 durchgeführte „Reichsgesundheitswoche"[93] und der ein Jahr später stattfindende Lehrgang der „Deutschen Gesundheitsfürsorgeschule" nahmen vom Kleingartenwesen zur Überraschung des RVKD freilich genausowenig Notiz[94]. Diese Nichtachtung mußte engagierte Kleingärtner umso mehr schmerzen, als beide Veranstaltungen den gesamten Problemkreis volksgesundheitlicher Grundsatzfragen zur Sprache brachten. Wie außerordentlich schwer es war, gerade die sozialmedizinische Bedeutung des Kleingartenwesens nachzuweisen, zeigte aber nicht zuletzt die bereits zitierte, vom RVKD 1929 veröffentlichte Broschüre „Ärzteschaft und Kleingartenwesen". Weit entfernt, das gesundheitspolitische Image der Kleingärtner zu heben, dokumentierte die Werbeschrift, selbst nach Meinung des Verbandsvorsitzenden Heinrich Förster, in erster Linie den „Mangel an Ergebnissen exakter Forschungen auf dem Gebiet der volksgesundheitlichen Wirkungen des Kleingartenwesens"[95]. Der Tenor des Heftes lag folglich einmal mehr auf der durchweg emphatischen Betonung der allgemeinen Wohlfahrtswirkungen, die die angeführten Ärzte der Kleingartenkultur zuschrieben.

Die Frage nach der volksgesundheitlichen Bedeutung des Kleingartenwesens war damit freilich keineswegs entschieden. Jede Form diätetischer, ergotherapeutischer oder hygienischer Prophylaxe beruht nämlich naturgemäß auf der Erhaltung der (noch) vorhandenen Gesundheit. Ihre Anwendung besitzt von daher weder ein originäres Indiz noch einen kausalen Effizienzbeweis ihrer Wirkung.

---

90 StAHH. Medizinalkollegium III G1, Bd. 11: Gesetzentwurf des Reichsministeriums des Inneren in der vom Reichsgesundheitsrat in der Sitzung v. 29.4.1920 angenommenen Fassung (§ 2).
91 Ebd., Bd. VIII: Richtlinien für die z.Z. dringlichsten Aufgaben der Tbc–Bekämpfung v. 24.7.1922.
92 Hb. der Tuberkulose–Fürsorge. Eine Darstellung der deutschen Verhältnisse nebst einem Anhang über die Einrichtungen im Auslande, hg. v. Karl Heinz Blümel, 2 Bde, München 1926.
93 Kleingarten und Reichsgesundheitswoche, in: KGW 3 (4) (1926), 40; Die Reichsgesundheitswoche und die Kleingärtner, in: Der Kleingarten 2 (1926), 19ff.; Förster, Kleingartenbau und Volksgesundheit (62), 2f.
94 Vorwort des RVKD–Vorsitzenden Förster zu: Ärzteschaft und Kleingartenwesen (49).
95 Ebd.

Erst der Kranke tritt – als Kostenfaktor – in das Preis–Bewußtsein der Leistungs–Gesellschaft. Die Wohlfahrtswirkungen der Natur oder der eigenen maßvollen Lebensweise schlagen dagegen nirgends zu Buch – am allerwenigsten in den Hauptbüchern der Industrie. Wie die Quelle von Lourdes war daher auch der „Gesundbrunnen" Kleingarten in hohem Maße eine Glaubens(tat)sache, die sich mit den modernen Mitteln der rationalistischen Medizin des „Great Sanitary Awakening"[96] nur schwer (er)messen ließ.

Die kleingartengeschichtliche Bedeutung der Arbeitergärten vom Roten Kreuz lag daher letzten Endes weniger in derartigen Einzelbestrebungen als in dem Bemühen begründet, alle bis dahin bekannten Vorzüge des Kleingartenwesens programmatisch zusammenzufassen und mit Hilfe eines umfassenden Systems philanthropischer Patronage in die Tat umzusetzen. Historisches Gewicht erlangten die Rot–Kreuz–Gärten dabei zugleich als reformpolitische Antipoden der noch zu schildernden Groß–Berliner Laubenkolonien der Generalpächterära. Neben der einflußreichen Persönlichkeit Alwin Bielefeldts war es dieser alternative Modellcharakter, der die Arbeitergärten ein knappes Jahrzehnt nach ihrer Gründung zum nationalen Kristallisationskern des „Zentralverbandes deutscher Arbeiter– und Schrebergärten" werden ließ[97].

3.3. Die Leipziger Schrebergärten.

3.3.1. Nomen est omen oder bloß Schall und Rauch? Zur Begriffsgeschichte des Schrebergartens – Teil I.

Der Gartentyp, der heute im Bewußtsein der Öffentlichkeit fast ausschließlich unter dem Begriff Kleingarten firmiert, bildete in seinen Anfängen eine unübersichtliche Gemengelage verschiedenartiger Kristallisationskerne, die je nach Erscheinungsbild, Zielsetzung, Eigentumsform oder Sozialprofil anders bezeichnet wurden. Ohne Anspruch auf Vollständigkeit zu erheben, benutzte die zeitgenössische Publizistik das folgende, alphabetisch geordnete Wortfeld: Arbeitergarten, Armenacker, Armengarten, Fabrikgarten, Familiengarten, Feldgarten, Heilgarten, Heimgarten, Kleingarten, Laubengarten, Mietsgarten, Pachtgarten, Pflanzgarten, Proletarierland, Schrebergarten, Stadtgarten und Volksgarten. Hinzu

---

96 Wolfgang Bargmann, Der Weg der Medizin seit dem 19. Jahrhundert, in: Propyläen Weltgeschichte, hg. v. Golo Mann, Bd. 9, Berlin – Frankfurt/M. (1986), 529.
97 Förster/Bielefeldt/Reinhold (44), 19.

traten die rein lokalen Bezeichnungen Johannisgarten (Freiberg in Sachsen) und Pünte (Winterthur) sowie das Kunstwort Sozialgarten[1].

Analysiert man die zwanzig zusammengesetzten Substantive, zeigt sich zunächst eine weitgehende Übereinstimmung der Grundworte. Garten ist allein 17 mal vertreten, während die landwirtschaftlichen Ausdrücke Acker, Feld und Land nur jeweils einmal auftauchen. Ganz anders verhält es sich mit den Bestimmungsworten. Hier treten je nach dem Gesichtspunkt, den der einzelne Publizist in den Vordergrund stellte, bald der Nutzerkreis wie Arbeiter, Arme, Familien oder Proletarier, bald das Besitzverhältnis wie Miete oder Pacht, bald bestimmte Zielsetzungen wie Heilung, Heim oder Sozial–, bald rein beschreibende Aspekte wie Laube oder Stadt hervor, so daß sich auf der kargen Basis des vorherrschenden Grundwortes ein überaus üppiger Überbau erhebt.

Trotz ihrer Vielfalt kann man freilich nicht allen Bestimmungsworten gleiches Gewicht beimessen. Die sprachliche Prägekraft einzelner Ausdrücke hing vielmehr unmittelbar von der Größe des von ihnen markierten Einzugsbereiches und der publizistischen Macht der sie fördernden Institutionen, Organisationen und Personen ab[2]. Schon früh schälten sich auf diese Weise vier Hauptbezeichnungen heraus: Arbeitergarten als Terminus des Roten Kreuzes und einzelner Groß–Unternehmen, Familiengarten als Bezeichnung der Bodenreformer, der „Zentralstelle für Volkswohlfahrt" und der Hamburger „Patriotischen Gesellschaft", die volksmundliche Prägung Laubengarten bzw. –kolonie für den Großraum Berlin und Schrebergarten für die ursprünglich rein spielpädagogisch orientierten sächsischen Initiativen.

Wie ausgeprägt die praktische, organisatorische und sprachliche Vielfalt des neuen Phänomens trotz allem war, zeigt der Sammel–Name des 1909 gegründeten „Zentralverbandes deutscher Arbeiter– und Schrebergärten (Klein– und

---

1 (Max) Christian, Städtische Freiflächen und Familiengärten, Berlin 1914, 26; Adolf Damaschke, Die Bedeutung der Bodenreform für die moderne Wohnungsnot und den Kleingartenbau, in: Gartenflora 57 (1908), 180; Ders., Die Aufgaben der Gemeindepolitik, 10. Aufl. Jena 1922, 181; Leopold Katscher, Fabrik–, Jugend–, Armen– und Heilgärten, in: Soziale Medizin und Hygiene 6 (1911), 69–87; Kurt Schilling, Die Entwicklung des deutschen Kleingartenwesens, in: Der Fachberater für das deutsche Kleingartenwesen 7 (5) (1957), 11. Einen Überblick über die nicht minder große Bezeichnungsvielfalt im europäischen und amerikanischen Ausland bietet: Gwan Lauw, Die Kleingartenbewegung in der Schweiz, Lörrach 1934, 9.

2 Schilling, Die Entwicklung (1), 11. Er hat demgegenüber den ebenso unvollständigen wie sprachgeschichtlich untauglichen Versuch unternommen, die Bezeichnungen rein regional zu klassifizieren: „Schrebergarten (Sachsen), Laubengarten (Berlin), Heimgarten (Bayern), Arbeitergarten (industriell gerichtete Länder), Armengarten (Schleswig-Holstein)".

Familiengärten)"³. Was hier unter dem Dach einer gemeinsamen Organisation zusammenfand, bildete weniger einen harmonischen Ring(verein) friedlich koexistierender Synonyme, als vielmehr eine dissonante Ausdrucksform konkurrierender Konzepte. Sieht man davon ab, daß dem Zentralverband schon 1910 mit dem „Bund der Laubenkolonisten Berlins und Umgebung"⁴ ein sprachmächtiger Rivale erwuchs, belegt der schon früh einsetzende publizistische Streit um den Namen den dahinter stehenden Kampf um die Sache. Warum sich beispielsweise der Ausdruck Mietsgarten nicht durchgesetzt hat, belegt eine Stellungnahme des Redakteurs Julius Schröder, der sehr genau die negativen Gefühlswerte analysierte, die der Name seinerzeit hervorrief: „Ja, wenn das Wort für viele nicht einen so ominösen Klang hätte, Mietsgarten, Mietswohnung, Mietskaserne. Diese unglückliche Silbe 'Miets–', zerstört sie nicht den ganzen Zauber, der in dem nachfolgenden Garten liegt, löst sie nicht ständig das Band wieder, das uns durch sauren Schweiß und harte Arbeit mit der Mutter Erde verknüpft?"⁵.

In der Tat war damit ein wesentliches Problem benannt: Das „grüne Zimmer", das als Entlastungsraum zur Mietskaserne entstand, sollte sprachlich auf keinen Fall mit ihr belastet werden. Schröder empfahl dem angehenden Kleingärtner daher nonchalant: „Zuerst und vor allem mache er durch die Silbe 'Miets–' mit einem guten Blaustift einen dicken Strich und richte sich so ein, als ob kein Gedanke ihm ferner läge, als den Garten je wieder aufgeben zu müssen"⁶.

Das Bestreben, den neuen Gartentyp angemessen zu benennen, erhielt damit freilich von Beginn an einen euphemistischen Zug. Diese Tendenz zur Beschönigung trat auch in den sprach–kritischen Überlegungen des Vorsitzenden des „Bundes Deutscher Bodenreformer", Adolf Damaschke, zutage. Bezeichnungen wie Armengarten, Arbeitergarten und Proletarierland hielt Damaschke nämlich „für sachlich falsch und taktisch (…) verfehlt, weil (sie) weiten Kreisen des Mittelstandes (…) die Beteiligung an der Benutzung des städtischen Landes erschwert(en)"⁷. Um der Einrichtung den „Armeleutegeruch"⁸ zu nehmen, schlug

---

3   Heinrich Förster/Alwin Bielefeldt/Walter Reinhold, Zur Geschichte des deutschen Kleingartenwesens, Frankfurt/M. 1931, 19 (Schriften des RVKD 21.).
4   Ebd., 32.
5   Julius Schröder, Mietsgärten, in: Der praktische Ratgeber im Obst– und Gemüsebau 19 (39) (1904), 357ff.
6   Ebd., 359. Wie stark der Ausdruck „Mietskaserne" belastet war, zeigt: Hugo Lindemann, Arbeiterschaft und Gartenstadt, in: KP 38 (1911), Sp. 1188ff., wo die Existenz des Proletariats als lebenslängliche Kasernierung erscheint, die von der „Geburt in der Mietskaserne" über die Ausbildung in „Schul–" und „Militärkaserne" zur „Fabrikkaserne" führt.
7   Damaschke, Die Bedeutung (1), 180.
8   Ders., Die Aufgaben (1), 181; Ders., Die Bodenreform, 18. Aufl. Jena 1920, 136.

er daher vor, die Parzellen Schreber- oder besser noch Familiengärten zu nennen[9].

Diese Furcht vor dem Stigma der Armut, das in jeder auf dem Konkurrenzprinzip beruhenden Gesellschaft unweigerlich mit dem Odium persönlichen Versagens verknüpft ist, erwies sich als durchgängige Idiosynkrasie. Noch in unseren Tagen hat der Präsident des Schweizer „Familiengärtner-Verbandes", Ernst Tschopp, die Wahl des Verbandsnamens damit gerechtfertigt, daß die Bezeichnungen Klein- und Schrebergarten Assoziationen an die „Bidon-Ville" weckten[10]; und wer weiß, ob sich der Name Familiengarten nicht auch in Deutschland durchgesetzt hätte, wenn nicht der Erste Weltkrieg allen familienpolitischen Ambitionen vorübergehend den Boden entzogen hätte. Ins nationale Massenbewußtsein traten die Kleingärten hier nämlich zuerst als Kriegsgemüsegärten. Funktionale Einebnung und quantitative Ausdehnung im Zeichen der britischen „Hungerblockade" gingen dabei Hand in Hand und setzten sich selbst während der Nachkriegsinflation ungebremst fort. Am Ende stand, von der einsetzenden Verrechtlichung und der zunehmenden organisatorischen Verflechtung gleichermaßen gefördert, eine sprachliche Abstraktion, die das ursprüngliche Wortfeld über den Katalysator des Kriegsgemüsegartens auf den Namen Kleingarten reduziert hatte. Mit dem Zusammenschluß des alten Zentralverbandes mit dem Bund der Laubenkolonisten, der seit 1919 bezeichnenderweise als „Zentralverband der Kleingärtner" firmierte, zum „Reichsverband der Kleingartenvereine Deutschlands" wurde der historische Prozeß der Namensgebung im Frühjahr 1921 organisatorisch besiegelt[11]. Wie bei aller Begriffsbildung hatte auch hier der Begriff das ursprüngliche Begreifen verschlungen, Sinn ohne Sinnlichkeit hergestellt. Zwar blieben einige der alten Bezeichnungen wie Armengarten oder Arbeitergarten als historische Kategorien oder Traditionsnamen bestehen, doch blieben das Ausnahmen, die die sprachliche Wortfeldbereinigung um so deutlicher hervortreten ließen.

Wie ernst die endgültige Namensgebung auch jetzt noch genommen wurde, zeigte allerdings die Stellungnahme des Leiters der Sächsischen „Zentralstelle für das Kleingartenwesen", Kurt Schilling, der im Auftrag des Leipziger Verbandes noch in letzter Minute versucht hatte, den von der Kleingarten- und Kleinpachtlandordnung am 31.7.1919 rechtskräftig festgelegten Begriff Kleingarten zu kippen. Seine sprach-kritische Abwägung der Alternativen bietet den wohl konzentriertesten Versuch einer programmatischen Begriffsbildung seitens

---

9 Ders., Die Aufgaben (1), 181; Ders., Die Bedeutung (1), 180.
10 Ernst Tschopp, Der Kleingarten als Familiengarten, in: Die Freizeitgestaltung in den Kleingärten Europas, hg. v. Office International du coin de terre et des jardin ouvriers, Bettembourg (1976), 51.
11 Förster/Bielefeldt/Reinhold (3), 40–45.

der Kleingärtner selbst. Wie Schilling rückblickend schrieb, lauteten seine Erwägungsgründe wie folgt: „Der Schrebergarten verführte zu der Annahme, daß der Arzt Dr. Schreber diese Gärten eingerichtet hat (...). Der Laubengarten erinnert besonders in Berlin an Budenzauber und Wildwest und verschandelt die Außenbezirke der Städte. Der Heimgarten wieder betont nur den wohnwirtschaftlichen Wert (...). Der Arbeitergarten und in der Steigerung der Armengarten war die unglücklichste Bezeichnung, denn sie beschränkte die Volksbewegung auf eine bestimmte Bevölkerungsschicht und schuf damit grundsätzliche Ablehnung des Gedankens aus Klassenbewußtsein (...). Nach diesen Erwägungen schlug ich im Auftrag des Leipziger Verbandes (...) als alle Werte enthaltende Bezeichnung den Namen 'Familiengarten' oder den Namen 'Sozialgarten' vor, der wenigstens den wohnwirtschaftlichen und ernährungswirtschaftlichen Wert zum Ausdruck bringt. Leider wurde der Vorschlag abgelehnt und dafür die nichtssagende, vor allem aber völlig fehlgehende Bezeichnung 'Kleingarten' gewählt. Sie hat lediglich zur Folge, daß der Außenstehende, weil er den Ausdruck mit der fachlichen Bezeichnung 'Kleinlandwirt' in Beziehung bringt, an einen erwerbswirtschaftlichen Gartenbaubetrieb mit kleiner Fläche denkt und daß der Berufsgärtner in dem Kleingärtner den unzulässigen Wettbewerber auf dem Absatzmarkt vermutet"[12].

Trotz seiner rechtlichen und verbandspolitischen Kodifizierung zu Beginn der Weimarer Republik blieb der Begriff jedoch alles andere als eine Selbstverständlichkeit. Nach dem Zweiten Weltkrieg geriet die ungeliebte, im Grunde viel zu abstrakte Bezeichnung denn auch mehr und mehr in Verruf[13]. Diese Wortverschlechterung, die bis zur Verwendung als Schimpfwort reicht[14], war freilich nicht zuletzt der sprachliche Ausdruck einer fortschreitenden Marginalisierung der Laubenkolonien im Zeichen eines wachsenden „Wohlstands für alle" (Ludwig Erhard). Wer einen Bausparvertrag unterschrieb, schloß keine Kleinpachtverträge mehr ab; wer gar ins „Südseeparadies" flog, konnte über das Kleingartenparadies allenfalls schmunzeln[15].

Seinen sprachlichen Höhepunkt erreichte dieser Verdrängungsprozeß 1974, als die organisierten Kleingärtner Westdeutschlands sich quasi selbst verleugne-

---

12 Schilling, Die Entwicklung (1), 11. Ähnlich auch: Otto Albrecht, Der unglückliche Sammelname, in: KGW 4 (4) (1927), 38f.
13 Vgl. etwa: Jörg Albrecht, Schrebergärten, Braunschweig 1989, 100; Sozialpolitische und städtebauliche Bedeutung des Kleingartenwesens, Bonn 1976, 19f.
14 Siehe z.B.: Die Zeit v. 19.7.1991 (Unter der Kunst–Dusche. Orgie in der Schrebergarten–Pampa); TAZ v. 26.6.1990 (Hauptstadt Berlin, klar ey!), wo Befürworter Bonns als „Verteidiger von geistigen Schrebergärten" denunziert werden.
15 Siehe die Karikaturen von Loriot und Fritz Wolf, in: Landesbund Schleswig-Holstein der Kleingärtner (Hg.), Es begann anno 1855, Kiel 1980, 94, 96 u. 98.

ten und ihre Spitzenorganisation in „Bundesverband der Gartenfreunde" umbenannten. Die Streichung des Bestimmungswortes reduzierte den ohnehin schon undifferenzierten Begriff Kleingarten damit endgültig auf ein ebenso beliebiges wie belangloses Abstraktum. Mit beispielloser Folgerichtigkeit reichten sich historischer Niedergang und verbandspolitische Selbstaufgabe die Hand und begründeten eine Ära vollkommener Geschichts- und Gesichtslosigkeit.

Von allen Elementen des Wortfeldes Kleingarten kommt neben der phänomenologischen Benennung Laubenkolonie allein der Bezeichnung Schrebergarten eine vergleichbare begriffs-geschichtliche Bedeutung zu. Obwohl nach Armen- und Arbeitergarten vermutlich der älteste Ausdruck überhaupt, ist er der einzige, der neben Kleingarten und Laubenkolonie noch heute zum aktiven Sprachschatz gehört[16]. Semasiologisch gilt er als Synonym, etymologisch als Patronymikon. Beide Zuschreibungen sind falsch. In Wirklichkeit wurde der erste Schreberverein, wie wir noch ausführlich darlegen werden, erst rund drei Jahre nach Schrebers Tod auf Initiative des Leipziger Pädagogen Ernst Innocenz Hauschild begründet. Der ursprüngliche Zweck des Vereins lag ausschließlich darin, das Zusammenwirken von Schule und Elternhaus zu verbessern, um den Schulkindern eine optimale Freizeitgestaltung zu bieten. Die Mittel, die der Verein zu diesem Zweck bereitstellte, bestanden im Aufbau einer Kinderbibliothek zur Belehrung und Unterhaltung während des Winterhalbjahrs und der bereits von Schreber geforderten Einrichtung brauchbarer Spielplätze zur Beschäftigung während des Sommers. Die Anlage von Gärten gleich welchen Zuschnitts stand ursprünglich nicht einmal zur Debatte, da sich der Namenspatron des Vereins nie mit Fragen der Hortikultur befaßt hatte.

Obwohl dieser Tatbestand seitens der Schrebervereine immer wieder herausgestellt wurde[17], sind die Berichte, die die Entstehung des Schrebergartens auf

---

16 Da der Begriff Schrebergarten im Laufe der Zeit eine ähnliche Wortverschlechterung erfuhr, haben sich die Kleingärtner auch von ihm zunehmend distanziert. So heißt es in der Fs. des Hamburger KGV „Fortschritt und Schönheit": „Die organisierten Hamburger Kleingärtner (...) wollen weg vom Schreber-Gärtner-Image und sehen sich als Teilhaber von Kleingarten-Parks. Sie sollen die herkömmliche Schreberkolonie ersetzen und als Bestandteil des öffentlichen Grüns jedermann zum Spazieren und Schauen einladen". Quelle: 1926-1976. 50 Jahre Fortschritt und Schönheit e.V. Dauergartenkolonie 412, o.O. (1976), 19.

17 Siehe hierzu v.a.: Hugo Fritzsche u. Kurt Schilling, Die Jugendpflege, eine wichtige Aufgabe der Kleingartenbewegung, Frankfurt/M. 1924, 5ff. (Schriften des RVKD 2); Gerhardt Richter, Das Buch der Schreberjugendpflege, Leipzig 1925, 3-11; Ders., Schreberjugendpflege, Frankfurt/M. 1930, 5 (Schriften des RVKD 19); Ders., 75 Jahre Dienst am Kinde. Geschichte des ältesten Schrebervereins 1864-1939, (Leipzig 1939), 12f.; Kurt Schilling, Dr. D. G. M. Schreber und wir, in: Der Fachbe-

die Initiative ihres gleichnamigen Taufpaten zurückführen, bis heute nicht verstummt. Die einmal begründete Schreberlegende inspirierte vielmehr im Laufe der Zeit eine immer toller blühende Phantasie, die alle kleingärtnerischen Blütenträume mit Leichtigkeit in den Schatten stellte. Eine besonders farbenprächtige, sinnigerweise „durch die Blume" vermittelte Version schildert den Gründungsvorgang folgendermaßen: „Als um die Mitte des vorigen Jahrhunderts der Leipziger Arzt (...) Schreber seiner Aufwartefrau Geld zukommen lassen wollte, bat sie ihn nur um einige Ableger seiner Geranien. Der Gedanke an diese Bitte ließ ihn nicht los, und so entwickelte er den Gedanken an Arbeitergärten, der ungemein schnell und in großem Umfang realisiert wurde"[18]. Nach einer anderen, philanthropischen Version vermachte Schreber „der Stadt Leipzig eine größere Geldsumme mit der Bedingung, Terrain zu erwerben und es, in Einzelstücke von etwa 200 qm aufgeteilt, an Bürger, Angestellte und Arbeiter zu verpachten"[19]. Eine dritte Version zeigt Schreber demgegenüber als Ergotherapeuten, dessen „ausführliche Gedanken über den therapeutischen Wert der Gartenarbeit" die nach ihm benannte Bewegung begründeten[20], eine vierte als tragischen, zu Lebzeiten gescheiterten Helden, der auf dem Sterbebett resigniert einräumen mußte, daß es ihm nicht gelungen sei, „die Menschen von dem gesundheitlichen Nutzen der Gärten vor der Großstadt zu überzeugen"[21].

Wie diese historische Legendenbildung[22] zu erklären ist, läßt sich allenfalls vermuten. Ein Grund für die hartnäckige Trübung des öffentlichen Bewußtseins

---

rater für das deutsche Kleingartenwesen 14 (52) (1964), 11f.; Förster/Bielefeld/ Reinhold (3), 10f.
18 Ernst Otto Schüddekopf, Herrliche Kaiserzeit. Deutschland 1871–1941, Frankfurt/M. 1971, 149.
19 Friedrich Schnack, Traum vom Paradies. Eine Kulturgeschichte des Gartens, Hamburg (1962), 342.
20 Ueli Schnetzer, Die grüne Lunge der Stadt, in: VDI nachrichten magazin 8 (1989), 27.
21 Kleine Freiheit, streng geregelt, in: Das Haus. Europas größte Bau- und Wohnzeitschrift. Ausgabe Hamburg 7/8 (1992), 42.
22 Einen Überblick über die älteren Fundstellen gibt: Kurt Schilling, Schlagt sie tot!, in: KGW 7 (10) (1930), 81f.; Ders., Dr. D. G. M. Schreber (17), 1–3. Weitere, z.T. aberwitzige Varianten der Schreber-Legende bieten: 75 Jahre Bundesbahn-Landwirtschaft, in: Eisenbahn-Landwirt 68 (1985), 141; Herbert Keller, Die Entwicklung des öffentlichen Grüns in der Freien und Hansestadt Bremen, Diss. Hannover 1958, 112; Wolfgang Lauter u. Mathias Jung, Schrebergärten, (Hamm 1987), 5; Adolf Loos, Der Tag der Siedler, in: Ders., Sämtliche Schriften, Bd. 1, Wien–München (1962), 380f.; Elisabeth Pfeil, Großstadtforschung, 2. Aufl. Hannover 1972, 198f.; Marie–Louise Plessen u. Peter von Zahn, Zwei Jahrtausende Kindheit, (Köln 1979), 118; Ernst Heinz Schäfer, Das Kleingartenrecht im Rahmen nationalsozialistischer Siedlungsbestrebungen, Jur. Diss. Berlin 1938, 1; Schreber – Der Arzt der

wurzelt aber zweifellos im fortdauernden Nachwirken des Historismus mit seinem ausgeprägten Hang zur Personalisierung geschichtlicher Abläufe. In einer von „großen Männern" gestalteten Welt lag es immerhin nahe, auch die kleinen Dinge des Lebens dem Wirken eines mehr oder minder bedeutenden Mannes zuzuschreiben, zumal die bürgerliche Gesellschaft die urheberrechtliche Stellung des Individuums und seiner Leistung in einem Maße erhöht hatte, daß anonyme Entwicklungen und kollektive Schaffenskräfte nur noch ein Schattendasein fristeten.

Doch die Anziehungskraft der Schreberlegende erschöpft sich nicht in der Faszination eines eingängigen, mit dem Zeitgeist konformen Erklärungsmodells, das obendrein den Vorzug besitzt, „human interest" zu mobilisieren. Jede Personalisierung verwandelt vielmehr alles historische Geschehen zugleich in einem eminenten Sinn in geschichtliches Handeln. Tempora mutantur – die Zeiten ändern sich nicht, sie werden verändert. Die Leideform Geschichte erfährt einen Moduswechsel und wandelt sich zur Tatform. Wie begrenzt diese Transformation in ihrer Beschränkung auf die „großen Männer" auch immer sein mag, der anonyme Lauf der Dinge wird suspendiert. Insofern bildet Personalisierung zugleich eine besondere, idealistische Form der Geschichtsutopie, deren falsches Geschichtsbild zugleich eine richtige Wunschvorstellung darstellt.

Genauso wichtig wie die irreleitende Anziehungskraft des Patronymikons war freilich die historische Einebnung des Unterscheidungsmerkmals spielpädagogischer Kinder– und Jugendpflege, die den Schrebergarten ursprünglich von allen anderen Kleingartentypen unterschied. Der falsche Sprachgebrauch, der Schrebergarten als Synonym für Kleingarten verwandte und Schreber selbst als einen seiner Vorkämpfer auswies, erhielt damit im nachhinein eine reale Basis. Dieser – später zu schildernde – Bedeutungsschwund erfolgte allerdings nicht kontinuierlich, sondern in mehreren, von Gegenbewegungen unterbrochenen Schüben. Wie stark die Schrebervereine zu einer Zeit, als ihre Spielflächen bereits mit Kleingärten kombiniert waren, an ihren alten Erziehungsidealen festhielten, bezeugt die Stellungnahme, die der Vorsitzende des „Verbandes Leipziger Schrebervereine", Hugo Fritzsche, auf der 6. Konferenz der „Zentralstelle für Volkswohlfahrt" vortrug: „Die Leipziger Schrebervereine gelten in den Augen mancher als etwas besonderes und sie sind es auch insofern, als sie keine reinen Garten–, sondern Erziehungsvereine sein wollen und sind. Sie betrachten es als Wesensmerkmal eines Schrebervereins, daß er an der Erziehung der Jugend arbeitet, und bestreiten den verschiedenen Gartenvereinen, die nicht Ju-

---

Kleingärten, in: Bayerisches Ärzteblatt 16 (1961), 395f.; Rudolf Schütze, Moritz Schreber und sein Werk, in: Münchner Medizinische Wochenschrift 46 (1936), 1889.

gendpflege treiben, das Recht, sich Schrebervereine zu nennen (...). Ich kann ihnen (...) sagen, daß unsere Mitglieder zum weitaus größten Teile überhaupt keine Gärten haben. Ich selbst bin Verbandsvorsitzender (...) und habe noch niemals einen Garten mein eigen genannt"[23].

Wie ernst die Schrebervereine ihr pädagogisches Engagement nahmen, belegt nicht zuletzt die Tatsache, daß sich die Leipziger Vereine 1907 an dieser Grundsatzfrage in einen jugendpflegerisch eingestellten „Allgemeinen Verband der Schrebervereine" und einen gartenbaulich orientierten „Verband von Garten- und Schrebervereinen" spalteten[24]. Ungeachtet dieser – auch in Hamburg nachzuweisenden – Tendenz zur konzeptionellen und organisatorischen Trennung wäre es aber falsch, Schrebervereine kurzerhand als Erziehungs- und Kleingartenvereine als Gartenbauvereine zu definieren. Die historische Entwicklung ließ beide Bestrebungen vielmehr schon früh zusammenwachsen und je nach lokaler Tradition, sozialem Bedürfnis oder persönlichem Engagement unterschiedliche Mischformen ausprägen, die die Extreme mit jeweils anderer Gewichtung vermittelten.

Mit der Gründung des RVKD wurden die unterschiedlichen Ansätze denn auch prinzipiell überwunden und in einer gemeinsamen Großorganisation weitgehend aufgehoben. Als praktisches Unterscheidungsmerkmal für das Tätigkeitsprofil regionaler und lokaler Gliederungen blieb der alte Gegensatz freilich auch jetzt noch bedeutsam, da die Masse der Mitgliedsvereine ihre Hauptaufgabe in der Förderung der Kleingartenkultur erblickte. Letztendlich wird man den Unterschied zwischen Schreber- und Kleingartenverein daher mit Hugo Fritzsche und Kurt Schilling dahingehend definieren, daß „jeder Schreberverein zugleich Gartenverein, aber nicht jeder Gartenverein Schreberverein ist"[25].

---

23 Familiengärten und andere Kleingartenbestrebungen in ihrer Bedeutung für Stadt und Land, Berlin 1913, 361 (Schriften der ZfV (N.F., 8)).
24 Else Rathje, Die Bedeutung der Kleingärten für Fürsorge und Erziehung, WiSo. Diss. Frankfurt/M. 1934, 68f.
25 Fritzsche/Schilling (17), 5. Ähnlich zutreffend: Emil Kasten, Die Kleingartenfrage, WiSo. Diss. Frankfurt/M. (1924), 35; Franz Siller u. Camillo Schneider, Wiens Schrebergärten, Wien 1920, 28f.

3.3.2. Der Leipziger Arzt und Erzieher Daniel Gottlob Moritz Schreber: Orthopädagogischer „Prokrustes" am „deutschen Sonderweg" oder nationalliberaler Vertreter der europäischen Moderne?

Daniel Gottlob Moritz Schreber[26] wurde am 15.10.1808 in Leipzig geboren[27]. Sein Vater war der, aus einer alten Gelehrtenfamilie[28] stammende, „Juristische Practicant, Advocat und Notar" Johann Gotthilf Daniel Schreber, seine Mutter die Hausfrau Friederike Charlotte Schreber, geb. Groß. Obwohl Schreber ein schwächliches Kind war und noch in den „ersten Jahren seiner Studienzeit eine kleine, dürftige Gestalt"[29] besaß, absolvierte er den typischen Bildungsweg eines Sohnes aus gutbürgerlichem Hause. Nach dem Besuch der Elementarschule und dem Abschluß des humanistischen Thomasgymnasiums studierte Schreber von 1826 bis zu seiner Promotion im Jahre 1833 an der Leipziger Universität Humanmedizin.

Bereits während seiner Studentenzeit begann Schreber wegen seiner schwächlichen Konstitution regelmäßig zu turnen. Die seit dem 20.1.1820 geltende preußische Turnsperre, die auch auf die anderen Länder des Deutschen Bundes ausstrahlte und eine nationale Entpolitisierung des Turnsports bewirkte, hat seine Aktivitäten dabei offenkundig nicht behindert[30]. Laut Zeugnis seines Freundes und späteren Mitarbeiters Karl Hermann Schildbach „entwickelte sich

---

26 Statt des zweiten Vornamens Gottlob findet sich in der Literatur vielfach die falsche Schreibung Gottlieb. Der Irrtum scheint auf einen Druckfehler zurückzugehen in: ADB, Bd. 32, Neudruck Berlin 1971, 464f. Die dort angegebene Quelle: Johann Baptist Heindl, Galerie berühmter Pädagogen, Bd. 2, München 1859, 396ff. schreibt jedenfalls zutreffend Gottlob. Die Richtigkeit der Angabe Heindls ergibt sich zum einen aus der Autopsie der Werke Schrebers, die selbst da, wo die Vornamen des Verfassers nicht ausgeschrieben sind, das Kürzel „Glob" verwenden, zum anderen aus den Nachrufen, des Freundes und Mitarbeiters Schrebers: Karl Hermann Schildbach, Schreber, in: Deutsche Turnerzeitung 1 (1862), 4ff.; (Moritz) Kloss, Dr. med. D. G. M. Schreber, in: Neue Jahrbücher für die Turnkunst 8 (1862), 11–16 verfaßten.
27 Die Biographie Schrebers folgt in ihren Grundzügen: Schildbach (26), der aus den Quellen erarbeiteten Skizze Schillings: Schilling, Dr. D. G. M. Schreber (17), u.v.a. der ausführlichen Archivstudie von: Han Israels, Schreber, father and son, Amsterdam 1981.
28 Eine strukturell richtige Stammfolgendarstellung der Familie Schreber bietet – trotz z.T. falscher Vornamen – die anonyme Studie: Une étude: la remarquable famille Schreber, in: Scilicet 4 (1973), 288.
29 Schildbach (26), 5.
30 Siehe hierzu: Klaus Zieschang, Vom Schützenfest zum Turnfest, Ahrensburg (1977), 223; Bernhard Striegler, Leipzig als Turnerstadt, in: Leipziger Kalender 1904, 91f.

sein Körper dergestalt in die Höhe und Breite, daß er, als er die Universität verließ, das Durchschnittsmaß des männlichen Körperbaues weit überschritten hatte"[31].

Diese persönliche Erfahrung prägte Schrebers Einstellung zum Turnen und erklärt den nachhaltigen Einfluß, den die Leibeserziehung auf seine volkspädagogischen und heilgymnastischen Vorstellungen ausübte. So war es nur folgerichtig, daß Schreber selbst bis an sein Lebensende Sport trieb. Als ihm zu Ausgang der 50er Jahre in der Turnhalle eine schwere Eisenleiter auf den Kopf fiel[32], war er infolgedessen derart gestählt, daß ihn auch ein chronisches Kopfleiden, das sich in der Folgezeit einstellte, nicht daran hindern konnte, „täglich sein Pensum durchzuüben"[33].

Nach Verleihung der Doktorwürde, die Schreber 1833 mit einer lateinisch geschriebenen Dissertation über Wirkung und Anwendung des Brechweinsteins bei Entzündungen der Atmungsorgane erlangte, nahm der frischgebackene Mediziner Stellung als Reisearzt bei dem russischen Aristokraten Stakovich[34]. Die Kavalierstour, die durch mehrere deutsche Badeorte und das mittlere und südliche Rußland führte, beschloß eine Fortbildungsreise nach Wien, Prag und Berlin[35]. 1836 kehrte Schreber nach Leipzig zurück und ließ sich als praktischer Arzt nieder. Zugleich habilitierte er sich als Privatdozent für Innere Medizin und Heilmittellehre.

Am 22.10.1838 heiratete Schreber berufsstandesgemäß „die Jungfrau Louise Henriette Pauline Haase, hinterlassene eheliche älteste Tochter des ordentlichen Professors für Therapie und Arzneimittellehre und seiner Ehefrau Juliane Emilie Wenk"[36]. Aus der Ehe gingen drei Töchter und zwei Söhne hervor. Während die Töchter Anna, Sidonie und Clara einen bürgerlichen Lebensweg nahmen, und namentlich Anna als Förderin der Schreberjugendpflege und Ehrenmitglied des Schrebervereins der Leipziger Westvorstadt dem Werk ihres Vaters verbunden blieb, fanden die Söhne, bei äußerlich angesehener Stellung, ein tragisches Ende: Der weitgehend unbekannte Daniel Gustav litt an Paralyse und nahm sich im

---

31 Schildbach (27), 5.
32 Israels (27), 51 u. 73f.
33 Schildbach (26), 5. Zeitpunkt, Umstände und Art der Verletzung habe ich nicht ermitteln können. Schildbach spricht an anderer Stelle von einer Berufsverletzung aus dem Jahre 1851: Zweiter Bericht über die gymnastisch–orthopädische Heilanstalt zu Leipzig, Leipzig 1861, 4.
34 Israels (27), 40.
35 Heindl (26), 396.
36 Schilling, Dr. D. G. M. Schreber (17), 4. Die folgenden Daten stammen von: Franz Baumeyer, Der Fall Schreber, in: Psyche 9 (1955/56), 525. Er hatte Gelegenheit, einen Teil der Krankenblätter und des Briefwechsels von Daniel Paul Schreber einzusehen.

Alter von 38 Jahren das Leben, Daniel Paul erkrankte mit 42 Jahren an Paranoia und erlangte dank der bekannten Fern–Analyse Sigmund Freuds[37] eine traurige Berühmtheit[38], auf die wir gleich zurückkommen werden.
Der Lebensweg des Vaters[39] verlief demgegenüber in den einmal eingeschlagenen Bahnen. Wie seiner Geburtsstadt Leipzig, blieb Schreber auch seiner medizinischen Berufung und seinem turnerischen Engagement treu. Beide Interessengebiete befruchteten sich gegenseitig und begannen sich im Laufe der 40er Jahre im Zeichen der nun umfangreich einsetzenden, durchweg populär gehaltenen Publizistik[40] mehr und mehr zu durchdringen. Heilkünstlerische, volksgesundheitliche, kulturkritische und volkspädagogische Gesichtspunkte gingen dabei eine derart enge Verbindung ein, daß die etymologische Wurzel der umgangssprachlichen Berufsbezeichnung Doktor bei Schreber geradezu in die Augen springt. Läßt man die Untertitel seiner letzten Bücher Revue passieren, wird sein hoher heilpädagogischer Anspruch offenbar. Er verstand sich selbst „als Erzieher und Führer zu Familienglück, Volksgesundheit und Menschenveredelung", der nichts Geringeres lehrte als die „Lebenskunst nach der Einrichtung und den Gesetzen der menschlichen Natur". Angesichts dieses Absolutheitsanspruchs erschien sein früher Tod wie eine bizarre Ironie des Schicksals. Am 11.11.1861 verschied der selbsternannte „Glückseligkeitslehrer für das physische Leben der Menschen"[41] im Alter von 53 Jahren an einer zu spät erkannten Blinddarmentzündung[42].

---

37 Siegmund Freud, Psychoanalytische Bemerkungen über einen autobiographisch beschriebenen Fall von Paranoia, in: Freud–Studienausgabe, Bd. VII, (Frankfurt/M. 1973), 133–203. Die Grundlage für Freuds Analyse bildet: Daniel Paul Schreber, Denkwürdigkeiten eines Nervenkranken nebst Nachträgen, Leipzig 1903. Ein Nachdruck, hg. u. eingel. v. Samuel M. Weber, erschien Frankfurt/M.–Berlin–Wien 1973. Diese Ausgabe lag mir vor.
38 Die beste Darstellung bietet: Zwi Lothane, In Defence of Schreber – Soul Murder and Psychiatry, London 1992.
39 Vgl.: Israels (27), 75ff.
40 Eine weitgehend vollständige Bibliographie enthält: Lothane (38), 513ff., der nicht nur die Ersterscheinungen verzeichnet, sondern auch die späteren Auflagen und die zeitgenössischen Rezensionen aufführt. Dieses im Gegensatz zu: Günther Werner Kilian u. Peter Uibe, D. G. M. Schreber, in: Forschungen und Fortschritte 32 (1958), 339f. In beiden Verzeichnissen fehlen: D. G. M. Schreber, Allgemeine Wehrkraft als Aufgabe der Volkserziehung, in: Die Gartenlaube 18 (1861), 278ff. und Ders., Die Jugendspiele in ihrer gesundheitlichen und pädagogischen Bedeutung, in: Ebd. 26 (1860), 414ff.
41 D. G. M. Schreber, Der Hausfreund als Erzieher und Führer zu Familienglück, Volksgesundheit und Menschenveredelung für Väter und Mütter des deutschen Volkes, Leipzig 1861; Ders., Das Buch der Gesundheit oder die Lebenskunst nach der Einrichtung und den Gesetzen der menschlichen Natur, 2. Aufl. Leipzig 1861;

Die Bedeutung seines Lebenswerkes vermag dieser Umstand freilich nicht zu schmälern. Was Schreber anstrebte, war nämlich nichts weniger als eine ganzheitliche „sociale Heilkunde", die darauf zielte, „die Entwickelung des menschlichen Culturlebens in die naturgemäßen Bahnen zu leiten, Alles zu entfernen, was Mangel gründlicher Erkenntnis der menschlichen Natur und ihrer daraus hervorleuchtenden Bestimmung, was Rohheit, Schlaffheit, Weichlichkeit und Sinnlichkeit, was finstere Dummheit, was niedrige Sonderzwecke der Herrschsüchtigen an naturgesetzwidrigen Schattenseiten, an Giften des körperlichen und geistigen Lebens der Cultur aufgeimpft haben". Neben dieser negativen Zielsetzung fiel der „socialen Gesundheitslehre" die positive Aufgabe zu, „die Menschheit in den verschiedenen Stadien der allgemeinen Culturentwicklung nicht nur immer wieder auf die naturgesetzlichen Grundbedingungen hinzuweisen und zurückzuführen, sondern sie von da aus auch aufwärts zu führen und von Generation zu Generation zu *veredeln*"[43]. Diese Versöhnung des Kulturlebens mit der menschlichen Natur sollte „die deutsche Nation zu einem Kraftgeschlechte heranbilden", in dem „der männliche Theil des Volks als Träger eines edlen, mannhaften Staatsbürgertums, der weibliche Theil als Träger eines warmen und innigen, aber dabei kräftigen Familienlebens" diente[44].

Diese wenigen, allgemeinen Zielsetzungen enthalten Schrebers gesamtes Programm. Auch ohne Kenntnis seiner vielfältigen Besonderheiten fällt die charakteristische Mittelstellung ins Auge, die Schrebers „sociale Heilkunde" zwischen den Extremen eines ausgeprägten Naturismus Rousseauscher Prägung[45] und einem nicht weniger entschiedenen rationalistischen Fortschrittsglauben einnahm. Pointiert ausgedrückt, wollte Schreber weder „Zurück zur Natur" noch „Vorwärts zur (höheren) Kultur", sondern beides zugleich. Typische Redefiguren des Naturismus wie zivilisationskritische Zeitanklage und schönfärberisches Lob der Vergangenheit finden sich in seinen Schriften daher ebenso wie dem Fortschrittsglauben innewohnende Machbarkeits- und Perfektibilitätsvorstellungen. Romantische Deutschtümelei und aufgeklärtes Bewußtsein stehen daher oft unvermittelt nebeneinander. Welche Haltung am Ende den Ausschlag gab, ob Schreber in der Lage war, die entgegengesetzten Leitmotive zu vermitteln oder nur eklektisch zu vermengen, soll im folgenden anhand seines Wirkens als Tur-

---

Glückseligkeitslehre für das physische Leben des Menschen. Ein diätetischer Führer durch das Leben von Philipp Carl Hartmann, gänzlich umgearbeitet und vermehrt von Moritz Schreber, 10. Aufl. Leipzig 1876.
42 Israels (27), 125f.
43 Schreber, Die Jugendspiele (40), 414. Hervorhebung i.O. gesperrt.
44 Ders., Das Pangymnastikon, Leipzig 1862, 8.
45 Zum Begriff „Naturismus" siehe: Karl Eduard Rothschuh, Naturheilkunde – Reformbewegung – Alternativbewegung, Stuttgart 1983, 10ff.

ner, als Arzt und als Erzieher untersucht und vor dem Hintergrund der späteren Schrebervereinsbewegung überprüft werden.

3.3.2.1. Der Turner.

Wir haben gesehen, wie Schreber aufgrund seiner schwachen Konstitution in der männerbündischen Welt der vormärzlichen Universität zum Turnen fand und ihm zeit seines Lebens verbunden blieb. Was als positive Selbsterfahrung begann und sich allmählich zur persönlichen Lebenspraxis fortbildete, führte im Laufe der 40er Jahre auch zum öffentlichen Engagement. 1843 richtete Schreber an die versammelten Ständekammern des Königreichs Sachsen eine Denkschrift über das Turnen, in der er die „allseitige Einführung dieses Zweiges der Erziehung und Krafterhaltung des Menschengeschlechtes in Stadt und Land, unter Hoch und Niedrig, Arm und Reich, Alt und Jung"[46] anregte, um die „Gleichmäßigkeit zwischen körperlicher und geistiger Entwicklung" wiederherzustellen[47].

Obwohl Schreber durch diese Eingabe unter die Fürsprecher des Volksturnens aufrückte, stellte ihre Veröffentlichung keineswegs eine „Tollkühnheit"[48] dar, da die Turnsperre in Sachsen nie Gesetzeskraft erlangt hatte und obendrein zum Zeitpunkt der Publikation nicht mehr aktuell war. Bereits am 24.10.1837 hatte die preußische Regierung nämlich ihre Repressionspolitik gegen die Turner erheblich gemildert und die Pflege der Gymnastik wieder freigegeben. Ihre am 6.6.1842 erfolgende Aufhebung bildete insofern nur den förmlichen Abschluß eines mehrjährigen Liberalisierungsprozesses[49]. Schrebers Initiative war für die sächsische Regierung daher nicht im mindesten belastend, geschweige denn illegal. Die gouvernementale Orientierung der Schrift, die das Turnen zwar „zu einer Nationalsache", aber eben in Form „einer allg. u. vollkommen organisierten Staatseinrichtung" machen wollte[50], in der der „Geist strenger, wahrhaft militärischer Ordnung"[51] herrschen sollte, wird ein übriges getan haben, eventuell noch vorhandene Bedenken zu zerstreuen. Gleichwohl blieb die offizielle Resonanz zurückhaltend. Zu mehr als einer zweideutigen Erklärung des Kultusministeri-

---

46 D. G. M. Schreber, Das Turnen vom ärztlichen Standpunkte aus, zugleich als eine Staatsangelegenheit dargestellt, Leipzig 1843, 35. Zit. i.O. fett.
47 Ebd., 25.
48 Schilling, Dr. D. G. M. Schreber (17), 8.
49 Zieschang (30), 233.
50 Schreber, Das Turnen (46), 5. Zit. i.O. gesperrt.
51 Ebd., 33.

ums, „daß man die Sache fortan im Auge behalten wolle"[52], konnte sich die Regierung nicht durchringen.

Als die erhoffte amtliche Unterstützung ausblieb, setzte Schreber, der das Turnen nicht bloß für eine „vorübergehende Modesache"[53], sondern für „ein Zeichen des Wiederauflebens des kernhaften urdeutschen Volksgeistes in einer der übrigen Culturentwicklung entsprechenden vervollkommneten und veredelten Form"[54] hielt, auf die Privatinitiative im Verein mit Gleichgesinnten. Er konnte das umso unbefangener tun, als die Regierung die Gründe, die er zugunsten einer allgemeinen Körperertüchtigung dargelegt hatte, keineswegs in Frage gestellt hatte. In körperlicher Hinsicht sah Schreber die positiven Wirkungen des Turnens vor allem in einer umfassenden Durchbildung der Muskulatur im Hinblick auf Kraft, Ausdauer und Gewandtheit, der Erziehung zu einer richtigen Körperhaltung, allgemeiner Abhärtung und der Erhaltung der Jugendfrische. Volksheilkundlich überhöht wurden diese Gesichtspunkte durch die Hoffnung, über die Entwicklung des Brustkorbes und der Atmungsorgane zugleich einen Beitrag zur Verhütung der Lungenschwindsucht zu leisten. In geistiger Hinsicht förderte das Turnen nach Auffassung Schrebers darüber hinaus Geistesgegenwart, Selbstvertrauen und die Erhaltung der Verstandeskräfte. Auch diese Gesichtspunkte wurden volksgesundheitlich überhöht und bis zur Moralhygiene gesteigert, hoffte der Verfasser doch, ausschweifende Vergnügungssucht und Laster aller Art, selbst Hypochondrie und Hysterie, die er als „Folge der Stubenerziehung, der Verweichlichung, der Genußsucht, der geistigen Überreizung" ansah, mit Hilfe des Turnens therapieren zu können[55].

Schrebers „sociale Heilkunde" zielte damit nicht nur auf die Krankheiten der Zeitgenossen, sondern zugleich auf die angeblichen Gebrechen der Zeit und wies dem Turnen in diesem Zusammenhang die Funktion eines Allheilmittels zu. Ärztliche Diagnose und Kulturkritik, Reformpolitik und Therapie verschmolzen auf diese Weise vor dem bedrohlichen Hintergrund einer fortschreitenden Urbanisierung zu einer integrierten Gesamtstrategie. Gegenüber den Landstädten und Dörfern sah Schreber denn auch die körperliche und moralische Erziehung speziell in der großen Stadt als gefährdet an[56]. Im Vergleich zu den „Kraft-

---

52 Schildbach (26), 6.
53 Schreber, Pangymnastikon (44), 4.
54 Vgl.: Ders., Das Turnen (46), 16–21.
55 Vgl. Ebd.
56 Hierzu und zum folgenden: Ders., Das Buch der Erziehung an Leib und Seele, 3. stark vermehrte Aufl. Durchgesehen u. erweitert v. Dr. Carl Henning, Leipzig (1891), 2–5. Der ursprüngliche Titel lautete: Kallipädie oder Erziehung zur Schönheit, Leipzig 1858. Das Buch lag mir nicht vor.

geschlechter(n) vergangner Zeiten"⁵⁷ zeichnete sich die zeitgenössische Bevölkerung seiner Meinung nach durch sinkende Militärtauglichkeit, abnehmende Leistungsfähigkeit und einen „vorherrschende(n) Hang zur Weichlichkeit und Sinnlichkeit; kurz – Charakterlosigkeit in jeder Hinsicht"⁵⁸ aus.

Überzeugt von dem Wert der „geselligen Vereinigung verschiedener Stände zu gemeinschaftlichem Zwecke, der daraus hervorgehenden Hebung der niedern Stände, kurz, von dem hohen nationalen Werthe der allgemeinen körperlichen Kräftigung, aber auch zugleich der geistigen Bildung und Veredelung des Volks"⁵⁹ gründete Schreber daher am 30.7.1845 zusammen mit seinem Kollegen Karl Ernst Bock und einer Reihe weiterer Honoratioren den „Allgemeinen Turnverein zu Leipzig"⁶⁰. Als Vorsitzenden gewannen sie den liberalen sächsischen Publizisten und Politiker Friedrich Karl Biedermann, der die Leitung jedoch nur zwei Jahre lang ausübte, da er bloß ein „mittelmäßiger Turner" war⁶¹. Sein Nachfolger als Vereinsvorsitzender wurde Schreber. Er leitete den Verein von 1847 bis 1851 „und führte ihn nicht ohne Mühe, aber mit glücklichem Erfolge durch die schweren Zeiten der Revolution"⁶².

In der Tat zählte der von Schreber geführte Turnverein zu den wenigen Vereinen, die Revolution und Konterrevolution dank ihres liberalen Mittelkurses unbeschadet überstanden. In der nach dem Hanauer Turntag vom 2./3.7.1848 in drei Lager gespaltenen Turnerschaft bekannten sich seine Mitglieder im Gegensatz zu den Verfechtern politischer Abstinenz auf der einen und den Anhängern einer demokratischen Republik auf der anderen Seite zur konstitutionellen Monarchie⁶³. Im Unterschied zur Mehrheit der sächsischen Turnvereine, die wie der Leipziger Demokratische Turnverein mit dem in Hanau abgespaltenen „Demokratischen Turnerbund" sympathisierte, hielt der „Allgemeine Turnverein" fest zum „Deutschen Turnerbund". Nach dem Sieg der Reaktion und der bundesweiten Verabschiedung restriktiver Vereinsgesetze wurde der Verein daher nicht unterdrückt. Gleichwohl stand auch er fortan als „politischer Verein" unter polizeilicher Aufsicht. „So blieb es nicht aus, daß in den Vereinen, die nicht verboten waren, die Mitgliederzahlen erheblich sanken. Wer Mitglied in einem Turn-

---

57 Ebd., 2.
58 Ebd., 2f.
59 Schreber, Pangymnastikon (44), 6.
60 Striegler (30), 92ff. Der spiritus rector des Vereins war Karl Ernst Bock. Siehe dazu: Edmund Neuendorff, Geschichte der neuern deutschen Leibesübung, Bd. 4, Dresden 1936, 43–46.
61 Karl Biedermann, Mein Leben und ein Stück Zeitgeschichte. Erster Band 1812–1849, Breslau 1886, 209.
62 Neuendorff (60), 45.
63 Hannes Neumann, Die deutsche Turnbewegung in der Revolution 1848/49 und in der amerikanischen Emigration, Schorndorf 1968, 28–31.

verein war, lief Gefahr, sich politisch verdächtig zu machen"[64]. Ob Schreber daher 1851 tatsächlich aus „Gesundheitsrücksichten" von „allen öffentlichen Angelegenheiten" einschließlich der „Leitung des Turnvereins" zurücktrat[65], oder ob ihn eher politische Opportunität erkranken ließ, wird man angesichts der Tatsache, daß Schildbach andererseits seine lebenslange sportliche Aktivität rühmt[66], immerhin fragen dürfen. Wie dem auch sei, „sein Herz" blieb „der Sache treu"[67], und für den Privatmann, den Orthopäden, den Erzieher und Publizisten sollte das Turnen auch in Zukunft elementares Anliegen bleiben.

3.3.2.2. Der Arzt.

Nach Niederlassung und Habilitation wandte sich Schreber der Pädiatrie zu. Sein Plan, in Leipzig eine Kinderheilanstalt zu gründen, zerschlug sich jedoch, da die Regierung die Genehmigung versagte[68]. So wechselte Schreber zu der im Entstehen begriffenen Orthopädie, die in Leipzig mit Johann Christian Gottfried Jörg einen hervorragenden Wegbereiter besaß[69]. 1844 übernahm Schreber die von Ernst August Carus 1829 eröffnete Gymnastisch–Orthopädische Heilanstalt und führte sie bis zu seinem Tode weiter. Zu seinem Nachfolger bestimmte er seinen Freund und Mitarbeiter Karl Hermann Schildbach, der die Einrichtung seit 1859 gemeinsam mit ihm geleitet hatte. 1875 erlangte Schildbach die Lehrerlaubnis für Orthopädie der Leipziger Medizinischen Fakultät und gründete im Jahr darauf die erste Poliklink Deutschlands[70].

Der zunächst überraschend anmutende zweifache Wechsel in Schrebers fachärztlicher Orientierung von seiner Habilitation in Innerer Medizin über die Pädiatrie zu „der noch in den Kinderschuhen steckenden Orthopädie"[71] verliert den Anschein beruflicher Beliebigkeit, wenn man den Entwicklungsstand der damaligen Medizin in Rechnung stellt. Weit entfernt, eine systematische Disziplin mit naturwissenschaftlichem Anspruch zu bilden, bot die Heilkunde in der ersten Hälfte des 19. Jahrhunderts vielmehr ein eher verwirrendes Bild[72]. Allein in

---

64 Ebd., 51. Zur nachrevolutionären Entwicklung siehe: Günther Erbach, Der Anteil der Turner am Kampf um ein einheitliches und demokratisches Deutschland in der Periode der Revolution und Konterrevolution in Deutschland (1848–1852), Leipzig 1956, 227–239.
65 Schildbach (26), 6.
66 Ebd., 5.
67 Ebd., 6.
68 Richter, 75 Jahre (17), 16.
69 Bruno Valentin, Geschichte der Orthopädie, Stuttgart 1961, 244ff.
70 Ebd., 246f.; Kilian/Uibe (40), 335f.
71 Ebd., 338.
72 Hierzu und zum folgenden: Rothschuh (45), 63ff.

Deutschland wetteiferten vier Denkrichtungen um den Rang der wahren Heils–
Lehre: die Humoralpathologie, die durch Rousseau machtvoll inspirierte Naturheilkunde oder Physiatrie, die Erregungslehre des Engländers John Brown und
die Schellingsche Naturphilosophie. Die Lage auf dem Gesundheitssektor war
infolgedessen durch Unübersichtlichkeit, Unsicherheit und Unzufriedenheit ge-
kennzeichnet. Hinzu kam, daß der Differenzierungsprozeß zwischen Fachleuten
und Laien in dieser Inkubationsphase der modernen Medizin noch in den Anfängen steckte und ganze Fachrichtungen wie die Physiatrie und die Orthopädie
überwiegend durch medizinische Laien vertreten wurden[73]. Aber auch die
Fachleute waren wegen der ungesicherten theoretischen Grundlagen ihrer Dis-
ziplinen, die nicht zuletzt auf die noch gering entwickelte Verselbständigung der
Medizin gegenüber der Natur–Philosophie zurückzuführen waren, beileibe keine
Spezialisten im heutigen Sinn. So läßt sich bei vielen Ärzten, Laien wie Fachleuten, in dieser Zeit ein Zug ins Allgemeine erkennen, ein ganzheitlicher Ansatz
und Anspruch, dessen Fluchtpunkt teilweise weit über die Heilkunst hinaus zur
Lebenskunst führte.

Schrebers Stellung in diesem wissenschaftlichen Richtungsstreit war einmal
mehr vermittelnder Art. Entsprechend seiner programmatischen Grundhaltung
zielte sein Wirken auch hier auf einen Ausgleich von Fortschrittsglauben und
Naturismus. Obwohl von Bildungs– und Ausbildungsgang, späterer Berufs– und
Lehrtätigkeit, nach heutigem Begriff Schulmediziner, hatte Schreber einen vor-
urteilsfreien Blick für die Leistungen der aufkommenden naturheilkundlichen
Bewegung. Da er die Medizin als „Erfahrungswissenschaft" auffaßte, hielt er es
als Arzt für unverantwortlich, „wenn wir nicht Das, was sich als Gutes und Wahres wirklich bewährt, anerkennen und annehmen wollten, überall, wo es sich findet, und woher immer es auch zu uns gelangt sein möge"[74]. Ausdrücklich berief
sich Schreber in diesem Zusammenhang auf den Begründer der Hydrotherapie,
den Laiendoktor Vinzenz Prießnitz, der seit 1818 im österreichisch–schlesischen
Gräfenberg wirkte, und den Wegbereiter der Diätetik, den Nichtfachmann Johannes Schroth, der im benachbarten Nieder–Lindewiese therapierte[75]. Eine
vergleichbare Nähe zur Physiotherapie, die Schreber angelegentlich sogar als
„Zukunftsheilkunde"[76] bezeichnete, zeigt seine skeptische Haltung gegenüber

---

73 Zur Orthopädie siehe v.a.: Hans Christoph Kreck, Die medico–mechanische Therapie Gustav Zanders in Deutschland, Med. Diss. Frankfurt/M. 1987, 5f.
74 D. G. M. Schreber, Die Wasserheilmethode in ihren Grenzen und ihrem wahren
Werthe, 2. Aufl. Leipzig 1885, 10f. Zur Erfahrung vgl. auch: Ders., Anthropos,
Leipzig 1859, 77f.
75 Ders., Die Wasserheilmethode (74), 9f. u. 110ff. Zu Prießnitz und Schroth siehe:
Rothschuh (45), 68–75.
76 Schreber, Die Wasserheilmethode (74), 112.

Ursprünge des modernen Kleingartenwesens 105

der zeitgenössischen Pharmazie, die ihn noch 1860 heftig gegen die „zu 7/8 unfruchtbaren Arzneimittelchen"[77] polemisieren ließ.

Den stärksten Einfluß auf Schrebers ärztliches Selbstverständnis übte jedoch mit hoher Wahrscheinlichkeit der Wiener Medizinprofessor Philipp Karl Hartmann aus[78]. Auch wenn der 1830 gestorbene Hartmann zum Zeitpunkt von Schrebers Wienbesuch längst nicht mehr lebte, besaß die Begegnung mit seinem Werk für Schreber offenbar entscheidende Bedeutung. Hartmann, durch seinen Lehrer Johann Peter Frank mit der alten Wiener Schule Gerard van Swietens verbunden, war der Vertreter einer „rationellen Eklektik"[79], die, vorurteilsfrei und skeptisch zugleich, zwischen den vier konkurrierenden Schulen stand. Schrebers Bekenntnis zu Erfahrungswissenschaft und kritischem Diskurs findet sich bei Hartmann daher ebenso wieder wie das weitgespannte medizinische Interesse, die unvoreingenommene Rezeption der Physiatrie und die Bereitschaft zur Übernahme eines populärwissenschaftlichen Gesundheitsapostolats. Besondere Bedeutung kommt in diesem Zusammenhang Hartmanns „Glückseligkeitslehre für das physische Leben der Menschen" zu, einem volkstümlichen Hausbuch, das 1808 in Leipzig erschien, schon 1836 zum drittenmal aufgelegt wurde und unter anderem ins Dänische und Holländische übersetzt wurde. Ob Schreber selbst nach den Grundsätzen dieses Bestsellers erzogen wurde, ob er ihn während des Studiums für sich entdeckte oder erst in Wien seine Bekanntschaft machte, wissen wir nicht. Sicher ist, daß er kurz vor seinem Tode ihre vierte Auflage besorgte und sie, „gänzlich umgearbeitet und vermehrt", 1861 in Leipzig edierte. In seinem Vorwort rühmte Schreber das Werk als „ein wahres Kernbuch von unversiegbarer Lebenskraft"[80] und betonte die „Gleichheit der Grundanschauungen", die ihn mit Hartmann verbänden[81]

Am Ende hatte der pure Zufall Schrebers Lebensdaten mit der Druckgeschichte von Hartmanns Bestseller verknüpft. Wer will, mag in diesem curriculum vitae, das sich zwischen der ersten und der vierten Auflage der Glückseligkeitslehre abspielte, eine innere Logik erkennen. Zieht man Schrebers eigenen Bestseller, die „Ärztliche Zimmergymnastik", heran, die zwischen 1855 und 1905 dreißig Auflagen mit insgesamt 195.000 Exemplaren erfuhr und in sechs

---

77 Ders., Die Jugendspiele (40), 414.
78 Zu Hartmann siehe: Biographisches Lexikon der hervorragendsten Ärzte aller Zeiten und Völker, Bd. 3, Berlin u. Leipzig (1886), 68f.
79 Ebd., 69. Zur Berücksichtigung der „vis naturae medicatrix" in der Wiener Schule siehe: Max Neuenburger, Die Lehre von der Heilkraft der Natur im Wandel der Zeiten, Stuttgart 1926, 86, 115f. u. 201.
80 Glückseligkeitslehre (41), IV.
81 Ebd., V.

Fremdsprachen übersetzt wurde[82], wird die für beide Autoren charakteristische Verbindung von Gesundheitslehre und Lebensphilosophie zumindest deutlich. Auch Schreber selbst hat diesen Anspruch nachdrücklich formuliert: Während die hygienische Philosophie vom Menschen verlange, „*mässig, regsam* und *zufrieden*" zu leben; fordere die ethische Lebensphilosophie ihn auf, „nach voller Herrschaft über sich selbst, über seine geistigen und leiblichen Schwächen und Mängel" zu ringen[83]. Auf „der treuen Erfüllung dieser beiden Gebote" aber „beruh(e) das ganze Geheimnis der schwersten, aber edelsten und wichtigsten aller Künste, der Lebenskunst, d.h. der Kunst, *richtig* zu leben"[84].

In der „Glückseligkeitslehre" wird diese „summa medicinae" in Form eines Ratgebers dargeboten. Schrebers Grundgedanke über die Bestimmung des Menschen zu einer höheren, Geist und Körper gleichermaßen umfassenden Kulturentwicklung[85] auf der Grundlage naturgemäßer Erziehung[86] und Lebensart[87] bildet auch hier den Ausgangspunkt aller Überlegungen, das korrespondierende Kriterium für die Bestimmung richtigen bzw. falschen Lebens der naturistisch gefaßte Gegensatz von Stadt und Land. Selbst die konkreten Ratschläge stammen weitgehend von Rousseau. Ob es sich um die Kritik urbaner Verfeinerung[88] und Vergnügungssucht handelt[89], um Angriffe gegen den Genußmittel-[90] und Alkoholkonsum[91], um die Ablehnung übertriebenen Fleischgenusses[92], das Lob der frischen Land–Luft[93] oder den Kampf gegen das Korsett[94] – nichts, was sich nicht in dieser oder jener Form im „Emile" vorgeprägt fände[95].

---

82 Gesamtverzeichnis des deutschsprachigen Schrifttums 1700–1910, Bd. 129, München u.a. 1985, 247.
83 D. G. M. Schreber, Ärztliche Zimmergymnastik, 4. Aufl. Leipzig 1858, 21. Hervorhebungen i.O. gesperrt, zweiter Teil des Zitats als direkte Anrede des Lesers.
84 Ebd. Hervorhebung i.O. gesperrt.
85 Glückseligkeitslehre (41), 27.
86 Ebd., 310–336.
87 Ebd., 37ff.
88 Ebd., 31.
89 Ebd., 188–192.
90 Ebd., 145ff. u. 269f.
91 Ebd., 141f.
92 Ebd., 122f.
93 Ebd., 54f.
94 Ebd., 83–93. Vgl. auch: Ders., Anthropos (74), 83–92 (zur Diätetik), 92ff. (zur Frischluft), 115ff. (zur Kleiderreform), 109–114 (zur körperlichen Abhärtung) sowie Ders., Das Buch der Gesundheit (41), 134–140 (zum Antialkoholismus), 106–114 (zur Diätetik), 146–150 (zur Kleiderreform), 71–79 u. 82–85, (zu Luft und Licht) und 66f. (zur körperlichen Abhärtung).
95 J.-J.Rousseau, Emile oder über die Erziehung, Stuttgart (1986), 261–264, 235f., 277 u. 872 (zum Gedanken einer Körper und Geist gleichermaßen umfassenden

Was Hartmann und Schreber von Rousseau unterschied, war die politische Haltung: Der „Emile" ist radikal, die „Glückseligkeitslehre" liberal. Während Rousseau Geschichte im Grunde als Verfallsgeschichte versteht, huldigen Hartmann und Schreber einem naturistisch gemilderten Fortschrittsoptimismus. Ihrer Stadtkritik fehlt daher nicht nur der für Rousseau charakteristische agrarromantische Zungenschlag[96], sie zielt darüber hinaus auf konkrete Reformen in Gestalt demographisch angemessener, hygienisch einwandfreier Wohnungen[97], einer aufgelockerten Bebauung und ausreichender Durchgrünung[98]. Auch ihr Tadel des übermäßigen Fleischkonsums endet nicht beim strengen Vegetarismus[99], ihre Beanstandung des Alkoholkonsums nicht beim absoluten Anti–Alkoholismus[100]. Alles in allem dokumentiert die „Glückseligkeitslehre" damit Maß und Mitte eines ebenso selbstbewußten wie kritikfreudigen bildungsbürgerlichen Mittelstandes.

Versucht man vor dem Hintergrund dieser allgemein–medizinischen Charakteristik Schrebers fachspezifische Leistung als Orthopäde nachzuzeichnen, finden alle wesentlichen Elemente seines ärztlichen Schaffens ihre mehr oder minder deutliche Bestätigung. Schon die breite Basis seiner Kenntnisse und Interessen, die zu der aus heutiger Sicht frappierenden, zweimaligen Umorientierung in der Fachrichtung führte, erweist sich im Licht der entstehenden Orthopädie als durchaus genuine Entwicklung. Kein Geringerer als der Stammvater und Begriffsschöpfer der neuzeitlichen Orthopädie, Nicolas Andry, hat die für Schreber typische Verbindung von Innerer Medizin und Kinderheilkunde vorweggenommen[101]. Im Grunde mehr Internist und namentlich Pädiater, sah Andry seine Orthopädie vor allem „als eine Kunst der Erziehung zur geraden Haltung"[102]. Er selbst folgte dabei zwei seinerzeit berühmten pädagogischen Lehrgedichten, der „Pédothropie" von Scévole Saint-Marthe und der „Kallipädie" von Claude Quillet[103]. Die entstehende Orthopädie erhielt auf diese Weise einen pädagogisch–pädiatrischen Grundzug, der sich noch bei Schreber in ungebrochener

---

Ausbildung des jungen Menschen), 151, 728, 930–934 u. 943 (zum Gegensatz Stadt und Land), 326 (zur Abstinenz), 148ff. u. 332ff. (zur Reform der Ernährung), 150 u. 183 (zum Lob des Landlebens) und 277f, 737 u. 747ff. (zur Kleiderreform).
96 Besonders deutlich wird diese Haltung in: Ebd., 151 u. 728.
97 Glückseligkeitslehre (41), 49ff.; Schreber, Buch der Gesundheit (41), 85ff. u. 89.
98 Glückseligkeitslehre (41), 55.
99 Ebd., 122.
100 Ebd., 141ff.
101 Zu Andry siehe: M. Hackenbrock sen., Geschichte und Entwicklung der Orthopädie, in: Orthopädie in Praxis und Klinik, Bd. II, Stuttgart-New York 1981, 3; Valentin (69), 53f.
102 Hackenbrock (101), 3.
103 Kilian/Uibe (40), 338.

Stärke vorfindet. Seine Grundgedanken der Vorbeugung, der Früherkennung und der Frühbehandlung vor dem Fluchtpunkt eines normativen Leitbildes, das mit Hilfe bewegungs–therapeutischer Übungen und/oder orthopädischer Hilfen wie Bandage, Korsett und Schiene verwirklicht werden sollte, findet sich bereits bei Andry weitgehend vorgeprägt. Die aufkommende operative Orthopädie rezipiert Schreber daher ebensowenig wie die neuen, mechano–therapeutischen „Osteoklasten", riesige, aus Zugwinden und Druckschrauben zusammengesetzte Maschinen, die anatomische Deformationen im Zeitraffer der industriellen Revolution „redressieren" sollten[104]. Nimmt man die drei großen Zweige der damaligen Orthopädie, Mechanotherapie, chirurgische Therapie und Bewegungstherapie, als Raster, zählt Schreber eindeutig zu den Bewegungstherapeuten. Gleichwohl vermied er auch hier eine einseitige Orientierung, indem er bedarfsweise auf Massagen oder die Heilwirkung des Lichtes zurückgriff[105] und namentlich im Rahmen seiner noch zu besprechenden „Kallipädie" auf den Einsatz mechano–therapeutischer Hilfsmittel setzte.

Schrebers Zugehörigkeit zur Gruppe der Bewegungstherapeuthen, die sich nicht zuletzt aus seinen turn–sportlichen Aktivitäten speiste, brachte ihn zugleich in enge Verbindung zur entstehenden Heilgymnastik. Obwohl er viel zu ihrer Ausbildung und Popularisierung beigetragen hat, zählt er doch keineswegs, wie vielfach behauptet, zu ihren Begründern[106]. Zu unverkennbar ist der Einfluß der pädagogischen Gymnastik Rousseaus[107], der Leibesübungen Johann Friedrich Guthsmuths und Friedrich Ludwig Jahns, vor allem aber der „schwedischen Heilgymnastik" Pehr Hendrik Lings[108]. Obwohl sich Schreber mit seiner „deutschen Gymnastik" gerade von ihr kritisch abwandte[109], hat er doch deutlich

---

104 Hackenbrock (101), 13f.
105 Kurt Pfeiffer, D. G. M. Schreber und sein Wirken für die Volksgesundheit, Med. Diss. Düsseldorf 1937, 24; Anna Jung (geb. Schreber), zit. n. Richter, 75 Jahre (17), 17.
106 So: Freud (37), 176; L. Mittenzwey, Die Pflege des Bewegungsspiels, insbesondere durch die Leipziger Schrebervereine, Leipzig 1869, 44; Richter, 75 Jahre (17), 17; Schilling, Dr. D. G. M. Schreber (17), 8; Schütze (22), 1889; Zweiter Bericht (33), 3.
107 Vgl.: Rousseau, Emile (95), 277.
108 Kreck (73), 7–15.
109 Streitfragen der deutschen und schwedischen Heilgymnastik. Erörtert in Form myologischer Briefe zwischen D. G. M. Schreber und A. C. Neumann, Leipzig 1858. Die nationalen Attribute dienen nur als geläufige Unterscheidungsmerkmale, transportieren also keine „vaterländischen" Werte. Das briefliche „Streitgespräch" dokumentiert vielmehr Schrebers positive Einstellung zu einem rationalen Diskurs im Interesse der gemeinsamen Sache. Siehe dazu: Ebd., 1f. Vgl. auch: Kreck (73), 7 u. 12f.

zum Ausdruck gebracht, daß „der eigentliche Mutterboden dieses neuen Zweiges der Heilkunde (...) Schweden" sei[110]. Gleichwohl wird man Schreber die historische Bedeutung eines der deutschen Wegbereiter der Krankengymnastik genausowenig absprechen können wie die eines „Apostel(s) der edlen Turnkunst"[111]. Er förderte nicht nur den einsetzenden Differenzierungsprozeß zwischen volkspädagogischer und medizinischer Gymnastik[112], er betonte zugleich ihren systematischen Zusammenhang, indem er sie unter den sich ergänzenden Leitbildern von Prophylaxe und Therapie aufeinander bezog[113]. Publizistischen Ausdruck fanden diese Bestrebungen in seiner „Kinesiatrik" für die Heilgymnastik und seiner „Ärztlichen Zimmergymnastik" einschließlich des sie ergänzenden „Pangymnastikons" für die hygienische Gymnastik[114]. Beide Bestrebungen verband zudem eine ausgesprochen populärwissenschaftliche Zielsetzung. So wie die „Kinesiatrik" auch „für gebildete Nichtärzte" geschrieben wurde, war die „Zimmergymnastik" *für alle Verhältnisse, für jedes Alter und Geschlecht*" bestimmt[115]. Namentlich der „Frauenwelt der höheren Stände"[116], bewegungsarmen Berufsgruppen wie Beamten, Kontoristen und Gelehrten[117], aber auch der oft einseitig belasteten, vielfach gesundheitsstörenden Lebenseinflüssen ausgesetzten „körperlich arbeitenden Menschenclasse"[118] empfahl der Verfasser, „täglich nur ein- oder zweimal ein Viertel- bis höchstens ein halbes Stündchen auf methodische Gymnastik" zu verwenden[119]. In fünfundvierzig bebilderten Übungen, die vom Kopfkreisen bis zum Rückenwälzen reichen, bot der Autor eine ebenso einfache wie billige Hilfe zur Selbsthilfe. Im Gegensatz zur Schwedischen Heilgymnastik, die vor allem auf die „passiven" Gegenbewegungen im Wechselspiel mit bis zu vier Gymnasten setzte, betonte Schreber immer wieder die (angeleitete) Eigenaktivität der Patienten[120]. Da er zugleich die übertriebene Ausdifferenzierung der Übungen und die kunstsprachliche Begriffsbildung des schwedischen Systems vermied, fand seine

---

110 D. G. M. Schreber, Kinesiatrik oder die gymnastische Heilmethode, Leipzig 1852, 3.
111 Eduard Mangner, Dr. Schreber, ein Kämpfer für Volkserziehung, Leipzig 1877, 13.
112 Vgl.: Kreck (73), 4.
113 Schreber, Zimmergymnastik (83), 7.
114 Schreber bezeichnete das Pangymnastikon (44), 5 ausdrücklich als „zweiten Theil" seiner Zimmergymnastik, „denn beide ergänzen einander und bilden gemeinschaftlich erst ein volles abgerundetes System der gymnastischen Körpercultur".
115 Ders., Zimmergymnastik (83), 28. Hervorhebung i.O. gesperrt.
116 Ebd., 28.
117 Ebd., 27.
118 Ebd., 25f.
119 Ebd., 27.
120 Kreck (73), 7; Kilian/Uibe (40), 339.

„Zimmergymnastik" beträchtliche Zustimmung, während die Schwedische Heilgymnastik trotz großer Anfangserfolge stagnierte[121]. Noch 1894 schrieb der Chirurg Albert Landerer: „Für unbemittelte Patienten ist die Zimmergymnastik, weil ohne Kosten durchzuführen, doch oft das einzig Mögliche"[122]. In der Tat: Nimmt man den Stand der ärztlichen Versorgung in der Epoche von Industrialisierung und Urbanisierung zum Maßstab, wird man Schrebers auf Einsicht und Selbsthilfe setzender, ebenso schonender wie billiger Heilkunst die Anerkennung umso weniger versagen, als sie auf der Grundlage eines gemäßigten Naturismus eine umfassende Gesundheitsvorsorge anstrebte. Wenn Schreber auch kein großer Forscher und Theoretiker war[123], als Pionier und Popularisator der Heil–Gymnastik zählte er zu den bedeutenden Ärzten seiner Zeit.

3.3.2.3. Der Erzieher. Die Grundlagen.

Wer sich mit dem Pädagogen Schreber befaßt, wird unweigerlich auch mit seiner Rolle als Vater konfrontiert. Dieser Tatbestand entspringt freilich weniger dem methodischen Interesse an einer Lebensäußerung, die den Theoretiker gleichsam in (begrenzter) Aktion zeigt, als der schulbildenden Fern–Analyse Sigmund Freuds. Obwohl sich Freud „auch im Falle Schreber auf dem wohlvertrauten Boden des Vaterkomplexes" sah[124], hat er seine Diagnose doch ausschließlich auf die Auswertung der „Denkwürdigkeiten" des Schreber–Sohnes Daniel Paul gestützt. Da das Werk so gut wie keine Informationen über den Vater enthält[125], fehlt es dem psychoanalytischen Schreber–Bild bis heute an Individualität und Historizität[126]. Obwohl mehrere Forscher in der Nachfolge Freuds versucht haben, diesem erkennbaren Mangel abzuhelfen[127], ist Schreber bis heute, nicht nur

---

121 Kreck (73), 12ff.
122 A(lbert) Landerer (Hg.), Mechanotherapie. Leipzig 1894, 33, zit. n. Ebd., 7. Siehe zur Rezeption der Schreberschen Zimmergymnastik auch: F. E. Bilz, Das neue Naturheilverfahren. Ein Ratgeber in gesunden und kranken Tagen, Bd. 1, Leipzig o.J., 494–520; Richard Knochendorf, Lungengymnastik ohne Geräte: Nach dem System Dr. med. D. G. M. Schreber, Leipzig 1907; L. Wulff, Was können Schrebers Zimmergymnastik–Übungen, auch teils abgeändert, für Alte, Schwache und Kranke leisten?, Parchim 1929.
123 Vgl.: Pfeiffer (105), 7f.
124 Freud (37), 180.
125 Vgl.: Schreber, Denkwürdigkeiten (37), 106 u. 200.
126 Vgl.: Freud (37), 176f.
127 Siehe neben Baumeyer (36) und Une étude (28) v.a.: William G. Niederland, Der Fall Schreber, Frankfurt/M. 1978; Ders., Schreber's Father, in: Journal of the American Psychoanalytic Association 8 (1960), 492–499 und Morton Schatzman, Die Angst vor dem Vater, Reinbek 1974. Als genauso unergiebig erweist sich – in

in der psychoanalytischen Forschung, ein vergleichsweise abstrakter „Laios" geblieben[128]. Gleichwohl hat sich sein Bild im Zuge dieser Veröffentlichungen mehr und mehr verdunkelt. Als Vater und Erzieher ist Schreber in Verruf geraten. Selbst wer offenkundig keine Zeile von ihm gelesen hat und ihn daher unter dem falschen Vornahmen Gottlieb führt, glaubt doch zu wissen, daß er ein „schwarzer Pädagoge" war, der seinen Sohn in die Schizophrenie trieb[129].

Tatsächlich besitzt dieses vernichtende Urteil eine gewisse, wenn auch begrenzte Berechtigung. Wer die beängstigenden Parallelen zwischen den orthopädagogischen Erziehungsapparaten des Vaters und den psychosomatischen Halluzinationen des Sohnes gelesen hat[130], wird den Erkenntnisfortschritt dieses Ansatzes nicht verkennen. Gleichwohl ist die Begrenztheit des psychoanalytischen Zugriffs auch im Fall Schreber offensichtlich: Die historischen Subjekte agieren im Rahmen eines ontologisch gefaßten Rollenkonfliktmodells, das seine Herkunft aus der aristotelischen Dramatik nur schwer verleugnen kann. Das Hier und Jetzt präsentiert sich als Immer und Überall, der Vater–Sohn–Konflikt entwickelt sich als archetypisches Repertoirestück. Was die antike von der moder-

---

dieser Hinsicht – leider auch die historische Studie von: Elisabeth Schreiber, Schreber und der Zeitgeist, Berlin 1987.
128 Auf weite Strecken stellt die gesamte Literatur über Schreber nichts anderes als ein fatales Produkt der gesellschaftlichen Arbeitsteilung dar. So wie die Psychoanalytiker den Turner und Kranken–Gymnasten ausblenden, ignorieren die Mediziner den Volks–Pädagogen oder die Schrebervereins–Hagiographen den erziehenden Vater. Im Endeffekt sieht daher jede Richtung nur den Schreber, den sie für ihre Zwecke braucht. Die Psychoanalytiker stützen sich denn auch vor allem auf die Kallipädie (57), die Mediziner auf die Zimmergymnastik (84) und die Vereins–Historiker fast ausschließlich auf Die Jugendspiele (41). Die einzige Ausnahme in diesem borinerten Reigen bildet die ausgezeichnete Arbeit von Lothane, der den psychoanalytischen Diskurs über Daniel Paul – dank seines hervorragenden Quellenstudiums – auf eine neue, realistische Grundlage gestellt hat, in deren Rahmen auch das Leben und das Werk seines notorisch verunglimpften Vaters (Vgl. (39), 106–185.) eine neue Bewertung erfuhr. Obwohl Lothane Freuds Fern–Analyse noch unlängst – ebenso zutreffend wie ironisch – als „Freudsche Fehlleistung" qualifiziert hat (Zwi Lothane, Freudsche Fehlleistung, in: Die Zeit v. 28.4. 1995), bleibt auch sein Werk unvollkommen, da er Schrebers geistesgeschichtliche Position im Rahmen des „Prozesses der Zivilisation" genausowenig ausleuchtet wie seine – mit ihm eng verbundene – Beziehung zu der nach ihm benannten Kleingarten–Bewegung.
129 Vgl. z.B.: Plessen/von Zahn (22), 118–122 sowie Katharina Zimmer, Der kleine Tyrann, in: Zeitmagazin v. 7.10. 1988. Grundlegend zur „Schwarzen Pädagogik": Katharina Rutschky (Hg.), Schwarze Pädagogik. Quellen zur Naturgeschichte der bürgerlichen Erziehung, (Frankfurt/M u.a. 1977), wo Schreber mit sieben Textauszügen vertreten ist, von denen sechs – charakteristischerweise – aus der Kallipädie (56) stammen.
130 Schatzman (127), 59–86 und Israels (27), 289–320.

nen Familientragödie unterscheidet, ist allein ihre Ätiologie: An die Stelle des „blinden Geschicks" tritt die aufgeklärte Erziehungsdiktatur. Die sich sofort aufdrängende Frage, warum die vier Geschwister Daniel Pauls nicht auch dem tyrannischen Erziehungsstil Schrebers[131] zum Opfer fielen, findet im Rahmen dieses Erklärungsmodells ebensowenig eine Antwort wie die korrespondierende Gegenfrage, warum ausgerechnet der Entwicklung des Ausnahmefalls Daniel Paul repräsentative Bedeutung beizumessen sei[132].

Wer den im Grunde geschichtslosen „Boden des Vaterkomplexes" verläßt und sich auf die historischen Grundlagen des 19. Jahrhunderts stellt, sieht das Verhältnis von Vater und Sohn denn auch in einem ganz anderen, prosaischen Licht. Die archaischen Charakterdarsteller der psychoanalytischen Guckkastenbühne verwandeln sich jetzt in die Funktionsträger eines erziehungswissenschaftlichen Versuchs. In der Tat ist das Experiment das Sesam–öffne–dich der Moderne[133]. Es revolutioniert das Verhältnis des Menschen zur Natur von Grund auf. Das Gebot der Stunde lautet nicht länger Kontemplation, sondern Aktion, nicht verehrende Anschauung, sondern durch Versuch und Irrtum fortschreitende Erfahrung. Die ewigen Geheimnisse werden ausgespäht und zeitlichen Zwecken unterworfen. Wissen wird Macht.

Dieses neue Macht–Verhältnis betraf in gleichem Maße die äußere und die innere Natur des Menschen. Die mechanistische Faszination für Automaten und Androiden, theoretisch durch den „L'homme machine" Lamettries 1748 proklamiert, praktisch durch den „schachspielenden Türken" Wolfgang Ritter von Kempelens 1769 ebenso tüchtig wie geschäftstüchtig demonstriert[134], vergegenständlichte den Zug der Zeit genauso wie die „Erziehungsmanie" der Aufklärung[135]. Während die Genese des Homunkulus freilich erst mit dem Aufkommen der Gentechnologie eine rationale Basis finden sollte, nahm die Verwandlung der Erziehung in eine humantechnische Produktionswissenschaft[136] von Beginn an einen vergleichsweise störungsfreien Verlauf. Schon in Rousseaus „Emile"

---

131 Vgl. zum „Haustyrannen": Une étude (28), 299 und Israels (27), 95ff.
132 Selbst Schatzmans Erklärungsversuch erschöpft sich in einem wiederbelebten Vansittartismus, der Schreber in die bekannte Ahnenreihe Luther, Fichte, Hitler stellt: Schatzman (127), 202–215. Ähnlich: Une étude (28), 300f. und Niederland, Schreber's Father (127), 496.).
133 Siehe hierzu: Heinrich Schipperes, Natur, in: Geschichtliche Grundbegriffe, Bd. 4, (Stuttgart 1978), 228–230.
134 Vgl.: Ebd. 230f. und Der künstliche Mensch, in: Elisabeth Frenzel (Hg.), Motive der Weltliteratur, 2. Aufl. Stuttgart (1980), 516f.
135 Egon Friedell, Kulturgeschichte der Neuzeit, Bd. 2, München 1954, 305. Ein typisches Beispiel bietet: Immanuel Kant, Ausgewählte Schriften zur Pädagogik und ihrer Begründung, Paderborn 1963, 11.
136 Rutschky (Hg.) (129), Einleitung, XXVII.

Ursprünge des modernen Kleingartenwesens 113

war das Kind „völlig Artefakt eines Erziehers (...), der unter Laboratoriumsbedingungen arbeitet. Das Kind hat keine Eltern, keine Geschwister, ist überhaupt keinen Einflüssen ausgesetzt, die nicht kalkuliert sind oder vom Erzieher kontrolliert werden können"[137].

Auch Daniel Gottlob Moritz Schreber war ein Kind dieser Epoche. Seine Abhängigkeit von der Pädagogik Rousseaus reichte weit über die Rezeption einzelner erziehungswissenschaftlicher Versatzstücke hinaus in das produktionstechnische Zentrum des „Emile" selbst. Als Erfahrungswissenschaftler in der Tradition einer „rationellen Eklektik" setzte Schreber in seinen orthopädischen Apparaturen insofern den Machbarkeitswahn des Mechanismus ebenso fort wie den Perfektibilitäts(aber)glauben der Aufklärung in seinen pädagogischen Grundsätzen. Verbindendes Wissenschaftsprinzip bildete in beiden Fällen die durch Selbst–Versuch und Irrtum organisierte Erfahrung. Arbeitsplatz, Kinderzimmer und Turnhalle spiegelten von daher die Allgegenwart des Labors. Schreber selbst hat diese Versuche ebenso bezeugt wie sein Freund Schildbach[138]. Das bemerkenswerteste, in seiner schwülstigen Emphase vielleicht charakteristischste Zeugnis für Schrebers Grundeinstellung findet sich im „Anthropos". Hier heißt es: „So wollen wir den Vorhang aufziehen und hineinschauen mit unserem leiblichen Auge in das erhabene Schauwerk unseres eigenen Wesens, aber auch dabei unser geistiges Auge gebrauchen (...), um an der Erhabenheit des in dieser Organisation liegenden Schöpfungsgedankens uns selbst zu erheben und dem großen Baukünstler dankend, verehrend und bewundernd näher zu treten"[139].

Schrebers Nahziel bildete in diesem Zusammenhang die Begründung einer rationalen Erziehungswissenschaft auf der Grundlage genauer Kenntnisse in Anatomie, Physiologie und Psychologie des kindlichen Organismus, um die als kraft–, plan– oder wirkungslos gescholtene zeitgenössische Erziehung von Grund auf zu reformieren[140]: „Auf unseren Universitäten und landwirtschaftlichen Lehranstalten werden die Ergebnisse der betreffenden wissenschaftlichen Forschungen zur Förderung bestmöglichen Gedeihens und der stufenweisen Veredelung aller Gattungen von Nutzpflanzen und Nutztieren mit löblichem Eifer gesammelt, benutzt, als selbständige Fachstudien systematisch gelehrt und so immer mehr verbreitet; – wie aber das physische und moralische Gedeihen und die Veredelung der Menschennatur von Generation zu Generation zu fördern sei,

---

137 Ebd., XXIX.
138 D. G. M. Schreber, Die schädlichen Körperhaltungen und Gewohnheiten der Kinder nebst Angabe der Mittel dagegen, Leipzig 1853, 51f. und Schildbach (26), 5f.
139 Schreber, Anthropos (74), 5. Vgl. auch: Ders., Das Buch der Gesundheit (41), 4f.
140 Schreber, Buch der Erziehung (56), 9ff. Vgl. auch: Zweiter Bericht (33), 4.

das überläßt man größtenteils dem nicht-geschulten Privatgutdünken und dem gedanken- und regellosen Spiele des Lebens!"[141].

Die Notwendigkeit von Erziehung(swissenschaft) sah Schreber jedoch nicht allein in der Möglichkeit menschlicher Vervollkommnungsfähigkeit begründet, sondern weit mehr noch in der natürlichen Ambiguität menschlicher Anlagen. Im Gegensatz zu Rousseau, der den Menschen von Natur aus für gut hielt[142], sah Schreber ihn – offenbar in der Nachfolge Pestalozzis[143] – als zwiespältiges, zum Bösen wie zum Guten gleichermaßen befähigtes Wesen. Die Ursache dieser Ambiguität deutete Schreber mit Hilfe einer biologistischen Keimlehre: „Roh und unentwickelt tritt das Kind aus der Hand der Natur in die Welt ein, aber reich begabt mit *Keimen* allseitiger Entwickelung, d.h. mit *Kraftanlagen* und *Entwickelungsmöglichkeiten*. Diese Keime sind sowohl auf körperlicher wie geistiger Seite teils *edle*, welche *aufwärts* zur Vervollkommnung, teils *unedle*, lebensfeindliche, welche *abwärts* zur Fehlerhaftigkeit und Vernichtung führen. Die edlen sind: die Keime der körperlichen und geistigen Vollkraft, Gesundheit und Schönheit, die *Keime des Lebens*; die unedlen: die Keime der körperlichen und geistigen Rohheit, Krankheit und Entartung, die *Keime des Todes*"[144].

Die Aufgabe der Eltern und Erzieher bestand angesichts dieses Dilemmas darin, die edlen Keime in ihrem immerwährenden Kampf gegen ihre unedlen Antipoden nach Kräften zu unterstützen: „Ist die Richtung nach unten geschlossen, so bleibt nur die Richtung nach oben offen. Die edlen Keime der menschlichen Natur sprossen in ihrer Reinheit fast von selbst hervor, wenn die unedlen (das Unkraut) rechtzeitig verfolgt und ausgerottet werden. Dies freilich muß mit Rastlosigkeit und Nachdruck geschehen. (...). Sich selbst überlassen, bleibt der Wurzelstock in der Tiefe stecken, fährt mehr oder weniger immer fort in giftigen Trieben emporzuwuchern und somit das Gedeihen des edlen Lebensbaumes zu beeinträchtigen"[145].

Aus der Keimlehre mit ihrer axiomatisch angenommenen Ambiguität menschlicher Anlagen leitete Schreber auf der Grundlage des durch die Aufklärung vermittelten Erziehungsoptimismus die seinerzeit weitverbreitete Einsicht

---

141 Schreber, Buch der Erziehung (56), 10.
142 Der erste Satz des „Emile" lautet bezeichnenderweise: „Alles, was aus den Händen des Schöpfers kommt, ist gut; alles entartet unter den Händen des Menschen". Rousseau, Emile (95), 107.
143 Albert Reble, Geschichte der Pädagogik, 13. Aufl. Stuttgart 1980, 218.
144 Schreber, Buch der Erziehung (56), 8. Vgl. auch: Ders., Anthropos (74), 126.
145 Ders., Buch der Erziehung (56), 104. Weitere Beispiele für die traditionelle naturmetaphorische Analogie von Pflanze und Kind bzw. Erzieher und Gärtner finden sich in: Ebd., 8ff., 79, 104 u. 242f.; Ders., Der Hausfreund (41), 5.; Ders., Über Volkserziehung und zeitgemäße Entwicklung derselben, Leipzig 1860, 9f., 14 u. 49.

ab, daß Erziehung notwendigerweise repressiv sein müsse[146]. In der Tat sah Schreber in der Erziehung nichts geringeres als „die zweite, den individuellen Typus gestaltende Zeugung"[147]. Die bei der Zeugung von Natur aus dominierende Mutter wurde damit freilich durch Erziehungskunst unmißverständlich mediatisiert und aus ihrer angestammten Domäne vertrieben: „Der natürliche Anteil am Besitze der Kinder wird der Mutter mindestens zur Hälfte durch die Aufgabe der Keimentwicklung und die erste Pflege des geborenen Kindes verliehen. Will der Vater zu gleichen Teilen in diesen Besitz eintreten, so kann er dies nur dadurch, daß er die Seele der Erziehung (der zweiten und höheren Zeugung) ist"[148]. Zwar sollten sich Mann und Frau bei der Erziehung ergänzen, da die Mutter jedoch nur gefühlsmäßig, der Vater hingegen verstandesgemäß entschied[149], stellte er den Erziehungsplan auf[150] und sorgte dafür, daß er auch da durchgeführt wurde, „wo die unentbehrliche Konsequenz der Erziehungsgrundsätze *schwere* Überwindungen des elterlichen Herzens verlangt"[151].

Schauplatz der zweiten und höheren Zeugung war die Familie, die Schreber zugleich als Keimzelle des Staates betrachtete: „In der Familie allein wächst und reift der *innere* Mensch. Wird in der Jugend der innere Mensch wie er soll entwickelt, so wird für das reife Alter ein inniges, weihevolles Familienleben das höchste Ziel des Strebens sein. Herrscht dieser Geist in einem Volke, so werden durch ihn alle jene Krebsschäden, an welchen die meisten Culturstaaten der Gegenwart leiden, entwurzelt"[152]. Richtige Erziehung verhinderte daher auch radikale „Auswüchse am Staatskörper" und ermöglichte nicht zuletzt beträchtliche Einsparungen im Unterstützungswesen, bei Polizei- und Strafverfolgungsbehörden sowie an Kranken- und Irrenhäusern[153].

Wo sich die Erziehung freilich derart betont als „zweite Zeugung" ausgab, blieb der Natur nur noch die Funktion einer untergeordneten Rohstofflieferantin. Wie die Mutter im häuslichen Erziehungsprozeß, spielte „Mutter Natur" im „Prozeß der Zivilisation" die Nebenrolle einer abhängigen Statistin. Die Hauptrolle bei der humanen Veredelung des ungeläuterten Naturprodukts übernahm

---

146 Die Hauptquellen für diesen Befund bietet: Rutschky (Hg.) (129), einen charakteristischen Einzelbeleg: Kant (135), 9. Hier heißt es apodiktisch: „Disziplin oder Zucht ändert die Tierheit in die Menschheit um".
147 Schreber, Buch der Erziehung (56), VI.
148 Ebd., 18.
149 Ebd.
150 Ebd., 17.
151 Ebd., 16. Hervorhebung i.O.
152 Ders., Über Volkserziehung (145), 13. Hervorhebung i.O. Zur Entwicklung der Vaterlandsliebe aus der Liebe zum Vater siehe auch: Rousseau, Emile (95), 729f.
153 Schreber, Über Volkserziehung (145), 14.

hier wie dort der Vater Staat. Das Verhältnis des Menschen zur Natur erwies sich damit bei Schreber letztendlich als Herrschaftsverhältnis, sein Naturbegriff als kulturelle Fiktion und sein Naturismus als utilitaristisches Korrektiv seines Fortschrittsglaubens: „Der Mensch soll seiner hohen Bestimmung gemäß immer mehr und mehr zum Siege über die materielle Natur (...) gelangen; der einzelne Mensch zur Herrschaft über seine eigene Natur, die Menschheit im ganzen über die Natur im großen, um so immer mehr Zeit und Kraft für geistiges Leben zu gewinnen"[154].

Die Kraft, die den natürlichen Humanrohstoff zum Menschen veredeln sollte, war die elterliche, lies: väterliche Gewalt. Ihr Pendant, der kindliche Gehorsam, wurde von Schreber folglich mit quasi religiöser Inbrunst gefeiert: „Die Mittel und Wege nun, die sittliche Willenskraft, den Charakter, zu entwickeln und zu befestigen, brauchen nicht erst gesucht zu werden; das Zusammenleben bietet sie fast in jedem Augenblick nach allen Richtungen hin. Die allgemeinste Bedingung zur Erreichung dieses Zieles ist der *unbedingte Gehorsam* des Kindes: Er ist ein unantastbares Heiligtum, der alleinige Wurzelboden der Achtung und mithin der wahren kindlichen Liebe, die Grundlage der Selbstbeherrschungskraft, der Kraft der geneigten Unterordnung des eigenen Willens unter einen höheren Vernunftwillen, also der Keim aller Sittlichkeit und Religiosität"[155].

Um diesen Keim kraftvoll zu entwickeln, mußte der „Wurzelboden der Achtung" allerdings kräftig gejätet und von allem Unkraut befreit werden. Zu diesen „unedlen Keimen" zählte Schreber vor allem „ die durch *grundloses Schreien* und *Weinen* sich kundgebenden *Launen* der Kleinen", das „erste Auftauchen des Eigensinnes"[156] und „die Erscheinung der *Widerspänstigkeit* oder des *Trotzes*"[157]. Alle diese Lebensäußerungen wollte Schreber nach Möglichkeit mit Stumpf und Stiel ausrotten: das Schreien und Weinen „durch schnelle Ablenkung der Aufmerksamkeit, ernste Worte, drohende Gebärden, Klopfen ans Bett, Tragen des Kindes ans Fenster (...) oder wenn dieses alles nichts hilft – durch, natürlich entsprechend milde, aber in kleinen Pausen bis zur Beruhigung oder zum Einschlafen des Kindes beharrlich wiederholte körperlich fühlbare

---

154 Ders., Buch der Erziehung (56), 5f. Die Tatsache, daß die Beherrschung der „eigenen Natur" auch den Kampf gegen die „widernatürliche Befriedigung des Zeugungstriebes" durch Masturbation einschloß, belegen: Ebd., 130f., 189 u. 202 und Ders., Buch der Gesundheit (41), 161 u. 169.
155 Schreber, Buch der Erziehung (56), 99. Unbedingten Gehorsam verlangt auch: Rousseau, Emile (95), 209.
156 Schreber, Buch der Erziehung (56), 42. Hervorhebungen i.O. gesperrt. Ähnlich: Kant (135), 25, 30 u. 41f.
157 Schreber, Buch der Erziehung (56), 101. Hervorhebungen i.O. gesperrt.

Ermahnungen"[158], den Trotz durch „auf der Stelle bis zur Wiedererlangung vollen Gehorsams, nötigenfalls durch wiederholte fühlbare Züchtigung mit dazwischen gegönnten Erholungsmomenten"[159]. Nach Schreber war „eine solche Prozedur" bei konsequenter Anwendung „nur ein oder höchstens zweimal nötig und – man ist Herr des Kindes für immer. Von nun an genügt ein Blick, ein Wort, eine einzige drohende Gebährde, um das Kind zu regieren"[160].

Schrebers Pädagogik zielte jedoch nicht nur auf die Schaffung und Aufrechterhaltung äußeren Gehorsams im häuslichen Rahmen einer „*feste(n) Ordnung und Pünktlichkeit*"[161], sie erstrebte vielmehr in folgerichtiger Auslegung der Keimlehre zugleich eine entsprechende innere Einstellung. Das gute oder schlechte Benehmen eines Kindes bewertete Schreber daher nicht nach den Handlungen, sondern im Hinblick auf die ihnen „zu Grunde liegenden *Gesinnungen, die innersten Beweggründe*"[162]. Im Gegensatz zu den vermeintlichen pädagogischen „Verkehrtheiten" seiner Zeit erklärte Schreber daher: „Eine kindliche Handlung ohne Gesinnungsfehler, die vielleicht gerade für die Eltern etwas Verdrießliches hat, z.B. die absichtslose Beschädigung oder Vernichtung eines Gegenstandes u. dgl., wird hart gerügt, anstatt daß es hier mit einem ruhigen Verweise abgethan wäre; dagegen eine andere, die in ihrer äußeren Bedeutung gleichgültig ist, hinter welcher aber ein recht ernster Gesinnungsfehler: Unwahrheit, Trotz u.s.w., steckt, wird unbeachtet gelassen, wohl gar nach Befinden belächelt. Wenn einem Kinde geheißen ist, etwas mit einer bestimmten Hand zu überreichen, es beharrt aber eigenwillig darauf, statt dieser die andere Hand zu nehmen – was in der Welt könnte wohl gleichgültiger sein als das Äußere dieser Handlung: der vernünftige Erzieher aber wird nicht eher ruhen, als bis die Handlung dem Geheiße vollkommen entsprechend ausgeführt und der unreine Beweggrund ihr genommen ist"[163].

Pädagogischer Fluchtpunkt all dieser Erziehungsmaßnahmen war die Verwandlung des zunächst auf reiner Gewohnheit beruhenden Gehorsams in selbstbewußtes Gehorchen[164]. Erst diese Transformation der Beherrschung durch die äußere Bildungsmacht der Eltern in die Selbstbeherrschung durch die eigene

---

158 Ebd., 43.
159 Ebd., 101.
160 Ebd., 43.
161 Ebd., 88. Hervorhebungen i.O. gesperrt.
162 Ebd., 102. Hervorhebung i.O. Zur elterlichen „Gesinnungsjustiz" siehe auch: Ders., Die Eigentümlichkeiten des kindlichen Organismus im gesunden und kranken Zustande, Leipzig 1852, 41f.
163 Ders., Buch der Erziehung (56), 102.
164 Vgl.: Ebd., 41 u. 99.

sittliche Willenskraft[165] vollendete die angestrebte „Veredelung". Die elterliche „Oberleitung", die das kindliche Treiben bis dahin mit der „Wachsamkeit eines verständigen Auges"[166] begleitet hatte, konnte ihre Funktion an das innere, „geistige Auge" abtreten. Ganz gleich, ob der Vater anwesend oder abwesend war, ob er noch lebte oder bereits gestorben war – er war und blieb „Herr des Kindes für immer".

Schrebers Tochter Anna hat das Ergebnis dieses Erziehungsprozesses am Beispiel ihres eigenen Verhaltens exemplarisch illustriert. Was ihre Aussage bedeutsam macht, ist die Tatsache, daß sie uns das gewöhnliche und nicht, wie ihr Bruder Daniel Paul, das außergewöhnliche Resultat der Schreberschen Pädagogik vor Augen führt: „Er war als Vater und Erzieher bei aller Strenge doch gleichbleibend gut. Es war uns leicht, ihm gehorsam zu sein, denn er war grundwahr, konsequent und liebefest. Was verboten oder geboten war, stand fest, es wurde nicht einmal etwas verboten und dann doch erlaubt. So kam es, daß wir zur Kirschenzeit, wenn wir uns im Garten selber zum Vesper Kirschen pflücken durften, nur die festgesetzten dreißig Stück aßen, obwohl niemand kontrollierte"[167].

Zu dieser autobiographischen Erinnerung Annas findet sich nicht nur eine bemerkenswerte Korrespondenzstelle im Werk ihres Vaters, sondern auch eine verblüffende Parallele in den pädagogischen Briefen des Schrebervereinsgründers Ernst Innocenz Hauschild: „Hat der Vogel Hunger, und er fliegt über einen Baum mit rothen Kirschen oder über ein Feld mit reifen Früchten hinweg, so fällt er auf den Baum oder in das Feld mit derselben *Naturnothwendigkeit*, wie der aufgehobene und in die Luft geworfene Stein auf denselben Baum und in dasselbe Feld fallen würde. Aber wenn ein armer Mann bei fremden Obstbäumen oder Fruchtfeldern vorübergeht, streckt er, wenn er hungrig ist, deshalb nicht sofort die Hand nach fremdem Gut aus: sehet da den *freien* Mann! den Mann, der *erlöst* ist von der Gewalt seines Fleisches und von dem Sinnengesetz und die *Freiheit* hat einem anderen Gesetz zu folgen"[168].

---

165 Vgl.: Ebd., 44.
166 Ebd., 86f.
167 Zit.n.: Schilling, Dr. D. G. M. Schreber (17), 6. Die Erinnerung Annas ist nicht zuletzt deshalb wichtig, weil ihre Charakteristik Schrebers auf einem nicht ausgewiesenen Zitat ihres Vaters beruht. Die Attribute „grundwahr, konsequent und liebefest" finden sich in: D. G. M. Schreber, Das Buch der Erziehung an Leib und Seele, 2. Aufl. Leipzig o.J., 16.
168 Ernst Innocenz Hauschild, 50 pädagogische Briefe, Bremen 1860, 176f. Hervorhebungen i.O. gesperrt.

Auch wenn der Sieg der (sittlichen) Freiheit über den Trieb[169] hier bis zum grotesken Triumph über den Selbsterhaltungstrieb gesteigert wird, tritt das Grundanliegen der Schreberpädagogik doch deutlich zutage: „Die *Strafe*, durch welche, um mit *Luther* zu sprechen, 'der alte Adam sterben soll', und die *Zucht*, durch welche 'herauskommen und auferstehen soll der neue Mensch', (gehören) in nothwendiger Aufeinanderfolge zusammen, und zwar sind sie so eng verbunden, daß z.B. unter Mannszucht, Kinderzucht und Schulzucht gewöhnlich auch alle *Strafen* im Heere, in der Kinderstube und im Schulzimmer mitinbegriffen werden, und daß sogar *züchtigen* oft vorzugsweise für die körperliche Strafe genommen wird"[170].

Welche Aspekte man der Kindheitserinnerung Annas von daher auch immer abgewinnen mag, ein Gesichtspunkt steht außer Frage: Die Kinder Schrebers lebten alle in der „Furcht des Herrn". Den Apfel vom Baum der Erkenntnis hätte die kleine Anna mit Sicherheit genausowenig gepflückt wie die einunddreißigste Frucht vom väterlichen Kirschbaum. Wie viel weniger ihr Bruder Daniel Paul. Was ihn von Anna unterschied, war im Grunde nur der gesteigerte Grad seiner kindlichen Angst und folglich die fehlende Möglichkeit, sie ohne Friktionen zu integrieren. Während Anna ihre „zweite Geburt" überlebte und sich „normal" verselbständigte, blieb Daniel Paul zeitlebens durch die „Nabelschnur" der Furcht mit seinem Vater verbunden. Ob Daniel Paul als Kind besonders sensibel oder womöglich ausgesprochen „widerspänstig" und „launisch" war, wissen wir nicht. Sicher ist, daß Schreber bei dem Versuch, ihn zum „unbedingten Gehorsam" zu erziehen, des „Guten" offenbar zu viel tat. Die Angst vor dem Vater wurde von Daniel Paul zwar verinnerlicht, aber nicht verarbeitet und eingefleischt. In der biologistischen Sprache Schrebers erschiene er folglich als pädagogische „Fehlgeburt".

Wenn man diesen Bezugsrahmen zugrunde legt, gewinnt die Erscheinung Annas in der Geschichte der Schreberpädagogik eine weitaus bedeutendere Stellung als die Ausnahmeerscheinung Daniel Pauls. An die Stelle des pseudoantiken Familiendramas samt Abwehrneurose und Projektion[171], tritt das absurde Theater der Moderne. Der Tragödie des Außergewöhnlichen folgt das Satyrspiel der Normalität. Sein Leitmotiv lautet: Das wirkliche Drama ist die Erziehung Annas.

---

169 Vgl.: Ebd., 178.
170 Ebd., 181. Hervorhebungen i.O. gesperrt. Die Referenzstelle bei Luther habe ich leider nicht finden können.
171 Vgl.: Freud (37), 189ff.

Exkurs: Robinson Crusoe oder Kleiner Exkurs auf eine grüne Insel, die genausogut im (Leipziger) „Häusermeer" liegen könnte[172].

Die Geburtsstunde des modernen Menschen schlägt in der Renaissance[173]. Von hier datiert der „Prozeß der Zivilisation"[174]. An die Stelle des multilateralen Partikularismus des Mittelalters mit seinen verwirrenden Privilegien und Loyalitäten tritt der im Prinzip unilaterale Zentralismus der Neuzeit mit seinen idealtypischen Polen National–Staat und Rechts–Subjekt. Man erinnert sich, daß der Begriff Subjekt auf das lateinische Verb subiecere (unterwerfen) zurückgeht. In der Tat entfalten sich staatliches Gewaltmonopol und individuelle Selbstkontrolle im Zuge der Soziogenese des Absolutismus Hand in Hand[175]. Die schwer errungene „Freiheit des Christenmenschen" erweist sich vor diesem Hintergrund als zweischneidig. Schon Marx hat die Befreiungstat Luthers bekanntlich in pointierten Antithesen relativiert: „*Luther* hat allerdings die Knechtschaft aus *Devotion* besiegt, weil er die Knechtschaft aus *Überzeugung* an ihre Stelle gesetzt hat. Er hat den Glauben an die Autorität gebrochen, weil er die Autorität des Glaubens restauriert hat. Er hat die Pfaffen in Laien verwandelt, weil er die Laien in Pfaffen verwandelt hat. Er hat den Menschen von der äußeren Religiosität befreit, weil er die Religiosität zum inneren Menschen gemacht hat. Er hat den Leib von der Kette emanzipiert, weil er das Herz in Ketten gelegt"[176].

Der subjektiven Verinnerlichung der (geistlichen) Autorität entspricht ihre objektive Veräußerung an die weltliche Obrigkeit in Gestalt des lutherischen Landeskirchentums. Der säkulare Gegensatz zwischen geistlicher und weltlicher Macht endet nördlich des Main mit dem Bündnis von Thron und Altar: cuius

---

172 Grundlegend für den Exkurs: Jürgen Fohrmann, Abenteuer und Bürgertum. Zur Geschichte der deutschen Robinsonaden im 18. Jahrhundert, Stuttgart (1981), 112ff., 135ff. u. 154ff; Jan Kott, Kapitalismus auf einer öden Insel, in: Marxistische Literaturkritik, Bad Homburg (1970), 259–273; Elke Liebs, Die pädagogische Insel. Studien zur Rezeption des „Robinson Crusoe" in deutschen Jugendbearbeitungen, Stuttgart 1977, 1–36 u. 43–95; Erhard Reckwitz, Die Robinsonade. Themen und Formen einer literarischen Gattung, Amsterdam 1976, 29–54, 76ff. u. 87–114; Reinhard Stach, Robinson der Jüngere als pädagogisch–didaktisches Modell des philanthropischen Erziehungsdenkens, Ratingen 1970, 65–154 und Hermann Ullrich, Defoes Robinson Crusoe, die Geschichte eines Weltbuches, Leipzig 1924, 67–122 u. 195–208.
173 Siehe hierzu: Jacob Burckhardt, Die Kultur der Renaissance in Italien, Wien–Leipzig (1936), 188ff. u. 203–210.
174 Norbert Elias, Über den Prozeß der Zivilisation, Bd. 1, (Frankfurt/M. 1976), 66f. u. 91–106.
175 Ebd., Bd. 2, 8 u.v.a. 317–328.
176 K. Marx, Zur Kritik der Hegelschen Rechtsphilosophie. Einleitung, MEW 1, Berlin/Ost 1972, 386. Hervorhebungen i.O.

regio, eius religio. Der Protestantismus kennt keinen Investiturstreit. Landeskinder und Landeskirche ruhen gemeinsam im Schoß des Landesvaters.

Wie man sieht, nahm der „Prozeß der Zivilisation" im protestantischen Deutschland keine prinzipiell andere Richtung als die von Elias analysierte Entwicklung im katholischen Frankreich. Unser Hinweis auf Luther gilt denn auch nicht dem deutschen „maître penseur", sondern dem europäischen Denker von Rang, unser Blick nicht dem „deutschen Sonderweg", sondern dem gemeinsamen europäischen Weg in die Moderne. Versucht man das Resultat dieser Entwicklung im Hinblick auf die Stellung des Individuums zusammenzufassen, stößt man erneut auf den bereits erwähnten etymologischen Kern des Begriffes Subjekt. Hegel hat diese „untergeordnete Stellung des einzelnen Subjekts in ausgebildeten Staaten"[177] eindrucksvoll skizziert: „Die einzelnen Individuen erhalten (...) im Staate die Stellung, daß sie sich dieser Ordnung und deren vorhandener Festigkeit anschließen und sich ihr unterordnen müssen, da sie nicht mehr mit ihrem Gemüt und ihrem Charakter die einzige Existenz der sittlichen Mächte sind, sondern im Gegenteil, wie es in wahrhaften Staaten der Fall ist, ihre gesamte Partikularität der Sinnesweise, subjektiven Meinung und Empfindung von dieser Gesetzlichkeit regeln zu lassen und mit ihr in Einklang zu bringen haben. Dies Anschließen an die objektive Vernünftigkeit des von der subjektiven Willkür unabhängigen Staates kann entweder eine bloße Unterwerfung sein, weil die Rechte, Gesetze und Institutionen als das Mächtige und Gültige die Gewalt des Zwanges haben, oder es kann aus der freien Anerkennung und Einsicht in die Vernünftigkeit des Vorhandenen hervorgehen, so daß das Subjekt in dem Objektiven sich selber wiederfindet. Auch dann aber sind und bleiben die einzelnen Individuen immer nur das Beiläufige und haben außerhalb der Wirklichkeit des Staates selbst keine Substantialität"[178].

Im Gegensatz zur Selbständigkeit des antiken Heros, der Hegel als ästhetisches Gegenbild dient[179], ist das Heldentum des modernen Individuums „kein Heroismus, welcher aus sich selber Gesetze gibt, Einrichtungen festsetzt, Zustände schafft und umbildet, sondern ein Heroismus der Unterwerfung, der schon alles bestimmt und fertig über sich hat und dem daher nur die Aufgabe übrigbleibt, das Zeitliche danach zu regulieren"[180]. Noch die bedeutendste Per-

---

177 G. W. F. Hegel, Vorlesungen über die Ästhetik I, (Werke 13), (Frankfurt/M. 1975), 241.
178 Ebd., 240.
179 Vgl.: Ebd., 238f. u.v.a. 242–248.
180 Ebd., Bd. 2, (Werke 14), (Frankfurt/M. 1973), 137. Die Unterscheidung zwischen antikem und modernem Helden(tum) geht wahrscheinlich auf den englischen Historiker und Moral-Philosophen Adam Ferguson zurück. Siehe dazu: Georg Lukacs, Faust und Faustus, (Ausgewählte Schriften II), (19.–22.Ts. Reinbek 1971),

son entpuppt sich damit als persona (Charakter–Maske) ihres gesellschaftlichen Ensembles[181]. Ob Individuum, Person oder Subjekt – soweit sie den Einzelmenschen betreffen, haben alle Schlagworte der Moderne vergleichbar fatale Bedeutung. Der vielbeklagte Massenmensch ist daher zuerst und vor allem ein qualitatives Phänomen – allen Bevölkerungsexplosionen zum Trotz.

Um diese Überlegungen abzusichern, machen wir eine(n) Exkurs(ion) auf eine einsame Insel und beobachten den dorthin verschlagenen Robinson Crusoe. Als Schiffbrüchiger (der Zivilisation) stellt Robinson gewissermaßen den modernen Menschen in Reinkultur dar. Kein Individuum scheint autonomer. Wir tun seiner (fiktiven) Integrität keinen Abbruch, wenn wir die Insel als unser natürliches Laboratorium, Robinson als unser menschliches „Versuchskaninchen" betrachten. Allein auf sich gestellt, kann er nun zeigen, was er vermag.

Robinsons Tun und Lassen dürfen wir dabei getrost als repräsentativ ansehen. Von seiner Abstammung her ist er auf jeden Fall ein guter Europäer. Allem anti–englischen Spott der Kulturkritik zum Trotz[182] schreibt ihm der Text eine englische Mutter mit dem Familiennamen Robinson und einen deutschen Vater namens Kreutznaer zu. Robinson Crusoe ist daher nicht, wie man gemeinhin glaubt, eine normale Verbindung von Vor– und Nachnamen, sondern ein englisch–deutscher Doppelname, in dem Crusoe die englisch–sprachige Korruptele des deutschen Nachnamens Kreutznaer darstellt[183]. Auch seiner sozialen Herkunft nach ist Robinson ein klassischer Vertreter der Neuzeit. Sein Vater war ein Kaufmann, der im Handel ein Vermögen gemacht hatte, und nach dem Rückzug von seinen Geschäften als Rentner lebte[184]. Er wird als schlichter und vernünftiger Mann geschildert, der sich freilich seines eigenen Wertes und seiner (goldenen) gesellschaftlichen Mittel–Stellung wohl bewußt war[185]. In dieselbe Richtung verweisen die Kunstform des Romans, den Hegel zutreffend als „moderne *bürgerliche* Epopöe" beschreibt[186], und die begeisterte Aufnahme des 1719 in London erschienenen Werks durch Aufklärung und Philanthropie. „Die Inseleinsamkeit, die Herauslösung aus der fragwürdigen Kulturluft, die Gestaltung des äußeren und inneren Seins vom Nullpunkt an aus der Kraft der Ver-

---

82f. Eine treffende Analyse des anti–heroischen Charakters der kapitalistischen Zivilisation bietet auch: Joseph A. Schumpeter, Kapitalismus, Sozialismus und Demokratie, 2. Aufl. Bern 1950, 209ff.
181 Vgl. hierzu: K. Marx, Das Kapital. Erster Band, MEW 23, Berlin/Ost 1972, 91 u. 100.
182 Vgl. etwa: Friedell (135), 218.
183 Daniel Defoe, Robinson Crusoe, London–New York 1969, 5.
184 Vgl.: Ebd.
185 Vgl.: Ebd., 5f. seine Eloge auf den „middle state".
186 Hegel (177), Bd. 3, (Werke 15), (Frankfurt/M 1976), 392. Hervorhebung i.O.

nunft heraus, die Entstehung der menschlichen Gemeinschaft durch Zusammentreten einzelner, das alles nähert die Robinsonwelt dem von der Aufklärung angenommenen Urzustand an, und die einfache Linienführung macht es volks- und kindertümlich. So ist es nicht verwunderlich, daß das Buch einen Welterfolg errang und zahllose Übersetzungen, Bearbeitungen und Nachahmungen erlebte. Durch Rousseaus Empfehlung im 'Emile' wurde es auch zur Jugendschrift. Bis 1800 waren bereits über 100 verschiedene Robinsons und Robinsonaden erschienen"[187].

Was den Roman für unsere Zwecke jedoch darüber hinaus bedeutsam erscheinen läßt, ist die Tatsache, daß die Erfolgsgeschichte Defoes einer historischen Übergangszeit angehört, in der die Vollendung des Zivilisationsprozesses und die Entstehung der modernen Pädagogik mit dem Beginn der Bourgeoisherrschaft zusammenfielen. Kurz vor der Wende vom 18. zum 19. Jahrhundert sieht Elias diesen Schnittpunkt erreicht: „Anders als im Moment der Genese des Begriffs erscheint von nun ab den Völkern der *Prozeß* der Zivilisation im Innern der eigenen Gesellschaft als vollendet; sie fühlen sich im wesentlichen als Überbringer einer stehenden oder fertigen Zivilisation zu anderen, als Bannerträger der Zivilisation zu anderen"[188].

Diese „Anderen", die es von nun an (noch) zu „zivilisieren" gilt, sind die eigenen Kinder, deren Erziehungsprozeß den „Prozeß der Zivilisation" gleichsam abgekürzt wiederholt[189], das „niedere" Volk und die Menschen in den „unterentwickelten" Ländern[190]. In der Tat sind die Begriffe Kind, Volk und Wilder im Sprach-Bewußtsein der Zivilisation offenkundig vertauschbar. Kinder werden als „Wildfänge" oder als „wilde Rangen" apostrophiert, Wilde dagegen als „Naturkinder" bezeichnet, während das Volk bei den Gebildeten bald als „puer robustus sed malitiosus" (Thomas Hobbes), bald als „the beast with many heads" (William Shakespeare) erscheint, dessen Weiber zuweilen sogar zu „Hyänen" (Friedrich Schiller) mutieren[191].

---

187 Reble (143), 145. Zur Motivgeschichte siehe: Elisabeth Frenzel (Hg.), Stoffe der Weltliteratur, 5. Aufl. Stuttgart (1976), 649ff. Die Empfehlung Rousseaus findet sich in: Rousseaus, Emile (95), 389ff.
188 Elias (174), Bd. 1, 63. Vgl. auch: Rutschky (Hg.) (129), XL f., XLIV u. LII.
189 Elias (174), Bd. 1, LXXIV f.
190 Vgl.: Ebd., 64 u. 139.
191 Grundsätzlich hierzu: F. Schiller, Was heißt und zu welchem Ende studiert man Universalgeschichte?, in: Gesammelte Werke Bd. 4, hg. v. R. Netolitzky, (21.-35.Ts. Lengerich 1955), 84f. u. 87. Ausführliche Belege bietet: Stefan Goldmann, Die Südsee als Spiegel Europas, in: Thomas Theye (Hg.), Wir und die Wilden, (Reinbek 1985), 215-220.

Was die Geschichte Robinsons aber nicht zuletzt so bemerkenswert erscheinen läßt, ist die strukturelle Gesamtsituation, die er offenbar mit der kleinen Anna Schreber teilt. Beide sind „Kinder der Zivilisation" in der Bewährungsprobe: Robinson Crusoe auf einer unbewohnten Insel im Mündungsgebiet des Orinoco[192], Anna im unbewachten elterlichen Hausgarten in Leipzig. Der große topographische Gegensatz darf uns nicht irre machen: „caelum, non animum mutant, qui trans mare currunt" – Wer übers Meer fährt, wechselt den Himmelsstrich, nicht die Seelenlage[193].

Läßt man das Inseldasein Robinsons, das immerhin 28 Jahre, zwei Monate und 19 Tage gedauert hat[194], Revue passieren, kann man sich einer ebenso schlichten wie beklemmenden Tatsache kaum verschließen: Der Mann hat nichts, aber auch gar nichts neues erfahren. Wie Pallas Athene aus dem Haupte des Zeus, tritt Robinson fertig ausgebildet aus dem Kopfe Defoes. Gewiß, als gestrandeter Seemann, der als einziger den Untergang seines Schiffes überlebt hat, muß er sich an Land eine Vielzahl elementarer Kenntnisse und Fertigkeiten aneignen, um sein Leben dauerhaft zu fristen und ihm eine bestimmte Sicherheit und Behaglichkeit zu verleihen. Obwohl Robinson auf diese Weise die gesellschaftliche Arbeitsteilung in seiner Person weitgehend aufhebt[195], tastet er die zivilisatorische Bestimmtheit der einzelnen Arbeiten nicht an. Der insulare Lernprozeß bleibt daher im Bannkreis der Zivilisation befangen. So wie ihm der Rumpf des gestrandeten Schiffes als Warenhaus dient, fungiert sein Kopf als Kontor. Über eine im Grunde buchhalterische Weltsicht kommt Robinson denn auch zu keinem Zeitpunkt seines Inseldaseins hinaus[196]. Ob es sich um die Aufrechnung seiner eigenen metaphysischen Lage[197], die mörderische Erfolgsbilanz im Kampf gegen die Kannibalen[198] oder die Inventarisierung der Geschenke des aus der Hand meuternder Besatzungsmitglieder befreiten Kapitäns handelt[199] –, nirgendwo verfehlt unser Held, „good and evil", Soll und Haben, säuberlich aufzulisten. Die subtropische Insel, ihre Flora und Fauna, bilden bloß die Staffage. Robinson ist und bleibt ein (unfreiwilliger) Kolonist, der seine eigene Welt samt

---

192 Defoe (183), 156.
193 Vgl.: Horaz, Sämtliche Werke. Lateinisch und deutsch, (8. Aufl.) München (1957), 168f.
194 Defoe (183), 202.
195 Vgl.: Marx, Das Kapital (181), 90f.
196 Ebd., 91. Vgl. auch: Ders., Grundrisse der Kritik der politischen Ökonomie (Rohentwurf), Berlin 1974, 5 und F. Engels an K. Kautzky v. 20.9.1884, MEW 36, Berlin/Ost 1973, 210.
197 Defoe (183), 50.
198 Ebd., 172.
199 Ebd., 181–201.

Ursprünge des modernen Kleingartenwesens 125

Weltbild mitbringt und nach und nach in die ihm fremde Inselwelt einbildet. Vom Tag seiner Strandung an bildet Robinson einen strategischen Brückenkopf der Zivilisation, den er unverdrossen in die Wildnis vortreibt. Die Wohn–Höhle wird ausgebaut, dem Urwald Ackerland abgetrotzt, die wilden Tiere werden gezähmt. Selbst der domestizierte Papagei Poll, lange Zeit der vornehmste Gefährte des Schiffbrüchigen, lernt englisch krächzen und bestätigt dem Helden den Ernst der Lage: „Armer Robin Crusoe!"[200].

In der Tat ist Robinson arm dran – vor allem seelisch. Nichts kann diese Armut besser bezeugen als sein Verhältnis zu Freitag. Obwohl das einsame Ich in ihm an sich das langersehnte Du findet, bleibt Robinson innerlich für sich. Schon als Freitag sich aus der Gewalt der Kannibalen losreißt, also noch vor der ersten Begegnung, spricht Robinson das Geheimnis ihrer späteren Beziehung mit schöner Naivität aus: Mich überkam der unwiderstehliche Gedanke, „daß nun der Zeitpunkt für mich gekommen sei, mir einen Diener (servant), und vielleicht einen Gefährten (companion) oder Gehilfen (assistant) zu verschaffen"[201]. Im Grunde ist damit alles gesagt. Die Gesellschaft, die auf der Insel entsteht, ist eine Klassengesellschaft, ihre Existenz nicht durch Vertrag, sondern Gewalt begründet. Indem Robinson die Häscher Freitags erschießt, unterwirft er sich den völlig konsternierten Flüchtling, der in dem ungekämmten, Tod und Verderben speienden Wesen mit feinem Instinkt einen modernen deus ex machina erkennt[202].

Nachdem Robinson dem Flüchtling das Leben gerettet hat, beginnt er, den „Neugeborenen" zu erziehen. Fast scheint es, als habe er Schrebers „Kallipädie" gelesen, so feinsinnig weiß auch er, zwischen „erster" und „zweiter Geburt" zu unterscheiden. Als Lebensretter übertrifft er den nachgeborenen Pädagogen sogar, der bei der Gewinnung des menschlichen „Rohlings" immerhin einer gewissen weiblichen Mit–Hilfe bedurfte.

Der erste Schritt auf dem nun beginnenden langen Marsch in die Zivilisation besteht darin, daß Robinson „seinen Wilden"[203] aus der Anonymität der Possessiv–Pronomina entläßt und ihm einen Namen gibt: „Ich machte ihm klar, daß sein Name Freitag sein solle, das war der Tag, an dem ich sein Leben gerettet hatte; ich nannte ihn so zur Erinnerung an diese Zeit; ebenso brachte ich ihm bei, Master zu sagen und ließ ihn wissen, daß das mein Name zu sein hatte"[204]. Ich und Du konstituieren sich als Herr und Knecht. Obwohl der etwa sechsundzwanzigjährige Wilde mit Sicherheit einen Eigennamen hat, unternimmt Robin-

---

200 Ebd., 105. Diese und alle folgenden Übersetzungen stammen von mir.
201 Ebd., 147.
202 Vgl.: Ebd., 148. Zum „deus ex machina" siehe auch 176.
203 Vgl.: Ebd., 149.
204 Ebd., 150.

son nicht den geringsten Versuch, diesen Namen herauszufinden. Wie Adam im Paradies benennt er die ihn umgebende Natur[205] und macht sie sich nicht zuletzt dadurch untertan[206].

Die Namen, mit denen sich beide hinfort anreden, sind aber nicht nur unpersönlich, sie erweisen sich vor allem als funktional. Bei Master tritt dieser Sachverhalt offen zutage, doch auch bei Freitag läßt er sich ohne Mühe nachweisen. Der (neue) Name des Wilden ist nämlich intentional mit dem Drama seiner Lebensrettung verbunden. Jeden Tag, von Montag bis Sonntag, wird er Freitag daran erinnern, daß er das Geschöpf Robinsons ist. Freitag, das ist der Appell an seine lebenslängliche Dankbarkeit, das Kainsmal einer Inferiorität, die Freiheit, Gleichheit und Brüderlichkeit ein für alle Mal ausschließt.

Da sich das Verhältnis Herr–Knecht nur dann produktiv entfalten kann, wenn beide auf derselben oder doch auf zwei miteinander zu vereinbarenden Kulturstufen stehen, nimmt seine Entwicklung zunächst eine pädagogische Verlaufsform. Da Robinson Freitag das Leben gerettet hat, konstituiert sich der Master freilich nicht bloß als simpler Schoolmaster, sondern als Über–Vater, der die Liebe zum leiblichen Vater wie zum angestammten Vaterland nach und nach verdrängt[207]. Schon bald kann Robinson befriedigt feststellen: „Kein Mensch hatte je einen Diener, der so gewissenhaft, liebevoll und aufrichtig war, wie Freitag zu mir; ohne Leidenschaften, Eigensinn oder eigene Vorstellungen (designs), vollkommen verpflichtet und hingegeben (oblig'd and engag'd); seine wahren Gefühle waren an mich gebunden wie die eines Kindes an seinen Vater"[208].

Ähnlich wie Schreber, der sich im Hinblick auf die Veredelung der Menschheit an den Zuchterfolgen bei Nutzpflanzen und –tieren orientierte, sieht auch der ohne Frau zum Vater gewordene Robinson seine erzieherische Hauptaufgabe darin, aus dem „Naturkind" ein möglichst nützliches Mitglied der menschlichen Gesellschaft zu machen: „Ich (...) machte es mir zum Geschäft (made it my business), ihn alles zu lehren, was geeignet war, ihn nützlich, geschickt und hilfsbereit zu machen; insbesondere, ihn sprechen zu lehren"[209]. Als ob der Wilde stumm wie ein Fisch gewesen wäre! Die Geschichte der Namensgebung wiederholt sich: Freitags Vergangenheit wird Stück für Stück ausgelöscht. Der „Mohr" erhält eine Gehirnspülung, wird utilitaristisch eingeseift und abschlie-

---

205 Vgl.: 1. Mose, 2, 19.
206 Vgl.: Ebd., 1, 28.
207 Vgl. hierzu: Defoe (183), 173ff., 180f., 203 u. v. a. 162f.
208 Ebd., 152.
209 Ebd., 153.

Ursprünge des modernen Kleingartenwesens 127

ßend puritanisch appretiert[210]: „In kurzer Zeit war Freitag in der Lage, alle Arbeit für mich zu machen, so gut wie ich es selbst konnte"[211].

Doch auch Robinson verändert sich im Zuge dieses Lernprozesses und kann feststellen: „Von nun an (and now) begann mein Leben so leicht zu werden, daß ich anfing, mir zu sagen, daß ich, könnte ich nur sicher vor weiteren Wilden sein, mir keine Sorgen (mehr) darüber machen müsse, wenn ich die Insel nicht lebend verlassen könnte"[212]. Aber unser Held entwickelt auch tiefere Gefühle: „Ich begann das Geschöpf (the creature) wirklich zu lieben; und er seinerseits liebte mich, wie ich glaube, mehr als alles, was ihm vorher zu lieben möglich gewesen war"[213]. Sehen wir davon ab, daß diese Liebe zwar auf Gegenseitigkeit beruht, die Tiefe der Empfindung jedoch keineswegs in einem echten mitmenschlichen Spannungsgleichgewicht steht, fällt die entlarvende Anrede ins Auge, mit der Robinson das Objekt seiner Zuneigung benennt. Ein wirklich liebender Mensch hätte geschrieben: Freitag, Robinson sagt: das Geschöpf und meint „natürlich": mein Geschöpf. So wie Robinsons Gott den Menschen sich zum Bilde schuf[214], macht Robinson Freitag zu seinem Abbild. Weit entfernt, in Freitag das freie Einzelwesen eines anderen, fremden Kulturkreises zu achten, liebt Robinson sein eigenes, pädagogisch erzeugtes Ebenbild. Seine Liebe erweist sich damit als Selbstliebe. Bis an sein Lebensende wird Freitag daher den subalternen Status eines farbigen Boys nicht verlassen „und sich bei allen Gelegenheiten als überaus treuer Diener erweisen"[215]. Mit Schrebers Worten: Robinson wird „Herr des Natur–Kindes für immer".

Eng verbunden mit dem Zivilisierungsprozeß des Wilden entfaltet sich der Prozeß gemeinsamer Vergesellschaftung. „Vater" und „Sohn", Herr und Knecht, werden Herrscher und Untertan. Was mit der Landnahme Robinsons begann und mit der Begründung des Herr–Knecht–Verhältnisses zwischen ihm und Freitag seine soziale Basis erhielt, findet mit der Befreiung weiterer Gefangener aus der Hand der Kannibalen seine staatspolitische Abrundung: „Meine Insel war nun bevölkert, und ich hielt mich selbst für überaus reich an Untertanen (subjects); und es war eine ergötzliche Überlegung, die ich wiederholt anstellte, daß ich mich wie ein König ausnahm. Zuerst einmal war das gesamte Land mein eigenes, lauteres (mere) Eigentum; so daß ich ein unbezweifelbares Recht auf die Herrschaft (dominion) besaß. Zweitens war mein Volk vollständig unterworfen (perfectly subjected): Ich war unumschränkt Herr und Gesetzgeber; sie alle

---

210 Vgl. zum letzten Aspekt: Ebd., 157–161.
211 Ebd., 155.
212 Ebd., 153.
213 Ebd., 155.
214 Vgl.: 1. Mose 1, 27.
215 Defoe (183), 203.

schuldeten mir ihr Leben und waren bereit, es für mich hinzugeben, wenn die Umstände es erfordern sollten. Darüber hinaus war bemerkenswert: wir hatten bloß drei Untertanen, und diese drei gehörten unterschiedlichen Religionen an. Mein Diener (man) Freitag war Protestant, sein Vater war Heide und Kannibale und der Spanier Papist; wie auch immer, ich gewährte in meinem gesamten Herrschaftsgebiet Gewissensfreiheit"[216].

Im Lichte dieser Selbstbetrachtung erweist sich der Roman am Ende als die Erfolgs–Geschichte einer idealtypischen Kolonisation[217]. Zwanglos paßt sich die fingierte Landnahme Defoes in die Kolonisierung der westindischen Inselwelt ein: 1625 erobern die Briten Barbados, 1655 Jamaika, 1719 erschließt Robinson die Orinocomündung, 1797 wird Trinidad genommen, 1803 Tobago. Fiktion und Fakten durchdringen sich, bilden eine historische Feldlinie. Die Tatsache, daß Trinidad, die bedeutendste Insel im Einzugsgebiet der Orinocomündung, zum Zeitpunkt der Veröffentlichung des Romans noch zum spanischen Kolonialbesitz gehörte, vermag diese Einsicht nicht zu erschüttern. Wer sich die kritischen Randglossen Robinsons zu den „barbarischen" Praktiken der spanischen Kolonialpolitik in Erinnerung ruft[218], wird die antizipatorische und propagandistische Leistung Defoes eher noch höher einschätzen. Die zivilisatorische Mission des „meerbeherrschenden Albion" zwingt eben nicht nur die ahistorisch gezeichneten Wilden, sondern auch die historisch niedergehenden Spanier in ihren Bann. Die Religionsfreiheit, die Robinson seinen Untertanen gewährt, ist denn auch bloß der metaphysische Ausdruck für die Freiheit des Welthandels.

Ein vergleichbares antizipatorisches Element läßt sich in der Verwendung des Begriffes Dominion erkennen. Obwohl das Wort im Roman zumeist als abstraktes dominium (Herrschaftsverhältnis) benutzt wird, verweist es doch zugleich auf den späteren Rechtsstatus der „internally selfgoverning colony", wie er 1867 im Falle Kanadas eingeführt und seit 1907 im Empire verbindlich wurde[219]. Während sich Robinson in seiner Vorstellungswelt als souveränen König

---

216 Ebd., 175. Zur machtpolitischen Stellung Robinsons siehe auch 95, 101, 109, 180, 186 u. 194–201.
217 Siehe hierzu: Hubert Pollert, Daniel Defoes Stellung zum englischen Kolonialwesen, Diss. Münster 1928, 178–194, wo die Robinsoninsel zutreffend als „Idealkolonie" beschrieben wird.
218 Vgl.: Defoe (183), 124ff. Die Textstelle harmoniert nicht zuletzt mit der Tatsache, daß Defoe bereits im Spanischen Erbfolgekrieg als Propagandist der Whigs arbeitete, die seinerzeit u.a. für die Öffnung des spanischen Kolonialreiches eintraten. Siehe dazu: Ludwig Borinski, Der englische Roman des 18. Jahrhunderts, Frankfurt/M. –Bonn 1968, 21f..
219 Franz Ansprenger, Auflösung der Kolonialreiche, (München 1966), 53.

sieht, der seine Untertanen vollständig beherrscht, läßt er sich von seinen später auftretenden Landsleuten bloß Governor nennen[220].

Gleichwohl bleibt die Stellung Robinsons auch nach der Aufhebung seiner weltpolitischen Isolation bedeutend genug. Als Entdecker und Kolonisator hat er die gottverlassene Wildnis einer abgelegenen Karibikinsel Schritt für Schritt in ein Abziehbild seiner englischen Heimat verwandelt: Da ist das Insel–Reich mit Residenz und Landsitz[221], da sind die Untertanen verschiedenen Glaubens, und da ist nicht zuletzt der aufgeklärte Vize–König, „His Excellency"[222] Robinson Crusoe, der seinem Faktotum Freitag statt des verdienten Hosenbandordens – Hosen verpaßt[223].

Doch der Roman erzählt nicht nur ein Stück Kolonialgeschichte, er vermittelt zugleich einen Einblick in die Geschichte menschlicher Kultivierung. Nicht von ungefähr gehen Kultur und Kolonie auf denselben Wortstamm zurück. Ihre Wurzel colere meint zweierlei: das Bauen und Bearbeiten eines Feldes oder Gartens (agrum, hortum colere) und das Ausbilden und Veredeln des Charakters (pectus colere). Was uns in Robinson entgegentritt, ist daher niemand anderes als der von Hegel beschriebene „Heros der Unterwerfung". Was den Helden Defoes vom Heros Hegels unterscheidet, ist allein seine äußere Dynamik. Während Hegel das moderne Subjekt nur nach der Seite des Leidens faßt, erscheint es bei Defoe nicht nur als Objekt der Unterwerfung, sondern zugleich als ihr Agent[224]. Robinson bleibt zwar unter allen Umständen „Kind" der Zivilisation, wird aber zugleich „Vater" des „Naturkindes" Freitag. Autonomie meint daher nicht nur Einbildung des Heteronomen, sondern zugleich seine weitere Ausbildung. Der Kulturmensch wird erst da geboren, wo er sich selbst als Träger einer Kulturmission versteht und verhält. Der „Prozeß der Zivilisation" zielt daher, wie der Produktionsprozeß des Kapitals, nicht auf die einfache, sondern auf die erweiterte Reproduktion[225].

Das Happy–End des Romans besteht denn auch nicht in der Heimkehr Robinsons in den Schoß der Kulturnation, auch wenn er selbst diese Rückkehr Zeit

---

220 Defoe (183), 194ff. u. 198ff.
221 Vgl.: Ebd., 188.
222 Ebd., 195.
223 Ebd., 151.
224 Ob man diesen Gegensatz zwischen den Positionen Defoes und Hegels mit den Entwicklungsunterschieden zwischen den von ihnen repräsentierten Nationen erklären kann, bleibe dahingestellt. Sicher ist, daß der Topos der verspäteten deutschen Nation spätestens im Vormärz zum Allgemeingut der links–oppositionellen Intellektuellen gehörte. Vergleiche dazu: Heinrich Heine, Deutschland. Ein Wintermärchen, in: Sämtliche Schriften in 12 Bänden, hg. v. Klaus Briegleb, Bd. 7, (Frankfurt/M. u.a. 1981), 592f. und Marx, Zur Kritik (176), 379ff.
225 Marx, Das Kapital (181), 591–614.

seiner Isolation erhofft und zu guter Letzt als Errettung empfindet[226], sondern in erster Linie in der alltäglichen Bewährung vor Ort. In Wahrheit hat Robinson Vaterland und Kulturnation nie den Rücken gekehrt – wie sollte er da zurückkehren? Obwohl er gegen den Rat seines Vaters zur See geht[227], ist er doch kein endgültig verlorener Sohn. Nicht eine Sekunde verläßt er den goldenen Mittelweg seiner angestammten Herkunft und Erziehung. Weder die anfängliche jahrelange Einsamkeit noch die folgende Zeit menschlicher Zweisamkeit lassen ihn an seinen hergebrachten Überzeugungen zweifeln. Kein „Karibikzauber" vermag seine prosaischen Wertvorstellungen und Verhaltensweisen zu verändern.

Keine Klassifikation des Buches erweist sich demzufolge als derart verfehlt wie seine geradezu stereotype Einordnung als Abenteuerroman. Das gerade Gegenteil ist der Fall. Das Wesen der Defoe'schen Robinsonade besteht vielmehr darin, daß sich ihr Held auf kein Abenteuer einläßt – am allerwenigsten auf ein Liebesabenteuer mit Freitag. Der „Heros der Unterwerfung" begründet weder eine neue, homoerotische Sexualmoral noch wird er ein Anwalt der Gleichberechtigung seines farbigen Mitmenschen. In den Kulissen der Karibik haust daher die gleiche Prosa des Lebens wie im heimischen York. Seefahrt, Schiffbruch, Isolation und exotischer Kulturkontakt haben der Krämerseele nichts anhaben können. Als Robinson die Insel verläßt, nimmt er außer dem Geld, das er aus dem Wrack gerettet hat, und seinem Diener Freitag nichts weiter mit als seine selbstgemachte Ziegenledermütze, seinen Sonnenschirm und seinen Papagei[228].

Auch wenn die Zuordnung anachronistisch ist, wird man diese Gegenstände zutreffend als Souvenirs bezeichnen: Sie sind in der „landesüblichen" Fertigungstechnik hergestellt, haben einen dementsprechend primitiven Charakter und besitzen für das Leben in der Zivilisation allenfalls Erinnerungswert[229]. Wenn man berücksichtigt, „wie eng die Ausfaltung des Tourismus mit der industriellen Zivilisation Hand in Hand geht"[230], wird das prototypische dieser Mitbringsel deutlich. Pionierinvestition und touristische Pioniertat überschneiden sich. In der Tat meint Reisender ursprünglich zweierlei: Handlungsreisender und Bildungs- bzw. Vergnügungsreisender. Sein historischer Vorgänger ist der janusköpfige merchant adventurer der Hansezeit. Es ist deshalb mehr als nur eine geistvolle Ironie der Geschichte, wenn heute eine deutsche Touristendorfkette unter dem Markenzeichen „Robinson–Club" firmiert. Was der Abenteuer-

---

226 Vgl.: Defoe (183), 202.
227 Ebd., 5.
228 Ebd., 202.
229 Vgl. Ebd.: zum Produktionsprozeß: 99f.; zur (modischen) Wirkung, 195.
230 Vgl. zu diesem Aspekt den immer noch ausgezeichneten Aufsatz von: Hans Magnus Enzensberger, Eine Theorie des Tourismus, in: Ders., Einzelheiten I, (Frankfurt/M. 1966), 179–205, hier: 191.

Ursprünge des modernen Kleingartenwesens 131

Urlauber in seinem Club–Dorf erlebt, ist in der Tat eine Variation auf das Leitmotiv aller Robinsonaden: Wie man in die weite Welt hinausfahren und dabei doch zu Hause bleiben kann. Äußerlich eingefügt in eine exotische Landschaft bilden die Club–Dörfer innerlich abgeschlossene Exklaven der Zivilisation, die sich gegen Land und Leute weitgehend abschotten. Ihre „splendid isolation" wird nur durch den rhythmischen Schichtwechsel des einheimischen Personals durchbrochen. Es versteht sich, daß jeder Club–Kunde sich da wie ein König fühlt. Er hat seinem farbigen Boy zwar nicht wie Robinson das Leben gerettet, aber doch den Lebensunterhalt gesichert. Da auch „König Kunde" der Eingeborenensprache nicht mächtig ist, wird er seinem Boy der Einfachheit halber einen europäischen Spitz–Namen geben, ihn, wenn er Humor hat, vielleicht Dienstag nennen, und damit der Hoffnung Ausdruck verleihen, daß er immer pünktlich zum Dienst erscheine.

Selbstverständlich soll Robinson hier nicht zum Abenteuerurlauber erklärt werden. Er ist es genausowenig wie Governour eines britischen Dominion. Diese späteren historischen Figuren sind in ihm aber embryonal angelegt. Als „Mittelsmann" zwischen dem patrizischen merchant adventurer und dem bürgerlichen Handlungs–Reisenden enthält Robinson jedoch nicht nur latente Züge eines antizipatorischen Vorscheins, sondern zugleich ein starkes Moment retrospektiver Rückstandsstrahlung. Hier ist vor allem die Rolle der Religion zu nennen. Die pädagogische Sphäre der Prüfung und Bewährung eines „Kindes" der Zivilisation unter den Bedingungen einer fremden und feindlichen Umwelt wird ergänzt durch die theologische Sphäre von Schuld und Sühne, Strafe und Läuterung eines Sohnes, der aus Abenteuerlust (a mere wandering inclination)[231] gegen das vierte Gebot verstößt[232]. Im Bewußtsein Robinsons erscheint die Insel daher am Anfang seines Zwangs–Aufenthaltes auch als Insel–Gefängnis[233]. Nicht als Gefängnisinsel, wie die reale, weiter östlich gelegene „Isle du Diable" vor der Küste Französisch–Guayanas, aber als providentielle Strafkolonie Gottes, aus der nicht einmal ein „Papillion" entfliehen könnte.

Robinsons Insel erweist sich daher nicht zuletzt auch für ihn selbst als pädagogische Provinz. Im fernen Karibikeiland scheint die „Insel im Häusermeer" auf, in der Kolonie die Laubenkolonie[234]: Indem Robinson das Land kultiviert,

---

231 Defoe (183), 5.
232 Ebd., 66.
233 Ebd., 72 u. 101.
234 Der einzige Autor, der den Zusammenhang zwischen Robinsoninsel und „Insel im Häusermeer" bisher angedacht hat, war der Sozialist Kurt Stechert, Die Villen der Proletarier, in: Urania 6 (8) (1930), 246. Hier heißt es: „Unter dieser Ideologie 'Hier bin ich Mensch, hier darf ich's sein', wird der Schrebergarten zur Insel aller derer,

kultiviert er zugleich sich selbst. Ähnlich wie Freitag erfährt auch er auf der Insel eine „zweite Geburt", bei der als Geburtshelfer einmal mehr die Arbeits–Erziehung fungiert. Spätantikes Damaskuserlebnis und mittelalterliche Erleuchtung aus frommer Askese weichen einer tätigen Reformation des Menschen an Haupt und Gliedern[235]. Das ehrwürdige ora et labora ist endgültig aus dem Gleichgewicht geraten. Erst in der äußeren Zwangslage von Isolation und Krankheit ruft Robinson Gott um Hilfe an: „Das war das erste Gebet, wenn ich es überhaupt so nennen kann, daß ich seit vielen Jahren getan hatte"[236]. Lebenshaltung und Haltung zu Gott erweisen sich als indirekt proportional. Mit dem Auftauchen Freitags und seiner Katechetisierung datiert demzufolge das erneute Verschwinden Gottes. Der (imaginierte) Partner des inneren Monologs verblaßt mit dem Erscheinen des realen Dialogpartners.

Robinsons Verhältnis zu Gott ist daher im Grunde nur ein bürgerliches Vertragsverhältnis. Als er sich von seiner Krankheit erholt hat und erneut über seine Rettung nachdenkt, sagt er: „Bin ich nicht erlöst worden von meiner Krankheit, und das auf wunderbare Weise? Aus einer Lage, wie sie verzweifelter nicht hätte sein können, und die für mich geradezu entsetzlich war? Aber welche Notiz hatte ich davon genommen? Hatte ich meine Schuldigkeit getan (done my part)? Gott hatte mich erlöst, aber ich hatte ihn nicht gepriesen, was besagen soll, ich hatte es nicht bekannt (own'd) und war nicht dankbar für diese Errettung gewesen; wie konnte ich da größere Erlösung erhoffen? Diese (Gedanken) berührten mein Herz zutiefst (very much), und auf der Stelle kniete ich nieder und dankte Gott für meine Genesung von meiner Krankheit"[237]. Ecce homo oeconomicus! Von Rom bleibt nur das römische Recht: do, ut des – die alte Formel für Tauschverträge.

Der Form nach bleibt die Läuterung des Helden demgegenüber weitgehend der christlichen Tradition verhaftet. In dieser Hinsicht läßt sich das Werk in der Tat als „puritanisches Erbauungsbuch"[238] einstufen. Der Topos des Schiffbruchs, die Situation des Ausgestoßenen, das Leben in der Wildnis bilden ebenso bekannte Versatzstücke der Viten frommer Eremiten wie die Gestaltung des inneren Monologs als Dialog mit Gott und die innere Einkehr durch ora et labora.

---

die auf dem kapitalistischen Meer schiffbrüchig geworden sind und sich nun niederlassen, um abgeschlossen von jeder Kultur eine neue Robinsonade zu beginnen".
235 Siehe hierzu: Werner Conze, Arbeit, in: Geschichtliche Grundbegriffe, Bd. 1, Stuttgart 1974, 160–174 und Borinski (218), 35ff.
236 Defoe (183), 68.
237 Ebd., 71.
238 Borinski (218), 33.

Auch die „innerweltliche protestantische Askese"[239] fehlt nicht und wird anhand der Entwicklung von Robinsons Getreideanbau[240] mehrfach thematisiert. Zu diesen Formelementen tritt das gemeinsame „Heldentum der Unterwerfung". An ihm scheiden sich zugleich die Geister: Die Eremitage ist freiwillige Weltflucht, die Robinsonade erzwungene Zivilisationsferne. Der Einsiedler handelt aus einem inneren Gebot, Robinson aus äußerer Not. Die Lebensumstände liegen für den Einsiedler an der Peripherie des Daseins, für Robinson stehen sie im Zentrum. Die Eremitage ist ein großes Gebet, Kontemplation und Transzendenz, die Robinsonade eine gewaltige Arbeit, Reproduktion und Immanenz. Deliverance meint für Robinson denn auch Old England und nicht Neues Jerusalem, Weltbeherrschung, nicht Weltüberwindung. Erklingt in der Eremitage das Hohelied der Selbstheiligung, schallt uns in der Robinsonade das Hohelied des Selfmademans[241] entgegen. Man mag in Robinson daher nicht zuletzt die historische Zwittergestalt eines säkularisierten Eremiten erkennen, einen Säulenheiligen der Moderne, der die Abtötung des Fleisches fast so gut beherrscht wie der fromme Simeon. Wenn die erwähnten Souvenirs daher von Robinson selbst als Reliquien (reliques) bezeichnet werden[242], steckt auch in dieser Benennung mehr als nur ein Korn Wahrheit.

Als Personifikation des „Prozesses der Zivilisation", die unter den Bedingungen einer gleichsam experimentellen Versuchsanordnung an einem beliebigen Nullpunkt des Erdballs als Entelechie der eigenen Bürger–Tugenden erscheint, wird Robinson in der Folgezeit dank der begeisterten Empfehlung Rousseaus, der den Roman als „die beste Abhandlung über die natürliche Erziehung" pries[243], zum Kronzeugen eines grenzenlosen Erziehungsoptimismus. Man geht nicht zu weit, wenn man seine Wirkung als Offenbarung charakterisiert. Rousseau selbst leistete dieser Einschätzung Vorschub, als er das Werk im Erziehungsplan Emiles als erstes und bis auf weiteres einziges Buch empfahl. Robinson triumphierte damit nicht nur über Aristoteles, Plinius und Buffon, also das mehr oder minder klassische Bildungsgut, sondern auch und gerade über das bisherige „Buch der Bücher"[244]. Man kann den Roman daher auch als Kinder–Bibel der Bourgeoisie begreifen.

---

239 Max Weber, Die protestantische Ethik und der Geist des Kapitalismus, in: Ders., Gesammelte Aufsätze zur Religionssoziologie I, Tübingen 1978, 190.
240 Defoe (183), 58f., 77f., 87 u. 91.
241 Vgl. hierzu: Weber (239), 178.
242 Defoe (183), 202.
243 Rousseau, Emile (95), 389.
244 Ebd. Emiles Kindheit bleibt von der Religion unberührt. Auch seine spätere „Katechetisierung" durch den „savoyischen Vikar" (Vgl. ebd., 545–639) bringt keine Ein-

Kein Geringerer als der deutsche Pädagoge und Jugendschriftsteller Joachim Heinrich Campe hat diese kindgemäße Umformung des Romans im Sinne Rousseaus vorgenommen[245]. Er schuf damit nicht nur die bekannteste deutsche Version der Fabel, sondern vor allem ihre didaktische Aufbereitung. Robinson der Jüngere ist ein Buch ad usum Delphini. Der Stoff wird daher nicht in Romanform dargeboten, sondern im Verlauf einer pädagogischen Rahmenhandlung erarbeitet. Die Geschichte wird damit aus der passiven Rezeption individueller Lektüre in die gemeinsame kritische Reflexion einer autoritativ vorgetragenen Geschichtserzählung überführt und am Ende im nachahmenden Robinson–Spiel praktisch zur Anwendung gebracht. Lehrererzählung, Klassengespräch und Lernspiel wechseln einander ab. Gemeinsam mit Robinson geht man in die „Schule des Lebens" und erwirbt das nötige Elementarwissen samt den dazugehörigen Kulturtechniken. Was Campes Werk von seiner Vorlage aber vor allem unterscheidet[246], ist sein pedantisches Moralapostolat. Hauptkennzeichen des erzählenden „pater familias" ist sein penetrant erhobener Zeigefinger, der die Landes–Kinder bei jeder sich bietenden Gelegenheit zur Staats–Raison bringt. Alle wesentlichen Ereignisse der Robinsonade werden daher zuerst reflektierend zersetzt und dann im moralischen Urteil neu zusammengesetzt[247]. Der gelenkte Diskurs garantiert eine kontrollierte Rezeption und hat obendrein den Vorteil, daß der kindlichen Phantasie Zügel angelegt werden. Die Lernziele werden den Kindern auf diese Weise buchstäblich hinter die Ohren geschrieben. Als echter Philanthrop scheut Campe sich nicht einmal, am Ende eine Moral zu geben. Was im Zeichen des „Bete und Arbeite"[248] anhebt, klingt daher mit einer „goldenen Regel" aus: *„Lieben Kinder seid gehorsam euren Eltern und Vorgesetzten; lernt fleißig alles, was ihr zu lernen nur immer Gelegenheit habt; fuerchtet Gott, und huetet euch – o huetet euch – vor Mueßiggang, aus welchem nichts, als Boeses kommt!"*[249].

Die Rahmenhandlung rundet sich wie der kommerzielle Krisenzyklus. Zwischen Baisse und Hausse, Schiffbruch und Errettung, wird in einem fort gearbei-

---

führung in die christliche Offenbahrungsreligion, sondern die Hinwendung zu einer abstrakten Vernunftreligion.
245 Vgl.: Ebd., 389–395 sowie die Referenzstelle bei Joachim Heinrich Campe, Robinson der Jüngere, Stuttgart (1981), 8–11.
246 Ich analysiere im folgenden nur die Unterschiede, die für den Fortgang der Untersuchung wesentlich sind.
247 Vgl. etwa: Campes (245) Diskurse über das Töten von Tieren (Ebd., 79f. u. 153f.) und Wilden (Ebd., 200ff.), die von ihm postulierte Analogie des Verhältnisses Gott–Mensch und Vater–Kind (Ebd., 47, 125ff. u. 362f.) sowie seine Theodizee (Ebd., 134f. u. 257.).
248 Ebd., 19. Zit. i.O.
249 Ebd., 346. Zit. i.O.

tet. Robinson der Jüngere übertrifft dabei sogar seine englische Vaterfigur: objektiv, weil Campe ihn ohne alle sachlichen Hilfsmittel aussetzt, subjektiv durch sein höher entwickeltes Arbeitsethos[250]. Die Schlüsselszene, in der Robinson der Jüngere die bürgerlichen Sekundär-Tugenden „*Arbeitsamkeit* und *Maeßigkeit*" über seinen Höhleneingang meißelt[251], fehlt bei Defoe. Bezeichnenderweise. Obwohl beide Bücher dieselbe Froh-Botschaft verkünden, wird sie bei Defoe gleichsam „organisch" aus dem Geschehen entwickelt, während sie bei Campe allenthalben künstlich aufgepfropft wird. Die Ausbreitung der Zivilisation erscheint bei Defoe daher stets als die „natürlichste" Sache der Welt, während sie bei Campe überall mit den Mitteln der Vernunft begründet und gerechtfertigt wird. Dem weltläufigen praktischen Sinn des Engländers mit seinem ausgepichten Detailrealismus korrespondiert Campes weltfremde, im Grunde rein theoretische Aneignung des Stoffes. Man muß dabei nicht notwendig an die wilden Lamas denken, mit denen der deutsche Provinzschulmeister die Kleinen Antillen bevölkert[252] oder an die ihm selbst nicht ganz geheure Verbreitung der Kokospalme[253]. Weit wesentlicher als diese Marginalien ist Campes Entschluß, Robinson den Jüngeren ohne jedes Hilfsmittel auszusetzen. Diese Entscheidung gewinnt noch dadurch an Gewicht, daß Campe sie in polemischer Abgrenzung gegen Defoe vollzieht[254]. Die Geschichte Robinsons des Jüngeren beginnt daher mit einer künstlichen „Stunde Null" und endet mit einem ersten deutschen Wirtschaftswunder.

Tritt uns in Campe so ein typischer Bildungsbürger entgegen, der eine bestimmte Theorie unter Beweis stellen und im Schonraum einer pädagogischen Kleingruppe verwirklichen will, begegnet uns in Defoe ein charakteristischer, mit einem ausgeprägten common sense gesegneter Weltbürger. Nichts kann den historischen Unterschied zwischen dem britischen und deutschen Weg in die Moderne von daher besser verdeutlichen als die Tatsache, daß der deutsche Rezipient aus dem Roman des Engländers – ein Kinderbuch gemacht hat. Während das Werk des großstädtischen Londoners allenthalben politische Weltläufigkeit atmet, reflektiert das Buch des aus dem dörflichen Deensen stammenden Deutschen nur allzu oft eine fragwürdige pädagogische Innerlichkeit. Daß beide Verfasser bei der Gestaltung der Robinson-Figur gleichwohl am selben Mythos individueller Autonomie weben, zeigt freilich auch, wie stark die beiden Wege letztendlich konvergieren.

---

250 Zum Arbeitsethos siehe: Ebd., 14, 21, 142, 170, 218ff. u. 295; zur Kritik am „Schlaraffenland" siehe: Ebd., 61.
251 Ebd., 219f.
252 Vgl. ebd., 114f.
253 Vgl. ebd., 60.
254 Zur durchweg nicht belegten Kritik Campes an Defoe siehe v.a.: Ebd., 10f.

Kein Argument vermag diesen mythischen Grundzug der beiden Robinsonaden derart deutlich zu machen wie das Schicksal des schottischen Seemannes Alexander Selkirk. Er ist der wirkliche Robinson[255]. Was bei Defoe literarisch durchgestylt und bei Campe pädagogisch durchexerziert wird, hat Selkirk durchgemacht. Als er nach vier Jahren und vier Monaten von einer britischen Expedition unter dem Kommando des Kapitäns Woodes Rogers auf einer Insel der Juan–Fernandez–Gruppe entdeckt wurde, war Selkirk, den sein Kapitän aus disziplinarischen Gründen ausgesetzt (marooned) hatte, fast völlig verwildert, obwohl man ihm eine zivilisatorische Grundausstattung in Gestalt von Wäsche, Werkzeug, Waffen, einigen nautischen Instrumenten, verschiedenen Büchern und einer Bibel mitgegeben hatte[256].

Rogers beschreibt Selkirk als „einen Mann, bekleidet mit Ziegenfellen, der wilder aussah als ihre ersten Besitzer"[257]. Diese Charakteristik betraf jedoch nicht nur sein verändertes Aussehen, sondern auch sein gewandeltes Wesen. In der Tat war Selkirk ein derart schneller und gewandter Läufer geworden, daß er die auf der Insel lebenden Ziegen in Ermangelung des ihm ausgegangenen Schießpulvers mit der bloßen Hand fing. Zum Erstaunen der britischen Seeleute distanzierte er dabei nicht nur die schnellsten Läufer der Expedition, sondern selbst den Bordhund um Längen. Seine Füße waren dabei allerdings im Laufe der Zeit so verhornt, daß sie sofort anschwollen, als er wieder versuchte, Schuhe zu tragen. Einen angebotenen Schnaps rührte Selkirk nicht an, da er nur noch Wasser gewohnt war, und an der Bordnahrung fand er erst nach geraumer Zeit wieder Geschmack.

Zu diesen körperlichen Umbildungen traten geistige und seelische Veränderungen. So hatte Selkirk in den ersten acht Monaten seiner Isolation schwer unter Melancholie und der Angst vor dem Alleinsein zu leiden. Er behalf sich mit Lesen, Beten und dem Singen von Psalmen. Von Zeit zu Zeit unterhielt er sich, indem er mit einigen gezähmten Zicklein und einer Meute Katzen tanzte und sang. „Als er das erste Mal an Bord kam, hatte er wegen des mangelnden Gebrauchs so viel von seiner Sprache vergessen, daß wir ihn kaum verstehen konnten"[258]. Was aus Selkirk geworden wäre, wenn er, wie Robinson, über 28 Jahre, also rund sieben Mal so lange, auf seiner Insel hätte leben oder besser: vegetieren müssen, wage ich (mir) nicht auszumalen.

---

255 Vgl. hierzu: Robinson, in: Frenzel (Hg.) (187), 649 und das Nachwort von A. Binder u. H. Richartz zu Campe (245), 393.
256 Zu Selkirk siehe v.a.: Ullrich (172), 67–72. Ich zitiere nach der Hauptquelle, dem Augenzeugenbericht von: Woodes Rogers, A Cruising Voyage Round the World, London 1717 (Nachdruck Amsterdam–New York 1969), 123–137.
257 Ebd., 125. Diese und alle folgenden Übersetzungen von mir.
258 Ebd., 129.

Trotz dieses im Grunde ergreifenden Befundes, der die Kollektivnatur des Menschen und die soziale Bedingtheit aller höheren Kultur und Humanität drastisch vor Augen führt, zog Rogers aus den Erfahrungen Selkirks erstaunlicherweise ein positives Resümee: „Dank der Fürsorge der Vorsehung und der Kraft seiner Jugend (...) gelang es ihm zuletzt, alle Unannehmlichkeiten seiner Einsamkeit zu besiegen und behaglich zu leben (to be very easy)"[259]. „Man mag an dieser Geschichte die Wahrheit des Sprichwortes erkennen, daß Not erfinderisch macht, weil er Mittel fand, seine Bedürfnisse auf überaus natürliche Weise zu befriedigen, um sein Leben zu erhalten, wenn auch nicht so bequem, so doch ebenso effektiv wie wir es mit Hilfe all unserer Kulturtechniken und der Gesellschaft (Arts and Society) vermögen. Sie mag uns ebenso darüber belehren, wie sehr eine einfache und mäßige Lebensweise zu körperlicher Gesundheit und seelischer Stärke führt, zwei (Eigenschaften), die wir durch Übermaß und Überfluß, insbesondere durch starke Alkoholika sowie den Abwechslungsreichtum und die Beschaffenheit unserer ganzen Ernährung zerstören; denn dieser Mann verlor einen Großteil seiner Stärke und Beweglichkeit, als er zu unseren herkömmlichen Eß– und Lebensgewohnheiten zurückfand, auch wenn er weiterhin alkoholfrei lebte"[260].

Es besteht kein Zweifel, daß diese Textpassage genausogut bei Rousseau oder bei Schreber stehen könnte. Was das Zeugnis von Rogers bemerkenswert macht, sind der frühe, ins Geburtsjahr Rousseaus fallende Zeitpunkt seiner Veröffentlichung und die berufliche Stellung seines Verfassers. Rogers selbst vertritt die Auffassung, daß seine Überlegungen eher einem Philosophen oder Pfarrer zukämen als einem Seemann[261]. Nicht weniger erstaunlich ist freilich der schönfärberische Blick, der die Geschichte Selkirks letztendlich als Erfolgsgeschichte sieht und selbst offenkundige Anzeichen von Verwilderung kulturkritisch umdeutet. Die Art, wie Rogers Selkirks Schicksal eine positive Nutzanwendung abgewinnt, zeigt denn auch vor allem, daß Informationen stets im Rahmen eines Wertesystems verarbeitet werden. In der Tat kann man bei Rogers ein spezifisches Denken von den Resultaten her feststellen, das über dem guten Ausgang den bösen Anfang und die lange, bittere Zwischenzeit vergißt. Der Kapitän ist ergebnisorientiert. Als Expeditionsleiter und seemännischer Beauftragter eines Kaufmannskonsortiums aus Bristol[262] muß er das sein. Jede andere Einstellung würde den Erfolg des Unternehmens gefährden. Fahrt und Erfahrung sind von daher determiniert. Alle aparten und disparaten Elemente der fast viereinhalb-

---

259 Ebd., 128.
260 Ebd., 130f.
261 Ebd., 131.
262 Ebd., Einleitung, III f.

jährigen Isolierung Selkirks werden daher nicht als selbständige Größen gesehen, sondern in das puritanische Allerweltsraster menschlicher Schaffenskraft integriert. Alles Ungebundene, alles Beunruhigende seines Schicksals wird auf diese Weise ruhiggestellt: Selkirks Geschichte entpuppt sich – als Erfolgsgeschichte.

Wenn Selkirks Problem der erzwungenen „Rückkehr zur Natur" aber nicht einmal dem Augenzeugen Rogers einsichtig war, wie sollten es da die Hörer und Leser in den Hochburgen der Zivilisation erkennen? Es entbehrt daher nicht der inneren Logik, wenn ein Schriftsteller wie Defoe alle disparaten Fakten, die sich im Bordbuch des Kapitäns fanden, konsequent tilgte oder durch scheinbar besser geeignete Fiktionen ersetzte. Beispielhaft die Einführung der Kannibalen! Sie spielen bei Selkirk überhaupt keine Rolle. Todesangst hat der ausgesetzte Schotte vor den zivilisierten Spaniern, die die Reste ihres alten Kolonialmonopols mit allen Mitteln verteidigen, die englische Konkurrenz nach Kräften bekämpfen und dabei auch Ausgesetzte und Schiffbrüchige nicht schonen[263]. Sie sind die wirklichen „Wilden". Die wirklichen „Menschenfresser" aber sind die Ratten, die dem schlafenden Selkirk Kleider und Füße benagen, so daß er sich gezwungen sieht, die gleichfalls auf der Insel hausenden Katzen gezielt mit Ziegenfleisch anzufüttern, bis sie zu Hunderten auf ihm liegen und seine Plagegeister verscheuchen[264]. Selkirks Insel entpuppt sich dabei freilich selbst als Stützpunkt der Zivilisation. In der Tat zählte die Juan–Fernandez–Gruppe seinerzeit zu den sporadisch angelaufenen Versorgungsstationen der internationalen Seeschiffahrt. Hier ging man vor Anker, um Holz und Wasser zu fassen, das Schiff zu kalfatern oder die Nachkommen der Ziegen zu jagen, die der Entdecker der Inselgruppe, der Spanier Juan Fernandez, zum Zweck späterer Frischfleischversorgung 1568 dort ausgesetzt hatte. Auch Katzen und Ratten erweisen sich als Kulturfolger, die aus den Bilgen und Laderäumen der auf Reede liegenden Schiffe stammen[265]. Wie alle „wahren Robinsonaden" bewahrheitet sich die Geschichte Selkirks daher am Ende als – „Elendsmanifest"[266].

Was Campe seinen Schülern mit Hilfe des von ihm didaktisch aufbereiteten Lernspiels „Robinson der Jüngere" vermittelt, ist denn auch kein Survival–Training für eine geplante „Rückkehr zur Natur", sondern eine Einübung in die Sekundär–Tugenden der bürgerlichen Gesellschaft. Wichtigste Lernziele sind Arbeitsfleiß, Gehorsam und Mäßigkeit. Dazu kommen praktische Übungen zur Abhärtung des Körpers, zur Erprobung der Selbstüberwindung und des Ver-

---

263 Ebd., 125.
264 Ebd., 128.
265 Ebd., 128f.
266 Fohrmann (172), 156.

zicht–Leistens sowie zur Bekämpfung unerlaubter Begierden[267]. Es versteht sich, daß unter den obwaltenden Umständen auch die Schamhaftigkeit den ihr gebührenden Platz erhält[268], Messer und Gabel nicht unerwähnt bleiben[269] und der fiktive Vater, um seinerseits ein gutes Beispiel zu geben, sämtlichen Genußmitteln entsagt und sich fortan zu einer abstinenten Lebensweise bekennt[270].

Der Lern–Ort, an dem Campe seine pädagogische Provinz verwirklichen konnte, war ein auf der Marschinsel Billwerder gelegenes Gartenhaus des Hamburger Kaufmanns Gottlieb Böhl[271], die Zielgruppe ein kleiner, exklusiver Kreis Hamburger Patriziersöhne. Hier wurde „Robinson der Jüngere" geschrieben und 1779 veröffentlicht. In der Praxis avancierte der Kaufmannssohn Robinson – bei Campe ein „Hamburger Jung", der auf Wunsch des Vaters die „Handlung lernen" soll[272] – auf diese Weise zum pädagogischen Modellfall für angehende Hamburger Kaufleute. Campes Biograph Hallier hat diese pädagogische Insel zwischen Bille und Dove–Elbe folgendermaßen ausgemalt: „In diesem kleinen Paradiese (…) war es, wie Gottlieb Böhl selbst sich ausdrückt, 'wo Campe so oft mit gerührter, Ehrfurcht gebietender Miene in dem Kreise seiner Zöglinge stand, um ihnen eine neue Regel zur Tugend bekannt zu machen, sie dann so innig zur Befolgung derselben ermahnte, den Abend über ihre Aufführung mit ihnen sprach und jedem das verdiente Zeugnis gab'. Hier waren der Apfelbaum, die Laube, die Grasbank, die wir aus dem Robinson kennen; hier ist endlich und vor Allem der Robinson selbst nicht sowohl erzählt als vielmehr gespielt und gelebt worden"[273].

Der Garten, die Insel, das Paradies – drei Topoi, die sich unendlich verschlingen. Im Paradies Billwerder erscheinen sie künstlich amalgamiert. Symbolträchtig sitzt Campes fiktive Familie zu Beginn der Robinsonade unter einem Apfelbaum (der Erkenntnis)[274]. In seinem Schatten wird „Robinson der Jüngere" erzählt und erarbeitet. Auch Campes Paradies ist daher beileibe kein locus amoenus, sondern ein bürgerlicher Arbeitsplatz. Sein Schöpfer hat diesen Gedanken im Vorbericht zu seiner Robinsonade ausführlich begründet. Ausdrücklich wird „Robinson der Jüngere" hier als „Gegengift" gegen die „epidemische Seelenseu-

---

267 Campe (245), 121–126, 205, 221f., 230 u. 247.
268 Ebd., 206.
269 Ebd., 271.
270 Ebd., 221f.
271 Vgl. hierzu und zum folgenden die Zeittafel in: Ebd., 373f.
272 Ebd., 21.
273 Emil Hallier, Joachim Heinrich Campe. Leben und Wirken, 2. Aufl. Soest 1802, 28. Zum Billwerder „Paradies" vgl. auch: Wilhelm Dibelius, Englische Berichte über Hamburg und Norddeutschland, in: ZHG 19 (1914), 70.
274 Campe (245), 20.

che" der Empfindsamkeit gepriesen, die nur geeignet sei, „auch das kommende Geschlecht ebenso an Leib und Seele kränkelnd, ebenso nervenlos, ebenso unzufrieden mit sich selbst, mit der Welt, und mit dem Himmel zu machen suche, als es das gegenwärtige ist". Demgegenüber soll „Robinson der Jüngere" die „Kinderseelen aus der fantastischen Schäferwelt" in die wirkliche Welt führen, „nicht zu unthätigen Beschauungen, zu müssigen Rührungen, sondern unmittelbar zur Selbstthätigkeit (...) – auf Erfindungen und Beschäftigungen zur Befriedigung unserer natürlichen Bedürfnisse"[275]. Der Eintritt in Campes Paradies der Schaffensfreude verlangt daher den Exodus aus Arkadien. Wie Mose die Kinder Israel in das Gelobte Land führte, soll „Robinson der Jüngere" die Hamburger Kaufmannskinder in die heile Geschäftswelt geleiten. Er wird auf diese Weise zum Seelenführer der Kommerzialisierung: nicht Hermes Psychopompos, sondern Hermes Kreditversicherung[276].

Da Campes Erziehung in einem Garten stattfindet, kommt der Gartenarbeit zentrale Bedeutung zu[277]. „Robinson der Jüngere" gibt auch hier das Vorbild[278]: In den „Freistunden" müssen die Kinder mit dem Vater „Holz (...) packen, bald klein gehauenes Holz in die Küche fahren, bald im Garten graben, dann wieder Wasser zum Begiessen tragen, oder Unkraut ausjäten". Auf die (rhetorische) Frage des Vaters, warum er die Kinder zu solchen Arbeiten anhalte, antwortet der kleine Johannes: „... , daß wir uns gewöhnen sollen, niemals müssig zu sein, und weil uns das gesund und stark macht!"[279].

Kinder-Garten als bürgerliche Lebensschule. Die Anklänge an die Arbeitserziehungsprogramme der Armengärten sind ebenso unverkennbar wie der Vorgriff auf die späteren Kinderbeete in den Kleingartenkolonien. Man kann daher in Campes Billwerder Erziehungspraxis ein Stück Schreberjugendpflege avant la lettre erkennen, wie man in ihr im Hinblick auf Abhärtung und Körperertüchtigung einen Vorläufer des hamburgischen Schulturnens erblickt hat[280]. Wenn man zudem bedenkt, daß Campes Billwerder Paradies ein gutes Jahrhundert später zum Einzugsgebiet der Hamburger Kleingartenbewegung werden sollte, wird man in dieser lokalgeschichtlichen „Renaissance" mehr als nur eine List des genius loci wahrnehmen.

Man wird dies umso weniger tun, als auch der Held unseres Exkurses, in Gestalt seines realen Vorbildes Alexander Selkirk, im Jahre 1713 leibhaftig in

---

275 Alle Zitate: Ebd., 6f.
276 Vgl. hierzu: Marx, Grundrisse (196), 30.
277 Siehe hierzu: Campe (245), 24, 61, 98, 251 u. 289.
278 Ebd., 251.
279 Ebd., 289.
280 Wilhelm Weyden, Das Turnen in den Hamburger Staatsschulen, in: ZHG 12 (1908), 235.

Hamburg gewesen zu sein scheint[281]. Auf jeden Fall wurde seine „Robinsonade" in der Hansestadt „auf expressen Befehl Sr. Excell. des Königl. Groß–Brittannis. Extraordinair Envoyé hieselbst" in diesem Jahr in Form einer Broschüre zusammengefaßt „und curieusen Gemüthern hiemit communiciret"[282]. Was den Bericht auszeichnet, ist nicht die Tatsache, daß er von Selkirk selbst mitgeteilt worden sein soll – diese Behauptung erweist sich schnell als rhetorischer Authentizitätstopos[283] –, sondern der Umstand, daß das Geschick Selkirks auch in der bedeutendsten deutschen Seehandelsstadt von den Zeitgenossen wahrgenommen und nach denselben Kriterien bewertet wurde wie in Bristol oder London. Auch die Flugschrift hebt daher „die unermeßliche Vorsorge, der durch göttliche Allmacht wirckenden gütigsten Natur" im Verein mit „Gewohnheit, Vernunft, Zeit und beständige(r) Gedult"[284] als Über–Lebenshilfen hervor, rühmt die Not als Mutter der Erfindung und weist zu guter Letzt auf die Vorteile „eine(r) einfältige(n) und mässige(n) Lebens–Art" hin[285].

Ob Selkirk selbst in Hamburg war oder nicht, spielt deshalb im Grunde keine Rolle. Robinsöhne gibt es in jeder Handelsmetropole. Ob sie ihre Erfahrungen auf einsamen Inseln oder auf belebten Verkehrsinseln, in der Wildnis oder im „Dickicht der Städte", in der Neuen oder in der Alten Welt machen, ist ohne Belang. Gottfried Keller hat diese Allgegenwart des Robinsontyps anläßlich einer Rezension der 1854 erschienen „Erlebnisse eines Schuldenbauers" von Jeremias Gotthelf treffend analysiert: „Im 'Schuldenbauer' ist wieder der ganz gleiche Vorgang, indem ein Knecht und eine Magd sich heiraten und von unten auf anfangen, jedes mit einem individuellen hinzugebrachten Charakter (...). Die wilden Bestien und Kannibalen, mit welchen Robinson sich herumschlägt, sind hier die zivilisierten Menschen, die Elemente die Menschenkniffe und gesellschaftlichen Verhältnisse und das Schauspiel mitten im alten Festlande, in der alten Republik Bern das gleiche wie auf jener Insel des Weltmeeres"[286].

---

281 Otto Rüdiger, Alexander Selkirk in Hamburg, in: Aus Hamburgs Vergangenheit. Erste Folge, hg. v. K. Koppmann, Hamburg u. Leipzig 1886, 185–208. Auch Defoe läßt seinen Helden nach Hamburg kommen und dort vier – allerdings ereignislose – Monate verweilen: Defoe, The Farther Adventures of Robinson Crusoe (183), 427.
282 Ein Wiederabdruck der anonym veröffentlichten Broschüre findet sich bei: Rüdiger (281), 195–208. Ihr Verfasser war der Schriftsteller und Komponist Johannes Mattheson, der seinerzeit als Sekretär des englischen Gesandten beschäftigt war. (Ebd., 191ff.).
283 Vgl.: Ebd., 189f.
284 Ebd., 195f.
285 Ebd., 208.
286 Gottfried Keller, Jeremias Gotthelf, in: Sämtliche Schriften und ausgewählte Briefe, Bd. 3, 2. Aufl. München 1968, 959f.

Wen wundert es, daß die Figur Robinsons in der Nachfolge Defoes als prosaischer Archetyp der Moderne um die Welt reiste, so daß seine Stoff- und Motivgeschichte selbst wieder zur Robinsonade wurde[287]. Da gibt es nichts, was es nicht gibt: Ob französischer oder thüringischer Robinson, ob zwölfjähriger, weiblicher oder medizinischer Robinson, ob als Paar oder als Gruppe – Robinson ist jeder. Die Figur wird gleichsam auf alle Fälle und Zufälle orts-, alters-, geschlechts-, berufs- und gruppenspezifischer Möglichkeiten angewandt und in ihrem Rahmen mehr oder minder geschickt entfaltet. Am Ende steht der vereinsamte Single der Großstadt. Der auf Guadeloupe aufgewachsene Saint-John Perse hat diesen Robinson des 20. Jahrhunderts in seinen 1909 erschienenen „Images à Crusoé" lyrisch vergegenwärtigt[288]. Das Thema der „Images" ist Robinsons Leben nach Rettung und Rückkehr. Sie wird für ihn zum wirklichen Ausgesetztsein. Stumm, in einen Ohrensessel gelehnt, hockt er, ein alter, vereinsamter Mann in seinem Zimmer, mitten im Häusermeer, und träumt – von seiner Insel. „Zieh die Gardinen zu; mach kein Licht" – heißt es in dieser Schlüsselszene[289]. Was folgt, darf man getrost einen Videofilm vom letzten Karibikurlaub nennen, auch wenn die Bilder „nur" imaginiert sind[290]: Schöner Schein auf Zeit, der sich hermetisch entfaltet. In Wirklichkeit sind selbst die Souvenirs nicht mehr die, die sie einst waren oder ihrer Bestimmung gemäß doch hatten sein sollen. Robinsons Papagei ist ein gekaufter Käfigvogel[291], der Sonnenschirm aus Ziegenleder verstaubt auf dem Hängeboden[292], ein paar Getreidekörner von damals, in einem Blumentopf ausgesät, haben nicht gekeimt[293]. Freitag endlich ist ein livrierter Domestik, der der Kochfrau unter die Röcke greift[294]. Robinsonade retrospektiv: die Szene invertiert und introvertiert, die Insel umgewertet zum locus amoenus, Erinnerungsphoto und Wunschbild in einem, vor allem aber Gegenbild einer Großstadt, die im Müll erstickt und erfüllt ist vom Schlachthausgeruch sich drängender Menschen[295]. Was bleibt, ist die Hoffnung auf eine, zumindest vorübergehende, Evasion – mit Hilfe einer Pauschalreise in die Karibik[296] oder einer Kleingartenlaube auf irgendeiner „Insel im Häusermeer".

---

287 Vgl. hierzu: Ullrich (172) und Fohrmann (172).
288 Saint-John Perse (d.i. Alexis Saint-Léger Léger), Images à Crusoé, in: Oeuvres complètes, Paris (1972), 9–20.
289 Ebd., 13. Übersetzung von mir.
290 Ebd., 13f.
291 Ebd., 16.
292 Ebd., 17.
293 Ebd., 19.
294 Ebd., 15.
295 Ebd., 13.
296 Die folgende Anzeige stammt aus dem Zeitmagazin v. 10.2.1989.

Ursprünge des modernen Kleingartenwesens

Das Paradies, wie es Robinson einst empfunden haben muß. Über 1.000 Eilande, die wie Perlen im Meer aufgereiht sind, bilden den karibischen Inselgürtel. Alle voll tropischer Vegetation, umgeben von einer einzigartigen Unterwasserwelt. Hier liegen die 28 Träume, die Sie sich mit dem Lufthansa Holiday-Tarif komfortabel erfüllen können. San Juan auf Puerto Rico, der kleinsten Insel der Großen Antillen. Wir fliegen Sie hin, 4x wöchentlich, und davon 2x nonstop. Montags und samstags geht es mit unserem Partner LIAT sofort weiter nach Santo Domingo. Wer's gerne britisch mag, fliegt 2x wöchentlich nach Antigua nonstop. Und weil das Paradies für zwei gedacht ist, sollten Sie sich Ihren Freitag gleich mitbringen.

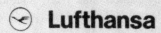

The Return of Robinson

Wenn wir uns am Ende unserer Exkursion erneut dem Leipziger Hausgarten Daniel Gottlob Moritz Schrebers nähern, könnte daher eines klar geworden sein: Die seelische Grundstruktur der Moderne bildet nicht der Oedipus–, sondern allenfalls der Robinsonkomplex. Der idealtypische Repräsentant der Neuzeit ist kein tragischer Heros schuldlos–schuldhafter Verstrickung, dessen blinde Auflehnung gegen göttliches und menschliches Recht unser Erbarmen verdient, sondern ein im Grunde erbärmlicher „Held der Unterwerfung". Die Entstehung von Pädagogik als Wissenschaft, ihre Verdinglichung in alters– und gruppenspezifischen Erziehungseinrichtungen wie Gefängnis, Kaserne, Kindergarten, Schule oder Schreberspielplatz mit jeweils speziell ausgebildeten Funktionsträgern läßt keinen Raum für große, tragische Konflikte. Wo sie trotzdem auftreten, bleiben sie die Ausnahme. Daniel Paul ist nur einer von fünfen, und selbst seine Beziehung zum Vater wird schon überlagert von dem wissenschaftlichen Verhältnis des Pädagogen zum „Gegenstand" seiner Bemühungen. Der Vater–Sohn–Konflikt tritt denn auch gar nicht in die Wirklichkeit, bleibt inneres Erleben, wirr und unbegriffen, ohne echte Kontrahenten. Die Szene wird deshalb auch nicht zum Tribunal, sondern zur psychiatrischen Klinik: Das Problemkind wird eingeliefert, die Problemlösung übernimmt der Fachmann.

3.3.2.4. Der Erzieher. Fortsetzung und Schluß.

Defoes Robinson–Insel, Rousseaus pädagogische Isolation Emiles, Campes Billwerder, Schrebers Hausgarten und die Armengärten Volpettes und Bielefeldts erweisen sich als ein und derselbe Strukturtyp pädagogischer Provinz oder Insel, auf der die Beherrschung der äußeren und der inneren Natur des Menschen auf dem Wege der Arbeits–Erziehung dialektisch vermittelt wurde. Pädagogische „zweite Geburt" erzeugte dabei eine künstliche „zweite Natur"[297], die weit über die selbst noch quasi naturwüchsige „altera natura" der antiken Gewohnheit hinausging. Wie diese „zweite Natur" sogar unter extremen Bedingungen funktioniert, mag ein letztes Mal Robinson Crusoe belegen. Wir erinnern uns, wie sich der Schiffbrüchige aus dem gestrandeten Wrack verproviantierte und alles, was nicht niet– und nagelfest war, an Land flößte. Bei seinem letzten Gang an Bord stieß er dabei auf eine größere Summe Geldes verschiedener Herkunft und Stükkelung. Defoe hat die nun folgende Szene meisterhaft ausgemalt: „Beim Anblick des Geldes lächelte ich vor mich hin. 'O drug!', sagte ich laut, 'wozu solltest du gut sein? Du bist für mich ohne Wert, nein, nicht einmal wert, vom Boden aufgehoben zu werden; eins dieser Messer ist so viel wert wie dieser ganze Haufen;

---

297 Grundlegend hierzu: Wolfgang Dreßen, Die pädagogische Maschine, (Frankfurt/M u.a. 1982), 20–26, 34, 38, 50, 132, 216ff. u. 224.

ich kann nicht den geringsten Gebrauch von dir machen, du magst also bleiben, wo du bist, und zu Grunde gehen wie ein Geschöpf (creature), dessen Existenz (life) nicht wert ist, gerettet zu werden'. Dennoch, beim zweiten Nachdenken, nahm ich es mit"[298].

Drei Züge sind an dieser Schlüsselszene bemerkenswert: die doppeldeutige Apostrophierung des Geldes als Droge und Ladenhüter, seine Hypostasierung zu einem eigenständigen Wesen, das mit eigenem Leben begabt scheint und der eklatante Gegensatz zwischen der breit entfalteten pathetischen Reflexion und dem knappen, bedingten Reflex der folgenden Zuwider-Handlung. Wie ein Pawlowscher Hund auf ein bestimmtes Signal hin Magensäure produziert, selbst wenn sein Freßnapf leer bleibt, verspürt Robinson beim Anblick von Geld den unbestimmten Drang, es einzustecken. Besser hat selbst Marx den Fetischcharakter der allgemeinen Ware Geld nicht zu beschreiben vermocht[299].

Wie die pädagogische Produktion eines derartigen homo oeconomicus, dem der Erwerbssinn zur „zweiten Natur" geworden ist, in der Praxis aussehen könnte, hat Schreber unnachahmlich entwickelt. In seiner einmal mehr auf Rousseau zurückgehenden Broschüre „Die planmäßige Schärfung der Sinnesorgane" empfiehlt der Verfasser organisierte „Realbegegnungen" in Natur und Fabrik, um die Wahrnehmungsfähigkeit der Berufs-Schüler systematisch zu entwickeln und für ein erfolgreiches Leben im „Jahrhundert des Fortschritts" vorzubereiten[300]. Namentlich drei Übungen werden vom Autor in diesem Zusammenhang vorgeschlagen: für die Augen die differenzierende Wahrnehmung kommerzieller Farbmusterkarten, wie sie in Färbereien und Tischlereien gebraucht wurden, für die Ohren Klangübungen mit fallenden Münzen, um Größe und Wert zu bestimmen, für die Muskulatur körperliches Abschätzen und Messen verschiedener Gewichte[301].

Vor diesem Hintergrund sind auch Schrebers schulreformerische Bestrebungen zu sehen. Sie stehen weitgehend in der Nachfolge von Johann Peter Frank und Ignaz Lorinser[302]. Hauptansatzpunkt seiner Kritik ist die herkömmliche „Paukschule" mit ihrem „Saft und Kraft vernichtende(n) Lernjoch"[303]. Ausge-

---

298 Defoe (183), 43f. Die Apostrophe läßt sich nicht übersetzen: „Drug" kann sowohl „Droge" als auch „Ladenhüter" bedeuten und besitzt daher eine eminent ambivalente Bedeutung: Cassel's German & English Dictionary, (12th Ed.) London (1976).
299 Vgl.: Marx, Kapital (181), 85–98.
300 D. G. M. Schreber, Die planmäßige Schärfung der Sinnesorgane, Leipzig 1859, 9–12. Vgl. auch: Ders., Anthropos (74), 105–108. Die Referenzstelle findet sich bei: Rousseau, Emile (95), 289ff.
301 Schreber, Schärfung (300), 13f. und Rousseau, Emile (95), 289.
302 Vgl.: G. Lebuscher, Geschichte der Schulhygiene, in: Hb. der Deutschen Schulhygiene, Dresden u. Leipzig 1914, 2ff.
303 D. G. M. Schreber, Ein ärztlicher Blick in das Schulwesen, Leipzig 1858, 10.

hend von der ihn leitenden Grundeinsicht in die geist–leibliche Doppelnatur des Menschen setzt Schreber auch hier auf die Ergänzung der Schule durch Körperschule. Eine umfassende hygienische Reform bietet dazu den allgemeinen Rahmen. Die einzelnen Forderungen sind klar und einleuchtend: So verlangt Schreber für das Schulgebäude eine freie, gesunde und zugleich zentrale Lage, ausreichende Ventilation der Klassenräume und die Einrichtung von Spiel– und Tummelplätzen[304]. Die Schüler sollen nicht zu früh eingeschult[305], ihre Freude am Lernen durch regelmäßige Abwechslung von geistiger und körperlicher Belastung auf Dauer erhalten werden. Eine Begrenzung des Still–Sitzens auf maximal zwei Stunden, regelmäßiges Turnen, wöchentliche Exkursionen und eine gleichmäßige Verteilung der Ferien über das Schuljahr ergänzen den Vorschlagskatalog[306] ebenso wie der Wunsch nach Anschaulichkeit und das Verlangen nach einer zeitgemäßen Ergänzung der klassischen Bildung[307]. Ziel aller Maßnahmen sind Effizienz und Praxisbezug. Das Sich–Austoben erscheint daher als notwendiges Korrelat des Sich–Einordnens. Zugleich werden schulische Ertüchtigung und Gesundheitserziehung der Jugend unter der Hand zur Staatsaufgabe. So hält es Schreber für „wünschenswerth, dass in den Schulen auf gesundheitsgemässe Körperhaltungen (...) mit militärischer Strenge geachtet werde", insbesondere, „dass die Kinder jedesmal, sowie der Lehrer zum Beginne des Unterrichts das Wort ergreift, gleichsam wie auf ein Commandowort sich in die straffe Haltung versetzen", stehe doch „vermöge der innigen Verschmelzung des Geistes und Körpers (...) mit schlaffer Körperhaltung schlaffe Geisteshaltung stets in geradem Verhältnisse"[308].

Da sein Werben für eine „straffe Haltung" trotz aller „Commandoworte" offenbar vergeblich blieb, entwickelte Schreber ein mechanisches Hilfsmittel, das er 1853 der Öffentlichkeit vorstellte. Dieser auf der nächsten Seite abgebildete „Geradhalter"[309] hat in der, Schreber zumeist wenig wohlgesonnenen, pädagogischen und psychoanalytischen Literatur geradezu Furore gemacht und seinen schlechten Ruf in erheblichem Maße mitbegründet. Zu Unrecht. „Pädagogische

---

304 Ebd., 13f.
305 Ebd., 8f.
306 Ebd., 15ff. u. 26ff.
307 Ebd., 31ff.
308 Ebd., 17f.
309 Eine Abbildung des 1853 vorgestellten Originals findet sich in Schreber, Die schädlichen Körperhaltungen (139), 52 u. 55. Eine spätere Fortentwicklung durch den Leipziger Orthopäden und Schreber–Herausgeber Carl Hennig aus dem Jahre 1882 aus: Schreber, Buch der Erziehung (56), 155f. findet sich auf der folgenden Textseite.

Ursprünge des modernen Kleingartenwesens 147

Der „Geradhalter" nach dem System Schreber und seine Weiterentwicklung durch Hennig

Maschinen"[310] und orthopädagogische Apparate besaßen bereits zu Schrebers Lebzeiten eine lange Tradition, die bis in die Zucht- und Korrektionshäuser des Absolutismus zurückreichte[311]. Der „Geradhalter" nach dem System Schreber stand demzufolge von Beginn an in einer europäischen Überlieferung, die mit seiner Erfindung keineswegs ausklang. Im Gegenteil: Die später entwickelten Modelle stellten Schrebers Sitzhilfe nicht nur der Zahl nach, sondern vor allem im Hinblick auf ihr geradezu zwanghaftes Vertrauen in eine hybrid entwickelte apparative Technik weit in den Schatten[312].

Vor diesem Hintergrund, der durch den oben entwickelten pädiatrischen Grundzug der frühen Orthopädie noch verstärkt wird[313], verlieren der Schrebersche „Geradhalter" und sein Erfinder zwar nicht ihren „schwarzen", aber doch ihren finsteren Ausnahme-Charakter. Schreber war eben kein singulärer „Prokrustes", dem der heutige Kritiker in der heroischen Charaktermaske eines akademischen „Theseus" gegenübertreten könnte. Seine orthopädische Heilanstalt lag nicht am deutschen „Sonderweg", sondern am Rande des gesamteuropäischen Weges in die Moderne. Der mit Beinschienen, Kinnblechen und Schultergurtkombinationen experimentierende „Prokrustes" des 19. Jahrhunderts war im Gegensatz zu seinem sagenhaften Vorbild kein aus der Art geschlagener Unhold, sondern das allseits anerkannte alter ego des „entfesselten Prometheus"[314]. Die folgende Beschreibung des Schreberschen „Geradhalters" dient daher keineswegs der individuellen Entlarvung eines „schwarzen Pädagogen", sondern der beispielhaften Analyse orthopädagogischer Dressur[315].

---

310 Der Ausdruck findet sich ursprünglich bei: Michel Foucault, Überwachen und Strafen, (Frankfurt/M. 1977), 223.
311 Vgl. hierzu: Dreßen (297), 23f., 88, 94f., 172f. u. 239 und Rutschky (Hg.) (129), 499–553.
312 Außer von Schreber und Hennig wurden „Geradhalter" – zumindest – auch von Dürr, Fürst, Geyh, Königshöfer, Soennecken und Vogt entwickelt: Hb. der Schulhygiene (129), 217; Rainer Lehberger u.a., Krieg in der Schule – Schule im Krieg, Hamburg 1989, 7 und Rutschky (Hg.), (129), 404 u. 434.
313 Vgl.: Nicolas Andry, Orthopädie, oder die Kunst bey den Kindern die Ungestaltheit des Leibes zu verhüten und zu verbessern, Berlin 1744, 115ff., 118ff. u. 130ff., wo die richtige Sitzhaltung der Kinder mit Hilfe eines ergonomisch optimierten Strohstuhls bewirkt und das Hängenlassen des Kopfes durch ein Kinnblech adressiert werden soll.
314 Grundsätzlich hierzu: Foucault (310), 207, 249 u. 380f.
315 Neben dem „Geradhalter", den Schreber zunächst an seinen Kindern und Patienten erprobte (Schreber, Die schädlichen Körperhaltungen (138), 51f.) finden sich im Buch der Erziehung (56) noch fünf weitere, auf ihn zurückgehende mechanotherapeutische Hilfsmittel: eiserne Beinschienen zur Korrektur des Ein- bzw. Auswärtsstellens der Füße (62f.), verstellbare Lederbänder zur Redressur von O- und X-Beinen (64f.), ein „Zaumzeug" zur Erzwingung der Rückenlage im Schlaf

Betrachtet man den oben abgebildeten „Geradhalter" und die ihm beigegebene Funktionsbeschreibung, fällt die pedantische, bis zur pseudowissenschaftlichen Exaktheit gesteigerte Diktion auf, mit der eine im Grunde banale Lebensäußerung wie das Sitzen zu einer operationellen, quasi ergonomisch synthetisierten Ausdrucksform hochgestylt wird. „Der regelrechte, von allen gesundheitswidrigen Einflüssen freie Sitz" verlangt nämlich die Einhaltung von sechs Vorschriften: „Der Körper muß mit seiner vollen Breite der Tafel zugewendet sein (...), die Haltung des Rückens muß eine gestreckte sein, *beide* Vorderarme müssen bis an den Ellenbogen (...) aufliegen (...), die Füße müssen bequem (...) aufruhen (...), das Verhältniß des Sessels oder der Bank zur Tafel muß ein solches sein, daß die Tafelhöhe der Magenhöhe des straff sitzenden Körpers gleichsteht (...), endlich muß der auf der Tafel befindliche Gegenstand der Arbeit (...) stets *gerade* vorliegen"[316].

Diese halb kunstvolle, halb erkünstelte Sitzhaltung erinnert fatal an die in den „Grundlagen der Formalausbildung" vorgeschriebene „Grundstellung" des Bundeswehr–Soldaten: „In der Grundstellung steht der Soldat still. Die *Füße* stehen mit den Hacken beieinander; die Fußspitzen zeigen so weit nach auswärts, daß die Füße nicht ganz einen rechten Winkel bilden. Das *Körpergewicht* ruht gleichmäßig auf Hacken und Ballen beider Füße. Die *Knie* sind durchgedrückt. Der *Oberkörper* ist aufgerichtet, die Brust leicht vorgewölbt, der Leib eingezogen. Die Schultern stehen in gleicher Höhe; sie sind nicht hochgezogen. Die *Arme* hängen mit leicht vorgedrückten Ellenbogen herab, so daß etwa eine Handbreite Zwischenraum zwischen Ellenbogen und Körper entsteht. Die *Hände* sind geschlossen und liegen ohne Verkrampfung an der Außenseite der Oberschenkel an. Die gekrümmten Finger berühren mit ihren Spitzen die innere Handfläche. Der Daumen liegt ausgestreckt am gekrümmten Zeigefinger. Die Handrücken zeigen nach außen. Der *Kopf* wird aufrecht getragen, das Kinn nicht vorgestreckt. Der Blick ist geradeaus gerichtet. Der Mund ist geschlossen"[317].

Schulbildung und militärische Grundausbildung beginnen offenbar mit demselben Ausgangspunkt[318]: So wie der Mensch von Natur aus geht und steht (oder sitzt), ist er nicht zu gebrauchen. Selbst einfachste Verhaltensweisen müssen daher (neu) gelernt werden. Der richtige Sitz nach Schreber ist, wie die Grundstellung des Soldaten, daher keine elementare Lebensäußerung, sondern eingeübte,

---

(131f.), eine Gurtkombination zur Fixierung nach vorn fallender Schultern (151f.) und eine Modellierbandage zur Kiefer– und Bißregulierung (161f.).
316 Schreber, Die schädlichen Körperhaltungen (138), 47ff. Hervorhebungen i.O. gesperrt.
317 ZDV (Zentrale Dienstvorschrift) 3/2. Formalausbildung, (Bonn) 1963, 9ff. Hervorhebungen i.O. fett.
318 Vgl.: Foucault (310), 187 u. 209 und Dreßen (297), 263–268.

ja eingefleischte Lebens–Kunst, nicht Ausdruck individuell geprägter menschlicher Natur, sondern standardisierter „zweiter Natur".

Zu den Bildbereichen Schule und „Schule der Nation" tritt als dritte Sphäre pädagogischer Metaphorik das Wortfeld Baumschule. Ob Klasse, Schonung oder Truppe – alle weisen ähnlich kompakte, in Reih und Glied ausgerichtete Lebens–Formen auf, in denen die einzelnen Lebewesen als bloße Strukturelemente fungieren. Auch die „kleinkarierten" Karrees der Kleingartenkolonien mit ihren regelrecht erschlossenen Parzellen, den staatlich genormten Typenlauben und den ordentlich gepflegten Rabatten lassen sich zwanglos in diesen Lebens– und Bildbereich einordnen. Wie der junge Baum seinen Pfahl, bekommt der junge Mensch seinen „Geradhalter", wie der Soldat seine Dienstvorschrift, erhält der Kleingärtner seine Gartenordnung. Von „Gottes freier Natur" bleibt allen Phrasen zum Hohn nichts übrig. Am Ende wird selbst der poetische „deutsche Märchen–Wald" zum prosaischen Wirtschaftswald. Die einzigen Pfade, die ihn jetzt noch durchziehen, sind Trimm–dich–Pfade[319].

Ähnlich wie die horti–kulturelle Bezugsebene mit ihrem zentralen Vergleichsmuster von Lehrer und Gärtner spiegelt auch die militärische Referenzebene, aus der Schreber einen nicht weniger charakteristischen Teil seiner Bildvorstellungen zieht, den Sprachgebrauch der damaligen Zeit. Seine Bilder und Vergleiche sind denn auch genausowenig originell wie seine mechanotherapeutischen Hilfsmittel. Im Gegenteil: Die historische Wurzel des pädagogischen Vorbildes Armee besitzt in Deutschland, neben der allgemeinen Ancienniät, die der Armee gegenüber dem Volksschulwesen als archaischer Frühform von Erziehung überhaupt zukommt, vor allem eine Quelle – die Turnbewegung. Sie stiftet zugleich den biographischen Zusammenhang zur Volks–Pädagogik Schrebers. In der Tat läßt sich die deutsche Turnbewegung nach Ursprung und Zielsetzung als protomilitärische Ersatzhandlung begreifen. Das Schlachtfeld von Jena und Auerstedt und die Jahn–Kampfbahn in der Berliner Hasenheide verhalten sich wie Ursache und Wirkung, Aktion und Reaktion. Die spätere Umwandlung vieler Turnerschaften in Freikorps läßt diesen Zusammenhang deutlich werden[320]. Schreber selbst hat diese pädagogische Vorbildfunktion in einer seiner letzten Veröffentlichungen ausführlich dargelegt. Wenn er hier die Abschaffung des „stehenden Heerwesens"[321] zugunsten einer allgemeinen Wehrertüchtigung fordert und aus den erwarteten Einsparungen eine umfassende Volksbildung auf pädagogischer Grundlage finanzieren will, bietet er freilich nur

---

319 Vgl. hierzu: Brigitte Wormbs, Natürlich mit Korsett, in: Natur 6 (1983), 47–50.
320 Siegfried Moosburger, Ideologie und Leibeserziehung im 19. und 20. Jahrhundert, München 1970, 134–138.
321 Schreber, Allgemeine Wehrkraft (40), 280.

eine weitere Variante einer klassischen Forderung aus den Tagen des Vormärz. Was Schrebers Haltung von dieser bis in den Bund der Kommunisten und die spätere SPD ausstrahlenden Position unterscheidet, sind sein deutschtümelnder Duktus, der ihn den „alte(n) germanische(n) Kern (...) nationaler Vollkraft" beschwören läßt[322], und seine tendenziell verschrobene Zivilisationskritik, die ihn veranlaßt, eine allgemeine Muskelkräftigung der Nation wegen der fehlenden „Toilettenkünste" beim Marschieren und nicht beim Tanzen zu suchen[323].

Das pädagogische Leitbild Armee besitzt jedoch außer der zeitgeschichtlichen noch eine zweite, quasi naturgeschichtliche Wurzel. Sie findet sich in Schrebers Grundvorstellung vom Leben als Kampf und einer durch ihn bedingten Höherentwicklung menschlicher Kultur. Was sich im Innern des Kindes als Streit der edlen und unedlen Keime manifestiert, erhält auf diese Weise eine äußere Entsprechung im Lebenskampf der Individuen: „Das wahre und hohe Ziel des menschlichen Lebens (...) kann und soll ja nur durch edlen Kampf teils mit uns selbst (...), teils mit dem äußeren Leben errungen werden. Ob er für unsere Kinder leicht oder schwer – (...) diesen Kampf können und sollen wir ihnen nicht ersparen, denn er ist Grundbedingung des Lebens. Ohne Kampf kein Sieg, und ohne diesen kein wahres Lebensglück. Wohl aber können und sollen wir sie nach Möglichkeit ausrüsten mit der Waffe, um den Kampf würdig durchzuführen, um das hohe Glück des Sieges zu erkämpfen – und diese Waffe, mit welcher sie freudigen Mutes in das Leben hineingehen können, ist eben die sittliche Willenskraft"[324].

Auch wenn der Vergleich sich aufdrängen mag, wäre es falsch, diese Lebensauffassung schlicht einem „Sozialdarwinismus vor Darwin"[325] zuzuordnen. Die philosophische Einsicht, daß leben kämpfen bedeute, hat schon der antike Stoizismus formuliert[326]. Die aus der Hobbesschen Staatstheorie bekannten Schlagworte „homo homini lupus" und „bellum omnium contra omnes" waren denn auch alles andere als Neuprägungen. Geistesgeschichtliche Sprengkraft entwickelten sie erst in Verbindung mit dem neuen naturgeschichtlichen Entwicklungsgedanken, wie er zuerst von Buffon und Lamarck vertreten wurde[327]. Die reale Basis für ihre Verknüpfung bildete freilich weit weniger die innere

---

322 Ebd., 279.
323 Ders., Die Verhütung der Rückgratskrümmungen (309), 31f.
324 Ders., Buch der Erziehung (56), 88f. Vgl. auch Ders., Anthropos (74), 132 und Ders., Buch der Gesundheit (41), 3f.
325 Der Begriff stammt von: Hansjoachim W. Koch, Der Sozialdarwinismus, München 1973, 27.
326 Seneca, Vom glückseligen Leben. Auswahl aus seinen Schriften, hg. v. H. Schmidt, (14. Aufl.) Stuttgart (1978), 260.
327 Vgl.: Schreber, Anthropos (74), 1 und Ders., Buch der Gesundheit (41), 3.

Logik der Forschung als vielmehr die äußere Analogie zum Konkurrenzprinzip der sich herausbildenden bürgerlichen Gesellschaft. Marx hat diesen Zusammenhang frühzeitig erkannt und scharfsinnig herausgearbeitet: „Es ist merkwürdig, wie Darwin unter Bestien und Pflanzen seine englische Gesellschaft mit ihrer Teilung der Arbeit, Konkurrenz, Aufschluß neuer Märkte, 'Erfindungen', und Malthusschem 'Kampf ums Dasein' wiedererkennt. Es ist Hobbes bellum omnium contra omnes, und es erinnert an Hegel in der 'Phänomenologie', wo die bürgerliche Gesellschaft als 'geistiges Tierreich', während bei Darwin das Tierreich als bürgerliche Gesellschaft figuriert"[328].

Schrebers Lebensauffassung erscheint vor diesem Hintergrund in erster Linie als ebenso epigonale wie eklektische Philosophie der bürgerlichen Gesellschaft. Schon die uneinheitliche Begründung seiner Ansicht vom „Kampf ums Dasein" macht das deutlich. Im „Buch der Gesundheit" gemahnt sie auf jeden Fall weit eher an althergebrachte kosmische Polaritätsvorstellungen[329] als an moderne Ausprägungen biologistischer Grundsätze. Hinzu kommt, daß Schrebers „Veredelungs"–Bestrebungen weder rassistische[330] noch selektionistische Elemente aufweisen. Nirgendwo wird das Individuum zugunsten der Gattung, der Rasse oder der Nation aufgeopfert. Aller Fortschritt gilt stets und ständig allen. Kein Zitat vermag diesen Sachverhalt stärker zu verdeutlichen als der philanthropische, volkspädagogische Grundzug, der Schrebers Werk wie ein roter Faden durchzieht.

Versucht man, diese uneinheitlichen Elemente zusammenzufassen, stößt man am Ende auf den zeitgenössischen Liberalismus mit seiner wirkungsmächtigen Verbindung von natürlicher Entwicklung und gesellschaftlichem Fortschritt im Zeichen des Konkurrenzkampfes in der entstehenden bürgerlichen Wirtschafts–Gesellschaft. Welche geistesgeschichtlichen Elementarteilchen, welche alten Vorstellungen und Ideologeme im Zuge dieser Entwicklung auch aufgewirbelt, wiederbelebt und eingeschmolzen wurden, ihr gemeinsames Kennzeichen ist ein aus Gegensätzen gespeister Entwicklungsgedanke. Dieser Befund paßt sowohl zu Schrebers sozialer Herkunft, seiner Ausbildung und beruflichen Stellung als auch zu seinem politischen Engagement in der Turnvereinsbewegung und während der Revolution von 1848/49. Der moderne Wissenschaftsbegriff mit seiner empirischen Grundposition und dem operationellen Rahmen von Experiment und Diskurs fügt sich dieser Bestimmung ebenso ein wie die moderate Mittelstellung, die Schreber in (fast) allen praktischen Streit–Fragen einnimmt.

---

328 Marx an Engels v. 18.6.1862, in: MEW 30, Berlin/Ost 1972, 249.
329 Ausführlich hierzu: Schreber, Buch der Gesundheit (41), 3f.
330 Vgl.: Ders., Anthropos (74), 2f.

Gleichwohl wäre es falsch, wollte man Schreber als typischen, gar idealtypischen Liberalen bezeichnen. Fünf Einzelzüge geben seinem Liberalismus vielmehr einen spezifisch norddeutschen, ja individuellen Zug:
1. sein volkspädagogischer Philanthropismus, der ihn von klassischen Manchester–Liberalen ohne „soziales Gewissen" deutlich unterscheidet;
2. sein ausgeprägter Protestantismus mit dem ihm innewohnenden, fast kulturkämpferischen Zungenschlag;
3. sein deutschtümelnder, aus der männerbündischen Turnbewegung gespeister Militarismus;
4. sein Etatismus, der ihn alle Reformvorschläge durchweg mit Rücksicht auf die mehr oder minder hohe Obrigkeit formulieren läßt; und
5. sein allgegenwärtiger, wenn auch gemäßigter Naturismus mit der auf Rousseau zurückgehenden Zivilisations– und Kulturkritik.

Alles in allem erweist sich Schrebers Frei–Sinn damit als vielfach modifizierter, tendenziell untypischer Liberalismus, der durch seinen Etatismus politisch entschärft, durch Philanthropismus und Naturismus aber zugleich sozial gemildert, durch Militarismus und Protestantismus hinwieder kleindeutsch–national verengt wird. Pointiert ausgedrückt, ließe sich Schrebers Liberalismus insofern als Frühform des deutschen Nationalliberalismus beschreiben, in dessen obrigkeitlicher Denkstruktur die Kapitulation im preußischen Heeres– und Verfassungskonflikt ebenso aufscheint wie die Beteiligung am Kulturkampf oder die Mitwirkung an der Bismarckschen Sozialgesetzgebung.

3.3.3. Nomen est omen oder Vom Naturismus des Vormärz zu den Naturheilvereinen des Kaiserreichs. Zur Begriffsgeschichte des Schrebergartens Teil II.

Schrebers historischer Standort im Rahmen der Geschichte des Naturismus läßt sich, wie oben gezeigt, mit der für ihn auch sonst charakteristischen Mittelstellung beschreiben. Diese Positionsbestimmung hebt freilich vor dem Hintergrund des im Vormärz entstehenden Naturismus und der ihm später folgenden Lebensreformbestrebungen der Jahrhundertwende nicht nur auf die für ihn typische Haltung programmatischer Mäßigung ab, sondern in erster Linie auf seine Stellung als Vermittler zwischen Rousseau und den von ihm beeinflußten deutschen Philanthropen und Naturheilkundlern auf der einen und den vielfältigen zivilisationskritischen Reformbestrebungen um 1900 auf der anderen Seite[331].

---

331 Grundlegend zur Bewußtseinslage des „fin de siècle": Corona Hepp, Avantgarde. Moderne Kunst, Kulturkritik und Reformbewegungen nach der Jahrhundertwende,

In diesem Zusammenhang erscheint Schreber geradezu als ein „existing link" zwischen der Krise des Ancien Régime und der Krisenstimmung des Fin de Siècle. In der Tat wurde hier wie dort unter Berufung auf die Natur einer zu Ende gehenden Epoche der historische Prozeß gemacht: in Frankreich dem monarchischen Absolutismus mit seinem artifiziellen Hofstaat, seinen künstlichen Ständeschranken und seinen genau regulierten Verkehrs- und Umgangsformen, in Deutschland dem durch Gründerkrach und zweite, innere Reichsgründung desavouierten Konkurrenz-Kapitalismus liberaler Prägung mit seiner rücksichtslos fortschreitenden Maschinenwelt. Ein besonderes Augenmerk warf der zivilisationskritische Blick in beiden Fällen auf die vermeintliche „Unnatur" der neu entstehenden großstädtischen Ballungszentren. Was Rousseau an der Ausnahme der weltstädtischen Nationalmetropolen Paris und London ebenso hellsichtig wie einseitig vorexerziert[332] und Schreber unter dem aufkommenden Reformansatz der Stadthygiene[333] im sächsischen Messe- und Industriezentrum Leipzig aufgegriffen und volkspädagogisch umzusetzen versucht hatte, wurde mit dem Durchbruch der Hochindustrialisierung zur inter-urbanen Regel.

Wie einst der „Eremit von Montmorency" sich aus dem „Seine-Babel" zurückzog, machte sich nun eine Vielzahl zivilisationsmüder Großstädter unter dem pseudo-rousseauistischen Schlachtruf „Zurück zur Natur" aus den Mietskasernen der Ballungsräume auf und (wenigstens auf Stunden) davon. Rousseau erfuhr um die Jahrhundertwende daher eine bis dahin beispiellose Renaissance. Wie der nachfolgend abgebildete Stammbaum der Lebensreformbewegung[334] ausweist, lassen sich in der Reformzeit so gut wie alle bei ihm vorhandenen Bestandteile naturistischer Zivilisationskritik ebenso leicht wiederfinden wie bei ihren zwischenzeitlichen Mittelsmännern Hartmann und Schreber. Ihren ursprünglichen Charakter hatten die einzelnen Versatzstücke zu diesem Zeitpunkt freilich weitgehend eingebüßt. Die geistigen Elementarteilchen rousseauscher Zivilisationskritik erschienen vielmehr, dem Stand des industriellen Fortschritts entsprechend, nun als aparte „Teilarbeiter" in Gestalt hochentwickelter, mehr oder minder arbeitsteilig organisierter Ein-Punkt-Bewegungen. Das Fin de Siècle sah daher keinen neuen Rousseau, sondern eine Vielzahl quasi-rousseauistischer Spezialisten wie Antialkoholiker, Heimatschützer, Jugendbewegte, Kleiderreformer,

---

München 1987 sowie Wolfgang R. Krabbe, Gesellschaftsveränderung und Lebensreform, Göttingen 1974.
332 Vgl.: Rousseau, Emile (95), 151, 217, 728, 930–934 u. 943.
333 Zur Stadthygiene siehe: Pfeil (22), 24f. sowie Lutz Niethammer u. Franz Brüggemeier, Wie wohnten Arbeiter im Kaiserreich?, in: ASG 16 (1976), 92ff.
334 Übernommen aus: Rothschuh (45), 113.

Ursprünge des modernen Kleingartenwesens 155

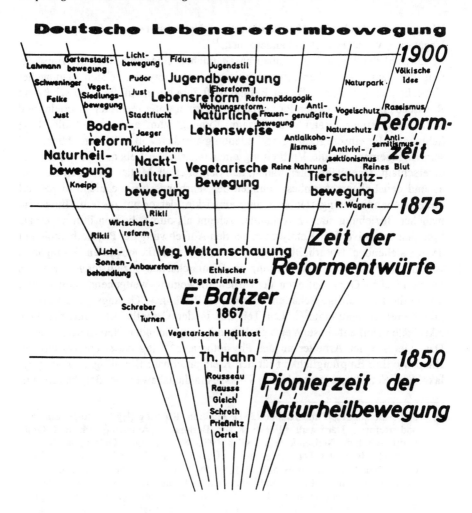

Stammbaum der deutschen Lebensreformbewegung

Kleingärtner, Nudisten, Naturheilkundige, Naturschützer, Reformpädagogen, Vegetarier, Wandervögel und andere mehr[335].

Obwohl der Stammbaum einen anschaulichen Überblick über die Entwicklung der deutschen Lebensreformbewegung bietet, erweist er sich in mancher Hinsicht als ungenügend. Dieser Befund trifft zum einen auf die Unterschätzung Rousseaus zu, der unter den Pionieren nur als einer unter mehreren erscheint und nicht als geistiger „Vater" der Gesamtströmung, zum anderen auf die Rolle Schrebers, die einseitig auf seine Bedeutung für das Volks–Turnen abhebt und sein Engagement für die Verbreitung einer natürlichen Lebens– und Heilweise unterschlägt. Unerwähnt bleibt auch, daß Schreber als Mittler zwischen Rousseau und den Lebensreformbestrebungen der Jahrhundertwende nicht zuletzt auf die entstehende Kleingartenbewegung einwirkte, der er auf diesem Umweg in mancher Beziehung stärker verbunden scheint als durch die von ihm angeregte Spielplatzinitiative. Der Katalysator, der den Aufschwung der Physiotherapie mit der entstehenden Naturheilbewegung[336] und den aufkommenden Kleingärten verband, war die repressive Wirkung des Bismarckschen Sozialistengesetzes, das die politischen Organisationen der Arbeiterbewegung weitgehend illegalisierte und in die fragwürdige Schattenexistenz von Bildungs–, Gesangs– und Vergnügungsvereinen abdrängte[337]. Ein Teil der in der Öffentlichkeit unterdrückten Aktivitäten floß auf diese Weise auch in die sich bildenden Naturheilvereine[338]. Das Interesse der Arbeiter an der Physiotherapie[339] lag dabei ebenso auf der Hand wie ihre Empfänglichkeit für den Kleingartenbau: Die billige, auf Prophylaxe und Selbsttherapie zielende Volksgesundheitsbewegung des Naturismus

---

335 Siehe hierzu: Hepp und Krabbe (331); Edeltraut Klueting (Hg.), Antimodernismus und Reform, Darmstadt (1991); Klaus Bergmann, Agrarromantik und Großstadtfeindschaft, Meisenheim am Glan 1970, 88–135; Gert Gröning u. Joachim Wolschke–Bulmahn, Die Liebe zur Landschaft. Teil I: Natur in Bewegung, München 1986, 81–233; Rothschuh (45), 90–99, 110–131; Ulrich Linse, Zurück, o Mensch, zur Mutter Erde. Landkommunen in Deutschland 1890–1933, München 1983 und Kristiana Hartmann, Deutsche Gartenstadtbewegung, München (1976).
336 Siehe hierzu: Erich Koch, Sozialpolitische Aspekte in der Naturheilbewegung, in: Zs. für ärztliche Fortbildung 65 (7) (1971), 397ff. und Gunnar Stollberg, Die Naturheilvereine im Kaiserreich, in: ASG 28 (1988), 287–305.
337 Einen Überblick über die unterdrückten Bildungs–, Gesangs– und Vergnügungsvereine bietet: Dieter Fricke, Die deutsche Arbeiterbewegung 1869 bis 1914, Berlin 1976, 132ff.
338 Siehe hierzu neben Krabbe (331), 153f. und Kreck (73), 16 v.a. 25 Jahre Arbeit im Dienste der Volksgesundheit. Fs. zum 25jährigen Bestehen des Deutschen Bundes der Vereine für naturgemäße Lebens– und Heilweise, hg. v. der Bundesleitung, Berlin 1914, 22 und Kordula Köberle, Die Hydrotherapeutische Anstalt der Universität Berlin von ihrer Gründung im Jahre 1901 bis 1933, Med. Diss. Berlin 1978, 6f.
339 Stollberg (336), 302.

Ursprünge des modernen Kleingartenwesens 157

entlastete ihre schmalen Geldbeutel, der gepachtete „Platz an der Sonne" milderte das drückende Wohnungselend. Wenn man beide Wirkungen kombinierte, eine Freizeitlaube baute, Luftbäder nahm, ein wenig Obst- und Gemüsebau trieb, sich vegetarisch ernährte und für die Kinder einen Spielplatz anlegte, bot das Leben plötzlich eine vielfach verbesserte und zugleich wieder vertraute Perspektive, bestand doch die Mehrzahl der damaligen Arbeiter noch nicht aus geborenen Proletariern, sondern aus zugewanderten Landbewohnern.

Politisch haben die teils neu entstehenden, teils als Tarnorganisationen umgenutzten Naturheilvereine freilich keine „Bäume ausgerissen". Die Masse der Vereine blieb vielmehr, wie der am 18.11.1888 gegründete „Deutsche Bund der Vereine für Gesundheitspflege und für arzneilose Heilweise"[340] parteipolitisch ebenso neutral[341] wie die späteren Kleingärtnerverbände, denen der „Deutsche Bund" seit 1909 als korporatives Mitglied angehörte[342]. Der Entstehungszusammenhang von Naturheilbestrebungen und Kleingartenbauaktivitäten blieb davon freilich unberührt. Von 103 zwischen 1870 und 1899 bekanntgewordenen Vereinsgründungen mit wenigstens partieller kleingärtnerischer Zielsetzung zählten 65 (= 63%) zur Gruppe der Naturheilvereine, von denen 29 (= 44,6%) in der Zeit des Sozialistengesetzes entstanden waren, während reine Gartenbauvereine mit 23 (= 22,3%) und ausgesprochene Schrebervereine mit 15 (= 14,5%) Vereinsgründungen erst an zweiter und dritter Stelle rangierten[343]. Noch 1912 stellten die Naturheilvereine von 213 offiziell erfaßten Kleingartenvereinen mit 78 (= 36,6%) immerhin ein gutes Drittel. Bemerkenswert war dabei nicht zuletzt ihre überdurchschnittlich hohe Spielplatzquote: Während von den 135 Kleingarten- und Schrebervereinen 44 (= 32,5%) keinen Spielplatz aufwiesen, waren es bei den Naturheilvereinen nur 15 (= 19,2%)[344]. Dieser Tatbestand verdeutlicht nicht nur, daß spielpädagogische und jugendpflegerische Bestrebungen keineswegs eine ausschließliche Domäne der Schrebervereine darstellten, er verweist darüber hinaus auf die produktive Gemengelage aller in den Kleingärten entwickelten Aktivitäten, die ursprüngliche Ansätze und Tätigkeitsschwerpunkte oft schnell modifizierten oder mit anderen Einflüssen verbanden.

Wie eng die Verschränkung der verschiedenen Aktivitäten in dem sich überlagernden Einzugsbereich von Naturheil-, Schrebervereins- und Kleingartenbe-

---

340 25 Jahre Arbeit (338), 21. Der Verband firmierte 1903 in Deutscher Bund der Vereine für naturgemäße Lebens- und Heilweise um. Siehe: Krabbe (331), 142–146.
341 Diese Haltung traf auch auf das Verhältnis der Naturheilvereine zur Sozialdemokratie zu. Siehe: Krabbe (331), 152ff.; Sollberg (336), 305 und StAHH. PP V 124, Bd. 1: Bericht v. 8.2.1886.
342 Förster/Bielefeldt/Reinhold (3), 19.
343 Berechnet nach: Ebd., 14ff.
344 Berechnet nach den Vereinslisten in: Familiengärten (23), 204–207 u. 234–251.

wegung tatsächlich war, belegt neben der noch gesondert darzustellenden Spielpädagogik und der Gartenarbeit die allenthalben propagierte Heilwirkung von Licht und Luft[345]. Auch sie gewann im letzten Drittel des 19. Jahrhunderts mehr und mehr Anhänger. Ihr eigentlicher Begründer war der Schweizer Arnold Rikli[346], auch wenn ihre therapeutische Bedeutung bereits von Rousseau und Schreber erkannt und genutzt worden war. Mit Riklis Namen verbindet sich nicht zuletzt die Erfindung der „Lufthütte"[347], die seinen unbekleideten Patienten als „Kurort" diente. Zwischen „Lufthütte" und Laube, Luftbad[348] und hygienisch–diätetischer Tbc–Therapie im Kleingarten bestand denn auch von Beginn an mehr als nur eine äußere Ähnlichkeit. Deutlich wird diese Beziehung auch im Hinblick auf die gemeinsame Nähe zur Kleiderreform. Die historischen Parallelen sind hier geradezu frappierend: Zu Rousseaus Zeiten herrschte der taillierte Reifrock, bis ihn die Revolution durch die Chemise ersetzte, in Schrebers Tagen erfolgte seine, vom Biedermeier vorbereitete, Erneuerung in Gestalt der Krinoline, bevor die Jahrhundertwende die „Befreiung" des weiblichen Körpers in Gestalt von „Reform–" und (nudistischem) „Lichtkleid" erneut auf die Tagesordnung setzte. Es überrascht daher nicht, daß manche Kleingärtner aus Kreisen der Naturheilbewegung ihre Gartenarbeit im „Luftbadkostüm" verrichteten[349].

Eine vergleichbare Verbindung begründete die breite Strömung der ebenfalls auf Rousseau zurückgehenden Zivilisationskritik mit ihrer stereotypen Klage über die moderne „Entfremdung von der Natur"[350]. Auch sie läßt sich bei Schreber – selbst für Spezialfragen wie die Förderung der Militärtauglichkeit oder die Ablehnung der angeblich ausschweifenden großstädtischen Freizeitvergnügen – ohne Mühe nachweisen. Der Unterschied zwischen ihm und den späteren Klein-

---

345 Vgl. hierzu: 25 Jahre Arbeit (338), 84ff.
346 Rothschuh (45), 90f.
347 Eine Abbildung findet sich in: Ebd., 95.
348 Allein der Deutsche Bund schuf zwischen 1880 und 1913 380 Luftbäder, die z.T. mit Spielplätzen und Kleingartenanlagen verbunden waren. Siehe: 25 Jahre Arbeit (338), 84.
349 A. Keller–Hoerschelmann, Gartenarbeit im Luftbadkostüm, in: Der Naturarzt 4 (1908), 108f. und Peter Johann Thiel, Vom Licht–Luftbad durch Schrebergärten zur Obstbausiedlung, in: Ebd. 6 (1907), 136ff.
350 Siehe hierzu: Otto Albrecht, Deutsche Kleingartenpolitik, in: Die Arbeit 1 (1924), 176; Friedrich Coenen, Das Berliner Laubenkoloniewesen, seine Mängel und seine Reform, Göttingen 1911, 6; Familiengärten (23), 274; Bernhard Cronberger, Der Schulgarten des In- und Auslandes, 2. Aufl. Berlin 1909, 6; Ludwig Klages, Mensch und Erde, in: Ders., Mensch und Erde, Stuttgart (1956), 4; Otto Moericke, Die Bedeutung der Kleingärten für die Bewohner unserer Städte, Karlsruhe 1912, 3f.; Neue Aufgaben in der Bauordnungs– und Ansiedlungsfrage. Eine Eingabe des DVfW, Göttingen 1906, 38; G. Peters, Zur Kleingartenbewegung, in: Der Landmesser 6 (4) (1918).

garten- und Schrebervereinsaktivisten lag vornehmlich in der Wahl der zu ihrer Bekämpfung anzuwendenden Mittel. Während Schreber eine nationale Wehrertüchtigung vor allem durch Spiel und Turnsport erhoffte, setzten sie in erster Linie auf die kräftigende Wirkung der Gartenarbeit[351], um „ein Gegengewicht (zu) bieten zu der Kino- und Foxtrott-Seuche und die Jugend wieder empfänglich (zu) machen für die Schönheiten der Natur"[352].

Das gemeinsame politische Charakteristikum von Naturismus und Zivilisationskritik bildete freilich ihre maßvolle Zielsetzung. Wie der von Schreber eingeschlagene Weg des volkspädagogischen Heil-Turnens war auch der Weg in den Kleingarten ein mittlerer, „dritter Weg", der sich von den Extrempositionen liberal-kapitalistischer Bodenspekulation ebenso weit entfernt wußte wie von den agrarromantischen Aussteigern der Siedlungsbewegung. Im Mittelpunkt der Vorstellungen Schrebers wie der späteren Schreber- und Kleingartenpädagogen stand daher trotz aller kritischen Reformbestrebungen die politische Versöhnung mit dem modernen Industriestaat. In der Tat waren Schreber und die auf ihn zurückgreifenden Kleingarten- und Schrebervereinsaktivisten nach Herkunft, Beruf und sozialer Stellung fast ausnahmslos Vertreter einer kleinbürgerlichen Sozialreform, die den zeitgenössischen Liberalismus schon früh etatistisch versetzten, wobei ihnen die spezifisch deutsche Tradition der Polizeiwissenschaft ebenso zugute kam wie der neomerkantilistische Staatsinterventionismus Bismarckscher Prägung[353].

Zwei sozialpolitische Grundüberzeugungen waren Schreber, Schrebervereins- und Kleingartenbewegung daher allen Unterschieden zum Trotz gemein: das Bekenntnis zur patriarchalischen Familie als „Keimzelle des Staates" und das Bekenntnis zum demokratischen Vereinswesen als „Pflanzschule" bürgerlichen Gemeinsinns. Wenn Schreber im Turnverein eine „gesellige Vereinigung verschiedener Stände zu gemeinschaftlichem Zwecke" sah und sich von dieser Verbindung nicht nur eine „Hebung der niederen Stände", sondern auch eine körperliche und geistige „Veredelung" der Nation versprach, beschwor er damit im Grunde das gleiche Leitbild, das der spätere RVKD-Vorsitzende Heinrich

---

351 Siehe: W. Voß, Städtische Kleinsiedlung, in: Archiv für exakte Wirtschaftsforschung 9 (1918/1922), 381-387 und (Alwin) Bielefeldt, Die volkswirtschaftliche Bedeutung des Kleingartenbaus, in: Arbeiten der Landwirtschaftskammer für die Provinz Brandenburg 45 (1924), 67.

352 Kurt Schilling, Das Kleingartenwesen in Sachsen, Dresden 1924, 30. Ähnlich auch: Mittenzwey (106), 101; Bielefeldt, Die volkswirtschaftliche Bedeutung (351), 63 und Heinrich Förster, Wesen und Bedeutung der Kleingartenbewegung, in: Zs. für Kommunalwirtschaft 19 (17) (1929), Sp. 1238.

353 Siehe hierzu: „Weder Kommunismus noch Kapitalismus". Bürgerliche Sozialreform in Deutschland vom Vormärz bis zur Ära Adenauer, hg. v. Rüdiger vom Bruch, München (1985), 9f., 62 u. 82.

Förster der organisierten Kleingartenbewegung zuwies: „Die Tätigkeit im kleinen Garten erfüllt den Menschen mit Freude an der Natur. Der Umgang mit den Pflanzen, die Beobachtung der Vorgänge in der Pflanzen- und Tierwelt wirkt veredelnd auf das Gemüt. Der Mensch, heute vielfach zur Maschine geworden, hat im Kleingarten die Möglichkeit, selbst zu gestalten. Dort ist er sein eigener Herr. Von Bedeutung ist auch, daß Menschen verschiedener Berufe, Konfessionen und politischer Parteien hier ein gemeinsames Betätigungsfeld finden. Die Tätigkeit im kleinen Garten regt an zum Austausch der Gedanken und Gesinnung, zur gegenseitigen Hilfeleistung, zur gemeinsamen Arbeit. Die gemeinschaftliche Herstellung und Instandhaltung der Einfriedigungen und Wege, die gemeinschaftlichen Feste und Vereinsabende, alles das bringt die Menschen der verschiedenen Berufe und Klassen einander näher. Das Verständnis für andere Lebensanschauungen, anderer Menschen Meinungen wird gepflegt"[354].

Der Gegensatz zwischen den unterschiedlichen Mitteln und Methoden erwies sich demgegenüber als unbedeutend. Ob Turn-Sport oder Klein-Gartenarbeit –, die sozialpolitischen Zielsetzungen blieben identisch. Wenn der Oberstadtdirektor von Frankfurt/M., Hermann Schulz, den Kleingartenbau als Sport einstufte, der obendrein „Werte schaff(e)"[355], brachte er das offenbare Geheimnis, das beide Bestrebungen miteinander verband, bloß mit beeindruckendem Freimut zum Ausdruck.

Spätestens am Ende des ersten Jahrzehnts des neuen Jahrhunderts war die gegenseitige geistige, lebenspraktische und organisatorische Durchdringung von Naturheil-, Schreber- und Kleingartenvereinen daher so stark geworden, daß sie der selbständigen Verbandsentwicklung des „Deutschen Bundes" nur noch einen bescheidenen Entfaltungsspielraum bot. Zählte der „Deutsche Bund" 1899 65 Vereine mit rund 5.000 Gärten, waren es 1909 70 mit etwa 6.000 und 1912 74 mit 5.665. Noch 1931 bewegte sich der Bund mit 73 Vereinen und 6.608 Kleingartenbewirtschaftern, darunter 4.000 (= 60,5%) Arbeiter, in derselben Größenordnung. Im Rahmen des RVKD spielte er mit 73 von 3.880 Vereinen (= 1,9%), 6.608 von 409.630 Mitgliedern (= 1,6%) und 100 von insgesamt 16.857 ha bebauten Kleingartenlandes (= 0,6%) nur eine bescheidene Nebenrolle[356]. Wie die Arbeitergärten vom Roten Kreuz entfalteten und verbrauchten auch die Natur-

---

354 Förster, Wesen und Bedeutung (352), Sp. 1238. Ähnlich auch: Justus Melchior, Der Schrebergedanke in der Arbeit der Naturheilvereine, in: Der Naturarzt 4 (1934), 102.
355 Hermann Schulz, Fürsorge und Kleingartenbau, in: Frankfurter Wohlfahrtsblätter 33 (2/3) (1930), 186f.
356 Berechnet nach: Zwei Jahrzehnte Vereinsarbeit, in: Der Naturarzt 1 (1909), 1–4; Familiengärten (23), 204–207 u. 234–251; Förster/Bielefeldt/Reinhold (3), 78f. und Melchior (354), 100ff.

heilvereine ihre Schubkraft daher während der Pionierzeit der Bewegung[357], um spätestens nach dem kriegswirtschaftlichen Take-off des Ersten Weltkrieges vom allgemeinen Strom der Kleingartenbewegung vereinnahmt zu werden. Wenn wir unter dieser veränderten Perspektive noch einmal auf den Begriff Schrebergarten zurückkommen, werden wir sein oben herausgearbeitetes Unterscheidungsmerkmal zum Kleingarten aufgrund seiner geschichtlichen und sachlichen Bedeutung zwar keineswegs widerrufen, wir werden seiner Verwendung als Synonym für Kleingarten aber auch nur noch bedingt widersprechen, da seine umgangssprachliche Verwendung trotz ihres weitgehend unbegriffenen Charakters eine derartige Fülle kleingarten-historischer Kontinuitätslinien spiegelt, daß man in der notorischen Verwendung des falschen Patronymikons geradezu eine Hegelsche „List der Vernunft" erkennen kann[358].

3.3.4. Die Schreberspielpädagogik.

3.3.4.1. Die Gründung des ersten Schrebervereins – eine frühe Verschränkung von Spielpädagogik, Fröbel-Kindergarten und grünplanerischer Großstadtkritik.

In seinem vorletzten Lebensjahr veröffentlichte Daniel Gottlob Moritz Schreber in der bekannten Leipziger Zeitschrift „Die Gartenlaube" einen knapp drei Seiten langen Artikel über die gesundheitliche und pädagogische Bedeutung des Jugendspiels[359]. Obwohl der Aufsatz weder Schrebers letzte Veröffentlichung war noch im Rahmen seines Gesamtwerkes zu grundlegend neuen Erkenntnissen führte[360], gilt er der Schrebervereinsgeschichtsschreibung durchweg als Vermächtnis und Gründungsdokument der mit seinem Namen verbundenen Kinder- und Jugendpflege[361]. Die Entstehungsgeschichte des Artikels wurde in späteren

---

357 Das triff offenbar auch auf die Entwicklungen in Wien und Zürich zu. Siehe: Siller Schneider (25), 10f.; Schrebergärten als Korrektur und Gegenwelt für Städte am Beispiel Wiens, in: Freizeit- und Kleingartennutzung in Städten der Ballungszentren, Bonn o.J., 75; Hans Graf, Familiengärten in der Schweiz, in: Ebd., 107.
358 G. W. F. Hegel, Vorlesungen über die Philosophie der Geschichte, (Werke 12), (Frankfurt/M. 1970), 49.
359 Schreber, Jugendspiele (40).
360 Alle wesentlichen Gedanken des Artikels finden sich bereits in: Ders., Buch der Erziehung (56), 81–86.
361 Mittenzwey (106), 56; Richter, 75 Jahre (17), 20; Schilling, Dr. D. G. M. Schreber (17), 9 und Eduard Mangner, Spielplätze und Erziehungsvereine. Praktische Winke zur Förderung harmonischer Jugenderziehung nach dem Vorbilde der Leipziger Schrebervereine, Leipzig 1884, 24.

Selbstdarstellungen daher blumig imaginiert und legendarisch ausgeschmückt[362]. Diese Kritik stützt sich zunächst auf die Chronologie: Die Gründungsversammlung des Schrebervereins tagte nämlich erst am 10.5.1864[363], also rund drei Jahre nach Schrebers Tod und fast vier Jahre nach der Veröffentlichung des fraglichen Aufsatzes. Bestätigt wird dieser Befund durch die Biographie, die Schreber mit dem späteren Vereinsgründer Ernst Innocenz Hauschild[364] verband. In der Tat lebten Schreber und Hauschild nicht nur über zwei Jahrzehnte zusammen in derselben Stadt, sie besaßen auch gleichgerichtete pädagogische Interessen[365]

---

362 Ebd., 24; Mittenzwey (106), 49f.; Richter, 75 Jahre (17), 20 und Schilling, Dr. D. G. M. Schreber (17), 9.

363 Richter, 75 Jahre (17), 12.

364 Ernst Innocenz Hauschild wurde am 1.11.1808 in Dresden als Sohn eines Rechtsanwalts geboren. Nach Beendigung der Friedrich–August Bürgerschule wechselte er zunächst auf die Kreuzschule, danach auf die Fürstenschule St. Afra in Meißen. Nach dem Schulabschluß studierte er in Leipzig und München Philologie, Philosophie und Theologie. 1830 wurde Hauschild, der sein Studium mit dem Dr. phil. abgeschlossen hatte, Lehrer an der ländlichen Erziehungsanstalt Amalienburg bei Grimma. Nach zwei Jahren ging er von dort nach Dresden zurück, um ein knappes Jahr als Hilfslehrer an der Kreuzschule zu arbeiten, bevor er 1833 einen vierjährigen Auslandsaufenthalt in Österreich antrat. 1837 kehrte Hauschild nach Sachsen zurück und ließ sich in Leipzig nieder, wo er in den folgenden zwölf Jahren als Lehrer an der Ersten Bürgerschule wirkte. 1849 kündigte er und begründete mit dem „Modernen Gesamtgymnasium" eine vom Geist der deutsch–englisch–französischen Völkerverständigung getragene Reformschule für Jungen und Mädchen, die nach Struktur und Zielsetzung als Prototyp einer – wenn auch auf das Bildungs–Bürgertum beschränkten – Gesamtschule angesehen werden kann, die die auf Johannes Amos Comenius zurückgehenden Gesamtschulvorstellungen der Aufklärung mit denen der Reformschulbewegung historisch vermittelte. Vgl. Gesamtschule, in: Das Fischer Lexikon. Pädagogik, hg. v. H.–H.Groothoff, (Frankfurt/M. 1973), 95–99. Die starke Praxisorientierung des „Gesamtgymnasiums" manifestierte sich nicht nur in der Pflege der „lebenden" Sprachen, der modernen Wissenschaften und der „schönen Kunst", sondern ebensosehr in dem obligatorischen Erlernen der Stenographie, dem Mädchenturnen oder dem vormilitärischen Exerzieren und Rapierfechten. Siehe dazu: E. I. Hauschild, Das moderne Gesamtgymnasium zu Leipzig, Leipzig 1854. Nach einem zweijährigen pädagogischen Gastspiel in Brünn zwischen 1857 und 1859 kehrte Hauschild endgültig nach Leipzig zurück und wurde dort 1862 mit der Leitung der neu erbauten Vierten Bürgerschule betraut. In dieser Funktion ist er am 5.8.1866 gestorben. Richter, 75 Jahre (17), 26–31 und Schilling, Dr. D. G. M. Schreber (17), 12–16.

365 Wie stark Schreber und Hauschild auch in Einzelfragen übereinstimmten, belegt: Ders., Die leibliche Pflege der Kinder im Hause und in der Schule, Leipzig 1858, wo der Verfasser gegen die Schnürbrust polemisiert (Ebd., 23), den Aufenthalt in frischer Luft propagiert (Ebd., 10–14) und namentlich das Turnen empfielt (Ebd., 19f. u. 24–29), das ihm sogar als „Heilmittel" gegen die Onanie geeignet erscheint (Ebd., 111).

und pflegten nach Aussage von Schrebers Tochter Anna in dieser Zeit regen Umgang[366]. Schrebers spielpädagogische Auffassungen waren Hauschild infolgedessen seit Jahren bekannt. Die vereinsgeschichtliche Legende widerspricht aber zugleich jeder Lebenserfahrung: Wer den Namen eines Verstorbenen zum Taufnamen einer schulpädagogischen Initiative vorschlägt und ihn gegen die Alternativen Schulverein und Eltern- und Lehrerverein[367] durchsetzt, gründet ein solches Unternehmen nicht auf die Kenntnis eines einzelnen, in der Öffentlichkeit längst vergessenen Zeitschriftenartikels.

Obwohl Schrebers Aufsatz daher weder den Anlaß noch die Ursache für die spätere Vereinsgründung darstellt, besitzt er als Kurzfassung seiner im „Buch der Erziehung" entwickelten Spielpädagogik für die Geschichte der späteren Schreberjugendpflege grundsätzliche Bedeutung. Nicht zuletzt deshalb gehen Schrebers Ausführungen auch bei dieser Veröffentlichung von seiner „socialen Gesundheitslehre" mit ihren sich ergänzenden Komponenten naturgemäßer Lebensweise und kultureller „Veredelung" aus[368]. Die Notwendigkeit einer speziellen Kinder- und Jugendspielpflege sieht der Verfasser daher in der geistleiblichen Doppelnatur des Menschen und der aus ihr entspringenden Forderung nach einer harmonischen Gesamtentwicklung des Individuums begründet. Während die „Spielzeit" zwischen dem zweiten und siebten Lebensjahr als „Elementarclasse der Lebensschule" dem Kind dazu dient, „seinen eigenen *Thätigkeitstrieb* zu befriedigen und in dieser natürlich-angenehmen aktiven Erregung seine Unterhaltung zu finden"[369], schreibt Schreber den Jugendspielen der Schulkinder eine umfassendere Bildungsfunktion zu. Zwar dürfen auch sie den „Thätigkeitstrieb" noch weiter ausbilden, doch wird das jugendliche Treiben von nun an verstärkt reguliert: Durch „Wechselverkehr und Wetteifer" soll „jeder noch so verborgene Funke der geistigen Individualität der Kinder geweckt und entzündet", ihr „Eigenwille an einem gleichberechtigten anderen Willen" abgeschliffen und ihr Charakter im „Leben und Wirken für gemeinschaftliche Zwecke" entwickelt und gekräftigt werden"[370].

Trotz erkennbarer Nähe zum Philanthropismus und seines nicht zuletzt persönlichen Engagements für das Turnen grenzt Schreber den Eigenwert des Spiels deutlich von allen Formen der Arbeitserziehung[371] und des Turnsports ab. Insbesondere die selbständige Stellung, die der Autor dem Spiel im Verhältnis zum

---

366 Richter, 75 Jahre (17), 22.
367 E. I. Hauschild, 40 Pädagogische Briefe, Leipzig 1862, 218 und Ders., 30 Pädagogische Briefe, Leipzig 1865, 115 u. 117.
368 Schreber, Jugendspiele (40), 414.
369 Ebd. Hervorhebung i.O. gesperrt.
370 Ebd., 415.
371 Ebd.

Turnen einräumt, verdient Beachtung. Zwar hebt Schreber „Turnplätze und Turnanstalten" als „ganz unentbehrliche Bedingung namentlich unseres gegenwärtigen Culturlebens" hervor, doch betont er zugleich, daß „das Spiel als solches (...) einen zu wichtigen selbstständigen Werth" habe, um durch das Turnen ersetzt werden zu können"[372].

Wie eindringlich der Autor den Eigenwert des Spiels nun allerdings auch hervorhebt, so deutlich begrenzt er es zugleich in seiner freien Entfaltung: „Um den Zweck vollständig zu erreichen, ist (...) die einfache Überlassung eines Platzes an die Jugend, wie dies in England der Fall, nicht hinlänglich, sondern der Platz und die darauf vorzunehmenden Spiele müssen auch *planmässig eingerichtet* und *überwacht* sein". Diese „*väterliche* Aufsicht" sollte ein Mann übernehmen, „der mit gehöriger Bildung Sinn und Liebe für die Sache verbände, für das Leben und Treiben auf dem Platze verantwortlich gemacht würde und die etwaigen Spielgeräthschaften unter seinem Gewahrsam hätte. Selbstverständlich müßte er seine Wohnung auf oder unmittelbar an dem Spielplatze haben. Wünschenswerth würde ein Verheiratheter sein, damit die weibliche Jugend auch weiblichen Einfluß genösse. Das Turnlehrer- oder Militärpersonal würde die reichlichste und passendste Auswahl bieten". In enger Zusammenarbeit mit Schulbehörde und Elternschaft sollte diese, später als „Spielvater" bekanntgewordene Aufsichtsperson darüber wachen, „daß bei vollster Freiheit des jugendlichen Treibens doch jedem Einzelnen, wie auch den einzelnen Abtheilungen der Jugend Recht und Ordnung, und dem Ganzen heitere Harmlosigkeit und Sitte gesichert wären"[373].

Allen Bekenntnissen zum Eigenwert des Spiels zum Trotz entpuppt sich das Schreberspiel damit im Hinblick auf seine Organisationsform als getreues Abbild des herkömmlichen Turnbetriebs. Man wird in Schrebers Spielplatzinitiative daher weniger eine pädagogische Innovation als eine formelle Ausweitung seines Aktionsraumes erkennen, zumal das Kinder- und Jugendspiel selbst keine inhaltliche Bestimmung erfährt. Der geforderte Freiraum für die Jugend erweist sich vielmehr als kontrollierter pädagogischer Schutzraum, in dem Vater, „Spielvater" und „Vater Staat" Kinder und Jugendliche auf den richtigen Lebensweg bringen. Diese staatsbürgerliche Funktion des Spiels macht der Verfasser in seinem Schlußplädoyer deutlich. In Anbetracht „der größeren und in neuester Zeit reißend anschwellenden Städte"[374] sieht Schreber im Kinder- und Jugendspiel geradezu „die fundamentalste Lebensfrage des Staates. Nur der allseitig kräftig

---

372 Ebd.
373 Ebd., 415f. Hervorhebungen i.O. gesperrt.
374 Ebd., 415.

Ursprünge des modernen Kleingartenwesens 165

und gut entwickelte Mensch kann seine Lebensaufgabe für sich und für die Welt vollständig erfüllen, kann dem Staate sein, was er sein soll"[375].

Auf der Basis dieser Zielvorstellungen fand am 10.5.1864 auf Initiative von Ernst Innocenz Hauschild im Leipziger Odeon die Gründung des ersten Schrebervereins statt[376]. Die Grundgedanken, die Hauschild leiteten, waren in erster Linie schulreformerischer Art. Als Direktor der 1862 gegründeten 4. Leipziger Bürgerschule hatte sich Hauschild die Aufgabe gestellt, die pädagogischen Bestrebungen von Eltern und Lehrern im Rahmen der Schulgemeinde zusammenzuführen. Ursprüngliche Kristallisationskerne der Initiative bildeten die seit dem 13.1.1863 wöchentlich stattfindenden Elternabende und der verbreitete Wunsch, eine Kinderbibliothek[377] aufzubauen. Aus dieser offenen Vorform regelmäßiger Elternabende entstand binnen Jahresfrist die juristisch verbindliche Form des Schrebervereins. In seinem Gründungsaufruf vom 30.4.1864 legte Hauschild die künftige Aufgabenstellung dar. Sie umfaßte vier Punkte: den weiteren Ausbau der Kinderbibliothek, ihre Ergänzung durch eine erziehungswissenschaftliche Handbibliothek für Eltern und Lehrer, die Gründung eines pädagogischen Mitteilungsblattes und die Schaffung „leidliche(r) Spielplätze" für „unsere Kinder"[378].

Es steht außer Frage, daß diese Spielplatzinitiative im Mittelpunkt der Vereinsbestrebungen stand. Diese Vermutung ergibt sich bereits aus der Tatsache, daß sie als einzige Forderung umfassend begründet wurde: „Wie lange wird es noch dauern, und *unsere* Kinder sind, wie die bedauernswerthen Kinder der *innern* Stadt, mit ihren Spielen auf das unerquickliche und gefahrbringende Straßenpflaster, auf kleine und feuchte Höfe, auf winzige Gärtchen angewiesen. Wollen wir nicht *jetzt*, so lange der Grund und Boden zwischen unsern Häusern und Plagwitz noch verhältnißmäßig wohlfeil zu erlangen ist, einen Spielplatz auf alle Zeiten für die Kinder auf der Westseite von Leipzig, für die Kinder der 4. Bürgerschule erwerben, einen großen Spielplatz, auf welchem man zugleich in einem Winkel für die Schule einen ganz bescheidenen, kleinen botanischen Garten anlegen könnte? Ein Privatmann wird früher oder später einen solchen Platz als gute Baustelle losschlagen (...), die *Schulgemeinde* (...) wird den Spielplatz für ihre Kinder nimmer sich feil machen lassen"[379].

Mit dieser Analyse stellte sich Hauschild zugleich in den von Schreber vorgegebenen spielpädagogischen Begründungszusammenhang von Urbanisierung,

---

375 Ebd., 416.
376 Hauschild 30 Pädagogische Briefe (367), 108ff.
377 Ebd., 110. Zit. i.O. gesperrt.
378 Ebd., 111.
379 Ebd., 113f. Hervorhebungen i.O. fett. Hauschilds Interesse am Kindergarten bezeugt auch: Ders., Die leibliche Pflege (365), 145, sein Engagement für den Schulgarten mit Kinderbeeten: Ders., 40 Pädagogische Briefe (367), 36ff.

Bodenspekulation, Mietskasernenelend und sozialhygienischer Freiflächenvorsorge. Wie stark der Verein diese sozialreformerischen Vorstellungen seines bildungsbürgerlichen Namenspatrons auch personell widerspiegelte, zeigt neben der unmittelbaren Kontinuität, die aus der Mitarbeit Hauschilds und Karl Hermann Schildbachs[380] erhellt, die soziale Zusammensetzung des Gründungsvorstands, der aus drei Lehrern, einem Arzt, einem Bildhauer und einem Kaufmann bestand[381]. Dieses Sozialprofil wird durch die Menge sämtlicher Vorstandsmitglieder des Zeitraums von 1864 bis 1939 bestätigt. Ihr zufolge entfielen von 135 Vorstandsmitgliedern 36 (= 26,6%) auf Kaufleute und Fabrikanten, 25 (= 18,5%) auf Lehrer, 18 (= 13,3%) auf Handwerksmeister und 15 (= 11%) auf Privat–Beamte und Staats–Angestellte[382]. Der hier erkennbare bürgerliche Charakter des Schrebervereins läßt sich an der Art und Weise der Gartenlandvergabe, die anfangs durch Versteigerung oder Verkauf, später gegen Höchstgebot erfolgte[383], ebenso belegen wie an der erstaunlich langen Besitzdauer vieler Gärten[384], die offenkundig auf Seßhaftigkeit und konsolidierte Finanz–Verhältnisse der Mitgliedschaft hindeuten.

Trotz seiner gemeinnützigen Zielsetzung und der aus örtlichen Honoratioren bestehenden Vereinsführung dauerte es noch über ein Jahr, bis der Verein am 25.5.1865 den ersten Schreberplatz einweihen konnte[385]. Verzögert wurde das Vorhaben vor allem deshalb, weil der Verein die im Überschwemmungsgebiet der Elster liegende städtische Thomasschulwiese nicht erwerben konnte. Obwohl der Vereinsvorsitzende, der Bildhauer Franz Schneider, die Stadtväter in einer Eingabe vom 14.7.1864 nicht ohne Pathos aufgefordert hatte, *„der lieben Jugend zu gedenken, daß diese nicht später einmal auf dem Pflaster ganz zur 'Straßenjugend' werden muß, sondern irgendwo nicht allzufern von der Stadt wohlbeaufsichtigte Spielplätze findet"*[386], lehnte der Rat das Anliegen aus städtebaulichen und wohl auch fiskalischen Gründen ab, da das Gelände zum geplanten Expansionsgebiet der Westvorstadt gehörte. Immerhin fanden sich die Stadtväter bereit, einen Teil der Fläche im Umfang von vier sächsischen Äckern (=2,2 ha) gegen einen jährlichen Zins von 104 Talern vom 1.1.1865 an auf sechs Jahre zu verpachten[387]. In Anbetracht der angestrebten Stadterweiterung hatte sich der

---

380 Richter, 75 Jahre (17), 13 u. 116.
381 Ebd., 13 u. 114ff.
382 Berechnet nach der alphabetischen Übersicht in: Ebd., 114ff.
383 Ebd., 42.
384 Vgl.: Ebd., 56.
385 Siehe zum folgenden: Ebd., 31–39.
386 Ebd., 32. Zit. i.O. gesperrt.
387 Ebd., 36 u. 38. Ein alter sächsischer Acker zählte 300 q–Ruten, die Rute zu 18,4 qm.

Rat jedoch ein jederzeitiges Kündigungsrecht vorbehalten, so daß der Verein nicht nur ein minderwertiges, von Überschwemmungen bedrohtes Gelände erhielt, sondern obendrein einen vertragsrechtlich unsicheren Standort besaß. Schon zwei Jahre später mußte der Verein 76 Quadratruten (= 12,3 a) abtreten, nach zehn Jahren das gesamte Gebiet wieder räumen und auf ein weiter stadtauswärts gelegenes Ersatzgrundstück auf den Fleischerwiesen umziehen[388].

Trotz der unsicheren Lage und des 1866 erfolgten Todes von Ernst Innocenz Hauschild entwickelte sich der Verein in der Folgezeit stetig weiter und gewann bis zum Ende des Jahrzehnts die für ihn kennzeichnende Form einer Verbindung von Kinder- und Jugendpflege mit der Kleingartenarbeit Erwachsener. Während sich der Spielbetrieb im Sinne der ursprünglichen Intention gezielt entfaltete, entstanden die Kleingärten aus der Liquidationsmasse eines gescheiterten Kinderbeetprojekts. Da die Kleinen weder das nötige Interesse noch die gebotene Ausdauer für die ihnen angetragene Gartenarbeit aufbrachten und lieber auf dem Schreberspielplatz herumtobten als im Schrebergarten arbeiteten, übernahmen ihre Eltern die verwilderten Parzellen und traten auf diese Weise gleichsam die Erbschaft ihrer Kinder an. Am 7.6.1869 wurden diese Familienbeete offiziell eingeweiht[389]. Mit ihnen trat der Schreberverein in den Entstehungs- und Wirkungszusammenhang der modernen Kleingartenbewegung.

Die Einführung der Kinderbeete ging auf die Tätigkeit des Pädagogen Karl Gesell[390] zurück, der die Kinder und Jugendlichen des Schrebervereins von 1865 bis 1879 als „Spielvater" betreute. Durch die Vermittlung Gesells traten zugleich

---

388 Ebd., 38.
389 Ebd., 40f.
390 Heinrich Karl Gesell wurde am 8.6.1800 in Liegnitz als Sohn eines Schuhmachermeisters geboren. Nach dem Besuch der Elementarschule und des Gymnasiums machte er eine Ausbildung am Lehrerseminar in Breslau. 1823 nahm Gesell in Leipzig ein Pädagogikstudium auf und lehrte nach dem Examen an der Ersten Bürgerschule, dem Waisenhaus und der Ratsfreischule. 1828 wurde Gesell an die Blochmannsche und Gräflich Vitzthumsche Erziehungsanstalt für minderbemittelte und sittlich gefährdete Kinder berufen. Hier spezialisierte er sich auf die Erziehung von Waisen und Verwahrlosten und setzte sich in der Folgezeit erfolgreich für die Schaffung eines Waisen- und Versorgungshauses in Dresden ein. 1840 ging Gesell in gleicher Mission nach Dessau. Hier wirkte er bis zu seiner Versetzung in den Ruhestand im Jahre 1856. Nach einem kurzen Intermezzo in Berlin, wo er als Kindergartenpädagoge an der St. Elisabeth-Parochie arbeitete und die Bekanntschaft der Gräfin Adelheid zu Dohna-Poninska machte, wechselte er im selben Jahr nach Leipzig, um bis zu seinem Tode am 4.9.1879 als „Spielvater" des Schrebervereins der Westvorstadt zu arbeiten. Quellen: Arminius (d.i. Adelheid Gräfin zu Dohna-Poninska), Die Großstädte in ihrer Wohnungsnot und die Grundlagen einer durchgreifenden Abhilfe, Leipzig 1874, 249; Richter, 75 Jahre (17), 65–68 und Schilling, Dr. D. G. M. Schreber (17), 16f.).

zwei Bezugspersonen in den geistigen Wirkungskreis des Schrebervereins, die die Geschichte der Kleingartenbewegung in mancher Hinsicht nicht weniger stark beeinflußt haben als ihr unfreiwilliger Namenspatron: Friedrich Fröbel[391] und Adelhaid Gräfin zu Dohna–Poninska[392]. Mit Fröbel verknüpft sich die noch gesondert zu untersuchende Konzeption des Kindergartens, mit Poninska bzw. ihrem nom de plume Arminius die Vorstellung des modernen Großstadtgrüns.

Während Fröbel auf die spätere Kleingartenbewegung nur mittelbar über die Rezeptionsgeschichte seines Werks einwirkte, hat Frau Poninska sie nicht zuletzt aufgrund ihrer Zusammenarbeit mit Gesell unmittelbar beeinflußt. Ihren Ausgangspunkt fand diese Kooperation in dem 1851 in Berlin gegründeten ersten Kindergarten Deutschlands[393], an dem neben der bekannten Fröbel–Mitarbeiterin Bertha von Marenholtz–Bülow auch die der „inneren Mission" nahestehende Gräfin mitwirkte[394]. Die Verbindung beider Bestrebungen führte 1856 zur Einrichtung eines von der evangelischen St. Elisabeth Parochie getragenen „Schutzgartens". Das zwei Morgen (ca. 0,5 ha) große „Kinderparadies"[395] lag im Norden Berlins vor dem Rosenthaler Tor und bestand aus Kinderbeeten mit dazugehörigen Lauben. Aufgenommen wurden nur Kinder berufstätiger Eltern, die im „Schutzgarten" pädagogisch betreut und mit Hilfe von Gartenarbeit vor „Verwilderung" bewahrt werden sollten. Die Fürsorge erfolgte im Sommer im Garten, im Winter in einer eigens angemieteten Wohnung. Die Pflege der Kinder „war in die Hände eines aufopfernd treuen Kinderfreundes gelegt, des Pädagogen Carl *Gesell* (...), welcher, mit ausgezeichneten Gaben ausgerüstet, die zarten Seelen an sich zu fesseln wußte"[396]. Obwohl der „Schutzgarten" Episode blieb, da das „Kinderparadies" von der Kirche als Baugrund verkauft wurde[397], bildete er nicht nur eine frühe, von personaler Kontinuität gekennzeichnete Präfiguration der späteren Schreberkindergärten, sondern auch ein Verbindungsglied zu

---

391 Gesells Bekanntschaft mit Fröbel belegt: Richter, 75 Jahre (17), 68.
392 Adelheid Gräfin zu Dohna–Poninska wurde am 14.8.1804 als Gräfin zu Dohna–Schlodien in Kotzenau geboren. Sie heirate am 24.8.1841 Adolf Graf Lodzia Poninski aus der jüngeren, evangelischen Linie des Geschlechts. Quelle: Gothaisches Genealogisches Taschenbuch der gräflichen Häuser 42 (1869), 213. Ihr Todesdatum habe ich nicht feststellen können.
393 Siehe hierzu: Mary J. Lyschinska, Der Kindergarten, in: Hb. der Frauenbewegung, hg. v. H. Lange u. G. Bäumer, III. Teil, Berlin 1902, 139 und Arminius (390), 161–183 u. 249–260.
394 Siehe die Widmung in: Adelheid Gräfin Poninska, Grundzüge eines Systems der Regeneration der unteren Volksklassen durch Vermittlung der höheren, Bd. 1, Leipzig 1854.
395 Arminius (390), 253.
396 Ebd., 249. Hervorhebung i.O. gesperrt.
397 Ebd., 258.

Ursprünge des modernen Kleingartenwesens 169

den Wohltätigkeitsbestrebungen[398] der „inneren Mission", die Johann Hinrich Wichern 1833 mit der Einrichtung des „Rauhen Hauses" in Hamburg–Horn unter Einbeziehung kindlicher Garten– und Feldarbeit begründet hatte[399].

Noch wirkungsvoller als die spielpädagogischen und „missionarischen" Vorstellungen von Frau Poninska waren freilich ihre städtebaulichen Reformvorschläge, die sie in ihrer 1874 pseudonym publizierten Studie „Die Großstädte in ihrer Wohnungsnot und die Grundlagen einer durchgreifenden Abhilfe" vorlegte[400]. Mit ihrem Erscheinen wurde die seit den Tagen Rousseaus virulente, von Schreber und Hauschild noch eher beiläufig aufgegriffene Großstadtkritik erstmals systematisiert. Was Frau Poninska in ihrem Buch vorlegte, war nämlich nichts geringeres als ein städtebauliches Reformprogramm, das die kurz vor der Jahrhundertwende unabhängig voneinander entstandenen Reformideen von Theodor Fritsch und Ebenezer Howard in ihren Grundzügen vorwegnahm[401]. Auch wenn die praktische Bedeutung des Werks zunächst gering blieb, und die grundlegende Idee des großstädtischen Grüngürtels schon 1829 von John Claudius Loudon skizziert worden war[402], kommt ihm für die Geschichte der deutschen Städtebaureform bahnbrechende Bedeutung zu, da es fast alle späteren Probleme der Kernphase der Urbanisierung mit ihrem vielgescholtenen „Großstadtimperialismus"[403] hellsichtig vorwegnahm.

Der zeit– und sozialgeschichtliche Grundgedanke des Buches besteht in einem charakteristischen Perspektivwechsel von der Sonnenseite der äußeren, sicherheitspolitischen zur Schattenseite der inneren, sozial– und wirtschaftspolitischen Reichsgründung. Das Pseudonym Arminius signalisiert daher eine skeptische Distanz zu den kürzlich vergangenen „Haupt– und Staatsaktionen" Bismarckscher Diplomatie. Was Frau Poninska vom deutschtümelnden „Her-

---

398 Siehe hierzu: Hans Scherpner, Geschichte der Jugendfürsorge, Göttingen 1966, 149.
399 Ebd., 143ff.
400 Arminius (390). Als Herausgeber zeichnete der Königsberger Professor für Landwirtschaft Theodor Freiherr von der Goltz. Obwohl die Grundgedanken der Schrift auf Poninska (395) zurückgehen, wurden sie erst zwanzig Jahre nach ihrer (erneuten) Veröffentlichung wirksam. Vgl.: Werner Hegemann, Das steinerne Berlin. Geschichte der größten Mietskasernenstadt der Welt, Berlin 1931, 366–386 und Erich Kabel, Baufreiheit und Raumordnung, Ravensburg 1949, 94–97.
401 Vgl.: Theodor Fritsch, Die Stadt der Zukunft, Leipzig 1896 und das 1898 veröffentlichte Werk von: Ebenezer Howard, Gartenstädte von Morgen, Frankfurt/M. u. Berlin 1969.
402 Vgl. die Abbildung in: Clemens Alexander Wimmer, Geschichte der Gartentheorie, Darmstadt (1989), 288. Eine Visualisierung der Vorschläge Poninskas bietet: Kabel (400), 94.
403 Vgl.: Jürgen Reulecke, Geschichte der Urbanisierung in Deutschland, (Frankfurt/M. 1985), v.a. 78–82.

mann"–Kult dieser Zeit[404] diametral unterscheidet, ist folglich die innenpolitische Umwertung des schon von Klopstock und Kleist zum Nationalhelden hochstilisierten Cheruskerfürsten. Im Gegensatz zu dem ein Jahr später enthüllten „Hermanns"–Denkmal im Teutoburger Wald blickt der 1874 erscheinende Arminius nicht nach außen, auf den „Erbfeind", sondern nach innen, auf die „falschen Freunde". Frau Poninska zählt damit zu der nicht unbedeutenden Gruppe von Zeitgenossen, die das eben proklamierte Deutsche Reich als unvollendet begriffen.

In der Tat haben spätere Kritiker wie der Bodenreformer Adolf Damaschke dem deutschen Bürgertum das Versäumnis vorgeworfen, nach der Lösung der „nationalen Frage" nicht auch die Lösung der „sozialen Frage" angepackt zu haben. Die Hauptursache dieses sozialpolitischen Versagens sah Damaschke in der ungebremsten Bau– und Bodenspekulation der „Gründerjahre" und dem aus ihr resultierenden Wohnungselend des großstädtischen Proletariats[405]. In seinen Augen zerfiel das deutsche Volk seitdem „immer mehr in zwei Nationen, die getrennt waren durch verschiedene Welt– und Staatsauffassungen, die verschiedene Feste feierten, verschiedene Ideale im Herzen trugen"[406].

Ähnlich wie Damaschke argumentierten die Mitbegründer des 1872 aus der Taufe gehobenen „Vereins für Sozialpolitik", die einflußreichen „Kathedersozialisten" Gustav Schmoller und Adolf Wagner. Auch bei ihnen bildeten „Gründerboom", Mietskasernenelend und Revolutionsfurcht einen argumentativen Dreiklang[407]. Namentlich Schmollers „Mahnruf in der Wohnungsfrage" las sich zum Teil wie ein deutsches Asphalt–Dschungelbuch: „Wie eine Anzahl spanischer Kolonisten im mittäglichen Amerika, die abgeschnitten vom Urwald sich selbst überlassen waren, wieder ganz auf das Kulturniveau der Indianer zurücksank, so nötigt die heutige Gesellschaft die untern Schichten des großstädtischen Fabrikproletariats durch die Wohnungsverhältnisse mit absoluter Notwendigkeit zum Zurücksinken auf ein Niveau der Barbarei und Bestialität, der Roheit und des Rowdytums, das unsere Vorfahren schon Jahrhunderte hinter sich hatten. Ich möchte behaupten, die größte Gefahr der Kultur droht von hier aus. Die Lehren der Sozialdemokratie und des Anarchismus werden erst gefährlich, wenn sie auf einen Boden fallen, der so entmenschlicht und entsetzlich ist"[408].

---

404 Vgl. hierzu: Arminius, in: E. Frenzel (Hg.), Stoffe der Weltliteratur, 5. Aufl. Stuttgart (1976), 59–62.
405 Adolf Damaschke, Zeitenwende, Leipzig u. Zürich (1925), 48f.
406 Ebd., 54.
407 Vgl.: Adolf Wagner, Wohnungsnot und städtische Bodenreform, Berlin o.J., 9f.
408 Gustav von Schmoller, Mahnruf in der Wohnungsfrage, in: Ders., Zur Sozial– und Gewerbepolitik der Gegenwart, Leipzig 1890, 347f.

Im Mittelpunkt der Großstadtkritik stand überall das abschreckende Beispiel Berlins, das auf diese Weise gleichsam zum Symbol der innerlich unvollendeten Reichsgründung wurde. In der Tat war die Reichshauptstadt – anders als London, Paris oder Wien – genauso spät (groß) geworden wie das Reich. Groß–Berlin und Groß–Preußen, Hauptstadt und Haupt–Staat, zeigten auf jeden Fall vergleichbare Strukturen: dort die Konurbation mit dem Zentrum Berlin, hier der Bundesstaat mit dem Machtschwerpunkt Preußen, dort die Randgemeinden unter dem Druck der Eingemeindung, hier die kleineren Staaten unter dem Damoklesschwert der Majorisierung, dort die Stadtentwicklung ein planloser Prozeß der Expansion, hier der Staatsaufbau ein Konglomerat von Versatzstücken. Der zeittypische Dreiklang von Industrialisierung, Urbanisierung und drohender Sozialrevolution läßt sich daher bei Arminius ebenso nachweisen wie bei den zitierten „Kathedersozialisten", den selbsternannten „wissenschaftlichen Sozialisten" Marx und Engels[409] oder konservativen Agrarromantikern wie Heinrich Sohnrey, der die Landflucht „als den Zug zur sozialen Revolution oder den Zug zum Tode" deutete[410].

Was Frau Poninskas Haltung von diesen anderen zeitgenössischen Stellungnahmen unterschied, war der christliche *„Geist der fürsorgenden Nächstenliebe"*[411]. Er bestärkte die Verfasserin darin, ihrer Zeitdiagnose einen visionären, ja apokalyptischen Charakter zu geben. Das zentrale Schlagwort ihrer Analyse der Urbanisierung heißt daher „Babelsucht"[412]. Wie der mythische Turmbau zu Babel erscheint der zeitgenössische, liberal–kapitalistische Städtebau mit seinen „Wolkenkratzern" bei Poninska als Beispiel menschlicher Hybris, dem die göttliche Bestrafung unweigerlich folgen muß. In diesem modernen, durch die apokalyptische Vorstellung der „Hure Babylon"[413] zusätzlich aufgeladenen „Sündenbabel" reiften nach Meinung der Verfasserin „Sodomsfrüchte voller Grauen. Das Volk verdarb in seinen Massen, die höhern Stände wurden zügellos (...). Die Reichen wurden reicher, die Armen ärmer. Oben fährt's, unten gährt's – bis (...) das Gewicht der Verderbnis überschlägt, und das Oberste zu unterst gekehrt wird"[414].

---

409 Vgl.: K. Marx u. F. Engels, Manifest der kommunistischen Partei, in: MEW 4, Berlin/Ost 1972, 474.
410 Heinrich Sohnrey, Der Zug vom Lande und die soziale Revolution, Leipzig 1894, IX.
411 Arminius (390), 8. Zit. i.O. gesperrt.
412 Ebd., 11–16. Vgl. auch: 1. Mose 11, 1–9.
413 Vgl.: Die Offenbarung des Johannes, 17.
414 Arminius (390), 13. Zum Zusammenhang von Sünde, Apokalypse und „innerer Mission" siehe auch: Poninska (394), 2 u. 65ff. sowie ihre Ebd., 12 u. 69f. formulierten Warnungen vor den „falschen Propheten" des „Communismus".

Um die drohende soziale Revolution, die bei Poninska in letzter Instanz als göttliches Strafgericht menschlicher Verworfenheit und Vermessenheit erscheint, abzuwenden, bedurfte es nach Maßgabe der Gräfin freilich nicht nur der christlichen Einkehr und Umkehr, sondern auch der Eindämmung der Landflucht und der partiellen Renaturierung der großstädtischen Lebensräume mit den Mitteln kommunaler Grünpolitik. Daher befürwortete Arminius neben einer Einschränkung der Freizügigkeit[415] eine komplementäre Förderung der Auswanderung[416] und der inneren Kolonisation[417]. Als potentielle Binnenkolonisten betrachtete die Gräfin dabei die vielfach sich selbst überlassenen Arbeiterkinder. Sie sollten mit Hilfe von „Schutzgärten", wie dem der St. Elisabeth Parochie, vor der „Verwilderung" bewahrt, für die Vorzüge des Gartenbaus und die Annehmlichkeiten eines natürlichen Lebens empfänglich gemacht und zu gegebener Zeit über Berufsauffangstellen in ländlichen Ackerbaustationen angesiedelt werden, um damit nicht zuletzt dem chronischen Arbeitermangel der ostelbischen Landwirtschaft abzuhelfen[418]. Um die Ballungszentren zu renaturieren, empfahl Arminius ihre konzentrische Durchgrünung mit Hilfe zweier Grüngürtel: Ein kleinerer, innerer Ring sollte den alten Stadtkern umfassen, ein größerer, äußerer Ring die nach 1800 entstandenen Vorstädte[419] und so allen Großstädtern eine nahegelegene, allgemein zugängliche Möglichkeit zur aktiven Erholung in der Natur eröffnen.

Obwohl diese Zielsetzung im Prinzip alle Großstadtbewohner betraf, richtete sich der Vorschlag in erster Linie an die „handarbeitenden Classen"[420]. Die aktive, naturnahe Erholung erhielt damit auch bei ihr eine zielgruppenspezifische, arbeits(moral)pädagogische Dynamik. Freizeit bedeutete für die Gräfin keineswegs heiter–beschauliche Muße, sondern aktive Reproduktion der Ware Arbeitskraft durch Gartenarbeit. Auf diese Weise sollten die großstädtischen Arbeitermassen während der Feierstunden vom Wirtshaus ferngehalten, sinnvoll beschäftigt und moralisch gebessert werden[421]. Zwei Gartentypen hielt Frau Poninska für besonders geeignet, diese Zielvorstellung zu verwirklichen: kleine Familiengärten[422] wie Haus– oder Schrebergärten und große, „öffentliche Feier-

---

415 Arminius (390), 20f.
416 Ebd., 31f.
417 Ebd., 22f.
418 Ebd., 26f.
419 Ebd., 142ff.
420 Ebd., 214f. und Poninska (394), 224 u. 245.
421 Arminius (390), 138f. u. 198ff.
422 Zur Bedeutung der Familie als „Kern der Nation" siehe auch: Poninska (394), 7.

abendgärten", die eine bescheidene, friedliche Erholung ohne „Saus und Braus" bieten sollten[423].

Abgesehen von der bahnbrechenden Grundidee einer großstädtischen Grünkonzeption liest sich Poninskas Reformplan daher in vieler Hinsicht wie ein früher Vorentwurf des Programms der Arbeitergärten vom Roten Kreuz. Ganz gleich, ob es sich um die Funktionalisierung von Gartenparzellen zu Pflanzschulen bürgerlicher Erwerbs–Lebensart, zu Heilstätten für die „Volksseuche" Alkoholismus oder zu familienzentrierten Besserungsanstalten eines vergnügungssüchtigen Proletariats handelt, Arminius hat im Grunde alles vorweggenommen – selbst Binnenkolonisation und Revolutionsprophylaxe. Was fehlt, sind Marginalien wie der Gedanke einer Lohn– oder Rentenaufbesserung durch kleingärtnerischen Zuerwerb, das Ziel einer langfristigen Umwandlung der Laubenkolonien in Kleinhaussiedlungen und das Organisationskonzept des Patronatswesens.

Mit dem gleichen historischen Recht, mit dem der Volksmund auf der Bezeichnung Schrebergarten beharrt, könnte der Historiker den Kleingarten daher „Arminiusacker" taufen, auch wenn die objektivierbaren Gründe in beiden Fällen ganz unterschiedlich gelagert sind. Oberflächlich betrachtet, ist der Schrebergarten als spontan entstandenes Anhängsel eines Spielplatzes ein vereins- und sprachgeschichtliches Zufallsprodukt. Und doch erweist sich dieses Zufallsprodukt in dem Maße, in dem ihm vergleichbare Projekte zur Seite traten und Rang wie „Erstgeburtsrecht" streitig machten, als sprachlicher Ausdruck einer historischen Notwendigkeit, deren bestimmende Faktoren Industrialisierung, Urbanisierung und Proletarisierung darstellten. Man kann die verschiedenen, teils aufeinander folgenden, teils sich ergänzenden und überschneidenden Einflüsse, die im späteren Kleingarten wie in einem sozialen Brennpunkt verschmolzen, daher als vergleichbare Antworten auf dieselbe dreifache Herausforderung verstehen. In Anlehnung an die Kulturentstehungstheorie Toynbees mit ihrem Entwicklungsmodell von „challenge and response"[424] ließe sich daher eine analoge Hortikulturentstehungstheorie des Kleingartens aufstellen. Die Tatsachen, daß der Kleingarten als europäisches Phänomen in die Welt tritt, unabhängig voneinander entstandene, auch konzeptionell unterschiedliche Kristallisationskerne besitzt und nicht zuletzt eine gleichsam schöpferische Inkubationsphase durchläuft, legen diesen Gedanken ebenso nahe wie die vielfältigen Wechselwirkungen mit verwandten Sozialbewegungen. Im Gegensatz zum Paradies besitzt der Kleingarten daher keinen echten Gründervater, sondern bloß einen fragwürdigen Namenspatron. Das zeigt nicht nur ein Blick auf die historisch weit älteren Ar-

---

423 Arminius (390), 151–160.
424 Vgl.: Arnold Toynbee, A selection from his works, ed. E. W. F. Tomlin, Oxford u.a. 1978, 20–27.

menäcker oder die späteren Arbeitergärten vom Roten Kreuz, es läßt sich auch an der Geistes–Geschichte der Gartenarbeitspädagogik nachweisen.

3.3.4.2. Zur Archäologie der Kinderbeete. Ein Rückblick auf die gartenarbeitspädagogischen Provinzen des Reformabsolutismus und die philanthropische Genesis des homo oeconomicus.

Im Rahmen der spielpädagogischen Aktivitäten der organisierten Klein– und Schrebergartenbewegung spielten arbeitspädagogische Kindergärten nur eine bescheidene Rolle. Das frühe Scheitern der Gesellschen Kinderbeete setzte sich insofern auf erweiterter Stufenleiter fort und erhielt damit im Nachhinein einen gleichsam symptomatischen Charakter. Selbst in der Weimarer Blütezeit der Schreberpädagogik blieben die Schreberkindergärten nach Zahl und Umfang weit hinter den Schreberspielplätzen zurück. Die 1926 vom RVKD veröffentlichte Statistik der verbandlichen „Gartenpflege" brachte diesen Tatbestand unmißverständlich zum Ausdruck[425]: Von 3.300 Mitgliedsvereinen engagierten sich damals 549 (= 16,6%) in der Jugendpflege, aber bloß 90 (= 2,7%) in der Gartenpflege mit Kindern. Nur im „Schreberland" Sachsen lagen die Verhältnisse günstiger. Hier kamen auf 693 Vereine 242 (= 34,9%) Vereinigungen, die Jugendpflege und 47 (= 19,4%) die Gartenpflege mit Kindern betrieben. Trotz dieser bescheidenen Bilanz bildete die Gartenarbeitspädagogik von Beginn an einen programmatischen Bestandteil der Gesamtbewegung. Dieser Befund trifft nicht nur auf die frühen Armenäcker und Unternehmergärten oder auf den Schreberverein der Leipziger Westvorstadt zu, der das fehlgeschlagene Projekt Gesells später erfolgreich erneuerte[426]. Dieser Befund trifft auch und vor allem auf die Arbeitergärten vom Roten Kreuz und den RVKD zu[427].

Die kleingärtnerische Arbeitspädagogik besitzt denn auch ungeachtet ihres offenkundigen Gegensatzes zwischen Theorie und Praxis eine beträchtliche geistes– und verbandsgeschichtliche Bedeutung. Dieser Sachverhalt erhellt zunächst aus der bekannten metaphorischen Identifikation von Schule, Baumschule und „Schule der Nation", die die frühe Verbindung von Ortho–Pädagogik, Hortikultur und Drill wirkungsvoll zum Ausdruck brachte. Die von Schreber vermittelten

---

425 Berechnet nach: 5. Reichs–Kleingärtnertag. Verhandlungsbericht nebst Geschäftsbericht des Vorstands des RVKD, Frankfurt/M. 1927, 118ff. (Schriften des RVKD 12).
426 Richter, Buch (17), 53f. Vgl. auch: Ders., Deutsche Schreberjugendpflege, Frankfurt/M. 1930, 34 (Schriften des RVKD 19).
427 Siehe hierzu: Otto Albrecht, Über wirtschaftliche Kinderarbeit und erziehliche Gartentätigkeit der Kinder, in: KGW 3 (5) (1926), 54f. sowie O. Mehlau, Vom Werden der Gartenarbeitsschule, in: KGW 3 (12) (1926), 135f.

Sprachbilder des Philanthropismus leben infolgedessen in den Schriften der Schreberpädagogen in unverminderter Frische weiter. Der Schrebergarten erscheint bei ihnen geradezu als menschliche Schonung, in der „edle Menschenpflanzen" gedeihen, „wertvolles junges Schrebergemüse" aufgezogen wird oder „körperliche und seelische Sorgenpflanzen" ins Kraut schießen[428].

Was diese Sprachbilder von Schrebers Metaphern unterscheidet, ist ihr gesteigerter Realitätsgehalt. Die Bildsprache Schrebers verhält sich daher zum Schrebergarten wie ein Entwurf zu seiner späteren Ausführung. Tatsächlich gehen „Menschengärtnerei"[429] und Hortikultur im Schrebergarten Hand in Hand: Wie der „Spielvater" die „Menschenpflanzen" pflegt, so erzieht das „Schreberkind" die Gewächse seines Kinderbeetes.

Wer das auf der nächsten Seite wiedergegebene pädiatrische Sinnbild aus der Orthopädie Nicolas Andrys mit dem daneben abgebildeten, in Schrebers „Buch der Erziehung" publizierten Verfahren zur Redressur von O–Beinen vergleicht[430], kann diese substantielle Identität der beiden Erziehungs–Prozesse selbst in Augenschein nehmen. Ob Baumstamm oder Menschenbeine – der „entfesselte Prometheus" zwingt „Mutter Natur" (und ihre Kinder) in ein und dasselbe Prokrustesbett.

Der deutsche Gefühls– und Glaubensphilosoph Friedrich Heinrich Jacobi hat diese naturistisch getarnte Naturfeindschaft der Moderne als einer der ersten erkannt und in bewußter Wendung gegen Rousseau zum Ausdruck gebracht: „Die freien Naturalisten (...) sollten mirs einmal im ganzen Ernst sein, sollten mir einmal ihrem System in seinem Umfange nachleben. Anfangs wollte ich sie nur mit Kleinigkeiten plagen; sie kriegten mir z.B. keine Pfirsich, keine Aprikose, nicht einmal Kirschen, Aepfel und Birnen zu kosten; aber Holzäpfel und wilde Kastanien so viel ihnen beliebte. Ich würde ihnen vorstellen, wie so ganz ausser aller Natur hiesigen Landes ein Pfirsichbaum sei. Wie weit hergeholt! Wie erkünstelt! Stamm und Aeste zersägt und zerschnitten; alle Glieder verränkt, in

---

428 Die Beispiele stammen aus: H. Fritzsche, Was und wie soll der Schrebergärtner photographieren?, in: KGW 3 (7) (1926), 78; Fritzsche/Schilling (17), 8 u. 15; G. Richter, Eine neuzeitliche Forderung: Wasch– und Trinkgelegenheit auf Schreberplätzen, in: Deutscher Kleingartenkalender 6 (1931), 102.
429 Anna Blos, Goethe und der Kleingarten, in: NZKW 1 (3) (1922), Sp. 59.
430 Entnommen aus: Schreber, Buch der Erziehung (56), 64 und Andry (313), 277, wo das Sinnbild originellerweise als Illustration zur Korrektur von Haltungsfehlern der Füße und Schenkel dient. Eine kommentarlose Abbildung des Sinnbildes findet sich auch in Foucault (310), Abb. 30.

176   Ursprünge des modernen Kleingartenwesens

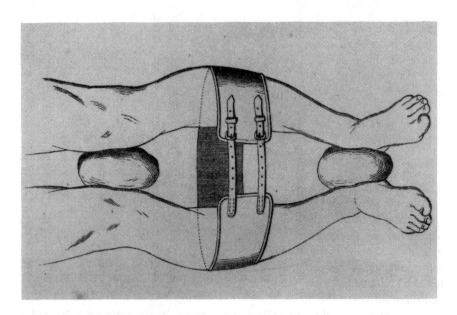

Orthopädagogische Redressur oder Der „entfesselte Prometheus" spielt Prokrustes

hundert Banden – wie ein armer Sünder – wie ein Schächer am Kreuz! – Ein Schandfleck der Erde, die abscheulichste Naturschänderei!"[431].

Eine vergleichbare Parallele wie zwischen Schule und Baumschule, Rohrstock und Spalier, besteht zwischen Baumschule und „Schule der Nation", Spalier und Kommandostab. Siegfried Lenz hat diese zweite Parallelbildung in seinem Roman „Exerzierplatz" thematisiert. Im Gegensatz zum „Waschzettel" des Verlages, der dem Leser ein eindimensionales Konversionsprojekt vorgaukelt, in dessen Verlauf sich „als Exerzierplatz mißbrauchtes Land" zum „Garten, zur blühenden Baum- und Pflanzenschule" wandelt, verweist der Autor mehrfach auf die dialektisch verschränkten Umwandlungsmöglichkeiten von Baumschule und Exerzierplatz[432]. Auch wenn der Text diese Verwandlungsfähigkeit in erster Linie politisch faßt und auf die Remilitarisierung West-Deutschlands verengt[433], finden sich immer wieder Belegstellen, die Pflanzen- und Militärerziehung ironisch parallelisieren. Wenn die Hollenhusener das Baumschulprojekt des ungeliebten, heimatvertriebenen Zuwanderers Zeller als „blühenden Exerzierplatz" bespötteln und im Geist schon „die Jungbäume exerzieren" sehen[434], sprechen sie die Problematik der beginnenden Metamorphose bereits hellsichtig aus, bevor sie beim Besuch des früheren Standortkommandanten und seiner Suite offen zutage tritt. Als die Soldaten ihr ehemaliges Übungsgelände begehen, erkennen sie in den grünen Kulissen der Konversion urplötzlich ihr eigenes Spiegelbild: „Auf dem Kommandohügel setzten sie sich hin, unter einer sengenden Sonne verflimmerten die Quartiere, die endlosen Spaliere, die von Süden nach Norden liefen, und einer der Männer sagte: Das sieht so aus, als ob sie zur Besichtigung angetreten sind, die Bäumchen und Pflanzen, wie zu einem dauernden Appell; und ein anderer sagte: Das ist unsere Ablösung"[435].

Die Bedeutung der kleingärtnerischen Arbeitspädagogik erhellt aber auch aus der im Robinson-Exkurs dargelegten Austauschbarkeit der Begriffe Volk und Kind, die dem zivilisierten Sprach-Bewußtsein gleichermaßen als wild und ungezogen erscheinen. Die Erziehung in der pädagogischen Provinz Kleingarten richtet sich denn auch tatsächlich von Beginn an auf beide Zielgruppen. Der Kindergarten erweist sich als Kleingarten en miniature, der Schreberspielplatz als kleines „Kinder-" im großen „Kleingartenparadies"[436]. Alles, was wir im

---

431 Zit.n.: Wimmer (402), 207. Eine Übersicht über die bedeutendsten Spalierformen bietet z.B.: Johann Schneider, Der Kleingarten, Leipzig u. Berlin 1915, 70f.
432 Siegfried Lenz, Exerzierplatz, Hamburg 1985, 104 u. 180f.
433 Ebd., 232f. u. 367.
434 Ebd., 104.
435 Ebd., 180.
436 G. Richter, Die Jugendpflege im Mittelpunkt der neuzeitlichen Kleingartenbewegung, in: KGW 2 (8) (1925), 103f. Eine ähnliche Unterteilung des Paradiestopos

folgenden von „Hänschen" sagen, gilt daher nicht minder für „Hans".[437] Was „Hänschen" aus Mangel an Arbeitshäusern und Armenäckern nicht gelernt hatte, sollte „Hans" im Kleingarten nachholen – bis das herrschende Klassen–Ziel erreicht war.

Wenn wir nach diesen Vorüberlegungen versuchen, die moderne Geschichte der kindlichen Gartenarbeit in großen Zügen zu skizzieren, stoßen wir erneut auf den Fußabdruck des homo oeconomicus. Was wir oben über seine Fährte im Spannungsfeld von Aufklärung, Naturismus und Philanthropismus gesagt haben, soll an dieser Stelle anhand seiner Spur im Spannungsfeld von Merkantilismus und Physiokratismus überprüft und ergänzt werden. Wie stark sich die hervorragenden volkswirtschaftlichen Lehrmeinungen der Übergangsphase vom Spät–Absolutismus zum Früh–Kapitalismus nämlich auch immer unterschieden haben mögen –, im epochemachenden Leitbild der „Industrie"[438] stimmten Aufklärer, Merkantilisten, Physiokraten und Philanthropen prinzipiell überein. Mit unserer modernen Vorstellung von Industrie verbindet das Leitbild freilich nur die zugrundeliegende Idee. Weit entfernt, ein objektives, auf der großtechnischen Kombination von Kraft– und Werkzeugmaschine bestehendes Produktionsskelett zu bezeichnen, zielte „Industrie" nicht einmal auf die damals zeitgenössische, auf arbeitsteiligem Handwerksgeschick basierende Manufaktur, sondern zuerst und vor allem auf die Produktion „industriöser" Subjekte. Aus der Sicht des bildungsökonomischen „Industrie"–Begriffs beginnt das Maschinenzeitalter daher nicht erst mit Arbeits– oder Kraftmaschine, sondern mit der „pädagogischen Maschine" des spätabsolutistischen Staates.

In der Tat war Industrie ursprünglich ein reiner Bildungsbegriff des Merkantilismus, der die überkommenen Arbeitsformen und ihre Subjekte dynamisierte und utilitarisierte. Scharf geschieden vom herkömmlichen Fleiß, der sich im Tagwerk erschöpfte, hob „Industrie" auf einen stets regen Erwerbssinn ab, der sich bald auf dieses, bald auf jenes Geschäft warf, wo immer er auftrat, auf Innovationen sann und seine Erholung weniger im Wechsel von Anspannung und Entspannung als vielmehr in der Abwechslung verschiedener Aktivitäten erfuhr[439]. Der Prediger Heinrich Philipp Sextro hat diesen Gegensatz von Fleiß und „Industrie" folgendermaßen beschrieben: „So z.B. setzt sich der fleißige Weber nach vollbrachtem Pensum des Tages, besonders wenn er gar noch eine

---

vertreten auch Fritzsche/Schilling (17), 8 u. 10.
437 Der Bezug auf das Sprichwort findet sich z.B. bei: Otto Kunath, Die Gärtchen unserer Kinder, in: Kindergarten 74 (1933), 233.
438 Herwig Blankerts, Zur Geschichte der Pädagogik von der Aufklärung bis zur Gegenwart, (Wetzlar 1982), 56.
439 Wolfgang Eckardt, Das Humankapital als Faktor der wirtschaftlichen Entwicklung im Zeitalter des Merkantilismus, Jur. u. WiSo. Diss. Mainz 1972, 193ff.

Elle mehr gemacht hat, in seinen Lehnstuhl und – ruhet. Der industriöse Weber, der auch so viel, und wohl noch 2 Ellen mehr gemacht hat, gehet vom Weberstuhl gleich zu einem häuslichen Geschäfte, oder flicht eine Schnur, bessert und künstelt an einer Spule, oder unterrichtet und hilft seinen Kindern im Abwickeln u.d.gl. Er schämt sich des Lehnstuhls, den jener vorlieb nimmt in gesunden Tagen, und sucht die nöthige Erquickung, die die Natur fordert, nur im nächtlichen Schlafe"[440]. „Industrie also sucht hervor, breitet aus, bildet, schafft, regelt, veredelt, will immer vorwärts – der schaffenden, bildenden, zerstörenden und wieder bildenden Natur nach. Der Fleiß nutzt nur, was da ist, bleibt still im Kreise, arbeitet nach dem Herkommen, zählt und thut, was er kann, nach seinem ererbten hölzernen Maaßstabe, mit dem ehrlichsten Glauben, daß er nicht mehr könne, und daß kein andrer Maaßstab in der Welt sey"[441].

Trotz seiner zukunftsweisenden Brisanz war dieser Industriebegriff zunächst nicht viel mehr als der geistige Ausdruck der damaligen Produktionsverhältnisse. Das vom Merkantilismus formulierte Staatsziel verlangte nämlich nichts Geringeres als die systematische Mehrung von Macht und Wohlstand auf der Grundlage einer noch weitgehend agrarischen Volkswirtschaft. Die größte Produktivkraft bildete mithin die Arbeitskraft der Menschen in Stadt und Land. Wollte man auf dieser Basis den monetären Reichtum des Landes(herren) mit dem merkantilistischen Hauptinstrument des Außenhandelsgewinns fördern, konnte das nur gelingen, wenn man die Produktivität der Arbeit steigerte. Die merkantilistische „Industrie"-Politik zielte daher in erster Linie auf die Vermehrung und Ausbildung der einheimischen Erwerbsbevölkerung. Die Maßnahmen, die der Staat zu diesem Zweck ergriff, bestanden in der Anwerbung ausländischer Facharbeiter, der „Peuplirung" und inneren Kolonisierung brachliegender Landesteile, der Herabsetzung des Heiratsalters, der Förderung der Kinderarbeit, der Unterdrückung von „Bettelei" und „Müßiggang" sowie der Einrichtung von „Industrieschulen"[442]. Durch die Vermehrung der Erwerbsbevölkerung und den durch sie verstärkten Verdrängungs-Wettbewerb auf dem Arbeitsmarkt hoffte man, das Preisniveau der einheimischen Produkte zu senken, durch die verbesserte Ausbildung, ihr Qualitätsniveau zu heben. Mit Hilfe dieses konzentrischen Zugriffs wollte man die eigene Weltmarktposition stärken und die Handelsbilanz nachhaltig aktivieren. Flankiert wurde diese fiskalisch orientierte Exportstrategie durch eine aggressive Autarkiepolitik, die Importe (von Fertigwaren) nach Mög-

---

440 H. P. Sextro, Über die Bildung des Volkes zur Industrie, Göttingen 1785 (Nachdruck Frankfurt/M 1968), 36.
441 Ebd., 39. Vgl. auch: J. H. Campe, Über einige verkannte wenigstens ungenützte Mittel zur Beförderung der Industrie, Wolfenbüttel 1786 (Nachdruck Frankfurt/M 1969), 2–5.
442 Fritz Blaick, Die Epoche des Merkantilismus, Wiesbaden 1973, 90–94.

lichkeit ebenso unterband wie die Abwanderung von (qualifizierten) Arbeitskräften und die Ausfuhr von Rohmaterial.

Angesichts dieser Zielsetzungen spielte die Bildungsökonomie in der merkantilistischen Volkswirtschaftslehre von Beginn an eine Schlüsselrolle. Zu ihren Hauptinstrumenten zählte neben der Industrieschule[443] die Arbeitsschule mit ihren diversen Ablegern in Armen–, Waisen– und Zuchthäusern. Beide Anstaltstypen gründeten auf der rationalistischen Staatsraison des aufgeklärten Spät–Absolutismus mit seiner utilitaristischen und eudämonistischen Grundeinstellung. Zielte der Industrieschulgedanke auf die Kritik des überkommenen Bildungswesens, wie es sich in der einseitigen „literarischen" Bildung der Lateinschulen und im zünftigen Ausbildungsmonopol mit seinen bewußt beschränkten Kapazitäten kundtat[444], richtete sich der Arbeitsschulgedanke gegen das traditionelle Armenwesen mit seiner mildtätigen, leistungsunabhängigen Unterstützung. Trotz unterschiedlicher Zielgruppen wandten beide Schulformen daher im Grunde die gleichen Methoden der Disziplinierung und Utilitarisierung an, so daß „selbst in amtlichen Schulerlassen nicht deutlich geschieden wurde zwischen Arbeitsanstalten und Industrieschulplänen"[445].

In der Tat waren die Übergänge zwischen den beiden Schularten ebenso fließend wie zwischen den volkswirtschaftlichen Lehrmeinungen. Diese Aussage trifft auch auf die Physiokraten zu, die man gewöhnlich als protoliberale Laissez–faire–Theoretiker einstuft. Eine solche Einschätzung übersieht jedoch sowohl die Tatsache, daß der von ihnen angestrebte „ordre naturel" durch den „despotisme légal" eines erblichen Monarchen inthronisiert werden sollte[446], als auch den Umstand, daß die „Ökonomisten", wie sie von den Zeitgenossen genannt wurden, die bereits vom Merkantilismus utilitarisierte Arbeit „zu einem Zentralbegriff ihres Systems (erhoben), in dem der aufgeklärte Eudämonismus ökonomisch begründet wurde"[447]. Der gemäßigt liberale Legitimist Tocqueville hat diesen Grundzug des Physiokratismus früh erkannt und scharfsinnig charakterisiert: „Der Staat hat nach Ansicht der Physiokraten der Nation nicht lediglich zu befehlen, sondern er hat sie auch in einer gewissen Weise auszubilden; seine Aufgabe ist es, den Geist der Bürger nach einem gewissen im voraus bestimmten Vorbilde zu formen; es ist seine Pflicht, ihn mit gewissen Ideen zu erfüllen und das Herz der Bürger mit gewissen Gefühlen, die er für notwendig erachtet, zu

---

443 Eckardt (439), 190–201 und Dreßen (297), 178–195.
444 Eckardt (439), 119f. u. 127ff.
445 Wilhelm Andacht, Die Schleswig–Holsteinische Industrieschule, Neumünster 1939, 28.
446 Vgl.: Iring Fetscher, Rousseaus politische Philosophie, (5. Aufl. Frankfurt/M. 1988), 251.
447 Werner Conze, Arbeit, in: Geschichtliche Grundbegriffe, Bd. 1, Stuttgart 1974, 171.

versehen. Für seine Rechte gibt es in Wahrheit keine Grenzen und für seine Macht keine Schranken; er reformiert die Menschen nicht nur, er formt sie um; es käme vielleicht nur auf ihn an, aus ihnen andere Menschen zu machen! 'Der Staat macht aus den Menschen alles, was er will', sagt Bodeau. Dies Wort faßt alle ihre Theorien zusammen"[448]. Der aufgeklärte Aber–Glaube an die unbegrenzte Erziehbarkeit des Menschen erscheint daher als der übergreifende Hauptgedanke der beiden bedeutendsten wirtschaftswissenschaftlichen Lehrmeinungen der Zeit. Wie stark der ökonomische Bildungsanspruch die Gemüter der Zeitgenossen beherrschte, bezeugen nicht zuletzt die im Robinson–Exkurs belegten Positionen Rousseaus und der ihm nachfolgenden deutschen Philanthropen, die in ihrer Pädagogik das rechtfertigten, „was die Praxis des merkantilistischen Staates war, nämlich den einzelnen Menschen dem gesellschaftlichen Anspruch preiszugeben, durch die Aufgabe an dem ihm zugewiesenen Ort zu funktionieren"[449]

Obwohl die Kinderbeete in diesem Zeitraum entstanden und in Schleswig–Holstein in Form von Gartenarbeitsschulen parallel zu den Armengärten des Landgrafen Karl auftraten[450], ist ihre Erfindung doch keineswegs rein merkantilistischen Ursprungs, da die bildungsökonomischen Anstrengungen des Absolutismus wegen seiner exportwirtschaftlichen Orientierung vor allem auf die Förderung des Handwerksgeschicks ausgerichtet waren[451]. Wie sehr die Gartenarbeitsschulen daher auch von ihrer arbeitspädagogischen Zweckbestimmung her dem Geist des Merkantilismus entsprechen mochten, als Mittel zum Zweck waren sie ebenso ungeeignet und untypisch wie die Armengärten[452].

Die Physiokraten standen dem Ackerbau zwar näher, da ihnen die Agrikultur als Grundlage des Volkswohlstands galt, doch zählten sie nicht zuletzt deshalb zu den Vertretern einer rational betriebenen, kapitalistischen Großlandwirtschaft, die mit der kleinbäuerlichen Romantik von Armenäckern, Gartenschulen und Parzellenbetrieben nichts im Sinn hatte[453]. Gleichwohl verstärkte der Physiokratismus zwei Vorstellungen, die für die Entstehung der kindlichen Garten-

---

448 Alexis de Tocqueville, Der alte Staat und die Revolution, (Leck 1969), 142.
449 Blankerts (438), 81f.
450 Andacht (445), 76.
451 Vgl.: E. Altvater, Industrie– und Fabrikschulen im Frühkapitalismus, in: Ders. sowie F. Huisken, Materialien zur politischen Ökonomie des Ausbildungssektors, Erlangen 1971, 95.
452 Andacht (445), 76 hat für Schleswig–Holstein denn auch nur sechs Gartenschulen nachweisen können, von denen vier bereits nach kurzer Zeit wieder eingingen. Ähnlich enttäuschend die Bilanz, die Arnold Wagemann verzeichnet: Arnold Wagemann, Über die Bildung des Volkes zur Industrie, Göttingen 1791, 237f..
453 Vgl.: K. Marx, Theorien über den Mehrwert. Erster Teil, in: MEW 26.1, Berlin/Ost 1974, 12–39 und Fetscher (446), 249.

arbeit wichtig wurden, – das Lob des Landlebens und die ihm komplementäre Groß–Stadtkritik. Wie stark der Gegensatz von Haupt–Stadt und Land, Provinz und Paris, das geistige Frankreich seinerzeit umtrieb, zeigt ein Blick in die „Enzyklopädie"[454]. Die ganze Schwarz–Weiß–Malerei des 19. Jahrhunderts findet sich hier vorgeprägt: die Entvölkerung des ländlichen Raumes infolge der Landflucht[455], die physische und moralische Degradation der Stadtbewohner im Hinblick auf eheliche Treue, Aufrichtigkeit, Menschlichkeit und religiöse Einfalt[456], die zunehmende Verarmung, die erste Kritik an den „hôpitaux" aufkommen läßt, deren vermeintliche Begünstigung der Faulheit d'Amilaville durch Arbeitsbeschaffungsmaßnahmen ersetzt wissen will[457], sowie nicht zuletzt die bereits bekannte, wirkungsmächtige Auffassung des Landes als eines „Jungbrunnens" der nationalen Re–Generation[458].

Vorgedacht hatte diese in Bausch und Bogen verfahrende Kritik kein anderer als der uns mittlerweile bestens vertraute „Citoyen de Genève". Bereits im 1762 erschienen „Emile" heißt es: „Die Stadt ist der Schlund, der das Menschengeschlecht verschlingt. Nach einigen Generationen geht die Rasse zugrunde oder entartet. Sie muß sich erneuern, und immer ist es das Land, das dazu beiträgt. So schickt eure Kinder also dorthin, wo sie sich sozusagen selbst erneuern und wo sie inmitten der Felder die Kräfte gewinnen, die man in der ungesunden Luft einer übervölkerten Stadt verliert"[459]. Ausgehend von Rousseau strömte diese „Jungbrunnen"–Ideologie unter Verlust ihres ursprünglich kleinbürgerlich–egalitären, der antiken Polis verpflichteten Verfassungsideals[460] über die Enzyklopädisten ins 19. Jahrhundert, wo sie von agrarromantischen Großstadtfeinden wie Georg Hansen, Otto Ammon und Heinrich Sohnrey ebenso aufgegriffen wurde[461] wie von den sozialreformerischen Großstadtkritikern in der aufkommenden Kleingartenbewegung.

Angesichts dieser Rezeptionsgeschichte nimmt es nicht Wunder, daß auch die Idee kindlicher Gartenarbeitspädagogik ihren wirkungsvollsten Vertreter im „Eremiten von Montmorency" fand. Ausgehend von der Maxime, daß „die

---

454 Siehe: (Etienne–Noel) d'Amilaville, Population, in: Encyclopédie, ou Dictionnaire Raisonné des Sciences p.p., Tome XXVI, Berne et Lausanne 1780, 782–810; Le Roy, Fermier (Econ. rust.), in: Ebd., Tome XIV, Lausanne et Berne 1781, 38–40 und (François) Quesnay, Fermier (Econ. pol.), in: Ebd., 40–59.
455 d'Amilaville (454), 806 und Quesnay (454), 46 u. 56f.
456 d'Amilaville (454), 806 und Le Roy (454), 40.
457 d'Amilaville (454), 806.
458 Ebd.
459 Rousseau, Emile (95), 151.
460 Fetscher (446), 254–257.
461 Bergmann (335), 50–70.

Pflanze durch Pflege", „der Mensch durch Erziehung" ausgebildet werde[462], läßt Rousseau seinen Emile in der pädagogisch kontrollierten Abgeschlossenheit des ländlichen Raumes aufwachsen. Erstes Lernziel ist der Eigentumsbegriff[463]. Er wird Emile durch gartenbauliche Nachahmung der Urproduktion vermittelt[464]: Ein Kind „braucht nur zweimal zugesehen zu haben, wie ein Garten bestellt wird, wie man sät, zieht und wie das Gemüse wächst, und es will seinerseits gärtnern (...). Ich werde sein Gärtnergehilfe. Solange es noch nicht Kraft genug in den Armen hat, grabe ich den Boden um. Dann nimmt es ihn in Besitz, indem es eine Bohne pflanzt, und diese Besitznahme ist bestimmt heiliger und achtenswerter als die Nuñes Balboas von Mittelamerika im Namen des Königs von Spanien, als er seine Fahne an der Küste des Südmeeres aufpflanzte"[465].

Obwohl Rousseau an dieser Stelle gewissermaßen als Kindergärtner avant la lettre auftritt, unterscheidet er sich von den späteren Gartenarbeitspädagogen sowohl im Hinblick auf seinen Eigentumsbegriff, der ganz auf dem radikalen Grundsatz eigener Arbeit beruht[466], als auch in Bezug auf sein arbeitspädagogisches Grundkonzept, das allen Lobeshymnen auf das Landleben[467] zum Trotz nicht beim Garten- und Feldbau stehenbleibt. Aus Gründen der persönlichen Unabhängigkeit erhält Emile nämlich auch eine handwerkliche Ausbildung, da der Handwerker „ein freier Mann (ist), ebenso frei wie der Bauer ein Sklave ist, hängt doch dieser von seinen Feldern ab, über deren Ernte andere nach Belieben verfügen können. Der Feind, der Landesherr, ein mächtiger Nachbar können ihm seine Felder nehmen; durch diese Felder kann er auf tausenderlei Weise schikaniert werden; aber da, wo man den Handwerker schikanieren will, ist sein Bündel rasch geschnürt – er nimmt seine Arme mit und geht"[468].

Kinderbeet und Kindergarten besitzen daher genausowenig einen geistigen Vater wie der gleichzeitig entstehende Armengarten oder der spätere Klein- und Schrebergarten. Ihre Genesis vollzog sich vielmehr in einem bildungsökonomischen Strömungsdreieck, das zu mehr oder minder gleichen Teilen von den theoretischen und praktischen Einflüssen des Merkantilismus, des Physiokratismus und der Ideen Rousseaus gebildet wurde. Unter ihrem Einfluß kristallisierten sich im wesentlichen vier, einander vielfältig durchdringende gartenarbeitspädagogische Rezeptionslinien heraus, die den europäischen Kontinent mit einer Fülle teils ideeller, teils realer „pädagogischer Inseln" und „Provinzen" überzo-

---

462 Rousseau, Emile (95), 108.
463 Ebd., 221f.
464 Ebd., 222.
465 Ebd., 222f.
466 Ebd., 225.
467 Ebd., 411.
468 Ebd.

gen. Zu nennen wären hier die Industrieschulgärten und Armengärten des Merkantilismus selbst, die in Billwerder (und anderswo) gelegenen „Kinderparadiese" des Philanthropismus zuzüglich der durch ihn geförderten Schulgärten[469], die Fröbel-Kindergärten sowie nicht zuletzt die Stützpunkte der evangelischen Rettungshausbewegung.

Die hervorragendsten Zentren dieser gartenarbeitspädagogischen Inselwelt waren Basedows Dessauer „Philanthropinum", Campes „Billwerder Paradies", Fellenbergs Hofwyl, Fröbels Keilhau sowie sein erster Kindergarten in Blankenburg, Pestalozzis Neuhof und Wicherns „Rauhes Haus". Rechnet man die ungezählten Arbeits-, Werk- und Zuchthäuser, die Armen-, Handfertigkeits- und Industrieschulen sowie die einflußreichsten geistigen Provinzen wie Robinsons Insel, die Isolation Emiles und Goethes „pädagogische Provinz" im Wilhelm Meister[470] dazu, entsteht vor unserem geistigen Auge ein auf keiner Landkarte verzeichneter Archipel, in dem der moderne homo oeconomicus unter dem wohltätigen Zwang teils selbsternannter, teils staatlich approbierter Menschenfreunde über verschiedene Prototypen zur Serienreife entwickelt wurde.

Man kann diese Inselwelt in Abwandlung eines noch unlängst beliebten historischen Vergleichsmusters einen „Archipel GULAG"[471] halb spät-absolutistischer, halb früh-kapitalistischer Arbeitserziehung nennen. Bereits vom Phänotyp her läßt sich eine derartige Einschätzung rechtfertigen. Solschenizyn beschreibt den authentischen, ins Staatsgebiet „eingesprenkelten" Archipel nämlich als ein Land, „das die Geographie in Inseln zerrissen, die Psychologie aber zu einem festen Kontinent zusammengehämmert hat"[472]. Doch auch vom Genotyp her unterscheiden sich kapitalistische und sozialistische Industrialisierung nur graduell. „Die Ideologie des klassischen Sozialismus ist", wie Schumpeter treffend bemerkt hat, nichts weiter als ein „Abkömmling der Bourgeois-Ideologie. Namentlich teilt sie völlig den rationalistischen und utilitaristischen Hintergrund der letzteren"[473]. In der Tat sah bereits Marx im kapitalistischen Fabriksystem nicht nur ein vermeintlich neutrales technologisches Fundament, das unmittelbar für den Aufbau des Sozialismus vereinnahmt werden sollte, sondern auch „den

---

469 Zur Frühgeschichte des Schulgartens siehe: Fritz Steinecke, Der Schulgarten, Heidelberg 1951, 7f.
470 Zur Geschichte der Arbeitserziehung in Deutschland, Teil 1, Berlin/Ost 1970, 51ff., 54f., 104f., 117f. u. 118ff.
471 Die Anregung stammt von Foucault (310), 383 u. 385, der im Zusammenhang mit der französischen Rettungshausbewegung beiläufig von einem „Kerker-Archipel" spricht.
472 Alexander Solschenizyn, Der Archipel GULAG I, (Reinbek 1978), 9.
473 Schumpeter (180), 474. Hans Jonas, Das Prinzip Verantwortung, (Frankfurt/M. 1984), 256–259 hat den Marxismus denn auch geradezu als „Vollstrecker des Bacon'schen Ideals" bezeichnet.

Ursprünge des modernen Kleingartenwesens 185

Keim der Erziehung der Zukunft, welche für alle Kinder (...) produktive Arbeit mit Unterricht und Gymnastik verbinden wird, nicht nur als eine Methode zur Steigerung der gesellschaftlichen Produktion, sondern als die einzige Methode zur Produktion vollseitig entwickelter Menschen"[474]. Mit der berühmten elften Feuerbach-These[475] wurde denn auch bei den angeblich schärfsten Gegnern der Bourgeois-Herrschaft die (philosophische) vita contemplativa von Beginn an in Acht und Bann getan.

Welche grotesken, fast pseudo-religiösen Formen das proletarische Bekenntnis zur vita activa annahm, zeigt die Gründung des Hamburger Arbeiterbildungsvereins von 1845. Obwohl die Stifter angeblich weder „einen Sprechsaal für politische Kannegießerei" noch „ein neues Bethaus" planten, bekannten sie sich zu der Maxime: „'Unser Gott die Arbeit, unser Teufel der Müßiggang'"[476]. Der von den kommunistischen „Kirchenvätern" Marx und Engels mit beispiellosem Hohn überschüttete Individual-Anarchist Kaspar Schmidt alias Max Stirner[477] hat dieses Alltagsgesicht des Kommunismus im Gründungsjahr des Hamburger „Bethauses" wie folgt analysiert: „Daß der Kommunist in dir den Menschen, den Bruder erblickt, das ist nur die sonntägliche Seite des Kommunismus. Nach der werkeltätigen nimmt er dich keineswegs als Menschen schlechthin, sondern als menschlichen Arbeiter (...). Das liberale Prinzip steckt in der ersteren Anschauung, in die Zweite verbirgt sich die Illiberalität. Wärest du ein 'Faulenzer', so würde er zwar den Menschen in dir nicht verkennen, aber als einen 'faulen Menschen' ihn von der Faulheit zu reinigen und dich zu dem *Glauben* zu bekehren streben, daß das Arbeiten des Menschen 'Bestimmung und Beruf' sei"[478].

Unter Berufung auf Joseph Dietzgen, der die Arbeit als „Heiland der neuern Zeit" gefeiert hatte, ist Walter Benjamin denn auch zu dem Schluß gelangt, daß „die alte protestantische Werkmoral (...) in säkularisierter Gestalt bei den deutschen Arbeitern ihre Auferstehung" gefeiert habe. Ihr partei-amtlicher Glaube, daß technische Fortschritte auf dem Weg der Naturbeherrschung zugleich Meilensteine auf dem Weg der Arbeiteremanzipation darstellten, habe darüber hinaus nicht nur ihren Arbeitsbegriff, sondern zugleich ihren Begriff von der Natur korrumpiert, deren bedenkenlose, weil vermeintlich kostenfreie Ausbeutung

---

474 Marx, Das Kapital (181), 508.
475 Ders., Thesen über Feuerbach, in: MEW 3, Berlin/Ost 1969, 7.
476 Zit.n.: Heinrich Laufenberg, Geschichte der Arbeiterbewegung in Hamburg, Altona und Umgebung, Bd. 1, Hamburg 1911, 91.
477 Vgl.: K. Marx u. F. Engels, Die deutsche Ideologie, in: MEW 3, Berlin/Ost 1969, 101–436.
478 Max Stirner, Der Einzige und sein Eigentum, Berlin o.J., 119. Hervorhebung i.O. gesperrt.

„man mit naiver Genugtuung der Ausbeutung des Proletariats gegenüber stellt(e)"[479]. Das später real existierende „Reich der Freiheit" sah seine Vorbilder folglich nicht in pietätlosen „Ketzern" wie Paul Lafargue, der ausgerechnet im Todesjahr seines Schwiegervaters Karl Marx das „Recht auf Faulheit" proklamierte[480], sondern in „Helden der Arbeit" wie Aleksej Stachanow und Adolf Hennecke, die wie die „innerweltlichen Asketen" Max Webers das Heute dem Morgen aufopferten und noch den letzten heiligen Sabbat in einen schweißtreibenden Subbotnik verwandelten. In diesem neuen „Heiligen Geist" der Arbeitserziehung reichten sich Industrieschule und Produktionsschule, Merkantilismus und Sozialismus, absolute Monarchie und totalitäre Diktatur die mehr oder minder blutigen Hände. Der zeitweilig einflußreichen Einschätzung der Stalin–Ära als kombinierter „Entwicklungs– und Erziehungsdiktatur" liegt dieses Vergleichsmuster zugrunde. Wenn Deutscher das russische Volk als eine „Nation von Barbaren" bezeichnet, der Stalin „die Barbarei mit barbarischen Mitteln" ausgetrieben habe, so daß in „zwanzig Jahre(n) die Arbeit von zwanzig Generationen vollbracht" werden konnte[481], bringt er diesen gemeinsamen Hochmut der Moderne gegenüber ihrer Vorgeschichte sinnfällig zum Ausdruck. Um das alte, „Heilige Rußland" zu „modernisieren", ist jedes Mittel recht. Auch wenn sie verschiedenen Sekten angehören, sind Bourgeois und Prolet daher von Beginn an (feindliche) Brüder – im Fortschrittsglauben.

Wie stark die bürgerliche Arbeitspädagogik den Marxismus beeinflußt hat, verdeutlicht die Rezeptionsgeschichte Fröbels, dessen religiös beglaubigter Arbeitsbegriff fast bruchlos in die innerweltliche Arbeitsmoral des „wissenschaftlichen Sozialismus" überführt werden konnte[482]. Dieser Vorgang ist nicht zuletzt deshalb bedeutsam, weil der Kindergarten eine wesentliche arbeitspädagogische Vorstufe des Schrebergartens darstellt. Im „Kindergartenparadies" scheint daher das Bild des „Kleingartenparadieses" ebenso auf wie in der frühen proletarischen Laube die spätere „realsozialistische" Datsche. Auch der Kleingarten war ja in hohem Maße Arbeitsplatz. Als Ergänzungs– und Entlastungsraum von Fabrik– und Mietskaserne bildete er gleichsam die „Etappe" der Produktion(sschlacht). Es überrascht daher nicht, daß die Kleingärtner und ihre Funktionäre von Beginn an versuchten, die sie betreffenden Bestimmungen der Gewerbeordnung über die

---

479 Walter Benjamin, Über den Begriff der Geschichte, in: Ders., Gesammelte Schriften I,2, (Frankfurt/M. 1974), 698f. Das Dietzgen–Zitat findet sich in: Josef Dietzgen, Die Religion der Sozialdemokratie, in: Josef Dietzgen, Gesammelte Schriften, hg. v. E. Dietzgen, 4. Aufl. Berlin 1930, 98.
480 Paul Lafargue, Das Recht auf Faulheit, Wien (1966).
481 Isaac Deutscher, Stalin, (Berlin 1979), 596f.
482 Vgl.: Zur Geschichte der Arbeitserziehung, Teil 1 (470), 120–134.

Ursprünge des modernen Kleingartenwesens 187

Sonntagsruhe[483] zu unterminieren[484]. Der Angriff auf das letzte Reduit der „civitas Dei" in der „civitas terrena" (Aurelius Augustinus) erfolgte dabei nicht nur mit Unterstützung von Freidenkern[485] und bekannten Sozialdemokraten wie den Weimarer Reichstagsabgeordneten Wolfgang Heine und Julius Moses[486], sondern auch mit Hilfe halb aufgeklärter, halb schicksalsergebener Geistlicher beider Konfessionen[487]. Der Bremer Pfarrer Vietor hat seine Resignation folgendermaßen geschildert: „Wenn am Sonntagmorgen die Glocken läuteten und so mancher Arbeiter mit Fleiß seinen Spaten in das harte Erdreich stieß, es umzugraben, dachte Max so oft: 'Ach, wenn du doch über dem Stücklein Land da auf dem Felde das Stücklein Land da drinnen in der Brust nicht vergessen möchtest! Wenn da eine Mißernte eintritt!' Einige zwanzig- dreißigmal hatte er es am Sonntagmorgen den Leuten auch direkt gesagt; sie sollten doch während der Kirchzeit wenigstens nicht arbeiten. Als er aber immer dieselbe Antwort bekam: 'Wi hefft kiene Tied!', da ließ er es laufen"[488].

So ging es der evangelischen Geistlichkeit wohl oder übel wie dem Goetheschen Zauberlehrling: Die sie rief, die Geister, ward sie nun nicht los. Das Bäumchen der „protestantischen Ethik" trug rote Früchte, deren Verzehr die proletarischen Kleingärtner nicht weniger emanzipierte als Adam und Eva der Apfelgenuß im Garten Eden. Wenn ein Berliner Laubenkolonist auf einer tausendköpfigen Protestversammlung gegen die Sonntagsruhe ausrief: „Wir fühlen uns doch unserem Herrgott in unserem Garten näher als in der Kirche!"[489], sprach er das Geheimnis dieser ungewollten Transsubstantiation offen aus. Daran konnten auch halb salomonische, halb jesuitische Zwischen-Lösungen wie die Verfügung des Bezirksamtes Mannheim nicht hinwegtäuschen, „die nur die Düngung, das Hämmern für die Zeit von 9 Uhr vormittags ab, und das Umgraben für die Zeit von 9–11 Uhr, die Zeit des vormittäglichen Hauptgottesdienstes", verbot, Gießen, Säen und andere, kleinere Gartenarbeiten dagegen erlaubte[490].

---

483 Vgl.: Otto Dammer (Hg.), Hb. der Arbeiterwohlfahrt, Bd. II, Stuttgart 1903, 79–82.
484 Vgl. hierzu etwa: Arthur Hans, Planmäßige Förderung des Kleingartenwesens, Dresden 1918, 55 und Moericke (350), 22f.
485 Die Sonntagsruhe in den Berliner Laubenkolonien, in: Der Weg 5 (7) (1913), Sp. 253f.
486 Förster/Bielefeldt/Reinhold (3), 33.
487 Vgl.: Ebd. und Familiengärten (23), 318.
488 C. R. Vietor, Mosaik. Bilder aus dem Leben eines modernen Großstadtpfarrers, Bremen 1909, 86. Vgl. auch den Auszug aus Traugott Kühn, Skizzen aus dem kirchlichen und sittlichen Leben einer Vorstadt, N.F., Göttingen 1904, in: Klaus Saul u.a. (Hg.), Arbeiterfamilien im Kaiserreich, (Düsseldorf) 1982, 59.
489 Die Sonntagsruhe (485), Sp. 253.
490 Moericke (350), 23.

Einen mächtigen Transmissionsriemen dieser Entwicklung bildete die auch von der evangelischen Kirche übernommene Idee des Fröbel–Kindergartens[491]. Obwohl man Fröbel nicht unbedingt als „Vater des Kindergartens" bezeichnen kann[492], hat er die bereits vorhandenen Vorstellungen doch zusammengefaßt, einheitlich begründet und in ein praktikables Modell überführt. Wie schon Rousseau sah auch Fröbel die Kindererziehung in Analogie zum Gartenbau: „Die Sinnen– und Gliedertätigkeit des Säuglings ist der erste Keim, die erste Körpertätigkeit, die Knospe, der erste Bildungstrieb; Spiel, Bauen, Gestalten die ersten zarten Jugendblüten; und dies ist der Zeitpunkt, wo der Mensch befruchtet werden muß für künftige Arbeitsamkeit, Fleiß und Werktätigkeit"[493]. Im Zentrum von Fröbels Pädagogik steht daher ein modernisiertes ora–et–labora: „Wie frühe Bildung für Religion so hochwichtig, gleich so wichtig ist frühe Bildung für echte Werktätigkeit (...). Frühe Arbeit (...) befestigt und erhöht die Religion. Religion ohne Werktätigkeit, ohne Arbeit läuft Gefahr, leere Träumerei, nichtige Schwärmerei, gehaltloses Phantom zu werden, so wie Arbeit, Werktätigkeit ohne Religion den Menschen zum Lasttier, zur Maschine macht. Arbeit und Religion sind ein Gleichzeitiges, wie Gott, der Ewige, von Ewigkeit schuf. Würde dies erkannt, (...) bis zu welcher Stufe würde sich das Menschengeschlecht bald erheben! – Doch nicht nur in sich ruhend als Religion und Religiosität, nicht nur herauswirkend als Arbeit und Werktätigkeit, sondern auch auf sich zurückziehend und auf sich ruhend soll die Menschenkraft sich entwickeln, ausbilden, wirken, und im letzteren Fall als Enthaltsamkeit, *Mäßigkeit*, Sparsamkeit. (...). Wo die eigentlich ungeteilte innige Drei in echter ursprünglicher Einigung, wo *Religion, Arbeitsamkeit und Mäßigung* in Eintracht wirken: da ist der irdische Himmel"[494].

---

491 Hanna Mecke, Heimgartenarbeit als soziale Hilfe, in: Evangelisch–sozial 18 (4) (1909), 100–103.
492 Hb. der deutschen Bildungsgeschichte, Bd. III (321), 84. Wie fragwürdig diese Bezeichnung ist, belegen auch: Hans Pfann, Der kleine Garten zu Beginn des XIX. Jahrhunderts, Straßburg 1935, 6f., der die Entstehung des Kindergartens auf Joseph Furttenbachs Paradiesgärtlein für Kinder zurückführt, sowie Friedrich Justin Bertuch, Ein Garten für Kinder, in: Allgemeines Teutsches Garten–Magazin 6 (1) (1809), 3f.
493 F. Fröbel, Die Menschenerziehung, in: Ausgewählte Schriften Bd. 2, (4. Aufl. Stuttgart 1982), 30.
494 Ebd., 30f. Hervorhebungen i.O. Vgl. auch: Bertha von Marenholtz–Bülow, Die Arbeit und die neue Erziehung nach Fröbels Methode, Berlin 1866, 168ff. Zur Rolle von Marenholtz in der Kindergartenbewegung siehe: Lyschinska (393), 130–133; Jo Voß, Geschichte der Berliner Fröbelbewegung, Weimar 1937, 26–49 und Brigitte Zwerger, Bewahranstalten – Kleinkinderschule – Kindergarten, Weinheim u. Basel 1980, 45ff.

Was meißelte Robinson der Jüngere über den Eingang seiner Wohnhöhle? Arbeitsamkeit und Mäßigkeit! Auch der Tugendkatalog des Berliner Kartoffelbaus für Arme zählte die gleichen Werte auf. Ähnliches galt für die Armenäcker des Landgrafen Karl und die Arbeitergärten vom Roten Kreuz[495]. Wie eng Fröbel diesen teils vor ihm, teils nach ihm, teils von ihm unabhängigen, teils von ihm beeinflußten Projekten verbunden war, zeigt die Konzeption seines Kindergartens. Die Notwendigkeit von Kindergärten begründete Fröbel mit der durch die „Riesengewalt äußerer Verhältnisse" erzwungenen „*unnatürliche(n) Trennung* zwischen Kindheit und Frauenleben, zwischen Weiblichkeit und Kinderleben"[496]. Die bedrohte Geborgenheit des familiären Binnenraums wollte Fröbel durch den sozialen Raum des Kindergartens ergänzen, die gefährdete Erziehungsfunktion der Ehefrau und Mutter durch professionelle Kinderfrauen ersetzen[497]: „Wie in einem Garten unter Gottes Schutz und unter der Sorgfalt einsichtiger Gärtner im Einklange mit der Natur die Gewächse gepflegt werden, so sollen hier die edelsten Gewächse, Menschen, Kinder als Keime und Glieder der Menschheit in Übereinstimmung mit sich, mit Gott und Natur erzogen werden"[498]. Jeder ideale Kindergarten verlangte daher „nothwendig einen Garten und in diesem nothwendig Gärten für die Kinder"[499].

Diese Forderung untermauerte Fröbel mit drei Gründen. Der erste Grund für „die hohe Wichtigkeit inniger Bekanntschaft und Einigung des Menschen und Kinds mit der Natur" ergab sich aus Fröbels Naturbegriff, der die ganze Welt als „unmittelbare *Thatoffenbarung Gottes*" auffaßte[500]. Mit ihm trat kindliche Gartenarbeit in den Funktionskreis einer geschichtsphilosophischen Vorstellung, die unter der Zielsetzung „allseitiger Lebenseinigung"[501] nichts geringeres anstrebte als eine Versöhnung von Gott, Mensch und Natur. Der zweite Grund fußte auf Fröbels Auffassung vom kindlichen Gartenbau im engeren Sinne. „Pflanzenpflege" als Teilnahme am „Werden, Wachsen, Welken" sollte für das Kind zugleich eine besondere Vorschule des späteren Arbeitslebens und ein „Gegenbild seiner selbst zu besserem Verständnisse, richtigerem Erfassen seiner selbst"[502]

---

495 Spezielle Kindergärten richteten die Rot-Kreuz-Vereine in Charlottenburg, Lübeck und Groß Hansdorf bei Hamburg ein. Siehe dazu: Bielefeldt (351), 66f.
496 F. Fröbel, Entwurf eines Planes zur Begründung und Ausführung eines Kindergartens, in: Ausgewählte Schriften Bd. 1, (Godesberg 1951), 115. Hervorhebung i.O.
497 Vgl.: Ebd., 115f.
498 Ebd., 118. Hervorhebung i.O.
499 Ders., Die Pädagogik des Kindergartens, 2. Aufl. Berlin 1874, 271f.
500 Ebd., 271. Hervorhebung i.O. gesperrt.
501 Ders., Entwurf (496), 119.
502 Ders., Die Pädagogik (499), 275.

eröffnen und damit eine Elementarstufe allgemeiner „Lebenspflege"[503] begründen, die bis zur „Pflege eines kleinen Fenster- und Topfgartens" als „reine Quelle sittlicher Veredelung" reichte[504]. Der dritte Grund erhellte aus Fröbels Einsicht, daß sich der Mensch schon im Kindergarten als „Glied der Menschheit" erkennen und betätigen müsse[505]. Im Kindergarten sollte das Kind daher nicht nur ein abstraktes Humanitätsideal erwerben, sondern zugleich „ein Bild des wahren Familien-, des ächten bürgerlichen Lebens" kennen und schätzen lernen[506].

Die Gestalt des idealen Kindergartens sollte diesen Gehalt widerspiegeln[507]. Zu diesem Zweck teilte Fröbel den Kindergarten in zwei Teile: einen äußeren, umschließenden und einen umschlossenen, inneren Garten. In ihm lagen die Kinderbeete. Hier durften die „Kleinen" im Gegensatz zu den vorbildlich kultivierten Beeten des äußeren Gartens, den die Kindergärtner(innen) pflegten, nach Lust und Laune pflanzen, um den Gartenbau nicht nur durch fremdes Beispiel, sondern auch aus eigener Erfahrung kennenzulernen. Die obligatorische Verpflichtung zur Reinhaltung der Kinderbeete wurde dabei durch Namensschilder unterstützt, die den Pflegezustand des Beetes gleichsam zur Visitenkarte des kindlichen Fleißes erhoben. Da die Schilder, denen Tafeln mit den Pflanzennamen zur Seite traten, obendrein die Botanikkenntnisse und die Lesefertigkeit der Kinder fördern sollten, erwies sich der Kindergarten zu guter Letzt als eine vergleichbare Pflanzschule bürgerlicher Erwerbs-Lebensart wie die erwähnten Armen- und Fabrikgärten, auch wenn seine pädagogischen und geschichtsphilosophischen Intentionen weit über deren pragmatische Zielsetzungen hinauswiesen.

Die vierte arbeitspädagogische Rezeptionslinie, die in den Kinderbeeten der Schreber- und Kleingärten fortlebte, bildete die evangelische Rettungshausbewegung. Auch wenn ihre Wurzeln ursprünglich auf Pestalozzi zurückweisen, dessen Schüler Emanuel von Fellenberg und Johann Jakob Wehrli für die Praxis der Armenkindererziehung selbst wieder schulbildend wurden[508], entsprang sie doch in erster Linie dem Geist der neu-pietistischen Erweckungsbewegung[509].

---

503 Ders., Eine vollständige briefliche Darstellung der Beschäftigungsmittel des Kindergartens, in: Ausgewählte Schriften Bd. 3, (Stuttgart 1982), 181.
504 Ders., Die Pädagogik (499), 277.
505 Ebd., 272.
506 Ebd., 275.
507 Siehe zum folgenden: Ebd., 272-275.
508 Ein besonders charakteristisches Beispiel für ihre Rezeption bildet: Christian Friedrich Lange, Feldgärtnerei-Kolonien oder ländliche Erziehungsanstalten für Armenkinder, 1. Theil, 2. Aufl. Dresden u. Leipzig 1836, 54-57 u. 169ff.
509 Vgl.: Scherpner (398), 122ff. und Hb. der deutschen Bildungsgeschichte, Bd. III (320), 322f.

Ursprünge des modernen Kleingartenwesens 191

Die als „christliche Reaktion gegen Rationalismus und Aufklärung"[510] entstandene Erweckungsbewegung blieb der Aufklärung im Gegensatz zu der ihr nahestehenden Romantik[511] freilich insofern verbunden, als sie am Gedanken der Arbeitserziehung festhielt. Wie gut ihre konservative Haltung mit der Tradition protestantischer Arbeitsmoral nun allerdings auch harmonieren mochte, so schlecht schien sie zunächst in die veränderte politische Lage zu passen. In der Tat brachte der Abschluß der Napoleonischen Kriege auch das Ende der Industrieschulbewegung. Die Ursachen ihres Niedergangs lagen freilich nicht nur in der kriegsbedingten Verarmung der öffentlichen Haushalte, sondern weit mehr noch in dem verstärkten, durch die Aufhebung der Kontinentalsperre begünstigten Eindringen geistiger Konterbande in Gestalt malthusianischer und frühliberaler Ideen[512] auf der einen und dem mit Ernst August Ewers und Friedrich Immanuel Niethammer einsetzenden Neuhumanismus[513] auf der anderen Seite. Verstärkt wurde dieser Trend durch den von Johann Friedrich Herbart maßgeblich beeinflußten Volksschulausbau[514]. Während sich der Staat infolge dieser Entwicklungen aus der Armenkindererziehung zurückzog, vermittelte ihr die einsetzende Rettungshausbewegung einen neuen, nachhaltigen Impuls. Angeregt durch das Beispiel der in der Nachfolge Fellenbergs entstandenen Wehrli–Schuli in Hofwyl stieg die Zahl der Rettungshäuser von 16 Anno 1813 über 354 im Jahre 1867[515] auf fast 400 Erziehungsanstalten und etwa 40 Erziehungsvereine 1872[516].

Eines der bedeutendsten deutschen Zentren der Rettungshausbewegung war Weimar, wo Johannes Daniel Falk 1813 den Lutherhof gegründet hatte, nach dessen Vorbild „Sonntags– und Industrieschulen u.ä. Institutionen auch in anderen mitteldeutschen Orten eingerichtet" wurden[517]. Wie stark die gebildeten Kreise der Stadt sozialpolitisch und gartenarbeitspädagogisch engagiert waren, läßt sich aber auch an Goethes, von Fellenberg und Falk beeinflußter pädagogischer Provinz[518] und an den schon 1787 nachweisbaren Parzellenverpachtungen des Schriftstellers und Verlegers Friedrich Justin Bertuch[519] nachweisen. Dar-

---

510 Scherpner (398), 122.
511 Dreßen (297), 245ff.
512 Scherpner (398), 117ff.
513 Andacht (445), 111f.
514 Scherpner (398), 156f.
515 Zur Geschichte der Arbeitserziehung, Teil 1 (470), 98.
516 Hb. der deutschen Bildungsgeschichte, Bd. III (320),324.
517 Ebd., 323.
518 J. W. Goethe, Wilhelm Meisters Wanderjahre, in: Sämtliche Werke Bd. 8, (München 1977), 163–182 u. 265–287.
519 Schiller an Körner v. 18.8.1787, in: Schillers Briefwechsel mit Körner, hg. v. K. Goedeke, 1. Theil, 2. Aufl. Leipzig 1878, 99. In der Literatur ist Bertuch denn auch

über hinaus war Weimar aber nicht zuletzt die Wirkungsstätte des Theologen Johann Friedrich Heinrich Schwabe, der 1827 die Stellen des Hofpredigers und des Verwalters der milden Stiftungen übernahm[520]. In dieser Eigenschaft veröffentlichte Schwabe 1834 die Beschreibung einer idealtypischen Rettungsanstalt, deren arbeitspädagogische Zielsetzungen und Methoden die spätere Kleingartenpropaganda und -praxis auf frappierende Weise vorwegnahmen[521].

Bevor wir uns Schwabes Vorstellungen zuwenden, ein Wort zu den allgemeinen Gründen, die die Vertreter der Rettungshausbewegung bewogen, das Heil der Armenkinder im Gegensatz zu den Industriepädagogen nicht vom Handfertigkeitsunterricht, sondern von der Arbeit in ländlichen Feldgärtnereikolonien zu erhoffen. Abgesehen von Allgemeinplätzen zum Lob von Landleben und Urproduktion war es vor allem der Gedanke der Selbstversorgung, der die Gemüter der Wohltäter umtrieb. Der Dresdener Diakon und Frühprediger Christian Friedrich Lange erklärte in diesem Zusammenhang denn auch kurz und bündig: *„Die Spatenkultur nährt ihren Mann"*[522]. Im Prinzip zielte Spatenkultur damit auf eine krisenfeste, vom Markt unabhängige ökonomische Nische, deren Einrichtung und Unterhaltung so gut wie keinen Kapitalaufwand verlangte. Ihre besondere Begründung erfuhr diese Abkoppelung von der sich herausbildenden Nationalökonomie zum einen aus der erhofften Entlastung der öffentlichen Armenfürsorge[523], zum anderen aus der zunehmenden Bedrohung der handwerklichen Heimarbeit durch die aufkommende Manufaktur. Ausdrücklich verwies Lange deshalb auf das Schicksal der Strohhutflechter im Vogtland und die Verdrängung des sächsischen Klöppelwesens[524]. Ökonomisch begründete die Spatenkultur daher ebenso wie die späteren Erwerbslosengärten der Weimarer Republik eine selbstgenügsame Subsistenzwirtschaft außerhalb des Wirtschaftskreislaufs, während sie bildungsökonomisch nur eine neue, rustikal gewendete Industrieschule eröffnete, in der einmal mehr die Zeitkrankheiten „*Arbeitsscheu*"

---

mehrfach als „Urheber des Schrebergartengedankens" bezeichnet worden. Siehe dazu: NDB, Bd. 2, Berlin 1955, 172. Ähnliche Positionen vertreten: Förster/Bielefeldt/Reinhold (3), 8; Kiehl, Schrebergärten, in: Gartenwelt 10 (1) (1905/06), 16; Rathje (24), 3 und R. Umbreit, Ältere Gruppenanlagen von Familiengärten in Deutschland, in: KGW 4 (2) (1927), 20f.
520 ADB, Bd. 33, (Neudruck Berlin 1971), 179f. und Trude Reis, Johannes Falk als Erzieher verwahrloster Jugend, Berlin 1931, 78.
521 J. F. H. Schwabe, Grundsätze der Erziehung und des Unterrichts sittlich verwahrloster und verlassener Kinder in Beschreibung einer diesem Zweck gewidmeten Anstalt, Eisleben 1833. Zur Einordnung des Projekts siehe: Dreßen (298), 291f.
522 Lange (509), 53. Zit. i.O. gesperrt.
523 Ebd., XI.
524 Ebd., 51ff.

Ursprünge des modernen Kleingartenwesens 193

und „*Genußsucht*" geheilt werden sollten[525]. Geradezu grotesk mutet es an, wenn Lange als Vorbild der von ihm propagierten Armenkinderkolonien die Proto-Laubenidylle einer verschuldeten Kleinbauernfamilie vor den Toren Dresdens preist[526], grad so, als schaue er mit divinatorischem Blick über die sozialpolitischen Errungenschaften eines „Jahrhunderts des Fortschritts" hinweg auf die Fischkistensiedlungen der Weltwirtschaftskrise.

In diesen allgemeinen Rahmen fügte sich das Idealbild der Schwabeschen Rettungsanstalt harmonisch ein. Ihr erklärter Zweck bestand darin, „*sittlich verwahrloste und verwilderte (...) Kinder (...) in Erziehung und Pflege zu nehmen, um ihrer Verwilderung Schranken zu setzen, und sie für das bürgerliche Leben zu gewinnen*"[527]. Dreh- und Angelpunkt der Erziehung war daher auch hier der Eigentumsbegriff. Im Gegensatz zu Rousseau wurde er von Schwabe freilich agrar-konservativ begründet. Das bedeutete zum einen, daß der kleinbürgerlich-egalitäre, rein arbeitstheoretisch abgeleitete Eigentumsbegriff Rousseaus zugunsten eines im Prinzip schrankenlosen Erwerbs verworfen wurde, auch wenn der „protestantische Ethiker" Schwabe die Arbeit als solche hochhielt und das Betteln als „Mutter vieler Laster" brandmarkte, zum anderen, daß die fortschreitende Arbeitsteilung im aufkommenden Industriesystem vom Standpunkt konservativer Agri-Kulturkritik abgelehnt wurde, da sie dem manufakturiellen Teil-Arbeiter im Gegensatz zum Landarbeiter die Möglichkeit nahm, sich im Ergebnis seiner Arbeit wiederzuerkennen[528]. Garten- und Feldarbeit erschienen damit als nicht-entfremdete Tätigkeiten von genuin humaner Würde. Der epochale Topos der „Entfremdung von der Natur" fand damit bei Schwabe eine frühe, extrem anti-industrielle Ausdrucksform.

Der gleiche Befund traf auf die säkulare, für die spätere Kleingartenpädagogik zentrale Vorstellung zu, daß den Land- bzw. Gartenbau treibenden Menschen mit den realen Bodenfrüchten zugleich das ideale Edelobst der Eigentums- und Vaterlandsliebe zuwachse. Auch wenn ein eigener Schrank und das unvermeidliche Sparkassenbüchlein[529] das fromme Werk flankieren sollten[530] –, das pädagogische Herzstück der Schwabeschen „Rettungsinsel" bildeten Garten

---

525 Ebd., 6. Hervorhebungen i.O. gesperrt.
526 Ebd., 12.
527 Schwabe (521), 15. Zit. i.O. gesperrt. Ähnlich auch: Lange (508), 3. Theil, Dresden u. Leipzig 1847, 288f., der sich – Schreber vorwegnehmend – bei der pädagogischen „Veredelung" „verwilderter" Menschen-Kinder treuherzig auf die Erfolge der vaterländischen Schafzucht beruft. (Ebd., 258f.).
528 Schwabe (521), 106.
529 Laut Jürgen Reulecke, Sozialreformer und Arbeiterjugend im Kaiserreich, in ASG XXII (1982), 309ff. war das Sparen seit den 1840er Jahren „zentraler Programmpunkt bürgerlicher Arbeiterfreunde".
530 Schwabe (521), 77f.

und Gemüseland[531]. Jeder Hauslehrer und jedes Kind erhielt eine eigene Parzelle[532]. Dabei bot das Kinderbeet den Erziehern auch hier die Möglichkeit, jedes Kind auf zwanglose Art kennenzulernen, „da die größere oder mindere Sorgfalt, die es auf dieses Beet verwendet, ein ziemlich sicheres Zeichen ist, wie es überhaupt sein Geschäft im Leben betreiben und das Seine verwalten wird"[533].

In der Hauptsache zielte die Arbeit auf den Kinderbeeten jedoch auf den eben beschriebenen pädagogischen Kausalnexus: „Es fesselt dieser kleine Grundbesitz an die Anstalt, und gewährt die eigentümliche Freude des liegenden Eigenthums. Das Grundeigenthum hat eine wunderbare Kraft die Gemüther an einen gewissen Boden zu fesseln, und alle Vaterlandsliebe, alle Anhänglichkeit an die Heimath liegt darinnen"[534]. Bei Geheimrat Bielefeldt, dem großen Mann der Kleingartenbewegung des Kaiserreichs, oder bei Arthur Hans, – in der „Zentralstelle für Wohnungsfürsorge im Landesverein Sächsischer Heimatschutz" leitete er den „Ausschuß für Kleingartenbau" –, finden sich diese Gedanken, ein dreiviertel Jahrhundert später, in unverminderter Frische wieder[535].

Nicht anders verhielt es sich mit dem abgeleiteten Funktionszusammenhang von Eigentumsbildung, Vaterlandsliebe und Revolutionsprophylaxe, der geradezu als originärer Beitrag der Rettungshausbewegung zur agrarkonservativen Ideologie im Allgemeinen wie zur Kleingarten und Siedlungspropaganda im Besonderen erscheint[536]. Schwabe hat die in seinen Augen bedrohliche Verschränkung von philosophischer Aufklärung und sozialer Auflösung, Bürgertum und Weltbürgertum, eindringlich beschworen: „Doch nimmt diese, durch das Grundeigenthum bewirkte Vaterlandsliebe und Anhänglichkeit mit der höhern Bildung mehr und mehr ab, der Mensch reißt sich durch seine weltbürgerliche Bildung von der Scholle los, und spricht: die Welt ist mein Vaterland. Auswanderungen, Revolutionen, u.d.gl. kommen daher"[537]. „Man sehe sich doch um, man frage wer die sind, welche die Welt umwälzen wollen; es sind theils Heimath-

---

531 Ebd., 49.
532 Ebd., 85.
533 Ebd., 102.
534 Ebd., 102f. Vgl. auch: Scherpner (398), 124.
535 Fundstellen zur Eigentums–, Heimat- und Vaterlandsliebe finden sich bei: (Alwin) Bielefeldt, Arbeitergärten vom Roten Kreuz, in: Das Rothe Kreuz und die Tuberkulose–Bekämpfung, Berlin 1902, 135; Ders., Die volkswirtschaftliche Bedeutung (351), 63; Hans (484), 9f.; Neue Aufgaben (350), 41; Peters (350), 50; Peter Schmidt, Die Bedeutung der Kleingartenkultur in der Arbeiterfrage, Berlin 1897, 52 sowie bei den Kindergartenpädagoginnen: Hilde Lehmann, Unsere Jungen und ihre Beete, in: Kindergarten 69 (1928), 100ff. und Clara Schütze, Umschau, in: Ebd. 67 (1926), 199.
536 Vgl. hierzu: Zur Geschichte der Arbeitserziehung, Teil 1 (470), 98 u. 119f.
537 Schwabe (521), 103.

lose, die überall kein Vaterland, theils wenigstens solche, die überall keinen Grundbesitz haben"[538]. Die Hauptaufgabe aller Erziehung sah Schwabe folglich darin, „unserer Jugend eine Anhänglichkeit und Liebe zu dem Boden einzuprägen, auf welchem wir stehen. Diese wird gewonnen, wenn Jemand auch nur über einen kleinen Theil desselben selbst waltet und ihn bearbeitet"[539]. Der nachmalige Kampfbegriff von den „vaterlandslosen Gesellen" fand sich damit bei Schwabe ebenso vorgeprägt wie das spätere Schlagwort von der „*Entproletarisierung des Proletariats*"[540] durch Laubenkolonie und Siedlung. Was seine Auffassungen von den kommenden Parolen unterschied, war ihre agrarkonservative, gegen die Moderne als Ganze zielende Stoßrichtung, die den „dritten" und den „vierten Stand" gleichermaßen ins Visier nahm.

Alles in allem kann man die späteren Kinderbeete in den großstädtischen Kleingartenkolonien daher als historische Schnittmenge der sich kreuzenden Einflußsphären des merkantilistischen „Industriegartens", des philanthropischen „Schulgartens", des Fröbelschen „Kindergartens" und der „Feldgärtnereikolonien" der Rettungshausbewegung begreifen, die durch den mehr oder minder säkularisierten Grundsatz eines agri– bzw. hortikulturellen ora–et–labora ein gemeinsames pädagogisches Prinzip erhielten.

Schon Ernst Innocenz Hauschild hat diese gemeinsame bildungsökonomische Basis, wenn auch nur im Hinblick auf den von Pestalozzi ausgehenden Rezeptionsstrang, erkannt und gewürdigt[541]. Obwohl auch er sich zu dem Grundsatz bekannte, „daß eines vernünftigen Menschen höchste Bestimmung gar nicht bündiger und treffender ausgesprochen werden kann, als in jenen drei Worten: 'Bete und arbeite!'"[542], wäre es doch falsch, ihn als Arbeitspädagogen einzustufen. Im Mittelpunkt von Hauschilds Pädagogik steht nämlich nicht die Arbeit, sondern ein klassenspezifisch ausdifferenzierter Begriff des Handelns im Sinne einer „freieren Selbstbestimmung und Selbstthätigkeit"[543]: „Es wird sich jederzeit auch in der Schule sehr empfindlich rächen, wenn man allen Stände–Unterschied aufheben will; und so wenig rathsam es ist, die Armenkinder ohne Weiteres zu den Kindern bemittelter und reicher Eltern auf die Schulbank zu setzen, die gefährliche Träumerei der Kommunisten und Sozialisten, eben so thöricht wäre es, umgekehrt, die Kinder bemittelter und reicher Eltern in die Ar-

---

538 Ebd., 104.
539 Ebd., 105.
540 Georg Bonne, Praktisches zur Frage der Erwerbslosensiedlungen, in: Soziale Praxis 40 (1931), Sp. 1671. Zit. i.O. gesperrt.
541 Hauschild, 40 Pädagogische Briefe (367), 1–5.
542 Ebd., 3. Hervorhebung i.O. gesperrt.
543 Siehe hierzu und zum folgenden: Ebd., 5–15. Das Zitat findet sich: Ebd., 12.

beitsschulen der Armenkinder zu schicken, das gutgemeinte Hirngespinst unserer 'Erzieher zur Arbeit'"[544].

Trotz seines klassenspezifischen Aus–Bildungsideals, in dem die Arbeitspädagogik nur noch im Rahmen der Armenerziehung wirksam wird, erinnert Hauschild weniger an einen Nachzügler des Neuhumanismus als an einen Vorläufer der Reformpädagogik. Seine Klagen über den „Gegensatz zwischen *Schule* und *Leben*"[545] machen das ebenso deutlich wie seine Bemühungen, diese Kluft mit Hilfe von Ausflügen, kindlicher Gartenarbeit, gemeinsamem Sparen sowie Sport und Spiel zu versöhnen[546]. Ähnlich wie Schreber für die Geistesgeschichte der naturistischen Zivilisationskritik und des volkspädagogischen Heil–Turnens erweist sich Hauschild mit seiner – von Schreber im Prinzip geteilten – Kritik an der Lernschule damit als Vermittler zwischen der Industrieschule des Merkantilismus und der Arbeitsschule der Reformpädagogik.

In der Tat bewirkte diese „einflußreichste Strömung der deutschen Schulreformbewegung"[547] eine aus der gemeinsamen Frontstellung gegen die Lernschule hervorgehende Wiederbelebung des Industrieschulgedankens[548]. Obwohl die Arbeitsschule ihre eigentliche Ausformung im Werkunterricht fand[549], bildete die Schul–Gartenarbeit[550] doch von Beginn an einen integralen Bestandteil ihrer Bestrebungen[551], deren Vertreter sich in einzelnen Fällen sogar von ihr emanzipierten. Ein anschauliches Beispiel dieser Art beschreibt H. Richter, der Leiter des 1870 gegründeten „Leipziger Knabenhorts", der sich nicht nur gegen den

---

544 Ebd., 14. Zu Hauschilds Anti–Kommunismus siehe auch: Ders., 50 Pädagogische Briefe, Bremen 1860, 211, 228 u. 235.
545 Ders., 40 Pädagogische Briefe (367), 9. Hervorhebung i.O. gesperrt.
546 Vgl.: Ebd., 7, 20ff., 36ff., 52ff. u. 74–90.
547 Zur Geschichte der Arbeitserziehung, 2. Teil (470), 12.
548 Reble (143), 290f.
549 Vgl.: Zur Geschichte der Arbeitserziehung, 2. Teil (470), 14. Über die Beziehungen zum Werkunterricht informieren: Gibt es eine schrebermäßige Einstellung des Handfertigkeitsunterrichts?, in: KGW 7 (4) (1930), 30f.; Reble (143), 291; Reulekke, Bürgerliche Sozialreformer (529), 306–309; G. Richter, Schreberweihnacht und neuzeitliche Erziehung, in: KGW 9 (12) (1932), 112f. und Zur Geschichte der Arbeitserziehung, 1. Teil (471), 222–233.
550 Über die Beziehungen zwischen Schulgarten und Kleingarten informieren: Else Bachmann, Der Schulgarten, in: Concordia XVII (13/14) (1910), 275–279; H. Förster, Schulgarten, Schülergarten, Jugendgarten, in: KGW 3 (5) (1926), 53f. und Adolf Schrader, Der großstädtische Schulgarten und sein Einfluß auf die Erziehung der Jugend, in: 8. Reichs–Kleingärtnertag zu Hannover am 30. und 31.5.1931. Verhandlungsbericht nebst Geschäftsbericht des Vorstandes des RVKD, Frankfurt/M. 1931, 89–103 (Schriften des RVKD 22).
551 Grundsätzlich zur Gartenschule: Adolf Teuscher u. Max Müller, Die Gartenschule, ihr Wesen und Werden, Leipzig 1926.

botanischen Schulgarten abgrenzte, in dem er eine bloße Erweiterung der Schulstube sah[552], sondern auch gegen die Werkstattarbeit aussprach, da die Kinder seiner Meinung nach schon während der normalen Unterrichtsstunden lange genug „in dumpfen Räumen" beschäftigt wurden[553].

Die ideale Form der „Zukunftsschule" sah Richter vielmehr im „Arbeitsgarten"[554]. Der sozialgeschichtliche Hintergrund seines Projekts glich dem der Kleingartenpropagandisten infolgedessen aufs Haar: „Gartenarbeit für unsere Jugend ist ein Heilmittel für die der Natur sich entfremdende Großstadtbevölkerung!"[555]. Neben der Arbeitserziehung rückten damit die Weckung der Liebe zur Natur und des Heimatgefühls[556] in das Zentrum seiner pädagogischen Bemühungen. Auch die Zielgruppe stellte einmal mehr die „sich meist selbst überlassene Jugend der ärmeren und ärmsten Kreise"[557]. Richters Vorhaben begann demzufolge mit einer Kultivierung von Grund auf: „Kein Farmer des Wilden Westens hat mehr Mühe gehabt, aus Steppe und Urwald Kulturland zu schaffen, als wir"[558]. Auch der „Betrieb in diesem 'Kinderland'"[559] orientierte sich am Arbeitsrhythmus der umliegenden Werkstätten: „In der nahen Fabrik tutet es und 'Vesper!' schreit es aus vielen Kehlen immerfort verstärkt, bis der Leiter dem Rufe Gehör gibt"[560]. Nach einer halbstündigen Pause wird die Arbeit wieder aufgenommen. „So geht es fort, bis die Maurer in dem Neubau drüben ihre Arbeitsstätte verlassen und 'Feierabend!' schallt es nun von allen Seiten. Wie schnell ist doch heute wieder der nachmittag vergangen! Wie viel Arbeit ist noch zu tun übrig geblieben! Bald sind nun die gebrauchten Geräte in der Bude von einigen geordnet, und dann gilt es noch den 'Lohn' auszuteilen"[561]. Trotz der Anführungszeichen erweisen sich die Astern und Löwenkrautstengel, die die Kinder nun erhalten, als leistungsbezogene Äquivalente eines spielerischen Naturallohnsystems: „Erziehung zur Arbeit ist unsere Losung. Schon zu Luthers Zeiten galt der Erziehungsgrundsatz, daß bei der Rute auch der Apfel liegen müsse. (...). Größerer Fleiß wird mit größerer Gabe bedacht; Faulheit (...) und Ungezogenheit gehen leer aus"[562].

---

552 H. Richter, Gartenarbeit für unsere Großstadtjugend!, in: Neue Bahnen 20 (2) (1895), 86.
553 Ebd., 84f.
554 Ebd., 86.
555 Ebd., 85.
556 Ebd.
557 Ebd., 74.
558 Ebd., 76.
559 Ebd., 78. Zit. i.O. gesperrt.
560 Ebd., 82.
561 Ebd., 82f.
562 Ebd., 83. Das Luther-Zitat habe ich nicht finden können.

Kein Zweifel: Protestantismus, Kapitalismus und Proto–Behaviorismus begründen eine neue, profanierte Dreifaltigkeit. Auch Wichern hatte im „Rauhen Haus" den Grundsatz des ora–et–labora mit der Paulinischen Maxime „Wenn jemand nicht will arbeiten, der soll auch nicht essen"[563] verknüpft[564], um seinen Zöglingen die bürgerlichen Sekundär–Tugenden beizubringen[565]. Es überrascht daher nicht, wenn spätere Lauben–Poeten wie Josef Kiefl reimten:

„Die stille Arbeit ist wie ein Gebet.
Hört es, ihr Mächtigen, da droben!
Ihr, der Gemeinden Väter, hört es hier,
durch eig'nen Grund wird die Moral gehoben,
die Arbeitslust, die Treue für und für"[566].

Wie den Arbeits– und Gartenschulpädagogen ging es auch den Kleingartenpädagogen darum, „der Einseitigkeit der Wissensschule (...) durch Arbeits– und Handfertigkeitsunterricht entgegenzuwirken"[567]. Der Durchbruch der laubenkolonialen Kinderbeete erfolgte dabei, wie der des Arbeitsschulgedankens insgesamt, im Zuge des Ersten Weltkriegs[568], der auch die Kleingärten der Großen ökonomisierte und auf ihre alternativwirtschaftliche Grundfunktion zurückwarf. Das nicht notwendigerweise erste, mit Sicherheit aber bekannteste Projekt dieser Art war der vom späteren RVKD–Vorsitzenden Heinrich Förster[569] Anfang 1915

---

563 Vgl. hierzu: Kunath (437), 234.
564 J. H. Wichern, Festbüchlein des Rauhen Hauses in Horn, in: Sämtliche Werke Bd. 4, 2, Berlin 1952, 17. Das Bibel–Zitat findet sich in: 2. Thessalonicher 3, 10.
565 Martin Gerhardt, J. H. Wichern. Ein Lebensbild, Bd. 1, Hamburg 1927, 218.
566 Kleingarten und Poesie, Frankfurt/M. 1930, 128 (Schriften des RVKD 20).
567 Peters (350), 50; Moericke (350), 9; Ringpfeil, Was bieten wir unseren Schreberkindern an Leib und Seele, Leipzig 1927, 5 (Schriften des LV Sachsen 5).
568 Reble (143), 283; Schrader (550), 90 und Teuscher/ Müller (551), 2.
569 Heinrich Förster wurde am 7.1.1876 in Kreuznach als Sohn eines Handwerkers geboren. Nach seiner Lehrerausbildung kam Förster 1903 nach Frankfurt/M, wo er 1912 Rektor der Mittelschule Weidenborn wurde. Im Frühjahr 1915 organisierte er an seiner Schule einen Kriegs–Schülergarten. Spätestens seit dieser Zeit datiert sein kontinuierlicher Aufstieg in der organisierten deutschen Kleingärtnerschaft, der seinen krönenden Abschluß auf dem 3. Reichs–Kleingärtnertag am 20.5.1923 in Erfurt erfuhr, als Förster die Nachfolge des aus Altersgründen ausscheidenden RVKD–Vorsitzenden Alwin Bielefeldt antrat. Diese Position behielt Förster bis zur „Gleichschaltung" des Verbandes auf dem 9. Reichs–Kleingärtnertag in Nürnberg am 29.7.1933. Dem neugegründeten „Reichsbund der Kleingärtner und Kleinsiedler Deutschlands" blieb Förster als Mitglied des „Führerrings" mit Rat und Tat verbunden, bis er am 10.8.1938 starb. Quellen: Hermann Steinhaus, Grundsätzliche Kleingartenfragen, Frankfurt/O. u. Berlin (1938), 19ff. und Paul Brando, Kleine Gärten einst und jetzt – geschichtliche Entwicklung des deutschen Kleingartenwesens, Hamburg 1965, 40 u. 53f.

Ursprünge des modernen Kleingartenwesens 199

ins Leben gerufene Kriegsschülergarten der Main–Frankfurter Weidenborn–Mittelschule. In Anlehnung an Kerschensteiner sah Förster, der die Schule seit 1912 leitete, den Kriegsschülergarten sogar als Bestandteil der staatsbürgerlichen Erziehung an, wobei er den Hauptakzent auf das Gebiet der körperlichen Aus–Bildung „im Sinne der Arbeitsschulbewegung"[570] setzte. Besonderes Gewicht legte er dabei in Anbetracht des Krieges auf die Bedeutung der Gartenarbeit für die „Wehrhaftmachung unseres gesamten Volkes"[571] und die Sicherung seiner Ernährung[572]. Die Einrichtung des Kriegsschülergartens beschrieb der Rektor infolgedessen im Stil der Verlautbarungen der Obersten Heeresleitung: „Am 18. April 1915 wurden die Feindseligkeiten gegen den starren, struppigen Boden eröffnet"[573].

Doch Förster war mehr als ein überkompensierender Heimatfrontkämpfer. Auch wenn das Wort vom „Stahlbad" nicht fiel, faßte auch er den Krieg als nationale Chance zur moralischen Selbst–Erneuerung auf. Ausdrücklich berief er sich in diesem Zusammenhang auf die gleichgestimmten Vorstellungen seines Hamburger Kollegen Walter Classen: „'Unser Volk lernt wieder, daß das Paradies nicht ist, am Sonntag für Tingeltangel und hundert Betäubungen 20 Mk. ausgeben können, sondern das Paradies ist *Gartenland* und *Hühner* und *Futter* für die Schweine und der Geruch der umgegrabenen Ackerscholle"[574]. Wie Classen wollte Förster daher aus der Not des Krieges eine volkspädagogische Tugend machen und die außenpolitische Verwicklung zur inneren Entwicklung nutzen. Das Kaiserwort über die Parteien erfuhr auf diese Weise eine sozialpolitische Vertiefung, in der der „Burgfrieden" als bloße Vorstufe eines allgemeinen sozialen Friedens figurierte, der nicht zuletzt den Gegensatz von Kopf– und Handarbeit aufheben sollte[575]: „Der gebildete, sozial besser gestellte Mann, der selbst Rechen, Spaten und Hacke gebraucht und gleich dem einfachen Mann sein Gärtchen bestellt, macht diesen die Kluft vergessen, die ihn von jenem trennt, und nimmt dem mit dem Geschick Hadernden manche Bitternis. Gottlob, daß in unserer Zeit die Wertung der Körperarbeit eine so große Umwandlung erfahren, da gar mancher 'Kopfarbeiter' als gemeiner Schipper dem Vaterlande die größten Dienste leistet, die bisher von manchem mit Geringschätzung behandelte körperliche, die Handarbeit, wieder zu Ehren gekommen ist. Und wenn unsere Kinder durch die Gartenarbeit frühe schon erfahren, daß Handarbeit nicht schändet,

---

570 Heinrich Förster, Der Kriegs–Schülergarten, Leipzig–Frankfurt/M. 1916, 3.
571 Ebd.
572 Ebd., 4f.
573 Ebd., 19.
574 Zit. n.: Ebd., 5. Hervorhebungen bei Förster gesperrt.
575 Ähnlich auch der Münchner Bezirksschulrat Oskar Strobel, in: Kleingarten und Poesie (566), 40.

so dürfen wir auch dieses Moment als ein wertvolles Ergebnis der Schülergärten in Rechnung stellen"[576].

Die Zielsetzungen, die Förster mit der Einrichtung des Kriegsschülergartens verband, wiesen damit weit über die besonderen Verflechtungen des Kriegszustandes hinaus. Wenn der Verfasser unter erneuter Berufung auf Classen die bodenständige Familie „als Urzelle unseres Volkes" pries[577] und den Arbeitsgarten als Pflanzschule aller Sekundär-Tugenden verherrlichte[578] hatte dieses emphatische Lob mit den pragmatischen ernährungswirtschaftlichen Hilfsfunktionen des Kriegsschülergartens nicht mehr allzuviel gemein. Die Unterschiede zwischen Kinder- und Schülergarten, Schüler- und Kriegsschülergarten, waren insofern bloß graduell. Im Grunde besaß jeder von ihnen ein und dieselbe volkspädagogische Aufgabe: „durch seine unmittelbare erziehliche Einwirkung die Kinderseele zu bilden und zu veredeln"[579]. Die greifbaren Resultate dieser Veredelung sah Förster darin, „daß ein solches Kind es nicht leicht übers Herz bringen wird, Blumen achtlos zu zertreten, Zweige in zweckloser Weise abzureißen, Bäume mutwillig zu beschädigen, von schlimmeren Auswüchsen eines rohen Gemüts gar nicht zu reden"[580].

Wohlgemerkt: Wir schreiben das Jahr 1916. Ein Jahr zuvor, exakt vier Tage nachdem die Förster-Schüler „die Feindseligkeiten gegen den starren, struppigen Boden eröffneten", hatte das deutsche Heer bei Ypern zum erstenmal Chlorgas gegen die gegnerischen Stellungen abgeblasen und im Herbst die ersten Materialschlachten im Artois und in der Champagne ausgefochten. Selbst wenn man annimmt, daß Försters Broschüre noch vor der ersten Schlacht um Verdun und der Brussilow-Offensive publiziert wurde, erscheint seine Sorge um die Erhaltung der Natur und den pfleglichen Umgang mit Flora und Fauna doch einigermaßen befremdlich. Es darf zumindest erstaunen, daß dem gebildeten Pädagogen der Gegensatz von zivilem Naturschutz und militärischer Verwüstung, pädagogischer Veredelung und kriegerischer Verrohung, nicht bewußt wurde. Wer angesichts des kindlichen Baumfrevels die mit Granatlöchern übersäten Schlachtfelder vergißt, muß sich zumindest fragen lassen, inwieweit seine Wahr-

---

576 Förster, Kriegs-Schülergarten (570), 7f.
577 Ebd., 5.
578 Ebd., 7.
579 Ebd., 6. Zur „veredelnden" Wirkung der Zimmer-Pflanzenpflege vgl. auch: Bielefeldt, Die volkswirtschaftliche Bedeutung (351), 63; Christian (1), 34; Cronberger (350), 8f. u. 13; H. Hinz, Die Bedeutung der Schrebergärten für die Volkswohlfahrt, in: Körper und Geist 24 (10) (1915), 147; Moericke (350), 8; Julius Post, Musterstätten persönlicher Fürsorge von Arbeitgebern für ihre Geschäftsangehörigen, Bd. 1, Berlin 1889, 153ff. u. Bd. 2, Berlin 1893, 103.
580 Förster, Kriegs-Schülergarten (570), 7. Ähnlich auch: Teuscher/Müller (551), 3.

nehmungsfähigkeit durch die fortschreitende Arbeitsteilung dissoziiert worden ist. Dies umso mehr, als die seinerzeit verbreitete gartenarbeitspädagogische Grundannahme, daß eine durch Blumen- und Gartenpflege erwachsene Liebe zur Natur automatisch zur Nächstenliebe ausreife, und jeder Naturfreund gleichsam von selbst zum Menschenfreund werde[581], durch den Krieg bis auf die Knochen mehrerer Millionen Toter blamiert wurde.

Försters einäugiger Blick verweist insofern erneut auf die eingangs skizzierte Genese des modernen, dualistischen Naturbegriffs mit seinen dissoziierten Polen Naturgesetz und Naturgefühl, naturwissenschaftlicher Produktion und naturistischer Reproduktion, auch wenn der generelle Zwiespalt von Erkenntnis und Erholung, Ausflug und Ausbeutung, unter den Bedingungen des „totalen Krieges" (Erich Ludendorff) eine spezielle, blutrote Färbung erhält. Während auf dem Schlachtfeld die staatlich geforderte und geförderte Rohheit herrscht, waltet im Kriegsschülergarten die lehramtlich verordnete Veredelung im Namen der ewigen Werte der Humanität. Geht es dort um die „balance of powers", dreht es sich hier um eine groteske Vorform der „flower power".

Trotz dieser Gegensätzlichkeit bilden beide Pole ein gemeinsames geistesgeschichtliches Gravitationsfeld. So wie sich das angewandte Naturgesetz zum ausgelebten Naturgefühl wie die Produktion zur Reproduktion verhält, erweisen sich Front und Heimatfront, Schlachtfeld und Kriegsschülergarten, wie Haupt- und Nebenseite ein und derselben Gesamtverteidigung. Dem militaristischen Freund–Feind–Denken von „Händlern und Helden" (Werner Sombart) entspricht daher im Kriegsschülergarten die biologistische Unterscheidung von Kraut und Unkraut, tierischen Nützlingen und Schädlingen. „Pflanzenpflege" und Unkrautvernichtung. Schutz „Blauer Blumen" und „Feindseligkeiten gegen starre, struppige Böden" gehen demzufolge genauso Hand in Hand wie Kameradschaft und Erb–Feindschaft, Waffenbrüderschaft und Waffengewalt. Im Kriegsschülergarten wachsen daher nicht nur die Früchte, die den kriegswirtschaftlichen Druck der britischen Seeblockade mildern sollen, sondern auch die künftigen Soldaten heran, die den Mannschaftsersatz von Morgen stellen. Die „Feindseligkeiten gegen den starren, struppigen Boden" und die künftigen Kampfhandlungen gegen den widerspenstigen Gegner sind daher ebenso aufeinander bezogen wie das Umgraben des Gartens und das spätere Schanzen im Feld.

Die penetrante, von Rousseau und den Philanthropen ausgehende, halb metaphorische, halb metaphysische Ineinssetzung von Kind und Pflanze, Gartenbau und Erziehung, beförderte damit einen auf Auslese und Veredelung zielenden Horti-Kulturbegriff, der alles Lebendige über ein und denselben Kamm schor.

---

581 Vgl. z.B.: Bielefeldt, Die volkswirtschaftliche Bedeutung (351), 63; Cronberger (350), 6f.; Hinz (579), 147.

Von der biologistischen Differenzierung zwischen Kraut und Unkraut, Nützlingen und Schädlingen, über die pädagogische Abgrenzung von „Wilden" und „Zivilisierten" und die politische Einteilung in „Reichsfreunde" und „Reichsfeinde" zur rassistischen Unterscheidung von Volk und „Volksschädlingen", deutschen „Herrenmenschen" und „jüdisch–bolschewistischen Untermenschen" war es infolgedessen nur ein kleiner Schritt.

3.3.5. Die Schreberpädagogik und ihre Spielräume: Rettungsinseln im brandenden Verkehrsmeere der Großstadt.

Die wirkungsmächtige Analogie von Kind und Pflanze, Gartenbau und Erziehung, fand ihren kleingartenpädagogischen Ausdruck nicht nur im sachlich naheliegenden Bezugsraum laubenkolonialer Kindergärten, sondern weit mehr noch auf dem abgeleiteten Wirkungsgebiet kleingärtnerischer Kinderspielplätze. So wie Schreber und Hauschild für die Zielsetzungen des ersten Schrebervereins maßgebender waren als Gesell, gewannen die Schreberspielplätze in der Geschichte der Kleingartenbewegung eine größere Bedeutung als die Schreberkindergärten. Diese Tatsache begründete freilich kein exklusives Gegeneinander, sondern ein allenthalben erkennbares, komplementäres Miteinander.

In der Tat verlangte das dem modernen Industriekapitalismus innewohnende Prinzip der erweiterten Reproduktion auch entsprechend vergrößerte Fähigkeiten auf Seiten der ihm unterworfenen Individuen. Arbeitsfleiß und Handwerksgeschick des herkömmlichen homo faber reichten für diesen Zweck nicht aus. Das objektive, technisch–szientifische Produktionsskelett Industrie bedurfte vielmehr entsprechend „industriöser", also auch und vor allem innovativer Subjekte aus Fleisch und Blut. Die wahre Geburtsstunde des homo oeconomicus schlug zu dem Zeitpunkt, an dem sich die Disziplin der Fabrik und die Freiheit des Spiels fanden und verbanden. Erst diese Synthese von homo faber und homo ludens (Johan Huizinga) schuf den modernen homo oeconomicus.

Die neuzeitliche Pädagogik hat Arbeit und Spiel denn auch auf ebenso nachdrückliche wie vielfältige Art zueinander in Beziehung gesetzt. Einmal mehr treten Schreber, Hauschild und Gesell damit als Glieder einer Kette auf, die ihren Ausgangspunkt bei Rousseau findet. Der geschilderten Rousseau–Renaissance des Fin de siècle entspricht daher eine nicht minder ausgeprägte „Fröbelrenaissance der Reformpädagogik"[582], dem Aufkommen der Arbeitsschule eine nicht weniger nachhaltige „neue Wertschätzung kindlichen Spielens"[583], die in

---

582 Hb. der deutschen Bildungsgeschichte, Bd. III (320), 85.
583 Hans Scheuerl, Das Spiel, 6.–8.Aufl. Weinheim/Berlin 1968, 11.

der Ablehnung der „Lernschule" mit ihrer „Diktatur des Lernstoffes" und der allenthalben erhobenen Forderung nach „Selbsttätigkeit" der Kinder[584] eine alle Schulrichtungen umfassende Basis besaß.

Dieses negative, auf der Ablehnung der „Lernschule" fußende Fundament fand seine positive Ergänzung in dem gemeinsamen Bekenntnis zu einer weitgehend utilitaristischen Auffassung des kindlichen Spiels. Wenn John Dewey und Sergius Hessen Spiel und Arbeit nicht als Gegensatzpaar, sondern als „Pole einer Entwicklungslinie" auffaßten[585], Hugo Gaudig das Spiel gleichermaßen als Ergänzung und Ausgleich sowie als Vor- und Steigerungsform der Arbeit begriff, oder Georg Kerschensteiner das Schul-Kind von der Spielhaltung zur Arbeitshaltung hinführen wollte[586], wird diese Grundposition deutlich. Diese utilitaristische Einstellung erhellt zugleich den Zusammenhang zur Pädagogik der Aufklärung und den erziehungswissenschaftlichen Auffassungen Rousseaus. In der Tat interessierte sich die Aufklärung „fast ausschließlich für den diagnostischen, den erholenden, den erkenntnisvermittelnden und übenden Wert des Spiels", während sie seine musisch-phantasiebetonte Seite weitgehend verkannte[587]. Schon über Emile heißt es: „Ob er arbeitet oder spielt – das eine gilt ihm so viel wie das andere; seine Spiele sind seine Arbeit, da gibt es für ihn keinen Unterschied"[588]. Selbst Fröbel, der den eigenständigen Wert des Spiels im Rahmen der „Stufe der Kindheit" betonte, sah diese Entwicklungsphase zugleich als Trittstein zur „Knabenstufe" und damit zur zielgerichteten, ergebnisorientierten Arbeits-Tätigkeit[589].

Wie eng Arbeit und Spiel in der Kindergartenbewegung aufeinander bezogen wurden, bezeugt Fröbels pädagogisch wie publizistisch gleich einflußreiche Schülerin Bertha von Marenholtz-Bülow, die das Spiel lapidar als „erste Arbeit der Kindheit"[590] betrachtete. Bedeutung und Würde der Arbeit begründete Frau Marenholtz mit einer Ausdeutung der biblischen Schöpfungsgeschichte: „Groß oder klein, der Funke zum Schaffen wohnt allem inne, was Mensch heißt, denn das Ebenbild des Schöpfers muß zum Schaffen geboren sein"[591]. Die Vertreibung aus dem Paradies erhielt damit eine nachträgliche heilsgeschichtliche Rechtfertigung im Sinne des 19. Jahrhunderts: „Die *Arbeit* im Schweiße des Angesichts, hieß der Fluch, welcher die Menschheit aus dem müßigen Genußleben

---

584 Ebd.
585 Ders. (Hg.), Beiträge zur Theorie des Spiels, (8./9. Aufl.) Weinheim u.a. (1969), 17.
586 Ders., Das Spiel (583), 40–44.
587 Ders. (Hg.), Beiträge (585), 8f.
588 Rousseau, Emile (95), 347. Vgl. auch Ebd., 198, 240, 317ff. u. 375f.
589 Fröbel, Menschenerziehung (493), 36f.
590 Marenholtz-Bülow (494), 168.
591 Ebd., 170.

des Paradieses in die Wüstenei der noch zu kultivierenden Erde vertrieb. Arbeit wurde das Mittel zur menschlichen Kultur, und *Arbeit, als Glück, als Freude und Genuß*, ist das Ziel, nach dem die Menschheit unaufhaltsam streben muß!"[592]. „Nur wer dies Gesetz aller Tätigkeit (...) fand, der kann es dem unbewußten Kindesthun als Leitfaden bieten. Und das Kind wird nur solchen Leitfaden brauchen können, zu dem es in der inneren Werkstatt seiner Seele die Norm vorfindet"[593].

Neben dieser industriepädagogischen Versittlichung durch Arbeit[594] sollte der Schaffensprozeß in der „inneren Werkstatt" der Kinderseele eine „Disziplinierung des Sinnenlebens und (eine) Veredelung der Freuden"[595] bewirken. Frau Marenholtz' Gegenentwurf zur Lernschule[596] firmierte daher unter dem zivilisationskritischen Namen[597] „grüne Schule der Natur"[598]. Hinter dem Schlagwort verbarg sich ein breit ausgemaltes System von Schul- und Jugendgärten[599] mit pädagogisch kontrollierten Spiel- und Erholungsflächen[600], das sich kaum von den Vorstellungen Poninskas oder der Praxis „Spielvater Gesells" unterschied. Ob militärisches Exerzieren oder Turnen, Ball- oder Ringelspiel, Handfertigkeitsunterricht, Gartenarbeit oder gemeinsame Ausflüge zu „Mutter Grün" – in der „grünen Schule der Natur" fand alles seinen angemessenen Platz[601].

Das Spiel, das in diesem produktiven Mikrokosmos gepflegt wurde, erwies sich damit als gebundenes, funktionales Lernspiel[602], die kindliche Spiel-Kultur als abgekürzte Wiederholung des „Prozesses der Zivilisation": „Die civilisierte Welt der Erwachsenen vertauschte die rohen und primitiven Tänze und Gesänge der Wilden mit Tanz und Gesang als Kunst, so soll auch das Spiel der civilisierten Kindheit von seiner Rohheit befreit und zu einer Art Kunst erhoben werden"[603]. Nicht von ungefähr tritt an dieser Stelle denn auch das pädagogische Leitbild Robinson Crusoes aus der naturistisch dekorierten Kulisse des Marenholtzschen Kinderlandes. Das hohe Lob, das die Verfasserin Campes „Robinson" zollt, belegt seine archetypische Wirkungsmacht ebenso wie die von ihr be-

---

592 Ebd., 260. Hervorhebungen i.O gesperrt.
593 Ebd., 169.
594 Vgl.: Ebd., 260.
595 Ebd., 250.
596 Ebd., 179f.
597 Vgl.: Ebd., 236ff.
598 Ebd., 226.
599 Vgl.: Ebd., 200–274.
600 Ebd., 202.
601 Vgl.: Ebd., 202, 208f., 215 u. 227.
602 Grundsätzlich hierzu: Scheuerl, Das Spiel (583), 195–206 u. 211–218.
603 Marenholtz–Bülow (494), 211f.

zeugte Aufführung der Robinsonade durch Fröbels Schüler in Keilhau[604]. In der Tat wurde Robinson nach den Tagen Rousseaus und der Philanthropen nicht nur von der Herbart-Zillerschen Schule rezipiert, sondern auch von der Arbeitsschulbewegung aufgegriffen und erneut zum bevorzugten Unterrichtsgegenstand erhoben[605]. Es überrascht daher nicht, daß die Leipziger Schreberpädagogen ihre Spielplätze als „Rettungsinsel(n) im brandenden Verkehrsmeere der Großstadt"[606] oder als „kleine Glücksinseln" beschrieben, „auf die sich schon mancher Schiffbrüchige aus Alltagsnot gerettet hat"[607]

3.3.5.1. Zielsetzung und Umfang der Schreberpädagogik in Abgrenzung gegen konkurrierende Bestrebungen.

Im Hinblick auf die Theorie der Schreberjugendpflege und ihr Verhältnis zu verwandten Bestrebungen lassen sich zwei Etappen unterscheiden:
– Die Gründungsphase, in der das eigene Engagement weitgehend aus der kritischen Abgrenzung gegen das offizielle Erziehungswesen gewonnen wurde, und
– die Expansionsphase, in der die Schreberjugendpflege gegen die wachsende Verbreitung anderer jugendpflegerischer Aktivitäten abgegrenzt und verteidigt wurde.

Dieser Wechsel in den Argumentationsmustern gründete vor allem auf dem durch die Landflucht hervorgerufenen „Prozeß kumulativer Großstadtverjüngung"[608], der sich im Übergang von den 80er zu den 90er Jahren geltend machte. Das ausgehende Jahrhundert zeitigte eine regelrechte „Entdeckung" der Jugend, die sich vor dem Hintergrund der allgemeinen Krise des Fin de Siècle in der widersprüchlichen Form einer Haßliebe ausprägte, die Jugendkult und Jugendfurcht verband[609].

Auf Seiten der Jugendpflege entfaltete sich in dieser Zeit in erster Linie die 1889 von Baden und Württemberg ausgehende Spielbewegungsagitation, die mit der Gründung des „Zentral-Ausschuß zur Förderung der Jugend- und Volks-

---

604 Ebd., 115f.
605 Vgl. hierzu: Stach (172), 47–62.
606 Richter, 75 Jahre (17), 75. Siehe auch: Ders., Buch (17), 69; Ders., Die Jugendpflege im Mittelpunkt der neuzeitlichen Kleingartenbewegung, in: KGW 2 (8) (1925), 103; Ringpfeil (567), 3; Freizeit- und Kleingartennutzung (357), 74 u. 76; 75 Jahre Bundesbahnlandwirtschaft, in: Eisenbahn-Landwirt 68 (1985), 146.
607 Gerhard Richter, Die Sprache der Rosen, in: Deutscher Kleingarten-Kalender 7 (1932), 110.
608 Klaus Tenfelde, Großstadtjugend in Deutschland, in: VSWG 69 (1982), 182–218, hier 185.
609 Reulecke (529), 312f.

spiele in Deutschland" am 21.5.1891 ihren nationalen Rahmen fand[610]. Hauptzweck der auf ein nationales Olympia zielenden Bewegung war die geistige und körperliche Erhaltung der einheimischen Wehrkraft. Psychologisch ging es dabei um die Immunisierung der (potentiellen) Wehrpflichtigen gegen den Einfluß der sozialdemokratischen Agitation, physiologisch um die Erhaltung ihres durch Industrialisierung und Urbanisierung scheinbar nachhaltig gefährdeten Tauglichkeitsgrades. Was Schreber mehr als eine Generation zuvor über die physische und moralische Denaturierung des Großstädters vorausgesagt hatte, tönte nun als rhetorischer Allgemeinplatz ebenso aus aller Munde wie seine auf Jugendspiel und -sport basierenden Vorschläge zur Erhaltung von Volksgesundheit und Wehrkraft. Wenn der Staatssekretär des Inneren und preußische Staatsminister Karl Heinrich von Bötticher dem ersten Kongreß des Zentral-Ausschusses am 3.2.1894 die römische Maxime „Pro patria est dum ludere videmur – Für's Vaterland ist's, wenn wir zu spielen scheinen"[611] ins Stammbuch diktierte, beschwor er denn auch nicht zuletzt, ob bewußt oder unbewußt, den Geist Schrebers und mit ihm die Manen der vaterländischen Sportbewegung bis hin zum sprichwörtlichen „Turnvater" Jahn.

Auf Seiten der Jugend entwickelte sich in dieser Zeit vor allem die 1890 einsetzende Wandervogelbewegung[612]. Obwohl sie ein einfaches, naturnahes Leben ohne Alkohol und Nikotin anstrebte und mit Wanderfahrt, Geländespiel und Zeltlager tendenziell vormilitärische, von einem männerbündischen Kameradschaftsgeist erfüllte Freizeitformen entwickelte, war sie der Jugendpflege ursprünglich entgegengesetzt[613]. Das neue Lebensgefühl, das die Jugendbewegung ausprägte und zunehmend machtvoller ausstrahlte, entfaltete sich in ausgesprochener Abgrenzung zu den Denk- und Lebensgewohnheiten der Erwachsenen und zielte letztendlich auf einen selbstbestimmten, jugendspezifischen Lebensstil aus innerer Freiheit und Wahrhaftigkeit, wie ihn die Meißner-Formel des Jahres 1913 prägnant zum Ausdruck brachte.

Die Beziehungen zwischen Jugendbewegung und Schreberpädagogik erschöpften sich infolgedessen in der gemeinsamen naturistischen Kritik der herrschenden Großstadtzivilisation. Wenn der Leipziger Oberlehrer Gerhard Richter, seinerzeit Obmann des „Sächsischen Landesausschusses für Schreberjugendpflege" und später einer der führenden Jugendpfleger des RVKD, bei Schreber- und Jugendbewegung „dieselben Grundzüge" wie „Feindschaft gegen die Aus-

---

610 Siehe hierzu und zum folgenden den grundlegenden Aufsatz von: Klaus Saul, Der Kampf um die Jugend zwischen Volksschule und Kaserne. Ein Beitrag zur „Jugendpflege" im Wilhelminischen Reich 1890–1914, in: MGM 1 (1971), 97–125.
611 Zit.n.: Reulecke (529), 325.
612 Hepp (331), 11ff. u. 17f.
613 Reble (143), 274–279.

wüchse der Bildung, Sehnsucht zur Natur, Entschluß zur Erziehung und Selbsterziehung" sowie allmähliches Wachstum „von unten her" feststellen zu können glaubte[614], ließ er gerade die weitgehend gegensätzlichen Zielsetzungen außer Acht, die hier auf einen neuen, selbstverantworteten Lebensstil, dort auf die Wiederherstellung des herkömmlichen Familienideals orientierten. Die Mitte der 20er Jahre aufgebauten Schreberjugendgruppen blieben denn auch im Gegensatz zu den Kinderspielgruppen eine Randerscheinung[615]. Zu deutlich trug ihre von außen kommende Konzeption die Merkmale eines jugendpflegerischen Vereinnahmungsversuchs, der nicht zuletzt im Zeichen kleingärtnerischer Überalterung und fehlenden Nachwuchses stand[616]. Der Gegensatz von Selbst- und Fremdorganisation mit ausgeklügelten Richtlinien und Statuten[617] erwies sich als ebenso unüberbrückbar wie die entgegengesetzten Zielvorstellungen. Während die Jugendbewegung Fernweh, Aufbruch (ins Utopische) und Fahrt ins Blaue atmete, stand die Schreber- und Kleingartenbewegung für Eigen-Heimweh, Einrichtung im Topos und Vorstadtidylle.

Die Gründungsphase der Schreberpädagogik, die mit Schreber und Hauschild begann und in ihnen zugleich ihre hervorragendsten Vertreter fand, galt der Auseinandersetzung mit der herkömmlichen Lernschule. Sie zeigt die Bewegung als genuinen Vorläufer von Schulreform und Spielbewegungsagitation der Jahrhundertwende. Die Selbstdarstellungen dieser Zeit folgen daher weitgehend der vorgegebenen Linie. Beim Leipziger Oberlehrer Eduard Mangner findet sich folglich die Kritik an den „Unterrichtsfabriken"[618] ebenso wieder wie die Klage über die Vergnügungssucht einer zugleich frühreifen und früh verdorbenen Großstadtjugend: „Wir haben den von der Natur gewiesenen Weg verlassen, wir sind in den letzten Jahrzehnten nur bestrebt gewesen in *einseitiger Weise den Geist auf Kosten des Körpers zu kultivieren* – wir müssen *zur Natur zurückkehren*"[619]. Das Hauptinstrument der angestrebten Rückkehr zur Natur sah Mangner in einer *„naturgemäße(n) Erziehung"*, die Physiologie und Psychologie mitein-

---

614 Richter, Buch (17), 222.
615 Ebd., 233. Vgl. auch: Ders., Schreberjugendpflege (426), 58. Hier findet sich auch die einzige Zahlenangabe. Ihr zufolge zählte das „Schreberland" Sachsen 1930 79 Jugendgruppen mit 1867 Mitgliedern.
616 Richter, Buch (17), 223.
617 Vgl. Ebd., 228–232. Wie wenig die Jugendbewegung mit der „Jugendpflege" im Sinn hatte, bezeugt: Wilhelm Stählin, Der neue Lebensstil. Ideale deutscher Jugend, 6.–10.Ts. Jena 1919, 6. Hier heißt es: „Nur wer selbst jung ist, gehört zur Jugend. Hier scheidet sich die 'Jugendbewegung' von jeder 'Jugendpflege',,
618 Mangner (361), 3.
619 Ebd., 8. Hervorhebungen i.O. gesperrt.

ander verband, um „den Menschen in seiner Doppelnatur als Ganzes gleichmäßig zu erfassen"[620]. Parallel zu diesen, gegen die neuhumanistische Pädagogik gerichteten Vorbehalten entfaltete sich die, in der späteren Expansionsphase dann vorherrschende, Auseinandersetzung mit jugendpflegerischen Bestrebungen vergleichbarer Art. Diese Akzentverschiebung erklärt sich zum einen damit, daß die hergebrachte Stoßrichtung der Kritik durch die einsetzende Spielbewegungsagitation und die beginnende Schulreform wenigstens teilweise entkräftet wurde, zum anderen dadurch, daß kinder- und jugendpflegerische Vereinsaktivitäten gegen Ende des Jahrhunderts sprunghaft anstiegen. Dieser starke, von Staat und Kirchen, Parteien und Verbänden, geförderte Boom setzte die Schrebervereinsbewegung unter einen bis dahin nicht gekannten Rechtfertigungsdruck, der durch die Ausweitung ihrer eigenen Aktivitäten im Rahmen der an Boden gewinnenden Kleingartenbewegung noch erhöht wurde. Diese Expansion betraf sowohl die quantitative Zunahme der Schrebervereine, die allein in Leipzig vom Ursprungsverein des Jahres 1864 über sechs Vereine Anno 1891[621] auf 14 Vereine im ersten Kriegsjahr[622] anwuchsen, als auch die qualitative Ausdehnung der von ihnen betriebenen Spielpflege. Was als Spielplatzinitiative begann, entwickelte sich im Laufe der Jahrzehnte zu einem umfassenden System sozialpädagogischer Wohlfahrtspflege, das die Lücken, die Jahres-Zeit und Spiel-Raum anfänglich aufwiesen, nach und nach schloß[623]. So begann man ab 1881 örtliche Ferien- bzw. „Milchkolonien" einzurichten, in denen den Kindern im Rahmen der spielpädagogischen Betreuung zur gesundheitlichen Stärkung kostenlos Milch verabreicht wurde. Später traten organisierte Wanderungen, Luft- und Wasserbade-

---

620 Ebd., 8f. Hervorhebung i.O. gesperrt. Vgl. zum Geist-Leib-Dualismus auch: Fritzsche, Kleingartenbau und Jugendpflege, in: Vier Vorträge über Kleingartenwesen, Frankfurt/M. 1927, 30 (Schriften des RVKD 13); Mittenzwey, Pflege (106), 1 und Richter, Buch (18), 65; zur „Un-", „Über-" und „Asphaltkultur": Heinrich Förster, Das deutsche Kleingartenwesen in der heutigen Zeit, (Hamburg 1933), 9; Mittenzwey, Pflege (106), 36, 101 u. 114f.; Richter, Buch (17), 233 u. 237; Ders., Schreberjugendpflege (426), 17 u. 34; Kurt Schilling, Das Kleingartenwesen in Sachsen, Dresden 1924, 30; sowie zu den Topoi „Zurück zur Natur" bzw. „All-Mutter Natur": Max Bromme, Der Garten als Freilichtwohnraum, in: Das Wohnungswesen der Stadt Frankfurt/M., Frankfurt/M. 1930, 178; Richter, Buch (18), 67; Ders., Schreberjugendpflege (426), 17; Johann Schneider, Die wirtschaftliche Bedeutung des Kleingartens, in: Der Lehrmeister in Garten und Kleintierhof 13 (4) (1915), 25 und Georg Thiem, Die ertragreiche Bewirtschaftung kleiner Gärten, Karlsruhe 1915, 5.
621 L. Mittenzwey, Die Schrebervereine, in: Die Stadt Leipzig in hygienischer Beziehung. Fs. für die Theilnehmer der XVII. Versammlung des Deutschen Vereins für öffentliche Gesundheitspflege, Leipzig 1891, 254.
622 Schilling, Das Kleingartenwesen (620), 31.
623 Vgl. hierzu und zum folgenden: Rathje (24), 54–59 und Richter, Buch (18), 66.

Ursprünge des modernen Kleingartenwesens 209

gänge hinzu. Darüber hinaus setzten manche Vereine bei starkem Frost ihre Spielflächen unter Wasser, um einfache Eisbahnen zu improvisieren. Die 90er Jahre sahen dann die verstärkte Schaffung von Kindergärten und eine beachtliche Fülle von Kinderveranstaltungen. Wo ein Vereinshaus bestand, wurde das ursprünglich „tote" Winterhalbjahr zunehmend ausgestaltet und durch Bastellehrgänge, Christbescherungen, Handfertigkeitskurse, Kinderleseabende, Rätselspiele, Puppenspiele und Theateraufführungen belebt. Trotz dieser Tendenz zur ganzjährigen Betreuung blieb die Schreberkinder– und –jugendpflege in der Hauptsache „Sommerpflege"[624]. Im Hinblick auf diese, durch mangelndes Geld, mangelndes Engagement und mangelndes Personal bedingte jahreszeitliche Beschränkung läßt sich die Schreberpädagogik tatsächlich als „natürliche Erziehung" kennzeichnen. So wie die Kleingartenarbeit während der kalten Jahreszeit eingestellt wurde, unterlag auch der Spielbetrieb der Schrebervereine dem Kreislauf der Jahreszeiten. Je nach den Witterungsbedingungen endete er spätesten Anfang bis Mitte Oktober, um frühestens Ende April erneut einzusetzen[625].

Im Rahmen der Sommerpflege ragten drei Aktivitäten hervor: Spiel, Wanderung und Bad. Wirkliche Strahlkraft entwickelte dieses „leuchtende Dreigestirn der Schreberjugendpflege"[626] freilich nur in der „Schreberstadt Leipzig" und im „Land der Schreberjugendpflege"[627], dem Königreich bzw. dem Land Sachsen[628]. So stieg die Zahl der an der Jugendpflege beteiligten Vereine Sachsens zwischen 1911 und 1931 von 14 auf 416 (= 2.971%) und die Zahl der Spieltage von 1.684 auf 32.422 (= 1.925%). Die Zahl der betreuten Spielkinder wuchs von 471.925 auf 2.020.754 (= 428%), die der Teilnehmer an Wanderungen von 19.418 auf 75.120 (= 386%), die der Badegänger von 21.919 auf 56.078 (= 255%) und die der Milchkolonisten von 3.119 auf 9.312 (= 298%). Diese Hierarchie der Aktivitätsschwerpunkte, die vom Spiel über die Wanderung zum Badebetrieb und von dort zum Milchausschank führte, blieb während des gesam-

---

624 Zu diesen, nicht zu beziffernden, Aktivitäten siehe: Richter, Buch (18), 66; Ders., Schreberjugendpflege (426), 62ff. und Schilling, Entwicklung (1), 21. Über das Kasper–Puppenspiel informiert: Benno von Polenz, Kasper als Erzieher, in: Deutscher Kleingarten–Kalender 6 (1931), 107–112.
625 Richter, 75 Jahre (18), 74.
626 Ders., Schreberjugendpflege (426), 48.
627 Ebd., 10.
628 Die Angaben für die Jahre 1911–1918 beziehen sich auf die 14 Vereine des alten, jugendpflegerisch orientierten „Allgemeinen Verbandes der (Leipziger) Schrebervereine", die Zahlen für 1921 und 1924 auf den im Rahmen des RVKD wiedervereinigten Kreisverband Leipzig, die Daten für 1926 und 1931 auf den LV Sachsen. Siehe auch: Familiengärten (23), 186f.; Denkschrift über die Schreberjugendpflege (425), 10f.; KGW 9 (9) (1932), 84f.; Richter, Schreberjugendpflege (426), 66f. und Schilling, Kleingartenwesen (620), 31f.

ten Zeitraums bestehen. Sie läßt sich für jedes überlieferte Jahr und jeden Einzugsbereich nachweisen und findet sich selbst im Tätigkeitsprofil des Schrebervereins der Leipziger Westvorstadt wieder[629]. Man wird daher kaum fehlgehen, wenn man die „Sommerpflege" vor allem als Pflege des Kinderspiels auffaßt.

Ebenso charakteristisch wie die interne Aufteilung der Aktivitäten war ihre externe, zeiträumliche Verteilung. Während sich die Zahlen für das Kaiserreich durchweg im Rahmen einer Größenordnung bewegen, lassen die Jahre der Weimarer Republik demgegenüber erstaunliche Zuwächse erkennen. So schwankt die jährliche Anzahl der Spielkinder zwischen 1914 und 1918 bei einer Gesamtzahl von 2.211.990 Kindern um einen Mittelwert von 442.389 Personen. Die Schwankungsbreite bleibt dabei mit maximal 474.635 Kindern Anno 1914 und minimal 401.785 Kindern im Jahre 1917 vergleichsweise gering. In der Weimarer Republik wächst dagegen nicht nur die Zahl der betreuten Spielkinder von 822.735 im Jahre 1921 auf 2.020.754 Anno 1931, auch die Gesamtzahl der Spielkinder in den drei komplett dokumentierten Jahren 1921, 1924 und 1931 übersteigt mit insgesamt 3.671.870 Teilnehmern und einem Jahresmittel von 1.223.956 Kindern die Vergleichszahlen des Kaiserreichs um 166% bzw. 276%. Allein das Jahr 1931 erreicht mit 2.020.754 Spielkindern fast die Gesamtzahl der fünf Kriegsjahre in Höhe von 2.211.990 beteiligten Personen. Selbst wenn man die besonderen personellen und finanziellen Belastungen der Kriegszeit in Rechnung stellt, verliert der Befund kaum an Gewicht. Vergleicht man das ebenfalls als Krisenjahr einzustufende 1921 mit dem schlechtesten Kriegsjahr 1917, ergibt sich immer noch ein Verhältnis von 822.735 zu 401.785 Spielkindern oder ein prozentualer Unterschied von 205%. Wir werden daher nicht fehlgehen, wenn wir die Weimarer Republik als Blütezeit der Schreberjugendpflege bezeichnen, zumal ihre Entwicklung unter der NS–Diktatur durch das Verbot der „Deutschen Schreberjugend"[630] und die erneute kriegswirtschaftliche Funktionalisierung der Kleingartenkolonien im Rahmen der nationalsozialistischen Autarkiepolitik von Beginn an stark eingeschränkt wurde, bevor sie im Rahmen der durch den alliierten Bombenkrieg hervorgerufenen Kinderlandverschickung zusammen mit fast allen anderen Formen der örtlichen Erholungsfürsorge zum Erliegen kam.

So wie man die Weimarer Republik als Blütezeit der Schreberkinder– und –jugendpflege einstufen kann, läßt sich das „Schreberland Sachsen" als ihre Hochburg beschreiben. Die erste Statistik, die seine führende Stellung belegt, stammt aus dem Jahr 1926[631]. Der RVKD zählte zu diesem Zeitpunkt 3.300

---

629 Vgl.: Richter, 75 Jahre (18), 74 u. 80.
630 Brando (569), 111.
631 Alle folgenden Angaben aus: Berichtbögen über Schreberjugendpflege, in: 5. Reichs–Kleingärtnertag (425), 118f.

Ursprünge des modernen Kleingartenwesens 211

Vereine, von denen 549 (= 16,6%) Jugendpflege betrieben. 490 (=89,2%) von ihnen besaßen eigene Spielplätze in einer Gesamtgröße von rund 64 ha. Auf ihnen wurden insgesamt 22.792 Spieltage veranstaltet. 245 dieser Vereine (= 44,6%) führten zudem insgesamt 1.614 Wanderungen durch, an denen sich 83.785 Kinder beteiligten. Badegänge veranstalteten 186 Vereine (= 33,8%), die auf 2.275 Badegängen 45.928 Kinder betreuten. Koppelt man den Anteil der sächsischen Vereine aus dieser Leistungsbilanz aus und setzt ihn mit dem Rest-RVKD in Beziehung, ergeben sich folgende Korrelationen: Von den 594 Vereinen, die Jugendpflege betrieben, entfielen 242 (= 44%) auf Sachsen. Lag der Anteil der Schrebervereine reichsweit bei 16,6%, also exakt einem Sechstel, betrug er in Sachsen bei insgesamt 693 Vereinen 35%, also gut ein Drittel. Eigene Spielplätze hatten in Sachsen 236 Vereine. Das ergab eine Spielplatzquote von 97,5%, der im Reich eine Quote von 89,2% gegenüberstand. Auch von den rund 64 ha umfassenden Spielflächen entfielen auf Sachsen gut 43 ha oder 67,2%. Vergleichbare Verhältniszahlen zeigte der Überblick über die Spieltage. Hier kamen bei einer Gesamtzahl von 22.792 Tagen 17.327 (= 76%) auf den Landesverband Sachsen. Nicht weniger deutlich waren die Korrelationen bei Wanderungen und Badegängen. Hier beliefen sich die Anteile der Sachsen auf 1.406 Wanderungen (= 87,1%) und 76.560 teilnehmende Kinder (= 91,3%) bzw. 1.420 Badegänge (= 62,4%) und 43.877 Kinder (= 95,5%). Alles in allem stellte der Landesverband Sachsen 1926 damit rund die Hälfte aller Jugendpflege treibenden Vereine und gut zwei Drittel der Spielfläche. Er organisierte drei Viertel aller Spieltage und betreute bei Wanderungen und Badegängen jeweils neun Zehntel aller vom RVKD betreuten Kinder. Von den Gesamtaufwendungen des Reichsverbandes in Höhe von 259.492 RM trug der Landesverband mit 224.461 zugleich den Löwenanteil von 86,5%.

Obwohl sich diese dominierende Position der sächsischen Vereine bis zum Ausgang des Jahrzehnts infolge der seit dem 5. Reichskleingärtnertag 1927 verstärkten Verbandsaktivitäten[632] abschwächte, trug der Landesverband Sachsen im Jahre 1931 immer noch die Hauptlast der kleingärtnerischen Jugendpflege. Die Verhältnisgrößen von Reichs- und Landesverband lasen sich damals wie folgt[633]: 1.417 zu 416 Vereine (= 29,4%), 150 zu 62 ha (= 41,3%) Spielfläche, 70.797 zu 32.422 (= 45,8%) Spieltage, 2.884.600 zu 2.020.754 (= 70%) Spielkinder, 3.024 zu 1.726 (= 57%) Wanderungen, 2.828 zu 1.714 (= 60,6%) Badegänge und 433.418 zu 308.597 RM (=71,2%) Gesamtausgaben. Auch wenn der Landesverband Sachsen damit nur noch ein knappes Drittel der Jugendpflege

---

632 Vgl.: Förster/Bielefeldt/Reinhold (3), 64f. und 5. Reichs-Kleingärtnertag (425), 67–78, 82ff. u. 91.
633 Berechnet nach: KGW 9 (9) (1932), 84f.

treibenden Vereine und zwei Fünftel der Spielfläche stellte, betreute er immer noch fast drei Viertel aller Spielkinder, organisierte weit über die Hälfte aller Wanderungen und Badegänge und bestritt reichlich zwei Drittel aller Aufwendungen. Zu dieser praktischen Dominanz trat ein überragender publizistischer Einfluß, der aus den Tagen von Schreber, Hauschild und Gesell herrührte, und von Lehrer Eduard Mangner über Schuldirektor L. Mittenzwey, Schuldirektor Hugo Fritzsche, Lehrer Wilhelm Lorenz, Oberlehrer Gerhard Richter und Oberlehrer Ringpfeil bis hin zu Lehrer Kurt Schilling reichte.

Was die Schreberpädagogen von den ihnen wesensfremden Wandervögeln wie von den ihnen wesensverwandten Kindergärtnern, den Ferienkoloniebestrebungen der Schulvereine oder der Spielbewegungsagitation unterschied, war die gezielte Kombination von Familienbindung und Naturverbundenheit. Seinen schlagkräftigsten Ausdruck fand dieser Grundsatz einmal mehr bei Gerhard Richter: „*In dem Zurück zur Natur! und Hin zur Familie! liegt das Geheimnis der Schrebererziehung*"[634]. Da Natur und Familie bei Schreber und seinen Nachfolgern reziproke Werte bilden, begründen die heischenden Lokaladverbien keinen gegenläufigen Richtungs-Sinn. Die Familie wird vielmehr wesentlich als natürlich, die Natur durchweg als familiär aufgefaßt. Den bekannten anthropomorphen Allgemeinplätzen „Mutter Natur", „Mutter Grün" und „Mutterbrust der Natur" auf Seiten der Natur entsprechen daher die nicht weniger notorischen Naturmetaphern auf Seiten der Familie, die bald als „*Boden*", in dem „die wahren Lebenswurzeln der Erziehung" gedeihen[635], bald als „Keimzelle" oder „Urzelle des Staates"[636] figuriert. Im Endeffekt entsteht so ein quasi natürliches, gegen soziale Veränderungen weitgehend immunisiertes Kontinuum, das (zweite) Natur, Familie und Staat scheinbar organisch verknüpft. Der Leiter des Lübecker Jugendamtes, Storck, hat diesen von der Schreberbewegung propagierten Zusammenhang auf dem 5. Reichskleingärtnertag 1927 so dargestellt: „Kindergärten werden zu Familiengärten, und die Familie, in den Großstädten heute kaum noch zu beachten, hat (...) einen positiven Wert eigentlich nur noch in den Kreisen der Siedler und Kleingärtner, wo sie ja nicht nur eine äußerliche Gemeinschaft (...), sondern wo sie noch Produktions- und Konsumgemeinschaft für alle Familienmitglieder ist und wo sie auch seelische Werte für unsere Jugend vermittelt. Aber damit war die Entwicklung nicht zu Ende, sondern über die Familie, über die Familiengärten (...) ging die Entwicklung zur Kleingarten-

---

634 Richter, Die Jugendpflege im Mittelpunkt (606), 104. Zit. i.O. gesperrt. Vgl. auch: Ders., Schreberjugendpflege (426), 10f. u. 22. Weitere Fundstellen in: Denkschrift über die Schreberjugendpflege (426), 5; Fritzsche, (620), 30; Hinz (579), 149; Mangner (361), 6f. und Mittenzwey, Pflege (106), 97 u. 101.
635 Mangner (361), 7. Hervorhebung i.O. gesperrt.
636 Richter, Schreberjugendpflege (426), 10.

Ursprünge des modernen Kleingartenwesens 213

gemeinde, und ich glaube, daß das der richtige Weg ist, zur Volksgemeinschaft"[637]. Das für die Kinder- und Jugendpädagogik des 19. Jahrhunderts typische „geteilte Sozialisationsfeld"[638] mit seinem Dualismus von familiär-privater und institutionell-öffentlicher Erziehung trat damit im Schrebergarten zugunsten eines familienzentrierten, kontinuierlichen Sozialisationsfeldes zurück. Im Idealfall griffen Elternhaus, Schule und Schreberspielplatz nahtlos ineinander und ergänzten sich gegenseitig. Es überrascht daher nicht, daß viele Schreberpädagogen die Schrebervereine selbst wieder als „*große Familien*"[639] ansahen.

Ähnlich wie der Fröbel-Kindergarten erschien der Schreberspielplatz als mehr oder minder vollkommene Umsetzung eines pädagogischen Gesamtkonzepts im Sinne einer „Materialisierung der Schreberliebe durch die Schrebertat"[640]: „Er ist, wie die ganze Jugendpflege der Schrebervereine, in Natur und Leben eingebaut und bringt schon äußerlich die engen Beziehungen zwischen Schreberkind und Eltern und Schreberkind und Natur zum Ausdruck"[641]. Inmitten der Kleingärten gelegen, von Bänken für die Eltern, speziell die Mütter, umgeben[642], wurden die Kinder meist von mehreren, oft pädagogisch ausgebildeten „Spielvätern" angeleitet. Private und öffentliche Erziehung, Vater und „Spielvater", Mutter und „Spielmutter"[643], arbeiteten auf diese Weise Hand in Hand. Die vielfach von Lehrern geleiteten Vereinsführungen und Spielausschüsse sicherten das Konzept nach oben hin ab und sorgten durch die Veranstaltung von Familien- und Elternabenden[644] für eine umfassende Vermittlung aller Aktivitäten.

Auf dieser patriarchalischen Familienerziehung, die aus ihrer vorgeblichen Natürlichkeit zugleich ihre pädagogische Natur-Notwendigkeit ableitete, beruhte der entscheidende Gegensatz, der die Schrebererziehung von der Sportbewegung und der konfessionell oder politisch gebunden Jugendpflege unterschied: „Turnerische, sportliche, kirchliche und politische Jugendpflege sind gewiß berufen, der körperlichen Ertüchtigung des Nachwuchses zu dienen. Sie wissen sich aber zum Teil noch nicht ganz frei von gewissen Tendenzen und treiben Jugendpflege als Mittel zum Zweck. Viele neuzeitliche Erziehungsarten reißen ferner das Kind aus den natürlichen und gegebenen Erziehungsmittelpunkten heraus, entfernen

---

637 5. Reichs-Kleingärtnertag (425), 83.
638 Siehe hierzu: Jürgen Reyer, Kindheit und öffentliche Kindererziehung, in: Jahrbuch der Sozialarbeit 4, Reinbek (1981), 300ff.
639 Denkschrift über die Schreberjugendpflege (426), 5. Zit. i.O. gesperrt.
640 Richter, Schreberjugendpflege (426), 27.
641 Ders., Buch (17), 69f.
642 Ebd., 70 u. 74.
643 Ders., 75 Jahre (17), 71 u. 76.
644 Ebd., 105f.

es insbesondere von Natur, Elternhaus und Schule, legen es vorzeitig auf bestimmte Weltanschauungen fest"[645]. Die Schreberpädagogik stand demgegenüber erklärtermaßen auf „neutralem Boden": Ihre Erziehung „*zur körperlichen und geistigen Ertüchtigung insbesondere der schulpflichtigen, aber auch der vor– und nachschulpflichtigen Jugend* (geschah) *ohne Verfolgung von Eigenzwecken politischer, religiöser und sonstiger Art*. Schrebervereine treiben Jugendpflege also lediglich um der Kinder selbst willen und dehnen sie auch nicht nur auf Kinder der Mitglieder, sondern auf alle Kinder aus"[646]. Das Selbstverständnis der Schreberpädagogen lautete daher: „*Wir treiben einzig und allein Sozialpolitik*"[647].

3.3.5.2. Spiel und Turn–Sport.

Der Zusammenhang von Spiel und Sport bildete für die Schreberpädagogik von Beginn an eine problematische Schnittmenge einander teils ergänzender, teils ausschließender bewegungs–spielerischer Elemente, deren Bedeutung umso weniger eindeutig zu bestimmen war, als ihr Verhältnis nicht nur die äußere Beziehung zur Turn– und Sportbewegung berührte, sondern zugleich das eigene, innere Selbstverständnis. Die Wechselwirkung von Spiel und Sport blieb daher seit den Äußerungen Schrebers ein offenes, verschiedenen Schwankungen unterworfenes Nebeneinander, das begrifflich nie systematisiert werden konnte. Zu mehr als der pragmatischen Maxime „Das eine tun und das Andere nicht lassen"[648] konnte sich Schreberpädagogik nie durchringen. Diese Haltung schloß historisch wie pädagogisch bedingte Akzentverschiebungen nun allerdings ebensowenig aus wie vereinzelte Differenzierungsversuche im Hinblick auf die altersgemäße Zuordnung der Aktivitäten auf Kinder und Jugendliche, die Unterscheidung zwischen spielpädagogischer Vielfalt und sportpädagogischer Einseitigkeit oder den Gegensatz zwischen Lust– und Leistungsprinzip.

Trotz dieser Ansätze bot die Schreberpädagogik mit Blick auf ihre Beziehung zu Spiel und Sport ein schwankendes Bild. Hatte Schreber noch den volkserzieherischen Wert beider Ausdrucksformen hervorgehoben und damit zugleich ihre prinzipielle Gleichberechtigung betont, verlor das Turnen in der Folgezeit an Bedeutung und ging nicht zuletzt wegen der mit ihm verbundenen körperlichen Gefahren zurück. Mitte der 80er Jahre war dieser Prozeß so weit gediehen, daß Eduard Mangner den neuen Entwicklungsstand festschreiben konnte: „Die

---

645 Denkschrift über die Schreberjugendpflege (426), 5.
646 Richter, Buch (17), 65. Hervorhebungen i.O. gesperrt.
647 Ders., Schreberjugendpflege (426), 11. Zit. i.O. gesperrt.
648 Mittenzwey, Pflege (106), 39.

Ursprünge des modernen Kleingartenwesens 215

Schrebervereine *schließen* (...) das *eigentliche Turnen* (...) aus und überlassen dasselbe *der Schule* und deren fachmännischer Leitung. Dafür pflegen sie in ganz besonderer Weise die Sinne schärfenden, Kraft und Gewandheit fördernden, Heiterkeit und Frohsinn erweckenden *Bewegungsspiele*"[649].

Auch wenn sich dieser Trend unter dem Einfluß des 1882 ergangenen Kinderspielerlasses der preußischen Regierung und der 1889 einsetzenden Spielbewegungsagitation noch verstärkte, führte er keineswegs zu einer völligen Verdrängung des Turnens. In Anbetracht des vermeintlich durch die großstädtische Lebensweise bedingten Rückgangs der Militärtauglichkeit und der „so überaus unerfreulichen Resultate bei dem Aushebungsgeschäfte"[650] kam es vielmehr zu einer begrenzten Wiederbelebung des Turnsports, die freilich durchweg eine zivile Form annahm. Ausdrücklich beklagte Mittenzwey in diesem Zusammenhang die Entwicklung des Turnens zu einer propädeutischen *„Militärgymnastik"*[651], die das Spiel „als heitere(n) Teil der Leibesübung stets zu kurz kommen" lasse. Er dachte dabei insbesondere „an den gezierten Gang beim Anmarsch zum Gerät und Abmarsch vom Gerät mit Herauspressen der Brust und Anlegen der Hände und weit ausgeholtem Paradeschritt (...), an die Totenstille in der Riege (...), an das ewige Censieren des Turnlehrers bei jeder Übung und dergleichen schulmeisterliche Kleinigkeiten"[652]. Darüber hinaus kritisierte er den überstrapazierten Hang zum Kunstturnen: „Das Interesse gilt den Gipfelübungen an Reck und Barren, der Sinn für das volkstümliche Turnen und die Spiele stumpfte völlig ab"[653].

Im Unterschied zu diesen Fehlentwicklungen begriff Mittenzwey Turnen und Spielen als abgeleitete, einander letztlich ausschließende Ausdrucksformen des Gegensatzes von Arbeit und Freizeit[654]. Um der mangelnden Lust am Turnen zu begegnen und dem ausgeprägten Hang der Schüler, sich vom Sport dispensieren zu lassen[655], abzuhelfen, forderte er die *„Abwechslung zwischen leiblicher* und *geistiger* Bethätigung, zwischen *Zwang* und *Freiheit*, zwischen *Arbeit* und *Spiel*"[656]. Das Spiel sah Mittenzwey dabei als freie Selbsttätigkeit des Einzelnen im Umgang mit anderen, die Geistesgegenwart, Schlagfertigkeit und Unterordnung unter die Spielregeln vermittelte[657]: „Mit den leichtesten aller Gesetze –

---

649 Mangner (361), 48f. Hervorhebungen i.O. gesperrt.
650 Mittenzwey, Pflege (106), 20.
651 Ebd., 22. Hervorhebung i.O. gesperrt.
652 Ebd., 21.
653 Ebd., 26.
654 Ebd., 22.
655 Ebd., 21f.
656 Ebd., 23. Hervorhebungen i.O. gesperrt.
657 Vgl.: Ebd., 29ff.

den Spielgesetzen – macht das Kind den Anfang, und wird fähig, später den höchsten Sittengesetzen zu folgen"[658].

Auch Mittenzweys Spielpädagogik ging damit unmittelbar in die Volkserziehung über. Neben der *„Ablenkung von böser schädlicher Lektüre* und dem *Kneipenleben"* sowie der Onanieprophylaxe durch die „Verteilung der überflüssigen Körperkraft der Jugend auf alle Körperorgane in der so gefährlichen Entwickelungs- und Reifeperiode" erhoffte er vom Schreberspiel nicht zuletzt eine nachhaltige *„Hebung der Wehrkraft"* und eine *„Annäherung der verschiedenen Stände"*[659]. Mit anderen Worten: Die Wohlfahrtswirkungen, die Schreber eine Generation zuvor vor allem dem Turnen zuerkannt hatte, schrieb Mittenzwey nun dem Spiel zu. Die sich in den 80er Jahren abzeichnende Schwerpunktverlagerung vom Turnen zum Spielen signalisierte insofern keinen Wandel in den pädagogischen Zielsetzungen, sondern nur einen Wechsel der Methoden.

Es überrascht daher nicht, daß der Vorrang des Spiels nach der deutschen Niederlage im Ersten Weltkrieg erneut in Frage gestellt wurde. Infolge der verheerenden Kriegsopfer entstand in der Nachkriegszeit „ein günstiges psychologisches Klima für den Gedanken einer biologischen Erneuerung" des gesamten deutschen Volkes, der „das Interesse für Fragen der Bevölkerungspolitik und die Erbpflege" nachhaltig förderte[660]. Da die Kleingarten- und Schrebervereinsbewegung von Haus aus nicht nur jugendpflegerische, sondern auch volksgesundheitliche Ziele verfolgt hatte, wurde sie von dem einsetzenden Diskussionsprozeß unweigerlich mit erfaßt. Die Regeneration der Nation, die nach Einschätzung Kurt Schillings schlicht „seit zehn Jahren krank, körperlich schwer unterernährt, in den Nerven zusammengebrochen" war[661], erschien den Funktionären des RVKD insofern als ureigenes Anliegen, das ihnen zudem die Möglichkeit bot, das gemeinnützige Profil des Verbandes in der Öffentlichkeit schärfer zu konturieren[662].

Das Grundsatzreferat, das Hugo Fritzsche 1927 auf dem 5. Reichskleingärtnertag zur verbandspolitischen Stellung der Jugendpflege hielt, brachte die sich abzeichnende Akzentverschiebung im Verhältnis von Spiel und Sport zum Ausdruck: „Wir wollen auch mit fortschreiten in der Entwicklung der Spieltätigkeit, daß wir sie zum Sportspiel ausgestalten"[663]. Wie diese Neuformierung aussah,

---

658 Ebd., 32.
659 Ebd., 36f. Hervorhebungen i.O. gesperrt.
660 Hans–Günther Zmarzlik, Der Sozialdarwinismus in Deutschland, in: VZG 11 (1963), 265.
661 Schilling, Kleingartenwesen (620), 26.
662 Ärzteschaft und Kleingartenwesen, Frankfurt/M. 1929, 16ff. (Schriften des RVKD 17).
663 Fritzsche (620), 33.

hat der Obmann der Spielleiterkurse im Leipziger Kreisverband des RVKD, der Lehrer Wilhelm Lorenz, wie folgt beschrieben: „Aus dem eigentlichen Spielplatz ist in den letzten Jahren vielfach ein Turnplatz geworden. Große Schaukelgerüste mit Reck, Kletterstangen, Klettertauen, Rundlauf, Kletterbaum, Wippschaukel, Springgruben, Springständer haben sich eingefunden. Ja, in manchen Anlagen sieht man Barren, Springkästen und Böcke. Der Trieb nach Leibesübungen hat nach dem Kriege gewaltig zugenommen, auch die Schreber- und Gartenvereine wollen nicht zurückstehen"[664]. Wie stark diese Gewichtsverlagerung war, läßt sich nicht ermitteln. 1926 zählte der RVKD 549 Jugendpflege treibende Vereine, von denen 203 (= 36,9%) auch Turn- und Sportspiele veranstalteten. Auf das „Schreberland" Sachsen entfielen davon generell 242 und speziell 157 (= 64,8%) Vereine. Berechnet man den Anteil der sächsischen Turn- und Sportaktivitäten an denen des Reichs, ergibt sich auch hier ein dominierender Prozentsatz von 77,3%[665].

Welche Bedeutung man dieser statistischen Impression nun allerdings auch immer zuschreiben mag, das „leuchtende Dreigestirn" der Schreberpädagogik wurde durch die aufgestellten Barren und Böcke, Recks und Rundläufe, nicht verdunkelt. Dafür sorgten die verschiedenen Turn- und Sportvereine, die mit den Schrebervereinen bei der Mitgliederwerbung ebenso konkurrierten wie bei der Zuteilung staatlicher Fördermittel und städtischer Freiflächen. Obwohl beide Bewegungen in ihrem Bekenntnis zu Freiluft- und Körperkultur, Volksgesundheit und sinnvoller Freizeitgestaltung, viele Berührungspunkte besaßen, waren sich „Schreber" und Sportler nur selten „grün". Die familienzentrierte Schreberpädagogik mit ihrer ganzheitlichen, auf die geist-körperliche Doppelnatur des Menschen zielenden Erziehung sah in der Sportbewegung nämlich eine quasi arbeitsteilige Verselbständigung, ja Verabsolutierung einer Seite dieses existentiellen Zusammenhangs. Der stets wiederkehrende Vorwurf, den die Schreberpädagogen den Sportsfreunden machten, lautete daher ebenso schlicht wie schlagend – Einseitigkeit: „ Wenn Jugendpflege sportmäßig betrieben wird, übertrieben und einseitig, nur körperlich unter Vernachlässigung der Erziehung des sittlichen und religiösen Gewissens, so muß mancher Sport, so gesund er auch sein mag, zu ernsten Besorgnissen Veranlassung geben"[666]. Der Tadel der Einseitigkeit betraf dabei nicht nur das prinzipielle Verhältnis von Geistes- und Körpererziehung, sondern auch die Art und Weise der Körperertüchtigung: „Aller Sport ist einseitig, manche Art schon in der Muskelbetätigung, jede aber in der Be-

---

664 Wilhelm Lorenz, Der Spielleiter im Schreber- und Gartenwesen, Leipzig u. Berlin 1927, 8.
665 Berechnet nach 5. Reichs-Kleingärtnertag (425), 119f.
666 Hinz (579), 149.

schränkung auf bestimmte Altersklassen, auf gesunden Körper und starken Willen. Vieles davon gilt auch für das Turnen. Unsere Kleingartenbewegung aber umschließt den ältesten Mummelgreis wie den Kranken und Kriegsbeschädigten, und unsere Schreberjugendpflege wendet sich von den Eltern bis zu dem 'Krabbelzeug', und sie betreut besonders die, die körperlich und seelisch 'Sorgenpflanzen' sind"[667].

Gegenüber einer derart umfassenden Konzeption, in der jeder Schreberplatz gewissermaßen als wohltätiger Kristallisationskern einer „Volksgemeinschaft" im kleinen fungierte, in der Jung und Alt, Groß und Klein, Gesunde und Kranke, Rechte und Linke, Gläubige und Freigeister, in gemeinsamer Staatsbürgerlichkeit zusammenfanden, erschien das abgeteilte, hochgradig spezialisierte Sozialisationsfeld Sportplatz unweigerlich als Ausgeburt des Partikularen, zumal sich die Kleingartenbewegung nicht nur als Erziehungsbewegung, sondern auch und vor allem als Gartenbaubewegung verstand, deren ernährungs- und wohnwirtschaftliche Bedeutung die jüngst vergangene Kriegs- und Krisenzeit augenfällig unter Beweis gestellt hatte. Die in anderem Zusammenhang bereits zitierte Würdigung des Kleingartenwesens als „Sport, der Werte schafft", gewann in diesem Zusammenhang ihre eigentliche Bedeutung. Nicht wenige Kleingärtner waren nämlich der festen Überzeugung, daß der Sport nicht nur keine Werte schaffe, sondern überdies die von ihnen erzeugten Werte bedrohe, ja vernichte. Größter Dorn im Auge der Kolonisten war der seit Beginn der Jahrhundertwende zum Volkssport Nummer eins aufrückende Fußball. Trotz größter Beliebtheit bei der Schreberjugend war das Fußballspiel in den Kleingartenanlagen streng verboten: „Die Okulanten, die von einem verirrten Ball heruntergerissen werden, machen böses Blut"[668]. Noch ungemütlicher wurden die Kleingärtner, wenn Fußballer, womöglich im Verein mit städtischen Liegenschaftsbeamten, den Versuch unternahmen, „heiliges" Kleingartenland[669] in profane Bolzplätze zu verwandeln: „Nun wir mit Mühe und Schweiß Ödland urbar gemacht haben, denkt man in manchen Kreisen daran, uns dies neugewonnene Kulturland zu entreißen und Fußballplätze darauf zu errichten. Dagegen wehren wir uns mit allen Mitteln (...). Wer von den Erwachsenen Fußball spielen will, der soll hinaus auf einen Waldspielplatz (...). Dort wird kein Futterschaden angerichtet"[670].

---

667 Richter, Buch (17), 65. Vgl. auch: Fritzsche (620), 31; Schilling, Dr. D. G. M. Schreber (17), 20 und Ders., Kleingartenwesen (620), 30.
668 Fritzsche (620), 33f. Zur behaupteten Natur-Zerstörung durch sportliche Aktivitäten siehe auch: Ulrich Wolf, Grünflächengestaltung – Kleingärten – Sport, in: KGW 5 (7) (1928), 66f.
669 Fritzsche (620), 31.
670 Maier-Bode, Kleingarten und Sportplatz, in: NZKW 1 (7) (1922), Sp. 186.

Ursprünge des modernen Kleingartenwesens 219

Wie hartnäckig (und wie erfolgreich) die Kleingärtner, insbesondere nach der 1919 erfolgten Verabschiedung der Kleingarten- und Kleinpachtlandverordnung, die von ihnen bewirtschafteten städtischen Freiflächen verteidigten, mußte auch der „Altonaer Fußball Club" von 1893 erfahren, dem ein sportbegeisterter Mäzen ein 1,2 ha großes Gelände zur Anlage fehlender Trainingsplätze geschenkt hatte[671]. Die noble Gabe, die ausgereicht hätte, zwei (kleinere) Fußballplätze anzulegen, besaß nämlich einen entscheidenden Haken: Mehrere Kleingärtner des „Altonaer Heimgartenbundes" in einer Stärke von knapp zwei Fußballteams hatten die Fläche in Kultur genommen und hielten sie nun mit Hacke und Rechen fest.

In der Tat ließen die Pachtschutzbestimmungen der KGO eine Eigenbedarfs-Kündigung von Parzellen als gemeinnützig anerkannter Kleingartenvereine nur dann zu, wenn ein „wichtiger Grund" vorlag. Da als „wichtiger Grund" in der Regel allein die bevorstehende Bebauung galt – was laut Urteil des Kleingartenschiedsgerichts der preußischen Gemeinde Lokstedt Kündigungen zugunsten von Sporteinrichtungen grundsätzlich unmöglich machte[672] – war die Rechtslage für den Club denkbar ungünstig. Sie wirkte sich zugleich auf seine Finanzlage aus, da der Verein unter den gegebenen Umständen gezwungen war, die erforderlichen Übungsplätze für teures Geld anzumieten. Voller Verbitterung stellten die Vereins-Nachrichten fest: „Unter dem Schutz des Schrebergartengesetzes, welches in Notzeiten unter ganz anderen Voraussetzungen geschaffen wurde, bauen die 20 lustig weiter ihren Kohl, *den wir Strunk für Strunk mit Gold aufwiegen müssen*"[673]. Erst 1929, nach fünfjährigem, verbissenem Rechtsstreit, konnte die Fläche gegen Stellung städtischen Ersatzlandes geräumt und ihrer mäzenatischen Bestimmung zugeführt werden. Wie vergiftet das Verhältnis zwischen Kleingärtnern und Sportlern war, zeigte auch das Verhalten des Ortsverbandes der Kleingärtner Wandsbeks, der ein vom Magistrat angebotenes Gelände am Sportplatz Gustav-Adolf-Straße trotz des in der Weltwirtschaftskrise um sich greifenden „Landhungers" unter den städtischen Erwerbslosen mit der Begründung zurückwies: „Um einen Sportplatz herum kann man leider keine Ruhe

---

671 StAHH. Rechtsamt Altona F.6.
672 Das Urteil selbst habe ich leider nicht finden können. Eine Berufung auf das Urteil findet sich jedoch in der Stellungnahme der Hamburger KGD v. 1.6.1922: StAHH. Senat. Cl. I. Lit. Sd No. 2 Vol. 9i Fasc. 9 Inv. 4. und eine juristische Parallele in dem Urteil des Kleingartenschiedsgerichts Stellingen-Langenfelde, in: Der Kleingarten 8 (1922), 219ff..
673 Vereins-Nachrichten. Altonaer Fußball-Club v. 1893 20 (6) (1926), 26. Hervorhebung i.O. fett.

und Erholung erhoffen und es wäre unverantwortlich, ausgerechnet hier Kleingärtner anzusetzen"[674].

Die herkömmliche Vielfalt der Kleingartenbestrebungen und die aus ihr erwachsene multifunktionale Programmatik des RVKD führten daher auf der Ebene der Einzelvereine immer wieder zu teils internen, teils externen Zielkonflikten zwischen „Nur–Gärtnern" und Schrebergärtnern, Kleingarten– und Sportenthousiasten. Was im Namen Schrebers zu einer gemeinsamen, sich gegenseitig fördernden Freiraumlobby hätte zusammenfinden können[675], endete in der Praxis daher in vielen Fällen in einer beschränkten Interessenpolitik, die die vorhandenen Freiflächen weniger kooperativ erweiterte als konfrontativ umverteilte. Diese Haltung war angesichts des Freiflächenmangels der Ballungsräume und der notorisch unsicheren Lage der meisten Kolonien auf Bau(erwartungs)land freilich nur allzu verständlich. Niemand konnte es den Kleingärtnern verübeln, wenn ihnen die Jacke im Zweifelsfall näher saß als die Sport–Hose. Die Zeit–, Geld– und Flächenrelation von Garten– und Jugendpflege war auf jeden Fall indirekt proportional: Je mehr Kohlköpfe der Kleingärtner setzte, desto weniger Kindern konnte er die Köpfe zurechtsetzen und umgekehrt. Was aber für den Ernährungswert der Kolonien galt, betraf zugleich ihren Erholungswert. Wer sich durch benachbarte Sportvereine in seiner Ruhe gestört sah, dürfte den Kinderlärm auf dem vereinseigenen Schreberspielplatz kaum erträglicher gefunden haben. Im Endeffekt zeigten die einzelnen Kleingartenvereine daher trotz gemeinsamer Organisation und Programmatik ein durch die Interessenlage ihrer Mitglieder bestimmtes, individuelles Flächennutzungsprofil, das die vielfältigen verbandspolitischen Zielsetzungen von Ernährung und Erholung, Garten– und Jugendpflege, Nutz– und Zierpflanzenanbau jeweils unterschiedlich auslegte und dabei nicht unbedingt ausbalancierte.

3.3.5.3. Vereinserziehung als staatsbürgerliches Propädeutikum.

Während sich Parteien, Kirchen und Interessenverbände zum modernen Staat in der Regel wie Teil und Ganzes verhalten, erhob die Kleingarten– und Schrebervereinsbewegung ganz bewußt den Anspruch, das Ganze für seinen Teil gleichsam im kleinen zu repräsentieren. Wahre Schreberpädagogik bezweckte nicht nur eine natürliche, sondern zugleich eine staatsbürgerliche Erziehung: „Das Spiel soll Vorstufe zum wirklichen Leben sein. (...). Von der Spielschar führt der Weg (...) zur größeren Gemeinschaft: zum Berufskreis, zum Volk, zum

---

674 StAHH. Liegenschaftsamt Wandsbek 527: Bericht der KGD Wandsbek v. 2.7.1932.
675 Die einzige positive Ausnahme bildet: H. Buchner, Sport oder Gartenbau, in: Der Kleingarten 7 (1916), 2ff.

Staat. Sich freiwillig einer Gemeinschaft einordnen, den Spielführer nicht nach persönlicher Wertschätzung, sondern nach sachlichem Maße wählen und ihm dann die freiwillig übernommene Gefolgstreue halten – das ist eine feine Vorschule für die spätere Mitarbeit im freien Volksstaat"[676]. In der Theorie war jeder Schreberverein damit ein aus der familiären „Keimzelle des Staates" erwachsener „*Freistaat idealster Form*"[677]. In ihm sollte es „keine Stände und keinen Kastengeist, keine sozialen Unterschiede"[678] und schon gar „keine Klassengegensätze"[679] (mehr) geben. So wie die Verbandsfunktionäre die Kleingartenbewegung als „Volksbewegung"[680] verstanden, begriffen die Schreberpädagogen den Spielplatz als „Einheitsspielplatz", der grundsätzlich allen Kindern zugänglich sein sollte[681]. Seit 1885 galt in den federführenden Leipziger Vereinen daher der, oft über dem Eingang des Platzes plakatierte, Grundsatz: „Jedes artige Kind darf mitspielen"[682].

Wie sehr der Schreberspielplatz als Staat im kleinen aufgefaßt wurde, zeigt die uns mittlerweile geläufige, auf Schreber zurückzuführende Zentralfigur des „Spielvaters". Seine geistesgeschichtliche und funktionelle Verwandtschaft mit dem Familien- und Landesvater ist bereits von Ernst Innocenz Hauschild deutlich herausgestrichen worden: „Große Massen von Kindern werden von selbst zu einer kleinen Welt in der Welt, zu einem kleinen Staate im Staate; und es würden solche Kinder, wenn sie ohne Rücksicht auf Nachbar und Mitschüler handeln wollten und dürften, auf den Treppen und Gängen, im Hofe und auf dem Schulwege, in den Klassenzimmern und auf ihren Bänken in einen Krieg Aller gegen Alle gerathen. Solche Schulen verlangen deshalb, wie die Staaten selbst, *zu ihrem bloßen Bestehen* nicht nur eine strenge Aufsicht oder Polizei, sondern auch *Strafe, Strafmaß* und *Strafverfahren* wenigstens in ähnlicher Weise, als sich die-

---

676 P. Hertel, Jugendspiel und Schreberdienst, in: Deutscher Kleingarten-Kalender 7 (1932), 98. Ähnlich auch: Bernhard Krey, Schrebergärten, in: KGW 4 (6) (1927), 64 und Siller/Schneider (26), 6f.
677 Denkschrift über die Schreberjugendpflege (426), 6.
678 Siller/Schneider (25), 7. Vgl. auch: Otto Albrecht, Gegen kastenartige Abschließungen, in: KGW 4 (3) (1927), 29, der den RVKD für besonders geeignet hielt, „den groß-deutschen Volksgemeinschaftsgedanken praktisch zu pflegen".
679 Denkschrift über die Schreberjugendpflege (426), 6.
680 Schilling, Entwicklung (1), 11 und (Heinrich) Förster, Der soziale Gedanke im deutschen Kleingartenwesen, in: KGW 9 (6) (1932), 52.
681 Denkschrift über die Schreberjugendpflege (426), 6.
682 Rathje (24), 54. Der erste Hinweis findet sich bei: Emil O. Schneider, Die Schrebervereine zu Leipzig, in: Jahrbuch für deutsche Jugend- und Volksspiele 4 (1885), 126.

se Dinge im bürgerlichen Leben finden"[683]. Wie die Landeskinder bei Hobbes erhielten die Spielkinder damit bei Hauschild einen (pädagogischen) Leviathan, der den naturwüchsigen bellum omnium contra omnes zu einem geregelten Konkurrenz–Kampf umgestaltete. Der *„wahrhafteste König des Schreberplatzes"*[684] war daher nicht das Spielkind, sondern der „Spielvater". Seine Stellung beruhte sowohl auf der ihm übertragenen Autorität der Eltern[685] als auch auf dem natürlichen Ansehen des von ihm verkörperten patriarchalischen Anciennitätsprinzips[686]. Diese ihm teils verliehene, teils selbst erworbene Macht erhob den „Westentaschenleviathan" im Zweifelsfall zum „Herrn des Ausnahmezustands" (Carl Schmitt): Wer das schreberpädagogische „Schönheitsbild" störte, wurde „schleunigst entfernt"[687].

Im Normalzustand sollte es freilich gar nicht erst dahin kommen. Weit entfernt vom frühliberalen Ideal des bloßen „Nachtwächters" glich der „Spielvater" vielmehr seinem zeitgenössischen „großen Bruder", dem neomerkantilistischen Interventionsstaat. Der Abwehr von „Mißbrauch, Unfug und Rohheit" wie der Sicherung von „Recht, Ordnung und Sitte" entsprach daher die schon von Schreber geforderte „veredelnde und bildungsförderliche Einwirkung auf die Jugend"[688]. Im Idealfall wurde der „Spielvater" damit internalisiert, seine äußere Existenz zur strategischen Reserve. Die wahre Kontrolle fand ihre Erfüllung in der Selbstkontrolle: „Auf den Schreberplätzen gibt es keine Lausbubenstreiche, ist keine körperliche Züchtigung notwendig. Freiwilliger, freudiger Gehorsam, gesundes Erleben in schöner Form, Stärkung des Körpers und Geistes: Das sind die Erziehungserfolge eines Schreber, eines Hauschild"[689].

Das äußere Ausmaß dieser sozialen Kontrolle zeigen die bereits erwähnten RVKD–Erhebungen der Jahre 1926 und 1931. Ihnen zufolge zählte der Verband 1926 insgesamt 1.100 Spielleiter[690]. Von ihnen waren 134 (= 12%) pädagogisch ausgebildete Kräfte wie Lehrer und Kindergärtnerinnen, 352 (= 32%) angelernte Spielleiter und 614 (= 55,8%) Laien. Bei 549 in der Jugendpflege tätigen Vereinen entfielen damit im Durchschnitt zwei Spielleiter auf jeden Verein. Bezeichnend war auch hier die Vorherrschaft der sächsischen Vereine, die bei 242

---

683 Hauschild, 50 Pädagogische Briefe (168), 148. Hervorhebungen i.O. gesperrt. Vgl. auch: Mittenzwey, Pflege (106), 111 u. 118.
684 Richter, Die Jugendpflege im Mittelpunkt (606), 103. Zit. i.O. gesperrt und im Plural.
685 Vgl.: Ders., Schreberjugendpflege (426), 43–48.
686 Lorenz (664), 3.
687 G. Richter, Der Kinderspielplatz im Lichte der Schönheitspflege, in: KGW 2 (8) (1925), 105. Ähnlich auch: Mittenzwey, Pflege (106), 97, 106 u. 112.
688 Lorenz (664), 3f.
689 Gerhard Richter, Schreber und Hauschild als Erzieher, in: KGW 4 (11) (1927), 128.
690 Berechnet nach: 5. Reichs–Kleingärtnertag (425), 118ff.

(= 44%) Vereinen und 729 (= 66,2%) Spielleitern im Schnitt drei Aufsichtspersonen pro Spielplatz stellten. 1931 kamen auf insgesamt 1.417 beteiligte Vereine 2.266 Spielleiter und 1.411 jugendliche Helfer[691]. Obwohl die eigentliche Spielleiterquote damit von 2 auf 1,6 sank, stieg die Betreuerquote dank der jugendlichen Helfer auf 2,5 Personen an. Im Einzugsbereich der sächsischen Vereine entfielen auf 416 (= 29,3%) beteiligte Vereine 999 (= 44%) Spielleiter und 336(= 23,8%) Helfer. Die reine Spielleiterquote sank damit auf 2,5, während die Betreuerquote auf 3,2 Personen pro Verein leicht anstieg. Das in diesem Jahr erst- und einmalig dokumentierte Verhältnis von „Spielvätern" zu Spielkindern betrug 2.266 zu 2.884.600 Personen. Da der Spielbetrieb in der Regel nur von Ende April/Anfang Mai bis Ende September/Anfang Oktober dauerte, ergab sich bei fünf Monaten – der Monat zu 31 Tagen gerechnet – unter Abzug von 44 Samstagen und Sonntagen[692] ein Tagesmittel von 25.987 betreuten Kindern. Auf jeden der 1.417 Vereine entfielen damit pro Tag rund 18, auf jeden der 2.266 Spielleiter rund 12, unter Einbezug der jugendlichen Helfer sieben Kinder. Von diesen 2.884.600 Kindern kamen auf die sächsischen Vereine insgesamt 620.064 oder 5.586 (= 21,5%) Personen pro Tag. Jeder der 416 Vereine des LV Sachsen betreute damit rund 13, jeder seiner Spielleiter rund sechs, unter Einbezug der Helfer rund vier Kinder. Wie immer man den Realitätsgehalt derartiger Rechenkunststücke bewerten mag –, die 1931 erkennbare Dichte der Betreuung und das von ihr bestimmte hohe Maß an sozialer Kontrolle sprechen die gleiche deutliche Sprache wie die programmatischen Schriften Schrebers und seiner Nachfolger. So wie die Robinsonade kein Abenteuerroman ist, so war auch der Schreberplatz alles andere als ein „Abenteuerspielplatz". Die vielbeschworene „Rettungsinsel im brandenden Verkehrsmeere der Großstadt" setzte insofern nicht nur der Gefahr und den Risiken, sondern auch den Chancen und der Freiheit des „Häusermeeres" ein mehr oder minder nachdrückliches Ende.

Die naturrechtlich inspirierte Analogie von „Spielvater" und Vater Staat, Verein und Staatsbürgergesellschaft, fand in der Kleingarten- und Schrebervereinspädagogik freilich neben dieser quasi monarchischen zugleich eine demokratische Ausdrucksform. Der Übergang von der einen zur anderen Vorstellungsebene hing dabei sowohl mit dem geschichtlichen Wandel der deutschen Staatsformen als auch mit der ontogenetischen Entwicklung vom Kinder- zum Erwachsenenleben zusammen. Beschworen Hauschild und Mittenzwey in den 60er Jahren des 19. Jahrhunderts den monarchischen Obrigkeitsstaat, beriefen sich der oben zitierte Hertel und namentlich Linsbauer in den 20er und 30er Jahren des 20. Jahrhunderts auf die Volkssouveränität. Besonders ausführlich äußer-

---

691 Berechnet nach KGW 9 (9) (1932), 84f.
692 Vgl.: Lorenz (664), 11 und Richter, Schreberjugendpflege (426), 35.

te sich der Leiter der „Schrebergartenstelle der Landwirtschaftlichen Warenverkehrsstelle" des österreichischen Staatsamtes für Volksernährung, L. Linsbauer: „Alle Funktionen des Staates sind leicht auch im Schrebergartenvereine nachzuweisen: die Einrichtungen der Demokratie sind hier verwirklicht. Es gibt hier keine Stände und keinen Kastengeist, keine sozialen Unterschiede mehr. (...). Die Funktionäre des Vereins sind nur die 'primi inter pares', von Ihresgleichen freigewählte und wieder absetzbare Vertreter mit hoher Verantwortung. Das 'souveräne Volk' der Schrebergärtner wählt sie zu seiner Regierung und gibt sich selbst Gesetze, die es darum auch gern befolgt, weil es ihren Wert anerkannt hat. Es besteuert sich durch seine 'Nationalversammlung' selbst und weiß, wozu die Steuern und Abgaben dienen. Grund und Boden und dessen Erzeugnisse lehren den Wert rechtmäßig erworbenen oder geschaffenen Eigentums erkennen, und wer sich an den Früchten der redlichen Arbeit anderer vergreift, wird als Verbrecher betrachtet"[693].

Deutlicher als andere stellte Linsbauer die Kleingarten- und Schrebervereine damit in die Tradition der demokratischen Gesellschafts- und Staatsrechtstheorien der Naturrechtslehre. In der Tat war das Aufkommen von Vereinen und Assoziationen seit Mitte des 18. Jahrhunderts eng mit der Auflösung der Stände und der Herausbildung „der Welt des persönlichen Standes" verknüpft. Der Verein war dabei freilich „weder einfach Folge noch einfach Ursache der bürgerlichen Gesellschaft", sondern „eines ihrer Elemente, ein Symptom für ihren Aufstieg und gerade in den Anfängen ein Faktor, der die weitere Ausbildung dieser Gesellschaft begünstigt und beschleunigt hat"[694]. Neben ihrer Funktion als Medien zwischen Staat(sbürokratie) und Gesellschaft und ihrer nicht minder bedeutsamen Rolle als „Schulen bürgerlicher Selbsttätigkeit im öffentlichen Bereich"[695] entpuppten sich die aufkommenden Vereine darüber hinaus als politische Ersatzbildungen. Daß „autonome Individuen" aus freien Stücken, zu frei gewählten Zwecken zusammentraten, sich Satzung und Statut gaben, einen Vorstand bestellten und sich regelmäßig Rechenschaft legen ließen, blieb nämlich im Bereich des staatlichen Zusammenlebens selbst im 19. Jahrhundert die Ausnahme. Der erfolgreiche „Vereinsmeier" erscheint von daher – zumindest in Deutschland – zugleich als die überkompensierende Kehrseite des gescheiterten „Biedermeier".

---

693 Zit.n.: Siller/Schneider (25), 7.
694 Thomas Nipperdey, Verein als soziale Struktur in Deutschland im späten 18. und frühen 19. Jahrhundert, in: Geschichtswissenschaft und Vereinswesen im 19. Jahrhundert, Göttingen 1972, 12.
695 Ebd., 31.

Man kann den Verein insofern als die idyllische Verwirklichung des idealen Vertragsstaates auffassen[696]. Eine solche Einschätzung trifft umso mehr zu, je stärker sich ein Verein von der Partikularität einer bloßen Ein–Punkt–Bewegung emanzipiert. Wer wie die „Hamburgische Gesellschaft zur Beförderung der Künste und nützlichen Gewerbe" von 1765[697] Angehörige verschiedener Stände, Berufe und Rechtsstellungen unter der gemeinsamen Devise „emolumento publico" vereinte, konnte daher, wenn Engagement, Einfluß und Effizienz sich glücklich verbanden, zu einem halbamtlichen Funktionsträger werden, dessem wohltätigem Wirken allenfalls finanzielle Grenzen gesetzt waren. Die Aktivitäten, die die „Patriotische Gesellschaft" im Laufe der Zeit entwickelte, umfaßten denn auch eine staunenswerte Fülle unterschiedlicher Tätigkeitsfelder. Ob es sich um die Begründung von Armenanstalten oder Milchküchen, um die Einrichtung einer Bibliothek, die Vermittlung von Arbeitsnachweisen oder Lehrstellen, die Förderung von Maßnahmen zur Berufsbildung und –beratung, die Vergabe von Stipendien oder den Aufbau einer Alster–Badeanstalt handelte –, überall waren die „Patrioten" federführend am Werk. Nach ihrem Sozial– und Tätigkeitsprofil läßt sich die „Patriotische Gesellschaft" daher geradezu als eine freiwillige Vorwegnahme des späteren Sozialstaats beschreiben, der den herkömmlichen, patrizischen Rechtsstaat protodemokratisch ergänzte. Es überrascht daher nicht, daß die Gesellschaft ab 1907 auch die Weiter–Verpachtung staatlicher Freiflächen an Hamburger Kleingärtner übernahm[698].

In der Tat kann man die Kleingartenvereinsbewegung im Hinblick auf ihren gemeinnützigen Anspruch und die Vielfalt ihrer Zielsetzungen ebenso mit der „Patriotischen Gesellschaft" vergleichen wie mit Rücksicht auf die für beide Bestrebungen charakteristische Verbindung von parteipolitischer Neutralität und Staatsbejahung. Auch die verbandspolitischen Aktivitäten der Kleingärtner ließen von Beginn an einen Hauch des Allgemeinen erkennen, der in der arbeitsteiligen Welt der Moderne in der Regel nur (noch) dem Staat zukommt. Die notwendige Einschränkung, daß dieser Hauch in erster Linie im Windschatten der Geschichte spürbar wurde, tut dieser Bestimmung keinen Abbruch. Die Vereinsidylle des realisierten Gesellschaftsvertrags verweist nämlich nicht zuletzt auf die andere, für das Kleingartenwesen nicht weniger charakteristische

---

696 Die Auffassung der Idylle folgt der (literarischen) Begriffsbestimmung von: F. Schiller, Über naive und sentimentalische Dichtung, in: Schillers Sämtliche Werke, hg. v. P. Merker, Bd. 3, Leipzig o.J., 343f.
697 Grundlegend zur PG: Geschichte der Hamburgischen Gesellschaft zur Beförderung der Künste und nützlichen Gewerbe, 3 Bde und ein Registerband, Hamburg 1897–1936.
698 H. Beyer, Die Familiengärten der Patriotischen Gesellschaft 1907–1922, in: Ebd. Bd. 2, H. 2, (Hamburg 1936), 201–213.

Idylle des wiedergewonnenen Paradieses. Im Idealfall begründete der Kleingarten damit eine Natursehnsucht und Naturrecht vermittelnde Doppelidylle, die im Klein–Garten eine Miniatur des verlorenen bzw. wiedergefundenen Paradieses, im Kleingarten–Verein ein Genrebild des verwirklichten Gesellschafts– bzw. Staatsvertrags zum Ausdruck brachte.

3.3.5.4. *Der Spielbetrieb: Schreberpädagogik zwischen arbeitsmoralischem Utilitarismus und moralisierender Industrie–Kulturkritik.*

Im „leuchtenden Dreigestirn" der Schreberjugendpflege bildete das Spiel die Zentralsonne. Im Mittelpunkt jeder idealtypischen Schrebergartenanlage lag daher der Spielplatz. Er stellte zugleich den Fixpunkt dar, um den das pädagogische Denken der „Schreber" kreiste. Da sich die Vereine als Erziehungsvereine verstanden, durfte ein Schreberverein „weder zum Vergnügungsverein ausarten noch zum bloßen Gartenverein herabsinken"[699]. Namentlich die sächsischen Schrebervereine faßten diese Bestimmung nicht nur als Existenzrechtfertigung eines bestimmten Spezialtyps von Kleingartenverein auf, sondern als Begründung für einen allgemein verbindlichen Idealtyp, dem alle Vereine nach Möglichkeit nacheifern sollten: „Kleingärtnertum ohne Jugendpflege ist wie eine Ehe ohne Kinder; es fehlt die soziale Zukunftswirkung"[700]. Noch drastischer hat Gerhard Richter diesen Absolutheitsanspruch formuliert: „*Gartenpflege ist sozial, Jugendpflege sozialer, Gartenpflege ist das Mittel, Jugendpflege der Zweck, Gartenpflege ist materiell–egoistisch, Jugendpflege ideell–uneigennützig, Gartenpflege ist der Rahmen, Jugendpflege das Bild*"[701]. Für den wahren Kleingärtner war das „kostbarste Pflänzchen" daher das „Schreberkind". Vereine, die sich auf Schreber beriefen, ohne Jugendpflege zu treiben, wurden von Richter folgerichtig des „Scheinschrebertums" bezichtigt[702]. Mehr noch: In der Vorstellungswelt der Funktionäre erschien der Schreberspielplatz geradezu als ein dem Kleingartenparadies korrespondierendes „Kinderparadies"[703]. Wie der Garten Eden und das Kleingartenparadies der Großen war auch das schreberpädagogische Kinderparadies ein befriedeter Binnen– bzw. Schutzraum in einer feindlichen Außenwelt, in den man aufgenommen, aus dem man aber auch wieder vertrieben werden konnte. Die Anziehungskraft des Genrebildes erwuchs damit in

---

699 Mittenzwey, Pflege (106), 104.
700 Denkschrift über die Schreberjugendpflege (426), 104.
701 Richter, Die Jugendpflege im Mittelpunkt (606), 104. Zit. i.O. gesperrt.
702 Richter, Buch (17), 236.
703 Vgl. etwa: Lorenz (664), 7; Richter, Buch (17), 76; Ders., Schreberjugendpflege (426), 21 und Ders., Aus dem Kinderparadies der Leipziger Schrebergärten, in: KGW 3 (5) (1926), 58ff.

hohem Maße aus der Kontrastwirkung eines abstoßenden Gegenbildes. Wie ihr himmlisches Vorbild ohne das irdische „Jammertal" nur halb so reizvoll erschien, entwickelten auch die „Jugendinseln" und „lieblichen Oase(n)" des Schreberlandes ohne „Häusermeer" und großstädtische „Steinwüste" nur einen Teil ihrer wahren Wirkung[704].

Neben der Menschen- und Kinderfeindlichkeit der Großstädte beklagten die Schreberpädagogen vor allem zwei Sachverhalte: „die ungeheure Naturentfremdung unserer Großstadtkinder" und die durch eine „Entwertung aller Werte"[705] geprägte „großstädtische Überkultur"[706]. Obwohl beide Schlagworte dasselbe Problem benannten und gleichsam Negativ und Positiv desselben Stadtbildes zum Ausdruck brachten, war ihr überprüfbarer Wahrheitsgehalt grundverschieden. Während sich die Analyse der Naturentfremdung auf empirische Daten berufen konnte, beschränkte sich die Untersuchung der „Über-" bzw. „Unkultur" auf die bloße Meinungsäußerung eines im Herzens-Grunde antimodernen Ressentiments. Der Landschaftsverbrauch der Städte und das Verschwinden der überkommenen Freiflächen und Hausgärten waren unübersehbare Fakten. Auch die unter Stadtkindern abnehmende Naturverbundenheit ließ sich mit demoskopischen Mitteln immerhin wahrscheinlich machen. So zitierte der sozialdemokratische Kommunalpolitiker und Bodenreformer Victor Noack eine 1912 durchgeführte Umfrage unter den sechsjährigen Kindern einer Berliner Volksschule, derzufolge von den Befragten 70% keine Vorstellung vom Sonnenaufgang und 54% keine vom Sonnenuntergang hatten. 76% kannten keinen Tau, 82% hatten nie eine Lerche gehört. 49% hatten nie einen Frosch gesehen, 53% keine Schnecke, 87% keine Birke, 59% nie ein Ährenfeld, 60% kein Dorf, 67% keinen Berg und 89% keinen Fluß. „Mehrere Schüler wollten einen See gesehen haben, als man nachforschte, ergab es sich, daß sie einen Fischbehälter auf dem Marktplatze meinten"[707].

Im Gegensatz zu diesen Befunden blieb die Kritik der „Überkultur" eine rhetorische Erfindung, die auf einem ebenso ungreifbaren wie unangreifbaren Kulturbegriff fußte. Zum einen bezeichnete Kultur nämlich den herkömmlichen, durch „zweifelhafte Kino- und Theatervorstellungen"[708] in Frage gestellten

---

704 Denkschrift des RVKD über die Schreberjugendpflege im Deutschen Reich, in: KGW 4 (12) (1927), 140.
705 Richter, Schreber und Hauschild als Erzieher. (Schluß), in: KGW 4 (12) (1927), 141.
706 Ders., Buch (17), 233 u. 237.
707 Victor Noack, Bodenreform und das soziale Schreber- und Kleingartenwesen, Leipzig 1927, 4 (Schriften des LV Sachsen der Schreber- und Gartenvereine 4). Ähnlich: Richter, Schreber und Hauschild (Schluß) (705), 141.
708 Ebd.

Kernbereich von Kunst und Kultur, zum zweiten das ihm angelagerte, „bedauerlich gesteigerte, werteverschlingende Genußleben"[709] urbaner Freizeitkultur, zum dritten aber die durch Naturentfremdung, menschliche Vereinzelung und seelische Verarmung geprägte Industriekultur überhaupt[710]. Was diese in Bausch und Bogen verfahrende Kulturkritik konkret meinte, blieb vage. Die 1930 im Auftrag des RVKD vom Münchner Oberlehrer Karl Freytag herausgegebene Anthologie „Kleingarten und Poesie"[711] läßt immerhin ahnen, was die Kleingärtner unter Kunst verstanden (wissen wollten). Kennzeichen der 175 Seiten starken Sammlung ist das fast vollständige Fehlen der mit dem Naturalismus einsetzenden künstlerischen Moderne. Unter den zeitgenössischen Dichtern von Rang findet sich nur Rainer Maria Rilke mit einem kurzen, großstadtkritischen Auszug aus dem „Stundenbuch". Zu den wenigen weiteren Dichtern, die chronologisch noch in etwa zu seiner Generation zu rechnen sind, zählen ausnahmslos Vertreter, die nach Gehalt und Formgebung ihres Schaffens eher dem 19. als dem 20. Jahrhundert angehören. Zu nennen wären hier Gustav Falkes „Lied der Ärmsten", Caesar Flaischlens „Freiland", Ludwig Fuldas „Jeder soll ein Gärtlein haben", Hermann Löns' „Der Laubenkolonist" und Lulu von Strauß und Torneys „Frühlingsgeheimnis". Wie schon die Titel ausweisen, dominiert allenthalben die meist harmlose, naturlyrische Idylle, die sich in Texten wie „Freiland" oder „Jeder soll ein Gärtlein haben" zur offenen Kleingartenpropaganda steigert. Was sich sonst an bekannten Namen findet, fällt ausnahmslos in die erste Hälfte des 19. Jahrhunderts wie Ernst Moritz Arndts „Von Freiheit und Vaterland", Annette von Droste-Hülshoffs „Der Abend, der Gärtner", Josef von Eichendorffs „Sehnsucht", Theodor Fontanes „Wag's", Heinrich Heines „Du bist wie eine Blume" und Heinrich Hoffman von Fallerslebens „Der Spatz in seiner Würde". Dazu treten mehrere Zitatausrisse von Goethe und Schiller, unter ihnen – einmal mehr – die laubenkolonial verfälschte Szene aus der Hexenküche des „Faust". Die literaturgeschichtlich epigonale Masse der nicht zuletzt vom Herausgeber Freytag beigesteuerten Texte kreist um die klassischen Schwerpunkte laubenkolonialen Sentiments wie „Blumentage", „Großstadtnot", „Heimat und Vaterland", „Der Heimstätter und sein Gelände", „Der Kleingärtner und sein Garten", „Spiele und Reigen", die „liebe" Tierwelt und Weihnachten.

Was der RVKD seinen Mitgliedern in Gestalt der Anthologie „Kleingarten und Poesie" vorlegte, war daher nichts Geringeres als ein anachronistisches Hausbuch nostalgischer Gebrauchslyrik. Die beklagte Großstadtnot diente dabei in erster Linie als poetisches Kontrastmittel der kleingärtnerischen Tugend. Was

---

709 Denkschrift über die Schreberjugendpflege (426), 8f.
710 Denkschrift des RVKD (700), 141.
711 Siehe zum folgenden: Kleingarten und Poesie (566).

Großstadt und Kleingarten verband, war das ambivalente, süßsäuerliche Pathos halb großstadtfeindlicher, halb agrarromantischer Evasion, die sich beim Anblick von „Mutter Erde"[712] bekanntlich bis zur Regression steigern konnte und manche Kolonisten dazu veranlaßte, sich dem „Busen der Natur" nur im „Luftbadkostüm" zu nähern. Das auch hier beschworene „Kleingartenparadies"[713] verwandelte sich auf diese Weise freilich zum Fluchtpunkt eines lyrischen Exodus aus der vorgeblich lebens- und menschenfeindlichen Moderne[714], dessen weltanschauliche Koordinaten Erdsegen[715], Eigentumsliebe[716], Heimatliebe[717] und Volksgemeinschaft[718] darstellten.

Im Gegensatz zum himmlischen Paradies besitzt das Kleingartenparadies insofern keine Zukunft – es ist wesentlich von gestern. Die Kulturkritik des RVKD bleibt folglich völlig im Unbehagen befangen. Richters Jeremiade über „zweifelhafte Kino- und Theatervorstellungen"[719] verdeutlicht das ebenso wie Schillings bereits zitierte Klage über die grassierende „Kino- und Foxtrottseuche". Auffallend ist allein der biologistische Zungenschlag, der Veränderungen im Freizeitverhalten mit sozialmedizinischen Begriffsanleihen abqualifiziert. Die großstädtische „Unkultur" wurde damit zum geistigen Pendant der seit Schrebers Tagen beklagten körperlichen „Zivilisationskrankheiten" erhoben. Der Schreber aufgrund seiner „Toilettenkünste" suspekte Gesellschaftstanz wurde von Schilling denn auch endgültig in Acht und Bann getan.

Als Gegengift zur „Foxtrottseuche" empfahl die Schreberpädagogik Neckpolka, Dreierwalzer oder Mazurka[720]. Das von Wilhelm Lorenz herausgegebene „Handbuch für Spielleiter" war insofern nicht zuletzt eine pädagogische Kampfschrift der Volkstanzbefürworter gegen die Vertreter des Gesellschaftstanzes. Von den 150 vorgeschlagenen Turn-, Sport-, Scherz-, Sing- und sonstigen Spielen bildeten die Tanzspiele, unterteilt in 25 Singspiele und -tänze, 18 Volkstänze, neun Reigen und drei Tanzwechsel im Umzuge, mit insgesamt 55 Nummern (= 36,6%) ein gutes Drittel. Auch die Namen der Tanzspiele sprachen für sich: „Es geht nichts über die Gemütlichkeit", „Fünfundzwanzig Bauernmädchen", „Wir winden dir den Jungfernkranz", „Das Wandern ist des Müllers

---

712 Ebd., 3, 6, 12, 16, 22, 28, 42, 53, 64f., 89 u. 127.
713 Ebd., 22, 130 u. 133. Ähnlich auch: Ebd., 10, wo die Parzelle durch eine Hecke von der „Außenwelt" abgeschirmt wird, sowie Ebd., 16, wo sie als Ort erscheint, „wo des Alltags Sorgen schwinden".
714 Vgl.: Ebd., 51–57.
715 Ebd., 39f.
716 Ebd., 47f., 52 u. 118.
717 Ebd., 121, 126f., 144 u. 159. Zur „Vaterlandsliebe" siehe: Ebd., 8, 120f. 123 u. 140.
718 Ebd., 124 u. 159.
719 Richter, Schreber und Hauschild (705), 141.
720 Lorenz (664), VIII f.

Lust", „Erst dreht sich das Dirndl", „Tanz vom Rhein", „I bin a Steirabua" und andere mehr[721] ließen von „Häusermeer", „Steinwüste" oder „Verkehrsbrandung" keine Spur erkennen. Nur in vier von 150 vorgeschlagenen Spielen (= 2,6%) schienen Spurenelemente der Moderne auf: „Der Verkehrsschutzmann", „Herr Kondukteur", „Der Flieger" und „Die Post".

Noch schärfer konturiert sich das Genrebild im Hinblick auf die Einstellung der Schreberpädagogen zu den sinnlichen Genüssen der ihnen anvertrauten Kinder. Süß(lich) war hier allein das Sentiment: „Näschereien, unnützer Tand und Schmuck sollen beim Spiel fernbleiben. Der Brezelmann, der Eisverkäufer, der Zuckermann mögen ihre Waren außerhalb der Spielplätze feilbieten"[722]. Ein ähnliches Verbot wie die „gesundheitsgefährdenden Leckereien" traf den Vertrieb von Feuerwerkskörpern und den Gebrauch von „gehörbeleidigendem Spielzeug" wie Knarren, Brummern, Waldteufeln und Ratzen[723]. Die Maxime der Schreberpädagogik lautete demgegenüber: „Ein Genuß kann nur durch weises Maßhalten zu einem reinen und vollkommenen werden, und die leicht erregte Kindesnatur hat ganz besonders Maß und Schranken nötig. Es kann nicht schaden, wenn die Kinder das frühzeitig begreifen lernen und sich gewöhnen, den Freudenbecher nicht bis auf die Hefe zu leeren"[724].

Ähnlich wie im biblischen Paradies, wo der Apfelgenuß unter Strafe stand, oder im Kleingartenparadies, wo der Alkoholkonsum (nach Möglichkeit) unterbunden wurde, herrschte auch im Kinderparadies eine pädagogisch motivierte Prohibition. Die Parzelle wie Kolonie umgebenden realen Zäune wurden auf diese Weise durch unsichtbare Schranken verstärkt und ideell überhöht. Wie schon das biblische Paradies erschien auch das laubenkoloniale Kinderparadies daher nicht nur als passiver Schutzraum, der bestimmte negative Einflüsse abwehren sollte, sondern auch und vor allem als Aktivraum einer positiven pädagogischen Regulierung. Die bekannte Bestimmung des Schreberspielplatzes als „Erziehungsort für einfachste, natürlichste und wertschaffende Freuden" bringt diese Grundkonzeption zum Ausdruck. An die Stelle der „Vergnügungssucht" und des „ungesunden Genußlebens" traten im Kinderparadies „weises Maßhalten" und „weise Sparsamkeit", und den Platz des „unnützen Tandes" nahmen „wertschaffende Freuden", nicht „erkaufte", sondern „erarbeitete Genüsse" ein[725]. Wie antimodern sich die Kleingartenbewegung als Horti-Kulturbewegung daher auch immer geben mochte –, antibürgerlich war sie mitnichten. Ihr Ruf nach dem natürlichen Leben mit seinen einfachen Freuden war vielmehr untrennbar ver-

---

721 Alle Angaben nach Ebd., VI–X.
722 Richter, Die Jugendpflege im Mittelpunkt (606), 105.
723 Mittenzwey, Pflege (106), 116.
724 Ebd., 117.
725 G. Richter, Schrebergeschichte als Lehrmeister, in: KGW 5 (3) (1928), 33.

knüpft mit dem kleinbürgerlichen Sekundär-Tugendideal werktätigen Schaffens: Wahre Freude war Schaffensfreude. Der natürliche Inhalt des kleingärtnerischen „Freudenbechers" bestand daher folgerichtig aus Milch oder Wasser[726]. Dieser utilitaristische Grundzug wird auch auf dem Gebiet der Spielpädagogik deutlich. Neben dem Tanzspielen mit einem Anteil von 36,6% rangieren im Spielleiterhandbuch die Turn-, Kampf- und Sportspiele mit 22%. Zählt man die in anderen Rubriken versteckten Körperübungen hinzu, erhöht sich ihre Quote auf 28,6%. Eine ähnliche Korrelation ergibt sich für die „Spiele und Beschäftigungen für unsere Kleinen", wo die gymnastischen Übungen einen Anteil von 27,6% einnehmen[727]. Nach den vorherrschenden Volkstänzen und Reigen, die den Großstadtkindern eine überholte Freizeitkultur ländlicher Vergnügungen nahebringen sollten, zu der nicht zuletzt die temporäre Stadtflucht in Gestalt organisierter Wanderungen und die „Naturbegegnung" im Kleingarten selbst zählten, nimmt die gezielte Körperertüchtigung im „Spielbetrieb"[728] damit eindeutig den zweiten Rang ein. Da auch das Wandern unzweifelhaft körperbildende Funktionen besitzt, kann man der Bewegungstherapie sogar die Hauptrolle in der gesamten Schreberpädagogik zuweisen, zumal die Übergänge zwischen Tanz und Tanzsport, Spiel und Sportspiel, ohnehin fließend sind. Auch das Kinderparadies war insofern ein Paradies, in dem vornehmlich gearbeitet wurde –, und sei es am menschlichen Körper und Geist.

Gerhard Richter hat diesen Aspekt unter Berufung auf Martin Luther mit Nachdruck herausgearbeitet[729]. Bezugstext ist ein Schreiben des Vaters an seinen Sohn Johannes aus dem Jahre 1530[730]. In diesem Brief malt Luther seinem Sohn ein Kinderparadies in Gestalt eines himmlischen Paradiesgärtleins aus, in dem die Gottes-Kinder „güldne Röcklein" tragen, „schöne Äpfel (...), Birnen, Kirschen, Spilling und Pflaumen" lesen, auf „schöne(n) kleine(n) Pferdlein" reiten, tanzen und über die Maßen fröhlich sind[731]. Die zentrale Aussage des Textes kreist um die Frage, wie „Hänschen Luther" es wohl bewerkstelligen könne, in dieses Kinderparadies aufgenommen zu werden. Wie nicht anders zu erwarten, entpuppt sich das lutherische Sesam-öffne-dich als ein Paßwort protestantischer Ethik. Was der Vater seinem Sohn auf 34 Druck-Zeilen allein sechs Mal ins Stammbuch schreibt, ist denn auch nichts weiter als ein kindgemäß transponier-

---

726 Ders., Die Jugendpflege im Mittelpunkt (606), 105.
727 Lorenz (664), VI–X.
728 Ebd., 11 u. 13.
729 Gerhard Richter, Spielende Kinder, in: KGW 3 (9) (1926), 100.
730 Abgedruckt in: Martin Luther, Pädagogische Schriften, hg. v. H. Lorenzen, Paderborn 1957, 146f.
731 Ebd. Spilling ist die Frucht des gemeinen Pflaumenbaums lt.: Matthias Lexers Mittelhochdeutsches Taschenwörterbuch, 34. Aufl. Stuttgart 1974, 204.

tes ora–et–labora: „Darum, liebes Söhnlein Hänschen, lerne und bete ja getrost, und sage es Lippus und Josten auch, daß sie auch lernen und beten: so werdet ihr miteinander in den Garten kommen"[732].

Wie sich die Bilder gleichen: Am Anfang stand das Paradies von Gott Vater und seinen Kindern Adam und Eva, ihm folgte das Kleingartenparadies von Vater Staat und seinen Landeskindern und endlich das Kinderparadies mit Spielvater und Spielkindern. Wie die Figuren der russischen Matrioschka, der beliebten Puppe in der Puppe, stecken die verschiedenen, nominell, strukturell und funktionell identischen Paradiese der Größe nach ineinander. Überall sorgt eine patriarchalische Gartenordnung für die gewünschten Verhaltensmuster, überall droht bei Zuwiderhandlung die gewaltsame Vertreibung. Die über dem Kinderparadies angebrachte Maxime „Jedes artige Kind darf mitspielen" enthüllt in diesem Kontext ihren wahren Sinn. Der Aussagesatz enthält nämlich einen im Adjektiv versteckten Bedingungssatz, der Konditionalsatz aber verrät die bezweckte Konditionierung: Nur wer artig ist, darf mitspielen!

Auch in diesem Fall hat Gerhard Richter die praktische Konsequenz dieser Einsicht mit aller Deutlichkeit zum Ausdruck gebracht: „Gibt es etwas Schöners, als spielende Kinder? Wenn der Künstler Lieblichkeit und Schönheit darstellen will, dann läßt er blühende Kinder auf blumigem Rasen spielen. Und in der Tat! Dieses Wiegen und Biegen, dieses Drehen und Hüpfen der schlanken Kinderkörper, die wehenden Buntröckchen bei anmutigen Bewegungen, das Springen und Singen, das Reihen dieser lieblichen Menschenblumen zu Figuren, Girlanden und bunten Kränzen, bietet ein Bild sprühenden Lebens und der vollendeten Schönheit, wie es prächtiger nicht gedacht werden kann. Wenn nun schöner Gesang und schönes Wort ergänzend hinzukommen, wenn der Spielleiter mit liebender Strenge jedes Spielkind auch äußerlich zu bescheidener Schönheit, d.h. in diesem Falle vor allen Dingen zum Ordnungssinn zu erziehen weiß, dann ist der schöne Reigen geschlossen. Schmutzige, unsaubere Kinder stören ja nur das Schönheitsbild und gehören nicht auf den Schreberplatz. Und wer durch unflätige Reden gegen die Schönheit der Sprache verstößt, mag schleunigst entfernt werden"[733].

Wie in der Lyrik huldigt der Schreberpädagoge auch beim Tanz dem vorindustriellen Ideal. Der kitschige Reigen „blühender Kinder" entpuppt sich bei näherer Betrachtung als Totentanz einer vergangenen Epoche, in der Rundtanz und Reigen noch den natürlichen Kreislauf der Jahreszeiten und den durch ihn bestimmten Lebens– und Arbeitsrhythmus vergegenwärtigten. Im Tanz vollzog die Dorfgemeinschaft den Lauf des Lebens spielerisch nach, um ihn zugleich von

---

732 Luther (730), 147.
733 Richter, Der Kinderspielplatz (687), 105.

neuem heraufzubeschwören. Der Großform des Volkstanzes korrespondierte die Einbindung des Individuums in den Stand. Noch in Richters epigonalem Sprachbild wird diese Beziehung deutlich: Die Schreberkinder bewegen sich ausschließlich in gebundener Form(ation) wie Girlande und Kranz. So wie Gott den Kreislauf der Jahreszeiten regierte, regeln der Vortänzer den Volkstanz und der Spielvater das pädagogische Tanzspiel. Mit dieser patriarchalischen „vita rustica" räumt die industrielle Revolution freilich ein für alle Mal auf. Der Fortschritt bricht zentrifugal aus dem Reigen aus. Die Neuzeit dreht sich nicht mehr, sie läuft (uns) davon. Die alte Zeitrechnung war analog: Der Zeiger des Nürnberger Eis beschrieb seinen Kreis wie die Sonne ihren scheinbaren Lauf um die Erde. Jetzt schlägt die Stunde der Digitaluhr. Aus ihrem Sichtfenster blinkt der Zahlenstrahl atomisierter Sekunden. Wie die alte Zeit so das Ancien Régime. Auch die Ständegesellschaft verstand sich als Abglanz einer höheren Seinsordnung. Selbst der „Roi soleil" war theoretisch nur der Mond eines göttlichen Zentralgestirns. In der französischen Revolution geht das alte Sonnen–System unter. Die ehemaligen Trabanten emanzipieren sich, es beginnt die Epoche des Bürger–Königs. In ihr ist jeder König – Kunde. Diese Freisetzung des Individuums aus dem Stand schafft die Voraussetzung für die Entwicklung der modernen Gesellschaftstänze. Sie verbinden keine Standespersonen oder soziale Gruppen, sondern freie Individuen. Industrielle Revolution, französische Revolution und „Walzerrevolution"[734] wiegen sich im historischen Hüftschluß. Der Siegeszug des Walzers und der Sieg des Volkes fallen von daher ebenso zusammen wie Walzerfeindschaft und Absolutismus. Am reaktionären Berliner Hof blieb der 1794 verbotene Tanz daher bis zum bitteren Ende verpönt. Der perhorreszierte Foxtrott erweist sich vor diesem Hintergrund genausowenig als „Seuche" oder „Zivilisationskrankheit" wie Cakewalk, Shimmy oder Tango, sondern als legitimer Ausdruck einer schöpferischen Erneuerung des Gesellschaftstanzes aus dem Geist der latein– und afroamerikanischen Volks–Musik am Ende der Belle Epoche[735].

Doch Richters Schönheitsideal ist nicht nur antiquiert bzw. reaktionär, es erweist sich vor allem als substantiell nichtig. Obwohl das angeführte Zitat neun Ausdrücke der Wortgruppe „schön" enthält, bleibt offen, was er unter Schönheit versteht. So wie sich das gartenarbeitspädagogische Tugendideal in einer Reihe von Sekundärtugenden erschöpft, ohne ethische Grundfragen wie die nach dem „höchsten Gut", dem „freien Willen" oder dem „richtigen Handeln" auch nur zu stellen, beschränkt sich das schreberpädagogische Schönheitsideal auf eine An-

---

734 Helmut Günther u. Helmut Schäfer, Vom Schamanentanz zur Rumba. Die Geschichte des Gesellschaftstanzes, Stuttgart 1959, 142–158.
735 Ebd., 165–178.

zahl von Sekundärbestimmungen, die – und hier schließt sich der „schöne Reigen" – mit den erwähnten Sekundärtugenden identisch sind. Ästhetik und Ethik, Tugend- und Schönheitskanon, werden im Zeichen pädagogischer Regulierung eingeschmolzen. Richters Schönheitsideal erweist sich damit – wie das Schreberkind – als wesentlich fremdbestimmt. „Vollendete Schönheit" meint daher in erster Linie Bescheidenheit, Ordnung und Sauberkeit. Vor allem Ordnung. Im „Buch der Schreberjugendpflege" heißt es in diesem Zusammenhang: „Die Vorbedingung für Schönheit ist stets die Ordnung der Dinge. Ein unordentlicher Garten kann nie schön sein. Aber auch ein an sich ordentlicher Garten kann doch gegen die Gesetze der Schönheit verstoßen. Geschmacklosigkeiten aller Art (...) sollen in jedem Schrebergarten verschwinden"[736]. Gefragt ist das Einfache, Schlichte, Ungekünstelte[737]. Die Spielwiese schmückt „saftiges Grün", unter den „blühende(n) und fruchttragende(n) Obstbäume(n)", die sie umgeben, stehen „einfach-geschmackvolle Bänke", die Spielgeräte erfreuen durch ihre „geschmackvolle Anordnung", die ganze Anlage ist „peinlich sauber gehalten". Mit einem Wort: „Der Schönheitssinn regiert (...) den gesamten Betrieb"[738].

Wie im „Prozeß der Zivilisation" erscheinen die Errungenschaften kultivierten Verhaltens nicht als Ergebnis rationaler Einsicht, sondern als Abfall-Produkte des irrationalen Vordringens bestimmter Verhaltensmuster[739]. „Umherliegendes Papier, Scherben und Steine" will Richter deshalb auch nicht aus hygienischen Gründen oder wegen der mit ihnen verbundenen Verletzungsgefahr entfernt wissen, sondern weil sie „in hohem Grade unschön" wirken[740]. Die Aufforderung, den Spielplatz „peinlich sauber" zu halten[741], erscheint demzufolge als klassische soziogenetische Wiederholung des von Elias beschriebenen Vorrükkens der „Peinlichkeitsschwelle". Die im „Ordnungssinn" internalisierte und von ihm zugleich reproduzierte Ordnung wird daher nicht zweckrational definiert, sondern pseudo-ästhetisch entgrenzt. Der Machtanspruch der Schreberpädagogen erweist sich damit zugleich als irrational und schrankenlos. Ihre „liebende Strenge" kennt keine Grenzen.[742]

Erkennbar wird dieser Tatbestand nicht zuletzt in einem utilitaristischen Spielbegriff, der das Kinderspiel als Vorspiel zum Leben betrachtet und die

---

736 Richter, Buch (17), 78.
737 Ebd., 79f.
738 Ebd., 79.
739 Vgl.: Norbert Elias, Über den Prozeß der Zivilisation, Bd. 1, (Frankfurt/M. 1976), 152–157.
740 Richter, Buch (17), 79.
741 Ebd.
742 Vgl.: Lorenz (664), 10 u. 13; Mittenzwey, Pflege (106), 110 sowie Richter, Buch (17), 80 und Ders., 75 Jahre (17), 68.

Ursprünge des modernen Kleingartenwesens 235

„Spielgesetze" dementsprechend als Vorstufe der „Staats- und Sittengesetze" ansieht. Der allenthalben verwandte Begriff „Spielbetrieb" sagt in diesem Zusammenhang mehr als viele Worte[743]. Mittenzwey hat seine Organisationsstruktur wie folgt beschrieben: „Ist der Verein zu vergleichen einem Körper, so bildet der Vorstand den Kopf, Spielkommission und Gartenkommission bilden die beiden Arme"[744]. Den physiologischen Abschluß des Arms stellte folglich der Spielleiter dar. In seine Hand waren die Kinder gegeben. Sie selbst erscheinen als bloßer Roh-Stoff, der durch die „pädagogische Maschine" geformt wird. Das „Handbuch für Spielleiter" vermerkt denn auch kurz und bündig: „Wir spielen zunächst aus gesundheitlichen Gründen und zu dem Zwecke, die Kinder als praktische Menschen auszubilden"[745]. Dementsprechend sollten die Spiele „so gewählt und ausgeführt werden, daß möglichst viele Kinder dabei beschäftigt werden. Die Kinder dürfen zur Ablenkung gar keine Zeit finden"[746]. Der Spielvater sollte deshalb „sofort eingreifen, wo eine spielende Gruppe zu ermüden scheint"[747].

Ihre notwendige Ergänzung findet die „Spieltätigkeit" im „Spielfleiß", der den kindlichen Spieltrieb zum ausgewachsenen Schaffensdrang ausbildete. Alle Spiele werden folglich „eingeübt" und „systematisch ausgebaut"[748]. Die vom „Landesausschuß für Schreberjugendpflege" des Freistaates Sachsen aufgestellten „Leitsätze für den neuzeitlichen Betrieb der Schreberjugendpflege" strotzen folglich von utilitaristischen Schlagworten wie „Arbeit am Kinde", „Körperschule", „Schulung des Körpers", „Arbeits- und Spielstunden", „Arbeitsformen", „Lebensaufgaben", „Schreber-Spielbetrieb", „Übungen", „Leibesübungswert", „Übungswert" und „Arbeit am kindlichen Körper"[749]. Seinem pädagogischen Gehalt nach erweist sich das Schreberspiel damit als gebundenes, vom Spielvater gelenktes Lernspiel[750], seiner dominierenden Gestalt nach als alters- und geschlechtsspezifisch ausdifferenziertes Bewegungs- und Leistungsspiel[751].

---

743 Vgl. zu dieser Spielbetriebshierarchie: Lorenz (664), 5ff. u. 10ff.; Mangner (361), 54f.; Mittenzwey, Pflege (106), 94ff.; Richter, Buch (17), 80f.; Ders., 75 Jahre (17), 68ff. und Ders., Schreberjugendpflege (426), 36ff.
744 Mittenzwey, Pflege (106), 105.
745 Lorenz (664), 10.
746 Ebd., 1.
747 Ebd., 10.
748 Ebd. Partizipien i.O. Infinitive.
749 Abgedruckt bei: Richter, Schreberjugendpflege (426), 47f.
750 Siehe zum Begriff des gebundenen Lern-Spiels: Scheuerl, Das Spiel (583), 54f., 57, 195-106 u. 211-218.
751 Ebd., 142-155; Lorenz (664), VI-X; Mangner (361), 49f. und Mittenzwey, Pflege (106), 110f.

Trotz dieses sekundärtugendhaften, aus der „protestantischen Ethik" herrührenden gartenarbeits- und lernspielpädagogischen Utilitarismus stand die Kleingartenbewegung der Moderne in vielfacher Hinsicht skeptisch, ja ablehnend gegenüber. Sichtbar wird diese gegenläufige Tendenz in der seit Schrebers Tagen grassierenden Kritik an der Industriekultur. Sie läßt sich global als konservative Entfremdungslehre auffassen, wie sie in embryonaler Form von der Rettungshauspädagogik Schwabes vorgeprägt wurde. In einer 1927 an den Reichspräsidenten, die Reichsregierung und den Reichstag gerichteten Eingabe des RVKD heißt es in diesem Zusammenhang: „Mit der fortschreitenden Mechanisierung und Maschinisierung der Arbeit, mit der Zusammenballung der Wohnstätten in den Großstädten und in den Industriegebieten wird nicht nur die Gesundheit der Menschen gefährdet, sondern sie verarmen auch seelisch; ihr Dasein wird leer, ihr Leben verliert an Werterfüllung. Trotz engster räumlicher Berührung verlieren sich die Menschen mehr und mehr und führen ein Einzeldasein"[752]. Noch schärfer drückte sich Gerhard Richter in der von ihm verfaßten Verbandsbroschüre zur Jugendpflege aus: „In jedem Menschen steckt ja schließlich ein Künstler nach seiner Art, aber er wird gemordet durch das Einerlei des Berufs, durch den vorgeschriebenen Handgriff, durch das tickende und tackende Eisen, durch sein Stampfen und Rollen in Motor und Maschine. Technik und Mechanisierung sind die Mörder unseres schöpferischen Tuns. Da kommt der Kleingarten wie ein Erlöser, wie ein Erretter aus Alltagsnot. Wir erobern in ihm seelische Provinzen des Friedens und der innerlichen Ruhe, der wahren Herzensfreude zurück. Auch für das Kind!"[753].

Obwohl diese Zeitdiagnose auffällige Berührungspunkte zu der von Schiller, Hegel und Marx ausgehenden Entfremdungstheorie aufweist, hatte die kleingärtnerische Kritik an der Industriekultur mit der sozialistischen und kommunistischen Kapitalismuskritik nur wenig gemein. Während die marxsche Theorie die Entfremdung geschichtlich faßte und durch die revolutionäre Umwälzung ihrer polit-ökonomischen Existenzgrundlagen in einer besseren Zukunft aufheben wollte, begriffen die Kulturkritiker der Kleingartenbewegung sie wesentlich ahistorisch. Die inhaltsleere Zeitklage über die „Entwertung aller Werte" läßt diesen Sachverhalt aufscheinen. Vollends deutlich wird er in dem vielfach variierten Zentralbegriff der „Entfremdung von der Natur". Wir haben im Eingangskapitel gezeigt, daß diese „Entfremdung" gerade die Grundvoraussetzung der Menschwerdung bildet. Im Paradies sind Adam und Eva reine Geschöpfe, Menschen an sich. Erst der Sündenfall setzt ihr schöpferisches Selbstbewußtsein frei, macht sie zu Menschen an und für sich. Die Aufhebung der „Entfremdung von

---

752 Denkschrift des RVKD (700), 141.
753 Richter, Schreberjugendpflege (426), 16.

der Natur" ist deshalb nur ein anderer Ausdruck für die stillschweigende Aufhebung der Geschichte. Insofern bildet das Kleingartenidyll auch kein im eigentlichen Sinne rückwärtsgewandtes Ideal. Das „Zurück zur Natur" ist keine zeitgeschichtliche Bewegung –, es suspendiert vielmehr den Zahlenstrahl der Chronologie. Wie sehr die Kleingärtner die moderne „Maschinenwelt" daher auch ablehnen mochten, so wenig waren sie „Maschinenstürmer". Von gestern sind denn auch nur die agrarromantischen Bild(ungs)elemente des Kleingartens, nicht seine utopischen Idealvorstellungen. Den Ausweg aus der aufgehobenen Geschichte ohne Gestern und Morgen bildet das „nunc stans" einer ahistorischen Gegenwart privaten Glücks. Zwischen der versperrten Regression in die vermeintlich „heile Welt" der Vergangenheit und der verabscheuten Progression in eine selbstzerstörerische Welt der Moderne eröffnet sie das Hier und Jetzt temporärer Evasion. Die zentrale verbandspolitische Forderung des RVKD verlangte daher konsequenterweise die Schaffung von Dauer(klein)gärten: „Verweile doch, du bist so schön" – Utopie des verewigten erfüllten Augenblicks[754].

Das laubenkoloniale Gegenbild zur Moderne erweist sich denn auch als Miniatur der Innerlichkeit[755]. Die Alternative zur Industriegesellschaft bildete jedenfalls die „Seelengemeinschaft" im Verein, der Gegenentwurf zur Industriekultur die „Seelenkultur" gleichgesinnter Kolonisten, die Überwindung der „Entwertung aller Werte" die „Schaffung von Gemütswerten"[756]. Was Seele bedeutete, „Seelenkultur" und „–gemeinschaft" positiv besagten, blieb freilich unklar. Selbst Gerhard Richter, der diese Schlagworte im Auftrag des Verbandes verbreitete, vermochte in der „von unserer Überkultur totgetretene(n)" Seele nur „das Unfaßbare, Unverstandene im Menschen" zu erkennen und erging sich in einer Reihe schwülstiger Appositionen wie „Erfassen des Innersten", „Lied der Sehnsucht von Mensch zu Mensch", „Heimatgefühl und Geborgensein", „Hohelied des Menschentums", „Lied des Triumphierens über irdische Kleinlichkeit und Unzulänglichkeit"[757]. Am Endpunkt kleingärtnerischer Industriekulturkritik steht daher ein Manns–Bild kleinbürgerlicher Hilflosigkeit, das die Grundlagen der Moderne zwar bejahte, ihre politökonomischen Folgen und künstlerischen Konsequenzen aber verneinte. Die protestantische Arbeitsmoral mit ihren bürgerlichen Sekundärtugenden hatte man kritiklos übernommen und systematisch weiterverbreitet, die Verdinglichung der „Industriosität" zur Großindustrie und ihre Verdichtung zur industriellen Gesellschaft mit urbaner Massenkultur sah man dagegen mit Grausen. Den modernen Nationalstaat hatte man

---

754 J. W. Goethe, Faust. Eine Tragödie, (Sämtliche Werke Bd. 5), (München 1977), 194.
755 Richter, Buch (17), 236.
756 Ebd., 236f.
757 Ebd., 236.

als patriarchalischen „pater familias" in die eigenen vier Wände (und Zäune) geholt und den wenig frommen Aber–Glauben an seine fürsorgerische Neutralität fast besser kultiviert als die eigenen Parzellen, dem aus ihm hervorgegangenen „ideellen Gesamtkapitalisten" (Karl Marx), der die städtische Bodenspekulation höher schätzte als jede noch so bescheidene Bodenreform, begegnete man demgegenüber mit ohnmächtigem Protest. Mehr als andere zeitgenössische Gestalten spiegelt der zwischen Agrar– und Industriegesellschaft, Großstadt und Land, angesiedelte Kleingärtner daher das allgemeine „Janusgesicht der Moderne"[758] mit seiner charakteristischen Mischung aus Abschiedsschmerz und Aufbruchswillen, Fortschrittsglauben und Zukunftsangst. Vor dem Hintergrund einer epochalen Transformationsperiode erweist sich der „industriöse" Gartenzwerg denn auch trotz seiner erkennbaren Verschrobenheiten als ein – zumindest vorübergehend – notwendiges alter ego des „entfesselten Prometheus".

3.4. Die Berliner Laubenkolonien.

„Alle Welt hat die bewunderungswürdigen Bücher gelesen, in denen Cooper (...) die grausam–wilden Sitten der Indianer geschildert hat (...). Wir wollen nun versuchen, dem Leser einige Episoden aus dem Leben anderer Barbaren vor Augen zu stellen, die nicht weniger weit außerhalb der Zivilisation stehen als jene wilden Völkerschaften (...). Nur daß die Barbaren, von denen wir sprechen, mitten unter uns hausen".

(Eugène Sue, Die Geheimnisse von Paris)

Im Gegensatz zu den bisher beschriebenen Kleingartenformen, die sich auf der historischen Feldlinie des Strukturtyps paternalistischer Fürsorge entfalteten, entstanden die Laubenkolonien auf der terra incognita weitgehend spontaner Selbsthilfe. Gründeten die Armengärten des Merkantilismus, die Gartenarbeitsschulen des Philanthropismus, die Grabelandflächen staatlicher und privater Großunternehmen, die Arbeitergärten vom Roten Kreuz und die Schrebergärten auf der Entschlußkraft nicht direkt Betroffener, fußten die Laubenkolonien auf der Eigeninitiative der unmittelbar Leidtragenden. Traten dort die „Bessergestellten" aus sozialer Mitverantwortung und wohlverstandenem Eigeninteresse für Andere ein, setzten sich hier die „Minderbemittelten" für sich selbst ein. Anstelle von Fremdbestimmung und Fremdorganisation, Protektion und Protektorat, entwickelten sich in den Laubenkolonien erste Ansätze von Selbstbestimmung und Selbstorganisation. Die Hauptzielgruppe der städtischen Kleingarten-

---

758 Detlev J. K. Peukert, Grenzen der Sozialdisziplinierung. Aufstieg und Krise der Jugendfürsorge von 1878–1932, (Köln 1986), 305.

fürsorge, potentielle Stadtarmut und Proletariat, verwandelte sich in der Laubenkolonie daher vom Objekt zum Subjekt des Geschehens. Zumindest tendenziell. Das sommerliche Zusammenleben der Kolonisten und ihre schon bald einsetzenden Organisationsbestrebungen schufen nämlich selbst wieder ein soziales und verbandliches Oben und Unten, das die Trennung in Subjekte und Objekte unter veränderten Umständen erneuerte. Auch die Laubenkolonien besaßen ihre „Geheimratsviertel"[1], auch die Laubenkolonisten ihre Führer und Fürsprecher.

Zu dieser Binnendifferenzierung trat der Außeneinfluß der dem Laubenkolonialismus entgegengesetzten paternalistischen Kleingartenbestrebungen. Dieser Konkurrenzdruck ging freilich weniger vom historisch überholten, stark armenpflegerisch orientierten Kartoffelbau für Arme aus als von der kurz nach der Jahrhundertwende begründeten Arbeitergartenbewegung vom Roten Kreuz. Obwohl die Ausdehnung des Verbandes der Arbeitergärten vergleichsweise gering blieb, war seine Ausstrahlung auf die Kleingartenbewegung doch bedeutend genug, um ihn zum Kristallisationskern des 1909 gegründeten „Zentralverbandes deutscher Arbeiter- und Schrebergärten" zu machen. Da beide Verbände zudem durch den rührigen Mentor der kaiserzeitlichen Kleingartenbewegung, den Senatspräsidenten im Reichsversicherungsamt und späteren Direktor der LVA der Hansestädte, Alwin Bielefeldt, in Personalunion verbunden waren, verfügten sie zugleich über ausgezeichnete Behördenkontakte, die sich nicht zuletzt in Bielefeldts Berufung zum Leiter der 1916 gegründeten kriegswirtschaftlichen „Zentralstelle für den Gemüsebau im Kleingarten" niederschlugen. Obwohl die von der Sozialdemokratie dominierten Laubenkolonisten Berlins dem ursprünglich sozialpatriarchalisch orientierten Zentralverband skeptisch bis ablehnend gegenüberstanden, war und blieb seine nationale Bedeutung doch so stark, daß sich beide Richtungsverbände 1921 zu einem neuen, politisch neutralen Einheitsverband zusammenschlossen. Wie gegensätzlich die Reform- und Organisationsbestrebungen von Arbeitergärtnern und Laubenkolonisten daher auch gewesen sein mochten, ihr vermeintlich antagonistischer Charakter schliff sich im Laufe der Zeit unter dem kombinierten Druck wechselseitiger Beeinflussung und dem 1914 einsetzenden kriegswirtschaftlichen Gemüsebauboom ab und mündete endlich in ihrem noch zu schildernden Zusammenschluß. Gleichwohl blieb der Laubenkolonialismus ein Phänomen eigener Art, das sich seiner verbandspolitischen Vereinnahmung zeit seiner Existenz in vielerlei Hinsicht entzog.

---

1 Johannes Böttner, Die Laubenkolonien, in: Der praktische Ratgeber im Obst- und Gartenbau 19 (43) (1904), 394.

3.4.1. Die Anfänge: Stadt-Laube statt Wohnung.

Im Jahre 1862 pachteten Bewohner der Stadt Berlin auf den vor dem Cottbuser Tor gelegenen „Schlächterwiesen (...) je 20 Quadratruten Land zu je 5 Pfennig, errichteten zum Schutze gegen Regen und Wind kleine Schuppen von 1x2 Meter Größe (...) und bebauten nach erfolgter Einzäunung das Land mit Gemüse aller Art". Die Kolonisten stammten „fast restlos vom Lande" und waren „nach längerem Aufenthalt in Berlin von den Wohnverhältnissen derart angewidert (...), daß der Urtrieb des Menschen zur Scholle sich auf diese Art Bahn brach"[2].

Von Beginn an besaß das Berliner Laubenwesen damit im Gegensatz zu anderen Kleingartenbestrebungen einen klar erkennbaren Bezugspunkt zu der im Zuge der Urbanisierung allenthalben auftretenden Wohnungsnot. Sprachlich verdeutlicht wurde der Gründungsvorgang durch den charakteristischen Taufnamen der neuen Erscheinungsform großstädtischen Zusammenlebens: Im Unterschied zu allen anderen zeitgenössischen Bezeichnungen für das entstehende Kleingartenwesen wurde das Nomen Laubenkolonie zum wirklichen, ja wirkungsmächtigen Omen. In der Tat nahm die Bevölkerung der preußischen Hauptstadt nach der Weltwirtschaftskrise von 1857 rasant zu und kam bis 1871 auf jährliche Zuwachsraten von durchschnittlich 4,8%. Bereits 1864 hatte die Zahl der Zuwanderer aus den preußischen Provinzen den Anteil der gebürtigen Berliner überschritten. Rund 30% der Neubürger stammten aus Brandenburg, weitere 15% aus Schlesien. Zwischen Revolution und Reichsgründung verdoppelte sich die Einwohnerzahl damit von 412.154 auf 825.937 Menschen. Das Jahr mit dem höchsten absoluten und relativen Zuwachs war 1861[3] – das Vorjahr der Landnahme auf den Schlächterwiesen.

In diesem Jahr fand auch die erste Berliner Volkszählung statt. Sie zeigte der interessierten Öffentlichkeit zum ersten Mal die durch die Bevölkerungszunahme unerträglich gewordenen Wohn- und Lebensverhältnisse der arbeitenden Klasse: „Ein Zehntel der Bevölkerung, 48.326 'Seelen', hauste damals in Kellerwohnungen, und ihre Zahl stieg immer weiter an. Fast die Hälfte aller gezählten Wohnungen, 51.909 von insgesamt 105.811 Wohnungen, besaß damals nur ein einziges heizbares Zimmer, das im Durchschnitt mit 4,3 Personen belegt war. Aber rund 27.600 Menschen wohnten zu siebent, 18.400 Menschen zu acht,

---

2 Heinrich Förster/Alwin Bielefeldt/Walter Reinhold, Zur Geschichte des deutschen Kleingartenwesens, Frankfurt/M. 1931, 28 (Schriften des RVKD 21). Eine Quadratrute entsprach 14 Quadratmetern. Die Parzellen hatten also eine Mindestgröße von 280 qm.
3 Geschichte Berlins, Bd. 2, hg. v. W. Ribbe, München (1987), 660f.

10.700 Menschen zu neunt in einem Zimmer. Ja, es gab Kleinwohnungen, in denen bis zu 20 und mehr Menschen zusammengepfercht waren"[4]. Unter der Preisdiktatur dieses Vermietermarktes spielten sich an den „Ziehtagen" zum Quartalswechsel wahre Verzweiflungsszenen ab[5], die sich von Zeit zu Zeit in spontanen Protesten und Mieterrevolten entluden. Bereits am Ende des zweiten Quartals 1863 kam es zu ersten Zusammenrottungen und Barrikadenkämpfen[6]. Obwohl sich die Volksaufläufe unter dem Eindruck der aufgebotenen Schutzmannschaft schnell wieder verliefen, bildeten sie nichtsdestoweniger ein erstes Menetekel der die Stadtentwicklungspolitik schon bald überschattenden „Wohnungsfrage"[7]. Erheblich verschärft wurde das Problem durch die Berliner Bebauungsplanung, die der Kanalisationsfachmann James Hobrecht in den Jahren 1858 bis 1862 im Auftrag der Stadt entwickelt hatte. Der als Hobrecht-Plan[8] in die Stadtgeschichte eingegangene Entwurf besaß nämlich drei folgenschwere Mängel, die die Berliner Stadtentwicklung bis 1919 ebenso nachhaltig wie nachteilig prägen sollten:
– Der erste Mangel lag in der Tatsache begründet, daß Hobrechts Plan kein echter Bebauungsplan, sondern ein reiner Straßenplan war, der den seit 1855 bestehenden Planungsdualismus zwischen der für die Bauordnung zuständigen preußischen Polizeibehörde und der für die Bebauungsplanung verantwortlichen Kommune fortschrieb und damit Aufriß- und Grundrißplanung, Wohnungs- und Städtebau, auf zwei konkurrierende Instanzen aufteilte.
– Der zweite Mangel beruhte auf der 1853 erlassenen, schon damals veralteten Berliner Bauordnung, die allein auf den seuchen- und feuerpolizeilichen Schutz ausgerichtet war. Der in den 60er Jahren einsetzende Massenwohnungsbau erfolgte daher unter weitgehender Mißachtung sanitärer und sozialhygienischer Erkenntnisse. Planer und Behörde gingen vielmehr bewußt von einem „Modell großer Wohnblöcke" aus, wie es in den Straßenanlagen der neugeschaffenen Friedrichstadt mit „Wohnblöcke(n) von 120 - 150 Meter Frontbreite und 75 Meter Tiefe" vorgebildet war. Da der Straßenplan darüber hinaus nicht zwischen Wohn- und Verkehrsstraßen unterschied, sondern generell von Straßenbreiten zwischen 22 und 38 Metern ausging, wurden „Bauhöhen von 5 bis 6 Geschossen" die Regel. Die einzige Auflage, die die-

---

4 Annemarie Lange, Berlin zur Zeit Bebels und Bismarcks, Berlin/Ost 1984, 122. Vgl. auch: Werner Hegemann, Das steinerne Berlin. Geschichte der größten Mietskasernenstadt der Welt, Berlin 1931, 337f.
5 Vgl.: Lange, Berlin (4), 126f.
6 Hegemann (4), 331f.
7 Vgl.: Harald Bodenschatz, Platz frei für das neue Berlin – Geschichte der Stadterneuerung seit 1871, Berlin 1987, 64ff.
8 Hegemann (4), 295–312.

se Kompaktbebauung milderte, war die am Wendekreis der damaligen Feuerspritzen orientierte Mindestgrundfläche der lichtschachtartigen Hinterhöfe von 5,34 Quadratmetern[9].
– Der dritte Mangel entsprang der geringen Entscheidungsbefugnis der kommunalen Planungsbehörde, deren administrative Ohnmacht die parlamentarische Macht der nach dem Dreiklassenwahlrecht zusammengesetzten Stadtverordnetenversammlung widerspiegelte. Um Regreßansprüchen der hier vorherrschenden Haus- und Grundbesitzer vorzubeugen, vermied Hobrecht die Durchschneidung der bereits vorhandenen Bebauung und konzentrierte seine Planungen auf das noch unbebaute Gebiet. Alle Unzulänglichkeiten der bereits bestehenden alten Bebauung wurden auf diese Weise gleichsam „zementiert" und bei der notwendig gewordenen neuen Bebauung auf erweiterter Stufenleiter fortgesetzt[10].

Angesichts der parlamentarischen Machtverhältnisse fiel es den Haus- und Grundbesitzern infolgedessen nicht schwer, die rechtlich schwachen und administrativ schlecht koordinierten „öffentlichen Hände" zu verlängerten Armen ihrer Privatinteressen zu machen. Der Hobrecht-Plan war insofern nur ein Euphemismus für den Wohnungs-Markt. In seinem Namen begann daher eine Ära privaten Städtebaus, die das einstige „Spree-Athen" binnen weniger Jahrzehnte zur „größten Mietskasernenstadt der Welt" (Werner Hegemann) machten. Die private Produktion der Stadt brachte dabei einen herrschenden Interessenblock hervor, der diesen Prozeß zugleich dirigierte und monopolisierte. „Diese heterogene Gruppierung, in die der alte Adel, das moderne Bürgertum und Teile des Kleinbürgertums eingebunden wurden, war das eigentliche (doppelte) Subjekt des modernen Städtebaus: die Einzelinteressen vermittelnd als 'öffentliche' Planungsinstanz auf der einen und als privater Spekulant auf der anderen Seite"[11].

An der Spitze dieses Interessenblocks standen „die Großbanken und Großspekulanten, dann folgten die Urbesitzer der Grundstücke, kleine Zwischenhändler, die subalternen Bauunternehmer, die kapitalschwachen Hausbesitzer und die Besitzer von Terrainaktien (...). Die Produktion der Mietskaserne (...) erfolgte weitgehend ohne öffentliche Hand, oder präziser: Sie wurde privat durchgeführt, ohne öffentliche Detailpläne, ohne Subventionen, aber vor dem Hintergrund der öffentlichen Produktion von Infrastruktur und des Straßenplans samt Bauordnung. Die einzige 'Gegenpartei' des Interessenblocks schienen die Mieter zu sein; aber diese sozial heterogene Partei war rechtlos, hatte keinen Schutz vor

---

9 Geschichte Berlins (3), 665f.
10 Ebd., 664.
11 Bodenschatz (7), 54. Zit. i.O. im Präsens.

Ursprünge des modernen Kleingartenwesens 243

Mietpreiserhöhungen und Kündigung. Die wirtschaftlich und rechtlich schwachen Mieter waren nicht Gegner, sondern Opfer des Interessenblocks"[12]. Aus den Reihen dieser Mieter stammte das Gros der Laubenkolonisten[13]. Als Gegner des herrschenden Interessenblocks wird man sie in der Tat nur bedingt bezeichnen dürfen, da sie dem Druck der Verhältnisse weniger widerstanden als auswichen. Insofern erscheinen die Kleingärtner als träge Masse. Umgekehrt wird man sie aber auch nicht als bloße Opfer klassifizieren können, da sie den Druck eben nicht nur erduldeten, sondern z.T. beachtliche Anstrengungen unternahmen, um sich von ihm zu entlasten. Insofern erscheinen die Kleingärtner zugleich als kritische Masse. Ihr wirkliches Verhalten schwankte denn auch zwischen den Polen von Aktion und Reaktion, Aktivität und Passivität, Aggression und Resignation. Deutlich wird diese Dialektik in der Zeit der verschärften Wohnungsnot und der entsprechend verstärkten Laubenkolonisation nach dem deutsch–französischen Krieg, die die späteren Behelfsheimbooms im Gefolge des Ersten und Zweiten Weltkriegs vorwegnahm. Wie nach jedem Krieg gab es auch nach dem Frieden von Frankfurt/M. Sieger und Besiegte. Sie fanden sich freilich nicht nur an der Front, sondern auch an der Heimatfront. Statt Sieger und Besiegte hießen sie hier Kriegsgewinn(l)er und Kriegsverlierer. Während Bismarck den ganzen Sachsenwald einstrich, die vierzehn Heerführer vier Millionen Taler Dotationen kassierten, und jeder General für seine Bemühungen 5.000 Taler Retablissementsgelder erhielt, speiste man 500.000 Landwehrleute und Reservisten mit einem Trinkgeld von je 8 Talern ab, während weitere 300.000 Mann leer ausgingen[14]. Ein Teil dieser demobilisierten Kriegsverlierer strömte, teils verlockt durch die anhaltende, in den „Gründerboom" einmündende Kriegskonjunktur, teils angezogen durch die Attraktivität der künftigen Reichshauptstadt nach Berlin und verstopfte dort binnen kurzer Frist den lokalen Arbeits– und Wohnungsmarkt. Schon Ende August rechnete die Polizei mit über 10.000 Obdachlosen[15]. Knapp ein Jahrzehnt nach ihrer Begründung erlebte die Hobrecht–Planwirtschaft damit ihren sozialen Bankrott. Selbst der neue Reichstag mußte im Tagungsgebäude des Preußischen Abgeordnetenhauses unterkriechen.

---

12 Ebd., 61. Zit. i.O. im Präsens.
13 Siehe hierzu: Friedrich Coenen, Das Berliner Laubenkoloniewesen, Göttingen 1911, 5f.; Förster/Bielefeldt/Reinhold (2), 27f.; Gert Gröning, Tendenzen im Kleingartenwesen, (Stuttgart 1974), 12ff.; Elli Richter, Das Kleingartenwesen in wirtschaftlicher und rechtlicher Hinsicht, dargestellt an der Entwicklung von Groß–Berlin, Berlin 1930, 12 und Karl Wille, Entwicklung und wirtschaftliche Bedeutung des Kleingartenwesens, (Wiwi. Diss. Münster 1939), 41.
14 Lange, Berlin (4), 108f.
15 Ebd., 125.

Weit schlimmer als den Volksvertretern ging es dem Volk. Der Gegensatz zwischen innerer und äußerer Reichsgründung, geklärter „nationaler" und ungelöster „sozialer Frage", trat plötzlich unverhüllt zutage. Die wahre Kehrseite des „Gründerbooms" bildete insofern nicht der ihm folgende „Gründerkrach", sondern die parallel einsetzende Existenzgründungswelle der Armen: „Ausrangierte Eisenbahnwaggons, Schuppen, Lauben, Ställe, alles wurde als Notunterkunft benutzt. Vor dem Strahlauer Tore hatten sich mehrere Familien eine alte Spreezille umgekippt und 'parzelliert'. Unter den Eisenbahnbrücken (...), sogar unter den Drehscheiben der Rangierbahnhöfe waren regelrechte Schlafstellen eingerichtet (...)". Viele Familien hatten sich in der Umgebung der Stadt Bretterbuden zusammengezimmert, andere in den umliegenden Dörfern Quartier gemacht, „völlig Mittellose kampierten im Walde in Erdhöhlen oder in elenden Hüttchen"[16]. Ein besonderer Dorn im Auge des Gesetzes waren „die wild entstandenen, von keiner Baupolizei genehmigten Lager direkt vor den ehemaligen Toren Berlins, so vor dem Frankfurter und dem Landsberger Tor auf wüst liegendem Bauland. Als größtes war auf den 'Schlächterwiesen' vor dem Cottbuser Tor ein ganz neuer 'Stadtteil' aus dem Nichts entstanden (...) – ein ganzes 'Barackia', von keiner amtlichen Stelle geplant, von keinem Baumeister entworfen"[17].

Wes Geistes Kinder in „Barackia" hausten, ist umstritten. Die DDR–Historikerin Annemarie Lange erblickte in den Kolonisten „ordentliche Leute", die „friedlich und zufrieden" zusammenwohnten und sich ihrer „selbstgeschaffenen Heimstatt" freuten: „Jeder (...) beteiligte sich an der Sauberhaltung der 'Privatstraßen' und der Ausschmückung des Lagers. Viele hatten sich 'Gärtchen' angelegt, andere den Vorplatz mit Grassoden verziert. Fahnen in den Reichsfarben und mit dem Reichsadler flatterten über den Dächern"[18]. Der französische Journalist Victor Tissot sah in den Siedlern dagegen eine durch die Freizügigkeit herbeigelockte Menge „von Deklassierten, Abenteurern, Bettlern, Taugenichtsen und Vagabunden"[19]. Wie vielseitig Tissots Reportagen auch sonst ausfielen, die „in der Herberge von Mutter Grün"[20] logierenden Stadtrandexistenzen sah er einseitig durch die Brille der Berliner Polizei. Die unfreiwilligen Kolonisten erschienen in seinen Augen gar als „menschliche(s) Wild" oder „halbwilde Wald-

---

16 Ebd., 132. Eine Zille war ein großer Fracht–Kahn. (Brockhaus' Konversations–Lexikon, Bd. 16, 14. Aufl. Wien u. Berlin 1903, 974).
17 Ebd., 132f. Vgl. auch: Förster/Bielefeldt/Reinhold (2), 28 und Richter (13), 12. Ob der „neue Stadtteil" tatsächlich „aus dem Nichts" entstand oder sich an die Lauben des Jahres 1862 anlagerte, habe ich nicht klären können.
18 Lange, Berlin (4), 133.
19 Victor Tissot, Reportagen aus Bismarcks Reich, (Nachdruck Berlin (1989)), 242.
20 Ebd., 214.

menschen"[21], an denen der gutsituierte Hotelgast seinen kultivierten Esprit übte[22]. Die 1871 bei der Niederschlagung der Pariser Kommune bewährte bürgerliche Klassensolidarität fand damit im Hinblick auf die zu erwartende, im „Blumenstraßenkrawall" des folgenden Jahres kulminierende Räumung „Barackias" eine ebenso verächtliche wie menschenverachtende Fortsetzung[23].

Wenn die Obrigkeit allerdings geglaubt haben sollte, mit der gewaltsamen Auflösung „Barackias" auch die Wohnungsfrage gelöst zu haben, mußte sie sich schon bald eines Besseren belehren lassen. Die Lage vor Ort mochte bereinigt sein, die Problemlage der Stadt blieb unverändert. Weder die wachsende Mietskasernenstadt des Kaiserreichs noch das Neue Bauen der Weimarer Republik schufen hier wirksame Abhilfe[24]. Es ermangelte daher keineswegs der inneren Logik, wenn die rechtskonservative Zeitschrift „Die Tat" feststelle: „Die mit öffentlichen Geldern geschaffenen Wohnblöcke der sozialdemokratischen Gewerkschaften haben für einen Arbeitsmann viel zu hohe Mieten; in der Tat ziehen nur die beamteten Funktionäre der Partei- und Sozialinstitute, der bessere Bürgerstand und einige qualifizierte Arbeiter hinein; *sie* kommen in den Nutzen der staatlichen Subventionen. Für das kleine Volk bleibt nur die Wohnlaube übrig"[25]. Heinrich Zille, der große Chronist des proletarischen „Milljöhs", hat den Berliner „Budenzauber" denn auch immer wieder dargestellt, um das „Neuste vom Baumarkt" mit spitzer Feder festzuhalten[26].

In der Tat erwies sich die Laube als behelfsmäßig konzipiertes, von den unmittelbar Betroffenen selbst geschaffenes Ausweichquartier als treffliches Hilfsmittel, um wenigstens einen Teil des aufgestauten Problemdrucks abfließen zu lassen. Im Laufe der Zeit wurden die Laubenkolonien daher zu einem festen, wenn auch nicht ortsfesten, Bestandteil des Stadtbildes, der schon in den 90er Jahren die stattliche Größenordnung von 40.000 Lauben[27] erreichte. Aus der Ausnahme der 70er Jahre war im Verlauf zweier Jahrzehnte eine neue Regel geworden, die nicht mehr suspendiert, sondern nur noch reformiert werden konnte.

---

21 Ebd., 242.
22 Vgl.: Ebd., 241.
23 Ebd., 146f. u. 242 sowie Lange, Berlin (4), 133–138.
24 Bodenschatz (7), 82 u.v.a. 99ff.
25 Benedikt Obermayr, Deserteure der städtischen Zivilisation, in: Die Tat 22 (1931), 987. Hervorhebung i.O. gesperrt.
26 Das große Zille Buch, hg. v. H. Reinoß, (Gütersloh o.J.), 18.
27 Richter (13), 12 und Wille (13), 46.

Heinrich Zille: „Neues vom Baumarkt"

3.4.2. Zwischen Pachtpreisdruck und Konsumterror: Das Generalpachtsystem und seine Kritiker.

Die ursprüngliche Grundlage der wilden Laubenkolonisation war die Zwischenverpachtung durch Generalpächter. Haupteinzugsgebiete der Generalpachtung waren Berlin, Neukölln und Bremen sowie mit Abstrichen Leipzig, Lenzburg und Altenburg[28]. Doch auch für Hamburg und Nürnberg läßt sich die Generalpacht mit Sicherheit nachweisen[29], so daß ihre tatsächliche Verbreitung schwer einzuschätzen ist. Trotz dieser Unsicherheit bietet die Reichshauptstadt allein aufgrund des großen Umfangs ihrer Generalverpachtungen das klassische Beispiel für diese Form der Landvergabe.

Ausgangspunkt der Berliner Generalverpachtungen war der Wunsch der öffentlichen und privaten Grundbesitzer, ihr brachliegendes Land bis zur baulichen Erschließung kommerziell zu nutzen. Eine ideale Interimslösung bot hier die kleingärtnerische Zwischenpacht. Alle Kleingärten waren insofern ökonomische „Lückenbüßer"[30] zwischen Brach- und Bauland.

Die Geltungsdauer der Pachtverträge belief sich auf maximal ein Jahr bei jederzeit möglicher Kündigung[31]. Selbst die Stadtgemeinde, der 1908 etwa 460 ha Land gehörten, auf denen circa 7.000 Lauben standen[32], sah in den Kolonien lediglich „*die z.Z. beste Verwertungsform ihres Eigentums*"[33]. Die Kommunalpolitik bezweckte daher die „*höchstmögliche Steigerung des Pachtertrags durch das System der Meistbietung*"[34] in Form befristeter Abgabe verdeckter Gebote oder öffentlicher Versteigerungen[35]. Das Vergabesystem besaß damit einen preistreibenden Effekt, der nächst dem Grundeigentümer dem Generalpächter zugute kam, der den ersteigerten Pachtzins angesichts der durch die Wohnungsnot bedingten Nachfrage mühelos auf den kleingärtnerischen Endverbraucher abwälzen konnte[36]. Während das Zwischenpachtsystem dem Generalpächter damit eine nahezu willkürliche Preisgestaltung erlaubte[37], bot es dem Grundei-

---

28 Familiengärten und andere Kleingartenbestrebungen in ihrer Bedeutung für Stadt und Land, Berlin 1913, 227–233 (Schriften der ZfV (N.F. 8)).
29 Der Kleingarten. Eine Darstellung seiner historischen Entwicklung in Nürnberg, Nürnberg 1923, 2. (Mitteilungen des Statistischen Amtes der Stadt Nürnberg 7).
30 Alfred Erlbeck, Die sozialhygienische und volkswirtschaftliche Bedeutung der Kleingärten für die städtische Bevölkerung, in: Gesundheit 40 (2) (1915), 42.
31 Coenen (13), 16.
32 Ebd., 14.
33 Ebd., 16. Zit. i.O. fett.
34 Ebd. Zit. i.O. fett.
35 Richter (13), 12.
36 Coenen (13), 17f.
37 Ebd., 21.

gentümer zunächst eine risikofreie Rente, da der Generalpächter die Pachtsumme für die ersteigerte Fläche im voraus entrichten mußte[38]. Seine Einnahme wurde daher weder durch Erschließungs- und Verwaltungskosten noch durch etwaige Pachtausfälle zahlungsunfähiger Kleingärtner geschmälert. Darüber hinaus fiel dem Eigentümer die durch die kleingärtnerische Urbarmachung des Geländes bedingte Wertsteigerung des Bodens spätestens beim Verkauf als Extraprofit in den Schoß, da Entschädigungen für Aufwendungen – gleich welcher Art – grundsätzlich nicht gezahlt wurden. Da das Land aufgrund der Pachtbedingungen obendrein jederzeit verfügbar blieb, traten im Fall eines kurzfristigen Verkaufs auch keine Bereitstellungsverluste auf. Als jederzeit realisierbarer Bodenwert blieb die Immobilie auf diese Weise ökonomisch mobil[39], auch wenn sie sich für den einzelnen Kolonisten unweigerlich als Schleuder(land)sitz erwies[40].

Wie fragwürdig die hemmungslose Kommerzialisierung der Zwischenverpachtung freilich auch immer sein mochte, vollends unerträglich wurde das System durch die quasi monarchische Stellung der Generalpächter. Bereits Böttner, ein Mitarbeiter der angesehenen Fachzeitschrift „Der praktische Ratgeber im Obst- und Gartenbau", stellte in diesem Zusammenhang fest: „Der Unternehmer gibt sich den Titel *Generalpächter*; das klingt sehr hübsch nach 'General', und in der Tat, der Generalpächter ist in dem kleinen Kreise der Kolonie ein kleiner Machthaber, nach dessen Ansichten und Wünschen alles in der Kolonie sich richten muß"[41]. Diese vizekönigliche Kolonialherrlichkeit zeigte sich vor allem darin, daß der Generalpächter in der Regel zugleich Platzverwalter und Kantinenwirt war. Coenen erklärte denn auch unumwunden: „*Die Personalunion von Kantinenwirt und Generalpächter ist die Quelle der bestehenden Mißverhältnisse auf den Kolonien*"[42]. In der Tat begründete diese Personalunion in den einzelnen Laubenkolonien eine dem Trucksystem[43] nachempfundene Form des Konsumterrors, dessen Hauptelement der Verzehr(zwang) geistiger Getränke darstellte. Seine ökonomische Rationalität zog das System dabei nicht zuletzt aus der Tatsache, daß wichtige Großpächter Schankwirte waren[44], die sich auf diese

---

38 Ebd., 19.
39 Vergleiche hierzu etwa: Otto Behrend u. Karl Malbranc, Auf dem Prenzlauer Berg, Berlin – Frankfurt/M. 1928, 133.
40 Vgl.: Johannes Trojan, Berliner Bilder. 100 Momentaufnahmen, 2. Aufl. Berlin 1903, 114.
41 Böttner (1), 394. Hervorhebung i.O. gesperrt.
42 Coenen (13), 22. Zit. i.O. fett. Ähnlich auch: Behrend/Malbranc (39), 133 und Magnus Hirschfeld, Die Gurgel Berlins, Berlin u. Leipzig o.J., 49f. u. 52f.
43 So: Richter (13), 13.
44 Coenen (13), 19.

Weise exklusive Absatzgebiete sicherten. In einem aus dem Jahre 1908 oder 1909 datierenden Pachtvertrag wurde der einzelne Pächter bei Strafe sofortiger, frist- und entschädigungsloser Kündigung dazu verpflichtet, „seinen etwaigen Bedarf an Getränken usw., welche er für sich und seine Angehörigen auf dem Acker braucht, nur allein vom Verpächter oder dessen Beauftragten zu entnehmen"[45].

Die Laubenkolonien, die bürgerliche Sozialreformer wie der schon mehrfach zitierte Sekretär des „Ansiedlungsvereins Groß-Berlin", Friedrich Coenen, nur allzugern in „pädagogische Provinzen" verwandelt hätten, um „die unteren Schichten dem Alkohol und der Vergnügungssucht zu entwöhnen"[46], entwickelten sich unter der Fuchtel der Generalpächter so scheinbar unaufhaltsam zu einer Volksschule des Lasters, wo „neben der Saugflasche des Kleinsten die Bierflasche des Vaters" stand[47]. Anstatt in die „Milchkolonie" am „Busen der Natur" zogen die Laubenkolonisten zur Kneip(p)-Kur in die Feld-Kantine: „Alle paar Wochen ist irgend ein Fest! Hier ist's ein 'Familienfest', dort ein 'Kinderfest'! Dann wird ein Hammel öffentlich ausgespielt, dann ein paar Kaninchen usw. Das 'Erntefest' dauert manchmal 8 Tage, mit allabendlichem Festumzug"[48]. „So verwandelt sich die 'Pflanzstätte der Erholung, der geistigen, sittlichen und materiellen Hebung der unteren Klassen' dank der verfehlten Leitung in das vollständige Gegenteil, und ab und zu beleuchtet ein besonders krasser Fall blitzartig die moralische Verwilderung, die hier ihren besten Nährboden findet. So vor einigen Jahren die Erschlagung eines Generalpächters, und im vergangenen Jahr die wüste Szene nach einem 'Erntefest', bei der ein Mann zu Tode gebissen wurde"[49].

Wie deprimierend derartige Erfahrungen nun freilich auch sein mochten –, einen Grund zur Resignation boten sie nicht. Selbst da, wo die Kleingärtner keine Kinder von Traurigkeit waren und das Festtreiben in den Kolonien weniger ertrugen als mittrugen, war ihre Abhängigkeit vom Generalpächter doch materiell derart bedrückend und persönlich so erniedrigend, daß sie über kurz oder lang auf Widerstand stoßen mußte. Der „Weißbier- und sonstige Bierfrieden, dem Tempel an Tempel ragt(e), von den ganz kleinen Holzbuden bis zur trutzi-

---

45 Ebd., 22.
46 Ebd., 24. Vgl. auch: Adolf Damaschke, Die Bedeutung der Bodenreform für die moderne Wohnungsnot und den Kleingartenbau, in: Gartenflora 57 (1908), 180ff.; Neue Aufgaben in der Bauordnungs- und Ansiedlungsfrage. Eine Eingabe des DVfW, Göttingen 1906, 50 und Otto Moericke, Die Bedeutung der Kleingärten für die Bewohner unserer Städte, Karlsruhe 1912, 20.
47 Trojan (40), 113.
48 Coenen (13), 23. Zur Festkultur siehe auch: Behrend/Malbranc (39), 135f.
49 Ebd., 25.

gen Hochburg der Patzenhofer Weltbrauerei"[50], war daher von Beginn an trügerisch. Wie in jedem Paradies lauerte auch im „Liliputaner–Eden"[51] die Schlange des Aufruhrs, auch wenn sie in diesem Fall nicht mit Äpfeln, sondern mit sozialdemokratischen „Lesefrüchten" lockte.

Am 9.2.1901 entstand auf diese Weise die „Vereinigung sämtlicher Pflanzervereine Berlins und Umgebung". Bundesorgan wurde der vom Schriftsetzer Franz Schulz herausgegebene „Ackerbürger". Der Zweck der Vereinigung bestand darin, die Mitglieder „durch geeignete *Vorträge* und gute *Fachliteratur* in den Stand zu setzen, ihr Land nützlich und vorteilhaft zu bebauen, sowie geeignete *Ländereien anzuwerben* (...). Außerdem sollte allen Mitgliedern *Rechtsschutz* und ein *Sterbegeld* von 10 Mark gewährt werden". Bereits im folgenden Jahr gründete die Vereinigung einen kombinierten Landerwerbs– und Bauverein und führte Sparkarten zum gemeinsamen Einkauf von Saatgut und Preßkohlen ein. Ein im selben Jahr verteiltes Werbeflugblatt verlangte darüber hinaus die Anerkennung der Kleingartenanlagen als Ferienkolonien für Kinder und als Volksheilstätten für Tbc–Kranke[52]. Zusammen mit der Forderung nach Dauerkolonien, die in Berlin erstmals 1908 erhoben wurde[53], waren damit alle wesentlichen, für die Frühzeit der Kleingartenbewegung charakteristischen Anliegen zusammengefaßt. Abgesehen vom Patronatswesen unterschieden sich die „Ackerbürger" damit von den zeitgleich auftretenden Arbeitergärten vom Roten Kreuz nur in unwesentlichen Nuancen.

Dieser Befund gilt nicht zuletzt für die gegen das Generalpachtsystem gerichteten Reformbestrebungen der beiden Verbände. Zwar scheinen die „Pflanzer" einer offenen Konfrontation mit den Generalpächtern zunächst aus dem Wege gegangen zu sein, doch traf ihre programmatische Zielsetzung selbständiger Landbeschaffung das überkommene Verfahren an seiner verwundbarsten Stelle. Generalpächter und Gastwirte setzten daher alles daran, die Vereinigung mit Hilfe von Drohungen, Kündigungen und der Gegengründung eines Vereins der Generalpächter unter Druck zu setzen. Angesichts des steigenden Mißkredits des Generalpachtwesens blieb diesen Bemühungen der Erfolg jedoch versagt[54]. 1906 verpachtete die Stadt der Vereinigung erstmals ein größeres Terrain in Treptow, 1908 gelang es „dem sozialistischen Einfluß[55]", ein allgemeines Kantinenverbot

---

50 Berliner Pflaster. Illustrierte Schilderungen aus dem Berliner Leben, hg. v. Moritz von Reymond, 3. Aufl. Berlin 1894, 12.
51 Ebd.
52 Förster/Bielefeldt/Reinhold (2), 29f. Hervorhebungen i.O. gesperrt.
53 Coenen (13), 35.
54 Vgl. zum folgenden: Förster/Bielefeldt/Reinhold (2), 30–34.
55 Tätigkeitsbericht der Berliner Stadtverordnetenfraktion der SPD, Berliner Kommunalpolitik 1921–1925, Berlin 1925, 140. Zu den (prominenten) Parteimitgliedern,

durchzusetzen[56]. Den Kulminationspunkt der Vorkriegsentwicklung bildete der vom „Ansiedlungsverein Groß-Berlin", dem „Verein zur Verbreitung der kleinen Wohnungen" und der zum „Bund der Laubenkolonisten" umbenannten Pflanzervereinigung getragene Versuch, die kommerzielle Generalpacht mit Hilfe der von ihnen am 7.5.1910 gegründeten „Berliner Landpachtgenossenschaft" zu verdrängen[57]. Das endgültige Aus für die überkommene Form der Generalpacht ließ nichtsdestoweniger noch zwei Jahrzehnte auf sich warten. Wirklich überwunden wurde die parasitäre Zwischenverpachtung erst im Gefolge der von der Weimarer Nationalversammlung verabschiedeten Kleingarten- und Kleinpachtlandordnung des Revolutionsjahres 1919.

3.4.3. Die Wilden. Einige Gedanken zur Charakteristik der Kolonien und ihrer Bewohner.

Über die frühen Laubenkolonien und die Menschen, die sie anlegten und bewirtschafteten, gibt es kaum Nachrichten. Breitere publizistische Aufmerksamkeit erweckten die Anlagen erst um die Jahrhundertwende. Um diese Zeit lag die Masse der Berliner Laubenkolonien zwar auf städtischem Terrain, jedoch nicht in der Gemarkung des Stadtgebietes. Der Haupteinzugsbereich der Kolonisation befand sich in Blankenburg an der Panke, in Boxhagen-Rummelsburg, auf Treptower Gebiet und in der Rixdorfer Gemarkung[58]. In diesem östlichen, die Stadt von Nord nach Süd umgreifenden Bogen lagen zumeist „sehr einfache Kolonien", während die besseren Lauben im Westen und hier vor allem in Charlottenburg zu finden waren[59]. Diese Verteilung korrespondierte in auffälliger Weise mit den „vorwiegend von Arbeitern bewohnten Vierteln des Berliner Nordens und Ostens" wie Wedding, Gesundbrunnen, der Rosenthaler Vorstadt, dem Stralauer Viertel und den im Süden gelegenen Arbeitervororten wie Rixdorf und Rummelsburg[60]. Man wird Böttner daher beipflichten, wenn er schreibt:

---

die sich für die Laubenkolonisten einsetzten, gehörten Otto Albrecht, Wolfgang Heine, Julius Moses, Paul Singer, Albert Südekum und Walter Reinhold nach: Förster/Bielefeldt/Reinhold (2), 31, 33, 50 u. 87.
56 Coenen (13), 27.
57 Ebd., 38ff. Vgl. auch: Förster/Bielefeldt/Reinhold (2), 32 und H. Kötsche, Eine Verpachtungsreform der Berliner Laubenkolonien, in: Soziale Praxis 21 (1911/12), Sp. 507f.
58 Coenen (13), 13. und W. Reinhold, Der Kleingarten als Reaktion gegen das Wohnungselend im Zeitalter zunehmender Industrialisierung und der Mietskasernen, in: KGW 4 (7/8) (1927), 87.
59 Böttner (1), 394.
60 Annemarie Lange, Das Wilhelminische Berlin, Berlin/Ost 1984, 89f.

„Die Pächter sind in der Mehrzahl sogenannte kleine Leute. Handwerker, Fabrikarbeiter, einfache Beamte, aber auch bessergestellte Leute, die jedoch nicht in der Lage sind, sich in Steglitz oder Karlshorst eine Wohnung mit Garten zu mieten"[61].

Trotz dieser Dominanz der handarbeitenden Unter- und unteren Mittelschicht war die Population der Laubenkolonien alles andere als homogen, was nicht zuletzt auf das für die Urbanisierung bedeutsame Verhältnis von Eingesessenen und Zugewanderten zutraf. Wie Böttner bemerkt, war ihr Verhältnis zum Kleingartenbau grundverschieden: „Die geborenen Berliner scheinen im allgemeinen keine guten Kolonisten zu sein. Sie haben keine Ausdauer und wenig Verständnis und benutzen ihre Laubengärtchen lieber dazu, um mit guten Freunden einen gemütlichen Abend im Freien zu verkneipen und draußen Skat zu spielen, als Gemüse und Blumen zu pflegen. Die eigentlichen Pfleger der Gärtchen (...) sind Leute vom Lande, die Land- und Gartenarbeit von klein auf betrieben haben (...). Es sind biedere Schlesinger, gemütliche Thüringer oder Sachsen, derbe Pommern oder Ostpreußen, die durch die Verhältnisse nach Berlin verschlagen und gezwungen sind, tagsüber angestrengt in Fabriken und Bureaux zu arbeiten, die aber in der Tiefe ihres Herzens die Liebe zur Heimat und zur Arbeit in Feld und Garten bewahrt haben"[62].

Die zunächst anachronistisch anmutenden Selbstbezeichnungen wie „Ackerbürger", „Bauern vom Berge", „Kartoffelbauern", „Laubenagrarier" oder „Pflanzer"[63] gewinnen vor diesem Hintergrund sozialgeschichtliche Farbe und Leuchtkraft. Obwohl sie alle der Geschichte der Landwirtschaft oder der vorindustriellen Städtebildung angehören, besitzen sie als Ausdrucksformen des Selbstbewußtseins zugewanderter, nichtgeborener Proletarier auch für die Epoche der Urbanisierung echten Erkenntniswert. Das trifft in hervorragendem Maße auf den ambivalenten Begriff „Ackerbürger" zu. Seine zwieschlächtige Bedeutung reflektiert zutreffend den gleichsam amphibischen Charakter der neuen Stadtbewohner, der zwischen den Erfahrungshorizonten des Landarbeiters und des Fabrikarbeiters ebenso schwankte wie zwischen den Leitbildern des Bauern und Bürgers. Zumindest ein Teil der damaligen Kleingärtner stellte insofern einen sozialgeschichtlichen Übergangstyp zum Großstädter dar, dessen allmähliche Anpassung an genuin urbane Lebensformen mit Hilfe einer vertrauten Ersatzbildung überbrückt wurde. „Für solche Arbeiter war der eigene kleine Garten ein

---

61 Böttner (1), 394.
62 Ebd.
63 Behrend/Malbranc (39), 133 und Hirschfeld (42), 50.

Stück Großstadtbewältigung"⁶⁴. So wie der Auswanderer eine Handvoll Heimaterde mit in die Fremde nahm, pachteten diese Binnenwanderer einen Laubengarten. Für viele ehemalige Landbewohner erfüllte die Kolonie auf diese Weise die gleichen Schutzfunktionen wie das städtische Wohnghetto für ethnische oder religiöse Minderheiten. Wie ausgeprägt und wie verbreitet dieses Heimweh war, belegt auch die bereits zitierte Erhebung der „Zentralstelle für Volkswohlfahrt": „Umfragen bei Gartenkolonisten ließen die Wahrnehmung machen, daß hauptsächlich die vom Lande nach der Stadt gezogenen Familien oder Familien, in denen wenigstens ein Teil vom Lande stammt, mit besonderem Eifer auf die Erwerbung eines Gartens bedacht sind"⁶⁵.

Obwohl die Laubenkolonien insgesamt ein durchaus vielfältiges Bild boten, gab es in der Öffentlichkeit erklärte Freunde und Feinde der Kleingärtner. Während Gleichgültige die Laubenpieper als „närrische Käuze", „Utopisten oder verschrobene Sonderlinge"⁶⁶ abtaten, stritten sich Befürworter und Gegner der Kolonisten über die gartenkünstlerischen, sozialpolitischen und städtebaulichen Leistungen bzw. Fehlentwicklungen, die die Kleingartenanlagen erbrachten oder denen sie Vorschub leisteten. Dabei waren sich beide Gruppen in der Diagnose durchaus einig. Schon Böttner beklagte, daß die Kolonien „kein besonders freundliches Bild" böten⁶⁷. Angesichts „verwahrloste(r) Hütten, wenig Bodenpflege, kahle(r) Beete, viel Unkraut" konnte er sich denn auch „eines bedrückend trostlosen Gefühls nicht erwehren". Auch Umfang und Art der Erträge auf dem meist „arme(n) Berliner Sand" vermochten den Berichterstatter des „Praktischen Ratgebers" nicht zu überzeugen⁶⁸, zumal die ungehemmte Industrialisierung großstädtischen Gartenbau auch in Berlin zunehmend fragwürdiger werden ließ. So notierte Moritz von Reymond: „Man fühlt etwas ohnmächtiges in dieser so gut gemeinten Oase, deren Sauerstoffküsse hundert ringsum aufgepflanzte rußige Schlotschnauzen mit der ganzen Brutalität unseres großstädtischen Daseinskampfes entweihen"⁶⁹. Der einzige Lichtblick, der Böttners Augen unter diesen Umständen aufleuchten ließ, war daher: „Die erziehliche Seite! (…). Durch die nutzbringende Arbeit im Garten wird auch der Charakter gebildet,

---

64 Parzelle – Laube – Kolonie. Kleingärten zwischen 1880 und 1930. Texte und Bilder zur Ausstellung im Museum „Berliner Arbeiterleben um 1900" vom 18.5.1988 bis 8.4.1989 (Berlin o.J.), 4.
65 Familiengärten (28), 288.
66 Belege bei: Reinhold, Der Kleingarten als Reaktion (58), 87 und Ders., Sozialistische Kleingartenpolitik in der Gemeinde, in: Kommunale Blätter der SPD, hg. v. Bezirksverband Berlin 7 (2) (1930), 6.
67 Böttner (1), 393.
68 Ebd., 395.
69 Berliner Pflaster (50), 12.

weil hier das Kind (...) sieht und darauf hingewiesen wird, wie seine Arbeit im kleinen zu den Erfolgen des Ganzen beiträgt. Es lernt beobachten, wie die Blüte unter seiner pflegenden Hand zum Samen oder zur Frucht reift. Es lernt den Segen der Arbeit schätzen"[70]. Auf den Begriff gebracht mündeten alle kritischen Einwände in dem weit verbreiteten, im Brustton horti-kultureller Überlegenheit unermüdlich wiederholten Schlagwort von den „Wilden". Dieser „wilde" Kleingärtner bildete gleichsam den rohen Realtyp des Kolonisten, den es mit den Mitteln gartenbaulicher und sozialpädagogischer Aufklärung zum verbandlich organisierten Idealtyp auszubilden galt. Als „wild" wurde das Kleingartenwesen dieser Zeit vor allem aus zwei Gründen bezeichnet: „erstens weil sich der Drang zur Natur (...) über jede Ordnung hinwegsetzte und zweitens, weil die Planlosigkeit des Bauens den Gemeinschaftssinn verletzte"[71].

Diese Kritik an den „wilden und primitiven Kolonien"[72] teilten auch führende Vertreter des sozialdemokratisch dominierten „Bundes der Laubenkolonisten" und des späteren RVKD. So qualifizierte Walter Reinhold die „Wilden" kurzerhand als „Großstadtzigeuner"[73] ab, während sich Otto Albrecht als „ästhetisch empfindende(r) Mensch" von dem „zigeunerhaften Plunder" auf den Parzellen geradezu abgestoßen fühlte[74]. Auch Kurt Schilling beklagte die Verschandelung des Stadtbildes und fühlte sich beim Anblick der Anlagen an „Budenzauber und Wildwest" erinnert[75]. Ähnlich äußerte sich der spätere RVKD-Vorsitzende Heinrich Förster, wenn er den „Anblick der Ordnungslosigkeit", die „Unübersichtlichkeit" und „Unordnung" in den „wilden Kolonien" monierte und sich über die „ohne jede Ordnung zusammengezimmerte(n) Lauben" und „wild entstandene(n) kleine(n) Häuschen"[76] erregte. Zwar verkannte Förster genauso wenig wie andere Kritiker[77], daß es für diese Zustände auch objektive Gründe wie die fehlende Pachtsicherheit und die meist bescheidenen finanziellen Mittel der Kolonisten gab, doch beschränkten sich die Reformvorstellungen, die er und sei-

---

70 Böttner (1), 396.
71 Wille (13), 46. Ähnlich: Richter (13), 12 und Otto Albrecht, Kleingartenwesen, Kleingartenbewegung und Kleingartenpolitik, Berlin 1924, 5.
72 So das SPD-Mitglied Georg Wendt, Kleingartenwesen und Partei, in: Unser Weg (Berlin) 3 (1929), 38.
73 Reinhold, Sozialistische Kleingartenpolitik (66), 6.
74 Otto Albrecht, Deutsche Kleingartenpolitik, in: Die Arbeit 1 (1924), 169.
75 Kurt Schilling, Die Entwicklung des deutschen Kleingartenwesens, in: Der Fachberater für das deutsche Kleingartenwesen 7 (25) (1957), 11. Vgl. auch: Alexander Boecking, Die Arbeitslosenfrage und der deutsche Kleingartenbau, in: Der deutsche Gartenarchitekt 8 (11) (1931), 130.
76 H. Förster, Der Kleingartenbau in kommunalpolitischen Veröffentlichungen, in: KGW 3 (2) (1926), 20.
77 Vgl. etwa: Boecking (75), 130 und Wendt (72), 38.

ne Mitstreiter entwickelten, keineswegs darauf, im Bebauungsplan ausgewiesene Dauergärten und staatliche Finanzhilfen zu fordern. Wie den bürgerlichen Sozialreformern ging es den Kleingartenfunktionären vielmehr darum, das „Paradies der kleinen Leute" volkspädagogisch zu optimieren. Ihr penetrantes Eintreten für Ordnung, Sauberkeit, Planmäßigkeit und Standardisierung verwiesen von Beginn an auf die absichtsvolle Regulierung der spontanen Lebensäußerungen des in ihren Augen allzu bunt gescheckten Völkchens der Baulückenbüßer und Stadtrandexistenzen. Erhellt wird diese Einsicht nicht zuletzt durch die Tatsache, daß das abwertende Attribut „wild" nicht nur auf solche Laubenpieper angewandt wurde, die sich ihrem triebhaften „Drang zur Natur" betont lustvoll hingaben, sondern auch auf solche Kolonisten zielte, die sich der Mitgliedschaft im Reichsverband verweigerten. Der im Preußischen Ministerium für Volkswohlfahrt für Kleingartenbelange zuständige Oberregierungsrat Pauly hat die „Wilden" auf dem 5. Reichskleingärtnertag 1927 denn auch gezielt als „*Feind(e) der gemeinnützigen Kleingartenbewegung*" ausgegrenzt[78].

3.4.4. Über die Verwandtschaft von Laubenkolonie, innerer Kolonisation und Kolonialismus.

Die zunächst erstaunliche, vom Sprachgebrauch begründete Beziehung von Laubenkolonie, innerer Kolonisation und Kolonie gewinnt bei näherer Betrachtung eine Tiefendimension, die über ihre oberflächliche Sprachverwandtschaft weit hinausgeht. Die allen drei Begriffen gemeinsame Wurzel colere, die bekanntlich zugleich auf die Kultivierung von Subjekt und Objekt, äußerer und innerer Natur, abhebt, macht das ebenso deutlich wie die im zivilisierten Bewußtsein erkennbare Ineinssetzung von Kindern, einfachem Volk und „Wilden". Das Schlagwort von den „Wilden" ist denn auch nicht nur ein politisches Schimpfwort, sondern zugleich ein volkspädagogisches Losungswort. In der Tat sollten die „wilden" Laubenkolonisten nach Maßgabe bildungsbürgerlicher wie sozialdemokratischer Reformpolitiker genauso zu zivilisierten Kleingärtnern gemacht werden wie ihre „verwilderten Rangen" zu nützlichen Mitgliedern der menschlichen Gesellschaft. Ähnlich wie der „wilde Ehepartner", der „Wildschütz", der „wild Streikende" oder der „wilde Camper" wurde auch der „wilde Kleingärtner" zum Objekt eines besonderen zivilisatorischen Programms im Rahmen des

---

78 Pauly, Staatliche und gemeindliche Kleingartenfürsorge, in: Vier Vorträge über Kleingartenwesen, Frankfurt/M. 1927, 16 (Schriften des RVKD 13). Zit. i.O. gesperrt. Vgl. auch: Ders., Öffentliche Fürsorge oder Selbstverantwortlichkeit, in: KGW 3 (12) (1926), 131ff. und StAHH. Gemeinde Farmsen Nr. 125: Brief der Landherrenschaften an den Gemeindevorsitzenden v. 19.3.1934.

allgemeinen „Prozesses der Zivilisation". Die Veredelung der Wildpflanzen zu Kulturpflanzen, die Domestizierung der wilden Tiere zu Haustieren und die Erziehung der „Wilden" zu zivilisierten Menschen fand damit in der Geschichte der Laubenkolonisation eine charakteristische Parallele.

Wie die Zivilisation besitzt freilich auch die Kolonisation Prozeßcharakter. So wie sich das Kolonialgebiet historisch–systematisch in die ersten, küstennahen Faktoreien, die verbrieften Konzessionen und die spätere Kolonie mit diplomatisch anerkanntem Rechtsstatus einteilen läßt, innerhalb derer der ursprüngliche Gegensatz zwischen eigentlicher Kolonie und Eingeborenenreservaten, „settlements" und „virginal wilderness" in modifizierter Form weiterwirkte, lassen sich auch die Bewohner der Kolonien in die mehr oder minder edlen „Wilden", die „Halbwilden" und die Repräsentanten der abendländischen Kulturmission gliedern. In allen Kolonien fand sich insofern eine synchrone Gemengelage verschiedener Lebensformen, deren Einzugsgebiete unter dem zivilisatorischen Expansions– und Konformitätsdruck zugleich in Gestalt einer diachronen Stufenleiter aufeinander bezogen waren. Wie man in Nordamerika grob zwischen den weißen Siedlern, den befriedeten, weitgehend seßhaften Pueblo– und Reservatindianern und den „wilden" Plainsstämmen unterschied, lassen sich auch die Laubenkolonisten in eine zivilisatorische Triade gliedern, deren Horti-Kulturstufen von den „Organisierten" über die „Freien" zu den „Wilden" abfiel. Die Tätigkeit der organisierten Kleingärtner sah der Hamburger Gartenbaudirektor Otto Linne bezeichnenderweise darin, daß sie in den Anlagen nach Möglichkeit keine unschönen, uneinheitlichen Lauben zuließen, sondern alles daran setzten, „für die ganzen Kolonien einheitliche gemeinsame Einfriedigungen" herzustellen und „durch Gartenordnungen für Ordnung, Einheitlichkeit und Gleichmäßigkeit" zu sorgen[79].

Dieses Vordringen der urbanen Industriekultur findet in der Expansion der europäischen Zivilisation eine bemerkenswerte Parallele. „Peck's New Guide to the West", ein amerikanisches Pionierhandbuch des Jahres 1837, schildert die Besiedlung des mittleren Westens wie folgt: „Die meisten Ansiedlungen im Westen haben drei Klassen von Siedlern erlebt, die, wie die Wellen des Ozeans, eine nach der anderen herangerollt sind. Zuerst kommt der Pionier, der seine Familie in der Hauptsache mit der natürlichen Vegetation und seiner Jagdbeute ernährt (...). Er baut sein rohes Blockhaus (...) und wohnt hier, bis er sein Land einigermaßen kultiviert hat und das Wild knapper wird (...). Die nächste Klasse der Neusiedler kauft das Land, fügt ein Feld nach dem anderen hinzu, legt Wege an und baut primitive Brücken (...) und zeigt dabei das äußere Bild und die Formen

---

79 StAHH. FD IV DV V c 8c IV: Stellungnahme des Gartenwesens zur Schaffung einer KGD v. 11.6.1919.

eines schlichten und bescheidenen zivilisierten Lebens. Dann kommt eine neue Welle: die Leute mit Kapital und Sinn für organisierte Unternehmen (...). Aus dem kleinen Dorf wird eine ansehnliche Gemeinde oder eine Stadt (...). So rollt eine Welle nach der anderen westwärts, und das wahre Eldorado liegt unter dem Horizont"[80].

Ähnlich wie die Ausdehnung der Neu–England–Staaten nahm sich die Expansion des Stadt–Staates Hamburg aus – zumindest in den Augen der dortigen Kleingärtner: „Jetzt ist der Kleingarten ein Zwischenakt in dem Schauspiel der Städteerweiterung. Die Stadt wächst – dehnt sich aus. Eine vorsichtige Stadtverwaltung sichert sich Erweiterungsterrain durch Ankauf von bis dahin landwirtschaftlich genutztem Gelände, soweit ihr nicht Terrainspekulanten diese Arbeit zu Nutzen des eigenen Geldbeutels abnehmen. Das Gelände bekommt einen Bauwert, steigt im Preise; durch Straßenauslegungen wird es landwirtschaftlich schlechter nutzbar. Der Kleingärtner braucht Land in der Nähe seiner Wohnung. Er wird der Nachfolger des Landwirts. Aber nur für beschränkte Zeit. Dem Bauvorhaben muß er weichen und der Besitzer möchte schon vorher Entgelt für den von ihm gezahlten Spekulationspreis und die erhöhten Abgaben haben. Er sucht den Kleingärtner zu verdrängen und das Gelände als Lagerplatz u.a. vorteilhafter zu verwerten (...). Der Kleingärtner muß (...) weiter hinausgehen – der Landwirtschaft folgend – der Bebauung weichend"[81]. Diese parallele Stufenfolge, die im „Wilden Westen"" von Pionier, Neu–Siedler und arrivierten Geldleuten, im Einzugsgebiet der „wilden Laubenkolonien" von Bauer, Kleingärtner und Bauunternehmer gebildet wurde, hat der französische Journalist Jules Huret bereits 1909 anklingen lassen, als er feststellte, „daß die Stadt (...) nach und nach vorrückt und hohe Zinshäuser die Vorposten dieser Kolonien bedrohen. – Bald genug wird man das Feld räumen müssen. So ungefähr macht man es in Amerika mit den Indianern in den Reservatgebieten (...), sobald das Terrain im Werte steigt. Dann werden die 'Lauben' den bescheidenen, rührenden Frohmut ihrer lustig flatternden Wimpel und ihrer grün umsponnenen Hütten wieder ein Ende weiter tragen müssen"[82].

Wie sich die Bilder gleichen! Die urbane, industriekapitalistische Zivilisation zeitigt überall die gleichen Resultate – ob im „Neuland" vor den Toren oder in der „Neuen Welt" jenseits des Atlantiks. Überall werden die angestammten Lebensformen schrittweise zersetzt, überformt, verdrängt und schließlich vernichtet. Die Selbst–Zeugnisse des Fortschritts sind ebenso reichhaltig wie gleich gül-

---

80 Zit. n.: Die Vereinigten Staaten von Amerika, (Frankfurt/M. 1977), 149f. (Fischer Weltgeschichte 30).
81 StAHH. OSB V Nr. 710a: Eingabe des SKBH an den Senat v. 3.7.1925.
82 Jules Huret, Berlin um 1900, Berlin 1979, 79. (Nachdruck der Ausgabe München 1909).

tig. Man kann sie wahllos herausgreifen. So schrieb der Schriftsteller Iwan Alexandrowitsch Gontscharow, der Anfang der 50er Jahre die diplomatische Mission der russischen Fregatte Pallas nach Japan begleitete, angesichts der noch weitgehend unberührten Bucht von Nagasaki: „Ich konnte mich (...) eines Gefühls des Unwillens nicht erwehren beim Anblick dieser Stätten, wo die Natur ihrerseits alles getan hatte, um dem Menschen Gelegenheit zu geben, nun auch *seine* schöpferische Hand anzulegen (...). 'Wie wär's, wenn wir den Japanern Nagasaki wegnähmen?' sagte ich von meinen Gedanken hingerissen, ganz laut. 'Sie verstehen es nicht auszunützen', fuhr ich fort. 'Was wäre hier, wenn andere über diesen Hafen herrschten? (...). Der ganze östliche Ozean würde sich durch Handel beleben'"[83].

Ähnlich wie Gontscharow über die Japaner äußerte sich der Essener Pastor Dammann zu den amerikanischen Missionserfolgen auf den Sandwichinseln: „Noch vor 70 Jahren waren es Heiden auf der niedrigsten Stufe (...); sie beteten rohe Götzenbilder an, brachten ihnen Menschenopfer dar und trieben alle die Schande, von der in Römer 1[84]. geschrieben steht. Und heutzutage ist's ein von allen großen Mächten anerkanntes Königreich mit civilisierten Staatseinrichtungen. Sie haben ein Abgeordnetenhaus, ein verantwortliches Ministerium, ein stehendes Heer, Posteinrichtungen, Dampfschiffverbindungen, und was die Hauptsache ist: Kirchen und Schulen, alles wie bei uns"[85].

Die Quintessenz des Zitats liegt offenbar im letzten Halbsatz. Er enthält zugleich das banale Ende aller Kultur-Mission: So wie Gott den Menschen sich zum Bilde schuf, machten die in seinem Namen arbeitenden Kultur-Missionare die eingeborenen „Naturkinder" zu ihren – Karikaturen. Ob auf der Robinsoninsel oder auf den Sandwichinseln, ob auf Kiuschu oder auf den „Inseln im Häusermeer" –, der „Prozeß der Zivilisation" sah überall gleich aus. Wenn Kleingartenfunktionäre und für Kleingartenfragen zuständige Beamte wie Albrecht, Förster, Linne, Pauly und Schilling von „wilden" Kleingärtnern sprachen, schwebte ihnen eine ähnliche Zielvorstellung vor Augen. Auch sie waren Kulturmissionare. Ihr zwanghafter Wunsch nach Einheitlichkeit, Ordnung, Sauberkeit und Schönheit unterschied sich von den zivilisatorischen Wunschvorstellungen ihrer äußeren Missionsbrüder allenfalls in Nuancen. Das Resultat ihrer vereinten Bemühungen war jedenfalls überall das gleiche: Aus der ursprünglichen Fülle der menschlichen Kulturen wurde die moderne Monokultur. Der Ethnologe Claude Lévi-Strauss hat diesen Verlust anhand der modernen „Leidenschaft für Reise-

---

83 Iwan A. Gontscharow, Die Fregatte Pallas, (Stuttgart o.J.), 175. Hervorhebung i.O.
84 Anspielung auf Vers 18 - 32: „Die Gottlosigkeit der Heiden".
85 Dein Reich komme! Missionspredigten (äußere). Emil Ohly's Sammlung geistlicher Kasualreden X, Leipzig/Philadelphia 1896, 150.

berichte" wie folgt charakterisiert: „Sie schenken uns die Illusion einer vergangenen Wirklichkeit, die nicht mehr ist und die doch sein müßte, um der erdrückenden Gewißheit zu entgehen, daß zwanzigtausend Jahre Geschichte verspielt sind. Doch ist nichts mehr zu ändern, denn die Kultur stellt nicht länger jene zarte Blüte dar, die man umsorgte, die man mit großer Mühe in den wenig geschützten Winkeln eines reichhaltigen Erdreichs zu züchten versuchte, eines Erdreichs, dessen Lebenskraft zwar die Saat bedrohen konnte, diese jedoch gleichzeitig zu kräftigen vermochte. Heute begnügt sich die Menschheit mit der Monokultur; sie erzeugt Massengüter wie Zuckerrüben, und eines Tages werden diese ihre einzige Nahrung sein"[86].

Die Agenten dieser Monokultur sind die Kulturmissionare, das Objekt ihrer Begierde die vermeintlich „wilden Naturvölker". Ihr Archetyp ist Robinson, der doppelte „Held der Unterwerfung", sein Pendant das primitive „Naturkind" Freitag. Die Weltgeschichte verkehrt sich: ex oriente lux, ex occidente – Aufklärung. Im Osten „geht die äußerliche physische Sonne auf, und im Westen geht sie unter: dafür steigt aber hier die innere Sonne des Selbstbewußtseins auf, die einen höheren Glanz verbreitet"[87]. Prosaisch ausgedrückt: Die Chinesen haben das Pulver erfunden, die Europäer seine Anwendung. Das blendende Feuer seiner Detonationen steckt allen Fortschrittsfeinden ein Licht auf: „China war lange eigensinnig, aber auch diese Truhe voll alten Gerümpels ist jetzt geöffnet: Pulver hat ihren Deckel gesprengt"[88].

Die Entdeckung und Eroberung fremder Lebens–Welten war daher nicht nur eine Funktion der räumlichen, sondern auch der sozialräumlichen Entfernung. Wie die „koloniale Frage" zugleich ein soziales Problem darstellte, bildete die „soziale Frage" von Beginn an eine quasi koloniale Aufgabe. Hartmut Dießenbacher hat die einflußreichen Philanthropen Thomas James Bernardo, Friedrich von Bodelschwingh, William Booth und Henri Dunant denn auch als „altruistische Abenteurer des Bürgertums" bezeichnet, in deren Charakterstruktur die „historisch ungleichzeitige(n) Momente des *feudal–höfischen Patriarchen*, des *neuzeitlichen Entdeckers* und *bourgeoisen Unternehmers*" auf neuartige Weise zusammenfanden[89]. Ausdrücklich bezieht sich Dießenbacher in diesem Zusammenhang auf die auch von uns herbeizitierte Zwittergestalt des merchant adventurer und fragt: „Finden wir in diesen 'Merchant Adventurers' nicht auch Eigenschaften unserer 'Social Adventurers' des 19. Jahrhunderts? Risiko– und Kampfbereitschaft, Engagement, Vielseitigkeit, Leidenschaft, Charakter? Ziehen

---

86 Claude Lévi–Strauss, Traurige Tropen, (Köln–Berlin 1970), 14.
87 G. W. F. Hegel, Philosophie der Geschichte (Werke 12), (Frankfurt/M. 1970), 134.
88 Gontscharow (83), 13.
89 Hartmut Dießenbacher, Altruismus als Abenteuer, in: Jb. der Sozialarbeit 4, Reinbek (1981), 292f. Hervorhebungen i.O. kursiv.

jene aus, um fremde Märkte zu erobern, so diese, um im Dschungel der Hilflosigkeit ihre Sozialimperien zu errichten". „Columbus sucht als Nautiker die unentdeckte fremde Welt im Westen. Jules Verne läßt seine Nautilus gar in unbekannte Meerestiefen fahren; die Sozio–Nautiker und Psycho–Nautiker des 19. Jahrhunderts (...) fühlen sich von der Fremde subkultureller Lebenswelten und andersartiger Menschen angezogen. Sie reisen über die Grenzen der Ausgegrenzten, in die vom Bürgertum abgespaltene subproletarische Lebenswelt, gar in die inwendigen Räume ihrer Mitglieder. Sie sind die 'Social Explorers' der weißen Flecken auf der sozio–ökonomischen und psycho–sozialen Landkarte des Proletariats. Der europäischen Entdeckung und Erfindung des Wilden (...) entsprechen die bürgerliche Entdeckung und Erfindung des (Sub–)Proleten durch altruistische Abenteurer"[90].

Der die Stadt umgreifende Ring der Laubenkolonien und die weltumspannende Kette der Kolonien erweisen sich als Teil desselben Erdkreises. Makrokosmos und Mikrokosmos spiegeln einander: Wie die Kolonie der Laubenkolonie und das Schutzgebiet dem Schutzgarten entspricht, gleichen sich äußere und „innere Mission", „Wilde" und „Verwilderte", „Rothäute" und „Rote", heidnischer „Irrglaube" und sozialistische „Irrlehre". Als integraler Bestandteil der Sozialpolitik gewann die von Haus aus stark philanthropisch und wohlfahrtspolizeilich geprägte Kleingartenfürsorge „den Charakter einer inneren Kolonisierung, die der Barbarei der Unterschichten zu deren Besten und zum Heile der Gesellschaft ebenso zu Leibe rückte, wie die äußere Kolonialisierung der Rückständigkeit und Unwissenheit der Wilden zum Nutzen der Weltzivilisation und zum Profite der Kolonialmächte ein Ende bereiten sollte. Und wie im Prozeß der äußeren Kolonialisierung vermengten sich auch in dem der inneren Kolonialisierung Herrschaft und Ordnungsangebot, Ausbeutung und ökonomische Eingliederung, Zuwendung zur fremden Welt und Zerstörung dieser Fremdheit"[91].

Diese Kolonialisierung läßt sich nicht nur am Muster der Laubenkolonien, sondern auch am Beispiel des Ausflugs nachweisen. Obwohl der Ausflügler mehr dem dolce far niente, der Kleingärtner dem ora et labora zuneigt, sind beide Brüder im Geiste. Als Beleg dient uns ein Text des seinerzeit erfolgreichen Trivialschriftstellers Heinrich Seidel, dessen Dichtungen „mit ihrer naivoptimistischen Weltanschauung, mit ihrer humorvollen, frischen, ungekünstelten Stimmung und ihren innigen Herzenstönen schnell allgemein beliebt geworden"

---

90 Ebd., 293.
91 Detlev J. K. Peukert, Grenzen der Sozialdisziplinierung. Aufstieg und Krise der deutschen Jugendfürsorge von 1878 bis 1932, (Köln 1986), 311. Grundsätzlich zur „Kolonisierung der Lebenswelten": Jürgen Habermas, Theorie des kommunikativen Handelns, Bd. 1 (Frankfurt/M. 1982), 207ff. u. Bd. 2 (Ebd.), 171ff. u. 445ff.

waren[92]. Seidels bekanntestes Werk bildete die episodische Idylle „Leberecht Hühnchen", deren Kapitel ursprünglich selbständige, zwischen 1880 und 1890 entstandene Erzählungen waren. Das im Berliner Kleinbürgertum spielende Buch schildert unter anderem zwei Ausflüge zu einem als „Liebesinsel" literarisierten Werder des Tegeler Sees[93]. Was den heutigen Leser frappiert, ist zunächst die Tatsache, daß die Großstädter die Tegeler als „Eingeborene" wahrnahmen[94]. Diese Einschätzung entspringt im Roman nicht nur der allgemeinen Überheblichkeit des Großstädters gegenüber dem Landbewohner oder der sprichwörtlich spottlustigen „Berliner Schnauze", sie spielt vielmehr auf tatsächliche oder doch als real empfundene Defizite an. Deutlich wird diese Einstellung in dem Moment, wo sich der Ich–Erzähler bemüht, das von ihm entdeckte und bewunderte Nest einer Dorngrasmücke vor den „wilden" Tegelern zu schützen. Der „junge Eingeborene", der die Ausflugsgesellschaft auf den Werder gerudert hat, erscheint ihm als potentieller Nesträuber, „der leicht einmal (…) zurückkehren konnte, um dieser stillen Häuslichkeit den Frieden zu rauben"[95]. Während der Großstädter das Gelege anthropozentrisch verkitscht und in ihm ein sentimentales Abbild der eigenen Lebensform erblickt, besitzt der „junge Tegeler Eingeborene" noch die ursprüngliche Naivität des „Wilden", der die zivilisatorische Unterscheidung von Nutz– und Singvögeln nicht kennt. Ihm schmeckt jeder Vogel gleich. Nicht im Traum käme er auf den Gedanken, ein Vogelnest als „stille Häuslichkeit", seine Plünderung als Hausfriedensbruch aufzufassen.

Wo der „Wilde" derart in Szene gesetzt wird, kann sein Antipode nicht weit sein. Der Titelheld Hühnchen läßt ihn denn auch mit Aplomb auftreten: „'Beim Robinson', sagte er, 'dies ist wahrhaftig die Insel meiner Träume. Als Kind hätte ich so etwas Zauberhaftes gar nicht für möglich gehalten. Hier möchte ich meine Tage beschließen. Hier ist gerade Platz für ein kleines Haus und einen bescheidenen Garten, und was will man mehr'"?[96]. In der Tat: Hühnchen sagt nicht Bei Gott! oder Bei allen Heiligen!, sondern „Beim Robinson!" Die Apostrophe versetzt Robinson insofern in eben die Position eines säkularisierten Heiligen, die wir ihm oben – zumindest partiell – zugeschrieben hatten. Die Reaktion des Titelhelden beim Anblick der Insel ist folglich alles andere als originell. Kein Ge-

---

92 Brockhaus' Konversations–Lexikon. Neue Revidierte Jubiläums–Ausgabe, Bd. 14, Berlin und Wien 1903, 817.
93 Heinrich Seidel, Leberecht Hühnchen, Stuttgart und Berlin 1930, 148f. Gemeint ist offenbar der Baum–Werder. Er schreibt nämlich selbst, daß die kleine Insel in unmittelbarer Nähe der Insel Scharfenberg liege. Vgl.: Brockhaus', Bd. 2, Berlin und Wien 1901, 784: Karte „Berlin und Umgebung".
94 Seidel (93), 146f. u. 149.
95 Ebd., 148.
96 Ebd., 148.

ringerer als der Genfer Kleinbürger Rousseau hatte diese Form der Robinsonade während seines Exils auf der Insel St. Pierre im Bieler See vorgeprägt. In seinen „Bekenntnissen" hat Rousseau diese Ausflüge selbst geschildert: Bei meinen Bootsfahrten „verfolgte ich gewöhnlich ein Ausflugsziel; es bestand darin, auf der kleinen Insel auszusteigen, mich dort ein oder zwei Stunden zu ergehen, oder mich auf dem Gipfel der kleinen Anhöhe ins Gras zu legen (...) und um mir, wie ein zweiter Robinson, (...) eine imaginäre Behausung zu bauen"[97]. Diese Rousseau–Insel, in der Grabstätte des Philosophen auf der „Isle des Peupliers" im Schloßpark von Ermenonville wirkungsmächtig nachgeahmt[98], wurde in der Folgezeit in den Landschaftsgärten Europas zu einem stehenden Topos. Einer dieser loci amoeni befand sich in Hühnchens unmittelbarer Umgebung: Es war die Rousseau–Insel im Tiergarten[99].

Zwischen der Insel Robinsons und dem Eiland Rousseaus besteht freilich ein himmelweiter Unterschied: Während der gestrandete Robinson dem ora–et–labora unterworfen ist, frönt der ausfliegende „zweite Robinson" dem „far niente"[100]. Die Notdurft des Leibes spielt für Rousseau keine Rolle. Sein Inseldasein ist zeitweilige Flucht, nicht dauerndes Ausgeliefertsein, freiwillige, nicht erzwungene Isolation. Rousseaus Robinsonade dokumentiert damit eine ähnliche Umwertung des ursprünglichen Ausgesetztseins wie die zitierten „Images à Crusoé" von Saint–John Perse. Wie die „rosa Brille" der Retrospektive dem heimgekehrten Robinson dort die Fata Morgana eines fernen, verlorenen Glücks vortäuschte, gaukelt die Insel im Bieler See dem verfolgten, aus Moîtiers entwichenen Schriftsteller hier eine rettende Zuflucht vor. Die Identifikation des Ausflüglers Rousseau mit dem Schiffbrüchigen Robinson erweist sich von daher nicht zuletzt als fiktive Überhöhung des eigenen Schicksals. Einheit wie Zweiheit von Robinson– und Rousseau–Insel verweisen daher nicht zuletzt auf einen säkularen, im Zuge der Moderne erfolgenden Perspektivwechsel im Verhältnis des Menschen zur Natur. Wird die „freie Wildbahn" am Anfang als menschenfeindlicher Ort erfahren, wird sie am Ende als von feindlichen Menschen freier locus amoenus empfunden. Der ausgesetzte Robinson Defoes verspürt Heimweh nach der Zivilisation, der zurückgekehrte Robinson Saint–John Perses Sehnsucht nach der Natur. Diese geschichtlich gewordene Ambivalenz gleicht dem Verhältnis des Menschen zum verlorenen Paradies: Auch der Sündenfall verbindet den Aufbruch aus der natürlichen Beschränkung des Menschen durch die Natur mit

---

97 J.–J. Rousseau, Les confessions, Paris (1964), 765. Übersetzung von mir.
98 Vgl. die Abbildung bei: Georg Holmsten, J.–J. Rousseau, (44.–47. Ts. Reinbek 1985), 154.
99 Lange, Berlin (4), 90.
100 J.–J. Rousseau, Les Rêveries du promeneur solitaire, (Oeuvres Complètes I), Paris (1967), 521.

dem Abbruch seiner ursprünglichen Verschränkung mit der Natur. Die Freude über die errungene Menschwerdung kann daher den Schmerz über die verlorene Unschuld nicht aufheben. Wie der schon einmal zitierte Auswanderer, der ein Stück Heimaterde mit in die Fremde nimmt, trägt die Menschheit diesen Abschiedsschmerz als Erinnerung mit sich. Das Heimweh des Auswanderers und die Paradiesessehnsucht der Menschheit speisen sich folglich aus derselben Quelle.

Aus diesem Born fließt auch das zwiespältige Verhältnis der Menschen zur Wildnis und ihren Bewohnern[101]. Der „weiße Fleck" auf der Landkarte erweist sich als ideale Projektionsfläche moderner Verlustängste und Zukunftshoffnungen, zivilisierter Wunsch- und Zwangsvorstellungen. Die neu entdeckte Wildnis erscheint denn auch bald als „Gottes freie Natur", bald als „grüne Hölle", hier als „Platz an der Sonne", dort als „dunkler Kontinent", einmal als „letztes Paradies", ein anderes Mal als „hinterwäldlerischer Busch", seine Bewohner figurieren als „edle Wilde" oder heidnische „Menschenfresser", als „unschuldige Naturkinder" oder „unmenschliche Barbaren"[102].

Diese Ambivalenz prägt auch den Zivilisationsprozeß in den großen Kulturstaaten. So erscheint die Großstadt bald als attraktives „Lichtermeer", bald als unbewohnbare „Steinwüste", hier als „Hochburg der Zivilisation", dort als „Asphaltdschungel", einmal als „Kulturzentrum", ein anderes Mal als „Sündenbabel". Den einen macht die Stadtluft frei, dem anderen verschlagen ihre gewerblichen Ablüfte den Atem, dieser sieht in der Megalopolis einen demokratischen „Schmelztiegel" aller Rassen und Nationen, jener – mit Rousseau – einen „Schlund, der das Menschengeschlecht verschlingt". Im Gegensatz von Villen- und Arbeiterviertel, „Wohnlandschaft" und „Lazarusslum", reproduziert sich die Ferne in unmittelbarer Nähe. In Sichtweite des „Wolkenkratzers" wächst die „Fischkistensiedlung", vor den Toren der „Zivilisationshochburg" entstehen Laubenkolonien, im Charlottenburger Westend grassieren „Wildwest und Budenzauber". Sehen die einen in den städtischen Unterschichten ein „gemeingefährliches Proletariat", das mit Güter- und Weibergemeinschaft die Grundlagen der abendländischen Zivilisation bedroht, verorten andere in ihm das Subjekt einer allgemeinen Menschheitserlösung. Im revolutionären Proletarier scheint so der „edle Wilde" ebenso wieder aufzuerstehen wie der „heidnische Menschenfresser".

---

101 Vgl. zum ambivalenten Gefühlswert der Wildnis: Deutsches Wörterbuch von J. und W. Grimm, Bd. 14, II. Abteilung, Leipzig 1869, 110ff.
102 Grundsätzlich zum Bild des „Wilden": Urs Bitterli, Die „Wilden" und die „Zivilisierten", München (1976), 367–411.

Wie sehr das Umland vor den städtischen Kulturzentren in den Augen zivilisierter Großstädter den Ländern außerhalb der europäischen Kulturstaaten glich, belegt auch der zweite von Seidel geschilderte Ausflug. Ein Roman-Jahr später kehren der Ich-Erzähler und die ihm inzwischen angetraute Tochter Hühnchens nach Tegel zurück. Der Ausflug zur „Liebesinsel" wird damit zur „Hochzeitsreise", die Entdeckung zur Landnahme. „Jungfrau" und „jungfräulicher Boden" werden endgültig in Besitz genommen. Virginia ist überall: „Auf dem Sande des Landungsplatzes war noch keine Fußspur abgedrückt, (...) wir konnten uns einbilden, das winzige Eiland sei eben zuerst von uns aufgefunden worden. Das taten wir denn auch und stellten sofort eine Entdeckungsreise an in das Innere (...) und begannen nach echter Forscherweise alle bemerkenswerten Punkte mit Namen zu versehen. Den von einer Gebüschgruppe umgebenen einzigen Baum der Insel (...) tauften wir 'Leberechts Hain', die kleine mit Blumen und jungem Grase bewachsene Landspitze 'Kap Frieda' und die größte Erhöhung (...) 'Havelmüllers Höhe'. Der Landungsplatz aber wurde, eben weil dort gar keine Bucht vorhanden war, dem Major zu Ehren die 'Pointenbucht' getauft"[103].

Gleicht diese Landnahme vor den Toren der Großstadt nicht der kolonialen Eroberung in der großen, weiten Welt? Man muß nur statt „Leberechts Hain" Caprivi Zipfel oder statt „Pointenbucht" Lüderitzbucht setzen, um die fundamentale Verwandtschaft beider Prozesse aufscheinen zu lassen. In der Tat spiegelt der zwischen 1880 und 1890 schubweise veröffentlichte Roman den gleichzeitigen kolonialen Aufbruch des Deutschen Reiches: Alle wesentlichen Schutzgebiete wurden zwischen 1884 und 1886 erworben und bis 1889 fast ausnahmslos in Kronkolonien umgewandelt[104].

Auch die Laubenkolonien wurden in dieser Zeit vom „Kolonialfieber" angesteckt. „Ein (ungenannter) Berliner 'Laubenpieper' erzählt: 'Als aber das Flaggenhissen um Afrika herum die neue deutsche Weltmachtpolitik einleitete, da hatten wir die Laubenkolonien schon, und diese wurden daher Kamerun, Transvaal, Kapland, Grönland genannt', bald auch 'Kiautschou'"[105]. Wie nachhaltig dieser Reflex war, bezeugen das auf der folgenden Seite abgebildete Spiegel-Bild[106] und die von Böttner notierten Sprachreflexe: „Jede Gartenkolonie erhält einen besonderen Namen. Die Berliner Polizei verlangt das, ebenso wie sie für jede bebaute Straße einen Namen verlangt. Da finden wir Kolonien wie 'Helgoland', 'Zur Erholung', 'Trockenes Dreieck', 'Treue Seele', 'Togoland',

---

103 Seidel (93), 233f.
104 Hans-Ulrich Wehler, Das deutsche Kaiserreich 1871-1918, (2. Aufl.) Göttingen (1975), 175.
105 Lange, Berlin (4), 465.
106 Entnommen aus: Berliner Pflaster (50), 12.

Ursprünge des modernen Kleingartenwesens

Kamerun

'Neuseeland', 'Ostwacht', 'Ohm Paul', 'Nordstern', 'Feldblume', 'Berg und Tal'"[107].

Wie eng die Bezüge zwischen Heimat und Fremde, Binnenkolonisation und Kolonialismus, traditionell waren, zeigt ein Rückblick auf die demographisch bedingte Expansion der deutschen Landwirtschaft im Jahrhundert zwischen Bauernkrieg und Dreißigjährigem Krieg: „Manche Wüstung wurde wieder unter den Pflug genommen, doch neben der Rekultivierung stand echte Neulandgewinnung. Gerodete Wälder und trockengelegte Sümpfe hießen im Volksmund gelegentlich 'neue Inseln', womit eine Verbindung zu den Entdeckungen jenseits der Ozeane hergestellt war, die als gleichermaßen abenteuerlich empfunden wurden"[108]. Vollends deutlich wird dieser Zusammenhang am Kolonisationswerk der Regierung Friedrichs des Großen. Wer das Kolonieregister durchsieht, stößt im letzten Drittel des 18. Jahrhunderts auf ähnlich signifikante Taufnamen. In dem (nach der späteren Verwaltungseinteilung geordneten) Verzeichnis finden sich namentlich im Kreis Oststeinberg der Provinz Brandenburg Namen wie „Havannah" (1784), „Jamaika" (1784), „Maryland" (1779), „Pennsylvanien" (1783), „Philadelphia" (1775), „Quebec" (1774), „Saratoga" (1779), „Savannah" (1781) und „Sumatra" (1779)[109]. Auch die strukturellen Ähnlichkeiten der friederizianischen Binnenkolonien mit den späteren Laubenkolonien sind frappierend. So lag das Schwergewicht des Kolonisationswerks auf fiskalischem Landbesitz, dessen Bodengüte nicht weniger zu wünschen übrig ließ wie die des späteren kommunalen Laubenlandes. War es hier vor allem gärtnerisch schlecht zu nutzendes Bau(un)land, fanden die Kolonisten dort in der Regel Bruch- und Sumpfland, Forste und Wüstungen vor[110].

Rechtlich verblieb die fritzische Kolonie ebenso wie die Mehrzahl der Kleingartenkolonien in staatlichem Obereigentum, dem Rückfallklauseln bei Pflichtvergessenheit Geltung verschafften[111]; organisatorisch unterlag sie der Oberaufsicht bestellter „Entrepreneur"[112], die in mancher Hinsicht die späteren Generalpächter vorwegnahmen. Um die Startschwierigkeiten zu mildern, erhielten die Kolonisten Friedrichs wie die späteren Laubenkolonisten und Erwerbslosensied-

---

107 Böttner (1), 394. Weitere Kolonial-Namen bei: Behrend/Malbranc (39), 133 und Hirschfeld (42), 50.
108 Klaus Herrmann, Pflügen, Säen, Ernten. Landarbeit und Landtechnik in der Geschichte, (Reinbek 1985), 98.
109 Udo Froese, Das Kolonisationswerk Friedrichs des Großen, Heidelberg und Berlin 1938, 128.
110 Ebd., 17–21.
111 Ebd., 30f.
112 Ebd., 34ff.

ler bestimmte „beneficia" in Form von Land, Gebäuden, Besatzvieh, Geräten, begrenzter Abgabenfreiheit und Reiseunterstützung[113]. Die Kolonien wurden als geschlossene Siedlungen geplant und zumeist als Straßen-, Anger- oder Auendörfer angelegt[114]. Der äußeren Regelhaftigkeit der Siedlungen entsprach die innere, pädagogische Regulierung der Siedler. Neben der agrikulturellen Durchbildung[115] sollten die Kolonien daher nach den Grundregeln der Sparsamkeit, Zweckmäßigkeit und „'preußische(n)' Schlichtheit und Klarheit"[116] angelegt werden. Im Endeffekt korrespondierte der Kultivierung des Landes die Naturalisierung der neuen Landeskinder: „Die Kolonisten verließen nicht nur äußerlich ihre Heimat, sie nahmen auch innerlich bald preußische Lebensart an"[117]. Nach den Armengärten des Merkantilismus und den Gartenarbeitsschulen des Philanthropismus entpuppen sich die Binnenkolonien Friedrichs damit als dritte reformabsolutistische Wurzel des modernen Kleingartenwesens.

Der Zusammenhang zwischen Binnenkolonie und Laubenkolonie ist denn auch immer wieder betont worden. Die auffälligste, in kleingärtnerischen Kolonienamen wie „Laubenagrarier" und „Ostwacht" erkennbare Parallele zur friederizianischen Binnenkolonisation bildete dabei die nach der Reichsgründung einsetzende preußische „Ostmarkpolitik"[118] in den Provinzen Westpreußen und Posen, die die Landflucht aus den ehemals polnischen Gebieten eindämmen und umkehren sollte. Diese Siedlungsbestrebungen blieben freilich wie die späteren Ansiedlungsmaßnahmen der noch zu schildernden „Ost(preußen)hilfe" der Weimarer Präsidialkabinette nach Art und Umfang unbedeutend, da beide die Rittergüter nicht antasteten und jeden Gedanken an eine Agrarreform verwarfen. Die innere Kolonisation des 19. und 20. Jahrhunderts stieß damit – im Gegensatz zu der des 18. Jahrhunderts – auf enge Grenzen. „Der Gedanke der inneren Kolonisation wies (daher) über sich selber hinaus auf den Gedanken der äußeren Kolonisation und eines binnenländischen Imperialismus"[119], für den Pflugschar und Schwert, Moorkultur und „Ostlandritt", Landgewinnung und Landeroberung, austauschbar waren.

Wer die Propagandisten der inneren Kolonisation Revue passieren läßt, trifft folglich viele alte Bekannte wieder, die sich selbst in dieser oder jener Form

---

113 Ebd., 22–27.
114 Ebd., 47.
115 Ebd., 45.
116 Ebd., 48.
117 Ebd.
118 Klaus Bergmann, Agrarromantik und Großstadtfeindschaft, Meisenheim am Glan 1970, 169ff.
119 Ebd., 99.

kannten und schätzten. Zu nennen wären hier Victor Aimé Huber[120], Johann Hinrich Wichern[121], Adelhaid Gräfin Poninska[122], Theodor von der Goltz, Alwin Bielefeldt und Karl von Mangold[123]. Sie alle fanden sich, trotz unterschiedlicher, ja gegensätzlicher Auffassungen in vielen Detailproblemen, in der gemeinsamen Überzeugung zusammen, daß sich die „soziale Frage" nur durch die erneute Verbindung der „entwurzelten" Volksmassen mit dem vaterländischen Boden lösen lasse[124].

Ähnlich wie die Laubenkolonisation verfolgte daher auch die Binnenkolonisation eine gegen die soziale Revolution gerichtete Stoßrichtung[125]. Theodor von der Goltz hat diese Zielsetzung im Hinblick auf die Auswanderung eindrucksvoll analysiert: „Das einzige Mittel die Fortwanderung einzudämmen (...), liegt darin, daß man dem Arbeiter die heimatlichen Verhältnisse freundlicher und annehmlicher gestaltet, daß man ihm (...) dasjenige in der Heimat bietet, was er jetzt nur auswärts erringen zu können hoffen darf. Dadurch wird auch am besten den socialdemokratischen Einflüssen auf die Landarbeiter vorgebeugt. (...). Die Auswanderung bildet eine Art von Sicherheitsventil gegen die Verbreitung socialdemokratischer Bestrebungen bei den Landarbeitern. Würde der Fortzug derselben nicht durch eine Verbesserung ihrer wirtschaftlichen Verhältnisse in der Heimat, sondern etwa dadurch stark beschränkt, daß die bisherigen Einwanderungsländer keinen erheblichen Zuzug mehr brauchen können oder aufneh-

---

120 Seine Gedanken zur inneren Kolonisation hat Huber v.a. in der anonymen Schrift: Die Selbsthilfe der arbeitenden Klassen durch Wirtschaftsvereine und innere Ansiedlung, Berlin 1848 dargelegt. Das Werk stand mir nicht zur Verfügung. Einen nahezu vollständigen Nachdruck bietet aber: V. A. Huber, Wirtschaftsvereine und innere Ansiedlung, in: Ders., Ausgewählte Schriften über Sozialreform und Genossenschaftswesen, hg. u. bearb. v. K. Munding, Berlin o.J., 836–869.
121 J. H. Wichern, Gedanken über Auswanderung und innere Kolonisation (1848), in: SW Bd. 5, Hamburg 1971, 91–95. Über die konzeptionellen Unterschiede zwischen Huber und Wichern, die sich im wesentlichen auf den Gegensatz „Sozialreform contra evangelische Sozialarbeit" bringen lassen, informiert: Sabine Hindelang, Konservatismus und soziale Frage, Frankfurt/M. u.a. (1983), 260–270.
122 Zur Beeinflussung Poninskas durch Huber siehe: Martin Gerhardt, J. H. Wichern. Ein Lebensbild, Bd. 2, Hamburg 1927, 353 und Adelhaid Gräfin Poninska, Grundzüge eines Systems der Regeneration der unteren Volksklassen durch Vermittlung der höheren, 1. Bd., Leipzig 1854, 225, 247, 257.
123 Mangold (46), 41. Ähnlich auch: W. Voß, Städtische Kleinsiedlung, in: Archiv für exakte Wirtschaftsforschung (Thünen Archiv), 9 (1918/1922), 380.
124 Vgl. hier etwa: Theodor von der Goltz, Die ländliche Arbeiterfrage und der preußische Staat, Jena 1893, 202f.; J. H. Wichern, Festbüchlein des Rauhen Hauses zu Horn, in: SW Bd. 4, 2, Berlin 1959, 47 und Ders., Rettungsanstalten für verwahrloste Kinder (1833), in: Ebd. Bd. 4, 1, Berlin 1958, 51.
125 Huber, Wirtschaftsvereine (120), 850 und J. H. Wichern, Die innere Mission der deutschen evangelischen Kirche, in: SW Bd. 1, Berlin und Hamburg 1962, 285.

men, so würden socialdemokratische oder andere revolutionäre Tendenzen unter den Landarbeitern des Ostens schnell eine weite Verbreitung finden"[126].

Die Metapher vom „Sicherheitsventil" gibt uns das Modell vor: Äußere Kolonie, Binnenkolonie und Laubenkolonie bildeten ein System kommunizierender Röhren, mit dessen Hilfe die „rote Flut" unter dem kombinierten Bevölkerungs–, Konkurrenz–, und Leidensdruck des kapitalistischen Produktionsprozesses aufgeteilt und kanalisiert werden konnte. Externe und interne Lauben–Kolonisation lassen sich daher als exogene und endogene Ausdrucksform desselben Sozialimperialismus interpretieren, den Hans–Ulrich Wehler als ein wesentliches Motiv der Bismarckschen Kolonialpolitik benannt hat[127]. In den Augen der deutschen Kolonialenthousiasten erschienen die Kolonien denn auch allenthalben als „ein gewaltiges Sicherheitsventil", als „weite Abzugskanäle", als „eine Art Sicherheitsventil", als „Ableiter", als „Sicherheitsventil für den Staat", als „Sicherheitsventil gegen Explosionen" oder als eine „Art von Blitzableiter (…), der die bösen elektrischen Entladungen nach außen führt". Selbst die Sozialdemokraten konnten (und wollten) sich angesichts dieses überschäumenden Wortschwalls der herrschenden Sprach–Regulierung nicht verschließen und forderten durch ihren Reichstagsabgeordneten Johann Dietz für den „überheizten Dampfkessel" Ventile in Gestalt staatlicher Exporthilfen, während ihr Vorsitzender August Bebel allen auch von ihm befürworteten „Ventilen" zum Trotz das unvermeidliche Platzen des Kessels beschwor[128].

Wie vehement sich dieser sozialimperialistische Kausal– bzw. Finalnexus im Kaiserreich nun allerdings auch zur Geltung bringen mochte, in seinen Grundzügen bildete er nicht viel mehr als eine akustisch verstärkte Reprise gängiger Vorstellungen aus den Tagen des Vormärz, wie sie in der Rettungshauspädagogik Schwabes oder der Auswanderungspropaganda von Bromme und Cunow zum Ausdruck gekommen war. Hegel hat diesen elementaren Zusammenhang zwischen dem „Neuland" vor den Toren und der „Neuen Welt" jenseits des „Großen Teiches" als einer der ersten systematisch skizziert: „Was nun das Politische in Nordamerika betrifft, so ist (…) das Bedürfnis eines festen Zusammenhaltens (…) noch nicht vorhanden, denn ein wirklicher Staat und eine wirkliche Staatsverfassung entstehen nur, wenn bereits ein Unterschied der Stände da ist, wenn Reichtum und Armut sehr groß werden (…). Amerika geht dieser Spannung noch nicht entgegen, denn es hat unaufhörlich den Ausweg der Kolonisation in hohem Grade offen, und es strömen beständig eine Menge Menschen in die

---

126 von der Goltz (124), 186f.
127 Hans–Ulrich Wehler, Bismarck und der Imperialismus, (4. Aufl. München 1976), 499f.
128 Sämtliche Funde: Ebd., 142–154 u. 174ff.

Ebenen des Mississippi. Durch dieses Mittel ist die Hauptquelle der Unzufriedenheit geschwunden, und das Fortbestehen des jetzigen bürgerlichen Zustandes wird verbürgt. Eine Vergleichung der nordamerikanischen Freistaaten mit europäischen Ländern ist daher unmöglich, denn in Europa ist ein solcher natürlicher Abfluß der Bevölkerung, trotz aller Auswanderungen, nicht vorhanden: hätten die Wälder Germaniens noch existiert, so wäre freilich die Französische Revolution nicht ins Leben getreten"[129]. Mit anderen Worten: Hätte den Sansculotten der „deutsche Wald" ähnlich offengestanden wie den Hugenotten die Moore des Alten Fritz, hätten sie keinen König geköpft, sondern Baumkronen gekappt.

Diese Hegelsche Frontier-These[130] hat namentlich unter sozialistischen Theoretikern zu vielfältigen Kontroversen geführt. Strittig war dabei weniger die Frage nach der Wirkung als die nach der Wirkungsdauer der Frontier. Friedrich Engels sah ihre Entlastungsfunktion bereits Mitte der 80er Jahre schwinden. Spätestens zu diesem Zeitpunkt waren die USA seiner Meinung nach dem „Jugendstand entwachsen. Die unendlichen Urwälder sind verschwunden und die noch unendlicheren Prärien gehen rascher und rascher aus den Händen der Staaten in die von Privateigentümern. Das große Sicherheitsventil gegen die Bildung einer permanenten proletarischen Klasse hat (...) zu wirken aufgehört"[131]. Werner Sombart sah das „Sicherheitsventil" dagegen noch zu Beginn des 20. Jahrhunderts in voller Funktion: Das „bloße Bewußtsein, jederzeit freier Bauer werden zu können, (gibt) dem amerikanischen Arbeiter ein Gefühl der Sicherheit und Ruhe (...), das dem europäischen Arbeiter fremd ist. Man erträgt jede Zwangslage leichter, wenn man wenigstens in dem Wahne lebt, sich ihr im äußersten Notfall entziehen zu können! (...). Die Möglichkeit, zwischen Kapitalismus und Nichtkapitalismus optieren zu können, verwandelt jede aufkeimende Gegnerschaft gegen dieses Wirtschaftssystem aus einer aktiven in eine passive und bricht jeder antikapitalistischen Agitation die Spitze ab"[132]. Diese nicht zuletzt psychologische Wirkung der Frontier wurde noch dadurch begünstigt, daß die „antikapitalistische Agitation" es zu keiner Zeit verstand, Reform und Revolution, Tagespolitik und „Zukunftsmusik", privates (Verlangen nach) Glück und soziale Utopie massenwirksam zu vermitteln. In der deutschen Sozialdemokratie bildeten Theorie und Praxis, Sonntagsreden und Alltagshandeln, spätestens seit der Aufhebung des Sozialistengesetzes einen offenkundigen Gegensatz, der sich unter den Bedingungen des wilhelminischen „Regiments" zu einem starren Dua-

---

129 Hegel (87), 113.
130 Vgl.: Die Vereinigten Staaten (80), 152ff.
131 F. Engels, Die Lage der arbeitenden Klasse in England. Anhang, in: MEW 21, Berlin/Ost 1973, 253f.
132 W. Sombart, Warum gibt es in den Vereinigten Staaten keinen Sozialismus?, Tübingen 1907, 139f.

lismus von „revolutionärem Attentismus" und „negativer Integration" verfestigte[133]. Während das Kautskysche Zentrum diesen Dualismus im Interesse der Parteieinheit kultivierte, bemühten sich der marxistische linke und der reformistische rechte Flügel der Partei darum, den parteiamtlichen Immobilismus mit Hilfe neuer Politikangebote in Gestalt des politischen Massenstreiks bzw. einer parlamentarischen Großblockstrategie „von Bebel bis Bassermann" (Friedrich Naumann) zu überwinden[134]. Im Rahmen dieser Auseinandersetzungen wurden auch die Laubenkolonien zu einem Neben–Schauplatz der innerparteilichen Richtungskämpfe. Dabei bot die von Haus aus auf praktische Verbesserungen des Alltagslebens zielende Kleingartenbewegung den Reformisten grundsätzlich weit größere Einflußmöglichkeiten als den Linksradikalen, zumal die Revisionisten über den von Eduard Bernstein mitbegründeten Munizipalsozialismus[135] mit den in der Kleingartenbewegung stark vertretenen bürgerlichen Boden–, Sozial–, Wohnungs– und Städtebaureformern ohnehin auf vielfältige Weise verbunden waren.

Bürgerliche Laubenreform und „sozialistische Kleingartenpolitik"[136] arbeiteten daher schon früh Hand in Hand. Besonders deutlich wurde diese Konvergenz bei der weitgehend übereinstimmenden Kritik an den Auswüchsen des „wilden" Laubenkolonialismus. In der Ablehnung des regellosen Wachstums der Kolonien, der eklektischen Bauweise der Lauben und der unkontrollierten Spontaneität des Volkslebens suchten und fanden der wohlfahrtspolizeiliche Paternalismus und der sozialdemokratische Organisationspatriotismus[137] den Ausgangspunkt für ein gemeinsames Wirken, in dem sich die munizipalsozialistischen Partei- und Gewerkschaftsangestellten mit den „katheder–" und „staatssozialistischen" Geheimräten" ohne Berührungsängste zusammenfanden. Die Abqualifizierung nicht–organisierter Kolonisten als „Wilde" enthielt daher auch für diese Sozialdemokraten das politische Bekenntnis zu einem zivilisatorischen Programm. Die von den Revisionisten geforderte und geförderte „sozialistische Kleingartenpolitik" lief damit in der kommunalen Praxis auf eine im Kern bürgerliche Erziehung hinaus, deren Sekundärtugendideale mit denen ihrer ursprünglichen Gegner identisch waren. Schon Bernstein hatte die Notwendigkeit einer solchen Erziehung in allgemeiner Form begründet: „Wer (...) sich in der wirklichen Arbei-

---

133 Dieter Groh, Negative Integration und revolutionärer Attentismus. Die deutsche Sozialdemokratie am Vorabend des Ersten Weltkriegs, (Frankfurt/M. u.a. 1974), 36–79.
134 Vgl.: Ebd., 60 u. 170f.
135 Adelheid v. Saldern, SPD und Kommunalpolitik im Deutschen Kaiserreich, in: AfK 23 (1984), 193–214, hier: 202f.
136 So: Reinhold (66).
137 Groh (133), 59 u. 573.

terbewegung umsieht, der wird (...) finden, daß die Freiheit von denjenigen Eigenschaften, die dem aus der Bourgeoisie stammenden Affektionsproletarier als spießbürgerlich erscheinen, dort sehr gering eingeschätzt wird, daß man dort keineswegs das moralische Proletariertum hätschelt, sondern im Gegenteil sehr darauf aus ist, aus dem Proletarier einen 'Spießbürger' zu machen. Mit dem unsteten, heimat- und familienlosen Proletarier wäre keine andauernde, solide Gewerkschaftsbewegung möglich"[138].

Das Einschwenken der Revisionisten auf die pädagogischen und ästhetischen Positionen der bürgerlichen Laubenreformer war folglich keineswegs allein dem „Parkinsonschen Gesetz" geschuldet, das in diesem Fall buchstäblich „Neuland" für den in den verschiedenen Arbeiterorganisationen real existierenden „Zukunftsstaat" erschloß, sondern vor allem der Vorstellung der zukünftigen sozialistischen Gesellschaft als Staat, dessen Gründung nicht einem neuen, revolutionären Gesellschaftsvertrag, sondern einer fortschrittsgläubigen, gleichsam ökonomistisch säkularisierten Erlösungshoffnung anheimgestellt wurde, der die bürgerlichen Errungenschaften und Verhaltensweisen als Meilensteine des eigenen politischen Erfolgsweges galten. Bernsteins roter Ideal-Spießbürger glich daher dem waschechten, in der wollenen Leibwäsche gefärbten Normal-Spießer aufs Haar. Auch er war heimat- und familienverbunden, von Grund auf solide und befleißigte sich eines stetigen Lebenswandels. Die soziale Revolution bereitete ihm nicht nur Kopfschmerzen, er haßte sie vielmehr „wie die Sünde"[139]. Die Grundeinstellung der Revisionisten zur Kleingartenfrage läßt sich daher zutreffend mit dem transponierten Leitmotiv des Revisionismus überhaupt charakterisieren: Das Endziel ist nichts, die Kleingarten-Bewegung alles[140].

Im Gegensatz zu den Reformisten und den meisten Zentristen standen die Linksradikalen ebenso wie die spätere KPD dem Kleingartenwesen zumeist ablehnend gegenüber. Ihre Kritik richtete sich dabei, wie wir noch zeigen werden, in der Hauptsache gegen die pazifizierende Wirkung der Kleingärtnerei, die Arbeiter und Angestellte der Parteiarbeit entfremdete, sie entpolitisierte und schließlich verbürgerlichte. In der Tat bot die laubenkoloniale Frontier dem einzelnen Proletarier die individuelle Möglichkeit, den schematischen Dualismus von „Obrigkeits-" und „Zukunfsstaat", „Diktatur der Bourgeoisie" und „Diktatur des Proletariats", in privater Eigeninitiative aufzuheben. Im Endeffekt lief das

---

138 Eduard Bernstein, Die Voraussetzungen des Sozialismus und die Aufgaben der Sozialdemokratie, (Reinbek 1969), 216.
139 Nach dem Zeugnis des Reichskanzlers Max von Baden sagte Friedrich Ebert nach dem Ausbruch der Novemberrevolution: „Wenn der Kaiser nicht abdankt, dann ist die soziale Revolution unvermeidlich; ich aber will sie nicht, ja ich hasse sie wie die Sünde". Zit.n.: Karl Dietrich Erdmann, Der erste Weltkrieg, (München 1980), 237.).
140 So: Bernstein (138), 200.

reale Laubenheim damit dem idealen „Wolkenkuckucksheim" den geschichtlichen Rang ab, schufen Hacke und Schaufel handfestere Resultate als „Hammer und Sichel".

Schon Friedrich Engels hatte diese konservative Wirkung des kleinen Pachtlandbesitzes erkannt und am Beispiel der ländlichen Heimarbeit englischer Handarbeiterfamilien analysiert: „Diese Weberfamilien lebten meist auf dem Lande, in der Nähe der Städte, und konnten mit ihrem Lohn ganz gut auskommen, da der heimische Markt (...) für die Nachfrage nach Stoffen fast der einzige Markt war (...). So kam es, daß der Weber meist imstande war, etwas zurückzulegen und sich ein kleines Grundstück zu pachten, das er in seinen Mußestunden (...) bearbeitete. Freilich war er ein schlechter Bauer (...), aber er war doch wenigstens kein Proletarier, er hatte, wie die Engländer sagen, einen Pfahl in den Boden seines Vaterlandes eingeschlagen (...). Sie hatten Muße für gesunde Arbeit in ihrem Garten oder Felde, eine Arbeit, die ihnen selbst schon Erholung war, und konnten außerdem noch an den Erholungen und Spielen ihrer Nachbarn teilnehmen; und alle diese Spiele (...) trugen zur Erhaltung und Kräftigung ihres Körpers bei (...). Sie waren 'respektable' Leute und gute Familienväter, lebten moralisch, weil sie keine Veranlassung hatten, unmoralisch zu sein, da keine Schenken und liederlichen Häuser in ihrer Nähe waren (...). Sie hatten ihre Kinder den Tag über im Hause bei sich und erzogen sie in Gehorsam und Gottesfurcht; das patriarchalische Familienverhältnis blieb ungestört (...). Sie fühlten sich behaglich in ihrem stillen Pflanzenleben und wären ohne die industrielle Revolution nie herausgetreten aus dieser sehr romantisch-gemütlichen, aber doch eines Menschen unwürdigen Existenz"[141].

Rund 30 Jahre später hat Engels diese Analyse in seiner Artikelserie „Zur Wohnungsfrage" aufgegriffen und gegen die kleinbürgerlichen Reformvorstellungen des Proudhonisten Artur Mülberger ins Feld geführt: „Um die moderne revolutionäre Klasse des Proletariats zu schaffen, war es absolut notwendig, daß die Nabelschnur durchschnitten wurde, die den Arbeiter der Vergangenheit noch an den Grund und Boden knüpfte. Der Handweber, der sein Häuschen, Gärtchen und Feldchen neben seinem Webstuhl hatte (...), war innerlich durch und durch ein Sklave. Gerade die moderne große Industrie, die aus dem an den Boden gefesselten Proletarier einen vollständig besitzlosen, aller überkommenen Ketten los und ledigen *vogelfreien* Proletarier gemacht, gerade diese ökonomische Revolution ist es, die die Bedingungen geschaffen hat, unter denen allein die Aus-

---

141 F. Engels, Die Lage der arbeitenden Klassen in England, in: MEW 2, Berlin/Ost 1974, 237ff.

beutung der arbeitenden Klasse in ihrer letzten Form, in der kapitalistischen Produktion, umgestürzt werden kann"[142].

Keine Frage: Das „stille Pflanzenleben" der von Engels geschilderten Handweber gleicht der späteren Laubenidylle wie ein Ei dem anderen. Die patriarchalischen Familienverhältnisse, der moralische Lebenswandel, die erholsame Wirkung der Gartenarbeit, das gemeinsame Spiel, der „Pfahl im Boden des Vaterlandes" und die „romantisch–gemütliche Existenz" könnten genausogut einem Grundsatzartikel zum Kleingartenwesen entstammen. Tatsächlich erfolgte die Loslösung des (potentiellen) Fabrik–Arbeiters von der heimischen Scholle fast überall Schritt für Schritt. Große Teile des sich herausbildenden Industrie–Proletariats blieben demzufolge noch viele Jahre lang mit der Hauptproduktivkraft der alten Gesellschaft auf diese oder jene Weise verbunden. Bestimmte Formen der Kleingartenvergabe wie die Bereitstellung von Arbeitergärten durch die oberschlesischen Hüttenbetriebe schlossen sich denn auch stark an ältere Vorformen wie die traditionelle Lohnlandausgabe für das Deputatgesinde an, während umgekehrt viele aus dem Osten zugewanderte Großstädter sich durch die Pacht eines Laubengartens ein Stück Heimat in der Fremde schufen.

„Sozialistische Kleingartenpolitik" erweist sich vor diesem Hintergrund freilich als revisionistische contradictio in adiecto. Vom Standpunkt des revolutionären Fortschritts(glaubens) verhalten sich Sozialismus und Kleingarten auf jeden Fall wie Überschwemmung und Drainage, „rote Flut" und „Abzugskanal". Die Debatte zwischen Engels und Mülberger um die richtige Haltung zur Kleinwohnungsfrage sollte sich denn auch im Gegensatz zwischen KPD und SPD in der Kleingartenfrage wiederholen. Ihr gemeinsames Thema bildete der Streit zwischen Revolution und Reform, seine Durchführung ihr unablässiges Ringen um die Stimmführung, die Polemik der 1870er Jahre die Exposition, der Gegensatz der 1920er Jahre die Reprise.

Obwohl der Kampf der Kleingartenbefürworter gegen die „Entfremdung von der Natur" darauf abzielte, die von der industriellen Revolution durchtrennte „Nabelschnur", die den Arbeiter der Vergangenheit mit „Mutter Natur" verband, wieder zusammenzuflicken, bedeutete die von ihnen geforderte „Rückkehr zur Natur" doch stets „zweite Natur", nicht Trinkhorn und Bärenhaut, sondern Milchkolonie und Spatenkultur, nicht die Urwälder Germanias, sondern die Wirtschaftswälder Borussias. Das regressive Moment, das der Laubenkolonisation innewohnte, wurde dadurch nicht unerheblich relativiert. Vom Standpunkt der urbanen Zivilisation mag die innere Kolonisation als Rückschritt erscheinen, die Laubenkolonisation gar als „Fellachisierung der Weltstädte"[143], aus dem

---

142 Ders., Zur Wohnungsfrage, in: MEW 18, Berlin/Ost 1973, 219,
143 Obermayr (25), 986.

Blickwinkel des „Prozesses der Zivilisation" erweist sie sich trotzdem als Weiterentwicklung. Wer die „wilden Viertel" sanierte, die „Großstadtzigeuner" in Dauergärten ansiedelte, aus den „wilden Laubenkolonisten" organisierte Kleingärtner machte und die „Fischkisten" zu genormten Typenlauben umgestaltete, ebnete der nicht gerade den am meisten Zurückgebliebenen den Königsweg des allgemeinen Zivilisationsfortschritts?

In der Tat galt den Progressisten des 19. Jahrhunderts jeder Schritt als Fortschritt. Der natürliche Zahlenstrahl ihrer Chronistik kannte nur eine, einsinnige Richtung. In diesem eindimensionalen Koordinatensystem erschienen die verschiedenen menschlichen Kulturen und Lebenswelten als gleichsinnige Vektoren unterschiedlicher Länge. Obwohl der Fortschrittsglaube auf diese Weise die Gleichzeitigkeit des Ungleichzeitigen durchaus wahrnahm, lag diesem Begreifen kein deskriptiver, sondern ein präskriptiver Gedanke zugrunde. Der wahre Fortschrittsgläubige sah daher in fremden Lebensformen keinen Ausdruck qualitativer Andersartigkeit, sondern bloß eine Erscheinungsform quantitativer Unterentwicklung. Ob sich der zivilisierte Blick dabei dem Ausland oder dem Inland zuwandte, den „wilden Un(ter)menschen" oder den „verwilderten" Unterschichten, blieb sich gleich. Der auf diesem Entwicklungsmodell aufbauende Gedanke abendländischer Kulturmission suchte und fand dabei von Beginn an in der traditionellen Heidenmission einen bibelfesten Rückhalt: „Als Gott der Herr den sündig gewordenen Menschen im Garten Eden aufsuchte und rief: 'Adam, wo bist du?' das war schon Mission, war der Anfang aller Missionsarbeit"[144]. Seit dem Sündenfall galt daher: Mission ist immer und überall. Im „Missionsbefehl" des auferstandenen Christus an seine Jünger heißt es folgerichtig: „Gehet hin in alle Welt und prediget das Evangelium aller Kreatur"[145].

Es blieb dem Hamburger evangelischen Theologen Johann Hinrich Wichern vorbehalten, diesen „Missionsbefehl" unter den veränderten Bedingungen der Industrialisierung zu erneuern: „Die *Evangelisierung* des Volkes (...) ist durch providentielle Fügung dem Zeitabschnitte vorbehalten, der mit der Mitte des 19. Jahrhunderts beginnt; das Zeitalter der inneren Mission, welche an den einstigen Anfang der äußeren Mission in der germanischen Welt wieder angeknüpft hat, bricht an"[146]. Wicherns Ziel war nichts Geringeres als „die Rettung der bürgerlichen Welt"[147] durch „Christianisierung des Proletariats"[148]. Was Wichern von

---

144 So der Pfarrer zu Freiensen im Großherzogtum Hessen lt.: Schott, in: Dein Reich (85), 221.
145 Markus 16, 15.
146 J. H. Wichern, Kommunismus und die Hilfe gegen ihn (1848), in: SW Bd. 1, Berlin und Hamburg 1962, 144. Hervorhebung i.O. kursiv.
147 Ders., Die Revolution und die innere Mission (1848), in: Ebd., 132.
148 Ders., Kommunismus (146), 145.

diesen Proletariern hielt, hat er anläßlich der 1848 kurzzeitig errungenen demokratischen Freiheitsrechte schaudernd festgestellt: „Der vierte Stand (der Proletarier) ist mit Rechten betraut, die ihm so gefährlich werden, wie dem unvernünftigen Kinde das Feuer, mit dem es spielt und vielleicht das Haus anzündet (...), das Kind muß zur Vernunft des Mannes erzogen werden"[149].

Wie sich die äußere Mission der „Naturkinder" annahm, kümmerte sich die „innere Mission" um die „kindischen" Proleten. Der „Kern der Hilfe" lag dabei in der „Stärkung und Weckung des *Sittlichen*"[150]. Diese Dominanz der geistlichen Unterweisung ergab sich für Wichern zum einen aus seinem lutherischen Fetisch–Glauben, daß die bestehende Gesellschaftsordnung von Gott gewollt sei[151], zum anderen aus seinem Irr–Glauben, daß die „Hauptursache der Armut" im „Sittenverderben des Volks" und der „herrschenden Irreligiosität" begründet sei[152]. Im Gegensatz zur christlich–konservativen Sozialreform Hubers oder Poninskas beschränkte sich die von Wichern begründete Sozialarbeit damit in erster Linie auf die Erziehung zu innerer Ein– und Umkehr. Das Grundprinzip der „inneren Mission" lief daher auf ein erneuertes Moral–Apostolat hinaus: Wie Jesus seine Jünger um sich versammelte, bildete Wichern „Armen– und Proletarierprediger"[153] aus, die dem roten „Sämann der Lüge" Paroli bieten sollten[154]. Diese Konzeption, die „den Reiseaposteln des Unglaubens und Umsturzes Sendboten des Glaubens und rüstigen Bauens" entgegenstellte[155], war dem von ihr bekämpften Einfluß freilich nur allzu gut erkennbar aus dem Gesicht geschnitten. Ob objektive oder geoffenbarte Wahrheit, Parteiausschluß oder Exkommunikation, „Kladderadatsch" oder Apokalypse, irdisches oder himmlisches Paradies: Politische Weltanschauungs–Partei und kirchliche Glaubens–Gemeinschaft glichen einander wie zwei verfeindete Brüder. Wichern und Marx nahmen denn auch gegenüber dem vermeintlich erlösungsbedürftigen Proletariat die gleiche Grundhaltung ein. Keiner von beiden traute den Arbeitern zu, ihr Leben selbst in die Hand zu nehmen. Von sich aus konnte das Proletariat weder christliche Glaubensgewißheit noch sozialistisches Klassenbewußtsein erlangen. Beide mußten ihm von außen gebracht werden – durch „Sendboten des Glaubens" oder

---

149 Ebd., 146.
150 Ebd., 138. Hervorhebung i.O. kursiv.
151 Ebd., 133f. und Ders., Die innere Mission (124), 182 unter Berufung auf Römer 13, 1ff.
152 Ders., Die Armenanstalt in Hamburg (1832), in: SW Bd. 4,1, Berlin 1958, 17.
153 Ders., Kommunismus (146), 150.
154 Ebd., 140.
155 So der Stadtpfarrer von Heilbronn, R. Lauxmann, in: Reden und Predigten der inneren Mission und Diakonie, hg. v. Th. Schäfer, Bd. 2, Hamburg 1876, 71.

Agitatoren[156]. Sowohl aus der Perspektive christlicher wie aus dem Blickwinkel sozialistischer Heilsgewißheit erschienen die Arbeiter damit weniger als Bedürftige denn als Erziehungs–Bedürftige.

Auf die gleiche Weise wie in der Vorstädten der „Zivilisationshochburgen" entfaltete sich das „Projekt der Moderne" in den „Vorposten" der „Kulturnationen". Wie wichtig die Kultur–Missionare ihre weltweiten Entwicklungs–(hilfe)programme nahmen, bewies dabei nicht zuletzt die Art und Weise, mit der sie ihre „zivilisatorische Mission" vor ihren eigenen „wilden Rangen" rechtfertigten. Der folgende Auszug aus einem Schulbuch des Jahres 1910 bietet daher nicht zuletzt ein warnendes Beispiel an die Adresse kindlicher Faulpelze[157]:

„Als unsre Kolonien vor Jahren
Noch unentdeckt und schutzlos waren,
Schuf dort dem Volk an jedem Tage
Die Langeweile große Plage,
Denn von Natur ist nichts wohl träger
Als so ein faultierhafter Neger.
Dort hat die Faulheit, das steht fest,
Gewütet fast wie eine Pest.
Seit aber in den Kolonien
Das Volk wir zur Kultur erziehen
Und ihm gesunde Arbeit geben,
Herrscht dort ein reges, muntres Leben!"

Wie man sieht, ist der Text bei weitem nicht so kindisch, wie sein Fundort nahelegt. Max Möllers „große Kiste" steht vielmehr in derselben Lagerhalle desselben Weltkonzerns wie Gontscharows chinesische „Truhe". Auch ihr Inhalt wird binnen kurzem verarbeitet werden. Das erste Gebot aller Kulturmission lautete nämlich: Du sollst nicht faulenzen! Selbst die Katholische Kirche führte unter dem „Kreuz des Südens" die Insignien „protestantischer Ethik". In Afrika zeigte ihr Siegel „das Kreuz – Hacke und Schaufel im Hintergrund, und darunter die Worte 'Cruce et Labore'"[158]. Eine vergleichbare Frohbotschaft verkündete das Emblem des RVKD: Es zeigt den frontalen Schattenriß eines Mannes, der in der Rechten einen Spaten und in der Linken einen Baumsetzling trägt. Der

---

156 Vgl.: K. Marx, Zur Kritik der Hegelschen Rechtsphilosophie, in: MEW 1, Berlin/Ost 1972, 391, wo das Proletariat als „Herz", die (eigene) Philosophie als „Kopf" der Arbeiter–Emanzipation erscheint, die den „Blitz des Gedankens" in den „naiven Volksboden" schleudert.
157 Max Möller, Die große Kiste, oder was uns die Kolonien bringen, zit. n.: Helmut Fritz, Negerköpfe, Mohrenküsse. Der Wilde im Alltag, in: Thomas Theye (Hg.), Wir und die Wilden, (Reinbek 1985), 141.
158 Renate Hücking und Ekkehard Launer, Aus Menschen Neger machen, (Hamburg 1986), 92.

Schlüssel zum Kleingartenparadies glich damit dem Schlüssel zum himmlischen Paradies auf verblüffende Weise. Auch der Schlüssel zum „Paradies der Werktätigen" sah täuschend ähnlich aus: Hier schlossen „Hammer und Sichel" die Pforten auf. Wie groß die Unterschiede zwischen Christen, Kleingärtnern und Kommunisten daher auch immer (gewesen) sein mochten, Arbeit galt allen als Passepartout des Glücks.

Auf diesem Fetischcharakter der Arbeit(smoral) beruhte nicht zuletzt die positive Einstellung der Sozialisten zur überseeischen Kolonisation. Schon Friedrich Engels hatte bekanntlich die amerikanischen Annexionen im Gefolge des Mexikanischen Krieges und des Diktatfriedens von Guadelupe Hidalgo mit panegyrischen Worten gerechtfertigt. Nach seiner Meinung wurde der Krieg von den USA nämlich „einzig und allein im Interesse der Zivilisation geführt (...). Oder ist es etwa ein Unglück, daß das herrliche Kalifornien den faulen Mexikanern entrissen ist, die nichts damit zu machen wußten? daß die energischen Yankees durch die rasche Ausbeutung der dortigen Goldminen die Zirkulationsmittel vermehren, an der gelegensten Küste des stillen Meeres in wenig Jahren eine dichte Bevölkerung und einen ausgedehnten Handel konzentrieren, große Städte schaffen, Dampfschiffsverbindungen eröffnen, eine Eisenbahn von New York nach San Francisco anlegen, den Stillen Ozean erst eigentlich der Zivilisation eröffnen, und zum dritten Mal in der Geschichte dem Welthandel eine neue Richtung geben werden? Die 'Unabhängigkeit' einiger spanischer Kalifornier und Texaner mag darunter leiden, die 'Gerechtigkeit' und andere moralische Grundsätze mögen hie und da verletzt sein; aber was gilt das gegen solche weltgeschichtlichen Tatsachen?"[159].

Die Unterscheidung zwischen fortschrittlichen Völkern, „reaktionären Völkern" und „Völkerabfällen" gehörte denn auch von Beginn an ebenso zum pseudo-analytischen Instrumentarium des „wissenschaftlichen Sozialismus" wie der Kampf-Begriff kriegerischer Kultur-Mission[160]. Wenn Eduard Bernstein den „Wilden" in der Folge nur ein „bedingtes Recht (...) auf den von ihnen besetzten Boden" einräumte und im Zweifelsfall der „höheren Kultur" auch das „höhere Recht" zuerkannte[161], erwies sich der Erz-Revisionist zumindest in der Kolonialfrage als ebenso „päpstlich" wie der rote „Kirchenvater".

Wie bei Engels hinter der Charaktermaske des sozialistischen Theoretikers der bürgerliche Textil-Unternehmer hervorschaute, spiegelte das marxistische Entwicklungsmodell der ökonomischen Gesellschaftsformationen allenthalben

---

159 F. Engels, Der demokratische Panslawismus, in: MEW 6, Berlin/Ost 1976, 273f.
160 Siehe: Ders., Die auswärtige deutsche Politik und die letzten Ereignisse in Prag, in: MEW 5, Berlin/Ost, 202 und Ders., Der magyarische Kampf, in: MEW 6, Berlin/Ost 1973, 172 u. 176.
161 Bernstein (138), 180.

die Muttermale des liberalen Fortschrittsbegriffs. Die Kritik, die die SPD an der Kolonialpolitik des Deutschen Reiches übte, beschränkte sich infolgedessen stets auf ihre mehr oder minder anfechtbaren Modalitäten. Der Blick, mit dem die sozialdemokratischen Reichstagsabgeordneten die „Wilden" in den Schutzgebieten wahrnahmen, fiel folglich stets von oben auf sie herab – vom „Hohen Haus" auf die Hütte, von der „Zivilisationshochburg" auf den Kral. Wenn Wilhelm Liebknecht am 4.3.1885 das Kolonialwesen zum untrennbaren Bestandteil der menschlichen Kultur erhob und in diesem Zusammenhang die mediterrane Kolonisation der griechischen Stadtstaaten, die Kolonisierung Amerikas und die Besiedlung Australiens als „großartige Kulturarbeiten" feierte, brachte er diesen partei- und klassenübergreifenden Hochmut des „Hohen Hauses" prägnant zum Ausdruck. Sorge bereitete ihm nicht das Schicksal der unteritalischen Samniten, der Indianer oder der Aborigines, sondern einzig und allein der durch die Kolonisierung möglicherweise hervorgerufene „Export der sozialen Frage". Im Gegensatz zu konservativen und liberalen Kolonialenthusiasten sah der Redner im Inland weder „Überbevölkerung" noch „Überproduktion", sondern proletarische Unterkonsumtion. Anstelle der extensiven, kolonialen Expansion forderte Liebknecht daher eine intensive nationale Entwicklung[162]. Wie sehr die Partei es daher auch grundsätzlich begrüßen mochte, daß die „wilden" Völker, wie Wilhelm Hasenclever sich ausdrückte, durch „die Intervention (...) der Kulturvölker" auf die Dauer „bedürfnisvoller gemacht" würden, kam es ihr doch vor allem drauf an, die deutschen Arbeiter „konsumtionsfähiger" zu machen[163]. Das laubenkoloniale Engagement der Reformisten beruhte denn auch nicht zuletzt auf dieser halb patriotischen, halb organisationspatriotischen[164] Prioritätssetzung. So führte August Bebel am 21.3. 1903 im Reichstag aus, „wenn das Reich größere Aufwendungen für Kolonisation machen wolle, könne es Gelegenheit im Innern Deutschlands wesentlich billiger und mit mehr Vorteil haben, denn es gebe im Reiche noch recht weite Strecken, die nahezu unbebaut seien, die aber sehr wohl urbar gemacht und in kleine Paradiese umgewandelt werden könnten, wenn die erforderlichen Mittel aufgewendet würden"[165]. Seiner Meinung nach war es „nur eine Frage des Arbeitsaufwandes, um die weiten Sandstrecken der Mark, des 'heiligen Deutschen Reiches Streusandbüchse', in ein Eden an Fruchtbarkeit zu verwandeln"[166]. Auch wenn der Parteivorsitzende das Schlüsselwort Kleingarten

---

162 Zit.n.: Gustav Noske, Kolonialpolitik und Sozialdemokratie, Stuttgart 1914, 34f. Grundsätzlich zur Kolonialpolitik der SPD: Horst Gründer, Geschichte der deutschen Kolonien, 2. Aufl. München u.a. (1991), 73–77.
163 Zit.n.: Noske (162), 150.
164 Groh (133), 59 u. 573.
165 Zit.n.: Noske (162), 150.
166 August Bebel, Die Frau und der Sozialismus, Berlin 1974, 456.

nicht verwandte, nach Lage der Dinge und Zeitpunkt der Äußerung fielen seine „kleinen Paradiese" mit den Berliner Laubenkolonien zusammen.

In gewisser Weise trug selbst der in der sozialdemokratischen Subkultur vor(weg)genommene Aufbau des „Zukunftsstaates" laubenkoloniale Züge. Wie sich die Hortikultur nach und nach in die Wildnis einbildete und sie Spatenstich für Spatenstich erschloß, errichtete auch die Subkultur Stein für Stein neue „organisationspatriotische" Stützpunkte im arbeiterfeindlichen Vaterland. Mit beiden Beinen auf dem „Boden der Gesetzlichkeit" ging es so der „Neuen Zeit" entgegen, bis man eines schönen Tages bei der „Neuen Heimat" ankam. Das auf der folgenden Seite wiedergegebene Selbst-Bild der 1912 erfolgten Gründung der gewerkschaftlich-genossenschaftlichen Lebensversicherung Volksfürsorge[167] zeigt die „Zukunftsstaatsmänner" in Aktion – Schrebergärtner.

Im Endeffekt reduzierte sich das Schicksal der „Wilden" im In- und Ausland für die Sozialdemokraten auf die „Hebung der Eingeborenenkulturen" und ihre „wirtschaftliche Aufwärtsbewegung"[168]. Was sie von Männern wie Bismarck, Woermann und „Hänge-Peters" unterschied, war bloß der kolonialpolitische Weg, nicht das entwicklungspolitische Ziel. Die mehrheits-sozialdemokratische Kritik an der deutschen Kolonialpolitik hat Gustav Noske in diesem Sinne zusammengefaßt: „Anstatt die in Besitz genommenen Länder aus sich heraus zu entwickeln und die Eingeborenen allmählich zu höheren Produktionsformen emporzuführen, wurde versucht, den Naturkindern ganz rasch Wirtschaftsformen aufzuzwingen, die unvereinbar waren mit dem Stande ihrer Kultur (...). Nicht erzogen wurden die Eingeborenen, sondern man spannte sie in einen Streckapparat, um sie gewaltsam der kapitalistischen Schablone anzupassen"[169].

Was Noske und seine Parteifreunde störte, war daher weniger die „kapitalistische Schablone" als die Art ihrer Einführung. Als geschichtliche Vorstufe des Sozialismus war ihnen der Kapitalismus – zumindest vorübergehend – genauso „sakrosankt" wie Marx und Engels[170]. Insofern bedeutete die Einführung des Kapitalismus in den Kolonien unzweifelhaft einen Fort-Schritt in die richtige Richtung. Der von Noske strapazierte Gegensatz von Eroberung und Erziehung, „Streckapparat" und „pädagogischer Maschine", erwies sich vor diesem Hintergrund als nachrangig. Auch Schreber hatte den seinerzeit weit verbreiteten ortho-pädagogischen Zwangs-Apparaten weitgehend abgeschworen und blieb

---

167 Entnommen aus: Der wahre Jacob 31 (729) (1914), 8383.
168 Noske (162), 213.
169 Ebd., 159.
170 Vgl. den Panegyrikus auf die „Epoche der Bourgeoisie" und ihre zivilisatorischen Leistungen bei: K. Marx und F. Engels, Manifest der Kommunistischen Partei, in: MEW 4, Berlin/Ost 1972, 463–467.

Ursprünge des modernen Kleingartenwesens

Rotkoller.

Der Büttel: Vorläufig kann ich leider nichts dagegen machen; aber wenn das Ding etwa rote Früchte tragen sollte, dann — — — —!

Schreberland „Zukunftsstaat"

doch ein Prokrustes von hohen Graden. Sein „Geradhalter" verlieh den Kindern genausowenig Rückgrat wie die von seinem Erfinder verworfenen „Osteoklasten", er brach es ihnen bloß auf elegantere Weise. Noskes „Naturkindern" mochte der pädagogische Systemunterschied zwischen dem „Eisernen Kanzler" und dem oppositionellen „Softie" von daher geringer erscheinen als ihrem selbsternannten „weißen Vater" in Berlin, zum Curriculum wurde ihr Lebensweg auf jeden Fall.

4. Die Kleingartenbewegung im Großraum Hamburg bis zum Vorabend des Ersten Weltkriegs.

4.1. Im Anfang war die Tat – doch gleich danach kam der Buchhalter.

Im Gegensatz zur „Schreberstadt Leipzig" und der „Laubenkolonialmetropole" Berlin zählte die Hansestadt Hamburg weder zu den strukturbildenden Kristallisationskernen noch zu den anerkannten Vororten der deutschen Kleingartenbewegung. Im Einzugsgebiet der vier Quellströme des Kleingartenparadieses bildete die Elbe insofern – trotz Campes „pädagogischer Insel" Billwerder – bloß einen einfachen Nebenfluß. In vieler Hinsicht erscheint Hamburg daher als laubenkolonialer Normalfall. Während die bisher dargestellten Kleingärten in gewisser Weise zugleich historisch-systematische Idealtypen darstell(t)en, zeigt die Kleingartengeschichte Hamburgs vor allem die Gemengelage ihrer Realtypen.

Wie wichtig Campes „Billwerder Paradies" daher für die Vorgeschichte der auch in Hamburg aufgegriffenen Schrebergartenidee gewesen sein mochte, für die Entstehungsgeschichte der Groß-Hamburger Kleingartenbewegung war das Jahr 1778 bedeutungslos. In der Tat gehörte das „Billwerder Paradies" noch ganz der seit Anfang des 16. Jahrhunderts entstandenen Hamburger Garten- und Landhauskultur an, die ihrerseits die seit dem 13. Jahrhundert nachweisbaren horti extra muros ablöste[1]. Während die mittelalterlichen horti allerdings in erster Linie als Gemüse-, Obst- und Gewürzkräutergärten genutzt wurden, da bis zum Ende des 16. Jahrhunderts so gut wie keine „grüne(n) Waren" vermarktet wurden, dienten die Landhausgärten fast ausschließlich als „repräsentative Freizeiträume"[2]. Noch ein Jahrzehnt nach Campes Wirken in Billwerder gehörten 49% der Gärten Hamburger Großkaufleuten und weitere 30% „Ratsmitglieder(n) (...), Händler(n) mit Wein, Gewürzen, Holz, Eisen, Tabak, weißen Waren, Seide und Rauchfleisch, (...) Makler(n) und Bankiers, (...) Zucker-, Flachs-, Knopf- und Kattunfabrikanten, sowie (...) höheren Offiziere(n) des Bürgermilitärs"[3].

---

1 Peter Gabrielsson, Zur Entwicklung des bürgerlichen Garten- und Landhausbesitzes bis zum Beginn des 19. Jahrhunderts, in: Gärten, Landhäuser und Villen des Hamburger Bürgertums. Ausstellung 29.5.–26.10.1975, o.O. o.J., 11.
2 Ebd., 11f.
3 Ebd., 15.

Diese großbürgerliche Garten- und Landhauskultur, die in der „Passions-Zeit" des Stadtsommers mit seiner schon damals sprichwörtlich „dicken Luft"[4] ihre schönsten Blüten trieb, erfuhr in den Befreiungskriegen ein abruptes Ende. Das 1806 besetzte, 1810 ins Empire einverleibte Hamburg wurde auf Befehl von Marschall Louis Nicolas Davout, dem Generalgouverneur des Départements Oberems, Wesermündung und Elbmündung, 1813 in Verteidigungszustand versetzt und erneut befestigt. Um besseres Schußfeld zu bekommen, ließ Davout die außerhalb der Befestigungen gelegenen Vorstädte, Dörfer und Landsitze abbrechen oder niederbrennen. Buchstäblich über Nacht wurde die nähere Umgebung der Stadt auf diese Weise in ein riesiges Glacis verwandelt[5]. „Von diesem Schlag hat sich das gartenfreundliche Hamburg nie so recht erholen können"[6], zumal der Pulverdampf des Krieges schon bald von den Rauchschwaden der einsetzenden Industrialisierung überlagert werden sollte.

Das Hamburger Kleingartenwesen war daher beileibe kein Ableger der untergegangenen Landhauskultur, sondern ein wilder Sproß der entstehenden großstädtischen Wohnungsnot. Eingezwängt in den von Davout erneuerten „Brustpanzer" der alten van Valckenburghschen Fortifikationen war die reiche Hammonia schon früh in die Höhe geschossen[7]. „Im Gegensatz zu England traten Städte wie Hamburg damit bereits mit einer langen Tradition eines dichten, vielstöckigen Wohnungswesens in das Zeitalter der Industrialisierung ein"[8]. Bereits zu Beginn des 19. Jahrhunderts entfielen rund drei Fünftel aller Hamburger Wohnungen auf Etagenwohnungen in Mehrfamilienhäusern[9].

Aufgrund dieser Tatsache setzten die Hamburger Kleingartenbestrebungen weit früher ein, als bisher angenommen wurde[10]. Schon im Jahre 1850 unterbreitete der in Hamburg ansässige, selbständige Buchhalter Franz August Adolf Garvens[11] der Hamburger „Patriotischen Gesellschaft" eine Manuskript geblie-

---

4 Ebd.
5 Gerhard Ahrens, Von der Franzosenzeit bis zur Verabschiedung der neuen Verfassung 1806–1860, in: Hamburg. Geschichte der Stadt und ihrer Bewohner, hg. v. W. Jochmann u. H.–D.Loose, Bd. 1, Hamburg 1982, 421–429.
6 Gabrielsson (1), 18.
7 Grundlegend hierzu: Clemens Wischermann, Wohnen in Hamburg vor dem Ersten Weltkrieg, Münster 1983, 25–31.
8 Ebd., 31.
9 Ebd., 30.
10 Vgl.: Gerhard Müller, Stein auf Stein. Eine Chronik der hamburgischen Kleingartenbewegung, (Hamburg 1958), 13 und Herbert Freudenthal, Vereine in Hamburg, Hamburg 1968, 322, die beide das Jahr 1895 angeben.
11 F. A. A. Garvens wurde am 26.1.1812 in Hannover geboren. Er besuchte die dortige Hofschule und erlernte danach die Handlung. Als ausgebildeter Commis ging er Ende 1841 nach Hamburg. Hier arbeitete er zunächst als Commis, danach als freier

bene Denkschrift, in der er neben anderen „Vorschläge(n) zur Abhülfe der materiellen Noth der ärmeren Volksclassen"[12] auch den Kleingartenbau empfahl. Der Tenor der Schrift spiegelte in erster Linie das fortwirkende Krisenbewußtsein eines etablierten „Heulers", dem die Revolutions–Furcht vor den „Wühlern"[13] selbst nach der Niederschlagung der Revolution von 1848/49 noch in den Knochen steckte. Garvens Philanthropismus beschwor daher „ebenso sehr die Menschlichkeit und die Religion, wie nicht minder die eigene Ruhe und Sicherheit"[14]. Mit seinen Vorschlägen stellte sich der Autor freilich zugleich in Gegensatz zur bloßen Reaktion, die die Wohlfahrt des Staates in erster Linie durch die „innenpolitische Prätorianergarde" des Bürgermilitärs[15] und die bis November 1850 in der Stadt stationierte preußische Garnison gewährleistet sah. Auch wenn der Verfasser davon ausging, daß die Hamburger nicht bereit seien, „den Anreizungen und Verlockungen moderner Marat's, Danton's, Robespierre's etwa zu einer zweiten Auflage des communistischen Trauerspiels zu Münster in den dreiziger Jahren des 16ten Jahrhundert's blindlings zu folgen", war er doch fest davon überzeugt, „daß das Gegentheil von all diesem eintreten (…) müsse, wenn die Machinationen unermüdlicher Umwühler durch nichts paralysiert" würden[16]. Garvens' Ziel bestand deshalb darin, die „zwischen (den) verschiedenen Classen (…) eingetretene Spannung und Spaltung schwinden (zu) machen; die zwischen Besitzenden und Besitzlosen obwaltende Kluft gleichsam (zu) überbrücken durch umfassendste Bethätigung an Werken wahrer Menschenliebe"[17]. Ein Mittel, diese „obwaltende Kluft" zu schließen, sah er in der Klein–Gartenarbeit. Mit ihrer Hilfe sollten die „Umwühler" gewissermaßen von den Grundlagen des Staates zum Staatsgrund umgelenkt werden. Hier durften und sollten sie dann nach Herzenslust „wühlen".

Buchhalter für verschiedene Kontore. 1854 erwarb Garvens das hamburgische Bürgerrecht. Er war Mitglied der PG und sporadischer Beiträger der „Hamburger Nachrichten". Quelle: StAHH. Erbschaftsamt F 1883 Nr. 39; Meldewesen A 1, Bd. 9 (1841), 401; Staatsangehörigkeitsaufsicht B I (1854/1086: Testamentsbehörden Stadt Nr. 8244.).

12 Der vollständige Titel lautete: Was thut Noth? Vorschläge zur Abhülfe der materiellen Noth der ärmeren Volksclassen. Im Manuskript der hamb. patriot. Gesellschaft zur Begutachtung mitgetheilt im J. 1850. Quelle: Lexikon der hamburgischen Schriftsteller bis zur Gegenwart, Bd. 2, Hamburg 1854, 438. Das Original ist nicht erhalten. Eine gekürzte Fassung findet sich bei: Rolf Spörhase, Bau–Verein zu Hamburg A.G., Hamburg (1940), 411–416.
13 Vgl.: Ahrens (5), 477.
14 Zit.n.: Spörhase (12), 411.
15 So: Dirk Bavendamm, „Keine Freiheit ohne Maß". Hamburg in der Revolution von 1848/49, in: Das andere Hamburg, hg. v. Jörg Berlin, (Köln 1981), 84.
16 Zit.n.: Spörhase (12), 412.
17 Ebd., 411f.

Die Anregung für seinen Vorschlag hatte Garvens aus eigener Anschauung gewonnen: „Meiner Wohnung gegenüber liegt ein Stück Landes, das früher wüste und gänzlich nicht nutzbringend war: gegenwärtig ist es ein grünes und blühendes Gemüsefeld. – Geworden ist es hiezu unter der Hand von Fabrikarbeitern in den Abendstunden der Wochentage und den Früh-Morgenstunden des Sonntags. Es ist eine wahre Lust (...), in welcher eine hohe Poesie liegt, vom Fenster aus jenen fleißigen Menschen zuzuschauen. – Gehe man Sonntags-Nachmittags z.B. auch einmal des Weges zum Altona'er Thore bis zur Dampfzuckerraffinerie. Es ist daselbst ein früher unfruchtbares Stück Landes seit einiger Zeit von s.g. kleinen Leuten in einen Gemüsegarten umgewandelt worden. Die Brust hebt sich einem vor Freude, die einzelnen Familien, – Mann, Frau und Kinder, angethan mit sauberen Hemden und reinlichen Kleidern – darin lustwandeln zu sehen. Ceres, Pomona und Flora haben hier ihren bescheidenen Sitz aufgeschlagen, nicht weit davon treibt Venus vulgivava et cloaceina ihr abscheuliches Unwesen. Ein greller Contrast!"[18].

Dieses erste Zeugnis für die Existenz Hamburger Kleingärten enthält bereits fast alle wesentlichen Elemente des späteren Kleingartenwesens. Da sind zunächst die sogenannten „kleinen Leute", die ihre Freizeit produktiv nutzen, um Ödland zu kultivieren und sich dabei selbst sittlich zu heben. Dieser Aspekt trifft nicht nur auf das erste, beim Holländischen Brook, gegenüber von Garvens' Wohnung Triepenküssen No. 4 gelegene „Kleingartenparadies" zu[19], sondern weit mehr noch auf die zweite vom Verfasser beschriebene Kolonie vor dem Altonaer, also dem heutigen Millerntor auf dem Gebiet der damaligen Vorstadt St. Pauli. Bei der von Garvens erwähnten Dampfzuckerraffinerie handelte es sich demnach um die, an der Hafenstraße gelegene, „ehemalige Zuckersiederei von 1848"[20]. Der Griebens Reiseführer von 1850 beigegebene Stadtplan situiert diese Dampfmühle nordwestlich des alten Hornwerks[21]. Irgendwo hier, im westlichen Vorfeld der seit 1819 endgültig entfestigten und Zug um Zug in einen Grünring umgewandelten Wallanlagen[22], müssen diese ersten, nachrichtlich erwähnten Hamburger Kleingärten zwischen Elbe und Reeperbahn gelegen haben.

Ort und Zeit sind aus mehreren Gründen bedeutungsvoll: Zum einen befanden sich die Gärten außerhalb der eigentlichen Stadt im vorstädtischen Stadt-

---

18 Ebd., 412f.
19 Hamburgisches Adressbuch für 1850, 85.
20 W. Melhop, Historische Topographie der Freien und Hansestadt Hamburg, Hamburg 1895, 237.
21 Siehe den Stadtplan in: Neuester Wegweiser durch Hamburg und seine Umgebungen, 3. Aufl. Berlin 1850.
22 Michael Goecke, Stadtparkanlagen im Industriezeitalter. Das Beispiel Hamburg, Hannover–Berlin (1981), 17–21.

randgebiet, zum anderen im Einzugsbereich eines bereits vorhandenen, öffentlichen Grünzugs, der ihrer Existenz einen gewissen städtebaulichen Schutz gewährte. Nicht zuletzt aber harmonierte das Auftreten der Gärten mit dem allgemeinen Selbsthilfeboom der Reaktionszeit[23], der den erzwungenen Rückzug der „kleinen Leute" aus der „großen Politik" auf vergleichbare Weise zum Ausdruck brachte wie der spätere „Praxisschock" des Sozialistengesetzes[24].

Was die Kleingärten auf dem Hamburger Berg aber vor allem auszeichnete, war ihre Funktion als pädagogische Provinzen. Beim Anblick solcher „Wühler" hob sich sogar einem „Heuler" die immer noch bedrängte Brust! Für Garvens war es jedenfalls eine „wahre Lust", die Arbeiterfamilien in ihren Gärten tatkräftig schaffen oder spazierengehen zu sehen. Das Genrebild der Kleingärten erhielt damit die Züge eines großstädtischen Kontrastbildes. In der Tat war St. Pauli auch damals schon das sprichwörtliche „St. Liederlich"[25], der Hamburger Berg ein wahrer Venusberg, zu dem es die Nachfahren Tannhäusers immer aufs Neue hinzog. Hier herrschte die ausschweifende venus vulgivaga[26] und die ursprünglich dem stadtrömischen Lustrationskult zugehörige venus cloacina[27]. Ihrem „abscheulichen Unwesen" sollte das Kleingartenwesen steuern. Unter der Hand wurde das Kleingartenidyll damit auch hier zum Familienidyll, in dem selbst die Arbeiter bürgerliche Wohlanständigkeit zelebrierten. Hier reizten nicht die käuflichen Apfel-Brüste der Venus, sondern der selbstgezogene Boskop der heimischen Pomona! Hier blühte nicht der Weizen des Venusberges, sondern das Brotgetreide der biederen Ceres! Hier lockte nicht die Venusfliegenfalle der Ausschweifung, sondern das traute Vergiß-mein-nicht der Flora (mater)! Die einzige Lust, die hier gebüßt wurde, bestand folglich im Lustwandeln.

Die am Schluß der Denkschrift aufgeführten Verbesserungsvorschläge atmeten denn auch bereits den Geist der späteren Städte- und Wohnungsbaureformvorstellungen. Neben der „Verbesserung der schon bestehenden Wohnungen" und dem Neubau „billige(r), gesunde(r) und bequeme(r) Wohnungen für die unbemittelten und ärmeren Classen" regte Garvens die „Nutzbarmachung brachliegender Ländereien", das „Heimischmachen bisher nicht genug bekannter Gemü-

---

23 Ulrich Bauche, „Die Arbeitskraft, die wollen wir auf den Thron erheben!", in: „Wir sind die Kraft". Arbeiterbewegung in Hamburg von den Anfängen bis 1945, Hamburg 1988, 27.
24 Werner Jochmann, Handelsmetropole des Deutschen Reiches, in: Hamburg (5), Bd. 2, 46.
25 Hans-Werner Engels, „Wo ein St. Paulianer hinhaut, wächst so leicht kein Gras wieder". St. Pauli und die Revolution von 1848/49, in: Das andere Hamburg (15), 94.
26 Das Epitheton heißt richtig vulgivaga. Siehe: K. E. Georges, Kleines Lateinisch-Deutsches Handwörterbuch, 3. Aufl. Leipzig 1875, Sp. 2666.).
27 Das Epitheton heißt richtig cluacina bzw. cloacina. Siehe: Ebd., Sp. 430.

searten", die „Acclimatisation fremdländischer Nutztiere", die „Verwendung wildwachsender Vegetabilien zu menschlicher Nahrung" und die „Errichtung einer Versuchs–Land– und Gartenbau–Wirtschaft" an, wobei er es nicht versäumte, zu guter Letzt die „Verminderung der Zahl der Destillationen, Schenkkeller, Schenkwirtschaften" anzumahnen[28].

Theoretisch liegt das alles, fast janusköpfig und gleichsam der Jahrhundertmitte entsprechend, zwischen merkantilistischer Landeskultur der Vergangenheit und bürgerlicher Wohnungsbaupolitik der Zukunft, Wohlfahrtspolizei und Sozialreform. Die erste ist noch, die zweite schon da. Vorherrschende Grundhaltung bleibt gleichwohl die ältere, sozialpatriarchalische Einstellung: „Die Armuth ist träge, einsichtslos, rathlos, unbeholfen. Jedes Zeitalter, jedes Land bezeugt diesen Charakter der Armuth. – Ist aber dieses wahr und steht nicht minder psychologisch fest, daß der Arme selten nur *selbst* aus seiner Noth sich emporrafft (...), dann ist auch den Bemittelteren klar vorgezeichnet, was sie zu tun haben. – Sie müssen die Obsorge für die Armen übernehmen; nicht durch übel angebrachte Sympathie und Almosen, sondern mit anregender und anleitender Intelligenz. Die Sehenden müssen den Blinden vorangehen, die Trägen und Indolenten dem Impuls der Thatkräftigen folgen"[29].

Obwohl die Stellungnahme einer von der Deliberationsversammlung der PG gewählten gutachterlichen Kommission zugunsten der Denkschrift ausfiel[30] und insbesondere an den agri– und hortikulturellen Vorschlägen nichts auszusetzen fand, wurde ihre Umsetzung offenbar nie ernsthaft in Erwägung gezogen. Ein 1854 verfaßter zweiter Kommissionsbericht griff die Initiative zwar noch einmal auf, enthielt aber keine gartenbaulichen Elemente mehr[31]. Auch wenn die Vorschläge von Garvens infolgedessen Episode blieben, bildeten sie doch eine denkwürdige theoretische Vorwegnahme der mehr als ein halbes Jahrhundert später entstandenen Familiengärten der „Patriotischen Gesellschaft".

4.2. Wilhelminisches Kleingartenpanorama oder Wie man fast alle Idealtypen des deutschen Kleingartens in der Hamburger Realität wiederfinden kann.

Was aus den von Garvens beschriebenen „bescheidenen Sitzen" der Ceres, Pomona und Flora wurde, wissen wir nicht. Aufgrund ihrer Lage wird man die

---

28 Zit.n.: Spörhase (12), 415.
29 Zit.n.: Ebd., 413. Hervorhebung bei Spörhase gesperrt.
30 Abgedruckt in: Ebd., 417–421.
31 Vgl.: Ebd., 11–18 u. 33.

Überlebensfähigkeit der Gärten freilich nicht sehr hoch einschätzen. In der einsetzenden Epoche der Industrialisierung und Urbanisierung huldigten der senatus populusque Hamburgensis dem jungdynamischen, kommerziellen Merkur und nicht (mehr) den alternden Grazien der Agri- und Hortikultur. Deutliche Anzeichen für einen neuen Trend zur Bodenverbundenheit lassen sich erst wieder in den 90er Jahren erkennen. Kleingartengeschichtlich markiert der Ausgang des 19. Jahrhunderts daher den Übergang vom Episodischen zum Epochalen. Der Großraum Hamburg überschritt in diesem Jahrzehnt die Grenze zur Millionenstadt[32] und bildete nach Groß-Berlin den zweitgrößten industriellen Ballungsraum des Reiches aus. Obwohl im Wohnbestand zunächst noch die überkommenen Gängeviertel, Terrassen und Wohnhöfe vorherrschten, entwickelte sich auch Groß-Hamburg mehr und mehr zur Mietskasernenstadt[33]. Doch diese Tendenzen zur Vergrößerung und Verdichtung kennzeichnen bereits die 70er und 80er Jahre. Die Korrelation von Groß-Stadt und Klein-Garten bleibt insofern abstrakt. Ein Blick auf die Hamburger Bevölkerungsentwicklung im letzten Drittel des Jahrhunderts erlaubt gleichwohl einige aufschlußreiche Zuordnungen. Grundkennzeichen des Bevölkerungswachstums nach der Reichsgründung war auch hier die Zunahme durch Zuwanderung[34]. Sie erfolgte zunächst als Nahwanderung aus Niedersachsen, Schleswig-Holstein und Mecklenburg, später als Fernwanderung aus dem preußischen Osten und Russisch-Polen. Wie in Berlin scheint diese neue Bevölkerungsgruppe, die die Alteingesessenen schon bald an Zahl übertraf, dem sich ausbreitenden Kleingartenwesen auch hier einen kräftigen Impuls vermittelt zu haben. Der Hamburger Journalist Max Willer sah die Hauptförderer der hanseatischen Laubenkolonien jedenfalls in zugewanderten Sachsen und Thüringern, die den Schrebergarten bereits in ihrer Heimat kennen und lieben gelernt hatten[35].

Parallel zur ländlichen Nah- und Fernwanderung entwickelte sich eine starke städtische Randwanderung, die die zentripetale Verdichtung zentrifugal auflokkerte. Sie erfaßte ab 1880 Alt- und Neustadt, ab 1900 die Vorstädte St. Georg und St. Pauli. Beschleunigt wurde diese Verdrängung durch die City-Bildung, den Freihafenausbau und die nach der Cholera-Epidemie von 1892, wenn auch zögernd, einsetzende Sanierung einzelner Gängeviertel[36]. Insbesondere die Cholera-Epidemie, die Deutschlands „Tor zur Welt" für mehr als 8.000, meist

---

32 Ilse Möller, Hamburg, (Stuttgart 1985), 72.
33 Siehe hierzu: Wischermann (7), 134.
34 Möller (32), 71ff. und Jochmann (24), 27f.
35 Max Willer, Die Schrebergarten-Bewegung in Hamburg, in: „Neue Hamburger Zeitung" v. 22.2.1913. Ähnlich: Wilhelm van der Smissen, Die Landwirtschaft auf der Hamburger Geest, Hannover (1908), 2.
36 Möller (32), 74–85 und Wischermann (7), 94–113.

ärmere Mitbürger über Nacht in ein Tor zur Unterwelt verwandelt hatte, trug im Verein mit der seit Mitte der 90er Jahre einsetzenden letzten Wohnungsnot vor dem Ersten Weltkrieg dazu bei, daß die Wohnungsfrage um die Jahrhundertwende in den Mittelpunkt der Hamburger Kommunalpolitik rückte[37]. Obwohl das Honoratiorenparlament der Hansestadt bemüht war, dieser Entwicklung durch die Verabschiedung des Bebauungsgesetzes von 1892, des Kleinwohnungsbaugesetzes von 1902, der Wohnungspflegegesetznovelle von 1907 und dem Baupflegegesetz von 1912 zu steuern, stellten die Abgeordneten die private Produktion der Stadt mit ihrer „uniformen Mietshausbebauung an einem recht zufällig gewachsenen Straßennetz"[38] nicht grundsätzlich in Frage. Im Gegenteil: Als die Sozialdemokraten, die seit 1890 alle drei Hamburger Reichstagsabgeordneten stellten, ab 1901 trotz des plutokratischen Zensuswahlrechts auch in der Bürgerschaft Fuß faßten, oktroyierte das zur Hälfte von „Notabeln" und „Hausagrariern" besetzte Parlament den bekannten „Wahlrechtsraub" von 1906[39]. Wie gern die alten Eliten auch sonst als humanistisch gebildeter senatus populusque firmieren mochten, ein Volkstribunat – und sei es selbst das des biederen Otto Stolten – stand für die Bildungs-Bürger nicht zur Debatte. Polis hieß für die spätestens seit dem Zollanschluß zunehmend „borussifizierte" Führungsschicht[40] etymologischerweise zunächst einmal Polizei. Die einzige moderne Leistungsverwaltung, die Hamburg um die Jahrhundertwende aufbaute, lag denn auch tatsächlich – im Sicherheitsbereich[41].

In diesem Spannungsfeld zwischen urbaner Zusammenballung und Ausdehnung, quantitativem Wohnungsmangel und qualitativen Wohnungsmängeln, zugewanderten Landleuten und eingesessenen Städtern, steigendem Problembewußtsein einer wachsenden Arbeiterbevölkerung und sozialpolitischer Statusquo-Verteidigung einer zahlenmäßig immer exklusiver werdenden Führungsschicht müssen die in den 90er Jahren vielfach nachweisbaren Kleingärten in den vorhandenen Baulücken, den Rest- und Ruderalflächen, vor allem aber an den immer stärker zersiedelten Stadträndern entstanden sein. Eine zugleich notwendige und hinreichende Bedingung für das Aufkommen des Hamburger Kleingartenwesens bieten diese Bestimmungselemente freilich nicht – auch nicht in Abgrenzung zu den voraufgegangenen Jahrzehnten. So bleibt allein ihr Anwachsen

---

37 Ebd., 82.
38 Möller (32), 45.
39 Vgl.: Richard J. Evans, Wahlrechtsraub, Massenstreik und Schopenstehlkrawall, in: Das andere Hamburg (15), 162–180.
40 Zum Bewußtseinswandel der Führungsschichten: Jochmann (24), 30–35 und Helga Kutz-Bauer, „Der Bahn, der kühnen, folgen wir, die uns geführt Lassalle", in: „Wir sind die Kraft" (23), 38.
41 Jochmann (24), 95f.

und mit ihm zugleich das Wachstum der in spontaner Selbsthilfe entstandenen Gärten. Diese Kumulation läßt die Kleingärten um die Jahrhundertwende denn auch letztendlich weniger auftreten als in das öffentliche Bewußtsein eintreten. Die Quellen, aus denen wir in der Folge schöpfen, liegen insofern keineswegs, wie ihr Name suggeriert, am Ursprung, sondern mitten im „Strom der Geschichte".

4.2.1. Wilde Wurzel und erste Domestizierung(sversuche): Der Aufschwung des Hamburger Kleingartenwesens um die Jahrhundertwende.

Aller Anfang ist wild – ob in der Kultur– oder in der Hortikulturgeschichte. Die wichtigste Gestalt der laubenkolonialen Frühzeit ist daher nicht der patriarchalische Unternehmer, der bildungsbürgerliche Philanthrop oder der kommerzielle Generalpächter, sondern der einzelne Kleingärtner. Die späteren Kleingartenfunktionäre haben seine Initiative mit dem theoretischen Modell einer partiellen „Rückkehr zur Natur" oder eines generellen „Naturtriebs zur Scholle" erklärt. Die Entstehung des Kleingartens erhielt damit einen gleichsam naturwüchsigen Charakter, die ihn bedingende und zugleich stets aufs Neue bedrohende Großstadt den Gegenpart künstlicher Unnatur zugeschrieben. Auch wenn diese Deutung die Tatsache, daß der Kleingarten – wie jeder Garten – nur ein künstliches Paradies darstellt(e), geflissentlich übersah, enthielt das Aufkommen städtischer Laubengärten einen unverkennbar naturwüchsigen Kern: erstens aufgrund seiner spontanen Bewegungsform, zweitens aufgrund seiner anti–urbanen Stoßrichtung, die dem Kleingarten im Rahmen des sich verschärfenden Stadt–Land–Gegensatzes eine mittlere, ja vermittelnde Zwischenstellung zuwies, die das Land in die ins Umland hinauswachsende Stadt von neuem einbildete, und drittens aufgrund des hohen, von Willer und van der Smissen auch für Hamburg bezeugten, Anteils ländlicher Zuwanderer an der Koloniepopulation. Wie manche Zug– oder Strichvögel für die Verbreitung bestimmter Pflanzensamen sorgen, popularisierten diese Wander–Vögel der Urbanisierung den Gedanken des Deputat–, des Garten– und Kleinpachtlandes. Das Kleingartenwesen erscheint daher – zumindest teilweise – als Import–Produkt einer an die städtischen Lebensverhältnisse zunächst nur oberflächlich angepaßten ländlichen Lebensform. Seine erstaunliche, dem städtebaulichen Verdrängungsdruck widerstehende Zählebigkeit entspringt daher nicht zuletzt einer gleichsam transponierten Bodenständigkeit.

Eine ähnliche Wirkung wie die ländliche Zuwanderung entfaltete die städtische Größenausdehnung. Subjekt und Objekt tauschten in diesem Zusammenhang nur die Plätze: Zogen dort die Bauern und Landarbeiter in die Stadt, kam hier die Stadt zu den Bauern und Landarbeitern. Der urbane Expansionsschub mit seinen steigenden Bodenpreisen zersetzte die Land- und Weidewirtschaft des Umlandes und verwandelte die alten Vollerwerbs- in Neben- und Zuerwerbsbetriebe, die Höfe in Resthöfe. An die Stelle des Ackerbaus traten Wohnungs- und Straßenbau. Zugleich blieben in den strukturellen und konjunkturellen Rest- und Randflächen allenthalben bestimmte Kleinformen einer residualen, halb bäuerlichen, halb städtischen Pacht-Landwirtschaft bestehen. Die Übergänge von diesen Betriebsformen zu reinen Nebenerwerbs- und Freizeitbeschäftigungen waren fließend, da nicht zuletzt das aufkommende Kleingartenwesen diesen Trend weiter ausdifferenzierte. In vielen Stadtrandgebieten hat die Laubenkolonisation infolgedessen als „Queller" der städtischen Landnahme gewirkt. Hansen und Sottorf haben diesen Vorgang und seine Folgen für die preußische Gemeinde Lokstedt wie folgt beschrieben: „Einst suchte man die Schreber. Die Rute brachte bei landwirtschaftlicher Ausnutzung höchstens 30 Pfennig, bei Schreber-Verpachtung vor dem Kriege 60 Pfennig. Was lag da näher, als daß die Bauern lieber verpachteten. (...). Heute, wo die Terrains meist baureif sind, und große Gewinne abwerfen könnten, kann man die Schreber nicht wieder los werden. Eine zeitgemäße Pacht zahlen sie nicht. Das verbietet das Kleingarten-Gesetz. (...). In Neu-Lokstedt, am Döhrn, am Hagendeel sind riesige Schreber-Kolonien entstanden, welche ohne jede Steuerleistung die Bebauung hindern[42].

Eingesetzt hatte dieser Kolonisationsprozeß in den 80er und 90er Jahren. Bereits 1895 zählte die land- und forstwirtschaftliche Betriebsstatistik des hamburgischen Staates 2.112 Kleinbetriebe[43]. Was dabei echtes Laubenland, was bloßes Kartoffelland, was Neben- oder Zuerwerbsbetrieb, was kommerzielles Weideland städtischer Milchhändler oder Bierbrauer war, läßt sich heute nicht mehr feststellen. Unstrittig ist dagegen, daß sich in Hamburg um die Jahrhundertwende nicht nur in allen Vororten, sondern auch auf unbebauten Landflächen der Stadt am Isebekkanal, am Schäferkamp, am Berliner Tor und an der Bürgerweide eine beträchtliche Fülle von Kleingärten befand: „Es handelt sich hier um ganz kleine Flächen von bis 5 a Größe (...), auf denen sich kleine und mittlere Beamte, Gewerbetreibende und Arbeiter, welche vielleicht die Liebe zur Gartenarbeit aus ihrer ländlichen Heimat mitgebracht haben, ihre Kartoffeln und ihr Gemüse bauen (...). Die Laubenhalter errichten sich auf ihrem Stückchen Land eine kleine Hütte als Ruheplatz und als sonntäglichen Aufenthalt der Familie (...). Einige halten sich Kaninchen oder sogar Hühner (...), ja selbst

---

42 Adolph Hansen u. Rudolf Sottorf, Die Kollauer Chronik, Bd. 1, Lokstedt 1922, 441f.
43 van der Smissen (35), 9ff.

Schweine oder Ziegen. (...). Entweder man pachtet das Land direkt oder durch Vermittlung eines Generalpächters. An Pacht wird für solche Parzellen je nach der Lage 2 - 4 Mk. für die 'Landrute' (= 4 Quadratruten zu 16 Fuß oder 1/120 ha) bezahlt. Der Generalpächter (...) zahlt etwas weniger, da er noch Verluste für anzulegende Wege hat und das Risiko trägt. Es wird übrigens auch darüber geklagt, daß einige Generalpächter die günstige Lage des von ihnen gepachteten Landes ausnutzen und den Laubenbesitzern bis zu 8 Mk. für die Landrute abnehmen. Für den Grundbesitzer bedeutet die Laubenverpachtung eine sehr günstige Einnahme; bei der verhältnismäßig niedrigen Pacht von 2 Mk. für die Landrute erzielt er aus dem Hektar einen baren Gewinn von 240 Mk. Aber auch der Laubenkolonist kommt, wenn er nicht überteuert wird, gut auf seine Kosten, falls er seine eigene Arbeit nicht berechnet und die Hütte als Luxusanlage zu seinem Vergnügen ansieht"[44].

Ob der Laubenkolonist „auf seine Kosten" kam, wenn sein Arbeitsaufwand nicht bilanziert werden durfte und die zugleich als Unterschlupf und Geräteschuppen dienende „Hütte" als „Luxusanlage" abgeschrieben werden mußte, war in der Tat die Frage, zumal die Generalverpachtung auch in Hamburg von Beginn an umstritten war, und selbst der betont ausgewogen argumentierende van der Smissen empfahl, „Zwischenpächter nach Möglichkeit zu vermeiden"[45]. Der erste für Hamburg überlieferte Laubenpachtvertrag vom 25.6.1903 über sechs Landruten (= 500 qm) des Hammer Hofes[46] läßt die Stellung des Pächters auf jeden Fall nicht allzu resedafarben aussehen. Grundlage aller Pachtverträge vor der im Ersten Weltkrieg einsetzenden Kleingartengesetzgebung war nämlich § 903 BGB, der die Verfügungsgewalt über das Privateigentum nahezu vollständig in die Hand des Verpächters legte[47]: Die Pachtdauer betrug ein Jahr bei jederzeit möglicher Kündigung, der Pachtpreis war für die gesamte Zeit im voraus zu entrichten. Wer seine Parzelle nicht ordentlich kultivierte, Bestandteile des Pachtlandes entfernte oder Flächen ohne Erlaubnis untervermietete, büßte nicht nur die Nutzung des Landes, sondern auch den noch ausstehenden Gegenwert der Pachtsumme ein. Nur bei vorzeitiger Kündigung durch den Verpächter erhielt der Kolonist eine anteilige Rückzahlung, die freilich nicht verzinst wurde.

---

44 Ebd., 8f.
45 Ebd., 10.
46 Abgedruckt in: Ebd., 20f. Der Hammer Hof war ursprünglich der Landsitz der Hamburger Patrizierfamilie Sieveking, bevor er am 11.6.1885 von Mary Sieveking an J. Albert Breckwoldt verpachtet wurde. Quelle: StAHH. Familie Sieveking I. R 2. Der – ansonsten leider unergiebige – Bestand wurde mir freundlicherweise von Herrn Dr. Hinrich Sieveking zugänglich gemacht.
47 Vgl.: Neue Aufgaben in der Bauordnungs- und Ansiedlungsfrage. Eine Eingabe des DVfW, Göttingen 1906, 59f.

Eine Aufwandsentschädigung für die von ihm erwirtschaftete Wertverbesserung des Bodens erfolgte genausowenig wie für fruchttragende Kulturen. Die Freiheit des Pächters bestand demgegenüber darin, derartige Verträge gar nicht erst einzugehen. Dieses Recht war freilich eher eine Formalität, da Wohnungsmangel und Wohnungsmängel für einen mehr oder minder deutlichen Nachfrageüberhang sorgten. Wie ernst die Lage auf dem Wohnungsmarkt war, belegen die in dieser Zeit vereinzelt auftretenden Kleingartenbestrebungen armenpflegerisch orientierter Bürger und sozialpolitisch engagierter Unternehmer. Deren praktische Bedeutung blieb allerdings begrenzt, da städtisches Pachtland seit den 90er Jahren in zunehmendem Maße zuerst in kommerzieller Generalpacht von der Domänenverwaltung der Finanzdeputation vergeben wurde und später in gemeinnütziger, von der „Patriotischen Gesellschaft"[48]. Auch auf dem Gebiet unternehmerischer Kleingartenfürsorge lassen sich im Großraum Hamburg nur das Emaillierwerk der Firma Hermann Wuppermann im holsteinischen Pinneberg[49], ein unbekanntes Unternehmen[50] in Harburg und die New–York Hamburger Gummi–Waaren Compagnie[51] nachweisen.

Noch dürftiger waren die Resultate der Hamburger Armengartenbestrebungen, die schlicht im Entwurfsstadium steckenblieben. Obwohl die an das Armenkollegium gerichtete Eingabe des Bürgervereins St. Pauli vom 24.7.1910[52] durch den bekannten, 1908 vom Stadtkreis Posen ausgegangenen Versuch zur Wiederbelebung der Armengartentradition geprägt war, wurde sie trotz der Befürwortung des zuständigen Sachbearbeiters und der Bereitschaft der PG, auch hier die Regie zu übernehmen, am 3.11.1910 abgelehnt. Neben dem eher fadenscheinigen Hinweis auf den Landmangel des Stadtstaates war es vor allem das unstrittige Wissen um die ablehnende Haltung der Hamburger Arbeiter, das das Armenkollegium bewog, den Vorschlag ad acta zu legen. So erklärte der zu-

---

48 Stenographische Berichte über die Sitzungen der Bürgerschaft zu Hamburg. 11. Sitzung v. 17.3.1909, 280.
49 Deutsche Arbeitsstätten in ihrer Fürsorge für das Wohl ihrer Arbeiter, in: Arbeiterfreund 34 (1896), 185.
50 Kuno Walthemath, Pflege des Kleingartenbaus, in: Mitteilungen der DLG 30 (5) (1915), 50ff.
51 Zur Firmengeschichte siehe: Hermann Hipp, Die New–York Hamburger Gummi–Waaren Compagnie, in: V. Plagemann (Hg.), Industriekultur in Hamburg, München (1984), 81ff. und G. Franke u.a., „Bauer Eggers Linden stehen noch". Erster Barmbeker Geschichtsrundgang, Hamburg 1986, 18–27; zur Geschichte des „KGV Gummi", der 1900 als KGV „Maurienstiftung" gegründet wurde, siehe: New–York Hamburger Gummi–Waaren Compagnie 1873–1923, Berlin (1923), 28 und Fs. hg. anläßlich des 10jährigen Bestehens des Bezirksverbandes Stormarn e.V., Hamburg 1933, 22.
52 Zum folgenden: StAHH. Allgemeine Armenanstalt II 171.

ständige Senator Heidmann, „daß der gute Hamburger Arbeiter in der Regel nicht geneigt sei, mit einem Armen, der öffentliche Unterstützung beziehe, in räumliche Berührung zu kommen, aus Furcht, auch als Unterstützter zu gelten"[53].

In der Tat war die Binnendifferenzierung der Hamburger Arbeiterschaft um die Jahrhundertwende ebenso stark ausgeprägt wie ihr Selbst- und Gruppengefühl. Weit entfernt von einem einheitlichen Klassenbewußtsein blickte der Facharbeiter auf den Ungelernten, der „Feste" auf den „Unständigen" und der Handwerker auf den Hafenarbeiter herab. Der Hamburger Kunstschriftsteller Karl Scheffler hat diese Einstellung im Rückblick auf seine Lehrzeit als Maler eindrucksvoll beschrieben. Als es in einer Arbeitspause zu einem Disput zwischen den angestammten Gesellen und einem unständigen Wanderburschen kam, „sagte der Fremde ein merkwürdiges Wort: 'Ihr alle (...) seid gar nicht Demokraten, wißt ihr, was ihr seid?' – 'Sozialdemokraten sind wir', sagte der Vorarbeiter selbstbewußt. 'Nein', rief der Fremde, 'Aristokraten seid ihr, alle miteinander!'. Die Genossen lachten. Der Ankläger aber hatte ganz recht, sie waren in einem Punkte wirklich Aristokraten; er allein war (...) vielleicht der einzige wahre Volksmann. (...). Von Seiten des demokratischen Gefühls war er, der Heimatlose, den ortsansässigen Gehilfen (...) vielleicht überlegen, aber er war ihnen unterlegen dem sozialen Bewußtsein nach. Was er als Aristokratentum tadelte, war vielleicht das beste Teil der Arbeiter. Diese fühlten sich als Proletarier nur, solange sie gegen höhere Stände und obere Gesellschaftsschichten politisch kämpften, aber sie waren wirklich in gewisser Weise aristokratisch, soweit sie sich den Fremden gegenüber als Einheimische, den Gelegenheitsarbeitern gegenüber als gelernte Arbeiter, den Unfähigen gegenüber als Fähige zu behaupten strebten"[54].

Tradition und Moderne, zünftiges Selbstwertgefühl und bürgerliches Leistungsbewußtsein, berufsständische Abgrenzung nach unten und soziales Aufstiegsstreben verbanden sich in diesen Arbeitern zu einem janusköpfigen, quasi arbeiteraristokratischen Dünkel, dem Gleichheit und Brüderlichkeit fast ebenso fremd waren wie dem Standesbewußtsein waschechter Edelleute. Das Ressentiment gegen das „Lumpenproletariat" war denn auch keineswegs nur ein Ausdruck spontaner proletarischer Überheblichkeit, sondern zugleich eine durchdachte Überzeugung der meisten sozialistischen und kommunistischen Theoretiker[55]. Wie sich der Facharbeiter vom Arbeiter und der Proletarier vom

---

53 Jochmann (24), 69f.
54 Karl Scheffler, Der junge Tobias, Hamburg u. München 1962, 136.
55 Vgl. etwa: K. Marx u. F. Engels, Manifest der kommunistischen Partei, MEW 4, Berlin/Ost 1972, 472 und K. Kautzky, Das Erfurter Programm, Berlin 1965, 188ff.

„Lumpenproletarier" unterschied, grenzten sich diese Vorkämpfer der Arbeiteremanzipation ihrerseits von der Arbeiterschaft ab. Die hierarchische, berufsständische Binnendifferenzierung der Arbeiterklasse fand auf diese Weise in der selbstherrlichen Unterscheidung von Partei, Klasse und Masse ein ebenso folgerichtiges wie wirkungsmächtiges Pendant. Die „Parteikarriere" qua „Ochsentour" bildete insofern nur ein Spiegelbild des beruflichen und sozialen Aufstiegs in der angeblich so verabscheuten bürgerlichen Gesellschaft. Trotz der Bereitschaft der durchweg im Sinne einer sozialen Verständigung wirkenden „Patriotischen Gesellschaft"[56] blieben die auf staatlichem Domänenland liegenden Kleingärten Hamburgs daher ebenso wie die Staatsgrundflächen des Berliner Kartoffelbaus für Arme für die eigentlichen Armen gesperrt. Den Bewohnern der „wilden Viertel" ging es damit im Prinzip wie den „wilden Laubenkolonisten". Der Zaun, der die Kolonien umgab, bildete zugleich eine soziale Schranke. Was vor den Villengrundstücken das teure, gußeiserne Ziergitter bewirkte, leistete hier der billige, kunstlose Stacheldraht. Waren dort die Proletarier die Ausgesperrten, standen hier die „Lumpenproletarier" außen vor. Weit entfernt, sich als „Totengräber"[57] der Bourgeoisie zu betätigen, arbeitete das Proletariat im Kleingarten als ihr verlängerter Arm. Wer eine Architektenlaube besaß, blickte auf den Pächter des Grabelandes ebenso herab, wie er umgekehrt zum Haus- oder Villenbesitzer emporschaute.

Der proletarische Wille zur Villa ist denn auch vielfach bezeugt worden[58]. Besonders eindringlich hat sich der Sozialist Kurt Stechert mit diesem teils sentimentalen, teils selbstironischen Eigenheimweh auseinandergesetzt: „Die Villen der besitzenden Schichten stehen in den abgelegenen Vororten der Großstadt, es sind gewöhnlich kleine nette Häuschen; und die Villen der Proletarier stehen inmitten der Stadt, es sind die Schrebergärten, die kleinen Holzkästen in den Laubenkolonien. Viele dieser Schrebergärtner haben vielleicht einmal von einer richtigen Villa geträumt, aber zum Schrebergarten hat es nur gereicht. Diese kleine Laube des Schrebergärtners hat allenfalls dem Namen nach etwas mit einer 'Villa' zu tun, aber man nennt seinen kleinen grünen Fleck, 'wo man mal so ganz Mensch sein kann', häufig 'Villa'. Und wenn man durch die vielen Laubenkolonien der Großstädte schlendert, stößt man auf Namen wie 'Villa Lustig sein', 'Villa Ruh Dich aus' und andere. Diese Namen können uns nachdenklich stimmen, denn wir empfinden, wieviel Sehnsucht sich dahinter verbirgt, Sehnsucht, die einem gesellschaftlichen Zustand erwächst, der nicht wert ist, ideali-

---

56 Jochmann (24), 42ff.
57 Marx/Engels (55), 474.
58 Siehe etwa: Willy Römer, Erntefest im Schrebergarten. Berlin 1912–1927, Berlin 1985, 31 und H. Zille, Laube–Liebe–Hoffnung, in: Ders., Berliner Geschichten und Bilder, 6.–10. Ts. Berlin 1925.

siert zu werden"[59]. In der Tat: „Villa Lustig sein" und „Villa Ruh Dich aus" –, klingt das nicht ganz wie das friederizianische „Sans Soucis" oder das vielfach variierte „Mon Repos" aristokratischer Landsitze?

4.2.2. Die Familiengärten der „Patriotischen Gesellschaft" oder Wie man in Hamburg die Generalpacht mit Hilfe der Generalpacht reformierte.

Obwohl die Geschichte der Familiengärten der „Hamburgischen Gesellschaft zur Beförderung der Manufakturen, Künste und nützlichen Gewerbe"[60] nur die kurze Zeitspanne von 1907 bis 1922 umfaßt, stellt sie den ebenso einzigartigen wie erfolgreichen Versuch dar, das kommerzielle Generalpacht(un)wesen zu reformieren, ohne den patriarchalischen Herr–im–Garten–Standpunkt anzutasten. Ähnlich wie die Arbeitergärten vom Roten Kreuz zählen die Familiengärten der PG daher zu der kleinen, aber einflußreichen Gruppe lauben–kolonialer Übergangstypen auf dem Wege zu einer umfassenden Pacht– und Verwaltungsreform des deutschen Kleingartenwesens. Bezeichnet der Anfang des „patriotischen" Engagements den beginnenden Abstieg der hergebrachten Generalpächter, markiert sein Ende den siegreichen Aufstieg der selbstverwalteten Kleingartenvereine. So wie die „Patrioten" seit 1907 die Erbfolge der auf Staatsgrund operierenden Generalpächter antraten, teilten sich 1922 die Vereine die Erbmasse der PG. Dazwischen liegt eine ebenso kurze wie erstaunliche Blütezeit. Sie erhob die Familiengärten vorübergehend zur dominierenden Kleingartenform im vordemokratischen Hamburg.

4.2.2.1. Von der Kritik der kommerziellen zur Forderung gemeinnütziger Generalpacht.

Um die Jahrhundertwende lag die Masse der Hamburger Kleingärten auf Bau(erwartungs)land, das in der Regel kommerziell weitervermietet wurde. Auch wenn sich die Generalpächter Hamburgs nicht in dem Maße zu Westentaschen–Kolonialherren aufschwingen konnten wie ihre Kollegen in der Reichshauptstadt, bot ihre Stellung gleichwohl ausgiebigen Grund zur Klage. Strittig

---

59 Kurt Stechert, Die Villen der Proletarier, in: Urania (Jena) 6 (8) (1930), 242.
60 Der bisher einzige Überblick wurde vom ehemaligen Geschäftsführer der Familiengarten–Kommission, H. Bayer, verfaßt: H. Bayer, Die Familiengärten der Patriotischen Gesellschaft 1907–1922, in: Geschichte der Hamburgischen Gesellschaft zur Beförderung der Künste und nützlichen Gewerbe, Bd. 2 H. 2, Hamburg 1936, 201– 213. Da das Archiv der PG bei den Bombenangriffen des Jahres 1943 vernichtet wurde, besitzt der Aufsatz den Wert einer Sekundär–Quelle.

war vor allem das Preis–Leistungs–Verhältnis ihrer Vermittlungstätigkeit. Zumindest beim Staatsgrund beschränkte sich ihre Arbeit nach Kenntnis des SPD–MdBü Heinrich Stubbe auf Geländevermessung und Pachteinziehung[61]. Größere Vorleistungen in Form systematischer Erschließungsmaßnahmen scheint es kaum gegeben zu haben, da viele Staatsländereien ursprünglich Weideland waren, das die Kleingärtner selbst urbar machen mußten[62]. Das Unternehmerrisiko beschränkte sich daher auf die Vorfinanzierung der von der FD öffentlich ausgebotenen Landflächen. Da die Nachfrage das Angebot jedoch zumeist überschritt und auch die Endpacht durchweg im Vorwege erhoben wurde, floß die vorgeschossene Generalpacht schon nach kurzer Zeit – wunderbar vermehrt – in die Tasche des Generalpächters zurück.

Welche Gewinne die Zwischenpächter auf diese Weise „erwirtschafteten", läßt sich nicht mehr ermitteln. Heinrich Stubbe behauptete, daß die „Afterpächter" im Schnitt zwei bis drei Mal so viel bezahlten wie die Generalpächter[63]. Nach Auskunft seines Fraktionskollegen Blume lagen die Preisunterschiede pro Quadratrute bei 60–70 für General– und 80–100 Pfg. für Kleinpacht[64]. Bei einem Anpachtpreis von 60 und einem Verpachtpreis von 100 Pfg. ergäbe das einen maximalen Gewinn von 66,6%, bei einer Korrelation von 70 zu 80 Pfg. einen minimalen Erlös von rund 14,3%. Wie immer man die Höhe des Zwischenprofits freilich bewerten mochte, die quasi parasitäre Stellung des Generalpächters stand auch in Hamburg außer Frage. Allein die ungleiche Marktposition der Vertragsparteien machte das deutlich. Hinzu kam die kurze, in der Regel einjährige Laufzeit der Verträge und die jederzeitige, entschädigungslose Kündigungsmöglichkeit. Beide Vorbehalte boten dem Generalpächter handfeste Druckmittel, um den Kleinpächter nach Belieben auszupressen[65]. H. Bayer, der spätere Geschäftsführer der Familiengarten–Kommission der PG, hat die Wirkung der kommerziellen Generalverpachtung wie folgt charakterisiert: „Spekulative Mieter von innerhalb der Stadt oder in ihrer nächsten Umgebung gelegenen Landflächen hatten es verstanden, durch Weitervermietung das Bedürfnis (...) vieler in ihren Mitteln beschränkter Leute, ein Stück Gartenland zur Erholung für die Familie zu besitzen, dahin auszubeuten, daß für kleine und kleinste Teile recht erhebliche Mietaufschläge gefordert wurden, ohne daß diesen irgendeine Gegenleistung (...) gegenüberstand. Nicht vereinzelt waren auch Klagen darüber laut

---

61 Stenographische Berichte über die Sitzungen der Bürgerschaft zu Hamburg. 7. Sitzung v.22.2.1905, 167.
62 So der SPD–Abgeordnete Blume, in: Ebd. 12. Sitzung v. 14.3.1906, 293f.
63 Stubbe (61), 166.
64 Blume (62), 293f. Eine Sammlung z.T. extremer Beispiele bietet auch Stubbes Rede in: Ebd. 11. Sitzung v. 17.3.1909, 276f.
65 Vgl.: Stubbe (61), 166f.

geworden, daß Mieter den Untermietern eine Parzelle (...) nur auf ein Jahr vermieteten, um von Jahr zu Jahr den Mietpreis in die Höhe treiben zu können, nachdem die Untermieter sich mit Mühe, Kosten und vieler Arbeit ihr Gärtchen hübsch eingerichtet hatten. Notgedrungen wurde dann die erhöhte Miete bezahlt, um das liebgewordene Gärtchen nicht aufgeben zu müssen. Auch gab es bemittelte Reflektanten, die nur auf die Gelegenheit warteten, einen mit vieler Mühe hergerichteten Garten mühelos zu höherer Miete zu übernehmen"[66].

In Anbetracht dieser Zustände lag eine Reform der von der Domänenverwaltung der Hamburger Finanzdeputation zu verantwortenden Vergabepraxis nahe, zumal die Kleingärtner in den Sozialdemokraten parlamentarisch rührige Interessenvertreter gefunden hatten. Der erste, der die Mißstände auf den staatlichen Generalpachtflächen anprangerte, war der SPD–MdBü Heinrich Stubbe. Er unterbreitete der Bürgerschaft am 22.2.1905 den Vorschlag, den Staatsgrund in Zukunft direkt durch die FD vergeben zu lassen[67]. Eine Woche später brachte die SPD diese Anregung als Antrag ins Plenum ein. Obwohl Stubbes Kritik nicht in Frage gestellt wurde, fand seine Initiative keine Mehrheit[68].

Ein Jahr später erneuerte Stubbes Fraktionskollege Blume den Antrag unter Hinzuziehung neuer Belege. Auch seine Initiative wurde abgelehnt. Der sozialdemokratische Vorstoß wurde diesmal jedoch vom Abgeordneten der Fraktion der Linken, Carl Heinrich Franz Roth, aufgegriffen. Roth bestätigte Blumes Vorwürfe gegen die Generalpächter, regte aber an, die Staatsländereien nicht direkt durch die FD, sondern indirekt über die gemeinnützige PG zu vergeben. Im Gegensatz zu Blumes Antrag stieß seine Anregung auf breite Zustimmung[69]. Obwohl die Bürgerschaft über die Vor– und Nachteile der beiden Reformvorschläge nicht debattierte, läßt sich das Hauptmotiv für ihre Entscheidung doch erkennen: Eine Direktverpachtung durch die DV hätte nämlich nicht nur die Vermessung und Aufteilung des Geländes erforderlich gemacht, sondern auch den aufwendigen Abschluß vieler Einzelverträge erzwungen, während eine Weiterverpachtung durch die „Patrioten" verwaltungskostenneutral blieb. Wer Roths Vorschlag befürwortete, hob daher die Nachteile der Generalpacht für den kleinen Einzelpächter auf, ohne ihre Vorteile für den großen (staatlichen) Grundeigentümer aufzugeben. Im Prinzip ordnete die bürgerliche Parlamentsmehrheit damit freilich ihr sozialpolitisches Problembewußtsein ihrem fiskalischen Kostenbewußtsein unter. Während die Sozialdemokraten auf Staatshilfe

---

66 Bayer (60), 201.
67 Stubbe (61), 167.
68 Ebd. 8. Sitzung v.1.3.1905, 196.
69 Ebd. 12. Sitzung v.14.3.1906, 293ff. Roths Anregung wurde qua Akklamation angenommen.

setzten, orientierte sie auf gemeinnützige Privathilfe; zielten jene auf den kommenden Sozialstaat, hielt diese am überkommenen „Nachtwächterstaat" fest.
Der 1909 in der Bürgerschaft ausgetragene Streit um das Urheberrecht der Verpachtungsreform erweist sich vor diesem Hintergrund als müßig[70]. In gewissem Sinn hatten beide Seiten recht: Die Sozialdemokraten als Anreger, die „Linken" als Gestalter der Erneuerung. Die gemeinsame Grundüberzeugung von der Notwendigkeit einer Reform blieb davon unberührt. Die einmütige Stellungnahme des bürgerschaftlichen Budgetausschusses aus dem Jahre 1908 ließ diesen parteiübergreifenden Konsens deutlich werden: „Im Ausschuß wurde (...) das Bedauern darüber geäußert, daß die kleinen sog. Schrebergärten infolge der Ausdehnung der Stadt und der fast vollständigen Ausnutzung der wenigen in der Nähe noch vorhandenen freien Plätze zur Bebauung immer mehr verschwinden. Die segensreiche Wirkung dieser Gärten auf die arbeitende Bevölkerung wurde allseitig anerkannt und der Wunsch (...) ausgesprochen, daß es der Behörde gelingen werde, diese Gärten, in denen die Arbeiter aus der Hitze des Tages und des täglichen Getriebes zur Ruhe und Erholung kommen, möglichst zu erhalten"[71]. Diese alle Parteigrenzen überschreitende Fürsorge kam in den Plenarberatungen des Jahres 1909 trotz der Urheberrechtsstreitigkeiten zum Ausdruck[72]. Die bürgerlichen Staatsmänner der Gegenwart und die sozialdemokratischen „Zukunftsstaatsmänner" hatten im Kleingarten ein gemeinsames Betätigungsfeld gefunden, in dem das Fleißige Lieschen der Arbeitspädagogik zusammen mit dem Rühr–mich–nicht–an des bürgerlichen Grundeigentums, der Blauen Puste-Blume der Kleingartenromantik und der Roten Nelke des Sozial(demokrat)-ismus friedlich koexistierte.

4.2.2.2. Sozialpolitische Begründung und Zielsetzung der Familiengärten oder Georg Hermann Sieveking als Franz August Adolf Garvens redivivus.

Ausgehend von der am 14.3.1906 erfolgten Anregung des Abgeordneten Roth beschloß der Vorstand der PG am 11.5.1906, die Übernahme der städtischen Generalpachtungen zu prüfen und Kontakt mit der FD aufzunehmen. Da beide Sondierungen günstig ausfielen, entschied der Vorstand am 14.12.1906, eine

---

70 Ebd. 11. Sitzung v. 17.3.1909, 279f. Die hier vom Abgeordneten der Fraktion der Linken, Reimer, aufgestellte Behauptung, daß diese Vorschläge von ihm schon in den 90er Jahren angeregt worden wären, habe ich nicht (bestätigt) gefunden.
71 Bericht des von der Bürgerschaft am 16.12.1908 niedergesetzten Ausschusses zur Prüfung des Antrags des Senats betreffend das Staatsbudget für 1909, in: Protokolle und Ausschußberichte der Bürgerschaft im Jahre 1909, Hamburg 1909, 1.
72 Stenographische Berichte über die Sitzungen der Bürgerschaft zu Hamburg. 11. Sitzung v. 17.3.1909, 276–280.

fünfköpfige Kommission für die Verpachtung der Volksgärten der PG ins Leben zu rufen. Dieser Ausschuß konstituierte sich am 24.1.1907[73]. Am 9.2.1907 beschloß die FD, der PG mit Wirkung vom 1.4.1907 vier Staatsgrundflächen auf zunächst drei Jahre in Generalpacht zu geben[74]. Von diesem ersten April des Jahres 1907 datiert die gemeinnützige, staatlich anerkannte Hamburger Kleingartenbewegung. Der Name, unter dem sie antrat und bekannt wurde, war freilich auf ihrer konstituierenden Sitzung kurzfristig geändert worden, da die Herren beschlossen, den Ausdruck Volksgarten durch den Begriff Familiengarten zu ersetzen[75]. Auch wenn die Motive für diese Umbenennung im Verborgenen blieben, hat es doch ganz den Anschein, als ob ihr programmatische Überlegungen zugrunde lagen. Auf jeden Fall weckte Volksgarten andere Assoziationen als Familiengarten. Wer hellhörig war, mochte im Etikett Volksgarten Anklänge an den sozialdemokratischen „Volksstaat" verorten und daraus Ansprüche ableiten, die den wohltätigen Intentionen der „Patrioten" schnurstracks zuwiderliefen und die exklusive Zusammensetzung der Kommission in Frage stellten. Der Ausdruck Familiengarten signalisierte demgegenüber das klare Bekenntnis zu einem patriarchalischen Weltbild, das Mikro- und Makrokosmos, Kleingarten und Großstadt, privates Wohlergehen und öffentliche Wohlfahrt scheinbar bruchlos aufeinander bezog. Wie dort der Vater im Kreise seiner Lieben unter dem selbst gepflanzten Halbstamm saß, thronte hier Vater Staat unter dem Stammbaum geschichtlicher Größe inmitten seiner Landeskinder. Fernab jeder Gewaltenteilung und ohne Beteiligung des Volkes fanden sich in der Familiengarten-Kommission denn auch Vertreter von Legislative, Exekutive und Judikative zusammen, um gemeinsam für die „kleinen Leute" Sorge zu tragen. Die Zusammensetzung der Kommission spiegelte daher nicht zuletzt die bekannte Obsoleszenz des Hamburger Staatswesens, das die Millionenstadt des 20. Jahrhunderts noch genauso regierte wie einst die mittelalterliche Reichsstadt[76].

Vorgestellt wurde das Familiengartenkonzept durch den damaligen Vorsitzenden der PG, den Stadtphysikus Georg Hermann Sieveking[77]. Der in einer

---

73 Zum folgenden: Bayer (60), 201f. und Hamburgisches Staatshandbuch für 1907, 6, 43 u. 89. Die Kommissionsmitglieder waren Baurat Carl Johann Christian Haase, die MdBü Alfred Bruno Hennicke und Georg Knauer von der Fraktion der Rechten, der Initiator Roth von der Fraktion der Linken und Julius Wichmann. Zum Geschäfts- und Protokollführer wurde der spätere Chronist H. Bayer ernannt.
74 StAHH. Protokolle der FD I–III, 4. Bd. 46a (1907), 121.
75 Bayer (60), 201f.
76 Jochmann (24), 77f.
77 Georg Hermann Sieveking wurde am 21.6.1867 geboren. Nach dem Abitur studierte er Medizin in Freiburg i. B., München und Straßburg. Ab 1901 wirkte er als Physikus und Stadtarzt in Hamburg. In dieser Eigenschaft war er zugleich Mitglied des Medizinalkollegiums und Vertrauensarzt der LVA der Hansestädte, die seit 1907

ebenso alten wie bedeutenden Familie aufgewachsene Stadtarzt schien für seine Aufgabe geradezu prädestiniert. In der Tat war Sieveking in gewisser Weise ein später Nachkömmling der untergegangenen Hamburger Landhauskultur. Auch wenn zwischen Campes „Billwerder Paradies" und Sievekings „Kinderparadies" in Hamm fast ein volles Jahrhundert lag, spielte sich seine Kindheit doch in demselben kulturellen Kontinuum ab. Sieveking selbst hat diesen Zusammenhang in der von ihm verfaßten Geschichte der Familienbesitzung ausgemalt: „Erinnert ihr euch noch der Robinsonhöhle und des Springbrunnens mit abendlicher kunstreicher Beleuchtung? – Unten am Teich neben der Brücke hatte ein jedes von uns Geschwistern ein Stückchen Land, wo Kresse, Radieschen, Erdbeeren u.a. kultivirt oder Blumenbeete gepflegt wurden. Wie herrlich war es dort, wenn wir früh morgens vor der Schule noch einmal nach dem rechten sehen mussten oder abends im Schweisse unseres Angesichts gruben, Unkraut jäteten und harkten!"[78].

Ähnlich wie die Kinderbeete Campes zu geistesgeschichtlichen Vorläufern der späteren Schreberkindergärten wurden, entwickelte sich der Sievekingsche Besitz um die Jahrhundertwende zu einem Einzugsgebiet der Hamburger Kleingartenbewegung. Das Sievekingsche Gut war nämlich der bereits erwähnte Hammer Hof, dessen Pachtvertrag für Kleingartenland wir oben vorgestellt haben. Mehr noch: Die Laubenkolonie „Hammer Hof" gehörte nach Art und Umfang ihrer Anlage spätestens 1912 zu den Spitzenreitern unter den Pachtgärten als Einrichtungen von Privatpersonen. Mit einer Größe von 44,5 ha und 800 Gärten stellten die Besitzer des Hofes, vertreten durch den an „bestimmte gemeinnützige und gesundheitliche Direktiven gebunden(en)" Zwischenpächter J. Albert Breckwoldt, in diesem Jahr fast halb so viel Kleingartenland zur Verfügung wie die Hamburger Domänenverwaltung über die PG[79].

Sievekings Eignung für seine hervorragende Rolle im Rahmen der „patriotischen" Kleingartenfürsorge beruhte aber noch auf einem weiteren, nicht weniger bemerkenswerten Umstand. Es war das sozialpolitische Engagement der bekannten Hamburger Philanthropin Amalie Sieveking, die am 23.5.1832 mit der Stiftung des „Weiblichen Vereins für Armen- und Krankenpflege" ein be-

---

von Alwin Bielefeld geleitet wurde. Von 1915 bis 1927 war Sieveking Mitglied der Bürgerschaft, zunächst als Ersatzmann der Fraktion Linkes Zentrum, dann als Mitglied der Fraktion der Rechten bzw. der DVP. Er starb am 6.2.1954. Quelle: Bürgerschaftsmitglieder 1859–1959, zusammengestellt v. Franz Mönckeberg, 8. Ordner, Hamburg o. J. (Ms.) und „Hamburgischer Korrespondent" v. 2.3.1915.

78 Georg Hermann Sieveking, Die Geschichte des Hammer Hofes, 2. Teil, Hamburg 1902, 197.

79 Familiengärten und andere Kleingartenbestrebungen in ihrer Bedeutung für Stadt und Land, Berlin 1913, 255f. (Schriften der ZfV (N.F. 8.)).

scheidenes Seitenstück zu den in der Hansestadt ansonsten fehlenden Armengärten begründet hatte. Ihre Biographin, Helene Matthies, hat diese Gärten im Rahmen eines fingierten Besuchs der Stifterin wie folgt vergegenwärtigt: „Unten wartete Schuster Michaelsen. 'Den Garten müssen Sie sich noch schnell ansehen, Fräulein Sieveking, jeder hat sein Stück in musterhafter Ordnung'. Malchen ging mit ihm vorbei am Spiel- und Bleichplatz und hatte wirklich ihre Freude an den einzelnen, für jede Familie abgegrenzten Stücken. 'Es scheint doch so das Rechte gewesen zu sein', meinte Malchen, 'daß ich jeder Familie einen Garten gab, als ich damals den Grund und Boden als Schenkung erhielt. Sie glauben gar nicht, wie emsig nach Feierabend jeder Familienvater sein Land bestellt; einer will sich doch vor dem andern nicht schämen. Das hält die Männer vom Wirtshaus fern und bringt außerdem frisches Gemüse in die Küche'"[80].

Obwohl in Sievekings Biographie Familien- und Zeitgeschichte in hohem Maße zusammenfielen, und er als Nachfolger des 1911 verstorbenen Kommissionsvorsitzenden Hennicke[81] den Ausschuß bis zu seiner Selbstauflösung Ende 1922 leiten sollte, blieb das Familiengartenidyll, das er der Hamburger Öffentlichkeit vorstellte, erstaunlich stereotyp. Augenscheinlich hatte sich die mit dem Kleingarten verbundene Vorstellungswelt zu dieser Zeit bereits nachhaltig verfestigt – mitsamt ihren falschen Ansichten. Auch Sieveking hielt Schreber daher für den Namenspatron der nach ihm benannten Gärten[82], ihre Entstehungsursache für eine quasi natürliche Abwehrreaktion gegen die Mietskasernen: „Wie in anderen Großstädten, so sieht man auch in Hamburgs Umkreis (...) weite Flächen mit sogenannten *Laubenkolonien* bedeckt. Alltags liegen sie so gut wie still (...), Sonn- und Festtags aber herrscht ein lebhaftes Treiben. (...). Oft weht ein Wimpel mit den Deutschen oder Hamburger Farben fröhlich darüber, jeder sucht sein Gartenstück (...) zu zieren und zu pflegen. Ja, selbst an manchem Wintersonntag kann man dichte Rauchwolken den kleinen Schornsteinen der Holzhütten entströmen sehen zu Zeichen, daß auch trotz Eis und Schnee einer sich hinaussehnt aus seinem warmen Mauerkäfig. Ganz von selbst hat so das natürliche, aber in der Großstadt arg verkümmerte Bedürfnis der Menschen nach der Mutter Erde Befriedigung zu finden gesucht"[83].

Doch die Freistatt am „Busen der Natur" war auch in Hamburg nicht ohne Gefahren. Wie in jedem Paradies lauerte auch hier die Schlange in Gestalt der alten Generalpächter und der in ihrem Gefolge in den Kolonien eingetretenen

---

80 Helene Matthies, Ein Weltkind Gottes, Hamburg (1948), 166f.
81 H. Bayer, Die Familiengärten der PG 1910–1912, in: Jb. der Hamburgischen Gesellschaft zur Beförderung der Künste und nützlichen Gewerbe 1910–1912, Hamburg 1913, 48.
82 Sieveking, Die Familiengärten der PG, in: Ebd. 1907, Hamburg 1907, 172.
83 Ebd., 172. Hervorhebung i. O. gesperrt.

„Unordnung (...), die ihren Grund wesentlich darin hat, daß der Vermieter den Mieter schalten und walten läßt, wie es diesem gefällt"[84]. Die Rollenverteilung war damit vorgegeben: Die Generalpächter gaben den Beelzebub, die Untermieter seine Trabanten, Sieveking und seine „Compatrioten" die von Vater Staat legitimierten Cherubim, die die Ordnung im Kleingartenparadies wiederherstellten. Auch die „patriotische" Reform des Laubenwesens beinhaltete daher ein pädagogisches Programm: „*Familiengärten* nennt sie die Patriotische Gesellschaft, nicht 'Arbeiter–Gärten' oder 'Schreber–Gärten'. Denn nicht den Arbeitern allein sind sie zugedacht, sondern gerade auch den durch ihren Beruf der körperlichen Arbeit mehr als wünschenswert entzogenen Bureau– und Kontorangestellten unserer Handelsstadt. Und dann liegt in dem Namen 'Familiengärten' schon ein ganz besonderes Programm. Nicht der Förderung der Körpergesundheit allein wollen und sollen diese Gärten dienen (...), denn wir wollen hier keine Krankenkolonien einrichten, vielmehr sollen als Gesunde da vor allem Eltern und Kinder vereint spielen, arbeiten, sich bewegen. So wird es eine *Pflegestätte der Familie* werden, wo die vielseitigen, auseinanderziehenden Ablenkungen (...) der Großstadt ausgeschaltet sind. Der Mann fühle sich wieder fester mit den Seinen vereint und werde vom Wirtshaus ferngehalten, die Frau lerne Sparsamkeit und richtige Verwertung der Naturprodukte im selbstversorgten Haushalt, die junge Welt finde in gesunder Bewegung Erfrischung für Körper und Geist, sie alle ziehe die Freude am selbst Erschaffen, am eigenen Besitz, am Walten der Natur (...) empor aus des Alltagslebens Einförmigkeit zu höheren Gedanken, zu edlerem Streben"[85].

4.2.2.3. Vertragliche Stellung und sozialpolitische Leistungen des neuen Generalpächters. Ein Blick auf die Musteranlage an der Ulmenau.

Am 25.3.1907 unterzeichneten Vertreter der FD und der PG den ersten Pachtvertrag über die Vermietung von vier Staatsgrundflächen in Hamm, St. Georg und Winterhude. Die Vertragsbedingungen[86] verpflichteten die PG dazu, die Flächen einzufriedigen, in Parzellen aufzuteilen und als Kleingartenland weiterzuvergeben. Die Kolonien sollten ordentlich angelegt und nur mit Lauben bebaut werden. Die Kündigungsfrist betrug für geschlossene Kolonien drei Monate, für Teilflächen eine Woche. Gekündigte Landstücke mußten termingerecht und vollständig geräumt werden. Ersatzansprüche sowie Entschädigungen nach § 592 BGB waren ausdrücklich ausgeschlossen. Etwaige Vertragsverstöße und

---

84 Ebd., 172f.
85 Ebd., 173. Hervorhebungen i. O. gesperrt.
86 Zum folgenden: StAHH. FD I–III 2348 Bd. D 3, 571ff. u. Blätter 1–6.

Zuwiderhandlungen der Untermieter fielen zu Lasten des Hauptpächters. Dieser Vertragsrahmen blieb bis 1922 bestehen[87]. Die einzige substantielle Ergänzung erfuhr das Vertragswerk in den Jahren 1913 und 1914/15, als die DV den „Patrioten" die Erlaubnis erteilte, Gelände nicht nur an Einzelpächter, sondern auch an Kleingartenvereine zu verpachten[88].

Die PG setzte diese Bestimmungen in einem (nicht datierten) Formularvertrag für die Kleinpächter um. Diese „Bedingungen für die Vermietung von Familiengärten" glichen in ihren Grundzügen dem oben analysierten Vertragsmuster des Hammer Hofes aus dem Jahre 1903. Rechte und Pflichten waren auch hier eindeutig verteilt. Die Vertragsdauer für die zwischen 200 und 600 qm großen Parzellen betrug ein Jahr, die Jahresmiete mußte im voraus bezahlt werden. Die Nutzung war an die Person gebunden, jede Untermiete verboten. Das Land durfte nur als Gartenland genutzt werden, Kleintierhaltung wurde ausdrücklich untersagt. Eine Kündigung war jederzeit möglich, ein Anspruch auf Schadenersatz bestand nicht. Während der Dauer der Pacht waren die Mieter zur „Aufrechterhaltung der Ordnung, Ruhe und Eintracht" verpflichtet. Wer seine Nachbarn durch „die Art der Bewirtschaftung der Parzelle oder andere Weise belästigte", riskierte die fristlose Kündigung. Ob ein Verstoß vorlag, entschied die Familiengarten-Kommission unter Ausschluß des Rechtsweges. In seinen Grundzügen glich der Vertrag damit den herkömmlichen Generalpachtverträgen. Der ungemein starken Stellung des Verpächters korrespondierte eine entsprechend schwache Position des Pächters. Mit Rücksicht auf die jeweiligen Rechte hatte die Reform daher so gut wie nichts geändert. Allein im Hinblick auf die Pflichten ergab sich ein anderes Bild. Hier hatte der neue Generalpächter eine ungewöhnliche Selbstverpflichtung übernommen: „Die Patriotische Gesellschaft sorgt für die Umzäunung des von ihr gemieteten Grundstücks, sie unterhält die allgemeinen Verkehrswege innerhalb des Grundstücks, beschafft den Anschluß an die Wasserleitung und liefert den Mietern Wasser ohne besondere Vergütung"[89].

Zu diesen Erschließungs- und Unterhaltsverpflichtungen trat als eigentlicher Kern des Reformwerks die nicht-kommerzielle Weiterverpachtung. Sie führte in Verbindung mit der gemeinnützigen Gesamtverwaltung freilich zunächst dazu,

---

87 Ebd. Bd. D 7, 151ff. u. Blätter 7–10; Bd. D 8, 335ff. u. Blätter 11–14; Bd. D 10, 178ff. u. Blätter 15–19; Bd. E 1, 609–613 u. Blätter 20–27; Bd. E 3, 563–567 u. Blätter 28 u. 29; Bd. E 5, 691–698 u. Blätter 30–35; Bd. E 7, 186–189 u. Blatt 36 sowie Ebd., 646f. u. Blätter 39–42.
88 Ebd., Bd. E 3, 566 und Bd. E 5, 697.
89 StAHH. Allgemeine Armenanstalt 171: Familiengärten der PG. Bedingungen für die Vermietung von Familiengärten.

daß die PG 6.000 M. aus Eigenmitteln vorschießen mußte[90]. Dieses Defizit konnte erst 1911 gedeckt werden[91]. Von da an waren die Jahresabschlüsse entweder ausgeglichen oder positiv. Sämtliche Gewinne wurden reinvestiert[92]. Für die Pächter waren die Nachteile der Generalpacht damit aufgehoben. Je mehr Staatsgrundflächen von der PG übernommen wurden, desto günstiger wurden ihre Aussichten. Für den Staat blieben die Vorteile der Generalpacht dagegen grundsätzlich bestehen, auch wenn das preistreibende System der Ausbietung im Geschäftsverkehr mit der PG entfiel. Obwohl die Hauptlast der Reform von der PG getragen wurde, erbrachte damit auch der Staat einen finanziellen Beitrag zu ihrem Gelingen.

Obwohl die Familiengärten, abgesehen von der Stadtarmut, grundsätzlich allen Klassen und Schichten der Hamburger Bevölkerung offenstanden, waren die Pächter in der Regel „kleine Leute", also Arbeiter, Angestellte, Handwerker, Gewerbetreibende und Unterbeamte[93]. Wie groß ihr jeweiliger Anteil am wachsenden Familiengartenareal gewesen ist, wissen wir nicht. Bekannt ist nur, daß im Zweifelsfall „kinderreiche Familien" vorrangig mit Land versorgt wurden[94]. Trotz dieser Vorzugsbehandlung lehnten es die „Patrioten" ab, im Rahmen der Familiengartenkolonien Kinder- und Jugendspiele zu organisieren: „Die Familiengärten (...) wollen der Erholung und der Pflege des Familienlebens insofern dienen, als in den Feierstunden und Sonntags die Eltern mit den Kindern den Garten pflegen und sich dabei, den zerstreuenden Einflüssen der Großstadt entzogen, sammeln sollen. Sie vermeiden es daher absichtlich, wie die Schrebervereine es tun, die Kinder unter besonderer Aufsicht zu gemeinsamen Spielen u.a. zu vereinen und dafür aus den überwiesenen Flächen größere Teile zu Spielplätzen und zur Errichtung geräumiger Schutzhütten herauszunehmen"[95].

Trotz dieser nicht zuletzt finanziell motivierten Selbstbeschränkung erforderten die Erschließungs- und Unterhaltsmaßnahmen der PG nicht nur erhebliche Vorleistungen, sondern auch einen bewußten Verzicht auf durchschnittlich 10% der zur Verfügung stehenden Gesamtfläche[96]. Im Gegensatz zu herkömmlichen Generalpächtern verzeichneten die „Patrioten" daher sowohl höhere Ausgaben

---

90 Bayer (60), 202.
91 Ders. (81), 46.
92 Ders. (60), 205f.
93 Ebd., 207.
94 Sieveking (82), 174.
95 Protokolle und Ausschußberichte der Bürgerschaft im Jahre 1916. Nr. 22. Anlage 3, 3f.
96 B. Hennicke, Die Familiengärten der PG in den Jahren 1907–1909, in: Jb. der Hamburgischen Gesellschaft zur Beförderung der Künste und nützlichen Gewerbe 1907–1909, Hamburg 1910, 177.

als auch niedrigere Einnahmen. Obwohl die noch zu zeigende Expansion der Familiengärten und die vergleichsweise hohe Pachtsicherheit vieler Flächen dazu beitrugen, die Endpachten mit Hilfe der Mischkalkulation sozial verträglich zu gestalten, sah sich die Familiengarten–Kommission gezwungen, ihre Pionierinvestitionen umzulegen. Das tatsächliche Verhältnis von General– und Individualpacht läßt sich heute allerdings nicht mehr ermitteln, da die Einzelmiete je nach Lage und Art der Fläche schwankte. Grundsätzlich galt, daß stadtnaher Grund teurer war als stadtferner(er) Boden, ein noch nicht verplantes Gelände kostspieliger war als eine im Bebauungsplan bereits ausgewiesene Fläche und eine Parzelle in einer von der PG neu erschlossenen Kolonie schwerer erschwinglich war als ein Garten in einer von ihr bloß übernommenen Altanlage[97]. Die Preisdifferenzen des einzigen überlieferten Jahres 1909 schwankten daher zwischen 2 Pfg./qm an der Eppendorfer Knauerstraße und 9 Pfg./qm für eine in St. Georg gelegene Fläche am Lübecker Tor[98]. Bei einem Generalpachtpreis von 1,5 Pfg./qm ergab das eine Zwischenprofitspanne von maximal 500 und minimal 33,3%. Bezogen auf den durchschnittlichen Individualpachtpreis von 3,9 Pfg./qm resultierte daraus eine gemittelte Gewinnspanne von 162,5%. Rechnerisch bewegte sich die PG damit im Rahmen des von den kommerziellen Generalpächtern vorgegebenen Spektrums. Der wesentliche Unterschied zwischen dem Zwischenpächter alten Stils und dem neuen „patriotischen" Generalpächter lag demzufolge nicht in der Höhe des Pachtgewinns, sondern in der Art seiner Verwendung. Wurden die Gewinne dort privatisiert, wurden sie hier – nach Deckung der sächlichen und personellen Kosten in Gestalt eines bezahlten Angestellten[99] – sozialisiert. Man kann die Pachtaufschläge der PG daher zutreffend als eine Art Zwangsumlage zur Finanzierung des Kolonieauf– und –ausbaus begreifen. An der Höhe dieser Zwangsumlagen sollten sich die Geister freilich schon bald scheiden: Was die PG als vergleichsweise kostspielige Auftragsarbeit vergab, wollten die meisten Kleingärtner nämlich lieber in billiger Eigenarbeit erbringen.

In den Anfängen des „patriotischen" Engagements gab es diese Spannungen allerdings noch nicht. Die „in uneigennütziger Weise und echt patriarchalischem Sinne" geführten Familiengärten[100] erfreuten sich vielmehr größter Beliebtheit. Nur im ersten Jahr blieb die Nachfrage hinter dem Angebot zurück[101]. In allen folgenden Jahren gingen die Parzellen selbst in ausgesprochenen Stadtrandlagen

---

97 Ebd., 178.
98 Ebd., 176.
99 Bayer (60), 205.
100 Ebd., 212.
101 Ebd., 203.

wie der Horner Feldmark[102] weg wie „warme Semmeln". Obwohl die Kleingärtner unter dem „patriotischen" Patronat nicht mehr wie ehedem „schalten und walten" konnten, sondern einen Teil ihrer alten Gestaltungs–Freiheit einbüßten, tat die einsetzende Regulierung des Laubenwesens dem anhaltenden Interesse der „Reflektanten" keinen Abbruch. Auch die späteren Reibungspunkte mit den Schrebergärtnern betrafen andere Fragen. Die den großstädtischen Vergnügen abholde Familienideologie mit ihrem gartenarbeitspädagogischen Freizeitangebot gehörte jedenfalls nicht dazu. Im Gegenteil: Bei der Einübung bürgerlicher Sekundärtugenden zogen „Schreber" und „Patrioten" grundsätzlich an einem Strang.

Dieser Befund trifft auch auf die mit der PG einsetzende ästhetische Standardisierung der Kolonien zu. Obwohl diese Typisierung nur auf neu angelegten Flächen Bedeutung gewann und dort in erster Linie die wenigen innerstädtischen, von Wohn– und Geschäftsgebäuden umgebenen Anlagen betraf[103], ist das Bestreben schon vor dem ersten Weltkrieg unverkennbar. Die folgende, in Ansicht und Grundfläche wiedergegebene Musterkolonie an der Uhlenhorster Ulmenau[104] macht diese Bemühungen deutlich. Die circa 5.000 qm große Staatsgrundfläche Nr. 780 wurde von der PG am 1.12.1913 in Generalpacht genommen und vom Hamburger Baumeister Eugen Goebel[105] entworfen. Aufgrund ihres Entstehungszeitpunktes bildet sie höchstwahrscheinlich den ersten Architekten(klein)garten der Hamburger Hortikulturgeschichte. Die 5.000 qm große Anlage bestand aus 19 Parzellen, die mit 13 Einzellauben mit Zeltdach und drei Doppellauben mit Walmdach bestückt waren. Mit ihrer Formschönheit und ihrer Anlehnung an eine öffentliche Grünanlage bildete die Kolonie nicht nur den Höhepunkt der hamburgischen Kleingartenkultur des Kaiserreichs, sondern zugleich die idyllische Verwirklichung des „patriotischen" Familiengartenideals. In diesem hanseatischen *locus amoenus* für „kleine Leute" konnten sich Bau– und Finanzdeputation ebenso wiedererkennen wie „Patrioten", Pächter, Presse oder Passanten. Zutreffend schrieben die national–liberalen „Hamburger Nachrichten" anläßlich der offenbar erst 1915 erfolgten Einweihung: „Die Umfriedung

---

102 Ebd., 209.
103 Hennicke (96), 178.
104 Die Ansicht, die im Vordergrund den U–Bahnhof Mundsburg zeigt, stammt aus: Hamburg und seine Bauten, hg. v. Architekten– und Ingenieurverein, Bd. 2,2, Hamburg 1914, 290, der Kartenausschnitt stammt aus: StAHH. FD I–III 2348, Bd. E 5, Blatt 32.
105 Der 1875 geborene Goebel war seit 1900 Mitarbeiter der Baudeputation. Seine Ernennung zum Baumeister erfolgte am 11.1.1905. Beruflich war Goebel vor allem mit den Hochbauten der Hasselbrook–Ohlsdorfer Eisenbahn befaßt. Quelle: StAHH. Bauverwaltung. Personalakten. Ablieferung 1988.

Hamburg bis zum Vorabend des Ersten Weltkriegs

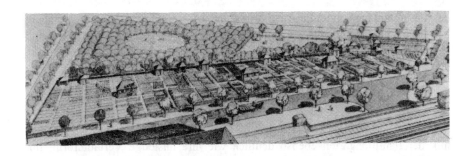

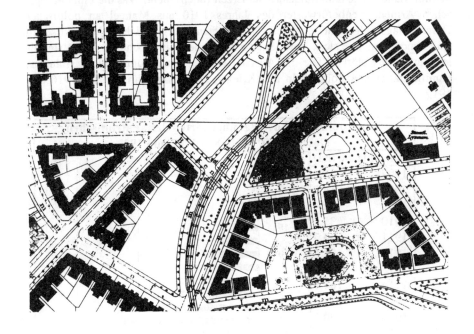

„Patriotische" Schmuckanlage an der Uhlenhorster Ulmenau

der Gesamtanlage sowie die Ausführung und Aufstellung der Hütten ist einheitlich nach Entwürfen des Herrn Baumeisters Goebel ausgeführt worden. Die entsprechend höheren Kosten sind von den Mietern gern übernommen worden. Jeden Vorüberkommenden muß das hübsche Bild erfreuen"[106].

4.2.2.4. Raumzeitliche Entwicklung und Verteilung der Familiengärten.

Schon ein erster Blick auf die folgende Graphik[107] macht die Wachstumsdynamik der Familiengärten ebenso deutlich wie ihre unstetige Verlaufsform. Immerhin: Land fehlte dem Stadtstaat seinerzeit (noch) nicht. Was die philanthropischen Armengartenbefürworter des Jahres 1910 aus Mangel an politischer Durchschlagskraft nicht schafften, vollbrachten Krieg und Nachkriegskrise im Handumdrehen. Wie stark Vater Staat auch immer sein mochte –, der „Vater aller Dinge" war stärker. Die mit Abstand größten Wachstumsschübe erfuhr das Familiengartenareal folglich in den Kriegs– und Krisenjahren 1915, 1916 und 1919.

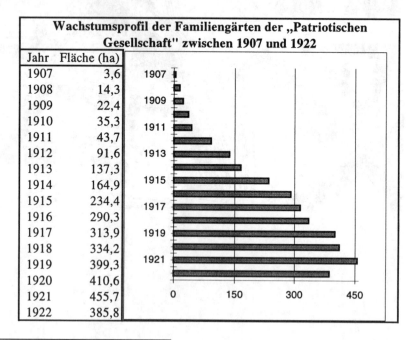

Wachstumsprofil der Familiengärten der „Patriotischen Gesellschaft" zwischen 1907 und 1922	
Jahr	Fläche (ha)
1907	3,6
1908	14,3
1909	22,4
1910	35,3
1911	43,7
1912	91,6
1913	137,3
1914	164,9
1915	234,4
1916	290,3
1917	313,9
1918	334,2
1919	399,3
1920	410,6
1921	455,7
1922	385,8

---

106 Hamburger Nachrichten. Morgenausgabe v. 26.6.1915.
107 Die Graphik visualisiert die jährlichen Gesamtgrößen der „patriotischen" Generalpachtflächen. Quelle: Bayer (60), 204

Doch die Geschichte der Familiengärten erschöpft sich nicht in dieser allgemeinen, noch gesondert zu betrachtenden Kriegs– und Nachkriegskonjunktur. Auch die Friedensjahre von 1907 bis 1913/14 zeigen ein erstaunliches Profil, da ihr Aufstieg in dieser Phase mit einem Aufschwung im Hamburger Wohnungsbau zusammenfiel, der mit geringen Schwankungen bis 1912 anhielt[108]. Die allgemein angenommene Korrelation von Wohnungsmangel und Laubenboom wird durch ihn – zumindest teilweise – relativiert. Das zeigen auch die von der FD zwischen 1907 und 1918 vorgenommenen Flächenkassationen. Insgesamt verpachtete die FD in dieser Zeit 229 Staatsgrundflächen[109]. Von ihnen wurden 29 Grundstücke (= 12,6%) ganz aus der Pacht genommen. Sämtliche Rücknahmen fielen in den Zeitraum von 1910 bis 1916. Ihren Höhepunkt erreichten sie mit insgesamt 18 Kassationen (= 62%) 1913 und 1914. In dieser Abschwungphase des Hamburger Wohnungsbaus kumulierten auch die Abtretungen von Teilflächen. Von insgesamt 56 Teilrücknahmen zwischen 1908 und 1915 entfielen nämlich allein 45 (= 80,3%) auf die Jahre 1912, 1913 und 1914. Da diese Maßnahmen obendrein nur 38 von 229 Flächen (= 16,5%) – wenn auch z.T. mehrfach – in Mitleidenschaft zogen, kann von einer Verdrängung des Kleingartenbaus durch den Wohnungsbau in dieser Zeit nur bedingt die Rede sein. Die stereotype Klage der Kleingärtner über die mangelnde Bestandssicherheit ihrer Parzellen erweist sich vor diesem Hintergrund als korrekturbedürftig. Obwohl die Kleingärten vor ihrer bebauungsplanmäßigen Festlegung im Prinzip bloße „Schleuder(land)sitze" waren, läßt ihre damalige Rechtsstellung doch nur bedingte Rückschlüsse auf ihre tatsächliche Fluktuation zu. In der Tat ergeben 29 Kassationen und 56 Teilrücknahmen bei einer Gesamtzahl von 229 Flächen eine Fluktuationsquote von 37%. Berücksichtigt man nur die betroffenen Flächen, verringert sich diese Quote sogar auf 29,2%.

Dieser beachtlichen Bestandssicherheit wirkte freilich die zunehmende Verringerung der durchschnittlichen Parzellengröße entgegen[110]. Sie betrug 1907 für jeden Familiengarten stolze 463,8 qm, 1921 dagegen nur noch 360 qm. Im Gesamtdurchschnitt ergäbe das für alle Familiengärten eine Größe von 373,2 qm. Errechnet man die Teildurchschnitte für die acht Vorkriegsjahre bis 1914 und die acht Kriegs– und Krisenjahre bis 1922, verhalten sich die mittleren Parzellengrößen wie 394,1 qm zu 352,2 qm. Dieser Befund ist insofern bemerkens-

---

108 Vgl.: Statistisches Hb. für den Hamburgischen Staat 1920, 132.
109 Die Angaben zur Bestandsentwicklung der Familiengärten habe ich aus den in Anm. 86 u. 87 aufgeführten Kontraktenbüchern der FD gezogen. Warum die Überlieferung dort bereits mit dem 1.4.1918 abbricht, konnte ich nicht ermitteln.
110 Alle folgenden Berechnungen nach der Tabelle von: Bayer (60), 204. Die Parzellengröße bildet den Quotienten aus der Gesamtgröße der Fläche (abzüglich der an Schrebervereine verpachteten Grundstücke) und der Gesamtzahl der Familien.

wert, als die für eine vierköpfige Familie existenznotwendige Kleingartengröße von der PG mit 400 qm veranschlagt wurde[111]. Diese Mindestgröße hat die Gesellschaft nur 1907, 1913 und 1914 gewährleisten können. Ausgerechnet in den Kriegs- und Krisenjahren wurde die Zielvorgabe dagegen deutlich verfehlt. Welche Bedeutung das weitgehende Erliegen des Wohnungsbaus in dieser Zeit für die Expansion der Gärten daher auch immer erlangt haben mag, seine entlastende Wirkung wurde durch die kriegswirtschaftlich bedingte Nachfrage nach Kleingartenland offenkundig gebremst.

Ein ähnlich charakteristisches Profil wie die zeitliche Entwicklung weist die auf der folgenden Seite dargestellte räumliche Verteilung der Familiengärten auf[112]. Fast völlig kleingartenfrei waren die Stadtvierteltypen[113] „City" (Alt- und Neustadt), „Industriegebiet" (Steinwärder-Waltershof und Kleiner Grasbrook) und – mit geringen Abstrichen – die ehemals „vorindustriellen Vorstädte" St. Pauli und St. Georg. Genauso dünn besiedelt waren die klassischen „Oberschichtviertel" rings der Alster (Rotherbaum, Harvestehude, Teile von Uhlenhorst und Hohenfelde). Die eigentliche Familiengartendomäne erstreckte sich auf einem mittleren Dreiviertelkreis, der sich von Eimsbüttel im Westen über Eppendorf, Winterhude, Barmbek, Hamm, Horn und den Billwärder Ausschlag zur Veddel im Süden erstreckte. In ihrer Masse zählten diese Stadtteile zum Typ des „industriellen Vororts". Einzig Horn, der Billwärder Ausschlag und die Veddel fielen in die Kategorie der „Agglomerationsperipherie". Nur hier lagen nennenswerte Familiengartenflächen in Stadtvierteln mit ausgesprochen niedrigem sozialem Status[114]. In der Hauptsache befanden sich die „patriotischen" Kolonien damit in Stadtteilen, die im Rahmen der innerstädtischen Randwanderung seit der 1871 erfolgten Reichsgründung kontinuierliche Zuwächse verzeichneten[115], einen vergleichsweise hohen Anteil von Wohnungen im vierten Stock und darüber besaßen[116], eine relativ ausgeprägte „interne Wohndichte"[117] aufwiesen und nicht zuletzt einen überdurchschnittlichen Prozentsatz an Arbei-

---

111 Ebd., 210.
112 Zusammengestellt nach den in Anm. 86 u. 87 angegebenen Kontraktenbüchern der FD. Die zugrundeliegende Karte stammt aus dem Statistischen Jb. für die Freie und Hansestadt Hamburg 1929/30, 454. Ich habe sie auf den Gebietsstand der Jahre 1913–1919 reduziert. Es fehlen die Exklaven.
113 Die Einteilung folgt der Typologie bei: Wischermann (7), 390–393.
114 Ebd., 302.
115 Ebd., 273 (Karte 8).
116 Ebd., 293 (Karte 19).
117 Ebd., 321 (Karte 33).

Hamburg bis zum Vorabend des Ersten Weltkriegs

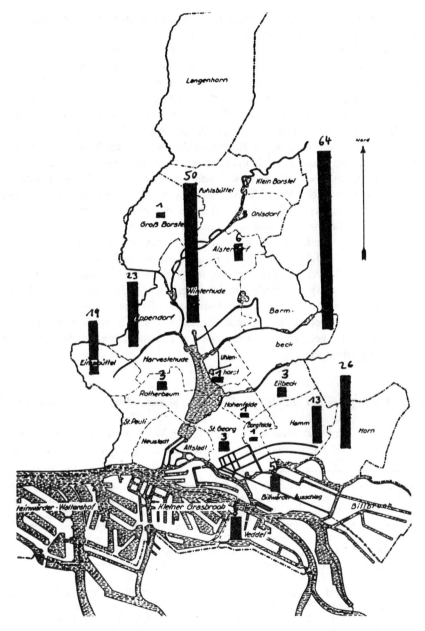

Verteilungsprofil der Familiengärten der „Patriotischen Gesellschaft"

tern beherbergten[118]. Dieser intermediäre, zwischen Zentrum und Peripherie gelegene Einzugsbereich der Familiengärten, der sich auch in der räumlichen Verteilung der Flächenkassationen und Teilrücknahmen wiederspiegelt[119], läßt die gängige Klage über die zentrifugale Verdrängung der Kleingartenkolonien[120] in einem freundlicheren Licht erscheinen. In der Tat ist die Masse der Familiengärten von vornherein in einer deutlichen Halbdistanz zum Stadtzentrum entstanden. Auch die um 1900 einsetzende Kleingartenvereinsbewegung ließ sich, wie wir gleich sehen werden, in dieser Äquidistanz nieder. Es hat daher ganz den Anschein, als ob die Hamburger Kleingartenbewegung von Beginn an weniger ein Stadt- als ein Stadtrandphänomen gewesen sei. Es spricht jedenfalls vieles dafür, daß Alt- und Neustadt genauso selten von Kleingärtnern besiedelt worden sind wie die ehemaligen Vorstädte St. Pauli und St. Georg oder die Nobelviertel rings der Alsterbecken. Selbst die von Garvens beschriebenen „wilden" Kolonien auf dem Holländischen Brook und dem Hamburger Berg bestätigen diese Regel. Zu ihrer Zeit lagen auch sie am Stadtrand. Zentrum und Peripherie erweisen sich damit freilich zugleich als relative Bezugsgrößen, die durch die Ausdehnung der Stadt fortwährend neu definiert wurden. Ob ein Grundstück im Stadtkern oder am Stadtrand lag, war freilich nicht nur eine Frage der Topographie. Ebenso bedeutsam wie sein Standort im expandierenden Großraum war seine Stellung im zusammenwachsenden Kommunikationsraum Stadt. Ob ein Kleingarten zentral oder peripher gelegen war, hing daher in zunehmendem Maße von seiner Verkehrsanbindung ab.

4.2.3. Die Anfänge der Hamburger Kleingarten- und Schrebervereinsbewegung.

Zwischen der Jahrhundertwende und dem Ersten Weltkrieg entstanden im Großraum Hamburg 27 Klein- und Schrebergartenvereine[121]. Sechs wurden zwischen

---

118 Laut: Hans-Jürgen Nörnberg u. Dirk Schubert, Massenwohnungsbau in Hamburg, Berlin 1975, 129. Danach wiesen 1907 „mehr als 55% Arbeiter unter den Erwerbstätigen auf: Winterhude, Barmbek, Horn, Veddel, Billwärder Ausschlag, Rothenburgsort, Hammerbrook und St. Pauli; zwischen 44–55% Arbeiteranteil wiesen z.B. Eimsbüttel, Hoheluft, Eppendorf, Eilbek, Hamm und Steinwerder auf".
119 Nach den in Anm. 110 angegebenen Quellen lagen von 29 kassierten 28 und von 38 reduzierten Flächen 37 innerhalb des fraglichen Dreiviertelkreises.
120 Bayer (81), 49.
121 Sämtliche Daten stammen aus: Amtsgericht Hamburg: Vereinsregister des Amtsgerichts Hamburg, Bd. 1 (1900) – LXIII (1945); Vereinsregister des Amtsgerichts Bergedorf, Bd. 2 und Vereinsregister des Amtsgerichts Wandsbek, Bd. 2 sowie StAHH: Amtsgericht Altona. Vereinsregister, Bd. 1-3; Amtsgericht Bergedorf. Vereinsregister, Bd. 1; Amtsgericht Blankenese. Vereinsregister, Bd. 1-3; Amtsge-

1900 und 1909, 21 zwischen 1910 und 1913 gegründet. Im Prinzip zeigten die Vereine damit das gleiche Entwicklungsmuster wie die Familiengärten der „Patriotischen Gesellschaft". Auch die räumliche Lage der Vereinskolonien fiel mit dem Verteilungsmuster der „patriotischen" Anlagen im großen und ganzen zusammen. Während sich die Familiengärten allerdings ausschließlich auf Hamburger Grund befanden, lagen die Anlagen der Vereine auch auf preußischem Gebiet. Das Verhältnis von hamburgischen und preußischen Vereinen betrug – bei drei nicht lokalisierbaren Vereinigungen – dreizehn zu elf. Dieses annähernd ausgeglichene Verhältnis täuscht jedoch, da der Sitz eines Vereins nur bedingte Rückschlüsse auf die Herkunft seiner Mitglieder zuläßt. In Wahrheit waren auch die meisten in Preußen ansässigen Vereine Zusammenschlüsse von laubenkolonialen Auswanderern auf Zeit. Im Gegensatz zu den Familiengartenbestrebungen besaß die Klein- und Schrebergartenbewegung daher von Beginn an einen grenzüberschreitenden, Groß-Hamburger Charakter.

Von den 13 Hamburger Vereinen lagen zwölf auf dem von den Familiengärten gebildeten Dreiviertelkreis. Ihre Verteilung ergibt folgendes Bild: Eimsbüttel 2, Eppendorf 1, Winterhude 2, Barmbek 3, Eilbek 2, Hamm 1 und Horn 1. Die elf preußischen Vereine lagerten sich diesem Einzugsgebiet stadtauswärts an: Altona 1, Langenfelde 1, Stellingen 2, Lokstedt 4, Steilshoop 1 und Wandsbek 2. Setzt man die Einzugsgebiete von Vereins- und Familiengärten miteinander in Beziehung, lassen sich mehrere Schwerpunktregionen erkennen, in denen Bevölkerungswachstum[122], Stadtteilentwicklung und Kleingartenkonjunktur in Phase verliefen. Im Nordwesten waren das Eimsbüttel und Eppendorf mit den preußischen Randgemeinden Langenfelde, Stellingen und Lokstedt, im Norden das freilich langsamer wachsende Winterhude, im Nordosten Barmbek mitsamt dem preußischen Steilshoop, im Osten Eilbek, Hamm, Horn und das keilförmig eingelagerte preußische Wandsbek, im Südosten – noch nachhinkend – der Billwärder Ausschlag. In der Regel korrespondierten damit städtische Boomzonen und laubenkoloniale Expansionsgebiete in ähnlicher Weise wie Hamburger „industrieller Vorort" und preußische „Agglomerationsperipherie".

Von den 27 Vorkriegsvereinen waren acht (= 29,6%) Schrebervereine. Obwohl die „Schreber" damit nur eine qualifizierte Minderheit darstellten, nahmen sie in der Vereinsbewegung aufgrund ihrer spielpädagogischen Zielsetzung, ihrer rührigen Agitation und ihres frühen Zusammenschlusses von Beginn an eine Sonderstellung ein. Während „Freie" und „Wilde" zumeist im Halb-Schatten des publizistischen Interesses standen, suchten und fanden die „Schreber" das Licht

---

richt Harburg. Vereinsregister, Bd. 1–3 und Amtsgericht Wandsbek. Vereinsregister, Bd. 1.
122 Möller (32), 73 (Tabelle 13).

öffentlicher Aufmerksamkeit. An die Stelle des spontanen „Wildwuchses" trat damit die bewußte „Pflanzung", an die Stelle eines bescheidenen Selbst(hilfe)-bewußtseins volkspädagogisches Sendungsbewußtsein, an die Stelle privaten Glücksstrebens eine öffentliche Reformbestrebung. In mancher Hinsicht glichen die „Schreber" daher den von ihnen nur bedingt geschätzten „Patrioten". Hatten die einen die Generalpacht reorganisiert und auf eine neue, soziale Grundlage gestellt, gaben die andern der bis dahin partikularen Vereinsbewegung ein gemeinnütziges Profil. Gegenüber dem Gros der Einzelvereine wirkten „Patrioten" und „Schreber" auf jeden Fall als Impulsgeber, die der „trägen Masse" programmatische Gestalt und politisches Gewicht verliehen.

4.2.3.1. Die „Schreber". Gegensätze und Übereinstimmungen mit „Laubenpiepern" und „Patrioten".

Der erste Hamburger Schreberverein war der am 11.1.1911 gegründete „GBV Schreber Nord–Winterhude"[123]. Seine Satzung bezweckte die Förderung des Gartenbaus und des Jugendwohls „durch Gründung von Gartenkolonien mit Kinderspielplätzen nach den Ideen Schrebers und Hauschilds, Verbilligung des Gartenbaus durch Pachtung von Ländereien, sowie durch Anschaffung von Düngemitteln, Sämereien und was sonst zum Gartenbau gehört". Kleingärtnerische Fachvorträge und gartenbauliche Schönheits–Wettbewerbe ergänzten das hortikulturelle, die „Pflege der körperlichen Erziehung der Jugend" und die „Pflege der Geselligkeit durch Familien– und Kinderfeste" das kulturelle Anliegen. Ausdrücklich ausgeschlossen wurden dagegen „politische und religiöse Erörterungen, sowie wirtschaftlicher Geschäftsbetrieb". Das Vereinsleben beruhte auf dem Grundsatz demokratischer Selbstverwaltung. Jede Kolonie wurde in Quartiere eingeteilt, deren Parzellanten Vertrauensmänner wählten, die ihrerseits den Gartenausschuß bildeten. Er hatte „die Ordnung in den Gartenkolonien, auf dem Spielplatze und den gemeinsamen Wegen zu überwachen und auf gutes Aussehen der Lauben und Gartenanlagen hinzuwirken". Wer trotz Abmahnung keine Pacht– und/oder Vereinsbeiträge zahlte, gegen die Satzung verstieß, Mitgliederbeschlüsse mißachtete oder „durch unehrenhafte und unsittliche Handlungen die Ehre des Vereins schädigt(e), sich groben störenden Unfugs oder eines anstössigen Verhaltens (…) schuldig macht(e)", wurde ausgeschlossen. Die gleichzeitig verabschiedete Gartenordnung[124] verpflichtete die Pächter, ihre maximal 600 qm großen Parzellen nach Kräften zu pflegen und namentlich Un-

---

123 StAHH. Senat C 1. VII. Lit. Qd. No. 383 Vol. 1: Satzung des GBV Schreber Nord–Winterhude v. 20.12.1912.
124 Ebd.: Gartenordnung des GBV Schreber Nord–Winterhude.

kräuter wie Disteln, Franzosenkraut, Hederich, Huflattich und Melde auszurotten. Besonderen Wert legte der Verein auf die Gestaltung der Baulichkeiten: „Die Lauben müssen mindestens 4 m vom Wege abstehen, eine nette Form und einen freundlichen Anstrich haben. Das Bekleiden der Wände mit schwarzer Dachpappe ist nicht gestattet. Die schwarze oder dunkelgrüne Farbe macht einen düsteren und unfreundlichen Eindruck. Hellfarbige Wände und rote Dächer heben sich am schönsten vom Grün des Gartens ab". Die Aborte waren verdeckt und in möglichst weitem Abstand von den Nachbarn zu errichten. Ausdrücklich untersagt waren neben der Tierhaltung und dem kommerziellen Gemüsebau der Verkauf von Speisen und Genußmitteln wie Alkohol und Tabak. Die Öffentlichkeit hatte in der Regel keinen Zugang. Außer Sonntags durfte die Kolonie nur von Mitgliedern, ihren Angehörigen und Gästen betreten werden.

Weit entfernt, ein pragmatisches Regelwerk für das Zusammenleben verschiedener Menschen zu geben, boten Satzung und Gartenordnung damit auch hier einen umfassenden pädagogischen Verhaltenskatalog, der nicht nur das Kinderspiel, sondern auch das Gartenleben der Erwachsenen regulierte. Ähnlich wie die Familiengärten lassen sich daher auch die Schrebergärten als pädagogische Provinzen begreifen, in denen „Schreber" und „Schreberkind" eine Vielzahl ästhetischer Standards, hortikultureller Grundbegriffe und sozialer Verhaltensmuster erlernten. Ob der einzelne Kolonist Kohlköpfe setzte oder „Kindsköpfe" zurechtsetzte, Gemüse zog oder „junges Gemüse" erzog, lief damit auf denselben Kulturprozeß hinaus. Wer Unkraut ausrottete, vertilgte auf diese Weise zugleich sein eigenes Unwissen und seine eigenen Unarten. Das Gebot, Disteln und Franzosenkraut auszureißen, und das Verbot, Alkohol und Tabak feilzubieten, erwiesen sich vor diesem Hintergrund als komplementär. Am Ende war alles standardisiert: die Lauben, die Zäune, die Menschen. Die Fluchtlinie dieses Hortikulturprozesses bildete die allmähliche Aneignung der bürgerlichen Normen und Verhaltensweisen. Der Hamburger Journalist Hermann Krieger hat diesen zivilisatorischen Grundzug folgendermaßen charakterisiert: „Seit man die volkswohlfahrtliche Seite der wunderlichen Laubengärten entdeckt hat, sucht man sie systematisch zu fördern und herauszuheben aus ihrem Proletarierstande"[125]. Hauptinstrument dieser Emanzipation war einmal mehr die Arbeit: „Arbeit ist Gottesdienst, sagt der Vater, wenn er Sonntags auf den Knien das Unkraut und die niederträchtige Quecke bekämpft, während die Kirchenglocken von weither tönen"[126]. Die „protestantische Ethik" der vita activa hat der frommen Kontemplation ein Ende gesetzt. Der Kolonist kniet beim Klang der Glok-

---

125 Hermann Krieger, Schrebergärtnerei in Hamburg, in: Neue Hamburger Zeitung v. 7.9.1909.
126 Ebd.

ken zwar noch nieder, aber nicht, um zu beten. Im Kleingarten geht „Gottes freie Natur"[127] denn auch trotz wiederholter Bekundungen des Gegenteils[128] in eine(r) von Gott freien Horti–Kultur auf – und unter.

Wie stark der kolonisatorische Grundzug auch die Hamburger Schreberbewegung kennzeichnete, zeigt ihr Verhältnis zum „wilden" Lauben(un)wesen. Dieser „Proletarier–Stand" unter den Kleingärtnern war den „Schrebern" von Beginn an ein rechter Rot–Dorn im Auge. Während man den eigenen Anlagen eine „wohltuende Einheitlichkeit" zuschrieb, sah man in den Laubenkolonien bloß ein „geschmackloses, ödes Durcheinander". Herrschte hier das vermeintlich nackte wirtschaftliche Interesse, sah man sich selbst als Vertreter wahrhaft gemeinnütziger Bestrebungen. Die „Seele der Schreberbewegung" bildete daher auch hier „die Förderung des Jugendspiels und die Erholung bei der Beschäftigung im Garten. Vor allem die Pflege des Familiensinns"[129]. In Bezug auf ihre sozialpolitische Ausrichtung auf die patriarchalische Kleinfamilie und ihren Willen zur ästhetischen Standardisierung unterschied sich die Schreberbewegung von der ansonsten bekämpften PG folglich nur in Nuancen. Wie ernst es auch die Behörden mit der schönheitlichen Optimierung der Kolonien bereits zu dieser Zeit nahmen, zeigte die Haltung des Altonaer Magistrats. In einem Schreiben an die Baupolizeibehörde bemängelten die Stadtväter das Aussehen vieler Anlagen und wiesen in diesem Zusammenhang besonders auf das Fehlen einer „ordnungsgemäße(n) Einfriedigung" und die „unschöne(n), unregelmäßig und mit allerhand unverhülltem Altmaterial gebaute(n) Bretterbuden" hin[130]. Anstatt nun allerdings einen Laubenposten in den Etat einzustellen oder Dauergartenflächen auszuweisen, um die Investitionsbereitschaft der Kleingärtner zu fördern, ersuchte der Magistrat die Behörde lediglich, die Unordnung „abzustellen". Ob das gelang, bleibt angesichts der zunehmenden Stärke der Bewegung zweifelhaft. So schnell schossen die Preußen auch im Hamburger Umland nicht – nicht einmal auf „schwarze Laubenungeheuer"[131].

Trotz ihrer weitgehend übereinstimmenden Zielsetzungen waren sich „Schreber" und „Patrioten" von Beginn an nicht „grün". So sehr beide Gruppen

---

127 Siehe zu diesem Begriff: Sigmar Gerndt, Idealisierte Natur, Stuttgart 1981, 8.
128 Vgl. etwa: E. I. Hauschild, Über Erziehung und Unterricht, Leipzig 1846, 26; Nordwestdeutsche Schreberzeitung 1 (1) (1914), 1; G. Peters, Zur Kleingartenbewegung, in: Der Landmesser 6 (4) (1918), 51 und W. Voß, Städtische Kleinsiedlung, in: Archiv für exakte Wirtschaftsforschung (Thünen–Archiv) 9 (1918/1922), 403f.
129 Nordwestdeutsche Schreberzeitung 1 (1) 1914, 3f.
130 StAHH. Bauverwaltung Altona 15 A Abt. XXIII Lit. J Nr. 1: Magistrat an Baupolizei–Behörde v. 20.11.1908.
131 4. Beilage der Neuen Hamburger Zeitung v. 5.7.1913.

auch den Familiensinn fördern wollten, ausgesprochen sinnig oder gar familiär ging es nicht zu. Die PG sah in den Newcomern vielmehr nicht nur eine zunehmend lästiger werdende Konkurrenz, sondern offenbar auch ein organisiertes Mißtrauensvotum gegen ihre gemeinnützige Tätigkeit, während die Schrebervereine an der Gesellschaft vor allem das Generalpachtmonopol und die vormundschaftliche Verwaltung kritisierten. Entzündet hatte sich der Streit an der allemal konfliktträchtigen Landfrage. So sah sich der „GBV Nord–Winterhude" bereits im Sommer 1911 gezwungen, bei PG und DV um Überlassung von Staatsgrund zu bitten[132], da privater Boden fehlte oder zu teuer war. Da auch die Lage Winterhudes einen Übertritt auf preußisches Gebiet wenig sinnvoll erscheinen ließ, war der Verein der Gesellschaft auf Gedeih und Verderb ausgeliefert. Allein wie „uneigennützig" und „echt patriarchalisch" die PG gegenüber ihren Familiengärtnern auch handeln mochte, so wenig „väterlich" bezeigte sie sich den Schrebergärtnern[133]. Zunächst erschien die neue Bewegung vielen „Patrioten" schon vom Ansatz her fragwürdig. Ein offenbar inspirierter Redakteur der „Hamburger Nachrichten" wollte denn auch wissen, „warum hier auf Kosten der Wohltäter etwas Neues geschaffen werden soll, wo altes Bewährtes bereits besteht"[134]? Zu diesen strukturkonservativen Zweifeln trat die Furcht, daß die Vereine die kleingärtnerischen Wohlfahrtsbestrebungen erneut zersplittern könnten[135]. Bedenken erregten aber auch die von ihnen ausgehenden Exklusivitätsbestrebungen. Da sie im Gegensatz zur PG ihr Land nur an Mitglieder vergaben, Vereinsmitglied aber nur werden konnte, wer auch die weitergehenden Vereinszwecke förderte, war die Familiengarten–Kommission besorgt, „daß bei Abtretung von Land an Vereine nur solche Personen mit Land bedacht werden würden, die den Vereinen genehm waren, so daß vielfach gerade die weniger bemittelte Arbeiterbevölkerung ausgeschlossen sein würde"[136]. Einen nicht weniger gewichtigen Vorbehalt bildete die Angst, daß die Vereinsbewegung die mit Hilfe der PG glücklich überwundene „Konkurrenz und die damit verbundene Preistreiberei"[137] wiederbeleben könne.

Die Vereine sahen den Konflikt freilich ganz anders[138]. Der öffentliche Dialog zwischen „Schrebern" und „Patrioten" glich daher auf weite Strecken einem wechselseitigen Monolog. Die Vorwürfe, die die Vereine gegen die Gesellschaft erhoben, betrafen zunächst den Umstand, daß die PG wegen der professionellen

---

132 Ich folge hier: Bayer (60), 47f.
133 Vgl.: Ebd., 47f. u. 50 und Ders. (81), 206ff.
134 Hamburger Nachrichten v. 16.8.1911.
135 StAHH. PP S 5807.
136 Bayer (81), 207.
137 Ders. (60), 48.
138 Hamburger Nachrichten v. 9.10.1911.

Kolonieanlage die Einzelpachten verteuere und damit minder bemittelte Interessenten abschrecke. Des weiteren legte sie der Gesellschaft zur Last, daß sie ihre Tätigkeit auf bereits bestehende Kolonien beschränke, die Neulanderschließung dagegen sträflich vernachlässige. Darüber hinaus tadelten die Vereine, daß die PG kein Verständnis für die Not der Großstadtkinder aufbringe. Weiter behaupteten die „Schreber", daß die Arbeit der Familiengarten–Kommission von vielen Pächtern als herabsetzende Wohltätigkeit empfunden werde. Was endlich die alles entscheidende Verpachtungsfrage anlangte, äußerten die Vereine den Verdacht, daß die Gesellschaft sie bewußt behindere, da sie ihr politisch mißliebig seien: „Man will eben den Schreberverein nicht seine Ideale verwirklichen lassen, vielleicht riecht er zu sehr nach kleinen Leuten. Die sind, wenn sie sich organisieren, nur gar zu leicht verdächtig. Und der Verdacht, daß der Schreberverein ein parteipolitisches Unternehmen sei, hat bestanden (...). Wenn es der Patriotischen Gesell. wirklich darum zu tun ist, den kleinen Leuten möglichst billig Land zu verschaffen (...), so konnte ihr nach unserer Meinung unser Erscheinen auf dem Plan nur willkommen sein. Jedenfalls könnte sie uns Gelegenheit geben, zu zeigen, was wir vermögen"[139].

Wie begründet die wechselseitigen Vorwürfe waren, läßt sich im Nachhinein nur schwer ermessen. Schon die Kostenfrage macht das deutlich. Zweifellos waren Eigenleistungen bei der Kolonieerschließung preiswerter als Dienstleistungen, allein was die „Schreber" hier gegenüber den „Patrioten" sparten, gaben sie für den Aufbau ihres Verbandes, die Herausgabe von Werbeschriften und insbesondere die Planung und Herrichtung der Schreberspielplätze mit vollen Händen wieder aus. Von Beginn an sahen sich die Vereine denn auch gezwungen, entweder staatliche Finanzhilfen zu beantragen oder ihre Ansprüche zurückzuschrauben. Auch der Vorwurf der mangelnden Neulanderschließung erweist sich als schwer nachvollziehbar. Obwohl das Familiengartenareal seinen ersten Wachstumsschub erst 1912 erlebte, hatte sich die Fläche der Gärten zwischen 1907 und 1911 doch unstrittig verzwölffacht, die Zahl der Familien sogar vervierzehnfacht[140]. Nicht minder zweifelhaft war die Kritik, die Gesellschaft versäume ihre „patriotische" Pflicht gegenüber den Großstadtkindern. Abgesehen davon, daß die PG auf dem Gebiet der Säuglingsmilchküchen seit Jahren Hervorragendes leistete, gab es auf dem Gebiet der privaten Kinderfürsorge Hamburgs seinerzeit eine Vielzahl gemeinnütziger Initiativen[141], die ein besonderes Engagement der PG schon aus organisatorischen Gründen untunlich erscheinen

---

139 Ebd.
140 Siehe: Bayer (60), 204.
141 Vgl. zum Aktivitätsspektrum der PG: Hb. für Wohltätigkeit in Hamburg, 2. Aufl. Hamburg 1909, 72–128.

ließ. Wie schwach die Argumente der „Schreber" nun allerdings waren, das Vorbringen der „Patrioten" erwies sich als ebenso schlecht fundiert. Im Grunde setzte die Gesellschaft der bedenkenlosen Angriffshaltung der Vereine eine nicht minder unreflektierte Abwehrhaltung entgegen. Ihr Pochen auf dem Altbewährten und ihre unbegründete Furcht vor einer Zersplitterung der kleingärtnerischen Aktivitäten nahmen ihr daher von Beginn an die Chance, das neue, hochmotivierte Potential sachgerecht einzuschätzen und sachdienlich einzubinden. Allein die Schlüsselstellung, die die PG als faktischer Monopolpächter des kleingärtnerisch genutzten Staatsgrundes einnahm, bot ausreichende Möglichkeiten, als Subunternehmer tätig werdende Vereine vertragsrechtlich zu kontrollieren. Von einem Wiederaufleben der alten, pachtpreistreibenden Konkurrenz konnte angesichts dieser Machtposition keine Rede sein.

Von den vorgeblich vielfältigen Differenzen zwischen „Schrebern" und „Patrioten" kam daher allein dem Kampf um die soziale Kontrolle der Kolonien tatsächliche Bedeutung zu. Wenn die Schrebergärtner das Wirken der PG als herabsetzende Wohltätigkeit wahrnahmen, brachten sie damit zum Ausdruck, daß sie von Objekten zu Subjekten der Kleingartenpolitik werden wollten. Der Hamburger Schrebergärtner Max Willer hat diese Sollbruchstelle folgendermaßen formuliert: „Der Kernpunkt der ganzen Schreberei ist der, daß man seinen Garten *selbst* bebaut, *selbst* sein Gartenhäuschen zimmert, *selbst* sein Gemüse baut und die gemeinsamen Arbeiten in den Kolonien *selbst* mit ausführt. Wollten die Vereine um jede Kleinigkeit bezahlte Leute anstellen, so wären sie ja beinahe überflüssig"[142].

Auch wenn diese Kritik nur durch die Blume erfolgte, war ihre Stoßrichtung gegen die „echt patriarchalische" Kleingartenpolitik der PG doch unverkennbar. Der von den „Schrebern" geäußerte Verdacht, daß die ablehnende Haltung der „Patrioten" etwas mit dem „Kleine–Leute–Geruch" und der angeblich „parteipolitischen" Färbung der Vereinsbestrebungen zu tun haben könne, gewinnt vor diesem Hintergrund jedenfalls ein gewisse Plausibilität. In der Tat läßt das Verhalten der PG den Schluß zu, sie habe sich von der Furcht leiten lassen, die Bewegung könne ihr aus dem Staats–Ruder laufen. Auf jeden Fall blieb das Verhältnis zwischen Gesellschaft und Vereinen auch in der Folgezeit unversöhnlich. Die erste Hamburger Schreberanlage wurde daher nicht, wie geplant, in Winterhude, sondern im preußischen Lokstedt geschaffen[143]. Träger der am 8.7.1912 eingeweihten Kolonie war der am 9.12.1911 gegründete Verein „Schreber Eimsbüttel". Sein Pachtland lag an der Ecke Bachstraße/Neu–Lokstedter Straße

---

142 Willer (35), 51. Hervorhebungen i.O.
143 Siehe: Neue Hamburger Zeitung v. 11.7.1912 und Hamburger Schulzeitung v. 8.3.1913.

und umfaßte im Jahre 1913 26,7 ha, in die sich 700 Mitglieder teilten[144]. – Die „Patriotische Gesellschaft" schien die Hamburger „Schreber" ins preußische Exil getrieben zu haben.

4.2.3.2. Die Gründung des „Verbandes Hamburger Schrebervereine" und der Kompromiß mit der „Patriotischen Gesellschaft".

Parallel zu ihrer Ausweichstrategie auf preußischem Privatgrund verfolgten die Schrebervereine weiterhin das Ziel, die ablehnende Einstellung der PG zu ändern. Ein wichtiger Schritt auf diesem Weg war die Schaffung des „Verbandes Hamburger Schrebervereine" am 12.4.1912[145]. Gründungsvereine waren der „GBV Barmbek", der „GBV Schreber Eimsbüttel", der „GBV Schreber Nord–Winterhude" und der „GBV Süd–Winterhude". Die Vertreterversammlung, die am 10.5.1912 die Satzung verabschiedete, setzte sich aus zwei Büroangestellten, einem Gärtner, einem Kanzlisten, drei Kaufmännern, zwei Lehrern, einem Wachtmeister, einem Zigarrenarbeiter und einem Zollbeamten zusammen. Verbandsvorsitzender wurde der Lehrer Nicolai Mittgard[146]. Der Zweck des Verbandes bestand darin, „unter Mitwirkung aller Stände, unbeschadet der politischen und religiösen Unterschiede, einen Zusammenschluß aller nach den Ideen Schrebers und Hauschilds eingerichteten Gartenvereine zur Wahrnehmung ihrer gemeinsamen Interessen (...) anzustreben". Besonders am Herzen lag den Gründern die Förderung von „Jugendspiel, Jugendfürsorge, Pflege des Gartenbaus und der Liebe zur Natur". Diese Zwecke sollten durch Werbung, gemeinsamen Einkauf von Gartenbedarf und die Pachtung von Staatsländereien zum Selbstkostenpreis verwirklicht werden. Im Hinblick auf seine klassenübergreifende Zielgruppe und seine ideologisch neutrale Grundhaltung erschien der VHS damit als gemeinnütziger Zweckverband, mit Rücksicht auf die soziale Zusammensetzung seiner Führungsschicht dagegen als kleinbürgerlich dominierte Interessengruppe, in der das proletarische Element auf jeden Fall hoffnungslos in der Min-

---

144 Ein Grundriß der Anlage findet sich in der 4. Beilage der Neuen Hamburger Zeitung v. 5.7.1913.
145 Zum VHS siehe: StAHH. PP SA 1821.
146 Nicolai Mittgard wurde am 20.4.1858 in Ladelund (Nordfriesland) geboren. Um die Jahreswende 1890/91 zog er – nach Ausweis des Hamburger Adreßbuchs – nach Hamburg, wo er als Lehrer Anstellung fand. Er war vom 25.10.1912 bis zum 8.12.1913 Vorsitzender des GBV Schreber Eimsbüttel und vom 29.1.1913 bis zum 14.6.1918 Vorsitzender des VHS. Quelle: Amtsgericht Hamburg. Vereinsregister, Bd. XI, 87–90 u. 237–242. Für seine Verdienste um den Kriegsgemüsebau erhielt Mittgard am 23.4.1920 mit 468 weiteren Hamburgern das Preußische Kriegsverdienstkreuz für Kriegshilfe. Quelle: StAHH. OSB I B 23 Nr. 9. Er starb am 27.2.1925 in Hamburg.

derzahl war. Wie immer man diesen Sachverhalt allerdings bewerten mochte –, Zielsetzung und Repräsentanten des VHS machten es unmöglich, ihn als Element der sozialdemokratischen Subkultur abzutun. Die Finanzdeputation gelangte deshalb schon bald zu der Auffassung, „auf die Dauer sich den Wünschen des Verbandes nicht entziehen zu können, und riet zu einer Verständigung zwischen der Patriotischen Gesellschaft und dem Schreberverbande"[147]. Der Weg zu einem tragfähigen Kompromiß war damit gebahnt. Bereits am 4.10.1912 verpachtete die PG dem Verband eine zwischen der Ohlsdorfer Straße und dem Borgweg gelegene Staatsgrundfläche von gut 12 ha Größe[148]. Mit dieser faktischen Novellierung der Generalpachtreform des Jahres 1907 schien der Konflikt beendet: Der VHS bekam einen (ersten) Anteil am Staatsgrund, mußte ihn aber über die PG anmieten, die Gesellschaft war gezwungen, an die Vereine zu verpachten, blieb aber Generalpächter des Domänenlandes.

Die durch diese Übereinkunft eröffnete Chance zur Zusammenarbeit wurde freilich nur begrenzt genutzt. Der einmal erzielte Durchbruch ermutigte die „Schreber" vielmehr, ihre Angriffe auf die PG fortzusetzen, unter den Familiengärtnern Ab–Werbung zu treiben und bloße Kleingartenanwärter als Mitglieder aufzunehmen, um die Schlagkraft ihres Verbandes nominell zu erhöhen[149]. Die Motive für diese Konfliktstrategie speisten sich aus zwei Quellen: der Konkurrenz um die Verteilung des Staatsgrundes und dem Richtungsstreit um die Selbst–Verwaltung der Gärten. Der erste Grund erhellt aus der „patriotischen" Pachtstatistik. Obwohl der Anteil der an Schrebervereine weitervermieteten Staatsgrundflächen zwischen 1912 und 1921 von 11,9 auf 53,8 ha wuchs, sank sein Prozentsatz in dieser Zeit von 13 auf 11,8%[150]. Auch wenn sich die effektive Nachfrage der Vereine nicht beziffern läßt, legt der Befund in Anbetracht des noch zu zeigenden kriegswirtschaftlichen Booms der Vereinsbewegung den Schluß nahe, daß sich die „Schreber" von den „Patrioten" ungerecht behandelt fühlten. Der zweite Grund erhellt aus den gegensätzlichen Organisationsprinzipien patriarchalischer Fürsorge und demokratischer Teilhabe. Wie sektoral begrenzt dieses Verlangen nach Selbstverwaltung auch immer sein mochte, bezeichnete es doch ein echtes Bestreben nach staatsbürgerlicher Emanzipation, das dem allgemeinen Grundzug der Epoche entsprang. Daß diese Bemühungen im Zuge ihrer verbandlichen Durchsetzung selbst wieder eine bestimmte Hierarchie begründeten, die ihre ursprünglichen Zielsetzungen tendenziell in Frage stellten, traf freilich nicht weniger zu. An die Stelle der traditionellen Fürsorger

---

147 Bayer (60), 207.
148 Hamburger Nachrichten v. 16.10.1912.
149 Zum folgenden: Bayer (60), 208.
150 Berechnet nach Ebd., 204.

traten moderne Fürsprecher, an den Platz der Vormünder – Vorsitzende. Am Ende hatte es fast den Anschein, als ob die Vereine den „patriotischen" Teufel mit dem „schreberschen" Beelzebub ausgetrieben hätten. Viele Kleingärtner haben den Gegensatz zwischen PG und VHS zumindest in diesem Sinne verstanden: Als sich die „Patrioten" 1922 aus der Kleingartenfürsorge zurückzogen, schlossen sich jedenfalls keineswegs alle Familiengärtner dem zwischenzeitlich gegründeten „Schreber– und Kleingartenbund Hamburg" an, sondern bildeten am 13.3.1922 mit der „Gemeinnützigen freien Vereinigung Hamburger Kleingärtner" einen eigenen Groß–Verein, der erst 1941 im NS–"Reichsbund Deutscher Kleingärtner" aufging[151].

Der Kompromiß des Jahres 1912 ließ diese Entwicklung allerdings noch nicht erkennen. Als der „GBV Schreber Nord–Winterhude" zweieinhalb Jahre nach seiner Gründung am 6.7.1913 die Kolonie Stadtpark auf dem oben bezeichneten Generalpachtland einweihte[152], dürfte die Freude über diese erste Schrebergartenanlage auf Hamburger Gebiet alle anderen Gefühle der Kolonisten überwogen haben. Der auf der folgenden Seite wiedergegebene Grundriß und die beigefügte Abbildung der Schutzhütte für die Spielkinder[153] wiesen die Kolonie Stadtpark jedenfalls als echte Musteranlage aus. Das mit einem ein Meter hohen Maschendraht eingefriedigte Areal umfaßte 12,2 ha, auf denen 218 Kleingärten in einer Größe zwischen 300 und 600 qm Platz fanden. Hinzu kamen das Wegenetz, ein Musterkleingarten mit einer vom „Deutschen Pomologenverband" gestifteten Obstwiese und drei Tiefbrunnen. Allein 8.000 qm entfielen auf den mit Schutzhütte, Sandkästen, Sprunggrube, Rundlauf und Abort ausgestatteten Spielplatz. Die Kosten beliefen sich auf 4.200 M., von denen 1.100 M. (= 26,2%) zu Lasten der pädagogischen Einrichtungen gingen. Finanziert wurde das Unternehmen durch Überschüsse aus der Untervermietung des Landes, durch Darlehn der Mitglieder, die Ausspielung einer Lotterie sowie durch Spenden, die vom „Winterhuder Bürgerverein" und vom ZdASG stammten[154]. Trotz dieser Bereitschaft, finanzielle Opfer zu bringen, beliefen sich die Schulden auf etwa 2.000 M. Die Menschen, die dieses Projekt über zweieinhalb Jahre verfolgten und schließlich gegen alle Widerstände verwirklichten, waren zumeist „Arbeiter und kleine Beamte", deren Beweggründe weit über

---

151 Ebd., 212f. und Jb. 1933 des LV Groß–Hamburg im RVKD, Hamburg o. J., 125ff.
152 Alle folgenden Angaben nach: 4. Beilage der Neuen Hamburger Zeitung v. 5.7.1913 und Morgenausgabe der Hamburger Nachrichten v. 2.3.1913.
153 Der Grundriß findet sich in: Ebd., die Bildpostkarte findet sich in: StAHH. Senat. Cl. VII. Lit. Qd No. 383 Vol. 1.
154 Ebd.: Tätigkeitsbericht für das Jahr 1913. GBV Schreber Nord–Winterhude. Erstattet von Johannes Ingversen, 1. Vors.

Hamburg bis zum Vorabend des Ersten Weltkriegs

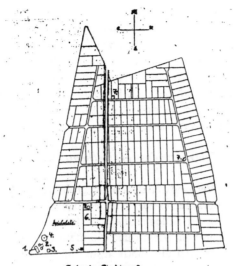

Kolonie Stadtpark.
1. Schuhhütte. 2. Sandkästen. 3. Sprunggrube. 4. Rundlauf.
5. Abort. 6. Mustergarten. 7. Brunnen

Anlage und Schutzhütte des „GBV Schreber Nord–Winterhude"

ihr unmittelbares Eigeninteresse und das ihrer Kinder hinausgingen. Ihren Anspruch auf Gemeinnützigkeit wird man den „Schrebern" daher kaum absprechen können, zumal der Spielplatz öffentlich war und nicht nur den Kindern der Kolonisten, sondern der ganzen Winterhuder Jugend offenstand. Zu seinen Nutzern zählten daher auch die Volksschulen Alsterdorfer Straße und Innenstadt 18 sowie der „Verein für Jugendspiel". Im Prinzip waren die Schrebervereine daher genauso patriotisch wie die „Patrioten". Ob sie auch ebenso breitenwirksam sein würden, mußte sich noch erweisen.

4.2.3.3. Hamburger Schreberpädagogik in Theorie und Praxis.

Die in Vereins- und Verbandssatzungen nur grob skizzierten Zielsetzungen der „Schreber" hat der Vorsitzende des VHS, Nicolai Mittgard, am Vortag der öffentlichen Einweihung der Kolonie Stadtpark folgendermaßen ausgemalt: „Wo die Großeltern inmitten von Wiesen und Kornfeldern in umblühten Gartenhäusern wohnten, wachsen jetzt die Fabriken mit ihren Schloten und die Mietskasernen wie Pilze aus der Erde. Das enge Zusammenwohnen zahlreicher Familien, der Aufenthalt in staubigen, dunstigen Fabriken, Werkstätten und Kontoren, die nächtliche 'Erholung' im Qualm der Kneipen zerstören Nerven und Lungen, so daß die großstädtische Bevölkerung in wenigen Generationen degenerieren müßte, wenn nicht frisches Blut von draußen käme. Die nach Dr. Schreber genannten Vereine wollen mit den Kindern zugleich die Eltern wieder ins Freie ziehen. Die ganzen Familien sollen sich in ihrer freien Zeit auf ihrer Gartenparzelle nach Herzenslust in frischer Luft ergehen, sich an den Früchten ihres Fleißes und den Wundern der Natur erfreuen und Herz und Nerven stärken. Die Jugend soll sich auf den gemeinsamen Spielplätzen austoben, spielen und turnen"[155]. Mit dieser sattsam bekannten Argumentation stellten sich die Hamburger „Schreber" vorbehaltlos auf den agrarromantischen Boden antiurbaner Zivilisationskritik. Einmal mehr erschien die Großstadt als Schreckbild einer drohenden demographischen Apokalypse, der allein der „Jungbrunnen" Land mit seinen randständigen Ablegern Kleingarten und Siedlung Einhalt zu bieten vermochte. Im Prinzip erhob die Schrebervereinsbewegung damit auch in Hamburg den Anspruch, Retter in und aus der Not zu sein. Wie Moses die versklavten Juden in das „Gelobte Land" geführt hatte, wollte Mittgard die degenerierten Hanseaten in das gelobte Kleingartenland geleiten und wenigstens in ihrer freien Zeit „wieder ins Freie ziehn". Das „Nachtleben im Qualm der Kneipen" sollte dabei auf ähnliche Weise zurückbleiben wie einst die „Fleischtöpfe Ägyptens".

---

155 4. Beilage der Neuen Hamburger Zeitung v. 5.7.1913.

Wie regressiv sich dieses Konzept nun allerdings auch geben mochte, so unabweisbar fußte es zugleich auf der ökonomischen Basis der modernen Industriegesellschaft. Zu den „Wundern der Natur" gesellten sich folglich die „Früchte des Fleißes". Auch die Gärten des VHS waren keine Orte der Kontemplation, sondern Stätten der Re-Produktion. Hier sollten Körper und Geist „im Kampfe ums Dasein die nötige Widerstandskraft" zurückerlangen, hier sollten die Kinder „sich auf den Spielplätzen tummeln und ihren Körper stählen"[156], hier sollte der „Tätigkeitstrieb" gefördert, hier sollte die Freude an den „Früchten der Arbeit" entwickelt[157], hier sollte ein „Kur- und Erholungsort" für die Familie geschaffen werden, in der der Familiensinn gepflegt, Geld für den Besuch von Bierlokalen eingespart und obendrein ein ökonomischer Zugewinn herausgewirtschaftet wurde[158].

Obwohl der Vorsitzende des VHS von Haus aus Lehrer war, bewährte sich sein volkspädagogisches Konzept in der Praxis weit weniger gut als in der Theorie. Anspruch und Wirklichkeit ließen sich schon aufgrund des chronischen Geldmangels der meisten Kleingärtner nur ansatzweise zur Deckung bringen. Diese Finanzschwäche beruhte nicht nur auf dem vergleichsweise niedrigen sozialen Status der meisten Kolonisten, sondern auch auf dem Doppelcharakter der Schrebervereine als Garten- und Erziehungsvereine. Jeder Geldmangel führte daher unweigerlich zu Zielkonflikten zwischen Schrebergärtnern und „Nur-Gärtnern" über die Verteilung der vorhandenen Mittel[159]. Dieser systemimmanente Widerspruch erfuhr im Vorfeld des Ersten Weltkrieges eine ungeahnte Verschärfung, die sich bereits im Sommer 1914 abzuzeichnen begann. Am 9.2.1914 hatte der VHS den Senat gebeten, dem Verband eine einmalige Zuwendung von 6.000 M. für die Sommerpflege erholungsbedürftiger Schulkinder zu gewähren[160]. Der Betrag sollte anteilig auf alle acht Mitgliedsvereine verteilt und von ihren rund 2.000 Mitgliedern[161] für die „Errichtung der erforderlichen Schutzhallen", der Spielgeräte und die Anschaffung von Überbekleidung verwandt werden[162]. Begründet wurde die Eingabe mit dem bekannten Hinweis auf die großstädtischen Degenerationserscheinungen, die „nach dem Resultat der schulärztl. Untersuchung auch schon bei der Nachkommenschaft nervöse und

---

156 StAHH. Senat. Cl. VII. Lit. Qd No. 453 Vol 1: Gesuch des VHS v. 16.4.1914, 1f.
157 StAHH. OSB II. Nr. 470e Fasc. 18: Schreiben des VHS an die OSB v. 13.6.1914. Anlage: Was will die Schreberbewegung.
158 Wie Anm. 156, 3.
159 4. Beilage der Neuen Hamburger Zeitung v. 5.7.1913.
160 Alle Angaben zur Petition nach Anm. 156.
161 StAHH. PP SA 1821.
162 StAHH. OSB II. Nr. 470e Fasc. 18: Stellungnahme der OSB v. 22.9.1914.

tuberkulöse Erscheinungen, Blutarmut und Schwächezustände aller Art"[163] hervorgerufen hätten. In der Tat waren 1913 von rund 120.000 Hamburger Schülern circa 15.000 (= 12,5%) für die Ferienkolonien empfohlen worden. Von ihnen waren freilich nur etwa 8.600 tatsächlich in den Genuß eines Ferienaufenthaltes gelangt. Da sich die Mehrzahl dieser Teilmenge obendrein aus „Selbstzahlern" rekrutiert hatte, die von Amts wegen vielfach nicht einmal als erholungsbedürftig eingestuft worden waren, ergab sich ein beträchtlicher, wenn auch nicht genau zu ermittelnder Fehlbedarf. Diesen im doppelten Wortsinn Zurückgebliebenen „wollten sich die Schrebervereine (...) annehmen, und zwar in der Weise, daß sie während der Ferien eventl. auch zu anderer Zeit mit den Kindern der Mitglieder auf unsern (...) Spielplätzen unter fachkundiger Aufsicht und Anleitung spielen und vormittags wie nachmittags 1/2 l. Milch pro Kind u. Tag und Brot erhalten"[164]. Um dem Senat die Ausgabe noch schmackhafter zu machen, grenzte sich der Verband geschickt von den umstrittenen Finanzierungspraktiken der Schrebervereine Sachsens und Thüringens ab, die ihren Spielbetrieb bekanntlich gern aus den Überschüssen des vereinseigenen Schankbetriebs bestritten[165]. Tatsächlich stieß die Initiative in Verbindung mit der geschickten Taktik bei der Einwerbung der Mittel auf großes Wohlwollen. Namentlich die unmittelbar betroffene Oberschulbehörde bestätigte in einer vom Präses, Bürgermeister Werner von Melle, gezeichneten Stellungnahme vom 22.9.1914 die Zustandsbeschreibung des VHS und empfahl, dem Gesuch grundsätzlich stattzugeben. Wegen des eingetretenen Kriegszustands stellte von Melle gleichwohl anheim, die Genehmigung aufzuschieben[166]. Obwohl die OSB zu diesem Zeitpunkt bereits 1.775 erholungsbedürftige Kinder (intern) namhaft gemacht hatte[167], blieb die Frage damit in der Schwebe.

Zu der durch den Krieg verschlechterten äußeren Lage gesellten sich die bereits erwähnten inneren Schwierigkeiten der Vereine. Bereits Anfang Juli mußte Mittgard der OSB gegenüber einräumen, daß die Mitglieder des VHS noch mit der Einrichtung ihrer Kolonien beschäftigt seien und das Projekt lieber auf das kommende Jahr verschieben würden, da von den geplanten sechs Spielplätzen erst zwei fertiggestellt und mit den notwendigen Schutzhütten ausgestattet worden wären. Das ursprünglich vollmundige Angebot reduzierte sich damit auf die recht kleinlaute Zusage, mit den Kindern im Zweifelsfall wandern zu gehen[168]. Diese eingeschränkte „Sommerpflege" lief Ende Juli an. Obwohl die „Schreber"

---

163 Wie Anm. 156, 1f.
164 Ebd., 4.
165 Vgl.: Ebd., 5.
166 Wie Anm. 162.
167 Ebd.: Antworten der Schulbezirke auf das Rundschreiben der OSB v. 25.6.1914.
168 Ebd.: Schreiben des VHS an die OSB v. 8.7.1914.

nur einen kleinen Teil der von der OSB namhaft gemachten 1.775 Kinder betreuen konnten[169], hielt der VHS an seinen Ferienkoloniebestrebungen grundsätzlich fest. Ende September beteuerte sein Vorsitzender in einer Besprechung mit dem zuständigen Senatssyndikus Buehl daher, daß der Krieg für das Projekt nicht notwendigerweise eine Gefahr bedeuten müsse: „Man werde sogar sagen können, daß infolge der steigenden Bedürftigkeit der minderbemittelten Kreise und des fehlenden erziehlichen Einflusses in manchen Familien das Bedürfnis nach Fürsorgeeinrichtungen der erstrebten Art ein noch dringenderes geworden sei". Gleichwohl erklärte Mittgard angesichts der veränderten Lage die Bereitschaft des VHS, sich auch mit weniger als 6.000 M. zufrieden zu geben, da der Staat jetzt sparen müsse[170]. Trotz dieser Konzession lehnte der Senat die Eingabe unter den obwaltenden Umständen ab[171]. Aufgrund äußerer Unbilden und innerer Schwächen war die Schreberjugendpflege damit beendet, ehe sie recht eigentlich hatte beginnen können. Zwar berichteten die „Hamburger Nachrichten" Anfang 1915 noch einmal über die geplanten Aktivitäten des zweiten Kriegsjahres, doch glich der Artikel schon fast einem Abgesang[172]. Im Zeichen der britischen Fernblockade galt auch das Sinnen und Trachten der Schreberpädagogen nicht mehr den idealen Äpfeln vom Baum der erziehungswissenschaftlichen Erkenntnis, sondern den realen Erdäpfeln zu ihren Füßen. Bereits im Sommer 1915 meldete der „Hamburgische Korrespondent"[173], daß der „Schreberverein Eimsbüttel" beschlossen habe, die am 2.8.1914 auf der Lokstedter Veilchenkoppel errichtete Schutzhütte niederzulegen, den Spielplatz aufzuteilen und als Gartenland zu verpachten.

Bezeichnenderweise erfolgten in diesem Jahr zugleich die ersten publizistischen Angriffe der reinen Wirtschaftskleingärtner[174]. Die von den „Schrebern" als „Nur–Gärtner" abqualifizierten Kolonisten erschlossen sich nicht nur die Spalten der Tagespresse, sondern schufen sich mit der am 15.7.1915 gegründeten Monats–Zeitschrift „Der Kleingarten" zugleich eine eigene publizistische Basis[175], die zum Kristallisationskern des am 12.2.1917 gegründeten „Klein-

---

169 Neue Hamburger Zeitung v. 22.7.1914.
170 Wie Anm. 156: Aktennotiz Buehl v. 30.9.1914.
171 Ebd.: Auszug aus dem Protokolle des Senats v. 5.10. 1914. (Abschrift.).
172 Hamburger Nachrichten v. 19.2.1915.
173 Hamburgischer Korrespondent v. 25.6.1915.
174 Generalanzeiger v. 2.6.1915 und Heinrich Bucher, Schreber– und Kleingartenpächter, in: Hamburger Fremdenblatt v. 15.6.1915.
175 Die Schriftleitung übernahm der Garteninspektor der Hamburger Baubehörde, Georg Friedrich Christian Goppelt. Weitere Mitarbeiter waren: Garteninspektor Hestermann, Prof. Carl Otto Emil Brick, der Leiter der Abteilung Pflanzenschutz der Botanischen Staatsinstitute, Prof. Ludwig Heinrich Reh vom Naturhistorischen Museum, der Chemiker Reinhold Hanne vom Hygienischen Institut und der Kgl. Gar-

gartenbund Hamburg" werden sollte[176]. Im Mittelpunkt der neuen Zeitschrift stand die Auseinandersetzung mit dem VHS. Im Gegensatz zu den „Schrebern", die „die Familie rein ideal als Erziehungsgemeinschaft" auffaßten, sahen die „Kleingärtner" in ihr „vor allen Dingen eine Wirtschaftsgemeinschaft, die in der (...) Arbeit für das tägliche Brot das wertvollste Erziehungsmittel besitzt. (...). Der Verquickung des Spiel- und Erziehungsgedankens mit dem Kleingarten stehen die Mitglieder der Vereine ziemlich verständnislos gegenüber. Obgleich sie in ihren Gärten sich zunächst eine Erholungs- und Feierstätte bereiten wollten (...), haben sie in vielen Fällen die Mittel zur Anlage von Spielplätzen hergegeben, ohne die volle Tragweite ihres Entschlusses zu durchschauen. (...). Namentlich hier in Hamburg besitzen wir jetzt eine Anzahl großer Vereine, die auch einen Spielplatz besitzen, aber er liegt verödet, weil teils die einzelnen Parzellen gar zu weit von ihm entfernt liegen, dann aber auch, weil es an sachkundigen Leitern für die Jugendspiele fehlt. Die pädagogisch gebildeten Mitglieder (...) haben den auf sie gesetzten Hoffnungen nicht entsprochen, ganz einfach, weil sie gleich den anderen Kleingärtnern ihr Interesse dem Garten zuwandten"[177].

Nach den Familiengärten der PG und den Schrebergärten des VHS war damit eine dritte kleingärtnerische Richtung entstanden, die das Schwergewicht ihrer Aktivitäten wie die „Patrioten" auf den Gartenbau legte, ihre Organisationsform aber wie die „Schreber" von der Vorstellung demokratischer Selbstverwaltung leiten ließ. „Grundlage unseres Kulturlebens" war freilich auch für sie das klare Bekenntnis zum Patriarchat[178]. So gern man sich sonst die „Petersilie verhageln" mochte -, in dieser Verknüpfung von Kleingarten und Kleinfamilie gingen die drei feindlichen Bruder-Organisationen konform. Wie nachdrücklich das patriarchalische Familienideal nun allerdings von allen drei kleingärtnerischen Strömungen vertreten werden mochte, so offenkundig wurde es mancherorts hintertrieben. Bei Tage mochte alles so aussehen, wie Nicolai Mittgard es 1913 beschrieben hatte: „In den Kolonien herrscht reges Leben (...). Es ist eine Freude zu sehen, mit welcher Lust (...) die meisten Mitglieder ihre Gärten instandhalten. Die schwarzen Laubenungeheuer (...) trifft man hier nirgends, dafür treten immer nettere und geschmackvollere Gartenhäuschen (...) in Erscheinung. Viele haben separate Räume für Küche, Keller und Geräte und sind im Innern einladend und wohnlich eingerichtet. (...). Man will sich ein zweites Heim, einen

---

tenbaudirektor Hölscher aus Harburg sowie verschiedene Gartenbaumeister und Lehrer. Quellen: Hamburgisches Staatshb. für 1915, 48 u. 66f. und Der Kleingarten 1 (1915), 1.
176 StAHH. PP SA 2602.
177 Der Kleingarten 1 (1915), 2f.
178 Ebd., 1.

Hamburg bis zum Vorabend des Ersten Weltkriegs 331

(...) Sommersitz schaffen, auf dem die Familie alle freie Zeit (...) verleben kann. Die Kosten für Landmiete, Laube (...) usw. kommen erst in mehreren Jahren wieder heraus, aber der Vorteil liegt eben auf anderem Gebiet. Die Freude am Gedeihen der Kulturen, an den Früchten der Arbeit, (...) die Ersparnis an Taschengeld und an ärztlichen Honoraren, das Wohlgefühl der bei fröhlicher Arbeit erstarkenden Gesundheit – das alles sind Werte, die sich nicht in Zahlen ausdrücken lassen"[179].

Bei Nacht sah manches freilich anders aus: Nicht nur die Katzen wurden dann grau, auch die schreberpädagogischen Theorien. In der Tat war es ausgerechnet die Jugend, die wider den pädagogischen Stachel(draht) löckte. Sie suchte allerdings nicht die „Fleischtöpfe Ägyptens" oder die Bierkrüge urbaner Kneipstätten, sondern – die Liebe. Der Hamburger Schriftsteller Meyer–Marwitz hat dieses konzeptwidrige Nachtleben der Vorkriegskolonien am Beispiel der Schrebergärten an der nördlichen Stadtgrenze mit schönem Freimut ausgemalt. Die Ouvertüre zu diesem ganz anderen Schreber–Idyll erklang gewöhnlich auf der Kirmes[180] oder im nahegelegenen Tanzsaal[181], der Schlußakkord in den nachts verlassenen Gärten: „Denn die Jugend braucht (...) die (...) abendlich einsamen Winkel der Gärten, über die Pans Flöte weiche Träume bläst. Die Jungs und Mädchen der Vorstadt wußten von dem leichtmütigen Arkadier Pan zwar nichts, aber einen Garten, der sie an manchen Abenden göttlich fröhlich und selig stimmte und sie die hohen Mauern und engen Stuben und die Werktagsmühe vergessen ließ, besaßen auch sie. Seine Erde stand unter der milden Knechtschaft der Schreber. Dank ihrer Vorliebe für üppiges Grün gab es in dem großen Garten am Stadtrand manches verschwiegene Plätzchen, an dem zwei Menschen wundersam miteinander allein sein konnten. Da die Schreber überdies nur bei Tageslicht umgruben, säten, jäteten und ernteten, die daseinsfrohen Paare den Garten aber erst im Schutze der (...) Nacht aufsuchten, konnte es nie zu Zwistigkeiten kommen"[182]. „Hatte sich aber ein Pärchen gefunden, dann (...) kehrten die Glücklichen den hohen Häusern den Rücken und schlenderten hinaus ins stille Schrebergartenland. Die junge Dame mußte sich, weil auf den schmalen Wegen keine Laternen brannten, den fest zupackenden Armen ihres Begleiters widerstandslos anvertrauen, wollte sie nicht über einen Prellstein stürzen oder mit den hohen Absätzen in einem Schlagloch stolpern. Es war nur gut, daß die Schreber in die Hecken und Knicks ihre Pforten eingefügt hatten. Dadurch ergaben sich verlockende Nischen, in denen man verweilen konnte, wenn man ein-

---

179 4. Beilage der Neuen Hamburger Zeitung v. 5.7.1913.
180 Bernhard Meyer–Marwitz, Die Straße der Jugend, (Hamburg 1946), 80ff.
181 Ebd., 84.
182 Ebd.

ander etwas gestehen wollte, was sich beim Einherschreiten beim besten Willen nicht sagen ließ. Man konnte sich zwar nur an eine roh gezimmerte Tür lehnen, durch deren Spalten oft ein kühler Wind strich, aber diese Unbequemlichkeit wurde von keinem der Beteiligten als unbillige Härte empfunden. Oh, dieses Grenzland, der Garten Eden der Vorstadt, er war ein guter Nährboden für überschwengliches, unbeschwertes jugendliches Glück"[183]. Aus manchem Kleingarten wurde auf diese Weise unverhofft ein Lust-Garten, aus mancher Typen-Laube eine freie Liebeslaube und aus mancher „pädagogischen Provinz" ein echtes Jugendparadies. Ob Goppelt, Mittgaard und Sieveking von diesen „sturmfreien Buden" wohl wußten? Man darf es bezweifeln. Der selige Garvens wäre mit Sicherheit „im Grabe rotiert", hätte er mit ansehen müssen, wie hier die „venus vulgivaga" die „bescheidenen Sitze der Ceres, Pomona und Flora" im nächtlichen Sturmangriff eroberte und liebes-spielpädagogisch zweckentfremdete.

---

183 Ebd., 86. Vgl. auch: Laubenkolonien, in: Zs. des deutsch-evangelischen Vereins zur Förderung der Sittlichkeit, Berlin 27 (7/8) (1913), 54.

5. Der Take–off des deutschen Kleingartenwesens im Ersten Weltkrieg.

5.1. Die Bestandsaufnahme der „Zentralstelle für Volkswohlfahrt" und der erste deutsche Kleingartenkongress im Jahre 1912.

Jede Darstellung des deutschen Kleingartenwesens am Vorabend des Ersten Weltkriegs findet in der 1912 von der ZfV durchgeführten Fragebogenerhebung bei allen Städten mit mehr als 5.000 Einwohnern eine unübertroffene Quelle. Die in Verbindung mit dem „Zentralverband deutscher Arbeiter– und Schrebergärten" erstellte Dokumentation diente zugleich als Vorbericht für den am 18.6.1912 in Danzig stattfindenden ersten deutschen Kleingartenkongreß[1] Der gut 350 Seiten starke Bericht verdient aus zwei Gründen Beachtung: Zum einen zeigt die Dokumentation, daß das Kleingartenwesen bereits vor dem Krieg nationale Bedeutung erlangt hatte, zum anderen belegt das Werk ein weiteres Mal den halbamtlichen Charakter großer Teile der damaligen Organisationsbestrebungen. Was die Armengärten, die Unternehmergärten, die Arbeitergärten vom Roten Kreuz und die Familiengärten der Hamburger „Patriotischen Gesellschaft" auf lokaler und regionaler Ebene vorgeprägt hatten, wurde von ZfV und ZdASG daher in mancher Hinsicht bloß auf nationaler Ebene ausgemünzt.

Auch die am 5.12.1906 auf Anregung des Preußischen Abgeordnetenhauses aus der 1891 geschaffenen „Centralstelle für Arbeiter–Wohlfahrtseinrichtungen"[2] hervorgegangene ZfV[3] war weit eher ein offiziöses Instrument des Obrigkeitsstaates als eine unabhängige Einrichtung staatsbürgerlicher Sozialreformbemühungen. In dem durch königliche Order mit den Rechten einer juristischen Person ausgestatteten öffentlich-rechtlichen Verein fanden sich Reich, Bundesstaaten, einschlägig engagierte Parlamentarier und Vertreter der größten Wohlfahrtsverbände zusammen, um „aus einem streng patriarchalischen Verständnis

---

1 Familiengärten und andere Kleingartenbestrebungen in ihrer Bedeutung für Stadt und Land, Berlin 1913. (Schriften der ZfV (N.F. 8.)).
2 Brockhaus' Konversations–Lexikon, Bd. 3, 14. Aufl. Berlin u. Wien 1901, 1022; Lexikon zur Parteiengeschichte, Bd. 4, (Köln 1986), 544–551: „Zentralverein für das Wohl der arbeitenden Klassen"
3 Vgl.: Rüdiger vom Bruch, Bürgerliche Sozialreform im deutschen Kaiserreich, in: Ders. (Hg.), Weder Kommunismus noch Kapitalismus. Bürgerliche Sozialreform in Deutschland vom Vormärz bis zur Ära Adenauer, München (1985), 97ff.

sozialer Fürsorge"⁴ heraus die vielfältigen Wohlfahrtsbestrebungen auf den Gebieten des Arbeiterwohnungsbaus, der Jugendpflege und der Volksbildung zusammenzufassen, gutachterlich auszuwerten, publizistisch zu verbreiten und praktisch umzusetzen. Das Ziel, das sich die ZfV auf dem Gebiet der Kleingartenfürsorge gesetzt hatte, lautete daher: „Wir haben alle Ursache, die durch die ungesunden Wohnungsverhältnisse der Großstädte bewirkten Schädigungen des Familienlebens und der Volksgesundheit durch eine systematische Kleingartenkultur einigermaßen auszugleichen. Auch hier gilt es ganze Arbeit zu leisten, um in der Berührung mit der Natur durch Gartenkultur das Gefühl der Bodenständigkeit und den Sinn für die Heimat in der städtischen Bevölkerung zu erhalten und zu vertiefen. Domestizierte Mietskasernenmenschen, losgelöst von der Natur, taugen nicht für ein Arbeitsvolk und bringen einen Nachwuchs hervor, der statt eine Mehrung der Volkskraft zu bewirken, die aufgewendeten Aufzuchtskosten niemals decken kann"⁵. In den Augen der Vertreter der ZfV erhielt „Mutter Natur" damit erneut die Funktion einer wohlfeilen Sozialhelferin zugeschrieben. Ihre (fast) verlorenen Söhne und Töchter in den urbanen „Steinwüsten" erschienen folgerichtig nur noch als Fleisch gewordene Aufzuchts-Kostenfaktoren der volkswirtschaftlichen Gesamtrechnung. Gängige Anspielungen auf Heimat- und Familiensinn verwiesen darüber hinaus auf eine Sinnlichkeit, der jeder „Sinn" für städtische Vergnügungen abging.

Einen ähnlich offiziösen Charakter wie die ZfV besaß auch der am 28.2.1909 gegründete ZdASG⁶. Träger des Zentralverbandes waren der 1906 auf Initiative des „Verbandes der Arbeitergärten vom Roten Kreuz" entstandene „Verband deutscher Arbeitergärten" (Berlin), der „Verband von Garten- und Schrebervereinen" (Leipzig), der „Deutsche Bund der Vereine für naturgemäße Lebens- und Heilweise" (Berlin), die „Deutsche Gartenstadt-Gesellschaft" (Berlin) und der „Allgemeine Verband der Eisenbahnvereine der preußisch-hessischen Staatsbahnen und der Reichsbahn" (Kassel). Trotz dieser breiten organisatorischen Basis gehörten der siebenköpfigen Führungsspitze des ZdASG allein drei Vertreter des „Verbandes der Arbeitergärten vom Roten Kreuz" an: Freifrau von Rheinbaben, die Gattin des preußischen Finanzministers, als Vorsitzende, Geheimrat Alwin Bielefeldt als Generalsekretär und der Berliner Kaufmann Alexander Flinsch als Schatzmeister. Komplettiert wurde der Vorstand durch die drei Leipziger Abgeordneten Karl Blaich, Arthur Hans und Karl Schultz sowie den

---

4 Ebd., 98.
5 Familiengärten (1), 302.
6 Siehe: Heinrich Förster, Alwin Bielefeldt, Walter Reinhold, Zur Geschichte des deutschen Kleingartenwesens, Frankfurt/M. 1931, 18–27. (Schriften des RVKD 21.).

Berliner Vorsitzenden des Deutschen Bundes, Paul Schirrmeister[7]. Alles in allem besaß der Vorstand damit drei vorherrschende personalpolitische Merkmale:
- Ein Übergewicht der Männer über die Frauen.
- Ein Übergewicht Berlins über die Bundesstaaten.
- Ein Übergewicht der extrem patriarchalischen „Rot–Kreuzler" über Eisenbahner, „Gesundheitsapostel" und „Schreber".

Programmatisch unterschied sich der ZdASG von den Vorstellungen des ihm in Personalunion verbundenen „Verbandes der Arbeitergärten vom Roten Kreuz" und den ihm geistesverwandten Bestrebungen der ZfV so gut wie gar nicht: „Der Zentralverband deutscher Arbeiter– und Schrebergärten hat sich die Aufgabe gestellt, die Kleingartenbestrebung, die (...) allerorten in Erscheinung tritt, in volkswohlfahrtlichem Sinne auszugestalten. Die allgemeine Wertschätzung, deren sich die Kleingärten dort erfreuen, wo sie auf gemeinnütziger Grundlage organisiert sind, und die mit ihnen erzielten Erfolge lassen erkennen, daß eine Förderung dieser Einrichtung dem wohlverstandenen Interesse jeder Gemeinde entspricht. Gelingt es doch mit Hilfe dieser Gärten, die Schäden mangelhafter, vielfach schwer zu beseitigender Wohnungsverhältnisse zu mildern und auszugleichen, kranke, schwächliche und erholungsbedürftige Personen zu kräftigen und wieder erwerbsfähig zu machen, sowie die wirtschaftliche Lebenshaltung breiter Volksschichten so zu verbessern, daß selbst kinderreiche, bedürftige Familien der Armenverwaltung nicht zur Last fallen. Dazu kommt, daß durch den Gartenaufenthalt die Männer vom Wirtshausbesuch abgelenkt, die Kinder dem verderblichen Einfluß der Straßen und Höfe entzogen und den Eltern näher gebracht, der Sinn für eigene Betätigung bei jung und alt geweckt und überhaupt die Lebensgewohnheiten der weniger bemittelten Volkskreise veredelt werden"[8]. Getragen und finanziert wurde der ZdASG denn auch nicht nur von den ihm angeschlossenen Mitgliedsverbänden und –vereinen, sondern auch von den Magistraten Altonas, Ansbachs, Danzigs, Fürths, Oppelns und Zehlendorfs sowie nicht zuletzt durch das Preußische Landwirtschaftsministerium und „gemeinnützig denkende Privatleute"[9].

Die statistische Momentaufnahme, die Zentralstelle und Zentralverband 1912 vorlegten, blieb von diesen Zielsetzungen freilich unberührt. Faßt man die nach Groß–, Mittel– und Kleinstädten gesonderten Daten zusammen und ordnet sie den Bundesstaaten des Deutschen Reiches zu, bietet sich folgendes Bild[10]: In

---

7 Hamburger Nachrichten v. 4.3.1909; Berliner Neueste Nachrichten v. 18.7.1909.
8 StAHH. Senat. Cl. VII Lit. Rf No. 345 Vol. 1: Rundschreiben des ZdASG v. 10.11.1909.
9 Förster/Bielefeldt/Reinhold (6), 19f.
10 Das Rohmaterial findet sich in: Familiengärten (1), 112f., 132f., 142, 148, 204–207 u. 216–223; die bundesstaatliche Zuordnung stammt von mir.

Deutschland gab es 1912 in 208 erfaßten Städten über 10.000 Einwohnern Kleingartenland in einer Größenordnung von insgesamt 1.326 ha. Diese Fläche verteilte sich auf 41.743 Kleingärten und 308 Spielplätze. Koppelt man den Großstadtanteil aller Städte über 100.000 Einwohner aus, kommen auf 33 Großstädte (= 15,8%) zusammen 919,9 ha (= 69,3%) Fläche, 23.017 Gärten (= 55,1%) und 121 Spielplätze (= 39,2%).

Diese Vorrangstellung der Großstädte, die reichlich zwei Drittel der Kleingartenfläche, gut die Hälfte aller Kleingärten und immerhin ein starkes Drittel der Spielplätze stellten, wird durch die Teilergebnisse im Hegemonialstaat Preussen bestätigt. Insgesamt entfielen hier auf 101 Städte 821,7 ha Land, 21.621 Kleingärten und 146 Spielplätze. Die 22 Großstädte unter ihnen (= 21,7%) stellten davon 662,8 ha (= 80,6%) Gartenland, 12.761 Kleingärten (= 59%) und 66 Spielplätze (= 45,2%). Bei einem Großstadtanteil von einem Fünftel ergibt das einen Flächenanteil von vier, einen Gartenanteil von drei und einen Spielplatzanteil von gut zwei Fünfteln.

Diese Dominanz findet einen weiteren Beleg in der starken Position der drei Stadtstaaten Bremen, Lübeck und Hamburg, die nur von den beiden Königreichen Preußen und Sachsen übertroffen wurden. Im Verhältnis zu den preußischen Provinzen standen die drei zwar weniger gut da, doch die vor ihnen rangierenden Brandenburg, Schlesien, Sachsen, Schleswig-Holstein, Hannover und Hessen-Nassau gehörten selbst wieder zu den Landesteilen, in denen – mit Ausnahme Schlesiens – der Großstadtanteil den Landesanteil prägte. Acht (= 57,1%) der 13 preußischen Provinzen zählten denn auch kleingarten-statistisch zu den eindeutig großstädtisch beherrschten Landesteilen. Setzt man diese Spitzengruppe, in der mit Lübeck und Ulm nur zwei größere Mittelstädte unter 100.000 Einwohnern lagen, mit dem Reich in Beziehung, ergibt sich ein Flächenanteil von 58,4%, ein Gartenanteil von 41,2% und ein Spielplatzanteil von 26,6%. Noch deutlicher wird ihre Spitzenstellung, wenn man die neun Großstädte dieser Gruppe an den 33 insgesamt erfaßten Großstädten mißt. In der Tat entfallen auf diese neun (= 27,2%) 74,8% der Fläche, 67,7% der Gärten und 51,2% der Spielplätze aller Großstädte.

Wie stark die Stellung der Großstädte war, zeigt auch die auf der nächsten Seite folgende Übersicht über die elf größten Kleingartenzentren des Reiches.

Ebenso eindeutig wie die Verteilung der Kleingärten auf Groß-Stadt und Land war die Gruppierung ihrer Haupteinzugsgebiete im Deutschen Reich. Abgesehen von Ulm lagen alle großstädtischen Kleingartenmittelpunkte nördlich der Mainlinie, abgesehen von Groß-Berlin westlich der Elbe. Dieses kombinierte Nord-Süd- und West-Ost-Gefälle wurde von den Bundesstaaten und preußischen Provinzen im großen und ganzen widergespiegelt. Auf der Ebene der Bundesstaaten dominierten, wie erwähnt, Preußen, Sachsen und die Hansestädte, auf der Ebene der Provinzen der Stadtkreis Berlin, Brandenburg, Sachsen, Schlesien, Schleswig–Holstein, Hannover und Hessen–Nassau. Während das Gebiet östlich der Elbe damit immerhin drei Schwerpunkte aufwies, blieb der Raum südlich des Mains ohne echtes Zentrum. Diese Tatsache läßt zunächst den generellen Schluß zu, daß sich das aufkommende Kleingartenwesen gleichermaßen in den Mittelpunkten der Urbanisierung und den Pionier– bzw. Aktivräumen der Industrialisierung ausbreitete. Gerade die im weitgehend agrarischen Osten gelegenen Kleingartenschwerpunkte machen das deutlich. Hier dominierten mit dem Berliner und dem oberschlesischen Industriegebiet zwei ausgesprochene Kristallisationskerne der kapitalistischen Produktion. Auch die ungemein starke Stellung beider Sachsen findet vor diesem Hintergrund ihre wirtschafts– und sozialgeschichtliche Erklärung.

Ort	Fläche (ha)	Gärten	Spielplätze
Groß–Berlin	82,9	3.480	18
Bremen	48,4	900	
Erfurt	43,3	783	3
Frankfurt/M	43,3	1.379	3
Hamburg	47,0	1.144	1
Hannover	60,0	1.200	
Kiel	209,0		
Leipzig	114,2	5.574	31
Lübeck	43,5	1.246	13
Magdeburg	39,9	1.141	6
Ulm	43,0	360	7
Summe	774,5	17.207	82

Dieses Verteilungsmuster kannte freilich auch Ausnahmen, die sich dem Allerweltsraster von Industrialisierung und Urbanisierung entzogen. Zu nennen wäre hier die verkehrte Positionierung der rheinischen Provinzen, die zu dieser Zeit hinter dem Agrarland Schleswig–Holstein rangierten. Zu unserem nationalen Erklärungsmodell treten damit zwei regionale Deutungsansätze, die teils mit ihm zusammenwirken, teils auf älteren Traditionsformen der Kleingartenfürsorge beruhen. Erhebliche Bedeutung besaß in diesem Zusammenhang zunächst die geschichtliche Entwicklung der deutschen Haus– und Wohnformen. In der Tat dominierte im Rheinland und in Westfalen von alters her „das Dreifensterhaus mit Hof und Gärtchen"[11]. Im Gegensatz zu Groß–Berlin, das für die Verstädterung Deutschlands richtungweisend wurde, erlangte die Mietskaserne als städtebauliches und lebensräumliches Pendant des Kleingartens in den Rheinprovinzen

---

11 Ebd., 15–22.

daher nie einen derart beherrschenden und bedrückenden Einfluß wie in anderen Landesteilen. Das in der Behausungsziffer ausgedrückte Verhältnis von Bewohnern und Wohnhaus war folglich Anfang des 20. Jahrhunderts in den rheinischen Städten weit niedriger als in Berlin oder Hamburg. Kamen in Köln und Düsseldorf 1905 16,41 bzw. 20,09 Bewohner auf ein Haus, waren es in Hamburg 36,81, während sich in Berlin im Durchschnitt 77,54 Menschen in ein Haus teilen mußten[12]. Ähnlich wie bei den Behausungsziffern sah die Lage bei den Hausgärten aus. Entfielen in Düsseldorf 1910 auf 100 Wohnungen 10,5 Hausgärten, waren es in Berlin schon 1905 nur noch 1,76[13], während Hamburg mit 10,8 im Jahre 1895 einen Mittelplatz einnahm[14].

Eine vergleichbare Bedeutung wie den herkömmlichen Bau- und Wohnweisen kam den Traditionsformen volkswohlfahrtlicher Kleingartenfürsorge zu. Die starke Stellung Schleswig-Holsteins findet hier ihre eigentümliche Erklärung. Auf jeden Fall kann es nicht überraschen, daß das Ursprungsgebiet der deutschen Armengärten auch in der nationalen Kleingartenbewegung eine herausragende Rolle spielte. Die Kraft der Tradition scheint hier den fehlenden Schub der Industrialisierung wenigstens teilweise wettgemacht zu haben. Als Ferment laubenkolonialer Expansion mag man dieses Herkommen auch in Berlin, Frankfurt/M und Leipzig sowie in den Unternehmergärten Ober-Schlesiens verorten. Auch die bedeutsame Stellung Lübecks läßt sich ohne das Wirken des durch die Arbeitergartenbewegung des Roten Kreuzes geprägten Alwin Bielefeldt nur unzulänglich erklären. Auf die elf kleingartenstatistisch führenden Groß-Städte des Reiches entfielen damit fünf Zentren (= 45,4%), die direkt oder indirekt schon mit der Armengartenfürsorge verbunden gewesen waren. Man wird daher kaum fehlgehen, wenn man den auslösenden Faktoren des deutschen Kleingartenwesens eine gewisse, wenn auch begrenzte, Austauschbarkeit unterstellt, zumal sie mit der historischen Zwitterstellung der Kleingartenbewegung zwischen Agrar- und Industriegesellschaft ebenso gut harmoniert wie mit der räumlichen Mittelstellung der Kleingärten zwischen Stadt und Land. Deutlich wird dieser „altmodische" Ursprung des Kleingartenwesens nicht zuletzt angesichts der großen Bedeutung, die die Öffentlichen Hände bei der Landbeschaffung besaßen. Dieser starke, neo-merkantilistische Zug läßt sich noch Anfang des 20. Jahrhunderts erkennen. Von den insgesamt 1.326 ha Kleingartenland des Jahres 1912 entfielen nämlich 1.012,1 ha (= 76,3%) auf Staatsgrund und nur 313,9 ha (= 23,7%) auf Privatland. Während der Privatgrund ausschließlich an Vereine

---

12 Ebd., 17. Die Werte für Berlin und Hamburg basieren auf der Grundstücks-, nicht auf der Gebäudezählung.
13 Ebd., 26 u. 32.
14 Clemens Wischermann, Wohnen in Hamburg vor dem Ersten Weltkrieg, Münster 1983, 341.

vergeben wurde, entfiel der Staatsgrund zu 24% (= 243,1 ha) auf Vereine und zu 76% (= 769,2 ha) auf Einzelpächter[15]. Staatliche Fürsorge rangierte damit in der großen Mehrzahl aller Fälle eindeutig vor privaten Initiativen gleich welcher Art. Im großen und ganzen spiegelte die Lage im Reich damit das gleiche Verteilungsmuster wider, das sich in Hamburg zwischen „Patrioten" und „Schrebern" herausgebildet hatte.

Obwohl die Erhebung des Jahres 1912 nach Art und Umfang beispielhaft war, liegen ihre Angaben doch durchweg unter den tatsächlichen Größen der damaligen Kolonieflächen. Diese Unterbewertung hatte zunächst erhebungstechnische Gründe. Nicht aufgenommen wurde der nur schwer erfaßbare Bereich der kommerziellen Generalverpachtungen. Die vergleichsweise bescheidene Stellung Groß-Berlins findet hier ihre Erklärung. Das gleiche gilt für private Einzelverpachtungen und die Gartenlandvergabe durch Unternehmer[16]. Zählt man diese Posten, soweit vorhanden, mit dem offiziell ausgewiesenen Bestand zusammen, ergäbe sich für Hamburg ein Areal von 91,5 ha und eine Parzellenzahl von 1.944 Kleingärten[17]. Im Vergleich mit den Angaben der Tabelle stiege die Fläche damit um 48,7% und die Anzahl der Gärten um 41,2%. Diese Schattenquoten wären noch größer, wenn man die nicht faßbaren Pachtländereien der 19 Hamburger Klein- und Schrebergartenvereine hinzuzählen könnte.

Noch verwirrender wird das Bild, wenn man die gleichzeitige Kleingartenübersicht im „Statistischen Jahrbuch deutscher Städte"[18] heranzieht. Die auf 60 ausgewählten Städten mit mehr als 50.000 Einwohnern beruhende Erhebung zeigt z.T. erhebliche Abweichungen von der Bestandsaufnahme der ZfV. So weist die Statistik für Hamburg eine Fläche von 84,2 ha und eine Zahl von 253 Kleingärten aus. Diese neuen, abweichenden Werte bleiben auch deshalb unerfindlich, weil sie sich nicht aus bekannten Bestandteilen einzelner Hamburger Kleingarteninitiativen addieren lassen. Dieser widersprüchliche Befund verstärkt sich noch, wenn man zur Kontrolle die Bestände der oben aufgeführten großstädtischen Kleingartenzentren summiert. Den dort ausgewiesenen Gesamtgrößen von 774,5 ha und 17.207 Gärten stehen hier 15.850,3 ha und 21.367 Parzellen gegenüber. Auch wenn die gewaltige Flächendifferenz in der Hauptsache dem statistischen Ausreißer Frankfurt/M. geschuldet ist, bleiben die Einzeldifferenzen doch bedeutsam genug. Für Groß-Berlin ergäbe sich beispielsweise ein Gegensatz von 82,9 zu 55,9 ha, für Bremen ein Unterschied von 48,4 zu 38 ha, für Hannover eine Differenz von 60 zu 136,2 ha. Sogar die Gruppierung bliebe

---

15 Berechnet nach der in Anm. 10 angegebenen Quelle.
16 Vgl.: Familiengärten (1), 93–101 u. 254–259.
17 Ebd., 204f. u. 256f.
18 Statistisches Jahrbuch deutscher Städte 21 (1926), 290f.

nicht unangefochten, da Dresden mit 101,5 ha und 6.832 Gärten und Flensburg mit 69,2 ha und 2.285 Gärten nach dieser Statistik Städte wie Hamburg, Hannover, Magdeburg oder Ulm aus dem Kreis der Spitzenreiter verdrängen würden. Trotz der Schwankungsbreiten bei der Bestandsermittlung und der Variationsbreiten bei der Positionierung der einzelnen Städte stimmen die reichsweiten Verteilungsmuster in beiden Statistiken weitgehend überein. In der Tat zeigt auch diese Erhebung ein kombiniertes Nord–Süd– und West–Ost–Gefälle. Von den insgesamt 60 gemeldeten Städten lagen nur 13 (= 21,6%) östlich der Elbe und nur elf (= 18,3%) südlich des Mains. Die dominierende Stellung der Großstädte läßt an Deutlichkeit ebenfalls nichts zu wünschen übrig. Auf 18 erfaßte Großstädte über 200.000 Einwohner entfielen 15.918 von 16.487 ha (= 95,5%) und 29.397 von 39.786 (= 73,8%) Gärten. Bestätigt wird auch die verkehrte Stellung der Provinzen Rheinland und Westfalen im Gegensatz zu Schleswig–Holstein. Während Kiel mit 242,7 ha und 4.952 Gärten einmal mehr ganz oben rangiert, bringen es Duisburg, Essen und Köln gemeinsam bloß auf magere 20,5 ha und 723 Gärten. Alles in allem zeigt die deutsche Kleingartenstatistik damit am Vorabend des Ersten Weltkriegs ein zwiespältiges Bild: Auf der Ebene der lokalen und regionalen Bestandserhebung herrscht ein verwirrendes Mosaik widersprüchlicher Befunde, auf der Ebene der nationalen Bestandsverteilung regiert ein übereinstimmendes, klar erkennbares Muster. Wie schlecht sich die Einzelbestände daher auch immer quantifizieren lassen mögen, so gut kann man den Gesamtbestand sozialräumlich qualifizieren. Selbst wenn alle Einzelergebnisse falsch wären – was wir vermuten –, bliebe das Gesamtergebnis insofern richtig.

Die mit vielen Beispielen, Dokumenten und Kommentaren angereicherte Bestandsaufnahme diente zugleich der praktischen Vorbereitung der 6. Konferenz der ZfV. Sie fand am 18.6.1912 in Danzig statt und stand ausschließlich im Zeichen des Kleingartenwesens. Referenten und Diskussionsteilnehmer waren der Generalsekretär des ZdASG, Alwin Bielefeldt, Frau Konsul Fränkel als Vertreterin der Berliner Arbeitergärten vom Roten Kreuz, der Vorsitzende des „Verbandes Leipziger Schrebervereine", Hugo Fritzsche, der Darmstädter Oberbürgermeister Glässing, der stellvertretende Generalsekretär des ZdASG, Arthur Hans, der Stadtplaner Werner Hegemann, Marie Schaper, eine Aktivistin der Berliner Kindergartenbewegung, und Mathilde Schmeling, eine Repräsentantin des „Evangelischen Arbeiterinnenvereins Groß–Berlin"[19]. Über Zahl und Zusammensetzung der übrigen Teilnehmer ist nichts bekannt. Wir wissen nicht einmal, ob aktive Kleingärtner dabei waren. Es ist daher nicht auszuschließen,

---

19 Familiengärten (1), 305–364. Zu Hegemann siehe: NDB, Bd. 8, Berlin (1969), 224f., zu Fritzsche: KGW 7 (4) (1930),29f.

daß die bürgerlichen Arbeiterfreunde unter sich blieben. Das große Wort führten sie auf jeden Fall. Die Danziger Versammlung war insofern nicht der erste Kleingärtner–, sondern bloß der erste Kleingartenkongreß Deutschlands.

Die Themen, die die Teilnehmer bewegten, hat Alwin Bielefeldt in seinem Grundatzreferat eingehend erläutert. Ausgehend von der Alternative großstädtischer „Genußsucht"[20] und agrarromantischer „Sehnsucht nach der Natur"[21] bestimmte der Referent den Kleingarten als Mittel „für die Rückkehr zur Natur, zur einfachen Lebensfreude"[22]. Die Voraussetzung für diese Erneuerung bildete einmal mehr die laubenkoloniale Stabilisierung der Kleinfamilie in volkswirtschaftlicher, volksgesundheitlicher und volkspädagogischer Hinsicht[23]. Gesunde Ernährung, gesunde Erholung und gesunde Erziehung stellten im Rahmen dieser Zielvorstellung einen dreifach verschränkten Regelkreis dar, der die kranken Stadtmenschen auf natürlicher Grundlage regenerieren sollte. Die Schlüsselrolle fiel dabei der volkspädagogischen Funktion des Kleingartens zu: „Am höchsten zu bewerten sind aber meines Erachtens die erziehlichen Momente. Durch die gemeinsame Betätigung im Kleingarten wird die Familie, die in den Groß– und Mittelstädten vielfach auseinandergerissen ist, wieder zusammengeführt. Dort finden Vater, Mutter und Kinder ihren befriedigenden Wirkungskreis. Der Arbeiter, der einen Garten besitzt, zieht diesen fast immer den Kneipen und Spelunken vor, in die er sich früher so oft aus der Enge der Wohnung, dem Elend der Familie flüchtete. Im Garten kann der Mensch seinem eigenen Interesse nachgehen, hier kann er seine wirtschaftliche Lage verbessern. Der Garten erfordert Bearbeitung, erfordert Ordnung und systematisches Denken (...). So wird der Mensch durch das eigene Interesse zur Überlegung und zur Ordnung erzogen. (...). Wer einen Garten hat, weiß den Wert des Eigentums zu schätzen, und wer das weiß, respektiert das Eigentum anderer"[24].

Aus dieser Funktionsbestimmung des Kleingartens leitete Bielefeldt ein Reformprogramm ab, das die reichsweite Unterbindung des Generalpacht(un)wesens nach dem „bahnbrechenden" Vorbild der Hamburger „Patriotischen Gesellschaft"[25] ebenso enthielt wie eine „gesunde Bodenpolitik" der Kommunen[26], die Gewährung langfristiger Pachtverträge mit preiswerten Mieten[27] oder die verbandspolitische Ausschaltung von „Parteirücksichten, Politik und Religi-

---

20 Familiengärten (1), 319.
21 Ebd., 320.
22 Ebd., 319.
23 Ebd., 318.
24 Ebd., 318f.
25 Vgl.: Ebd., 323, 325 u. 333f.
26 Vgl.: Ebd., 321 u. 334.
27 Vgl.: Ebd., 323f.

on"[28]. Zu diesen Zielsetzungen traten die im Verlauf der Verhandlungen von Hans und Hegemann entwickelten, noch gesondert zu betrachtenden Forderungen nach einer Eingliederung der Kleingärten in die städtische Bebauungsplanung[29] und der von Frau Schaper verlangte Einsatz des Kleingartenbaus im Rahmen von Mädchenerziehung und Frauenarbeit[30]. Diese Vorschläge faßte der Kongreß in vierzehn Leitsätzen zusammen[31] und begründete damit das erste, von ZdASG und ZfV getragene Aktionsprogramm der deutschen Kleingartenbewegung.

Am Vorabend des Ersten Weltkriegs glich das deutsche Kleingartenwesen damit einer teildomestizierten Wild–Pflanze kurz vor der ersten Blüte. Beheimatet in den industriellen Stadtregionen, erschien es als bodenständiges Gewächs einer quasi natürlichen Evolution urbaner Lebensformen, das trotz des Verdrängungswettbewerbes um Licht und Luft im Schatten von Fabriken und Mietskasernen eine Vielzahl vergleichsweise gesicherter Standorte aufwies. Vielfach gekündigt, vertrieben und überbaut, siedelte es sich unverdrossen wieder an und schuf sich auf städtischem Bauerwartungsland oder aus der Kultur genommenen Ackerflächen des Umlandes unaufhaltsam neue Lebensräume. Materielles Durchsetzungsvermögen und ideelle Verbreitungsgeschwindigkeit stellten seine Lebensfähigkeit dabei ebenso unter Beweis wie die zunehmende Zahl seiner kleinen und großen Liebhaber. Spontaner Wildwuchs und gezielte Anpflanzung griffen daher schon bald ineinander und schufen neben den herkömmlichen „wilden" Siedlungsflächen vergleichsweise „kultivierte" Schutzzonen. Neben die ursprüngliche Wildform traten so die ersten „veredelten" Zuchtformen. Weit entfernt, auf einer möglichen „Roten Liste" zu figurieren, zählte der Kleingarten im Sommer 1914 deshalb schon lange nicht mehr zu den „Mauerblümchen" des Großstadtgrüns. Was dem neuen Gewächs der einheimischen Hortikultur noch fehlte, war allein die geschützte Stellung als politisch und rechtlich anerkanntes Stadtgrün.

5.2. Kriegsausbruch im Kleingarten.

In einem tieferen Sinn ist jeder Klein–Garten von Haus aus zugleich ein Schlachtfeld[32]. Auf jeden Fall verlangt die Unterscheidung von Wild– und Kul-

---

28 Vgl.: Ebd., 331.
29 Vgl.: Ebd., 305–317 u. 349ff.
30 Vgl.: Ebd., 339–344.
31 Abgedruckt in: Ebd., 337f.
32 Vgl.: Paul F. F. Schulz, Die Bekämpfung der Gemüseschädlinge, in: Gartenflora 66 (1917), 109–113; Gerhard Richter, 75 Jahre Dienst am Kinde. Geschichte des

Take-off des deutschen Kleingartenwesens im Ersten Weltkrieg 343

turpflanzen, Kraut und Unkraut, Nützlingen und Schädlingen, gebieterisch nach wirksamen Schutzmaßnahmen für Saat und Setzlinge. Jede Einfriedigung wird damit unweigerlich zur Ausgrenzung: Wie der Stacheldraht das Franzosenkraut, hält der Stacheldrahtverhau die Franzosen in Schach. Wer die Grenze überschreitet, wird niedergemacht – ob mit Spaten oder Seitengewehr. Zur Gartenpflege gehört daher immer und überall „die Bekämpfung des Unkrauts durch Jäten und Hacken" und „die stete Bekämpfung des Heeres von Ungeziefer und Schädlingen"[33] bis hin „*zum schonungslosen Vernichtungskrieg gegen Katzen*"[34]. Besonders hartnäckige Feinde mußten mit Spritzmitteln oder Kampfgas zur Strecke gebracht werden. Ob Unkraut oder Unmensch: „Der kommende Feldzug gegen das Ungeziefer kann nur gewonnen werden durch ausreichende Vernebelung mit '*Whiff* '"[35].

Angesichts dieser generellen Auslassungen kann es nicht erstaunen, daß der deutsche Kleingarten schon vor dem Krieg als kriegswichtiger Faktor entdeckt wurde. Bereits 1906, im Jahr der ersten Marokkokrise, hat Karl von Mangold, der Generalsekretär des „Deutschen Vereins für Wohungsreform", den Gedanken einer laubenkolonialen Absicherung der „*Volksernährung im Kriegsfalle*"[36] erstmals ins Spiel gebracht. Anfang 1912, offenbar unter dem Eindruck der zweiten Marokkokrise, bekräftigte von Mangold seinen Vorschlag, indem er darauf hinwies, „daß in Kriegszeiten, wo unter Umständen durch Störung unseres Seehandels langandauernde Arbeitslosigkeit und große Teuerung entstehen kann, die Kleingartenkolonien für die Beschäftigung und Ernährung der großstädtischen Volksmassen von gar nicht unerheblicher Wichtigkeit werden können"[37]. Wer die Entwicklung des Kriegsgemüsebaus kennt, wird von Mangolds Scharfsinn nur bewundern können, zumal der Verfasser trotz der Kürze seiner Ausführungen ein erstaunlich realistisches Kriegsbild zeichnete. Die richtige Einsicht, daß der kommende Krieg zugleich ein Wirtschaftskrieg werden würde, unterschied den Generalsekretär jedenfalls ebenso von der Masse der Generale wie seine zutreffende Voraussage der Dauer des künftigen Konflikts im Zeichen einer feindlichen Seehandelsblockade.

Schrebervereins der Westvorstadt von Leipzig, Leipzig 1939, 54.
33 Heinrich Hinz, Der Schrebergarten, Frankfurt/O. 1915, 27f.
34 Karl Dahlgaard, Der Kleingärtner, der Vogelschutz und die Katzen, in: Der Kleingarten 7 (1928), 112. Zit. i.O. gesperrt.
35 KGW 4 (6) (1927), 68. Hervorhebung i.O. versal.
36 Neue Aufgaben in der Bauordnungs- und Ansiedlungsfrage. Eine Eingabe des DVfW, Göttingen 1906, 40. Hervorhebung i.O. gesperrt.
37 Karl von Mangold, Kleingarten und Volkskultur, in: Der Kunstwart 26 (1) (1912), 17. Ähnlich auch: Ders., Der Kleingarten als Nothelfer, in: KP 47 (1914), Sp. 1286.

Noch früher als diese kriegswirtschaftlichen Ideen zur Nutzung des Laubengartens entstand die Vorstellung einer schul- und kleingartenbaulichen Förderung volkswirtschaftlicher Autarkiebestrebungen. Der Lehrer Bernhard Cronberger hatte diesen Gedanken als einer der ersten entwickelt, um den ökonomischen „Schaden" abzuwenden, „den das deutsche Nationalvermögen durch die umfangreiche Einfuhr fremden Obstes erleidet"[38]. Von diesen, aus der Tradition des Merkantilismus überkommenen Gedanken ließ sich auch Marie Schaper leiten[39], als sie Front und Heimatfront, Krieg und Kriegsgemüsebau, geschlechtsspezifisch ausdifferenzierte und zugleich arbeitsteilig aufeinander bezog: „Daß die Gartenarbeit von den Frauen mit Erfolg geleistet werden kann, wissen wir aus der ältesten Geschichte des germanischen Volkes. Damals zog der Mann in den Krieg und auf die Jagd, während die Frau Haus und Garten bestellte"[40]. Im Gegensatz zu den meisten militärischen und politischen Experten, die das Bild des künftigen Krieges durchweg aus dem überholten Erfahrungshorizont der deutschen Einigungskriege entwickelten[41], gewannen Cronberger, von Mangold und Schaper damit aus der vermeintlichen Froschperspektive des Kleingartens ein ebenso differenziertes wie realitätstüchtiges Szenario der kommenden Auseinandersetzung.

In den Augen der meisten anderen Deutschen verkürzte sich die moderne Kriegsgeschichte demgegenüber zu einem fortwährenden Sedanstag. Die hurrapatriotischen „Stimmungskanonen" brachten dieses Selbstgefühl zutreffend zum Ausdruck: „Siegreich wolln wir Frankreich schlagen" und „Weihnachten wieder daheim sein". Selbst die offizielle Kriegsplanung war von dieser Vorstellung geprägt: „Das Schwergewicht der Kriegsvorbereitung lag unter Vernachlässigung ihrer wirtschaftlichen und finanziellen Aspekte bei der Rüstung"[42]. Ohne institutionalisierte Koordination von politischer und militärischer Führung, Krieg und Kriegswirtschaft, Front und Heimatfront, ohne nennenswerte Getreidevorräte und Kriegsrohstoffe[43] unternahm Deutschland im August 1914 den Versuch, den ersten Krieg des 20. Jahrhunderts nach dem Muster des letzten Krieges des 19. Jahrhunderts zu führen und – zu gewinnen.

---

38 Bernhard Cronberger, Der Schulgarten des In- und Auslandes, 2. Aufl. Berlin 1909, 126.
39 Familiengärten (1), 339.
40 Ebd., 341f.
41 Vgl.: Karl Dietrich Erdmann, Der Erste Weltkrieg, (München 1980), 99.
42 Ebd., 103.
43 Vgl.: Ebd., 99–106.

Der für Deutschland fatale Primat einer auf antiquierten Vorbildern beruhenden Kriegsplanung fand seine doktrinäre Verdinglichung im Schlieffenplan[44]. Im Grunde ein bloßer Feldzugsplan für den Westen, der den Ostaufmarsch ebenso souverän ignorierte wie die Seekriegsführung, die Kriegswirtschaft oder die nur politisch zu bestimmenden Kriegsziele, baute der vermeintliche „Königsplan" des 1913 verstorbenen Generalfeldmarschalls auf dem operativen Kalkül auf, den drohenden räumlichen Zweifrontenkrieg gegen die beiden Flankenmächte Frankreich und Rußland in zwei zeitlich aufeinander folgende Einfrontenkriege zu zerlegen. Da Schlieffen Frankreich für den gefährlicheren Gegner hielt, wollte er die Republik zuerst angreifen. Um die französische Festungslinie zu umgehen, sah der Plan einen monumentalen Flankenmarsch durch die neutralen Staaten Belgien und Luxemburg vor. Dieser Vorstoß sollte die französische Armee in Flanke und Rücken umfassen, mit verkehrter Front gegen die eigenen Verteidigungsanlagen werfen und in einer gewaltigen Kesselschlacht aufreiben oder zur Massenkapitulation zwingen.

Das kriegsgeschichtliche Vorbild dieser gewaltigen Operation bildete die Kesselschlacht bei Cannae, wo der karthagische Feldherr Hannibal die Römer unter Terentius Varro am 2.8.216 v.Chr. geschlagen hatte[45]. Methodisch übertrug der Generalfeldmarschall mit dieser historischen Anleihe eine Erfahrung aus dem Gebiet der Taktik auf die Ebene der höheren Strategie. Die Tatsache, daß der Sieger von Cannae der Verlierer des Zweiten Punischen Krieges war, focht den „Cannaegießer" Schlieffen genausowenig an wie seinen Nachfolger, den preußischen Generalobersten Helmuth von Moltke d. J. Das „Wunder an der Marne" machte dem Plan, der die gesamte deutsche Kriegführung auf eine einzige Karte setzte, denn auch bereits im September 1914 einen Strich durch die ausgeklügelte Rechnung. Aus dem geplanten französischen Cannae wurde unversehens ein deutsches Zama – wenn auch mit Zeitzündereffekt. Der Bewegungskrieg erstarrte im Stellungskrieg, die Niederwerfungsstrategie mutierte zur Ermattungsstrategie[46], und der vermeintlich kurze „Kabinettskrieg" entwickelte sich zu einem lang andauernden Volks(wirtschafts)krieg. An die Stelle der Front trat die Heimatfront, an die Stelle des „Sandkastens" der Kleingarten.

---

44 Siehe hierzu: Jehuda L. Wallach, Das Dogma der Vernichtungsschlacht, (München 1970), 100–108 u. 129–182.
45 Vgl.: Ebd., 74–83.
46 Zum Gegensatz von Vernichtungs- und Ermattungsstrategie siehe: Hans Delbrück, Geschichte der Kriegskunst, Bd. 1, 3. Aufl. Berlin 1920, 123 u.v.a. Bd. 4, Berlin 1920, 334.

5.3. Antäus und „Mutter Erde" oder Vater Staat auf dem Weg „zu den Müttern"?

Der letztlich kriegsentscheidende Wechsel von der Niederwerfungs- zur Ermattungsstrategie und die aus ihm erwachsende Schwerpunktverschiebung von der Front zur Heimatfront führte am Ende des ersten Kriegsjahres zu einem bezeichnenden Austausch der publizistischen Leitbilder. Stand der Bewegungskrieg gleichsam unter der Schirmherrschaft des nun endgültig toten Hannibal, verlangte der einsetzende Stellungskrieg gebieterisch nach einem neuen, zugkräftigen Vorbild. Das Leitbild des kleingärtnerischen Heimatfrontabschnitts war nun allerdings nicht die hehre Gestalt der Flora, Pomona oder Ceres, die der „patriotische" Hamburger Franz August Adolf Garvens nach der 48er Revolution beschworen hatte, sondern der chtonisch-tellurische Riese Antäus. Am 17.12.1914 schrieb die „Neue Hamburger Zeitung": „Die alte sinnvolle Sage von dem Riesen Antäus (...) gewinnt in den Nöten und Gefahren dieses Krieges eine ungeheure Bedeutung. (...). Zum Schwert, das unsere Krieger draussen auf dem Felde der Ehre unter tausend Gefahren und Mühen meisterhaft führen, muß die allgemeine Handhabung des Spatens kommen, um unser Volk unüberwindlich zu machen. (...). Die Rasenflächen des Stadtparks, die Blumenbeete der öffentlichen Anlagen, die Hausgärten, die Rennplätze können dem Kleingartenbau dienen (...). Zum Kleingartenbau gehört als notwendige Ergänzung auch die Kleintierzucht. Je mehr Hühner, Gänse, Enten, Kaninchen Deutschland aufzuweisen hat, umso unbesieglicher wird es sein"[47].

Diese plötzliche Berufung auf Antäus war beileibe keine Hamburger Spezialität. So schrieb der Münchner Bezirksschulrat Oskar Strobel: „Ich will von der gemütlichen Beeinflussung durch die Arbeit im Kleingarten einiges von mir aussagen. Und da kann ich bekennen, (...) als ich Hand anlegte an meinen kleinen 'Kriegsgarten', daß ich den tiefen Sinn der Antäussage (...) erst ganz erfaßte; ich konnte nachfühlen, daß der von der Witterung abhängige Landmann um 'gut Wetter' zuerst bittet, daß der Landhunger die Enterbten aus dem Mutterland fortreißt und daß in großen weltgeschichtlichen Zusammenstößen die 'Ländergier' den innersten Anlaß bot"[48].

Die deutsche Sehnsucht nach dem „Platz an der Sonne" erschien damit einmal mehr in charakteristischer Verdoppelung: „Ländergier" und „Landhunger", Kolonie und Laubenkolonie, „Mittelafrika" und Klein-Kamerun erwiesen sich

---

47 Morgenausgabe der Neuen Hamburger Zeitung v. 17.12.1914. Ähnlich auch: Abendausgabe der Hamburger Nachrichten v. 17.11.1914 und Hamburger Fremdenblatt v. 28.11.1914.
48 Kleingarten und Poesie, Frankfurt/M. 1930, 40. (Schriften des RVKD 20.).

erneut als zwei Seiten ein und derselben Mark. Die Leitbildfunktion des Antäus beschränkte sich insofern keineswegs auf die Zeit zwischen 1914 und 1918. Aufgebracht von Adolf Damaschke, der ihn im Rahmen der Jungbrunnenideologie zum Schutzpatron der Binnenkolonisation erhoben hatte[49], blieb seine Gestalt vielmehr bis in die Gegenwart hinein aktuell[50]. Auch seine Ausstrahlung beschränkte sich keineswegs auf den Kreis der Kleingartenfunktionäre. Kein Geringerer als der Hamburger Oberbaudirektor Fritz Schumacher hat das bezeugt: „Kein Glaube ist heute fester als der an Antäus, den frische Kraft durchströmte, wenn auch nur seine Fußspitze den mütterlichen Boden berührte. (...). Ein Gartenfleck, und sei er auch nur klein, für den heimatlosen Menschen unserer freudlos zusammengeballten Städte! Unter allen Mitteln der Volkskultur, auf die unsere Zeit hofft, darf man den Garten wohl in die erste Reihe rücken. Tausend Hirne mühen sich ab an dem Problem, ihn der Großstadtmenge zurückzuerobern; niemand zweifelt an seiner belebenden Kraft!"[51].

Ursprünglich war Antäus eine Figur der griechischen Mythologie, die der Halbgott Herakles auf dem Weg seiner Selbstvergöttlichung besiegen mußte. Obwohl seine Begegnung mit ihm nicht zu den kanonischen „Zwölf Arbeiten" des Helden zählte, besaß sein Kampf mit dem Riesen doch elementare Bedeutung. Antäus' Stärke bestand nämlich darin, „daß er ein Sohn auch der Erde war, und sobald er mit seinem Leib den Boden berührte, gab ihm seine Mutter noch größere Kraft. Herakles nahm den Kampf mit ihm auf (...): Nicht ließ er Antäus auf die Erde fallen, und wenn er schon fiel, richtete er ihn wieder auf. So verging dem Riesen seine Stärke: er wurde besiegt und getötet"[52].

Die Berufung auf Antäus kam daher keineswegs von ungefähr. Erst als das staatsmännische Leitbild Hannibal nach dem Scheitern des Schlieffenplans den Abschied erhielt, bekam das erdmütterliche Leitbild Antäus den Gestellungsbefehl. Diese unverhoffte Wachablösung signalisierte nicht nur den Übergang vom Bewegungs- zum Stellungskrieg, sondern auch den Wechsel von der Kriegführung zur Kriegswirtschaft, vom Schlachtfeld zum Kartoffelacker. In einem tieferen Sinn bedeutete der Rückgriff von der Geschichte zur Mythologie zugleich eine sozialpsychologische Regression von Vater Staat zu „Mutter Natur". Das militärstrategisch geschlagene Vaterland suchte und fand im Mutter-Boden seinen letzten Halt.

Im Prinzip entpuppte sich Antäus damit als das bildungsbürgerlich überhöhte Pendant des deutschen Kleingärtners. So wie sich der großstädtische Laubenko-

---

49 A. Damaschke, Die Bodenreform, 18. Aufl. Jena 1920, 181 u. 238.
50 Aloise Weirich, Die „Grüne Internationale", in: Die Freizeitgestaltung in den Kleingärten Europas, Bettembourg/Luxemburg (1976), 14.
51 Zit.n.: Paul Brando, Kleine Gärten einst und jetzt, (Hamburg 1956), 269.
52 Karl Kerényi, Die Mythologie der Griechen, Bd. 2, (5. Aufl. München 1981), 135.

lonist am „Busen der Natur" regenerierte, schöpfte der sagenhafte Riese seine Lebens-Kraft aus dem erneuerten Kontakt mit seiner Mutter Gäa. Gäa aber ist niemand anderes als die von fast allen Kleingartenenthousiasten emphatisch beschworene „Mutter Erde" oder „All-Mutter Natur"[53], die im deutschen Laubenkolonialreich einen ihrer bekanntesten „Jung"- oder „Gesundbrunnen" besaß.

In dieser erdmütterlich geprägten Vorstellungswelt fanden Front und Heimatfront ihre eigentümliche Verschränkung. Antäus war eben schon in der Antike kein Bauer, sondern ein Kämpfer. Eines der berühmtesten Anti-Kriegsbücher der Weimarer Republik, Erich Maria Remarques Roman „Im Westen nichts Neues", macht diese Verknüpfung deutlich: „Aus der Erde, aus der Luft aber strömen Abwehrkräfte zu, – am meisten von der Erde. Wenn er sich an sie preßt, (...) wenn er sich tief mit dem Gesicht und den Gliedern in sie hineinwühlt in der Todesangst des Feuers, dann ist sie sein einziger Freund, sein Bruder, seine Mutter (...). Erde – Erde – Erde – ! Erde, mit deinen Bodenfalten und Löchern und Vertiefungen, in die man sich hineinwerfen, hineinkauern kann! Erde, du gabst uns im Krampf des Grauens, im Aufspritzen der Vernichtung, im Todesbrüllen der Explosionen die ungeheure Widerwelle gewonnenen Lebens! Der irre Sturm fast zerfetzten Daseins floß im Rückstrom von dir durch unsere Hände, so daß wir die geretteten in dich gruben und im stummen Angstglück der überstandenen Minute mit unseren Lippen in dich hineinbissen! –"[54].

Diese Überhöhung der „Mutter Erde" fand freilich in der realen Stellung der deutschen Frau und Mutter nicht einmal den Schatten einer Entsprechung. So weisen die 63 Folianten des Hamburger Vereinsregisters, die den Zeitraum von 1900 bis 1945 dokumentieren, für den Bereich der Kleingartenvereine nur fünf weibliche Vorstandsmitglieder aus. Von ihnen waren drei – Ehefrauen. Sämtliche Amtszeiten fielen zudem in die Zeit der Weimarer Republik[55]. Was immer

---

53 Friedrich Coenen, Das Berliner Laubenkoloniewesen, Göttingen 1911, 6; A. Damaschke, Die Aufgaben der Gemeindepolitik, 10. Aufl. Jena 1922, 184; Familiengärten (1), 320; Der Kleingarten. Eine Darstellung seiner historischen Entwicklung in Nürnberg, Nürnberg 1923, 1 (Mitteilungen des Statistischen Amtes der Stadt Nürnberg H.7); Heinrich Kraft, Der Kleingartenbau in Krieg und Frieden, in: Jb. der Bodenreform 11 (1925), 18 u. 25; E. Lüdemann, Erziehung des jungen Städters zur Verbundenheit mit Blut und Boden, in: HLZ 13 (28) (1934), 451f; Bernhard Meyer-Marwitz, Die Straße der Jugend, (Hamburg 1946), 8 u. 75; Schiller, Sozialer Wohnungsbau und Kleingarten, in: Das deutsche Kleingartenwesen 6 (1941), 79f.
54 Erich Maria Remarque, Im Westen nichts Neues, 31.–50. Ts. Berlin 1929, 58f. Vgl. auch: Der deutsche Soldat. Briefe aus dem Weltkrieg, hg. v. R. Hoffmann, München 1937, 190; Carl Zuckmayer, Als wär's ein Stück von mir. Erinnerungen, Frankfurt/M. u. Hamburg 1969), 190.
55 Es waren: Ehe-Frau Minna Bade (GBV „Unter uns" v. 21.12.1919–24.1.1921), Ehe-Frau Caroline Pavel (KGBV der staatlichen Angestellten und Arbeiter v.

die Forderung „Zurück zur (Mutter) Natur" daher konkret bedeuten mochte, eine Rückkehr zur Gynaikokratie im Sinne Bachofens war das Letzte, was die patriarchalischen Kleingartenfunktionäre anstrebten. Der bekannte „Schreberfreund" Gerhard Richter meinte vielmehr: „Wohl die wundeste Stelle der deutschen Wirtschaft ist, daß die deutsche Frau und namentlich Mutter (...) dem Broterwerb nachgehen muß, um mit dem Vater zusammen das Existenzminimum zu beschaffen"[56]. Mit dieser Auffassung stand Richter keineswegs allein[57]. Auch Adolf Damaschke sah die „natürliche 'Lösung' der Frage der Frauenarbeit" in der weiblichen Hausarbeit in Heim und Garten[58]. Den Grund für diese Rollenzuweisung sah man gemeinhin, wie der Kgl. Gartenbaudirektor von Steglitz, Hübner, im vermeintlichen Wesen der Frau: „Dabei entspricht (...) gerade die gärtnerische Betätigung in ihrem Wesen der Frau. Der Umgang mit Blumen, das Werden und Vergehen, die Liebe und Geduld, die die Pflanzen zu ihrer Entwicklung erheischen, alles das erfordert Gefühls– und Gemütseigenschaften, die die Frau in viel größerem Maße ihr Eigen nennt als der Mann"[59].

Bereits die Antäus–Sage läßt diese abhängige Stellung der Frau im Kern erkennen. Zwar gehört auch sie zu den antiken Mythen, die den Übergang vom matriarchalischen zum patriarchalischen Prinzip versinnbildlichen[60], doch erscheint der Gegensatz von Erd–Mutterrecht und Vaterrecht schon hier gemildert, ja gebrochen. Entscheidend ist dabei nicht, daß Antäus (und mit ihm Gäa) am Ende unterliegt, sondern daß die Auseinandersetzung von Beginn an als Stellvertreterkampf geführt wird. Nicht Gäa ringt mit Herakles, sondern Antäus. Seine Mutter erscheint nur noch als passive Basis, von der aus ihr aktiver Sohn operiert. Der Ringkampf zwischen Antäus und Herakles erweist sich insofern als Rückzugsgefecht einer bereits zerfallenden Mutterherrschaft, deren Niedergang

---

19.1.1929–17.8. 1929), Ehe–Frau Klara Wolter (KGV Osterbrook v. 25.1.1923–10.3.1927), Frau Adelheid beim Graben (22.8.1922–8.2.1926) und die Vorarbeiterin Frau Alma Suhrke („Die Sandhasen" v. 5.2.1931–17.2.1932. Quelle: Amtsgericht Hamburg. Vereinsregister Bd. XXII, 221; XXV, 177; XXIX, 373; XXXI, 123 u. XLII, 119ff.

56 Gerhard Richter, Deutsche Schreberjugendpflege, Frankfurt/M. 1930, 56 (Schriften des RVKD 19.).
57 Vgl.: Familiengärten (1), 341f., 344, 346f. u. 357f.; Karl von Mangold, in: Neue Aufgaben (36), 41; W. Voß, Städtische Kleinsiedlung, in: Archiv für exakte Wirtschaftsforschung (Thünen–Archiv) 9 (1918/1922), 410 und Mallwitz, in: Vier Vorträge über Kleingartenwesen, Frankfurt/M. 1927, 7 (Schriften des RVKD 13.).
58 Damaschke, Die Bodenreform (49), 9.
59 Hübner, Kriegsgemüsebau auf dem Teltowsee–Gelände, in: Gartenflora 64 (1915), 352.
60 Zu Herakles als „Vollender des geistigen Vaterrechts" siehe: J. J. Bachofen, Das Mutterrecht. Eine Auswahl, hg. v. H.–J. Heinrichs, (7. Aufl. Frankfurt/M. 1989), 88.

die Niederlage ihres Repräsentanten schon zu beinhalten scheint. Diese untergeordnete Rolle spielte auch die deutsche Frau in der Ära des Kriegsgemüsebaus. Obwohl die Männer Feld–Zug um Feld–Zug einrückten, blieben die Führungsposten in Kleingartenverbänden und –vereinen genauso männlich dominiert wie die Leitungspositionen in den mit ihnen zusammenarbeitenden Parlamentsausschüssen und Kommunalverwaltungen. Wie tapfer die Frauen im Stellungskrieg an der Heimatfront daher auch immer „ihren Mann stehen" mochten[61] –, ihre Rechts–Stellung verbesserten sie nicht.

In der Tat entsprang die plötzliche Entdeckung der weiblichen Tugenden der Not, nicht politischer oder moralischer Einsicht. Wie der Kleingarten „als Nothelfer dieser Zeit"[62] fungierte, figurierte die Frau als Lückenbüßerin, die die durch die Front gerissenen Löcher in der Gesamtverteidigung an der Heimatfront stopfen durfte. Obwohl der vom Deutschen Reich im letzten Drittel des 19. Jahrhunderts vollzogene Übergang vom Agrar– zum Industriestaat während des Krieges in gewisser Weise wieder rückgängig gemacht wurde, da die britische Seehandelsblockade die Landmacht Deutschland vom Weltmarkt abschnitt und auf ihre eigenen Ressourcen verwies, besaß eine Rückkehr zu „Mutter Erde" zum damaligen Zeitpunkt längst keine geschichtliche Perspektive mehr. Bereits die in den 90er Jahren „heftig einsetzende Debatte über 'Industrie– und Agrarstaat' hatte es ökonomisch (...) mit vollendeten Tatsachen und keineswegs mehr mit einer offenen Alternativsituation zu tun" gehabt[63]. Der Weg „zu den Müttern" erwies sich daher von Beginn an als historische Sackgasse, die bestenfalls den Zugang zu diversen ökonomischen Nischen eröffnen konnte.

Gleichwohl erfuhr der längst überholte „primäre Sektor"[64] eine unerwartete Aufwertung, die mit zunehmender Kriegsdauer stieg. In ihrem Gefolge wuchs zugleich der Einfluß längst überwunden geglaubter Krisenfaktoren in Gestalt der Un–Gunst heimischer Boden–, Klima– und Witterungsverhältnisse, die die Urproduktion für viele Menschen tatsächlich zum Leit– und Leidsektor des Krieges an der Heimatfront erhob. Ein kurzer Rückblick auf die Vorkriegshandelsbilanz für Nahrungs– und Genußmittel kann das verdeutlichen[65]. 1880 beliefen sich die deutschen Nahrungsmittelimporte auf 708,9 Mio.M in laufenden Preisen – da-

---

61 Vgl. hierzu das veraltete, im militaristischen Sprachgestus aber ungemein kennzeichnende Propaganda–Werk von Marie–Elisabeth Lüders: Marie–Elisabeth Lüders, Das unbekannte Heer, Berlin 1936.
62 Kraft (53), 18.
63 H.–U. Wehler, Das Deutsche Kaiserreich 1871–1918, 2. Aufl. Göttingen (1975), 47.
64 Vgl.: Sozialgeschichtliches Arbeitsbuch. Materialien zur Statistik des Kaiserreichs 1870–1914, hg. v. G. Hohorst u.a., München (1975), 88f.
65 Hierzu und zum folgenden: August Skalweit, Die deutsche Kriegsernährungswirtschaft, Stuttgart 1927, 5–25.

von 166,5 Mio.M für lebende Tiere –, die Genußmittelimporte auf 221,5 Mio.M. 1913 betrugen die entsprechenden Ausgaben demgegenüber 2.949, 289,7 und 525,7 Mio.M. Das bedeutete eine Steigerung um das 3,7–, 1,7– und 2,3fache. Der Import–Export–Saldo des letzten Friedensjahres betrug bei Nahrungsmitteln -1.974,8, bei lebenden Tieren -282,3 und bei Genußmitteln -454,2 Mio.M. Die jeweiligen Importe überstiegen die Exporte damit um das 2,9–, 39– und 7,3fache, während die korrespondierenden Vielfachen des Jahres 1880 bloß bei 1,2, 1,2 und 3,3 gelegen hatten. Der Koch, den Schlieffens Nachfolger mit ins „Feld der Ehre" nahm, war daher kein anderer als der berühmt–berüchtigte „Küchenmeister Schmalhans".

Aus der Not des Nahrungsmittelmangels entwickelten sich im Verlauf des Krieges die neuen Tugenden der Kleintierzucht und des Kriegsgemüsebaus. Flankiert wurde der erzwungene Aufschwung dieser regressiven Alternativökonomie durch das Sammeln und Verwerten von Wildkräutern und das Aufkommen einer durch „Hamsterfahrten" vermittelten Naturaltauschwirtschaft zwischen Stadt und Land. Oberste Priorität besaß freilich die Urproduktion: „*Versorge dich selbst*", lautete die Parole, aber nicht durch „*ländliche Rucksackfahrten*", sondern mit Hilfe „einer *Garten– und Feldoffensive* ohnegleichen"[66]. Je länger der Krieg dauerte, desto größer wurde der Kriegsgemüsegarten. Hunger und „Landhunger"[67] stiegen synchron. Die moderne Geldwirtschaft wurde dabei buchstäblich unter(ge)graben und umgangen. Kleintierzucht, Kriegsgemüsebau und „Hamsterfahrt" signalisierten daher nicht zuletzt die kommende Inflation, in der nicht mehr das Geld, sondern der Sachwert die Welt regierte.

Diese atavistische „Garten– und Feldoffensive" erstreckte sich erstaunlicherweise auch auf die Front. In Bereitschaftsräumen, rückwärtigen Stellungen und namentlich in der Etappe sind kleingartenbauliche Aktivitäten der Truppe mehrfach beobachtet worden. So schrieb der spätere NS–Direktor des Reichsausschusses für Volksgesundheit, Falk Ruttke: „Im Krieg ist es immer besonders aufgefallen, daß die deutschen Soldaten, sobald sich nur irgendwie die geringste Gelegenheit dazu bot, sich ein kleines Gärtchen anlegten. Ich habe hiervon in Schützengräben in den verschiedensten Gegenden viele Beispiele gesehen. Ähnliches ist mir auch von Frontsoldaten von den verschiedensten Kriegs-

---

66 Siegfried Braun, Der Kleingartenbenutzer als Selbstversorger, in: Gartenflora 66 (1917), 102f. Hervorhebungen i.O. gesperrt.
67 Zum „Natur"– und „Landhunger" siehe z.B.: A. Damaschke, Die Aufgaben (53), 188; Familiengärten (1), 323; Die Tätigkeit des Kriegsausschusses der Groß–Berliner Laubenkolonien im Kriegsjahr 1915, o.O. o.J., 7 und Hamburger Echo v. 3.3.1916.

schauplätzen berichtet worden"[68]. Ein besonders eindringliches, dem „Inferno" abgetrotztes „Idyll" hat der Leipziger Student Lothar Dietz geschildert: „Da man sich naturgemäß in solcher Verwüstung der Natur nicht wohlfühlen kann, haben wir ein wenig nachgeholfen. (...). Aus den Gärten der zerschossenen Schlösser Hollebecke und Camp haben wir große Rhododendren, Buxbäume, Schneeglöckchen und Primeln geholt und nette Beetchen angepflanzt. (...). Ganze Weidenbüsche und Haselnußsträucher mit hübschen Kätzchen und kleine Fichten haben wir mit Wurzeln angepflanzt, so daß aus der traurigen Einöde ein Waldidyll geworden ist. Jeder Unterstand trägt auf einem geschnitzten Brettchen einen Namen, der zur ganzen Stimmung paßt, wie 'Villa Waldfrieden', 'Das Herz am Rhein', 'Adlerhorst' usw."[69]. Neben rationalen Motiven wie der erhofften Verbesserung der im Laufe der Zeit immer schlechter werdenden Versorgung und der offenkundig beschäftigungstherapeutischen Ablenkungs- und Ausgleichsfunktion lassen die Berichte den starken irrationalen Wunsch erkennen, sich in der „Hölle" der Materialschlacht einzurichten. Wie der frühgeschichtliche Jäger und Sammler erdmütterlichen Schutz in der Höhle fand, „die ihm wie dem Säugling Schutz vor Unbilden und Wärme gab"[70], suchten die Soldaten der Moderne chtonisch-tellurische Geborgenheit in Erdbunkern und Unterständen, deren Deckung sie mit Flachs, Reseda, Sonnenblumen, Wicken und Winden bepflanzten[71].

Es überrascht daher nicht, daß der von Marie Schaper schon 1912 ins Spiel gebrachte geschlechtsrollenspezifische Rückgriff auf die alten Germanen im Krieg erneut thematisiert wurde. So erklärte der Königliche Garteninspektor Hübner aus Steglitz: „Nicht allein die Männer sind mobil, die in mehreren Generationen als eiserne Mauer unser Land bewahren und Taten des Heldentums verrichten, (...) nein, auch die deutsche Frau ist mobil (...). Die deutsche Frau hatte bisher in Friedenszeiten es für ihre vornehmste Aufgabe gehalten, die Verwahrerin des Hauses, die Pflegerin der Kinderstube zu sein. Als Hausfrau hat sie sich Weltruf erworben; mag auch die übermoderne Frauenwelt in Ost und West höhnend auf ihr Gretchentum in der Küchenschürze herabgesehen haben. Aber in dieser deutschen Frau ist wieder die Germanin alter Zeiten erwacht. Wir sahen es in den Tagen der Mobilmachung (...), wir sehen es an dem heroischen Stolz, mit

---

68 Ruttke, Die bevölkerungspolitische Bedeutung der deutschen Kleingärtner- und Kleinsiedler-Bewegung, in: 2. Reichskleingärtner- und Kleinsiedlertag in Braunschweig v. 26.-28.7.1935, o.O. o.J., 19.
69 Kriegsbriefe gefallener Studenten, hg. v. Philipp Witkop, München o. J., 48. Ähnlich auch: Hugo Sieker, Der Garten ohne Zaun, Wedel (1943), 132.
70 Mutter, in: Wörterbuch der Symbolik, hg. v. M. Lurker, 2. Aufl. Stuttgart (1983), 465.
71 Kriegsbriefe (69), 267.

dem sie die schweren Opfer trägt, (...) und wir sehen es an dem festen Willen, den sie überall verkörpert, wo es sich um die Füllung der durch die Einziehung der Männer entstehenden Lücken handelt"[72]. Die „eiserne Mauer" der Front verhielt sich damit zum Kriegsgemüseland an der Heimatfront wie der Gartenzaun zur Parzelle. Entwickelte sich der Mann zum heldenhaften Frontkämpfer, verwandelte sich die Frau in die „Germanin alter Zeiten". Dieses mutierte „Gretchen" stellte ihrem einberufenen „Faust" nicht die bekannte „Gretchenfrage", wie er es mit der Religion, gar mit dem 5. Gebot halte –, sie ließ sich bedenkenlos mitmobilisieren.

Diese sekundäre Mobilmachung war das große Leitmotiv des Krieges an der Heimtfront. So rief der Pfarrer von Berlin–Grunewald, Hermann Priebe, den deutschen Frauen zu: „Kriegerfrauen! Für den Sieg unserer gerechten Sache wird nicht nur mit Kanonen und Gewehren, sondern auch mit dem Kochlöffel gekämpft"[73]. Der Frauenausschuß für Lebensmittelversorgung der „Hamburgischen Kriegshilfe" schlug in die gleiche Kerbe und erklärte: „Vergeudete Nahrungsmittel sind wie vergeudete Munition"[74], und das „Hamburger Fremdenblatt" mahnte gar die „Mobilmachung der Haustöchter" zur Kultivierung der Hausgärten an[75].

Die bevorzugt geforderten und geförderten Operationsgebiete der Heimatfrontkämpfer(innen) waren neben dem Kleingartenbau[76] die Innere Kolonisation[77], das Sammeln von Wildpflanzen[78] sowie die Entwicklung und Vervoll-

---

72 Hübner (59), 350f.
73 Hermann Priebe, Kriegerfrauen! Helft euren Männern den Sieg gewinnen!, Berlin 1916, 12. Ähnlich: Max Hesdörffer, Gemüsebau während des Krieges, Berlin 1916, 6f.
74 StAHH. Allgemeine Armenanstalt 454 Bd. 5: Hamburgische Kriegshilfe. Frauenausschuß für Lebensmittelversorgung. Gebote für die Hauswirtschaft in der Kriegszeit. Flugblatt Nr. 3.
75 Hamburger Fremdenblatt v. 20.1.1916. (Abendausgabe). Vgl.: Hans Reye, Der Absturz aus dem Frieden, (Hamburg 1984), 126 u. 139.
76 Vgl. etwa: Braun (66), 102f.; A. Brodersen, Die Kartoffelstecklings– und Keimlingszucht, in: Gartenflora 64 (1915), 103–108; Udo Dammer, Wie ziehen wir am besten Gemüse?, 2. Hundertts. Berlin o. J.; Emil Gienapp, Der Kleingartenbau als wirtschaftliche Kriegshilfe, in: Kommunale Rundschau X (6) (1917), 84ff.; Hamburger Nachrichten v. 26.3.1916 (Morgenausgabe) und Ernst Küster, Kriegsgemüse, in: Deutscher Wille (Der Kunstwart) XXX (17) (1917), 224–228.
77 Die Gemüsefelder des Kriegsausschusses, in: Gartenflora 64 (1915), 327–330; Die deutsche Volksernährung und der englische Aushungerungsplan. Eine Denkschrift v. F. Aereboe u.a., Braunschweig 1915, 109–112 und Franz Rochau, Der Gemüsebau im dritten Kriegsjahre, in: Gartenflora 65 (1916), 54.
78 Kurt Krause, Unsere wildwachsenden Küchenpflanzen. Eine Handreichung für die Kriegszeit, (Berlin 1915).

kommnung einer kulinarisch hochstehenden Kriegskochkunst[79]. Ihre Bedeutung wuchs mit der Dauer des Krieges. Schon die gescheiterte Kesselschlacht an der Westfront rückte die Kessel an der Heimatfront in die publizistische Schußlinie. Der Boom der Kriegskochbücher begann denn auch folgerichtig schon 1914 – nicht erst im Steckrübenwinter[80]. Die neue militärische „Diätetik" umfaßte dabei nicht nur die wirtschaftliche Zubereitung der Nahrung, sondern auch ihren wirksamen Verzehr. Der angestrebte Sieg(frieden) beinhaltete daher zugleich „den schweren Sieg über unsere Eßgewohnheiten"[81]. Richtiges Einspeicheln und Zerkauen der Nahrung wurden kriegswichtige „Operationen": „Ein Mann namens Fletscher hatte eine richtige Kaumethode gelehrt; wer daran glaubte, bemühte sich beim Essen zu 'fletschern'. 'Reden ist Silber, Kauen ist Gold!' – war die Devise"[82]. Deutschlands Heimkrieger(innen)[83] zeigten den Reichs–Feinden die Zähne! Der erzwungene Strategiewechsel vom Krieg zur Kriegswirtschaft fand auf diese Weise im Übergang von der Kriegs– zur Kriegskochkunst einen für jedermann (und jede Frau) sinnlich erfahrbaren Niederschlag. Wie die Kanonen an der Front hatten freilich auch die „Gulaschkanonen" an der Heimatfront ihr Soßen–Pulver schon bald verschossen. Spaten und Kochlöffel erwiesen sich als stumpfe Waffen. Aus den „Krauts" wurden die „Wildkrauts" – ein Volk unfreiwilliger Vegetarier, das die angebliche Gesundheit seiner neuen Ernährungsweise über ihre mangelnde Reichhaltigkeit nie hinwegzutäuschen vermochte.

5.4. Heimatfront Hamburg.

Der für die deutsche Landkriegsführung charakteristische Übergang von der Niederwerfungs– zur Ermattungsstrategie kennzeichnete auch die Seekriegsfüh-

---

79 Vgl.: Paul Eltzbacher u.a., Ernährung in der Kriegszeit, Braunschweig 1914; Hamburgische Kriegshilfe (74) und Kleines Hamburgisches Kriegskochbuch. Zus. gest. v. Hamburger Ortsgruppe des Vereins ehemaliger Seminaristinnen des Casseler Frauenbildungsvereins, Hamburg o. J.
80 Diesen Eindruck erwecken: Leo Lippmann, Mein Leben und meine amtliche Tätigkeit, Hamburg 1964, 224f. und Volker Ullrich, Kriegsalltag. Hamburg im ersten Weltkrieg, (Köln 1982), 63. Zutreffend dagegen: Skalweit (65), 28f., der die neue militärische „Diätetik" bereits für die Jahreswende 1914/15 belegt.
81 So ein ungenannter Referent im Hamburger Verein zur Förderung des Naturheilverfahrens von 1884. Quelle: Hamburger Echo v. 16.3.1915
82 Skalweit (65), 28. Hervorhebung i.O. kursiv. Zur Technik der, vom amerikanischen Schriftsteller Horace Fletcher begründeten, Kaumethode siehe: Kleiner Ratgeber für das Haus von J. Bischoff, Berlin o. J., 39, zu ihrer (fragwürdigen) Effizienz: dtv–Lexikon, Bd. 6, (München 1976), 220.
83 Skalweit (65), 29.

rung der kaiserlichen Marine. War es dort das „Wunder an der Marne", das die deutschen Planungen zunichte machte, war es hier die geo–strategische Fernblockade der Briten, die die Hochseeflotte buchstäblich ins Leere auslaufen ließ. Anstatt die deutschen Seehäfen zu sperren und vor Dollart, Jadebusen, Weser und Elbe aufzukreuzen, blockierten die Briten die von ihnen beherrschten Nordseeausgänge. Der „Schwarze Peter" der operativen Initiative fern der eigenen Heimathäfen lag damit bei den Deutschen. Der Tirpitz–Plan fand auf diese Weise das gleiche Schicksal wie der Schlieffen–Plan: Der Seekrieg erstarrte in einem „Stellungskrieg der Hochseeflotten"[84].

Die bisherige Stellung der Seehandelsstadt Hamburg erfuhr aufgrund dieser Entwicklung eine grundstürzende Umwälzung. Ohne daß ein einziger Schuß fiel, war Deutschlands „Tor zur Welt" versperrt. Aus Hamburg wurde zwar keine Landstadt – dafür sorgte der Kriegsschiffbau auf den Helgen[85] –, doch das Umland gewann für die traditionsreiche Hafenstadt eine bis dahin nicht gekannte Bedeutung. Ihr Feld war nicht mehr die Welt, wie es die berühmte Unternehmensdevise der HAPAG postulierte, sondern der Kriegsgemüsegarten[86]. Die einzigen Kolonien, die die deutsche Hochseeflotte zu schützen vermochte, waren und blieben denn auch – die Laubenkolonien. Während der Bismarck–Archipel, die Marianen, Samoa und alle anderen überseeischen „Schutzgebiete" verloren gingen, wuchsen die „Inseln im Häusermeer" einer kolonialen Blütezeit entgegen, die sie zu einer der sichersten Rohstoffbasen des Reiches machen sollten. „Klein–Kamerun" hatte Kamerun überlebt.

5.4.1. Kleingärtner an die Heimatfront!

Der Kriegsausbruch im Sommer 1914 schuf für die Menschen in der „belagerten Festung" Deutschland[87] eine zwiespältige Lage. Konjunktur und Depression, einsetzende Kriegs– und abflauende Friedensproduktion standen ebenso unvermittelt nebeneinander wie die Hochstimmung des „Augusterlebnisses" auf bürgerlicher und die Mißstimmung vieler proletarischer Arbeits– und Obdachloser. Der vielbeschworene „Burgfrieden" erwies sich damit von Beginn an als propagandistische Fiktion: „Während die Kriegsmaschinerie (...) auf Hochtou-

---

84 Erdmann (41), 127.
85 Zur Lage im Hafen: Ullrich (80), 19f. u. 78–83.
86 Zum Zusammenhang von Fernblockade und Kleingartenbauboom siehe etwa: Kraft (53), 15; G. Peters, Zur Kleingartenbewegung, in: Der Landmesser 6 (4) (1918), 50 sowie Hans Kampffmeyer, Geleitwort zu Georg Thiem, Die ertragreiche Bewirtschaftung kleiner Gärten, Karlsruhe 1915.
87 Jürgen Kocka, Klassengesellschaft im Krieg, (Frankfurt/M 1988), 33.

ren läuft, liegen weite Bereiche der Wirtschaft danieder. Obwohl bereits im August 1914 ein großer Teil der wehrfähigen Männer einberufen wird, kommt es zu einer Massenarbeitslosigkeit (...). In Hamburg macht sie sich besonders fühlbar, weil mit Kriegsbeginn die Schiffahrt fast schlagartig aufhört (...). Die Arbeitslosen bekommen keine staatliche Unterstützung, sondern müssen sich an die 'Kriegshilfe' – einer mit Kriegsbeginn geschaffenen privaten Wohltätigkeitsorganisation – oder, was noch demütigender ist, an die öffentliche Armenpflege wenden. Bereits am 21. August 1914 heißt es im 'Hamburger Echo', daß in den ärmeren Stadtteilen 'die Not unendlich groß ist, ja, daß vielfach schon direkt gehungert wird'"[88].

Obwohl die Arbeitslosigkeit ab Oktober „infolge der fortgesetzten Einberufungen und der allmählich sich herausbildenden Kriegskonjunktur zurückging und bald einer Arbeitskräfteknappheit Platz machte"[89], war die Normalität des Vorkriegsalltags schlagartig dahin. Das traf in besonderem Maße auf die Lebensmittelversorgung zu. Was im Zeichen der Arbeitslosigkeit begonnen hatte, setzte sich im Zuge der Einberufungen fort: Viele Familien verloren ihren Ernährer. Im schlimmsten Fall umfaßte die militärische „Karriereleiter" eines gestellungspflichtigen Familienvaters drei Stufen: Der Mann wurde zuerst arbeitslos, dann eingezogen und schließlich getötet. Noch bevor der Sturm der deutschen Soldaten auf Lüttich begann, stürmten deutsche Hausfrauen daher die Lebensmittelgeschäfte des Reiches[90]. Das panische Konsumentenverhalten wirkte dabei ungewollt in dieselbe Richtung wie der steigende militärische Nachschubbedarf und die allmählich wirksam werdende Seeblockade: Alle drei Vorgänge verknappten und verteuerten die notwendigen Güter des täglichen Bedarfs und drückten die Lebenshaltung der „kleinen Leute" schon bald an den Rand des Existenzminimums[91]. Als der Staat diesem Übel im Februar 1915 mit ersten Rationierungsmaßnahmen für Mehl und Brot begegnete, spaltete sich der verengte Markt in einen legalen und einen illegalen Teilmarkt. Neben den zwangsbewirtschafteten Markt trat der frei wirtschaftende Schwarzmarkt, neben den gebundenen Handel der ungebundene Schleichhandel[92].

---

88 Ullrich (80), 19f. Zur anfänglichen Arbeitslosigkeit im Reich siehe: Kocka (87), 36.
89 Ullrich (80), 21.
90 Ebd., 39–44.
91 Zu den Auswirkungen der Knappheit siehe: Kocka (87), 32–37, 50f. u. 98f.
92 Zum Schleichhandel siehe: Ebd., 34f., 50 u. 175f. und Skalweit (65), 218–229.

5.4.1.1. Die Anfänge der staatlichen Förderung des Kriegsgemüsebaus im Winter 1914/15. Fortsetzung der Streitigkeiten zwischen „Patrioten" und „Schrebern".

Einen Ausweg aus der angespannten Lage an der Heimatfront schien die Ergänzung der überforderten Ökonomie durch die ökonomische Nische, der unzureichenden Versorgung durch das „Zubrot" der Selbstversorgung zu bieten. Einmal mehr waren es der „Deutsche Verein für Wohnungsreform" und sein rühriger Generalsekretär, Karl von Mangold, die in dieser Situation die Initiative ergriffen: „Schon Anfang Oktober 1914 wurde eine Eingabe an die zuständigen Ministerien aller Bundesstaaten, an zahlreiche Gemeindeverwaltungen und eine Anzahl gemeinnütziger Vereinigungen gerichtet, mit der Bitte, der schleunigen Ausbreitung der Kleingartenkolonien gerade unter dem Gesichtspunkte der Kriegsverhältnisse möglichst Vorschub zu leisten"[93]. Diese Anregung traf besonders in Preußen auf offene Ohren. Arbeits- und Innenminister machten sich den Vorschlag des DVfW zu eigen und empfahlen ihn den Regierungspräsidenten und Eisenbahndirektionen zur Nachahmung[94]. Auch das Großherzogtum Hessen – durch die Staatsbahnen mit Preußen verbunden – schloß sich dem Vorgehen an[95].

Die Mehrheit der Bundesstaaten mochte ihrem Beispiel zu diesem Zeitpunkt freilich noch nicht folgen. Zu tief saßen die überkommenen Wunschvorstellungen von einem kurzen Krieg. So glaubte die „Zentralstelle für Wohnungsfürsorge" im Königreich Sachsen, „daß die Zeit für eine derartige Werbearbeit noch nicht reif sei". Auch der Hamburger Senat ließ sich mit der „Garten- und Feldoffensive" Zeit und leitete das Rundschreiben des DVfW kommentarlos an die PG weiter[96]. Erst Anfang 1915 geriet der Kriegsgemüsebau ins offizielle Blickfeld[97]. Dieser Zeitverzug erklärte sich erstens aus dem auch in Hamburg vorherrschenden antiquierten Kriegsbild, zweitens aus der vermeintlich besseren Versor-

---

93 Karl von Mangold, Der DVfW 1898–1920, in: 30 Jahre Wohnungsreform 1898–1928, hg. v. DVfW, Berlin 1928, 43. Vgl. auch: Kleingartenbau und Kriegsfürsorge, in: Technisches Gemeindeblatt 17 (15) (1914), 226f.
94 von Mangold (93), 43. Vgl. auch: DVfW. Vom Erfolg und vom weiteren Ausbau der Kleingartenbestrebungen, Frankfurt/M 1915, 1.
95 Hans Kruschwitz, Erfolge und Aussichten des Kriegsgemüse- und Kleingartenbaues in Sachsen, Dresden 1915, 4.
96 StAHH. Senat. Cl. VII Lit. Cb No. 5 Vol. 12b Fasc. 57 Inv. 7a: Schreiben der Senatskanzlei an die PG v. 31.10.1914. Diese Praxis, Anfragen und Anregungen zu Kleingartenfragen an die PG weiterzureichen, behielt der Senat während der gesamten Kriegszeit bei.
97 Auch in Berlin wurde der Kriegsausschuß der Groß-Berliner Laubenkolonien erst im Januar 1915 ins Leben gerufen. (Die Tätigkeit (67), 4f.).

gungslage der Stadt, die mit Schleswig-Holstein über ein nahegelegenes agrarisches Produktionszentrum verfügte, und drittens aus der Tatsache, daß die Hansestadt „große Mengen von Nahrungsmitteln angekauft und eingelagert" hatte[98].

So war es zunächst die private, von ehrenamtlich tätigen Honoratioren unter Vorsitz von Senator Johannes August Lattmann begründete „Hamburgische Kriegshilfe"[99], die sich dem Problem des Kriegsgemüsebaus zuwandte. Das Interesse der HK galt allerdings in erster Linie der gartenarbeitspädagogischen Schreberjugendpflege, um „die arbeitslosen, schulentlassenen Minderjährigen wirtschaftlich sicherzustellen und durch Gelegenheit zu nützlicher Beschäftigung gegen die Gefahr sittlicher Verwahrlosung zu schützen"[100]. Entgegen dem ersten Anschein[101] stand der als Kooperationspartner ins Auge gefaßte VHS einem derartigen Einsatz jedoch skeptisch gegenüber. Anläßlich einer Besprechung mit dem unter anderem auch für die Jugendfürsorge zuständigen Senatssyndikus Buehl[102] äußerte sein Vorsitzender, Nicolai Mittgaard, bereits Ende November 1914 die Befürchtung, daß die Jugendlichen die Arbeiten nicht richtig ausführten und daher „mehr schadeten als nutzten, wenn sie nicht gar Unfug oder Diebstahl auf dem Grundstück beginnen"[103]. Wie schon die Hamburger Schreberjugendpflege blieb daher auch der Kriegsgemüsebau Hamburger Jugendlicher ein totgeborenes Kind. Daß diese „Fehlgeburt" auf der Furcht der Schreberjugendpfleger vor den angeblich pflegebedürftigen Jugendlichen beruhte, entbehrte freilich nicht der Pikanterie, rückte der mögliche Unfug auf diese Weise doch gleichsam in den Rang eines geistigen Unkrauts auf, dessen Verbreitung man besser verhinderte.

Was die Förderung des Kriegsgemüsebaus der Erwachsenen anlangte, nahm der VHS verständlicherweise eine ganz andere Position ein. Schon am 12.11.1914 signalisierte Mittgaard der Oberschulbehörde die Bereitschaft des Verbandes, entsprechende Anstrengungen mitzutragen[104]. Zwei Monate später erneuerten die „Schreber" ihr Angebot in zwei gleichlautenden Schreiben an die

---

98 Lippmann (80), 201, 206 u. 214f.
99 Ebd., 209.
100 StAHH. OSB I B 28 Nr. 3: Jugendpflege der Kriegshilfe. Allgemeines. Vgl. auch: E. Förster, Kriegshilfe Jugendlicher im Gemüsebau, in: Hamburgische Schulzeitung 23 (18) (1915), 81f.
101 StAHH. OSB I B 28 Nr. 3: Jugendhilfe der Kriegshilfe. Allgemeines: Protokoll der 1. Sitzung v. 21.11.1914, 8.
102 Zu Buehl, der während des Krieges auch Referent für Kleingartenfragen wurde, siehe: StAHH. Senatskanzlei. Personalakte A 19.
103 StAHH. OSB I B 28 Nr. 4, Bd. 1: Niederschrift Buehls v. 30.9.1914.
104 Ebd.: Schreiben des VHS v. 12.11.1914.

DV und die PG[105]. Der Zustand der in Aussicht gestellten Hilfstruppe im Kampf gegen die britische Hungerblockade ließ allerdings, wie der Brief selbstkritisch einräumte, bereits zu diesem Zeitpunkt zu wünschen übrig. Da immer mehr Landwehr- und Landsturmmänner eingezogen worden waren, litt die Bewirtschaftung des Kleingartenlandes unter Geld- und Arbeitskräftemangel, so daß viele, plötzlich alleinstehende Schreber-Frauen weder die Pacht aufbringen noch die Bestellung bewältigen konnten. Um den sich abzeichnenden Abschwung aufzufangen und nach Möglichkeit umzukehren, empfahl Mittgaard die unentgeltliche Zuteilung von Land, die Bereitstellung eines Fonds zur Ausrüstung von Grabewilligen, die Bewilligung von Geld, um Arbeitslose, „die durch erzwungenen Müßiggang physischen u. moralischen Gefahren ausgesetzt sind u. Kriegshilfe u. Armenverwaltung zur Last liegen" in den Kleingärten „für die Allgemeinheit auszunutzen" und die – bis dahin verbotene – Einführung der Kleintierzucht in den Kolonien.

Knapp vierzehn Tage später wurde die Frage auf Initiative des Hamburger SPD-Chefs Heinrich Stubbe von der neu geschaffenen bürgerschaftlichen Vertrauenskommission[106] aufgegriffen. In Anbetracht der Tatsache, daß nur ein Drittel der städtischen Gemüseversorgung aus dem hamburgischen Landgebiet stammte, zwei Drittel dagegen aus Preußen und dem Auslande, empfahl Stubbe die Bebauung brachliegender Staats- und Privatländereien mit Gemüse und Kartoffeln[107]. Obwohl die von Stubbe angeregte Zwangsvereinnahmung brauchbarer Ländereien zwischen SPD, Vereinigten Liberalen und der Fraktion der Linken auf der einen, dem Senat und der Fraktion der Rechten auf der anderen Seite strittig blieb, fand sein Antrag grundsätzlich Zustimmung. Auf Anregung des Vertreters der Fraktion linkes Zentrum, Bagge, beschloß die Vertrauenskommission das gesamte in Frage kommende Brachland umgehend zu sichten und die geeigneten Flächen namhaft zu machen[108]. Auf der Grundlage dieses Beschlusses richtete der Senat am 1.2.1915 eine „Kommission zur Beantwortung

---

105 StAHH. Senat. Krg Bd. II d 1a Bd. 4: Schreiben des VHS an PG und DV v. 15.1.1915. Alle folgenden Zitate ebendort.
106 Die im Geist des „Burgfriedens" arbeitende Vertrauenskommission wurde unmittelbar nach Kriegsbeginn auf Anregung des Senats ins Leben gerufen. Ihre Hauptaufgabe bestand darin, die Verwendung der Sondermittel für Kriegsausgaben mit dem Senat abzustimmen. (Verhandlungen zwischen Senat und Bürgerschaft im Jahre 1914, Hamburg 1915, 625f. u. 635ff.).
107 StAHH. Bürgerschaft I C 187/1, Bd. 1: Protokoll der Vertrauenskommission. 28. Sitzung v. 28.1.1915, 1ff.
108 Ebd., 5ff.

der Frage betreffend Ausnutzung des verfügbaren Bodens zur Erzeugung von Gemüse" ein[109].

Diese Kriegsgemüse–Kommission vereinigte unter dem Vorsitz von Senatssyndikus Buehl Vertreter des Armenkollegiums, der Baudeputation, der FD, des Gefängniswesens, des Krankenhauskollegiums, der Landherrenschaften, der OSB sowie als Vertreter der Kleingartenbestrebungen die Herren Sieveking von der PG und Mittgaard vom VHS[110]. In ihrer konstituierenden Sitzung am 10.2.1915 beschlossen die anwesenden Behörden– und Organisationsvertreter, alle verfügbaren Flächen zur kommenden Ernteperiode ertragfähig zu machen. Bevor die Bestellung einsetzen konnte, mußten die vorhandenen Freiflächen allerdings erfaßt und wenigstens grob bewertet werden. Zu diesem Zweck setzte die Kriegsgemüse–Kommission eine aus ihren Reihen beschickte Unterkommission ein[111]. Die Registrierung und Verteilung des Landes erfolgte gemäß Lage und rechtlichem Status. Der Staatsgrund des Stadtgebietes wurde daher von der Baudeputation erfaßt, an die PG überwiesen und von ihr weitervermietet[112], der Staatsgrund des Landgebietes dagegen – mit Ausnahme des zum Festungsgebiet erklärten Amtes Ritzebüttel – von den Landherrenschaften[113]. Das Privatland wurde demgegenüber vom Landwirtschaftlichen Hauptverein erfaßt, alles auf Stadtgebiet liegende Land an die PG, alle auf Landgebiet befindlichen Flächen an die Landherrenschaften und aller in Preußen belegene Grund an die zuständigen Landräte vermittelt. Die Größe der Parzellen belief sich im Stadtgebiet auf maximal 300, im Landgebiet auf 500, später auf 1.000 qm. Der Pachtpreis betrug im Stadtgebiet durchweg 1 Pfg/qm, während Parzellen auf Landgebiet kostenlos vergeben wurden. Die Beschaffung des Saatgutes, den Ankauf von Kunstdünger und die Kompostierung von Straßenkehricht sollte der Staat übernehmen[114].

---

109 StAHH. Senat. Krg. Bd. II d 1a Bd. 4: Auszug aus dem Protokolle des Senats v.1.2.1915. Diese Kriegsgemüse–Kommission blieb während der gesamten Kriegszeit als unabhängige, senatsunmittelbare Stelle bestehen. Ihre Bedeutung sank allerdings erheblich, als Hamburg die Bundesrats–VO über die Sicherung der Ackerbestellung v. 31.3.1915 (RGBl. Nr. 44 (1915), 210f.) umsetzte und den Löwenanteil ihrer bisherigen Aufgaben mit Wirkung vom 28.8.1915 für das Stadtgebiet auf die Polizeibehörde, für das Landgebiet auf die Landherrenschaften und für das Amt Ritzebüttel auf den Amtswalter übertrug. (Amtsblatt der freien und Hansestadt Hamburg Nr. 187 (1915), 851f.).
110 StAHH. Senat. Krg Bd. II d 1a Bd. 1: Protokoll der 1. Sitzung v.10.2.1915.
111 Ebd., 2ff.
112 Ebd.: Protokoll der Unterkommission. 2. Sitzung v.15.2.1915, 2f.
113 StAHH. Senat. Krg B II d 1a Bd. 3: Unterkommissionsbericht (März 1915), 1f. u. 7.
114 Ebd., Bd. 1: Protokoll der Unterkommission. 2. Sitzung v.15.2.1915, 2 u. 4. Sitzung v.1.3.1915, 1.

Ein im März 1915 erstatteter Unterkommissionsbericht[115] benannte als „nächste und wichtigste Aufgabe" den Erhalt der vorhandenen landwirtschaftlichen Betriebe und die Abstellung ausreichender und entsprechend qualifizierter Arbeitskräfte. Vor der Urbarmachung von Neuland rangierte damit die Aufrechterhaltung der bestehenden Produktion, vor der Mobilisierung der Laien die Unterstützung der Profis. Wo Land in Kultur genommen werden sollte, galt es zunächst, brauchbares von unbrauchbarem Land zu sondern, um potentielle Nutzflächen dann nach Möglichkeit an bestehende Betriebe anzugliedern. Dieser Grundsatz galt vor allem für staatliche Unternehmungen. So sollte die Baudeputation Grundstücke in Finkenwerder und Moorfleet, das Gartenwesen 8 ha im Stadtpark und 1 ha im Sievekingspark, das Gefängnis Fuhlsbüttel 14,5 ha in Langenhorn, die dortige Irrenanstalt 7,5 ha, die Wasserbauinspektion Flächen in Finkenwerder und Moorfleet und das Werk- und Armenhaus 15 ha in Farmsen in Kultur nehmen, während aufgehöhte Vorlandflächen in Finkenwerder und Teile des Farmsener Moores von Kriegsgefangenen bestellt werden sollten[116]. Im Landgebiet sollten die Landherrenschaften in Bergedorf 20,75 ha, in Groß Hansdorf-Schmalenbek 5,5 ha und in Volksdorf 62 ha unter den Pflug nehmen. Nur in Geesthacht und Volksdorf kamen 3,34 ha bzw. 2 ha in Form von Parzellen zur Vergabe[117].

Der Hamburger Kriegsgemüsebau teilte sich damit von Beginn an in zwei Abteilungen: den professionellen, staatlich organisierten Ackerbau und den laienhaften, privat betriebenen Kleingartenbau. Er blieb auch während des Krieges Domäne der PG. Die Unterkommission, in der die „Schreber" bezeichnenderweise nicht vertreten waren, stellte sich in dieser Hinsicht voll auf den bekannten Standpunkt der „Patrioten": „Von einer Heranziehung des Verbandes Hamburger Schrebervereine wurde abgesehen, um eine Zersplitterung zu vermeiden; hinzukommt, daß die Schrebervereine ihre Hauptaufgabe zurzeit weniger in der Anlage neuer Schreberkolonien, als in der willkommenen Anregung der ärmeren Bevölkerung zum Anbau von Gemüse, Kartoffeln usw. erblicken"[118].

Wie zutreffend diese Einschätzung mit Rücksicht auf die Praxis des VHS auch sein mochte, so unzutreffend war sie im Hinblick auf seine Partizipationsbestrebungen. In seiner Stellungnahme zum Bericht der Unterkommission vom 15.3.1915 beklagte der Verbandsvorsitzende Mittgaard das mangelnde Vertrauen, das der Staat dem VHS entgegenbringe, und erklärte: „Wer unsere Anlagen mit denen der PG vergleicht, wird zugeben müssen, daß die bessere Organisation

---

115 Ebd., Bd. 3: Unterkommissionsbericht (März 1915), 2ff.
116 Ebd., 5f.
117 Ebd., 7.
118 Ebd., 6.

u. der geregeltere Betrieb auf unserer Seite ist. So erklärte auch unsere erste Autorität auf dem Gebiet des Kleingartenwesens, Geheimrat Bielefeldt, Lübeck, am 7. Juni d. J. im Zentralverband der deutschen Arbeiter- und Schrebergärten mit Hinblick auf unsere Kolonien: 'Die Hamburger haben gut gearbeitet. Unter allen Großstädten Deutschlands haben sie den besten Anfang gemacht'. Trotzdem wir so gewiß auf diesem Gebiete mit nicht geringerem Erfolg als die PG unsere Kraft u. freie Zeit uneigennützig einer großen Sache, der gesundheitlichen, wirtschaftlichen u. sittlichen Hebung unseres Volkes widmen, ist uns das Fortkommen hier nicht leicht gemacht worden, da wir immer und immer wieder gegen die PG, deren Mitglieder den einflußreicheren Kreisen angehören, hintangesetzt wurden, sodaß auch die Domänenverwaltung uns bisher keine Ländereien direkt vergeben wollte, sondern uns an die Patr. Ges. verwies. So haben wir nur mit Mühe etwa 22 ha Pachtländereien erhalten u. wurden immer wieder auf das Preußische Gebiet mit seinen hohen Landpreisen gedrängt"[119].

5.4.1.2. Der Aufschwung der Kleingartenbewegung im Rahmen des Kriegsgemüsebaus: Ein Rundblick von den Zinnen der belagerten „Hammaburg" auf die „Garten- und Feldoffensive" des Ersten Weltkriegs.

Die Erkenntnis, daß der Krieg den Kriegsgemüsebau und mit ihm das Kleingartenwesen nachhaltig gefördert habe, war schon unter den Zeitgenossen unumstritten. So schrieb der Generalsekretär des DVfW, Karl von Mangold, bereits 1915: „Der soviel zerstörende Krieg hat für das friedliche Kleingartenwesen eine überaus günstige Lage geschaffen"[120]. Auch der Berliner Regierungsrat Smidt, Obmann der Arbeitergärten vom Roten Kreuz und Vorstandsmitglied im „Kriegsausschuß der Berliner Laubenkolonien", kam zu der Feststellung: „Da kam der Krieg und mit ihm die Notwendigkeit, unsere einheimische Erzeugung zu vermehren. Die Bestellung des großstädtischen Brachlandes durch Laubenkolonisten ward plötzlich eine vaterländische Forderung. Der Laubenkolonist rückte mit in die Schlachtreihe des deutschen Volkes (...). Denn in der Laubenkolonie liegt die Lösung eines der dringlichsten sozialen Probleme unserer Zeit (...). Denn ich wüßte nichts, was so wesentlich wäre wie dies: dem Großstadtmenschen die Mutter Erde wiederzugeben (...). Der Laubenkolonist, anfangs häufig reiner Dilettant, wenn freilich manch einer auch vom Lande stammt, wird

---

119 Ebd., Bd. 4: Schreiben des VHS an Buehl v. 15.3.1915, 2f. Vgl. auch: Ebd. Schreiben des VHS an Buehl v. 27.2.1915, 1f. Senat. Cl. VII Lit. Cb No. 5 Vol. 12b Fasc. 57 Inv. 7a: Schreiben des VHS an Buehl v. 10.5.1916 u. Äußerung der FD v. 20.5.1916.
120 K. v. Mangold, Der Krieg als Förderer des Kleingartenwesens, in: Gartenkunst 28 (1915), 23.

bald zum erfahrenen Gemüse- und Blumenbauer. (...). Das Stück Erde, das er bewirtschaftet, wird der Angelpunkt seines Daseins. Was er erspart, verwendet er auf die Verbesserung seiner Laube, all das Zarte und Innige, das in der Seele des deutschen 'Barbaren' schlummert, kommt hier auf eigenem Stückchen Erde zur Entfaltung. Wer unsere modernen Großstadtarbeiter nur im industriellen Betrieb oder in der Kneipe und im Versammlungslokal kennt, kennt sie eigentlich überhaupt nicht. In ihrer Laube, bei ihren Rosen und Levkojen, da kann er ihnen ins Herz schauen. Und daß dies Herz ein gutes, treues deutsches Herz ist, davon zeugen unsere Schützengräben und Heldengräber in Feindesland"[121].

In der Tat ist die Kriegskonjunktur des Kleingartenwesens in allen Ländern Europas unübersehbar. So stieg die Zahl der Kleingärten im deutsch besetzten Belgien von 16.000 Parzellen im Jahre 1914 um 1.125% auf 180.000 1918[122]. Im neutralen Dänemark erhöhte sich die Zahl der Kleingärtner und Siedler im Laufe des Krieges von 26.000 um 131% auf 60.000[123]. Auch in Großbritannien stieg die Zahl der allotments um ein Vielfaches. Gab es in England und Wales 1914 580.000 Kleingärten mit einer Gesamtfläche von 130.000 acres, waren es 1918 1.400.000 Gärten auf einem Areal von 200.000 acres[124]. Das entspricht einem Zuwachs von 141,4% bzw. 53,8%. In Schottland wuchs die Zahl der allotments im selben Zeitraum von 1.685 um 2.409% auf 42.277 Parzellen[125]. Selbst in Schweden, das wie Dänemark zu den Neutralen zählte, vergrößerte sich die Zahl der Kleingärten um 50% und stieg von 8.000 auf 12.000[126]. Im besetzten Warschau sah die Entwicklung ähnlich aus: Hier vergrößerte sich die Zahl der Kleingärten von 244 auf 2.184 oder um 795%[127].

Die „belagerte Festung" Deutschland bildete in diesem europäischen Selbstversorgungssystem keine Ausnahme. Auch wenn wir im Falle des Reiches die Jahre 1913/14 und 1918 nicht unmittelbar in Beziehung setzen können[128], läßt sich der kriegsbedingte Übergang des Kleingartenbaus vom „organische(n) An-

---

121 Smidt, Die Laubenkolonien, in: SP 24 (1914/15), Sp. 781 sowie für Hamburg: H. Trost, Kleingarten und Kriegsversorgungsamt, in: Der Kleingarten 15 (1917), 226.
122 Les Jardins ouvriers, in: Revue Internationale du Travail X (1924), 108.
123 K. Schilling, Die Entwicklung des deutschen Kleingartenwesens, in: Der Fachberater für das deutsche Kleingartenwesen 7 (25) (1957), 29.
124 F. L. Tomlinson, The Cultivation of Allotments in England and Wales during the War, in: International Review of Agricultural Economics (n.s.), Vol 1 (1923), 208. Ein acre entspricht 40,5 a.
125 Les jardins (122), 106.
126 Schilling, Entwicklung (123), 29.
127 Les jardins (122), 111.
128 Die Statistik im Statistischen Jb. deutscher Städte setzt mit Jg. 21 (1916) aus und beginnt erst wieder mit Jg. 22 (N.F.1) (1927). Die Jahrgänge weisen die Kleingartenzahlen für 1912/13 und 1924/25 aus.

wachsen" zum „sprunghaften Aufschwung"[129] deutlich erkennen. Einen ersten Anhaltspunkt bietet der Zwischenbericht der „Zentralstelle für Wohnungsfürsorge" des Königreichs Sachsen aus dem Jahre 1915. Die Erhebung erfaßte „1802 Stadt- und Landgemeinden mit insgesamt 4.305.209 Einwohnern"[130]. Bezogen auf die letzte Volkszählung im Jahre 1910 umfaßte sie damit 57,7% aller Stadt- und Landgemeinden und 89,6% der Bevölkerung. Ihr zufolge „wurden insgesamt 511 ha an einzelne Vereine und Familien zur Verfügung gestellt; davon entfallen auf die Städte mit rev.St.-O. 182 ha, auf die anderen Gemeinden 274 ha. auf die Königliche Generaldirektion der sächsischen Staatseisenbahnen 55 ha. In den Städten mit rev.St.-O. wie in den anderen Gemeinden waren etwa 40% der zur Verfügung gestellten Flächen in öffentlich-rechtlichem, überwiegend gemeindlichem, 60% in privatem Besitz (...). Nach den gemachten Angaben waren hiervon 65% Brach- oder Bauland und 35% land- oder forstwirtschaftlich genutztes Land, meist Wiese, teilweise Kahlschlag. 4/5 der gesamten Fläche, mithin etwa 440 ha, wurden mit Kartoffeln, nur 1/5 gleich 110 ha mit Gemüse bestellt"[131]. Vergleicht man den Zuwachs der sächsischen Kleingärten in der Kulturperiode 1914/15 mit dem von der ZfV erhobenen Bestand des Jahres 1912, ergäbe sich ein Verhältnis von 198 ha bis 1912 zu 511 ha 1914/15. Nimmt man den Vorkriegsstand als Index, erbrächte das Produktionsjahr 1914/15 einen Zuwachs von 158%. Eine gesonderte Betrachtung der „Schreberstadt" Leipzig wiese eine Korrelation von 114,2 ha bis 1912 zu 1.100 ha 1914/15 aus. Die Zahl von 1912 auch hier als Index gesetzt, ergäbe das einen Zugewinn von 96,3%[132].

Belegen kann man den Aufschwung des Kleingartenbaus im Ersten Weltkrieg auch mit Hilfe einer Umfrage, die das Hygienische Institut der Universität Rostock im Jahre 1921 durchgeführt hat[133]. Auf der Basis von 37 Groß- und Mittelstädten errechneten die Rostocker einen Kleingartenbestand von zusammen 370.000 Gärten auf einer Fläche von 10.800 ha. Bezogen auf die weit breiter angelegte Erhebung der ZfV, die insgesamt 208 Städte erfaßte, ergäbe das ei-

---

129 Egon Johannes, Entwicklung, Funktionswandel und Bedeutung städtischer Kleingärten, Kiel 1955, 16.
130 Zum folgenden: Kruschwitz (95), 11.
131 Ebd., 20. Die Abkürzung steht für „revidierte Städte-Ordnung" v. 24.4.1873. Laut Kurt Schilling, Das Kleingartenwesen in Sachsen, Dresden 1924, 12 betrug der Flächenzuwachs vom 1.7.1913 bis zum 1.7.1921 2.867 ha.
132 Alle Berechnungen aufgrund der Quellen in Anm. 10.
133 Eine Auswertung der Umfrage verfaßte: Kurt Heilbrunn, Die Entwicklung der Kleingartenbewegung bis zum Jahre 1921 und ihr Einfluß auf die Volksernährung, Med. Diss. Rostock 1923. Das Buch stand mir nicht zur Verfügung. Eine Kurzfassung bietet: W. F. Winkler, Beitrag zur Bedeutung der Kleingärten Deutschlands für die Volksernährung, in: NZKW 2 (4) (1923), Sp. 65–72.

ne Gartenkorrelation von 41.743 zu 370.000 und eine Flächenkorrelation von 1.326 zu 10.800 ha. Das entspräche Steigerungen von 786 bzw. 714%. Die höchsten Zuwächse erzielten dabei die Städte, die am Vorabend des Weltkriegs zu den vergleichsweise „unterentwickelten" Kleingartenregionen zählten. So stieg die Zahl der Parzellen nach der Rostocker Erhebung in Köln zwischen 1914 und 1921 im Verhältnis von 1:80, in Düsseldorf von 1:20, in Koblenz von 1:10, in Augsburg von 1:53 und in Stuttgart von 1:40, während sie in Vorkriegshochburgen wie Berlin und Erfurt nur im Verhältnis von 1:2 bzw. 1:1,7 wuchs[134].

Besonders ergiebig sind in diesem Zusammenhang die überlieferten Angaben für Elberfeld und Hamburg, da sich hier die Bestandszahlen von 1914 mit denen von 1918 in Beziehung setzen lassen. In Elberfeld stieg die Zahl der Gärten um 206% von 1.600 im Jahre 1914 auf 4.900 1918, die bestellte Fläche um 170% von 4 auf 10,8 ha[135]. In Hamburg wuchs die von der PG weiterverpachtete Staatsgrundfläche um 103% von 164,8 auf 334,2 ha, die Zahl der Kleingartenbau treibenden Familien um 145% von 3.535 auf 8.654[136]. Einen prozentual noch größeren Aufschwung verzeichneten die von der DV verpachteten Restflächen, „die sich für eine Vermietung durch die Patriotische Gesellschaft nicht eigneten". Ihr Flächenanteil stieg zwischen 1915 und 1918 um 657% von 7 auf 46 ha[137]. Die Hamburger Klein- und Schrebergartenvereine nahmen in der fraglichen Periode einen vergleichbaren Aufschwung. Auch wenn wir die alternativökonomischen Wechsellagen der Kleingarten(vereins)konjunktur noch gesondert betrachten werden, läßt sich bereits hier feststellen, daß zu den 27 zwischen 1900 und 1914 entstandenen Vereinen 19 Kriegsgründungen traten, die den Bestand um gut 70% auf 46 Vereine anwachsen ließen[138].

---

134 Ebd., Sp. 67ff.
135 Ebd., Sp. 69f.
136 H. Bayer, Die Familiengärten der Patriotischen Gesellschaft 1907–1922, in: Geschichte der Hamburgischen Gesellschaft der Künste und nützlichen Gewerbe, Bd. 2,2, Hamburg 1936, 204.
137 StAHH. Senat. Cl. VII Lit. Cb No. 5 Vol 12b Fasc. 57 Inv. 7c: Bericht der FD v.5.7.1919 (Abschrift).
138 Angaben aus: Amtsgericht Hamburg: Vereinsregister Bd. I (1900) – LXIII (1945), Vereinsregister des Amtsgerichts Bergedorf, Bd. 2 und Vereinsregister des Amtsgerichts Wandsbek, Bd. 2 sowie StAHH: Amtsgericht Altona. Vereinsregister, Bd. 1–3; Amtsgericht Bergedorf. Vereinsregister, Bd. 1; Amtsgericht Blankenese. Vereinsregister, Bd. 1–3; Amtsgericht Harburg. Vereinsregister, Bd. 1–3 und Amtsgericht Wandsbek. Vereinsregister, Bd. 1. Vgl. auch die Gründungs- und Erweiterungsdaten der Kleingartenanlagen in : Bielefeldt, Düsseldorf, Gelsenkirchen, Mannheim-Ludwigshafen, Münster und Nürnberg bei F. J. Hessing, Die wirtschaftliche und soziale Bedeutung des Kleingartenwesens, Münster 1958, 77.

Wie immer man diese einzelnen Daten im Hinblick auf ihre räumliche wie zeitliche Repräsentanz bewerten mag[139] –, der allgemeine Wachstumstrend des Kleingartenwesens im Ersten Weltkrieg bleibt in jedem Fall unverkennbar. Quantitativ läßt er sich, nicht zuletzt angesichts der vergleichsweise kurzen Spanne der Kriegskonjunktur, als Take–off, qualitativ als Funktionswandel beschreiben, der die ursprünglich meist wohnwirtschaftlich und namentlich in Sachsen stark jugendpflegerisch gefärbten Bestrebungen der Kolonisten in eine ernährungswirtschaftlich orientierte Massenbewegung umwandelte, was speziell im Rheinland und südlich der Mainlinie dazu führte, daß die dort noch 1912 bestehenden „weißen Flecke" in der Kleingartentopographie schlagartig „entdeckt" und „kolonisiert" wurden.

5.4.1.3. Der Kleingarten als Faktor der Ernährungswirtschaft. Einige Gedanken zur Ertragsfrage in Krieg und Frieden.

„Die Frucht, die Du Dir selbst gebaut,
Darfst Du nicht nach dem Marktwert schätzen!
Sie ist mit Deinem Schweiß betaut –
Die Würze – läßt sich nicht ersetzen".

(Friedrich Rückert).

In der Praxis bildete jeder Kleingarten zunächst ein individuell geprägtes Funktionsgefüge, das je nach den örtlichen Verhältnissen, den finanziellen Möglichkeiten und den persönlichen Bedürfnissen unterschiedlich ausgeprägt war. Ob der Kolonist in erster Linie Jugendpflege oder Gartenbau trieb, ob er sich erholen oder ausagieren wollte, lieber Zier– oder Nutzpflanzen zog, privatisierte oder Verbandsarbeit machte, war in sein Belieben gestellt. Zwar fand diese Dispositionsfreiheit ihre objektiven Schranken in Pachtvertrag und Gartenordnung, doch wird man die Möglichkeiten des Pächters zur individuellen Gestaltung „seiner" Parzelle zumindest in dieser Frühzeit nicht gering schätzen, auch wenn die Beeinflussung durch wohlmeinende Kleingartenfunktionäre und der Konformitätsdruck der Nachbarn schon damals wirksam waren.

Diese relative Freiheit kennzeichnete insbesondere die gartenbautechnische Seite des Kleingartenwesens. Die Spannweite individueller Fähigkeiten war hier besonders groß, da der erfolgreiche Anbau von Obst und Gemüse gediegene Fachkenntnisse verlangt. Die laubenkoloniale Gesamtpopulation verteilte sich denn auch von den sprichwörtlich „blutigen" Laien über liebevolle Dilettanten bis hin zu quasi professionellen Bearbeitern. Weit entfernt, die Kolonisten nun

---

139 Vgl.: StAHH. Senat. Krg CII r 1: Äußerung des Gartenwesens v. 11.6.1919.

allerdings drittelparitätisch zu gliedern, zeigte ihr Spektrum in Wirklichkeit eine klassische „Rotverschiebung". Wie stark der Anteil der Laien gewesen sein muß, zeigt in erster Linie die mit dem Auftreten der organisierten Kleingartenbestrebungen einsetzende Fachberatung. Gut die Hälfte jeder Nummer der seit Juli 1915 monatlich erscheinenden Hamburger Zeitschrift „Der Kleingarten" galt rein gartenbaulichen Fragen. Nach der Gründung der „Hamburger Kleingartendienststelle" am 8.6.1921 wurde diese Fachberatung in Verbindung mit dem Institut für angewandte Botanik im Rahmen der Volkshochschule systematisiert und bis zum Wintersemester 1943/44 in Form von Lehrveranstaltungen durchgeführt[140]. Ein ähnliches Bild bieten die Aufsätze, Ratgeber und Handbücher, die sich mit Planung, Anlage und Bewirtschaftung von Kleingärten befaßten[141]. Ihre Zahl ist Legion, ihre Konzeption durchweg volks-, ja kindertümlich. Viele elementare Zusammenhänge werden daher nicht nur beschrieben, sondern, bis hin zu den einzelnen Geräten, bebildert[142]. Auch der Aufbau der Werke folgt fast überall dem gleichen Schema: Grundlagen des Gartens (Größe, Lage, Bodenbeschaffenheit, Bewässerung), Anlage des Gartens (Einfriedigung, Eingang, Einteilung), Bewirtschaftung des Gartens (Bodenbearbeitung und -verbesserung, Arbeitskalender, Düngung, Schädlingsbekämpfung, Wechselbau) und Kulturen des Gartens (Blumenzucht, Gemüse- und Obstanbau) bilden die immer wiederkehrenden Grundmuster[143].

Die ökonomische Nische Kleingarten erwies sich damit freilich von Beginn an zugleich als Ausbildungslücke, die nicht zuletzt die Bedeutung der ländlichen Zuwanderer für die Verbreitung der städtischen Kleingartenkultur relativierte. Trotz ihrer vielfach bezeugten Pionierfunktion erscheinen sie nirgends als tragende Schicht der entwickelten Massenbewegung. Spätestens im Zuge des Kriegsgemüsebaubooms dürfte der Anteil der Laiengärtner demnach zum dominierenden Element geworden sein. Der Gartenarchitekt Ludwig Lesser behauptete sogar: „Auch wer vielleicht in seiner Jugend auf dem Lande lebte, hat

---

140 StAHH. OSB. Sektion für die wissenschaftlichen Anstalten. Un 1/1, Bd. 1, 2 u. 3 und Botanische Staatsinstitute II A II 230g. Zu den einzelnen Veranstaltungen siehe: Hamburger Volkshochschule. Verzeichnisse SS 1919 - WS 1943/44.
141 Siehe etwa: Familien- und Schrebergärten, in: Gartenstadt 34 (1911), 28ff.; Genauer Bericht über die Einteilung und Bewirtschaftung eines Schrebergartens von 300 qm Größe, in: Der Praktische Ratgeber 26 (37) (1911), 344–347 u. 26 (38) (1911), 354ff.; Hinz (33); A. Steffen, Gemüsebau auf städtischem Unland, in: Der Praktische Ratgeber 30 (3) (1915), 19ff. und Thiem (86).
142 So z.B. bei: Johann Schneider, Der Kleingarten, Leipzig u. Berlin 1915, 10.
143 Vgl.: Max Hesdörffer, Der Kleingarten, Berlin 35.–40.Ts. o. J.; Hinz (33) und Ludwig Lesser, Der Kleingarten, Berlin 1915.

in der langen Zeit seines Stadtaufenthaltes das meiste vom Garten vergessen"[144]. Die Planung und Leitung beim Aufbau neuer Kolonien wollte Lesser daher grundsätzlich in die Hand von Fachleuten legen[145].

In der Tat war der Unterschied zwischen dem multifunktionalen Idealtyp des Kleingartens, der Familienfürsorge, Freizeitgestaltung, Gesundheitsvorsorge, Jugendpflege, Wohnungsergänzung und wirtschaftlichen Zuerwerb zugleich ermöglichte, und seinen Realtypen nie so groß wie im Ersten (und Zweiten) Weltkrieg, wo der Druck der Blockade die von Haus aus vielfältige Kleingartenkultur zunächst auf eine mehr oder minder reine Gartenbaukultur verengte, um sie endlich auf die Monokultur der Kartoffel zu reduzieren.

Wie stark diese Tendenz empfunden und beklagt wurde, zeigt die beispielhafte Gegenüberstellung eines Ideal- und eines Kriegskleingartens. Der auf der folgenden Seite abgebildete Idealkleingarten datiert aus den letzten Kriegsmonaten des Jahres 1918. Entworfen und realisiert hat ihn der Kgl. Gartenbaudirektor Altonas, Ferdinand Tutenberg[146]. Ausdrücklich als Kleingarten, „wie er sein soll und muß", gedacht, sah sein Architekt ihn in erster Linie „als erweiterte Wohnung zum Hause": „Die ca. 500 Quadratmeter große Fläche liegt am Südende eines Tannenwaldes (...). Vereinzelte ältere Obstbäume sind vorhanden gewesen und sorgfältig für den Garten erhalten. Die sonnigen, am südlichsten gelegenen Teile der Fläche sind für den Gemüsebau eingerichtet (...). Unter Obstbäumen, am Waldrande, steht das Gartenhäuschen (...). Östlich davon der Spielplatz für die Kinder, westlich der Bleichplatz, nordwestlich der Komposthaufen, die Kaninchen- und Kleintierstätte. Der Zugang von der Straße zum Gartenhaus führt uns (...) in gerader Richtung auf eine (...) Ruhebank zu. Von dieser Bank können wir die ein- und ausfliegenden Bienen des Bienenstandes beobachten (...). Wir können aber auch unseren Garten gut übersehen. Das Gemüseland zeigt eine zweckmäßige Wechselwirtschaft, wie sie jeder rationale Kleingarten einführen sollte (...). Das Ganze soll von einem Drahtgeflechtzaun mit Rankwerk (...) oder einer Hecke von Weißbuchen umgeben und abgefriedigt sein".

Einen ganz anderen Eindruck bot demgegenüber der ökonomisch optimierte Kriegsgemüsegarten, den Nicolai Mittgaard im Mai 1915 im „Hamburger Frem-

---

144 Lesser (143), 11.
145 Ebd., 14f.
146 Die Abbildung sowie alle folgenden Zitate aus: Kleingarten-Jahrbuch 2 (1918). Bearb. i.A. der Kleingarten-Kommission der Stadt Altona v. F. Tutenberg, 85–88. Zu Tutenberg siehe: Rosemarie Otto, Die Altonaer Volksparkanlagen. Zur Stadtgrünplanung Ferdinand Tutenbergs, in: Was nützet mir ein schöner Garten ... Historische Parks und Gärten in Hamburg, Hamburg 1990, 55.

Take-off des deutschen Kleingartenwesens im Ersten Weltkrieg

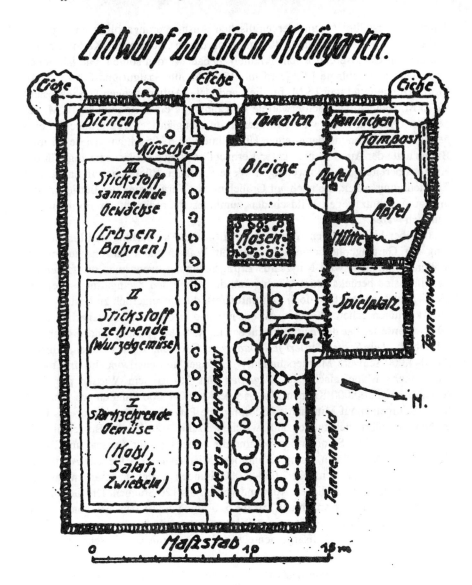

Idealkleingarten Ferdinand Tutenbergs aus dem Jahre 1918

denblatt" vorstellte[147], „um der englischen Aushungerungspolitik entgegenzuwirken". Die Parzelle umfaßte 400 qm, von denen 250 qm mit Kartoffeln und 150 qm mit Gemüse und Küchenkräutern bebaut werden sollten. Die jährlichen Ausgaben veranschlagte Mittgaard mit 17,75 M. für Saatgut und Setzlinge, 10 M. für Düngemittel und 15 M. für die Landmiete. Aufwendungen von insgesamt 42,75 M. standen demnach erwartete Einnahmen in einer Höhe von 110 M. gegenüber. Alles in allem wies Mittgaards auf „langjährigen Erfahrungen" beruhende Ertragsrechnung damit einen Überschuß von 67,25 M. aus. Diese positive Bilanz hatte der Autor freilich unter Vernachlässigung des Flächenabzugs für die Kompostbereitung, die notwendigen Wege und ohne Rücksicht auf Laube und Einfriedigung erzielt, die auch auf Grabeland zur Verwahrung der Betriebsmittel und zum Schutz gegen Wildschäden zumindest in rudimentärer Form unumgänglich waren.

Darüber hinaus fehlten Aufwendungen für die Anschaffung und Instandhaltung der Gartengeräte sowie Auslagen für Wasser und Pflanzenschutzmittel. Vollends unhaltbar wird Mittgaards Ertragsrechnung, wenn man die fehlenden Arbeitskosten berücksichtigt. Auch wenn die Arbeit den Kleingärtner scheinbar nichts kostet, verlangt sie doch Zeit und Kraft, die unweigerlich zu Lasten anderer Aktivitäten gehen. Welchen Arbeitsaufwand erfolgreiche Gartenarbeit noch 1932 erforderte, hat der Agrikulturingenieur K. v. Meyenburg eindringlich beschrieben: „*Das Spaten fordert je Hektar* vom Geübten, je nach Boden, jährlich 2.000–4.000 schwere Männerstunden; von Ungeübten das Doppelte und mehr. Noch mehr Mühe macht das *Begießen* mit 30–40 qcm Wasser pro Jahr (entsprechend 200.000 Kannen). Es erfordert 3.000–6.000 Stunden pro Jahr und ha"[148]. Umgelegt auf Mittgaards 400 qm große Parzelle ergäbe das für das Umgraben eine jährliche Stundenzahl zwischen 80 und 160, für das Begießen zwischen 120 und 240 Stunden. Dazu käme die Arbeitszeit für Aussaat und Ernte, die Zu- und Abfuhr von Kompost und/oder Mist sowie verschiedene Ausbesserungs- und Hilfsarbeiten. Mit 2.000–3.000 Stunden je Hektar veranschlagt, bedeutete das einen zusätzlichen Aufwand von 80 bis 120 Stunden. Die Gesamtbelastung beliefe sich demnach auf 280 bis 520 Stunden pro Jahr. Mittgaard selbst hat die mangelnde Seriosität seiner Bilanz denn auch durchaus verspürt. Mit Aplomb vorgetragene Hilfsargumente wie die Ersparnis an „Taschengeld und

---

147 Nicolai Mittgaard, Wie denken wir uns einen Schrebergarten?, in: Hamburger Fremdenblatt v. 15.5.1915. Vgl. auch: O. Jacobsen, Was mein Kleingarten einbrachte, in: Der Praktische Ratgeber 31 (52) (1916), 411f.; Arthur Janson, Auf 300 qm Gemüseland den Bedarf eines Haushalts ziehen, 2. Aufl. Berlin 1911 und Walther von Kalckstein, Arbeitergärten, Gantzsch (bei Leipzig) 1909, 11.
148 K. v. Meyenburg, Mensch und Erde, in: Adolf Muesmann (Hg.), Die Umstellung im Siedlungswesen, Stuttgart 1932, 15. Hervorhebungen i.O. kursiv.

Ärztehonorar" oder „das im Garten an Wirtschaftsbesuchen und Ausflügen ersparte Geld"[149] können freilich nicht darüber hinwegtäuschen, daß diese Einsparungen entweder auf bloßem Konsumverzicht oder auf ergonomischen Wohlfahrtswirkungen basieren. Doch sogar wenn man Mittgaards Ertragsrechnung in allen Punkten für zutreffend halten könnte, wäre ihr Resultat für die Effizienz des Kriegsgemüsebaus fatal. Nach den Berechnungen des Hamburger Bauarbeiterverbandes belief sich nämlich der wöchentliche Ernährungsaufwand einer vierköpfigen Familie bereits im Juni 1915 auf 37,36 M.[150]. Setzt man diesen Aufwand mit dem Ertrag des von Mittgaard im Mai desselben Jahres vorgestellten Kriegsgemüsegartens in Beziehung, bleibt effektiv nur ein Taschengeld übrig. Auf die Woche umgelegt, ergibt ein jährlicher Überschuß von 67,25 M. die Summe von 1,29 M. Bezogen auf den angegebenen Ernährungsaufwand von 37,36 M., käme man mithin auf einen Anteil von 3,45%. Von der ernährungswirtschaftlichen Zielvorstellung „bedarfsdeckende(r) Zukost"[151], gar Selbstversorgung, war Mittgaards Parzelle damit weit entfernt. Der vielbeschworene Riese Antäus entpuppte sich angesichts dieser niederschmetternden Tatsache – als Gartenzwerg.

Dieser Befund bestätigt sich, wenn man zum Vergleich Ertragsberechnungen für ausgewählte Kolonien oder lokale Verbandsflächen heranzieht. Problematisch bleiben freilich auch sie, da jede Erhebung von vornherein unter dem bestimmenden Einfluß der Selbstauskünfte unmittelbar interessierter Kreise stand. Persönliche Motive gegensätzlichster Art spielten hier eine Rolle. So war die Auskunftsbereitschaft vieler Arbeiter begrenzt, weil sie „in der Nachfrage nach ihrer landwirtschaftlichen Nebenbeschäftigung Angriffe der Steuerverwaltung auf ihren Geldbeutel" erblickten[152]. Auch die Sorge, „bei zu hohen Ertragsangaben eine Erhöhung der Pacht" gewärtigen zu müssen, ließ viele Kleingärtner zu niedrige Angaben machen. „Andere wieder wollen mit ihrer Tüchtigkeit renommieren und geben unwahrscheinlich hohe Erträge an"[153]. Zu diesen subjektiven Unwägbarkeiten trat die objektive Unvergleichbarkeit der meisten Gärten. Selbst Parzellen derselben Kolonie bildeten je nach Lage, Größe, Bodenbeschaffenheit, Art der Anlage, Kapital- und Arbeitsaufwand im Grunde singuläre

---

149 Wie Anm. 147. Vgl. auch: K. Schilling, Der Kleingarten als Großverbraucher, in: Der Fachberater für das deutsche Kleingartenwesen 4 (11) (1954), 3–7 und Ders., Entwicklung (123), 13f.
150 Ullrich (80), 40.
151 Janson (147), 5.
152 Kuno Walthemath, Pflege des Kleingartenbaus, in: Mitteilungen der Deutschen Landwirtschafts–Gesellschaft 30 (5) (1915), 51.
153 Elli Richter, Das Kleingartenwesen in wirtschaftlicher und rechtlicher Hinsicht, dargestellt an der Entwicklung von Groß–Berlin, Berlin 1930, 59f.

Größen. Ein statistischer Ausgleich all dieser Faktoren geriet damit unweigerlich zum kalkulatorischen Rechenexempel.

Zu dieser Unmöglichkeit, zu vergleichbaren Erhebungsdaten zu gelangen, gesellte sich die Unsinnigkeit eines Erhebungsaufwandes, der in keinem Verhältnis zur realen Bedeutung des laubenkolonialen Wirtschaftsfaktors stand. In der „Statistik des Deutschen Reiches" firmierte das Kleingartenwesen bezeichnenderweise unter der Sammelrubrik „Landwirtschaft und Gartenbau im Nebenbetrieb"[154]. Auch die Bestandsaufnahmen im „Statistischen Jahrbuch deutscher Städte" boten, wie wir wissen, bloß eine sporadische Dokumentation der Bestandsentwicklung in ausgewählten Städten, keine Ertragsstatistik. Mit gutem Grund, wie die zweimal durchgeführte Korrelation von landwirtschaftlicher und laubenkolonialer Nutzfläche deutlich macht. In der Tat wurden 1923 im Reich 29,8 Mio. Hektar agrikulturell und nur 100.000 ha kleingärtnerisch genutzt. Bezogen auf die Landwirtschaftsfläche ergab das einen Flächenanteil von 0,34%[155]. Nicht weniger drastisch fiel die vom Statistischen Landesamt Sachsen durchgeführte Erhebung des Jahres 1928 aus. Sie ergab, „daß in keinem Land – die besonderen Verhältnisse der Stadtstaaten Bremen und Hamburg ausgenommen – die Gartenfläche 1 v.H. der landwirtschaftlichen Fläche erreicht(e)"[156].

Angesichts der marginalen Bedeutung der Kleingartenfläche und der allgemeinen Erhebungsprobleme erwies sich jede Erfassung der Erträge als spekulatives Unterfangen. Die am besten abgesicherte, quantitativ umfassendste Dokumentation war eine 1919 durchgeführte Fragebogenerhebung im Schöneberger Südgelände[157]. Sie umfaßte die stattliche Zahl von 1.629 Parzellen und eine Nutzfläche von insgesamt 51,5 ha. Der Ertrag eines Durchschnittsgartens von 316,4 qm erbrachte hier im Schnitt 413 Pfund Früchte, und zwar 175 Pfund Kartoffeln, 141 Pfund Gemüse, 49 Pfund Beerenobst sowie 48 Pfund Kern- und Steinobst. Der Rohertrag pro Quadratmeter betrug damit 1,3 Pfund.

Dieser volkswirtschaftliche Rohertrag, der als Quotient von Mengen- und Flächeneinheit angibt, wieviele Nahrungsmittel für den Markt frei werden bzw. den Markt entlasten, darf nun freilich nicht mit dem privatwirtschaftlichen Rein-

---

154 Vgl. das Statische Jb. für das Deutsche Reich 48 (1929), 68; 49 (1930), 62 u. 54 (1935), 76.
155 Klaus Muthesius, Die Möglichkeit und der volkswirtschaftliche Nutzen der aktiven Beteiligung einer Großstadtbevölkerung an der produktiven Bodennutzung, Diss. Berlin 1927, 50.
156 Schilling, Entwicklung (123), 12. Vgl. auch: Ders., Das Kleingartenwesen (131), 20–23 mit Einzelerhebungen für die sächsischen Kreishauptmannschaften Bautzen, Chemnitz, Dresden, Leipzig und Zwickau.
157 Die Schöneberger Erhebung dokumentiert und analysiert: Muthesius (155), 70–81. Über zwei weitere, allerdings erheblich weniger gut substantiierte Untersuchungen berichten: Richter (153), 57–61 und Schilling, Das Kleingartenwesen (131), 14f.

ertrag verwechselt werden, der den jeweiligen Gewinn oder Verlust ausweist[158]. In der Tat ergibt das Ergebnis der Schöneberger Erhebung je nachdem, ob man das Gewicht auf den Roh- oder den Reinertrag legt, ein anderes Bild. So kann sich der Rohertrag ohne Zweifel sehen lassen. Während die extensiv arbeitende Landwirtschaft im selben Jahr einen Rohertrag von 0,5 Pfund Brotgetreide pro Quadratmeter erzielte, erzeugte der intensiv wirtschaftende Kleingartenbau in Schöneberg mit 1,3 Pfund/qm fast die dreifache Nahrungsmenge[159]. Das Ergebnis des Reinertrags erweist sich demgegenüber als weit weniger günstig. Hier standen Aufwendungen für Amortisation, Dünger, Geräte, Pacht, Planzgut, Reparaturen, Vereinsbeitrag und Versicherung von insgesamt 103,88 M. Einnahmen im Gegenwert von 92,51 M. gegenüber. Der durchschnittliche Schöneberger Garten machte damit einen Verlust von 11,37 M. Veranschlagt man darüber hinaus die Arbeitszeit mit einer Stunde pro Tag, den Arbeitslohn mit 50 Pfg., erhöhte sich der jährliche Gesamtverlust um 182,50 M. auf insgesamt 193,87 M. Zu Recht schloß Muthesius daher: „Bei Anrechnung der aufgewendeten Arbeitszeit bricht in den allermeisten Fällen jede Rentabilität für den Pachtgarten zusammen"[160], zumal der rechnerische Ausgleich für schlechte Witterungsverhältnisse und lange Anmarschwege nicht berücksichtigt wurde[161]. Sein Resümee lautete daher: „Der ernährungswirtschaftliche Wert der heutigen Kleingärten ist gesichert durch die mehr oder minder hohen Roherträge, die gerade für die ärmeren Bevölkerungsschichten eine nicht zu unterschätzende Qualitätsverbesserung der Nahrung darstellen und in Notzeiten eine gesicherte Lebensmittelration bedeuten. Ein Reinertrag wird im Durchschnitt nicht erzielt (...). Ebensowenig wird eine volle Selbstversorgung erzielt"[162]. Einsichtige Analytiker wie Richter und realistische Vertreter der Kleingartenbewegung wie Schilling haben die von Muthesius nachgewiesene Unrentabilität des Kleingartens denn auch freimütig eingeräumt[163], da der Kleingarten für seine Freunde stets weit mehr war als ein bloßer Wirtschaftsgarten.

Der einzige namhafte Kleingartenbefürworter, der die Laubenkolonien zu existenzsichernden Wirtschaftsräumen ausbauen wollte, war der Gartenarchitekt Leberecht Migge[164], der 1918 in einer aufsehenerregenden Broschüre die Be-

---

158 Die Unterscheidung von Roh- und Reinertrag folgt: Muthesius (155), 52.
159 Ebd., 72.
160 Ebd., 75.
161 Ebd., 79f. Als Entfernungs-Höchstgrenze veranschlagt Muthesius 25-30 Geh-Minuten.
162 Ebd., 81.
163 Richter (153), 60f. und Schilling, Das Kleingartenwesen (131), 49.
164 Zu Migge siehe: Leberecht Migge, hg. v. Gesamthochschule Kassel. FB Stadt und Landschaftsplanung, (Worpswede 1981).

hauptung aufgestellt hatte, daß sich eine fünfköpfige Familie von den Erträgen eines 400 qm großen Gartens bei intensiver Bewirtschaftung selbst versorgen könne[165]. Nach Migges Berechnungen ergab sich dabei ein Rohertrag von insgesamt 3.091 Pfund oder 7,73 Pfund pro Quadratmeter, von denen 2.141 Pfund auf Gemüse, 350 Pfund auf Kartoffeln und 600 Pfund auf Obst entfielen[166]. Diesem jährlichen Rohertrag entsprach nach Migges Prognose ein Reinertrag von 429,35 M.[167] oder mehr als das Sechsfache der von Mittgaard ausgewiesenen Summe! Auch wenn Migges Konzept, wie wir noch sehen werden, schon nicht mehr dem Kleingarten, sondern eher der Kleinsiedlung angehört[168], lohnt es sich, den von ihm errechneten Rohertrag mit dem Produktionsergebnis anderer Kleingärten in Beziehung zu setzen. Es betrug bekanntlich 1919 in Schöneberg 1,3 Pfund/qm, in der Zeitspanne von 1916 bis 1920 in Leipzig durchschnittlich 5,5 Pfund/qm[169] und 1927 in 500 ausgewählten Berliner Kleingärten im Mittel 3 Pfund/qm[170]. Weder in diesen Fällen noch in dem von Mittgaard vorgestellten Beispiel wurde damit der von Migge angegebene Rohertrag von 7,73 Pfund/qm auch nur annähernd erreicht. Selbst die früh eingerichteten, voll eingewachsenen und in der Regel von alteingesessenen Pächtern bewirtschafteten Leipziger Gärten erzielten nur gut zwei Drittel des von ihm veranschlagten Ertrags. Migges Behauptungen sind daher von der Fachwelt einhellig zurückgewiesen worden[171].

5.4.1.4. Hamburger Kriegsgemüsebau oder Antäus in Aktion.

Obwohl die verfügbaren Kleingartenflächen Hamburgs während des Ersten Weltkriegs beträchtlich zunahmen und sich allein auf dem Gebiet der „patriotischen" Generalverpachtungen verdoppelten, blieb ihr kriegswirtschaftlicher Rohertrag eine unbekannte Größe. Das bedeutet nun allerdings nicht, daß der Kriegsgemüsebau belanglos war: Das wachsende Engagement der Bevölkerung bezeugt seine praktische Relevanz ebenso wie die anhaltenden Klagen über die zunehmenden, im Laufe der Zeit immer unverfrorener durchgeführten Felddiebstähle[172]. So wurden in einer Kolonie der preußischen Randgemeinde Lokstedt im Sommer 1918 Ernte und Laubeninventar sogar in großem Stil mit Hilfe von

---

165 L. Migge, Jedermann Selbstversorger, Jena 1918, 10.
166 Ebd., 20 u. 30.
167 Ebd., 31.
168 Vgl.: Ebd., 8ff. u. 32.
169 Schilling, Das Kleingartenwesen (131), 14.
170 Richter (153), 60.
171 Vgl.: Hessing (138), 72f.; Muthesius (155), 24ff. u. 70ff. und Richter (153), 58f.
172 Allgemein zu den Felddiebstählen: Kocka (87), 178.

Lastwagen weggeschafft[173]. Begünstigt wurden die illegalen „Expropriateure" dabei ausgerechnet durch die Polizeibehörde und das stellvertretende Generalkommando. Während in den ersten Kriegsjahren durchweg ein bis zwei Kleingärtner vom Abend- bis zum Morgengrauen Wache schoben, wurde der nächtliche Aufenthalt in den Kolonien vom vierten Kriegsjahr an allgemein untersagt. Zwischen 22 und 6 Uhr war von nun an jeder Zutritt zu den Kolonien offiziell untersagt[174]. Die tatsächliche In-Effektivität des Kriegsgemüsebaus in Hamburg (und anderswo) läßt sich anhand solcher Indizien freilich nur bedingt wahrscheinlich machen. Herausragende Erfolgskriterien laubenkolonialer Produktivität waren und blieben vielmehr die oben erörterten sachlichen und fachlichen Voraussetzungen auf Seiten der Kolonisten. Ihre produktive Umsetzung stand freilich von Beginn an unter dem Unstern des Krieges. Der Druck der „Hungerblockade" mit seinem verringerten Angebot an Dünger, Pflanzenschutzmitteln und Saatgut traf nämlich schon bald auf den Expansions- und Konkurrenzdruck der einsetzenden Kleingartenkonjunktur mit ihrer entsprechend erhöhten Nachfrage. Der Spielraum für den Handel wie für das Handeln geriet damit unter die kombinierte Kompression zweier entgegengesetzter Kräfte, die gleichermaßen dazu beitrugen, ihn nachhaltig einzuengen. Der Kriegsgemüsebau wurde damit in doppelter Hinsicht zur Mangelwirtschaft:
- Generell als Lückenbüßer einer sich zusehends verschlechternden Ernährungslage, die mit den Mitteln der einheimischen Landwirtschaft nicht mehr stabilisiert werden konnte,
- speziell als Opfer seiner eigenen Expansion unter den restriktiven Bedingungen des militärischen Belagerungszustands.

Der Mangel an Dünger[175] machte den Kleingärtnern spätestens ab 1916 schwer zu schaffen. Alle Versuche, Ersatzstoffe wie das in den Gaswerken abfallende Ammoniak, Schlachthausdung oder Straßenkehricht einzusetzen, blieben dem Umfang nach begrenzt oder kamen zu spät[176]. Der alte Gegensatz zwischen PG und VHS setzte sich folgerichtig als Kampf um die Zuteilung des raren Dün-

---

173 Ein Notruf aus dem Kleingarten, in: Der Kleingarten 7 (1918), 100f.
174 Ebd. und 75 Jahre KGV Eppendorf von 1904, Hamburg (1929), 4. Eine ähnliche Maßnahme ergriff die Wandsbeker Obrigkeit, als sie am 21.6.1918 für Kolonisten eine generelle Ausweispflicht einführte: StAHH. Polizeibehörde Wandsbek G a 8
175 A. Janson, Gemeindliche Maßnahmen zur Förderung des Kleingartenbaus, in: KP 17 (48) (1917), Sp. 753–758 und StAHH. Bürgerschaft I C 187/1, Bd. 2: Protokoll der bürgerschaftlichen Vertrauenskommission. 62. Sitzung v. 14.4.1916, 12f. und Senat. Cl. VII Lit. Qd No. 453 Vol. 1: Eingabe des VHS v. 30.9.1918.
176 Ebd.: Stellungnahme der Beleuchtungsdeputation v. 4.10.1918, Stellungnahme der Schlachthausdeputation v. 7.10.1918 Stellungnahme der BD v. 5.11.1918. Ähnlich: Senat. Krg B II d 1a, Bd. 1: Protokoll der Kriegsgemüse-Kommission. 2. Sitzung v. 28.12.1915, 4f.

gers fort[177]. Am Ende wurde die Nachfrage so groß, daß sie sich illegal Befriedigung verschaffte. Die von Amts wegen ansonsten geforderte und geförderte Selbsthilfe steigerte sich zur gesetzwidrigen Nothilfe[178] und begründete einen fatalen Regelkreis, in dem die Kleingärtner zur Pflanzzeit (staatlichen) Dünger stahlen, nur um zur Erntezeit gegebenenfalls selbst bestohlen zu werden.

Die gleichen Mangelerscheinungen kennzeichneten die Versorgung mit Saatgut und Wasser[179]. Namentlich die von Mittgaard ignorierte Frage der Wasserversorgung wurde dabei zeitweilig geradezu zum Dreh- und Angelpunkt des gesamten Kriegsgemüsebaus. Angesichts der kolossalen Dürre im Sommer 1915 und der großen Trockenheit im Frühjahr 1917 trat die Abhängigkeit des Kleingartenbaus von der Ungunst der Natur genauso deutlich zutage wie seine gartenbautechnische Bedingtheit, so daß sich die Baudeputation genötigt sah, in vielen schlecht erschlossenen Kolonien Wassertonnen aufzustellen oder Sprengwagen einzusetzen.

Vergleichbare Probleme warf die Bereitstellung halbwegs brauchbarer Grundstücke auf. Die zur Verfügung stehenden Freiflächen mußten in der Regel erst einmal gepflügt oder rigolt, dann aplaniert, gegebenenfalls mit Mutterboden verbessert und gedüngt werden, bevor gesät, geschweige denn geerntet werden konnte. Ob das Land schließlich Erträge und, wenn ja, in welcher Höhe abwarf, bestimmten sodann die natürliche Feuchtigkeit, die Sonneneinstrahlung, der Windschutz, die richtige Erstkultur und nicht zuletzt Extensität, Intensität und Professionalität der Bewirtschaftung. Gerade die notwendige Vor-Auswahl des Landes scheint aber nicht immer mit dem nötigen Sachverstand erfolgt zu sein. Selbst die für diese Frage von der Kriegsgemüse-Kommission eingesetzte Unterkommission mußte bereits im Frühjahr 1915 feststellen, daß von den der PG neu übertragenen Flächen im Umfang von 100 ha nur 40% geeignet waren[180]. Immerhin hatte man die Fehleinschätzung in diesem Fall frühzeitig bemerkt. In Waltershof war dagegen Land urbar gemacht worden, das sich erst später als unbrauchbar erwies[181]. Das gleiche traf auf 93 zwischen dem Moorfleeter Kanal und der Hamburg-Berliner-Eisenbahn gelegene Parzellen zu, die von der Was-

---

177 StAHH. Senat. Cl. VII Lit. Qd No. 453 Vol. 1: Senatskanzlei an PG v. 23.11.1918; Aktenvermerk Buehls v. 30.11.1918 und Schreiben Buehls an die PG v. 30.11.1918 (Entwurf).
178 Ebd.: Stellungnahme der BD v. 20.8.1919.
179 Janson (175), Sp. 753–758; Stenographische Berichte über die Sitzungen der Bürgerschaft zu Hamburg. 9. Sitzung v.9.6.1915, 108 und StAHH. Protokoll der 1. Sektion der BD B 98, Bd. 192: Protokoll v. 3.5.1917.
180 StAHH. Senat. Krg B II d 1a, Bd. 1: Protokoll der 5. Sitzung v. 26.4.1915.
181 StAHH. Bürgerschaft I C 187/1, Bd. 1: Protokoll der bürgerschaftlichen Vertrauenskommission. 62. Sitzung v. 14.4.1916, 12f.

serbaudirektion vergeben worden waren. Sie wurden im Sommer 1916 von den Pächtern aufgegeben[182]. Zu diesen Fehlschlägen bei der Kultivierung traten Ertragsergebnisse, die den Aufwand nicht lohnten. Schon im Sommer 1916 kam die Baudeputation daher zu dem Schluß, Flächen mit alter Grasnarbe und Grundstücke ohne Zaun für den staatlichen Anbau durch das Gartenwesen grundsätzlich auszuschließen[183].

Wie schlecht die Ertragslage in vielen Fällen noch nach Jahren war, belegt die Petition einer Kleingärtnerversammlung in Horn vom 13.5.1919. Ihre Bitte um staatliche Hilfe bei der Fachberatung, der Kompostierung und Wasserversorgung begründeten die Petenten mit der deprimierenden Tatsache, daß ein großer Prozentsatz der von ihnen bewirtschafteten Gärten außergewöhnlich schlechte Erträge aufwies, die oft geringer waren als die Einsaat[184]. Wie bescheiden die Kapazitäten des Kleingartenbaus waren, beweist nicht zuletzt die am 3.4.1917 beginnende Zwangsbewirtschaftung von Gemüse, Obst und Südfrüchten, die Selbstversorger und Kleinproduzenten, die nicht mehr als ein Kilo pro Tag verkauften, ausdrücklich ausnahm[185].

Zu den vielschichtigen objektiven Problemen erfolgreichen Kriegsgemüsebaus gesellten sich vielfältige subjektive Schwierigkeiten. An erster Stelle stand dabei der Mangel an Arbeitskräften[186]. So verlangte der von den Hohelufter Bürgervereinen gewählte „Ausschuß zur Förderung von Land- und Gartenbau", daß die Stadt in Zukunft die Erstanlage neu einzurichtender Kleingärten übernehme, da der Gemüsebau mittlerweile vornehmlich von Frauen und Kindern betrieben werde, die erfahrungsgemäß zu schwach seien, Neuland umzustechen und einzuzäunen[187]. Als mindestens genauso bedeutend erwies sich freilich der allenthalben beklagte Qualifikationsmangel auf Seiten der Bewirtschafter. Gerade Gartenbauspezialisten verorteten hier die eigentliche Achillesferse der „Heimkrieger". So warnte Professor Hollmann von der Königlichen Landwirtschaftsschule Berlin 1917 dringend davor, „daß nicht etwa, wie im vorigen Jahr, an

---

182 StAHH. Senat. Krg B II d 1a, Bd. 5: Mitteilung der Wasserbaudirektion v. 29.3.1917.
183 Ebd.: Auszug aus dem Protokoll der BD. Sektion für Hochbau v. 8.6.1916. Siehe auch: Protokolle der I. Sektion der BD B 98, Bd. 191: Protokoll der Sitzung v.8.3.1917 mit einen Bericht des Gartendirektiors Otto Linne über nicht ertragsfähige Flächen in Groß-Hansdorf.
184 StAHH. Senat. Cl. VII Lit. Cb No. 5 Vol. 12b Fasc. 57 Inv. 7a: Petition v. 13.5.1919.
185 StAHH. Landherrenschaften. KA 143. Beiheft 1: Bekanntmachung über den Absatz von Kontrollobst (...) v. 10.8.1918.
186 StAHH. Bürgerschaft I C 187/1, Bd. 2: Protokoll der bürgerschaftlichen Vertrauenskommission. 62. Sitzung v. 14.4.1916, 12.
187 Hamburger Fremdenblatt v. 13.4.1916.

Eisenbahndämmen, in städtischen Parkanlagen und Sandgruben, auf neu umgebrochenen Heideländereien, Spiel–, Exerzier– und anderen Tummelplätzen stadträtlicher Produktionsphantasien kostbares Saatgut und Dünger wahllos und sinnlos vergeudet werden"[188]. Ähnlich äußerten sich der Kustos am Botanischen Garten in Dahlem, Udo Dammer[189], der sächsische Regierungsbaumeister Kruschwitz[190] und die Gartenarchitekten Gerlach und Wolff[191]. Die z.T. erstaunlichen statistischen Zunahmen des im Laufe des Weltkrieges in Kultur genommenen Bodens bieten vor diesem Hintergrund nur bedingte Anhaltspunkte für die auf ihnen erzielten Roherträge. Es sprechen vielmehr manche Indizien dafür, daß Arbeitsaufwand und Arbeitsertrag nur allzuoft in keinem angemessenen Verhältnis standen. Schlechte Produktionsmittel, mangelnde Roh–, Hilfs– und Betriebsstoffe sowie nicht zuletzt das Fehlen zahlenmäßig ausreichender, fachlich genügend ausgebildeter Bewirtschafter verliehen dem Kriegsgemüsebau eher den Charakter einer Mangelwirtschaft im Kleinen. Einen weltwirtschaftlichen „Platz an der Sonne" eroberten sich die „Heimkrieger" jedenfalls genausowenig wie ihre „Kameraden" an der Front. Selbst züchterische Neuentwicklungen wie die Stangenbohne „Generalfeldmarschall von Hindenburg"[192] konnten daran nichts ändern.

5.4.1.5. Im Bannkreis der Kartoffel oder Wes der Magen leer ist, des gehet der Mund noch lange nicht über.

„Luther erschütterte Deutschland –
aber Franz Drake beruhigte es wieder:
er gab uns die Kartoffel".

(Heinrich Heine, Aufzeichnungen)

Mit zunehmender Kriegsdauer nahm die Kartoffel, die ihre erste große Bewährungsprobe schon in der Hungersnot der Jahre 1771/72 bestanden hatte[193], an der Heimatfront eine Schlüsselstellung ein, die dem Douaumont in den Planungen der (zweiten) Obersten Heeresleitung an Bedeutung kaum nachstand.

---

188 Hamburger Fremdenblatt v. 20.2.1917. (Abendausgabe).
189 Dammer (76), 4f.
190 Kruschwitz (96), 10.
191 Hans Gerlach, Kleingarten–Reform, in: Möllers Deutsche Gärtner–Zeitung 32 (37) (1917), 290ff. und Hermann Wolff, Laubenkolonien auf gesetzlicher Grundlage, in: Ebd. 32 (26) (1917), 204f. Siehe auch: Steffen (141), 20 und Der Kleingartenbau im Moore, in: Hannoversche Garten– und Obstbauzeitung 29 (2) (1919), 17.
192 Lesser, Wohnung und Garten nach dem Kriege, in: Gartenflora 67 (1918), 297.
193 Klaus Herrmann, Pflügen, Säen, Ernten. Landarbeit und Landbautechnik in der Geschichte, (Reinbek 1985), 146.

Die Basis der einheimischen Kriegsanstrengungen beruhte damit ironischerweise auf einer ursprünglich ausländischen Nutzpflanze. Das focht die vaterländischen „Heimkrieger" freilich nicht an. Mag sein, daß sie es nicht einmal bemerkten. Wie toll „Hurra–Patriotismus" und „Deutschtümelei" auch sonst grassieren mochten[194] –, die Kartoffel wurde nicht ausgebürgert. Diese unpatriotische Haltung hatte gute Gründe[195]. Seit den Tagen des Alten „Pommes Fritz" (Heinz Erhardt) zählte die Kartoffel zu den wichtigsten Nährpflanzen Zentraleuropas. Ihr Anbau gewann einem Acker mehr leicht verwertbare und gut verdauliche Nährstoffe ab als jede andere Pflanze. Da sie selbst auf mageren Sandböden und in Höhenlagen gedieh, entwickelte sie sich trotz ihres Mangels an Eiweiß und Fett in Deutschland zum Volksnahrungsmittel Nummer eins: „Der Deutsche ist Kartoffelesser. Wenn er alles ertragen könnte, die Kartoffel kann er nicht entbehren"[196].

In der deutschen Ernährungsbilanz stellte die Kartoffelernte denn auch eine positive Größe dar[197]. Ihr nomineller Durchschnittsertrag von 45,8 Mio. Tonnen im letzten Friedensjahrfünft scheint allerdings unrealistisch bewertet worden zu sein. Zieht man „statistische Überhöhung", Wiederaussaat und Schwund durch Fäulnis und Eintrocknen ab, kommt man auf eine effektive Verbrauchsmenge von 25,5 Mio. Tonnen[198]. Dieses Angebot traf im Krieg aufgrund des Ausfalls anderer – früher importierter – Nahrungs– und Futtermittel auf eine gestiegene Nachfrage, zumal es dem Reich nicht gelang, im Gegenzug größere Mengen „durch Einstellung der Branntweinbrennerei einzusparen"[199]. Auch der Eigenbedarf der Landwirte stieg in den Mangeljahren an[200]. Hinzu kamen Transport- und Lagerprobleme. Die „druck–, stoß– und frostempfindliche Kartoffel" mußte nicht nur in Konkurrenz zum militärischen Nachschub vom agrarischen Osten in den industriellen Westen des Reiches geschafft[201], sondern seit dem Beginn der Zwangsbewirtschaftung im Frühjahr 1916 auch in einem bis dahin unüblichen Ausmaß bevorratet werden[202]. Die im Frühjahr 1915 ausbrechende „Kartoffelpanik" und der anschließende reichsweite „Schweinemord"[203] signalisierten insofern den kommenden Ernst der Versorgungslage, die bereits im Kriegswinter

---

194 Vgl.: Ullrich (80), 15ff.
195 Schmeil. Biologisches Unterrichtswerk. Pflanzenkunde, bearb. v. H. Koch, Heidelberg (1982), 42.
196 Skalweit (65), 213.
197 Ebd., 13f.
198 Ebd., 14.
199 Ebd.
200 Ebd., 190.
201 Ebd., 192.
202 Lippmann (80), 211 u. 214f.
203 Ebd., 200.

1915/16 dazu führte, daß in Hamburg „als Ersatz für die fehlenden Kartoffeln" Steckrüben verteilt werden mußten[204]. Wie wichtig die zuständigen Stellen die Kartoffelversorgung nahmen, spiegeln auch die Maßnahmen zur Förderung des Kriegsgemüsebaus. Schon am 22.2.1915 hatte die von der Hamburger Kriegsgemüse-Kommission eingesetzte Unterkommission den Beschluß gefaßt, 10.000 Zentner (= 500 to) Saatkartoffeln zu kaufen und über den LHV zum Selbstkostenpreis abzugeben[205]. Obwohl es wegen des mittlerweile herrschenden Arbeitskräftemangels erhebliche Verzögerungen beim Verlesen und Verladen gab, so daß die letzten Lieferungen erst Anfang Mai in Hamburg eintrafen, verliefen Verteilung und Anbau vor Ort im großen und ganzen befriedigend[206]. Gleichwohl blieben berechtigte und „manche unberechtigte Klagen der zum Teil ganz unkundigen Abnehmer" nicht aus, wie die denkwürdige Beschwerde einer Frau zeigt, „die Spätkartoffeln bereits Mitte April in Empfang genommen hatte und sie nach 8 Tagen wieder zurückbringen wollte, da sie schon in der Erde gewesen waren und doch nicht gekeimt hatten"[207].

Die sich hier abzeichnenden Versorgungsschwierigkeiten und Qualifikationsmängel entwickelten in der Folgezeit eine verschränkte, nach Ursache und Wirkung wechselnde Dynamik, die sich spiralförmig steigerte. Allein das Aufkommen einer neuen Unterart des Kleingärtners in Gestalt des „Nur-Kartoffelbauern" läßt das Ausmaß der sich abzeichnenden Krise aufscheinen: Mehr und mehr Menschen mußten zur Selbsthilfe greifen, die Zahl der Laiengärtner stieg, Binnenkonkurrenz und Inkompetenz wuchsen ins Bodenlose. Je schneller sich die Kleingartenbewegung zahlenmäßig verbreitete, desto stärker verflachte sie fachlich und ideologisch. Diese erst schleichende, dann galoppierende Reduktion der hergebrachten Kleingartenproblematik zur kriegswirtschaftlichen „Messer- und Gabel-Frage" erzeugte zugleich innere Spannungen, die sich nicht zuletzt verbal auslebten. Hatten die Schrebergärtner die Kleingärtner einst als „Nur-Gemüsebauern" verunglimpft, taten die Kleingärtner die bloßen Grabelandbesitzer nun als „Nur-Kartoffelbauern" ab[208]. Ideelles und materielles Gegeneinander trafen dabei auf eine im Laufe des Krieges zunehmende Verknappung notwendiger Roh- und Betriebsstoffe. So führte der Mangel an Saatkartoffeln[209] schon

---

204 Ebd., 217.
205 StAHH. Senat. Krg B II d 1a, Bd. 1: Protokoll der 3. Sitzung v. 22.2.1915, 4f.
206 Ebd., Bd. 3: LHV. Bericht über die Verteilung der (...) 1915 gekauften (...) Saatkartoffeln, 4f. u. 9.
207 Ebd., 8.
208 Fs. hg. anläßlich des 10jährigen Bestehens des Bezirksverbandes Stormarn, (Hamburg 1933), 15 u. 17.
209 Völlig unzutreffend dagegen die Lagebeschreibung bei: Reye (75), 126.

1915 zur Stecklings- und Keimlingszucht und wenig später zur Herstellung von Kartoffel(kopf)abschnitten[210]. Der Höhepunkt der heimischen Kämpfe am Kartoffelabschnitt fiel zwangsläufig in den berühmt-berüchtigten „Steckrübenwinter" der Jahreswende 1916/17[211]. Bedingt durch die schlechte Vorjahresernte und nachhaltig verstärkt durch den Eigennutz der Landwirte, die die Ungunst der Stunde schamlos ausbeuteten, erlebten die Deutschen den schlimmsten Kriegswinter von allen. Weiter verschärft wurde die Situation durch anhaltenden Frost, der die ohnehin angespannte Transportlage weiter verschlimmerte, und den in ihrem Gefolge auftretenden Kohlenmangel. Ungenügende äußere Heizwärme und unzulängliche innere Kalorienzufuhr steigerten sich unter diesen Bedingungen gegenseitig und ließen die Menschen die klaffenden Versorgungslücken buchstäblich bis auf die Knochen spüren, so daß viele ältere Bürger den „Steckrübenwinter" nicht überlebten.

Auch die Hamburger Kleingärtner überstanden die schrecklichen Monate keineswegs unbeschadet. In einer Mischung aus Hunger, Verzweiflung und blindem Vertrauen in die Fürsorge der Verwaltung „hatten die Gartenbesitzer in der sicheren Hoffnung auf käufliches Saatgut die volle Ernte in der Küche aufgehen lassen"[212]. Diese Kurzsichtigkeit mußten sie in der folgenden Pflanzperiode büßen. Die mit der Zuteilung der Saatkartoffeln betrauten Landherrenschaften vergaben das wenige Saatgut nämlich zum Schrecken der Kolonisten in erster Linie an die professionellen Ackerbauern des Hamburger Landgebietes. Wer als Hamburger Land in Hamburg gepachtet hatte, bekam immerhin Spätkartoffeln, wenn auch „in völlig ungenügender Menge und von minderwertiger Güte"[213]. Hamburger, die dagegen das „Pech" hatten, ihre Parzellen in Preußen gemietet zu haben, gingen leer aus. Während die Landherrenschaften auf ihre fehlende Zuständigkeit pochten, verwiesen die preußischen Landräte die Betroffenen an die Landherrenschaften, „mit der Begründung, daß die Ernte doch Hamburg zugute komme"[214]. Wer trotzdem anpflanzen wollte, mußte seine Saatkartoffeln daher entweder über den teuren Schleichhandel besorgen oder von den kargen Zuteilungen an Speisekartoffeln abzweigen, um sich die Saat buchstäblich vom Munde abzusparen[215].

---

210 Brodersen (76), sowie H. Buchner, Kartoffelstecklinge in Haus- und Kleingarten, in: Der Kleingarten 8 (1917), 113–116.
211 Zum „Steckrübenwinter" siehe: Lippmann (80), 224–228; Reye (75), 156–169 und Ullrich (80), 63–72.
212 Trost (121), 226.
213 Ebd., 226f.
214 Ebd., 226.
215 Ebd.

Obwohl die Hamburger Kleingärtner gegen diese Verteilungspraxis in einer am 14.4.1917 im Conventgarten stattfindenden Versammlung einhellig protestierten[216], blieb ihr Vorbringen vergeblich, da das vom Senat und vom stellvertretendem Generalkommando in Altona gebilligte Verfahren sachlich begründet war. Wer die Miß–Erfolge des laubenkolonialen Kartoffelbaus im Jahre 1917 betrachtet, wird die Haltung des Staates jedenfalls kaum tadeln können. Auch wenn wir die kleingärtnerische Leistungsbilanz nur für Altona belegen können, bleibt sie bedenklich genug. Kein Geringerer als der Altonaer Gartenbaudirektor Ferdinand Tutenberg, ein ausgewiesener Freund und Förderer des Laubenwesens, hat sie dokumentiert und mit z.T. bewegten Worten geschildert[217]: „Schlechtes Saatgut, schlechtes Land, schnell und ungenügend umgegrabenes Ödland, kein Dünger und eine anhaltende Dürre waren Hindernisse, welche recht oft kaum 2fache Erträge der gepflanzten Saatkartoffeln ergaben"[218]. Eine von ihm angeregte Bodenuntersuchung von sieben Kriegsgemüsebauregionen Altonas zeigte zudem einen auffallenden Mangel an Kalk, Kali, Phosphorsäure und Stickstoff[219]. Tutenberg folgerte daher, „daß alle Arbeit vergebens ist, wenn wir nicht für einen guten, nährstoffreichen Boden bedacht sind"[220]. Zu diesen äußeren Schwierigkeiten gesellte sich einmal mehr das offenkundige Unvermögen vieler Bewirtschafter. So sah sich der Gartenbaudirektor aus bitterer Erfahrung zu der denkwürdigen Mahnung verlaßt: „Die Kartoffel, obgleich ein Nachtschattengewächs, ist eine *Sonnenpflanze*, sie muß recht, recht viel Sonne haben, wenn wir einen guten Ernteertrag haben wollen"[221].

Die Ergebnisse des Kartoffelbaus im Kleingarten verstärken damit das schattige Bild, das wir vom Kriegsgemüsebau im ganzen zeichnen mußten. Selbst die vergleichsweise einfache Monokultur der Kartoffel brachte bei weitem nicht die Erträge, die die Erweiterung der Anbaufläche hätte erwarten lassen können. Eine Konzentration der mangelhaften Ressourcen an Arbeitskraft, Kapital und Know how wäre daher betriebswirtschaftlich aller Wahrscheinlichkeit nach erfolgversprechender gewesen. Ein solches Vorgehen hätte freilich eine Umstellung der Betriebsform vom Klein– zum Großflächenanbau erfordert. Mit dieser Kollektivierung der Parzelle wäre der Kleingartenbau allerdings seiner sozialpsychologischen Entlastungsfunktion beraubt und der von allen Kleingartenideologen immer wieder betonte Zusammenhang zwischen der eigenständigen Bewirtschaf-

---

216 Saatkartoffelbeschaffung in Hamburg, in: Der Kleingarten 10 (1917), 147. Ähnlich: Hamburger Fremdenblatt v. 16.4.1917.
217 Kleingarten–Jb. (146), 57ff.
218 Ebd., 57.
219 Ebd., 58.
220 Ebd., 57.
221 Ebd., 59. Hervorhebung i.O. gesperrt.

tung eines kleinen Pachtgartens für das Entstehen von Eigentums- und Vaterlandsliebe aufgehoben worden.
In der Tat war auch die Beschäftigung im Kriegskleingarten zugleich Beschäftigungstherapie. Die mit „dem eigenen Schweiß betaute" Kriegskartoffel füllte nicht nur mehr schlecht als recht die leeren Mägen, sondern auch und vor allem die Köpfe. Als Erdapfel der rechten vaterländischen Erkenntnis und Gesinnung trug die Kartoffel hier ihre reichsten Früchte. Schon 1915 hatte der DVfW darauf hingewiesen, daß „die wohltuende Beschäftigung mit dem Gartenbau" nicht zuletzt „die *Stimmung*" überaus „günstig beeinflusse"[222]. Selbst „aus verschiedenen Lazaretten wurde (...) berichtet, daß sich die Kriegsverletzten dort mit großem Eifer im Gartenbau betätigen"[223]. Als persönlicher Bezugspunkt von Sorge und Hoffnung, Erfolg und Mißerfolg, nahm der Kleingarten daher unzweifelhaft eine kriegswichtige Funktion ein. Hier konnte der physische und psychische Leidensdruck der „Hungerblockade" individuell ausagiert werden. Das Gefühl des Ausgeliefertseins, die ohnmächtige Wut auf die un(an)greifbaren Mächte der Fernblockade, des Schleichhandels und der Zwangsbewirtschaftung, im Kleingarten konnten sie ergonomisch kompensiert und begraben werden. Die Kriegskartoffel erhielt damit einen eigentümlichen Doppelcharakter: Als ökonomisches Über-Lebensmittel wie als sozialpsychologische Über-Lebenshilfe wuchs sie gewissermaßen über sich selbst hinaus. Der durchdringende „Tau des eigenen Schweißes" besaß insofern ein wesentlich geistiges Aroma. Erst diese ideelle Tagseite des Nachtschattengewächses rückt den Kriegskartoffelbau ins rechte Licht. Wie sagte Martin am Ende des „Candide" so treffend: „Travaillons sans raisonner: c'est le seul moyen de rendre la vie supportable" - Laßt uns arbeiten, ohne nachzudenken: Das ist das einzige Mittel, das Leben erträglich zu gestalten.

---

222 DVfW (95), 2. Hervorhebung i.O. gesperrt.
223 Ebd. Sehr wichtig aber auch: Ludwig Lesser, Gartenbau und Kriegsbeschädigten-Ansiedlung, in: Berliner Vereinigung zur Kriegsbeschädigten-Ansiedlung (Hg.), Beiträge zur Ansiedlung von Kriegsbeschädigten, Berlin 1916, 20ff. und Karl Scheffler, Was soll werden? Ein Tagebuch im Kriege, Leipzig 1917, 76f.

5.5. Rechtliche und organisatorische Schritte zur weiteren Förderung des Kriegsgemüsebaus im Kleingarten.

5.5.1. Die Bundesratsverordnungen des Jahres 1916 und die Errichtung der „Zentralstelle für den Gemüsebau im Kleingarten".

Wie immer man den Kriegsgemüsebau bewerten mag, ob als Beitrag zur Entlastung der angespannten Versorgungslage oder als „stadträtliche Produktionsphantasie" –, seine soziale Bedeutung steht ebenso außer Zweifel wie die politische Relevanz der mit ihm verbundenen großstädtischen Massenbewegung. Ihre Wirksamkeit stieß im Laufe der Zeit freilich unweigerlich auf die Schranke, die das öffentliche Verlangen nach Grabeland in der privatrechtlichen Verfügungsgewalt über den heimischen Grund und Boden fand. § 903 BGB bestimmte hier zweifelsfrei: „Der Eigentümer kann, soweit nicht das Gesetz oder die Rechte Dritter entgegenstehen, mit der Sache nach Belieben verfahren und Andere von jeder Einwirkung ausschließen"[224]. Diese Freiheit wurde nur begrenzt durch die Rechte der Nachbarn (§§ 904–924 BGB) und das schwer zu definierende „öffentliche Interesse" (Einführungsgesetz sowie Art. 109 und 111 BGB)[225]. Jede Wahrnehmung öffentlicher Interessen war damit auf zwei Auswege verwiesen: die Einschränkung der Nutzungsfreiheit oder die Teil–Enteignung[226]. Da der Reichstag seine Gesetzgebungs– und Verordnungskompetenz für das Gebiet der Kriegswirtschaft auf den Bundesrat übertragen hatte, waren entsprechende Vorstöße seit dem 4.8.1914 an die Vertretung der Reichsländer zu richten[227]. Sie wurde am 12.1.1915 vom Bund Deutscher Bodenreformer angerufen und aufgefordert, „eine gesetzliche Grundlage zu schaffen, der zufolge den Stadt– und Landgemeinden die Berechtigung übertragen wird, solchen Besitzern brachliegender Ländereien, welche eine wirtschaftliche Verwertung ihrer Grundstücke auf Aufforderung verweigern, den unmittelbaren Besitz ohne Entschädigung für die Dauer des Krieges zu entziehen und geeignet erscheinende physische oder juristische Personen für die Dauer des Kriegszustandes in den unmittelbaren Besitz zu Bewirtschaftung und Fruchtziehung einzuweisen"[228].

Obwohl dieser Eingabe nur ein Teilerfolg beschieden war, da die am 31.3.1915 erlassene „Bekanntmachung über die Sicherung der Ackerbestel-

---

224 Zit.n.: Neue Aufgaben (36), 59.
225 Ebd., 60, 66 u. 73.
226 Ebd., 60.
227 Skalweit (65), 165.
228 Zit.n.: Damaschke, Die Aufgaben (67), 186.

lung"[229] sich ganz auf den Einzugsbereich der Agrikultur beschränkte, räumte sie den Kommunalverbänden doch das Recht ein, nicht genutzte Ackerflächen im Interesse der Volksernährung in Eigen- oder Fremdregie auch gegen den Willen des Eigentümers in Kultur zu nehmen. Die mit dieser Zwangsoption[230] geschaffene Präzedenz bildete das Vorbild für die ein Jahr später beginnende Regulierung des Kriegsgemüsebaus. In zwei Bekanntmachungen vom 4.4.1916 verfügte der Bundesrat Rahmenrichtlinien für die kommunale Zwangsfestsetzung der Pachtpreise und die Bereitstellung von städtischem Gelände[231]. Beide Verordnungen „verfolg(t)en sozialpolitische und Ernährungszwecke". Ein wesentliches Motiv für ihren Erlaß bildete nicht zuletzt der Schutz der Kriegsgemüsebauern vor der Ausbeutung durch „gewinnsüchtige Unternehmer"[232]. Alle „Gemeinden von mehr als 10.000 Einwohnern" erhielten damit erstmals eine rechtliche Handhabe zur Eindämmung des kommerziellen Generalpächtertums[233]. Die Festsetzung der Pachtpreise erfolgte von nun an durch die untere Verwaltungsbehörde[234]. Sie sollte die Preise unter Hinzuziehung landwirtschaftlicher und/oder gartenbaulicher Sachverständiger rückwirkend für alle nach dem 4.8.1914 abgeschlossenen Pachtverträge fixieren. Als Preisindex dienten dabei die lokalen bzw. regionalen Durchschnittspachten der letzten drei Friedensjahre. Darüber hinaus wurden Städte und Gemeinden ermächtigt, unbebautes Gelände gegebenenfalls auf dem Zwangswege anzupachten und zum Zweck der Bewirtschaftung weiterzuvermieten[235]. Ein am 12.10.1917 verordneter Kündigungsschutz für Kleingärten, die auf ehemaligem Brachland angelegt worden waren[236], schloß das staatliche Rahmenwerk ab, indem es Pächtern neu urbar gemachten Geländes eine generelle Option zur Vertragsverlängerung eröffnete. Die bis dahin geübte Praxis, die kommunal regulierten Pachtsätze mit Hilfe von Kündigungen und Neuverpachtungen zu unterlaufen[237], wurde damit zumindest erschwert.

---

229 RGBl. 1915, 210. Vgl. auch: Georg Kaisenberg (Hg.), Hdb. des deutschen Kleingartenrechts, 3. Aufl. Berlin 1924, 34.
230 Die Verordnung, die zunächst nur für das Jahr 1915 galt, wurde am 9.9.1915 verlängert. RGBl. 1915, 557.
231 RGBl. 1916, 234f. u. 236.
232 StAHH. Senat. Cl. I Lit. T No. 19 Vol. 7 Fasc. 46: Begründung des Entwurfs, der dem Bundesrat am 26.3.1916 zugeleitet wurde.
233 RGBl. 1916, 234f.
234 In Hamburg waren das die drei, in Anm.(109) aufgeführten Kommunalverbände. Höhere Verwaltungsbehörde wurde der Senat. (Amtsblatt der freien und Hansestadt Hamburg Nr. 102 v. 2.5.1916, 725f.).
235 RGBl. 1916, 235f.
236 RGBl. 1917, 897f.
237 StAHH. Senat. Cl. I Lit. T No. 19 Vol. 7 Fasc. 46: Entwurf der Ergänzungs-

Obwohl die Kleingärtner den durch die Verordnungen vom 4.4.1916 markierten „Geburtstag des deutschen Kleingartenrechts"[238] entsprechend würdigten, ließen sie doch deutlich erkennen, daß ihnen die getroffenen Regelungen nicht weit genug gingen. So freute sich der Kommentator der Hamburger Monatsschrift „Der Kleingarten" zwar darüber, „daß von oben herab endlich einmal etwas geschieht, um auch der Preistreiberei zu steuern" und daß der Krieg die Erkenntnis gebracht habe, „daß die Kleingärtnerei keine Spielerei ist, sondern als Mittel zur Volksernährung volle Daseinsberechtigung beanspruchen muß"[239], verlangte aber im gleichen Atemzug die Berücksichtigung kleingärtnerischen Sachverstandes bei der Pachtpreisfestsetzung und die Gewährung von Vorzugspreisen wegen des angeblich „rein ideellen Beweggrund(es)" der Kolonisten[240].

In welcher Weise diese Regulierung die naturgemäß völlig unterschiedlich ausgeprägte kommunale Praxis positiv veränderte, läßt sich nicht zuletzt angesichts dieser frühen Ergänzungswünsche nur schwer beurteilen. In Hamburg wurde die Lage mit Sicherheit nur modifiziert, da die „patriotische" Generalpachtreform des Jahres 1907 die Substanz der Bundesratsverordnungen praktisch vorweggenommen hatte. Doch auch die am 19.7.1916 erlassenen preußischen Ausführungsbestimmungen, an denen sich viele Bundesstaaten orientierten, besaßen einen ausgesprochen moderaten Charakter[241]. Im Hinblick auf die Anwendung der Zwangspacht wurden die unteren Verwaltungsbehörden sogar auf die „möglichste Schonung bei der Ausübung der Befugnis zur Übertragung der Nutzung" vergattert. Grundsätzlich ausgeschlossen wurden darüber hinaus alle Grundstücke, „die mit wertvolleren Gewächsen bepflanzt und durch Brunnen, Zieranlagen, teure Einfriedigungen u. dergl. zu Zier- oder Luxusgärten oder -anlagen hergerichtet u. zu Preisen, die über den landwirtschaftlichen Nutzungswert hinausgehen, verpachtet sind". Die vorstädtischen Villen- und Parkgrundstücke der Reichen blieben damit von der vaterländischen „Feld- und Gartenoffensive ohnegleichen" verschont. Wie stark der Wille zur Miniatur-Villa in Arbeiter- und Kleinbürgerkreisen auch verbreitet sein mochte, der Wille zur sozialen Besitzstandswahrung erwies sich als stärker. Noch in der Weimarer Republik

---

Verordnung v. 12.10.1917. Vgl. auch die Stellungnahme der DV v. 27.9.1917 und den Antrag Hamburgs in den Bundesratsausschüssen IV und VI v. 5.10.1917.
238 Karl Wille, Entwicklung und wirtschaftliche Bedeutung des Kleingartenwesens, WiSo. Diss. Münster 1939, 50.
239 Was erwarten die Kleingärtner Hamburgs von der Bundesratsverordnung (...) v. 4.4.1916, in: Der Kleingarten 11 (1916), 3.
240 Ebd., 3f.
241 Zum folgenden: StAHH. Senatskommission für die Reichs- und auswärtigen Angelegenheiten II: Ausführungsbestimmungen (Preußen) zu den Verordnungen des Bundesrats v. 4.4.1916.

herrschte in der Hamburger FD Einvernehmen darüber, daß Schrebergärten in der Nähe von Villengrundstücken wie auf der zum Verkauf anstehenden Alsterinsel nicht erwünscht und folglich zu kündigen seien[242]. Kleinbürgerliche „Villa Lustig sein" und großbürgerliche „Villa Hügel" blieben damit auch in der Demokratie unvereinbar. Mochten Wunschvorstellung und Strukturmodell noch so identisch sein –, ihre innere Verwandtschaft schloß ihre äußere Nachbarschaft aus. Dieses Bedürfnis nach sozialer Exklusivität spiegelt auch die Haltung der Bewohner der großbürgerlichen Villensiedlung Hochkamp im Hamburger Westen wider. Als die bei Kriegsende einsetzende Wohnungsnot Bewirtschaftungsmaßnahmen nach sich zu ziehen drohte, sammelten die Nobelsiedler spontan 27.500 M. für den Ansiedlungsfond der benachbarten preußischen Gemeinde Osdorf. Sie sollten in vierteljährlichen Teilbeträgen in Höhe von 5.000 M. überwiesen werden, wenn sich die Gemeinde im Gegenzug dazu verpflichtete, die Spender von Zwangseinquartierungen auszunehmen[243]. Wie es scheint, hat die Kommune diese milde Gabe angenommen. Ein gleichlautendes Angebot eines Zuzüglers in Höhe von 50.000 M. akzeptierte der Rat jedenfalls mit Wirkung vom 19.1.1921[244]. Durch diese Zahlungen vergleichsweise bescheidener, durch die Inflation schnell entwerteter „Schutzgelder" wurde der soziale Status quo konsolidiert. Die „Plebs" durfte zwar siedeln, aber nicht in der „Siedlung" Hochkamp.

Neben den einsetzenden Rechtsschutz des Kleingartenwesens trat 1916 zugleich seine institutionelle Ausgestaltung in Form der „Zentralstelle für den Gemüsebau im Kleingarten". Sie wurde auf Anregung des „Zentralverbandes deutscher Arbeiter- und Schrebergärten" von der Reichsregierung ins Leben gerufen und nahm ihre Tätigkeit bereits im Februar auf. Ihren (ehrenamtlichen) Vorsitz übernahm der Generalsekretär des ZdASG, Alwin Bielefeldt[245]. Unterstellt wurde die Zentralstelle dem im Mai geschaffenen Kriegsernährungsamt[246], finanziert „zum weit überwiegenden Teil aus Reichsfonds, zum kleineren Teil aus Einzelbewilligungen preußischer Ministerien"[247]. Ihre Aufgaben umfaßten die Beschaffung von Geräten, Kleintieren, Pflanzenschutzmitteln und Saatgut, die

---

242 StAHH. FD IV DV I C 4a III C 44: Auszug aus dem Protokoll der FD v. 3.4.1928.
243 StAHH. Gemeinde Osdorf D.11: Schreiben der Bewohner der Siedlung Hochkamp an die Gemeinde Osdorf v. 19.6.1920.
244 Ebd.: Vertrag zwischen der Gemeinde Osdorf und Herrn Siegmund Gildemeister v. 19.1.1921.
245 Förster/Bielefeldt/Reinhold (6), 22.
246 Skalweit (65), 242. Zur Schaffung und Funktion des Kriegsernährungsamtes siehe: Ebd., 180ff. und W. Diekmann, Die Behördenorganisation in der deutschen Kriegswirtschaft 1914–1918, Hamburg 1937, 75.
247 Zum folgenden: Förster/Bielefeldt/Reinhold (6), 22–25.

Rechts- und Fachberatung, die Einrichtung und Überwachung von Muster- und Versuchsgärten, die Vergabe von Finanzhilfen, die Vermittlung bei Pachtstreitigkeiten sowie den Ausbau der Zusammenarbeit zwischen Kleingärtnern und Kommunen.

Obwohl der Zentralstelle aufgrund ihrer bescheidenen Personal- und Finanzausstattung eine vorwiegend ideelle Bedeutung zukam, wird man ihre Tätigkeit nicht gering schätzen. Zum einen gab sie dem juristischen Kopf der Bundesratsverordnungen einen, wenn auch embryonalen Körper, zum anderen schuf sie auf der Basis einer in der Gestalt Bielefeldts verwirklichten Personalunion von Zentralverband und Zentralstelle eine reichsweite Öffentlichkeitsinstanz von beträchtlicher Autorität. Die auch jetzt noch mangelhafte Anerkennung kleingärtnerischer Belange auf kommunaler Ebene konnte aufgrund ihrer Arbeit daher ebenso abgebaut werden wie die unzulängliche Koordination der vorhandenen Kleingartenbestrebungen. In dieser zweiseitigen, zugleich nach außen und nach innen wirkenden Integration dürfte die eigentliche Leistung der Zentralstelle liegen. Auf jeden Fall wurde sie damit zu einem wichtigen Bildungselement des späteren Reichsverbandes RVKD. Als sie am 1.4.1921 auf Verlangen des Reichsfinanzministers von Reichsregierung und Reichstag aufgelöst wurde, geschah das denn auch gegen den einmütigen Widerspruch aller kleingärtnerischen Richtungen.

5.5.2. Annäherung unter dem Druck der „Hungerblockade": Die Weiterentwicklung der Hamburger Kleingartenbewegung bis zur Kleingartenbau-Ausstellung im September 1918.

Obwohl der Krieg das deutsche Kleingartenwesen in hohem Maße auf seine ernährungswirtschaftliche Aushilfsfunktion zurückwarf, führte die erzwungene Verengung der kleingärtnerischen Aktivitäten zunächst keineswegs zu einer entsprechenden Vereinheitlichung der laubenkolonialen Organisationsbestrebungen. Der einsetzende Druck der Blockade führte in Hamburg vielmehr bereits im Sommer 1915 zu einem neuen, rein gartenbaulich orientierten Zusammenschluß, der sich namentlich gegen die schreberpädagogischen Ambitionen des VHS mit Vehemenz abgrenzte[248]. In den Augen dieser Nur-Kleingärtner, die die Laubenkolonien ausschließlich *„als Kampfmittel gegen den Aushungerungsplan unserer niederträchtigsten Feinde, der Engländer"*[249], betrachteten, erschienen die Bestrebungen der Schrebergärtner geradezu als Behinderung der „wirtschaftlichen

---

248 Generalanzeiger v. 2.6.1915.
249 Zum Geleit, in: Der Kleingarten 1 (1915), 1. Zit. i.O. fett.

Mobilmachung"[250]. Obwohl der VHS am 29.6.1915 öffentlich erklärte, daß „in jetziger ernster Zeit die 'Kriegsgärten' im Vordergrunde stünden"[251], war seine Konzessionsbereitschaft nicht geeignet, die Nur–Kleingärtner zum Einlenken zu bewegen. Unter der Parole „Kleingartenpächter, nicht Schreber!"[252] setzten sie vielmehr alles daran, ihren publizistischen Einfluß zu verbreitern und sich eine eigene organisatorische Basis zu schaffen.

Diese unversöhnliche, zunehmend gegenstandsloser werdende Haltung[253] beobachteten die Nur–Gärtner auch gegenüber der angeblich unzulänglichen Tätigkeit der PG[254]. Obwohl die Familiengarten–Kommission und die „Kleingarten"–Redaktion vornehmlich aus Honoratioren und mehr oder minder einflußreichen Beamten bestand, die sich ausnahmslos zum patriarchalischen Ideal der Kleinfamilie bekannten, und viele Nur–Gärtner sich „bei der Patriotischen Gesellschaft gut aufgehoben fühlten"[255], beharrte das Redaktionskollektiv auf seiner einmal eingeschlagenen Abgrenzungsstrategie. Im Endeffekt entstand auf diese Weise eine dritte, schlecht legitimierte, aber publizistisch lautstarke Strömung, die sich am 12.2.1917 unter dem Vorsitz des Hamburger Volksschuldirektors Heinrich Trost[256] als „Kleingartenbund Hamburg" konstituierte[257]. Zu Beginn des vierten Kriegsjahres gab es damit in der Hansestadt drei nach Alter, Konzeption, politischem Einfluß und Mitgliederzahl abgestufte Organisationen

---

250 Hamburger Fremdenblatt v. 15.6.1915.
251 Generalanzeiger v. 29.6.1915.
252 Hamburger Fremdenblatt v. 15.6.1915.
253 Siehe zur weiteren Polemik: H. Trost, Dr. Schreber und seine Jünger (Fortsetzung), in: Der Kleingarten 4 (1916), 51 und Ders., Dr. Schreber und seine Jünger (Schluß), in: Ebd. 5 (1916), 67.
254 Stop, Die Förderung der Kleingärtnerei in Hamburg, in: Der Kleingarten 8 (1916), 1f. Hervorhebung i.O. gesperrt.
255 Hamburger Nachrichten v. 12.1.1916.
256 Der am 22.2.1856 in Lütau geborene Hans Heinrich Trost war von Beruf Rektor der Hamburger Knaben–Volksschule Mühlenstraße. In der Kleingartenbewegung trat Trost als Mitbegründer der Monatsschrift „Der Kleingarten" und des KBH hervor, dem er von 1917 bis 1920 präsidierte. Für sein Engagement erhielt Trost, wie sein Kontrahent Mittgaard, 1920 das preußische Kriegsverdienstkreuz. Quellen: StAHH. OSB I B 23 Nr. 9: Schreiben der Senatskommission für die Reichs– und auswärtigen Angelegenheiten an die OSB v. 23.4.1920 (Anlage); Hb. für Wohltätigkeit in Hamburg, hg. v. Armen–Kollegium, 2. Aufl. Hamburg (1909), 121 u. 160 und Karl Gerhard Müller, Stein auf Stein. Eine Chronik der hamburgischen Kleingartenbewegung, (Hamburg 1958), 13 u. 16.
257 Siehe: Gründungsbericht und Satzung, in: Der Kleingarten 8 (1917), 126f.

zur Förderung des Kleingartenbaus: die dominierende, staatlich protegierte PG, den VHS mit zwölf und den KBH mit vier Mitgliedsvereinen[258].

Obwohl sich der KBH aufgrund seiner demokratischen Binnenstruktur von der „echt patriarchalischen" Kleingartenfürsorge der „Patrioten" ebenso abgrenzte wie als reiner Wirtschaftsverband vom Erziehungsanspruch der „Schreber", bildete er in der Gesamtbewegung nur eine Minderheit. Diese organisatorische Schwäche spiegelte freilich nicht zuletzt das argumentative Leicht–Gewicht seiner Begründung. In der Tat konnte der KBH dem VHS nur einen Verein abspenstig machen – den ehemals von Mittgaard und nun von Trost geleiteten Verein „Schreber Eimsbüttel"[259]. Auch sein Einfluß auf die „Freien", die mit 28 Vereinigungen immer noch das Gros bildeten[260], beschränkte sich auf den Beitritt von drei Vereinen. Sechzehn unterschiedlich organisierten Gruppierungen standen damit Anfang 1917 immer noch 25 ungebundene Vereine gegenüber.

Es spricht einiges dafür, daß dieser niedrige Organisationsgrad nicht zuletzt auf die von den Nur–Gärtnern verschärften Auseinandersetzungen um den richtigen Kurs der Gesamtbewegung zurückzuführen ist. Das ausgesprochene Harmoniebedürfnis vieler Kolonisten, das im Paradiestopos seinen nachhaltigsten Ausdruck fand, führte in der Praxis jedenfalls zu einer ausgeprägten Konfliktscheu, die in redenden Vereinsnamen wie „Lot uns in Ruhe", „Sorgenfrei" oder „Unter uns" zu programmatischer Form gerann. Die Maxime des 1919 gegründeten Harburger Verbandes lautete denn auch: „Mag auch die Welt ihr Wesen treiben, der Garten soll unsere Ruhstatt bleiben"[261]. In Anbetracht dieser reservierten Haltung vieler Vereine und des im Grunde nicht–antagonistischen Charakters der Gegensätze, die obendrein unter dem Druck der Blockade zusehends an Bedeutung verloren, schlug der KBH im Frühjahr 1918 versöhnliche Töne an und erklärte, daß der Grundgedanke der Kleingartenbewegung „aus einer gemeinsamen Quelle" entspringe, die sich „zum Nachteil der Bewegung" in „verschiedene Strömungen" geteilt habe. Aufgabe der Gegenwart müsse es daher sein, diese Verzweigungen im Interesse der Sache erneut zu „einem einheitlichen starken Strom" zusammenzufassen[262].

---

258 Führer durch Hamburgs gemeinnützige Einrichtungen, hg. v. der Hamburgischen Kriegshilfe und der Hamburgischen Gesellschaft für Wohltätigkeit, Hamburg (1917), 28f.
259 Der Kleingarten 8 (1917), 126. Mittgaard leitete den Verein vom 25.10.1912 bis zum 8.12.1913; Trost ab dem 29.1.1915. Quelle: Amtsgericht Hamburg. Vereinsregister, Bd. XI, 87–90, 92 u. 237–242.
260 Quellen wie Anm. 138.
261 Jb. 1933 des LV Groß–Hamburg im RVKD, Hamburg o. J., 107.
262 Claus Stüven, Verschiedene Wege, gleiches Ziel, in: Der Kleingarten 4 (1918), 49f.

Eine Chance, die verschiedenen Richtungen im Rahmen eines öffentlichkeitswirksamen Projekts wenigstens punktuell zusammenzuführen, boten die im Sommer 1917 einsetzenden Bestrebungen des VHS, eine Hamburger Kleingartenbau-Ausstellung durchzuführen. Obwohl die Initiative, die offenbar durch die für die Zeit vom 28.9 bis zum 1.10.1917 geplante Exposition der Kleingärtner Altonas[263] angeregt worden war, zunächst scheiterte[264], wurde der inzwischen mit dem KBH abgestimmte Plan im April 1918 erneut aufgegriffen[265]. Mitte Juni appellierte ein gemeinsam mit der PG gegründeter Vorbereitungsausschuß unter Vorsitz von Heinrich Trost an den Senat, die zur Kostendeckung aufgebrachten 2.650 M. durch eine staatliche Beihilfe von 6.000 M. aufzustocken[266]. Dieser Bitte wurde am 9.7.1918 entsprochen[267]. Zugleich erklärte sich das Gartenwesen auf Wunsch der Kleingärtner bereit, die Organisationsleitung zu übernehmen[268]. Das Patronat über die Ausstellung übernahmen der Präses der Baudeputation, Senator John von Berenberg-Goßler, und der Chef des Gewerbe- und Fortbildungsschulwesens, Senator Johannes August Lattmann. Ihnen zur Seite stand ein Ehrenausschuß, dem neben mehreren Senatssyndici, verschiedenen Bürgerschaftsabgeordneten und hervorragenden Behördenfachleuten auch der Direktor des Gartenwesens, Otto Linne, Baudirektor Fritz Schumacher und Stadtphysikus Georg Hermann Sieveking angehörten[269].

Trotz dieser prominenten Schirmherrschaft waren die Kleingärtner anfangs nur zögernd bereit, die Ausstellung zu beschicken: „Die einen meinten, man müsse etwas ganz Besonderes haben, wenn man ausstellen wolle, etwa riesengroße Kürbisse, Rekordkartoffeln, seltene Obstsorten und ähnliches. Die anderen aber hatten Angst vor dem Hochwohllöblichen Kriegsversorgungsamt und fürchteten sich, zu zeigen, daß sie allerhand Schönes in ihrem Garten geerntet hatten. Es bedurfte vieler Überredung, um die Ängstlichen und Argwöhnischen

---

263 Siehe: Kleingarten-Jb. (146), 59f. und Der Kleingarten 16 (1917), 245-249. Die ersten Muster-Kleingärten hatte Altona bereits im Rahmen der Gartenbau-Ausstellung anläßlich des 250jährigen Stadtjubiläums am 23.8.1914 gezeigt. Quellen: StAHH. Landherrenschaften. Hauptregistratur XXII A 95, Bd. 1: Gartenbau-Ausstellung in Altona 1914; Hamburger Echo v. 13.1.1914 und Harry Maass, Sondergärten und volkstümliche Gartenkunst auf der Altonaer Gartenbau-Ausstellung, in: Hamburgische Zeitschrift für Heimatkultur 6 (7) (1914), 3.
264 StAHH. Senat. Cl. VII Lit. Ka No. 12 Vol. 99b: Schreiben des VHS an Senatssyndikus Ludwig v. 26.7.1917.
265 Der Kleingarten 4 (1918), 50.
266 StAHH. Senat. Cl. VII Lit. Ka No. 12 Vol. 100b: Schreiben des Ausstellungs-Ausschusses an den Senat v. 17.6.1918.
267 Ebd.: Auszug aus dem Protokolle des Senats v. 9.7.1918.
268 Ebd.: Äußerung des Gartenwesens v. 28.6.1918.
269 Hamburger Fremdenblatt v. 12.8.1918.

von ihren Vorurteilen zu befreien"[270]. Immerhin fanden sich zu guter Letzt 330 Aussteller zusammen, die ihre Produkte vom 7. bis zum 10.9.1918 in der Ernst–Merck–Halle des Zoologischen Gartens vorstellten[271].

In seiner Eröffnungsansprache brachte Senator von Berenberg–Goßler den Wunsch zum Ausdruck, daß der Kleingartenbau auch weiterhin dazu betragen möge, der Stadt zum Durchhalten zu verhelfen[272]. Hinsichtlich ihrer Binnenwirkung bezweckte die Ausstellung daher in erster Linie eine Vertiefung der Einsicht in die sachgemäße Erzeugung und Verwertung der Kleingartenprodukte, hinsichtlich ihrer Außenwirkung eine Verbreiterung des kleingärtnerischen Einzugsbereichs. Mittels eigener Anschauung sollte das Ansehen gesteigert und zugleich das „Abgucken" gefördert werden[273]. Wie stark die Not der Zeit die Gedanken von Ausstellern und Besuchern prägte, belegt der Bericht des Reporters R. Fuhlberg von der „Neuen Hamburger Zeitung": „Als noch allmittäglich Bratendunst und Fettqualm die Küche erfüllten (...), teilte man die Pflanzen entweder nach Linné ein (...) oder auch nach einem anderen wissenschaftlichen System. (...). Ohne Zweifel die älteste Art der Einteilung aber ist die in Pflanzen, die man essen kann, und in Pflanzen, die man nicht essen kann; und zu dieser urwüchsigen Einteilung sind wir heute zurückgekehrt. (...). Die große Magenfrage steht im Vordergrunde des Interesses, und glücklich ist, wer aus der Not eine Tugend gemacht hat"[274].

In diesem Versuch, die „große Magenfrage" zu beantworten, sollte sich der Zweck der Ausstellung freilich nicht erschöpfen. Genauso wichtig wie die Erörterung der Ernährungsfrage war die Diskussion der Stimmungslage. Neben der Arbeit und Mühe, die der Kleingarten verursache, betonte Fuhlberg daher zugleich die große Erleichterung, die das Laubenland gewähre, indem es die Hausfrau von den Sorgen befreite, „die an der täglich wiederkehrenden Frage hängen: Was werden wir essen, wie werden wir es uns beschaffen? Und wie schön schmecken die ersten zarten Erbsen, auch wenn es keinen Schinken dazu gibt"[275]. Die aufgeführte „Symphonie des Eßbaren" überlagerte in Fuhlbergs Ohren daher das kakophone Knurren der hungrigen Mägen. In seiner Wirkung kam der „Tau des eigenen Schweißes" in Verbindung mit dem vegetarischen

---

270 R. Fuhlberg, Die Kleingartenbau–Ausstellung, in: Neue Hamburger Zeitung (Abendausgabe) v. 9.9.1918.
271 Hamburger Echo v. 8.9.1918.
272 Hamburger Nachrichten v. 7.9.1918.
273 Vgl.: Fuhlberg (270).
274 Ebd. Die Referenzstelle findet sich in: H. Heine, Geständnisse, in: Sämtliche Schriften, hg. v. K. Briegleb, Bd. 11, (Frankfurt/M. u.a. 1981), 461f.
275 Fuhlberg (270).

Haut goût selbstgezogenen Gemüses damit der antiken Lethe zumindest nahe[276]. Auf jeden Fall erwies sich die selbstgebaute Frucht einmal mehr als arbeitspädagogisches Sedativ erster Ordnung.

Die einflußreiche Gartenbauzeitschrift „Der praktische Ratgeber im Obst- und Gartenbau" ließ es sich infolgedessen nicht nehmen, in ihrer Berichterstattung ausführlich auf die ideologischen Grundlagen des Kleingartenwesens einzugehen. Unter Berufung auf einen Vortrag, den sein bewährter Mitarbeiter, der Ökonomierat Johannes Böttner, im Rahmen des Begleitprogramms am 8.9. gehalten hatte, wiederholte „Der Praktische" alle Standardargumente der Bewegung und ihrer Befürworter. „*Liebe zum Garten*" und damit zur Natur, „*Freude an der Arbeit*", Erziehung zu „*Geduld, Ordnung und Pflichtgefühl*", Verbesserung der Ernährung und Förderung der Volksgesundheit sowie die „*ausgleichend(e)* und *versöhnend(e)*" Wirkung „auf die verschiedenen Stände" rückten erneut in den Mittelpunkt kleingärtnerischer Existenzrechtfertigung, während die Ernährungsfrage unweigerlich an den Rand gedrängt wurde[277]. Sie behielt zwar ihren selbständigen Stellenwert, bildete aber im Gesamtpanorama der laubenkolonialen Leistungsschau nur noch einen Aspekt unter fünfen.

Wie ernst auch die Veranstalter diese potentielle Vielfalt des Kleingartenwesens (wieder) nahmen, zeigt der im Ausstellungsführer veröffentlichte Grundsatzartikel des Hamburger Lehrers Martin Hothmann, der seinerzeit zugleich Vorsitzender des „Ausschusses zur Förderung des Land- und Gartenbaus" beim „Zentralausschuß Hamburgischer Bürgervereine" war. Nach einem kurzen Tribut an das aktuelle Kriegsgeschehen, das Hothmann in Anlehnung an die von Werner Sombart proklamierte Antithese von (britischen) „Händlern und (deutschen) Helden" als Entscheidungskampf zwischen „Mensch" und „Mammon" charakterisierte[278], entfaltete der Verfasser einmal mehr das bekannte Panier der „Jungbrunnen"-Ideologie. Ihre existenzielle Bedeutung demonstrierte er auf dreifache Weise: durch die theologische Berufung auf die Feldarbeit als göttliche Strafe für den menschlichen Sündenfall, den mythologischen Bezug auf den antiken Riesen Antäus und den historischen Rückgriff auf den Untergang Roms, den Hothmann in der Agrarkrise der Republik und ihren Folgeerscheinungen Landflucht, Latifundienwirtschaft und Ausbreitung der plebs urbana verortete. Die aus ihm folgende Verurteilung von „Brot und Spielen"[279]

---

276 Ebd.
277 Bilder von der Kleingarten-Ausstellung in Hamburg, in: Der Praktische Ratgeber 33 (39) (1918), 243ff. Hervorhebungen i.O. gesperrt.
278 M. Hothmann, Der heimatliche Boden ist die Quelle der Volkskraft, in: Führer durch die Kleingarten-Ausstellung in Hamburg 1918, veranstaltet v. 7.–10.9.1918 in der Ernst-Merck-Halle des zoologischen Gartens, (Hamburg o. J.), 12.
279 Ebd., 12f.

stiftete zugleich den Übergang zur Gegenwart: „Reden nicht die langen Reihen der auf den Straßen stundenlang nach Nahrungsmitteln stehenden Bewohner unserer Großstädte eine gar ernste Sprache zu uns? Wo ist ihr einstiges Erbe am „*vaterländischen Boden*" geblieben? Es ist der Vergnügungs- und der Gewinnsucht zum Opfer gefallen"[280]. Unter Berufung auf den Hamburger Ehrenbürger Paul von Hindenburg, der sich bekanntlich für eine Krieger-"Heimstätte für Jedermann" ausgesprochen hätte[281], erhob es der Verfasser zur „vaterländischen Pflicht, daran mitzuarbeiten, daß unsere Bevölkerung wieder mit dem heimatlichen Boden, der Quelle der Volkskraft, in dauernde Verbindung gelangt, um dadurch einen körperlich und sittlich gesunden Volksnachwuchs zu sichern, die wirtschaftliche und Wehrkraft des Volkes zu erhöhen und die Erträgnisse des heimatlichen Bodens zu steigern"[282]. Zur Verwirklichung dieses Ziels empfahl Hothmann drei Wege: die Schaffung von Dauerkleingärten, die Ansiedlung von Teilen der Stadtbevölkerung in ländlichen Familienheimen und die Errichtung von Kriegerheimstätten[283].

Was Hothmann im Namen der organisierten Kleingärtner Hamburgs forderte, war daher nichts Geringeres als die Umwandlung des ursprünglich nur für die Zeit des Krieges verpachteten Grabelandes in dauerhafte Kleingartensiedlungen. Kurz vor Kriegsende war damit das zukünftige Dauerthema Dauergarten offiziell zum Programm erhoben worden. Theoretisch gehörte der Kriegsgemüsegarten als zeitbedingte Schwundstufe des ursprünglich multifunktional gedachten und genutzten Kleingartens seit diesem Zeitpunkt der Vergangenheit an. Praktisch blieb er nichtsdestoweniger von zukunftsweisender Bedeutung, da der Druck der Fernblockade unversehens in den Alpdruck der Inflation überging. Sie verlieh dem Kleingartenwesen nach dem Take-off des Krieges einen zweiten nachhaltigen Wachstumsschub, der erst mit der Währungskonsolidierung 1923/24 abbrechen sollte. Diese spätere Rückkehr des eindimensionalen Wirtschaftsgartens zum mehrdimensionalen Kleingarten zeichnete sich nicht nur in den Verlautbarungen der Hamburger Aussteller ab. Auch der Mainfrankfurter Gartenbaudirektor Max Bromme stellte anläßlich der vom 13. bis zum 21.9.1919 durchgeführten Kleingartenausstellung „Hof und Garten" eine „gewisse Läuterung und Vertiefung dieses Zweiges des Volkslebens" fest, das für viele Kolonisten mittlerweile „nicht nur eine *Magen*frage, sondern vor allem eine *Lebens*frage gewor-

---

280 Ebd., 13f. Hervorhebung i.O. gesperrt.
281 Ebd., 14.
282 Ebd., 16.
283 Ebd. Vgl. auch: H. Trost, Kleingärten und Kriegerheimstätten, in: Der Kleingarten 2 (1916), 19 und G. Goppelt, Betrachtungen über zukünftige Kleingartensiedlungen, in: Ebd. 12 (1916), 2.

den" sei[284]. Die gleiche Rückbesinnung traf auf die Wiederaufnahme der Schreberjugendpflege zu, die ihren sinnfälligen Ausdruck in der vom 18. bis zum 22.9.1920 in Dresden veranstalteten Landesausstellung „Garten und Kind" fand[285].

Parallel zu der sich anbahnenden Schwerpunktverlagerung von der „Magen– zur Lebensfrage" signalisierte die Hamburger Ausstellung zugleich den sich abzeichnenden Zusammenschluß der verschiedenen kleingärtnerischen Richtungen. Die in der Hansestadt geglückte Kooperation von PG, KBH und VHS fand jedenfalls in der sich in Leipzig erneut anbahnenden Zusammenarbeit von „Schrebern" und Klein–Gärtnern wie in dem bereits 1915 aufgenommenen Zusammenwirken der Berliner Laubenkolonisten mit den Arbeitergärtnern vom Roten Kreuz zwei wirkungsmächtige Entsprechungen[286], deren Bestrebungen unmittelbar in die Vor–Geschichte des späteren Reichsverbandes eingingen.

---

284 Bromme/Rosenbaum/Schilling, Kleingartenbauausstellungen, Frankfurt/M. 1926, 8 (Schriften des RVKD 10). Hervorhebungen i.O. gesperrt.
285 Vgl.: Ebd., 63–82.
286 Die Tätigkeit (67), 4.

6. Die Revolution 1918/19 oder Wie der „Landhunger" der Laubenkolonisten mit dem „Linsengericht" der Kleingarten- und Kleinpachtlandordnung abgespeist wurde.

6.1. Vom Jahresende zur Zeitenwende: Der Winter 1918/19.

Obwohl der „Zentralverband deutscher Arbeiter- und Schrebergärten" mit der Flucht des kaiserlichen Paares ins niederländische Exil seine Allerhöchste Schirmherrin Auguste Viktoria verlor, boten die Laubenkolonien um die Jahreswende 1918/19 auf den ersten Blick ein vertrautes Bild. Auch wenn der Krieg nicht nur an der Front, sondern auch an der Heimatfront, nicht nur auf den Schlacht-, sondern auch auf den Kriegsgemüsefeldern verloren worden war, blieben die meisten Funktionäre der deutschen Kleingartenbewegung in Amt und Würden. Die einzigen Räte, die in den Kolonien von sich reden machten, blieben daher die bekannten, mehr oder minder „staatssozialistischen" Geheimräte mit Alwin Bielefeldt an der Spitze. Diese personelle Kontinuität beruhte zum einen auf dem traditionell unpolitischen Grundkonsens der Bewegung, dessen Herzstück die immer wieder betonte parteipolitische Neutralität darstellte, zum anderen auf der nach dem Waffenstillstand weiter wachsenden Not, die durch die einsetzende Räumung besetzter Gebiete und die spätere Abtretung von Elsaß-Lothringen, Posen, Westpreußen und einiger kleinerer Reichsteile nicht unbeträchtlich verschärft werden sollte. Zwar traten an die Stelle der „Hungerblockade" Lebensmittellieferungen der ehemaligen Kriegsgegner[1], doch litt ihre Effizienz zunächst unter der fortwirkenden Desorganisation des Weltmarktes und der politisch ungeklärten Haltung der Siegermächte. Zu Recht schrieb „Der Kleingarten" in seiner Januarnummer 1919: „Vorläufig sind die amerikanischen Lebensmittelschiffe noch weit und wenn sie endlich kommen sollten, so wissen wir noch nicht, unter welchen Bedingungen uns die Feinde die Lebensmittel überlassen werden"[2].

Was auch immer die Revolution bewirkt haben mochte, eine wirksame Antwort auf die „große Magenfrage" blieb ihr versagt: „Die Ernährungslage in Deutschland bot sich infolge des Fehlbedarfs von fast 1.500 Kalorien je Person und Tag als Katastrophe größten Ausmaßes dar"[3]. Die Agrarpolitik der neuen Machthaber war daher alles andere als revolutionär: „Da die großlandwirtschaft-

---

1 Ulrich Kluge, Die deutsche Revolution 1918/19, (Frankfurt/M 1985), 184 u. 188.
2 Goppelt, Zum neuen Jahre, in: Der Kleingarten 1 (1919), 2f.
3 Kluge (1), 184f.

lichen Besitzeliten keinen Versorgungsboykott über die Städte verhängten, verzichteten die Arbeiter- und Soldatenräte generell auf eine Konfrontation", zumal die ökonomische Neutralität der Großagrarier durch die politische Passivität der ländlichen Bevölkerung quasi plebiszitär flankiert wurde[4]. Der Nahrungsmangel verwies die neuen, wirtschaftspolitisch ohnehin weitgehend konzeptionslosen Machthaber[5] daher auf den Weg der Verständigung mit den traditionellen Agrarverbänden und den hergebrachten Trägern der Kriegsversorgungsverwaltung[6]. Wie kaum ein anderes Gebiet des sozialen Lebens spiegelte der Agrarsektor damit schon früh die vielfach bezeugte Kompromißstruktur der Weimarer Republik[7].

Im Windschatten dieser agrarpolitischen Kalmenzone konnten auch die großstädtischen Kleingärtner ihre im Laufe des Krieges mit Hacke und Spaten eroberten Feldgärten erhalten und ausbauen. Während die Krieger den Rückzug antraten, sammelten sich die Heimkrieger zu einer neuen Frühjahrsoffensive. Ihre Ausgangsbedingungen verbesserten sich dabei mit den täglich schlechter werdenden Lebensbedingungen, die in Großstädten wie Hamburg noch dadurch verschärft wurden, „daß die Bevölkerung (...) nach Kriegsende rasch wieder auf den Vorkriegsstand anwuchs. Rückkehr der entlassenen Soldaten, die erneut einsetzende Zuwanderung von außerhalb (...) und der Zuzug von Flüchtlingen aus den abgetrennten Gebieten führten dazu, daß sich die Zahl der Einwohner (...) um rund 140.000 auf 986.000 vergrößerte"[8]. Die Engpässe bei Bekleidungsgegenständen, Heizstoffen und Nahrungsmitteln schienen infolgedessen unweigerlich auf einen weiteren Hungerwinter zuzulaufen. Insbesondere die Saatgutbeschaffung unterlag noch im Sommer 1919 vielfältigen kriegerischen Eingriffen. So schnitt die Besetzung des linken Rheinufers durch die Franzosen die Hamburger unversehens von ihren in Aachen sitzenden Lieferanten ab, während in Posen bestellte Saatkartoffeln von den Polen beschlagnahmt wurden[9]. Auch der Felddiebstahl setzte sich mit unverminderter Intensität fort[10]. Das gleiche traf auf

---

4 Ebd., 60f.
5 Siehe hierzu: Arthur Rosenberg, Geschichte der Weimarer Republik, (12. Aufl. Frankfurt/M. 1971), 30ff.
6 Kluge (1), 61 u. 70.
7 Grundsätzlich hierzu: Karl Dietrich Bracher, Die Auflösung der Weimarer Republik, 3. Aufl. Villingen 1960, 17, 23ff. u. 48f.
8 Ursula Büttner, Politische Gerechtigkeit und Sozialer Geist. Hamburg zur Zeit der Weimarer Republik, (Hamburg 1985), 26f.
9 Eduard Noack, Die Einkaufsvermittlung des SKBH, in: Der Kleingarten 7 (1919), 101–104.
10 Ebd. Vgl. auch die erfolglose Eingabe eines Kolonisten v. 17.5.1919, bewaffnete Arbeitslose zum Laubenschutz einzusetzen: StAHH. Senat. Cl. VII Lit. Lb. No. 28a

die Kriegskonjunktur von Ersatzlebensmitteln zu, „die Mutter Natur aus ihrem schier unerschöpflichen Füllhorn uns Jahr für Jahr darbietet". So pries „Der Kleingarten" die „jungen Triebe" der großen Brennessel als Spinat–, die „grünen Knospen" der Sumpfdotterblume als Kapern– und „gedörrte Eicheln" als Kakao– oder Kaffee–Ersatz an[11]. Am Ende dämpfte die wirtschaftliche Depression selbst die politische Hochkonjunktur. In den Ohren der Volksbeauftragten fanden die knurrenden Mägen auf jeden Fall eine stärkere Resonanz als die revolutionären Forderungen der Massen. Vom Ersatz–Kaffee über die Ersatz–Kapern zum Ersatz–Kaiser war es daher zu schlechter Letzt nur ein winziger Schritt, den man dem Volksmund nicht einmal mehr schmackhaft machen mußte.

Die durch den Bevölkerungsdruck verschärfte Notlage in den Großstädten betraf jedoch nicht nur die Versorgung mit den Gütern des täglichen Konsums, sie erfaßte zugleich die Bereitstellung von Wohnraum und Arbeitsplätzen[12]. Wie zum Hohn bestätigte ausgerechnet die Wohnungsnot das ansonsten antiquierte, aus den Erfahrungen des 70er Krieges abgeleitete Szenario der wilhelminischen Führungsschicht. Während das Angebot durch das Erliegen des Wohnungsbaus während des Krieges stagnierte, stieg die Nachfrage durch den Zustrom an Flüchtlingen, demobilisierten Soldaten und Zuwanderern sprunghaft an. Ehe man sich's versah, war „Barackia" überall. Anfang und Ende des Kaiserreichs reichten sich auf makabre Weise die Hände, die Berliner Ausnahme des Jahres 1871 wurde 1919 zur Regel. Einziger Unterschied: Die Notunterkünfte der „Gründerzeit" mußten gebaut, die der Nachkriegskrise bloß ausgebaut werden. Die Polizei, die ein halbes Jahrhundert zuvor die Schlächterwiesen brutal geräumt hatte, wurde nun durch Erlaß des preußischen Ministers für Volkswohlfahrt vom 17.7.1920 angewiesen, den Laubenbewohnern größtes Entgegenkommen zu zeigen. Viele Kleingärtner gaben daraufhin ihre Wohnungen auf und ließen sich ganz in der Laube nieder. Noch 1923 zählte man in den Berliner Kolonien daher nicht weniger als 35.000 dauernd wohnhafte Familien[13].

Dieselben Entwicklungen, die den Wohnungsmarkt lahmlegten, verstopften den Arbeitsmarkt und erhoben den Kleingarten über Nacht zu einem Aktionsfeld der produktiven Erwerbslosenfürsorge. Aufgrund eines Erlasses des Reichsmi-

---

2 Vol. 167. Allgemein zur, z.T. militanten, Selbsthilfe des Volkes: Büttner, Gerechtigkeit (8), 91f.
11 Thraenhart, Selbstgemachte Nahrungs– und Genußmittel in Feld und Wald, in: Der Kleingarten 6 (1919), 88f.
12 Vgl.: Büttner, Gerechtigkeit (8), 21–27.
13 Elli Richter, Das Kleingartenwesen in wirtschaftlicher und rechtlicher Hinsicht, dargestellt an der Entwicklung von Groß–Berlin, Berlin 1930, 44f. und Parzelle – Laube – Kolonie. Kleingärten zwischen 1880 und 1930, (Berlin/Ost) o. J., 52.

nisters für wirtschaftliche Demobilmachung vom 1.4.1919[14] stellte das Reich in den Jahren 1920 und 1921 im Rahmen von 84 Fördermaßnahmen schätzungsweise 11.726.013 M. zur Verfügung. Sie setzten reichsweit 1.794 Erwerbslose für insgesamt 6.542 Arbeitstage in Lohn und Brot[15]. Auch im Großraum Hamburg machten mehrere Kommunen von dieser Beschäftigungsmöglichkeit Gebrauch. Neben Hamburg, das 1919 515.000 M. zur Herrichtung von Kleingärten auf dem Wege der Notstandsarbeit[16] bewilligte, stellten die Gemeinde Groß–Flottbek und die Stadt Wandsbek 1920/21 zusammen 281.700 M. für 130 Erwerbslose und 144 Erwerbslosentagewerke bereit[17]. Neben dem Wunsch, Mit Hilfe des Kleingartenbaus „sowohl der Arbeitsnot, wie der Wohnungsnot und auch der Nahrungsnot abzuhelfen", gab der in diesem Zusammenhang richtungweisende, von der Bürgerschaft am 18.12.1918 angenommene Antrag des Liberalen Carl Mönckeberg zugleich der Hoffnung Ausdruck, „daß auf diesem nützlichen Wege die erfreuliche Idee eines Großhamburg zum ersten Male in die Erscheinung träte"[18]. Die Einsicht, „daß es zur Behebung unserer Kriegsschäden und für die spätere Ernährung unserer Bevölkerung notwendig ist, daß wir zu einem gartenbautreibenden Volk werden"[19], verband sich dabei mit der traditionellen Überzeugung, daß die Beschaffung von Kleingartenland eine für „den sozialen Frieden hochbedeutsame Angelegenheit" sei. So schrieb der kommissarische Landrat des preußischen Kreises Stormarn, Knutzen: „Wenn die minderbemittelten Schichten der Bevölkerung erkennen werden, daß in dieser Weise ernsthaft zur Behebung oder Milderung der sie furchtbar bedrängenden Ernährungsschwierigkeiten gearbeitet wird, so wird diese Erkenntnis sicher beruhigend wirken und dadurch zu einer Entspannung der bestehenden Gegensätze beitragen"[20].

---

14 Vgl.: Georg Kaisenberg, Kleingarten– und Kleinpachtlandordnung nebst verwandtem Recht, 3. Aufl. Berlin 1924, 299.
15 Berechnet nach: Berger, Förderung der Kleingartenbestrebungen durch die produktive Erwerbslosenfürsorge, in: NZKW 1 (4) (1919), Sp. 95–104.
16 Verhandlungen zwischen Senat und Bürgerschaft, Hamburg 1921. Anlagen zur Senatshaushaltsabrechnung über das Rechnungsjahr 1919, Art. 87, Rubr. 77h. Wie problematisch diese Form der Förderung war, zeigte sich am 30.12.1919, als die FD die Auskehrung weiterer Zuschüsse stoppte, weil sich der im preußischen Lokstedt angesiedelte KGV „Hammonia" wegen der hohen Kosten weigerte, die von Hamburg getragenen Aufschließungskosten zurückzuzahlen: StAHH. FD IV DV V c 8c IV: Auszug aus dem Protokoll der FD v. 30.12.1919 und Stellungnahme des Gartenwesens v. 13.1.1920.
17 Berechnet nach: Ebd., Sp. 97f.
18 Stenographische Berichte über die Sitzungen der Bürgerschaft zu Hamburg v. 18.12.1918, 724 u. 731.
19 Goppelt (2), 3.
20 StAHH. Gemeinde Tonndorf–Lohe G 12: Rundschreiben des kommissarischen

In Anbetracht dieser generellen Aufwertung des Kleingartenwesens nimmt es nicht Wunder, daß sich die Kolonisten nicht darauf beschränkten, allgemeine Forderungen nach Land zu stellen oder globale Wünsche nach Frieden, Arbeit und Brot zu äußern[21]. Auch bei den Kleingärtnern weckte die Revolution weitgespannte Erwartungen, die sich namentlich mit dem Gedanken einer Neuordnung des deutschen Bodenrechts verknüpften. Neben den Berliner Laubenkolonisten[22] und dem Landesverband Sachsen der Garten- und Schrebervereine[23] waren es vor allem die unter dem Druck der Verhältnisse am 28.12.1918 zum „Schreber- und Kleingartenbund Hamburg" fusionierten Verbände KBH und VHS[24], die „einer wirklich großzügigen Bodenreform" das Wort redeten[25]. Mit dem Willen zur Bodenreform verbanden die Hamburger zugleich den Wunsch nach einer allgemeinen Städtebaureform. Nach Maßgabe des SKBH sollte die Hansestadt dabei in Zukunft durch drei Grünringe aufgelockert werden: „In den ersten Ring gehören Kleingärten und Eigenheimsiedlungen bis 1.000 qm. Der zweite Ring müßte größere Eigenheimsiedlungen bis zu 2.000 qm und kleinste Bauerstellen bis zu 2 ha umfassen. In den dritten Ring gehören größere Bauerhöfe von 5–10 ha (...). Notwendige industrielle und andere Unternehmungen bleiben natürlich in allen drei Ringen vorbehalten". Die ausgewiesenen Kleingärten sollten dabei nicht nur bebauungsplanmäßig festgelegt, sondern zugleich mit einer Option auf Erwerb oder Erbpacht versehen werden[26]. Geradezu maximalistische Züge trug eine acht Punkte umfassende Entschließung, die zwei im Dezember 1918 öffentlich abgehaltene Versammlungen der Hamburger Kolonisten dem Senat am 3.1.1919 unterbreiteten. In ihr forderten die organisierten Kleingärtner der Hansestadt die Bereitstellung von Gartenland gemäß den Bedürfnissen der Bevölkerung, die „Enteignung aller Ländereien, die sich in Händen der Terrainspekulanten befinden, sowie des Bauernlandes, soweit es zur Anlage von Kleingärten oder Kleinsiedlungen erforderlich ist (...), zum Preise des landwirtschaft-

---

Landrats des Kreises Stormarn, Knutzen, an sämtliche Amtsvorsteher v. 7.10.1919. Vgl. auch: Das Antwortschreiben der Gemeinde v. 23.12.1919, in dem die Bereitstellung von 6–7 ha Kleingartenland in Aussicht gestellt wurde.
21 Vgl.: Goppelt (2), 1ff.
22 Heinrich Förster/Alwin Bielefeldt/Walter Reinhold, Zur Geschichte des deutschen Kleingartenwesens, Frankfurt/M. 1931, 35 (Schriften des RVKD 21).
23 Arthur Hans, Planmäßige Förderung des Kleingartenwesens, Dresden 1918, 24.
24 Siehe hierzu: Vereinsmitteilungen, in: Der Kleingarten 12 (1918), 207; Schreber- und Kleingartenbund. Satzungsentwurf, in: Ebd., 200ff. und Schreber- und Kleingartenbund Hamburg, in: Ebd. 1 (1919), 13f.
25 H. Trost, Neue Zeiten – neue Ziele, in: Der Kleingarten 12 (1918), 197. Vgl. auch: K. Nienaber, Gartenbau und Volksgesundheit, in: Ebd. 2 (1919), 19 und Hans Kampffmeyer, Siedlung und Kleingarten, Wien 1926, 40f.
26 Unsere Forderungen, in: Der Kleingarten 12 (1918), 194f.

lichen oder gärtnerischen Nutzungswertes", die bebauungsplanmäßige Festlegung der Flächen, die Ausschaltung der kommerziellen Zwischenpacht, die Unterbindung der Preistreiberei, die Schaffung eines Kleingartenamtes aus drei vom Staat und neun vom SKBH ernannten Mitgliedern, die Einführung von Vorzugspreisen im öffentlichen Nahverkehr, die Nichtanrechnung der Kleingartenerzeugnisse auf die allgemeine Lebensmittelversorgung sowie genügend Einmachzucker[27]. Im Hinblick auf die Organisation des Laubenwesens verlangte der SKBH zugleich die Aufhebung des staatlichen Pachtmonopols der PG. Begründet wurde diese Forderung in erster Linie mit dem schon von Mittgaard erhobenen Vorwurf mangelnder schönheitlicher Ausgestaltung der Familiengärten[28]. Im Gegensatz zur duldsamen Praxis der „Patrioten" empfahlen sich die Kleingärtner damit als Agenten einer „strenge(n) Gartenpolizei", die die „Laien und Gleichgültigen" in den Kolonien[29] auf Vordermann zu bringen versprach. Weit entfernt, eine ordnungspolitische Neuorientierung anzustreben, bezweckte das geplante Revirement daher im Grunde bloß eine machtpolitische Auswechslung der PG durch den SKBH „als der einzig wirklichen Kleingartenorganisation"[30].

Die politische Hauptforderung der Kolonisten war und blieb gleichwohl die Bodenreform. Nur eine fiskalische Abschöpfung des spekulativ angeeigneten Wertzuwachses des urbanen Grund und Bodens bot den kleingärtnerischen Nutzern städtischer Freiflächen eine echte Chance, der übermächtigen Konkurrenz von Hoch- und Tiefbau Paroli zu bieten und sich auf Dauer in den „Steinwüsten" festzusetzen. Die Kleingartenbestrebungen traten daher folgerichtig in verstärkten Kontakt zur Kriegerheimstätten- und Siedlungsbewegung. Allen drei Strömungen eignete die für die Nachkriegskrise typische, am Vorkriegsideal der Autarkie orientierte „Selbstversorgermentalität" breiter Teile der Stadtbewohner[31]. „Weltanschauungsmäßig war diese Autarkiebewegung in der verschiedenartigsten Weise orientiert. Zu dem Gedanken der Autarkie bekannte sich der Nationalist und Revancheglaubige, dem die Autarkie der Lebensmittelversorgung einen Teil der wirtschaftlichen Rüstung für den 'unvermeidlichen' nächsten Krieg bedeutete, ebensogut wie der Pazifist, der in der Autarkie (...) die Garan-

---

27 StAHH. Senat. Cl. VII Lit. Cb No. 5 Vol. 12b Fasc. 57 Inv. 7e. Zu den ähnlich weitreichenden Forderungen der Berliner Laubenkolonisten siehe: Kaisenberg, Großstadt und Kleingartenwesen, in: Preußisches Verwaltungsblatt 42 (1920/21), 62f.
28 Unsere Forderungen (26), 15 und Trost (25), 196.
29 Ebd., 197. Ähnlich, wenn auch mit anderer Stoßrichtung: K. Mansfeld, Unsere kleinsten Vögel als Gartenpolizisten, in: HKP (Juni 1929), 8f.
30 Trost (25), 195.
31 Fritz Baade, Die neuen agrarischen Ideen seit 1914, in: Die Wirtschaftswissenschaft nach dem Kriege, Bd. 1, München u. Leipzig 1925, 235, 244 u. 246.

tie dafür sah, daß ein friedliches und wehrloses Volk nicht von einem meerbeherrschenden Gegner vergewaltigt werden kann. Als Massenbewegung der Konsumenten war das Streben nach Autarkie eine direkte gefühlsmäßige Folge unvergeßlicher Erlebnisse, das 'nie wieder Hunger' als Parallele zu dem 'nie wieder Krieg'"[32].

Die Erfolgsaussichten dieser Konsumentenbewegung waren allerdings von vornherein begrenzt. Ihre soziale und politische Inhomogenität verliehen ihr zwar eine zeitweise erstaunliche, alle Parteigrenzen sprengende Weite und Vielfalt, beraubten sie jedoch zugleich der notwendigen Tiefe und Einheitlichkeit, die jeder echten Reformbewegung theoretische Überzeugungs- und praktische Stoßkraft verleiht. Nicht weniger bedeutsam war die antizyklische Abhängigkeit der Selbstversorgungskonjunktur von der ökonomischen Krise[33], die sie von vornherein als transitorischen Ausdruck der aktuellen Not und nicht als substantielle Erscheinung einer generell neuen wirtschaftlichen Tugend auswies. Die schwere Depression, die die Siedlungsbewegung im Zuge der gesamtwirtschaftlichen Konsolidierung erfaßte[34], ließ diese Verschränkung mittelfristig deutlich werden: „Keine Siedlung konnte sich der ernüchternden Erkenntnis verschließen, daß sie nicht zu Keimzellen einer neuen Gesellschaftsordnung wurden, sondern aus eigener Kraft überlebensunfähige Inseln im kapitalistischen Meer blieben"[35].

Diese grundsätzlichen Probleme bereiteten den Kleingärtnern freilich vergleichsweise geringe Schwierigkeiten. Zwar sahen die meisten Kolonisten in Heimstätten und Siedlern „die 'großen Brüder' des Kleingärtners"[36] und folglich im Eigenheim (mit Garten) das Ideal des Kleinpachtlandes[37], doch gaben

---

32 Ebd., 246. Zit. i.O. Präsens.
33 Siehe hierzu: Ulrich Linse, Zurück, o Mensch, zur Mutter Erde. Landkommunen in Deutschland 1890–1933, München 1983, 21 und Rolf Schwendter, Alternative Ökonomie, in: Aus Politik und Zeitgeschichte B 26 (1989), 42.
34 Linse, Zurück (33), 314 u. 324ff.
35 Ebd., 100. Was Linse hier über die sozialreformerische Siedlungswelle aussagt, gilt – mutatis mutandis – auch für die rein wirtschaftlichen Ansiedlungsmaßnahmen Preußens und die auf der Basis des Reichs–Siedlungsgesetzes v. 11.7.1919 erfolgten Unternehmungen der provinziellen Siedlungsgesellschaften: Friedrich Paulsen, Siedlung, in: Hwb. der Kommunalwissenschaften. Ergänzungsband H–Z, Jena 1927, 1193–1200.
36 Kurt Schilling, Das Kleingartenwesen in Sachsen, Dresden 1924, 8. Vgl. auch: W. Heilig, Kleingartenbau als Vorschule für das Siedlertum, in: Gartenkunst 32 (1919), 115–121 und Peter Johannes Thiel, Vom Licht–Luftbad durch Schrebergärten zur Obstbau–Siedelung, in: Der Naturarzt 6 (1907), 136ff.
37 Vgl. etwa: Georg Bonne, Die Bodenbesitzreform, München 1924, 24f.; Hans Gerlach, Neue Wege im Kleingartenbau, in: Die Gartenwelt 27 (1923), 379; Kampffmeyer (25), 106; Neue Aufgaben in der Bauordnungs- und Ansiedlungsfrage. Eine

sich die wenigsten der Illusion hin, ihre Wunschvorstellung in absehbarer Zeit verwirklichen zu können[38]. Im Gegensatz zu den Bodenreformern und insbesondere den weltanschaulich motivierten Lebens- und Sozialreformern der Siedlungsbewegung zielte das Kleingartenwesen weit weniger auf die Umgestaltung der Welt als auf die Aus-Gestaltung der eigenen, kleinen Garten-Welt. Die für Boden-, Lebens- und Siedlungsreform charakteristische Ideologie des „dritten Weges"[39], die das in Seenot geratene Staatsschiff gleichsam zwischen der Skylla des Kapitalismus und der Charybdis des Kommunismus hindurch in neues, ruhiges Fahrwasser zu steuern versuchte[40], wurde für die meisten Kleingärtner daher, bei aller zur Schau getragenen Sympathie, kein existentielles Anliegen. In der politischen Hoch-Zeit der Revolution wurde diese quietistische Grundströmung freilich zunächst durch die Kreuzseen der allgemeinen politischen Erregung überlagert, so daß es eine Weile den Anschein hatte, als ob die machtvoll angeschwollene Selbstversorgungsbewegung mehr bewegen könne als die Gemüter bürgerlicher Arbeiterfreunde und proletarischer Stadtrandexistenzen.

6.2. Auf dem Weg zu einem neuen deutschen Bodenrecht? Bodenreformer, Krieger–Heimstätter und Kleingärtner bis zur Verabschiedung des Reichsheimstättengesetzes.

Die älteste, reichsweit organisierte Bewegung im politischen Umfeld des deutschen Kleingartenwesens war die bis auf Hermann Heinrich Gossen zurückgehende Boden(besitz)reform[41]. Die in den 70er und 80er Jahren des 19. Jahrhunderts in fast allen kapitalistischen Ländern auftretenden Bodenreformer hatten

---

Eingabe des DVfW, Göttingen 1906, 42; Pauly, Staatliche und gemeindliche Kleingartenfürsorge, in: Vier Vorträge über Kleingartenwesen, Frankfurt/M. 1927, 20 (Schriften des RVKD 13) und G. Peters, Zur Kleingartenbewegung, in: Der Landmesser 6 (4) (1918), 53.

38 Rosenbaum, Kleingärtner und Heimstätter, in: NZKW 1 (2) (1922), Sp. 36f.
39 Linse, Zurück (33), 33f. u. 96f.
40 Zur Ideologie des „dritten Weges" siehe in diesem Zusammenhang etwa: Adolf Damaschke, Zeitenwende, Leipzig u. Zürich (1925), 341. Eine kritische Analyse dieser Mittelstandsposition bietet: Dorothea Berger-Thimme, Wohnungsfrage und Sozialstaat, Frankfurt/M.–Bern 1976, 113–119.
41 Hierzu und zum Folgenden: Karl Diehl, Bodenbesitzreform, in: Hwb. der Staatswissenschaften, Bd. 2, 4. Aufl. Jena 1924, 935–954; Werner Krause/Günther Rudolph, Grundlinien des ökonomischen Denkens in Deutschland 1848–1945, Berlin/Ost 1980, 185–192; Josef Seemann, BDB, in: Lexikon zur Parteiengeschichte, Bd. 1, Köln 1983, 282–288; Gerhard Stavenhagen, Geschichte der Wirtschaftstheorie, 4. Aufl. Göttingen 1969, 252–256 und K.-H. Peters, Die Bodenreform, Hamburg (1971), 11–33.

sich die Aufgabe gestellt, die „soziale Frage" durch eine Neuordnung der Grundbesitzverhältnisse und/oder des Bodenrechts zu lösen. Insofern gingen die Bodenreformer, die sich zuweilen als Neo-Physiokraten bezeichneten[42], tatsächlich auf die ältere Richtung der „Ökonomisten" zurück[43]. Was in der Agrargesellschaft des späten 18. Jahrhunderts nun allerdings an der Tagesordnung gewesen sein mochte, erwies sich in der entwickelten Industriegesellschaft des ausgehenden 19. Jahrhunderts als Anachronismus: Der „primäre Sektor" war längst sekundär geworden, die Immobilie mobilisiert und „Mutter Natur" so käuflich wie die sprichwörtliche Straßendirne. „Die Rente hat den Grundbesitzer so vollständig vom Boden, von der Natur gelöst, daß er nicht einmal nötig hat, seine Ländereien zu kennen (...). Was den Pächter, den industriellen Kapitalisten und den Landarbeiter angeht, so sind sie nicht mehr an den Boden, den sie bewirtschaften, gefesselt, als der Unternehmer und der Arbeiter in der Industrie an die Baumwolle oder Schafwolle, die sie verarbeiten. Sie fühlen sich an nichts anderes gefesselt als an den Preis ihrer Bewirtschaftung (...). Daher die Jeremiaden der reaktionären Parteien, die (...) nach der Rückkehr des Feudalismus, des schönen patriarchalischen Lebens, der einfachen Sitten und großen Tugenden unserer Vorfahren schreien. Die Unterwerfung des Bodens unter die Gesetze, die alle anderen Industrien regieren, ist und wird immer der Gegenstand interessierten Gejammers sein. So kann man sagen, daß die Rente die bewegende Kraft geworden ist, welche das Idyll in die Bewegung der Geschichte hineingeworfen hat"[44].

Dieses Idyll war auch der Ausgangspunkt der Bodenreform. Ihre Ideengeschichte zeigt freilich eine charakteristische Akzentverschiebung vom frühen, aus den Naturrechtsvorstellungen der Aufklärung gespeisten Agrarsozialismus des Engländers Thomas Spence, der den Grundbesitz schlicht kommunalisieren wollte, zu den späteren, insbesondere vom Amerikaner Henry George vertretenen Reformvorstellungen einer fiskalischen Abschöpfung der Differentialrente[45]. Dieser im Verlauf des 19. Jahrhunderts unter dem Eindruck der klassischen politischen Ökonomie und dem Konkurrenzdruck der Arbeiterbewegung mit ihren viel weitergehenden Sozialisierungsbestrebungen erfolgende Umschwung machte aus der ursprünglich radikalen Bodenbesitzreformbewegung eine vergleichsweise moderate Grundsteuerreformbewegung[46]. In Deutschland erfolgte

---

42 Damaschke, Zeitenwende (40), 174. Weitere Nachweise bei: Diehl (41), 947.
43 Zu den weit gravierenderen Unterschieden siehe: Diehl (41), 947 und Peters (41), 13ff.
44 K. Marx, Das Elend der Philosophie, MEW 4, Berlin/Ost 1972, 170.
45 Vgl.: Peters (41), 13 u. 15–20.
46 Zur Vorgeschichte und Kritik einer staatlichen Grundrentensteuer siehe: Diehl (41), 938; Peters (41), 12f. und Marx, Elend (44), 171.

dieser Wandel im Zuge der Selbstauflösung des von Michael Flürscheim 1888 ins Leben gerufenen, 1890 von Heinrich Freese zum „Verein für Bodenbesitzreform" reorganisierten „Deutschen Bundes für Bodenbesitzreform" und seiner am 2.4.1898 erfolgenden Neugründung als „Bund Deutscher Bodenreformer" durch den ehemaligen Berliner Volksschullehrer Adolf Damaschke[47]. Obwohl der BDB äußerlich als Nachfolgeorganisation auftrat und mit Freese als Ehrenvorsitzendem und Damaschke als Vorsitzendem die Führer des erloschenen Vereins an seine Spitze stellte, war der politische Geist, der den BDB erfüllte, nicht mehr derselbe. Während der von Flürscheim geschaffene Deutsche Bund in Fortsetzung der agrarsozialistischen Tradition „die Überführung des Grundbesitzes bzw. der Grundrente aus Einzelhänden in die Hände der Gesamtheit oder der Gemeinde" verlangt[48] und seine Arbeit bezeichnenderweise durch die Gründung postfourieristischer Mustersiedlungen flankiert hatte[49], erteilte der dem „Nationalsozialen Verein" Friedrich Naumanns nahestehende Damaschke allen Sozialisierungsforderungen eine entschiedene Absage[50]. Von Bodenbesitzreform war von da ab nicht mehr die Rede[51]. Der von Damaschke propagierte Mittelweg zwischen „Mammonismus" und „Kommunismus" beschränkte sich vielmehr auf eine begrenzte Korrektur der Steuergesetzgebung[52], die die sogenannte „Grundrente der Vergangenheit" von vornherein unberücksichtigt ließ. Was Damaschke abschöpfen wollte, war daher allein die „Grundrente der Zukunft", also der unverdiente, durch die öffentliche Erschließung neuer Wohn- und Wirtschaftsflächen erzielte Wertzuwachs privaten Landes. Im Mittelpunkt der Bodenreformbestrebungen stand damit die großstädtische Bau- und Bodenspekulation. Ihre Extraprofite wollte der BDB mit Hilfe einer am „gemeinen Wert" orientierten Grundsteuer und einer umsatzbezogenen Wertzuwachssteuer der Allgemeinheit zuführen. Als flankierende Strukturmaßnahmen sah das Programm des BDB darüber hinaus eine planmäßige kommunale Bodenvorratswirtschaft, ein gemeindliches Enteignungsrecht, eine Trennung von Bau und Boden im Sinne des Erbbaurechts und eine Förderung der Baugenossenschaften vor[53]. Im großen und

---

47 Zum Folgenden: Diehl (41), 943ff.; Krause/Rudolph (41), 189ff. und Peters (41), 25ff.; zu Damaschke: Oswald von Nell-Breuning, Damaschke, in: Staatslexikon, Bd. 2, 6. Aufl. Freiburg 1958, Sp. 519ff. und NDB, Bd. 3, Berlin 1957, 497f.
48 Zit.n.: Seemann (41), 283.
49 Adolf Damaschke, Aus meinem Leben, Leipzig u. Zürich (1924), 288–296.
50 Sichtbarer Ausdruck dieses, unter dem Einfluß Damaschkes einsetzenden Rechts–Schwenks war der 1892 erfolgende Austritt der Sozialdemokraten: Krause/Rudolph (41), 189. Vgl. auch: A. Damaschke, Die Bodenreform, 18. Aufl. Jena 1920, 505.
51 Vgl.: Diehl (41), 951f.
52 Ebd., 943–952.
53 Einen – leider nicht vollständigen – Abdruck der deutschen Bodenreformprogramme bietet: Jb. der Bodenreform 3 (1907), 297ff.

Die Revolution 1918/19

ganzen präsentierte der Bund damit ein im Grunde gemäßigtes, aber eben auch praktikables und nicht zuletzt deshalb bald ungemein populäres Reformprogramm, das geschickt an die zentrale Lebensfrage der großstädtischen Bevölkerung anknüpfte, auch wenn es nicht den privatwirtschaftlichen Gebrauch, sondern nur den spekulativen Mißbrauch des Bodens bekämpfte.

Obwohl die deutsche Bodenreformbewegung nach der Jahrhundertwende zur Massenbewegung anwuchs[54], blieb ihre politische Durchschlagskraft im Kaiserreich begrenzt. Neben dem im Grunde exotischen Vorbild der vom Reichsmarineamt erlassenen Land- und Steuerordnung Kiautschous vom 2.9.1898[55] konnte der BDB nur die 1906 teilweise realisierte Hypothekenreform, das 1909 erlassene Gesetz zur Sicherung von Bauforderungen und die 1911 vom Reichstag eingeführte Wertzuwachssteuer als Erfolg verbuchen. Ein verbandspolitischer Durchbruch war das kaum, zumal die Wertzuwachssteuer bereits 1913 bei der Einführung des Wehrbeitrages wieder kassiert wurde.

Eine Chance, diese bescheidene Bilanz zu verbessern, sah der BDB in der von ihm entwickelten Kriegerheimstättenagitation. Träger der Initiative war der am 20.3.1915 gegründete „Hauptausschuß für Kriegerheimstätten"[56], „der den volkstümlichen Gedanken aufgriff, den Kriegsteilnehmern und besonders den Kriegsbeschädigten den sicheren Besitz eines Stückchen Heimatbodens zu verschaffen, den sie mit ihrem Blut verteidigt haben"[57], ihr geistesgeschichtlicher Bezugspunkt das sozialreformerische Trauma des Gründerbooms, das in den Berliner Barrikadenkämpfen um „Barackia" seinen symptomatischen Ausdruck gefunden hatte. Was nach dem 70er Krieg geschehen war, sollte sich nach dem Ersten Weltkrieg unter gar keinen Umständen wiederholen: „Wir müssen aus der Geschichte lernen: die so teuer bezahlten Lehren vom Jahre 1871–1873 darf unser Volk nicht vergeblich gemacht haben!"[58]. Unter Berufung auf den „getreue(n) Eckart unserer deutschen Volkswirtschaft"[59], den kathedersozialisti-

---

54 Zur Stärke und zur Zusammensetzung des BDB siehe: Seemann (41), 284.
55 Damaschke, Die Bodenreform (50), 507f. Wie Damaschke hier mit Nachdruck bezeugt, machte sich der BDB nicht nur für die Binnen- und Laubenkolonisation, sondern auch für die äußere, überseeische Kolonisation stark.
56 Ebd., 481–494.
57 Heimstätte, in: Hwb. der Kommunalwissenschaften, Bd. 2, Jena 1922, 492. Zum Programm des Hauptausschusses siehe: Georg Bonne, Heimstätten für unsere Helden, 3. Aufl. München 1918, 120ff. u.v.a. die Dokumentation bei: Hans Krieger (Hg.), Reichsheimstätten–Gesetz, 3. Aufl. Berlin 1930, 24–30.
58 A. Damaschke, Der Neuaufbau der deutschen Familie und die Wohnungsfrage, Darmstadt 1917, 10. Vgl. auch: Bonne, Heimstätten (57), 94 u. 114f. und Erwin Neumann, Die Notwendigkeit der Schaffung ständiger Familiengärten in den Groß–Berliner Gemeinden, in: Technisches Gemeindeblatt XX (1917), 39.
59 Damaschke, Der Neuaufbau (58), 6.

schen Geheimrat Adolph Wagner, beschwor Damaschke erneut das Menetekel „Barackia": „Als in der Nacht zum 26. August 1872 das Baracken lager vor dem Landsberger Tor niedergerissen wurde, versuchte ein Mann, ein Beil schwingend, sich zur Wehr zu setzen. Er wurde natürlich bald überwältigt. Als man ihn freiließ, schlug er ein wirres Lachen auf und hißte auf dem Trümmerhaufen seiner Baracke sein *rotes* Taschentuch als Fahne"[60]. Das politische Ziel der Kriegerheimstättenbewegung war damit klar: Aus dem heimkehrenden Soldaten sollte kein militanter, vaterlandsloser „Spartakus" werden, sondern ein friedlicher, bodenständiger Veteran.

Die Kehrseite dieser mittelfristigen Revolutionsprophylaxe bildete die kurzfristige Durchhaltepropaganda. Es überrascht daher nicht, daß ausgerechnet die konservative Elite der militärischen Führung den Gedanken der Kriegerheimstätte wohlwollend aufgriff. Ob Falkenhayn, Hindenburg, Ludendorff, Mackensen oder Tirpitz, die „großen Männer" entdeckten im Krieg ihr Herz für die „kleinen Leute"[61]. Namentlich „unser Hindenburg"[62] hatte dabei zur Freude Damaschkes nicht nur den aktuellen Aspekt der Stärkung des Wehrwillens betont, sondern zugleich den generellen, für alle argarromantischen Richtungen elementaren Kausalnexus von Grundbesitz und Vaterlandsliebe hervorgehoben[63]. Wie ernst der ostpreußische Rittergutsbesitzer dieses Bekenntnis gemeint hatte, erfuhren Damaschke und seine Bundesgenossen in der Weltwirtschaftskrise, als die „Ost(preußen)hilfe" der Präsidialkabinette auch Ansiedlungsmaßnahmen auf nicht entschuldungsfähigen Rittergütern in Aussicht nahm[64]. Weit entfernt, sich seines Versprechens von 1917 auch nur zu erinnern, stellte sich Hindenburg, wie schon beim Volksentscheid über die Fürstenenteignung[65], in dem aufbrechenden Konflikt vorbehaltlos auf die Seite seiner agrarkonservativen Nachbarn und Klassengenossen. So wie der ehemalige kaiserliche Generalfeldmarschall Ostpreußen einst gegen die Russen verteidigt hatte, rettete der zum Reichspräsidenten avancierte Hindenburg seine Heimat nun vor dem vermeintlichen

---

60 Ebd., 7. Hervorhebung i.O. gesperrt. Vgl. auch: Ders., Die Bodenreform (50), 465 und Ders., Die Sozialisierung der Grundrente, Bremen 1919, 4f., wo der Autor die Geschichte ebenfalls zum besten gibt.
61 Siehe die Briefe der fraglichen Herren in: Das große Bekenntnis zur deutschen Bodenreform und Das Zeugnisbuch für Bodenreform. Jubiläums–Ausgabe 1898–1928, Frankfurt/O. 1928, 149–152.
62 Damaschke, Der Neuaufbau (58), 12.
63 Siehe: Brief Hindenburgs an Damaschke v. 16.12. 1917, in: Das große Bekenntnis (61), 149 und Damaschke, Der Neuaufbau (58), 12.
64 Zur „Ost(preußen)hilfe" siehe: Dieter Gessner, Agrardepression und Präsidialregierungen in Deutschland 1930–1933, Düsseldorf (1977), 104f., 111f., 134f. u.v.a. 138–149.
65 Helmut Heiber, Die Republik von Weimar, (8. Aufl. München 1975), 182.

„Agrarbolschewismus" Brünings. Am Ende hieß die realisierte Kriegerheimstätte nicht „Neuland" für den „kleinen", sondern „Neudeck" für den „großen Mann"[66]. Mitten im Krieg war dieser spätere Gesinnungs–Umschwung freilich nur bedingt abzusehen. In der geforderten „Rückkehr zur Natur"[67], der „Entlastung der Großstädte" und der „Einwurzelung deutschen Volkstums im deutschen Boden"[68] fanden agrarkonservative Elite, Bodenreformer, Kleingartenfreunde und Kriegerheimstätter vielmehr vorübergehend eine gemeinsame, emotional befrachtete Sprache. Welche praktischen Konsequenzen aus diesem Bekenntnis zu ziehen waren, stand allerdings auf einem anderen Blatt. Statt zu einer politischen Klärung kam die Kriegerheimstättenbewegung zu immer neuen Absichtserklärungen. Ein wichtiges Indiz für diese zögerliche Haltung und zugleich ein böses Omen für den Fortgang der Bemühungen bot die ohne Aussprache angenommene Heimstättenresolution des Reichstages vom 24.5.1916[69], die bezeichnenderweise in keine gesetzgeberische Initiative mündete. Wer Ohren hatte, zu hören, wußte seitdem, was Sache war: Schon während des Krieges wurde die Kriegerheimstätte auf die lange Regierungsbank geschoben.

Der Hauptgrund für diese dilatorische Verfahrensweise lag einmal mehr bei der leidigen Frage der Landbeschaffung. Hier galt die alte besitzbürgerliche Aphorie: Woher nehmen und nicht stehlen!? In der Tat waren die Kriegerheimstättenbefürworter von Beginn an dagegen, die auf dem Vaterland lastende „Bluthypothek"[70] von den Großgrundbesitzern zahlen zu lassen. Vor dem moralischen Anspruch der Millionen rangierte für Damaschke und seine Freunde der Rechtsanspruch der Millionäre. Schon früh hatten sich einzelne Verfechter der Kriegerheimstätte daher mit dem Gedanken befreundet, die heimkehrenden Krieger „bis zur restlosen Erfüllung des Eigenheimgedankens" mit Kleingärten abzufinden[71]. Dieses Angebot war freilich nicht im Sinne des Erfinders, da es

---

66 Zur 1927 erfolgten, von seinem Freund und Nachbarn, dem DNVP–Politiker und BdL–Funktionär Elard von Oldenburg–Januschau initiierten Schenkung des verschuldeten, an den preußischen Staat verkauften Familien–Gutes Neudeck an Hindenburgs Sohn Oskar siehe: Werner Maser, Hindenburg, (Rastatt 1989), 217 u. 272ff.
67 Neumann (58), 37.
68 Damaschke, Die Bodenreform (50), 506. Ähnlich auch: Ders., Der Neuaufbau (58), 17. Zum Boden als „Quelle der Volkskraft" vgl. auch: Bonne, Heimstätten (57), 88 u. 90.
69 Verhandlungen des Reichstags. Stenographische Berichte. 53. Sitzung v. 26.5.1916, 1250.
70 So: Damaschke, Neuaufbau (58), 17.
71 Harry Maass, Kleingärten als Förderer der Kriegerheimstätten, in: Der Vortrupp 5 (4) (1916), 111. Vgl. auch: Neumann (58), 39.

dem Soldaten keine echte Heimstätte in Aussicht stellte, sondern bloß ein kriegswirtschaftliches Ersatzprodukt. Der „Hauptausschuß für Kriegerheimstätten" vertrat denn auch drei andere Wege der Landbeschaffung: ein an den „gemeinen Wert" gebundenes Vorkaufsrecht des Staates bei jeder Zwangsversteigerung, ein Options- bzw. Enteignungsrecht beim Verkauf von Grundstücken, die in einem Jahrzehnt zweimal freihändig ihren Besitzer gewechselt hatten, und die Bereitstellung von Kolonialgebiet zu Ansiedlungszwecken[72]. Mit dieser Bindung an die finanzielle Zahlungsfähigkeit und die koloniale Verfügungsfreiheit des Reiches wurde die Kriegerheimstätte freilich in fataler Weise von einem siegreichen Ausgang des Krieges abhängig gemacht. Im Prinzip erschöpfte sich der Schlachtruf der Kriegerheimstätter damit in einem ebenso drohenden wie doppelsinnigen Vae victis! – Wehe den Besiegten! Der Klein-Flottbeker Sanitätsrat Georg Bonne, ein Vorkämpfer des Heimat- und Naturschutzes, verlangte denn auch unverblümt: „*Wir brauchen Land, viel Land!* – Nicht nur für unsere heimkehrenden Sieger (…), nicht nur für unsere Kriegsinvaliden (…) – sondern auch für die Söhne aller dieser unserer Krieger (…), für die Hunderttausende von Kolonisten, die bis zum Kriege in den uns jetzt feindlichen Ländern sich eine neue Heimat begründet hatten (…), und die sich selbst nach dem Frieden inmitten von diesen von uns besiegten Völkerschaften nicht mehr heimisch fühlen werden"[73].

Es bedarf keiner großen Phantasie, um sich auszumalen, was mit all diesen Anwärtern auf eine Kriegerheimstätte geschah, als sie um die Jahreswende 1918/19 nicht als Sieger, sondern als Verlierer heimkehrten, und ihr Vaterland den Frieden nicht wie in Brest-Litowsk diktieren konnte, sondern in Versailles wohl oder übel signieren mußte. In den meisten Fällen blieb die Kriegerheimstätte daher nicht viel mehr als ein Wolkenkuckucksheim, das die Größe einer Grabstelle selten überschritt. Mochte sich die im Gefolge von Krieg und Krise anwachsende Hungersnot auch noch so sehr verstärken, der geradezu epidemisch auftretende „Landhunger" besaß keinen politischen „Biß", zumal die neuen, sozialdemokratischen Regenten die Heimstätter und Kleinsiedler traditionell nur als überholte Chargen im „Todeskampf des Kleinbetriebs" betrachteten[74]. Als der mehrheits-sozialdemokratisch beherrschte erste „Allgemeine Kongreß der Arbeiter- und Soldatenräte Deutschlands" Ende 1918 einen Antrag des Soldatenrats Groß-Berlin behandelte, der in Anlehnung an die vom „Hauptausschuß für Kriegerheimstätten" entwickelten Vorschläge und unter ausdrücklicher Beru-

---

72 Vgl. die bei Bonne abgedruckten „Grundsätze": Bonne, Heimstätten (57), 120.
73 Ebd., 101. Hervorhebung i.O. gesperrt.
74 So: K. Kautzky, Das Erfurter Programm, Berlin/Ost 1965, 24–36. Vgl.: Damaschke, Bodenreform (50), 487.

fung auf die Reichstagsentschließung von 1916 die Schaffung eines Volksheimstättengesetzes auf dem Wege der Notverordnung verlangte[75], tat er das denn auch ganz in Geist und Stil des alten Reichstags und überwies die Initiative „der Regierung ohne Erörterung zur Berücksichtigung"[76].

Der Rat der Volksbeauftragten ist dieser Anregung nicht gefolgt. Die „ungeheure Bluthypothek"[77], mit der auch die SPD den vaterländischen Boden durch ihre Zustimmung zu den Kriegskrediten belastet hatte, konnte sie nach der Revolution nicht dazu bewegen, ihre Tilgung in Angriff zu nehmen. Der sozialdemokratische Kommunalpolitiker und überzeugte Bodenreformer Victor Noack hat diese Haltung im Nachhinein heftig getadelt und dem Rat vorgeworfen, daß sein Verhalten „wesentlich mit Schuld daran (habe), daß die Revolution von 1918 verpuffte wie die von 1848". Seiner Meinung hätte es „damals nur eines Federstriches der Volksbeauftragten bedurft, dem Volk seinen gerechten Anteil am Ertrage des Bodens, am Wert des Bodens, den 'unverdienten Wertzuwachs' ganz zu sichern und damit die redlich schaffende Arbeit von jeder öffentlichen Abgabe (Lohnsteuer, Gewerbesteuer, indirekte Steuern) zu entlasten". Allein „mit den Goldmillionen und den 250.000 Morgen Land, die der preußische Landtag dem davongelaufenen König zuerkannt (habe), hätte man die ganze Heimstättenfrage auf einen Schlag lösen können"[78].

Wie zutreffend diese Kritik ideell auch sein mochte, verkannte sie doch vollkommen den realen Charakter der damaligen Regierungsgewalt, die sich eben nicht als volkssouveräne Revolutionsregierung verstand, sondern im Stil eines sich selbst nicht für legitim haltenden Reichsverwesers agierte. Dieser Regentschafts-Rat, der am Ende nur das Interregnum zwischen Reichstag und Nationalversammlung, Reichstagsmehrheit der Friedensresolution und Weimarer Koalition, Kaiser und Ersatz-Kaiser überbrückte, war für eine Politik einschneidender Veränderungen denkbar ungeeignet. Was er betrieb, war, um den Revolutionsvergleich Noacks fortzuspinnen, eine an das 48er Ministerium Camphausen/Hansemann erinnernde Vereinbarungspolitik, die – personalpolitisch zugespitzt – im Ebert/Gröner– und im Stinnes/Legien–Abkommen ihre charakteristischen Ausdrucksformen fand. Die absteigende Verlaufsform der Revolution, die wie die Bewegung von 1848/49 ihren Höhepunkt zu Beginn erlebte, führte in der Regierungspraxis folglich dazu, alle Grundsatzfragen der Staats-, Wirtschafts-,

---

75 Allgemeiner Kongreß der Arbeiter- und Soldatenräte Deutschlands. Vom 16.–21.1918 im Abgeordnetenhaus zu Berlin. Stenographische Berichte, (Reprint Glashütten/Ts. 1972), 173.
76 Ebd., 183.
77 Ebd., 173.
78 Viktor Noack, Bodenreform und das soziale Schreber- und Kleingartenwesen, Leipzig 1927, 12ff. (Schriften des LV Sachsen der Schreber- und Gartenvereine 4).

Sozial- und Militärverfassung zu vertagen. Die Haltung des ersten Reichsrätekongresses zur Heimstättenfrage entbehrte von daher keineswegs der politischen Logik, da die Versammlung sich mit breiter, mehrheits-sozialdemokratischer Majorität für die Einberufung einer Konstituante und die Errichtung einer parlamentarischen Demokratie ausgesprochen hatte[79]. Auch die anschließende Untätigkeit des Rats der Volksbeauftragten war insofern kein Versäumnis, sondern folgerichtiger Ausdruck seines Selbstverständnisses.

Der weitere Gang der Ereignisse ließ denn auch schnell deutlich werden, daß in der Heimstättenfrage nicht allzuviel geschehen würde. Weit entfernt, die Entwicklung offen zu halten, präjudizierte die ängstliche Vermeidung revolutionärer Vor-Entscheidungen den Lauf der Dinge im Sinne der Gegenrevolution. Was anfangs nur aufgeschoben schien, erwies sich zuletzt als aufgehoben, und schon „der Wahlausgang vom 19. Januar 1919 zerstörte die Hoffnungen auf eine sozialdemokratische Mehrheits- und Regierungsbildung"[80]. Zwar gelang es den Bodenreformern, ihre im Verfassungsentwurf des linksliberalen Staatsrechtslehrers Hugo Preuß nicht berücksichtigten Grundsatzforderungen nachträglich in die Weimarer Reichsverfassung einzubringen[81], doch bedeutete ihre Aufnahme bloß einen „Wechsel auf eine künftige Reichsgesetzgebung, der nur mit einem geringen Betrag eingelöst worden ist"[82]. In der Tat war der berühmte Bodenform-Artikel 155 WRV[83] keine „lex lata", sondern eine bloße „lex ferenda"[84]. Eine Bodenreform, die ihren Namen verdient hätte, hat es nicht zuletzt deshalb auch in der Folgezeit nie gegeben: „Zu eng war Art. 155 mit Art. 153, der Garantie des Privateigentums am Boden, verknüpft"[85]. Das entscheidende Hemmnis für das Scheitern der Bodenreform- wie der Kriegerheimstättenbestrebungen fußte damit auf der bereits erwähnten, vom „*Koalitionscharakter*" der Verfassungsergebnisse"[86] exakt widergespiegelten Kompromißstruktur der Weimarer Republik als Ganzer. Das am 10.5.1921 noch unter der Weimarer Koalition fast

---

79 Kluge (1), 104.
80 Ebd., 164.
81 Siehe: Die Verfassung des Deutschen Reiches v.11.8.1919. Ein Kommentar von Gerhard Anschütz, 14. Aufl. Berlin 1933, 722–725 und Willibald Apelt, Geschichte der Weimarer Verfassung, 2. Aufl. München u. Berlin 1964, 358ff. Vgl. auch: A. Damaschke, Vom neuen deutschen Bodenrecht in seiner Bedeutung für das Kleingartenwesen, Frankfurt/M. 1928, 4–7 (Schriften des RVKD 14).
82 Apelt (81), 357.
83 Der Text des Artikels, den Noack (78), 15 als „Evangelium für unser Volk" bezeichnete, findet sich bei: Anschütz (81), 722.
84 Anschütz (81), 359f.
85 Apelt (81), 359f.
86 Kluge (1), 171f. Hervorhebung wie i.O. kursiv.

einstimmig angenommene Reichsheimstättengesetz[87] sollte daran ebensowenig ändern wie der im selben Jahr beim Reichsarbeitsministerium unter dem Vorsitz Damaschkes eingerichtete „Ständige Beirat für Heimstättenwesen". In der Tat wurden auf der Grundlage des Gesetzes bis Ende 1929 reichsweit nur 18.630 Heimstätten begründet und in das Grundbuch eingetragen. Zusammen mit den rund 4.000, durch Vermittlung des „Heimstättenamtes der deutschen Beamtenschaft" eingerichteten Reichsheimstätten für abgebaute Beamte ergab das die bescheidene Zehn–Jahres–Bilanz von circa 22.600 Eigenheimgründungen[88]. Dieses magere Ergebnis lag nicht zuletzt an bebauungsplanerischen, entschädigungsrechtlichen und finanziellen Vorbehalten der Großstädte[89], die das Gesetz – namentlich im Zuge der nach der Währungskonsolidierung wieder einsetzenden Baukonjunktur – nicht als normative Verpflichtung, sondern bloß als gesetzliche Möglichkeit auffaßten[90]. Von den drei Hansestädten wies denn auch nur Hamburg die winzige Zahl von 72 Heimstätten aus[91].

Ein ähnliches Resultat zeitigte die im Reichsheimstättengesetz enthaltene Genehmigung, „daß in Fällen besonderen Bedürfnisses ausnahmsweise als Heimstätten Grundstücke ausgegeben werden, (...) die für nicht gewerbsmäßige gärtnerische Nutzung (...) bestimmt sind"[92]. Obgleich diese, speziell von Preußen ergriffene Chance[93] von führenden Kleingartenvertretern zeitweilig als Schritt auf dem Weg zur Dauerkolonie angesehen wurde[94], konnten die als Reichsheimstättengartengebiete[95] bekannt gewordenen Kleingärten aus den gleichen Gründen wie die Wohnheimstätten für die Masse des Volkes nie den Charakter von Luftschlössern überwinden. Ihr amtliches Synonym lautete denn auch bezeichnenderweise – „Paradiesgarten"[96].

---

87 Zur Entstehung siehe: Krieger (Hg.) (57), 33f.
88 Berechnet nach: Ebd., 38.
89 Siehe: Otto Albrecht, Die rechtlichen Mittel der Errichtung und Sicherung von Heimstätten–Gartengebieten, in: Schlesisches Heim 8 (7) (1928), 202f. und 2. Internationaler Kongreß der Kleingärtnerverbände und 7. Reichs–Kleingärtnertag. Essen 1929. Verhandlungsbericht, Frankfurt/M 1929, 166 (Schriften des RVKD 18).
90 Zur Kann–Bestimmung siehe § 1 des Gesetzes in: Krieger (Hg.) (57), 45.
91 Ebd., 38.
92 So § 30 des Gesetzes in: Ebd., 151.
93 Vgl. die preußischen Ausführungsbestimmungen v. 25.4.1924, abgedruckt: Ebd., 186
94 Georg Kaisenberg u. Otto Albrecht, Das Kleingartenrecht, Frankfurt/M 1926, 17 (Schriften des RVKD 3).
95 Siehe: Ebd., 15–19 u. 46ff. und Otto Albrecht, Heimstättengartengebiete und Kleingartenkolonien, in: Gartenkunst 37 (1924), 13–16.
96 Erlaß des preußischen Ministers für Volkswohlfahrt v. 28.5.1925, in: Albrecht, Die rechtlichen Mittel (89), 205.

Angesichts dieser Schwierigkeiten bei der Wiedergewinnung des „verlorenen Paradieses" sah sich der zum Regierungsrat aufgestiegene Otto Albrecht bereits im Jahr der preußischen Ausführungsverordnung zum Reichsheimstättengesetz veranlaßt, in unausgesprochener Anlehnung an Bebels Kultivierungspläne der „märkischen Streusandbüchse" den alten, grundbesitzstandsneutralen Gedanken der Moor- und Ödlanderschließung aufzugreifen[97]. Das Versprechen von Art. 155, „jedem Deutschen eine gesunde Wohnung und allen deutschen Familien, besonders den kinderreichen, eine ihren Bedürfnissen entsprechende Wohn- und Wirtschaftsheimstätte zu sichern"[98], rückte damit in immer weitere Ferne – fort aus dem Einzugsbereich der Städte und dem Siedlungsgebiet des platten Landes in die letzten Reservate einheimischer Wildnis. Der „Landhunger" nach diesem, keine Differentialrente abwerfenden „Unland" blieb daher begrenzt. Die von Krieg und Krise getroffenen Menschen verspürten keine Neigung, zu der alten „Bluthypothek" noch eine neue, fast genauso schwer zu tilgende Schweißhypothek auf sich zu nehmen. Die RVKD-Statistik von 1931 wies auf einer kleingärtnerisch bewirtschafteten Gesamtfläche von gut 16.857 ha daher nur rund 867 ha (=5,1%) Heimstättengartengebiete aus[99].

Der Versuch, dem Kleingartenparadies für alle auf dem Wege der Bodenreform eine rechtlich gesicherte Existenz auf Dauer zu geben, war damit gescheitert. Die relative Gunst der Revolutionsmonate kehrte in den zwölf Jahren der Republik nicht wieder, auch wenn sie in der Ungunst der Weltwirtschaftskrise eine noch zu betrachtende Reprise erlebte. Wirklichkeit wurde das Verfassungsversprechen von Art. 155 freilich auch dann nicht; es blieb vielmehr Zeit seiner Geltung ein leeres Versprechen, das in den uneingelösten Wahlversprechen der in allen Parteien vertretenen Bodenreformer sein tagespolitisches Pendant fand. Bodenreformern, Heimstättern, Kleingärtnern und Siedlern blieb daher am Ende der Republik nur das übrig, was sie bereits zu Beginn getan hatten: „Weiter zu kämpfen, um Tatsache werden zu lassen, was die Verfassung verspricht: Jedem Deutschen ein Stückchen Vaterland"[100].

---

97 Albrecht, Heimstättengartengebiete (95), 15. Zur (naturschutzwidrigen) Laubenkolonisation im Eppendorfer Moor vgl.: Hamburgische Zeitschrift für Heimatkultur 9 (3/4) (1919), 28 u. 10 (2) (1920), 29.
98 Zit.n.: Anschütz (81), 722.
99 8. Reichs-Kleingärtnertag zu Hannover am 30. u. 31.5.1931, Frankfurt/M. 1931, 132f. (Schriften des RVKD 22).
100 25 Jahre KGV Eppendorf von 1904 e.V. Hamburg, Hamburg (1929), 10. Vgl. auch das Bekenntnis zur Bodenreform, das der 2. Reichs-Kleingärtnertag am 14.8.1921 in Bremen ablegte, um hinfort als förderndes körperschaftliches Mitglied des BDB für die Parole „Ein freies Volk auf freiem Boden!" zu werben. Quellen: A. Damaschke, Die Aufgaben der Gemeindepolitik, 10. Aufl. Jena 1922 192f. und Förster/Bielefeldt/Reinhold (22), 46.

6.3. Die Verabschiedung der Kleingarten- und Kleinpachtlandordnung durch die Weimarer Nationalversammlung.

6.3.1. Entstehungsgeschichte, Inhalt und Charakter des ersten deutschen Kleingartengesetzes.

Der Ort, an dem die deutsche Nationalversammlung 1919 zusammenkam, gehörte zu den klassischen Vororten der deutschen Kleingartenbewegung. Als Heimstätte des Bertuchschen Kleinpachtareals, der „pädagogischen Provinz" Goethes und der Schwabeschen „Spatenkultur" war Weimar hort(ul)i-kulturgeschichtlich jedenfalls weit mehr als die Hauptstadt des neuen Freistaates Thüringen. Ob der genius loci viel zur Entstehung der KGO beigetragen hat, darf man allerdings bezweifeln, da die Volksvertreter diesen Zusammenhang nicht erkannten. Wenn der Geist der Klassik eine Rolle spielte, dann in dem allgemeinen, symbolischen Sinn, der „das humanistische Deutschland als Pate(n) des neuen Staates reklamier(te)". Neben diesem ideellen Grund besaß die Wahl des Tagungsortes jedoch noch ein realpolitisches Motiv: „Die Regierung der Volksbeauftragten wollte nach den Erfahrungen mit dem Rätekongreß die Nationalversammlung dadurch dem Druck der Straße, den Aktionen und Pressionen der in der Reichshauptstadt ja relativ starken feindlichen sozialistischen Brüder von USPD bis Spartakus entziehen"[101]. Wie stark der genius loci daher auch immer gewesen sein mag, der Zeitgeist erwies sich als stärker.

Dieser gegenrevolutionäre Biedersinn bewährte sich nicht zuletzt bei der Vorbereitung und Verabschiedung der KGO. Der Ablauf der Ereignisse glich dabei fatal der Vorgeschichte des Reichsheimstättengesetzes. Auch die Historie der KGO begann mit einer Petition an die provisorische Reichsregierung[102]. Am 8.1.1919 richtete der „Kriegsausschuß der Groß-Berliner Laubenkolonien" eine Eingabe an den Rat der Volksbeauftragten, die im wesentlichen folgende Forderungen beinhaltete:
– Die Ausdehnung der Bundesratverordnungen auf Gemeinden unter 10.000 Einwohnern,
– die Begrenzung der Pacht auf den landwirtschaftlichen Nutzwert,
– die Einschränkung der Kündigung auf volkswirtschaftlich wichtige Belange wie den der Bebauung,

---

101 Heiber (65), 35.
102 Die Schilderung folgt den in den Grundzügen übereinstimmenden Berichten bei: Förster/Bielefeldt/Reinhold (22), 35ff.; Kaisenberg, KGO (14), 35–39 und Kaisenberg/Albrecht (94), 9ff.

- die Erleichterung und zeitliche Entgrenzung der Zwangspacht und
- die Unterbindung jeder Form der (kommerziellen) Generalpacht.

Obwohl diese Wunschliste in nahezu jedem Punkt über die Bestimmungen der Bundesratsverordnungen hinauswies, wurde der von ihnen gesetzte Rahmen an keiner Stelle gesprengt. Das bodenreformerische Begehren vieler Kolonisten blieb daher ebenso unberücksichtigt wie ihr Verlangen nach bebauungsplanmäßig festgelegten Dauergärten. Die Petition atmete insofern weniger die revolutionäre Entschlossenheit zu einem umfassenden Neuaufbau als den reformerischen Willen zum weiteren Ausbau der vorhandenen Regelungen. Die vielfach mit Enttäuschung aufgenommene Tatsache, daß sich die KGO am Ende als bloßer Schlußstein des von den Bundesratsverordnungen begründeten und fortgebildeten Rechtsgebäudes erwies, fand ihren ersten Bestimmungsgrund daher ironischerweise in der politischen Zurückhaltung der sozialdemokratisch geführten Berliner Laubenkolonisten[103].

Da der Rat der Volksbeauftragten in Verfolg seiner quasi statthalterlichen Politik auch in der Laubenfrage auf die Schaffung vollendeter Tatsachen verzichtete, wurde der weitere Verlauf der Ereignisse vom Geschäftsgang der fortbestehenden Reichsministerien bestimmt. Die Federführung oblag dabei dem sozialdemokratischen Reichsernährungsminister der Kabinette Scheidemann und Bauer, Robert Schmidt, und seinem Fachreferenten Georg Kaisenberg. Der von ihnen in Absprache mit Vertretern der Kleingartenverbände, der „Zentralstelle für den Gemüsebau im Kleingarten" und dem 1912 gegründeten „Schutzverband für Grundbesitz und Realkredit" entwickelte Gesetzentwurf passierte am 6.5.1919 den Staatenausschuß[104] und gelangte am 12.5.1919 vor die NV[105]. Der generelle Grund für die Vorlage beruhte auf den bekannten volksgesundheitlichen und volkswirtschaftlichen Vorzügen des Kleingartenbaus, ihr aktueller Anlaß auf dem unzureichenden Schutz der Bundesratsverordnungen, die es nach Meinung der Initiatoren nicht vermocht hatten, „der Bewucherung der Kleingartenbau treibenden Laubenkolonisten durch Grundstücksbesitzer und Zwischenpächter vorzubeugen" und „in der Nähe der Großstädte und in Industriegebieten" genügend „Land für Arbeiter und gering Besoldete" bereitzustellen. Der Gesetzentwurf stellte sich damit bewußt in die Tradition der Verordnungen und gab sich dadurch nicht zuletzt den Anschein einer bloßen Novelle. Ausdrücklich

---

103 Siehe v.a.: Förster/Bielefeldt/Reinhold (22), 36, die den starken Einfluß des preußischen SPD–Landwirtschaftsministers Otto Braun bezeugen, der ein entschiedener Gegner aller Bodenbesitzreformbestrebungen war. Quelle: Otto Braun, Von Weimar zu Hitler, Hamburg 1949, 22f.
104 StAHH. Senatskommission für die Reichs– und auswärtigen Angelegenheiten 132 – 1 II: Abschrift der Hanseatischen Gesandtschaft Nr. 124 v.6.5.1919.
105 Drucksachen der Deutschen National–Versammlung 1919/20, Nr. 301, 1–11.

Die Revolution 1918/19 417

berief sich die Vorlage dabei auf den bereits in den Verordnungen hervorgehobenen „ernährungs- und sozialpolitischen Zweck" des Eingriffs[106].
Nachdem der Gesetzentwurf in der ersten Lesung am 9.7.1919 zunächst zur Überarbeitung an den Haushaltsausschuß überwiesen worden war[107], wurde er am 12.7. vom Berichterstatter des Ausschusses, dem SPD–Abgeordneten Johannes Stelling, dem Plenum in zweiter Lesung vorgestellt und noch am selben Tag nach kurzer Debatte in dritter Lesung angenommen[108]. In seiner weitgehend an der Ministerialvorlage orientierten Begründung der Gesetzesvorlage betonte Stelling, „daß der gegenwärtige Entwurf" nicht nur den „Landhunger" befriedigen, sondern zugleich „einen Schutzwall gegen wucherische Ausbeutung der kleinen Gartenbesitzer" bilden und daher nicht zuletzt „das leidige System der Generalpächter" beseitigen werde[109]. Der Sprecher der aus der Weimarer Koalition zwischenzeitlich ausgeschiedenen DDP, Adolf Neumann–Hofer, pflichtete Stelling trotz der „außerordentlich starke(n) Eingriffe in das Eigentumsrecht an Grund und Boden" bei, da es sich um „ein (...) Bedürfnis der allerweitesten Volkskreise" handele, und erklärte im Namen seiner Fraktion: „Wir sind der Auffassung, daß, wenn so vorgegangen wird, in weitesten Kreisen Zufriedenheit erweckt werden wird. Und das zu erzielen, ist ja eine der Hauptaufgaben unserer jetzigen Zeit"[110]. Diesem sozialpazifistischen Anliegen wollte sich auch der Sprecher der oppositionellen DNVP, August Ludwig Hampe, nicht verschließen, obwohl die geplante Einschränkung der Eigentumsfreiheit seiner Partei erklärtermaßen zu weit ging[111]. In den Ausschußberatungen hatten Hampe und Genossen daher versucht, die Kündigungsregelung auf den 1.10.1923 zu terminieren und zugleich auf ehemaliges Brachland zu begrenzen[112]. Als sich die Überzeugungskraft des „Landhungers" allerdings als unüberwindlich erwies, gab die Partei ihre eigenen Überzeugungen preis und stimmte dem Gesetz nolens volens zu. Die am 19.7. mit überwältigender Mehrheit angenommene, am 31.7.1919 als Reichsgesetz verkündete KGO war insofern nicht nur ein Werk der Weimarer Koalition, schon gar nicht der im Sommer 1919 regierenden Rumpf–Koalition von SPD und Zentrum, sondern Ausdruck einer zwar nicht widerspruchsfreien,

---

106 Ebd., 4.
107 Verhandlungen der verfassunggebenden Deutschen Nationalversammlung, Bd. 327 (1919), 1459.
108 Ebd., Bd. 328, 1741–1744.
109 Ebd., 1741.
110 Ebd., 1742.
111 Ebd., 1743.
112 Vgl.: Ebd., 1742f.

aber doch parteiübergreifenden, Regierung und Opposition punktuell verbindenden Legislatur des nationalen Konsenses[113].

Das von nun an geltende, von vielen ersehnte Kleingartengesetz umfaßte bloß zehn kurze Paragraphen[114]. In dieser Kürze lag freilich weniger die Würze der Präzision als der schale Geschmack ihres Mangels, da die KGO nicht nur materiellrechtliche Bestimmungen, sondern zugleich formelle Übergangsbestimmungen, landesrechtliche Ausführungsbestimmungen und Spezialbestimmungen für die ländliche Kleinpacht enthielt. Die KGO enthielt einen legislativen Kernbereich (§§ 1, 3 und 5), die gesetzlichen Rahmenbedingungen seiner exekutiven Umsetzung (§§ 4, 6 und 7), eine Ergänzung des ländlichen Kleinpachtrechts (§ 8), die die Landesgesetzgebung ermächtigte, die Vorschriften der KGO auch auf die Verpachtung von landwirtschaftlich genutzten Flächen bis zur Größe eines halben Hektars anzuwenden[115] und die Übergangsvorschriften seines Inkrafttretens (§§ 2, 9 und 10). Dabei regelte § 10 den Zeitpunkt des Inkrafttretens der KGO, § 9 die auf den 30.9.1919 terminierte Auflösung aller kommerziellen Generalpachtverträge und § 2 die unbegrenzte Rückwirkung der gesetzlichen Bestimmungen zur Festsetzung der Pachtpreise.

Das eigentliche Kleingartengesetz umfaßte damit sechs Paragraphen[116] – die in den §§ 1, 3 und 5 festgelegten materiellen und die in den §§ 4, 6 und 7 fixierten formellen Bestimmungen:

§ 1 legte fest, daß die Pacht „zum Zwecke nicht–gewerbsmäßiger gärtnerischer Nutzung" vermieteter Flächen die von der unteren Verwaltungsbehörde „unter Berücksichtigung der örtlichen Verhältnisse und des Ertragswerts der Grundstücke" festgesetzten Preise nicht überschreiten dürfe.

§ 3 schrieb vor, daß diese Pachtverträge nur dann aufgehoben werden könnten, „wenn ein wichtiger Grund (…) vorliegt".

§ 5 verlangte, daß Kleingartenland „nur durch Körperschaften oder Anstalten des öffentlichen Rechts oder ein als gemeinnützig anerkanntes Unternehmen zur Förderung des Kleingartenwesens" untervermietet werden dürfe. Zugleich räumte er den unteren Verwaltungsbehörden das Recht ein, bei Verstößen gegen diese Vorschrift oder bei vertraglich nicht zu befriedigen-

---

113 In der BRD blieb die (seit 1919 freilich vielfach novellierte) KGO bis zur Verabschiedung des Bundeskleingartengesetzes am 1.4.1983 in Kraft. Siehe: Bundeskleingartengesetz. Kommentar von K.–H.Rothe, Wiesbaden u. Berlin (1983), Vorwort.
114 Alle folgenden Ausführungen zur KGO nach: RGBl. 1919, 1317–1374.
115 Zur Beurteilung dieser (und anderer) rechtlichen(r) Spezialfrage(n) siehe die Gesetzeskommentare: Kaisenberg, KGO (14) und John Sokolowski–Mirels, Das deutsche Kleingartenrecht, Berlin 1930.
116 Vgl.: Kaisenberg/Albrecht (94), 19f.

dem Landmangel geeignete Flächen auch gegen den Willen der Eigentümer „bis zur Dauer von zehn Jahren gegen Zahlung eines angemessenen Pachtzinses" in Zwangspacht zu nehmen.

§ 7 ermächtigte die Landeszentralbehörden zum Erlaß der erforderlichen Ausführungsbestimmungen und damit zur Ernennung der nötigen Exekutivorgane in Gestalt einer höheren und einer unteren Verwaltungsbehörde.

§ 6 erlaubte ihnen in diesem Zusammenhang, bestimmte Kompetenzen der unteren Verwaltungsbehörde auf die in vielen Gemeindebezirken bestehenden Einigungsämter[117] zu übertragen.

§ 4 verfügte, daß Pachtstreitigkeiten „unter Ausschluß des Rechtsweges" rein administrativ zu entscheiden seien, wobei die untere Verwaltungsbehörde als Erst-, die höhere als Zweitinstanz dienen sollte.

Vergleicht man die KGO mit den von ihr außer Kraft gesetzten Bundesratsverordnungen, lassen sich folgende sieben Feststellungen treffen[118]:

1. Die KGO dehnte die Schutzbestimmungen der VOn auf alle Gemeinden gleich welcher Größe aus, so daß das in der Vergangenheit entstandene, sachlich nicht gerechtfertigte Preisgefälle zwischen Groß-Städten und Randgemeinden tendenziell eingeebnet wurde[119].
2. Die konsultative, an den örtlichen Verhältnissen orientierte Festsetzung der Pachtpreise durch die unteren Verwaltungsbehörden blieb bestehen, erfolgte nun allerdings unter Berücksichtigung des Ertragswertes und unter Hinzuziehung auch kleingärtnerischer Fachleute. Der alte, lokale Orientierungsrahmen der Pachtpreisbindung[120] erhielt damit ein an den nationalen Bodengüteklassen orientiertes Fundament, dessen bindende Wirkung darüber hinaus allgemein rückwirkenden Charakter besaß.

---

117 Die KGO bezog sich hier auf die VOen betr.: Einigungsämter v. 15.12.1914, die Bekanntmachung zum Schutz der Mieter v. 23.9.1918 und die Anordnung für das Verfahren vor den Einigungsämtern v. 23.9.1918 siehe dazu: RGBl. 1914, 511 sowie 1918, 1140 u. 1146. Die Ermächtigung betraf allerdings nur Pachtpreis- und Kündigungsstreitsachen, nicht „den verordnenden Verwaltungsakt" der Pachtpreisfestsetzung. Siehe dazu: Sokolowski-Mirels (115), 88f.
118 Der folgende Vergleich, der z.T. auch den Minsterial-Entwurf und die (revidierte) Vorlage des Reichs-Haushaltsausschusses aufgreift, beruht auf der in den Drucksachen (105), Nr. 616, 1–4 abgedruckten Synopse.
119 Vgl. die Begründung des Minsterial-Entwurfs zu § 1 in: Ebd., 5.
120 Nach der Reichsabgabenordnung galt „als Ertragswert bei land- oder forstwirtschaftlichen oder gärtnerischen Grundstücken das Fünfundzwanzigfache des Reinertrags, den sie nach ihrer wirtschaftlichen Bestimmung bei ordnungsmässiger und gemeinüblicher Bewirtschaftung unter gewöhnlichen Verhältnissen mit entlohnten fremden Arbeitskräften im Durchschnitt nachhaltig, also im Durchschnitt mehrerer Jahre, gewähren können". Quelle: Kaisenberg, KGO (14), 61. Hervorhebungen i.O. gesperrt.

3. Der Kündigungsschutz wurde ausgeweitet und galt von nun an für jeden Kleingarten, ganz gleich, ob das Gelände vorher Kultur- oder Brachland gewesen war[121].
4. Die Zwangspacht blieb im Prinzip bestehen, wurde jedoch als Strafmaßnahme gegen Pachtpreisverstöße instrumentalisiert und zugleich auf maximal zehn Jahre verlängert.
5. Von grundlegender Bedeutung war das Verbot der kommerziellen Generalpacht, das den Kleingartenverbänden zugleich die Möglichkeit eröffnete, sich neben Körperschaften und Anstalten des öffentlichen Rechts als potentielle Nachfolger der alten Zwischenpächter zu etablieren[122].
6. Das Verwaltungsverfahren blieb demgegenüber in seinen Grundzügen erhalten. Neu war allein die mögliche Einbeziehung der Einigungsämter, die Verlängerung der Beschwerdefrist gegen Entscheidungen der unteren Verwaltungsbehörde von sieben auf vierzehn Tage und die Erhöhung der Geldstrafe bei Pachtpreisüberschreitungen von einer höchstens dreifachen auf eine maximal zehnfache Aufstockung des zu viel gezahlten Betrages.
7. Während die Laufzeit der VOn der Exekutivgewalt des Reichskanzlers anheimgestellt war, band die NV die Geltung der KGO an die neugeschaffene Legislative. Die Kleingarten- und Kleinpachtlandordnung erwies sich damit als echtes Gesetz, dessen Bestimmungen nicht länger unter dem Damoklesschwert der ausführenden Gewalt standen.

Insgesamt brachte das Kleingartengesetz damit trotz mancher Verbesserungen keine grundsätzliche Neuformulierung der vorhandenen Probleme, sondern bloß eine qualifizierte Fortschreibung der bereits erzielten Lösungsansätze. Rechtsgeschichtlich erscheint die KGO daher in hohem Maße als Ausdruck des auf dem Verordnungswege entstandenen Kriegsnotrechts[123]. Sein Einfluß führte in der Folgezeit, verstärkt durch die unterschiedlichen Ausführungsbestimmungen der Landeszentralbehörden, zu einer uneinheitlichen Verwaltungspraxis, die

---

121 Der Minsterial-Entwurf hatte die überkommene Begrenzung des Kündigungsschutzes auf ehemaliges Brachland zunächst übernommen Drucksachen (105), Nr. 616, 1 war allerdings schon im Staatenausschuß auf Antrag Hamburgs im Sinne der späteren KGO abgeändert worden: StAHH. Senat. Cl. I. Lit. T No. 19 Vol. 7 Fasc. 46: Stellungnahme der FD zum Entwurf des Reichs-Ernährungsministers v. 30.4.1919; Auszug aus dem Protokoll des Senats v. 2.5.1919 und Abschrift der Hanseatischen Gesandtschaft Nr. 124 v. 6.5.1919.
122 Einen Dissens hatte freilich die Hamburger FD angemeldet, die in ihrer Stellungnahme darauf hinwies, daß sich nicht alle Grundstücke für eine Übernahme durch Körperschaften eigneten und daher empfahl, auch Eigentümer von Einzelgrundstücken als Verpächter zuzulassen. Quelle: Ebd.: Stellungnahme der FD.
123 Paul Brando, Kleine Gärten – einst und jetzt, (Hamburg 1965), 27 und Kaisenberg, KGO (14), 21.

Die Revolution 1918/19 421

dem allgemeinen Rechtsschutzbedürfnis tendenziell widersprach, da der „mangelhafte Ausbau des Streitverfahrens" und das Fehlen „einer die Rechtseinheit sichernden obersten Rechtsprechungsinstanz" immer nachhaltiger empfunden wurden[124].

Ein weiteres Merkmal des kriegsnotrechtlichen Charakters der KGO bildete der Umstand, daß das Kleingartengesetz keineswegs alle gesetzgeberischen Maßnahmen zum Schutz der Kolonisten zusammenfaßte, geschweige denn systematisierte. Neben dem Reichsheimstättengesetz boten die Landwirtschaftsordnung vom 4.2. und 11.4.1919, das Gesetz über das Enteignungsrecht der Gemeinden bei Auflassung oder Ermäßigung von Rayonbeschränkungen vom 27.4.1920 und die Beamtensiedlungsverordnung vom 11.2.1924 bestimmte, wenn auch bescheidene Möglichkeiten zur Ausweisung von Laubenland, die nie in die KGO integriert wurden[125]. Diese kriegsnotrechtlichen Muttermale zeigte auch die einseitige Betonung der ernährungswirtschaftlichen Aushilfsfunktion der Kleingartenkultur[126]. Die Überbetonung der „nichtgewerbsmäßigen gärtnerischen Nutzung" der Kolonien stand nicht nur im Widerspruch zu den ideellen „sozialpolitischen" Zielsetzungen der Bundesratsverordnungen und der Ministerialvorlage, sondern auch im Gegensatz zur realen Vielfalt des laubenkolonialen Lebens der Vorkriegszeit.

Rechtssystematisch erschien die KGO demgegenüber als allgemein geltendes, für Kriegs- wie Friedenszeiten gleich gültiges Spezialrecht. Das Kleingartengesetz begründete insofern „ein Sonderrecht zum Schutz der Kleingärtner, zeitlich unbegrenzt, ein ergänzendes oder erweitertes Recht des bürgerlichen Pachtrechts, gewissermaßen ein sekundäres Recht zum primären des BGB"[127]. Im Prinzip verhielten sich KGO und BGB damit wie lex specialis und lex generalis[128]. Das Sonderrecht der KGO hob das bürgerliche Recht insofern keineswegs auf, es setzte ihm nur engere Grenzen. Wo das Gesetz die Grundeigentümer traf, berührte es daher ausschließlich ihr Besitz-, nicht ihr Eigentumsrecht. Das wiederholt versprochene „Stückchen Vaterland" für jeden spielte in der KGO demzufolge genausowenig eine Rolle wie die alte Forderung nach bebauungsplanmäßig festgelegten Dauer(klein)gärten.

Gehörte das Kleingartengesetz seiner juristischen Gestalt nach zu den Sonderrechten, zählte es seinem sozialpolitischen Gehalt nach zu den Schutzgeset-

---

124 So: Kaisenberg auf dem 2. Internationalen Kongreß (89), 31f.
125 Kaisenberg/Albrecht (94), 10.
126 Otto Albrecht, Deutsche Kleingartenpolitik, in: Die Arbeit 1 (1924), 173.
127 Dietrich Maul, Das deutsche Kleingartenrecht, Jur. Diss. Erlangen 1925, 6. Vgl. auch: Sokolowski–Mirels (115), 76f. und Hans Wilhelm Spiegel, Der Pachtvertrag der Kleingartenvereine, Tübingen 1933, 1.
128 Ausführlich hierzu: Maul (127), 6ff. und Kaisenberg, KGO (14), 306–310.

zen: „Die KGO gehört (...) zu denjenigen Gesetzen, welche den Schutz des wirtschaftlich Schwächeren gegen den wirtschaftlich Stärkeren zum Gegenstande haben. Diesen Charakter bringt es zwar nicht in seinem Titel zum Ausdruck, wie dies etwa das Mieterschutzgesetz tut; nach der Vorgeschichte und nach der Begründung des Gesetzes kann aber an diesem seinem Wesen kein Zweifel bestehen"[129], zumal sich die KGO, wie Maul gezeigt hat, nicht zuletzt auch deduktiv aus Art. 155 WRV ableiten läßt[130]. In diesem Verfassungsanspruch findet das Kleingartengesetz sein zentrales politisches Widerlager: „Das nach dem Kriege viel gebrauchte Schlagwort: 'Mein Vaterland ist nicht meines Vaters Land!' erhält gewiß eine eigene Färbung, wenn man im Preußischen Güteradreßbuch feststellen kann, daß es in Schlesien, in Westfalen, in Pommern Fideikommisse gibt in Größe von 12.000 Hektar Ackerland und Wiesenboden, während etwa 10 Millionen deutsche Familien nicht einen Quadratmeter Pacht– oder Kleingartenland besitzen"[131]. In den Augen der Zeitgenossen erschien die KGO mit ihrer historisch gewachsenen, ebenso uneinheitlichen wie lückenhaften Struktur daher als legislativ unausgereiftes Provisorium, dessen vorläufiger Charakter nicht zuletzt in der fehlenden Begriffsbestimmung seines Gegenstandes zutage trat, der weder summarisch erfaßt noch systematisch definiert worden war[132]. Die für die Anwendung der KGO ausschlaggebende Bewirtschaftungsweise der „nichtgewerbsmäßigen gärtnerischen Nutzung" ließ es in vielen Fällen zumindest strittig erscheinen, ob und inwieweit Beamtengärten, Deputatland, Haus– oder Werksgärten unter ihren Schutz fielen oder nicht[133].

Einen ähnlich behelfsmäßigen Eindruck vermittelte die KGO in ihrer Eigenschaft als Schutzgesetz. Zwar begründete sie für das Kleingartenwesen eine allgemeine Ergänzung des herkömmlichen Rechtsstaats durch den modernen Sozialstaat, doch blieb diese Absicherung im Endeffekt zwiespältig, da sie nicht nur den Pächter vor „Entmietung", sondern auch den Verpächter vor Enteignung schützte. Die explizite Sonnenseite des Gesetzes erhielt damit eine implizite Schattenseite, die von den Kleingärtnern schon bald erkannt und beklagt wurde. Weit entfernt, ein sozialdemokratisches „Rittergut des kleinen Mannes"[134] zu

---

129 Sokolowski–Mirels (115), 75. Ähnlich: Maul (127), 3.
130 Ebd., 3.
131 Ebd., 4.
132 Vgl.: Brando (123), 27f. und Maul (127), 10. Eine derartige Definition bot in der BRD erst das: Bundeskleingartengesetz (113), 30.
133 Vgl. zum Problem der definitorischen Abgrenzung: Maul (127), 10f. und Sokolowski–Mirels (115), 90f.
134 So der Berliner Verbandsfunktionär und SPD–Stadtverordnete Walter Reinhold. Quelle: Förster/Bielefeldt/Reinhold (22), 37. Wie abstrus Reinholds Vergleich in Wirklichkeit war, belegt nicht nur die Tatsache, daß der Euphemismus ursprünglich ein Ausdruck kleingärtnerischen „Selbsthohns" war (Otto Albrecht, Wohnbauwirt-

begründen, bot die KGO nicht einmal eine gesetzliche Handhabe zur Einrichtung bebauungsplanmäßig festgelegter Dauergärten. Die zentrale Frage laubenkolonialer Existenz(sicherung) blieb damit im Zeichen des „Koalitionscharakters" der Weimarer Reichsverfassung ebenso offen wie im Kaiserreich[135]. Dieser unentschiedene, Verpächtern wie Pächtern gleichermaßen zugewandte Januskopf der KGO veranlaßte Otto Albrecht zu dem treffenden Resümee: „Das Reichsgesetz vom 31. Juli 1919 kann demnach nur als ein *Auftakt für ein noch zu entwickelndes Reichskleingartengesetz* gewertet werden"[136].

6.3.2. Die KGO im Widerstreit: Gegenangriffe der Verpächter und kleingärtnerische Ergänzungsversuche.

Obwohl die Kleingartengesetzgebung der Nationalversammlung ein hohes Maß an parteipolitischer Übereinstimmung zum Ausdruck gebracht hatte, waren die unmittelbar Betroffenen mit der Neuregelung ihrer Beziehungen alles andere als zufrieden, da die rechtlichen Zwangs–Vorschriften den Verpächtern zu weit, den Pächtern dagegen nicht weit genug gingen. Anstatt die Gemüter zu beruhigen, stellte die KGO den Streit der Vertragsparteien daher bloß auf eine neue gesetzliche Grundlage, von der aus der Kampf um die Kolonien mit unverminderter Härte fortgesetzt wurde. Die sich im Zuge der Auseinandersetzungen erweisende Überlebensfähigkeit der KGO war daher weniger der Güte der Gesetzgebung geschuldet als den unsicheren parlamentarischen Mehrheiten und den entsprechend instabilen Regierungen der Folgezeit, die alle Novellierungsversuche zunichte machten.

Die Bemühungen um eine Verbesserung der KGO begannen auf dem ersten, in Berlin tagenden Reichskleingärtnertag am 15. und 16.5.1921. Obwohl die Gründung des RVKD zu diesem Zeitpunkt noch bevorstand, rückte der alte „Dauerbrenner" Dauergarten sofort ins Zentrum des Geschehens. Ausgehend

---

schaft und Kleingartenwesen, in: Zs. für Wohnungswesen 21 (3) (1923), 26), sondern auch ein Blick auf die Durchschnittsgrößen der in Frage stehenden Areale. Sie betrugen 400 ha bzw. 500 qm. Ein Durchschnittsrittergut dieses Flächeninhalts ergäbe demnach 8.000 Kleingärten. Quelle: K. v. Meyenburg, Mensch und Erde, in: Adolf Muesmann (Hg.), Die Umstellung im Siedlungswesen, Stuttgart 1932, 13.

135 Dieser Mangel ist von den Kleingärtnern und ihren Verbandsfunktionären sofort erkannt und vielfach benannt worden. Vgl.: Albrecht, Deutsche Kleingartenpolitik (126), 174; Förster/Bielefeldt/Reinhold (22), 37; Kaisenberg/Albrecht (94), 33 und Kurt Schilling, Die Entwicklung des deutschen Kleingartenwesens, in: Der Fachberater 7 (25) (1957), 10.
136 Albrecht, Deutsche Kleingartenpolitik (126), 174. Hervorhebung wie i.O.

von dem Leitsatz „*Zu jeder Wohnung gehört ein Garten!*"[137] forderten die Delegierten erstens die umfassende Sicherung der bestehenden Haus- und Kleingärten und zweitens ihre konsequente Erweiterung „nach der Zahl der Wohnungen und unter Zugrundelegung einer Regelgröße (...), die bei (...) rationeller Bewirtschaftung ausreicht, die Selbstversorgung einer Familie mit Obst und Gemüse zu gewährleisten". Das erforderliche Gelände sollte enteignet, die Höhe der Entschädigung an den Preis gebunden werden, „der bei der letzten Selbsteinschätzung vor dem Kriege (...) bezeichnet worden ist"[138].

Diese Forderungen wurden von Otto Albrecht am 27.5.1922 im Ausschuß für Siedlungs- und Wohnungswesen des Vorläufigen Reichswirtschaftsrates eingebracht und von ihm am 29.6.1923 in unwesentlich modifizierter Form übernommen[139]. Obwohl der Rat nach Art. 165 WRV das Recht besaß, selbständige Gesetzesvorlagen einzubringen, blieb sein Initiativantrag parlamentarisch folgenlos. Was dem vergleichsweise allmächtigen Rätekongreß Ende 1918 in der Bodenreform- und Heimstättenfrage vielleicht möglich gewesen wäre, war für das ohnmächtige, im Grunde räteuntypische Residualorgan des Reichswirtschaftsrats von vornherein unerreichbar. Spätestens mit dem Regierungswechsel von der Großen Koalition zur ersten Bürgerblock-Regierung Marx am 30.11.1923 wurde das vom RVKD auf den Reichskleingärtnertagen von Erfurt und München bekräftigte Verlangen nach einer zeitgemäßen Fortbildung des Kleingartenrechts daher zu einem unzeitgemäßen Bestreben[140]. Unter den wechselnden Bürgerblock-Koalitionen der Folgezeit und der beginnenden ökonomischen Konsolidierung, die nicht nur einen Rückgang der Kleingärtner infolge des Ausscheidens vieler „Nur-Kartoffelbauern", sondern auch eine Zunahme der Flächenkündigungen aufgrund der wieder einsetzenden Bautätigkeit mit sich brachte[141], kam es vielmehr zu verstärkten Gegen-Aktionen der Grundbesitzer, die den RVKD aus der Offensive in die Defensive zwangen. Das oberste Ziel der Verbandspolitik war daher von nun an nicht mehr die Verbesserung, sondern die Verteidigung des gegebenen Rechts-Zustandes.

---

137 Die Leitsätze sind abgedruckt bei: Otto Albrecht, Die Reichskleingärtnertage 1921, in: NZKW 1 (2) (1922), Sp. 49. Zit. i.O. gesperrt.
138 Ebd., Sp. 47.
139 Vgl.: Die Richtlinien zur Beschaffung und Erhaltung von Haus- und Kleingartenland, in: Hauschild, Der vorläufige Reichswirtschaftsrat 1920-1926, Berlin 1926, 569ff.
140 Die Dauergartenforderungen finden sich in: Der Reichs-Kleingärtnertag zu Erfurt, in: NZKW 2 (6/7) (1923), Sp. 143f. und RVKD. Geschäftsbericht 21.5.1923-1.5.1925, Frankfurt/M. o. J., 11ff.
141 Vgl.: Richter (13), 28 und 4. Reichs-Kleingärtnertag zu München am 30./31.5.1925. Verhandlungsbericht, Frankfurt/M. 1925, 26 (Schriften des RVKD 9).

Ausgelöst wurden die Auseinandersetzungen durch ein 1924 bekannt gewordenes Rundschreiben des „Verbandes der Haus– und Grundbesitzervereine" der Provinz Hannover, das unter Hinweis auf die entspannte Lage auf dem Pachtmarkt nichts weniger als die Aufhebung der KGO verlangte[142]. Am 15.5.1925 wurde diese Forderung veröffentlicht und in einer an den Reichspräsidenten, sämtliche Regierungen und alle Reichstagsabgeordneten gerichteten Eingabe des „Reichsverbandes der Verpächter von Kleingartenland"[143] begründet[144]. Neben einer Verklärung des Status quo ante und einer weinerlichen Klage über die angebliche Verfassungswidrigkeit der KGO, die das in Art. 153 WRV garantierte Privateigentum angeblich aufgehoben und die Verpächter damit zur „Staatsbürger(n) zweiten Grades" degradiert habe, nahm die Denkschrift den offensichtlichen Nachfrage–Rückgang des Kleingartenbaus zum Anlaß, um die Zwangsbewirtschaftung ein für alle Mal in Frage zu stellen. Neben der historischen Obsoleszenz der Bewirtschaftung beklagten die Verpächter zugleich ihre vermeintliche Ineffektivität, die nicht nur die Verwaltungskosten unziemlich in die Höhe getrieben habe, sondern obendrein die Beschaffung von Kleingartenland behindere, da „heute kein Landbesitzer mehr bereit (sei), freiwillig seinen Besitz für Kleingärten zur Verfügung zu stellen". Darüber hinaus monierte der RVVK die unausgewogene finanzielle Belastung der Vertragsparteien, die schon 1923 dazu geführt habe, daß die Grundsteuer im Durchschnitt das Dreifache der Jahrespacht betragen habe. Dieser Sachverhalt erschien dem Verband besonders verwerflich, weil die Einkommensverhältnisse vieler Pächter seiner Kenntnis nach besser als die mancher Verpächter waren: „Auch unter den Besitzern von Kleingartenland herrscht vielfach große Not, nicht wenige Besitzer sind alte, kranke und erwerbsunfähige Leute aus dem verarmten Mittelstand (...). Sie haben durch die Inflation ihre sonstigen Ersparnisse verloren und sind auf diese Einnahmen als auf ihren letzten Rettungsanker angewiesen". Diese Vorwürfe erweiterte der RVVK in zwei Eingaben vom 1.12.1925 und vom 1.2.1927[145]. Neben einer gif-

---

142 Ein Abdruck des Rundschreibens findet sich in: Der Kleingarten 8 (1924), 9.
143 Über den in Leipzig–Gohlis domizilierenden RVVK habe ich nichts herausfinden können. Selbst Heinrich Förster, der Vorsitzende des RVKD, sah sich außerstande, den ominösen Verband näher zu kennzeichnen: „Was es mit diesem Reichsverband der Vereine der Verpächter von Kleingartenland für eine Bewandnis hat, wissen wir nicht. Wir kennen nicht seine Satzung, nicht seine Zeitschrift, nicht seine Tagungen, wissen nicht, ob er bloße Attrappe ist für irgend eine mächtige Terraingesellschaft". Quelle: 5. Reichs–Kleingärtnertag (100), 115.
144 Die vom Vorsitzenden des RVVK, Otto Brandt, unterzeichnete Eingabe findet sich in: StAHH. Senat. Cl. VII Lit. Cb No. 5 Vol. 12b Fasc. 57 Inv. 71. Alle folgenden Zitate ebendort.
145 Siehe hierzu und zum folgenden: Ebd.: Erwiderung des RVVK auf die Stellungnahme des RVKD v. 15.6.1925 v. 1.12.1925.

tigen Kritik der angeblichen Entstehungsgeschichte der KGO, die der Verband als legislativen Coup eines „*sehr kleine(n), aber zielbewußte(n), durch die Revolution in die Regierung gelangte(n) Kreise(s)*" hinzustellen versuchte, der die NV „durch eine Art von mehr oder weniger planmäßiger Überraschung" überrumpelt habe[146], konzentrierte sich der RVVK zunächst auf die bedeutungslose Enteignungsfrage und wies den von den Kleingärtnern wiederholt geforderten Entschädigungsrahmen einer Kapitalisierung in Form des 25-fachen landwirtschaftlichen Ertragswertes als unzumutbar zurück. Zugleich erneuerten die Verpächter ihre Forderung nach höheren, zeitgemäßen Pachtpreisen, indem sie die bereits früher in Zweifel gezogenen ärmlichen Lebensverhältnisse der Kleingärtner unter die Lupe nahmen: „Wer den zum Teil übertriebenen Aufwand gesehen hat, der in den Kleingarten–Kantinen und bei den vielen Gartenfesten (...) getrieben wird, der kann nur mit Befremden die Behauptung vernehmen, daß dieselben Kleingärtner zur Zahlung eines angemessenen Pachtzinses (...) außerstande seien"[147]. In dieselbe Kerbe schlug der Vorwurf, daß die Vereinsbeiträge oft ein Mehrfaches der Landpacht betrügen. Der von diesen Beträgen mitfinanzierte RVKD erschien den Verpächtern daher als eine aufgeblähte Organisation mit vielen Posten und Pöstchen, die allein aufgrund ihrer gleichsam „Parkinsonschen" Organisationslogik ein „*Hindernis des Friedens und der Gesundung*" bildete[148].

Der RVKD wies diese Vorwürfe in drei Gegendarstellungen vom 15.6.1925, 15.2.1926 und 1.4.1927 zurück[149], die vor allem darauf abzielten, die vorwiegend ökonomisch ausgerichtete Argumentation der Verpächter als sachlich unangemessene Verengung anzuprangern. In den Augen der Kleingartenfunktionäre erschien die Parzelle nicht nur als Wirtschafts-, sondern zugleich als Sozial- und Erholungsgarten, dessen Verbindung von Freizeitraum, Nahrungsreserve und Wohnungsergänzung neben volkswirtschaftlichen zugleich volksgesundheitliche, volkspädagogische und volkswohlfahrtliche Leistungen erbrachte. Für sie war die Kleingartenbewegung daher „*eine für unser gesamtes Volk außerordentlich wichtige Volksbewegung, die eine wahrhaft nationale Aufgabe erfüllt*"[150].

Dem Vorwurf des angeblichen Wohlstands vieler Kolonisten begegnete der Verband mit einer - noch zu analysierenden - Mitgliederstatistik, derzufolge zwei Drittel der organisierten Kleingärtner Arbeiter, Angestellte, niedere Beamte

---

146 Ebd.: Denkschrift des RVVK v. 1.2.1927. Hervorhebung i.O. fett.
147 Ebd.: Erwiderung des RVVK v. 1.12.1925.
148 Ebd.: Eingabe v. 1.2.1927. Hervorhebung i.O. fett.
149 Die Eingabe v. 15.6.1925 lag mir leider nicht vor. Die beiden anderen Stellungnahmen des RVKD finden sich in: KGW 3 (3) (1926), 29ff. und 4 (5) (1927), 51-54.
150 KGW 4 (5) (1927), 54. Zit. i.O. gesperrt.

Die Revolution 1918/19 427

und kleine Gewerbetreibende waren, unter denen sich nicht nur viele alleinstehende Frauen, Kleinrentner und Kriegsbeschädigte fanden, sondern auch nennenswerte Zahlen abgebauter Beamter, Erwerbsloser und Kurzarbeiter[151]. Die vorgebliche Pfründenwirtschaft des RVKD erledigte sich angesichts dieser Sozialstruktur seiner Mitglieder von selbst. In der Tat wurde die Verbandsarbeit fast ausschließlich durch ehrenamtliche Freizeittätigkeit vollbracht. Mitte der zwanziger Jahre gab es im RVKD nur 6 ½ hauptamtliche Stellen, von denen drei auf Sachsen, zwei auf Berlin, eine auf Augsburg und eine halbe auf München entfielen[152]. Bei über 330.000 Mitgliedern ergab das einen weder in Prozent noch in Promille faßbaren Professionalisierungsgrad.

Im Gegensatz zum RVVK, der sich in den Auseinandersetzungen durchweg als wirtschaftlicher Interessenverband ausgab, präsentierte sich der RVKD mit dieser Argumentation gleichsam als nationaler Volks–Wohlfahrtsverband. Dieser Unterschied prägte nicht zuletzt den jeweiligen Duktus des Vorbringens: War das Räsonnement des RVVK von objektiven Unwahrheiten, unsachlicher Polemik und offenkundig böswilligen Unterstellungen durchsetzt, blieben die Verlautbarungen des RVKD demgegenüber durchweg sachlich und moderat. Besonders deutlich trat dieser Kontrast in der verlogenen laus temporis acti, mit der die Verpächter die Vorkriegsverhältnisse in den Kolonien verklärten, und in der nicht minder dreisten Geschichtsfälschung zutage, mit der sie die KGO als Mach–Werk einer kleinen, von der Revolution begünstigten Clique hinzustellen versuchten. Diese ebenso unwahre wie unkluge Polemik bot nicht nur dem RVKD die Möglichkeit zu einer wirkungsvollen Richtigstellung[153], sie benahm dem RVVK zugleich die Chance, für seine Vorstellungen parlamentarische Unterstützung zu gewinnen. Wer die Reichstagsfraktionen von DDP und Zentrum, die ja auch die Bürgerblockregierungen mittrugen, in dieser Weise angriff, erwies dem eigenen Anliegen auf jeden Fall einen Bärendienst. Im Unterschied zur ausgewogenen, parteipolitisch neutralen Sympathiewerbung des RVKD erwies sich das polemisch–polarisierende Vorgehen des RVKD daher zugleich als taktische Dummheit: Der Reichstag hat die Eingabe des RVVK infolgedessen gar nicht erst behandelt, während der von einer Koalition Weimarer Zuschnitts beherrschte Preußische Landtag sie am 23.10.1925 kommentarlos zurückwies[154].

Von allen Klagen der Verpächter kam allein der Differenz zwischen Grundsteuerbelastung und Pachteinkünften eine gewisse Berechtigung zu. Ihr war allerdings durch Verfügung des preußischen Finanzministeriums bereits am

---

151 KGW 3 (3) (1926), 30.
152 KGW 4 (5) (1927), 54.
153 Ebd., 53.
154 KGW 3 (3) (1926), 31.

14.1.1924, also lange vor der ersten Eingabe des RVVK, gesteuert worden. Zumindest in Preußen wurde die Bewertungsgrundlage der Grundvermögenssteuer seitdem weit flexibler gehandhabt und namentlich kleingärtnerisch genutzter Baugrund in der Regel der nach dem Ertragswert zuzurechnenden Steuergruppe zugewiesen. Der RVKD empfahl dem RVVK denn auch, „ähnliche Bestimmungen auch für die anderen Länder des Reiches zu erwirken"[155].

Wie wenig substantiiert die Angriffe des RVVK waren, zeigt nicht zuletzt die Haltung des „Schutzverbandes für Deutschen Grundbesitz". In seiner 1933 veröffentlichten Stellungnahme zum Kleingartenproblem wiederholte der Verband zwar die bekannten Beschwerden über die Pachtpreisfestsetzung und die weiter wirkende Abgaben–Einnahmen–Schere[156], gelangte aber ansonsten zu einer sachgerechteren, ja positiven Würdigung des Kleingartenwesens[157]. Nichtsdestoweniger wertete auch der Schutzverband die KGO als „Fehlschlag"[158]. Zwei Argumente standen dabei im Vordergrund: Der noch eingehend zu erörternde Kampf um den Dauergarten[159], der in manchen Fällen dazu geführt hatte, daß aus Kleingartenland faktisch Siedlungsland wurde, und die schleichende Umwandlung blühender Kolonieteile in florierende Standorte kommerziellen Kleinhandels: „Die Kleingartenparzellen werden nämlich nicht selten zur Errichtung von Kohlenhandlungen, Grünkramläden, ja sogar von Schlächter– und Schusterläden, von Tischlerwerkstätten, Alteisen– und Dachpappenhandlungen und schließlich von Ausschankstellen der Biere bestimmter Brauereien benutzt (...). In einem Fall konnte statistisch festgestellt werden, daß auf einem einzigen Pachtgelände im Osten Berlins nicht weniger als 34 gewerbliche Betriebe vorhanden waren. Unter diesen befanden sich 4 Kohlenhandlungen, 5 Kolonialwarengeschäfte und nicht weniger als 11 Bierverschleiße"[160].

Diese illegale Umwandlung von Kleingarten– in Einkaufsparadiese läßt sich vereinzelt auch für den Großraum Hamburg nachweisen. So sah sich die Domänenverwaltung 1925 veranlaßt, den KGV „Hamm und Horn" wegen kolonieeigener Pferdeställe, Kohlenlagerplätze und Schweinemästereien mit Nachdruck auf das Verbot gewerblicher Untervermietung hinzuweisen[161]. Eine ähnliche Abmahnung traf den Verein 1934, als die FD auf Beschwerde eines Kolonialwa-

---

155 KGW 4 (5) (1927), 53.
156 Schutzverband für Deutschen Grundbesitz, Die Kleingartenbewegung im Deutschen Reiche, Berlin 1933, 21f. u. 24f.
157 Siehe: Ebd., 5ff., 14 u. 34.
158 Ebd., 21 u. 34.
159 Ebd., 15 u.v.a. 28–31.
160 Ebd., 19f.
161 StAHH. FD IV DV I C4 d II Qd 9c: Schreiben der DV v. 10.3.1925.

renhändlers eine seit vier Jahren bestehende Verkaufsstelle anprangerte[162]. Allein in diesem Fall wußten sich die Hammer und Horner zu wehren, da sie ihr Verhalten nicht nur mit den preußischen Regelungen in Altona, Bramfeld und Wandsbek, sondern auch mit hanseatischen Ausnahmegenehmigungen für die Kolonialgebiete Billbrook, Mittlerer Landweg und Waltershof zu legitimieren wußten[163]. Die FD sah sich daher gezwungen, den Betrieb der Verkaufsstelle gegen eine Gebühr von 200 RM pro Jahr nachträglich zu gestatten[164].

Ein ähnlicher Vorwurf traf den damals schon als Landesverband Groß–Hamburg firmierenden Gesamtverband der Hamburger Kleingärtner Anfang 1933, als die „Samenhändlervereinigung Hamburg und Umgebung" im Verein mit der Detaillistenkammer gegen den „ausufernden Handelsverkehr" zu Lasten des gewerblichen Mittelstandes protestierte[165]. Die mit heftigen Vorwürfen gegen die angeblich marxistische Führung der Kolonisten gespickte Klage bezeugte allerdings nicht nur die zweifellos vorhandenen Kommerzialisierungstendenzen, sondern auch und vor allem die aggressive Angriffslust der kleinen Gewerbetreibenden, die seit dem Beginn der nationalsozialistischen Diktatur verbandspolitische Morgenluft witterten und alles daransetzten, Konkurrenten gleich welcher Art auszuschalten. Die Hamburger Kleingartendienststelle betrachtete das Aufkommen von Sammelbestellungen und Verkaufsstellen in den Kolonien im Gegensatz dazu als ureigenes Werk der Kleinhändler und machte den Geschäftsleuten den Vorwurf, „den stärksten Anreiz für die Schaffung von Verkaufsstellen (...) gegeben zu haben. Den Vereinen sind nicht selten von verschiedenen Firmen nennenswerte Summen gegeben, um das Alleinverkaufsrecht auf dem Koloniegelände zu erhalten, andere Firmen haben sich einen Vertrauensmann unter den Kleingärtnern gesucht, dem dann die Ware in Kommission gegeben wurde". Trotzdem empfahl die KGD[166] eine polizeiliche Revision etwaiger „wilde(r) Verkaufsstellen" und die Einführung eines Pachtvertragspassus, der den Handel ausdrücklich untersagte. Obwohl sich auch die DV diesen Vorschlag zu eigen machte[167], wird man die Bedeutung der kommerziellen Aktivitäten nicht überbewerten, da sie nicht nur in vielen Fällen gewerblich inspiriert waren, sondern wenigstens zum Teil, etwa in Form von Sammelbestellungen, einen legitimen Bestandteil jeder freien Wirtschaftsordnung bildeten.

---

162 Ebd.: Schreiben der FD v. 5.1.1934.
163 Ebd.: Antwort des KGV Hamm und Horn v. 12.1.1934.
164 Ebd.: Schreiben der FD v. 9.11.1935.
165 StAHH. FD IV DV I C 4a III C 54: Schreiben der Samenhändlervereinigung an die FD v. 29.4.1933.
166 Ebd.: Äußerung der KGD v. 24.5.1933.
167 Ebd.: Stellungnahme der DV v. 11.7.1933.

Eine vergleichbare Ausnahme bildeten die vom „Schutzverband für Deutschen Grundbesitz" als Beleg für die angebliche Zahlungskraft der Kleingärtner ins Feld geführten Erfolge laubenkolonialer Kleintierzucht[168]. In der Tat bildeten die Kleintierzüchter innerhalb der Kleingärtnerschaft nur eine bescheidene Teilmenge. Hygienische Vorbehalte der Kommunen und die meist wohnungsferne Lage der Gärten, die eine regelmäßige Versorgung der Tiere ebenso erschwerten wie ihren Schutz vor Dieben, stellten Hindernisse dar, die nur ein Bruchteil der Kolonisten überwinden konnte und wollte. Hohe Investitionskosten für Stallungen, Ausläufe, Besatztiere, Futter und tierärztliche Versorgung sowie das ganz anders geartete Know how taten ein übriges, die Kleintierzucht im Vergleich zum Kleingartenbau niedrig zu halten. Im Einzugsbereich der Hamburger Familiengärten war die Kleintierzucht denn auch bekanntlich untersagt. Das Gleiche traf – bis zum Beginn des Ersten Weltkriegs – auf Nürnberg zu[169]. Mit dem Inkrafttreten der KGO verlor die Kleintierzucht im Prinzip sogar jede Berechtigung. Die von ihr vorgenommene Begriffsbestimmung der „nicht-gewerbsmäßigen gärtnerischen Nutzung" reduzierte sie jedenfalls auf ein juristisch anfechtbares, praktisch nur in engen Grenzen fortbestehendes Gewohnheitsrecht. Die 1938 erlassenen „Richtlinien der Gemeindeverwaltung Hamburg über das Halten von Tieren in Kleingärten"[170] bestimmten daher, die Tierhaltung so zu begrenzen, „daß der kleingärtnerische Charakter der Gärten unbedingt gewahrt bleibt". In der laubenkolonialen Publizistik und Verbandspolitik spielte die Kleintierzucht demzufolge bloß eine bescheidene Nebenrolle, über die sie nur in Kriegs- und Krisenzeiten spontan hinauswuchs, um nach ihrem Ende ebenso naturwüchsig wieder einzugehen.

Trotz treffender Einzelbeobachtungen erwiesen sich die Gegenangriffe der Verpächter damit insgesamt als ungeeignet, die relativ konsensual erfolgte Kleingartengesetzgebung der Nationalversammlung anzufechten, geschweige denn aufzuheben. Die von der WRV erstmals fixierte Sozialbindung des Grundeigentums konnte sich daher in einem, wenn auch bescheidenen Teilbereich allen Anfeindungen zum Trotz halten, zumal die relative Konsolidierung der „Goldenen Zwanziger Jahre" in der Ende 1929 einsetzenden Weltwirtschaftskrise zusammenbrach. Weder die Präsidialkabinette noch die nationalsozialistischen Machthaber sahen sich infolgedessen veranlaßt, sich mit einer Aufhebung des sozialpolitischen Entlastungsraums Kleingarten parteipolitisch zu belasten.

---

168 Schutzverband (156), 17f.
169 Der Kleingarten. Eine Darstellung seiner historischen Entwicklung in Nürnberg, Nürnberg 1923, 8 (Mitteilungen des Statistischen Amtes der Stadt Nürnberg 7).
170 StAHH. Rechtsamt I 167.

Wie erfolgreich der RVKD den laubenkolonialen Besitzstand zu wahren vermochte, so erfolglos blieben freilich seine Bestrebungen, ihn mit Blick auf den Dauergarten auszubauen. Der einzige Versuch dieser Art fiel bezeichnenderweise in die Zeit der vom sozialdemokratischen Reichskanzler Hermann Müller geführten Großen Koalition. Die am 24.9.1929 an sämtliche Reichsministerien, Länderregierungen und Landesvertretungen in Berlin verschickte Vorlage[171], die das ebenfalls sozialdemokratisch geleitete Reichsarbeitsministerium unter Rudolf Wissell erstellt hatte, sah neben verfahrensrechtlichen Verbesserungen wie der Stärkung des Mieteeinigungsamtes[172] und einer bei den Landgerichten einzurichtenden Berufungsinstanz für Streitfragen[173] vor allem sechs Neuerungen vor[174]:

1. Eine erweiterte Begriffsbestimmung des Kleingartens, die neben der „nichtgewerbsmäßigen gärtnerischen Nutzung" die räumliche und rechtliche Trennung der Parzelle von der Wohnung des Pächters sowie ihre Eigenbewirtschaftung durch den Kleingärtner und/oder seine Familie verlangte.
2. Die Zulassung eines von der jeweiligen Landeszentralbehörde anzuerkennenden Kleingartenunternehmers, der die bis dahin als Zwischenpächter fungierenden Kleingartenvereine ergänzen bzw. ersetzen sollte.
3. Das Recht, Kleingartenland als Dauergartengelände festzulegen und im Bebauungsplan auszuweisen.
4. Die Einführung reichsweiter Pachtpreisrichtlinien.
5. Die Einschränkung des Kündigungsgrundes auf „genehmigte Bauvorhaben" und damit die Absicherung der Kolonien gegenüber Gebietsansprüchen für „Spiel- und Sportplätze, Parks oder andere Volkswohlfahrtseinrichtungen".
6. Eine angemessene Entschädigung im Kündigungsfall.

Diese Gesetzesinitiative blieb allerdings schon im Stadium des Entwurfs stecken, da das Ministerium seinen Vorschlag weder motiviert noch mit den Landeszentralbehörden abgestimmt hatte. Allein in Hamburg stieß das Vorbringen Berlins auf eine Fülle von Einwänden, deren Vielfalt die Zahl der befaßten Ressorts und Interessenverbände noch überstieg[175]. So konnten die kleinstädtisch

---

171 StAHH. Landherrenschaften XXII A 57/5: Rundschreiben des Reichs-Arbeitsministers v. 24.9.1929 und anliegender Referenten-Entwurf zu einem Reichskleingartengesetz.
172 Siehe: Ebd.: Referenten-Entwurf §§ 6, 7(2), 8, 9(2), 11, 14, 15(3), 16, 17 u. 19.
173 Siehe: Ebd. § 15(1).
174 Alle folgenden Angaben nach: Ebd.: § 1 bis 7 Abs. 1 und § 10 bis § 12.
175 StAHH. Landherrenschaften XXII A 57/5: Stellungnahme der Landwirtschaftskammer v. 30.10.1929, Stellungnahme des Rats der Stadt Cuxhaven v. 15.11.1929, Stellungnahme des Hamburgischen Amtes Ritzebüttel v. 25.11.1929 und Stellungnahme der Landherrenschaften v. 25.11.1929. Senat. Cl. VII Lit. Cb No. 5 Vol. 12b

bzw. ländlich geprägten Exklaven Cuxhaven und Ritzebüttel wegen der durchweg befriedigten Nachfrage nach Kleingartenland überhaupt keinen Handlungsbedarf erkennen, während die Landherrenschaften auf die weitere Berücksichtigung der Kleinlandwirtschaft drängten. Auf heftige Kritik stieß auch die Vorzugsstellung der privat genutzten Kleingärten gegenüber den öffentlich benutzten Spiel-, Sport- und Parkflächen, deren Unterprivilegierung von der FD, den Landherrenschaften, der Landesjustizverwaltung und dem Cuxhavener Stadtrat verworfen wurde. Die geplante reichsweite Pachtpreisordnung vereinte dagegen das Gartenwesen und die Landesjustizverwaltung, die angesichts der regionalen und lokalen Uneinheitlichkeit der Pachtverhältnisse in jeder reichsweiten Regulierung den Aufbau eines nationalen Prokrustesbettes witterten. Die geplante Einführung des bisher unbekannten Begriffs des Kleingartenunternehmers alarmierte wieder den Rat der Stadt Cuxhaven und das Gartenwesen, die hierin eine elementare Gefahr für die kleingärtnerische Selbstverwaltung sahen. Mit deutlicher Spitze gegen den dahinterstehenden Monopolanspruch des RVKD stellte die Hamburger KGD demgegenüber fest: „Die Zulassung (als Kleingartenunternehmer) soll nach der Einstellung des Vorstandes des Reichsverbandes nur der örtlichen Großorganisation erteilt werden, was einer Aufgabe der Selbstverwaltung gleichkommt, die als Erziehungsmaßnahme des Volkes vom staatserhaltenden Gesichtspunkt eine der wichtigsten Aufgaben der Kleingartenbewegung darstellt".

Den weitaus stärksten Widerspruch erfuhr erwartungsgemäß die vorgeschlagene Lösung der Dauergartenfrage. Hier bildeten die Landwirtschaftskammer, die Landherrenschaften und die für die Verwaltung und Verpachtung des Staatsgrundes verantwortliche FD gemeinsam mit Cuxhaven eine ebenso wortgewaltige wie unüberwindliche Abwehrfront, der das Gartenwesen unweigerlich unterliegen mußte. In der Tat erschien die Umwandlung innerstädtischer Freiflächen in Dauerkleingartenland aus fiskalischen wie aus planerischen Gründen fragwürdig, da das Hamburger Staatsgebiet zunehmend auf seine vom preußischen Umland definierten Kapazitätsgrenzen stieß. Der Streit um den Dauergarten entpuppte sich daher auch hier als heteronomer Aspekt der durch die gescheiterte Reichsreform einmal mehr vertagten Groß–Hamburg–Frage, die jeden Durchbruch der kleingärtnerischen Wunschvorstellungen bis zur Verabschiedung des Groß–Hamburg–Gesetzes 1937 verhindern sollte.

Da sich die Hamburger Einwände schon bald als repräsentativ erwiesen, sah sich das Reichsarbeitsministerium gezwungen, seine Gesetzesinitiative nahezu postwendend zurückzuziehen. Bereits sechs Wochen nach dem Versand des

---

Fasc. 57 Inv. 7e: Stellungnahme der FD v. 18.10.1929, Stellungnahme der Landesjustizverwaltung v. 24.10.1929 und Stellungnahme der KGD v. 18.11.1929.

Die Revolution 1918/19 433

Entwurfs ließ die Behörde auf einer am 7.11.1929 stattfindenden Sitzung des Wohnungsausschusses durchblicken, daß sie ihre ursprünglichen Absichten nicht weiter verfolgen werde, „da sich bereits jetzt sehr erhebliche Widerstände gegen den Entwurf gezeigt hätten, und sich bei der Gestaltung der Verhältnisse im Reichstag nicht im Voraus mit Sicherheit bestimmen lasse, welche Änderungen ein solches Gesetz im Reichstag erfahre"[176]. Mit Schreiben vom 12.2.1930 stellte das Ministerium seine Bemühungen offiziell ein[177]. Die Geschichte der Kleingartengesetzgebung im Deutschen Reich fand damit ein ebenso abruptes wie unrühmliches Ende.

6.4. Die Umsetzung der KGO in Hamburg.

6.4.1. Der Stand der Hamburger Kleingartenbewegung zum Zeitpunkt ihrer rechtlichen Regulierung.

Im Sommer 1919 wurden in Hamburg von der Domänenverwaltung insgesamt 543 ha Kleingartenland verpachtet[178]. Von dieser Gesamtfläche entfielen 428 ha auf die PG, 57 ha auf Einzelpächter und nur 40 ha auf Kleingarten- und Schrebervereine. Hinzu kamen 18 ha Privatland, das die DV für Kleingartenzwecke angemietet hatte, sowie einige kleinere, nicht bezifferte Verpachtungen, die teils von der Friedhofsverwaltung, teils von der Baudeputation, teils vom Magistrat Cuxhavens bereitgestellt worden waren. Neben dem weiteren Aufschwung der Kleingartenbewegung dokumentieren die Angaben daher vor allem die fortdauernde Benachteiligung der Vereine bei der staatlichen Landvergabe. Ihr Anteil am Staatsgrund rangierte nicht nur weit hinter dem der PG, sondern auch deutlich unter dem der „wilden" Einzelpächter. Diese gezielte Zurücksetzung wurde dadurch verschärft, daß die Vereinsbewegung in der Revolution den größten Zuwachs ihrer Geschichte erlebte. Zu den bis Kriegsende entstandenen 46 Vereinen kamen allein 1919 noch einmal so viele hinzu. Ein Jahr später erhöhte sich ihre Zahl um ein weiteres knappes Drittel auf insgesamt 123[179]. Allein in den

---

176 Ebd.: Auszug aus dem Bericht über die Sitzung des Wohnungsausschusses v. 7.11.1929 im Reichs–Arbeitsministerium.
177 Ebd.: Rundschreiben des Reichs–Arbeitsministeriums an die Länderregierungen v. 12.2.1930.
178 Ebd.: Bericht der FD v. 5.7.1919. Die Aufstellung erfaßt nur Domänenland; alle Zahlen sind auf– bzw. abgerundet.
179 Angaben nach: Amtsgericht Hamburg: Vereinsregister des Amtsgerichts Hamburg Bd. I–LXIII; Vereinsregister des Amtsgerichts Bergedorf Bd. 2 und Vereinsregister des Amtsgerichts Wandsbek Bd. 2. StAHH: Amtsgericht Altona. Vereinsregister

ersten beiden Nachkriegsjahren verzeichneten die Vereine infolgedessen eine Zunahme von rund 167%. Welche Bedeutung die „Organisierten" damit zugleich für die kleingärtnerische Flächennutzung im Groß–Hamburger Ballungsraum gewannen, belegt die Übersicht der DV für das Jahr 1920[180]:

Von Hamburgern gepachtetes Laubenland Anno 1920			
	ha	%	%
Hamburger Gebiet	890	70,6	100%
Staatsgrund	578	45,9	65%
Privatland	312	24,8	35%
Preußisches Gebiet	370	29,4	100%
Krs. Pinneberg	255	20,2	69%
Krs. Stormarn	115	9,1	31%
Summe	1.260	100,0	

Zunächst zeigt die Tabelle zum ersten Mal die Verteilung des von Hamburgern gepachteten Laubenlandes auf die beiden Nachbarstaaten. Obwohl die in Hamburg gelegenen Flächen mehr als das Doppelte des in Preußen belegenen Gebietes ausmachten, beweist die Aufschlüsselung, daß die Hansestadt spätestens 1920 nicht mehr in der Lage war, den „Landhunger" ihrer Kolonisten zu befriedigen. Der grenzüberschreitende Charakter der Bewegung trat damit unmißverständlich zutage. Sodann vermittelt die Übersicht einen Einblick in die Eigentumsverhältnisse auf den Hamburger Pachtflächen. Sie weisen für die Beziehung von öffentlichem zu privatem Grund eine Relation von 65% zu 35% aus und belegen daher auch für Hamburg den stark halbamtlichen, quasi neo–merkantilistischen Grundzug der Kleingartenbewegung, der bereits bei der Analyse der ZfV–Erhebung des Jahres 1912 deutlich geworden war. Darüber hinaus läßt die Aufstellung die organisatorischen Stärkeverhältnisse der Hamburger Koloniebestrebungen erkennen, da der hamburgische Staatsgrund in der Regel an die PG vermietet wurde, während Hamburger und preußisches Privatland bekanntlich fast ausschließlich von den in der Hansestadt wenig wohlgelittenen Vereinen gemietet wurde. Korreliert man öffentliche und private Flächen, ergibt sich ein Verhältnis von 578 zu 682 ha oder 45,9% zu 54,1%. Auch wenn

---

Bd. 1–3; Amtsgericht Bergedorf. Vereinsregister Bd. 1; Amtsgericht Blankenese Bd. 1–3; Amtsgericht Harburg. Vereinsregister Bd. 1–3 und Amtsgericht Wandsbek. Vereinsregister Bd. 1.

180 Die beiden folgenden Tabellen nach: StAHH. Senat. Cl. VII Lit. Cb No. 5 Vol. 12b Fasc. 57 Inv. 7e: Anlage zum Bericht der DV v. 15.10.1920.

diese Verteilung nur als Faustregel aufzufassen ist, macht sie doch deutlich, daß die „Patrioten" spätestens 1920 ihre dominierende Stellung innerhalb der Hamburger Kleingartenbestrebungen eingebüßt hatten. Dieser Niedergang resultierte sowohl aus den staatlich gedeckten Exklusivitätsbestrebungen der PG, die die Vereine schon früh ins Umland abgedrängt hatten, als auch aus der zunehmenden Erschöpfung der für Kleingartenzwecke brauchbaren Flächenreserven des Stadtstaates. Infolge der durch den Krieg bedingten Expansion der Hamburger Laubenkolonisation und der fortschreitenden Verrechtlichung der Kleingartenbestrebungen im Reich wurde die Monopolstellung der PG daher mehr und mehr zu einem räumlichen und rechtlichen Anachronismus, der nicht zuletzt aufgrund seiner vormundschaftlichen „Betriebsstruktur" in einen immer stärkeren Widerspruch zum Zeitgeist geriet. Zu Beginn der Weimarer Republik hatte sich die Reform des Jahres 1907 damit sowohl hinsichtlich ihrer Außen- wie ihrer Binnenorganisation überlebt. Ihre Auflösung war daher nur noch eine Frage der Zeit.

Ebenso bemerkenswert wie der von der DV erstellte Überblick über die Flächenverteilung war die von ihr im selben Jahr erhobene Übersicht über die Parzellengrößen. Ihr zufolge verteilten sich die 22.269 von Hamburgern bewirtschafteten Kleingärten auf folgende Größenklassen:

Von Hamburgern bewirtschaftete Kleingärten Anno 1920		
Größe	Anzahl	%
200–300 qm	7.023	31,5
300–400 qm	7.583	34,1
400–600 qm	6.103	27,4
600–1000 qm	1.446	6,5
über 1000 qm	114	0,5

Die Masse der Kleingärten bestand demnach tatsächlich aus kleinen, z.T. sehr kleinen Gärten. Gut 65%, also knapp zwei Drittel des Bestandes, lagen in den beiden Größenklassen bis 400 qm. Sie unterschritten damit die für die Selbstversorgung einer vierköpfigen Durchschnitts-Familie allenthalben angenommene Mindestgröße, zumal selbst in reinen Wirtschaftsgärten notwendige Flächenabzüge für Laube, Wege, Wassertonne und Komposthaufen anfielen, die die Nutzfläche in jedem Fall verkleinerten. Wenigstens die Hälfte der von Hamburgern bewirtschafteten Gärten des Jahres 1920 wird ihren Nutzern daher, nicht zuletzt in Anbetracht ihrer oft großen Qualifikationsmängel, nur eine magere Zukost eingebracht haben. Trotz dieser bescheidenen ökonomischen Bedeutung der Kleingärten verdeutlicht die Tabelle freilich zugleich die beachtliche soziale Relevanz der Kleingartenbewegung. Faßt man jede Parzelle als reproduktiven Kristallisationskern einer vierköpfigen Familie auf, käme man auf einen Nutzerkreis von 89.076 Personen oder 8% der damaligen Hamburger Bevölkerung in Höhe von 1.091.174 Einwohnern[181]. Unter Einbezug der Kleingartenanwärter, die die DV 1920 mit 3.989 Personen bezifferte, und der unbekannten Zahl der Kolonisten aus den preußischen Nachbarstädten überträfe die Groß–Hamburger Kleingartenpopulation damit sogar die „magische Marke" von 100.000 Nutznießern. Auf jeden Fall war die Kleingartenbewegung im Großraum Hamburg Anno 1920 eine echte Massenbewegung, deren Umfang die Einwohnerzahl einer modernen Großstadt überschritt. Mochte der „Gartenzwerg" im Laufe des Krieges auch nie zum Riesen (Antäus) geworden sein, eine politische Größe war er von nun an mit Sicherheit.

6.4.2. Der Kompetenzstreit zwischen Bau- und Finanzdeputation um Einrichtung und Zuordnung der Hamburger Kleingartendienststelle.

Obwohl die Durchführung der KGO im Prinzip in die Hände der Landeszentralbehörden gelegt worden war, erließ das Reichswirtschaftsministerium unter Berufung auf die in Art. 15 WRV geregelte Reichsaufsicht am 1.10.1919 zentrale Richtlinien, die „Anhaltspunkte für eine im Sinne des Gesetzgebers zu treffende Auslegung und Handhabung des Gesetzes bieten" sollten[182]. Sie enthielten im wesentlichen fünf Ergänzungen[183]:

1. Die Begriffsbestimmung des Kleingartens (§1 KGO) wurde auf Kriegsgemüseland ausgedehnt, die vorgeschriebene „nichtgewerbsmäßige gärtnerische Nutzung" als Selbstarbeit zur Selbstversorgung der Familie definiert. Zugleich wurde die Regelgröße der Parzelle auf 625 qm, ihre Maximalgröße auf 1.000 qm festgelegt.
2. Als wichtiger Kündigungsgrund (§3 KGO) wurde neben der genehmigten Bebauung – wenn auch mit Abstrichen – die gewerbliche Nutzung zugelassen.
3. Die neuen Träger der Zwischenpacht (§5 KGO) sollten, soweit sie nicht öffentlich–rechtlich legitimiert waren, von der Landeszentralbehörde auf ihre

---

181 Statistisches Hb. für den Hamburgischen Staat 1920, Hamburg 1921, 1f.
182 StAHH. Senat. Cl. 1 Lit. T No. 19 Vol. 7 Fasc. 46: Schreiben des Reichs–Wirtschaftsministers an die Senatskommission für die Reichs- und auswärtigen Angelegenheiten v. 16.1.1920.
183 Alle folgenden Angaben nach: Ebd.: Rundschreiben des Reichs–Wirtschaftsministers an sämtliche Länderregierungen v. 1.10.1919.

Gemeinnützigkeit geprüft, etwaige Zwangspachtungen erst nach Ausschöpfung des Staatsgrundes in Erwägung gezogen werden.
4. Pachtstreitigkeiten (§6 KGO), die in die Zuständigkeit eines MEA fielen, sollten von paritätisch aus Pächtern und Verpächtern zusammengesetzten Kleingartenschiedsgerichten entschieden werden.
5. Zur Durchführung des Gesetzes (§7 KGO) empfahl das Ministerium die Einrichtung eines der Landeszentralbehörde unterstellten Kleingartenamtes, das in Kooperation mit einem ebenfalls zu schaffenden Kleingartenbeirat die Aufschließung der Flächen übernehmen, ihre Versorgung mit Dünger, Saatgut und Wasser organisieren, die Fach- und Rechtsberatung der Pächter gewährleisten und nicht zuletzt ihre Interessen bei der Aufstellung der Bebauungspläne vertreten sollte.

Obwohl die Richtlinien vom Gesetz gedeckt waren und in keinem einzelnen Fall juristisch angefochten wurden, entpuppte sich die Anregung zur Schaffung von Kleingartenämtern unversehens als Streitpunkt, der die Gemüter der Kolonisten in vielen Ländern erregte. Noch auf dem 3. Reichskleingärtnertag, der am 20. und 21.5.1923 in Erfurt stattfand, erklärte der RVKD-Vorsitzende Förster: „Die Einrichtung von Amtsstellen für Kleingartenbau und der Kleingärtnerbeiräte erfolgte ohne einheitlichen Plan, die Mitwirkung der Kleingärtner in Ämtern und Beiräten war an vielen Orten problematischer Natur. Preußen, Sachsen, Bremen, Hamburg ausgenommen, standen die Länder der Errichtung der Ämter unentschlossen, zum Teil ablehnend gegenüber"[184].

Gerade die positive Erwähnung Hamburgs dokumentiert auf eindrucksvolle Weise die Schärfe der in diesem Zusammenhang auftretenden Widersprüche. Im Gegensatz zur ergebnisorientierten Sicht des RVKD, der die Ereignisse in der Hansestadt aus der „Vogelperspektive" des nationalen Verbandes betrachtete, spiegelte die dem Geschehen unmittelbar verknüpfte „Froschperspektive" des SKBH die Lage vor Ort in einem weit weniger freundlichen Licht[185]. Selbst die am 26.3.1920 erlassenen Hamburger Ausführungsbestimmungen vermochten die Gemüter der Kleingärtner nicht zu beruhigen. In einem für die damalige Mißstimmung typischen, unter dem bezeichnenden Titel „Alarm" veröffentlichten Kommentar bemängelte „Der Kleingarten" vielmehr die „Unzulänglichkeit und

---

184 NZKW 2 (6/7) (1923), Sp. 114f. Die unterschiedliche Verwaltungsorganisation in den Ländern dokumentiert: Sokolowski–Mirels (115), 88 u. 151. Vgl. auch: H. Förster u. O. E. Sutter, Kleingartenämter und Kleingärtnerbeiräte, Frankfurt/M. 1924, 13f. (Schriften des RVKD 4).
185 Die Vorwürfe des SKBH gegen Senat, DV und PG finden sich v.a. bei: A. Teich, Kleingartenbau und Bürgerschaft, in: Der Kleingarten 11 (1920), 118f.; H. Trost, Staat und Kleingartenbau, in: Ebd. 12 (1920), 242ff. und A. Käselau, Zur Lage, in: Ebd. 1 (1921), 26.

inhaltlich fast übertriebene Dürftigkeit der Hamburger Ausführungsbestimmungen", die nach Meinung des Verbandes „klein und häßlich" waren und „kautschukartig in jede gewünschte Länge gezogen werden" konnten[186].
Diese ausgeprägte Erbitterung der Hamburger Kolonisten besaß drei Gründe. Zunächst war die Forderung nach gemeindlichen Kleingartenämtern oder -dienststellen weit älter als die Reichsrichtlinie. Diese Tatsache stützte sich nicht nur auf den bekannten Umstand, daß der SKBH die Einrichtung eines derartigen Amtes schon im Dezember 1918 propagiert hatte, sondern auch auf das Faktum, daß der Mainfrankfurter „Gartenfreund" Ernst Otto Sutter entsprechende Vorstellungen bereits im Januar 1918 publiziert hatte[187] und damit die Anregung des Reichswirtschaftsministeriums vorwegnahm[188]. Was den SKBH aufbrachte, war daher der langsame, ja schleppende Nachvollzug längst bekannter, vermeintlich unabweisbarer Forderungen. Diese Ungeduld steigerte sich noch, als das große Nachbarland Preußen die Streitfrage am 27.1.1920 in ihrem Sinne löste[189]. Da Hamburg mit den umliegenden preußischen Städten, Gemeinden und Landkreisen seit langem einen gemeinsamen, grenzüberschreitenden Ballungsraum bildete, erschien ihnen jede administrativ abweichende Umsetzung der KGO als kontraproduktive Fortschreibung eines historisch überholten Zustandes. Auf jeden Fall betrachtete der SKBH die Entwicklung in seinem Einzugsbereich aus einer gleichsam januskopfigen Perspektive, deren preußischer Gesichtskreis im Licht, deren Hamburger Blickfeld dagegen im Schatten ruhte.

Nachhaltig verschärft wurden diese Vorbehalte durch die Tatsache, daß der Aufbau einer Hamburger KGD unweigerlich auf eine Strukturreform der 1907 durchgeführten „patriotischen" Generalpachtreform hinauslief. Der Kampf für die Schaffung einer KGD erhielt damit unweigerlich den Charakter eines Machtkampfes zur Abschaffung des von der DV getragenen, halbamtlichen Pachtmonopols der PG. In der Tat schlug der SKBH in einer Eingabe vom 7.1.1919 vor, die KGD „vielleicht in engstem Zusammenhange mit dem Gartenwesen" einzurichten[190]. Diese Haltung, die sich im Laufe des Sommers zur Verbandsposition

---

186 Paul Lange, Alarm, in: Der Kleingarten 2 (1921), 26.
187 O. E. Sutter, Kleingartenbau–Ämter, Frankfurt/M. 1918. Einen Wiederabdruck der Grundgedanken bieten: Förster/ Sutter (184), 5–1. Wichtig für die Wirkungsgeschichte auch: NZKW 2 (6/7) (1923), Sp. 134.
188 Sutter (187), 12f. u. 19.
189 Siehe die preußischen Ausführungsbestimmungen zur KGO bei: Kaisenberg (14), 168ff. und den Erlaß des preußischen MfV (in seiner Eigenschaft als Landeszentralbehörde) v. 27.1.1920, in: StAHH. Senat. Cl. VII Lit. Cb No. 5 Vol. 12b Fasc. 57 Inv. 7e: Äußerung des Gartenwesens gegenüber dem Senatsreferenten Staatsrat Otto Rautenberg v. 17.1.1921. Anlage I.
190 StAHH. Senat. Cl. VII Lit. Cb No. 5 Vol. 12b Fasc. 57 Inv. 7e.

verfestigte[191], ergab sich negativ aus der seit 1907 entstandenen, DV und PG hierarchisch verklammernden Organisationsstruktur mit ihrer exklusiven, die Vereine allenfalls duldenden Organisationslogik, positiv aus den seit 1915 bestehenden personellen Verflechtungen der organisierten Kleingärtnerschaft mit dem 1914 bei der Ersten Sektion der BD eingerichteten Gartenwesen. Neben den bereits im KBH aktiven Garteninspektoren Goppelt[192] und Hestermann erwiesen sich dabei vor allem der 1914 eingestellte Gartendirektor Otto Linne[193] und der 1919 zunächst als Gartentechniker beschäftigte Karl Georg Rosenbaum[194] als ausgesprochen warmherzige Förderer der Vereine. Der überkommene Streit zwischen Vereinen und PG reproduzierte sich damit auf behördlicher Ebene als Ge-

---

191 Ebd.: Eingabe des SKBH an die Bürgerschaft v. 18.1. 1920 und Senat. Cl. I Lit. T No. 19 Vol. 7 Fasc. 46: Eingabe des SKBH v. 3.8.1919.
192 Georg Goppelt wurde am 21.6.1880 in Hamburg geboren. Nach seiner Ausbildung zum Gartentechniker an der Kgl. Gärtner–Lehranstalt Wildpark–Dahlem bei Potsdam wurde er 1906 Diplom–Gartenbauinspektor. In dieser Funktion trat er am 1.8.1914 in die neu eingerichtete Abteilung Gartenwesen bei der I. Sektion der Hamburger BD ein. Am 20.4.1919 avancierte er zum Gartenoberinspektor, am 1.10.1928 zum Gartenamtmann. Politisch stand Goppelt zunächst den Freimaurern, dann den Deutschnationalen und schließlich den Nazionalsozialisten nahe, denen er im NS–Studentenbund und in der NS–Volkswohlfahrt diente. Er starb am 22.12.1944 in Hamburg. Quelle: StAHH. Bauverwaltung. Personalakten 229.
193 Otto Linne wurde am 2.12.1869 in Bremen geboren. Nach dem Besuch des Gymnasiums bis zur Oberprima und einer anschließenden Gärtnerlehre setzte Linne seine Ausbildung an der Kgl. Gärtner–Lehranstalt Wildpark–Dahlem bei Potsdam fort, die er am 1.4.1890 als Gartenkünstler verließ. Nach verschiedenen Durchgangsstationen wurde er 1894 Stadt–Obergärtner in Magdeburg. Ab 1899 arbeitete Linne als Stadt–Gartendirektor in Erfurt, ab 1908 in gleicher Funktion in Essen. Am 1.1.1914 wurde er als Nachfolger von Wilhelm Cordes zum Gartendirektor Hamburgs berufen. Am 31.12.1933 ging Linne – wie noch zu schildern sein wird – in Pension. Er starb am 21.6.1937. Quelle: StAHH. Bauverwaltung. Personalakten C 280.
194 Karl Georg Rosenbaum wurde am 11.8.1883 als Sohn des jüdischen Großkaufmanns Max Rosenbaum in Hamburg geboren. Nach dem Besuch des Wilhelmgymnasiums, das er mit dem Einjährig–Freiwilligen–Examen verließ, machte Rosenbaum eine zweijährige Gärtnerlehre in der Israelitischen Gartenbauschule Ahlem bei Hannover. Von 1902 bis 1904 besuchte er die Kgl. Gärtner–Lehranstalt Wildpark–Dahlem bei Potsdam, unterbrach seine Ausbildung jedoch, um in verschiedenen Stellungen praktische Erfahrungen zu sammeln. Sein Examen als Diplom–Gartenbaumeister legte er daher erst am 23.7.1912 ab. Vom 6.8.1914 bis Kriegsende war Rosenbaum Soldat – zuletzt als „künstlerischer Beirat" für Kriegerehrungen. Am 4.2.1919 wurde er als diätarischer Gartentechniker Mitarbeiter des Hamburger Gartenwesens. Zweieinhalb Jahre später wurde er Leiter der am 8.6.1921 geschaffenen Hamburger KGD. In dieser Funktion wirkte Rosenbaum, der am 1.2.1926 verbeamtet wurde, bis zu seiner – noch ausführlich darzustellenden – Zwangs-Entlassung am 7.4.1933. Quelle: StAHH. Bauverwaltung. Personalakten. Ablieferung 1985 Nr. 45.

gensatz von Bau- und Finanzdeputation bzw. Gartenwesen und Domänenverwaltung. In der Sache ging es dabei um zwei eng miteinander verzahnte Fragen: die Festlegung der unteren Verwaltungsbehörde für den Bereich des Stadtgebietes und die Bestimmung des ihr zugeordneten gemeinnützigen Trägers der Zwischenpacht. Die Schaffung einer besonderen KGD erwies sich demgegenüber zunächst als nachgeordnet. In der Tat wurde der Wunsch des SKBH im Mai 1919 von den betroffenen Behörden wie vom Senat anscheinend einmütig zurückgewiesen[195]. Intern divergierte die Sicht der Dinge freilich schon damals erheblich, da die FD unter Hinweis auf die erfolgreich eingespielte Zusammenarbeit mit der PG eine KGD grundsätzlich ablehnte[196]. Der positive Wunsch nach Bewahrung des Bestehenden und der negative Wille zur Abwehr administrativer Neuerungen beruhten dabei im Kern auf der für die Beamten unerträglichen Vorstellung, in ihrer ureigensten Domäne der Staatsgrundverwaltung durch eine konkurrierende Behördenorganisation in ihrer Entscheidungsfreiheit beschnitten zu werden[197].

Dem konservativen Ressortgeist auf Seiten der FD, die eifersüchtig über die eigenen Kompetenzen wachte, entsprach auf Seiten der BD eine innovative Einstellung, die das hergebrachte Organisationsgefüge unter dem Eindruck einer im Krieg nachhaltig veränderten Wirklichkeit in Frage stellte[198]. Bereits auf einer am 22.3.1919 durchgeführten Besprechung, an der neben drei Vertretern des Gartenwesens und sieben Repräsentanten des SKBH auch Georg Hermann Sieveking von der PG und Martin Hothmann vom „Zentralausschuß Hamburger Bürgervereine" teilgenommen hatten, waren die anwesenden Behörden- und Verbandsvertreter übereingekommen, beim Gartenwesen eine Abteilung für Kleingartenbau einzurichten. Dieser Auffassung hatte sich auch der Vertreter der PG angeschlossen und zugleich die Bereitschaft der „Patrioten" signalisiert, ihre Tätigkeit auf dem Gebiet der Kleingartenfürsorge an das Gartenwesen abzutreten.

Auf der Grundlage dieser informellen Übereinkunft befürwortete Gartendirektor Linne am 11.6.1919 die Schaffung einer KGD auch gegenüber seiner vorgesetzten Behörde, um die verschiedenen Kleingartenbestrebungen Hamburgs

---

195 StAHH. FD IV DV V c 8c IV: Stellungnahme der FD v. 7.3.1919 und abschlägiger Bescheid des Senats v. 17.5.1919. Die ablehnende Stellungnahme der BD findet sich im Bestand: Senat. Cl. VII Lit. Cb No. 5 Vol. 12b Fasc. 57 Inv. 7e.
196 StAHH. FD IV DV V c 8c IV: Interne Stellungnahme der FD v. 22.2.1919.
197 Ebd.: Interne Stellungnahme der DV betr. Familiengärten der PG und Schaffung einer Abteilung für Kleingartenbau v. 23.9.1919.
198 Siehe: Ebd.: Besprechung über die Förderung des Kleingartenbaus am 22.3.1919 und Bericht betr. Schaffung einer Abteilung Kleingartenbau beim Gartenwesen v. 11.6.1919.

Die Revolution 1918/19 441

zusammenzufassen und zentral anzuleiten. „Organisierte", „Freie" und „Wilde" sollten auf diese Weise integriert, die von ihnen bestellten Flächen gartenbautechnisch optimiert und ästhetisch vereinheitlicht werden. Die Tätigkeitsbeschreibung des geplanten Amtes, das auch die Bereitstellung der Flächen, die Aufteilung, Aufschließung und Vorbereitung der Terrains sowie die Unterbindung von Preistreibereien übernehmen sollte, lief damit auf eine fast vollständige, externe wie interne Regulierung des Hamburger Laubenwesens hinaus, die die pragmatische, stark fiskalisch orientierte Praxis der DV weit in den Schatten stellte.

Dieser Plan wurde am 19.6.1919 auf der Sektionsbesprechung der BD ohne Debatte angenommen[199], da Linne nicht nur ein im Sinne der Behörde folgerichtiges Konzept vorgelegt hatte, sondern obendrein die Aufwendungen für das zu schaffende Amt aus dem Übertrag der Pachterlöse der ausscheidenden PG bestreiten wollte. Der Gegensatz zwischen BD und FD gewann damit freilich einen weiteren, durch die fortschreitende Geldkrise verschärften Aspekt, der die geplante „Abdankung" der PG auch finanziell unumgänglich werden ließ. Seit dem 11.9.1919 war die BD denn auch fest entschlossen, die FD von einer Verlängerung des am 31.3.1920 ablaufenden Vertragsverhältnisses mit der Familiengartenkommission abzubringen[200].

Dieser Versuch schlug Anfang des neuen Jahres fehl, da die FD den Generalpachtvertrag mit der PG am 6.2.1920 um weitere fünf Jahre verlängerte[201]. Begründet wurde der Schritt zum einen mit der dringend gebotenen Rücksicht auf die Staatsfinanzen[202], die es Hamburg nach Maßgabe der DV nicht erlaubten, „neben dem kostspieligen Gartenwesen nun noch ein Kleingartenamt (...) einzurichten"[203], zum anderen mit dem erneuten Verweis auf das positive Wirken des „gemeinnützigen Unternehmens" PG, das jedem anderen Träger der Zwischenpacht vorzuziehen sei, da es eine denkbar einfache, unilaterale Verwaltung und eine von Vereinszwängen freie Pacht gewährleiste[204]. Zu dem die eigenen Kompetenzen eifersüchtig wahrenden Ressortgeist und der klassischen fiskalischen Sparsamkeit trat damit ein liberales Staatsverständnis, das das Verwaltungshandeln auf ein notwendiges Minimum zu beschränken suchte. Im Gegensatz zum Gartenwesen waren die „Wilden" für die FD insofern kein Problem,

---
199 StAHH. Protokolle der I. Sektion der BD B98, Bd. 196: Sitzung v. 19.6.1919.
200 Ebd., Bd. 197: Sitzung v. 18.12.1919.
201 StAHH. Senat. Cl. VII Lit. Cb No. 5 Vol. 12b Fasc. 57 Inv. 7e: Schreiben der FD an die PG v. 6.2.1920 (Abschrift).
202 StAHH. FD IV DV V c 8c IV: Auszug aus dem Protokoll der FD v. 15.7.1919.
203 Ebd.: Stellungnahme der DV betr. Verlängerung des Vertrages mit der PG v. 5.1.1920.
204 Vgl. auch den ebd. abgehefteten Protokollauszug der FD v. 27.1.1920.

geschweige denn „Problemkinder", die man mit Hilfe einer „strengen Gartenpolizei" volkspädagogisch „auf Vordermann" zu bringen hatte. Selbst die „Gretchenfrage", ob sie ihre Pacht zahlten, ging die FD vertragsrechtlich nichts an, dafür haftete die regreßpflichtige PG.

Diese liberale Haltung, die auf der strikten Trennung von öffentlichen Aufgaben und privater Wohltätigkeit beharrte, erwies sich nach der Novemberrevolution freilich als unhaltbar, da sie sowohl dem Geist der WRV, den sozialpolitischen Intentionen der KGO als auch den Wünschen der meisten Kleingärtner widersprach. Das sozialstaats-interventionistische Gartenwesen ließ es sich denn auch nicht nehmen, die FD mit einem geradezu klassischen Gemeinplatz aus der Kleingartenpropaganda unter Druck zu setzen: „Ist es nicht wichtiger, eine verhältnismäßig geringe Summe zur Förderung des Kleingartenbaus aufzuwenden, als große Summen für Tumultschäden zu erstatten, weil die Massen, die von den Karrenhändlern verlangten Preise für Frühkartoffeln und Erdbeeren nicht aufbringen können oder wollen, wie es im vergangenen Jahre der Fall war?"[205]. Im Gegensatz zur FD sah das Gartenwesen die Schaffung einer KGD daher schlicht als „eine bedeutsame *soziale Notwendigkeit* für die breiten Massen der Großstadtbevölkerung" an und fragte nicht ohne Häme: „Ist das, was Wandsbek, Altona und fast alle anderen größeren Kommunen im Reich eingerichtet haben, für die zweitgrößte Stadt Deutschlands ein unerschwinglicher Luxus? Bisher war es hamburgische Tradition in kulturellen und sozialen Dingen voranzugehen"[206]. Obwohl die Berufung auf den Entwicklungsstand im Reich und der Bezug auf die vermeintlich fortschrittlichen Hamburger Traditionen ein stark geschöntes Bild der Wirklichkeit boten, gelang es dem Gartenwesen doch, die Position der FD zugleich als unzeitgemäß und lokal borniert hinzustellen, zumal die mangelnde gartenbauliche Sachkenntnis[207] und die fragwürdige demokratische Legitimation der „patriotischen" Kolonieverwaltung[208] der Kritik zusätzlichen Traditions-Stoff boten.

Im Prinzip erwiesen sich die Auseinandersetzungen, die das Hamburger Kleingartenwesen in den ersten Jahren nach der Revolution erfaßten, damit als

---

205 StAHH. Senat. Cl. VII Lit. Cb No. 5 Vol. 12b Fasc. 57 Inv. 7e: Äußerung des Gartenamts gegenüber dem Senatsreferenten Staatsrat Otto Rautenberg v. 17.1.1921.
206 StAHH. FD IV DV V c 8c IV: Stellungnahme des Gartenwesens v. 6.9.1920, 4. Hervorhebungen i.O.
207 Ebd., 4–7.
208 Erste Zweifel dieser Art wurden in der BD erstmals Anfang 1920 geäußert: StAHH. Senat. Cl. VII Lit. Cb No. 5 Vol. 12b Fasc. 57 Inv. 7e: Auszug aus dem Protokoll der I. Sektion der BD v. 5.2.1920. Vgl. auch – aus der Sicht der „Patrioten": H. Bayer, Die Familiengärten der PG 1907–1922, in: Geschichte der Hamburgischen Gesellschaft zur Beförderung der Künste und nützlichen Gewerbe (Patriotische Gesellschaft), Bd. 2,2, Hamburg 1936, 212.

Die Revolution 1918/19 443

„Schnee von gestern". Der eine Gegensatz erneuerte den 1907 im Zuge der Generalpachtreform entstandenen Streit zwischen der SPD–Opposition und der bürgerlichen Parlamentsmehrheit um die sozialstaatliche Verantwortung für das Kleinpachtgeschäft, der andere den 1911 aufgekommenen Zwist zwischen „Schrebern" und „Patrioten" um die Selbst– bzw. Fremdverwaltung der Kolonien. Was unter den obrigkeitsstaatlichen Verhältnissen des Kaiserreichs im Sinne der alten Eliten gelöst worden war, wurde unter den demokratischen Bedingungen der Republik nun freilich in sein Gegenteil verkehrt. Bildete die Hamburger SPD vor dem Kriege eine parlamentarisch bescheidene, durch das plutokratische Zensuswahlrecht gehemmte Oppositionspartei, stellte sie seit den Bürgerschaftswahlen vom 6.3.1919 zusammen mit der DDP die Regierung. Es überrascht daher nicht, daß der Senat den verbissenen, selbst durch eine gemeinsame Behördenbesprechung[209] nicht zu schlichtenden Kompetenzstreit zu guter Letzt zugunsten des Gartenwesens und damit der auch in Hamburg stark sozialdemokratisch geprägten Vereinsbewegung entschied. Die am 28.3.1920 veröffentlichten Ausführungsbestimmungen zur KGO[210] ernannten demzufolge die Baudeputation zur unteren Verwaltungsbehörde für das Stadtgebiet. Im Landgebiet und in der Exklave Ritzebüttel fiel die Zuständigkeit dagegen an die Landherrenschaften bzw. den Amtswalter. Pachtstreitigkeiten sollten im Stadtgebiet vom MEA, im Landgebiet durch die bestehenden Einigungsämter bzw. Mieteschlichtungsstellen verhandelt werden. Höhere Verwaltungsbehörde war und blieb der Senat. Abgesehen vom neu eingeführten Schlichtungsverfahren und dem Übergang der unteren Verwaltung für das Stadtgebiet auf die Baubehörde glich diese Administration weitgehend der alten, im Anschluß an die Bundesratsverordnungen erlassenen Kompetenzverteilung, zumal die FD die – von der BD im übrigen nie beanspruchte[211] – vertragsrechtliche Verfügung über den Staatsgrund behielt[212]. Die Verpachtung und Kündigung von Kleingartenland auf Staatsgrundflächen blieb daher auch weiterhin Sache der DV. Die Position der BD war freilich ab jetzt zumindest genauso stark. Ihre Einsetzung als untere Verwaltungsbehörde für das entscheidend wichtige Stadtgebiet übertrug ihr nicht nur die Rechte der kleingärtnerischen Gemeinnützigkeitsprüfung, der Pachtpreisfestsetzung und Zwangspacht, sie sprengte vor allem das unter dem Schutz der FD

---

209 Vgl.: StAHH. FD IV DV V c 8c IV: Gemeinsame Besprechung zwischen FD und BD, Landesjustizverwaltung, Landherrenschaften und Staatsrat Rautenberg am 13.12.1919 betr. Ausführungsbestimmungen zur KGO.
210 Amtsblatt der Freien und Hansestadt Hamburg Nr. 69 v. 28.3.1920, 461f.
211 Vgl.: StAHH: Protokolle der BD B98, Bd. 197: Sitzung v. 18.12.1919 sowie FD IV DV V c 8c IV: Stellungnahme der FD v. 6.9.1920.
212 StAHH. Senat. Cl. I Lit. T No. 19 Vol. 7 Fasc. 46: (Nicht veröffentlichte) Drucksache für die Senatssitzung am 26.3. 1920.

entstandene „patriotische" Generalpachtmonopol, indem es die Finanzdeputation in ihre angestammten fiskalischen Schranken verwies und die PG der Kontrolle des ihr „feindlich" gesonnenen Gartenwesens unterwarf. Die Bestellung der BD zur unteren Verwaltungsbehörde brachte daher zum einen den administrativen Durchbruch des bereits in den Bundesratsverordnungen und der KGO angelegten, von der WRV dann auf breiter Grundlage kodifizierten Sozialstaatsprinzips, zum anderen die Einführung der demokratischen Selbstverwaltung in den Kolonien. Die alt–hamburgische, auf Seiten der FD streng fiskalisch, auf Seiten der PG „echt patriarchalisch"[213] geprägte Kleingartenfürsorge gehörte damit endgültig der Vergangenheit an.

Die Ernennung der BD zur unteren Verwaltungsbehörde brachte zugleich den entscheidenden Durchbruch auf dem Weg zur Schaffung einer besonderen Kleingartendienststelle. Zwar war ihr die ursprünglich in Aussicht genommene Finanzierungsgrundlage seit der Vertragsverlängerung mit der PG zunächst entzogen worden[214], doch stand es außer Frage, daß die BD für die neu anfallenden Aufgaben zusätzliche Mittel erhalten mußte. Da die angespannte Finanzlage Hamburgs die Einsetzung einer selbständigen Behördenorganisation nicht zuließ[215], kam es freilich nur zu einer kleinen Lösung. Der dem Parlament am 30.5.1921 zugeleitete Senatsantrag zur Förderung des Kleingartenbaus[216] sah daher bloß die Schaffung einer beim Gartenwesen einzurichtenden Dienststelle vor. Sie war mit einem Etat in Höhe von 53.000 M. ausgestattet, der jeweils zur Hälfte aus dem laufenden Haushaltsplan des Gartenwesens und neu einzuwerbenden Mitteln aufgebracht und unter der Bezeichnung „Förderung des Kleingartenwesens" als Rubrik 82a in den Staatshaushaltsplan eingestellt werden sollte[217]. Neben der allgemeinen Unterstützung der Laubenkolonisation sollte die Kleingartendienststelle die Versorgung der Kleingärtner mit Land, die Beratung bei der Anlage der Kolonien, die Unterstützung bei Beschaffungen, die fachliche Belehrung und die statistische Erfassung übernehmen[218]. Dieser Antrag wurde von der Bürgerschaft am 15.6.1921 nach kontroverser Debatte mit den Stimmen

---

213 Bayer (208), 212.
214 StAHH. Protokolle der BD B 98, Bd. 197: Sitzung v. 15.4.1920.
215 Ebd.: Sitzung v. 10.3.1921.
216 Verhandlungen zwischen Senat und Bürgerschaft 1921, Nr. 244, 601–604.
217 Ebd., 603. Die insgesamt 53.000 M. unterteilten sich in 8.000 M. für Sach– und 45.000 M. für Personalausgaben. Das Personal bestand aus einem Garteninspektor, einem Gartentechniker, einem Bürogehilfen, einer Schreibkraft und fünf halbjährlich beschäftigten Gärtnern.
218 Ebd., 602f.

von SPD und DDP angenommen[219], während DNVP, DVP und Wirtschaftsfraktion ihm „in Hinblick auf das ungeheure Loch unseres Staatssäckels" die Zustimmung verweigerten[220]. Ergänzt wurde der Verwaltungsaufbau durch die Schaffung eines Kleingartenbeirats[221], der am 20.7.1921 erstmals zusammentrat[222]. Er sollte den Erfahrungsaustausch zwischen den verschiedenen Gruppierungen der Hamburger Kleingärtnerschaft vermitteln und ihre Zusammenarbeit mit der Behörde in geregelte Bahnen lenken. Seine Besetzung bestand zunächst aus neun Personen: drei Behördenvertretern in Gestalt des Gartendirektors, des Leiters der KGD und eines Repräsentanten der DV, vier Interessenvertretern der Kolonisten, von denen zwei dem SKBH, und je einer der PG und dem „Zentralausschuß Hamburger Bürgervereine" angehörten, sowie zwei Beauftragten der Grundbesitzer, die vom Grundeigentümerverein und vom „Landwirtschaftlichen Hauptverein" gestellt wurden[223]. Nach dem Ausscheiden der PG Anfang 1923 trat an ihre Stelle ein Vertreter der „Gemeinnützigen Freien Vereinigung Hamburger Kleingärtner" sowie als neues, zehntes Mitglied ein Beamter der Landherrenschaften[224]. In dieser Besetzung blieb der Beirat bis zu seiner Auflösung am 29.12.1933 bestehen[225]. Ihren endgültigen Schliff erhielt die neue Administration mit der Schaffung des kleingärtnerischen Schlichtungswesens. Zu diesem Zweck richtete Hamburg beim MEA eine besondere Abteilung für Kleingartensachen ein. Dieses Kleingartenschiedsgericht bestand aus einem Hauptamt und zwei Bezirksstellen in Horn und Winterhude[226]. Alle Stellen waren paritätisch mit je einem Vertreter der Pächter und Verpächter besetzt, die unter dem Vorsitz eines unabhängigen Richters tagten. Die Anzahl der Verhandlungen war offenbar gering. In Horn fielen 1921 im Monatsmittel nur vier Streitfälle an, die in der Regel verglichen wurden[227].

---

219 Stenographische Berichte über die Sitzungen der Bürgerschaft zu Hamburg: Sitzung v. 15.6.1921, 997.
220 Vgl.: Ebd.: Sitzung v. 8.6.1921, 955f. (hier auch das, vom DNVP-Abgeordneten Vogel stammende, Zitat) u. 958f.
221 StAHH. FD IV DV V c 8c IV: Auszug aus dem Protokoll des Senats v. 28.2.1921.
222 Ebd.: Protokoll der 1. Sitzung des KGB v. 20.7.1921.
223 Ebd.: Bericht des Gartenwesens betr. Förderung des Kleingartenwesens v. 9.3.1921.
224 Ebd.: Protokoll des KGB v. 27.1.1923.
225 Ebd.: Schreiben der BTA an die DV v. 29.12.1933.
226 StAHH. Senatskommission für die Justizverwaltung I X Bg 1 Vol. 1L: Schreiben des MEA v. 9.5.1921.
227 Ebd.: Schreiben des MEA v. 14.4.1921.

6.4.3. Die Hamburger Kleingartendienststelle unter Karl Georg Rosenbaum.

Der weite Spielraum, den die KGO den Landeszentralbehörden bei der Durchführung des Gesetzes eingeräumt hatte, führte in den achtzehn Reichsländern zu einer verwirrenden Fülle unterschiedlicher Verantwortlichkeiten. Die für Kleingartenbelange zuständigen Amtsstellen lagen bald bei der Liegenschaft, bald beim Gartenwesen, teils beim Vermessungsamt, teils beim Tiefbauamt, hier beim Wohnungsamt, dort beim Wohlfahrtsamt[228]. Diese Vielfalt spiegelte freilich in erster Linie das produktive Chaos einer typischen Innovationsphase. Wie die Kleingartenbewegung entstanden auch die neugeschaffenen Kleingartendienststellen aus den je anders gelagerten Verhältnissen vor Ort mit ihren unterschiedlichen Bedürfnissen und Erfahrungen. Die von der KGO gegebene Gestaltungsfreiheit entsprang daher nicht nur einer in vieler Hinsicht mangelhaften Legislatur, sondern ebensosehr dem Fehlen einer halbwegs bewährten, vergleichsweise repräsentativen Praxis, die rechtsverbindlich hätte normiert werden können. Wie unter den strukturgeschichtlichen Bedingungen derartiger Innovationsschübe üblich, kam der Persönlichkeit des einzelnen Dienststellenleiters daher ein erhöhtes Gewicht zu. Der Leiter der Hamburger KGD, Karl Georg Rosenbaum, hat diesen Zusammenhang folgendermaßen charakterisiert: „Mangels näherer Anweisung verdanken die neugeschaffenen Kleingartenämter ihren Aufbau und ihre Organisation in der Hauptsache der persönlichen Auffassung des jeweiligen Leiters, beeinflußt durch die Forderungen der örtlichen Kleingartenvereine und die besonderen Verhältnisse, wie sie sich aus der örtlichen Entwicklung ergeben haben"[229].

In der Tat haben Rosenbaum und sein unmittelbarer Vorgesetzter, Gartendirektor Otto Linne, Geist und Tätigkeit der neuen Dienststelle federführend geprägt und bis zu ihrer zwangsweisen Entlassung 1933 personell und konzeptionell bestimmt. Die Grundüberzeugungen, von denen sich Rosenbaum leiten ließ, bestanden dabei im wesentlichen aus den bekannten Versatzstücken laubenkolonialer Existenzrechtfertigung: „Der luft- und lichtentwöhnte Großstädter findet in seinem Garten das notwendige Gegengewicht gegen die Fabrik- und Kontorarbeit. Er ist in seiner Freizeit dem Wirtshaus, der Agitation entzogen. Er schafft über die vorgeschriebenen 8 Stunden hinaus nützliche Arbeit. Er hat einen 'Besitz' und hierdurch die Achtung vor dem Besitz des Nächsten. Er kommt zurück zur Scholle, und das abhandengekommene Heimatgefühl lebt wieder auf. Er sieht das Werden und Vergehen der Natur, sein Sinn wird höheren Dingen

---

228 Sokolowski–Mirels (115), 88 und NZKW 2 (6/7) (1923), Sp. 134.
229 Rosenbaum, Wie arbeitet ein Kleingartenamt sach- und fachgemäß?, in: NZKW 2 (1) (1923), Sp. 17.

zugewandt. Das Zusammenwirken der verschiedenen Ständen angehörigen Kleingärtner bahnt eine Annäherung der heute sich schroff befehdenden Berufsgruppen an, dadurch Minderung des Klassengegensatzes und Rückkehr zur Erkenntnis der Nächstenliebe zeitgend"[230]. Diesem volksversöhnenden, staatserhaltenden Konzept entsprach eine partei- und verbandspolitisch neutrale Amtsauffassung, die „die Geschäfte der unteren Verwaltungsbehörde von denen der fürsorgenden Tätigkeit des Kleingartenamtes streng (trennte)"[231] und zugleich dafür sorgte, daß Entscheidungen der KGD „von den Organisationen des Grundeigentums und der Kleingärtner unbeeinflußt (blieben)"[232]. Eine seine vornehmsten Aufgaben sah Rosenbaum daher darin, „zwischen den widerstreitenden Interessen der Besitzer und Pächter wohlwollend zu vermitteln und maßlose Forderungen der Kleingärtner zurückzuweisen"[233]. Mit dieser strikt neutralen, auf den Ausgleich der Interessengegensätze zielenden Haltung stellte sich Rosenbaum offen gegen die weitergehenden Forderungen des RVKD, die nicht nur eine personelle Beteiligung des Verbandes an den behördlichen Kleingartendienststellen, sondern zugleich eine Vertretermehrheit in den ihnen zugeordneten Kleingartenbeiräten vorsahen[234]. Seiner Meinung nach war die Organisation „die einseitige Interessenvertretung der Kleingärtner. Sie ist rein subjektiv eingestellt und ihre Aufgabe ist es, hemmungslos das Interesse ihrer Mitglieder (...) zu vertreten. Das Amt dagegen, wenn auch subjektiv im Sinne der Förderung des Kleingartenbaues beeinflußt, muß doch objektiv die Belange anderer staatlicher Erfordernisse, die Ansprüche anderer Interessenschichten, in seine Rechnung einstellen"[235]. Auch den KGB sah Rosenbaum insofern nicht als verlängerten Arm des RVKD, sondern als sozialintegrative Clearing-Stelle, die Behörden- und Interessenvertreter zu gemeinsamen Problemlösungen zusammenführen sollte, und erklärte unter Berufung auf die in Hamburg gemachten Erfahrungen, „daß die Vertreter des Grundeigentums im Beirat nicht nur in keiner Weise hemmend gewirkt haben, sondern sich in vielen Fällen sogar anregend und fördernd im Sinne der Kleingärtner betätigt haben"[236].

---

230 Rosenbaum, Kleingartenämter, in: Gartenkunst 13 (9) (1920), 132. Vgl. auch: StAHH: Senat. Cl. VII Lit. Cb No. 5 Vol. 12b Fasc. 57 Inv. 7i: Bericht Rosenbaums v. 24.10.1927, 2ff; Senat. Cl. I Lit. Sd No. 3 Vol. 1 Fasc. 138: Bericht Rosenbaums über seine Teilnahme am Münchner Reichs-Kleingärtnertag v. 21.7.1925 und Senat. Cl. VII Lit. Cb No. 5 Vol. 12b Fasc. 57 Inv. 7k: Bericht des Gartenwesens v. 27.5.1927.
231 Rosenbaum, Wie arbeitet (229), Sp. 18.
232 Ebd.
233 Ders., Kleingartenämter (230), 136.
234 NZKW 2 (6/7) (1923), Sp. 136.
235 Ebd., Sp. 138.
236 Ebd., Sp. 139f.

Man wird kaum fehlgehen, wenn man diese Einstellung Rosenbaums, die zugleich auf die sozialpolitische Verantwortung des Staates für die wirtschaftlich Schwachen und seine strikte Unabhängigkeit von organisierten Interessen abhob, als protosozialliberal charakterisiert. Diese Einschätzung stützt sich nicht nur auf die Person Rosenbaums, der seine amtliche Position problemlos mit der privaten Mitgliedschaft in DDP und BDB zu verbinden wußte, sondern vor allem auf die spezifischen Hamburger Regierungsverhältnisse, die während der Weimarer Republik auf dem reichsweit einzigartigen, im Kern unangefochtenen Dauerbündnis von SPD und DDP basierten[237]. Diese hohe politische Stabilität des Stadtstaates, die den DDP-Vorsitzenden Peter Stubmann 1926 zu dem maritimen Sprachbild von der hanseatischen „Insel der Besonderheit"[238] anregte, beruhte nicht zuletzt auf einer, von beiden Koalitionspartnern getragenen, staatlichen Interventionspolitik[239], die sich in bescheidenem Maße auch auf den „Inseln im hanseatischen Häusermeer" niederschlug.

6.4.3.1. Die Reorganisation der Zwischenpacht auf der Grundlage selbstverwalteter Vereine. Streit mit Preußen und dem RVKD um das „closed allotment"-System.

Das organisatorische Gegenstück der Hamburger KGD stellten die 83 Kleingartenvereine der Hansestadt dar, von denen 1921 dem SKBH 66 (= 79,5%) angehörten[240]. Sie bildeten die in § 5 KGO vorgesehenen Träger der Zwischenpacht[241]. Während die Baudeputation als untere Verwaltungsbehörde die rechtlichen Grundsatzfragen regelte, und die Kleingartendienststelle die laufenden Alltagsgeschäfte betreute[242], sollten sie die eigentliche, „unproduktive Verwal-

---

237 Auch Dieter Langewiesche scheut sich nicht, diesen Begriff zu verwenden: Dieter Langewiesche, Liberalismus in Deutschland, (Frankfurt/M. 1988), 278f. Zur Vorgeschichte der DDP in Hamburg siehe: Ursula Büttner, Vereinigte Liberale und Deutsche Demokraten in Hamburg, in: ZHG 63 (1977), 1–34.
238 Ebd., 1.
239 Langewiesche (237), 279.
240 Verhandlungen (216), 601.
241 Die Hamburger Regelung stellte keineswegs die einzig mögliche Umsetzung der KGO dar. In Berlin oblag die Aufgabe beispielsweise einer zentralen Landpachtgenossenschaft. Diese, auch von Rosenbaum favorisierte, Lösung ließ sich in Hamburg jedoch nicht durchsetzen. Vgl.: Ders., Wie arbeitet (229), Sp. 20. StAHH: Senat. Cl. VII Lit. Cb No. 5 Vol. 12b Fasc. 57 Inv. 7k: Äußerung der KGD v. 29.11.1926; Bericht des Gartenwesens v. 27.5.1927 und Sitzung der Abteilung II des Senats v. 28.2.1928.
242 StAHH. Protokoll der BD B98, Bd. 199: Sitzung v. 15.4. 1920.

tungsarbeit" übernehmen[243]. Um als Organe der Zwischenpacht tätig werden zu können, mußten sich die Kleingärtner freilich zunächst zu eingetragenen Vereinen zusammenschließen und von der KGD regelmäßig auf ihre Gemeinnützigkeit überprüfen lassen. Ihre behördliche Anerkennung erfolgte allerdings nur dann, wenn sie zudem
- die gemeinnützige Förderung des Kleingartenwesens in ihrer Satzung verankerten,
- amtliche Vorgaben gleich welcher Art einzuhalten versprachen,
- sich auf ehrenamtlicher Grundlage selbst verwalteten,
- individuelle Untervermietungen ausschlossen,
- frei werdende Parzellen „an den nächsten vorgemerkten Anwärter" vergaben, und
- „die wirtschaftliche und schönheitliche Ausgestaltung der Pachtländereien, die Belehrung der Mitglieder (..), die Schädlingsbekämpfung" sowie – wenn möglich – die Jugendpflege auf ihr Panier schrieben[244].

Jede Anerkennung war darüber hinaus auf ein Jahr begrenzt. Die Vereine waren daher gehalten, sie jeweils bis zum ersten März des folgenden Jahres erneut zu beantragen. Diese regelmäßige Überprüfung, zu der die alte Anerkennungsurkunde, das Mitgliederverzeichnis, eine Liste der Kleingartenanwärter und die Jahresabrechnung herangezogen wurden, ging in der Regel anstandslos vonstatten. Nur ein einziges Mal wurde einem KGV die Gemeinnützigkeit für ein Jahr aberkannt, als die GFV 1927 einen vorübergehenden haushälterischen Fehlbetrag von 11.000 RM auswies[245].

Die einzige Ausnahme in diesem Kreis demokratischer, nicht–wirtschaftlicher Ideal–Vereine[246] politisch und konfessionell neutraler Natur[247] stellte die Familiengartenkommission der PG dar. Zwar hatten die „Patrioten" zwischenzeitlich einen Vertreter des SKBH kooptiert und ihre Anerkennung als gemeinnütziges Kleingartenunternehmen erwirkt[248], doch waren diese Maßnahmen nicht geeignet, ihre Position auf Dauer zu sichern. Bereits in der dritten Sitzung des KGB beklagte der SKBH–Vertreter Käselau erneut, „daß die Patriotische Gesellschaft die Kleingärtner regiere, diese sich aber selbst verwalten wollten".

---

243 Rosenbaum, Wie arbeitet (229), Sp. 20.
244 StAHH. Senat. Cl. VII Lit. Cb No. 5 Vol. 12b Fasc. 57 Inv. 7e: Bedingungen des Gartenwesens für die Anerkennung als gemeinnütziges Unternehmen zur Förderung des Kleingartenwesens.
245 StAHH. Bauverwaltung. Personalakten. Ablieferung 1985, Nr. 45: Stellungnahme Rosenbaums v. 20.3.1933.
246 Vgl.: BGB §§ 21ff. u. §§ 55ff.
247 Rosenbaum, Wie arbeitet (229), Sp. 20.
248 Bayer (208) u. 212.

Als der Abgeordnete der PG, Fischmann, diesen Vorwurf mit der Begründung zurückwies, daß sich viele Kolonisten gar nicht organisieren wollten, sondern jeden Vereins-Zwang im Interesse ihrer privaten Gestaltungs-Freiheit ablehnten, kam KGD-Chef Rosenbaum dem SKBH zu Hilfe und erklärte, daß die vielen Klagen über die PG gerade aus dieser falsch verstandenen Freiheit erwüchsen, und betonte, „daß gerade in der Einschränkung der Freiheit des Einzelnen zugunsten der Allgemeinheit das Wesen des gemeinnützigen Unternehmens zur Förderung des Kleingartenwesens liege"[249]. Diesem kombinierten Druck von Verwaltung und Vereinsbewegung konnten und wollten die „Patrioten" auf die Dauer nicht standhalten. Ein knappes halbes Jahr später erklärte der Vertreter der PG im KGB daher, daß sich die Gesellschaft entschlossen habe, ihre Arbeit auf dem Gebiet der Kleingartenfürsorge zum 1.1.1923 einzustellen, und forderte DV und KGD auf, die betroffenen Staatsgrundflächen bis zu diesem Termin kleingartenrechtlich umzustellen. Der anwesende Gartendirektor Linne würdigte zwar noch einmal die „bahnbrechende Tätigkeit" der PG, sah ihren Rückzug aber ohne Sentimentalität, da „der Wunsch nach Selbstverwaltung immer mehr die Oberhand gewonnen (habe)"[250].

In der Tat ergab die im Laufe des Frühjahrs 1922 durchgeführte Abstimmung unter den 9.400 Pächtern der PG eine Mehrheit von 5.500 (= 58,5%) Stimmen für die Vereinsbildung, doch bekannte sich auch jetzt noch eine starke Minderheit von 3.900 Pächtern (= 41,5%) zu den ausscheidenden „Patrioten". Ihr Votum konnte die Neuordnung der Familiengärten freilich nicht verhindern, auch wenn die von ihnen gegründete – in anderem Zusammenhang bereits erwähnte – „Gemeinnützige Freie Vereinigung Hamburger Kleingärtner"[251] die Tradition der PG in gewisser Weise fortsetzte, da die GFV ihre Tätigkeit unter dem Einfluß der weiterhin aktiven „Patrioten" H. Bayer und E. Zacharias weitgehend auf die bloße Zwischenverpachtung beschränkte. Ihre Gemeinnützigkeit war denn auch mehr als einmal in Frage gestellt, zumal die GFV dem am 26.9.1922 gegründeten RVKD-Gauverband Hamburg und Umgebung aus finanziellen und lokal-,,patriotischen" Gründen fernblieb und damit den Bezirksverband Hamburg gegenüber den Bezirksverbänden Altona, Pinneberg, Stormarn, Waltershof und Wandsbek zahlenmäßig benachteiligte[252].

Neben dem Leistungsdefizit auf dem Gebiet der Förderung des Kleingartenwesens durch Fach- und Rechtsberatung, Versicherungsschutz und volkstümli-

---

249 StAHH. FD IV DV V c 8c IV: Protokoll der 3. Sitzung v. 13.10.1921, 6 u. 9.
250 Ebd.: Protokoll der 5. Sitzung v. 7.3.1922, 2 u. 7.
251 Satzung und Gartenordnung der GFV, o.O. o.J.
252 Siehe hierzu: StAHH. Senat. Cl. VII Lit. Cb No. 5 Vol. 12b Fasc. 57 Inv. 7e: Äußerung des Gartenwesens v. 5.10.1923 und Schreiben der GFV an den Senat v.19.6.1923.

che Propaganda monierte die KGD nicht zuletzt das ästhetische Erscheinungsbild der GFV-Kolonien, deren schönheitlicher Eindruck den bereits von den „Schrebern" kritisierten Anblick der Familiengärten offenbar ungebrochen fortsetzte: „Das unterschiedliche Aussehen der Kolonien der Freien Vereinigung und der Reichsverbändler ist bezeichnend. Hier nur verunkrautete Wege, schlechte Umzäunungen, mangelhafte Ausnutzung der Gärten, dort saubere Wege, anständige Lauben und Einfriedigungen (...). Der Inbegriff gemeinnützigen Wirkens der Freien Vereinigung ist Ersparung des Betrages, der ein gemeinnütziges Wirken überhaupt erst ermöglicht (...). Der Gauverband und die ihm angeschlossenen Vereine dagegen sehen die Bedeutung des Kleingartens in erster Linie auf wohnungspolitischem Gebiet. (...). Soziale, ethische, hygienische und staatserhaltende Gesichtspunkte stehen im Vordergrund. Die Bestrebungen des Reichsverbandes decken sich durchaus mit den Absichten des Gesetzgebers, denn das Kleingartengesetz, wie auch der Hamburger Staat bei Einrichtung der Förderungsdienststelle, sind nicht von der Absicht ausgegangen, einzelnen Staatsbürgern besonders günstige Bedingungen zur Bereicherung zu verschaffen, sondern die Massen der Bevölkerung ethisch und staatsbürgerlich zu erziehen, wobei der wirtschaftliche Nutzen, den der Einzelne aus dem Garten zieht, nur die Handhabe bietet"[253]. Die KGD schlug dem Senat daher vor, der GFV gegebenenfalls die Gemeinnützigkeit zu entziehen, falls es ihr nicht gelinge, ihre Kolonien „der Würde des Stadtbildes" entsprechend auszugestalten[254].

Welche Wirkung diese Anregung hervorrief, lassen die Akten nicht erkennen. Auf jeden Fall zählte die GFV spätestens seit 1929 zu den Mitgliedsverbänden des RVKD[255]. Ob dieser Schwenk auf dem Einfluß der Administration, dem Konkurrenzdruck des Reichsverbandes oder eigener Einsicht beruhte, wissen wir nicht. Sicher ist, daß der RVKD und seine Hamburger Gliederung seit dem Sommer 1923 versuchten, ihre starke faktische Position administrativ auszubauen. Am 11.8.1923 bat der Gauverband den Senat unter Berufung auf eine Mitteilung des preußischen Ministeriums für Volkswohlfahrt vom 15.11.1922 dem RVKD auch in Hamburg bei Anträgen auf Zuerkennung der Gemeinnützigkeit von Kleingartenvereinen ein Anhörungs- und Vorprüfungsrecht einzuräumen[256]. Trotz des harschen Protestes der GFV und der ablehnenden Haltung Ritzebüt-

---

253 Ebd.: Stellungnahme des Gartenwesens v. 26.6.1925, 1 u. 3f.
254 Ebd., 6f. Diese Empfehlung wurde – trotz des Protestes der GFV – vom KGB übernommen: StAHH. FD IV DV V c 8c IV: Sitzung v. 12.5.1925.
255 StAHH. FD IV DV V c 8c IV: Bericht der KGD v. 9.4.1929, 5.
256 StAHH. Senat. Cl. VII Lit. Cb No. 5 Vol. 12b Fasc. 57 Inv. 7e: Schreiben des Gauverbandes an den Senat v. 11.8.1923 mit der als Anlage beigefügten Mitteilung des MfV.

tels[257] [258] gab der Senat dem Antrag Ende des Jahres statt[259], da sowohl das Gartenwesen[260] als auch die Landherrenschaften den Vorstoß befürworteten und dabei nicht zuletzt auf die erleichterte Zusammenarbeit mit Preußen verwiesen[261]. Diese länderübergreifende, dem RVKD freundliche Haltung gab Hamburg freilich ein knappes halbes Jahr später wieder auf, als der Gauverband unter Bezug auf einen Erlaß des MfV vom 2.6.1924 vom Senat verlangte, die Gemeinnützigkeit auch in der Hansestadt in Zukunft nur noch Mitgliedsvereinen des Reichsverbandes zuzuerkennen[262]. Dieser kombinierte Vorstoß des vom Zentrumspolitiker Heinrich Hirtsiefer geleiteten MfV und des von ihm protegierten RVKD[263] lief im Prinzip darauf hinaus, die bis dahin bestehende Organisationsfreiheit der Kleingärtner durch einen generellen Organisationszwang zu ersetzen. Die in Preußen seit dem fraglichen Erlaß bestehende Monopolstellung des RVKD glich jedenfalls in ihrer Grundstruktur dem aus dem angelsächsischen Arbeitsrecht bekannten „closed shop"-System, das die Beschäftigung von Arbeitern auf die Einstellung von Gewerkschaftsmitgliedern beschränkte.

Dieses preußische „closed allotment"-System wurde von den Hamburger Behörden einmütig verworfen. Namentlich die BD sah in dem Vorstoß eine starke Schwächung ihrer amtlichen Stellung, da die Überprüfung der Gemeinnützigkeit im Grunde die einzige behördliche Handhabe darstellte, um auf die Vereine Einfluß zu nehmen. Ein durch die Mitgliedschaft im RVKD begründeter Anerkennungsautomatismus hätte der unteren Verwaltungsbehörde dieses Kontrollinstrument entwunden und damit der verbandspolitischen Patronage Tür und Tor geöffnet. Die BD erklärte daher unmißverständlich: „Es kann nicht Aufgabe der Behörde sein, Kleingartenvereine gegen ihren Willen durch behördlichen Zwang dem Reichsverbande zuzuführen"[264]. Dieser Stellungnahme schloß sich der Senat trotz neuerlicher Eingabe des Gauverbandes am 25.3.1925 an[265].

Mit dieser Entscheidung war der Gegensatz in der Organisationsfrage freilich nicht ausgestanden. Er aktualisierte sich zum einen in Anbetracht des noch ge-

---

257 Ebd.: Brief der GFV v. 22.9.1923.
258 Ebd.: Schreiben des Amtswalters an die Landherrenschaften v. 3.9.1923 (Abschrift).
259 Ebd.: Aktennotiz der Senatskanzlei v. 5.12.1923.
260 Ebd.: Stellungnahme v. 18.10.1923.
261 Ebd.: Schreiben der Landherrenschaften an den Senatsreferenten Otto Rautenberg v. 2.10.1923.
262 Ebd.: Eingabe des Gauverbands v. 25.10.1924.
263 Siehe hierzu: Heinrich Förster, Nachruf (auf das am 1.12.1932 aufgelöste MfV), in: KGW 10 (1) (1932), 1f.
264 StAHH. Senat. Cl. VII Lit. Cb No. 5 Vol. 12b Fasc. 57 Inv. 7e: Schreiben der BD an den Senatsreferenten Rautenberg v. 14.11.1924, 1–4.
265 Ebd.: Schreiben des Gauverbands v. 23.3.1925 und abschlägiger Bescheid des Senats v. 25.3.1925.

sondert zu klärenden Problems des Übertritts Hamburger Vereine auf preußisches Gebiet, zum anderen im Zusammenhang mit der vom RVKD 1928 geforderten Ortsverbandspacht, die der Berliner Provinzialverbandsvorsitzende Walter Reinhold im Auftrage des Verbandes übermittelte und ausführlich begründete[266]. Unter kritischer Bezugnahme auf die Hamburger Haltung in der Gemeinnützigkeitsfrage[267] wies Reinhold darauf hin, daß die Vielzahl der Vereine auf diese Weise administrativ zusammengefaßt und arbeitsökonomisch auf einfache Weise mit Land versorgt werden könne. Als Beleg führte der Provinzialverbandsvorsitzende die Erfahrungen der Berliner an, die bereits 87% aller Verpachtungen nach dem neuen System abwickelten und allenthalben auf breite Zustimmung gestoßen waren. Die ablehnende Einstellung der Hamburger KGD konnte sich Reinhold denn auch nur damit erklären, daß sie den Einfluß des RVKD bewußt begrenzen wolle, um „die Vereine fest unter die Bevormundung der städtischen Stellen zu bringen"[268].

Das Gartenwesen wies auch diese Initiative des Reichsverbandes mit Nachdruck zurück, da es nicht nur die Beziehungen zwischen Verwaltung und Einzelvereinen in Hamburg als gut und kollegial einstufte, sondern vor allem die Situation in der Reichshauptstadt für weit weniger mustergültig hielt als der dortige Provinzialverbandsvorsitzende: „Die Berliner Verhältnisse sind von denen Hamburgs diametral verschieden. Die Bewegung ist vollkommen parteipolitisch aufgezogen. Es ringen in ihr, wie in jeder Gewerkschaft, die sozialdemokratische Mehrheit mit einer kommunistischen Minderheit, während in Hamburg erfreulicherweise keinerlei politische Tendenzen sich bemerkbar machen. Die Führung wird von bezahlten Personen ausgeübt, während in Hamburg alle Ämter ehrenamtlich verwaltet werden (...). In Berlin sind die Kleingartenämter der bevormundende, zu bekämpfende Feind, in Hamburg ist die Behörde der fürsorgende Helfer. In Berlin ist die Organisation die Hauptsache, in Hamburg die Bearbeitung des Gartens. (...). Soll die Kleingartenbewegung sich weiterhin gesund entwickeln und soll ein behördlicher Einfluß möglich sein, so empfiehlt sich (...), bei den Einzelvereinen als Trägern der Pachtung zu bleiben, denn wer die Pacht hat, hat die Macht"[269].

---

266 Ebd.: Stellungnahme des Gartenamts v. 22.1.1929. Anlage 2c: Schreiben Reinholds an Rosenbaum v. 5.11.1928.
267 Vgl. hierzu auch den gegen Rosenbaum gerichteten Artikel: Heinrich Förster, Wichtige Fragen des Kleingartenbaus, in: KGW 6 (6) (1929), 54f.
268 StAHH. Senat. Cl. VII Lit. Cb No. 5 Vol. 12b Fasc. 57 Inv. 7e: Stellungnahme des Gartenamts v. 22.1.1929. Anlage 2c: Schreiben Reinholds an Rosenbaum v. 5.11.1928.
269 Ebd.: Anlage 2: (Undatierter) Bericht betr. Verpachtung von Kleingartenland an Vereine oder Verbände, 4f.

Trotz dieser entschiedenen Haltung ließ sich die Position Hamburgs auf die Dauer nicht halten. Nach Größe und Gebietsstruktur war der zersplitterte Stadtstaat in zunehmendem Maße auf das Entgegenkommen des ihn umgebenden, kompakten Flächenstaates angewiesen, zumal die expandierende Metropole im eigentlichen Stadtgebiet fast überall auf ihre Landes–Grenzen stieß. Die Folge dieser äußeren Beschränkung war ein verstärktes Binnenwachstum, das den auf Baulücken und Freiflächen lastenden Druck kontinuierlich erhöhte und seine kleingärtnerischen Platzhalter mehr und mehr zum Exodus trieb. Ganze Kolonien, ja vollständige Vereine wechselten im Zuge dieser Verdrängung ins preußische Umland und verfielen damit unweigerlich der auf der Zwangs–Mitgliedschaft im RVKD abgestellten Anerkennungspraxis des Nachbarlandes. Allein 1928 waren außer dem SKBH, der in Steilshoop eine 50 ha große Kolonie projektierte[270], 42 weitere Vereine von diesem Problem betroffen[271].

Die Lage begann sich erst zu entspannen, als der am 5.12.1928 zwischen Hamburg und Preußen abgeschlossene Hafengemeinschaftsvertrag ein neues Kapitel in den zwischenstaatlichen Beziehungen aufschlug[272], in deren Verlauf sich die Hamburger Haltung in der Gemeinnützigkeitsfrage der preußischen Position annäherte. Am 31.3.1929 verständigten sich Hamburg und Preußen zunächst darauf, allen Vereinen, die die Landesgrenzen in welcher Richtung auch immer überschritten, wechselseitig das Pachtrecht einzuräumen[273]. Am 15.6. 1931 wurde dieses Übereinkommen auf Mitgliedsvereine des RVKD beschränkt, um „völlige Einheitlichkeit hinsichtlich der Anpachtungsgrundsätze unter Wahrung jeglicher städtebaulicher und Landesplanungsbelange" zu erzielen[274]. Sachlich war der Gegensatz in der Gemeinnützigkeitsfrage damit freilich ebensowenig beendet wie der Streit um die Ortsverbandspacht. Noch im Dezember nahmen der Regierungsdirektor aus der Allgemeinen Verwaltung der BD, Olshausen, und Geheimrat Pauly vom MfV vielmehr Gelegenheit, im „Reichsverwaltungsblatt" gegeneinander zu polemisieren. Während Olshausen den Erlaß des MfV vom 2.6.1924 als *„rechtlich unhaltbar"* angriff[275], verstieg sich Pauly

---

270 Ebd.: Eingabe des SKBH an den Senat v. 24.9.1928.
271 Ebd.: Stellungnahme des Gartenwesens v. 13.10.1928.
272 Grundlegend hierzu: Werner Johe, Territorialer Expansionsdrang oder wirtschaftliche Notwendigkeit? Die Groß– Hamburg–Frage, in: ZHG 64 (1978), 171.
273 StAHH. Senat. Cl. VII Lit. Cb No. 5 Vol. 12b Fasc. 57 Inv. 7e: Schreiben Rosenbaums an Pauly v. 7.6.1929. und Anlage 1: Ergebnis der hamburgisch–preußischen Behördenbesprechung v. 31.3.1929 im Senatsgehege zu Hamburg.
274 Ebd.: Besprechung zwischen Hamburger und preußischen Behördenvertretern in der Hamburger Baubehörde über die Fragen der Anerkennung der Gemeinnützigkeit am 15.6.1931.
275 Die Gemeinnützigkeit der Kleingartenvereine und der Volkswohlfahrtsminister, in: Reichsverwaltungsblatt 52 (49) (1931), 966. Zit. i.O. gesperrt.

zu der grotesken Behauptung, daß das Schrebergartenwesen „aus dem Zustande der Bohème und der Eigenbrötelei herausgewachsen ist und zu einer großen einheitlichen Volksbewegung zu werden beginnt (...), das dankt es nicht den Hunderttausenden einzelner Parzellenpächter, auch nicht den einzelnen Vereinen (...), sondern (...) dem *Reichsverbande*"[276].

Wie wenig die Differenzen inhaltlich überwunden waren, zeigt auch die Haltung des Hamburger Finanzsenators Paul de Chapeaurouge, der die Praxis des MfV noch Ende 1932 heftig tadelte und sich dabei bezeichnenderweise auf die eben zitierte, mittlerweile ein Jahr alte Position Paulys bezog: „Die Kritik von Herrn Geheimrat Pauly enthält eine Minderachtung der Tausende von Einzelleistungen im Lande, aus deren Addition erst das deutsche Schrebergartenwesen seine jetzige Bedeutung erhalten kann. Die Pauly'sche Kritik ist für mich ein neuer Beweis der Frontferne, die man bei so vielen Dingen der praktischen Verwaltung bei den Berliner zentralen Ministerialstellen beobachten kann. Ein Reichsverband (...) ist doch meistens ein mehr oder minder großer bürokratischer Wasserkopf, dessen Existenz in vielen Fällen zweifellos nötig ist, der aber bei kluger Leitung stets sich davor hüten müßte, eine Art Obervormundschaft zu erlangen"[277]. Obwohl de Chapeaurouge die Vereinbarung mit Preußen abschließend als „schweren Fehler" bezeichnete, hielt der Senat aus übergeordneten Erwägungen der zwischenstaatlichen Zusammenarbeit an der Verabredung mit Preußen fest[278]. Der fortbestehende Interessengegensatz in der Gemeinnützigkeitsfrage wurde auf diese Weise dem entstehenden Interessenverbund in der Landesplanung geopfert. Im Prinzip waren die Hamburger Behörden(vertreter) daher weniger überzeugt als überwunden worden: Die Groß–Hamburg–Frage hatte die Kleingartenfrage mediatisiert. Endgültig entschieden wurde das Problem allerdings erst mit dem Machtantritt der Nationalsozialisten, da der als Nachfolger des RVKD aufgebaute „Reichsbund der Kleingärtner und Kleinsiedler Deutschlands" die „closed allotment"-Politik seines Vorgängers verstärkt fortsetzte. Seine vornehmsten Bemühungen galten dabei der endgültigen Unterdrückung der „Wilden"[279]. Inwieweit das de facto gelang, werden wir sehen. De jure fand die alte Streitfrage auf jeden Fall mit einem Runderlaß des Reichsarbeitsministeriums vom 14.2.1935 ihren Abschluß[280].

---

276 Ebd. Hervorhebung i.O. gesperrt.
277 StAHH. FD IV DV V c 8c XXVIII: Schreiben de Chapeaurouges an Staatsrat Rautenberg v. 21.11.1932, 2.
278 Ebd.: Auszug aus dem Protokoll des Senats v. 9.1.1933.
279 Ebd.: Schreiben des Reichsbundes an die BD v. 11.8.1933 und Brief der Landesgruppe Groß–Hamburg an die FD v. 7.10.1933.
280 StAHH. FD IV DV V c 8c V F: Runderlaß des Reichs–Arbeitsministers v. 14.2.1935.

Versucht man, die sich verschränkenden Gegensätze zwischen Preußen und Hamburg, MfV und Gartenwesen, „Organisierten", „Freien" und „Wilden" abschließend auf den Begriff zu bringen, wird deutlich, daß die Differenzen keineswegs aus föderativen Widersprüchen erwuchsen, auch wenn sie von ihnen zweifellos beeinflußt wurden. Obwohl der Grenzkonflikt zwischen Hamburg und Preußen im Zuge der Weltwirtschaftskrise eine noch zu erörternde Eigenbedeutung erhalten sollte, stand er dem Zentrum der Kontroverse doch chronologisch und sachlich fern. Der Meinungskampf um das „closed allotment"-System war vielmehr ein echter Prinzipienstreit, in dem die beteiligten Für- und Gegensprecher als Vertreter unterschiedlicher Grundauffassungen auftraten. Während das Hamburger Gartenwesen auf die Neutralität des Staates pochte, bekannte sich das preußische MfV zu einer ausgesprochen parteilichen Haltung, die sich obendrein nicht an der deutschen Kleingärtnerschaft, sondern an der im RVKD zusammengefaßten Gruppe der „Organisierten" orientierte. Diesem gegensätzlichen Staatsverständnis entsprach eine grundverschiedene Auffassung des Verhältnisses von Staat und Gesellschaft, zuständiger Behörde und organisiertem Interesse. Hier setzten die Hamburger auf eine relativ offene, dezentrale Selbstorganisation, die „Berliner" dagegen auf eine zentrale, weitgehend geschlossene Verbandsorganisation. Die Hamburger Organisationsfreiheit begründete daher eine klare, im Grunde liberale Trennung, der preußische Organisationszwang eine von außen schwer durchschaubare, im Kern korporative Verschmelzung von Staat und Gesellschaft. In den Augen Hamburger Vereine wie der GFV erhielt der RVKD dadurch eine quasi halbamtliche, tendenziell zwielichtige Zwitterstellung, während die Hamburger „Freien" und „Wilden" aus der Sicht des Reichsverbandes demgegenüber als mehr oder minder egoistische Trittbrettfahrer verbandspolitischer Errungenschaften erschienen. Man könnte diese Widersprüche generell auf die grundlegenden Ordnungsprinzipien von Liberalismus und Neo-Merkantilismus zurückführen. Eine solche Reduktion fände in den unterschiedlichen Staatstraditionen der beiden Reichs-Länder mit ihren republikanischen bzw. monarchischen, wirtschaftsliberalen resp. kameralistischen Zügen auf jeden Fall ein argumentatives Widerlager. Ob sich eine derartige Schematisierung halten ließe, darf man gleichwohl bezweifeln. Der Wille zur volkshygienischen, volkspädagogischen und volkswirtschaftlichen Regulierung der Kleingartenbestrebungen war nämlich in der Hansestadt grundsätzlich nicht geringer als in Preußen. Was „Hammonia" und „Borussia", Gartenwesen und MfV, Rosenbaum und Pauly daher am Ende unterschied, war weniger der angestrebte Zweck als die anzuwendenden Mittel. Hier waren die Unterschiede freilich fundamental: Während die preußische Kleingartenpolitik stark etatistisch geprägt war, erwies sich die Hamburger Kleingartenpolitik auch hier als sozialliberal, da sie ihr soziales Ziel auf einem freiheitlich vereinbarten Weg erreichen wollte.

Die Revolution 1918/19 457

6.4.3.2. Kündigung, Entschädigung und Ersatz-Landbeschaffung.

Die Tatsache, daß die Hamburger Behörden die Ortsverbandspacht ablehnten, bedeutete freilich nicht, daß sie jede Form der Globalsteuerung grundsätzlich verwarfen. KGD und KGB waren vielmehr seit dem Sommer 1921 entschlossen, die in den Reichsrichtlinien vorgesehene zentrale Erfassung und Verteilung des Pachtlandes so schnell wie möglich umzusetzen[281]. Neben dem befürchteten Wiederaufleben der Pachtpreiskonkurrenz[282] waren es insbesondere die bis dahin auch bei der PG üblichen Mehrfachpachtungen[283], die diesen Schritt geboten erscheinen ließen. Doppel- und Dreifachverpachtungen waren nämlich nicht nur aus generellen Erwägungen problematisch, da sie die gesetzliche Forderung nach „nichtgewerbsmäßiger gärtnerischer Nutzung" untergruben, sondern auch aus aktuellen Gründen nicht opportun, da die Nachfrage nach Laubenland das vorhandene Angebot in der Nachkriegskrise erheblich übertraf. Die Zahl der Hamburger Kleingartenanwärter belief sich 1919 auf 3.580, 1921 auf 7.180, 1923 auf 8.280 und selbst 1924 noch auf 1.315 Personen[284]. Die im Sommer 1922 erlassenen Richtlinien für die Vergabe von Laubenland[285] trugen dieser Entwicklung Rechnung. Die von den Vereinen gemeldeten Kleingartenanwärter wurden seitdem zentral auf die frei(geworden)en Parzellen verteilt, wobei kinderreiche Familien, Kriegsbeschädigte, gekündigte Kolonisten und später auch Altersrentner bevorzugt wurden[286]. Pächter, die mehr als eine Parzelle gemietet hatten, mußten ihre Zweit- und Drittgärten mit der nächsten Aberntung aufgeben, Mieter, die überdurchschnittlich große Landstücke besaßen, mußten teilen und abgeben. Als Faustregel diente dabei ein Richtmaß von 500 bis maximal 700 qm Land für eine fünfköpfige Familie.

Der erste Akt der Landbeschaffung beruhte daher auf einer Generalrevision der vorhandenen Parzellen und der gezielten Umverteilung bestehender Überkapazitäten. Diese Form der Bedarfsdeckung war freilich im Grunde ein bloßes Nullsummenspiel im Rahmen des kolonialen Status quo. Bereits am 7.3.1922 kam der KGB infolgedessen zu der enttäuschenden Feststellung: „Die Landbe-

---

281 StAHH. FD IV DV V c 8c IV: Sitzung des KGB v. 20.7.1921.
282 Ebd.: Schreiben der KGD an die DV v. 13.4.1922.
283 60 Jahre Gartenkolonie Billerhude 1921-1981, o.O. o.J., 4.
284 StAHH: Senat. Cl. VII Lit. Cb No. 5 Vol. 12b Fasc. 57 Inv. 7k: Bericht des Gartenwesens v. 27.5.1927 und FD IV DV V c 8c IV: Sitzung des KGB v. 11.12.1924.
285 Ebd.: Sitzung des KGB v. 17.6.1922. Anlage 1: Richtlinien für die Vergabe von Kleingartenland.
286 Siehe hierzu den Bestand: StAHH. Senat. Cl. VII Lit. Cb No. 5 Vol. 12b Fasc. 57 Inv. 7b.

schaffung ist auf einem toten Punkt angelangt"[287]. In dieser verfahrenen, durch den Hamburger Landmangel bedingten Situation[288] beantragte der DDP–MdBü Meuthen, den bürgerschaftlichen Ausschuß zur Prüfung von Anträgen auf Veränderung des Grundbesitzes des Staates feststellen zu lassen, ob die Pachtverträge für landwirtschaftlich genutzte Flächen nicht nach § 5 Abs. 2 KGO aufgehoben und für Kleingartenzwecke umgewidmet werden könnten[289]. Auch wenn die Bürgerschaft das Ergebnis dieser Untersuchung skeptisch beurteilte und allenfalls einige Weiden mit „Pensionskühen" betroffen sah, fand das Ansinnen dank der Voten von DDP, DNVP und SPD breite Zustimmung.

Diese im Laufe des Jahres 1923 durchgeführte Revision des Kleinpachtlandes, die den zweiten Akt der Landbeschaffung einleitete, erbrachte immerhin eine verfügbare Gesamtfläche von 640.668 qm[290], von denen 25.680 qm in Alsterdorf, Fuhlsbüttel und Ohlsdorf, 65.594 qm in Barmbek, Eppendorf und Winterhude, 75.000 qm in Dradenau, 28.300 qm in Finkenwerder, 149.783 qm in Groß Borstel 120.966 qm in Horn und 175.345 qm in Langenhorn lagen. Obwohl sich das räumliche Verteilungsmuster der Flächen an die Einzugsbereiche der ehemaligen Familiengärten anschloß und bekannte Schwerpunkte wie Barmbek, Eppendorf, Winterhude und namentlich Horn erneut hervortreten ließ, lag die Hauptmasse der neuen Gebiete doch weiter stadtauswärts. Groß Borstel, Langenhorn und die auf der südlichen Elbseite gelegenen Flächen in Dradenau und Finkenwerder stellten mit zusammen 428.428 qm denn auch 66,8% oder zwei Drittel des gesamten Areals. Dieser Trend zum Stadtrand wurde durch die Ausbildung eines gespaltenen Marktes mit unterschiedlichen Ordnungsprinzipien bestätigt. Während im Zentrum die Nachfrage das Angebot in der Regel überstieg, und die wenigen freiwerdenden oder neu verfügbaren Flächen nach sozialpolitischen Gesichtspunkten bewirtschaftet werden mußten, überragte an der Peripherie durchweg das Angebot die Nachfrage, so daß die Vereine die Parzellen hier frei vergeben konnten[291]. Für die Hamburger Kleingartenbewegung ergaben sich daraus zwei Konsequenzen: Zum einen wurde der Druck auf die Landesgrenze und das umliegende preußische Landgebiet zunehmend größer, zum anderen wuchs die durchschnittliche Entfernung von Wohnung und Kleingarten zusehends an, so daß viele Kolonisten ihre Parzellen nur noch mit öffent-

---

287 StAHH. FD IV DV V c 8c IV: Sitzung des KGB v. 7.3.1922, 3.
288 Ebd., 12.
289 Stenographische Berichte über die Sitzungen der Bürgerschaft zu Hamburg: Sitzung v. 22.2.1922, 1416f.
290 Zusammengestellt und berechnet nach: StAHH. Senat. Cl. VII Lit. Dd No. 7 Vol. 95: Überprüfungsberichte der DV und des Gartenwesens v. 18.4., 25.4., 4.5., 19.7.1923 und v. 29.2.1924.
291 StAHH. FD IV DV V c 8c IV: Sitzung des KGB v. 11.12. 1924, 1f.

Die Revolution 1918/19 459

lichen Verkehrsmitteln erreichen konnten. Immerhin vermochte Hamburg dank der Revisionen des Jahres 1923 weitere 640.668 qm Kleingartenland zusätzlich bereitzustellen. Bei einer angenommenen Parzellengröße von durchschnittlich 500 qm ergab das eine Gesamtzahl von 1.281 Gärten. Auch wenn dieser Zuwachs angesichts einer Zahl von 9.595 registrierten Kleingartenanwärtern nur eine Bedarfsdeckungsquote von 13,3% erreichte, war Meuthens Abschlußbericht durchaus optimistisch, da es dem Staat gelungen war, „dieses Land zur Verfügung zu stellen, ohne das Zwangsbestimmungen (...) angewandt werden mußten"[292].

In der Tat hat die Zwangspachtung nach § 5 KGO in Hamburg so gut wie keine Rolle gespielt. Selbst 1923, auf dem Höhepunkt der Nachfragewelle, konnte Rosenbaum feststellen: „Mit der Zwangspacht sind wir bisher recht vorsichtig gewesen. Den Versuchen wurden seitens der Eigentümer oder Nutzungsberechtigten (...) so gewichtige Gründe entgegengestellt, daß nur in wenigen Fällen die Zwangspacht durchgeführt werden konnte. Vielfach genügte die Androhung der Zwangspacht, um den Eigentümer zur freiwilligen Hergabe von Landflächen zu bewegen"[293]. Diese restriktive Handhabung der Zwangspacht[294] war keineswegs eine Hamburger Besonderheit. Länder wie Braunschweig haben sie nachweislich überhaupt nicht angewandt[295]. Auch im preußischen Altona wurden Zwangspachtungen nur in geringem Umfang durchgeführt[296]. Eine Auswertung der beim Rechtsamt Altona anhängigen Zwangspachtverfahren ergab für den Zeitraum von 1927 bis 1938 nur 18 Streitfälle. Dabei wurde die Zwangspacht elf Mal (= 61%) verhängt, zwei Mal (= 11%) verlängert und fünf Mal (= 28%) abgelehnt bzw. aufgehoben[297]. Selbst in der Reichshauptstadt Berlin mit ihrer stark sozialdemokratisch und kommunistisch geprägten Kleingärtnerschaft blieb der Anteil der Zwangspachtungen am Gesamtbestand der kleingärtnerisch genutzten Fläche unerheblich. Das „Statistische Jahrbuch der Stadt Berlin" wies für die zweite Hälfte der 20er Jahre folgende Entwicklung aus[298]:

---

292 Stenographische Berichte über die Sitzungen der Bürgerschaft zu Hamburg: Sitzung v. 6.6.1924, 289.
293 Rosenbaum, Wie arbeitet (229), Sp. 19.
294 StAHH. Senat. Cl. VII Lit. Cb No. 5 Vol. 12b Fasc. 57 Inv. 7e: Stellungnahme des Gartenwesens v. 18.12.1929, 8f.
295 Karl Bruhns, Der Kleingarten und der Städtebau, Diss. Braunschweig 1933, 22.
296 Jb. 1933 des LV Groß–Hamburg im RVKD, Hamburg o. J., 82.
297 Zusammengestellt nach: StAHH. Rechtsamt Altona F.3 und F.7 – F.21.
298 Zit.n.: Schutzverband (156), 13.

Zwangspachtungen in Berlin 1925–1930			
Jahr	Fläche (ha)	in Zwangspacht	Prozent
1925	5.793	43,5	0,75%
1926	5.651	139,0	2,46%
1927	5.026	425,0	8,46%
1928	4.535	482,0	10,63%
1929	4.448	514,0	11,56%
1930	4.450	531,0	11,93%

Zwar stieg der Anteil des in Zwangspacht genommenen Geländes indirekt proportional zur Abnahme der kleingärtnerisch genutzten Gesamtfläche, doch blieb seine Bedeutung insgesamt bescheiden und obendrein eine Berliner Spezialität. Die Vergleichszahlen für das Reich zeigten denn auch ein gerade entgegengesetztes Bild[299]:

Zwangspachtungen im Reich 1925–1931			
Jahr	Fläche (ha)	in Zwangspacht	Prozent
1925	11.915	933,0	7,8%
1927	15.761	847,0	5,4%
1931	16.857	670,0	4,0%

Insgesamt erwies sich die Zwangspachtung damit nicht als gängiges Instrument zur Landbeschaffung, sondern allenfalls als lokaler Indikator für ihre jeweils unterschiedlichen Schwierigkeiten. Zwangsmaßnahmen nach § 5 KGO waren daher überall die Ausnahme und nirgends die Regel.

Diese zurückhaltende Handhabung trug in Hamburg freilich unweigerlich dazu bei, die Landbeschaffung zu erschweren, zumal KGD und KGB sich 1921 darauf verständigt hatten, im Falle notwendiger Kündigungen Ersatzland zu beschaffen[300]. Bereits am Ende des Jahres regte Rosenbaum daher an, die offizielle Richtung der städtischen Siedlungspolitik zu ändern und in Zukunft auch preußisches Gebiet in die Planungen einzubeziehen[301]. Auch wenn sein Vorschlag bloß eine seit der Gründung des VHS ohnehin bestehende Tendenz aufgriff, stieß dieser dritte Akt der Landbeschaffung von Beginn an auf zwei Hindernisse, die seine Umsetzung nachhaltig erschwerten. Zum einen war eine solche Ausweichstrategie ohne die Mitwirkung Preußens weder denkbar noch durchführbar. Gerade die preußischen Randgemeinden besaßen aber begreiflicherweise kein besonde-

---

299 Zahlen nach: RVKD, Geschäftsbericht (140), 39; 5. Reichs-Kleingärtnertag (100), 111; 8. Reichs-Kleingärtnertag (99), 133.
300 StAHH. FD IV DV V c 8c IV: Sitzung des KGB v. 20.7. 1921, 4.
301 Ebd.: Sitzung v. 15.12.1921.

Die Revolution 1918/19

res Interesse am Zuzug Hamburger Kleingärtner und Siedler. Rosenbaum selbst hatte diese Tatsache ein gutes Jahr zuvor öffentlich eingeräumt: „Die gemeinnützigen Siedlungsgesellschaften, die sich auf preußischem Gebiet angekauft haben, sind in einer besonders mißlichen Lage. Die preußischen Gemeinden betrachten zum Teil den Zuzug (...) als unerwünscht, da sie die hieraus erwachsenden Gemeindelasten fürchten und lehnen deshalb die Bewilligung von Baukostenzuschüssen ab. Der Hamburger Staat aber kann bei seiner finanziellen Lage unmöglich die Finanzierung der auf preußisches Gebiet abwandernden Steuerzahler übernehmen"[302]. Diese Vorbehalte trafen auch auf die hanseatische Kleingartenbewegung zu. Noch 1928 wies der SKBH–Vorsitzende Max Hermann darauf hin, daß „von den preußischen Behörden, mit Ausnahme der beiden Städte Altona und Wandsbek, (...) eine Unterstützung der Kleingärtner nicht zu erwarten (sei), weil die ländlichen preußischen Gemeinden selbst keine Kleingärtner stellen, die preußischen Behörden daher nur ein Interesse an den Verpächtern nehmen können", weshalb die Pachtpreise, die in Hamburg im Durchschnitt bei 2 Pfg./qm lägen, in Preußen vielfach das Dreifache betrügen[303]. Zum anderen verschärfte die vorgeschlagene Ausweichstrategie das bis dahin kaum empfundene Entfernungsproblem. Die von den Kleingärtnern aus familienpolitischen Gründen geforderte, mit maximal eineinhalb Kilometern veranschlagte „Kinderwagenentfernung"[304] geriet damit buchstäblich unter die Räder der öffentlichen Verkehrsmittel. Zwar bot die Hamburger Hochbahn A.G. spätestens seit 1921 eine Siedler– und Schreberkarte an, die für sechs Fahrten pro Monat statt 1,20 M. nur eine Mark kostete[305], doch brachte dieses Entgegenkommen keine wirkliche Entlastung. Eine vierköpfige Familie, die ihren Garten nur an den Wochenenden der schönen Jahreszeit aufsuchte, hätte für diese bescheidene Nutzung bereits Fahrtkosten in Höhe von jährlich 34,60 M. bezahlen müssen[306]. Setzt man diesen Aufwand in Beziehung zur jährlichen Durchschnittspacht in Höhe von 2 Pfg./qm für einen Durchschnittsgarten von 500 qm, ergibt sich ein

---

302 Rosenbaum, Siedlungsverband Groß–Hamburg, in: Der Kleingarten 7 (1920), 170. Vgl. auch: Ders., Kleingärtner und Siedler, in: Ebd. 10 (1921), 256f. und O. Haakke, Kleingärtner und/oder Siedler, in: Ebd. 11 (1921), 297f.
303 StAHH. Senat. Cl. VII Lit. Cb No. 5 Vol. 12b Fasc. 57 Inv. 7h: Besprechung zwischen Beamten der Baubehörde und Kleingartenvertretern v. 14.1.1928, 6f.
304 Siehe hierzu: Bruhns (295), 12; Fs. hg. anläßlich des 10jährigen Bestehens des BV Stormarn im RVKD, (Hamburg 1933), 27; Pauly, Der Kleingarten im Stadtbauplan, in: Der Neubau 10 (16) (1928), 194 und Schilling, Entwicklung (135), 24.
305 StAHH. FD IV DV V c 8c IV: Sitzung des KGB v. 15.12.1921 und v. 7.3.1922.
306 26 Wochenenden mal vier Personen mal Hin– und Rückfahrt geteilt durch sechs Vorzugskarten ergeben 34,60 M. Vgl. auch: Rosenbaum, Die Abschaffung der Schreberkarten, in: Der Kleingarten 4 (1929), 76 und StAHH. Landherrenschaften XXII A 57/8.

im Grunde indiskutables Verhältnis von 10 M. jährlicher Pacht zu 34,60 M. Wegekosten und damit eine Gesamtbelastung, die die bescheidenen Roherträge des kleingärtnerischen Fleißes in der Mehrzahl der Fälle aufgezehrt haben dürfte. Die vielgerühmte gartenbauliche Entlastung des Familienbudgets erfuhr auf diese Weise jedenfalls einen nachhaltigen Dämpfer, es sei denn, die Kolonisten überwanden die neuen Distanzen per Drahtesel oder auf Schusters Rappen.

Nun fiel freilich ein Fußmarsch den nachgeborenen Gesundheitsaposteln des verewigten Leipziger „Glückseligkeitslehrers" alles andere als leicht. Ralph Giordano hat den Leidens–Weg einer Barmbeker Schreberfamilie in ihr „Gelobtes Kleingarten–Land" denn auch durchaus zwielichtig konturiert: „Die Enkel standen der großmütterlichen Erwerbung (...) skeptisch gegenüber. Woran sie sich später in allen Einzelheiten erinnerten, waren scharfe Märsche durch die sonnendurchglühten Straßen Barmbeks an der Seite von Eltern und Großeltern, immer nach Norden, immer weiter, endlose Strecken zu Fuß, bis die Stadt sich fransig lichtete und in grünes Vorfeld überging. Von diesem Rand war noch einmal die gleiche Entfernung bis zum Steilshooper Ziel zurückzulegen, neben der ächzenden, halbverdursteten Recha, dem fluchenden Alf, der geröteten Lea (...) und dem stummen, taumelnden Schlosser". Immerhin, am Ende standen, wie bei jedem Exodus, Ankunft und neuer Anfang – auch für die Jugend: „Zärtlich betasteten sie die Stämme U–förmiger Apfelbäume, wühlten sich in dicke Johannisbeersträucher, standen staunend vor der gewaltigen Brombeerhecke (...) und besetzten die Schaukel, die der Großvater ihnen aufgestellt hatte. Dort saßen die Söhne auf dem glatten Holz, schauten hoch in weißes Wolkengebirge, lauschten dem Gesang der Vögel und dehnten und reckten sich"[307].

Der 1924 einsetzende Nachfragerückgang nach Kleingartenland erwuchs freilich keineswegs nur aus den begrenzten staatlichen Maßnahmen zur Landbeschaffung, sondern vor allem aus der allgemeinen Wiederbelebung der Wirtschaft im Gefolge der Währungsreform[308]. Nach Auskunft der KGD ging die Kleingartenbewegung im Zuge der Stabilisierung sogar um circa 20% zurück, da viele „Nur–Gärtner" ihre Parzellen nach und nach aufgaben[309]. Ihr Ausscheiden leitete eine allgemeine Phase der Konsolidierung ein, die bis zum Ausbruch der Weltwirtschaftskrise anhielt[310]. Gleichwohl wurden die „Goldenen Zwanziger" für den verbleibenden Kern der Kolonisten kein „Goldenes Zeitalter", da der

---

307 Ralph Giordano, Die Bertinis, (Frankfurt/M. 1982), 98f.
308 StAHH. FD IV DV V c 8c IV: Sitzung des KGB v. 17.4. 1924.
309 Ebd.: Schreiben der BD an die FD v. 29.11.1927. Anlage (Abschrift): Denkschrift Rosenbaums v. 24.10.1927, 1.
310 Ebd.: Schreiben des Gartenwesens an die DV v. 9.4. 1929. Anlage: Lagebericht der KGD, 1.

Laubenbau trotz Baisse und Bestandsbereinigung im Zuge der gesamtwirtschaftlichen Konsolidierung in Konkurrenz zur Baukonjunktur geriet. Nun setzte der Rechtsschutz nach § 3 KGO der Kündigung von Kleingartenland enge Grenzen, die durch die verfahrensrechtliche Auslegung des „wichtigen Grundes" nur bedingt modifiziert werden konnten. Immerhin schälten sich im Rahmen der Spruchpraxis der Kleingartenschiedsgerichte bis Mitte der zwanziger Jahre 17 verschiedene Gründe heraus[311], die freilich zum größten Teil belanglos blieben, da sie das Benehmen des Pächters betrafen und Verfehlungen wie „Felddiebstahl", „grobes unsittliches Verhalten", „liederliche Bewirtschaftung", gewerbsmäßige Kleintierzucht, Verweigerung der Gemeinschaftsarbeit, Mehrfachpachtungen und die „Begünstigung und Betreibung von Schankunternehmen" ahndeten.

Im Gegensatz zu diesen subjektiven Kündigungsgründen, die für die Kleingartenbewegung prinzipiell bedeutungslos blieben, da ein Rauswurf dieser Art nur einen individuellen Wechsel des Nutzers herbeiführte, bewirkten die objektiven Kündigungsgründe der nachgewiesenen Wohnbebauung und der „Inanspruchnahme von Lagerplätzen bei wichtigen Wirtschaftsgründen des Eigentümers" einen generellen Wechsel der Nutzung: Wurde dort ein einzelner Mensch aus dem Kleingartenparadies vertrieben, wurde hier das gesamte Paradies in Frage gestellt. Immerhin waren Kündigungen wegen geplanter Wohnbebauung im Zeichen der umfassenden rechtlichen, administrativen und verbandspolitischen Regulierung des Laubenwesens keine automatischen Abläufe mehr wie noch zur fiskalisch geprägten Ära der „patriotischen" Familiengärten. Die Durchführung eines Bauvorhabens bildete in der Weimarer Republik vielmehr das Resultat eines öffentlichen Meinungsstreits divergierender Interessengruppen, der vielfach in einen zeitaufwendigen Abwicklungsvorgang mündete, da KGD und KGB die Kündigung nach § 3 KGO seit Beginn ihrer Tätigkeit mit dem fürsorgerischen Gedanken der Entschädigung „für den entgangenen Reingewinn der Erträge des laufenden Jahres"[312] und der Ersatzlandbeschaffung verknüpften.

Um die Modalitäten der Kündigung kam es daher 1927 zu neuerlichen Auseinandersetzungen zwischen Domänenverwaltung und Gartenwesen. Entfesselt wurde der Streit durch drei Forderungen, die der SKBH-Vorsitzende Max Hermann am 30.6.1927 präsentierte. Sie beinhalteten die Verlängerung der noch aus den Zeiten der PG überkommenen vierwöchigen Kündigungsfrist, die Bereitstellung von Ersatzland in Langenhorn, Fuhlsbüttel und Farmsen mit 15-jähriger

---

311 Maul (127), 23f.
312 StAHH. FD IV DV V c 8c IV: Sitzung des KGB v. 17.6. 1922. Anlage 2: Richtlinien für die Behandlung von Entschädigungsansprüchen bei Kündigung.

Pachtzeit und die Unterstützung der Kolonisten durch unverzinsliche Darlehn zur Landbeschaffung und zur Verschönerung der Kleingartenanlagen[313]. Während die FD diese Forderungen aus wohnungsbaupolitischen Gründen rundweg ablehnte[314], machte die KGD sie sich ebenso schlankweg zu eigen. In einer Verlängerung der Kündigungsfrist sah die Dienststelle dabei nicht zuletzt die Chance, bei der Bewirtschaftung des Kleingartenlandes zu einer langfristigen Behördendisposition zu kommen, und monierte in diesem Zusammenhang, daß die DV seit Februar 1927 19 Flächen mit insgesamt 250 Parzellen gekündigt habe, ohne die KGD zu konsultieren[315]. Obwohl das Parlament die Vorstellungen von SKBH und KGD auf Antrag der DDP übernahm[316] und sich darüber hinaus für die bebauungsplanmäßige Festlegung von Dauergärten und die Gleichstellung von Kleingarten- und Sportbewegung aussprach[317], brachte „die unpolitische Einheitsfront der Bürgerschaft von Dr. Nagel bis Levy"[318], DNVP bis KPD, zunächst keine Bewegung in die festgefahrenen Positionen[319].

So kam der Fragenkomplex erst 1929 erneut zur Verhandlung, als der Senat ein Darlehn in Höhe von 20.000 RM für den gekündigten KGV „Horner Brook" zur Verfügung stellte[320]. Obwohl das Projekt nicht strittig war, entschlossen sich die Abgeordneten auf Antrag der DDP, einen bürgerschaftlichen Schrebergartenausschuß einzurichten, um die Kündigungsmodalitäten ein für alle Mal zu klären[321]. Die am 8.5.1929 aufgenommenen Ausschußberatungen gaben den bisherigen Positionskämpfen zwischen DV und KGD allerdings eine unverhoffte Wendung[322]. Während die Finanzhilfe im Prinzip unstrittig blieb[323] und nur zu einem nachgeordneten Streit um die Modalitäten der Ersatzlandbeschaffung führte, in dem die KGD für einen staatlichen Ankaufsfond, die FD mit Erfolg für

---

313 Ebd.: Niederschrift über eine Besprechung bei Senator Cohn am 30.6.1927.
314 Ebd.: Schreiben der FD an das Gartenwesen v. 23.7. 1927.
315 Ebd.: Schreiben der BD an die FD v. 29.11.1927. Anlage (Abschrift): Denkschrift Rosenbaums v. 24.10.1927, 6 u. 8f.
316 Stenographische Berichte über die Sitzungen der Bürgerschaft zu Hamburg: Sitzung v. 2.3.1927, 220 (Antrag Rosenbaum).
317 Ebd.: Sitzung v. 6.5.1927, 514f. u. 521f.
318 Ebd., 517. Die Charakteristik, die von der KPD-Abgeordneten Edith Hommes mit dem Zuruf „Fürchterlich!" quittiert wurde, stammt vom DNVP-MdBü Nagel.
319 StAHH. FD IV DV V c 8c IV: Schreiben der FD an Staatsrat Rautenberg v. 10.4.1928.
320 Stenographische Berichte über die Sitzungen der Bürgerschaft zu Hamburg: Sitzung v. 17.4.1929, 413.
321 Ebd., 417.
322 StAHH. Bürgerschaft I C 790: Bürgerschaftlicher Schrebergarten-Ausschuß. Sitzung v. 8.5.1929.
323 Ebd.: Sitzung v. 16.5.1929.

staatliche Erschließungsdarlehn plädierte[324], da sich der SKBH aus Kostengründen gegen Landkaufprojekte entschied[325], kam es in der Kündigungs- und Entschädigungsfrage ebenso wie in der noch gesondert zu erörternden Dauergartenfrage zu einer Auseinandersetzung innerhalb der SPD. Ausgelöst wurde die Kontroverse durch den damaligen Vorsitzenden der Verwaltungsstelle Hamburg des „Deutschen Holzarbeiter-Verbandes", MdBü Ulrich Bannwolf, der sich in einer der gemeinnützigen, den Klein-Wohnungsbau fördernden „Ehrenteit-Gesellschaften" engagierte[326]. In dieser Eigenschaft gab Bannwolf am 11.2.1930 im Schrebergartenausschuß folgende Grundsatzerklärung ab: „Ich sehe (...) die Kleingartenbewegung nicht als eine so große Notwendigkeit an, als wie die Errichtung von Wohnungen. In der heutigen Zeit werden bei den Wohnhausbauten Sportplätze und Grünanlagen in weitgehendstem Maße angelegt, auch innerhalb der großen Baublöcke als solche vielfach vorgesehen. Daher ist die Forderung nach großen Teilen des Bebauungsplanes für Schrebergärtner m.E. zu weitgehend". Obwohl Bannwolfs Koalitionspartner Rosenbaum von diesen Ausführungen „erschüttert" war, ließ sich der Redner nicht beirren und stellte kategorisch fest, daß auch die geplante Entschädigung für die Baugesellschaften eine schwere Belastung bedeute, da sie geeignet sei, die Mieten in die Höhe zu treiben[327].

Auch wenn Bannwolfs Position trotz eines von der SPD-Fraktion erfolgreich angestrengten Rückverweises des ersten Ausschußberichtes[328] beim zweiten Mal ebensowenig Zustimmung fand, da die Ausschußmehrheit den sozialdemokratischen Rückzieher in der Dauergartenfrage nicht mittrug[329], und auch das Parlament nicht gewillt war, sich von den Wohnungsbaupolitikern der SPD ebenso majorisieren zu lassen wie die sozialdemokratischen Kleingartenpolitiker[330], blieb die feste Haltung der Bürgerschaft praktisch folgenlos. In seiner Mitteilung

---

324 StAHH. FD IV DV V c 8c I: Schreiben der KGD an Regierungsrat Siemßen von der FD v. 25.5.1929; Stellungnahme der DV v. 1.6.1929; Schreiben Siemßens an Staatsrat Lippmann v. 8.6.1929 sowie StAHH: Senat. Cl. VII Lit. Cb No. 5 Vol. 12b Fasc. 57 Inv. 7h: Denkschrift Siemßens v. 29.5.1929. und Schreiben der FD an das Gartenwesen. v. 29.7.1929.
325 StAHH. FD IV DV V c 8c I: Bericht Siemßens über ein Gespräch zwischen FD und SKBH am 17.7.1929.
326 Siehe hierzu: Hermann Hipp, Wohnstadt Hamburg, (Hamburg 1982), 39f.
327 StAHH. Bürgerschaft I C 790: Bürgerschaftlicher Schrebergarten-Ausschuß. Sitzung v. 11.2.1930, 3f. und v. 27.2.1930.
328 Stenographische Berichte über die Sitzungen der Bürgerschaft zu Hamburg: Sitzung v. 30.5.1930, 658 u. 660 (Antrag Knödel).
329 StAHH. Bürgerschaft I C 790: Bürgerschaftlicher Schrebergarten-Ausschuß. Sitzung v. 29.10.1930, 2 u. 5.
330 Stenographische Berichte über die Sitzungen der Bürgerschaft zu Hamburg: Sitzung v. 26.11.1930, 1020–1024.

vom 11.4.1932 bekundete der Senat zwar seine Bereitschaft, den Wünschen des Parlaments wohlwollend entgegenzukommen, lehnte es jedoch zugleich ab, sie zur Richtschnur seines Handelns zu erheben: „Bei dem Raummangel der Stadt müssen die dort noch vorhandenen unbebauten Grundstücke restlos für die Allgemeinheit (...) freigehalten werden. (...). Eine Ausnahme bildet nur der Vorort Langenhorn, wo ebenso wie im Landgebiet Kleingartenflächen bebauungsplanmäßig vorbehalten werden können". Diese Grundsatzentscheidung bestimmte auch die Haltung des Senats in der Kündigungsfrage. Eine Verlängerung der Kündigungsfrist auf drei Monate lehnte die Regierung daher ebenso ab wie das geforderte generelle Kündigungsverbot während der Vegetationsperiode. Immerhin war der Senat bereit, den Pächtern in diesem Fall eine Entschädigung für die heranwachsende Ernte und die zu rodenden Beerensträucher und Obstbäume zu zahlen[331]. Trotz dieses Entgegenkommens markierte die Mitteilung des Senats im Prinzip den kommunalpolitischen Sieg der Hamburger Wohnungsbaubefürworter über die großstädtischen Kleingartenanhänger, da das seit den Bürgerschaftswahlen vom 27.9.1931 paralysierte Parlament die seitdem bloß geschäftsführende Regierung nur sehr bedingt beeinflussen konnte. Was sich als zukunftsweisende Richtungsentscheidung ausgab, erwies sich freilich angesichts der Weltwirtschaftskrise als anachronistisches Bekenntnis guter Absichten. In Wahrheit hatte die geschäftsführende Regierung zu diesem Zeitpunkt gar keine Geschäfte mehr zu führen, hatte der Wohnungsbau seinen Zenit längst überschritten und einem neuen Aufschwung des Laubenbaus Platz gemacht.

Im Gegensatz zu den relativ gut dokumentierten Modalitäten der Kündigung wissen wir über den Umfang der Kündigungen und ihre raumzeitliche Verteilung so gut wie nichts. Diese Tatsache beruht nicht nur auf der schütteren Überlieferung, sondern auch auf der unübersichtlichen Gemengelage von staatlichen, kommunalen und privaten Pachtflächen. Selbst eine vorhandene amtliche Statistik böte daher aller Wahrscheinlichkeit nach bloß einen Ausschnitt der wirklichen Entwicklung. Diese Feststellung trifft auch auf die Ersatzlandbeschaffung zu. Die gekündigte Population einer Kolonie zerfiel nämlich in der Regel in drei Teilmengen. Die erste Gruppe bildeten Kleingärtner, die den Gartenbau aufgaben, die zweite Gruppe Übersiedler, die staatliches oder öffentlich bezuschußtes Ersatzland erhielten, die dritte Gruppe Kolonisten, die sich selbst nach Alternativen umsahen. Die wenigen Angaben über Ersatzlandempfänger sagen daher über die Zahl der Kündigungen ebensowenig etwas aus wie über den Umfang des tat-

---

331 Verhandlungen zwischen Senat und Bürgerschaft: Mitteilung des Senats an die Bürgerschaft, Nr. 23 v. 11.4. 1932.

Die Revolution 1918/19 467

sächlich beschafften Ersatzlandes[332]. Die bekannteste und vermutlich größte Beschaffungsmaßnahme der Ära Rosenbaum betraf die 1925 geplante Räumung von rund 3.000 nördlich des Stadtparks gelegenen Kleingärten zugunsten eines städtischen Ausstellungsgeländes. Das fragliche Areal, das zwischen Stadtpark, Barmbeker Krankenhaus und Alsterdorfer Straße lag, umfaßte etwa 66 ha, die sieben Kleingartenvereine unter sich aufgeteilt hatten[333]. Die zum 1.1.1926 vorgesehene Massenkündigung versammelte die Kolonisten am 25.6.1925 zu einer Protestversammlung im Conventgarten, auf der sich Vertreter fast aller Bürgerschaftsparteien für den Erhalt des Geländes aussprachen. Nur die SPD zeigte den Kleingärtnern schon hier den oben skizzierten Januskopf. Während sich der Abgeordnete Emil Lehmann in seiner Eigenschaft als Vorsitzender des Gauverbandes dafür einsetzte, „daß nicht 15.000 Menschen (...) ihre liebgewordene, mit Herzblut und Arbeitsschweiß gedüngte Erholungsstätte (...) verlieren", erklärte sein Genosse Friedrich Albert Karl Paeplow, der Vorsitzende des „Deutschen Bauarbeiterverbandes": *„Wenn Hamburg in Zukunft nicht auf Ausstellungen verzichten wolle, müßten die Kleingärtner von ihren jetzigen Flächen wohl etwas abrücken"*[334]. Mit diesem „Abrücken" hatte es freilich noch gute Weile. Dafür sorgte nicht zuletzt die allgemeine Proteststimmung. Selbst die Presse nahm sich der Sache an und stilisierte sie mit Hilfe bekannter Versatzstücke der Kleingartenpropaganda zu einem quasi heilsgeschichtlichen Gegensatz: „Paradies haben die Schrebergärtner die Kolonie hinter dem Stadtpark genannt (...). In diesem Paradies ist ungeheuer fleißig gearbeitet worden, denn es war eine Schuttabladestelle, bevor es die Kleingärtner in einen blühenden und fruchtbaren Garten verwandelt haben. Aus diesem Paradies der Arbeit droht den Kolonisten die Austreibung durch die Engel der Hamburger Baudeputation"[335].

Weit wichtiger als der Protest war freilich die Tatsache, daß sich der Plan zur Errichtung des Ausstellungsgeländes wenig später zerschlug. Die wieder eingekehrte „paradiesische Ruhe" erwies sich nichtsdestoweniger als trügerisch. Was die Planungen des Jahres 1925 nicht vermocht hatten, bewirkte zwei Jahre später die fortschreitende Bebauung Nord-Barmbeks. Ihrem Vordringen waren die

---

332 Einen gewissen Anhaltspunkt für den Umfang der öffentlichen Aktivitäten bietet: StAHH. Senat. Cl. VII Lit. Cb No. 5 Vol. 12b Fasc. 57 Inv. 7k: Bericht des Gartenwesens v. 27.5.1927. Ihm zufolge gab es in Hamburg 1920 560, 1922 800, 1924 500 und 1926 750 Ersatzlandempfänger.
333 StAHH. Senat. Cl. VII Lit. CB No. 5 Vol. 12b Fasc. 57 Inv. 7g: Antwort des Senats auf die Kleine Anfrage des KPD-Abgeordneten Gundelach v. 9.6.1925.
334 Hamburger Echo v. 27.6.1925 (Kleingärtner-Protest). Zitat i.O. gesperrt. Vgl. auch: Der Kleingarten 4 (1925), 49f. u. 5 (1925), 72f.
335 StAHH. Zeitungs-Ausschnitts-Sammlung A 145: (Undatierter) Ausschnitt aus dem Hamburger Anzeiger (Spektator: Aus einer Hamburger Kleingartenkolonie).

Kleingärtner nicht gewachsen. Auch die einst so rührige Bürgerschaft beschränkte sich nun auf einen agrarromantischen Nachruf des DNVP-Abgeordneten Nagel: „Wenn ich beispielsweise denke an die großen Veränderungen, die sich im Laufe der letzten Jahrzehnte im Gebiet unseres Stadtparks vollzogen haben, wie damals noch frei und ungehindert die Natur herrschte und wie (...) die Schrebergärten in weitem Umkreis florierten und man dort eigentlich die Wildnis hatte (...), die heute der kunst- und pflegemäßigen Behandlung großer Gartenbetriebe und Parks Platz gemacht hat, müssen wir leider sagen: hier hat in weiten Kreisen, leider, leider, vielfach zur Freude der Bewohner, aber unter Zurückdrängung der natürlichen Empfindung der Großstadtbevölkerung (...), die Kunst über die Natur gesiegt"[336]. Immerhin gelang es in diesem Fall, den „wohlberechtigten Landhunger"[337] der Kleingärtner wenigstens teilweise zu stillen. Die Umsiedlung der Kolonisten erfolgte auf ein vom SKBH Ende 1927 vom Hofbesitzer Herbert Hinsch auf zwölf Jahre gepachtetes, circa 46 ha großes Landstück in Steilshoop[338]. Die vom Gartenwesen entworfene, auf Wunsch des Wohlfahrtsamtes mit einem Spielplatz ausgestattete Kolonie lag südlich des am Ohlsdorfer Friedhof gelegenen Großen (Bramfelder) Sees und wurde vom Senat mit einem zinslosen Darlehn in Höhe von 30.000 RM gefördert[339]. Hier wie in dem noch weiter nördlich gelegenen Hummelsbüttel, wo 1929 weitere Kolonisten des Stadtparkgebietes auf 82 ha Kauf- und 65 ha Pachtgelände ein neues Zuhause fanden[340], konnten die Umsiedler in der Folgezeit relativ ungestört weiterwirtschaften, bis die inzwischen auf 137 ha angewachsene „Insel" Steilshoop in der zweiten Hälfte der 60er Jahre vom „Häusermeer" verschlungen wurde[341].

6.4.3.3. Die Pachtpreisfestsetzung nach § 1 KGO. Ein Blick auf die Inflation und ein kurzes Resümee.

Bis zur Verabschiedung der Bundesratsverordnungen und der sie ablösenden KGO war die Pachtpreisbildung im Prinzip eine marktwirtschaftliche Funktion des freien Spiels von Angebot und Nachfrage gewesen. In der Praxis zerfiel der

---

336 Stenographische Berichte über die Sitzungen der Bürgerschaft zu Hamburg: Sitzung v. 6.5.1927, 509.
337 Ebd.
338 StAHH. FD IV DV V c 8c XIV: Stellungnahme des Gartenwesens und (zustimmende) Stellungnahme der DV v. 14.12. 1927.
339 Ebd.: Vertrag zwischen Hamburg und dem SKBH v. 5.3. 1928 (Abschrift). Eine Kostenaufstellung bietet das ebd. archivierte Schreiben des SKBH an die FD v. 11.1.1928.
340 StAHH. FD IV DV V V c 8c XVIII: Bericht des Gartenwesens v. 12.12.1929.
341 Hamburg und seine Bauten, Bd. 6, Hamburg (1984), 110–116.

Markt für Kleingartenland freilich schon damals in zwei relativ unabhängige Teilmärkte: Während Privatland zu Marktpreisen verpachtet wurde, die da, wo das Land knapp oder durch kommerzielle Generalpächter monopolisiert war, sogar diktiert werden konnten, wurde kommunales oder staatliches Domänenland vielfach zu sozialpolitischen Vorzugspreisen vergeben. Dieser gespaltene Markt wurde von der KGO tendenziell beseitigt, da der Gesetzgeber die unteren Verwaltungsbehörden ermächtigte, die Pachtpreise „unter Berücksichtigung der örtlichen Verhältnisse und des Ertragswerts der Grundstücke" amtlich zu regulieren. Nun hatte die Nationalversammlung freilich auch hier nur einen Rahmen skizziert, der von Rechtspflege und Verwaltung noch ausgemalt werden mußte. Allgemein verbindliche Anhaltspunkte für die Anwendung von § 1 KGO lassen sich deshalb erst gegen Ende der 20er Jahre erkennen[342]. Als „örtliche Verhältnisse" kamen dabei in erster Linie das Klima und die Bodenbeschaffenheit, in zweiter Linie die Entfernung von der Wohnung und der Charakter des Geländes in Betracht, der im Falle von Dauergärten zu Preisaufschlägen, im Falle von Bauland zu Preisabschlägen führte. Als „Ertragswert" galt zunächst die bereits bekannte, aus der Reichsabgabenordnung übernommene 25-fache Größe des durchschnittlichen landwirtschaftlichen Reinertrags. Diese Bindung erwies sich jedoch als unangemessen, da die Produktivität des relativ intensiven Kleingartenbaus die des vornehmlich extensiven Ackerbaus vielfach überschritt. Eine Orientierung an der berufsgärtnerischen Wertschöpfung erschien freilich ebenso unhaltbar, da der Kleingartenbau ohne Unter-Glas- oder Gewächshauskultur arbeitete und in der Regel von Laien betrieben wurde. Aus diesem Dilemma kristallisierte sich in der Folge der neue Spezialbegriff des kleingärtnerischen Ertragswertes heraus, der bei „Kleingartenland ohne künstliche Bewässerungsanlagen (...) bis zu 50% über dem landwirtschaftlichen Ertragswert" lag[343]. Diese im Laufe der Zeit gewonnene Faustregel war nun allerdings nicht dazu bestimmt, die Pachtpreise reichsweit zu vereinheitlichen. Je nach der regionalen und lokalen Bonitierung der Bodenklassen, der Vorleistungen der Verpächter und dem Charakter des Kleingartenlandes, das von bebauungsplanmäßig festgelegten Dauergärten über langfristig verpachtete Zeitgärten und normale Kleingärten auf potentiellem Bauland bis hin zu einfachen Grabelandparzellen reichte, fand man von Land zu Land, von Stadt zu Stadt, ja von Kolonie zu Kolonie unterschiedliche Preisstrukturen. Allein die Unterteilung der Bodengüteklassen schuf eine Fülle überörtlicher Preisspektren, die in manchen Fällen astronomische Ausmaße gewannen. So gab es im Land Sachsen drei, im badischen Mannheim vier und

---

342 Siehe hierzu: Der angemessene Pachtpreis für Kleingartenland, in: KGW 9 (1932), 30ff.
343 Ebd., 31.

im preußischen Halle a.S. acht Bonitätsklassen[344], während man in Berlin einem hochdifferenzierten Punktesystem frönte, das zehn Klassifikationen mit bis zu vier jeweils möglichen Spezifikationen enthielt[345].

Noch verwirrender wurde das Bild angesichts der Tatsache, daß die Pachtpreisfestsetzung nach § 1 KGO keine zwingende Vorschrift, sondern bloß eine allgemeine Ermächtigung darstellte. In der Tat hat man im Hamburger Stadtgebiet bis 1923 von einer „allgemeinen Pachtpreisfestsetzung abgesehen, aus der Erwägung, daß in die Vertragsfreiheit nicht ohne Not eingegriffen werden soll". Die Baudeputation als untere Verwaltungsbehörde beschränkte sich daher darauf, Pachtpreise bloß auf Antrag und dann auch nur für Einzelgrundstücke festzusetzen. Dieses Verfahren führte dazu, daß es seit Juni 1920 zunächst überhaupt keine Festsetzungen mehr gab, da alle Anträge verglichen werden konnten. Ob diese Verständigungsbereitschaft auf der Furcht der Vertragsparteien vor einem möglichen Präjudiz beruhte oder auf dem Kalkül, die amtliche Festsetzung werde im Zweifelsfall ungünstiger ausfallen als der angebotene Vergleich, bleibt offen. Tatsächlich sind „bei diesem Verfahren beide Teile zufriedengestellt worden, und die Pachtpreise bewegten sich auf durchaus niedrigem Stande"[346]. Die 1920 von der FD aufgestellte Pachtpreisübersicht ergab für den Groß–Hamburger Ballungsraum nichtsdestoweniger ein buntscheckiges Bild. So bewegten sich die Preise in Altona zwischen 2,5 und 10 Pfg./qm, in Hamburg bei der PG zwischen 5 und 6 Pfg./qm, bei den Vereinen (unter Abzug des Vereinsbeitrags) zwischen 4 und 6 Pfg./qm, in Harburg zwischen 3 und 10 Pfg./qm und in Wandsbek zwischen 3 und 10 Pfg./qm. Spitzenreiter waren die preußischen Gemeinden Stellingen mit durchschnittlich 10 Pfg./qm und Lokstedt mit 10 bis 12 Pfg./qm[347].

Die Hamburger Verbandszeitschrift „Der Kleingarten" hat diese Pachtpreise am Beispiel des wichtigen Lokstedter Einzugsgebietes seinerzeit auf ihre Gesetzeskonformität getestet und dabei namentlich ihre Orientierung am damals geltenden landwirtschaftlichen Ertragswert überprüft[348]. Bei einem nach der Lokstedter Steuererhebung zugrunde gelegten Reinertrag von „100 M. für 1 ha oder 1 Pfg. für 1 qm" ergab sich ein Ertragswert von 1×100×25 = 2.500 M./ha oder 25 Pfg./qm. Unter Zugrundelegung einer an den Vorkriegsverhältnissen ausgerichteten Verzinsung von 6% belief sich der aufwendungsfreie Gewinn vor

---

344 Schilling, Entwicklung (135), 9.
345 Abgedruckt bei: Richter (13), 32.
346 Rosenbaum, Wie arbeitet (229), Sp. 18.
347 StAHH. FD IV DV I C 4a II F 22: Antworten auf die Pachtpreis–Anfrage der FD v. 1.10.1920 (Wandsbek), 5.10. 1920 (Altona), 14.10.1920 (Harburg) und Bericht der DV v. 27.10.1920.
348 Der Kleingarten 3 (1920), 35.

Steuern damit auf 150 M./ha oder 1,5 Pfg./qm. Selbst bei einer zeitgemäßen Verdrei-, ja Vervierfachung der Verzinsung gelangte man bei 18 bzw. 24% allenfalls zu Pachtpreisen von 450 M./ha oder 4,5 Pfg./qm bzw. 600 M./ha oder 6 Pfg./qm. Die realen Landpachtpreise Lokstedts in Höhe von 10, 11 und 12 Pfg./qm entsprachen damit Verzinsungen von 40, 44 und 48% und wurden von der Redaktion deshalb als „wenig rühmliche Ausnahme" qualifiziert[349].

Die demgegenüber erfreulich zurückhaltende Preispolitik der Hamburger Baudeputation stieß freilich im Zuge der fortschreitenden Inflation an ihre Grenzen. Spätestens Anfang 1923 erwiesen sich herkömmliche Pachtanpassungen in Form von Preiserhöhungen[350] auch in der Hansestadt als ungeeignet, um die Auswirkungen der galoppierenden Geldentwertung auszugleichen. Obwohl die Verpächter als Grundeigentümer Sachwertbesitzer waren und daher im Prinzip zu den Gewinnern der Inflation zählten, die Pächter als Lohn-, Gehalts- oder Rentenempfänger dagegen zu den ausgesprochenen Verlierern rechneten, bemühten sich beide im Verein mit den Behörden darum, „den Pachtpreis wertbeständig zu erhalten"[351]. Wie ehrenwert diese Vertragstreue nun allerdings auch sein mochte, verkannte sie doch vollkommen, daß jede Teillösung angesichts der Gesamtkrise Stückwerk bleiben mußte. Jeder Versuch, die Pachtpreise wertbeständig zu erhalten, lief daher im Endeffekt darauf hinaus, den Beutel der ohnehin gebeutelten Kolonisten noch weiter zu beschneiden, zumal weder der RVKD noch die städtischen Kleingartendienststellen einen späteren Lastenausgleich auch nur in Erwägung zogen.

Wie mißlich die angestrebte Teillösung auch in technischer Hinsicht war, zeigte die Diskussion auf dem 3. Reichskleingärtnertag in Erfurt am 20. und 21. Mai 1923, wo es den Verbandsvertretern nicht gelang, sich auf einen gemeinsamen Wertmesser für die Pachtpreisfixierung zu einigen. Während die Delegierten die von den Grundbesitzern favorisierte, vom DNVP-Finanzexperten Karl Helfferich sogar für die Konsolidierung der Währung ins Spiel gebrachte „Roggenwährung" einmütig ablehnten[352], „da die Gartenerzeugnisse (...) nicht in dem Maße der Geldentwertung sich angepaßt hätten wie Getreide" und „dies zu

---

349 Berechnet nach: Ebd., 34f.
350 Nach StAHH. FD IV DV I C 4a II F 22: Bericht der DV v. 30.1.1920 lagen die Preise 1922 in Altona, Harburg und Wandsbek bereits zwischen 4 und 20 Pfg./qm, in Hamburg bei 8 Pfg./qm und in Tonndorf-Lohe sogar bei 35 Pfg./qm. Dieses laut: StAHH. Gemeinde Tonndorf-Lohe G 12: Schreiben der Gemeinde an das Landratsamt v. 23.8.1922.
351 Schilling, Entwicklung (135), 9 und NZKW 2 (6/7) (1923), Sp. 114.
352 Ebd., Sp. 124ff. Vgl. auch die heftige Kritik von Gienapp, Zur Frage der Pachtpreiserhebung, in: Der Kleingarten 11 (1922), 315ff.

einer nicht tragbaren Pachtpreisbelastung führen würde"[353], die aller Wahrscheinlichkeit nach noch dazu die „Anerkennung der Dollarvaluta" bedinge[354], standen sich bei den Alternativen die Befürworter der von Walter Reinhold vorgeschlagenen „Bodenfruchtwert–" bzw. „Gartennaturalpacht"[355] und die von Otto Albrecht angeführten Verfechter der „Lohnwertpacht"[356] unversönlich gegenüber. Während Reinhold den Markpreis der Kleingartenprodukte als Indikator wählte, setzte Albrecht auf eine Indexierung über den Tariflohn des Kleingärtners. Auch wenn der Kleingärtnertag die Kontroverse nicht zur Abstimmung stellte, sondern sich dafür entschied, „beide Vorschläge nebeneinander bestehen zu lassen"[357], war Albrechts Position im Grunde besser geeignet, die Interessen der Kleingärtner zur Geltung zu bringen als die Empfehlung Reinholds. Das lag zum einen an ihrer offensichtlich größeren Sozialverträglichkeit, zum anderen an ihrer höheren Gesetzeskonformität. Die von Reinhold vorgeschlagene Bindung der Pachthöhe an die kommerziell bestimmten Preise für vermarktetes Obst und Gemüse war jedenfalls nur bedingt mit der vom Gesetzgeber vorgeschriebenen „nicht gewerbsmäßigen gärtnerischen Nutzung" des Kleingartens zu vereinbaren und folglich juristisch zumindest anfechtbar. Zugleich wurde der allenfalls als „Zuerwerbsbetrieb" fungierende Kleingarten der ihm fremden Logik eines funktionierenden Vollerwerbsbetriebs unterworfen, der ihm nach Kapazität, Kapitalausstattung und Know how weit überlegen war. Im Prinzip handelte es sich bei Reinholds Vorschlag daher um eine ökonomistische Reduktion des Kleingartens, die nicht zuletzt seine vom Gesetzgeber anerkannten sozialpolitischen Funktionen in unzulässiger Weise ausblendete. Gleichwohl fand auch Albrechts Forderung nach einem „sozial mehr verantwortlichen Wertmesser" für die Pachtpreisfestsetzung[358] keinen durchschlagenden Widerhall. Dazu reagierte der RVKD zu zwiespältig und vor allem - zu spät. Während der Reichsverband in Erfurt noch verhandelte, hatten viele Provinzialverbände längst gehandelt. So wurde die Pacht in Hannover und Lübeck auf Goldmark oder Dollar umgestellt, in Berlin am Lohnwert orientiert, in Bayern und Württemberg in Roggenwert entrichtet, in Schlesien in „einer örtlich beliebigen Naturalwährung" wie Gemüse, Kartoffeln oder Obst bezahlt und in Sachsen an den Lebenshaltungsindex (unter Ausschluß der Bekleidung) gebunden[359].

---

353 NZKW 2 (6/7) (1923), Sp. 124f.
354 Ebd., Sp. 126.
355 Ebd., Sp. 126–131.
356 Ebd., Sp. 132f.
357 Ebd., Sp. 133.
358 Ebd., Sp. 132.
359 Schilling, Entwicklung (135), 9.

Die Revolution 1918/19 473

Auch in Hamburg hatten sich die unteren Verwaltungsbehörden für das Stadt- und das Landgebiet bereits vor der Erfurter Tagung mit den zuständigen Behörden des preußischen Umlandes ins Benehmen gesetzt. Am 30.1.1923 verständigten sich Vertreter des Gartenwesens, der Landherrenschaften, der preußischen Kreise Pinneberg und Stormarn sowie des Magistrats von Altona darauf, bei eventuellen Pachtpreisfestsetzungen vom Prinzip der Lohnwertpacht auszugehen. Als Wertmesser sollte dabei „der Lohn eines angelernten Textilarbeiters am Orte der Verpachtung" dienen[360]. Diese Rahmenvereinbarung blieb freilich nicht unangefochten. So traten der „Bund der Landwirte Hamburg–Lübeck", der „Reichs–Landbund" und der „Deutsche Städtetag" noch Ende 1923 für die Einführung einer „Kartoffelwährung" ein[361]. Obwohl Kartoffeln allgemein angebaut und auch börsenmäßig notiert wurden[362], blieb ihrer Initiative der Erfolg versagt[363], da sich das System der „Lohnwertpacht" in der Zwischenzeit bewährt hatte. „Der Grundsatz: Der Pächter soll von seinem Einkommen prozentual das Gleiche an Pacht zahlen, was er im Frieden bezahlt hätte, wenn das Kleingartengesetz bestanden hätte, wird von den Pächtern als berechtigt anerkannt und sichert den Verpächter vor den Schwankungen des Geldwerts"[364].

In der Tat hatte die KGD im Sommer 1923 begonnen, die Pachtpreise, wenn auch zunächst nur auf Antrag[365], auf der vereinbarten Grundlage zu fixieren. Ein vom 1.7.1923 datierendes Muster[366] zeigt, wie die Indexierung mit Hilfe des Tagelohns eines angelernten Textilarbeiters praktisch zu erfolgen hatte. Dieses Entgelt betrug in Hamburg am 1.10.1922, dem angenommenen Beginn des fiktiven Pachtvertrages, 735 M., am 1.7.1923, dem unterstellten Tag der durchzuführenden Pachtpreisfestsetzung, 52.800 M. Arithmetisch gemittelt ergab das einen Durchschnittstagelohn von 26.769 M. Verglichen mit dem Tagelohn vor dem Krieg in einer Durchschnittshöhe von 5 M. bedeutete das eine Steigerung um das

---

360 StAHH. Senatskommission für die Reichs- und auswärtigen Angelegenheiten 132 – 1 II: Niederschrift der Besprechung mit den Vertretern der unteren Verwaltungsbehörden im Wirtschaftsgebiet v. 30.1.1923, 2f.
361 StAHH. Senat. Cl. VII Lit. Cb No. 5 Vol. 12b Fasc. 57 Inv. 71: Eingabe des BdL Hamburg–Lübeck an den Senat v. 26.7.1923; Schreiben des Reichs–Landbundes an das Reichs–Arbeitsministerium v. 29.10.1923 (Abschrift) und Mitteilung des Deutschen Städtetages v. 12.11.1923.
362 Ebd.: Schreiben des Reichs–Landbundes, 4.
363 Ebd.: Stellungnahme des Gartenwesens v. 21.8.1923.
364 Ebd.: Bericht des Gartenwesens v. 21.8.1923, 2.
365 Die – nicht festgesetzten – Durchschnittspreise im Hamburger Stadtgebiet betrugen bis dahin 40 Pfg./qm bzw. ab April 1923 60–75 Pfg./qm. Quelle: Amtlicher Anzeiger Nr. 81 v. 27.3.1923.
366 StAHH. Senat. Cl. VII Lit. Cb No. 5 Vol. 12b Fasc. 57 Inv. 7d: Bericht des Gartenwesens v. 21.8.1923, 1f.

5.354–fache. Da der einstige Friedenspachtpreis der Parzelle mit 1 Pfg./qm veranschlagt werden konnte, belief sich der angepaßte Inflationspachtpreis folglich auf 53,54 M./qm. An diesem Bemessungsverfahren hielt die untere Verwaltungsbehörde bis zur Währungskonsolidierung fest[367]. Mit der Ausgabe der Hamburger Gold– bzw. Giromark am 30.9.1923[368] verlor die Indexierung freilich schon bald ihre Berechtigung, zumal das Reich am 13.10.1923 mit der Einführung der Rentenmark nachzog. Am 22.12.1923 verlangte die DV denn auch nachdrücklich die Umstellung der Pachtzahlungen auf Goldmark, da es „nicht mehr vertretbar (sei), den Kleingärtnern durch billige Pachtpreise entgegenzukommen. Die wirtschaftliche Not des Staates erfordert, daß die Finanzdeputation alle Einnahmequellen erschließt"[369]. Dieser Forderung wurde mit Beginn des neuen Jahres stattgegeben. Am 1.1.1924 stellte die untere Verwaltungsbehörde die Pachtpreise für das Stadtgebiet um und setzte sie in diesem Zusammenhang erstmals generell auf 1 Goldpfg./qm für Kleingarten– und 0,5 Goldpfg./qm für Öd– und Schuttland fest[370]. Diese Preisfestsetzung behielt auch im nächsten Jahr ihre Gültigkeit, wobei sich der Preis für Kleingartenland auf 2 Goldpfg./qm erhöhte[371]. 1926 war die Lage dann so stabil geworden, daß die Baudeputation zu ihrer alten Praxis zurückkehren konnte. Pachtpreisfestsetzungen erfolgten von da an wieder ausschließlich in Einzelfällen[372].

Alles in allem bestätigte die Tätigkeit der Hamburger Kleingartendienststelle damit die sozialliberale Einstellung ihres Leiters ebenso wie die ihr übergeordnete Generallinie der Hamburger Regierungspolitik. Bei allem persönlichen und amtlichen Wohlwollen für die Belange der Kolonisten setzte das Gartenwesen die KGO in der Regel so um, daß der sozialpolitische Schutzcharakter des Gesetzes für die Pächter voll zur Geltung kam, ohne daß sein privatwirtschaftlicher Zwangscharakter für die Verpächter allzu deutlich hervortrat. Klassische Bewirtschaftungsmaßnahmen wie Zwangspachtungen und allgemeine Pachtpreisfestsetzungen blieben insofern die Ausnahme. Im Idealfall erfolgte jede staatliche Regulierung vielmehr über das von der KGD moderierte, im KGB organisierte Selbstregulativ aller Interessengruppen. Die Rolle der Behörde beschränkte sich dabei auf die Tätigkeit eines ehrlichen Maklers, dessen größtes Kapital in seiner strikt gewahrten Neutralität bestand.

---

367 StAHH. FD IV DV I C 4a II F 22: Niederschrift über die Besprechung der Unterkommission des KGB zur Pachtpreisfestsetzung v. 27.9.1923.
368 Siehe hierzu: Büttner (8), 171–176.
369 StAHH. FD IV DV I C 4a II F 22: Stellungnahme der DV v. 22.12.1923.
370 Amtlicher Anzeiger Nr. 6 v. 8.1.1924, 45.
371 Ebd. Nr. 2 v. 3.1.1925, 9.
372 StAHH. FD IV DV I C 4a II F 22: Notiz der BD v. 17.12.1925.

7. Raumzeitliche Entwicklung und sozialgeschichtliches Profil der deutschen Kleingartenbewegung.

7.1. Das „Pfingstwunder"[1] von Berlin und die Gründung des RVKD.

Verglichen mit den vier Quellströmen des Kleingartenparadieses, die ihrerseits bereits eine bestimmte schöngeistige Abstraktion darstellen, waren der 1906 gegründete „Verband deutscher Arbeitergärten" und sein Nachfolger, der am 28.2.1909 unter der Federführung Alwin Bielefeldts aus der Taufe gehobene „Zentralverband deutscher Arbeiter– und Schrebergärten" vergleichsweise späte Erscheinungsformen eines sozialräumlich und –geschichtlich vielfältig ausdifferenzierten Phänomens. Immerhin war es dem Bielefeldtschen Zentralverband aufgrund seiner Personalunion mit dem „Verband der Arbeitergärten vom Roten Kreuz" und der kriegswirtschaftlichen „Zentralstelle für den Gemüsebau im Kleingarten" gelungen, sich im Laufe des Ersten Weltkrieges zu einer reichsweiten Interessenorganisation zu mausern. 1921 umfaßte der ZdASG gut 200.000 Kleingärtner, die sich in Anhalt, Bayern, Braunschweig, Bremen, Hamburg, Mecklenburg und Sachsen in Form von Landesverbänden, in Hannover, Hessen–Nassau, Ostpreußen, Pommern, Sachsen, Schlesien, Schleswig–Holstein und Westfalen in Gestalt von preußischen Provinzialverbänden organisiert hatten. Zu ihnen gesellten sich als korporative Mitglieder der „Bund der Vereine für naturgemäße Lebens– und Heilweise" und der „Verband der Arbeitergärten vom Roten Kreuz"[2]. Die urbanen Schwerpunktregionen des Verbandes lagen in Frankfurt/M. mit 12.000, in Leipzig mit 10.000, in Bremen mit 8.000, in Groß–Berlin mit 7.522, in Hamburg mit 7.000, in Elberfeld mit 4.000, in Dresden mit 3.417 und in Hannover mit 3.040 Mitgliedern[3].

---

1 So Alwin Bielefeldt, in: Heinrich Förster/Alwin Bielefeldt/Walter Reinhold, Zur Geschichte des deutschen Kleingartenwesens, Frankfurt/M. 1931, 27 (Schriften des RVKD 21).
2 Ebd., 26. Ausgeschieden waren dagegen die Eisenbahnkleinwirte, die sich am 26.11.1920 mit dem in Erfurt domizilierenden Hauptverband Deutscher Reichsbahn–Kleinwirte eine eigene Interessenorganisation schufen. Quelle: Vogelsang, Zur Geschichte der Reichsbahnlandwirtschaft 1896–1939, Arnstadt o.J., 19–22.
3 Diese und alle folgenden Informationen nach: StAHH. Bauverwaltung Altona 15a Abt. XXIII Lit. L Nr. 26: Protokoll der Hauptversammlung des ZdASG v. 28.9.1919 im Reichswirtschaftsministerium Berlin.

Über die ideologische Geschlossenheit, die innerverbandliche Integration und die organisatorische Schlagkraft des Verbandes geben diese Zahlen freilich nur bedingt Auskunft. Es spricht vielmehr vieles dafür, daß der ZdASG weniger einen in sich geschlossenen Verband als eine lockere Verbindung darstellte. So fanden nach der Berliner Gründungsversammlung 1909 nur noch zwei weitere Hauptversammlungen statt: 1912 in Breslau zusammen mit der ZfV und 1919 in Berlin. Darüber hinaus besaß der Verband weder ein eigenes, nationales Publikationsorgan noch ein zentrales Exekutivbüro. Sämtliche Verwaltungsaufgaben erledigte sein Generalsekretär, der Direktor der LVA der Hansestädte, Alwin Bielefeldt, in seiner knapp bemessenen Freizeit. Der ZdASG glich daher im Grunde einem nebenberuflichen Ein–Mann–Betrieb, der zwar über einen erfahrenen und einflußreichen Kopf verfügte, Stimme und Körper aber entbehren mußte. Diese verbandliche Schwäche des ZdASG wurde noch dadurch verstärkt, daß sein Allein–Vertretungsanspruch in der deutschen Kleingärtnerschaft umstritten war. Diese Tatsache war für den Verband deshalb besonders schmerzlich, weil der stärkste Widerspruch ausgerechnet aus der deutschen Laubenkolonialmetropole Berlin kam. Obwohl die Arbeitergärten vom Roten Kreuz hier kurz nach der Jahrhundertwende eine Reform–Alternative zum Generalpächter-(un)wesen entwickelt hatten, war es ihnen in der Folgezeit nicht gelungen, die gleichzeitig entstandenen Selbstorganisationsbestrebungen der Laubenkolonisten an sich zu binden. Die von den Förderern der Arbeitergärten eingeführte, quasi „obrigkeitsstaatliche" Kolonieorganisation hatte die stark sozialdemokratisch beeinflußten Laubenkolonisten vielmehr schon früh abgestoßen und in ihrem Wunsch nach Selbständigkeit bestärkt. Die wachsende Zahl und das zunehmende Selbstbewußtsein der „Laubenpieper" manifestierte sich dabei nicht zuletzt in ihrem ansteigenden verbandspolitischen Anspruch[4]. 1901 unter dem ländlich–betulichen Aushängeschild „Vereinigung sämtlicher Pflanzervereine Berlins und Umgebung" gegründet, firmierte der Zusammenschluß 1910 in „Bund der Laubenkolonisten" um, bevor er sich am 1.1.1920 zunächst in „Zentralverband der Kleingartenvereine" und am 14.6. desselben Jahres in Gauverband Groß–Berlin im „Zentralverband der Kleingartenvereine Deutschlands" umbenannte.

Namentlich die letzte Namensänderung war freilich in mancher Hinsicht ein bloßer Etikettenschwindel, da der neue Zentralverband mit seinen rund 39.000 Mitgliedern räumlich wie zahlenmäßig im Grunde ein regionales, rein Groß–Berliner Gebilde blieb, das sich bei näherem Zusehen zudem als geschichtlicher und politischer Anachronismus entpuppte, da beide Verbände seit Anfang 1915 im „Kriegsausschuß der Groß–Berliner Laubenkolonien" erfolgreich zusam-

---

4 Förster/Bielefeldt/Reinhold (1), 29, 32 u. 37.

mengewirkt[5] und auch bei den Konsultationsgesprächen zur Vorbereitung der KGO reibungslos kooperiert hatten. Der Hauptgrund für die Schaffung des Berliner Zentralverbandes fußte denn auch auf der Ablehnung der für den ZdASG angeblich charakteristischen Organisationsform des Patronats: „Die Gründung (...) erfolgte (...) in bewußtem (...) Gegensatz zu dem 'Zentralverband der Arbeiter- und Schrebergärten'. Dieser (...) ist als eine bürgerlich-patriarchalische Organisation anzusprechen, die ihr Gepräge hauptsächlich durch die darin vorherrschenden 'Arbeitergärten vom Roten Kreuz' empfangen hat. Diese 'Arbeitergärten' sind Schöpfungen, durch welche die kleingärtnernde Arbeiterschaft in einer unwürdigen Abhängigkeit von ihren 'Wohltätern' (...) erhalten wird. (...). Dieser Zustand kennzeichnet das ganze Wesen der hier von bürgerlicher Seite geförderten Bewegung, und es war darum einfach selbstverständlich, daß freiheitlich empfindende, politisch und gewerkschaftlich organisierte Arbeiter mit derartigen Vereinen und Verbänden nichts zu tun haben wollten"[6].

Der Berliner Zentralverband verstand sich demgegenüber als „*proletarisch-demokratische*" Alternative[7]. Was dieser Gegensatz bedeutete, blieb freilich unklar, da das Programm des Berliner Zentralverbandes[8] eingestandenermaßen „großenteils auch von der bürgerlichen Kleingartenbewegung angenommen werden" konnte[9]. In der Tat lassen die Leitgedanken und Organisationsgrundsätze der Laubenkolonisten nur zwei strittige Punkte erkennen: die Forderung nach einer „Sozialisierung des Grund und Bodens"[10] und das Verlangen nach einer demokratischen Form der Selbstorganisation „aus eigener Kraft von unten auf"[11]. Realpolitische Bedeutung besaßen diese Zielsetzungen freilich nur noch aufgrund ihres idealpolitischen Beharrungsvermögens. Der Blütentraum der Sozialisierung war 1921 längst verwelkt, das aufgepfropfte Patronatswesen nur noch ein randständiges Mauerblümchen mit Rotem Kreuz.

Wie sehr sich die Berliner über den inneren Zustand und die Stimmung im ZdASG getäuscht hatten, zeigte der Verlauf des von ihnen einberufenen Reichskleingärtnertages. Der am 15. und 16.5.1921 im Rathaus von Neukölln stattfin-

---

5 Die Tätigkeit des Kriegsausschusses der Groß-Berliner Laubenkolonien im Kriegsjahr 1915, o.O. o.J., 4.
6 Otto Albrecht, Proletarische Kleingartenbewegung, in: Korrespondenzblatt des ADGB 31 (1921), 177.
7 Ebd., 178. Hervorhebung i.O. gesperrt.
8 Otto Albrecht, Leitgedanken, Grundsätze und Richtlinien zur Förderung des Laubengartenwesens, in: Gartenflora 68 (1919), 217–220. Ders., Die Organisation des Laubengartenwesens, in: Ebd., 231–234.
9 Albrecht, Proletarische Kleingartenbewegung (6), 177.
10 Ebd. In den von Albrecht verfaßten Leitgedanken findet sich demgegenüber nur die Forderung nach „Kommunalisierung": Albrecht, Leitgedanken (8), 218f.
11 Albrecht, Proletarische Kleingartenbewegung (6), 177.

dende Pfingst–Kongress[12] mobilisierte nämlich nicht nur die eigene Klientel und diverse „Neutrale", sondern in erster Linie Gliederungen des ZdASG, deren Vertreter obendrein den Antrag stellten, „in Verhandlungen zwecks Schaffung eines Reichsverbandes einzutreten. Dieser Einigungsdrang erwies sich als so stark, daß die Einberufer den Verhandlungen zustimmen mußten"[13]. Die Hauptrolle bei der nun beginnenden Verständigung spielte der ZdASG–Provinzialverband Hessen/Hessen–Nassau, dessen Vorsitzender, der spätere zweite RVKD–Chef Heinrich Förster, von Alwin Bielefeldt die Vollmacht erhalten hatte, „den Zusammenschluß der beiden Zentralverbände herbeizuführen"[14]. Auf Antrag Försters wählte der Kongreß einen paritätisch besetzten Vermittlungsausschuß, der den lokalistisch borniert und geschichtlich überholten innerberlinischen Streit um das Patronatswesen zugunsten der freien Selbstverwaltung entschied[15]. Die von der Reichshauptstadt drohende Ausweitung der Spaltung der deutschen Kleingärtnerschaft war damit gleichsam vom Reich verhindert worden. Nicht Berlin hatte die tragende, in die Zukunft weisende Vermittlerrolle gespielt, sondern die vermeintlich „verschlafene" Provinz. Von einem „Pfingstwunder" kann man insofern auch nur mit Blick auf die Berliner sprechen; im Reich war der Geist der Verständigung längst vorhanden.

Die offizielle Gründung des neuen, gemeinsamen „Reichsverbandes der Kleingärtner Deutschlands" erfolgte am 14.8.1921 im Bremer Gewerbehaus[16]. Er war ein eingetragener Verein mit Sitz in Berlin, der sich, dem Vorbild des ZdASG folgend, aus Landes– bzw. preußischen Provinzial– und Bezirksverbänden zusammensetzte[17]. Die nach dem Prinzip der demokratischen Selbstverwaltung aufgebauten Gliederungen beschickten nach Maßgabe ihrer Mitgliedsstärke die alle zwei Jahre stattfindende Hauptversammlung. Diese Kleingärtnertage bildeten das Zentralorgan der innerverbandlichen Willensbildung. Sie entschieden über Satzung und Programm, bestimmten die Richtung der Verbandspolitik, wählten den Vorstand und nahmen Rechenschafts– und Revisionsberichte entgegen. Die Leitung des RVKD lag demgegenüber in den Händen eines 14– köpfigen, ehrenamtlichen Vorstands, von denen sechs Mitglieder den eigentlichen, geschäftsführenden Vorstand stellten. In Analogie zu dem in Weimar ver-

---

12 Siehe hierzu: Förster/Bielefeldt/Reinhold (1), 40–45; Otto Albrecht, Die Reichskleingärtnertage 1921, in: NZKW 1 (2) (1922), 45–51.
13 Otto Albrecht, Erster Reichs–Kleingärtnertag, in: Korrespondenzblatt des ADGB 31 (1921), 311.
14 Förster/Bielefeldt/Reinhold (1), 42.
15 Ebd., 43f.
16 Ebd., 45f.
17 Siehe hierzu: Satzungen und Grundsatzforderungen des RVKD, Frankfurt/M. 1925 (Schriften des RVKD 8). Das Heft ist unpaginiert.

tretenen deutschen Volk zwei Jahre zuvor gaben sich die in Bremen versammelten deutschen Kleingärtner damit eine demokratische, nach dem Prinzip der Gewaltenteilung aufgebaute Repräsentativverfassung. Wie der erste Reichspräsident, Friedrich Ebert, war daher auch der erste Vorsitzende des RVKD keine räterepublikanischer homo novus, sondern der unverwüstliche Geheimrat Alwin Bielefeldt[18].

Seine Hauptaufgabe sah der RVKD darin, „unter Fernhaltung parteipolitischer und konfessioneller Bestrebungen den Zusammenschluß aller Inhaber von Kleingärten des Deutschen Reiches zum Zwecke gemeinsamen Wirkens im Sinne der Grundsatzforderungen des Reichsverbandes"[19] tatkräftig zu fördern. Dieser Forderungskatalog bestand aus zwölf Punkten, die im wesentlichen die 1912 von ZdASG und ZfV aufgestellten vierzehn Danziger Leitsätze fortschrieben. Außer der in Punkt 3 verlangten Gleichstellung des Kleingartenlandes mit anderen, „der Volkswohlfahrt dienenden Anlagen", der in Punkt 4 und 9 ausführlicher motivierten Forderung nach bebauungsplanmäßig abgesicherten Dauergärten, der in Punkt 5 gewünschten „Errichtung von Sommerwohnlauben mit Nächtigungsbefugnis", der unter Punkt 8 erbetenen Kleintierzuchtflächen und des extensiv ausgelegten Rechtsmittels der Zwangspacht in Punkt 9 lassen sich keine sachlichen Neuerungen erkennen. Alles in allem erwies sich die Gründung des RVKD damit keineswegs als überragendes verbandsgeschichtliches Ereignis, sondern als überfälliges organisatorisches Geschehen. Alles andere als ein modernes Mirakel bildete das „Pfingstwunder" insofern bloß den Nach–Vollzug längst ausgebildeter Tatsachen und Tendenzen.

7.2. Einige Anmerkungen zum Sozialprofil der (organisierten) deutschen Kleingärtnerschaft.

Die vorhandenen Erhebungen zur sozialen Zusammensetzung der deutschen Kleingärtnerschaft bieten aufgrund ihrer methodischen Uneinheitlichkeit, ihrer

---

18 In dieser Position wirkte der am 14.8.1921 vom 2. Reichs–Kleingärtnertag in Bremen gewählte Bielefeldt bis zu seinem, „mit Rücksicht auf sein Alter und die umfangreichen Arbeiten seines Berufes" erklärten, Rücktritt auf dem 3. Reichs–Kleingärtnertag in Erfurt am 21.5.1923, dessen Delegierte es sich freilich nicht nehmen ließen, Bielefeldt noch am selben Tag zum „Ehrenvorsitzenden" zu wählen und ihn auf diese Weise auch weiterhin mit der Verbandsarbeit zu verbinden, auch wenn die Hauptlast der Vorstandstätigkeit von nun an von seinem Nachfolger Heinrich Förster geleistet wurde. Quelle: Der Reichs–Kleingärtnertag zu Erfurt, in: NZKW 2 (6/7) (1923), Sp. 166.
19 Alle folgenden Angaben nach: Satzungen (17).

erfassungstechnischen Mängel und ihrer raumzeitlichen Diskontinutität bloße Impressionen, die das Profil des „ideellen Gesamtkleingärtners" bestenfalls blitzlichtartig erhellen. Im Hinblick auf das Reich beschränkt sich unsere Kenntnis fast ausschließlich auf vier vom RVKD selbst durchgeführte Mitgliedererhebungen. Ihre in der folgenden Tabelle zusammengefaßten Resultate[20]

	Berufsgliederung des RVKD							
	1925		1926		1927		1931	
	Anzahl	%	Anzahl	%	Anzahl	%	Anzahl	%
Arbeiter	160.423	57,08%	236.773	57,91%	236.474	56,99%	247.842	57,30%
Angestellte	32.003	11,39%	45.859	11,22%	48.638	11,72%	47.430	10,97%
Beamte	49.556	17,63%	64.680	15,82%	64.254	15,49%	61.463	14,21%
Selbständige	25.720	9,15%	34.580	8,46%	34.657	8,35%	37.077	8,57%
Klein- u. Sozialrentner	13.365	4,76%	26.998	6,60%	30.982	7,47%	38.732	8,95%
Summe (=100%)	281.067		408.890		415.005		432.544	
davon Kriegsversehrte und alleinstehende	10.180	3,62%	16.344	4,00%	17.130	4,13%	17.883	4,13%
Frauen	12.217	4,35%	16.104	3,94%	–		17.715	4,10%
RVKD	333.490		408.891		414.915		432.544	

zeigen zunächst den hohen, trotz absoluter Zuwächse der Gesamtmitgliedschaft nahezu konstanten, bei gut 57% liegenden Anteil der Arbeiter. Sie stellten, zusammen mit der größtenteils aus ihren Reihen hervorgegangenen Gruppe der Klein- und Sozialrentner, durchweg über 60% der Mitglieder. An zweiter Stelle rangierten, mit leicht fallender Tendenz, die Reichs-, Landes- und Gemeindebeamten, an dritter die Angestellten und an vierter die selbständigen Handwerker und Kleingewerbetreibenden. Kriegsversehrte und alleinstehende Frauen bildeten ihnen gegenüber quantitative Kleingruppen, die sich überdies in unbekannter Proportion aus den vorgenannten Großgruppen rekrutierten.

Dieses „volkstümliche", in hohem Maß von „kleinen Leuten" geprägte Sozialprofil der organisierten Kleingärtnerschaft wird durch eine Berufsgruppenstatistik erhärtet, die das „Statistische Jahrbuch des Deutschen Reiches" im Jahre 1925 veröffentlichte[21]. Nach der landwirtschaftlichen Betriebszählung gab es

---

20 Angaben und Berechnungen: für 1925 nach RVKD, Geschäftsbericht 1923–1925, Frankfurt/M. o.J., 38f; für 1926 nach 5. Reichs-Kleingärtnertag zu Frankfurt/M. 1927. Verhandlungsbericht, Frankfurt/M. 1927, 110f. (Schriften des RVKD 12); für 1928 nach 2. Internationaler Kongreß der Kleingartenverbände und 7. Reichs-Kleingärtnertag Essen 1929, Frankfurt/M. 1929, 160 (Schriften des RVKD 18) und für 1931 nach Förster/Bielefeldt/Reinhold (1), 78f. Die „Kriegsversehrten" und „alleinstehenden Frauen" sind Teilmengen der (oberen fünf) Berufsgruppen. In der Spalte für 1925 stimmt die Summe der Berufsgruppenmitglieder nicht mit der Gesamtmitgliedszahl überein, da verschiedene Verbände keine Sozialprofile eingereicht hatten. Die Prozentanteile beziehen sich deshalb nicht auf die Angaben für den RVKD, sondern nur auf die Summe der (oberen fünf) Berufsgruppen.

21 Berechnet nach: Statistisches Jb. des Deutschen Reiches 49 (1930), 62.

damals insgesamt 1.670.512 kleine Eigen- und Pachtlandflächen bis zu einer Maximalgröße von 0,5 ha. Ihre Bewirtschafter setzten sich aus 774.124 (= 46,34%) Arbeitern, 391.393 (= 23,43%) Angestellten, 261.674 (= 15,66%) Berufslosen und 243.321 (= 14,57%) Selbständigen zusammen. Noch deutlicher wird dieses Profil, wenn man die auf Pachtland gelegenen Flächen auskoppelt. Hier kamen auf eine Teilmenge von insgesamt 1.069.051 Landstücken 562.603 (= 52,62%) Gärten in Arbeiterhand, 256.743 (= 24%) von Angestellten genutzte Gärten, 148.128 (= 13,86%) Parzellen von Berufslosen und 101.577 (= 9,5%) Flächen, die von Selbständigen bearbeitet wurden. Auch wenn sich diese Zahlen nicht nur auf Kleingärten im Sinne der KGO beziehen, vermitteln sie doch einen relativ realistischen Eindruck des sozialen Einzugsbereichs der Kleinpächter, da die Masse der erfaßten Flächen in der kleingartentypischen Größenordnung bis 500 qm lag. Ihr Anteil belief sich auf 1.071.438 Gärten, die auf 506.634 (= 47,29%) Arbeiter, 279.902 (= 26,12%) Angestellte, 159.959 (= 14,93%) Berufslose und 124.943 (= 11,66%) Selbständige entfielen.

Dieses nationale Verteilungsmuster wird durch die vorhandenen Einzelerhebungen bestätigt. Auch wenn die Berufsgruppendifferenzierung von Mal zu Mal schwankt, bilden die abhängig beschäftigten Lohn- und Gehaltsempfänger in allen Fällen die bei weitem stärkste Teilmenge der örtlichen Kolonisten. So waren 1922 in Nürnberg von 6.323 Kleingärtnern 1.862 (= 29,45%) Gehilfen und Gesellen, 1.834 (= 29%) Beamte, 1.254 (= 19,83%) ungelernte Arbeiter und Tagelöhner, 619 (= 9,79%) Angestellte, 405 (= 6,4%) selbständige Gewerbetreibende, 321 (= 5,08%) Rentner und sonstige Berufslose und 28 (= 0,45%) von unbekanntem Beruf[22]. In Schöneberg kamen 1923 auf 3.875 Kleingärtner 1.041 (= 27%) gelernte Arbeiter, 994 (= 26%) niedere Beamte, 737 (= 19%) ungelernte Arbeiter, 520 (= 13%) Angestellte und Kaufleute, 474 (= 12%) von unbekanntem Beruf und 109 (= 3%) Freiberufler[23]. In Kiel entfielen 1924 auf 37.000 Kleingärtner 22.570 (= 61%) Arbeiter, 8.140 (= 22%) Angestellte und Beamte, 3.330 (= 9%) Pensionäre und Sozialrentner, 2.220 (= 6%) Freiberufler und 740 (= 2%) mit unbekanntem Beruf[24].

Wie ernst die soziale Lage vieler Kleingärtner war, zeigen die Stichproben zur Berufs- und Lebenssituation der Kolonisten. Ihnen zufolge befanden sich Anfang 1926 im LV Bayern unter 19.857 erfaßten Mitgliedern 1.980 (= 15%)

---

22 Der Kleingarten. Eine Darstellung seiner historischen Entwicklung in Nürnberg, Nürnberg 1923, 34 (Mitteilungen des Statistischen Amtes der Stadt Nürnberg 7).
23 Klaus Muthesius, Die Möglichkeit und der volkswirtschaftliche Nutzen der aktiven Beteiligung einer Großstadtbevölkerung an der produktiven Bodennutzung, Diss. Berlin 1927, 85f.
24 F. J. Hessing, Die wirtschaftliche und soziale Bedeutung des Kleingartenwesens, Münster 1958, 40.

Erwerbslose, 4.960 (= 25%) Kurzarbeiter, 1.200 (= 6%) abgebaute Beamte und 5.000 (= 25%) Ernährer kinderreicher Familien. In Groß–Berlin entfielen im gleichen Jahr auf 9.576 erfaßte Mitglieder 1.781 (= 18,6%) Erwerbslose, 1.086 (= 11,34%) Kurzarbeiter, 473 (= 4,94%) abgebaute Beamte und 941 (= 9,83%) Ernährer kinderreicher Familien. In Köln kamen auf 10.315 erfaßte Mitglieder 1.235 (= 11,97%) Erwerbslose, 2.418 (= 23,44%) Kurzarbeiter, 644 (= 6,24%) abgebaute Beamte und 1.849 (= 17,93%) Ernährer kinderreicher Familien. In Mannheim zählten von 5.132 erfaßten Mitgliedern 735 (= 14,32%) zu den Erwerbslosen, 1.700 (= 33,13%) zu den Kurzarbeitern, 330 (= 6,43%) zu den abgebauten Beamten und 2.180 (= 42,48%) zu den Ernährern kinderreicher Familien. Im LV Sachsen waren unter 8.171 erfaßten Mitgliedern 779 (= 9,53%) Erwerbslose, 1.584 (= 19,39%) Kurzarbeiter, 225 (= 2,75%) abgebaute Beamte und 968 (= 11,85%) Ernährer kinderreicher Familien[25].

Aufgrund dieser Angaben läßt sich der RVKD, der seinerseits 1931 auf 123.857 nach dem Zufallsprinzip erfaßte Mitglieder 27.768 (= 22,42%) Erwerbslose und 11.952 (= 9,65%) Kurzarbeiter zählte[26], vergleichsweise genau charakterisieren. Rund 90% der Mitglieder waren abhängig bzw. ehemals abhängig Beschäftigte. Unter ihnen bildeten die Lohnempfänger mit einem durchschnittlichen Anteil von über 50% der Gesamtmitgliedschaft das Gros. Ihm folgten, in relativ großem Abstand, die Gehalts– und Besoldungsempfänger, während der Anteil der Selbständigen und Freiberufler nur eine bescheidene Minderheit ausmachte.

Trotz seines dominierenden Arbeiteranteils, der unter Berücksichtigung der Klein– und Sozialrentner durchweg nahezu zwei Drittel der Mitgliedschaft ausgemacht haben dürfte, war der RVKD keine Arbeiterorganisation. Die besondere proletarische Exklusivität, die in den Gewerkschaften durch das Berufs– oder das Industrieverbandsprinzip, in den Konsumvereinen durch das Genossenschaftsprinzip begründet wurde, fand im RVKD keine Entsprechung. Der „Reichsverband der Kleingartenvereine Deutschlands" war und verstand sich vielmehr als reine Mitgliederorganisation, die grundsätzlich jedem Kleingärtner offenstand. Man kann den RVKD daher mit einigem Recht als organisierte Volksbewegung beschreiben, auch wenn das in seinen Reihen vertretene Volk vornehmlich die „kleinen Leute" umfaßte und daher das Staatsvolk keineswegs wirklich repräsentierte, geschweige denn in aliquoten Teilen widerspiegelte.

---

25 Berechnet nach: H. Förster, Die sozialen Aufgaben des Kleingartenbaus, in: KGW 4 (2) (1927), 15.
26 8. Reichs–Kleingärtnertag zu Hannover am 30. und 31.5. 1931. Verhandlungsbericht, Frankfurt/M. 1931, 30 (Schriften des RVKD 22).

Raumzeitliche Entwicklung und sozialgeschichtliches Profil

Berufsgliederung des Groß-Hamburger Gau- bzw. Landesverbandes						
	1925		1926		1931	
	Anzahl	%	Anzahl	%	Anzahl	%
Arbeiter	13.226	44,15%	17.303	58,24%	17.192	54,58%
Angestellte	3.612	12,06%	4.158	13,99%	4.870	15,46%
Beamte	6.743	22,51%	4.629	15,58%	4.514	14,33%
Selbständige	3.295	11,00%	2.158	7,26%	2.602	8,26%
Klein- u. Sozialrentner	1.149	3,84%	1.463	4,92%	2.321	7,37%
Kriegsversehrte	799	2,67%	1.000	3,37%	1.063	3,37%
alleinstehende Frauen	827	2,76%	852	2,87%	954	3,03%
Verband	29.958		29.711		31.499	

Die oben dokumentierte Berufsgliederung des Hamburger Verbandes[27] gibt diesen Befund ebenso wieder wie die oben abgedruckte Übersicht über die Lage im Gesamtverband. Auch die 1926 erhobenen Daten zur aktuellen Berufs- und Lebenssituation fügen sich bruchlos in die vergleichbaren Erhebungen der anderen Landes- und Provinzialverbände ein. Auf 5.773 erfaßte Verbandsmitglieder entfielen in Hamburg 1.154 (= 19,99%) Erwerbslose, 643 (=11,14%) Kurzarbeiter und 817 (= 14,15%) Ernährer kinderreicher Familien[28].

Obwohl der Hamburger Verband insofern nur eine Miniatur des Reichsverbandes bietet, erlaubt uns die Quellenlage, die Berufsgliederung der Mitgliedschaft hier mit dem Werktätigkeitsprofil der Verbands- und Vereinsvorstände in Beziehung zu setzen. Das Berufsprofil der Verbandsvorstandsmitglieder[29] wies dabei für das Kaiserreich drei Lehrer und jeweils einen Büroassistenten, einen Buchdrucker, einen Oberpostschaffner und einen Versicherungsagenten aus. In der Weimarer Republik umfaßte es dagegen acht Angestellte, sieben Lehrer, fünf Postschaffner und -assistenten, vier Schneidermeister, zwei Ingenieure und jeweils einen Gärtner, einen Kaufmann, einen Lokführer, einen Obersekretär, einen Kriminalpolizeibeamten und einen Telegraphenoberbauführer. Während der NS-Diktatur setzte es sich dann aus zwei Schneidermeistern, zwei Volkswirten und jeweils einem Abteilungsleiter, einem Geschäftsführer, einem Ingenieur, einem Kreisleiter, einem Lehrer, einem Postassistenten und einem Telegraphenoberbauführer zusammen.

---

27 Quellen wie in Anm. (20). Für 1928 lagen keine Hamburger Zahlen vor.
28 Berechnet nach: H. Förster, Wesen und Bedeutung der Kleingartenbewegung, in: Zs. für Kommunalwirtschaft 19 (17) (1929), Sp. 1236.
29 Zusammengestellt nach: Amtsgericht Hamburg: Vereinsregister des Amtsgerichts Hamburg Bd. I–LXIII; Vereinsregister des Amtsgerichts Bergedorf Bd. 2; Vereinsregister des Amtsgerichts Wandsbek Bd. 2 sowie StAHH: Amtsgericht Altona. Vereinsregister Bd. 1–3; Amtsgericht Bergedorf. Vereinsregister Bd. 1; Amtsgericht Blankenese. Vereinsregister Bd. 1–3; Amtsgericht Harburg. Vereinsregister Bd. 1–3; Amtsgericht Wandsbek. Vereinsregister Bd. 1.

Sozialstruktur der Hamburger KGV-Vorstandsmitglieder 1900 – 1945						
	Kaiserreich		Weimarer Rep.		NS-Diktatur	
	Anzahl	%	Anzahl	%	Anzahl	%
Arbeiter	8	9,88%	195	24,59%	86	17,84%
Angestellte und Beamte	33	40,74%	324	40,86%	216	44,81%
Handwerksmeister	7	8,64%	102	12,86%	69	14,32%
geistige und technische Intelligenz	15	18,52%	50	6,31%	18	3,73%
kleine Gewerbetreibende	11	13,58%	60	7,57%	36	7,47%
Sonstige	7	8,64%	62	7,82%	57	11,83%
Summe	81		793		482	

Dieser erste Eindruck gewinnt deutlichere Konturen, wenn man die oben wiedergegebene Sozialstruktur der Vereinsvorstandsmitglieder[30] betrachtet. Die Vereinsvorstände stehen der Mitgliedschaft organisatorisch näher als die Verbandsvorstände und bilden darüber hinaus eine zahlenmäßig breitere, bei weitem repräsentativere Gruppe. Was ihre Sozialstatistik zunächst auszeichnet, ist die hohe Schwankungsbreite der Gesamtzahlen. Gegenüber der Weimarer Republik mit insgesamt 793 Vertretern fallen sowohl das Kaiserreich mit 81 als auch die Diktatur mit 482 Repräsentanten auffällig ab. Der Tiefstand des Kaiserreichs resultiert dabei zugleich aus dem noch niedrigen Entwicklungsstand der Gesamtbewegung und ihrer vereinsrechtlich geringen Ausbildung, die erst im Zuge von Krieg, Krise und Kodifizierung überwunden wurden. Der Rückgang während der Diktatur gründet demgegenüber in dem nach 1933 durchgesetzten „Führerprinzip", das die gewählten Vorstände durch ernannte Einzelpersonen ersetzte.

Im Gegensatz zu diesen Tiefpunkten erweist sich die Republik als Hoch–Zeit des von der KGO vorgeschriebenen Kollegialprinzips der demokratischen Selbstverwaltung. Besonders deutlich wird dieser Sachverhalt an der relativ starken Stellung der Arbeiter. Keine andere soziale Teilmenge der Hamburger Vereinsvorstände weist eine derartige, dem Wechsel der Staatsformen parallele Schwankung in der politischen Teilhabe auf. Dieser Eindruck verstärkt sich noch, wenn man einen Blick auf die Berufsgliederung wirft. Die Spitzengruppen

---

30 Die Tabelle fußt auf den ebd. angegebenen Quellen. Die Zuordnung der einzelnen Berufe erfolgte nicht nach der rechtlichen Form des Arbeitsverhältnisses, sondern nach ihrer Funktion im gesellschaftlichen System der Arbeitsteilung. Angestellte und Beamte firmieren daher in einer gemeinsamen Gruppe dienstleistender „white–collar–worker", während die verbeamteten Lehrer zur Intelligenz gezählt werden. „blue–collar–worker" rechnen unabhängig davon, ob sie privat oder öffentlich, ständig oder unständig beschäftigt sind, zur Gruppe der Arbeiter. Zu ihr zählt auch die Teilmenge der Handwerksgesellen. Da die Berufsangaben der Vereinsregister eine Unterscheidung von Meistern und Gesellen nur selten zuläßt, wurden die fraglichen Personen je zur Hälfte den Arbeitern und den kleinen Gewerbetreibenden zugeschlagen. Unter der Rubrik Sonstige versammeln sich so disparate Gruppen wie Klein– und Sozialrentner, Ehefrauen und Hausmeister.

des Kaiserreichs stellten Büro–, Post– und andere Assistenten mit 16, Lehrer mit 14 und Kaufleute mit acht Vertretern, während die Arbeiter mit zwei Repräsentanten unter „ferner liefen" rangierten. In der Weimarer Republik verkehrte sich dieses Bild. Jetzt bildeten die Industriearbeiter mit 83 Vertretern klar die dominierende Gruppe. Ihnen folgten 65 Angestellte, 48 Kaufleute, 42 Polizeibeamte, 39 Lehrer und 38 Postassistenten, –schaffner und –sekretäre. Die Diktatur wälzte diese Rangfolge dann wieder um. Nun führten die Angestellten mit 54 Vertretern vor Polizisten mit 38, Postassistenten und –schaffnern mit 29, Kaufleuten mit 28, Arbeitern mit 25, Bürovorstehern mit 17 und Lehrern mit 13 Repräsentanten.

Versucht man das Sozialprofil der Hamburger Verbands– und Vereinsvorstände auf dieser Grundlage grob zu umreißen, fällt zunächst der hohe, durchweg über 40% liegende Anteil der Staats–Angestellten und Beamten auf. Dieser starke etatistische Zug korrespondiert in auffälliger Weise mit dem von uns allenthalben festgestellten, teils neomerkantilistisch, teils philanthropisch, teils volkspädagogisch getönten Grundzug der deutschen Kleingartenbewegung. Diese Tendenz manifestiert sich nicht zuletzt im verbandspolitisch außerordentlich starken Gewicht der Lehrer. Zwar nahm ihr Anteil an den Vorständen im Laufe der Zeit kontinuierlich ab, doch rangierten die Lehrer in allen drei Zeiträumen unter den ersten zehn Teilmengen. Im Kaiserreich besetzten sie in den Vereinen die zweite, in der Republik die fünfte und in der Diktatur die siebente Stelle, während sie auf der Ebene der Verbandsvorstände im Kaiserreich sogar den ersten, in der Weimarer Republik den zweiten Rang einnahmen. Ob diese starke Stellung auch in Reichsverband bzw. –bund zur Geltung kam, wissen wir nicht. Immerhin waren Anfang 1923 von 22 Landes– und Provinzialverbandsvorsitzenden des RVKD sechs (= 27,3%) Lehrer[31] – unter ihnen der spätere Verbandsvorsitzende Heinrich Förster.

Dieses ausgeprägte, von öffentlichen und privaten „white collar workers" geprägte Sozialprofil der Hamburger Vorstände widersprach auf jeden Fall der sozialen Zusammensetzung der Mitgliedschaft. Obwohl alle Leitungsebenen in der Republik demokratisch legitimiert waren, spiegelte die Sozialstruktur der Vorstände das Profil der Mitgliedschaft selbst in der Blütezeit ihrer innerverbandlichen Partizipation nur bedingt wider. Neben den völlig unterrepräsentierten Frauen und Rentnern fällt dabei vor allem die verkehrte Positionierung der Arbeiter im Verhältnis zu den Angestellten und den Beamten ins Auge. Während die Arbeiter im Durchschnitt über 50% der Mitglieder stellten, betrug ihr Anteil an den Vereinsvorständen selbst in der Republik nur runde 25%, ihr Anteil an den Verbandsvorständen eine bloß in Promille nachweisbare Größe. Angestellte und Beamte, die zusammen etwa 30% der Mitglieder bildeten, machten dagegen

---

31 NZKW 2 (1) (1923), Sp. 29f.

im Durchschnitt über 40% der Vereinsvorstände aus, während sie auf Verbandsebene – mit Ausnahme der Diktatur – sogar eindeutig dominierten. Weit entfernt, die sozialen Proportionen der Basis in aliquoten Teilen abzubilden, zeigten die Hamburger Vorstände daher selbst in der Weimarer Republik ein verzerrtes Profil der Mitgliedschaft: Je höher die Vertretungsebene in der Verbandshierarchie lag, desto weniger war das Persönlichkeitsbild ihrer Mitglieder ihren jeweiligen Wählern aus dem Gesicht geschnitten.

Diese Unzulänglichkeit des verbandlichen Repräsentativsystems erklärt sich zum Teil zweifellos aus gesamtgesellschaftlichen Faktoren wie dem Fortbestehen des Bildungsprivilegs und der herkömmlichen Geschlechtsrollenverteilung. Auch das verfügbare Zeitbudget war bei Frauen und Arbeitern offenkundig weit karger bemessen als etwa bei Lehrern. Wo folglich Frei–Zeit Geld war, wurde weniger (über) „Kohl" geredet als Kohl gebaut. Darüber hinaus entsprang die Entscheidung für (oder gegen) bestimmte verbandspolitische Aktivitäten aber nicht zuletzt der persönlichen Betroffenheit und der aus ihr erwachsenden Schwerpunktsetzung. Arbeiter, die in Gewerkschaft, Konsumgenossenschaft oder Partei tätig waren, dürften daher froh gewesen sein, wenn sie wenigstens auf „ihrer" Parzelle in Ruhe gelassen wurden. Dieses Ruhebedürfnis verweist freilich zugleich auf einen Grundzug kleingärtnerischer Existenz. In der Tat huldigten viele Kolonisten einem gruppenspezifischen Quietismus, dessen emphatisch vorgetragene Neutralitätsbekundungen dem epikureischen Verlangen, im Verborgenen zu leben, auf erstaunliche Weise nahekamen.

7.3. Kleingarten und Politik: quietistische Baumschule agrarromantischer „Mauerblümchen" oder staatsbürgerliche Pflanzschule für „zooi politikoi"?

Wie wir oben gezeigt haben, liefen die kleingärtnerischen Paradiesvorstellungen im Endeffekt auf die temporäre Evasion in eine ahistorische Idylle privaten Glücks hinaus. Die Sollbruchstelle jedes Kleingartenparadieses lag damit in seiner zeitlich definierten Dauer. Diese Begrenzung betraf freilich nicht nur die fehlende bebauungsplanmäßige Absicherung der Parzellen, sondern auch die täglich neu erzwungene Rückkehr der Kolonisten an ihre Wohn– und Arbeitsplätze. Wer nur von den Erzeugnissen seines Gartens zu leben versuchte, kostete unweigerlich die bittere Frucht vom Baum der Erkenntnis, daß sich sein Miniatur–Eden ohne persönliche Arbeits– und staatliche Sozialleistungen nicht aufrechterhalten ließ. Das Kleingartenparadies erwies sich damit als Paradies auf Zeit. Auch die „Inseln im Häusermeer" lagen insofern im „Strom der Geschichte": Wenn die politischen „Wogen" hochgingen, gaben die „Inseln" unfehlbar

Sturmflutwarnung oder meldeten „Land unter". Die allenthalben beschworene politische Neutralität glich daher von Beginn an einem ebenso trotzigen wie vergeblichen „Trutz, Blanke Hans"!

Aus dieser Aporie versuchte sich der RVKD dadurch zu befreien, daß er die Kategorie des Politischen in einen negativ besetzten Begriff mehr oder minder egoistischer Parteipolitik und einen positiv besetzten Gegenbegriff neutraler, quasi staatlicher Sozialpolitik aufspaltete. Das Schlüsselwort seines verbandspolitischen Selbstverständnisses lautete daher: „Wir treiben einzig und allein Sozialpolitik"[32]. Diese mit der Kleinfamilienideologie der Schreberpädagogik eng verbundene Identifikation des Verbandes mit „Vater Staat" diente freilich nicht nur dazu, die eigene Interessenpolitik geistig zu überhöhen und vor der Nation zu legitimieren; sie bildete vielmehr zugleich den ideellen Ausdruck der realen sozialpolitischen Vielfalt der deutschen Kleingärtnerschaft. Führende Verbandsvertreter haben daher immer wieder den volkstümlichen Charakter der Gesamtbewegung hervorgehoben. So lobte Otto Albrecht den RVKD als wirkliches *„Einheitsgebilde"*, bei dem es sich „um eine *Volkssache* im besten und edelsten Sinne handel(e)"[33], während Heinrich Förster ihn in offenkundiger Abgrenzung zur tief gespaltenen deutschen Arbeiterschaft sogar als „Einheitsfront der deutschen Kleingärtner"[34] pries. In den Augen Albrechts war es „geradezu wunderbar, wie Parteimänner aller politischen Richtungen und aller konfessioneller Schattierungen hier einträchtig und friedfertig miteinander arbeiten, (...) in dem Bewußtsein, damit die Emporentwicklung der deutschen Wirtschaft und der deutschen Volkskultur zu fördern"[35].

Dieser an der vermeintlich gemeinsamen Volkssache orientierte Politikbegriff, der nicht zuletzt als idyllisches Gegenbild zur zerklüfteten „politischen Landschaft" der Republik diente, beinhaltete allerdings selbst wieder eine spezifische Aporie, da die Parteien trotz ihrer im Verfassungsrecht nicht verankerten Stellung in der Verfassungswirklichkeit die hervorragendsten Funktionsträger der politischen Willensbildung darstellten. Ungeachtet des doppelten konstitutionellen Dualismus von präsidialer und parlamentarischer, plebiszitärer und repräsentativer Demokratie bestimmten die Parteien bzw. ihre wechselnden Koalitionen im Normalfall den Gang der staatlichen Politik. Organisierte Interessen vermochten sich daher zwar unmittelbar zu artikulieren, politisch durchsetzen

---

32 Pauly, Kleingarten und Politik, in: KGW 5 (8) (1928), 86.
33 Otto Albrecht, Glaubensbekenntnis und Tatwille, in: NZKW 1 (4) (1922), Sp. 85. Hervorhebungen i.O. gesperrt.
34 H. Förster, Was erwartet man im Reich vom Reichsverband?, in: NZKW 1 (3) (1921), Sp. 73.
35 Otto Albrecht, Kleingartenwesen, Kleingartenbewegung und Kleingartenpolitik, Berlin 1924, 13.

konnten sie sich allein auf dem Wege parteipolitischer Vermittlung. Die vom RVKD betriebene „Sozialpolitik" geriet damit unweigerlich zwischen die Skylla einer indifferenten, alle Grundsatzfragen der „großen Politik" ausblendenden Ignoranz, die die ohnehin vorhandene Tendenz vieler Kleingärtner zu staatsbürgerlicher Abstinenz noch verstärkte, und die Charybdis einer borniertem „Laubenpolitik", die den Gartenzaun zugleich als Maßstab und Schranke des eigenen Handelns mißverstand.

In der Praxis führte dieser Zwiespalt dazu, daß der Verband einerseits seine parteipolitische Neutralität unter allen Umständen zu wahren suchte, andererseits jedoch bestrebt war, „geistig führende Persönlichkeiten unserer Bewegung mit in die Parlamente hineinzubringen". Da die Aufstellung eigener Listen wenig Erfolg versprach und den RVKD obendrein in alle möglichen politischen Auseinandersetzungen verstrickt hätte, hoffte die Verbandsführung, „einige der bestgeschulten Kleingärtner oder Kleingartenfreunde mit auf Wahllisten derjenigen Parteien zu stellen, denen diese unsere Freunde politisch angehören"[36]. Dieses salomonisch anmutende „Huckepackverfahren" hat meiner Kenntnis zufolge nur im Falle des Hamburger DDP–MdBü Karl Georg Rosenbaum funktioniert. Der Fehlschlag dieser Taktik lag zum einen sicher daran, daß die wenigsten Parteien bereit waren, aussichtsreiche Listenplätze mit derartigen, in ihrer Loyalität gespaltenen „Trittbrettfahrern" zu besetzen, zum anderen aber am fehlenden Engagement vieler Kleingärtner, die wie Heinrich Förster „die Zusammenhänge zwischen Politik und Kleingartenbau" ganz einfach „für einen ziemlich heiklen Gegenstand" hielten, „den man nicht gern berührt(e)"[37].

Diese zwischen Desinteresse und Berührungsangst schwankende Abwehr–Haltung ist von vielen, mehr oder minder engagierten Beobachtern bezeugt und beklagt worden. Otto Albrecht bemerkte in diesem Zusammenhang: „In früherer Zeit bestand der große Mißstand, und bürgerlicherseits wurde dieser kräftig gestützt und gefördert, daß die Kleingartenbewirtschafter gegenüber den Pflichten des öffentlichen Lebens (...) eine große Nachlässigkeit und Gleichgültigkeit bekundeten"[38]. Der kleingartenkritisch eingestellte Sozialist Kurt Stechert hielt diese Kritik demgegenüber noch 1930 für vollauf berechtigt: „Der Besuch der Parteiversammlungen und besonders der Frauenabende in den Vororten Berlins (...) geht im Frühling aus keinem anderen Grunde so zurück, als aus dem der Klein-

---

36 Ders., Kleingärtner als Parlamentarier, in: KGW 1 (9) (1924). Die Seitenangabe ist mir verlorengegangen.
37 Förster, Politik und Kleingartenbau, in: KGW 5 (3) (1928), 24.
38 Albrecht, Proletarische Kleingartenbewegung (6), 178. Vgl. auch: A. Käselau, Ziele und Wege, in: HKP 5 (1927), 7.

gartenversorgung"³⁹. Zu ähnlichen Ergebnissen kamen die kommunistischen Schriftsteller Willi Bredel⁴⁰ und Erich Weinert⁴¹. Selbst in der schweizerischen Stadt Basel ist dieses keineswegs typisch deutsche Verhalten festgestellt worden: „Waren die Pflanzgärten in erster Linie eine Angelegenheit der Arbeiter, stritten sich linke Politiker über den Sinn solcher Anlagen. Einige Sozialdemokraten gehörten zu den eifrigsten Verfechtern der Pflanzlandsache, weiter links stehende lehnten diesen 'Reformismus' ab. Sie hatten Angst, daß die Leute vor lauter Gärtnern keine Zeit mehr zum Besuch von Versammlungen und Veranstaltungen, zum Lesen ihrer Partei- und Gewerkschaftsblätter hätten"⁴².

Obwohl fast alle politischen Parteien dem Kleingartenwesen grundsätzlich wohlwollend gegenüberstanden und das nicht zuletzt durch die regelmäßige Abordnung von Vertretern zu den Reichskleingärtnertagen unter Beweis stellten, besaßen sie doch je nach ihrer Stellung im parteipolitischen „Spektrum" bestimmte ideologische Sollbruchstellen, die ihr Verhältnis zur Kleingartenbewegung in letzter Instanz prägten. Für die Rechte lag dieser „archimedische Punkt" bezeichnenderweise in der Eigentumsfrage. Schon bei der Verabschiedung der KGO hatte die DNVP bekanntlich zum Ausdruck gebracht, daß ihr die geplanten Nutzungsbeschränkungen des Grundeigentums zu weit gingen. Noch deutlicher wurde diese Haltung bei der vom RVKD 1923 durchgeführten Rundfrage zur Dauergartenproblematik. Während die DNVP (wohlweislich) jede Antwort schuldig blieb, lehnte die DVP eine bebauungsplanmäßige Festlegung von Kleingärten und einen entsprechenden Ausbau der KGO strikt ab. Die Mitte und insbesondere die Linke entschieden sich demgegenüber genau umgekehrt. Auch wenn sie – mit Ausnahme der Kommunisten – eine durchgreifende Boden-(besitz)reform verwarfen, bekannten sich Zentrum, DDP, SPD und KPD doch grundsätzlich zum Dauerkleingarten⁴³.

---

39 Kurt Stechert, Die Villen der Proletarier, in: Urania 6 (8) (1930), 243. Auch die gewerkschaftlich-genossenschaftliche Lebensversicherung Volksfürsorge sah sich gezwungen, Akquisition und Inkasso in der schönen Jahreszeit von den Mietskasernen in die Laubenkolonien zu verlagern. Quelle: 75 Jahre Volksfürsorge Versicherungsgruppe 1913-1988, (Lübeck 1988), 91.
40 Willi Bredel, Maschinenfabrik N. & K., (3. Aufl. Berlin/Ost 1982), 39f.
41 Erich Weinert, Ferientag eines Unpolitischen, in: Parzelle – Laube – Kolonie. Kleingärten zwischen 1880 und 1930, (Berlin/Ost o.J.), 11.
42 Bundesverband Deutscher Gartenfreunde (Hg.), Freizeit und Kleingartennutzung in den Städten der Ballungszentren, (Bonn o.J.), 106. Ähnliche Sorgen veranlaßten die evangelische Großstadtmission in Berlin dazu, eigene Laubenkolonien anzupachten, um ihre „Schäfchen" auch im Sommer auf die rechte „Weide" führen zu können. Quelle: Jänicke, Rückblick auf die Mission in der Laubenkolonie, in: Blätter aus der Stadtmission (Berlin) 26 (1903), 148.
43 Der Kleingarten 10 (1924), 146f.

Für die Linke lag die charakteristische Sollbruchstelle dagegen in der durch den Kleingartenbau bewirkten „Entpolitisierung" der Arbeiter. Je weiter links eine Partei oder ihr linker Flügel stand, je radikaler sich ihre Vertreter gebärdeten, desto mehr Schwierigkeiten hatten sie, den laubenkolonialen Alltags–Reformismus im Zeichen von Hacke und Spaten mit ihren revolutionären Zielsetzungen im Zeichen von „Hammer und Sichel" zu vereinbaren. Wie in der Eigentumsfrage besetzte die Rechte auch hier die gerade Gegenposition. So bekundete der Hamburger DNVP–MdBü Nagel mit schönem Freimut: „Weg von der Straße und hinaus auf das Land: das ist der gesunde Gedanke, der hier verwirklicht wird"[44]. Der KPD–Abgeordnete Bussow erklärte demgegenüber: „Ich danke recht sehr, (...) wenn der Arbeiter sich 8 Stunden abgerackert hat und sich dann auch im Kleingarten noch 8 Stunden abrackern soll, (...) dann haben sie, meine Herren von rechts, den Arbeiter von seinem tagtäglichen Kampf abgeleitet, ihn soweit eingelullt, daß er von seinem Klassenkampf vollkommen abkommt"[45]. Diesem Vorwurf korrespondierte freilich der Gegenverdacht des DDP–Abgeordneten Rosenbaum: „Sie wollen das nicht, weil sie nicht wollen, daß den Erwerbslosen geholfen wird. (Sehr gut! in der Mitte). Sie wollen die Erwerbslosen nur aufputschen und aufhetzen (Erneuter Lärm bei den Kommunisten) und sie fürchten, daß die Leute, die jetzt einen Garten bekommen, zufriedener werden"[46].

In der Tat läßt die Evasion den Klassenkampf gewissermaßen links liegen. Das Kleingartenparadies befindet sich vor den Toren der Stadt, das „Arbeiter- und Bauernparadies" jenseits der „Pforten der Wahrnehmung". Das laubenkoloniale „Land in Sonne"[47] ist ein räumliches Faktum, selbst wenn es regnet, der „Sonnenstaat" Campanellas (und seiner Nachfolger) eine zeitliche Fiktion. Es überrascht daher nicht, daß viele Kolonisten angesichts dieser Alternative den Spatz in der Hand der Taube auf dem Dach vorzogen, zumal es den „Zukunftsstaatsmännern" jedweder Rotschattierung nie recht gelang, Bewegung und Ziel, Reform und Revolution, Politik und Privatleben überzeugend zu verknüpfen.

---

44 Stenographische Berichte über die Sitzungen der Bürgerschaft zu Hamburg: Sitzung v. 16.3.1932, 346.
45 Ebd.: Sitzung v. 11.11.1925, 813. Ähnlich auch sein Fraktionskollege Stahmer in: Ebd.: Sitzung v. 19.2.1930, 188f.
46 Ebd.: Sitzung v. 16.3.1932, 346.
47 So der Titel eines Propagandafilms des RVKD. Siehe: 2. Internationaler Kongreß (20), 84ff. Weitere Belege für den „Platz an der Sonne"-Topos bei: Alwin Bielefeldt, Die volkswirtschaftliche Bedeutung des Kleingartenbaus, in: Arbeiten der Landwirtschaftskammer für die Provinz Brandenburg 45 (1924), 62; Paul Brando, Kleine Gärten – einst und jetzt, Hamburg 1965, 299ff.; Karl Freytag, Kleingarten und Poesie, Frankfurt/M. 1930, 50 u. 123 (Schriften des RVKD 20); Stechert (39), 244f.

Der individuelle soziale Aufstieg vom Kleingärtner zum Siedler und Eigenheimer beflügelte die Vorstellungs–Kraft der „kleinen Leute" auf jeden Fall mehr als der kollektive Anstieg zu den „lichten Höhen des Kommunismus"[48]. Wenn der KPD–Abgeordnete Bussow auf die Einhaltung des Acht–Stunden–Tages pochte und die kleingärtnerische Freizeit–Beschäftigung attackierte, tat er das denn auch keinesfalls, um die Freizeit der Arbeiter zu schützen oder gar das „Recht auf Faulheit" (Paul Lafargue) zu propagieren, sondern um die vereinzelt herumpusselnden Arbeiter für die gemeinsame Parteiarbeit zu gewinnen.

Nun war die vom Bürgertum übernommene proletarische „*Arbeitssucht*"[49] zwischen Kommunisten und Kleingärtnern bekanntlich kein Streitpunkt. Was beide unterschied, war nicht die Haltung zur Mehr–Arbeit, sondern die Einstellung zur Aneignung des Mehr–Produkts. Im „Paradies der Werktätigen" arbeitete man in erster Linie für den gesamtgesellschaftlichen Fortschritt, im Kleingartenparadies dagegen für das eigene Fortkommen, dort war der Subbotnik öffentliche Zwangs–Aufgabe, hier Privat–Vergnügen des Einzelnen. Die KPD hat sich mit den Bewohnern des laubenkolonialen Ersatzparadieses infolgedessen durchweg schwer getan: Der Bezirk Wasserkante erschloß sich dieses „neue Gebiet unserer Arbeit" erst nach der Reichstagswahl vom 31.7.1932, als die Zahl der Erwerbslosen unter den Kolonisten stark anstieg[50].

Doch auch die SPD war in ihrer Haltung zur Kleingartenfrage geteilter Meinung. Dieses „Schisma" betraf nicht nur den nachgeordneten Gegensatz zwischen Wohnungs– und Kleingartenbaupolitikern, sondern auch den grundsätzlichen Widerspruch zwischen Kleingartenbefürwortern und –gegnern. Zumindest eine Minderheit in Partei und Gewerkschaften stand den Laubenkolonisten mit einer Mischung aus Mißtrauen, Spott und Verachtung gegenüber[51]. Wer sich der großen proletarischen Bewegung nicht freudig anschloß, sondern so unverkennbar beiseite trat, nicht die sozialdemokratische Subkultur, sondern die Kleingartenkultur förderte, stieß in den Augen dieser Parteimänner und –frauen zumindest auf Unverständnis. Diese Skepsis wurde auch dadurch kaum gemildert, daß

---

48 So das Vorwort des Instituts für Marxismus–Leninismus beim ZK der SED zu MEW 1, Berlin/Ost 1972, XVIII.
49 Paul Lafargue, Das Recht auf Faulheit, Frankfurt/M. u. Wien (1966), 19. Zit. wie i.O. kursiv.
50 KPD. Von der Streikagitation zur Streikaktion. Bericht der Bezirksleitung Wasserkante an den Bezirksparteitag vom 2. bis 4.12.1932, o.O. o.J., 98f. Die Zentren des KPD–Einflusses lagen in Osdorf, Lurup, Eidelstedt sowie in Hamm und Horn und Billstedt.
51 Siehe hierzu: Walter Reinhold, Sozialistische Kleingartenpolitik in der Gemeinde, in: Kommunale Blätter der SPD (Berlin) 7 (2) (1930), 8; Georg Wendt, Kleingartenwesen und Partei, in: Unser Weg (Berlin) 3 (1929), 38 und Xaver Kamroski, Gewerkschaften und Kleingartenbewegung, in: KGW 8 (9) (1931), 72ff.

die Masse der Kolonisten ihr Abweichen vom parteiamtlichen Tugendpfad der Arbeiteremanzipation keineswegs dazu benutzte, um nach rechts abzuschwenken. In der Tat ließen sich die Kleingärtner in das klassische Schema der politischen Kultur nur bedingt einordnen, da sie sich der demokratischen Rollenzuweisung des parteipolitisch engagierten Aktiv–Bürgers in gewisser Weise verweigerten. Auf jeden Fall führte die seit 1919 dominierende demokratische Selbstverwaltung des Vereinslebens nicht notgedrungen zur Teilnahme an den Staats– und Gemeindegeschäften. Trotz aller Entsprechungen zwischen Verein und Staat machte der Vereinsvertrag die Mitglieder nicht automatisch zu Staatsbürgern im Sinne des Gesellschaftsvertrags. Das Hamburger SKBH–Mitglied A. Teich hat diese unpolitische Einstellung vieler Kleingärtner in Form einer „Frühlingsbetrachtung" ausgemalt. Locus (amoenus) der „Imagination" ist Teichs Parzelle, Terminus a quo der 1. Mai 1919: „Ich hatte es mir fest vorgenommen, an diesem Morgen (...) mit keinem Gedanken (...) bei der leidigen Politik zu sein. (...). Ich setzte mich auf die Bank, und dann, ja, da kam sie doch (...): die Politik! (...). Ich wurde mißmutig. Vielleicht, so sagte ich mir, ist es ein großer Irrtum, für Menschen steinerne Städte zu bauen, in die kein Sonnenstrahl dringt (...). Meine Gedanken eilten einige Jahrzehnte voraus. Ich sah, wie alle Großstadtbewohner auswanderten. (...). Sie zogen aufs Land. Jeder hatte einen kleinen Grundbesitz mit einem kleinen, schmucken Häuschen. (...). Eine breite Allee ging mitten durch die Siedlung. Eine blumige Wiese diente Kindern als Spielplatz. Am Maimorgen sah man viele hundert Spaten in der Sonne blitzen und viele hundert Augen leuchteten vor Arbeitsfreudigkeit. (...). Eine große Republik war dieses Kleingartenland, ein frohes, gesundes Reich. Alles war darin erlaubt, nur eins hatte man verboten: Über Politik zu sprechen. Aber das tat man auch nicht, wenigstens nicht in dem heutigen Sinne. Die Politik dieser Republikaner bestand im Beackern ihres Ländchens. Das war ein schöner Traum (...). Und doch, wer weiß, in zwanzig, fünfzig, hundert Jahren? – Ich habe aber an jenem Morgen, als die Sonne auf das Land schien und die Vögel jubelnd den Tag begrüßten, bei mir beschlossen, fortan ein grüner Republikaner zu sein und unentwegt für meine grüne Zukunftsrepublik zu kämpfen"[52].

Im herkömmlichen „Parteienspektrum", das die Weimarer Republik weitgehend nach dem Muster des Kaiserreichs fortentwickelte, bildete dieses Grün offenkundig einen Fremdkörper. Nichtsdestoweniger signalisierte es den Wunsch vieler Kleingärtner, sich von den etablierten politischen Kräften auch symbolisch abzugrenzen. In diesem Sinn hatte Geheimrat Pauly vom MfV dem RVKD be-

---

52 A. Teich, Frühlingsbetrachtung des Kleingärtners, in: Der Kleingarten 5 (1919), 69f.

reits 1921 „als Kleingärtnerflagge das Grün der Hoffnung, das Gelb der Lebensfreude und das Weiß der Parteilosigkeit" empfohlen[53]. Auch wenn sich diese halbamtliche Anregung RVKD–offiziell nicht durchsetzte, ist die Paulysche Trikolore doch von vielen Kleingärtnern gehißt worden[54], um den neutralen Status ihrer Kolonien anzuzeigen. In dieselbe Richtung wiesen Hamburger Vereinsnamen wie „Gut Grün", „Immergrün", „Hoffnung" und „Neue Hoffnung". Auch der politisch ungebundene, horti–kulturkritische Architekt Leberecht Migge, ein engagierter, wenn auch vom RVKD nicht immer geschätzter Kleingartenfreund, zeichnete manche seiner Veröffentlichungen mit dem ungewöhnlichen Pseudonym „Spartakus in Grün". Von der Polizei wurde er deshalb bezeichnenderweise als „gefährlicher Kommunist", von seinem Worpsweder Nachbarn, dem kommunistischen Maler Heinrich Vogeler, dagegen nicht weniger charakteristisch als „Erzreaktionär" eingestuft[55].

Diese Zuneigung zur Farbe Grün war nun freilich nicht nur der unmittelbare Reflex eines ebenso sprießenden wie ersprießlichen Ambiente oder mittelbarer Ausdruck der unfreiwilligen Selbstironie politischer „Grünschnäbel", sondern zuerst und vor allem eine Reflexion der „alljährlichen Erneuerung in der Natur (…), der Hoffnung, des langen Lebens und der Unsterblichkeit". Christliche Künstler des Mittelalters „malten das Kreuz Christi verschiedentlich grün zum Zeichen der durch Christus erwirkten Erneuerung und als Ausdruck der Hoffnung auf eine Rückkehr der Menschheit ins Paradies"[56]. Die von Teich imaginierte „grüne Republik" verweist insofern einmal mehr auf den sich verschränkenden Ausgangs– und Endpunkt abendländischer Heilsgeschichte. Wie das irdische Paradies am Anfang und das himmlische Paradies am Ende aller Zeiten war auch das zwischen ihnen liegende Kleingartenparadies im Idealfall ein politikfreier Raum. Der 1. Mai fand den Kolonisten folglich im Garten, nicht auf der Straße. Dies umso mehr, als die Politik von vielen Kleingärtnern offenbar als Leid erfahren wurde. Der Ausdruck „leidige Politik" verweist nicht nur auf die konkreten Enttäuschungen, die viele Kleingärtner während der Novemberrevolution erlebten, sondern zugleich auf grundsätzliche Vorbehalte gegen die parteipolitisch vermittelte Kompromißstruktur des öffentlichen Lebens schlechthin. Die hergebrachten, für das kaiserzeitliche Kleingartenwesen in mancher Hinsicht typischen, patriarchalischen Denk– und Verhaltensmuster ließen das neue, republikanische Funktionsgefüge in den Augen vieler Parzellanten auf jeden Fall

---

53 Förster/Bielefeldt/Reinhold (1), 45.
54 Vgl. auch: Karl Freytag, Vorspruch für eine Fahnenweihe in: Kleingarten und Poesie (47), 140.
55 Leberecht Migge, hg. v. Fachbereich Stadt– und Landschaftsplanung der Gesamthochschule Kassel, (Worpswede 1981), 10.
56 Herder Lexikon der Symbole, (5. Aufl.) Freiburg u.a. (1978), 65.

nicht unbedingt als produktive „Streitkultur", sondern eher als überflüssiges „Parteiengezänk" erscheinen. Die außergewöhnliche Fragmentierung des Weimarer „Parteienspektrums" tat dabei ein übriges, der verbandspolitischen Neutralitätsideologie Farbe und Leuchtkraft zu verleihen. Überschaubare Problemkreise, persönliche Betroffenheit, eigene Einsicht und unmittelbare Einflußnahme, kurz alles, was das Vereinsleben auszeichnete, mußte der Kleingärtner im politischen Leben entbehren. Hamburger Vereinsnamen wie „Eden", „Einigkeit", „Eintracht", „Erdenglück", „Friede", „Friedlich", „Freude", „Lot uns in Ruhe" und „Unter uns" signalisierten daher nicht nur eine antipolitische Abwehrhaltung, sondern zugleich ein unpolitisches Kontrastprogramm.

Diese Einstellung stellte eine echte Grundhaltung dar. Ebenso bodenständig wie geistig beständig, stand sie dem Auf- und Abstieg der konkurrierenden Parteien wie den sich wandelnden Staatsformen gleichgültig gegenüber. Solange „Vater Staat" nicht die „Erzengel" seiner Bau- und Finanzverwaltungen in Marsch setzte, herrschte in den Laubengartengebieten „paradiesische Ruhe". Der zipfelmützige Gartenzwerg glich insofern tatsächlich einem schlafmützigen „Ohne-Michel". Obwohl dieser Quietismus einem konservativen Politikbegriff eher entgegenkam als einem emanzipatorischen Politikverständnis, stellte er doch zugleich eine Form authentischer Verweigerung dar, deren passive Indifferenz dem staatsbürgerlichen Engagement entgegengesetzt war. Wie die Einwohner der Britischen Inseln bekannten sich die Bewohner der „Inseln im Häusermeer" zu einer Abart der „splendid isolation". Auch wenn es oft nur die Sonne war, die den bescheidenen Lauben einen gewissen Glanz verlieh, hätte der „Laubenheimer" seine Lebenseinstellung doch ohne weiteres mit dem geflügelten Wort „my home is my castle" kennzeichnen können.

In der Tat steckt in diesem unausgesprochenen Grundsatz gewissermaßen die kleingärtnerische Habeas-corpus-Akte individueller Autonomie. Dieser „Traum (...) von einer, wenn auch partiellen Autonomie verbirgt oder verhindert" – wie André Gorz gezeigt hat – „die Ausbildung von 'Klassenbewußtsein' (...). Daher hat die Bourgeoisie bewußt oder unbewußt im Arbeiterdasein (...) Inseln marginaler Autonomie eingerichtet: winzige Gemüsegärtchen hinter dem Arbeitshaus oder auf den zwischen Stadt und Fabrik gelegenen Flächen. Aus demselben Grund haben die Arbeiterfunktionäre gemeinhin den Wunsch nach individueller Autonomie als ein Überbleibsel des kleinbürgerlichen Individualismus (...) bekämpft. Autonomie gilt nicht als proletarischer Wert. (...). Die politischen Imperative des Klassenkampfes haben also die Arbeiter daran gehindert, die Frage nach der Berechtigung des Autonomiewunsches als einer *spezifisch existentiellen* Forderung zu prüfen. Die politische Irritation, die mit dieser Forderung verknüpft ist, besagt nichts gegen deren Authentizität. Ein Bedürfnis kann an andere als politische Gründe gekoppelt sein und ungeachtet der widersprechenden politischen Imperative fortbestehen"⁵⁷. Diese vom Kapitalismus eingeräumte Möglichkeit individueller Autonomie war nicht nur ein Mittel der Revolutionsprophylaxe und Systemstabilisierung⁵⁸, sondern zugleich ein existentieller Selbstzweck, der den Arbeitern Gelegenheit gab, „sich außerhalb der Arbeit eine *anscheinend* wachsende Sphäre individueller Souveränität zu schaffen"⁵⁹. Dieser Wirkungskreis *„gründet nicht auf einfachen Konsumwünschen, auch nicht auf reinen Zerstreuungs– und Erholungsbegehren. Weit mehr ist sie erfüllt von Tätigkeiten ohne ökonomisches Ziel, die ihre Finalität in sich selber haben* (...) – kurz, ein Ensemble von Tätigkeiten, die die Substanz des Lebens bilden und daher wohlbegründet keinen nachgeordneten Platz, sondern Vorrang beanspruchen"⁶⁰.

Die vielfach bezeugte systemstabilisierende Wirkung des Kleingartenbaus war daher keineswegs allein das sozialpolitische Produkt der erfolgreichen Manipulation formbarer Objekte in Gestalt unaufgeklärter, klassenunbewußter Arbeiter und Angestellter, sondern auch das Ergebnis des entschiedenen Wollens und Wirkens selbstbewußter Subjekte, die den politischen Absolutheitsanspruch der Arbeiterparteien zurückwiesen. Wenn die Sozialdemokraten „Brüder, zur Sonne, zur Freiheit" anstimmten, oder die Kommunisten in der dritten Strophe der „Internationale" darauf hinwiesen, daß die Sonne erst dann ohne Unterlaß scheinen werde, wenn man die Unglücks–Raben und Pleite–Geier vertrieben habe, hörte der Kleingärtner aus diesen Schlachtgesängen vor allem die Zukunftsmusik heraus und mochte sich mit Goethe bzw. Hugo Fritzsche sagen: „Hier hast du deinen Garten, hier bist du Mensch, hier darfst du's sein"!⁶¹.

In der Tat besaß das persönliche, menschliche Glück in den geschichtsphilosophischen Konstruktionen der Arbeiterparteien keinen rechten Platz. Schon Hegel hatte bekanntlich apodiktisch erklärt: „Die Weltgeschichte ist nicht der Boden des Glücks. Die Perioden des Glücks sind leere Blätter in ihr; denn sie sind die Perioden der Zusammenstimmung, des fehlenden Gegensatzes"⁶². Auf diesen spätnachmittäglichen, sonn– oder feiertäglichen Einklang, dieses Atemholen, nicht des Welt–, sondern des eigenen, bescheidenen Schöngeistes, kam es den

---

57 André Gorz, Abschied vom Proletariat, (Reinbek 1983), 27f. Hervorhebung i.O.
58 Vgl.: Ebd. 73f.
59 Ebd., 74. Hervorhebung wie i.O.
60 Ebd. Hervorhebung wie i.O.
61 Fritzsche, Kleingartenbau und Jugendpflege, in: Vier Vorträge über Kleingartenwesen, Frankfurt/M. 1927, 31 (Schriften des RVKD 13). Das Zitat ist eine Anspielung auf: J. W. Goethe, Faust. Eine Tragödie, (Sämtliche Werke Bd. 5), (München 1977), 172.
62 G. W. F. Hegel, Vorlesungen über die Philosophie der Geschichte, (Werke 12), (Frankfurt/M. 1970), 42.

„Laubenpiepern" aber an. Sie suchten nicht das objektive Glück im Sinne eines neuen „goldenen Zeitalters", sondern das subjektive Glück eines zeitweilig wunschlosen Selbst–Genusses, nicht leere Zukunftsversprechen, sondern erfüllte Gegenwart. Die Schauspielerin und Kabarettistin Claire Waldoff, die sich selbst kurz vor dem Ersten Weltkrieg eine Laube in der Berliner Kolonie „Schmargendorfer Alpen" anschaffte[63], hat dieses Glücksverlangen auf ebenso einfache wie reizvolle Weise zum Ausdruck gebracht:

„Wat braucht der Berliner, um jlücklich zu sein?
– 'ne Laube, 'n Zaun und 'n Beet!
Wat braucht der Berliner 'nen heurigen Wein,
Wenn vor ihm sein Weißbierglas steht?
– 'ne dicke Zijarre mang de Lippen jeklemmt,
Zwee Mann zum Skat im frisch jewaschnen Hemd,
Dazu een Kümmel un's nötige Schwein,
Det braucht der Berliner, um jlücklich zu sein!

Sechsmal spuckste in de Hände,
Aber danach ruhste aus
Und marschierst zum Wochenende
Quietschvergnügt nach Treptow raus.
Haste noch so viele Sorgen,
Darf dir nie verjehn dein Witz.
Mensch, denk an den Sonntagmorjen
Und an deinen Grundbesitz"[64].

Das Glück, das sich hier ausspricht, lacht den Menschen einfach zu. Es ist weder von gestern noch von morgen, es stammt aus dem Hier und Heute. Es ist ebenso be– wie ergreifbar und zugleich unmittelbar ergreifend. Ob es groß oder klein ist, von kurzer oder von längerer Dauer, in der Laube oder in der Villa aufscheint, spielt für den Glücklichen keine Rolle. Glück wie Glücksempfinden sind ihrer Natur nach wesentlich personengebunden. Theoretisch sind daher alle Menschen Zeitgenossen des – genauer: ihres – Glücks[65]. Das „real existierende" Laubenheim bildete insofern das Gegenmodell zum idealen „Wolkenkuckucksheim". In der Praxis lief der kleingärtnerische „pursuit of happiness" damit auf eine eudämonistische „declaration of independence" hinaus, die das humane Erstgeburtsrecht auf Glück gegen seine wie auch immer motivierte Vertagung auf den St. Marxtag verteidigte.

---

63 Claire Waldoff, Weeste noch...!, Düsseldorf – München (1953), 56.
64 Wat braucht der Berliner, um jlücklich zu sein? (Text: Werner Hassenstein, Melodie: Fritz Paul), in: Parzelle (41), 37.
65 Siehe: Ludwig Marcuse, Philosophie des Glücks, (Zürich 1972), 22.

Es scheint daher mehr als nur ein glücklicher Zufall, daß Epikur, der Philosoph, dessen Name am innigsten mit dem abendländischen Glücksbegriff verbunden ist, seine „Philosophie der Freude" in der relativen „Verborgenheit" eines kleinen athenischen Vor-Stadtgartens lehrte und vorlebte[66]. Inwieweit dieser Glücksfall für den einzelnen Kolonisten nun freilich zum Anlaß wurde, sein Leben in philosophisch heiterer Gelöstheit zu verbringen, steht auf einem anderen Blatt. Es spricht vieles dafür, daß sich das laubenkoloniale „Epikuräertum" in erster Linie auf das äußere Genußleben beschränkte. Diese Verengung der Eudämonie auf „Wochenend und Sonnenschein" fand ihre wirkungsvollsten Triebkräfte bezeichnenderweise in der allgegenwärtigen protestantischen Arbeitsmoral und der sie flankierenden schreberpädagogischen Sekundärtugendhaftigkeit. Unfähig, sich zum Begriff philosophischer Muße zu emanzipieren, blieb die Freizeit ein verhinderter, an den „Kaukasus" der Arbeitszeit geschmiedeter „Titan", für den das Feuer nur ein Hausmittel war, um seinen Gartengrill anzufachen.

Die Rückseite des kleingärtnerischen „happy go lucky" bildete daher eine gehörige Portion an Ignoranz und Illusionsmache. Wirklich neutrale Gebiete gibt es weder in der modernen Staatenwelt noch in der modernen Gesellschaft. Auch der Gartenzaun hat Luftmaschen im Draht, besitzt eine Tür, durch die man hinein- und herauskommt. Wie Ab-Luft und (saurer) Regen brach die ausgesperrte Partei-Politik daher immer wieder in das schlecht geschützte Refugium ein. Auch wenn wir den politischen und gewerkschaftlichen Organisationsgrad der Kolonisten nicht kennen, steht die Politisierung vieler Kleingärtner doch außer Frage. Sie zeigte sich nicht nur in der verbandspolitischen Diffamierung der „Freien" und „Wilden"[67], sondern weit mehr noch in den verschiedentlich bezeugten Versuchen, Vereine des RVKD zu parteipolitischen Zwecken umzufunktionalisieren[68].

In Hamburg kam es in diesem Zusammenhang zu einer ebenso bezeichnenden wie albernen Miniaturauflage des Weimarer Reichsflaggenstreits. Wie in vielen anderen Fragen hatte die Nationalversammlung auch in dieser Kontroverse nur einen (faulen) Kompromiß ausgehandelt. Während im Inland die neue, schwarz-rot-goldene Nationalflagge galt, durfte im Ausland auch die alte, schwarz-weiß-rote Handelsflagge „mit den neuen Reichsfarben als Gösch" gezeigt werden[69]. Diese friedlose Koexistenz, die durch die Flaggenverordnung Hindenburgs vom 5.5.1926 noch prekärer wurde[70], veranlaßte den Hamburger

---

66 Ebd. 55 und 65f.
67 Pauly, Staatliche und gemeindliche Kleingartenfürsorge, in: Vier Vorträge (61), 16.
68 Otto Albrecht, Parteipolitische Kleingartenvereine?, in: KGW 5 (9) (1928), 96f.
69 Helmut Heiber, Die Republik von Weimar, (8. Aufl. München 1975), 50.
70 Vgl.: Ebd., 177.

KPD–MdBü Stahmer, sich in der Bürgerschaftssitzung vom 19.6.1929 darüber zu beschweren, daß die Normalsatzung der anerkannten Hamburger Kleingartenvereine den Kolonisten nur gestattete, die Reichs– und/oder die Landesflagge zu hissen, „während es ihnen andererseits untersagt ist, etwa die rote Fahne zu zeigen oder gar die rote Fahne mit Hammer und Sichel". Gegen diesen „Terror" glaubte sich Stahmer verwahren zu müssen und drohte: „Wir werden unsere Genossen veranlassen, die roten Fahnen zu zeigen, ganz gleich, ob es Ihnen paßt oder nicht"[71]. Der Leiter der Hamburger KGD, der DDP–Abgeordnete Rosenbaum, verteidigte dagegen die offizielle Linie und erklärte: „Es würde zu sehr großen Unzuträglichkeiten führen und die ganze, gute und gesunde Bewegung würde in ihrem Kern erschüttert werden, wenn wir eine parteipolitische Einstellung in die Kleingartenbewegung hineinbrächten. Sie hat dort nichts verloren. Es ist ganz gleichgültig, was der einzelne denkt. Im Kleingarten ist er Kleingärtner und weiter nichts. Wir sollten uns freuen, daß wir noch eine Insel haben, wo die Parteipolitik noch keinen Eingang gefunden hat"[72].

Wie wenig Rosenbaums Beschwörung des Inseltopos fruchtete, zeigte die Bürgerschaftssitzung vom 23.10.1929, in der Stahmer seinen Angriff gegen die Beflaggungsvorschrift erneuerte[73]. Unterstützt wurde er dabei vom DNVP–Abgeordneten Nagel, der Stahmers Klage über die angebliche Einschränkung der Meinungsfreiheit lautstark beipflichtete. Diese Negativ–Koalition war freilich rein formeller Natur. Wie sehr DNVP und KPD in der Ablehnung der Republik und ihrer Farben auch übereinstimmen mochten, in der Frage der Alternative trennten sie Welten: Die rote Fahne war für Nagel und seine Parteifreunde ein ebenso „rotes Tuch" wie die von der DNVP hochgehaltene schwarz–weiß–rote Trikolore[74] für die Kommunisten.

Wie die europäischen Großmächte beim Wettlauf um die Kolonien, wetteiferten die deutschen Parteien auf diese Weise um Geländegewinne in den Laubenkolonien. Folgte dort die Flagge dem Handel, entfaltete sie sich hier im Gefolge der parteipolitischen Händel. Im Extremfall wurde der Zaun der Parzelle damit zur Staatsgrenze im Kleinen, die das symbolisch „befreite Gebiet" eines winzigen Sowjetdeutschland vom „Blut und Boden"–Protektorat eines Dritten Reiches en miniature ebenso trennte wie vom Duodez–"Zukunftsstaat" des benachbarten sozialdemokratischen Reichsbannermannes. Daß angesichts dieser konkurrierenden Landnahmen am Ende selbst Laubenkolonialkriege drohten, kann niemand verwundern. Am bekanntesten wurde der SA–Überfall auf die

---

71 Stenographische Berichte über die Verhandlungen der Bürgerschaft zu Hamburg: 20. Sitzung v. 19.6.1929, 813f.
72 Ebd., 814.
73 Ebd.: 27. Sitzung v. 23.10.1929, 1029ff.
74 Ebd., 1932.

Berliner Kolonie „Felseneck", bei dem in der Nacht vom 18. auf den 19.1.1932 ein Arbeiter erschossen wurde[75].

Im großen und ganzen boten die Laubenkolonien damit freilich weit weniger das Idealbild einer „grünen Republik" als vielmehr ein realistisches Abbild der Weimarer Republik im Grünen. Wie stark der politische Wandel die Kleingartenvereine in seinen Bann zog, zeigt nicht zuletzt die Entwicklung der Hamburger Normal–Satzung[76]. So lautete das Gründungsstatut des KGBV „Horner Geest" vom 12.4.1920: „Der Zweck des Vereins ist die Förderung des Kleingartenbaus durch Anstrebung billiger Pachtverhältnisse (...). Er dient seinen Mitgliedern nur gemeinnützig. Politische Bestrebungen sind ausgeschlossen". Die zwangsrevidierte Fassung vom 28.12.1933 verlangte dagegen: „Der Verein hat die Aufgabe im Dienste des nationalsozialistischen Staates (...) die Nutzung des Kleingartengeländes im Sinne der Verbundenheit von Blut und Boden als Grundlage für Staat und Volk zu gewährleisten". In der ersten Nachkriegssatzung aus dem Jahre 1950 hieß es dagegen: „Der Verein erstrebt (...) die Förderung des Kleingartenwesens auf gemeinnütziger, antifaschistisch–demokratischer Grundlage (...). Der durch den Nationalsozialismus entstandenen Zerstörung der Lebensgrundlagen unseres Volkes soll durch die Vereinsarbeit tatkräftig entgegengetreten werden". In der überarbeiteten Fassung von 1952 bekannte sich der Verein dann wieder lapidar zur parteipolitischen und konfessionellen Neutralität seiner Anfänge. Gegen ihren Willen entpuppte sich die Politik damit auch für die Kleingärtner als modernes „Schicksal". Mochte sich die Wohnungsbaupolitik durch Ersatzlandbeschaffung noch individuell umgehen lassen, die Staatspolitik ließ den Kolonisten keinen Ausweg in ein wie auch immer geartetes Ersatzparadies. Der Horror Macht–vacui des modernen „Leviathan" verschlang die Frei–Räume im Ernstfall schneller als die Planierraupe die Freiflächen. Am Ende erwies sich die Gartenpforte als viel zu schwach, um die „braunen Horden" auszusperren. Während die „zooi politikoi" über Nacht ins KZ kamen, bekamen die Mauerblümchen tags darauf ein Spalier. Mochten die Kleingärten auch bestehen bleiben, das Paradies lag anderswo.

7.4. Re–Konstruktion der Hamburger Kleingarten(vereins)bewegung vor dem Hintergrund der Entwicklung im Reich.

Jeder Versuch, die statistische Momentaufnahme des Jahres 1912, die oben ausführlich dokumentiert und analysiert wurde, zum Ausgangspunkt eines quasi

---

75 Parzelle (41), 56f.
76 StAHH. Amtsgericht Hamburg. KGBV Horner Geest B 1977–21.

filmischen Abbildes der deutschen Kleingartenkonjunktur zu machen, scheitert unweigerlich an der ebenso sporadischen wie disparaten Überlieferung der Folgezeit. So enthält das „Statistische Jahrbuch deutscher Städte" nur Angaben für die Jahre 1912 bzw. 1913, 1924 bzw. 1925, 1927 bzw. 1928, 1932, 1935, 1936 und 1941[77]. Abgesehen von ihrer Diskontinuität variieren die Erhebungen in drei Fällen – in unterschiedlicher Größenordnung – um jeweils ein Jahr, umfassen in jedem Erhebungsjahr unterschiedlich viele Städte[78] und schließen grundsätzlich alle Kleingärten in Städten und Gemeinden unter 50.000 Einwohnern aus. Eine Reichsstatistik des deutschen Kleingartenwesens bleibt angesichts dieser zeitlich zusammenhanglosen, räumlich uneinheitlichen und erhebungstechnisch beschränkten Grundlage ein Wunschraum, zumal das Reich selbst im Zuge der nationalsozialistischen Revisions- und Eroberungspolitik zunehmend zum Alptraum wurde.

Ein ähnliches Bild zeigen die Mitgliedererhebungen des RVKD und des gleichgeschalteten „Reichsbundes der Kleingärtner und Kleinsiedler Deutschlands". Sie bieten Angaben für die Jahre 1921, 1924, 1926, 1930, 1932, 1933, 1939 und 1942[79]. Sieht man davon ab, daß der Verbandsstatistik nur in zwei Fällen Angaben aus dem „Statistischen Jahrbuch" gegenüberstehen, lassen sich die Zahlen auch aus prinzipiellen Erwägungen kaum vergleichen, da die Verbandsstatistik der an der Gebietseinteilung des Reiches orientierten Verbandsstruktur folgt, die Städtestatistik dagegen auf ausgewählten Städten über 50.000 Einwohnern beruht. Eine weitere Verzerrung erfährt die Überlieferung aufgrund der Tatsache, daß Reichsverband bzw. -bund im Laufe der Zeit von ursprünglich 33 Mitgliedsverbänden 13 (= 39,3%) auflösten, um sie entweder zusammenzuschließen oder an größere Nachbarverbände anzugliedern[80].

Gleichwohl lassen sich aus den vorhandenen Zahlen zwei Einsichten gewinnen. Zum einen dokumentiert die Mitgliederentwicklung von Reichsverband und -bund das weitere Wachstum der organisierten Kleingärtnerschaft, die sich zwi-

---

77 Statistisches Jb. deutscher Städte: 21 (1916), 290f.; 22 (N.F. 1) (1927), 174–177; 24 (N.F. 3) (1929), 759–765; 28 (N.F. 7) (1933), 387ff.; 32 (N.F. 11) (1937), 111–115; 33 (N.F. 12) (1938), 42–46; 36 (N.F. 15) (1941), 433–445.
78 Ebd.: Die Rückmeldungen beliefen sich: 1912/13 auf 60, 1924/25 auf 80, 1927/28 auf 94, 1932 auf 97, 1935 auf 102, 1936 auf 102 1941 auf 121 Städte.
79 Die Zahlen für 1921 stammen aus NZKW 2 (1) (1923), Sp. 29f; 1925 aus Geschäftsbericht (20), 38f.; 1931 aus Förster/Bielefeldt/Reinhold (1), 78f. 1933 aus KGW 10 (7) (1933), 65. Alle anderen Angaben aus: Kurt Schilling, Die Entwicklung des deutschen Kleingartenwesens, in: Der Fachberater für das deutsche Kleingartenwesen 7 (25) (1957), 16.
80 Daten nach: Schilling, Entwicklung (79), 16.

schen 1921 und 1942 mehr als verdoppelte[81]. Während sich der RVKD allerdings vergleichsweise kontinuierlich vergrößerte und von 322.724 Mitgliedern 1921 auf 466.247 Mitglieder 1932 anwuchs, zeigt die Entwicklung des Reichsbundes bis zum Vorabend des Zweiten Weltkrieges einen relativ sprunghaften Anstieg von 466.247 Mitgliedern 1932 auf 712.614 Mitglieder 1939. Einem Zuwachs von 143.523 Personen in zehn steht damit ein Zugewinn von 246.367 Bewirtschaftern in sieben Jahren gegenüber. Die ihnen entsprechenden Zuwachsraten, die sich in der Republik auf durchschnittlich 14.352, in der Diktatur auf 25.509 Mitglieder pro Jahr beliefen, lassen sich freilich nur bedingt als Folge verbesserter Kleingartenfürsorge interpretieren, da der Zugewinn mit Sicherheit auch dem 1935 durchgesetzten Organisationszwang des closed–allotment–Systems zugeschrieben werden muß. Was interne Verdichtung, was externe Vergrößerung, was relative Erhöhung des Organisationsgrades, was absolute Zunahme der Gesamtbewegung war, läßt sich folglich nicht einmal vermuten, zumal die Zahlen der „Freien" und „Wilden" auch in der Ära totaler (totalitärer) Erfassung Dunkelziffern blieben.

Zum anderen bestätigt die Mitgliederentwicklung von Reichsverband und –bund die bereits 1912 vorhandene räumliche Schwerpunktverteilung der organisierten deutschen Kleingärtnerschaft. Nach Maßgabe ihrer Größe lagen die Zentren von Reichsverband und –bund nämlich in der „Laubenkolonialmetropole" Groß–Berlin, im „Schreberland" Sachsen, im Rheinland, in der Provinz Sachsen mit ihren beiden Bezirksverbänden Magdeburg und Merseburg, in Groß–Hamburg, Bayern, in Hessen–Nassau zuzüglich des Bezirksverbandes Wiesbaden, in Hannover, Schleswig–Holstein und den beiden Schlesien. Auch wenn die Positionierung der letzten drei Ränge in den 30er Jahren schwankte, zeigt die Spitzengruppe insgesamt ein klares Profil: Abgesehen von Baden, Bayern und Schleswig–Holstein finden sich dieselben Haupteinzugsgebiete wie 1912. Verändert haben sich allein die Position Brandenburgs, das im Reichsbund an Groß–Berlin angegliedert wurde, und die Stellung des Rheinlandes, das seit 1921 nicht mehr hinter, sondern deutlich vor Schleswig–Holstein rangiert. Die ursprünglich retardierende Wirkung der vergleichsweise guten Hausgartenausstattung des Rheinlandes und die akzelerierende Ausstrahlungskraft der traditionellen volkswohlfahrtlichen Kleingartenfürsorge Schleswig-Holsteins mit ihrer zunächst verkehrten Positionierung von Agrar– und Industrieregion war damit im Zuge der Nach–Kriegsexpansion des Laubenlandes umgekehrt und gleichsam historisch richtiggestellt worden. Rückblickend kann man daher sagen, daß das struktur–geschichtliche Verteilungsmuster der deutschen Kleingartenanlagen be-

---

81 Alle folgenden Angaben und Berechnungen nach den in Anm. (79) angegebenen Quellen.

reits vor dem Ersten Weltkrieg im wesentlichen fixiert war. Was sich im Krieg, in der Nachkriegskrise und in der Periode der Verbandsorganisation ereignete, war daher längst kein Aufbau mehr, sondern ein mehr oder minder schneller Ausbau der bereits vorhandenen Einzugsgebiete, keine Ausbreitung in neue Räume, sondern eine verstärkte Durchdringung der vorhandenen Gebiete, weniger extensives als intensives Wachstum.

Wie aussagekräftig das Verteilungsmuster der Verbandsstatistik vor dem Hintergrund des Panoramas aus dem Jahre 1912 nun allerdings auch sein mag, so wenig mitteilsam erweist sich die lückenhafte Datenreihe im Hinblick auf die Wechsellagen der Kleingartenkonjunktur. Das bloße Wachstum des Kleingartenwesens erhellt auch aus Indikatoren wie der gesteigerten Publizistik, der rechtlichen Kodifizierung und dem organisatorischen Zusammenschluß der Kolonisten. Zwar erhärten statistische Daten diese Indizien, indem sie die vermutliche Entwicklung tatsächlich belegen, doch täuschen die Bruchstücke zugleich ein stetiges Wachstum vor, das man in Kenntnis der kriegs- und krisenwirtschaftlichen Entlastungsfunktionen des Kleingartenwesens getrost bezweifeln darf, zumal ein kumulativer Säkulartrend sich durchaus in konjunkturell ausdifferenzierten Wechsellagen durchsetzen kann. Ein sozialgeschichtliches Phänomen erschließt sich dem Betrachter ja keineswegs allein über die bereinigte Resultante seiner Entwicklung, sondern ebensosehr über seine spezifische Verlaufsform. Das folgende Diagramm versucht, diese konjunkturelle Verlaufsform deutlich zu machen.

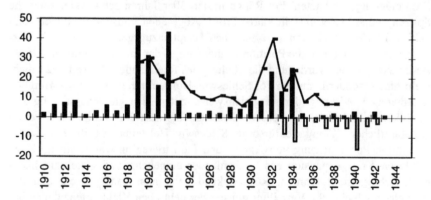

Wachstum der KGV-Bewegung 1910-1945

Das Balkendiagramm – von 1910 bis 1943 reichend – zeigt die jährlichen Zu- und Abgänge der Hamburger Kleingartenvereine unsaldiert entsprechend der linken Skala [82]. Der darüber liegende, kürzere, von 1919 bis 1938 reichende Streckenzug verbindet die Entstehungsdaten von 322.431 ausgewählten Kleingärten im Deutschen Reich entsprechend dem 1.000–fachen der linken Skala. Diese Daten hat das Arbeitswissenschaftliche Institut der „Deutschen Arbeitsfront" 1939 anhand von Karteikarten des Reichsverbandes bzw. –bundes aufgestellt[83].

Auch wenn die jährlichen Amplituden keineswegs übereinstimmen, weisen beide Diagramme doch parallele Auf– und Abschwünge aus. Der erste Expansionsschub kumuliert in der Nachkriegskrise und der ihr folgenden Inflation Anfang der 20er, der zweite in der Weltwirtschaftskrise Anfang der 30er Jahre. Die ihnen folgenden Stagnations– bzw. Rezessionsphasen fallen dort in die berühmten „Goldenen Zwanziger Jahre", hier in die berüchtigten „guten Nazi–Jahre" des vermeintlichen „NS–Wirtschaftswunders". Im Prinzip bildeten die Wechsellagen der Kleingartenkultur insofern nichts anderes als spontane, antizyklische Alternativkonjunkturen einer ökonomischen Nische: Wer mit seinem „Lebensschiff" in den „langen und kurzen Wellen" der Welt–Wirtschaftszyklen Schiffbruch erlitt, rettete sich auf die „Inseln im Häusermeer", um sein Leben vorerst aus eigener Kraft zu fristen. Stieg das „Konjunkturbarometer" wieder an, machte der unfreiwillige „Robin–Sohn" seinen „Kahn" wieder flott und stach erneut in See. Die Laubenkolonien wirkten auf diese Weise als volkswirtschaftlicher Entlastungsraum, der im Krisenfall nicht nur Teile der „industriellen Reservearmee" absorbierte, sondern zugleich einer sinnvollen Beschäftigung(stherapie) zuführte. Kleingartenkonjunktur und Rezession, volkswirtschaftliche Prosperität und laubenkoloniale Depression erwiesen sich damit als Rück– bzw. Vorderseite derselben Reichs–Mark.

Nun kann man das polyvalente Funktions–, Interessen– und Sozialgefüge Kleingarten nicht einfach auf den reinen Wirtschaftsgarten für Arbeitslose und Kurzarbeiter reduzieren. In der Tat lassen sich die Daten, die den kleingartenbaulichen Wechsellagen zugrunde liegen, auch als Elemente eines allgemeinen Wachstumsprozesses darstellen. Das nachfolgend abgedruckte Kurvendiagramm macht diesen Einwand deutlich.

---

82 Quellen wie in Anm. (29).
83 DAF. Wirtschaftsberichte Juni 1938–Dezember 1939: Das Kleingartenwesen in Deutschland, o.O. o.J., 7. Die dort abgedruckte Tabelle und ihre – kumulative – graphische Umsetzung findet sich, wenn auch ohne Quellenangabe, bereits bei: Egon Johannes, Entwicklung, Funktionswandel und Bedeutung städtischer Kleingärten, Kiel 1955, 18f.

Wachstum der KGV-Bewegung 1918 - 1938

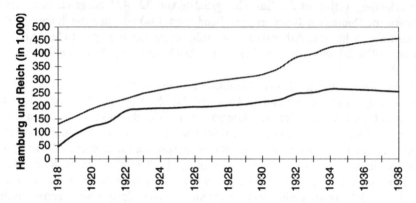

Die den Kurven zugrundeliegenden Zahlen stammen aus denselben Quellen wie die Konjunkturprofile, dokumentieren die Entwicklungen nun allerdings als kumulierte Reihen. Obwohl ihre Vergleichbarkeit zu wünschen übrigläßt, da die Angaben für das Reich – im Gegensatz zu denen Hamburgs, die saldiert werden konnten – keine Abgänge verzeichnen, läßt sich der allgemeine Trendverlauf doch an beiden deutlich ablesen: Die „seismischen" Eruptionen des ersten Schaubilds erscheinen im zweiten daher als „organische" Evolutionen. Dieses vermeintlich stetige Wachstum wird freilich auch hier, zumal in der weitaus realistischeren Hamburger Kurve, modifiziert, da sie die dynamischen Einbrüche – korrekterweise – als entsprechende Stagnations– bzw. Stabilisierungsphasen widerspiegelt.

Wie aussagefähig die Hamburger Kumulation tatsächlich ist, steht freilich noch auf zwei anderen Blättern. Problematisch ist hier zum einen der Aufschwung während der ersten Nachkriegszeit, der sich bei näherer Betrachtung geradezu als Vortäuschung falscher Tatsachen entpuppt, da die Vereine bekanntlich erst durch die KGO zu maßgeblichen Trägern der Zwischenpacht erhoben wurden. Der Gründungsboom der Jahre 1919 bis 1922 fußte deshalb nicht nur auf den ökonomischen Zwängen der Nachkriegskrise, sondern zu einem nicht unerheblichen Teil auf den von der KGO ausgelösten Legalisierungsbedürfnissen. Wie groß dieser Nachholbedarf war, wissen wir nicht. Auf jeden Fall deutet der allenthalben bezeugte Kriegsaufschwung der Kleingartenbestrebungen darauf hin, daß die statistische Erfassung dieses Zeitraums durch die naturgemäß verspätet einsetzende Wahrnehmung des Vereinsregisters verzerrt worden ist.

Bedenken erregt zum anderen aber auch die rechnerische Verteilung der Groß–Hamburger Vereine auf die zwischen 1900 und 1945 herrschenden Staatsformen. Insgesamt wurden in dieser Zeit 320 KGV aus der Taufe gehoben, von denen 298 ein amtlich gesichertes Gründungsdatum aufweisen. Von ihnen entstanden im Kaiserreich 46 (= 15,4%), in der Weimarer Republik 201 (= 67,5%) und in der NS–Diktatur 51 (= 17,1%). Von den 84 im selben Zeitraum liquidierten Vereinen entfielen dagegen auf das Kaiserreich keiner, auf die Weimarer Republik 21 (= 25%) und auf die NS–Diktatur 63 (= 17,1%). Unser Verdacht, daß der Mitgliederzuwachs des NS–Reichsbundes weniger der nationalsozialistischen Kleingartenförderung als vielmehr der staatlich oktroyierten Closed–Allotment–Politik zuzuschreiben sei, wird dadurch zwar nicht bewiesen, aber doch wahrscheinlicher gemacht.

Diese Vermutung wird auch durch die im folgenden dokumentierte Entwicklung der Hamburger Kleingärten nicht ernsthaft erschüttert[84]. Zwar zeigt die Tabelle für den Jahreswechsel von 1937 auf 1938/39 einen deutlichen Sprung, doch erklärt sich dieser Zuwachs höchstwahrscheinlich aus der 1937 erfolgten Lösung der Groß–Hamburg–Frage. Die rund 10.000 hinzugekommenen Kleingärtner des folgenden Jahres wären demnach nicht aus dem „braunen" Erdreich gestampft, sondern schlicht – eingemeindet worden[85]. Vergleichbare Einschränkungen erfahren die vorübergehende Expansion im Gefolge der Weltwirtschaftskrise und der Wachstumsschub im Zuge des Zweiten Weltkriegs, der die von Vereinen weiterverpachteten Hamburger Kleingärten auf 56.381 Parzellen anschwellen ließ. Dieser zweite Schub war freilich nichts weiter als das verheerende Resultat des von den Nazis provozierten alliierten Bombenterrors gegen die deutsche Zivilbevölkerung, der im Sommer 1943 rund 61% des Hamburger Wohnraums zerstörte[86]. Statt Kolonien hatte der „größte Feldherr aller Zeiten" neue Laubenkolonien erobert, die kein Alliierter den Deutschen je streitig machen sollte.

---

84 Die Zahlen für das Statistische Jb. deutscher Städte entstammen den Belegen in Anm. (77), die für die Hamburger RVKD–Mitglieder denen in Anm. (79) und die für das Statistische Jb. für die Freie und Hansestadt Hamburg den Jahrgängen 1929/30, 295; 1931/32, 165; 1932/33, 158; 1933/34, 162; 1934/35, 174; 1935/36, 172; 1936/37, 157; 1937/38, 156 sowie Hamburg in Zahlen, hg. v. Statistischen Landesamt der Hansestadt Hamburg, 2 (1952), 58.
85 Laut Statistischem Jb. deutscher Städte 32 (N.F. 11) (1937), 112 gab es 1935 9.024 Altonaer Kleingärtner. Zählt man die nicht ausgewiesenen Kolonisten Harburg–Wilhelmsburgs hinzu, dürfte die Zahl von 10.000 Personen sogar noch überschritten werden.
86 Werner Johe, Im Dritten Reich 1933–1945, in: Hamburg. Geschichte der Stadt und ihrer Bewohner, Bd. 2, Hamburg 1986, 366ff.

„Kraut und Rüben": Hamburger Kleingartenstatistik zwischen 1921 und 1950.

Jahr	Stat.Jb.HH	Stat.Jb.dt.St.	RVKD-Mg.
1921			21.000
1922			
1023			
1924		20.000	25.000
1925			29.950
1926			28.200
1927	35.000	35.269	
1928			27.000
1929			
1930	35.076		31.000
1931	35.872		31.499
1932	35.872	22.606	34.100
1933	47.422		36.450
1934	47.704		
1935	35.000	37.300	
1936	35.000	37.029	
1937	35.357		
1938	47.895		
1939			46.341
1940			
1941		41.510	
1942			46.260
1950	56.381		

Die Hamburger Kleingartenstatistik ist jedoch noch aus einem anderen Grunde anfechtbar. Wer die Angaben des „Statistischen Jahrbuchs für die Freie und Hansestadt Hamburg" mit den Aussagen der Hamburger RVKD–Statistik vergleicht, wird feststellen, daß ihre Ergebnisse zwar in keinem Jahr übereinstimmen, in der Größenordnung jedoch erstaunlich gut harmonieren. Wo unmittelbar vergleichbare Daten vorliegen, divergieren die Ergebnisse – mit Ausnahme des Ausreißers von 1933 – maximal um gut 4.000 Personen. Dieser Befund trifft – abgesehen vom eben erwähnten Ausreißer, der hier in das Jahr 1932 fällt, – auch auf die Überlieferung des „Statistischen Jahrbuchs deutscher Städte" zu. Es hat daher ganz den Anschein, als ob sich die amtliche Statistik im wesentlichen auf die Selbstauskünfte der Vereine und Verbände gestützt hätte. Die vorhandenen Abweichungen wären dann auf fehlende oder unvollständige Rückmeldungen, unterschiedliche Erhebungsstichtage oder bloße Fortschreibungen der Vorjahresergebnisse zurückzuführen. Auf jeden Fall sind die Unterschiede zwischen der amtlichen und der verbandlichen Statistik so niedrig, daß sie einen nahezu hundertprozentigen Organisationsgrad unterstellen. Eine derartige Annahme ist aber mit Sicherheit irrig. Ihr widersprechen nicht nur die Bemühungen um die Durchsetzung des closed–allotment–Systems, sondern auch die durchgehende Verbandspolemik gegen „Freie" und „Wilde". Was sich als amtliche Kleingartenstatistik ausgibt, erweist sich daher als Mitgliederstatistik der „Organisierten".

Dieses Verhältnis von „Organisierten" und „Nicht–Organisierten" bildet die „große Unbekannte" in jeder Kleingartenstatistik. Nur die DAF hat 1939 einen einmaligen Versuch unternommen, sie annähernd zu bestimmen. Ihr zufolge umfaßte die deutsche Kleingärtnerschaft zu diesem Zeitpunkt zwischen 1,25 und 1,5 Mio. Kolonisten. Bezogen auf die Mitgliedszahl des Reichsbundes in Höhe von 712.614 Personen, ergäbe das einen Organisationsgrad zwischen 57 und 47,5%[87]. Wie immer man diese Erhebung, deren methodische und technische Grundlagen unbekannt sind, bewerten mag, der Organisationsgrad spricht in beiden Fällen für sich. Er vermittelt einen Eindruck von der naturwüchsigen Breite der Gesamtbewegung, deren kleinteiliges, baulückenhaftes Verteilungsmuster sich selbst den verstärkten Organisationsbestrebungen der NS–Zeit in vielfältiger Weise entzog. Diese unübersichtliche Grundstruktur ließ die „Inseln im Häusermeer" in mancher Hinsicht zu „weißen Flecken" auf der „braunen" Landkarte werden, in denen sich Regimegegner jeder Couleur der Verfolgung wenigstens zeitweise entziehen konnten.

Einen nicht weniger bedeutsamen Einblick in die Entwicklung der Hamburger Kleingartenkultur bietet auch die zwischen 1930 und 1934 vorübergehend erfaßte Verteilung der Parzellen von in Hamburg registrierten KGV auf hamburgisches und preußisches Staatsgebiet. Ihr zufolge verhielten sich die Parzellenzahlen in jedem der vier fraglichen Jahre wie gut ein Drittel zu knapp zwei Dritteln[88]. Die bekannte Korrelation des Jahres 1920, in dem Hamburger und preußische Flächen des von Hamburgern gepachteten Kleingartenlandes noch in einem quasi heimatverbundenen Verhältnis von circa 70% zu etwa 30% standen, hatte sich damit im Laufe eines Jahrzehnts fast in ihr Gegenteil verkehrt. Spätestens mit der Weltwirtschaftskrise war die hanseatische Kleingartenbewegung damit ihren Kinderschuhen entwachsen und endgültig zum Groß–Hamburger Massenphänomen geworden. Dieser Umschwung wird durch die räumliche

---

87 DAF (83), 5.
88 Nach den in Anm. (84) ausgewiesenen Jahrgängen des Statistischen Jb. für die Freie und Hansestadt Hamburg.

Verteilung der in den Groß-Hamburger Vereinsregistern zwischen 1900 und 1945 eingetragenen 320 KGV bestätigt. Von 291 Vereinen (= 91%), deren Einzugsgebiet unzweifelhaft ermittelt werden konnte, entfielen demnach bloß 119 (= 41%) auf das Alt-Hamburger Kerngebiet vor der Groß-Hamburg-Lösung, 172 (= 59%) dagegen auf das preußische Umland. Die Schwerpunktregionen mit jeweils mehr als zehn Vereinsgründungen lagen dabei, von West nach Ost und von innen nach außen betrachtet, in Stellingen mit 14 (= 4,8%), in Lokstedt mit 24 (= 8,2%), in Barmbek mit 16 (= 5,5%), in Steilshoop mit 12 (= 4,1%), in Wandsbek mit 28 (= 9,6%), in Wilhelmsburg mit 15 (= 5,1%) und in Harburg mit 31 (= 10,6%) Gründungen[89].

Im Gegensatz zum Verteilungsmuster der „patriotischen" Familiengärten, das sich als laubenkolonialer Dreiviertelkreis um die Alsterbecken und die ihnen angelehnten Innenstadtteile von Eimsbüttel über Eppendorf, Winterhude, Barmbek, Hamm, Horn und den Billwerder Ausschlag zur Veddel zog, zeitigt die Schwerpunktverteilung der Vereinssitze damit eine charakteristische zentrifugale Verschiebung. Im Nordwesten zeigt sich dieser Sachverhalt vor allem an den erstaunlich starken Positionen von Stellingen und Lokstedt, die das benachbarte Eimsbüttel mit insgesamt acht Gründungen weit hinter sich lassen. Im Nordosten erscheint dieser Tatbestand zwar weniger deutlich, da Barmbek immer noch eine Spitzenstellung einnimmt, gleichwohl signalisieren die ungemein ausgeprägten Regionen Steilshoop und Wandsbek auch hier den Trend zum Stadtrand. Dieser Zug zur Peripherie wird nicht zuletzt südlich der Elbe erkennbar, wo der seinerzeit offene Dreiviertelkreis durch die Kolonisation Wilhelmsburgs, Harburgs und Waltershofs mit immerhin sieben Vereinsgründungen abgerundet wird.

Ebenso signifikant wie die räumliche Verteilung der Kolonien und ihrer vereinsrechtlichen Träger ist die Herkunft der kleingärtnerischen Pachtflächen. Auch wenn die folgende Übersicht[90] wegen der unterschiedlich gehandhabten Einbeziehung auf preußischem Gebiet liegender Vereinsflächen Hamburger Kolonisten z.T. extreme Schwankungen aufweist, zeigt das Verteilungsmuster doch durchweg ein klares Übergewicht des öffentlichen Grund und Bodens. Sein Anteil an den Kleingartenflächen verhält sich zum bereitgestellten Privatland in etwa wie zwei Drittel zu einem Drittel. Die selbe Proportion fand sich bekanntlich in der Bestandsaufnahme der Hamburger FD aus dem Jahre 1920 und in der reichsweiten Erhebung der ZfV aus dem Jahre 1912 (76,3 zu 23,7% der jeweili-

---

89 Quellenbasis wie Anm. (29).
90 Nach den in Anm. (84) ausgewiesenen Jahrgängen des Statistischen Jb. für die freie und Hansestadt Hamburg.

gen Flächen)[91]. Ähnlich wie die reichsweite Verteilung der laubenkolonialen Haupteinzugsgebiete scheint sich daher auch die neo–merkantilistisch geprägte Praxis der Flächenbereitstellung – zumindest in Hamburg – bereits in der ersten Vorkriegszeit herausgebildet und dauerhaft etabliert zu haben.

Herkunft der Kleingartenflächen Hamburger Kolonisten.				
	öffentlicher Grund		Privatgrund	
Jahr	ha	%	ha	%
1927	813	68,7%	370	31,3%
1930	631	68,9%	285	31,1%
1931	620	66,4%	314	33,6%
1932	620	66,4%	314	33,6%
1933	870	73,5%	314	26,5%
1934	882	72,7%	332	27,3%
1935	945	96,9%	30	3,1%
1936	945	96,9%	30	3,1%
1937	950	96,9%	30	3,1%
1938	2.046	66,4%	1.034	33,6%

Einmal mehr bestätigt sich damit unsere Vermutung, daß das deutsche Kleingartenwesen kein Ersatzprodukt des Krieges, sondern ein genuines Ergebnis der weit mächtigeren Säkulartrends der Industrialisierung und Urbanisierung darstellt. Als Horti–Kulturfolger der großstädtischen Zivilisation entfaltete und gestaltete sich das Laubenwesen aus weit tieferen Schichten der modernen Geschichte als es die vergleichsweise oberflächlichen „Haupt– und Staatsaktionen" je vermocht hätten. Allen konjunkturellen und zeitgeschichtlichen Schwankungen zum Trotz zeigte der „ideelle Gesamtkleingärtner" damit ein vergleichsweise konstantes Profil. Der Gartenzwerg mochte zwar manchmal die Miene verziehen, perspektivisch bald größer, bald kleiner werden, einmal die Pfeife der Kontemplation, ein anderes Mal den Spaten der vita activa bevorzugen; seine besondere, aus altmodischen und modernen Zügen gemischte, quasi janusköpfige Identität blieb davon unberührt.

---

91 Einen ergänzenden Eindruck vermitteln die – freilich sehr lückenhaften – Belege im: Statistischen Jb. deutscher Städte: 22 (N.F. 1) (1927), 174ff; 24 (N.F. 3) (1929), 758ff.

8. „Verweile doch, du bist so schön":
Der Kampf um den Dauer(klein)garten und seine Gegner.

Wie alles menschliche Glücksempfinden strebt auch die Freude am Kleingarten(bau) nach Verlängerung oder gesicherter Wiederholung. Nur wenn sich der Zeitpunkt zum Zeitraum erweitert, verwandelt sich die beschauliche Fata Morgana des Kleingartenparadieses in die bewohnbare „Oase" inmitten der „Steinwüste". Wie Faust möchte der Kleingärtner dem (erfüllten) Augenblick daher zurufen (dürfen): „Verweile doch, du bist so schön!"[1]. Daß in diesem aktuellen Verweilen zugleich die geheime Gegenmacht einer potentiellen Langeweile wirkt, die die Einmaligkeit im Laufe der Zeit Alltäglichkeit werden läßt, steht freilich auf einem anderen Blatt. Ob der Dauergarten auch dauerndes Glück verbürgte, darf man daher zumindest in Frage stellen. Vielleicht war die Sehnsucht nach einem Dauergarten bloß deshalb so mächtig, weil nur so wenige Kleingärtner in seinen Genuß kamen.

Nun war der Wunsch nach Dauergrün nicht nur der Ausdruck einer besonderen Paradiesessehnsucht der Kleingärtner, sondern zugleich Teil einer weit umfassenderen Lebensäußerung, die die Großstadtbewohner in ihrer Gesamtheit umtrieb. Diese, mit dem Schlagwort Lebensreform nur unzureichend erfaßte, ebenso gehaltvolle wie vielgestaltige Gegenbewegung, ja Abwehrreaktion gegen die moderne Industriekultur verband sich schon früh mit den gleichzeitig auftretenden städtebaulichen Reformvorstellungen, deren grünpolitischer „Generalbaß" vom genialen Entwurf Arminius' über Theodor Fritschs Strukturmodell einer „Stadt der Zukunft" bis hin zur bahnbrechenden Freiflächenstudie Martin Wagners reicht[2]. Im Unterschied zum Gros der Lebensreformer, das der Stadt auf Ausflügen und Wanderungen, in Nudistencamps, Wochenendkolonien und Siedlungen wenigstens zeitweilig den Rücken kehrte, wandten ihr Städtebaureformer, Gartenstadttheoretiker[3] und Kleingartenenthusiasten das Gesicht allerdings weiterhin zu. Die ursprünglich im Sinne eines tatsächlichen evadere ge-

---

1 J. W. Goethe, Faust. Eine Tragödie, (Sämtliche Werke Bd. 5), (München 1977), 194.
2 Siehe hierzu: Peter Breitling, Fragen zur Geschichte der städtischen Grünflächenpolitik, in: Städtisches Grün in Geschichte und Gegenwart, Hannover 1975, 25–40; Edmund Gassner, Geschichtliche Entwicklung und Bedeutung des Kleingartenwesens im Städtebau, Bonn 1987, 46–53.
3 Zur Gartenstadtbewegung siehe: Kristiana Hartmann, Deutsche Gartenstadtbewegung, München (1976).

prägte Parole „Zurück zur Natur" erhielt damit eine zweite, gegenläufige Richtung: Zogen die einen aus der Stadt in „Gottes freie Natur" hinaus, versuchten die anderen, die aus der Stadt weitgehend verdrängte Natur erneut „einzubürgern".

Wie gegensinnig diese Bewegungsrichtungen nun allerdings auch sein mochten, so gleichgerichtet waren ihre Motive. Weit entfernt, das Stadtgrün auf seine objektiven kleinklimatischen, raumgliedernden, sanitären und physiologischen Funktionen zu beschränken, betonten die Städtebaureformer zugleich die subjektive, geistig-seelische und ästhetische Wohlfahrtswirkung der Grünflächen. So sah der Karlsruher Ingenieurwissenschaftler Reinhard Baumeister bereits 1876 in der innerstädtischen „Verkettung des Gemüthslebens mit der Natur" sowohl ein Hilfsmittel bei der „sittliche(n) Hebung" des „großstädtischen Pöbels" und seiner „verwilderten" Kinder als auch ein Heilmittel, um „die Nerven in dem aufreizenden Lärm und Verkehr zu beruhigen, den Geist nach anstrengender Arbeit zu erholen, das Gemüth zu erquicken"[4]. Auch der Wiener Architekt Camillo Sitte erkannte die Bedeutung des Stadtgrüns nicht in erster Linie in der Sauerstoffproduktion und der Bindung von Kohlensäure, sondern in der seelischen Heilwirkung[5]. Als Prototyp des kranken Stadtmenschen erschien Sitte der „Großstadtmelancholiker", ein „teils eingebildeter, teils wirklicher Kranker", der „am Heimweh nach der freien Natur litt"[6]. Auch von Seiten der Städtebaureformer erhielt die „Renaturierung" der Stadt damit einen erkennbar zivilisationskritischen Zug, der die kommunale Grünpolitik zugleich als Volksgesundheitsfürsorge definierte[7].

Die Ursache für das Auftreten dieser beiden, scheinbar gegensinnigen Reformbestrebungen lag nicht nur an der allenthalben erkennbaren Expansion der Städte, sondern fast mehr noch an ihrer geradezu körperlich spürbaren Zusammenballung. Auch wenn sich Ausdehnung und Verdichtung nur analytisch trennen lassen, da sie Außen- und Innenseite desselben Vorgangs bildeten, war es in erster Linie die durch den „Schwammeffekt" der „inneren Verstädterung"[8] hervorgerufene Enge, die den Menschen zu schaffen machte. Im Gegensatz zu den

---

4 Reinhard Baumeister, Stadterweiterungen in technischer, baupolizeilicher und wirtschaftlicher Beziehung, Berlin 1876, 184f.
5 Camillo Sitte, Großstadt-Grün I, in: Der Lotse (Hamburg) 1901, 141f.
6 Ebd., 143.
7 Ähnlich wie Baumeister und Sitte argumentierten etwa: Otto Blum, Städtebau, 2. Aufl. Berlin 1937, 106; Eugen Fassbender, Grundzüge der modernen Städtebaukunde, Leipzig u. Wien 1912, 98f.; Hugo Koch, Gartenkunst im Städtebau, Berlin 1914, 1.
8 Jürgen Reulecke, Geschichte der Urbanisierung in Deutschland, (Frankfurt/M. 1985), 23.

dicht verbauten italienischen Renaissancestädten waren die deutschen Städte des Mittelalters nämlich vergleichsweise locker bebaut gewesen[9]. Analytiker wie Jäger haben deshalb die Auffassung vertreten, daß die mitteleuropäische Stadt vor der Industrialisierung eher der neuzeitlichen Gartenstadt als der modernen „Megalopolis" geglichen habe[10]. Das einstige Stadtgrün zerfiel dabei räumlich in die Grünflächen intra und extra muros, rechtlich in öffentliches und privates Grün[11]. Seine Hauptformen innerhalb der Umwallung bildeten private Hausgärten, einzelne Apothekergärten, Grünflächen bei Hospitälern und Klöstern sowie einige wenige bepflanzte Stadtplätze. In Residenzstädten entwickelten sich darüber hinaus die Promenade und die zunehmend zugänglichen Parks der Fürsten- und Adelshäuser. Außerhalb der Befestigungen lagen Bürgergärten, Gemeindeweiden, Gerichtsstätten, Exerzierplätze und Volkswiesen. Auch wenn einzelne Bestandteile dieses alten Stadtgrüns wie der Exerzierplatz im Pariser Champs de Mars, der fürstliche Landschaftspark im Englischen Garten Münchens, das pratum commune im Wiener Prater oder die Hamburger Volkswiesen vor dem ehemaligen Dammtor in der heutigen Moorweide fortleben, wurde sein Löwenanteil doch überall vom Moloch der Urbanisierung verschlungen. Mit ihrer nach den Befreiungskriegen erfolgenden Entfestigung legte die Stadt gegenüber dem Land denn auch nicht nur symbolisch alle Hemmungen ab.

8.1. Hamburger Stadtgrün um die Jahrhundertwende. Eine vergleichende Bestandsaufnahme.

Die mit der Urbanisierung verbundene Vernichtung des alten Stadtgrüns läßt sich mangels verfügbarer Daten nur höchst unzureichend beschreiben. Das trifft in besonderem Maße auf die privaten Hausgärten zu. Im 19. Jahrhundert ist die Freiraumausstattung der Hamburger Wohnungen überhaupt nur einmal, 1895, ermittelt worden. Bereits zu diesem Zeitpunkt eröffneten nur noch 10,8% aller Wohnungen die Möglichkeit unmittelbarer Gartenbenutzung[12]. „Die statistische

---

9 Elisabeth Lichtenberger, Aspekte zur historischen Typologie städtischen Grüns, in: Städtisches Grün (2), 14.
10 Helmut Jäger, Entwicklung, Stellung und Bewertung städtischen Grüns, in: Städtisches Grün (2), 10.
11 Siehe hierzu: Dieter Hennebo, Stadtgrün und Funktionsvorstellungen im 19. und am Beginn des 20. Jahrhunderts, in: Städtisches Grün (2), 41 und Hb. Stadtgrün, hg. v. G. Richter, München u.a. (1981), 17f.
12 Statistik des Hamburgischen Staates 19 (1900), 110. Ich folge bei der Auswertung der ausgezeichneten Analyse von Clemens Wischermann, Wohnen in Hamburg vor dem Ersten Weltkrieg, Münster 1983, 340ff.

Durchschnittsziffer der Stadt bildete zugleich eine ausgeprägte Trennungslinie zwischen dem älteren zentralen Stadtbereich und den Vororten. In der Innenstadt lag der Wohnungsanteil mit Gartenbenutzung weit unter einem Prozent. Aber auch im flächenmäßig riesigen Billwärder–Ausschlag erreichte die Gartenquote gerade 2 v.H., was ein deutliches Licht auf die hier praktizierte Bauweise billiger und enger Arbeiterquartiere wirft. Quer durch das ganze Stadtgebiet von St. Pauli–Nord bis Billwärder–Ausschlag zog sich eine Zone minimaler Reste freien Gartenlandes, die genau der Zone höchster baulicher Dichte in Hamburg entsprach. In den Vororten konnte sich bis 1895 noch ein erheblicher Prozentsatz von Wohnungen mit Garten erhalten, dies galt jedoch nicht für die Viertel, in denen Etagenhausbau dominierte. (…). Bei den Einfamilienhäusern hingegen lag die Gartenbenutzung noch 1895 bei 72,3 v.H. Wer aber nicht zu den besonders reichen Hamburgern mit einer Villa in Harvestehude gehörte, für den war der Traum vom eigenen Haus und Garten schon vor der Jahrhundertwende kaum mehr im Hamburger Stadtgebiet erfüllbar". Gartenbenutzung als „Wohnstandard" war damit zum „Merkmal einer ausgesprochenen Villa–Bauweise oder aber des Übergangsraumes in das ländliche Umland wie im Falle Horns geworden"[13].

Dieser Grünflächenmangel wurde 1901 auch vom Medizinal–Collegium der Stadt erkannt und moniert: „Was den Städtern vor allem fehlt, und immer mehr verloren geht, (…) das ist Luft, Licht, Sonnenschein und Bewegung. (…). Für diese Ziele hat Hamburg vor vielen Städten Einiges voraus: durch den Besitz des mitten in der Stadt gelegenen grossen Alsterbassins, durch die vielen Winde, die luftreinigend durch die Straßen fegen, und namentlich dadurch, dass ein verhältnismässig grosser Theil seiner Bevölkerung seine Arbeit im Freien zu verrichten hat (…). Dagegen leidet Hamburg (…) an dem verhältnismässigen Mangel an Grünplätzen, (…) namentlich in den Stadtteilen links der Alster, an den aus alter Zeit ererbten schmalen Strassen, hohen Häusern, engen Wohnungen, und an den Nebeln, die zum Theil durch das Klima bedingt, zu einem grossen Theil aber auch durch die immer mehr wachsende Rauchplage hervorgerufen werden. Nach Beobachtungen der deutschen Seewarte (…) büsst Hamburg dadurch gegenüber der Nachbarschaft jährlich 400 bis 500 Stunden Sonnenscheindauer ein!"[14].

Ähnlich prekär wie in Hamburg war die Lage in der „Schreberstadt" Leipzig. Ein Vergleich der Grünflächenstatistik des Jahres 1875 mit der auf den Grundstückslisten beruhenden Vorzählung zur Volkszählung vom 1.12.1890[15] ergab

---

13 Ebd., 341.
14 Die Gesundheitsverhältnisse Hamburgs im 19. Jahrhundert, Hamburg 1901, 321.
15 Die Stadt Leipzig in hygienischer Beziehung, Leipzig 1891, 170.

Der Kampf um den Dauer(klein)garten 515

einen Rückgang der herkömmlichen Stadtgärten in Alt–Leipzig von 1.667.808 auf 976.105 qm[16]. Das entsprach einem Verlust von 41,8%. Besonders drastisch war der Schwund in der Inneren Stadt, wo ursprünglich 16.687 auf 3.935 qm zusammenschmolzen, was einer Verlustquote von 76,4% gleichkam. Noch deutlicher als der absolute schlug freilich der relative Rückgang pro Kopf zu Buch. Entfielen 1875 auf jeden Alt–Leipziger im Mittel 13,2 qm Grünfläche, so waren es 1890 nur noch 5,4 qm. Das entsprach einer Einbuße von gut 58,8%. Wie stark auch hier das soziale Gefälle war, zeigt „die Größe der Leipziger Hausgärten für den Kopf der Bewohner der betreffenden Grundstücke"[17]. Von den insgesamt 115.141 Alt– und Neu–Leipziger Gartenbenutzern des Jahres 1890 teilten sich 77.215 (= 67%) bloße 136.608 qm (= 7%) der gesamten Gartenfläche von 1.927.972 qm, während der Löwenanteil von 1.090.325 qm (= 56%) auf 3.329 (= 2,4%) Privilegierte entfiel. Zu Recht konstatierte der Direktor des städtischen statistischen Instituts, Hasse, angesichts dieses Befundes, daß „die Gärten im Allgemeinen den Leipziger Bewohnern" nur in „homöopathischen Dosen" zugeteilt würden[18].

Wie ähnlich die Lage in Hamburg und Leipzig allerdings sein mochte, so unterschiedlich war das Problembewußtsein. Hier war die Pleißestadt der Elbmetropole um mehrere Jahrzehnte voraus. Die eher einsetzende Statistik läßt das ebenso erkennen wie die erheblich früher aufkommende Schrebergartenbewegung. Sie umfaßte 1890 in Alt– und Neu–Leipzig bereits 2.582 Parzellen, die einen Gesamtumfang von 539.987 qm besaßen[19]. Bezogen auf die Gesamtgartenfläche Alt– und Neu–Leipzigs in Höhe von 2.467.959 qm ergab das den beachtlichen Anteil von rund 21,9%. Vor dem Hintergrund der 1869 eingeweihten Gärten des ersten Schrebervereins und der Ergebnisse der 1875 einsetzenden Grünflächenstatistik erschienen der Abstieg der Hausgärten und der Aufstieg der Kleingärten daher als korrespondierende Gegenbewegungen. Man wird Heiligenthal insofern zustimmen, wenn er schreibt: „Das außerordentlich große Bedürfnis nach Pachtgärten, welches wir in den deutschen Großstädten beobachten, ist die Folge des Verschwindens der Hausgärten"[20].

Ein breiteres Panorama bieten die um die Jahrhundertwende veröffentlichten Freiflächenvergleiche von August Hoffmann auf der Basis von 61 deutschen Städten über 50.000 Einwohnern und Franz Oppenheimer auf der Grundlage von

---

16 Alle folgenden Angaben nach: Ebd., 175.
17 Berechnet nach: Ebd., 181 (Tabelle IX).
18 Ebd., 176.
19 Ebd., 186.
20 Roman Heiligenthal, Deutscher Städtebau, Heidelberg 1921, 262.

24 deutschen und sieben ausländischen Großstädten[21]. Auch wenn beide Erhebungen im wesentlichen nur die öffentlichen Park- und Gartenanlagen erfassen, Hoffmanns Angaben von 1904, Oppenheimers von 1899/1900 stammen, bieten sie doch einen realistischen Einblick in die damalige Situation. Nach Hoffmann lag der Anteil des Stadtgrüns an der städtischen Gesamtfläche im Schnitt bei 4,5%[22]. Betrachtet man davon nur alle Großstädte mit mehr als 200.000 Einwohnern, ergeben sich folgende Prozentsätze: Berlin 5,8%, Chemnitz 3,1%, Dresden 3,2%, Düsseldorf 3,2%, Frankfurt/M. 37,5%, Hamburg 1,8%, Hannover 2,2%, Köln 2,1%, Leipzig 3,6%, Magdeburg 4,7%, München 7,6%, Nürnberg 0,8% und Stettin 0,4%. Von 13 Großstädten lagen damit neun (= 69,2%) z.T. weit unter dem Mittelwert, der in der Tat in hohem Maße durch den positiven Ausreißer Frankfurts gebildet wurde. Genauso bescheiden sah die von Hoffmann erhobene durchschnittliche Grünflächenquote aus. Sie betrug 1904 8,58 qm pro Kopf. Isoliert man auch hier die 13 Großstädte mit mehr als 200.000 Einwohnern, erhält man folgende Anteile: Berlin 2 qm, Chemnitz 5,5 qm, Dresden 5,1 qm, Düsseldorf 7,3 qm, Frankfurt/M. 122 qm, Hamburg 2 qm, Hannover 3,8 qm, Köln 6,3 qm, Leipzig 4,5 qm, Magdeburg 11,4 qm, München 13,3 qm, Nürnberg 1,7 qm und Stettin 1,3 qm. Von den 13 Großstädten wiesen damit 10 (= 77%) eine unterdurchschnittliche Fläche aus, die in manchen Fällen so niedrig war, daß dem geplagten Großstädter statistisch nicht viel mehr als ein grüner „Stehplatz" zur Verfügung stand.

Unter der „unsichtbaren Hand" liberaler Stadtentwicklungspolitik hatte das deutsche Stadtgrün damit bis zur Jahrhundertwende eine Metamorphose zum kommunalen „Mauerblümchen" vollzogen. Wo der Fortschritt hintrat, wuchs buchstäblich kein Gras mehr. Diese Tatsache erscheint umso beschämender, als die weit größeren nordamerikanischen Metropolen Boston, Chicago und New York zur selben Zeit günstigere Grünflächenquoten aufwiesen. Nach Oppenheimer[23] belief sich die Gartenfläche pro Kopf in Boston auf 18,9 qm, in Chicago auf 5,2 qm und in New York auf 8 qm. Auch Wien stand mit rund 6,4 qm besser da als Berlin und Hamburg, die einzigen deutschen Großstädte mit annähernd vergleichbarer Bevölkerungszahl. Zwar unterlagen die beiden reichsdeutschen Metropolen als Mittelpunkte von Konurbationen im Gegensatz zu den genannten ausländischen Großstädten in ihrer Ausdehnung erheblichen Einschränkungen, doch ließ diese Beschränkung die Notwendigkeit einer aktiven Freiflächenpolitik

---

21 Die Ergebnisse der von Oppenheimer 1899/1900 durchgeführten Untersuchung sind abgedruckt bei: August Hoffmann, Hygienische und soziale Betätigung deutscher Städte auf den Gebieten des Gartenbaues, Düsseldorf 1904, 7.
22 Alle folgenden Daten wurden zusammengestellt, berechnet und gerundet nach: Ebd., 4f.
23 Ebd., 7.

im Grunde desto nachhaltiger hervortreten. Wo Platzmangel herrscht, kann ein komplexes, arbeits- und lebensräumliches Funktionsgefüge wie die moderne Großstadt auf die Dauer keine einseitige Flächennutzung dulden, ohne Gefahr zu laufen, wenigstens einen Teil dieser Funktionen einzubüßen. Theoretisch hätten die Fehlentwicklungen in Berlin und Hamburg daher eine kommunale Grünpolitik geradezu auf den Stadt-Plan rufen müssen; praktisch war das gerade Gegenteil der Fall: Die stärksten geistigen Einflüsse auf die beginnende Grünflächenplanung in Deutschland entwickelten nicht die im eigenen Lande verkannten Propheten Arminius und Fritsch, sondern die von Ebenezer Howard begründete englische Gartenstadtbewegung[24] und die mit dem Wirken Frederic Law Olmsteds[25] verbundenen nordamerikanischen Stadtteilparkbestrebungen, die 1854 im New Yorker Central Park erstmals Gestalt annahmen[26].

Diese miserable Grünbilanz der deutschen Großstädte wurde auch durch das vielfach vorhandene „Begleitgrün" nicht wettgemacht[27]. Hier nahm das ansonsten denkbar schlecht abschneidende Hamburg mit 252 km bepflanzter Straßen vor Dresden mit 139 km und Köln mit 100 km zwar eine einsame Spitzenstellung ein, doch war der kleinklimatische Wert der Straßenbäume schon damals strittig. Bereits 1876 hatte Baumeister auf die schädlichen Einflüsse des aus undichten Leitungen austretenden Leuchtgases, den Feuchtigkeitsentzug durch die Bodenversiegelung, „indirekte Drainage von Seiten der städtischen Röhrennetze", den „Reflex der Häuserwände", den „Luftzug in geradlinigen Straßen" und „die Roheit (...) des städtischen Pöbels" hingewiesen[28]. Ähnliche Schädigungen beklagten Stübben[29], Sitte[30] und Hoffmann, der nicht zuletzt den „frühzeitigen Blätterabfall", die „Windbrüchigkeit der Äste" sowie verschiedene „Pilz- und Insektenschädlichkeiten" feststellte[31].

Genauso fragwürdig wie die bioklimatische Seite des „Begleitgrüns" war sein ästhetischer Wert. Camillo Sitte gab den deutschen „Stadtvätern" in der liberalen, von Carl Mönckeberg herausgegebenen Hamburger Zeitschrift „Der Lotse" folgendes zu bedenken: „Die Alleeform (...) ist eine flammende Anklageschrift gegen unseren Geschmack. Kann es denn Abgeschmackteres geben als

---

24 Ebenezer Howard, Gartenstädte von morgen. Das Buch und seine Geschichte, hg. v. J. Posener, Frankfurt/M. u. Berlin 1968.
25 Zu Olmstedt siehe: Clemens Alexander Wimmer, Geschichte der Gartentheorie, Darmstadt (1989), 308–319.
26 Hb. Stadtgrün (11), 20.
27 Alle folgenden Angaben nach der kommentierten Übersicht bei: Hoffmann (21), 24–46.
28 Baumeister (4), 186f.
29 Josef Stübben, Der Städtebau, Darmstadt 1890, 442–448.
30 Sitte, Großstadt-Grün II (5), 226ff.
31 Hoffmann (21), 46.

die freie Naturform eines Baumes, die ja gerade in der Großstadt uns die freie Natur phantastisch vorzaubern soll, in gleicher Größe, in mathematisch haarscharf gleichen Abständen (...), in schier endloser Länge immer wiederholt aufzustellen?"[32]. „Sicher könnte man zwei bis drei Stadtparkanlagen vollauf damit versorgen und das gäbe für die Gesundheitspflege, für die Erholung und Ruhe, Luft und Schatten suchender Stadtbewohner, für Kinderspielplätze und sogar für Spaziergänge doch einen ganz anderen Erfolg"[33]. Wie Baumeister plädierte Sitte deshalb für englische Squares[34] und nordamerikanische Stadtteilparks, die auch bei ihm „als grüne Inseln mitten im Häusermeer liegen" sollten[35].

Zu der unzureichenden Größe und der ästhetisch wie volkshygienisch umstrittenen Gestalt(ung) des Stadtgrüns traten seine einseitige Ausrichtung auf repräsentative Zwecke[36] und seine sozial unausgewogene Verteilung. In der Tat sind sämtliche, im 19. Jahrhundert geschaffenen Grünanlagen Hamburgs in den relativ besseren Stadtvierteln westlich der Alster angelegt worden. Erst 1903/04 entstand mit dem Barmbeker Schleiden–Park die erste öffentliche Grünfläche im Osten des Flusses[37]. Diese einseitige Grünpolitik bedeutete nicht nur eine weitere Bevorzugung der ohnehin privilegierten Wohnlagen, sie signalisierte zugleich einen grundsätzlichen Mangel der Hamburger Grünpolitik überhaupt: Alle Anlagen entstanden punktuell[38], zwar mit „Sinn", aber ohne konzeptionellen „Verstand".

Diese unsystematische Stellung des Stadtgrüns fand ihren administrativen Ausdruck in der durchweg untergeordneten Position der städtischen Gartenverwaltungen. Zwar besaßen 57 (= 93,4%) der 61 von Hoffmann untersuchten Städte eine eigene Gartenverwaltung[39], doch unterstanden 28 (= 49,1%) von ihnen noch 1904 der jeweiligen Baubehörde. Wie bedenkenlos die Städte den Zimmermanns–Bock zum Stadt–Gärtner machten, zeigt der Umstand, daß bis zur Jahrhundertwende nur Mainz 1860, Berlin 1870 und Hannover 1890 eine selbständige Gartenverwaltung einrichteten[40]. Die personelle Ausstattung der

---

32 Sitte, Großstadt–Grün II (5), 231.
33 Ebd., 225.
34 Baumeister (4), 189.
35 Ebd., 192.
36 (Otto) Linne, Öffentliche Anlagen und Spielplätze, in: Hygiene und soziale Hygiene in Hamburg, Hamburg 1928, 648.
37 Michael Goecke, Vorgeschichte und Entstehung des Stadtparks in Hamburg, Diss. Hannover 1980, 59f.
38 Ilse Möller, Hamburg, (Stuttgart 1985), 112.
39 Alle folgenden Berechnungen nach der Tabelle bei: Hoffmann (21), 48f.
40 Hb. Stadtgrün (11), 22 und Bertram, Die deutsche Gartenkunst in den Städten, in: Die deutschen Städte. Geschildert nach den Ergebnissen der ersten deutschen Städteausstellung zu Dresden 1903, Bd. 1, Leipzig 1904, 155. Die „diktatorische Stel-

Gartenbauabteilungen fügte sich diesem Tableau bruchlos ein[41]. Sie betrug 1904 im Durchschnitt rund 2,8 Gärtner pro Stadt. Nur drei (= 4,9%) der 61 von Hoffmann aufgeführten Städte – Dresden, Magdeburg und München – verfügten dabei über zehn und mehr Gartenbeamte und/oder –angestellte. Besonders kläglich war die Personalausstattung in Hamburg und Altona, die jeweils nur einen einzigen Stadtgärtner fest beschäftigten. Der erste Gartenbaudirektor Hamburgs, Otto Linne, hat denn auch rückblickend festgestellt, daß die Hansestadt „als eine der letzten Großstädte in Deutschland erst im Januar 1914 eine eigene Gartenverwaltung eingerichtet" habe, die obendrein „erst nach dem Kriege ihre eigentliche Tätigkeit beginnen konnte"[42].

8.2. Der Umschwung in der sozialhygienischen Bewertung des Stadtgrüns zwischen Jahrhundertwende und Erstem Weltkrieg. Hamburger Grünbilanz bis zum Vorabend der Groß–Hamburg–Lösung.

Die federführenden Vertreter der mit der Jahrhundertwende verstärkt einsetzenden Freiflächenagitation[43] waren neben den Anhängern der Lebens- und Städtebaureform vor allem Bodenreformer, Heimat- und Naturschützer, Kleingärtner, Schreberpädagogen, Sportler und sozialdemokratische Kommunalpolitiker. Als Wunsch–Kind einer ebenso breiten wie tiefgehenden großstädtischen Massenbewegung erwies sich das neu entstehende Stadtgrün, das in Hamburg seinen bedeutendsten Ausdruck in dem bis 1914 vollendeten Stadtpark erhielt, als demokratisches, im Prinzip allgemein zugängliches Nutzgrün. Ein frühes Zeugnis dieses generellen Funktionswandels bietet Hasses Charakteristik des Leipziger Stadtgrüns aus dem Jahre 1891: „Früher waren (…) die Leipziger Gärten aristokratische Schöpfungen, heute sind sie demokratische Einrichtungen. (…). Früher suchte man in den Gärten einen künstlerischen Genuß, heute haben sie die sociale Aufgabe, die unnatürlichen Gestaltungen des großstädtischen Wohnraums für Alt und Jung zu mildern"[44]. Seinen theoretisch bedeutsamsten Ausdruck fand der sich anbahnende Umschwung bei Camillo Sitte, der 1901 erstmals zwischen „dekorativem" und „sanitärem Grün" unterschied[45] und beiden Grünarten zugleich funktionsspezifische Freiräume zuwies. Das „sanitäre Grün"

---

lung" des Hamburger Ingenieurwesens bezeugt: Fritz Schumacher, Stufen des Lebens, Stuttgart u. Berlin (1935), 291f.
41 Berechnet nach Hoffmann (21), 48f.
42 Linne (36), 649. Vgl. auch Goecke (37), 165f.
43 Erich Kabel, Baufreiheit und Raumordnung, Ravensburg 1949, 159.
44 Die Stadt Leipzig (15), 168.
45 Sitte, Großstadt–Grün II (5), 230.

sollte demnach vor allem im geschützten Innenraum der Baublocks angelegt werden, das „dekorative Grün" dagegen das Äußere der Straßen und Plätze verzieren[46]. Dieses dualistische, prodesse und delectare funktionell zugleich trennende wie konzeptionell verbindende, Grünkonzept sollte „einen größtmöglichen sanitären und ästhetischen Erfolg (...) bei gleichzeitig geringstem Aufwand an Geld und Raum"[47] ermöglichen.

Aufgegriffen und radikalisiert wurde Sittes Plan 1915 von dem drei Jahre später zum SPD–Stadtbaurat von Berlin–Schöneberg berufenen Martin Wagner. Seiner Meinung nach war die Lösung des Freiflächenproblems der Großstädte *„nur möglich auf der Grundlage der körperlichen Inbesitznahme (...) in der Form von Sport– und Spielflächen, Pachtgärten, Volksparkanlagen und dem Wanderbedürfnisse dienender Wälder und Wiesen"*[48]. Wie stark Wagners Vorstellungen den Bedürfnissen der Großstädter entsprachen, zeigen bereits die 1909 veröffentlichten Beobachtungen Alfred Lichtwarks. Dem Direktor der Hamburger Kunsthalle war nämlich aufgefallen, daß die im Stile englischer Landschaftsparks gestalteten Anlagen an Alster und Elbe bei der Bevölkerung weit weniger Anklang fanden als die Reste der ehemaligen Hamburger Volkswiesen[49]. Namentlich das vor dem einstigen Millerntor gelegene Heiligengeistfeld zeigte sich an schönen Sommertagen „von spielenden Kindern und Erwachsenen schwarz bedeckt", während „der schöne Elbpark daneben mit seinen Büschen und Rasenhängen, Tälern und Teichen wie ausgestorben" war[50]. Lichtwarks „Grundforderung" für den damals noch in Planung begriffenen Stadtpark lautete daher: „Wir brauchen einen Park zum Aufenthalt, nicht bloß zum gelegentlichen Spazierengehen. Wir brauchen einen Park, der bei jedem Wetter und auch im Winter die Bevölkerung dauernd anzieht und festhält, der eine reiche Quelle edler Lebensfreude bietet (...) und Leib und Seele gesund macht und gesund erhält"[51].

Was Männer wie Sitte, Wagner und Lichtwark forderten, war insofern nicht nur ein Umdenken, sondern ebensosehr ein Umschwenken im großstädtischen Freizeitverhalten. Wenn die „naturhungrigen" Hamburger an schönen Tagen die „stadtväterlich" angelegten Landschaftsparks links und rechts liegen ließen, um sich statt dessen auf Moorweide und Heiligengeistfeld zu tummeln, vollzogen sie nichts weniger als eine spontane „Abstimmung mit den Füßen" zugunsten des „sanitären Grüns". Seinen Durchbruch erfuhr dieser stumme Massenprotest frei-

---

46 Ebd., 230f.
47 Ders., Großstadt–Grün I (5), 141.
48 Martin Wagner, Städtische Freiflächenpolitik, Berlin 1915, 3. Zit. i.O. gesperrt.
49 Alfred Lichtwark, Park– und Gartenstudien, Berlin 1909, 66–69.
50 Ebd., 69.
51 Ebd., 75.

lich erst, als im Zuge des allgemeinen Wahlrechts in Stadtparlamenten und – regierungen sozialdemokratische Mehrheiten zustande kamen, die im Rahmen des „Neuen Bauens" auch „grünes Licht" für eine neue Freiflächenpolitik gaben[52].

Diese neue Ära, die in Hamburg mit dem Wirken Fritz Schumachers und Otto Linnes verbunden ist, ließ freilich auch nicht alle grünpolitischen Hoffnungen Wirklichkeit werden. Dazu fehlten sowohl die bodenrechtlichen als auch die finanziellen Voraussetzungen. Neben der noch gesondert zu erörternden Enteignungs- und Entschädigungsproblematik war es zunächst die stadträumliche Konstante der offenen, wegen der gescheiterten Reichsreform weiter schwelenden Groß-Hamburg-Frage, die den Handlungsspielraum der Stadtentwicklungspolitik begrenzte. Hohe Grundstückspreise und oft mangelhaftes Bauland, das in guter Qualität nur auf dem Geestrücken vorhanden war, taten ein übriges, um die Gestaltungsfreiheit einzuschränken[53]. Als nicht weniger gravierend erwies sich die Zerrüttung der städtischen Haushalte durch die unsolide, auf Anleihen und Krediten basierende Kriegsfinanzierung, die Reparationen und die neuen, hohen Sozialausgaben[54]. Zwar bewirkte die Inflation neben dem Handelsvorteil durch „ungewolltes Währungsdumping"[55] eine radikale innere Entschuldung, doch brachte diese „Sanierung" der öffentlichen Finanzen eine bloß negative Bereicherung, die den Staat noch nicht in die Lage versetzte, eine aktive Ausgabenpolitik zu betreiben. Die von den Bodenreformern angeregte und von vielen sozialdemokratischen Kommunalpolitikern aufgegriffene Forderung nach einer kommunalen Bodenvorratswirtschaft[56] blieb daher für die meisten Städte und Gemeinden ein unerfüllbarer Wunschtraum[57]. Um den Städte- und Wohnungsbau nach der Währungsstabilisierung überhaupt anzukurbeln, besann man sich schließlich auf eine teils frei, teils zwangsweise aufgebrachte Mischfinanzierung aus Eigenmitteln, Anleihen und den Erträgen einer neu geschaffenen „Haus"- bzw. „Mietzinssteuer", mit der Eigentümer und Mieter bestehender Wohnungen den entstehenden Wohnraum mitfinanzierten[58]. Obwohl dieses Finanzierungs-

---

52 Vgl.: Lichtenberger (9), 17.
53 Ursula Büttner, Der Stadtstaat als demokratische Republik, in: Hamburg. Geschichte der Stadt und ihrer Bewohner, Bd. 2, Hamburg 1986, 224–227.
54 Ebd., 203f.
55 Ebd., 204f.
56 Siehe hierzu: Adelheid von Saldern, Sozialdemokratie und kommunale Wohnungsbaupolitik in den 20er Jahren am Beispiel von Hamburg und Wien, in: ASG 25 (1985), 206f. und Karl Bruhns, Der Kleingarten und der Städtebau, Diss. Braunschweig 1933, 26f.
57 Eine der wenigen Ausnahmen präsentiert: Jos. Erler, Städtischer Liegenschaftsbesitz und Kleingartenbau in Freiburg i. B., in: KP 14 (1918), 93–97.
58 von Saldern (56), 193–199.

modell den nicht zuletzt ästhetisch beeindruckenden Wohnungsbauboom der Zwanziger Jahre ermöglichte, besaß es doch zwei erkennbare Achillesfersen. Der erste Schwachpunkt lag in den Fremdmitteln, die das Programm nicht nur von den Kursschwankungen der internationalen Kapitalmärkte abhängig machte, sondern auch erheblich verteuerte, da Zinsen und Tilgung über die Miete refinanziert werden mußten, der zweite in der mangelnden Zweckgebundenheit der „Hauszinssteuer", die die Verwendung des durch sie erbrachten Steueraufkommens zu einem politischen „Zankapfel" machte.

Angesichts dieser Schwierigkeiten nimmt es nicht Wunder, daß die Überwindung der Wohnungsnot in der Hamburger Politik Vorrang vor der Beseitigung des Grünflächenmangels erhielt. Obwohl Fritz Schumacher, der Spiritus rector der Stadtentwicklungspolitik dieser Jahre, der „Reform der Freiflächen" konzeptionell die gleiche Bedeutung beimaß wie der „Reform der Bauzonung" und der „Reform des Bauorganismus"[59], konnte er sein Ziel, das Stadtgrün vom „Grünfleck" zum „Grünsystem"[60] fortzuentwickeln, nur in Ansätzen verwirklichen. In der Praxis liefen Schumachers Bemühungen daher auf ein System von Aushilfen hinaus, das sich buchstäblich von Bebauungsplan zu Bebauungsplan vortastete und jedesmal aufs Neue den schwierigen Kompromißversuch unternahm, vorhandene öffentliche Grünanlagen und „alte Baumbestände" bestehender Privatparks als „Stützpunkte der sozialhygienischen städtebaulichen Taktik" auszunutzen[61], indem er die Peripherie existierender Grünflächen der Randbebauung opferte, um ihre Zentren zu retten[62].

Wie geschickt diese Taktik des partiellen Grünopfers im Hinblick auf die grünpolitische Konsensbildung und ihre finanzielle Absicherung nun allerdings auch sein mochte, eine großzügige Grünstrategie konnte sie nicht ersetzen. Die Hauptmasse des neu geschaffenen bzw. eröffneten Stadtgrüns lag denn auch durchweg auf städtischem Boden, der für diesen Zweck entweder unter Verzicht auf lukrativere Nutzungsmöglichkeiten preisgegeben oder „unter schweren Opfern" erworben werden mußte[63]. Um die finanzielle Belastung für die Stadt möglichst niedrig zu halten, galt bei ihrer Anlage daher der „Grundsatz, die laufenden Unterhaltungskosten auf ein Mindestmaß herabzudrücken, wenn auch die Herstellung dadurch teurer (wurde)"[64]. So konnte es am Ende nicht ausbleiben,

---

59 Fritz Schumacher, Das Werden einer Wohnstadt, Hamburg 1932, 23–28.
60 Ebd., 25.
61 Ebd., 45. Vgl. auch: Ders., Stufen (40), 379f.
62 Sein Vorgehen hat Schumacher an den beiden Eppendorfer Fallbeispielen Hayns und Schröders Park eindrucksvoll dokumentiert: Schumacher, Werden (59), 43ff.
63 Erwin Ockert u. Otto Linne, Grünfragen, Sport- und Parkwesen, in: Hamburg und seine Bauten, Bd. 3, Hamburg 1929, 35 u. 37. Vgl. auch: Linne (36), 649.
64 Ebd., 654.

daß auch in Hamburg die „Grünrealität" hinter den „Blütenträumen" zurückblieb[65]. Gleichwohl gelang es den Grünplanern um Schumacher und Linne die städtischen Grünanlagen nicht unbeträchtlich zu erweitern. Wie der folgende Grünflächenvergleich für das erste Drittel des 20. Jahrhunderts ausweist[66], stieg die Größe der (erfaßten) Hamburger Grünflächen von knapp 382 ha im Jahre 1914 auf fast 1.777 ha in 1927 oder um mehr als das Viereinhalbfache.

Hamburger Grünanlagen im ersten Drittel des 20. Jahrhunderts (ha)		
	1914	1927
Spielplätze	6,0	13,8
Sandkästen	0,3	0,8
Planschbecken		2,7
Sportanlagen	32,0	92,5
Spielwiesen	5,0	38,7
Kleingärten	137,0	1.183,0
Sonstige	201,6	445,4
Summe	381,9	1.776,9

Dieses auf den ersten Blick beeindruckende Wachstum erweist sich freilich im Hinblick auf die ausgewiesenen Kleingartenflächen als korrekturbedürftig. Zunächst erscheint es grundsätzlich fragwürdig, die durchweg nicht im Bebauungsplan festgelegten Parzellen, die obendrein in der Regel nicht von der Stadt angelegt worden waren, dem Stadtgrün zuzurechnen. In Wahrheit entstand in Hamburg bis zum Ausgang der Weimarer Republik nur eine staatlich geförderte Dauergartenkolonie, die 3,7 ha große, 1927 geschaffene Anlage „Fortschritt und Schönheit" am Rübenkamp[67]. Doch auch die ausgewiesenen Kleingartenflächen halten einer genaueren Überprüfung nicht stand. So ist die Zahl für 1914 mit Sicherheit zu niedrig, da allein die PG in diesem Jahr rund 165 ha vermittelte. Die Angabe für 1927 erweist sich demgegenüber als zu hoch. Zwar gibt das „Statistische Jahrbuch" tatsächlich 1.183 ha Kleingartenland an, doch waren in diesem Bestand eine nicht bezifferte Anzahl auf preußischem Gebiet gelegener

---

65 Grundsätzlich hierzu: Breitling (2), 33–38. Vgl. auch: Hartmann (3), 37f.
66 Nach: Linne (36), 645. Die Rubriken wurden, wo möglich, zusammengefaßt, die Zahlen gerundet.
67 Gerhard Müller, Stein auf Stein, (Hamburg 1958), 18. Die Größenangabe folgt: Okkert/Linne (63), 41.

Kolonien enthalten[68], die korrekterweise hätten abgezogen werden müssen. Setzt man die unsicheren „Schleuderlandsitze" der Laubenkolonien ganz außer Betracht, sieht die Hamburger Grünbilanz weit weniger resedafarben aus: 245 ha Stadtgrün des Jahres 1914 stehen nunmehr nur noch 595 ha des Jahres 1927 gegenüber. Statt eine Steigerung um das Viereinhalbfache auszuweisen, reduziert sich die Erweiterung unversehens auf das knapp Zweieinhalbfache.

Jahr	Wohn-bevölkerung	Grünanlagen (ha)	Spiel/ Sportplätze (ha)	Summe (ha)	Freiflächen-quote (qm/Kopf)	Kleingärten (ha)	Kleingarten-quote (qm/Kopf)
	Verhältnis der Frei- und Kleingartenflächen im Hamburger Stadtgebiet						
1914	956.415	207	38	245	2,56	165	1,73
1927	1.090.455	377	191	568	5,21		
1930	1.138.215	375	189	564	4,96	622	5,46
1931	1.138.215	387	168	555	4,88	611	5,37
1932	1.132.252	390	171	561	4,95		
1933	1.118.671	399	322	721	6,45	844	7,54
1934	1.127.173	405	323	728	6,46	853	7,57
1935	1.127.173	412	329	741	6,57		
1936	1.101.105	412	303	715	6,49		

Die vorstehende Tabelle zum Verhältnis der Frei- und Kleingartenflächen Hamburgs[69] zwischen 1914 und 1936 läßt die hervorragende Bedeutung der Kolonien für das Großstadtgrün noch deutlicher hervortreten. Ihr zufolge belief sich die Freiflächenquote 1914 auf 2,56 qm pro Kopf und die mit Sicherheit zu niedrige, nur auf den Familiengärten der PG fußende Kleingartenquote auf 1,73 qm. Von der insgesamt 4,29 qm großen, auf jeden Hamburger entfallenden Gesamtgrünfläche stellte das Kleingartenwesen damit beachtliche 40,3%. Dieser Anteil stieg trotz der Grünflächenoffensive Schumachers bis 1933 auf rund 53,9% oder 7,5 von durchschnittlich 14 zur Verfügung stehenden Quadratmetern pro Kopf der Bevölkerung an.

Diese hervorragende Bedeutung des Kleingartens erhellt nicht zuletzt aus dem Umstand, daß die offiziell ausgewiesenen Freiflächen der Hansestadt die

---

68 Vgl.: Statistisches Jb. für die Freie und Hansestadt Hamburg 1929/30, 295, dort werden 916 ha, also rund drei Viertel, der von Hamburgern bewirtschafteten Kleingartenfläche in der Hansestadt und 294 ha, also etwa ein Viertel, in Preußen verortet.
69 Die (gerundeten) Daten für 1914 stammen aus: Statistisches Hb. für den Hamburger Staat 1920, 12; Linne (36), 645. Alle anderen Zahlenangaben finden sich in den folgenden Statistischen Jahrbüchern für die Freie und Hansestadt Hamburg: 1929/30, 1 u. 295; 1931/32, 1 u. 165; 1932/33, 1 u. 158; 1933/34, 1 u. 162; 1934/35, 1 u. 162; 1935/36, 1 u. 172; 1936/37, 1 u. 157. Die Wohnbevölkerung bezieht sich auf das Stadtgebiet, ihr Stand auf das jeweilige Jahresende. Nicht aufgenommen wurden die – auch bei Linne nicht verzeichneten – Friedhöfe und Holzungen, deren „sanitärer" Wert in der Tat fraglich ist.

allgemein als wünschenswert erachteten Grün- und Spielflächenquoten zu keinem Zeitpunkt erreichten. Die von Martin Wagner 1915 geforderten 6,5 qm Grünfläche pro Kopf hat Hamburg genausowenig erfüllt wie die von ihm geforderten 13 qm Stadtwald[70]. Nur unter Einbeziehung der Spiel- und Sportflächen gelang es der Stadt in der ersten Hälfte der 30er Jahre den Wagnerschen Wert einzustellen. Schlüsselt man die Höchstquote des Jahres 1935 freilich auf, kommt man auf eine reine Grünquote von 3,66 qm. Das entspräche einer Sollerfüllung von gerade 56,3%. Ähnlich bescheiden blieb die Bilanz bei den Spiel- und Sportflächen. Nimmt man die 1920 vom „Reichsausschuß für Leibesübungen" und der „Zentralkommission für Sport- und Körperpflege" gemeinsam festgelegte Spiel- und Sportplatzquote von 3 qm pro Kopf[71] zum Maßstab, bliebe Hamburg selbst 1935 mit 2,92 qm unterhalb dieser Richtschnur.

Die objektive Bedeutung und die subjektive Beliebtheit des Kleingartens erschöpfte sich jedoch keineswegs im öffentlichen Grünflächenmangel als solchem. Es spricht vielmehr vieles dafür, daß neben der zu geringen Quantität des vorhandenen Stadtgrüns auch seine spezifische Qualität eine wichtige Rolle spielte. Wie das „Neue Bauen" war auch das neue, „sanitäre Grün" eine produktionsästhetisch weitgehend vollendete Tatsache, die Bewohner und Benutzer bei Erstellung und Ausgestaltung von Wohnung und Wohnumfeld kaum einbezog[72]. Mieter und Gartenbenutzer waren von daher weniger Subjekt als Objekt der Planung, weniger Produzenten als Rezipienten der neugeschaffenen Wohn- und Freiräume. Die von Martin Wagner geforderte Inbesitznahme der städtischen Freiflächen blieb angesichts dieser Tatsache ein schwieriges Unterfangen. Was die öffentlichen Anlagen erschwerten oder ganz verwehrten, fanden die Städter in den quasi privaten Laubengartengebieten. Hier war die produktive Aneignung des Grüns nicht nur möglich, sondern in vielfacher Hinsicht sogar notwendig, da die Kolonieerschließung seit dem Rückzug der PG in der Regel Sache der Vereine und ihrer Mitglieder war. Daß diese Verpflichtung weniger als äußerer Zwang empfunden wurde, sondern vielmehr als Chance zur eigenverantwortlichen Gestaltung be- und ergriffen wurde, haben wir am Streit zwischen „Schrebern" und „Patrioten" hinlänglich dokumentiert. Der Kleingarten bildete insofern nicht nur einen zahlenmäßig wichtigen Bestandteil des Stadtgrüns, der in Hamburg durchweg größer war als die öffentlichen Freiflächen, er stellte darüber hinaus einen substantiell anderen Grünbestand dar, der seinen Nutzern trotz

---

70 Wagner (48), 92.
71 Ockert/Linne (63), 41.
72 Vgl.: von Saldern (56), 226; Harald Bodenschatz, Platz frei für das neue Berlin, Berlin 1987, 99f., der in diesem Zusammenhang sogar von einer „sozialästhetischen Erziehungsdiktatur" spricht.

aller Auflagen die Möglichkeit bot, sich individuell auszuagieren und auszuleben.

8.3. Kleingärten im Bebauungsplan. Einige Gedanken zur boden- und planungsrechtlichen Entwicklung.

Obwohl der Wunsch nach einem Dauergarten gewissermaßen die „natürlichste" Sache der Welt darstellte, kollidierte der „Urtrieb zur Scholle" auf Seiten der Pächter von Beginn an mit dem nicht weniger ausgeprägten „Sinn des Habens" (Karl Marx) auf Seiten der Verpächter. Wie sehr die Liebe zum Grund–Eigentum beide im Prinzip verbinden mochte, in der Sache ließen sich ihre Interessen nur bedingt zur Deckung bringen. Weit entfernt, eine finde–rechtliche res nullius zu bilden, die durch die koloniale Pioniertat des Flaggeheißens unmittelbar angeeignet werden konnte, lagen die Laubenkolonien nicht auf dem „jungfräulichen" Mutterboden einer matriarchalisch geprägten Natur, sondern auf dem historischen Rechtsboden eines von Haus aus patriarchalischen Eigentums– und Erbanspruchs. Objektiv erwies sich der Wunsch nach einem Dauergarten damit letztendlich als quasi „unnatürliches" Bestreben nach einer Modifizierung der herrschenden Grund–Eigentumsverhältnisse.

Dieser Gegensatz zwischen Pächtern und Verpächtern nahm freilich selten einen antagonistischen Verlauf, da die Eigentumsordnung von keinem der Kontrahenten grundsätzlich in Frage gestellt wurde. Jeder Versuch, das Grundeigentum, womöglich entschädigungslos, zu expropriieren, hätte die Kleingärtner nicht nur parteipolitisch gespalten und die vielberufene „Einheitsfront" des RVKD gesprengt, er wäre auch in der deutschen Kleingärtnerschaft nicht mehrheitsfähig gewesen. Eine Bewegung, für die der Kleingarten mit Laube der erste, über Reichsheimstätten, Kaufkolonien und Stadtrandsiedlungen führende Fort–Schritt auf dem Wege zum allseits ersehnten Eigenheim mit Hausgarten bildete, war für grundstürzende Veränderungen dieser Art nicht zu gewinnen. Der Kampf zwischen Kleingartenpächtern und -verpächtern war daher ein Zwist unter Brüdern, der weniger das Eigentumsrecht als den Nießbrauch betraf.

Unter den obwaltenden Verkehrsformen der Moderne beschränkte sich der Kampf für den Dauergärten daher auf die Beschreitung des Rechtsweges[73]. Da in den Anfängen der Kleingartenbewegung ein spezielles Schutzgesetz wie die spätere KGO selbst den kühnsten Erwartungshorizont überschritt, lag es nahe, den Dauergarten über das Planungsrecht zu verankern. Ein derartiges Vorgehen harmonierte nicht nur mit den gleichzeitigen, weit umfassenderen städtebauli-

---

73 Einen Kurzüberblick bietet: Gassner (2), 35–41.

chen Grün- und Freiflächenbestrebungen, es bot zugleich die Möglichkeit, die eigene politische Kraft in eine gemeinsame „grüne" Front einzubringen und auf diese Weise zu vervielfachen. Das Verdienst, diese bebauungsplanmäßige Festlegung von Dauerkleingärten erstmals öffentlich erörtert und programmatisch fixiert zu haben, gebührt bekanntlich dem 1912 von ZdASG und ZfV gemeinsam veranstalteten ersten deutschen Kleingartenkongreß in Danzig. Was Männer wie der Städtebauer Werner Hegemann, der stellvertretende ZdASG-Generalsekretär Arthur Hans, der Mannheimer Stadtrechtsrat Otto Moericke[74] oder der Düsseldorfer Baurat Geusen[75] im Namen der technischen Oberbeamten deutscher Städte hier und anderswo forderten, signalisierte freilich nicht nur das zunehmende Problembewußtsein der interessierten Fachwelt, es verdeutlichte zugleich das Fortleben des überkommenen, sanitär längst überholten Rechtszustandes, dessen grünpolitische Gesetzeslücke jede Freifläche als potentielle Baulücke definierte. In der Tat sahen die Baugesetze der deutschen Bundesstaaten mit Ausnahme des „Allgemeinen Baugesetzes für das Königreich Sachsen" vom 1.7.1900 weder einen ortsgesetzlich festgestellten Bebauungsplan unter Berücksichtigung der lokalen Bedürfnisse noch eine korrespondierende Freiflächenvorsorge vor[76]. Bis zur Novemberrevolution galt daher im wesentlichen das im Gefolge der französischen Revolution durchgesetzte Prinzip wirtschaftsliberaler Bau- und Bodenfreiheit[77].

Die Revolution von 1918/19 setzte dieser Freiheit zwar Schranken, doch blieben diese Barrieren aufgrund des Kompromißcharakters der Verfassungsergebnisse zwiespältig. Die Weimarer Reichsverfassung begründete nämlich in der für die Stadtplanung zentralen Eigentumsfrage ein grundsätzliches Spannungsverhältnis zwischen der in Art. 153 WRV festgeschriebenen Eigentumsgarantie und dem in Art. 155 WRV ausgesprochenen Bekenntnis zur Bodenreform. Zwar legten beide Artikel erstmals eine bestimmte Sozialbindung des Eigentums fest, doch war die Enteignung privaten Grundbesitzes nur „zum Wohle der Allgemeinheit" und „gegen angemessene Entschädigung" erlaubt. In der städtebaulichen Praxis wurde damit jedes planungsrechtliche Enteignungsverfahren zum individuellen Streitfall um die (höchstrichterliche) Festsetzung der Entschädigungssumme und die mit ihr unmittelbar identische finanzielle Belastung der öffentlichen Hände.

---

74 Otto Moericke, Die Bedeutung der Kleingärten für die Bevölkerung unserer Städte, Karlsruhe 1912, 18f.
75 Geusen, Kleingartenanlage, in: Technisches Gemeindeblatt 21 (2) (1918), 13ff.
76 Siehe: Gassner (2), 35f.; Neue Aufgaben in der Bauordnungs- und Ansiedlungsfrage. Eine Eingabe des DVfW, Göttingen 1906, 69ff.
77 Vgl.: Kabel (43), 52ff.

Angesichts dieser Schwierigkeiten überrascht es nicht, daß sich die Stadtgemeinden überall da, wo kein kommunaler oder staatlicher Grund und Boden zur Verfügung stand, grünplanerisch zurückhielten. Diese Scheu betraf nicht zuletzt die Ausweisung von Dauergärten, da auch in ihrem Fall nicht abzusehen war, „welche Schadenersatzforderungen die Eigentümer (...) an die Stadt wegen der beeinträchtigten Nutzungsmöglichkeiten stellen" würden[78]. Wie gut die Städte daran taten, sich in dieser Sache nicht allzusehr zu exponieren, zeigte das Schicksal des Preußischen Wohnungsgesetzes vom 28.3.1918, das das alte Fluchtliniengesetz vom 2.7.1875[79] novellierte[80], indem es „Gartenanlagen, Spiel- und Erholungsplätze" in die Bebauungsplanung einbezog. Die seitdem mögliche Ausweisung von Grünflächen durch ortsstatutarische „Herabzonung auf Null"[81] war nämlich mit einer aus § 13 FlLG[82] fortgeschriebenen entschädigungslosen Teil-Enteignung verbunden, die nach Meinung des Reichsgerichts gegen Art. 153 WRV verstieß. In seiner berühmt-berüchtigten Entscheidung im „Fall Bethge"[83] vom 28.2.1930[84] stellte das Gericht zur allgemeinen Enttäuschung von Bodenreformern, Kleingärtnern und Stadtplanern fest: „§ 13 FlLG. verstößt (...) gegen die Reichsverfassung, weil es dem Grundstückseigentümer in der Regel die Möglichkeit verschließt, für die mit der endgültigen Festsetzung der Fluchtlinie verknüpfte Belastung seines Grundstücks mit der Dienstbarkeit der Unbebaubarkeit, die eine Teilenteignung ist, eine Entschädigung zu erhalten (...). Im Umfang dieses Verstoßes ist die Vorschrift ungültig seit Inkrafttreten der Reichsverfassung, die für jede Enteignung die Gewährung einer angemessenen Entschädigung vorschreibt"[85]. Diese auf der widersprüchlichen Behandlung der Eigentumsfrage in der WRV fußende Gesetzesauslegung brach nicht nur in Anwendung von Art. 13 WRV preußisches Landesrecht, sie ließ zugleich alle bis

---

78 Pauly, Der Kleingarten im Stadtbauplan, in: Der Neubau 10 (16) (1928), 193.
79 Kabel (43), 55.
80 Ebd., 165; Gassner (2), 37. Mit welchen Hoffnungen das Gesetz seinerzeit aufgenommen wurde, zeigt die Stellungnahme des Stuttgarter Stadtbaurats A. Muesmann: A. Muesmann, Die neue Wohnungs- und Siedlungsgesetzgebung, in: Gartenkunst 31 (1918), 121–129.
81 So: Bruhns (56), 31.
82 § 13 FlLG v. 2.7.1875, in: Preußisch-Deutscher Gesetz-Codex, hg. v. P. Stoepel, Bd. 2, 4. Aufl. Frankfurt/O. 1907, 936.
83 Namensangabe nach: Bruhns (56), 33, da die Entscheidung des Reichsgerichts nur den Anfangsbuchstaben des Nachnamens ausdruckt.
84 Entscheidungen des Reichsgerichts in Zivilsachen, Bd. 128, Berlin u. Leipzig 1930, 18–34. Zur Bewertung des Urteils und seiner Folgen siehe: Rainer Stürmer, Freiflächenpolitik in Berlin in der Weimarer Republik, Berlin 1991, 87–96 u. 213ff.
85 Entscheidungen (84), 33f. Die – verbitterte – Rezeption des RVKD formulierte: Fläming, Die Reaktion geht um ..., in: KGW 7 (9) (1930), 74f.

dahin bebauungsplanmäßig festgestellten Dauerkleingärten auf Privatland gleichsam über Nacht Makulatur werden[86]. Von diesem Nieder–Schlag sollte sich die deutsche Grünflächenpolitik trotz der durch die Zweite Notverordnung vom 5.6.1931 bewirkten partiellen „Wiedergutmachung"[87] erst nach 1945 wieder erholen. Das Reich brachte eine rechtsförmige Regelung für die Ausweisung von Freiflächen (und Dauerkleingärten) nicht mehr zustande[88].

8.4. Ästhetische und spielpädagogische Initiativen zur Verbesserung der grünpolitischen Konkurrenzfähigkeit des Kleingartens.

Angesichts der boden– und planungsrechtlichen Schwierigkeiten, die mit der Nicht–Behandlung der Dauergartenfrage in der KGO nur allzu gut harmonierte, und der mit ihnen verbundenen finanziellen Folgelasten sahen sich die Dauergartenbefürworter einem zunehmenden Konkurrenzdruck durch andere Freiflächeninitiativen ausgesetzt. Hauptgegner der „grünen Republik" war hier bekanntlich die Sportbewegung mit „König Fußball" an der Sturm–Spitze. Doch auch die Bestrebungen zur Einrichtung von Freibädern, Liegewiesen, Spielplätzen und Volksparks machten den Dauergartenfreunden zu schaffen, da auch sie die vorhandenen städtischen Freiflächen unweigerlich verkleinerten. In diesem, durch einen permanenten Nachfrageüberhang gekennzeichneten Verdrängungswettbewerb verfügte der Dauerkleingarten über einige charakteristische Vor- und Nachteile[89]. Zu Gunsten des Dauergartens sprachen zweifellos die vergleichsweise geringen Anlage– und Unterhaltungskosten, die in Hamburg zunächst von der PG und später von den Vereinen aufgebracht und über die Pacht– und Mitgliedsbeiträge refinanziert wurden. Diesem Kostenvorteil widersprach allerdings die ihm korrespondierende, durch die Pachtschutzbestimmungen der KGO vorgeschriebene niedrige Rentabilität des Laubenlandes, das erheblich kleinere Renten abwarf als Schwimmbäder oder Fußballstadien.

Ein ebenso großes Handikap bildete die relativ geringe Öffentlichkeit der Kolonien, in denen die eingezäunten, weitgehend exklusiven Parzellen die allgemein zugänglichen Wege und Schreberspielplätze flächenmäßig weit überschritten[90]. Dieser neuralgische Punkt warf nach dem Ende der Kriegsgemüse-

---

86 Bruhns (56), 36.
87 Ebd., 33. Text in: RGBl. 1931, I, 309f.
88 Gassner (2), 40.
89 Bruhns (56), 27f.
90 Zur Abkapselung der Kolonien siehe die zutreffende Kritik des Hamburger KPD–Abgeordneten Westphal, in: Stenographische Berichte über die Sitzungen der Bür-

baukonjunktur die Frage auf, ob Dauergärten überhaupt Wohlfahrtswirkungen begründeten, die über den unmittelbaren Nutzen für ihre Besitzer hinausgingen. In Betracht kamen hier zunächst die bioklimatischen Funktionen des Kleingartens. Gerade ihre Bilanz erwies sich jedoch als eher problematisch. So stellte der ehemalige Hamburger NS-Bürgermeister Carl Vincent Krogmann zutreffend fest: „Eines fällt beim Anblick der Kleingärten auf; es ist kein Raum für große Bäume. Das ist eine Gefahr. Die Kleingartenbesitzer wollen keinen Schatten auf ihrem Grundstück und pflanzen selbst nur Obstbäume, die ihnen Nutzen bringen. Was die Elbvororte, das Alstertal und die Umgebung der Außenalster so schön macht, sind die alten Bäume. Sie sind die eigentliche Lunge der Großstadt, nicht die Gärten und Rasenflächen"[91].

Ähnlich fraglich war die ästhetische Bilanz der Kolonien, die in der Regel nicht dazu beitrugen, die Stadt zu verschönern. Kurt Schilling sah in diesem „unschöne(n) Aussehen (...) und die dadurch bewirkte Verschandelung des Landschaftsbildes" geradezu den „größte(n) Mangel des bisherigen Kleingartenbaues"[92]. Da dieses Manko freilich zugleich Ausdruck der fehlenden Bestandsicherheit vieler Gärten war und damit gewissermaßen ein Argument ex negativo zugunsten des Dauergartens bildete[93], rückte die Frage der Gartengestaltung immer stärker ins Zentrum der Verbandspolitik. Nach der gesamtwirtschaftlichen Konsolidierung richtete sich das Bestreben der Kleingärtner daher in zunehmendem Maße darauf, den ökonomischen Bedeutungsverlust der Kolonien durch die Hervorhebung anderer Vorzüge öffentlichkeitswirksam auszugleichen. Zwei Gesichtspunkte standen bei diesem Strategiewechsel im Vordergrund: die Um- und Ausgestaltung der Kleingartenanlagen zu ästhetisch wie volkswohlfahrtlich überzeugenden Bestandteilen des „sanitären" Stadtgrüns und der verstärkte Aus- bzw. Wiederaufbau der Schreberjugendpflege.

---

gerschaft zu Hamburg: 12. Sitzung v. 17.4.1929, 416. und Kurt Stechert, Die Villen der Proletarier, in: Urania 6 (8) (1930), 243.
91 Carl Vincent Krogmann, Geliebtes Hamburg, 2. Aufl. Hamburg 1963, 139.
92 Kurt Schilling, Die Entwicklung des deutschen Kleingartenwesens, in: Der Fachberater für das deutsche Kleingartenwesen 7 (25) (1957), 23.
93 Ebd.; und Pauly (78), 194.

8.4.1. Ansätze zur ästhetischen und konzeptionellen Optimierung des Kleingartens in der Weimarer Republik.

8.4.1.1. „Raumkunst im Freien": Der Umschwung im Gartenbau und seine Auswirkungen auf den Kleingarten.

Der um die Jahrhundertwende einsetzende Paradigmenwechsel in der sozialpolitischen Funktionszuweisung des Stadtgrüns von vorwiegend dekorativ gestalteten Anlagen zu sanitär optimierten Freiflächen brachte zugleich einen charakteristischen Aktivitätswechsel vom beschaulichen Spazieren zum betriebsamen Aus-Agieren. Die Wegeordnung der Vergangenheit wurde aufgehoben, der „Schilderwald" durchforstet, die Freifläche frei zugänglich. Begleitet wurde dieser Funktionswandel von einer nicht minder tiefgreifenden Wende in den gartenkünstlerischen Bestrebungen. Die neue Ästhetik des aufkommenden „Architektengartens" war freilich nicht nur eine gestalterische Rückwirkung des sozialen Umschwungs, sondern ebensosehr eine künstlerische Gegenwirkung zur epigonalen Agonie des landschaftlichen Stils, der in Deutschland namentlich mit den „Brezelwegen" und „Nierenrasen" des Berliner Gartendirektors Gustav Meyer, einem Schüler Peter Joseph Lennés, verbunden war[94]. „Alle Landschaftsgärten sahen einander gleich: überall dieselben Blumenkörbe, die gleichen Einfassungen, die nämlichen Bäume, dieselben Wege, die üblichen Trauerweiden – (...) und sogar überall derselbe Orchesterpavillon mit der gleichen langweiligen Kur- und Parkmusik. Was Wunder, daß die Theoretiker nach neuen Anregungen Ausschau hielten!"[95]. Dieser Trend zur ästhetischen Innovation war nicht zuletzt deshalb so stark, weil der Siegeszug des landschaftlichen Stils von keinem Gartenzaun aufgehalten worden war. Anstatt sich auf seine genuine Domäne der weitläufigen Parklandschaft zu beschränken, eroberte er vielmehr nach und nach alle Gartentypen ohne Ansehen ihrer spezifischen Funktion und Größe. Von einem revolutionären Enthusiasmus zunächst zur Modeströmung verflacht und endlich zum Modediktat erstarrt, verbreitete sich der Landschaftsgarten im Stile eines omnipräsenten Kulturfolgers, bis „jeder kleine Vorgarten als die Karikatur einer großen wilden Landschaft angelegt werden mußte"[96].

Wie zutreffend dieser Befund war, zeigt die denkwürdige Satire, die der fürstbischöflich-osnabrückische Staatsmann und Schriftsteller Justus Möser gut

---

94 Siehe hierzu: Gustav Allinger, Der deutsche Garten, München 1950, 87ff.; Herbert Keller, Kleine Geschichte der Gartenkunst, Berlin u. Hamburg 1976, 140–150; Friedrich Schnack, Traum vom Paradies. Eine Kulturgeschichte des Gartens, Hamburg (1962), 344–357.
95 Schnack (94), 344.
96 Lichtwark (49), 57. Vgl.: Fritz Schumacher, Selbstgespräche, Hamburg (1949), 155.

150 Jahre zuvor verfaßt hatte. Was Möser der einsetzenden Landschaftsgartenbewegung am Beispiel der Umgestaltung des Hausgartens seiner fiktiven Großmutter 1773 hellsichtig ins Stammbuch schrieb, liest sich wie eine vollkommene Vorwegnahme der Hortikulturkritik der Jahrhundertwende: „Ihr ganzer Krautgarten ist in Hügel und Täler, wodurch sich unzählige krumme Wege schlängeln, verwandelt; die Hügelgen sind mit allen Sorten des schönsten wilden Gesträuches bedeckt, und auf unsern Wiesen sind keine Blumen, die sich nicht auch in jenen kleinen Tälergen finden. Es hat dieses (...) zwar vieles gekostet, (...) aber es heißt nun auch (...) eine Shrubbery oder (...) ein englisches Boskett. (...). Von dem auf der Bleiche angelegten Hügel kann man jetzt zwei Kirchtürme sehen, und man sitzt dort auf einem chinesischen Kanapee, worüber sich ein Sonnenschirm von verguldetem Bleche befindet. Gleich dabei soll jetzt auch eine chinesische Brücke (...) angelegt und ein eigner Fluß dazu ausgegraben werden, worin ein halb Dutzend Schildkröten, die bereits fertig sind, zu liegen kommen. Jenseits der Brücken, gerade da, wo der Großmama ihre Bleichhütte war, kommt ein allerliebster gotischer Dom (...) und oben drauf ein Fetisch zu stehen. Kurz, Ihr gutes Gärtgen, liebe Großmama, gleicht jetzt einer bezauberten Insel, worauf man alles findet, was man nicht darauf suchet, und von dem, was man darauf suchet, nichts findet"[97].

Es versteht sich von selbst, daß auch die kleinen „Inseln im Häusermeer" von diesem Säkulartrend erfaßt wurden. Einer der ersten Kritiker, der diese vermeintlich deplacierte Rezeption wahrnahm und zugleich mit der gebotenen Sachkunde würdigte, war der Garteninspektor des „Verbandes Leipziger Schrebervereine", Walter Janicaud: „Gärten von 120 qm Größe zeigen oft wunderliche Schlangenwege. Doch sind solche Wegeführungen (...) nicht immer gedankenlos angelegt worden. 'Ich will nicht mit fünf Schritt von der Gartentür zur Laube meinen Garten durchlaufen. Wie klein wäre da mein Garten! Ich liebe einen großen Garten! Ich habe zwei, eigentlich drei Durchblicke, ehe ich meine Laube auf dem „Schlangenwege" dahin sehen kann und dann bin ich ärst am Ende. Was soll ich mit meinen 2 qm großen „Teich" als kreisrundes Wasserbekken anlegen? Kann ich dann das „Waschbecken" so hübsch mit Stauden bepflanzen wie die Böschungen meines kleinen Teiches? Wie mein Garten aus der Vogelschau aussieht, ist mir gleichgiltig, denn so sieht ihn nur der Techniker auf dem Plane, ich sehe nicht Wege, sondern Durchblicke, Überraschungen auf jedem neuen Schritt', verteidigte einmal ein 'Schrebergärtner' seine Gartenanlage. Also auch im Schrebergarten japanische Phantasie. Ein Staudenliebhaber baut sich sein Alpinum. Da es sich nicht in die Breite ausdehnen kann, so entsteht ein entsetzliches Gebilde. Der Mann wird seit Jahrzehnten von seinen Nachbarn be-

---

97 Zit.n.: Siegmar Gerndt, Idealisierte Natur, Stuttgart 1981, 82.

wundert. Je höher das Alpinum wird, desto mehr steigt er in der Achtung der anderen. Ein 'Gartenkünstler' kommt und sieht das Werk. Der Staudenliebhaber und alle Nachbarn freuen sich, daß endlich auch 'höhern Orts' diese Felsgruppen gewürdigt werden. 'Was für ein unsinniger Steinhaufen! Schade um die schönen Stauden!' war das Urteil. Der Mann, der jahrelang die Steine oft stundenweit zusammen getragen hatte, war über die Äußerung völlig zerschlagen. Sein Lebenswerk, welches er in seiner Freizeit geschaffen hatte, war gerichtet!"[98]. Ähnlich kritische Worte fand der Steglitzer Gartendirektor Ludwig Lesser: „Was sieht man da jetzt noch alles für Kleingärten. Man sollte es nicht für möglich halten, nachdem im letzten Jahrzehnt so vieles über den Kleingarten geredet und geschrieben wurde: Brezelwege in den verschiedensten Windungen, 'Felsen' von einem Meter Höhe mit einem bunten Zwerg aus Ton darauf, 'Vierwaldstätter Seen' zwei Quadratmeter groß, Ruinen aus Tropfsteinen!"[99]. „Derartige Geschmacklosigkeiten" wollte Lesser denn auch so schnell wie möglich beseitigt wissen[100]. „Wie beim Haus und beim Möbel, so ist's auch beim Hausgarten und erst recht beim Kleingarten. *Die Schönheit gründet auch hier auf Sachlichkeit*"[101].

Was Justus Möser 1773 genial vorausgesehen und der Kunst- und Kulturhistoriker Jakob von Falke 1884 erneuert hatte[102], steigerte sich um die Jahrhundertwende zu einem ästhetischen Generalangriff auf die „Gesellschaft der Gartenkünstler der Lenné-Meyerschen Schule"[103]. Die Vorkämpfer des aufkommenden „Architektengartens" waren der Gründer des „Dürerbundes", Ferdinand Avenarius, Alfred Lichtwark, unter dessen Einfluß die „streng regelmäßige" Anlage der Hamburger Gartenbauausstellung von 1897 entstanden war[104], Paul Schultze-Naumburg, der Vorstand des „Bundes Heimatschutz", und Hermann Muthesius, der Gründer des „Deutschen Werkbundes", der den neuen, reformierten Garten kurz und bündig als „Aneinanderreihung von regelmäßigen Einzelteilen" definierte, „die sich etwa mit dem Grundriß eines Hauses vergleichen läßt, nur daß die Räume (...) nach oben offen sind"[105].

---

98 Walter Janicaud, Aus den Schrebergärten Leipzigs, in: Gartenwelt 16 (49) (1912), 683.
99 Ludwig Lesser, Der Kleingarten, Berlin 1915, 16. Vgl. auch: Ders., Wohnung und Garten nach dem Kriege, in: Gartenflora 67 (1918), 294.
100 Lesser, Kleingarten (99), 17.
101 Ebd., 11. Hervorhebung i.O. gesperrt.
102 Allinger (94), 87.
103 Schnack (94), 351.
104 Ebd., 356.
105 Zit.n.: Keller (94), 147.

534   Der Kampf um den Dauer(klein)garten

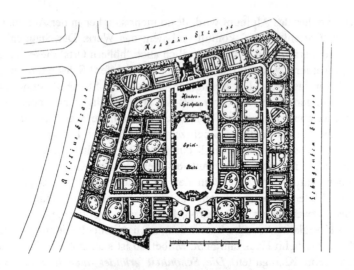

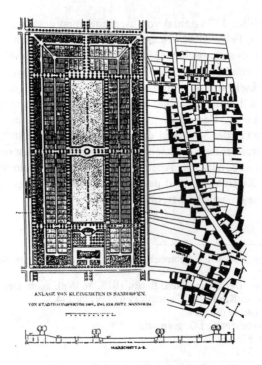

„Landschaftskleingarten" und „Architektenkleingarten" um die Jahrhundertwende

Die neue, unter dem Schlagwort „Raumkunst im Freien" bekannt gewordene Richtung[106] ließ auch den Kleingarten nicht unberührt. Auch wenn die Masse der auf potentiellem Baugrund liegenden Parzellen von dem ästhetischen Umschwung kaum berührt wurde, da die „Schleuderlandsitze" Investitionen jeder Art gleich fragwürdig erscheinen ließen, boten doch die allenthalben projektierten städtischen Mustergärten ein bescheidenes Experimentierfeld, auf dem sich die Erneuerer der Gartenbaukunst erproben konnten.

Die auf der vorigen Seite abgebildeten Grundrisse zweier urbaner Schmuckanlagen lassen den künstlerischen Wandel beispielhaft erkennen. Die obere Abbildung zeigt eine um die Jahrhundertwende in Breslau geschaffene Schrebergartenanlage in der Tradition der Lenné–Meyerschen Schule[107], die untere eine vom Mannheimer Stadtbauinspektor Hermann Ehlgötz 1918, im Stile der Raumkunst entworfene Kolonie für den eingemeindeten Stadtteil Sandhofen[108]. Während in Breslau – trotz der Vorgabe des Baublocks – ein unregelmäßiger Stil vorherrscht, dominiert in Mannheim ein streng regelmäßiger Plan mit einer geometrisch fast exakten Längs– und Querachsensymmetrie. Dieser Gegensatz in der Kolonieanlage findet seine Entsprechung in der Gestaltung der Parzellen. Hier bietet der Breslauer Planer eine geradezu erstaunliche Variationsbreite, während sich Ehlgötz auf eine rein schematische Rasterung beschränkt. Die Breslauer Gärten wirken daher frei individualisiert, die Mannheimer Parzellen weitgehend standardisiert. Obwohl beide Kolonien vollkommen durchgeplant sind, erscheint die Breslauer Anlage wie ein Ensemble unterschiedlicher menschlicher Ausdrucksformen, die Mannheimer dagegen wie ein Bienenstock mit identischen Waben.

Ob die „Raumkunst im Freien" dem Kleingärtner mehr persönliche Gestaltungs–Freiheit bescherte als der alte, landschaftliche Stil, muß daher bezweifelt werden, zumal der entstehende „Architektenkleingarten" von Beginn an eng mit dem Aufkommen von Typenlauben verbunden war. Konrad Lorenz hat die „wilden" Laubenkolonialgebiete denn auch geradezu als Heim–Stätten individueller Selbstentfaltung gepriesen: „Man beachte einmal offenen Auges eine Siedlung von Schrebergärtnern und beobachte, welche Auswirkungen der Drang des Menschen nach Ausdruck seiner Individualität dort hervorbringt. Dem Bewohner der Nutzmenschenbatterie steht nur ein Weg zur Aufrechterhaltung seiner Selbstachtung offen: Er besteht darin, die Existenz der vielen gleichartigen

---

106 Vgl.: Ebd., 147ff.
107 Entnommen aus: Die deutschen Städte (40), Bd. 2, 94 (Blatt XXXVI).
108 Entnommen aus: Hermann Ehlgötz, Kleingärten in Mannheim, Karlsruhe 1918, 53. Eine – vielleicht noch früher konzipierte – Anlage entwarf Wilhelm Hahn, Eine Schrebergartenanlage in Rüstringen i.O., in: August Stürzenacker, Wohnungsfürsorge und Ansiedlung nach dem Kriege, Karlsruhe o. J., 51.

Leidensgenossen aus dem Bewußtsein zu verdrängen und sich vom Nächsten fest abzukapseln. Bei sehr vielen Massenwohnungen sind zwischen die Balkone der Einzelwohnungen Trennwände eingeschoben, die den Nachbarn unsichtbar machen. Man kann und will nicht 'über den Zaun' mit ihm in sozialen Kontakt treten, denn man fürchtet allzusehr, das eigene verzweifelte Bild in ihm zu erblicken"[109].

Die Einführung des „Architektengartens" eröffnete insofern keineswegs einen sozialpolitischen Königsweg zur Reform des Kleingartenwesens. In manchen Fällen führte die Ablehnung des Landschaftsgartens vielmehr über die Rezeption der regelmäßigen Gärten der europäischen Vergangenheit zu dem ästhetisch befremdlichen Bestreben, den alten Historismus des landschaftlichen Stils durch einen neuen Historismus architektonischen Gepräges zu ersetzen[110]: „Anstelle des gekünstelten Naturgartens trat der gekünstelte Architektgarten, der ganz im Zeichen des Dekorativen, des Repräsentativen (stand)". Der Gartenarchitekt Hugo Koch, der den offiziellen Führer durch die Altonaer Gartenbauausstellung des Jahres 1914 verfaßte, forderte daher: „Um dieser Gefahr (...) zu steuern, um zu einem wahren Stil unserer Zeit zu gelangen, ist daher erstes Erfordernis, den Charakter unserer Zeit zu erfassen und die 'soziale Frage', die ihn beherrscht, auch im Gartenbau ihrer Lösung zuzuführen"[111].

Zu diesen Funktionalisten, die die formal–ästhetische Abwendung vom landschaftlichen Stil mit einer sozial–ästhetischen Anpassung an die Forderungen der Gegenwart zu verbinden suchten, zählten neben Hugo Koch und Camillo Karl Schneider vor allem die beiden, nicht zuletzt für die Neugestaltung des Kleingartens bedeutsamen Gartenbauarchitekten Harry Maass[112] und Leberecht Migge[113]. Für Migge, den selbst ernannten „Spartakus in Grün", mußte der Garten deshalb „eine gesetzmäßige tektonische Gestalt aufweisen, weil seine ihm eigene neue,

---

109 Konrad Lorenz, Die acht Todsünden der zivilisierten Menschheit, (19. Aufl. München – Zürich 1988), 30.
110 Wimmer (25), 447.
111 Gartenbau–Ausstellung Altona 1914. Hg. i. A. der Stadt Altona. Bearb. Hugo Koch, (Hamburg o. J.), Einleitung.
112 Harry Maass wurde am 5.8.1880 in Cloppenburg geboren. Nach der Ausbildung an der Kgl. Gärtner–Lehranstalt Wildpark–Dahlem bei Potsdam arbeitete er zunächst im öffentlichen Dienst der Städte Magdeburg und Kiel, später als Leiter zweier Gartenbaubüros in Stuttgart und Hamburg. 1912 wurde er Garteninspektor des Stadtstaates Lübeck, wo er 1922 auch ein eigenes Atelier für Gartengestaltung gründete. Hier ist er auch, am 24.8.1946, gestorben. Quellen: Keller, Kleine Geschichte (94), 140–150 und Ders., Harry Maass, in: Das Gartenamt 10 (1972), 554–557.
113 Zu Migge siehe: Leberecht Migge, hg. v. Fachbereich Stadt– und Landschaftsplanung der Gesamthochschule Kassel, (Worpswede 1981).

soziale und wirtschaftliche Gesinnung nur in *dieser* Weise zur vollen Ausnutzung kommen kann. (...). Nicht *deshalb* sieht mein Garten architektonisch aus, weil andere frühere Gartenepochen sich derselben Gestaltungsmittel bedient haben und der Mensch den Wechsel liebt, nicht *deshalb allein*, weil die Gesetzmäßigkeit (...) der geometrischen Linie die stärkere rhythmische Wirkung gegenüber der Willkür der freien verheißt – nein (...), weil sie so *einfach* ist. Weil ihre Elemente am leichtesten zu handhaben und von Natur so haushälterisch sind, daß in unserem Zeitalter der Massenprobleme *allein sie* irgendeine Wirkung in die Breite ermöglichen: *ich wünsche den architektonischen Garten aus volkswirtschaftlichen und sozialen, aus ethischen Gründen*"[114].

8.4.1.2. Maass gegen Migge oder „Kleingartenproduktionstheorie"[115] versus Multifunktionalismus.

Obwohl Harry Maass und Leberecht Migge denselben sozial-ästhetischen Funktionalismus vertraten und nicht zuletzt deshalb bestrebt waren, die großstädtischen Kleingärten mit anderen Formen des „sanitären Grüns" in einen, auf der folgenden Seite beispielhaft dokumentierten „Volkspark der Zukunft"[116] zu integrieren, besaßen beide eine unterschiedliche Zukunftsvision vom kommenden deutschen Kleingarten. Was Maass und Migge entzweite, war die vom Nach-Kriegsgemüsebau aufgeworfene „Gretchenfrage" nach der künftigen Zweckbestimmung der Laubenkolonien. Die Lösung dieses Problems erschien deshalb so dringlich, weil der Krieg das ursprünglich polyvalente Funktionsgefüge Kleingarten unter dem Druck der Hungerblockade auf die gartenbauliche Elementarfunktion einer „Messer-und-Gabel-Frage" verengt hatte. Diese Reduktion der kleingärtnerischen Existenz berührte verständlicherweise auch die bis dahin vorherrschenden Argumentationsmuster laubenkolonialer Existenzrechtfertigung. Im Grunde ging es bei dem nun einsetzenden Konflikt daher um die Entscheidung, ob man aus der kriegsbedingt entstandenen Not eine neue, konzeptionelle Tugend machen oder die alten Tugenden der andauernden Not zum Trotz neu

---

114 Leberecht Migge, Die Gartenkultur des 20. Jahrhunderts, Jena 1913, 66. Hervorhebungen i.O. Vgl. auch: Harry Maass, Der deutsche Volkspark der Zukunft, Frankfurt/O. 1913, 3.
115 Der treffende Begriff stammt von: Gassner (2), 93.
116 Die Abbildungen stammen aus: Maass, Volkspark (114), 2 u. 6. Eine vergleichbare Konzeption zeigen: Leberecht Migge, Laubenkolonien und Kleingärten, München 1917, 3 mit dem Entwurf für den Stadtpark von Rüstringen i.O. und der zwischen 1925 und 1928 realisierte Volkspark Rehberge in Berlin (Wedding). Quelle: Gassner (2), 81.

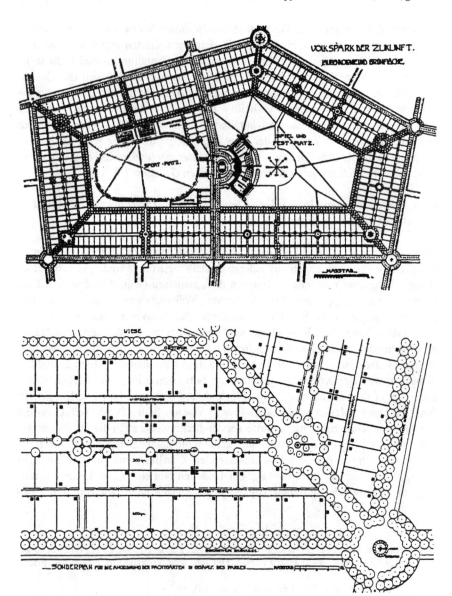

Harry Maass' „Volkspark der Zukunft en gros und en détail"

Der Kampf um den Dauer(klein)garten 539

entfalten solle. In diesem Streit, der von den beteiligten Zeitgenossen mit den Schlagworten „Erholungs- oder Wirtschaftsgarten"[117] bzw. „wirtschaftliche oder kulturelle Rentabilität des Kleingartens"[118] etikettiert wurde, bekannte sich Migge seit seiner 1918 veröffentlichten Flugschrift „Jedermann Selbstversorger"[119] zu einer einseitigen, rein ökonomischen Optimierung des Kleingartens, während Maass, und mit ihm die Majorität der Kommunen[120] und die Mehrheit der RVKD-Mitglieder[121], dem vielseitig genutzten Erholungsgarten den Vorzug gab[122]. Verlangte Migge von der Kleingartenbewegung in erster Linie „große Gartentaten"[123], erklärte Maass: „Unser Garten ist ja mehr, als nur ein Ort der Arbeit, die nach höchsten Erträgnissen für den Magen sieht, er ist ja an Erträgnissen für die Nahrung unserer Seele um vieles mehr noch reicher"[124]. Die Masse der RVKD-Kolonisten lehnte es denn auch rundweg ab, „nach vollbrachtem Berufstagewerk den Rest der Kräfte noch im Garten aufzubrauchen oder durch Einführung von Geräten, Maschinen und dergleichen das Idyll des Kleingartens zu zerstören"[125].

Diese in den „Goldenen Zwanzigern" erstmals laut werdende Abwendung von dem bis dahin dominierenden Arbeitsethos manifestiert sich auch in dem Roman „Laubenkolonie Erdenglück" von Otto Bernhard Wendler. In der für die Funktionsbestimmung des Kleingartens zentralen Stelle des Werks berichtet sein Held, der Kolonist Paul Lukassowitz, von einem Gespräch mit dem zuständigen, vom Dreher zum Politiker avancierten Stadtrat Hecht und referiert dessen Meinung wie folgt: „Für einen Arbeitslosen seien das Gemüse und die Kartoffeln da draußen gewiß eine große Hilfe. Aber früher hätten sie auch nur immer Kartof-

---

117 RVKD. Geschäftsbericht 21.5.1923 bis 1.5.1925, Frankfurt/M. o. J., 14.
118 Förster, Wirtschaftliche oder kulturelle Rentabilität des Kleingartens?, in: KGW 7 (3) (1930), 15.
119 Leberecht Migge, Jedermann Selbstversorger, Jena 1918.
120 Soweit bekannt (Leberecht Migge) (113), 90f.) haben nur Düsseldorf, Grünberg in Schlesien u.v.a. Kiel Migges Konzept einer „Stadtlandkultur" in Angriff genommen.
121 RVKD. Geschäftsbericht (117), 14; Jahresbericht der Verwaltungsbehörden der Freien und Hansestadt Hamburg 1925, 155.
122 So die Entschließung des 4. Reichs-Kleingärtnertages zu München: 4. Reichs-Kleingärtnertag zu München, Frankfurt/M. 1925, 71 (Schriften des RVKD 9). Vgl. auch: StAHH. Senat. Cl. I Lit. Sd No. 3 Vol. 1 Fasc. 138: Bericht Rosenbaums über seine Teilnahme an der Münchner Tagung, 2f.
123 Leberecht Migge, Deutsche Binnenkolonisation, Berlin 1926, 107.
124 Harry Maass, Schönheitliche Ausgestaltung der Kleingarten-Kolonien, in: Drei Vorträge über Kleingartenwesen gehalten während des 4. Reichs-Kleingärtnertages zu München am 30. Mai und 1. Juni 1925, Frankfurt/M. 1925, 33 (Schriften des RVKD 7).
125 RVKD. Geschäftsbericht (117), 14.

feln und Gemüse angebaut, wären wir auch wieder Sklaven unserer Gärten geworden, wie wir Sklaven der Fabrik seien. Die Laubenkolonistenbewegung müsse heraus aus dem Gärtnereibetrieb. Jede Laubenkolonie müsse wirklich Erdenglück sein. Erholung! Feierabend mit Gleichgesinnten. Eine Stätte, wo die Arbeiterschaft nicht neue Arbeit, sondern Zeit zur Besinnung, Zeit zur Überdenkung des Lebens findet. Er sagte, wir seien Gärtner und Bauern geworden, Arbeiter natürlich obendrein, das gäbe eine schlechte Mischung"[126].

Wie nachvollziehbar dieser Stimmungsumschwung, der sich nicht von ungefähr erstmals in der Stabilisierung geltend machte, nun freilich auch sein mochte, so wenig entbehrte er bei genauerer Betrachtung einer gewissen Pikanterie. Auf den ersten Blick sah es nämlich so aus, als ob Migges aus dem Geist der Selbstversorgungsbewegung geborene Kleingartenproduktionstheorie den Zwängen der anhaltenden Ernährungskrise weit besser entspräche als die von seinen Kritikern angestrebte Rückbesinnung auf die laubenkoloniale Traditionsvielfalt. Das Gebot der Stunde lautete seinerzeit unzweifelhaft Blumenkohl – nicht Blumen. Diese Maxime galt umso mehr, als die ökonomischen Leistungen des Kleingartenbaus im allgemeinen wie die des Kriegsgemüsebaus im besonderen eingestandenermaßen zu wünschen übrig ließen[127]. Migges Konzept schien daher im besten Sinne zeitgemäß, das seiner Gegner dagegen von gestern zu sein.

Dieser Eindruck wird durch die Tatsache verstärkt, daß Migges Theorie konsequent vom Stand der damals möglichen Technik ausging. Was Migge propagierte, war nichts weniger als eine hortikulturelle Revolution mit Hilfe moderner „Kleinboden–Intensivtechnik"[128], die Fräskultur, feinmechanisch regulierte Beregnung, Gartengärstellen, Kompostsilos und Trockenklosetts kombinierte[129]. Eingebunden in eine auf dem Recyclingprinzip aufgebaute „Wasser– und Abfallwirtschaft der Städte"[130] sollte in und um die Metropolen eine neue, binnenkoloniale „Stadtlandkultur"[131] entstehen, in der die Nutzgrünflächen, soziale Grünflächen und industrielle Werkflächen[132] auf eine Weise verbunden wurden, die

---

126 Otto Bernhard Wendler, Laubenkolonie Erdenglück, Berlin 1931, 216f. Vgl. auch die gegen Migge gerichteten Aufsätze von Johannes Grobler, Kleingarten–Politik, in: Der Städtebau 1929, 190ff.; Ulrich Wolf, Gartenproduktion oder Gartenkonsum, in: Die Baupolitik 24 (1929), 289ff. sowie die kritische Einlassung Karl Georg Rosenbaums im Hamburger Anzeiger/Neue Hamburger Zeitung v. 30.8.1924.
127 Heinrich Förster, Wirtschaftlicher Ausbau des Kleingartenwesens, in: Drei Vorträge (124), 1–9.
128 Migge, Binnenkolonisation (123), 108.
129 Ebd., 93f. u. 107f.
130 Ebd., 93 u. 113ff.
131 Ebd., 87ff.
132 Ebd., 101.

geeignet war, den Gegensatz von Stadt und Land[133] langfristig aufzuheben. Im Endeffekt lief der Streit zwischen Migge und seinen Widersachern damit auf eine prinzipiell unterschiedliche Haltung zur modernen Großstadt hinaus: Während Migge den Status quo qualitativ verändern wollte, kam es seinen Kritikern darauf an, ihn graduell zu verbessern.

Wie zukunftsweisend dieses Globalkonzept freilich auch sein mochte, sein politisches Ziel hatte der „Spartakus in Grün" einerseits zu weit, andererseits zu eng gesteckt. Als Makrotheoretiker einer „Stadtlandkultur" wollte Migge mehr, als sich beim damaligen Entwicklungsstand des Gegensatzes von Stadt und Land bodenrechtlich, finanziell, planerisch und politisch durchsetzen ließ. Das nahezu vollständige Scheitern der Bodenreform wie der kommunalen Bodenvorratswirtschaft macht das ebenso deutlich wie das eklatante Scheitern der Siedlungsbewegung. Was Migge fehlte, war aber nicht nur der realpolitische Blick für das zeitgeschichtlich Mögliche, sondern zugleich eine sozial halbwegs homogene Zielgruppe, die als Subjekt der geplanten Umwälzung hätte wirken können. Während das „Kommunistische Manifest" an die „Proletarier aller Länder" appellierte, wandte sich das „Grüne Manifest" Migges[134] bloß an die „Bürger und Bürgerinnen"! Herr und Frau Jedermann waren damals aber bloß theoretische Größen in Staatstheorie und Statistik; als politische Subjekte sind sie Gestalten der Postmoderne. Insofern war Migge seiner Zeit weit voraus.

Als Mikrotheoretiker der Selbstversorgungsbestrebungen laubenkolonialer „Nur–Gemüsegärtner" lief Migge dagegen seiner Zeit hinterher. Hier erwies sich sein Festhalten an den Erfahrungen des Kriegs– und Nachkriegsgemüsebaus trotz aller gartenbautechnischen Innovationen als bloße Verlängerung eines erzwungenen Ausnahmezustandes, den nur die wenigsten Kolonisten zur Regel erheben mochten. Die ablehnende Haltung der Pächter fußte dabei nicht nur auf der geschichtlich gewordenen Vielfalt ihrer Freizeit–Bedürfnisse, sondern ebensosehr auf dem erheblichen Investitions– und Qualifikationsbedarf, den die von Migge geplante „Kleinboden–Intensivkultur" jedem potentiellen Bewirtschafter abverlangte. Migges Scheitern erklärt sich von daher nicht nur aus der Tatsache, daß die Kleingärtner ihm subjektiv nicht folgen wollten, sondern zugleich aus dem Faktum, daß sie es objektiv – zumeist – nicht konnten.

Doch Migges Kleingartenproduktionstheorie besaß noch einen weiteren Mangel, der ihre Übernahme durch den RVKD unmöglich machte: Sie verstieß gegen die KGO[135]. Wie schon Otto Albrecht bemerkt hat[136], sahen weder die

---

133 Ebd., 7ff.
134 Ebd., 7–15.
135 Siehe zu diesem Aspekt des Streits: Leberecht Migge, Von der kommunalen Grünpolitik zur Agrarwirtschaft, in: KP 44 (1919), Sp. 821–824; Ders., Kleingarten– und Kleinpachtordnung, in: KP 2/3 (1921), Sp. 32ff.; Otto Albrecht, Der Kleingarten als

Begründung noch der Text des Kleingartengesetzes die Parzelle in erster Linie als Nutzgarten. Die Bundesratsverordnungen der Kriegszeit und das Gesetz der Revolutionszeit verfolgten vielmehr ausdrücklich einen kombinierten „ernährungs- und sozialpolitischen Zweck". Die von Migges Gegnern geforderte Vielfalt der Kleingartenkultur war daher vom Geist des Gesetzes nicht nur gedeckt, sondern gewollt, zumal der Buchstabe des Gesetzes den Kleingartenbau bekanntlich nur insofern schützte, wie er „zum Zwecke nichtgewerbsmäßiger gärtnerischer Nutzung" betrieben wurde. Die von Migge propagierte ökonomische Optimierung der Parzelle hätte diese Nutzung aber unweigerlich kommerzialisieren müssen, da sich schon die hohen Pionierinvestitionen für die Gartenbautechnik nur über die Vermarktung der mit ihrer Hilfe erzeugten Produkte refinanzieren ließen.

Eine solche Kommerzialisierung des Kleingartens wäre aber nicht nur rechtswidrig gewesen, sie hätte die Kolonisten obendrein in einen verschärften Gegensatz zu den Handelsgärtnern gebracht, die das Kleingartenwesen zunehmend als Konkurrenz einstuften[137]. Wie ernst diese Differenzen waren, zeigt die Tatsache, daß die Organisationen der Erwerbsgärtner – zumindest in Kleinstädten – selbst während des Krieges gegen die Verpachtung von Staatsgrund für den Kriegsgemüsebau auftraten[138]. Schüttauf hat daher die Meinung vertreten, daß die Bestimmung der „nicht-gewerbsmäßigen gärtnerischen Nutzung" ein Konkurrenz- bzw. Wettbewerbsverbot beinhalte[139]. Doch auch Migge selbst mußte erfahren, daß Ertragskalkulation und tatsächlicher Ertrag beim Kleingarten nicht zwangsläufig zusammenfallen. Als er nach dem Ersten Weltkrieg mit dem Kieler Stadtrat Wilhelm Hahn in der Fördestadt einen urbanen Grüngürtel entwickelte[140], zeigte es sich, daß der laubenkoloniale „Kulturgürtel" die in ihn gesetzten „stadtwirtschaftlichen" Erwartungen nur zum Teil erfüllte[141]. Mit dem Ende der

---

erweiterte Wohnung, in: KP 6 (1921), Sp. 111–114; Leberecht Migge, Wohngarten oder Ernährungsgarten, in: KP 7 (1921), Sp. 137–140.
136 Albrecht, Der Kleingarten (135), Sp. 112f.
137 Siehe zu diesem Komplex: J. Bußjäger, Kleingärtner und Berufsgärtner, in: KGW 9 (11) (1932), 100f; Moericke (74), 18; Schilling, Entwicklung (92), 13f.; Ders., Der Kleingarten als Großverbraucher, in: Der Fachberater für das deutsche Kleingartenwesen 4 (11) (1954), 3–7; Hermann Schüttauf, Gefährdet der Kleingartenbau den Erwerbsgartenbau, in: Die Gartenwelt 27 (1923), 337f.
138 KP 7 (1916), Sp. 107f.
139 Schüttauf (137), 337.
140 Grundsätzlich hierzu: Wilhelm Hahn u. Leberecht Migge (Hg.), Der Ausbau eines Grüngürtels der Stadt Kiel, Kiel 1922.
141 Klaus Muthesius, Die Möglichkeit und der volkswirtschaftliche Nutzen der aktiven Beteiligung einer Großstadtbevölkerung an der produktiven Bodennutzung, Diss. Berlin 1927, 24ff. u. 64–68.

Inflation flaute die Entwicklung erkennbar ab[142] und erfuhr damit das typische Schicksal aller Alternativ–Ökonomie[143]. Von welcher Seite man Migges Theorie daher auch betrachten mag, dem zeitgenössischen Kleingärtner eröffnete sie keine realistische Perspektive. Vom RVKD bereits in seinem Gründungsjahr kritisiert, verlor sie, allen theoretischen Nachhutgefechten zum Trotz[144], spätestens mit der Währungsreform rapide an Einfluß, bevor die Weltwirtschaftskrise den im Grunde entschiedenen Streit vorübergehend wiederbelebte.

8.4.1.3. „Ordnung ist Schönheit". Der Kleingarten als „Baumschule" der Nation.

Wie strittig das Ideal des Nachkriegs–Kleingartens zwischen Migge und seinen Kontrahenten nun allerdings auch sein mochte, so unstrittig war ihr gemeinsames Bekenntnis zu einer funktionalistischen Ästhetik, in der die Schönheit als Ingredienz der Zweckmäßigkeit erschien. Form wurde Zweckform. Gleichwohl lassen sich auch hier Unterschiede erkennen, die aus der Enge bzw. Weite der jeweiligen Konzeption resultierten. Migges unilaterale Kleingartenproduktionstheorie kam dabei dem puristischen Schönheitsideal am nächsten. Die Schönheit eines Gartens beruhte für ihn ganz einfach auf der „generellen Ordnung seiner Wachstumsbedingungen"[145]. Obwohl auch Maass die „Schönheit im Werkgewand"[146] rühmte und die Kleingärtner aufforderte: „Spielt nicht mit Formen und Linien (…). Baut, was ihr *braucht*"[147], war der von ihm vertretene multilaterale Ansatz ästhetisch weniger eindeutig bestimmt, so daß der Ruf nach Funktionsgerechtigkeit schon bald durch den Ordnungs–Ruf nach formaler Reglementierung ergänzt, ja übertönt wurde[148].

---

142 Ebd., 27f.
143 Siehe hierzu: Rolf Schwendter, Alternative Ökonomie, in: Aus Politik und Zeitgeschichte B 26 (1989), 41ff.
144 Siehe hierzu: Otto Albrecht, Ein Kleingartenfriedhof, in: KGW 5 (10) (1928), 103f.; Leberecht Migges Mißerfolge auf dem Hammer Hof werden amtlich bestätigt, in: KGW 5 (12) (1928), 126f.; Otto Albrecht, Ein magistralischer Scherz oder was sonst?, in: Ebd., 127f.; Heinrich Förster, Leberecht Migge und der RVKD, in: KGW 6 (1) (1929), 8f.; A. Janson, Zu Migges Siedlungen: Ebd., 9f.; Förster, Wirtschaftliche (118), 15f.
145 Migge, Binnenkolonisation (123), 44.
146 Maass, Schönheitliche Ausgestaltung (124), 32.
147 Ebd., 33. Hervorhebung i.O. gesperrt.
148 Ebd., 25–36, wo Maass diesen Ordnungs–Ruf sechzehn Mal erschallen läßt. Vgl. auch: Ders., Schafft Ordnung und Schönheit, in: Unser Garten. Führer und Katalog der Gartenausstellung für das Kleingartenwesen Hamburg 1924, Blankenese o. J., 10–16; A. Grabe, Die schönheitliche Gestaltung unserer Gärten, in: KGW 7 (4) (1930), 26; Arthur Hans, Planmäßige Förderung des Kleingartenwesens, Dresden o.

Der Gegensatz dieser allenthalben propagierten, im folgenden karikierten[149] Ordnung war das sprichwörtliche, fast überall grassierende Chaos[150] laubenkolonialer „Wildnis". Wie ein Leitmotiv zieht sich die Klage über das „zigeunerhafte Dasein" der Kolonien durch die Reden und Schriften von Gartenbaufachleuten, Kleingartenfunktionären und Kommunalpolitikern. Alwin Bielefeldt sprach den meisten von ihnen aus dem Herzen, als er 1912 monierte: „Fahren Sie einmal auf der Berliner Stadtbahn durch Berlin oder von Hamburg am Berliner Tore vorüber nach Berlin, dann bekommen Sie einen Schreck vor den finsteren Lauben mit altem Gerümpel, die sie dort erblicken"[151]. Dieses abschreckende Bild wurde durch den Kriegsgemüsebauboom noch erheblich gesteigert. Der „Kunstwart"–Redakteur von Beaulieu fand die „ärmeren Verwandten der Laubengärten" nur noch abscheulich: „Wer einen kleinen Abendspaziergang im Weichbilde der Stadt sucht, wandert tatsächlich zwischen Drahtverhauen und Konservenbüchsen"[152].

Diese Horti–Kulturkritik, die sich nicht zuletzt gegen das quälend qualmende Abbrennen von Gartenabfällen wandte[153], gewann im Zuge der von Migge und Maass initiierten Debatte um die Zukunft des Kleingartens eine neue Dynamik, die der RVKD im Zeichen seiner Dauergartenkampagne aufgriff. Der Verband ging dabei von der richtigen Einsicht aus, daß die unsichere Existenzgrundlage der Kolonien durch das unschöne Aussehen der Anlagen zumindest mitbedingt war. Da dieser Sachverhalt jedoch zugleich in umgekehrter Richtung galt, da viele Kleingärtner wegen der mangelnden Bestandssicherheit ihrer Gärten darauf verzichteten, in ihren Parzellen mehr als das Nötigste zu tun, befand sich der RVKD in einer Zwickmühle: Ohne schöne Parzellen keine Dauergärten, ohne Dauergärten keine schönen Parzellen.

Da die Verbandsinitiativen zur Novellierung der KGO wegen der wechselnden Reichstagsmehrheiten und der Gegenaktivitäten der Verpächter schon bald auf der Stelle traten, bemühte sich der RVKD darum, durch eigene volkswohlfahrtliche Vorleistungen wenigstens partielle Folgeleistungen des Staates unaus-

---

J., 9; H. Schmidt, Ordnung ist Schönheit, in: Der Kleingarten 8 (1926), 116: Schreber, haltet auf Schönheits- und Ordnungssinn!, in: Ebd. 5 (1923), 3.
149 Entnommen aus dem ZEIT–Magazin v. 17.2.1989.
150 Maass, Schönheitliche Ausgestaltung (124), 29.
151 So Alwin Bielefeldt, in: Familiengärten und andere Kleingartenbestrebungen in ihrer Bedeutung für Stadt und Land, Berlin 1913, 330 (Schriften der ZfV (N.F., 8)).
152 von Beaulieu, Kriegsgärten, in: Deutscher Wille (Der Kunstwart) 30 (20) (1917), 77f. Vgl. auch: W. Jahn, Kleingartenbau in Deutschland unter künstlerischem Gesichtspunkte, in: Gartenkunst 18 (2) (1915), 18f.; Ludwig Lemmer, Der Pachtgarten in der städtebaulichen Planung, in: Baupolitik 2 (1927), 23.
153 Josef Reißberger, Luftverpester, in: Der Kleingarten 3 (1926), 36f.

Hans Traxler: Deutsche in aller Welt

»Man könnte meinen, Gott sei sich seines chaotischen
Naturells schmerzlich bewußt. Warum sonst hätte er sich die Mühe
gemacht, uns Deutsche zu erschaffen?«

„Ordnung ist Schönheit" oder Gott Vater als „Chaot"

weichlich zu machen. Anstatt auf die verbindliche Rechtsnorm parlamentarischer Legislatur, setzte der Verband damit auf die normative Überzeugungs–Kraft des Faktischen, die eine selbst initiierte und finanzierte „Inwertsetzung" des kleingärtnerisch genutzten Stadtgrüns mit sich bringen mußte.

Zwei Hilfsmittel standen dem RVKD bei dieser indirekten Strategie zur Verfügung. Das erste Instrument war die Wiederbelebung der Schreberjugendpflege. Wie stark die Kinder– und Jugendpädagogik – zumindest in Hamburg – auch unter diesem Aspekt gesehen wurde, läßt die Stellungnahme des lokalen Verbandsorgans immerhin ahnen: „Wir fordern und kämpfen um Dauergärten. Hat nicht unsere Forderung eine viel größere Berechtigung und bedeutend mehr Aussicht auf Erfüllung, wenn wir die Jugendpflege unserem Programm einreihen?". Für den Verfasser stand es jedenfalls außer Zweifel, daß die Kleingartenbewegung mit Hilfe der Jugendpflege im Kampf um die Gunst der Behörden die „Sport–Konkurrenz" schlagen müsse, könne und werde[154]. Das zweite Instrument war die ästhetische Optimierung der vorhandenen Anlagen. Auch wenn der Umfang der geplanten Regulierung anfangs strittig war, und sich namentlich Alwin Bielefeldt gegen ein Übermaß an Reglementierung in Form von einheitlichen Einfriedigungen und Typenlauben wandte, da wenigstens im Kleingarten „jeder Mensch sein eigener Herr" sein solle[155], stellte diese Haltung bei einem hochrangigen Funktionär doch eindeutig die Ausnahme dar. Heinrich Förster erklärte denn auch: „Der einzelne Kleingärtner kann in seinem Gärtchen nicht tun und lassen, was er will, sondern ist an die Forderungen, die die Allgemeinheit hinsichtlich der schönheitlichen Ausgestaltung der Gärten zu stellen berechtigt ist, gebunden. Die fachmännische Beratung und die dauernde Beaufsichtigung der Beete und übrigen Anlagen in den Kolonien durch die Organisation ist eine selbstverständliche Voraussetzung"[156].

Dieser Zug zur Standardisierung, der ausgesprochene Parallelen zur „sozialästhetischen Erziehungsdiktatur" des „Neuen Bauens" zeigte, fand auch bei Gartenbauarchitekten und städtischen Gartenbaubeamten nachhaltige Zustimmung[157]. Für Harry Maass führte der Fortschritt des Kleingartenwesens geradezu „über peinlichste innere Ordnung und Sauberkeit (...) zur peinlichsten äußeren

---

154 H. Peek, Jugendpflege der Kleingärtner?, in: Der Kleingarten 11 (1928), 175f.
155 Bielefeldt (151), 331.
156 Förster, Wirtschaftlicher Ausbau (127), 6.
157 Vgl. z.B. die Dauergarten–Entwürfe bei: Bromme, Die Kleingartenkolonie als dauernde Anlage im Stadtgebiet, in: Gartenkunst 32 (1919), 155–163; Hermann Ehlgötz, Dauerkleingärten, in: Technisches Gemeindeblatt 43 (3) (1940), 25–28; Leibig, Neue Dauerkleingärten in der Ruhrau in Duisburg, in: Ebd. 41 (1938), 81f.; Lemmer (152), 21–25; Josef Pertl, Dauerkleingärten im öffentlichen Grün, in: Gartenkunst 52 (1939), 233–235.

Ordnung und Sauberkeit und von da (...) zur Kleingarten-Schönheit (...) *der wahren Dauerkolonie*"[158]. Was diese Entwicklung für den einzelnen Kolonisten bedeutete, hat der Mainfrankfurter Gartenbaudirektor Max Bromme wie folgt resümiert: „Wenn 'Ordnung hier Schönheit werden' soll, so kann *Unterordnung* allein sie erzeugen"[159]. Die ästhetische Erziehung der Kolonisten glich damit der schreberpädagogischen Erziehung ihrer Kinder wie ein Ei dem anderen. Galt es hier, das jugendpflegerische „Schönheitsbild" von frechen und schmutzigen Kindern zu reinigen, kam es dort darauf an, das grünpflegerische „Stadtbild" von verunkrauteten Wegen und „schwarzen Laubenungeheuern" zu säubern. Pädagogische Kolonisierung des „Kinderparadieses" und ästhetische Kolonisierung des „Kleingartenparadieses" griffen damit im Idealfall ineinander und förderten sich wechselweise. Zugleich erhielt die Instrumentalisierung der Jugendpflege einen weit über ihren äußeren Zweck hinausweisenden Sinn, der den Kleingarten zu einer umfassenden pädagogischen Provinz erhob, in der der Freiraum des Einzelnen mehr und mehr eingeschränkt wurde. Wie stark der Wille zur Typisierung grassierte, belegt nicht nur die oben abgebildete Ausschnittsvergrößerung aus Maass' „Volkspark der Zukunft" mit seinen durchgestylten Parzellen[160], sondern ebensosehr die vermutlich 1924 entstandene Handreichung der Hamburger KGD zur Ästhetisierung der städtischen Kleingärten. Was war da nach Maßgabe der unteren Verwaltungsbehörde nicht alles zu ändern!? „Einfriedigungen aus abgestorbenen Tannen" sollten durch „lebende Hecken", „Zigeunerlauben aus Kistendeckeln" durch „Gartenhäuser in satten, freudigen Farbtönen", „Zwerge, Gnome, Rehe" durch „Bildwerke von künstlerischem Wert", „verwahrloste Graswege" durch „mit Grand beschüttete Wege" und „Beeteinfassungen aus umgestülpten Flaschen oder Muscheln" durch „Einfassungen aus Buxbaum" ersetzt werden[161].

Die halbamtlichen Steuerungsinstrumente zur Durchsetzung dieser Unter-Ordnung bildeten die Gartenordnungen der Vereine, die Fachberatung der Verbände und die diversen kleingartenbaulichen Leistungsschauen. Zu ihnen gesellten sich im Laufe der Weimarer Republik verschiedene staatlich geförderte Kleingartenwettbewerbe und vereinzelt angelegte Muster- oder Versuchsgärten. Die wichtigste Hamburger Schönheits-Konkurrenz[162] war die jährlich stattfin-

---

158 Maass, Schönheitliche Ausgestaltung (124), 34f. Hervorhebung i.O. gesperrt.
159 Bromme (157), 163. Hervorhebung i.O. gesperrt.
160 Siehe hierzu auch: Harry Maass, Heimstätten und ihre Gärten, Dresden 1919, 42–59; Hans Gerlach, Neue Wege im Kleingartenbau, in: Die Gartenwelt 27 (1923), 375 u. 378.
161 Der Kleingarten 6 (1924), 771.
162 Siehe hierzu: StAHH. Senat. Cl. VII Lit. Ka No. 12 Vol. 141: Gartenwettbewerb des KGV Horner Brook von 1925 und Ebd. Cl. III Lit. A–E No. 8 Vol. 69: Bewilligung

dende Ausscheidung um den 1928 gestifteten „Wanderpreis der Baubehörde", der dem Verein zuerkannt wurde, „dessen Gesamtgärten sich am würdigsten in das Stadtbild einpräg(t)en"[163]. Begutachtung und Preisverleihung oblag einer Behördenkommission, der im Jahre der Erstverleihung Gartendirektor Linne, Gartenamtmann Rosenbaum und Oberbaurat Maetzel angehörten[164]. In die gleiche Richtung zielten die 1926 vom Staat auf dem Wege der Notstandsarbeit erstellten Mustergärten im Hammer Park[165]. Sie umfaßten einen Erholungsgarten, einen „Normalgarten", einen Obstgarten und einen „Gegenbeispielgarten". Zum nicht geringen Erschrecken der amtlichen und verbandlichen Initiatoren zeitigte das liebevoll gestaltete Ensemble freilich das gerade Gegenteil der beabsichtigten Wirkung: Anstatt sich von den Vorbildern zu eigenen, mustergültigen „Gartentaten" anregen zu lassen, gefiel den meisten Besuchern ausgerechnet der aus Gründen der Abschreckung eingerichtete „Gegenbeispielgarten" bei weitem am besten[166]. Dieses widerborstige Bekenntnis des „Volksmundes" vermochte die Hortikulturmissionare allerdings nicht zu erschüttern. Kleingartendienststelle und Kleingartenbeirat sahen sich durch das Votum vielmehr in ihrem Bestreben, den „Schönheitssinn" der Großstädter neu zu wecken[167], drastisch bestätigt. Ob ihre folgenden Erweckungsbemühungen freilich erfolgreicher waren, darf man getrost bezweifeln. Ein Jahr nach der Errichtung der Mustergärten vollzog die KGD jedenfalls, halb resignativ, halb trotzig, einen Perspektivwechsel und erklärte in ihrem Tätigkeitsbericht: „Bemerkenswerterweise bilden die von der Erde vielfach nicht sehr ästhetisch wirkenden Kleingartenkolonien vom Flugzeug aus einen großartigeren Anblick als alle übrigen Teile des Stadtbildes. Die großen grünen Flächen, durch die schnurgeraden Wege gleichsam kariert, sind, wie jeder Fluggast bestätigen wird, in ihrer Wirkung einzigartig"[168].

---

verschiedener Staatspreismedaillen für die im selben Jahr durchgeführte Kleingartenausstellung im Amt Ritzebüttel.
163 StAHH. Landherrenschaften XXII A 18 Bd. 1: Bedingungen für die Vergebung des Wanderpreises der Baubehörde. Einen Überblick über das Verfahren in Dresden bietet: Arthur Hans, Kleingärten als Schmuck, nicht als Unzierde des Ortsbildes, in: Gesundheit 43 (19) (1918), Sp. 293-298.
164 Hamburger Anzeiger v. 17.9.1929.
165 StAHH. Senat. Cl. VII Lit. Cb No. 5 Vol. 12b Fasc. 57 Inv. 7f: Schreiben des Gauverbandes an den Senat v. 25.4. 1925.
166 StAHH. FD IV DV V c 8c IV: Protokoll des KGB v. 25.11.1926, 2.
167 Ebd. und Jahresbericht (121) 1926, 87.
168 Jahresbericht (121) 1927, 91.

Der Kampf um den Dauer(klein)garten

8.5. Dauergärten in Hamburg.

8.5.1. *Der Standpunkt des Senats, der betroffenen Behörden und die Haltung der Städtebauer.*

Während des Kaiserreichs war die Position des Senats und der für Kleingartenfragen weitgehend allein zuständigen Finanzdeputation zur Dauergartenfrage grundsätzlich ablehnend. Als der Bürgerschaftsabgeordnete der Vereinigten Liberalen, Hey, Anfang 1911 anregte, die FD möge den Familiengärten der PG längere Pachtzeiten einräumen, lehnte der Senatssprecher, der Präses der FD, Senator Arnold Diestel, selbst dieses Ansinnen ab, „weil unsere Stadt in einem Maße und mit einer Schnelligkeit wächst, daß das, was heute noch als Schrebergärten verwendbar ist, in zwei oder drei Jahren erbarmungslos der Bebauung anheimfällt"[169]. Diese ausschließlich am Städtebau orientierte Einstellung fand ihre boden- und planungsrechtliche Grundlage im Bebauungsplangesetz von 1892, das Klein- oder Schrebergärten gleich welcher Art nicht einmal erwähnte[170].

Diese planungsrechtliche Ignoranz änderte sich mit dem Inkrafttreten des novellierten BPG vom 31.10.1923. Der im Zuge des grünpolitischen Wertewandels erheblich erweiterte § 1 BPG, der die Grundzüge der gesetzgeberischen Intention umriß, lautete nun: „Der Bebauungsplan trifft die für eine zweckmäßige Bebauung des Stadtgebiets erforderlichen Bestimmungen. Er bezeichnet die für öffentliche Anlagen, wie Straßen, Plätze, Kanäle, Brücken, Park- und Grünanlagen, Spielplätze, öffentliche Gebäude, Verkehrsanlagen, sowie die für Pachtgärten und dauernd zu Wald-, Wiesen- oder landwirtschaftlicher Benutzung bestimmten Bodenflächen und setzt die Straßenhöhen fest"[171]. Im Prinzip schien der Streit um die Einbeziehung von Dauergärten in die Bebauungspläne damit entschieden. So sah es zumindest die der Baubehörde unterstellte Abteilung für Städtebau und Stadterweiterung[172]. Wie wenig dieses Zugeständnis für die städtebauliche Praxis bedeutete, ließ allerdings die Tatsache erkennen, daß der Begriff des Pachtgartens im Gesetzentwurf gar nicht enthalten gewesen war, sondern erst auf Wunsch der Bürgerschaft nachträglich in das Gesetz aufgenommen

---

169 Stenographische Berichte über die Sitzungen der Bürgerschaft zu Hamburg: 9. Sitzung v. 22.2.1911, 244.
170 BPG v. 30.12.1892, in: Gesetzessammlung der Freien und Hansestadt Hamburg, Bd. 29 (1892), 296–306.
171 Hamburgische Gesetze und Verordnungen, hg. v. A. Wulff, Bd. 2, 3. Aufl. Hamburg 1928/29, 439.
172 StAHH. Senat. Cl. VII Lit. Cb No. 5 Vol. 12b Fasc. 57 Inv. 7c: Schreiben der BD. Hochbauwesen. an den Senatsreferenten v. 31.1.1925.

wurde[173] – für Kenner der Materie ein untrügliches Indiz der unverändert ablehnenden Haltung des Senats.

In der Tat ließ sich das neue BPG im Hinblick auf die Ausweisung von Dauerkleingärten – genauso wie Art. 155 WRV – nur als lex ferenda, keineswegs als lex lata lesen. Ob und in welchem Umfang Dauergärten ausgewiesen wurden, ergab sich damit nicht unmittelbar aus dem Gesetz, sondern erst mittelbar aus der ortsgesetzlichen Festlegung der einzelnen Bebauungspläne. Die Fixierung von Dauerland geriet damit unweigerlich zu einem kommunalpolitischen „Dauerbrenner", der bei jeder einzelnen Bebauungsplanung erneut „angeheizt" wurde, zumal das Dauergartenproblem auch in Hamburg mit der politisch hochbrisanten Enteignungs– und Entschädigungsfrage verknüpft war. Ihre Regelung durch die BPG–Novelle von 1923 bildete zugleich ein weiteres Indiz für die fortbestehende Abwehrhaltung des Senats. Der in den §§ 25 bis 32 und hier vor allem durch die §§ 27 und 28 BPG geregelte Komplex[174] erkannte nämlich in divinatorischer Vorwegnahme des späteren Reichsgerichtsurteils in Sachen Bethge[175] schon damals die nutzbringende (spätere) Bebauung als rechtswirksame Eigenschaft eines Grundstücks prinzipiell an und legte damit vor jede (mögliche) Enteignung eine schier unüberwindliche Entschädigungshürde.

In der Praxis blieb damit als potentielles Dauergartenland nur der von der FD eifersüchtig gehütete Staatsgrund übrig. Seiner Vergabe zum Zweck der Dauerkolonisation stand die FD jedoch aus grundsätzlichen Erwägungen ablehnend gegenüber. In einem Sitzungsbeschluß vom 18.11.1928 erklärte die FD, „daß das Interesse der Schrebergärtner dem allgemeinen Interesse gegenüber zurücktreten müsse", da die Nahrungsmittelknappheit der Nach– und Kriegszeit überwunden sei und „in anderer Weise als früher, insbesondere in den neuen Bebauungsplänen allgemein Grün– und Sportplätze vorgesehen seien, und daß auch in den Baublöcken selbst sehr große Grünflächen entständen"[176].

Im Gegensatz zur FD standen die Baudeputation und das ihr unterstellte Gartenwesen der Ausweisung von Dauergärten positiv gegenüber. In seiner 1925 verfaßten Denkschrift über die Eingliederung von Dauergärten in den Bebauungsplan hat der Leiter der Hamburger KGD diese Haltung ausführlich begründet. Rosenbaum ließ sich dabei von dem allgemein verbreiteten Krisen–Bewußtsein leiten, daß nur eine Rückkehr von der städtischen Zivilisation zur

---

173 Hamburgische Gesetze (171), 441.
174 BPG v. 31.10.1923, in: Hamburgische Gesetze (171), 456ff.
175 Siehe hierzu: Deutsche Akademie für Städtebau, Reichs– und Landesplanung, Richtlinien für die Ordnung und Beschaffung von Grünflächen in der Stadt– und Landesplanung, in: Raumforschung und Raumordnung 3/4 (1943), 102.
176 StAHH. Senat. Cl. VII Lit. Cb No. 5 Vol. 12b Fasc. 57 Inv. 7h: Sitzungsbeschluß der FD v. 18.11.1928, 6.

Horti–Kultur auf dem Wege der Wiederverbindung des Großstadtmenschen mit der natürlichen Lebensweise „eine Gesundung unseres Staatslebens" möglich mache[177]. Ein wichtiges Element der in diesem Zusammenhang geforderten Auflockerung und Durchgrünung der Großstadt bildete für ihn der Dauerkleingarten, der die bestehenden „Nomadengärtchen" in echte „Heimatgärten" verwandeln, die jährlichen, zwischen 300 und 500 Fällen liegenden Räumungen beenden und die Kolonisten im Fall von Arbeitslosigkeit, Streik oder Aussperrung vor Not und Untätigkeit bewahren sollte. Zur Umsetzung dieses Programms forderte Rosenbaum eine Fläche von 1.000 ha, die in 25.000 Kleingärten à 400 qm aufgeteilt werden sollte. Das auszuweisende Gelände sollte sowohl Hamburger als auch preußisches Gebiet einbeziehen und damit zugleich einen Beitrag zur Lösung der Groß–Hamburg–Frage leisten. Ihrer Rechtsform nach waren die Gärten teils als langfristig verpachtete Zeitgärten, teils als bebauungsplanmäßig ausgewiesene Dauergärten geplant, die im Gegensatz zu Preußen freilich nicht nach dem Reichsheimstättengesetz, sondern in Erbpacht vergeben werden sollten. Für ihre Eingliederung ins Stadtbild faßte Rosenbaum vier Möglichkeiten ins Auge: die Angliederung an öffentliche Grünflächen im Sinne der Volksparkkonzeption von Harry Maass, die Errichtung im Innern von Baublocks, die Erstellung in aufzuteilenden Grünstreifen und die selbständige Anlage anstelle von Schmuckgärten. Alle Flächen sollten – wie andere Grünanlagen auch – von Staats wegen erstellt, einheitlich gestaltet und der Baupflege unterstellt werden. Dieses Projekt hat das Gartenwesen nicht nur öffentlichkeitswirksam verbreitet[178], sondern auch in der eigenen Behörde verfochten und schließlich gegen den Widerstand des konsultierten FD–Vertreters Max Schultz–Melow im Sommer 1929 durchgesetzt[179]. Welche praktische Bedeutung dieser Entscheidung zukam, stand allerdings nicht nur wegen der zwischenbehördlich umstrittenen Finanzierungsfrage dahin, sondern ebensosehr wegen der unterschiedlich eingeschätzten Umsetzungsmöglichkeiten im Rahmen der städtebaulichen Planung.

Eine Schlüsselrolle fiel damit den einflußreichen Vertretern des Weimarer Reformwohnungsbaus zu, denen auch der Hamburger Oberbaudirektor Fritz Schumacher angehörte. Was diese „Prominenten" vom Dauergarten hielten, hat Leberecht Migge 1925 für die von ihm herausgegebene „Siedlungs–Wirtschaft" mit Hilfe einer fünfteiligen Umfrage erfaßt und anhand von 19 eingegangenen Rückmeldungen dokumentiert[180]. Dieser Aufstellung zufolge wurde der Wunsch

---

177 StAHH. FD IV DV V c 8c IV: Denkschrift Rosenbaum. Alle folgenden Zitate ebendort.
178 Otto Linne, Dauerkleingärten, in: Unser Garten (148), 21f.
179 StAHH. Protokolle der I. Sektion der BD, B 98, Bd. 211: Sitzung v. 20.9.1929.
180 20 Städtebauer zum Dauergarten–Problem, in: Siedlungs–Wirtschaft 3 (4) (1925), 170–175 u. 3 (5) (1925), 207–214.

nach Dauergärten prinzipiell durchweg bejaht, die planerische Umlegung der vielfach spontan besiedelten, oft verstreut liegenden Kleingartenflächen mit großer Mehrheit anerkannt und auch die Notwendigkeit einer gärtnerischen Ausgestaltung der Kolonien überwiegend positiv beantwortet, während die Fragen nach der Finanzierung und der voraussichtlichen städtebaulichen Zukunft der Dauergärten eher negativ eingeschätzt wurden. In der leidigen Finanzierungsfrage entfielen von 17 eingegangenen Antworten elf auf unterschiedlich gewichtete Formen der Mischfinanzierung, drei auf eine vorwiegend kleingärtnerische Selbstfinanzierung und drei auf eine staatliche bzw. kommunale Fremdfinanzierung. Was die städtebauliche Perspektive des Dauergartens betraf, erbrachten 18 eingetroffene Rückmeldungen nur vier positive, acht bedingt positive, vier bedingt negative und zwei ausgesprochen negative Voten[181]. Ausgerechnet in den beiden für die Existenzgründung und -sicherung von Dauergärten entscheidenden Fragen nahmen die Fachleute damit eine für die Kleingärtner zumindest problematische Haltung ein. Selbst ein so warmherziger Freund der Kolonisten wie der Altonaer Oberbaurat, Senator Gustav Oelsner, der alle fünf Fragen wenigstens bedingt mit ja beantwortet hatte, konnte sich Dauerkleingärten „bis auf wenige, besonders zu gestaltende Ausnahmen auf öffentlichen Plätzen größerer Weitläufigkeit nur im *Innern großer Baublöcke* oder eingebettet in grünen Anlagen der Stadt" vorstellen. Diese restriktive Einstellung zum Dauergarten als selbständigem städtebaulichen Element entsprang bei Oelsner der auch von vielen Kolonisten vertretenen Überzeugung, daß der Kleingarten im Grunde nur „ein(en) *Notbehelf* gegenüber dem eigentlichen Hausgarten" darstelle[182].

Auch wenn dieser Einwand objektiv darauf hinauslief, die tagespolitische Hauptforderung der Kleingärtner nach Dauerpachtland durch ihren utopischen Herzenswunsch nach Eigenland in Frage zu stellen, blieb er in der Dauergartendebatte ohne Widerhall. Hier dominierten eindeutig pragmatische Bedenken, wie sie der Hamburger Oberbaudirektor Fritz Schumacher hegte. Obwohl auch Schumacher „*den Menschen der Natur wieder näher zu bringen*" suchte, betonte er doch, bei allem Willen, den Dauergärten eine „Organisationsform" zu geben, „die aus der Anlage *sozial und praktisch alles herausholt, was möglich ist*", ihre elementare Abhängigkeit von den jeweiligen kommunalen Umständen. In den Ohren der Hamburger Kolonisten mußte es daher wie ein böses Omen klingen, wenn der Oberbaudirektor in diesem Zusammenhang feststellte: „In *Hamburg* (...) liegen die Verhältnisse praktisch *ganz anders wie in Köln*"[183].

---

181 Alle Angaben nach: Ebd., 213.
182 Ebd., 210. Hervorhebungen i.O. gesperrt.
183 Ebd., 171. Hervorhebungen i.O. gesperrt.

Dabei war Schumacher kein geringerer Kleingartenfreund als sein Altonaer Kollege Oelsner. Auf jeden Fall wollte er die Kleingärten ihrem „Ahasverus-Dasein"[184] nach Möglichkeit entreißen und „Pachtgarten-Gruppen" in den künftigen Bebauungsplänen dauerhaft fixieren[185]. Was Schumacher von anderen (bedingten) Dauergartenbefürwortern unterschied, war das klarere Problembewußtsein der rechtlichen und wirtschaftlichen Hindernisse, die einer Lösung der Dauergartenfrage im Wege standen: „Die Stadt, die dieses Gelände erwerben müßte, könnte selbst bei gewaltiger Steigerung der gegenwärtig außerordentlich bescheidenen Pachtpreise niemals eine Verzinsung der Bodenwerte erreichen, sie würde also den ewigen Garteninhabern auf Kosten der Allgemeinheit ungerechtfertigte Geschenke machen. (...). Die Stadt wird infolgedessen im allgemeinen nur in der Lage sein, das Bedürfnis mit solchen Teilen ihres Grund und Bodens zu befriedigen, die noch unerschlossenen landwirtschaftlichen Charakter tragen"[186]. Diese am Allgemeinwohl orientierte, vom Bodenwert und seiner Verzinsung ausgehende Konzeption hatte Schumacher in seinem, während der Amtszeit Konrad Adenauers verwirklichten Generalbebauungsplan für Köln unter der bodenreformerisch günstigen Voraussetzung des „Gesetz über Enteignungsrecht von Gemeinden bei Aufhebung oder Ermäßigung von Rayonbeschränkungen" vom 27.4.1920 nach Kräften umgesetzt[187]. Die Kölner Dauergärten lagen folglich, den mit steigender Entfernung vom Stadtzentrum fallenden Bodenpreisen entsprechend, vorzüglich im „äußere(n) Rayongebiet" des ehemaligen Festungsgürtels, wo sie den „Ausklang der Stadt" gegen das Umland ästhetisch markierten[188].

Derart günstige Arbeitsbedingungen wie in Köln fand Schumacher in Hamburg freilich nicht, da sich die Auflassung der einstigen Befestigungen (und ihrer Vorfelder) hier längst nicht mehr stellte und sich die Ausweisung von Dauerkleingärten noch dazu mit der Lösung der leidigen Groß-Hamburg-Frage verknüpfte. In einem behördeninternen Vortrag erklärte der Oberbaudirektor denn auch, daß es „nicht möglich (sei), den Wünschen der Kleingärtner in vollem Umfange gerecht zu werden, weil das hamburgische Stadtgebiet bereits baulich

---

184 F. Schumacher, Köln. Entwicklungsfragen einer Großstadt, Köln 1923, 129.
185 Ders., Grünpolitik der Großstadt-Umgebung, in: Conférence internationale de l'aménagement des villes, P.1 Rapports, Amsterdam 1924, 95ff.
186 Ders., Köln (184), 129.
187 Ebd., 113. Einen Vorläufer dieser Art der Kleingartenbereitstellung bildete die von Wilhelm Hahn geschaffene Kolonie, die 1915 im „militärischen Schutz" der Befestigungen von Rüstringen-Wilhelmshafen entstand. Quelle: W. Hahn, Eine Schrebergartenanlage in der Kriegszeit, in: Technisches Gemeindeblatt 17 (24) (1915), 361ff.
188 Schumacher, Köln (184), 129. Eine solche Randlage bezeugen auch: Lemmer (152), 21 für Remscheid; Leibig (157), 81 für Duisburg.

erschlossen und der verbleibende Rest auch für andere wichtige Belange (Wohngebiete, Grünflächen, Spielplätze usw.) zu verwenden sei". Trotz dieser Vorbehalte teilte Schumacher mit, daß in den Bebauungsplänen Dauergartenland für das Gebiet nördlich des Stadtparks sowie im Norden Barmbeks vorgesehen sei und stellte in Aussicht, daß auch in Farmsen, Hamm und Horn, Langenhorn und Billwerder Dauergärten ausgewiesen werden könnten[189]. Wie ernst der Oberbaudirektor es mit der Bereitstellung von Dauerland meinte, zeigte seine Erwiderung auf den oben zitierten Sitzungsbeschluß der FD vom 18.11.1928, der seiner Meinung nach „jede Kleingartenpolitik in Hamburg unmöglich" machte. In diesem Zusammenhang wies Schumacher erneut mit allem Nachdruck darauf hin, daß es sich bei der Kleingartenfrage „um ein dringendes öffentliches Bedürfnis handel(e), und Hamburg Gefahr laufe, die Bewegung als einzige Großstadt Deutschlands ersticken zu lassen"[190]. Schumacher setzte daher alles daran, die Lösung der Dauergartenfrage voranzutreiben. Ende 1929 hatte die Städtebauabteilung rund 121 ha Dauerflächen projektiert, von denen 6,3 ha in Horn–Geest nahe der Wandsbeker Grenze, 3,6 ha in der Horner Marsch an der Güterumgehungsbahn, 39 ha im nordöstlichen Teil Langenhorns, 6,3 ha am Barmbeker Rübenkamp, 11,5 ha an der Tarpenbeckniederung in Groß Borstel, 4,3 ha in Winterhude südlich der Hochbahn und 50 ha im Farmsener Moor lagen[191].

Die in Aussicht genommenen Flächen, die für etwa 3.000 Parzellen von jeweils 400 qm Größe ausgereicht hätten, lagen damit durchweg in grenznahen Stadtrandlagen und dort auf typischen Restflächen wie Bahnbegleitgrünstreifen oder Unland wie Bachniederungen und Moorgebieten. Auch wenn diese Planvorhaben in dieser Form nie verwirklicht worden sind, spiegeln sie doch die für Schumacher kennzeichnende Konzeption einer sozialpolitischen Diagonale, die das Interesse der Allgemeinheit und die Wünsche einer Interessengruppe ebenso zu vermitteln suchte wie fiskalische und hortikulturelle Rentabilität. Die glückliche Idee, die Kolonien als strukturierenden Grenzsaum dem Stadtbild zu integrieren, um Stadt und Land auf markante Art (neu) zu scheiden und das regellose „Ausfransen" des urbanen Siedlungsrandes wenigstens tendenziell einzuschränken, tat dabei ein übriges, die Dauerkolonien funktionsästhetisch einzubinden und aufzuwerten.

Diese wohlwollende, ebenso realitätstüchtige wie gedanklich anspruchsvolle Konzeption fand nicht nur in den Vertretern des Gartenwesens, sondern auch im Präses der Baubehörde, dem seit 1924 der DVP angehörenden Senator Max

---

189 StAHH. Protokolle der I. Sektion der BD, B 98, Bd. 206: Sitzung v. 12.3.1925.
190 StAHH. Senat. Cl. VII Lit. Cb No. 5 Vol 12b Fasc. 57 Inv. 7h: Stellungnahme Schumachers v. 15.11.1929.
191 Ebd.: Stellungnahme des Ingenieurwesens und der Hochbauabteilung der BD v. 24.12.1929.

Schramm[192], engagierte Fürsprecher, die aus ihrer Haltung auch in der Öffentlichkeit keinen Hehl machten. Bei der Eröffnung der vom 30.8. bis zum 7.9.1924 vom Hamburger Gauverband des RVKD veranstalteten Kleingartenausstellung „Unser Garten", die nicht von ungefähr unter dem Motto des Dauergartens stand[193], stellte sich der als „Schutzherr" fungierende Schramm öffentlich auf die Seite der Kolonisten[194]. Zwar betonte auch er, daß es die Flächenstruktur des Stadtstaates in Verbindung mit der noch immer herrschenden Wohnungsnot nicht zulasse, Dauerland in größerem Umfang bereitzustellen, doch versprach der Senator gleichwohl, Dauerkleingärten in die zukünftigen Bebauungspläne aufzunehmen, und avisierte in diesem Zusammenhang die Schaffung einer ersten Dauerkolonie am Rübenkamp. Diese bedingte Zusage wurde von den Kleingärtnern verständlicherweise als politisches Versprechen gewertet und in einem geschickten Dankschreiben an den Senat postwendend aktenkundig gemacht[195].

Wie ernst diese Zusage nun allerdings auch immer gemeint (gewesen) sein mochte –, den Widerstand der FD und des Senats thematisierte sie nicht. In gewisser Weise glich das Versprechen Schramms daher dem Versuch, den internen Behördenstreit durch „Flucht" an die Öffentlichkeit zu entscheiden. Dieses Vorgehen erzeugte jedoch, wie die ein Jahr später stattfindende Kleingärtnerversammlung im Conventgarten zeigte, ein eher zweischneidiges Echo. Zwar wurde der ohnehin schon fragwürdige Ruf der FD bei den Kolonisten endgültig untergraben, doch setzte die Zusage die BD zugleich unter einen, vom anwesenden RVKD-Vizevorsitzenden Reinhold unverzüglich angemahnten Zugzwang, den die Behörde aus eigener Machtvollkommenheit unmöglich einlösen konnte[196]. Abgesehen von der noch zu schildernden Good-will-Aktion am Rübenkamp blieb der Dauergarten im Hamburg der Weimarer Jahre daher eine bloße Wunschvorstellung. Weit entfernt, sich von der Initiative der BD überzeugen zu lassen, machte sich der Senat vielmehr den Beschluß der FD vom 18.11.1928 zu eigen und sprach sich am 24.2.1930 grundsätzlich gegen jede (weitere) Festle-

---

192 Zu Schramm siehe: Otto Rautenberg u. Fritz Schumacher, Die Hamburgische Baudeputation unter Bürgermeister Schramm, in: ZHG 45 (1959), 93–103 und den Nachruf, in HKP 6 (1928), 3.
193 Unser Garten (148); Rosenbaum, Die Ausstellung „Unser Garten" in Hamburg, in: Kleingartenbauausstellungen, Frankfurt/M. 1926, 47–62 (Schriften des RVKD 10).
194 Hamburgischer Correspondent v. 31.8.1924.
195 StAHH. Senat. Cl. VII Lit. Cb No. 5 Vol. 12b Fasc. 57 Inv. 7c: Schreiben des SKBH an den Senat v. 30.9.1924.
196 Hamburger Echo v. 27.6.1925. Siehe auch: Rosenbaum, Falsche Einstellung, in: HKP 6 (1927), 4ff.; Ebd., 7: Besprechung mit Vertretern der bürgerschaftlichen Fraktionen.

gung von Dauergärten aus[197]. Diese Entscheidung war nicht nur das Resultat des fortdauernden Behördenstreits zwischen BD und FD, den der Senat – noch dazu unter den erschwerten Bedingungen der Weltwirtschaftskrise – wohl oder übel zu entscheiden hatte, sondern zugleich das Ergebnis der parallel laufenden parteipolitischen Auseinandersetzungen in einer zunehmend paralysierten Bürgerschaft.

8.5.2. Der Standpunkt der Bürgerschaft und der in ihr vertretenen Parteien.

Die historisch ältesten und zugleich wärmsten Dauergartenbefürworter im Hamburger Parlament waren die Abgeordneten der Vereinigten Liberalen bzw. der aus ihnen hervorgegangenen DDP. Bereits am 11.3.1914 brachte die damals von Carl Mönckeberg geführte Fraktion den Antrag ein, „daß in den neu entstehenden Bebauungsplänen nach Möglichkeit für die Anlegung von Laubenkolonien und Familiengärten größere Flächen dauernd freigehalten werden"[198]. Wie schon beim Vorstoß Hey aus dem Jahre 1911 war es auch hier Senator Diestel, der dem Ansinnen sofort Paroli bot. Obwohl der zuständige Senatskommissar ebenso wie die Antragsteller davon überzeugt war, daß die Stadt in Zukunft erheblich mehr Grünanlagen schaffen müsse, lehnte er es doch entschieden ab, diese Flächen in Form von Laubenland auszuweisen: „Damit entzieht man diese Grünplätze dem Allgemeinwohl und weist sie einzelnen Glücklichen zu, die sich rechtzeitig gemeldet oder höhere Preise geboten haben oder irgendwie sonst bevorzugt sind"[199]. Der seinerzeit in Planung begriffene „Hammer Park" bot Diestel die Gelegenheit, seine Auffassung beispielhaft zu begründen: „Auf diesen 15 Hektar (...) können etwa 400 Gärten à 300 Quadratmeter hergestellt werden. Wäre damit den Wünschen der Bevölkerung irgendwie Genüge getan? (Lebhafte Rufe: Nein!) Ich glaube sicher, die Hammer würden sagen: 'Wir wollen diesen Platz für alle haben und nicht nur für die 400 Personen, die in der glücklichen Lage sind, diese Pacht zu bezahlen'"[200].

Obwohl dieser Einwand, der nicht zuletzt vom Sprecher der SPD–Fraktion, dem Vorsitzenden des „Deutschen Bauarbeiterverbandes", Friedrich Albert Karl Paeplow, unterstützt wurde[201], Mönckeberg und Genossen bewog, ihren Antrag

---

197 StAHH. Senat. Cl. VII Lit. Cb No. 5 Vol. 12b Fasc. 57 Inv. 7h: Protokoll der Besprechung zwischen FD und BD v. 13.6.1931.
198 Stenographische Berichte über die Sitzungen der Bürgerschaft zu Hamburg: 12. Sitzung v. 11.3.1914, 365.
199 Ebd., 368.
200 Ebd., 369.
201 Ebd.

zurückzuziehen, um „die Sache bei passender Gelegenheit genauer zu motivieren"[202], ließ er doch einen Aspekt des Problems vollkommen außer Acht: Wer die Ausweisung privat genutzter Pachtgärten aus öffentlichem Interesse ablehnte, hätte sich ehrlicherweise auch fragen müssen, ob die Einzäunung privater Hausgärten die Allgemeinheit nicht in weit größerem Ausmaß von den „Lungen der Großstadt" abschneide als die weit weniger umfangreichen, zumindest teilweise zugänglichen Laubenkolonien. Im Endeffekt begründeten Grundeigentum und Dauerpachtbesitz nämlich ein vergleichbares Privileg. Welche Rechtsform diese Exklusivität im Einzelfall annahm, konnte der ausgesperrten Allgemeinheit egal sein. Diese Verschränkung der Dauergartenfrage mit der Eigentumsproblematik schwang in der Debatte freilich nicht einmal mit. Weder Mönckeberg noch Diestel oder Paeplow wagten es, diesen „Löwen" unter den Tagesfragen zu wecken und seinen „Löwenanteil" am städtischen Grund und Boden in Frage zu stellen.

Erst reichlich zehn Jahre später sah sich die Bürgerschaft veranlaßt, erneut zum Dauergartenstreit Stellung zu nehmen. Wieder waren es die Liberalen, die das Problem thematisierten und die im Parlament vertretenen Parteien zwangen, ihre Haltung zum Hauptanliegen der organisierten Kleingärtnerschaft öffentlich darzulegen. Am 11.11.1925 ersuchte der DDP-Abgeordnete Meuthen den Senat:
- die Bebauungspläne daraufhin nachprüfen zu lassen, inwieweit vorhandene Kleingartenkolonien als Dauergärten erhalten werden können,
- bei den noch in Bearbeitung befindlichen Bebauungsplänen Dauergärten in ausreichendem Maße vorzusehen[203].

In seiner Antragsbegründung berief sich Meuthen sowohl auf den volkstümlichen Charakter der Kleingartenbewegung, die sich seiner Kenntnis zufolge allein in Hamburg auf etwa 40.000 Kolonisten belief, als auch auf das von den Kleingärtnern selbst immer wieder angemahnte Verfassungsversprechen von Art. 155 WRV, der allen deutschen Familien eine Wohn- und Wirtschaftsheimstätte in Aussicht stellte. Darüber hinaus betonte der Antragsteller, daß „derjenige, der mit der Mutter Erde in Berührung kommt, (...) ein (...) zufriedeneres Mitglied der Volksgemeinschaft ist als derjenige, der (...) seine Zeit verbringen muß in seiner (...) engen und zum Teil ungesunden Stadtwohnung" und rühmte einmal mehr die gesundheitlichen Wohlfahrtswirkungen von Dauergärten als Erholungsinseln im „Steinhäusermeer"[204].

---

202 Ebd., 370.
203 Ebd.: 37. Sitzung v. 11.11.1925, 807.
204 Ebd., 808f.

Dieses stereotyp motivierte „Ersuchen" wurde von den Rednern der anderen Fraktionen[205], mit Ausnahme des KPD–Sprechers Bussow, dem die Lösung der Dauergartenfrage nur durch die Erlösung der „deutschen Arbeiterschaft" vom kapitalistischen „Sklavenjoch" möglich schien[206], in ihren Grundzügen akzeptiert[207], da Meuthens Ansinnen fürs erste keine praktischen Folgerungen beinhaltete. Im Prinzip bildete das bürgerschaftliche Dauergartenvotum daher bloß eine Bekundung des guten Willens. Der am 8.5.1929 begründete bürgerschaftliche Schrebergartenausschuß bemühte sich folglich darum, den Beschluß des Jahres 1925 rechtsverbindlich auszugestalten, zumal die 1926 geschaffene Dauerkolonie „Fortschritt und Schönheit" erwartungsgemäß ein bloßer Ausnahmefall geblieben war. Zur Überraschung der von Karl Georg Rosenbaum geführten Ausschußmehrheit wurde dieser Versuch freilich von Teilen der SPD von Beginn an bekämpft. Die Ablehnungsfront, die bekanntlich auch die Kündigungs– und Entschädigungsmodalitäten in Frage stellte, bestand erneut aus den führenden sozialdemokratischen Wohnungsbaupolitikern Bannwolf, Ehrenteit und Paeplow, die die Kleingärten im Gegensatz zu ihrem Parteifreund Lehmann, der von 1922 bis 1927 Vorsitzender des Hamburger Gauverbandes gewesen war, in erster Linie als potentielles Bauland betrachteten und jede planerische Behinderung wie jede finanzielle Belastung der von ihnen verantworteten, gemeinnützigen Bautätigkeit ablehnten. Obwohl sich die Gruppe der Wohnungsbaupolitiker weder im Ausschuß noch im Parlament durchsetzen konnte, blieb ihr Widerstand erfolgreich. Zwar forderte die Bürgerschaft den Senat am 26.11.1930 auf Antrag der Ausschußmehrheit auf, „langfristig gesicherte staatliche Pachtgärten in den Bebauungsplänen festzulegen und ihre Anlage, einschließlich der erforderlichen Lauben, staatsseitig auszuführen"[208], doch verstand sich die Stadtregierung in ihrer bereits zitierten Mitteilung vom 11.4.1932 in Anbetracht des „Raummangel(s) der Stadt" nur zu einer allgemeinen Bekundung ihres Wohlwollens. Da der mittlerweile nur noch geschäftsführende Senat angesichts der parlamentarischen Mehrheitsverhältnisse zu nichts mehr gezwungen werden konnte, hielt auch die parteipolitisch längst vollkommen anders zusammengesetzte Regierung an der traditionellen, schon in der Vorkriegszeit gewonnenen Überzeugung fest, daß das von Preußen gleichsam „eingekreiste" Hamburg keine Grundlage für eine aktive Dauergartenpolitik biete.

---

205 Ebd., 809–815.
206 Ebd., 813.
207 Ebd., 815.
208 Ebd.: 24. Sitzung v. 26.11.1930, 1020 u. 1024.

8.5.3. Die Dauergartenbestrebungen der Hamburger Kleingärtner.

8.5.3.1. Kaufkolonien als verbandspolitische Alternative?

Spätestens in der Weimarer Republik ließ sich der kleingärtnerische Herzenswunsch, dem Laubenparadies Dauer zu verleihen, auf unterschiedlichen Wegen verwirklichen. Neben der bebauungsplanmäßigen Festlegung von Dauerkolonien und der Errichtung von Heimstättengärten bot sich als dritter Zugang von alters her der marktwirtschaftliche „Tugendpfad" des Landkaufs an. Er machte den „heimatlosen" Parzellenbesitzer zum einheimischen Grundeigentümer und befreite ihn durch die Zauberkraft der Waren–Metamorphose zugleich von der Abhängigkeit vom Verpächter wie vom Wohlwollen des Staates. Der „neugeborene" Kaufkolonist verließ damit freilich die angestammte Lebenswelt des Kleingärtners und wurde Eigenheimer. Die Haltung des RVKD zum Eigentumskolonisten war daher zwiespältig. Zwar verwirklichte der Kaufkolonist das auch vom Verband angestrebte Ideal des Hausbesitzers mit Garten, doch tat er das gleichsam hinter dem Rücken der Organisation in Form eines individuellen Aufstiegs, der nur einer Minderheit von bessergestellten Kolonisten offenstand[209].

Obwohl der Erwerb von Kleingärten infolgedessen als Verbandsstrategie einer demokratischen Massenorganisation eigentlich ausschied, gab es in der Kleingartenbewegung spätestens seit dem Ende des Ersten Weltkriegs eine Strömung, die den Landkauf für den „Königsweg" auf dem Marsch ins Dauerparadies hielt. Auf europäischer Ebene vertrat vor allem die „Ligue belge du Coin de Terre et du Foyer" diesen Standpunkt[210], doch auch in Deutschland gab es vereinzelte Stimmen, die sich für diese Lösung stark machten[211]. In Hamburg wurde diese Position pikanterweise von Karl Georg Rosenbaums späterem Amtskollegen, Garteninspektor Georg Goppelt, vertreten. Der damalige (nebenberufliche) Schriftleiter des KBH–Organs „Der Kleingarten" plädierte bereits 1918 dafür, Daueranlagen nicht durch Bebauungsplan, sondern durch Geländekauf sicherzustellen, da weder die Stadt noch die preußischen Stadtrandgemeinden ein echtes Interesse an Dauergärten besäßen[212].

---

209 Siehe hierzu etwa: Bruhns (56), 37.
210 Siehe hierzu die Ausführungen von Joseph Goemaere und Nicolas Crutzen, in: 2. Internationaler Kongreß der Kleingärtnerverbände und 7. Reichs–Kleingärtnertag. Essen 1929. Verhandlungsbericht, Frankfurt/M. o. J., 14 u. 66 (Schriften des RVKD 18).
211 Zu ihnen gehörte: Bruhns (56), 37ff.
212 G. Goppelt, Das Siedlungswesen des Kleingartenbundes, in: Der Kleingarten 9 (1918), 129ff.

In der Tat hatte der KBH bereits 1917 je eine Kaufkolonie in Eidelstedt und in Volksdorf ins Leben gerufen, die den Gedanken der Stadtrandsiedlung im Kreise der Kolonisten verbreiten sollten[213]. Obwohl die Initiative, zu der sich Anfang 1918 eine dritte Eigenheimsiedlung in Ochsenzoll gesellte[214], im Sommer desselben Jahres zur Gründung eines vom KBH aus der Taufe gehobenen „Eigenheimsiedlungs–Sparvereins" führte, der 1918/19 zwei weitere Siedlungen in Schnelsen und Bramfeld in Angriff nahm[215], entpuppten sich die Bestrebungen schnell als Strohfeuer. Im Laufe der Weimarer Republik kamen nur noch sechs weitere „Settlements" hinzu: 1925 Hummelsbüttel und Oststeinbek sowie zwischen 1930 und 1932 Poppenbüttel, Ahrensburg, Lokstedt und Wandsbek[216]. Zumindest in Hamburg erwies sich die Kaufkoloniebewegung damit in noch weit stärkerem Maße als die Kleingartenbewegung als individueller, nur wenigen Kolonisten zugänglicher Ausweg aus einer makro–ökonomischen Talsohle. Das schnelle Stagnieren der Kaufkolonieinitiative der Nachkriegszeit veranlaßte Emil Lehmann daher bereits Anfang 1922 zu einem Gegenplädoyer zugunsten des Dauergartens. Sein Haupteinwand gegen die Bestrebungen der Kaufkolonisten fußte auf der Befürchtung, daß ihre Aktivitäten zu einer sozialen Spaltung der Kleingartenbewegung in Kleineigentümer und „Habenichtse" führen werde. Lehmann plädierte daher dafür, Kaufkolonien bloß in Ausnahmefällen und auch dann nur in Form verbandlichen Kollektiveigentums anzuschaffen[217]. Dieser Vorschlag, der jede individuelle Selbsthilfe zugunsten der verbandspolitischen Geschlossenheit verwarf, konnte sich angesichts des Stillstands der Kaufkoloniebestrebungen problemlos durchsetzen, zumal auch der RVKD, dessen erweiterten Vorstand Lehmann ab 1921 angehörte[218], seit seiner Gründung der bebauungsplanmäßigen Ausweisung von Dauergärten eindeutig den Vorzug vor

---

213 Ders., Kleingartenbau auf Eigenland, in: Der Kleingarten 15 (1917), 231–235 und Ders., Kleingartensiedlung Eidelstedt, in: Ebd. 17 (1917), 257ff.
214 Kleingartenbau auf Eigenland, in: Der Kleingarten 4(1918), 50–54.
215 Goppelt, Die Siedlungen des Eigenheimsiedlungs–Sparvereins, in: Der Kleingarten 3 (1919), 37–41.
216 Angaben aus: Amtsgericht Hamburg: Vereinsregister des Amtsgerichts Hamburg Bd. I–LXIII; Vereinsregister des Amtsgerichts Bergedorf Bd. 2; Vereinsregister des Amtsgerichts Wandsbeks Bd. 2; sowie aus: StAHH: Amtsgericht Altona. Vereinsregister Bd. 1–3; Amtsgericht Bergedorf. Vereinsregister Bd. 1; Amtsgericht Blankenese. Vereinsregister Bd. 1–3; Amtsgericht Harburg. Vereinsregister Bd. 1–3 und Amtsgericht Wandsbek. Vereinsregister Bd. 1.
217 Emil Lehmann, Ist es der rechte Weg?, in: Der Kleingarten 1 (1922), 7ff.
218 Heinrich Förster/Alwin Bielefeldt/Walter Reinhold, Zur Geschichte des deutschen Kleingartenwesens, Frankfurt/M. 1931, 46 (Schriften des RVKD 21).

eventuellen Kaufprojekten gab[219]. Für den Reichsverband und seine Gliederungen wurde der Geländekauf denn auch nie zu einem gewichtigen, geschweige denn bestimmenden Faktor laubenkolonialer Bestandssicherung. Ihr „Ceterum censeo" war und blieb vielmehr, wie Geheimrat Pauly im Stile des Cato Censorius formulierte, die durch Ortsstatut festgelegte Dauerkolonie[220].

8.5.3.2. Die Renaissance der Hamburger Schreberjugendpflege. Sozialpolitische „Inwertsetzung" kleingärtnerischen Grüns oder exotische Scheinblüte?

Im Zuge der ausklingenden Nachkriegskrise machte die organisierte Kleingartenbewegung Deutschlands einen charakteristischen Funktionswandel vom einseitigen Kriegsgemüse– zum vielseitigen Sozialgarten durch, der sich zumindest teilweise als Rückbesinnung interpretieren läßt. Während die Anstrengungen zur Verschönerung der Anlagen und die Bemühungen zur Öffnung der Kolonien für den Publikumsverkehr[221] in erster Linie den gewandelten grünpolitischen Denkmustern Rechnung zu tragen suchten, stellte die gleichzeitig erneuerte Schreberjugendpflege fast überall eine klassische Wiederbelebung dar. Obwohl alle diese Bestrebungen dem Versuch dienten, den im Gefolge der Konsolidierung drohenden ernährungswirtschaftlichen Bedeutungsverlust des Kleingartens gegenüber dem zunehmenden Konkurrenzdruck anderer Freirauminitiativen abzusichern, schien die Schreberspielpädagogik, die als örtliche Erholungsfürsorge über den Kreis der Vereinsmitglieder hinaus in den umliegenden Stadtteil wirkte, in besonderem Maße geeignet zu sein, das öffentliche Interesse an den quasi privaten Kolonien zu mobilisieren und die allgemeinen Wohlfahrtswirkungen des Kleingartenwesens eindrucksvoll unter Beweis zu stellen. Auch wenn die Wiederaufnahme jugendpflegerischer Aktivitäten naturgemäß von Verein zu Verein variierte und etwa in Sachsen nie völlig unterbrochen worden war, stand ihre Renaissance doch unverkennbar in engem Zusammenhang mit der Währungsstabilisierung vom November 1923 und dem wenig später erfolgenden Inkrafttreten des Reichsjugendwohlfahrtsgesetzes[222] am 1.4.1924, das den spielpädagogisch engagierten Kleingartenvereinen erstmals die rechtliche Möglichkeit bot, staatliche Fördermittel zu erlangen.

---

219 Punkt 4, in: Satzung und Grundsatzforderungen des RVKD, Frankfurt/M. 1925 (Schriften des RVKD 8); 4. Reichs–Kleingärtnertag (122), 29. Vgl. auch: StAHH. OSB V Nr. 710a: Eingabe des SKBH v. 3.7.1925.
220 2. Internationaler Kongreß (210), 130 u. 53–60.
221 Josef Reißberger, Sollen die Tore zu den Kleingarten–Kolonien offen oder geschlossen sein?, in: HKP (Juli 1928), 5f.
222 G. Bäumer u.a. (Hg.), RJWG, Berlin 1923, 3f.

Diese Anerkennung als „Jugendpflege treibende Organisation" und die mit ihr verbundene Aufnahme in die Vertretungen der freien Jugendwohlfahrtspflege bei den Jugendämtern erhielt der RVKD freilich erst 1931[223]. Für diese „Verspätung" gab es mehrere Gründe. Zunächst umfaßte der amtliche Begriff der Jugendpflege ausschließlich die schulentlassene Jugend vom 14. bis zum 21. Lebensjahr[224], während die Schreberjugendpflege ihren Schwerpunkt – trotz ihres (irreführenden) Namens – von Haus aus in der Kinderspielpädagogik besaß. Hinzu kam, daß der RVKD in Ermangelung einer eigenen Jugendorganisation – die Gründung des Schreberjugendbundes Hamburg erfolgte erst am 5.12.1932[225] – kein Mitglied im Reichsausschuß der deutschen Jugendverbände werden konnte. Nicht weniger bedeutsam waren freilich die Ursachen, die die zuständige Ministerialrätin im Reichsministerium des Inneren, die dem Kleingartenwesen gegenüber prinzipiell positiv eingestellte DDP–Politikerin Gertrud Bäumer[226], anführte, die den „Schablonismus der 'Spitzenverbände'", der „auf die Zusammensetzung der Jugendämter einseitig und schematisierend gewirkt" habe[227], ebenso beklagte wie den kleingärtnerischen *„Heroismus der Selbstbeschränkung"*[228], dessen Ethos der Selbsthilfe jede Möglichkeit der Inanspruchnahme staatlicher Hilfe bis zum 8. Reichskleingärtnertag im Mai 1931 aus dem Bewußtsein verdrängt habe[229]. Die seitdem einsetzenden staatlichen Zuwendungen umfaßten eine ganze Palette von Hilfen, die der Lübecker Oberregierungsrat Storck folgendermaßen charakterisiert hat: „Die (...) Unterstützung kann gewährt werden durch Zuschüsse zu den Kinderspeisungen und Milchkolonien, durch Beiträge zu den Kosten der Spielleiter, durch Hilfe bei der Ausgestaltung der Elternabende, durch Sicherung von Dauerkleingartenland und schließlich durch Vorschüsse für den Bau von Lauben. Diese Unterstützungen (...) sind besonders

---

223 Jb. 1933 des LV Groß–Hamburg im RVKD, Hamburg o. J., 39.
224 Förster, Amtliche Bestimmungen über Jugendpflege, in: KGW 7 (1930), 20f.
225 Jahresbericht 1932, in: GHK 2 (1933), 24.
226 Gertrud Bäumer, Die Kleingartengemeinschaft als Mittelpunkt der Jugendwohlfahrtspflege, in: Jugend und Volkswohl. Hamburger Blätter für Wohlfahrtspflege und Jugend–hilfe 7 (1931), 81–85 und Dies., Die kleingärtnerische Jugendpflege in ihrer Beziehung zur allgemeinen Jugendpflege, in: 8. Reichs–Kleingärtnertag zu Hannover am 30. und 31.5.1931. Verhandlungsbericht, Frankfurt/M. o. J., 57–66 (Schriften des RVKD 22).
227 Dies., Die Kleingartengemeinschaft (226), 85.
228 Dies., Die kleingärtnerische Jugendpflege (226), 58. Zit. i.O. gesperrt.
229 Siehe hierzu: H. Burghart, Die Kleingartenpflege im Dienste der Jugendfürsorge, in: Zentralblatt für Jugendrecht und Jugendwohlfahrt 21 (1929/30), 316–320; Richter, Die kleingärtnerische Jugendpflege, in: 8. Reichs–Kleingärtnertag (226), 67–75; Storck, Jugendamt und Kleingartenbewegung, in: Zentralblatt (229) 12 (1927/28), 141ff.

wichtig, denn hier bieten sich Gelegenheiten örtlicher Erholungsfürsorge, die nicht nur billiger sind als die seinerzeit so eifrig propagierte örtliche Heimfürsorge, sondern auch den Vorzug haben, daß die Fürsorge nicht Eltern und Kinder in der Erholung trennt"[230].

Bis zu dieser offiziellen Anerkennung mußte die Kleingartenbewegung freilich nach dem Ende des Kaiserreichs noch einen weiten Weg zurücklegen. Wie in fast allen deutschen Städten war die Schreberjugendpflege auch in Hamburg bekanntlich zugunsten des Kriegsgemüsebaus weitgehend eingestellt worden. Eine gewisse Ausnahme von diesem Kontinuitätsbruch bildete allein der Anfang 1918 von der Oberschulbehörde im Verein mit der PG und dem KBH begründete Kleingartenunterricht für Volksschüler[231]. Dieses rein arbeitspädagogisch orientierte Projekt, das von einem durch die OSB, PG, den KBH und das „Institut für angewandte Botanik" beschickten Ausschuß für Kleingartenunterricht organisiert wurde[232], mobilisierte 1918 insgesamt 120 Schüler, 12 Lehrer und einen Gärtner. Die Schüler kamen aus den vorwiegend proletarischen Schulbezirken 11 (Eilbek), 12 (Hohenfelde/Borgfelde), 13 (Hamm und Horn) und 14 (Billwerder Ausschlag/Billbrook). Sie bebauten zwei von der PG bereitgestellte Staatsgrundstücke in Horn und Schiffbek von zusammen 0,5 ha Umfang[233]. Diese halbamtliche, von den Schülern zwar mit Eifer betriebene, von den Ernteergebnissen aber eher bescheidene Initiative[234] lief bis Ende 1923, bevor sie an Land-, Geld- und Personalmangel einging, da es „außerordentlich schwer (war), die Lehrkräfte zu bewegen, die Arbeit weiter zu übernehmen"[235]. Der eigentliche Wiederbeginn der Schreberjugendpädagogik fiel daher auch in Hamburg in die Mitte der zwanziger Jahre[236]. Er verknüpfte sich in der Hansestadt freilich nicht nur mit Währungsstabilisierung und RJWG, sondern zugleich mit der 1925 von der Bürgerschaft erneut aufgegriffenen Dauergartendebatte. Die Anregung zum Neubeginn gab der Kleingartenbeirat, der die Kolonisten am 3.11.1925 ermunterte, sich wieder an der örtlichen Erholungsfürsorge zu beteili-

---

230 Storck (229), 143.
231 StAHH. OSB V Nr. 710a. Vgl. auch: H. Trost, Jugend und Kleingartenbau, in: Der Kleingarten 2 (1918), 19f.; K. Nienaber, Unterweisung der Jugend im Gartenbau, in: Ebd. 6 (1918), 83ff.
232 StAHH. OSB V Nr. 710a: Protokoll der 1. Sitzung v. 7.2.1918.
233 Ebd.: Protokoll der 3. Sitzung v. 19.3.1918 u. Rundschreiben des Schulrats für das Volksschulwesen v. 13.4.1918.
234 Ebd.: Protokoll der 4. Sitzung v. 14.10.1918.
235 StAHH. Botanische Staatsinstitute II A II 230g: Kostenabrechnung 1921; Schreiben der OSB an die Botanischen Staatsinstitute (eingegangen 17.3.1922); Schreiben der Botanischen Staatsinstitute an Frau Anna Schaper v. 9.4.1923.
236 Johannes Groth, Schreber-Jugendpflege, in: Fs. hg. anläßlich des 10jährigen Bestehens des BV Stormarn im RVKD, (Hamburg 1933), 6.

gen, weil ein solches Engagement für erholungsbedürftige Kinder minderbemittelter Familien nicht zuletzt einen nachhaltigen Werbeeffekt für die Sache der Gesamtbewegung hervorrufen müsse[237]. Ganz uneigennützig wird man die nun einsetzenden Aktivitäten insofern nicht nennen können, da sie offenkundig in einem funktionalen Zusammenhang mit der Dauergartenfrage standen und von vielen Kleingärtnern auch in diesem Sinne verstanden wurden[238].

Bereits im Sommer des nächsten Jahres[239] waren drei Vereine dank der Mithilfe von Jugendamt und Wohlfahrtsbehörde in der Lage, ihre „Rettungsinsel(n) in dem Meer des Großstadtlebens" für die örtliche Erholungsfürsorge zu öffnen: „Uhlenhorst" am Bahnhof Alsterdorf, „Veddel–Peute" bei den Auswandererhallen und „Früh auf" beim Borsteler Jäger[240]. Der Tagesablauf war in allen Kolonien identisch: „Überall erhalten die Kinder ein Milchfrühstück, warmes Mittagessen und nachmittags wieder Milch und Brötchen. Die sechs Wochentage sollen die Kinder hier im Freien herumtummeln; am Sonntag darf die fürsorgliche Mutter ihre Sprößlinge wieder sauber schrubben. Die Aufsicht wird ehrenamtlich von den Frauen der Mitglieder geführt; für die Unterhaltung der Kinder sorgen junge Mädchen und junge Männer verschiedener Organisationen"[241]. Die Kapazität der „Rettungsinseln" belief sich auf etwa 80 bis 100 Kinder je Kolonie, die pro Nase in der Regel Verpflegungskosten in Höhe von 2 RM bezahlen mußten[242].

Obwohl dieser Neuanfang bestenfalls den Vorkriegsstand wiederherstellte, atmete er doch den Geist einer echten Wiedergeburt. Revolutionsprophylaxe, Heimatliebe und Wertvorstellungen der Kaiserzeit feierten daher in der Republik fröhliche Urständ. Spectator, der unverwüstliche Beobachter des „Hamburger Anzeigers", hat das Klassen–Ziel der erneuerten schreberpädagogischen Offensive denn auch mit Pathos gefeiert: „Die Stadtkinder! Als ihnen erlaubt wurde, Kartoffeln auszunehmen, sammelten einige die grünen Beeren und meinten, die Kartoffeln seien doch wohl noch zu klein und zu grün. Als sie Bohnen ernten sollten, rannten sie nach der Hacke und begannen an den Stöcken zu graben. – Ist es ein Wunder, wenn eine solche Großstadtjugend später glaubt, sie könne die

---

237 StAHH. FD IV DV V c 8c IV: Sitzung des KGB v. 3.11. 1925, 3.
238 Peek (154), 175f.
239 Else Rathje, Die Bedeutung der Kleingärten für Fürsorge und Erziehung, Wiso. Diss. Frankfurt/M 1934, 90.
240 E. Schaffroth, Kleingarten und Jugendpflege, in: HKP 6 (1927), 5 und Hamburger Anzeiger v. 30.7.1927 (Kleingarten und Jugendpflege).
241 Schaffroth (240), 5.
242 Hanna Dunkel, Örtliche Erholungsfürsorge in den Schrebergärten, in: Jugend– und Volkswohl 3 (1927), 112f. und Dies., Örtliche Erholungsfürsorge in den Schrebergärten, in: HKP 8 (1927), 7ff.

Welt verbessern, wenn sie mit den Sowjetsymbolen auf roten Fahnen durch die Straßen lärmt? Es fehlt ihr auch später jede richtige Anschauung von den Grundlagen des Lebens. Es ist aber für die Großstadtkinder samt und sonders (...) wichtig zu wissen, daß eine Erstürmung von Speichern und Läden ihre Lage nicht verbessern kann (...), daß ein Spatenstich wertvoller ist als eine Straßendemonstration. (...). Das Gartenbeet, in das ein Kind alle seine Liebe und Kraft hineinarbeitet, strahlt alle Liebe wieder zurück und fesselt sein Herz an den Fleck Erde, an die Heimat, an das Vaterland"[243]. Unter diesen Umständen kam auch die Einübung der neuzeitlichen Sekundärtungenden verständlicherweise alles andere als zu kurz: „Bei den Mahlzeiten, die unter dem Schutzdach der Halle eingenommen werden, herrscht Ordnung, Sauberkeit und – nach Möglichkeit – Schweigen (...). Im Anschluß an das Mittagessen wird dann Liegekur auf dem Rasen gehalten. Da gibt's kein Pardon für Unruhegeister und Störenfriede"[244].

1928 wurde mit der Kolonie Steilshoop dann die vierte „Rettungsinsel" besiedelt[245]. Der pädagogische Archipel des SKBH betreute in diesem Jahr insgesamt 522 Kinder. Unterstützt wurde das Projekt vom Staat, von der LVA der Hansestädte und einer Reihe privater Sponsoren, zu denen die HASPA, die HHA, die PRO und das Warenhaus Karstadt zählten. Bis zum Ende der Weimarer Republik kam schließlich noch eine fünfte, in der Kolonie Horner Brook gelegene Anlage hinzu. Mit ihr erhöhte sich die Kapazität der schreberpädagogischen Erholungsfürsorge auf 600 bis 700 Kinder pro Sommer[246]. Zu diesen amtlich geförderten Kolonien trat eine nicht unbeträchtliche Zahl von Schreberspielplätzen, die die Hamburger Kolonisten in freier Verantwortung betrieben. Wie hoch ihre Zahl war, läßt sich genausowenig ermitteln wie ihre raumzeitliche Entstehungsgeschichte. Nach Ausweis des Verbandsperiodikums entstanden 1930 und 1931 aber 30 neue Spielflächen und über 15 Vereinshäuser[247]. Insgesamt zählte Hamburg damit 41 spielpädagogisch aktive Vereine und nahm unter den 23 RVKD–Verbänden zusammen mit dem Rheinland den achten Rang ein. Diese beachtliche Stellung am Ende des oberen Drittels relativiert sich allerdings, wenn man die vier Spitzenverbände betrachtet. Hier führte Sachsen mit

---

243 Hamburger Anzeiger v. 24.1.1928 (Jugendpflege und Kleingarten).
244 Dunkel, Erholungsfürsorge (242), 7f.
245 (Max) Hermann, Aus unserer Jugendpflege, in: HKP (August 1928), 5f. und Ellen Simon, Die Erholungsfürsorge in den Schrebergärten, in: Jugend und Volkswohl 4 (1928), 61.
246 Jb. 1933 (223), 53; Louis Borgstede, Jugendpflege in Hamburgs Kleingärtner–Kolonien, in: Jugend und Volkswohl 7 (1931), 86 und Hamburger Echo v. 12.7.1931 (Die Kleingärten als Erholungsfürsorgestätten der Jugend).
247 GHK 11 (1931), 181.

402 Vereinen vor Berlin mit 349, Brandenburg mit 117 und Bayern mit 106. Bezogen auf die Gesamtzahl der Jugendspielpflege treibenden RVKD–Vereine in Höhe von 1.447 KGV repräsentierten die 41 Hamburger Vereine damit bloß einen bescheidenen Anteil von gut 2,8%[248]. Auch die Binnenrelation von Garten- und Schrebervereinen war eher bescheiden: Tatsächlich besaßen nach Ausweis des – statistisch besser fundierten – Hamburger Vereinsregisters von insgesamt 320 zwischen 1900 und 1945 gegründeten KGV nur 61 (= 19%) einen Spielplatz[249]. Insgesamt läßt sich die Schreberjugendpflege daher nicht als prägendes Element der Hamburger Kleingartenpolitik bezeichnen. Dafür sprechen nicht nur die empirischen Befunde, die die Spielpädagogik eindeutig als Aktivität einer qualifizierten Minderheit ausweisen, sondern auch der offensichtlich stark unterschiedliche Ausrüstungs- und Ausbildungsstand(ard) der jeweiligen Vereine und ihrer Betreuer. Wenn Jugend- und Wohlfahrtsamt nur fünf von 41 kleingärtnerischen Spielräumen im Rahmen der Erholungsfürsorge nutzten, erlaubt diese Auswahl zumindest gewisse Rückschlüsse auf die Qualität der anderen 36 Anlagen. Die Hoffnung der Hamburger Kleingärtner, mit der „Wurst" der Spielpädagogik nach dem „Schinken" des Dauergartens zu werfen, sollte sich denn auch nicht erfüllen, zumal ihre jugendpflegerischen Aktivitäten von dem Machtantritt der Nationalsozialisten nicht profitierten, sondern nach dem Sommer 1937 einschliefen[250].

8.5.3.3. „Fortschritt und Schönheit": Die erste und einzige Hamburger Dauerkolonie der Weimarer Republik.

Am 1.10.1926 eröffnete Hamburg die im folgenden abgebildete[251], von Amts wegen mehrfach in Aussicht gestellte, erste Dauerkleingartenanlage der Hansestadt. Die noch heute bestehende Kolonie mit dem programmatischen Namen[252] erstreckt sich auf einem staatlichen, in Nord–Süd–Richtung verlaufenden Geländestreifen zwischen Hebebrand- und Jahnbrücke, der im Westen durch die Geleise der U–Bahn, im Osten durch den Rübenkamp begrenzt wird. Die Fläche, die schon vorher kleingärtnerisch genutzt worden war, umfaßte 3,7 ha und bestand aus 92 Einzelgärten, die eine Durchschnittsgröße zwischen 300 und

---

248 Zusammengestellt und berechnet nach: Förster/Bielefeldt/Reinhold (218), 81.
249 Quellen wie in Anm. (216).
250 KuK/HH 6(1935), 104f.; 4(1937), 62 u. 8(1937), 120ff.
251 Entnommen aus: Hamburg und seine Bauten, Bd. 4, Hamburg 1953, 240.
252 Zur weiteren Geschichte siehe: 1926–1976. 50 Jahre „Fortschritt und Schönheit" e.V., o.O. o.J.

Der Kampf um den Dauer(klein)garten 567

Hamburger Dauerkolonie „Fortschritt und Schönheit"

400 qm besaßen[253]. Erstellt wurde die 52.000 RM teure Anlage aus Staatsmitteln, die im Wege der Notstandsarbeit verausgabt wurden. Das Gebiet erhielt Wasseranschluß, wurde durch Hecken eingefriedigt, mit Wegen und Toren versehen und obendrein mit Obstbäumen und Stauden bepflanzt. Der von der FD festgesetzte Pachtpreis belief sich auf 7 Pfg./qm. Die Jahresmiete betrug daher je nach Größe der Parzelle zwischen 21 und 28 RM.

Die Vergabe der ungemein begehrten Gärten erfolgte auf Antrag und stellte folgende Kriterien in Rechnung: „Bei der geringen Möglichkeit, staatliche Pachtgärten im Hamburger Stadtgebiet anzulegen, können (...) nur Familien berücksichtigt werden, die entweder nachweisen können, daß sie in der Regel bereits mindestens 3 Jahre einen Kleingarten bearbeitet haben und außerdem aus einem triftigen Grund den Garten in der Nähe ihrer Wohnung haben müssen, oder die einen besonderen Grund angeben können, weshalb der Besitz eines Gartens für die Familie sehr notwendig ist. Kleingärtner, die ihren Garten für die Herrichtung der staatlichen Pachtgärten aufgegeben haben, sollen vorab berücksichtigt werden, soweit sie die vorstehenden Bedingungen erfüllen. Über die Zuteilung entscheidet die Kleingartendienststelle nach Anhörung des Kleingartenbeirats"[254].

Neben Betroffenheit, Bedürftigkeit und Qualifikation spielte bei der Auswahl der Interessenten freilich auch die Liquidität der Bewerber eine Rolle, da die staatliche Einrichtung der Kolonie die Finanzierung der Lauben ausschloß. Wie sehr dieses Problem den Kleingärtnern zu schaffen machte, zeigt der Umstand, daß die Vereinsmitglieder des KGV „Fortschritt und Schönheit" den ursprünglichen Doppellaubenentwurf von Oberbaudirektor Fritz Schumacher, der sich auf 1.600 RM pro Objekt belief, aus Kostengründen ablehnten[255]. Selbst der Alternativentwurf, der pro Laube nur 350 RM veranschlagte, wäre für die Kolonisten zu teuer geworden, wenn sich die LVA der Hansestädte nicht bereitgefunden hätte, knapp die Hälfte der Kosten in Form eines vom SKBH verbürgten Darlehens in Höhe von 15.000 RM vorzuschießen[256].

Wirklich gelöst war die Laubenfrage damit freilich nicht, da die Häuschen mit Ablauf der Tilgung in das Eigentum der Kolonisten übergingen und folglich bei Parzellenwechsel käuflich erworben werden mußten. Diese Abstandszahlungen machten den Besitz eines Dauergartens aber, wie Karl Georg Rosenbaum

---

253 Alle Angaben nach: Jahresbericht (121) 1926, 87 und StAHH. FD IV DV V c 8c IV: Sitzung des KGB v. 25.11.1926, 1f.
254 StAHH. Staatliche Pressestelle I–IV 7436: Mitteilung v. 26.4.1926.
255 StAHH. FD IV DV V c 8c IV: Schreiben des Gartenwesens an die DV v. 29.4.1927 und Protokoll des KGB v. 5.5.1927, 1f. Der Entwurf fand sich weder im BD–Bestand des StAHH noch im Teil–Nachlaß–Schumacher der SUB.
256 Jahresbericht (121) 1927, 91.

1930 zu Recht feststellte, zu einem Vorrecht der Besitzenden unter den Kleingärtnern: „Das ist oft eine so große Summe, – sie schwankt zwischen 400 und 1.000 Reichsmark, je nach Ausstattung der Lauben – daß der einzelne Kleingärtner nur in der Lage ist, eine solche Summe aufzuwenden, wenn er der vermögenden Klasse angehört. Wir halten es aber nicht für richtig, daß die staatlichen Pachtgärten ein Vorrecht werden (...), wir wollen daß auch der Arbeiter, der Minderbemittelte, in den Genuß eines solchen Gartens kommen kann. (...). Das ist aber nur möglich, wenn die Lauben vom Staat erbaut und an die einzelnen Inhaber der Gärten für eine niedrige Jahrespacht vermietet werden. Der Staat soll nicht etwa dabei zusetzen, sondern es soll, wie es auch in Köln seit Jahren eingeführt ist, der Mietpreis der Laube die Amortisation und Verzinsung der vom Staat aufgewendeten Mittel aufbringen"[257].

Hinsichtlich der sozialen Zusammensetzung ihrer Nutzer wurden die neuen Dauergärten damit, ebenso wie die neuen Wohnbauten, aufgrund ihrer gartenbaulichen und ästhetischen Qualitätsstandards schon unter der Hand ihrer Planer zum Einzugsgebiet einer privilegierten Minderheit. Diese Tendenz wurde in der Hansestadt noch dadurch verstärkt, daß „Fortschritt und Schönheit" während der Weimarer Republik die einzige Anlage ihrer Art blieb. Da weiterer Fortschritt trotz aller Schönheit auf sich warten ließ, entpuppte sich ihre Errichtung am Ende als bloße Good-will-Aktion einer Regierung, die ihr einmal gegebenes Versprechen nicht allzu offenkundig brechen wollte. Die auf eine bebauungsplanmäßige Festlegung von Dauergärten zielende Verbandsstrategie des RVKD war damit in Hamburg gescheitert, zumal den 3,7 ha Dauerland mit seinen 92 Parzellen bereits 1926 gut 37 ha Eigenland gegenüberstanden, das 296 Kolonisten und ihren Familien eine sichere Bleibe bot[258]. Die Kaufkolonien umfaßten damit das Zehnfache der Fläche und mehr als das Dreifache der Kolonistenzahl der Anlage am Rübenkamp. Auch wenn die Fläche der Kaufkolonien bis 1931 nur auf 38,4 ha und 501 Kolonisten anwuchs[259], bleibt die Frage, ob die von Goppelt vorgeschlagene Strategie des Landkaufs für den Hamburger Verband nicht die bessere Lösung gewesen wäre. Im Reich sah die Lage allerdings genau umgekehrt aus. Hier verhielten sich die Flächen von Kauf- und Dauerkolonien 1926 wie 349 zu 829 ha (wie 1 zu 2,3)[260] und 1931 wie 621 zu 2.030 ha (wie 1 zu 3,2)[261]. Während im Hamburger Verband die Kaufkolonien zehn Mal so umfangreich waren

---

257 Stenographische Berichte über die Sitzungen der Bürgerschaft zu Hamburg: 24. Sitzung v. 26.11.1930, 1022.
258 5. Reichs-Kleingärtnertag zu Frankfurt/M. Verhandlungsbericht nebst Geschäftsbericht (...), Frankfurt/M. 1927, 110f. (Schriften des RVKD 12).
259 Förster/Bielefeldt/Reinhold (218), 78f.
260 5. Reichs-Kleingärtnertag (258), 110f.
261 Förster/Bielefeldt/Reinhold (218), 78f.

wie die einzige Dauerkolonie, waren die Dauergartengebiete im Reich demgegenüber zunächst gut zwei und schließlich mehr als drei Mal so groß wie die Eigentumsanlagen. Wie problematisch die Politik des RVKD daher aus Hamburger Sicht auch aussehen mochte, aus dem Blickwinkel des Reiches war sie zu rechtfertigen, zumal zu den Dauergärten noch die öffentlich beschafften Heimstättengärten kamen, die 1926 bekanntlich 47 und 1931 immerhin 867 ha umfaßten.

9. Weltwirtschaftskrise und „wilde" Laubenkolonisation. Der Kleingarten als „Rettungsinsel" für Erwerbs- und Obdachlose.

9.1. Die Laube.

Von alters her standen Garten und Gebäude, Bau- und Gartenbaukunst, in einem mehr oder minder engen Zusammenhang. Der Vielfalt der geschichtlich gewordenen Gärten entspricht daher eine nicht minder große Variationsbreite der in ihnen errichteten Baulichkeiten. Neben dauerhaften Wohnhäusern, Villen und repräsentativen Palästen verzeichnet die Gartengeschichte daher schon früh die Existenz kleiner, nur bedingt winterfester Leichtbauwerke wie Gartenhäuschen, Grotten, berankte Sitzplätze und – Lauben[1]. Stammesgeschichtlich von Laub herrührend, bezeichnete das Wort ursprünglich „das aus Reisig, Ästen, Hürdenwerk errichtete kleinere oder schlichtere (Bau-)Werk"[2], das zunächst gewöhnlich als „Lauberhütte" oder „Laubhütte" firmierte, bevor es sich, von der Dichtersprache des späten 18. Jahrhunderts beflügelt, zum heutigen Begriff läuterte[3]. Wann und wo die erste Laube entstand, wie sie aussah und welche Funktionen sie wahrnahm, wissen wir nicht, auch wenn wir ihren Ursprung – in der Nachfolge Miltons – gern im Garten Eden sähen[4]. Doch bleibt das „Buch der Bücher" in dieser, für die Geschichte des Kleingarten-Paradieses so bedeutsamen Frage leider stumm.

Wo Mythologie und Poesie, Bibel und „Verlorenes Paradies", versagen, muß als moderner Nothelfer der „Große Brockhaus" versuchen, uns Rede und Antwort zu stehen. Wer die 1902 erschienene Jubiläumsausgabe zu Rate zieht, findet unter dem Schlagwort Laube freilich nur einen Verweis auf die Arkade[5]. Ein gutes Vierteljahrhundert später hat sich das lexikalisch fundierte Bewußtsein unter dem Eindruck des Kriegsgemüsebaubooms gewandelt. Nun verzeichnet sogar der „Kleine Brockhaus" neben dem Hinweis auf die Arkade auch die Be-

---

1 Clemens Alexander Wimmer, Geschichte der Gartentheorie, Darmstadt (1989), 469f.
2 Deutsches Wörterbuch von J. u. W. Grimm, Bd. 6, Leipzig 1885, Sp. 290. Zit. i.O. kursiv und in Kleinschreibung.
3 Ebd. Begriffe i.O. kursiv und klein geschrieben.
4 Das verlorene Paradies. Ein Gedicht in zwölf Gesängen von Milton, Leipzig u. Wien o.J., 85f.
5 Brockhaus' Konversations-Lexikon. 14., vollständig neu-bearbeitete Auflage, Bd. 10, Berlin u. Wien 1902, 995.

deutung Gartenhäuschen[6]. Besonders pikant wird diese Bedeutungserweiterung durch die Art und Weise, wie beide Lexika den Kleingarten behandeln. Während der Wälzer der Jahrhundertwende weder den Begriff noch eines seiner vielen zeitgenössischen Synonyme verzeichnet, kennt das Werk der Weimarer Republik nicht nur den Ausdruck Kleingarten, sondern auch die Bezeichnungen Laubenkolonie und Schrebergarten[7].

Dieser Parallelismus in der lexikalischen Wahrnehmung erweckt den Anschein, als ob die Laube im Bewußtsein der Moderne in einem innigen Zusammenhang mit dem Kleingarten gesehen worden wäre. In der Tat wird diese Vermutung durch den bis heute wirkungsmächtigen Ausdruck Laubengarten ebenso bestätigt wie durch seine Derivate Laubenkolonie und Laubenpieper. Auch wenn der Begriff ursprünglich aus dem Sprachraum Berlin stammte, gewann er im Zuge der Ausbreitung des Kleingartenwesens nach und nach nationale Relevanz und erlangte schließlich die Bedeutung eines allgemein verbreiteten Synonyms. Weit entfernt, ein Unterscheidungsmerkmal der Berliner Kolonien zu bilden[8], stellte die Laube schon bald ein Kennzeichen des Kleingartens an sich dar, das ihn von öffentlichen Grünflächen ebenso abgrenzte wie von den meisten privaten Hausgärten. Die enge sprach–geschichtliche Verbindung von Laube und Parzelle läßt sich jedoch auch idiomatisch nachweisen. Der redensartliche Sprachgebrauch betonte dabei mit klarem Blick für das Wesentliche den behelfsmäßigen Charakter der meisten Kleingartenbauten. So stellte der Berliner Gartenarchitekt Hermann Wolff fest: „Die Laube wird von den meisten, die zu den 'kleinen' Leuten gehören, provisorisch aufgebaut. Ein paar Bretter zusammengenagelt, Dachpappe darüber und 'fertig ist die Laube'"[9]. Einen ähnlichen Befund verzeichnete Lange für das Berlin der Weimarer Republik. Hier lautete die Redensart: „'Wer Gott vertraut und Bretter klaut, der hat 'ne bill'ge Laube'"[10].

Unter dem leitenden Gesichtspunkt des Provisorischen betrachtet, könnte es daher scheinen, als ob das geschichtliche Urbild der Kleingartenlaube nicht im deutschen Spree–Athen, sondern im griechischen Athen des klassischen Altertums gestanden hätte. Leberecht Migge hat diese Gedankenverbindung zwischen der neuzeitlichen Laube und dem antiken „Ready–made" des griechischen Philo-

---

6 Der Kleine Brockhaus. Hb. des Wissens in einem Band, Leipzig 1928, 405.
7 Ebd. Stichwort: Schreber.
8 So: Ingrid Matthäi, Grüne Inseln in der Großstadt: eine kultursoziologische Studie über das organisierte Kleingartenwesen in West–Berlin, Diss. Marburg 1989, 255.
9 Hermann Wolff, Laubenkolonien auf gesetzlicher Grundlage in: Möllers Deutsche Gärtner–Zeitung 32 (26) (1917), 204.
10 Annemarie Lange, Berlin in der Weimarer Republik, Berlin/Ost 1987, 946. Vgl. auch: Heinz Küpper (Hg.), Illustriertes Lexikon der deutschen Umgangssprache, Bd. 5 (Stuttgart 1984), 1753 u.v.a. 1870ff.

sophen Diogenes von Sinope denn auch tatsächlich gezogen und in Form einer bissigen Karikatur ausgemalt[11]. Auch wenn die philosophie-geschichtlich berühmte Tonne von keinem einzelnen Kolonisten tatsächlich rezipiert worden sein dürfte, weist sie doch funktionale Eigenschaften auf, die denen der Kleingartenlaube in mancher Weise gleichen. Neben der Behelfsmäßigkeit und den daraus resultierenden niedrigen Anschaffungs- und Unterhaltungskosten wäre hier vor allem ihre Beweglichkeit zu nennen. In der Tat sind Laube wie Tonne im Grunde keine Immobilien, sondern Mobilien. Wie leicht versetzbar Kleingarten und Laube waren, zeigen bereits die in der Literatur immer wiederkehrenden Pejorative „Nomadengärtchen" und „Zigeunerlaube". Schnell aufgestellt, schnell abgebrochen und ebenso schnell an anderer Stelle wieder errichtet, erscheint die Laube der Vor-Dauergartenepoche fast wie ein archaischer Vorfahre des „Mobile home" der späteren Freizeitkultur. Wenn Sloterdijk Diogenes aufgrund seiner Lebenshaltung als möglichen „Urvater des Selbsthilfegedankens" bezeichnet[12], harmoniert diese Vorstellung folglich nicht nur mit dem von ihm gewählten Wohnraum, sondern zugleich mit den Autarkiebestrebungen seiner laubenkolonialen Nachfahren. Wie beweglich die modernen Kleingartenlauben waren, bezeugt nicht zuletzt die auf der folgenden Seite gezeigte Verwendung ausrangierter Eisenbahnwagen für Siedlungszwecke[13].

Kein anderer Laubentyp symbolisiert die Mobilität der Kleingärtner nachhaltiger als dieser aufgebockte Waggon. Wenn der Schornstein (des eingebauten Ofens) rauchte und Köpfe wie Kohlköpfe mit Stickoxid anreicherte, schien der Kleingarten gleichsam unter metaphorischem Dampf zu stehen und nur auf das behördliche Signal zur Abfahrt zu warten: Ein Wink mit der Maurer-Kelle, und der Zug setzte sich in Bewegung.

Trotz ihrer unsicheren Rechts-Lage auf potentiellem Bauland ließ sich die große Mehrzahl der Kolonisten freilich zu keinem Zeitpunkt vom Laubenbau abschrecken. Die Frage, ob ein Kleingärtner auf seiner Parzelle eine Laube errichtete oder nicht, war dabei zunächst eine pragmatische Funktion der Distanz zwischen Wohnung und Garten. Hier galt die Faustregel: je größer die Entfernung von zu Hause, desto stärker der Wunsch nach einer Laube. Lag die Parzelle im Innern eines Baublocks, konnten die anwohnenden Kolonisten selbst auf einen

---

11 Leberecht Migge, Deutsche Binnenkolonisation, Berlin 1926, 16.
12 Peter Sloterdijk, Kritik der zynischen Vernunft, Bd. 1, (Frankfurt/M. 1983), 299.
13 Entnommen aus: StAHH. Stadtbauamt Wandsbek Ac 18: Eisenbahnwagen für Siedlungszwecke durch die Gesellschaft für Kleinbau- und Siedlungsbedarf, Berlin. Eine ganze „Waggonstadt" – Degenhof in Berlin-Plötzensee – beschreiben: Bodo Rollka u. Volker Spiess (Hg.), Berliner Laubenpieper, Berlin 1987, 42f.

Eisenbahnwagen für Siedlungszwecke

durch die
Gesellschaft für Kleinbau- und Siedlungsbedarf m. b. H.
Berlin W 30, Nollendorfstraße 20
Fernsprecher: B 7 Pallas 1261

Merkblatt
für die
Verwendungsmöglichkeit außer Dienst gestellter Eisenbahnwagen.

Es gibt zwei Wagenarten, die für Siedlungszwecke und dergleichen zur Verteilung gelangen:

a) **Personenwagen** b) **Güterwagen**

Die Wagen werden so, wie sie die Reichsbahn zur Verfügung stellt, an die Käufer weitergeleitet.

Die Preise richten sich nach Art und Beschaffenheit der Wagen und stellen sich durchschnittlich wie folgt:

a) Personenwagen etwa RM 300.— bis 400.—
b) Güterwagen „ „ 175.— „ 250.—

Die Preise verstehen sich für Wagenkästen in abmontiertem Zustande, d. h. ohne Fahrgestell, ab Ausbesserungswerkstatt der Reichsbahn.

Zuteilung: Die Wagen werden von uns vor Abnahme von der Reichsbahn besichtigt und auf ihre Verwendungsfähigkeit geprüft. Die Besteller erhalten dann eine Beschreibung des für sie bereitgestellten Wagens. Es werden von der Reichsbahn nicht nur solche Wagen ausgemustert, deren Fahrfähigkeit bereits beschränkt ist, sondern auch Wagentypen außer Dienst gestellt, die den Anforderungen des modernen Verkehrs nicht mehr genügen, baulich aber noch vollkommen in Ordnung sind. Unbrauchbare Wagen werden unsererseits nicht abgenommen. Eine Besichtigung der Wagen seitens der Käufer ist nicht möglich, da der Zutritt zu den Eisenbahnwerkstätten von der Reichsbahn grundsätzlich nicht gestattet wird.

Beförderung: Die Wagen werden im Auftrage und auf Kosten und Gefahr des Bestellers vom Ausbesserungswerk bis zu der Bahnstation befördert, die dem Aufstellungsort am nächsten liegt und eine Verladerampe hat. Die Reichsbahn berechnet für 25 km Bahnstrecke RM. 12,50 Fracht und eine Aufladegebühr von RM. 20,— für jeden Wagen. Die Abnahme muß innerhalb 10 Tagen nach Zuteilung des Wagens erfolgen.

Die weitere Beförderung geschieht dann am besten auf Lastauto oder Pferdefuhrwerk (Plattenwagen). Dieser Weitertransport muß vom Besteller selbst veranlaßt werden.

„Kurswagen" auf dem Weg ins Kleingartenparadies

Geräteschuppen verzichten, lag sie dagegen außerhalb der Bebauungszone, womöglich mehrere „Kinderwagenentfernungen" vom letzten, vorstädtischen „Kolonialwarenhändler" entfernt, wurden der Zwang und der Drang zum Laubenbau übermächtig. Besonders hoch war der Hang zum illegalen „Freizeitsiedeln" daher auf der südlich der Norderelbe gelegenen Kolonie des KGBV „Waltershof", die wegen der abends eingestellten Fährverbindungen vom „Mutterland" Nacht für Nacht abgeschnitten wurde. Fast alle der 1931 gezählten 1.200 Kleingärtnerfamilien besaßen aus diesem Grund komfortable Wohnlauben, die in der Regel zwei Räume und eine feste Herdstelle hatten und von Mai bis Oktober nahezu ständig bewohnt wurden, da „Vater Staat" nicht imstande war, dem „Sitzfleisch" der Kolonisten Beine zu machen: „Bei Überholungen durch die Polizei wurde stets vorgeschützt, daß man den letzten Dampfer verpaßt habe"[14].

In ihrer einfachsten Form war die Laube dagegen bloß ein primitiver Abstellraum, in dem Geräte, Saatgut sowie Tisch und Stühle einer einfachen Sitzgruppe verwahrt wurden. Diese besseren Schuppen ersparten den Pächtern den Transport ihrer Habseligkeiten, bewahrten sie vor den Unbilden der Witterung und boten nicht zuletzt einen begrenzten Schutz gegen Diebstähle.

Die auf der nächsten Seite folgenden Aufnahmen[15] aus der Mitte der 20er Jahre führen diese archaische Laubenvariante vor Augen. Sie zeigen meinen Urgroßvater, den Postbeamten Johannes Schramm, und seine Schwiegertochter Gertrud auf ihrer im Einzugsgebiet der späteren Straße Fiefstücken gelegenen Parzelle im Hamburger Stadtteil Winterhude.

Der Antipode des spartanischen Extrems Schuppen war die auf der übernächsten Seite abgebildete Wohnlaube vom Typ „Villa proletaria"[16]. Das Photo stammt aus den 30er Jahren und zeigt die Stellinger „Villa Elise". Sie lag auf dem Gebiet des KGV „Morgenpracht" und wurde von 1935 bis 1965 benutzt, bevor sie im Zuge der Bebauung abgerissen werden mußte. Gut erkennbar sind der rechts angebaute, separat zugängliche Abort und die vom Dachstuhl in den Bild–Vordergrund ragenden Kanthölzer, die bei schönem Wetter mit einem Sonnensegel bespannt werden konnten.

Diese beiden Extreme bildeten gewissermaßen das Minimum und das Maximum laubenkolonialer Baukunst. Ob sie zugleich die idealtypischen Anfangs– und Endpunkte eines historischen Entwicklungsmodells darstellten, ist schwer zu entscheiden, da bauliche Investitionen nicht nur von der Entfernung, sondern auch von der Pachtdauer abhingen. Auf rein saisonal vergebenem Grabeland wie

---

14 StAHH. Strom– und Hafenbau I 129: Niederschrift wegen Schrebergärtnern auf Waltershof v. 13.4.1931.
15 Die beiden Photos hat mir meine Großtante, Frau Gertrud Schramm, zugesteckt.
16 Das Photo wurde mir freundlicherweise von Herrn Gerd Grünig überlassen.

„Schreber"–Schuppen des Postbeamten Johannes Schramm aus den 20er Jahren

Stellinger „Villa Elise" aus den 30er Jahren

den Kriegsgemüsegärten fehlten in der Regel selbst Schuppen, während auf Dauerland zumeist anspruchsvolle, oft staatlich erstellte Typenlauben standen. Dieses Strukturmodell harmoniert freilich nur bedingt mit dem niedrigen Sozialstatus der meisten Kleingärtner, deren Finanzkraft in der Regel nur einen schrittweisen Auf- und Ausbau zuließ. Die reale Laube bestand daher in den meisten Fällen nicht nur aus diversen, mehr oder minder zusammengewürfelten Materialien; ihre Errichtung und Einrichtung war vor allen Dingen ein echtes „work in progress"[17].

Wie wenig analytische Kategorien wie Entwicklungs- und Strukturprinzip geeignet sind, die individuelle Fülle der Kleingartenlauben zu rubrizieren, zeigen exzentrische Sonderformen des Laubenbaus, die die „blühende Phantasie" der Kolonisten im Laufe der Zeit hervorbrachte. Noch Ende der 30er Jahre konstatierte die „gleichgeschaltete" Hamburger Verbandszeitschrift: „Es ist ja unglaublich, was es noch für Verwirrungen in unseren deutschen Kleingärten gibt! Wie dürften sonst Miniaturausgaben von Kommandobrücken, Kirchen, deutschen Burgen und Burgruinen, italienischer Paläste und deutscher Bauernhäuser als Lauben in unseren Kleingärten stehen! Und die Inneneinrichtung einer solchen Wohnlaube! (...). Wer Geld hat, hat eine Schwarzwälder Bauernstube als Wohnraum und eine Küche im niedersächsischen Stil. Und wer kein Geld hat, was tut der? Nun auf den meisten Böden standen vor der Entrümpelung eine Menge alter (...) Möbel (...) mit Schnecken und Türmchen. Die Türmchen wurden abgenommen, und fertig sind die Laubenmöbel. Ein paar 'geschmackvolle' Öldrucke vom Königsee, von Paris und der schönen Helena, ein üppiges Stilleben mit Fasanen und Rebhühnern, Wolkengardinen an den kleinen Fenstern und eine vergessene Samtportiere an die Tür, und die Laube ist eingerichtet"[18].

Es überrascht daher nicht, daß auch der Laubenbau Fürsprecher und Kritiker des Kleingartenwesens schon früh alarmierte. Mit Rücksicht auf die „Beeinträchtigung des Stadt- und Landschaftsbildes"[19] wie im Hinblick auf das verbandspolitische Wunschbild des Dauergartens[20] sollte das *„öde, graue Einerlei*

---

17 Vgl.: Heyer, Vom Sitzplatz zur Wohnlaube, in: Deutscher Kleingarten-Kalender 7 (1932), 102–105.
18 G. M. Ditten, Immer noch Kitsch im Kleingarten, in: KuK/HH 7 (1938), 100. Vgl. auch: Teske, Zweckmäßige, schöne Ausgestaltung unserer Gärten, in: Ebd. 9 (1939), 204f., der die Existenz von „Knusperhäuschen" und „Kirche" bezeugt; Hans Schiller, Kleingartennot- Kleingartenhilfe, Frankfurt/O – Berlin 1936, 32f., wo u.a. eine „Ritterburg" abgebildet ist.
19 Willi Henze, Das Kleingartenhaus, in: KGW 1 (5) (1922), 113.
20 Bußjäger, Die Laube im Kleingarten, in: Deutscher Kleingarten-Kalender 6 (1931), 116.

des Laubenarsenals"[21] mit seinen „scheußlichen Kistenbretter- und Dachpappenbude(n)"[22] reformiert werden. Neben der Sanierung der vorhandenen Bauten[23] und der Anleitung zum technisch einwandfreien Selbstbau[24] rückte dabei die genormte Typenlaube mehr und mehr in den Brennpunkt des Geschehens[25]. Auch die Laube sollte nun „zweckmäßig und schön" werden, „sich harmonisch in das Gesamtbild einpassen" und obendrein „billig" zu beschaffen sein[26]. Im Prinzip war die Typenlaube denn auch bloß das folgerichtige Pendant des „Architektengartens" und der mit ihm eng verbundenen Zwangs-Vorstellungen. Der „wild" ins Kraut schießenden Phantasie der Kolonisten begegnete der RVKD jedenfalls auch in der Laubenfrage mit schwärmerischen Stereotypien von „Einheitlichkeit", „Ausgeglichenheit" und „Abstimmung"[27]. Diese Tendenz zur Uniformierung kulminierte bezeichnenderweise im „Richtlinienentwurf für Dauergärten", den der Reichswohnungskommissar Anfang 1943 kursieren ließ. Auf knapp zehn Seiten fanden sich hier die Tot-Schlagworte „einheitlich" neun Mal, „zweckmäßig" acht Mal, „handwerksmäßig einwandfrei" drei Mal, „organisch einfügen" drei Mal sowie „schön und wirtschaftlich" zwei Mal[28].

Obwohl sich der „baupflegerische" Konformitätsdruck im Laufe der Zeit erhöhte, stieß das verordnete Schönheitsideal auch unter der NS-Diktatur nur auf bedingte Zustimmung. Selbst als die Nazis den „wilden" Zusammen-Zimmerleuten 1939 öffentlich mit dem Entzug ihrer Parzellen drohten[29], blieben ihre Er-

---

21 H. Förster, Mehr Farbe, mehr Schönheit, mehr Freude, in: KGW 3 (2) (1926), 26. Zit. i.O. gesperrt.
22 Bußjäger (20), 116.
23 Siehe hierzu: Teske, Die Lauben im Kleingarten, in: KuK/HH 1 (1934), 6f.; J. Goedecke, Baumruinen und Lauben klagen an, in: Ebd. 3 (1938), 32; Bauliche Sanierung, in: Ebd. 4 (1938), 60 und Lauben-An- und -Umbau - aber richtig, in: Ebd. 5 (1938), 75.
24 G. Langner, Etwas vom Laubenbau, in: Der Kleingarten 5 (1918), 65-68.
25 Siehe hierzu: Bußjäger (20), 117; H. Förster, Grundsätzliches zur Laubenfrage, in: Der Kleingarten 4 (1929), 55ff.; Heike, Das Ergebnis des Laubenwettbewerbs, in: KGW 3 (1) (1926), 7-10, 3 (2) (1926), 21-24 u. 3 (4) (1926), 43ff; Harry Maass, Heimstätten und ihre Gärten, Dresden 1919, 42-59; Josef Peitl, Dauerkleingärten im öffentlichen Grün, in: Gartenkunst 52 (1939), 233ff. und 2. Internationaler Kongreß der Kleingärtnerverbände und 7. Reichs-Kleingärtnertag Essen 1929. Verhandlungsbericht, Frankfurt/M. o.J., 94 u. 177 (Schriften des RVKD 18).
26 Bußjäger (20), 117.
27 Förster, Grundsätzliches (25), 56; Hans Kammler, Laube, Wohnlaube und Kleinsiedlungshaus, in: Der Kleingärtner und Kleinsiedler. Kalender für das Jahr 1935, 126.
28 StAHH. Architekt Gutschow A 243: Schreiben des Reichswohnungskommissars an den Gartengestalter Max Schwarz (Worpswede) v. 31.3.1943. Anlage (Abschrift).
29 KuK/HH 7 (1938), 99f.

folgserlebnisse begrenzt. Wie wenig begeistert die „Schreber" von dieser Bevormundung waren, belegen eine Beschwerde des Hamburger Reichsstatthalters Karl Kaufmann bei der KGD[30] und eine Notiz des Architekten für die Neugestaltung Hamburgs, Konstanty Gutschow, der die Verärgerung vieler Kleingärtner über die zunehmenden Reglementierungen vermerkte[31]. Auch wenn fast jeder Kolonist Wert darauf legte, Garten und Laube so schön und so wohnlich wie möglich auszugestalten, gingen bei weitem nicht alle Kleingärtner mit den amtlich und verbandlich verfochtenen Standards konform. Warum auch: Wenn das Heim eine Burg war, konnte es dann nicht wie eine Burg aussehen?

Nun war die angestrebte Transformation der Laube zur Typenlaube aufgrund des allgemeinen Geldmangels vor dem Ende des Zweiten Weltkriegs kein beherrschender Grundzug der laubenkolonialen Architektur. Wo nichts war, hatte nicht nur der Kaiser, da hatte auch der „Ersatz-Kaiser" und nicht zuletzt der „Führer" sein Recht verloren. Eine Substitution der während der Kriegs- und Nachkriegskrise entstandenen Individualbauten stand daher genausowenig zur Debatte wie ein Ersatz der Behelfsbauten der Weltwirtschaftskrise. Der Einfluß der Typenlaube beschränkte sich demzufolge in erster Linie auf kommunale Mustergärten, staatliche Daueranlagen und private Kaufkolonien, die höhere Investitionen nicht nur lohnten, sondern im Interesse der Imagepflege zugleich herausforderten, während der Baubestand der Altanlagen allenfalls saniert wurde.

Obwohl die Entwicklung von standardisierten Architektenlauben mit den gartenkünstlerischen Reformbestrebungen der Jahrhundertwende Hand in Hand ging, scheint der Durchbruch von Typenlauben doch erst im Gefolge der Pachtschutzbestimmungen der KGO erfolgt zu sein, die über die relative Bestandssicherheit der Parzellen den nötigen Gestaltungs(zeit)raum für eine Verbesserung der Lauben eröffnete. Dieser Terminus a quo bildet freilich nur einen ungefähren Orientierungspunkt. In Hamburg wurden die ersten, von Eugen Goebel entworfenen Typenlauben bekanntlich bereits 1913 an der Uhlenhorster Ulmenau errichtet. Die von Goebel entwickelten Typen – eine Einzellaube mit Zeltdach und eine Doppellaube mit Walmdach – signalisierten dabei zugleich den von Beginn an spürbaren Willen zur Diversifizierung der neuen Laubenvariante. In der Tat gab es die, womöglich national standardisierte Architektenlaube genausowenig wie die typische deutsche Individuallaube. Die verschiedenen Baumeister, Finanzverwaltungen, Interessenverbände und Kleingartendienststellen entwickelten vielmehr jeweils andere Modelle, so daß die Typenlaube schon nach kurzer

---

30 StAHH. Architekt Gutschow A 243: Schreiben Kaufmanns an die KGD v. 30.5.1941.
31 Ebd.: Aktenvermerk Gutschows v. 16.10.1941.

Zeit zur begrifflichen Abstraktion wurde, auch wenn ihre gegenständliche Variationsbreite deutlich enger begrenzt war als die der frei gestalteten Selbstbaulaube.

Die nächsten, auf Hamburger Gebiet nachweisbaren Architektenlauben standen auf dem Gelände der oben vorgestellten Dauerkolonie „Fortschritt und Schönheit". Ihnen folgten die vom Hamburger Baurat Erwin Ockert konzipierten Typenlauben[32], die der 1927/28 einsetzenden Besiedlung Steilshoops dienten. Ihre Planung, die erstmals zwei Typen mit Flachdach vorsah, erfolgte offenbar auf Intervention des preußischen Kreises Stormarn. In einem Schreiben, das der Kreisbaumeister im Auftrag des Kreisausschusses am 17.4.1928 an den SKBH richtete, heißt es: „Ich (...) darf nochmals wiederholen, daß ich größten Wert darauf legen muß, in dem wertvollen Gelände Steilshoop etwas durchaus Einwandfreies entstehen zu lassen. Die baupolizeiliche Genehmigung für jeden Bau ist erforderlich, wenn nicht vorgezogen wird, durch Anwendung von Typen die Vorlagen zu vereinfachen. Großer Wert wird auf einheitliche Stellung der Lauben und ihre farbige Behandlung und einheitliche, wohlüberlegte Form der Einfriedigung zu legen sein"[33].

Abgesehen von den noch zu schildernden Erwerbslosenlauben der Weltwirtschaftskrise scheint die Entwicklung der Hamburger Typenlauben der Weimarer Zeit damit beendet. Ob und inwieweit die quantitativ zahlreicheren, qualitativ freilich kaum verbesserten Architektenlauben der NS-Zeit[34] realisiert wurden, läßt die Überlieferung nicht erkennen. Sicher ist, daß ihre Verbreitung weit hinter der vom Bombenkrieg erzwungenen Aufstellung genormter Behelfsheime zurückblieb. Das Vordringen der ästhetisch motivierten Architektenlaube kulminierte damit, wie wir noch zeigen werden, im kriegswirtschaftlich begründeten Surrogat der nationalsozialistischen „Leybude". An die Stelle von Fortschritt und Schönheit traten „Mord und Totschlag", das „Glück im Winkel" verkam zur Nischenexistenz und der einstige Kolonist auf Zeit mutierte zum „Behelfsheimer" auf Dauer.

---

32 Entwürfe in: HKP 2 (1928), 8f.
33 Abgedruckt bei: M. Hermann, Wichtiges zur Frage der Laubenbauten, in: HKP 2 (November 1928), 7.
34 Siehe: Eichenherr, Lauben im Kleingarten, in: KuK/HH 2 (1934), 15, 3 (1934), 29 u. 6 (1934), 80, der sechs Typenlauben vorstellt, und StAHH. Architekt Gutschow A 366, wo sich ebenfalls sechs „Erprobungstypen" aus dem September 1941 bzw. 1942 finden.

9.2. Die Laube als Wohnlaube. Laubenkoloniales Logieren bis zur Weltwirtschaftskrise.

Von Haus aus war die Kleingartenlaube als Wohnung weder geplant noch geeignet. Die unsicheren Pachtverträge der Frühzeit mit ihren extrem kurzen Kündigungsfristen ließen die Errichtung winterfester Gebäude genausowenig sinnvoll erscheinen wie die unzureichende Erschließung der Kolonien, die in der Regel keinen Wasseranschluß, geschweige denn Kanalisation besaßen. Es überrascht daher nicht, daß sowohl die Bundesratsverordnungen der Kriegszeit als auch die Kleingartengesetzgebung der Revolutionszeit den wohnwirtschaftlichen Aspekt der Laubenkolonisation übersahen. Diese Ignoranz war allerdings nicht nur ein Indiz dafür, daß die Lauben „vor dem Kriege (...) zum Nächtigen nur wenig benutzt" worden waren[35], sie war zugleich ein Anzeichen für die schleppende Rezeption einer sich wandelnden Rechts–Wirklichkeit, die erstmals im Gefolge des Krieges von 1870/71 zutage getreten war. Aufstieg und Fall der Behelfsheimstadt „Barackia" hatten denn auch seinerzeit Furore gemacht, das Langzeit–Bewußtsein der Öffentlichkeit freilich nicht verändert.

Erst die Kriegerheimstättenbewegung griff dieses Menetekel wieder auf und projizierte es auf die sich abzeichnende aktuelle Wohnungsnot im Gefolge des Ersten Weltkriegs. Ihre Bestrebungen wirkten dabei allerdings in gewisser Weise als bloßer Katalysator, der den ohnehin vorhandenen Trend, die einmal errichteten Lauben so intensiv wie möglich zu nutzen, zugleich vertiefte und verbreiterte. In der Tat entsprang die Tendenz zum Leben in der Laube zwei durchaus eigenständigen Motiven: dem aus der generellen Wohnungsnot entstandenen Drang zur Dauersiedlung und dem aus den wachsenden Freizeitbedürfnissen erwachsenen Hang zur Wochenend– bzw. Saisonsiedlung, dem hier die leichte Sommerlaube, dort die winterfeste Dauerwohnlaube entsprach. In der Praxis bestand zwischen diesen beiden Bedürfnissen und ihren baulichen Ausdrucksformen freilich bloß ein analytischer Unterschied. Als sozialpolitischer Appendix der Mietskaserne stand die Kleingartenkultur in einem grundsätzlichen Spannungsverhältnis zur Wohnkultur, das alle Nutzungsformen gleichermaßen umgriff. Jede Dauerwohnlaube diente daher zugleich als Sommerlaube, während umgekehrt jede Sommerlaube als potentielle Dauerwohnlaube erschien. Ein vermutlich aus dem Jahre 1913 stammender Zeitungsartikel beschrieb denn auch, wie die Berliner Laubenkolonisten „nachts dem Dunst und der Schwüle des sonnendurchglühten Steinmeeres von Berlin entfliehen und in frischer, kühler Luft erquickenden Schlaf in ihrer Laube genießen, um dann neu gestärkt an

---

35 Saß, Die rechtliche Stellung der Wohnlaube, in: Preußisches Verwaltungs–Blatt 42 (11) (1920), 122.

ihr Tagewerk zu eilen"[36]. Auch wenn das Übernachten in Kleingartenlauben damals nach Ansicht des Oberverwaltungsgerichts Berlin nur nach Bewilligung einer Ansiedlungsgenehmigung erlaubt war, sah der preußische Minister der öffentlichen Arbeiten bereits zu diesem Zeitpunkt im „Laubenschlaf" – zumindest in Ausnahmefällen – eine sinnvolle Förderung der Volkswohlfahrt[37].

Diese tendenziell wohlwollende Haltung der Behörden wurde durch die sich abzeichnenden Kriegsfolgen weiter verstärkt. Ihren ersten amtlichen Niederschlag bildete ein Erlaß vom 6.10.1917, in dem der Minister der öffentlichen Arbeiten die Beschaffung von Baracken zur Linderung der Wohnungsnot empfahl[38]. Diese Anregung wurde vom Staatskommissar für das Wohnungswesen am 18.11.1918 durch die Empfehlung ersetzt, „auf dem Wege der Bauordnung eine gewisse wohnliche Benutzung der Gartenhäuschen (Lauben) zu ermöglichen", sofern Gemeindeinteressen, Hygiene sowie Ruhe und Ordnung gewahrt blieben und jeder Laubenbewohner obendrein eine feste Bleibe nachweisen könne[39]. Obwohl der Erlaß von Vorbehalten und weltfremden Auflagen strotzte, stellte er doch auf dem dornigen Weg zur behördlichen Anerkennung der Wohnlaube einen echten Meilenstein dar. Ein knappes halbes Jahr später wurde der bis dahin inoffizielle Begriff daher amtlich bestätigt und unverzüglich definiert. Laut Erlaß vom 25.4.1919 waren „Wohnlauben als Wohnhäuser nicht anzusehen, wenn sie nur vorübergehend, und zwar höchstens für die Zeit vom 15. April bis 15. Oktober jeden Jahres zum Aufenthalt von Menschen dienen und wenn die Bewohner anderwärts eine feste Wohnung haben. Die Wohnlauben dürfen einschließlich Veranda eine Grundfläche von 40 qm haben. Statthaft ist nur ein Geschoß, jedoch ein kleiner Keller und eine Nebenanlage von 10 qm für Kleinvieh"[40].

Wie weltfremd der hier erneut bekräftigte Nachweis einer Stadtwohnung nun allerdings auch sein mochte, signalisierte er doch das verständliche Bestreben der Behörden, das Laubenwohnen im Interesse der zukünftigen Stadtplanung zahlenmäßig und zeitlich zu begrenzen. Angesichts der akuten Wohnungsnot blieb diesem Bemühen der Erfolg freilich versagt, so daß sich der preußische Ministerpräsident und Minister für Volkswohlfahrt, der CVP-Politiker Adam Stegerwald, ein gutes Jahr später entschloß, den Zielkonflikt zwischen der Wohnungsnot der Gegenwart und der Bebauungsplanung der Zukunft zugunsten der

---

36 StAHH. Bauverwaltung Altona 15 A Abt. XXIII Lit. J Nr. 1: Rundschreiben des Ministers für öffentliche Arbeiten und des Innern v. 18.11.1913. Anlage (Abschrift).
37 Ebd.
38 Ebd.: Rundschreiben des Staatskommissars für das Wohnungswesen v. 11.11.1918 (Abschrift).
39 Ebd.: Rundschreiben des Staatskommissars v. 18.11.1918 (Abschrift).
40 Saß (35), 121.

aktuellen Schwierigkeiten zu lösen[41]. Die von ihm erlassene Sonderpolizeiverordnung vom 17.7.1920 bestimmte daher: „Für die Zeit der verschärften Wohnungsnot sind Wohnlauben bis zum Ende des Jahres 1924 auch dann zugelassen, wenn die Laubenbewohner anderwärts keine feste Wohnung haben. Die Zulassung muß jedoch (...) vom Regierungspräsidenten für bestimmte Gemeinden oder Gemeindeteile ausdrücklich ausgesprochen und bekanntgegeben werden". Obwohl dieser, in § 13 der Sonderpolizeiverordnung festgeschriebene Passus im „Preußischen Verwaltungs-Blatt" heftig angegriffen wurde[42], blieben die berechtigten Einwände ohne Wirkung. Wie erfolgreich die normative Kraft des Faktischen die faktische Kraft der täglich fragwürdiger werdenden Norm zu diesem Zeitpunkt bereits suspendiert hatte, bewies das – bereits zitierte – knapp zwei Monate nach der Sonderpolizeiverordnung ergangene Rundschreiben des Reichsarbeitsministeriums, das den Landesregierungen anheimstellte, das vom MfV gegebene Beispiel zur Linderung der Wohnungsnot nachzuahmen.

Im Großraum Hamburg wurde die Sonderpolizeiverordnung rund zwei Monate nach ihrem Erlaß vom preußischen Regierungsbezirk Lüneburg[43] und von Altona[44] umgesetzt. Hamburg selbst verzichtete dagegen auf eine rechtsförmliche Übertragung der preußischen Regelung, um den vorhandenen Trend zum Laubenwohnen nicht offiziell zu fördern, verstand sich jedoch zu einer weitgehenden Duldung der ohne Genehmigung ausgebauten Buden. Das behördliche Wohlwollen umfaßte dabei auch die von Amts wegen besonders betroffene Baupolizei, das Feuerlöschwesen und die Gesundheitsbehörde. Nur die Hamburger Feuerkasse lehnte eine Versicherung der Notunterkünfte kategorisch ab[45]. Obwohl die Hansestadt damit de facto einräumte, daß Wohnungs-Not kein Gebot kenne, hütete sie sich davor, in der sensiblen Frage der „wilden" Siedlung einen rechtlichen Präzedenzfall zu schaffen, so daß das Laubenwohnen hier de jure illegal blieb.

---

41 Alle folgenden Angaben nach: StAHH. Senat. Cl. VII Lit. Fd No. 1 Vol. 149: Rundschreiben des Reichsarbeitsministers v. 9.9.1920. Anlage.
42 Saß (35), 122 monierte zu Recht, daß der Erlaß die bisher rechtsgültige, an den Besitz einer Stadtwohnung gebundene Begriffsbestimmung der Wohnlaube zu Lasten der Gemeinden (Ansiedlungsgenehmigung, Anwendung des ortsstatutarischen Bauverbots) aufhebe bzw. bis Ende 1924 suspendiere.
43 StAHH. Harburg-Wilhelmsburg. Magistrat 3200–21: Polizeiverordnung des Regierungsbezirks Lüneburg betr. Wohnlauben v. 6.9.1920.
44 StAHH. Bauverwaltung Altona 15 A Abt. XXIII Lit. J Nr. 1: Sonderbaupolizeiverordnung für Wohnlauben v. 20.9.1920.
45 StAHH. Senat. Cl. VII Lit. Fd No. 1 Vol. 149: Protokoll der interadministrativen Kommission betr. die Übertragung preußischer Regelungen auf Hamburg v. 6.7.1921.

Der Hang der Kleingärtner, ihre leichten Holzbauten Schritt für Schritt durch massive Steinbauten zu ersetzen, stieß folglich Ende 1924 auf den Widerstand der Domänenverwaltung. Zum Ärger der DV überschnitten sich dabei gleich zwei, von der KGO nicht gedeckte Entwicklungen: die fortgesetzte Ansiedlung Obdachloser mit Schwerpunkt in Horn und die zunehmende Um–Nutzung von Kleingartenland zum Aufbau von Gewerbetrieben, Kohlenlagerplätzen, Pferdeställen und Schweinemästereien[46]. Die DV verlangte daher, „daß diese wilde Bebauung der Feldmark unterbunden wird"[47].

Trotz dieser rechtswidrigen Aktivitäten warb der RVKD–Gauverband Hamburg zumindest in der Frage des Wohnlaubenbaus weiter um amtliches Verständnis. Als Gründe für die Entstehung von Massivbauten führte der Verbandsvorsitzende Lehmann neben ihrer wohnwirtschaftlichen Ergänzungsfunktion zu den „oft recht licht– und luftarmen Wohnung(en)" und dem erhöhten Erholungswert, vor allem die verbesserte feuerpolizeiliche Sicherheit, den gesteigerten Schutz vor Ratten und Mäusen und die ästhetische Überlegenheit gegenüber den herkömmlichen „Speck– und Eierkistenlauben" an. In seinen Augen erschien die „massive" Baukonjunktur in den Kolonien denn auch keineswegs als Un–Tat schnöder Rechtsbrecher, sondern als biederes Heim–Werk „besonders idealistisch veranlagte(r) Kleingärtner, welche mit ihrer Familie jede freie Minute, auch ihre Ferien dauernd in ihrem Garten zubringen möchten"[48].

Es versteht sich, daß die Finanzdeputation diesen schönfärberischen Standpunkt verwarf und darauf verwies[49], daß die Errichtung einer Wohnlaube bereits in einem Fall dazu geführt habe, daß die vom Kolonisten gemietete Stadtwohnung an einen nicht zuweisungsberechtigten Mieter „weiterverkauft" worden sei. Obwohl die betreffende Wohnung vom Wohlfahrtsamt unverzüglich beschlagnahmt worden war, fürchtete die FD, daß die illegale Umwandlung von Koloniegelände in Siedlungsland diese Praxis verallgemeinern könne[50]. Auch wenn die FD den Abriß bereits bestehender Massivbauten nicht erwog, forderte sie die Kleingärtner auf, die geltenden Pachtverträge wort– und sinngemäß einzuhalten. Da sich das Gartenwesen dieser Position anschloß[51], wies auch der Senat die

---

46 StAHH. FD IV DV VI A 1a XXXII A: Berichte der DV v. 14.10.1924, 16.1.1925 u. 2.3.1925.
47 Ebd.: Bericht der DV v. 14.10.1924.
48 StAHH. Senat. Cl. VII Lit. Fd No. 1 Vol. 149: Eingabe des Gauverbands an den Senat v.15.5.1925.
49 Ebd.: Stellungnahme der FD v. 28.5.1925.
50 Vgl. hierzu die: Klagen des Schutzverband für Deutschen Grundbesitz, Die Kleingartenbewegung im Deutschen Reiche, Berlin 1933, 29.
51 StAHH. Senat. Cl. VII Lit. Fd No. 1 Vol. 149: Stellungnahme des Gartenwesens v. 17.7.1925.

Eingabe des Gauverbands am 21.5.1925 zurück[52]. Seitdem wurden kommerziell umgewidmete Kleingartenflächen den Vereinen entzogen und direkt an die gewerblichen Nutzer verpachtet, bereits vollendete Massivbauten geduldet, geplante Dauerwohnlauben dagegen der Genehmigung der Baupolizei unterworfen. Um zugezogene Neu–Hamburger am Erwerb der Unterstützungsberechtigung zu hindern, erfolgte ihr Plazet freilich nur, wenn der Antragsteller seit wenigstens einem Jahr in Hamburg wohnte und sich zugleich durch Revers verpflichtete, im Fall einer späteren Räumung keinen Anspruch auf Ersatzwohnraum zu stellen. Etwaige (weitere) Zuwiderhandlungen der Vereine bedrohte die Stadt mit der Aberkennung der Gemeinnützigkeit[53].

Bis zur Weltwirtschaftskrise scheint diese Eindämmung im großen und ganzen funktioniert zu haben, da die Drohung mit dem Entzug der Gemeinnützigkeit die Vereine in die behördliche Abwehrstrategie einband und nolens volens dazu zwang, „in energischer Weise ein Umsichgreifen, den Kleingarten zur Dauerwohnung zu machen, zu verhindern"[54]. Die Verhältnisse in Hamburg unterschieden sich damit grundlegend von den Zuständen in Berlin, wo sich spätestens seit 1923 ein relativ fester Sockel von circa 35.000 Dauerwohnlauben nachweisen läßt[55], während eine aus dem Jahr 1927 stammende Erhebung der Hamburger Sozialbehörde demgegenüber bloß 65 Dauerwohner zu lokalisieren vermochte[56].

9.3. Depression und Laubenboom. Groß–Hamburger Kleingärten in der Weltwirtschaftskrise.

9.3.1. Ökonomischer Großraum und politischer Kleinmut: Hamburg und Preußen im Streit um die Kleingartenfrage.

Der erste Höhepunkt der „wilden" Kleingartensiedlung traf Hamburg und sein preußisches Umland während der Weltwirtschaftskrise. Buchstäblich über Nacht entstand im Stromspaltungsgebiet der Elbe ein neuer, unübersehbarer Archipel unterschiedlicher „Rettungsinseln", auf denen sich das menschliche „Treibgut" der Depression in Gestalt tausender arbeits– und obdachloser Großstädter fest-

---

52 StAHH. FD IV DV VI A 1a XXXII A: Auszug aus dem Protokoll des Senats v. 21.10.1925.
53 Ebd.: Protokoll der gemeinsamen Besprechung von KGD, DV und Baupolizei v. 17.9.1926 und FD IV DV V c 8c IV: Protokoll des KGB v. 25.11.1926.
54 StAHH. FD IV DV VI A 1a XXXII A: Denkschrift Rosenbaums v. 16.12.1931, 2.
55 Schutzverband (50), 29.
56 StAHH. Sozialbehörde I AF 47.10, Bd. 1, Teil I.

setzte und unverzüglich einzurichten begann. Ohne Rücksicht auf bestehende Rechtsgrundlagen und Landesgrenzen hißten die Kolonisten ihre Flaggen im Stile frühneuzeitlicher Entdecker und errichteten allenthalben „grüne Miniatur-Republiken". Die staatlichen Autoritäten beiderseits der Grenze reagierten auf den An-Sturm mit Verwirrung und ohnmächtiger Verzweiflung. Hamburg und Preußen blieben zwar bestehen, doch ihre Souveränität schien plötzlich in Frage gestellt, ja in der gemeinsamen, vielfach verschachtelten Grenzregion zumindest teilweise aufgehoben.

Ein wesentlicher Grund für das unzulängliche Krisenmanagement lag in der bekannt schlechten zwischenstaatlichen Zusammenarbeit der beiden Reichsländer. Obwohl die Groß-Hamburger Konurbation ein zusammenhängendes Stromspaltungsgebiet und einen einheitlichen Wirtschaftsraum bildete, zerfiel ihre wirtschaftsgeographische Einheit in zwei politisch konkurrierende Einflußzonen. Der Kern der Groß-Hamburg-Frage bestand daher, wie der Erste Baudirektor der Hansestadt, Christoph Rank, zutreffend feststellte, in dem wachsenden Widerspruch zwischen dem im Zuge der Industrialisierung entstandenen grenzüberschreitenden Siedlungs- und Wirtschaftsraum der Neuzeit und der fortbestehenden, zunehmend anachronistischer werdenden Gebiets- und Verwaltungsstruktur der Vergangenheit[57]. Ihre gefährliche Eigendynamik gewann die seit dem Ende des 15. Jahrhunderts weitgehend unveränderte Gebietsstruktur[58] folglich erst, als sich die Existenzbedingungen der Stadt im Zuge der wirtschaftspolitischen Doppelrevolution der Moderne radikal veränderten und die einstige Staatsgrenze unversehens in eine Wachstumsschranke verwandelten. Auch wenn einsichtige Politiker auf beiden Seiten der Grenze das Problem erkannten und einzelne Streitfälle wie das Köhlbrandproblem vertraglich regeln konnten[59], blieb die Groß-Hamburg-Frage trotz wiederholter Lösungsversuche im Rahmen der Kriegszieldiskussion des Ersten Weltkriegs und der Reichsreformbestrebungen der Weimarer Zeit bis zum Inkrafttreten des Gesetzes über Groß-Hamburg und andere Gebietsbereinigungen am 1.4.1937 im Kern bestehen.

Die zäh(lebig)e Verbissenheit, mit der beide Seiten ihre Positionen verfochten, beruhte zunächst auf der gegensätzlichen Grundhaltung der beiden Bundes-

---

57 StAHH. Baudeputation B 436: Christoph Rank, Die Entwicklung des Städtebaus in Deutschland. Referats-Entwurf für den Welt-Ingenieur-Kongreß 1929 in Tokio, 8f.
58 Kai Weniger, Wiederaufbau und Neubauplanungen in Hamburg 1945–1950, Phil. Diss. Hamburg 1967, 5.
59 Siehe hierzu: Werner Johe, Territorialer Expansionsdrang oder wirtschaftliche Notwendigkeit, in: ZHG 64 (1978), 149–180; (Hartmut) Hohlbein u.a., Vom Vier-Städte-Gebiet zur Einheitsgemeinde, Hamburg 1988; Christoph Timm, Der preußische Generalsiedlungsplan für Groß-Hamburg von 1923, in: ZHG 71 (1985), 75–125.

staaten bzw. Reichsländer. Während Hamburg auf einer territorialen Lösung bestand, beharrte Preußen auf einem verwaltungsorganisatorischen Übereinkommen. Im Grunde standen sich damit zwei antagonistische Lösungswege gegenüber: auf Seiten Hamburgs eine unilaterale, auf einseitige Expansion zielende Haltung, auf Seiten Preußens eine bilaterale, auf gegenseitige Vereinbarungen setzende Einstellung. Dieser Prinzipienstreit spiegelte freilich nur die rationale Vorderseite der zwischenstaatlichen Beziehungen wider. Ihre irrationale Rückseite bildete das ausgeprägte Traditionsbewußtsein der Kontrahenten, „ihr Denken und Leben in den Kategorien preußischer oder hamburgischer Souveränität", das sich im Zweifelsfall als stärker erwies „als die Realität eines gemeinsamen Staates"[60].

Mitte der 20er Jahre gerieten die hamburgisch–preußischen Beziehungen denn auch erneut in die Krise. Sichtbarer Ausdruck der verfahrenen Situation waren die innerpreußischen Eingemeindungen des Jahres 1927: „Statt Groß–Hamburg entstanden (...) ein Groß–Harburg(-Wilhelmsburg), ein Groß–Wandsbek und ein Groß–Altona"[61]. Erst unter dem Eindruck dieser Gegen-Aktivitäten, die die hanseatischen Groß–Hamburg–Träume gezielt konterkarierten, kam es am 5.12. des folgenden Jahres zum Abschluß des längst überfälligen „Hafengemeinschaftsvertrages", der in der zeitgenössischen Presse bezeichnenderweise als „Locarno an der Unterelbe" gefeiert wurde[62]. Obwohl Hamburg damit grundsätzlich auf den von Preußen verfochtenen Weg einer verwaltungsorganisatorischen Verständigung eingeschwenkt war, beschränkten sich die gemeinsamen Planungsarbeiten zunächst auf statistische Bestandsaufnahmen, da der neu geschaffene Landesplanungsausschuß nur „rein empfehlenden Charakter" besaß[63]. Der im Gefolge der Weltwirtschaftskrise einsetzenden „wilden" Siedlungsbewegung stand der LPA insofern hilflos gegenüber[64]. Als Kopf ohne Körper brachte er notgedrungen nur weitere „Kopfgeburten" hervor – unter ihnen immerhin den im Sommer 1931 gebildeten hamburgisch–preußischen Kleingartenausschuß[65].

Diese verzwickten, weniger gut– als schlecht–nachbarschaftlichen Beziehungen strahlten bekanntlich auf die von Beginn an „grenzenlose" Hamburger Laubenkolonisation aus. Selbst als die kleingärtnerische Verbandsentwicklung nach dem Ersten Weltkrieg aufgrund der Verschmelzung von VHS und KBH zum

---

60 Johe (59), 169.
61 Hohlbein u.a. (59), 52.
62 Zit.n.: Johe (59), 171.
63 Weniger (58), 8–13. Vgl. auch: Michael Bose u.a., ...ein neues Hamburg entsteht, Hamburg 1986, 9.
64 Weniger (59), 13.
65 Zur weiteren Entwicklung des LPA siehe: Bose u.a. (63), 10ff.

SKBH Ende 1918 auf be- wie entstehende Einzelvereine eine grenzüberschreitende Anziehungskraft ausübte[66] und von der ursprünglich geplanten, an den Reichsländern nur bedingt orientierten Struktur des 1921 gegründeten RVKD nachträglich legitimiert wurde[67], erwies sich der am 26.9.1922 aus der Taufe gehobene, vom Senat am 5.12.1923 offiziell anerkannte „Gauverband Hamburg und Umgebung" schnell als brüchige Dachorganisation, da seine Gliederung in zehn, ungleich starke Bezirksverbände den politischen Einfluß der jeweiligen Mitgliedschaft in unzulässiger Weise nivellierte[68]. Während der vom SKBH gebildete Bezirksverband Hamburg nämlich 13.350 Mitglieder stellte, zählte der Bezirksverband Pinneberg bloß 5.100, Altona 3.000, Wandsbek 2.300, Bergedorf-Sande 1.500, Stormarn 1.300, Wilhelmsburg 1.300, Harburg und Umgebung 930, Waltershof 900 und Eimsbüttel 850 eingeschriebene Kolonisten[69]. Obwohl der Hamburger Verband damit rund 44% der Gesamtmitgliedschaft aufbrachte, besaß er im Gauvorstand nur eine von zehn Stimmen und damit im Endeffekt kein größeres Gewicht als der kaum mehr als ein 15tel dessen umfassende Verband Waltershof. Diese unausgewogene Repräsentation ließ sich auch durch Appell an die, nach Mitgliederzahlen abstimmende, Vertreterversammlung nur bedingt korrigieren. Allfällige Kampf-Abstimmungen führten vielmehr zu ausgesprochen knappen Zufalls-Ergebnissen, die auf die Dauer jede gedeihliche Zusammenarbeit in Frage stellten. Nicht unerheblich verschärft wurde der Konflikt durch den im Zuge fortschreitender Bebauung erzwungenen Übertritt Hamburger Vereine auf preußisches Gebiet, der die auf Mitgliedszahlen und Vereinsbeiträgen beruhende Macht der Bezirksvorstände je nach Lage der Dinge auf Kosten des Nachbarbezirks stärkte oder schwächte, so daß es an billigen Anlässen für partikularistische Besitzstandskonflikte nicht fehlte[70].

Vollends prekär wurde die Lage, als der RVKD auf dem Erfurter Reichskleingärtnertag im Mai 1923 die in Bremen beschlossene Verbandsgliederung revidierte und an der politischen Einteilung des Reiches ausrichtete, so daß der Groß-Hamburger Gauverband im Gefüge der spätestens jetzt gebildeten Landes- und (preußischen) Provinzialverbände unversehens zum Fremdkörper wur-

---

66 Jb. 1933 des LV Groß-Hamburg im RVKD, Hamburg 1933, 10f.
67 Zur Trennung des Hamburger Bezirks-Verbandes vom Gau-Verband und Umgebung, in: Der Kleingarten 10 (1927), 155.
68 Siehe: StAHH. Senat. Cl. VII Lit. Cb No. 5 Vol. 12b Fasc. 57 Inv. 7h: Schreiben Rosenbaums an Staatsrat Rautenberg v. 8.9.1927 und ebd. Inv. 7e: Stellungnahme des Gartenamts v. 22.1.1929.
69 Zahlenangaben (vom Sommer 1925) nach: 4. Reichs-Kleingärtnertag zu München 30. / 31. Mai und 1. Juni 1925. Verhandlungsbericht, Frankfurt/M. o.J., 141 (Schriften des RVKD 9).
70 StAHH. Senat. Cl. VII Lit. Cb No. 5 Vol. 12b Fasc. 57 Inv. 7e: Stellungnahme des Gartenwesens v. 22.1.1929.

de[71]. Zwar billigte der Reichsverband in einem Vorstandsbeschluß vom 27.10.1923[72] das Fortbestehen des „Gauverbands Hamburg und Umgebung", da er es ablehnte, „daß lebenswichtige Belange der kleingärtnerischen Organisationen durch Hinweis auf eine starre Einteilungsformel ernste Schädigungen erfahren", doch konnte er nicht verhindern, daß die Reorganisation die Begehrlichkeit der benachbarten Provinzialverbände Hannover und Schleswig–Holstein weckte[73]. Auch wenn der RVKD ihre Ansprüche letztendlich abwies[74], waren sie doch kaum geeignet, die Auseinandersetzungen im Gauverband zu mäßigen, zumal der Gau sich seinerseits weigerte, „das Wirtschaftsgebiet von Groß–Hamburg als Abgrenzung seines Wirkungskreises in der Satzung (...) zu verankern"[75].

Als die vom Gauverband im Sommer 1924 durchgeführte Kleingartenbauausstellung „Unser Garten" wegen des „außerordentlich ungünstige(n) Wetter(s)" unverhofft mit einem Defizit von 12.429,15 RM abschloß[76], brachten die sich anschließenden, „verhältnismäßig geringfügige(n) Meinungsverschiedenheiten und geldliche(n) Unstimmigkeiten"[77] das Faß der innerverbandlichen Querelen zum Überschwappen: Der SKBH erklärte sich am 16.1.1926 zum reichs(verbands)unmittelbaren Bezirksverband und firmierte nach seiner Anerkennung durch den RVKD am 2.1.1927 mit Wirkung vom 25.1.1928 in Landesverband Hamburg um[78]. Seit Anfang 1926 gab es damit im Großraum Hamburg faktisch zwei, vom RVKD ein Jahr später auch formell legitimierte Kleingartenverbände: den in Hamburg wirkenden, und damit satzungskonformen, Landesverband und den teils in Schleswig–Holstein, teils in Hannover, teils im hamburgischen Waltershof und Bergedorf tätigen, eigentlich nicht satzungskonformen, Rest–Gauverband, dem der RVKD bloß nahelegte, den nunmehr irreführenden Namen zu wechseln[79].

Der Fortbestand des mit der Gebietsstruktur des Reiches wie mit der Organisationsstruktur des RVKD gleichermaßen unvereinbaren Rest-Gauverbandes

---

71 Zur Trennung (67), 155.
72 Abgedruckt in: RVKD. Geschäftsbericht 21. Mai 1923 bis 1. Mai 1925, Frankfurt/M. o.J., 34f.
73 Zur Trennung (67), 156.
74 4. Reichs–Kleingärtnertag (69), 141.
75 Zur Trennung (67), 156.
76 Bromme/Rosenbaum/Schilling, Kleingartenbau–Ausstellungen, Frankfurt/M. 1926, 50 (Schriften des RVKD 10).
77 StAHH. Senat. Cl. VII Lit. Cb No. 5 Vol. 12b Fasc. 57 Inv. 7e: Schreiben des MfV an das Senatsamt für die Reichs– und auswärtigen Angelegenheiten v. 10.1.1929.
78 Niederschrift über die Vertreter–Versammlung am 19.2. 1927, in: HKP 2 (1927), 3f.
79 5. Reichs–Kleingärtnertag zu Frankfurt/M. am 30. u. 31. Juli 1927. Verhandlungsbericht, Frankfurt/M. o.J., 93 (Schriften des RVKD 12).

gründete dabei auf dem gewichtigen Umstand, daß rund 80% seiner Mitglieder Hamburger waren, die in Preußen bloß ihr Land gepachtet hatten[80] und daher wenig Neigung verspürten, ihre Interessen künftig von Kiel oder Hannover vertreten zu lassen. Hinzu kam, daß die grenzüberschreitende Organisationsstruktur des Rest–Gauverbandes einzelnen Vereinen die Möglichkeit eröffnete, die staatlichen Behörden gegeneinander auszuspielen und sich in der Grauzone der Grenzregion Vorteile zu verschaffen. Ein Paradebeispiel für diese Einstellung bot der in Hamburg anerkannte KGV „Hammonia" von 1919, dem Hamburg sein im preußischen Lokstedt gelegenes Kolonialgebiet nicht nur angepachtet, sondern auch durch Notstandsarbeiten hergerichtet hatte. Nach Abschluß der Arbeiten ließ die ihrer Namens–Patronin wenig treue „Hammonia" ihre in der Hansestadt erwirkte Anerkennung als gemeinnütziger Kleingartenverein kurzerhand löschen, um sich im preußischen Pinneberg „akkreditieren" zu lassen. Die behördliche Kontrolle der sachgemäßen Verwendung des als Darlehn vergebenen Geldes war damit ebenso in Frage gestellt wie seine vereinbarte Rückzahlung. Auch wenn die Akten den Ausgang dieses laubenkolonialen „Bubenstücks" nicht verzeichnen, hat es ganz den Anschein, als ob die kleine Hammonia ihre große Schwester in diesem Fall übervorteilt hätte. Auf jeden Fall beklagte der Hamburger Staatsrat Rautenberg in diesem Zusammenhang das undeutliche Profil des Rest–Gauverbandes, der in Finanzfragen ein hamburgisches, in „Akkreditierungsfragen" ein preußisches, in anderen Fragen wieder ein Groß–Hamburger Gesicht zeige, und sorgte dafür, daß die Stadt seit Anfang 1928 finanzielle Mittel nur noch an genuin Hamburger Vereine auskehrte[81].

Wenig förderlich für die ohnehin fragwürdige Koexistenz der beiden Teil–Verbände war auch der vom RVKD 1927 gefaßte Beschluß, dem SKBH die Pachtung preußischen Grund und Bodens zu untersagen[82]. Als Abgrenzung der beiderseitigen Einzugsbereiche gedacht, verkannte die gut gemeinte Entscheidung doch völlig die vorherrschende, ins preußische Umland zielende Bewegungsrichtung der vom Bauboom zentrifugal beschleunigten Kolonisationsbestrebungen. Die 1927 einsetzende Besiedlung Steilshoops durch SKBH–Mitglieder ließ den Entflechtungsversuch denn auch im Laufe des Beschlußjahres postwendend hinfällig werden. Zwar vermischte die demonstrative „Grenzverletzung" die zwischenverbandlichen Auseinandersetzungen mit dem seit Mitte 1924 schwelenden hamburgisch–preußischen Behördenstreit in der Gemeinnüt-

---

80 StAHH. Senat. Cl. VII Lit. Cb No. 5 Vol. 12b Fasc. 57 Inv. 7h: Aktennotiz über eine Besprechung mit Vertretern des Gauverbandes v. 23.9.1927.
81 Ebd.: Protokoll der Besprechung zwischen der Baubehörde und Vertretern des Landes– und Gauverbandes v. 14.1. 1928.
82 StAHH. Senat. Cl. VII Lit. Cb No. 5 Vol. 12b Fasc. 57 Inv. 7e: Stellungnahme des Gartenwesens v. 13.10.1928, 2f.

zigkeitsfrage, doch blieb der Übertritt letztendlich folgenlos, da der RVKD aus Furcht vor einem Austritt des SKBH eine entsprechende Beschwerde des Rest–Gauverbandes „abwimmelte"[83] und Preußen die Pachtung des privaten Steilshooper „Hinsch Grundes" nicht zuletzt im Hinblick auf das sich abzeichnende „Elb–Locarno" weder verhindern konnte noch wollte. In der Folge kam es denn auch in der Frage der Verbandsorganisation zu einer Annäherung der Standpunkte, da nicht zuletzt der Rest–Gauverband die Fragwürdigkeit seiner ursprünglichen Verfassung einräumte und der Hamburger KGD Anfang 1929 signalisierte[84], daß er im Fall einer Wiedervereinigung bereit sei, dem Hamburger Landesverband die Hälfte der Vorstandssitze einzuräumen[85].

Im selben Monat übermittelte auch das MfV der Hamburger Regierung den Wunsch, die beiden sich befehdenden Teil–Verbände „autoritativ–vermittelnd" zusammenzuführen[86]. Am 31.5.1929 kam es daraufhin, wohl nicht zuletzt unter dem Eindruck der am 31.3.1929 erfolgten Verständigung in Fragen des kleingärtnerischen Grenzübertritts, zu einem Vermittlungsgespräch im Hamburger Hotel Baseler Hof[87], auf dem sich beide Konfliktparteien für eine Wiedervereinigung gewinnen ließen. Da eine sofortige Verschmelzung mit Rücksicht auf laufende Rechtsverbindlichkeiten untunlich erschien, gingen beide Teil–Verbände zunächst eine Arbeitsgemeinschaft ein, die in erster Linie eine personelle Bestandsgarantie für den an zunehmender Auszehrung leidenden Landesverband enthielt. Nach Preußen abwandernde KGV blieben damit vereinsrechtlich Mitglieder des LV. Zugleich verabredeten beide Kontrahenten ein wechselseitiges Landpachtrecht, das alle ehemaligen Bezirksverbände einschloß. Um den preußischen Bezirken die zu erwartende Ansiedlung der Hamburger Konkurrenz zu versüßen, verpflichteten sich die Hanseaten im Gegenzug, an den jeweils betroffenen Bezirksverband eine pauschale Verwaltungsbeihilfe von 15 Pfg. pro Kopf auszukehren, während die Preußen dem LV dafür eine seiner Stärke angemessene Vertretung im künftigen Gesamtvorstand Aussicht stellten.

Formell vollzogen wurde die Wiedervereinigung durch eine am 6.9.1929 getroffene Vereinbarung zwischen dem Vorsitzenden des Rest–Gauverbandes, dem Wandsbeker Gewerbelehrer Friedrich A. O. Meyer, und dem Vorsitzenden des

---

83 Ebd., 1f. und Eingabe des SKBH an den Senat v. 24.9. 1928.
84 StAHH. Senat. Cl. VII Lit. Cb No. 5 Vol. 12b Fasc. 57 Inv. 7h: Schreiben Rosenbaums an Staatsrat Rautenberg v. 8.9.1927, 3.
85 StAHH. Senat. Cl. VII Lit. Cb No. 5 Vol. 12b Fasc. 57 Inv. 7e: Stellungnahme des Gartenwesens v. 22.1.1929, 2.
86 Ebd.: Schreiben des MfV an die Senatskommission für die Reichs– und auswärtigen Angelegenheiten v. 10.1.1929.
87 Ebd.: Schreiben Rosenbaums an Geheimrat Pauly vom MfV v. 7.6.1929. Anlage 2: Ergebnis der Besprechung im Hotel „Baseler Hof" v. 31.5.1929.

LV, dem Hamburger Damenschneider Max Hermann[88]. Der von ihnen unterzeichnete Vertrag datierte den Zusammenschluß zum neuen Landesverband Groß–Hamburg auf den 1.8.1929 (zurück), verfügte die Verschmelzung der angestammten Publikationsorgane zum „Groß–Hamburger Kleingarten" und sorgte dafür, daß der neue Gesamtvorstand paritätisch besetzt wurde. Ihren offiziellen Abschluß fand die Fusion auf der am 15.12.1929 stattfindenden ersten Delegiertenversammlung des LVGH[89], die rund 32.000 Mitglieder[90] aus Altona, Bergedorf, Hamburg[91], Harburg, Pinneberg, Stormarn, Waltershof, Wandsbek und Wilhelmsburg vertrat. Wirklich konsolidiert war die Lage in der hochverzahnten hamburgisch–preußischen Grenzregion damit freilich noch lange nicht. Der „Schwarze Freitag" stellte „Vater Staat" und seine „Robinsöhne" vielmehr vor eine unerwartete Belastungsprobe, die auch eine eingespielte Partnerschaft nicht ohne weiteres verkraftet hätte.

9.3.2. Hanseatische „Frontier" oder „Wildwest" im hamburgisch–preußischen Grenzgebiet.

Als Hamburg seinen Welthandel nach dem Ende der napoleonischen Gewaltherrschaft im Windschatten der britischen Weltmacht wieder aufbaute und wenig später im Gefolge der lateinamerikanischen Freiheitskriege erheblich ausbauen konnte, charakterisierte der damalige Präses der Commerzdeputation, M. J. Haller, die neue Stellung der alten Handelsstadt mit dem bekannten Wort: „Hamburg hat Colonien erhalten"[92]. Was damals der Gunst der Stunde geschuldet war, entsprang ein gutes Jahrhundert später ihrer extremen Ungunst. An die Stelle der Expansion unter den Bedingungen weltweiten Freihandels trat eine internationale Depression im Zeichen des „Zollprotektionismus der Nachkriegszeit"[93]. Lagen die Kolonien seinerzeit am anderen Ufer des „großen Teiches", entstanden sie nun jenseits von Flottbek, Kollau, Tarpenbek, Wandse, Bille und Elbe. Das „Tor zur Welt" reduzierte sich zur Gartenpforte, die Kolonien verwandelten sich – einmal mehr – in Laubenkolonien.

---

88 Ebd.: Niederschrift des Gartenwesens v. 6.8.1929 (Abschrift).
89 Niederschrift der Vertreterversammlung, in: GHK 1 (1930), 3.
90 Gerhard Müller, Stein auf Stein, (Hamburg 1958), 19.
91 StAHH. Amtsgericht Hamburg B 1978–4.
92 Gerhard Ahrens, Von der Franzosenzeit bis zur Verabschiedung der neuen Verfassung, in: Hamburg. Geschichte der Stadt und ihrer Bewohner, Bd. 1, Hamburg (1982), 444.
93 Fritz Blaich, Der schwarze Freitag. Inflation und Weltwirtschaftskrise, (2. Aufl. München 1990), 80.

Diese bizarre Parallele ist den Zeitgenossen keineswegs verborgen geblieben. So konstatierte der Altonaer Bausenator Gustav Oelsner, daß an der Peripherie der Stadt „eine Art 'Wildwest' entstanden (sei), 'das aber nicht weiträumig ist wie in Amerika'"[94]. Ähnlich äußerte sich der Hamburger Oberbaudirektor Fritz Schumacher: „Als sich rings um die Großstadt herum das Ereignis der wilden Siedlungen vollzog, da war das für den städtebaulich Verantwortlichen zwar kein erfreulicher, aber doch ein tief bewegender Eindruck. Es war etwas von der zähen Kraft jener deutschen Kolonisatoren, die einst Afrika und Westamerika urbar machten, was sich hier, angesichts der Abschnürung Deutschlands von allen Außengebieten, ungelenk Luft machte"[95].

Wie nachhaltig die „wilde" Laubenkolonisation die Gemüter beschäftigte, bezeugt auch der 1932 populär gewordene Schlager „Wir zahlen keine Miete mehr"[96], dessen Refrain das Wohnen in der „Fischkiste" gleichsam zum „letzten Schrei" erhob:

„Wir zahlen keine Miete mehr,
wir sind im Grünen zu Haus.
Wenn unser Nest noch kleiner wär',
uns macht das wirklich nichts aus!
Ein Meter fünfzig im Quadrat,
wir haben ja wenig Gepäck.
Und wenn's hinten nur ein Gärtchen hat
für Spinat und Kopfsalat,
dann zieh'n wir nie wieder weg".

In der Tat entwickelte sich der Trend zum Dauerwohnen, den der Schlager in der letzten Refrainzeile historisch hellsichtig andeutete, zu einer machtvollen, auch von der Diktatur nicht mehr rückgängig zu machenden Massenbewegung. Das Gros der „Wilden" zog wirklich nicht wieder weg, sondern entfaltete trotz aller baupolizeilichen, kleingartenrechtlichen und wohnungshygienischen Widerstände ein elementares Beharrungsvermögen, das der Über-Lebenskraft der von ihnen verabscheuten Unkräuter in nichts nachstand. In mancher Hinsicht erhielt Hamburg in der Weltwirtschaftskrise daher nicht nur neue Kolonien, es

---

94 Zit.n. Christoph Timm, „Eine Art Wildwest". Die Altonaer Erwerbslosensiedlungen in Lurup und Osdorf von 1932, in: A. Sywottek (Hg.), Das andere Altona, (Hamburg 1984), 165.
95 Fritz Schumacher, Die Bedeutung der großstädtischen Siedlungsbewegung, in: Hamburger Nachrichten v. 8.6.1933. Weitere zeitgenössische Bezeichnungen waren „Negerdorf", „Kolonie im Kehricht", „Spontansiedlung" und – in Wien – „Brettldorf". (Tilman Harlander u.a., Siedeln in der Not, (Hamburg 1988), 44).
96 Schlager. Das Große Schlager-Buch. Deutsche Schlager 1800 bis heute, hg. v. M. Sperr, (München 1978), 158.

wurde vielmehr selbst bis zu einem gewissen Grade zu einer Kolonialmetropole, die sich von ihren Schwesterstädten in Lateinamerika (und anderswo) nur darin unterschied, daß sich die Favelas dort aus dem platten Land, hier dagegen „aus grauer Städte Mauern" speisten.

Ähnlich sensibel wie der populäre Schlager reagierte der zeitgenössische Roman. Hans Falladas 1932 erschienener Welterfolg „Kleiner Mann, was nun?" zeigte den in der Reichshauptstadt arbeitslos gewordenen Helden denn auch zu schlechter Letzt als obdachlosen Berliner „Laubenpieper"[97]. Im Gegensatz zum Schlager wurde die Stadtrandexistenz im Roman allerdings nicht ironisch gemildert, sondern realistisch dargestellt: „Jetzt im Winter wohnten in dieser großen Siedlung von dreitausend Parzellen höchstens noch fünfzig Menschen, wer irgend das Geld für ein Zimmer auftreiben oder bei Verwandten unterschlüpfen konnte, war vor Kälte, Schmutz und Einsamkeit in die Stadt geflohen. Die Zurückgebliebenen aber, die Ärmsten, die Härtesten und die Mutigsten fühlten sich irgendwie zusammengehörig, und das Schlimmste war, daß sie eben doch nicht zusammengehörten: sie waren entweder Kommunisten oder Nazis, und so gab es ewig Krach oder Schlägerei"[98]. Mochte der Hauswirt seinen in die Laube umgezogenen Ex-Mietern von nun an auch einmal „im Mondschein begegnen"[99], wie die kommunistische „Hamburger Volkszeitung" im selben Jahr trotzig kommentierte, die Szenerie, die das Nachtgestirn beleuchtete, glich eher einer Mondlandschaft als dem von Harry Maass 1919 euphorisch beschworenen „Platz an der Sonne"[100].

Wann der großstädtische Exodus von Arbeits- und Obdachlosen einsetzte, mit welcher Geschwindigkeit er wuchs und in welche „Kolonialgebiete" er expandierte, läßt sich wegen der Unübersichtlichkeit des Einzugsbereichs und der naturgemäß verspätet einsetzenden amtlichen Wahrnehmung nicht genau feststellen, zumal der in der Kriegs- und Nachkriegskrise entstandene Trend zum Dauerwohnen auch in den „Goldenen Zwanzigern" keineswegs überall gebrochen wurde. Das in den einzelnen Städten unterschiedlich hohe Dauerwohnplateau gründete zum einen in der nicht ausreichenden Kapazität und dem zu hohen Preisniveau des Reformwohnungsbaus, zum anderen in der chronischen Sockelarbeitslosigkeit der Weimarer Jahre, die nur von April 1924 bis Oktober 1925 sowie von Juli bis Oktober 1927 unter die 5%-Marke fiel[101]. In Hamburg waren seit der Währungsreform sogar durchweg mehr Einwohner arbeitslos gewesen als im übrigen Deutschland, weil das stabilere landwirtschaftliche Arbeitsange-

---

97 Hans Fallada, Kleiner Mann – was nun?, Berlin/Ost 1954, 281, 287 u. 294f.
98 Ebd., 287.
99 Hamburger Volkszeitung v. 7.10.1932 (Massenvertreibung aus den Wohnlauben).
100 Maass (25), 59.
101 Blaich (93), 59.

bot fehlte und die kaufmännischen Berufe generell überbesetzt waren[102]. Gleichwohl scheinen die Dauerlogierer in dieser Zeit im Stadtgebiet keine Rolle gespielt zu haben. In einem Situationsbericht der KGD vom 9.4.1929[103] wurde das Laubenwohnen jedenfalls mit keinem Wort erwähnt. Der Report betonte vielmehr, daß sich das Kleingartenwesen ruhig weiterentwickelt und infolge der begonnenen Verschönerungsmaßnahmen und der wiederaufgenommenen Jugendpflege allseits an Ansehen gewonnen habe. Wie problemlos die Lage (noch) war, bezeugte auch die Tatsache, daß der Hamburger KGB in der Zeit vom 5.5.1927 bis zum 16.4.1929 nicht ein einziges Mal zusammentreten mußte. Die im Herbst 1928 einsetzende innerdeutsche Rezession, die den internationalen Börsenkrach vom Herbst 1929 gleichsam national präludierte, um von der Weltwirtschaftskrise dann breit und betäubend orchestriert zu werden, scheint daher auf die Laubengebiete noch keine erkennbaren Auswirkungen gehabt zu haben, zumal sich die Folgen des Konjunktureinbruchs aufgrund „der günstigen Entwicklung des deutschen Außenhandels bis Ende 1929"[104] in der Handelsmetropole Hamburg mit einer gewissen Verzögerung auswirkten. Erst als die Krise im Laufe des Jahres 1930 alle Wirtschaftszweige erfaßte und auch der Hamburger Arbeitsmarkt im Winter 1931/32 zusammenbrach, wurden die Laubenkolonien zum Zufluchtsort. Die Zahlen der Hauptunterstützungsempfänger der Arbeitslosenversicherung schnellten jetzt ebenso sprunghaft nach oben wie die der Wohlfahrtserwerbslosen[105]. Im Früh-Sommer 1933 war „einschließlich der wirtschaftlich abhängigen Angehörigen (...) fast ein Viertel der Bevölkerung von der Erwerbslosigkeit betroffen. In der Gruppe, der dieses Schicksal allein drohte, unter den Arbeitern und Angestellten, waren annähernd 40% ohne Beschäftigung. Dabei hatte die Arbeiterschaft mit einem Erwerbslosenanteil von 46% weitaus am schwersten zu leiden"[106].

Diese Belastung der Arbeiter nahm im Zuge der Brüningschen Deflationspolitik katastrophale Ausmaße an, da immer mehr entlassene Unterstützungsempfänger mit immer schnellerer Geschwindigkeit von der Arbeitslosenversicherung über die Krisenfürsorge zur kommunalen Wohlfahrtsfürsorge „abgruppiert" wurden, wo sie, bei einem Richtsatz von 9 RM, nach der Faustregel „Richtsatz plus ein Drittel" maximal 12 RM pro Woche erhielten[107]. Dieser Satz, über den „Anfang März 1932 84,9% der Wohlfahrtserwerbslosen (...) verfüg-

---

102 Ursula Büttner, Hamburg in der Staats- und Wirtschaftskrise 1928–1931, (Hamburg 1982), 110f.
103 StAHH. Landherrenschaften XXII A 18, Bd. 1: Protokoll des KGB v. 29.1.1932.
104 Büttner, Hamburg (102), 109.
105 Ebd., 140.
106 Ebd., 111.
107 Ebd., 47.

ten", reichte „einem alleinstehenden Erwachsenen (...) für 3 kg Brot, 5 kg Kartoffeln, ein Pfund Margarine, Fleischwaren und Fisch, 750 g Reis, Mehl und Hülsenfrüchte, 250 g Zucker, 250 g Kornkaffee und ein Liter Milch. (...). Da für die Miete nur fünf RM angesetzt waren, (...) mußte weiter am Essen gespart werden. Für Kochgas, Feuerung und Licht waren gerade 50 Pfennige eingeplant, die in den meisten Fällen allein für das Kochgas verbraucht wurden. (...). Für alle anderen Bedürfnisse (...) blieb eine Mark übrig"[108].

Ein weiteres, charakteristisches Indiz für die einsetzende Stadtflucht bot die Zunahme freiwerdenden Wohnraums: Viele Familien sahen sich gezwungen, in kleinere und preiswertere Unterkünfte umzuziehen, bei Verwandten unterzukriechen oder in die Laube überzusiedeln. „Nachdem die Notverordnung vom 8. Dezember 1931 den Mietern ein außerordentliches Kündigungsrecht zum 31. März 1932 eingeräumt hatte, nahm diese Bewegung stark zu. 1933 hatte sich die Zahl der leerstehenden Wohnungen gegenüber 1929 verfünffacht". Parallel dazu erfolgte ein nicht minder signifikanter Rückgang der Zuwanderung. Bereits „1929 hatte die Anziehungskraft der Stadt erheblich nachgelassen. Erstmals seit 1926 war die Zuwanderung geringer gewesen als in den Vorjahren. Seit 1930 zogen sogar alljährlich mehr Menschen fort, als Neuanmeldungen registriert wurden. Hamburg verlor auf diese Weise bis zur Volkszählung 1933 über 25.000 Einwohner"[109]. Sinkende Attraktion und steigende Repulsion verliefen dabei im großen und ganzen indirekt proportional: Solange das „Lichtermeer" der Großstadt noch vital pulsierte, hatte das „Fernweh nach St. Pauli" ganze Scharen ländlicher Zuwanderer herbeigelockt, seitdem es mehr und mehr auf „Sparflamme" brannte, übermannte selbst eingefleischte Großstädter ein bittersüßes „Heimweh" nach der „pastoralen" Welt Pinnebergs oder Stormarns. Für viele Groß–Hamburger wurde die Schott'sche Karre daher in diesen Jahren zum Planwagen en miniature, mit dem sie die Norddeutsche Tiefebene auf ähnliche Weise durchzogen wie einst die nordamerikanischen Homesteader die Great Plains.

Offiziell wahrgenommen wurde der einsetzende Boom erstmals in einem Bericht der Hamburger Domänenverwaltung vom Oktober 1930. Ihm zufolge hausten damals im Hamburger Stadtteil Billwerder 15 bis 20 erwerbslose Siedlerfamilien, die ihre Stadtwohnungen entweder aufgegeben oder gegen Entgelt illegal abgetreten hatten. Da sich seinerzeit in Altona und Wandsbek schon jeweils 500 bis 600 Familien in selbst(aus)gebauten Lauben eingenistet hatten und einige der „Wilden" offenbar aus Preußen zugewandert waren, um in der Laube ihren Rechtsanspruch auf Unterstützungsberechtigung absitzen wollten, drängte

---

108 Ebd., 248.
109 Ebd., 265.

die DV auf umgehende Räumung, „weil eine stillschweigende Duldung bei den augenblicklich herrschenden Wohn- und Wirtschaftsverhältnissen in kurzer Zeit eine regellose Wohnkolonie, die den hygienischen und sicherheitspolizeilichen Anforderungen in keiner Weise gerecht werden könnte, entstehen lassen würde. (...). Dies alles würde den ideellen Bestrebungen der Kleingartenbewegung in ärgster Weise entgegenstehen und müßte dem Ansehen auf alle Fälle schaden"[110]. Obwohl die Kleingartendienststelle den Bedenken grundsätzlich beipflichtete, schlug sie statt einer generellen Räumung individuelle Abmahnungen vor, die Kündigungen nur da vorsah, wo eine baupolizeiliche Genehmigung fehlte[111]. Die Baupolizei selbst sah dagegen gar keinen Handlungsbedarf, da sie die „Wilden" bloß als belanglose Größe einstufte[112].

Wie begrenzt dieser behördeninterne Gedankenaustausch auch immer gewesen sein mochte, ließ er doch gleich zu Beginn des einsetzenden „Budenzaubers" fast alle Schwachpunkte erkennen, die „Vater Staat" in den kommenden Auseinandersetzungen behindern sollten. Allein die Unübersichtlichkeit des bilateralen Siedlungsgebietes sorgte dafür, daß alle Zahlenangaben auf Schätzungen beruhten, die die Einschätzung des Problems naturgemäß erschwerten. Die aus der arbeitsteiligen Behördenorganisation entspringenden „Ressortgeister" taten dabei ein übriges, um jedes einvernehmliche Vorgehen zu hintertreiben, zumal sie im Zweifelsfall von den sie beherrschenden Staatswesen nur allzuoft in eine mehr als zweifelhafte Pflicht genommen wurden. Im Endeffekt entstand daraus eine nahezu gegenstandslose „Gespensterdiskussion", deren Kern die für jede kommunale Deflationspolitik zentrale Frage der Kosten(abwälzung) darstellte. Ähnlich wie bei der „künstlichen Verschiebung der Armenlast" im Vormärz entwickelte sich in der Weltwirtschaftskrise ein fiskalisches „Rotationssystem", mit dessen Hilfe Reich, Länder und Gemeinden versuchten, sich die notgedrungen herumvagabundierenden Erwerbslosen und die mit ihnen verbundenen Folgelasten gegenseitig zuzuschieben[113].

Der „wilden" Siedlung taten derartige Manöver allerdings genausowenig Abbruch wie die Ende 1924 wieder in Kraft gesetzte Wohnbeschränkung für Kleingartenlauben von Mitte April bis Mitte Oktober jeden Jahres[114] oder die von Ritzebüttel, Billwerder, Groß Hansdorf und Schmalenbek zwischen Sep-

---

110 StAHH. FD IV DV VI A 1a XXXII B: Bericht über eine Besichtigung von Dauerwohnlauben in Billwerder an der Bille durch die DV v. 24.10.1930. Vgl. auch Ebd.: Stellungnahme der DV v. 17.1.1931.
111 Ebd.: Stellungnahme der KGD v. 8.11.1930.
112 Ebd.: Stellungnahme der Baupolizei v. 8.12.1930.
113 Blaich (93), 68f.
114 M. Lehmann, Wohnlaubenausbau und Hygiene der Schrebergärten, in: Archiv für soziale Hygiene (N.F.) 8 (1933/34), 450.

tember 1928 und April 1929 erlassenen Wohnlaubenverordnungen mit ihren – offenbar nie exekutierten – Geldstrafen und Abrißdrohungen[115]. Die Billwerder „Wilden" hatten sich denn auch trotz eines Räumungsbefehls der DV binnen Jahresfrist in etwa versechsfacht. Statt 15 bis 20 Familien hausten auf den aufgehöhten Flächen der Marsch nun 90 Ehepaare mit Kindern, die nicht im Albtraum daran dachten, ihre Behelfsheime wieder aufzugeben: „Von (unseren) Gartenfreunden sind mindestens 80% arbeitslos und meistens Leute vom Baufach, welche durch die Sparmaßnahmen des Hamburger Staates brotlos geworden sind. Ansonsten sind fast alle Krisenunterstützungs–Empfänger und bekommen laut Notverordnung als Saisonarbeiter durchweg alle nur 14–16 M. Wochenunterstützung. Mit bangem Herzen sehen wir alle dem Räumungstermin entgegen. Unser Garten war bis jetzt unser einziger Trost und Ablenkung in dieser schweren Zeit"[116].

In Harburg–Wilhelmsburg sah die Lage noch schlimmer aus. Hier mußte SPD–Oberbürgermeister Walter Dudek in einem Schreiben an Oberbaurat Köster bereits jetzt einräumen, daß die „Flucht aus der Großstadt und ihr Niederschlag in Gestalt von Kistendörfern" nicht mehr unterbunden werden könne. Um die Stadtflucht wenigstens in „geordnete Bahnen" zu lenken, empfahl Dudek daher, städtische Freiflächen umzuwidmen und unverzüglich genormte Bauelemente zu Siedlungszwecken bereitzustellen[117]. Sein Vorschlag erwies sich freilich als undurchführbar, da fast alle „Wilden" auf eigenen Grundstücken bauten[118]. Die Baupolizei regte daher an, die Wohnlauben kurzerhand als Wohngebäude im Sinne des preußischen Ansiedlungsgesetzes zu behandeln[119]. Diese pseudosalomonische Lösung für die mittlerweile 315 Buden machte sich der Magistrat einen Monat später zu eigen und übermittelte sie als „kommunale Hauptforderung" an das Regierungspräsidium nach Lüneburg, wobei er es nicht versäumte, auf die Belastung der Stadtfinanzen durch Wohlfahrts– und Schulgelder hinzuweisen, die seiner Kenntnis nach im vergangenen Jahr in Wandsbek schon 160.000 RM und im Kreis Pinneberg sogar 300.000 RM betragen hatten[120].

Angesichts dieser unkontrollierten Zunahme „wilder" Siedlungen, die sich vereinzelt bis nach Dassendorf im Kreis Lauenburg hinzogen, kamen die Reichsländer Hamburg und Preußen am 15.6.1931 endlich überein, die bereits am 31.3.1929 ins Auge gefaßte Gründung eines gemeinsamen Kleingartenaus-

---

115 StAHH. FD IV DV VI A 1a XXXII B: Erlaß von VOs betr. Wohnlauben.
116 StAHH. FD IV DV I C 4d II Q 13f I: Schreiben der „Wilden" v. 20.9.1931.
117 StAHH. Harburg-Wilhelmsburg. Magistrat 3200–21: Schreiben Dudeks v. 13.7.1931.
118 Ebd.: Antwort Kösters v. 17.7.1931.
119 Ebd.: Stellungnahme der Baupolizei v. 15.2.1932.
120 Ebd.: Schreiben des Magistrats an den Regierungspräsidenten v. 26.3.1932.

schusses[121] unverzüglich in die Wege zu leiten, um „völlige Einheitlichkeit hinsichtlich der Anpachtungsgrundsätze unter Wahrung jeglicher städtebaulicher und Landesplanungsbelange" zu gewährleisten[122]. Als der sechsköpfige, paritätisch besetzte hamburgisch–preußische Kleingartenausschuß seine Arbeit am 30.7.1931 endlich aufnahm[123], hatte die Spontansiedlung ihre zentrifugale Fliehkraft freilich längst weiter beschleunigt. Die mittlerweile galoppierende Umwandlung des Kleingartenwesens von einer Wochenendbewegung in eine illegale Siedlungsbewegung drohte folglich die gerade wiedervereinigte Groß– Hamburger Kleingartenbewegung erneut zu entzweien. An die Stelle der zwischenverbandlichen Widersprüche zwischen Hamburger und preußischen Vereinen traten nun die sozialpolitischen Gegensätze zwischen den alten Kolonisten im Sinne der KGO und den neuen, auf fragwürdiger Rechtsgrundlage siedelnden Erwerbslosengärtnern. Besonders prekär war die Lage nach Kenntnis des schleswig–holsteinischen Regierungsrats Blindow in solchen Gebieten, wo „Privateigentümer unmittelbar an wilde Kleingärtner verpachteten und das Wohnen gegen entsprechende Vergütung gestatteten, während in den organisierten Kleingartenvereinen den Kleingärtnern das Wohnen verboten sei"[124]. Unterstützt wurden die „Wilden" dabei – laut Aussage des Altonaer SPD–Bürgermeisters Max Brauer – von gewissenlosen Parzellanten, privaten Siedlungsunternehmen und – Hamburger Verbandsfunktionären[125]. Das sozialdemokratische „Hamburger Echo" qualifizierte die aus dem Boden schießenden „Grundstücksgesellschaften" und „Erwerbslosenbünde" denn auch mit feinem historischen Spürsinn als Ausdrucksformen eines neuen „Gründungsschwindels"[126] im Kleinen.

Alle hergebrachten Unterscheidungen zwischen „Organisierten", „Freien" und „Wilden", Zeit– und Dauerkleingärtnern, Parzellenbesitzern und Eigenheimern, wurden im Laufe dieser Entwicklung zunehmend fragwürdig, zumal sich auch diese Krise in einem besonderen Kleingärtnertyp verkörperte: Wie der Er-

---

121 StAHH. Senat. Cl. VII Lit. Cb No. 5 Vol. 12b Fasc. 57 Inv. 7e: Schreiben Rosenbaums an Geheimrat Pauly v. 7.6. 1929. Anlage 1: Ergebnis der hamburg–preußischen Behördenbesprechung. v. 31.3.1929 im Senatsgehege zu Hamburg.
122 Ebd.: Besprechung zwischen hamburgischen und preußischen Behördenvertretern in der Hamburger Baubehörde am 15.6.1931.
123 Ebd.: Auszug aus dem Protokoll des Senats v. 8.7.1931 und Schreiben des Regierungspräsidenten in Schleswig v. 18.7.1931 (Abschrift).
124 StAHH. Landherrenschaften XXII A 20, Bd. 3: Protokoll der 2. Sitzung des Hamburg–Preußischen Kleingartenausschusses v. 15.2.1932, 5.
125 StAHH. FD IV DV VI A 1a XLII A: Niederschrift einer Besprechung der Hamburger Mitglieder des LPA v. 3.3.1932, 2. (Das Schreiben Brauers v. 20.2.1932 wurde von Fritz Schumacher referiert).
126 Hamburger Echo v. 8.11.1931.

ste Weltkrieg den „Kriegsgemüsebauern" gebar, brachte die Weltwirtschaftskrise den „Erwerbslosengärtner" hervor. Obwohl die Hamburger KGD Arbeitslose nach Möglichkeit auf bestehende Kleingartenanlagen verteilte, um ihrer Zusammenballung in reinen Erwerbslosenkolonien vorzubeugen[127], und in diesem Zusammenhang Bestrebungen zur Gründung eines Sonderbundes arbeitsloser Kolonisten erfolgreich abwehren konnte[128], blieben ihre Bemühungen doch insgesamt erfolglos, da die Depression die vornehmlich aus Arbeitern und Angestellten bestehende Kleingärtnerschaft ebenso nachhaltig erfaßte wie ihre (noch) nicht Gartenbau treibenden Berufskollegen, so daß der Unterschied zwischen alteingesessenen Kolonisten und neu hinzukommenden Erwerbslosengärtnern mehr und mehr verwischt wurde. Die Arbeitslosenquote der im LVGH organisierten Kleingärtner lag denn auch bereits im Oktober 1931 bei 12.599 Personen oder 40%[129], bevor sie sich Anfang 1933 zwischen 18.225 und 21.870 Menschen bei 50 bis 60% der Gesamtmitgliedschaft einpendelte[130].

Weiter verschärft wurde der amtliche und verbandliche Kontrollverlust durch die Agitation der KPD, die in vielen Kolonien zu Pachtzahlungsboykotten aufrief[131], und die wachsende Weigerung vieler Kleingartenvereine, den offiziellen Kurs mitzutragen[132]. Vollends besiegelt wurde das Scheitern der Hamburger Integrationsbemühungen freilich durch die, noch zu erörternde, 3. Notverordnung des Reichspräsidenten, die die Bereitstellung von Kleingärten für Erwerbslose über Nacht legalisierte. In ihrem Gefolge entstanden zwischen 1931 und 1933 im Großraum Hamburg 13 reine, vom Staat finanziell nicht geförderte Erwerbslosenkolonien[133]. Zählt man die bereits erwähnten, ebenfalls während der Weltwirtschaftskrise gegründeten Kaufkolonien in Ahrensburg, Lokstedt, Poppenbüttel und Wandsbek hinzu, ergibt sich eine Gesamtzahl von 17 Kleingartensiedlungen in zum Teil extremer Stadtrandlage, von denen sechs in Harburg, fünf in Stormarn, je zwei in Hamburg und Wandsbek sowie je eine in Pinneberg und

---

127 StAHH. FD IV DV V C 8c IV: Protokoll des KGB v. 9.9. 1931, 7f.
128 StAHH. FD IV DV I C 4d II Q 9b: Vermerk der DV v. 14.5.1932. Anlage 1: Stellungnahme Rosenbaums v. Frühjahr 1932.
129 StAHH. Sozialbehörde I 161: Protokoll einer Besprechung über vorstädtische Kleinsiedlung und Kleingarten v. 21.10.1931.
130 StAHH. Landherrenschaften XXII A 20, Bd. 3: Denkschrift des LVGH an den LPA v. 23.1.1933.
131 Ebd.
132 StAHH. FD IV DV I C 4d II Q 9b: Schreiben des KGV Horner Geest an die DV v. 20.6.1932. Das abgelehnte Gelände wurde wenig später vom KGV „Letzter Heller" übernommen, dessen Mitglieder mit den „Wilden" offenbar prächtig harmonierten (Ebd.: Vermerk der DV v. 20.7.1932).
133 Amtsgericht Hamburg: Vereinsregister des Amtsgerichts Hamburg Bd. I–LXII sowie StAHH. FD IV DV I C 4d II Q 13f I.

Wilhelmsburg lag(en). Zu diesen Gemeinschaftsinitiativen gesellte sich einmal mehr eine Unzahl „wilder" Einzelparzellanten und erstmals eine beträchtliche Gruppe verbandlich geförderter Ansiedler, die sich 1932 auf „ca. 1.100 neue Gärten für ca. 95% Erwerbslose" belief[134].

Insgesamt zerfielen die erwerbslosen Dauerlogierer damit in drei Gruppen: Selbsthilfesiedler, vom LVGH geförderte Settler und Ansiedler, die aufgrund der 3. NVO angesetzt wurden. Wie groß die einzelnen Teilmengen waren, wie sie sich im Laufe der Zeit entwickelten und gegebenenfalls unter dem Eindruck der Fördermaßnahmen veränderten, wissen wir nicht. Die folgende Übersicht über die Hamburger Dauerwohnlauben des Frühjahrs 1933 läßt daher offen, welche Gruppen in welchem Maße vertreten waren, auch wenn sie erkennen läßt, wie stark sich die Billwerder Keimzelle vom Oktober 1930 zwischenzeitlich entwickelt hatte[135].

Hamburger Dauerwohnlauben im April 1933	
Horn	415
Billwerder–Moorfleeth	324
Billwerder–Ausschlag	185
Hafengebiet	58
Groß Borstel	23
Alsterdorf	22
Barmbek	17
Hamm	16
Fuhlsbüttel	7
Winterhude	6
Summe	1073

Angesichts der Tatsache, daß 86% der Dauerwohnlauben im proletarischen Osten der Hansestadt lagen, bereitete die Wohnsituation der Kolonisten den Hamburger Behörden von Beginn an erhebliche Sorgen. So stellte die KGD bereits Ende 1931 fest: „Wer heute in den Kleingärten wohnt, tut dies nicht, weil er die Zuteilung einer Wohnung erwartet, sondern weil er die Miete einer Stadtwohnung nicht aufbringen kann. (...). Die Wohnungen sind durchweg, was Trockenheit, Wärmehaltung, Abwasserentfernung, Feuerschutz, Wasserversor-

---

134 Jb. 1933 (66), 129.
135 StAHH. Sozialbehörde I AF 47.13: Hamburger Dauerwohnlauben. Stand v. 25.4.1933.

gung, Heizung und Beleuchtung angeht, völlig unzulänglich, teilweise menschenunwürdig. Vielfach wird auch noch Vieh gehalten, wodurch eine Seuchengefahr besteht. Die Behausungen gemahnen oftmals an Zigeunerlager und schädigen das Ansehen der Kleingartenbewegung"[136]. Im Gegensatz dazu erklärte der Hamburger SPD–Polizeisenator Adolph Schönfelder, „es sei immer noch besser, die Leute wohnten auf ihren Schrebergärten als im Gängeviertel"[137]. Dieser Theorie des kleineren Übels, die die „Laubenwildnis" dem „Dickicht der Städte" vorzog, huldigte auch die Gesundheitsbehörde[138]. Erhebliche Rückendeckung erhielten die Stadthygieniker dabei durch ein vertrauliches Schreiben des Hauptgesundheitsamtes Berlin, das die „primitive Frei–Luft–Siedlung" aufgrund der Erfahrungen mit dem „Unterstand im Felde" für weitaus vorteilhafter hielt „als das Wohnen in dunklen, überlegten städtischen Quartieren", zumal die Arbeitslosen dort eine sinnvolle Beschäftigung fänden und von der Straße verschwänden[139]. Völlig geheuer war der Behörde ihre Einstellung freilich nicht, und Physikus Kurt Holm prognostizierte: Wie „viele amerikanische Städte in einem Kranz von Negern und Ratten leben, so sehe ich auch für die Zukunft für unsere Städte einen Kranz von Bretterbuden mit hygienisch gefährlichen Verhältnissen erwachsen"[140]. Immerhin mußte auch Holm einräumen, daß die Hamburger Brüder und Schwestern der amerikanischen „Neger und Ratten" in den „wilden" Kolonien nicht nur „Lebensinhalt und Beschäftigung" fanden, sondern zugleich eine nicht unerhebliche „Lebensverbesserung" gegenüber Wohnungen in älteren Teilen Hammerbrooks oder im Gängeviertel sahen[141].

Ob man das „wilde" Dauerwohnen daher offiziell erlauben oder auch in Zukunft nur stillschweigend dulden solle, blieb folglich weiter umstritten, auch wenn KGD und KGB einen entsprechenden Vorstoß des LVGH zur Legalisierung der Dauersiedlung am 29.1.1932 abwiesen[142], um die Umwandlung der Kleingartenbewegung in eine wilde Siedlerbewegung wenigstens formaljuristisch zu verhindern, da Dauerlogierer rechtlich nicht mehr unter die KGO, sondern unter das Mieterschutzgesetz gefallen wären[143]. Diese harte Haltung betraf freilich nur die Rechtsposition der KGD. In der Sache gingen Behörde und Ver-

---

136 StAHH. FD IV DV VI A 1a XXXII A: Denkschrift Rosenbaums v. 16.12.1931.
137 Ebd.: Zwischenbehördliche Besprechung in der Polizeibehörde. v. 1.8.1932, 3.
138 StAHH. Medizinalkollegium II T 2: Standpunkt der Gesundheitsbehörde v. 22.1.1932.
139 Ebd.: Vertrauliches Schreiben des Hauptgesundheitsamtes Berlin an Georg Hermann Sieveking v. 31.8.1932.
140 Ebd.: Schreiben Holms an Regierungsrat Marx v. 2.11.1932.
141 Ebd.: Internes Referat Holms zum Wohnlaubenproblem v. 21.11.1932.
142 StAHH. Landherrenschaften XXII A 18, Bd. 1: Protokoll des KGB v. 26.3.1932.
143 StAHH. FD IV DV VI A 1a XXXII A: Stellungnahme der KGD v. 26.3.1932.

band auch jetzt noch weitgehend konform, da Rosenbaum die sozial pazifizierende Bedeutung der „wilden" Siedlungsbewegung nicht geringer einschätzte als der LVGH–Vorsitzende Meyer: „Die Bewohner sind mit ihrem primitiven Leben zufrieden und vermindern das Heer der Unzufriedenen. Alle Vorteile des Erwerbslosensiedlers kommen ihnen zugute. Sie haben Beschäftigung, kommen leichter über den nicht ausgefüllten Tag, verlernen die Arbeit nicht. Manch junges Paar, das sich keine Wohnung leisten kann, hat die Heirat nur gewagt, weil sie in der Kleingartenlaube eine Bleibe fanden. Manch Kind trägt dadurch den Namen des Vaters statt (!) der Mutter"[144]. Der Vorstand der LVGH erklärte gar unumwunden, „daß wir mitberufen sind, die Not zu lindern und zu helfen, das Wunder täglich neu erstehen zu lassen, daß Millionen verzweifelter Menschen nicht zur Gewalt greifen, sondern in dumpfem Vertrauen auf Deutschland ausharren", obwohl „auch heute das wirtschaftliche Moment des Kleingartens nicht allzu überzeugend ist und von einem Verdienst durch die Gartenerzeugnisse kaum gesprochen werden kann"[145].

Wie stark die altehrwürdigen, aus den Tagen des Vormärz datierenden Argumentationsmuster hortikultureller Beschäftigungstherapie und Revolutionsprophylaxe in einer Zeit grassierten, in der die proletarische Revolutionsdrohung der Kommunistischen Internationale[146] und die „legale" Revolutionsdrohung der NSDAP[147] die Republik gleichsam von links und rechts in die Zange nahmen, spiegelten auch die Stellungnahmen von ADGB und AfA[148] und die Einlassungen des preußischen MfV[149]. Auch der aus der Kriegerheimstättenbewegung bekannte Klein Flottbeker Mediziner Georg Bonne versprach sich von den Erwerbslosensiedlungen nichts weniger als eine *„Entproletarisierung des Proletariats"*[150]. In dieselbe Richtung zielte ein Vorschlag des Leiters des „Heimstättenamtes der deutschen Beamtenschaft", Johannes Lubahn, der auf dem Wege der „produktiven Erwerbslosenfürsorge" 100.000 Aufbauheimstätten errich-

---

144 Denkschrift Rosenbaums (136), 8.
145 StAHH. Landherrenschaften XXII A 20, Bd. 3: Denk–schrift des LVGH an den LPA v. 23.1.1933.
146 Ursula Büttner, Politische Gerechtigkeit und Sozialer Geist. Hamburg zur Zeit der Weimarer Republik, (Hamburg 1985), 254f.
147 Karl Dietrich Bracher, Die deutsche Diktatur, (6. Aufl. Fankfurt/M u.a. 1979), 209–218.
148 Hamburger Echo v. 28.10.1931.
149 Rede von Geheimrat Pauly auf dem LVGH–Tag in Wandsbek am 14.2.1932, in: GHK 4 (1932), 56.
150 Georg Bonne, Praktisches zur Frage der Erwerbslosensiedlungen, in: Soziale Praxis 40 (1931), Sp. 1671 (Zit. i.O. gesperrt) und Ders., Entproletarisierung des Proletariats, in: A. Muesmann (Hg.), Die Umstellung im Siedlungswesen, Stuttgart 1932, 124ff.

ten lassen wollte, um „Arbeitslosenhilfe, Entproletarisierung der Masse, wirtschaftliche Hebung durch Gartenarbeit, Stärkung des Familiensinnes und Heimatgefühls, körperliche und seelische Ertüchtigung der Jugend, Bekämpfung des Geburtenrückgangs"[151] zu ermöglichen.

Die gesellschaftliche Resonanz, die ihre Vorschläge hervorriefen, war beeindruckend: Neben Geheimrat Pauly vom MfV und Kurt Schilling vom LV Sachsen des RVKD fanden sich so bekannte Persönlichkeiten wie der Kölner Oberbürgermeister Konrad Adenauer, Adolf Damaschke, der Zentrumspolitiker Konrad Saaßen in seiner Eigenschaft als Reichskommissar für die städtische Kleinsiedlung, die Städtebauer Hermann Ehlgötz, Werner Hegemann, Roman Heiligenthal und Martin Wagner sowie verschiedene Reichstagsabgeordnete von der SPD bis hin zum Strasser–Flügel der NSDAP. Nicht weniger stattlich war die Zahl der sympathisierenden Interessenorganisationen: Hier fanden sich der „Bund Deutscher Architekten", der „Deutsche Städtetag", die „Deutsche Gartenstadt–Gesellschaft", der „Deutsche Verein für Wohnungsreform" und selbstverständlich der RVKD zu tatkräftiger Unterstützung bereit[152].

Trotz dieser eindrucksvollen, allenfalls mit den Grabelandinitiativen zu Beginn des Ersten Weltkriegs vergleichbaren Vorstöße zur Kanalisation der ausufernden Kolonisationswelle sollte sich ihr Schwung schon bald an der wie ein Fels in der Brandung aufragenden Deflationspolitik brechen. Wie sehr die Zwangsvorstellung vom ausgeglichenen Budget[153] jede politische Phantasie enthauptete, zeigten die verbissenen Auseinandersetzungen der mediatisierten „Parallelpolitiker" Hamburgs und Preußens. Obwohl beide Seiten angesichts des Selbsthilfecharakters der Siedlungsbestrebungen[154] darin überstimmten, daß die „elementare Entwicklung", wie der Altonaer Bürgermeister Max Brauer formulierte, in „erträgliche Bahnen geleitet" werde[155], prallten die zwischenstaatlichen Gegensätze in der Frage der kommunalen Folgelasten mit ungebremster Wucht aufeinander. Die von Fritz Schumacher entworfenen Gegenmaßnahmen der Landesplanung, auf die sich der LPA am 14.3.1932 verständigt hatte[156], beschränkten sich denn auch wohlweislich auf die Einführung einer Genehmigungspflicht für Grundstücksteilungen und Wohnlaubenbauten sowie die Aus-

---

151 Johannes Lubahn, Arbeitsbeschaffung für 250.000 Arbeitslose durch Errichtung von 100.000 Kleinsheimstätten, Potsdam o.J., 4. Zit. i.O. gesperrt.
152 Ebd., 15 u. 28.
153 Blaich (93), 101.
154 StAHH. FD IV DV VI A 1a XXXII A: Polizeisenator Schönfelder auf einer Besprechung sämtlicher betroffener Behörden am 22.1.1932, 6.
155 StAHH. FD IV DV VI A 1a XLII A: Protokoll der LPA–Sitzung v. 14.3.1932, 6.
156 Ebd., 5.

fertigung polizeilicher Reverse, die nun die „Wilden" dazu zwangen, die Unrechtmäßigkeit ihres Tuns juristisch zu quittieren[157].

Ob diese Abmahnbescheide geeignet waren, die Lage in den Polizei–Griff zu kriegen, darf freilich bezweifelt werden. Ein internes Schreiben der Polizeibehörde vom 28.5.1932 bezeugte nämlich nicht nur ein weiteres Anwachsen der Erwerbslosensiedlungen, sondern auch ein vollkommen fehlendes Unrechtsbewußtsein auf Seiten der Siedler, die in der Regel polizeilich gemeldet waren und obendrein in vielen Fällen von der Wohlfahrt unterstützt wurden[158]. Diese widersprüchliche Praxis weckte verständlicherweise die Erregung vieler Dauerlogierer, die es partout nicht verstehen konnten, daß die Hamburger Polizei sie mit Wohnverbot bedrohte, während sie von der Hamburger Wohlfahrtsbehörde Geld für den Lauben(aus)bau erhielten, um den Wohlfahrtsetat von den Mietzuschüssen für Stadtwohnungen zu entlasten[159]. Auch wenn die Wohlfahrtsbehörde den Vorwurf der Wohnlaubensubvention mit dem Fehlverhalten einzelner Wohlfahrtsstellen erklärte[160], bleibt die Tatsache selbst doch unbestritten, da die Hamburger Wohlfahrtsarbeit bereits im Oktober 1931 faktisch zusammengebrochen war[161].

Wie ernst die Situation in der Hansestadt nun allerdings auch immer sein mochte, im Vergleich zu den Eruptionen am Stadtrand war die Lage im Stadtstaat entspannt, da sich der vielbeklagte Nachteil des Hamburger Landmangels im Zuge der wachsenden Spontansiedlung unversehens als Vorteil entpuppte: Wer siedeln wollte, mußte nicht nur die Grenzen seiner bisherigen Lebensgewohnheiten, sondern auch die Grenze nach Preußen überschreiten. Für Hamburg bedeutete der Exodus folglich eine beträchtliche Entlastung von diversen kommunalen Zahlungsverpflichtungen, die gleichsam im Handgepäck der „Auswanderer" nach Preußen „exportiert" wurden. Der Landrat des preußischen Kreises Stormarn, Knutzen, erklärte daher unumwunden: „Für viele kleine Gemeinden habe die Schicksalsstunde geschlagen, wenn sie dem Ansturm der Primitiv–Siedler preisgegeben werden. Sie würden unter den Wohlfahrtslasten, Schullasten, Wegelasten usw. zusammenbrechen"[162].

---

157 Ebd.: Sitzung der Hamburger Mitglieder des LPA v. 3.3.1932, 6f.
158 StAHH. FD IV DV VI A 1a XXXII A: Schreiben von Baupolizeidirektor Hellweg an Schönfelder v. 28.5.1932, 3.
159 Ebd.: Bericht der Polizeibehörde v. 28.6.1932.
160 Ebd.: Zwischenbehördliche Besprechung in der Polizeibehörde v. 1.8.1932.
161 So Präsident Martini laut StAHH. Arbeitsbehörde I 161: Protokoll der zwischenbehördlichen Besprechung über vorstädtische Kleinsiedlung und Kleingärten v. 21.10.1931, 3.
162 StAHH. FD IV DV VI A 1a XLII A: Protokoll der LPA–Sitzung v. 14.3.1932, 4.

Obwohl einsichtige Hamburger Behördenvertreter wie Karl Georg Rosenbaum erkannten, daß die „Wilden" zum Großteil „keine Steuerträger, sondern Lastenbringer"[163] seien, weigerte sich Hamburg, den preußischen Randgemeinden einen Lastenausgleich zu zahlen. Der Präsident der Wohlfahrtsbehörde, Oskar Martini, wies die Wohlfahrtsstellen mit Rundschreiben vom 29.10.1931 vielmehr an, Dauerwohner – mit Ausnahme des gleich zu schildernden Härtefalls Steilshoop im Kreis Stormarn – grundsätzlich nach dem Wohnsitzprinzip zu behandeln[164]. Diese kompromißlose Haltung wurde im April 1932 von allen betroffenen Hamburger Behörden übernommen und argumentativ untermauert: Zwar seien die Belastungen für Preußen gegenwärtig groß, doch sei es umgekehrt unverkennbar, daß der Nachbarstaat aus den Verflechtungen des gemeinsamen Wirtschaftsraumes generell viele finanzielle Vorteile ziehe, die die aktuellen Nachteile bei weitem überwögen. So sei die Zahl der in Preußen wohnenden Hamburger seit langem viel größer als umgekehrt, so daß Preußen einen erheblichen Teil der Lohn- und Einkommensteuer einstreiche, die in Hamburg erwirtschaftet werde, zumal die gegenseitige Nahwanderungsbilanz erkennen lasse, daß Hamburg in der Regel preußische Arme, Preußen dagegen Hamburger Reiche anziehe, die sich bekanntlich vor allem in den Elbvororten niederließen[165]. In der am 16.8.1932 stattfindenden hamburgisch-preußischen Behördenbesprechung zum Siedlungsproblem erklärten die Hamburger Vertreter infolgedessen, daß finanzielle Kompensationen nicht zwischenstaatlich, sondern allenfalls innerpreußisch zu regeln seien. Die Verhandlungen endeten daher mit dem kläglichen Beschluß, die Gespräche zu gegebener Zeit fortzusetzen[166].

Im Prinzip war das Problem damit erneut vertagt worden. Da die destruktive „Sparpolitik" jede konstruktive Politik unmöglich machte, blieb den Behörden nichts anderes übrig, als die soziale Eruption im Stile eines Wunderheilers zu „besprechen". Die dilatorische Behandlung des Siedlungsproblems mit ihrer charakteristischen Verbindung von stillschweigender Duldung und Wahrung des juristischen Scheins, volkswohlfahrtlicher Laubensubvention und baupolizeilichen Abmahnbescheiden, erwies sich in der Folge denn auch zugleich als prima und ultima ratio amtlichen Handelns, dessen fatalistische Logik selbst ein noch

---

163 StAHH. FD IV DV VI A 1a XXXII A: Denkschrift Rosenbaums v. 16.12.1931, 5f.
164 StAHH. Sozialbehörde I AF 47.16. Diese Praxis wurde auch in der Diktatur beibehalten und wahrscheinlich bis zum Groß-Hamburg-Gesetz geübt. Quelle: StAHH. Sozialbehörde I AF 47.10, Bd. 1, Teil I: Protokoll der Leitersitzung der Wohlfahrtsbehörde v. 22.3.1933 (Auszug).
165 StAHH. Arbeitsbehörde I 161: Besprechung Hamburger Behördenvertreter über die Stadtrandsiedlung und die Differenzen zu Preußen v. 21.4.1932.
166 StAHH. Medizinalkollegium II T 2: Protokoll der hamburg-preußischen Besprechung bzgl. Übersiedlung von Hamburgern nach Preußen v. 16.8.1932.

so brutaler Wechsel der Staatsform nicht zu erschüttern vermochte. Auch unter der NS-Diktatur bewahrten die „Kolonien im Kehricht" daher eine allen politischen „Säuberungen" Hohn sprechende Kontinuität, die jeder Beschreibung spottet. So wurden allein im preußischen Kreis Stormarn noch im Sommer 1935 über 9.000 Lauben gezählt[167]:

Dauer–Wohnlauben in Stormarn im Sommer 1935		
	Wohnlauben	Sommerlauben
Barsbüttel	100	250
Bergstedt	400	350
Bramfeld	3.000	3.000
Rahlstedt	600	200
Wellingsbüttel	420	700
Summe	4.520	4.500

Parallel zum Budenboom entwickelte sich eine naturwüchsige Infrastruktur, die die betroffenen Gebiete vollends zersiedelte. So waren in Sasel von 75 km Verkehrsverbindungen nur 11,5 km (= 15,3%) behelfsmäßig befestigt, während 63,5 km (= 84,7%) aus bloßen „Trampelpfaden" bestanden. Die Einwohnerzahl der mittlerweile vollkommen verschuldeten Gemeinde hatte sich dementsprechend von etwa 540 Menschen im Jahre 1910 auf circa 5.400 Seelen Anno 1934 verzehnfacht. Im ebenfalls völlig bankrotten Bramfeld kamen 1935 auf 8.429 angestammte Einwohner rund 6.000 Parzellanten, von denen die Hälfte Dauersiedler waren. In der sommerlichen Hauptwohnzeit von Mitte April bis Mitte Oktober jeden Jahres wuchs ihre Zahl nach Auskunft von Bürgermeister Richter auf sage und schreibe 22.000 Personen, die 1.515 ha Land und 34 km unausgebaute Wege beanspruchten[168].

Angesichts dieser Massen erwiesen sich Räumungsversuche schnell als fragwürdig, da es auch den Nazis nicht gelang, den Exmittierten eine neue Wohn- und Lebensperspektive zu bieten. Der öffentlich geförderte Wohnungsbau blieb in Hamburg vielmehr schon seit 1933 hinter der Bevölkerungsentwicklung zurück, bevor er 1938 seinen Kulminationspunkt durchschritt[169]. Obwohl dieser

---

167 StAHH. FD IV DV VI A 1a XXXII A: Hamburg–preußische Behördenbesprechung über die Lage im Umland v. 4.7.1935.
168 Ebd., 3–8.
169 Zum folgenden siehe Bose u.a. (63), 87f.

Umschwung ein Jahr später als im Reich erfolgte[170], standen beide Wendepunkte in einem chronologischen Zusammenhang mit der am 22.6.1938 erfolgenden Einführung der Dienstverpflichtung zum Bau des Westwalls[171] und dem am 12.8.1938 erlassenen Hypothekensperrerlaß, der Banken, Sparkassen und Versicherungen nicht nur jede Bautätigkeit, sondern auch die Gewährung von Hypothekarkrediten untersagte. Am 5.9.1938 wurde dieses Verbot auch auf Altbauten ausgedehnt, so daß deutsche Kapitalsammelstellen seitdem nur noch Wehrmachtsbauten und ländliche Siedlungen fördern konnten[172]. Die 1938 erkennbare Militarisierung der Bauwirtschaft stellte zudem nicht den Grund-, sondern den Schlußstein einer Entwicklung dar, die bereits 1933 begonnen hatte. Obwohl der Reinzugang an Wohnungen bis 1937 reichsweit zugenommen hatte, sank der Anteil des Wohnungsbauaufkommens in dieser Zeit kontinuierlich ab, während der Anteil der Wehrmachtsausgaben sprunghaft anstieg[173]. Die fortdauernde Duldung der Spontansiedlung nach 1933 erscheint daher in einem ganz anderen Licht als ihre Tolerierung in den Jahren zuvor: In der Republik war das Laissez faire stillschweigendes Eingeständnis der innenpolitischen Ohnmacht, in der Diktatur dagegen unausgesprochener Ausdruck des außenpolitischen Macht- und Eroberungswillens.

Stärker sachbezogene Motive, wie die Sorge um die „innere Sicherheit" und die Imagepflege, spielten zwar auch eine Rolle, blieben aber ohne durchschlagende Wirkung oder dienten sogar als öffentlichkeitswirksame Flankierungsmaßnahmen. So befürworteten sowohl der Vertreter des Hamburger Fürsorgewesens, Ridderhoff, als auch der NSDAP-Propagandaleiter von Horn-Billbrook, Baurat Meding, Räumungen nur da, „wo sich asoziale und politisch unzuverlässige Elemente (...) fänden". Im Hinblick auf die Masse der Betroffenen plädierten beide dagegen für Entgegenkommen, „um des höheren Interesses, um der Gewinnung für die Bewegung, willen". Der NSDAP-Reichstagsabgeordnete und NS-Kreisleiter Friedrichs vertrat demgegenüber eine weit weniger nachsichtige Position und erklärte: „Die staatsfeindliche Propaganda (Emigrantenpresse) würde mit derartigen Zuständen die Leistungen des Nationalsozialismus etwa mit der Begründung herabzusetzen versuchen, daß in solchen Höhlen heute der Arbeiter wohnen müsse. Es handele sich hier bei diesen Wohnlaubengebieten um Brutstätten des Kommunismus. Als Beleg für diese Tatsache müsse gewertet werden, daß gerade in den hauptbeteiligten Gemeinden, in Bramfeld und Sasel, in letzter Zeit zahlreiche Verhaftungen wegen staatsfeindlicher Betätigung vor-

---

170 Heinz Lampert, Staatliche Sozialpolitik im Dritten Reich, in: K. D. Bracher u.a. (Hg.), Nationalsozialistische Diktatur 1933–1945. Eine Bilanz, Bonn (1986), 201.
171 Fritz Blaich, Wirtschaft und Rüstung in Deutschland 1933–1939, in: Ebd., 295.
172 Ebd., 313.
173 Lampert (170), 201f.

genommen werden mußten". In dieselbe Kerbe schlug der Vertreter des „Deutschen Gemeindetages", Oberbürgermeister a.D. Stöckle, der die „Wilden" mehrheitlich für „asoziale Elemente" hielt und „unter Hinweis auf Augsburger Erfahrungen" anregte, „daß für diese Elemente das Arbeitshaus und das Konzentrationslager in Frage kommen müsse"[174]. Gegen jede weitere Duldung der Spontansiedler sprachen sich auch der neue Leiter der KGD, Ernst Teske, und der Chef der gleichgeschalteten Landesgruppe Groß–Hamburg, Johannes Goedecke, aus, der das Wohnlaubenelend allerdings nicht auf die vermeintlich asoziale Persönlichkeitsstruktur der Dauerwohner zurückführte, sondern selbstkritisch auf das „Versagen der Siedlung in den letzten zwei Jahren" verwies und folgerichtig ein von ihm entworfenes Programm zur „Stadtrandsiedlung zweiten Grades" vorschlug[175].

Diese fruchtlose Debatte wurde von der Reichsregierung am 26.6.1935 durch ein Gesetz zur Ergänzung der KGO beendet, das den Schutz der Kleingärten auch auf solche Parzellen ausdehnte, „in denen bei Inkrafttreten dieses Gesetzes Lauben ständig zu Wohnzwecken benutzt werden". Seitdem begründete das Dauerwohnen in den Kolonien weder einen „wichtigen Kündigungsgrund" noch „Ansprüche auf Entschädigung wegen Beschränkung des Eigentums". Auch wenn der Verpächter von nun an neben der Pacht „ein weiteres Entgelt für die ständige Nutzung der Laube zu Wohnzwecken verlangen" konnte[176], schien das Problem damit ein für alle Mal vom Tisch, zumal die Ergänzung am 2.8.1940 auf unbestimmte Zeit verlängert wurde[177].

Für das am Stadtrand hausende „Volk ohne Wohnraum" brachte die Maßnahme freilich nur eine Fortschreibung seiner privaten Misere. Wie legal ihre Behelfsheime ab jetzt auch immer sein mochten, ihre behelfsmäßige Wohnsituation blieb der Regierung weiterhin egal. Das Gesetz zur Ergänzung der KGO entpuppt sich insofern als offizielle Kapitulationsurkunde der nationalsozialistischen Wohnungsbaupolitik: Zwei Jahre vor dem Höhepunkt des Wohnungsbaus im Reich und drei Jahre vor seiner Kulmination in Hamburg machte die Diktatur deutlich, daß der „völkische Staat" weder bereit noch fähig war, die aus der Weltwirtschaftskrise überkommene Wohnungsnot zu beseitigen.

Geplante Räumungen fanden im Ergänzungsgesetz naturgemäß so gut wie keine Handhabe. Zwar begrenzte ein Rundschreiben des Reichs– und preußischen Arbeitsministers vom 15.10.1935 den neuen Kündigungsschutz auf

---

174 StAHH. FD IV DV VI A 1a XXXII A: Protokoll der zwischenbehördlichen Besprechung v. 28.11.1934.
175 Ebd., 2. Das Programm Goedeckes findet sich a: StAHH. Sozialbehörde I AF 47.10, Bd. 1, Teil I: Protokoll der BTA v. 21.12.1934 und 2 Anlagen.
176 RGBl. 1935, Teil I, 809f.
177 RGBl. 1940, Teil I, 1074.

Wohnlauben, die vor dem 31.3.1935 bezogen worden waren[178], doch zeigten schon zaghafte Versuche, wie überaus schwer es war, allein die weitere Ausbreitung der Spontansiedlung zu unterbinden, zumal die Gesundheits- und Fürsorgebehörde schon im September darauf bestanden hatte, „die Zahl der Räumungen so sehr wie nur irgend möglich zu beschränken"[179]. Die zur selben Zeit in Kooperation mit der Landesgruppe angelaufenen Räumungen in Horn–Billstedt verfehlten denn auch prompt ihren Zweck, da die Exmittierten sich unverzüglich auf benachbartem Gebiet neu ansiedelten[180], so daß in Hamburg im Winter 1935/36 nur 104 Wohnlauben geräumt bzw. „ausgelagert" werden konnten[181]. Ähnlich sah die Situation in Altona aus. Hier gab es zum Zeitpunkt der Verabschiedung des Ergänzungsgesetzes 4.000, teils auf Privatland, teils auf öffentlichem Grund liegende Wohnlauben, von denen 2.600 ständig bewohnt wurden. Da auch in Altona Wohnraum knapp war[182], vollzog die Stadt 1935 gerade 16 Räumungen. Ersatzwohnraum wurde nicht gestellt. Die Stadt verwies die Betroffenen vielmehr zynisch auf die Selbsthilfe, obwohl die geräumten Buden gerade diese Selbsthilfe zum Ausdruck brachten[183]. Auch in Rahlstedt endeten die Räumungen dieser Jahre mit einem Fehlschlag[184]. Ende 1936 gab es in der Gemeinde 303 Wohnlauben, von denen 19 verlassen, sieben geräumt und acht neu errichtet worden waren[185]. Vereinbarte „Repatriierungen" von Preußen geräumter Ex–Hamburger „Wilder" blieben ebenfalls weitgehend bedeutungslos. Ihre Zahl belief sich im Kreis Pinneberg auf sechs im Jahre 1935, 29 im Jahre 1936 und neun im Jahre 1937[186], im Kreis Stormarn auf etwa 100 Personen[187].

Wie wenig die Räumungen der 30er Jahre bewirkten, zeigte die „Bereisung" der Wohnlaubengebiete Groß–Hamburgs, die der Hamburger Oberbaurat Erwin

---

178 StAHH. FD IV DV VI A 1a XXXII A.
179 StAHH. Sozialbehörde I AF 47.10, Bd. 1, Teil I: Schreiben der Gesundheits- und Fürsorgebehörde an die BTA v. 25.9.1935.
180 StAHH. FD IV DV VI A 1a XXXII A: Schreiben der Landesgruppe an den Reichsbund v. 28.10.1935 (Abschrift).
181 StAHH. Medizinalkollegium II T 2: Schreiben der KGD an Staatsrat Rautenberg v. 28.4.1936.
182 StAHH. Rechtsamt Altona F.2: Antwort Altonas auf eine Umfrage des Deutschen Gemeindetags v. 6.7.1935.
183 StAHH. Sozialbehörde I AF 47.17: Wohlfahrtsbehörde Altona an Oberbürgermeister v. 15.1.1935 (Abschrift).
184 StAHH. Gemeinde Rahlstedt E 15: Rundschreiben des Landrats v. 20.7.1936.
185 Ebd.: Gemeinderat Rahlstedt an Landrat v. 12.12.1936.
186 StAHH. Sozialbehörde I AF 47.20: Verzeichnis von vermutlichen Hamburgern in preußischen Wohnlauben, die nach dem 15.10.1934 bewohnt wurden, und Nachträge.
187 StAHH. Sozialbehörde I AF 47.21: Liste der Räumungspflichtigen. Stormarn. v. 21.10.1935 und Nachträge.

Ockert Anfang 1940 im Auftrag des Stadtplanungsamtes durchführte. Sein am 8.5.1940 an Bürgermeister Krogmann weitergeleiteter Bericht über die Lage in den Stadtrandsiedlungen konstatierte vielmehr, daß „eine Besserung dieser Zustände (...) bis jetzt nur in wenigen Fällen eingetreten" sei: „Rings um das Stadtgebiet der Hansestadt Hamburg liegen riesige Flächen, welche in den letzten Jahren und Jahrzehnten planlos aufgeteilt worden sind (...). Die Besitzer bzw. Nutznießer dieser Parzellen haben sich meist mit Altmaterial und behelfsmäßigen Mitteln und in Bauformen angebaut, deren Häßlichkeit nicht zu überbieten ist. Sie verunstalten die Landschaft in unerträglicher, unverantwortlicher Weise. Ein großer Teil dieser z.T. elenden Behausungen werden in unerlaubter Weise das ganze Jahr bewohnt; hieraus ergeben sich in den schlechten Jahreszeiten, vor allem für die Kinder, die verhängnisvollsten Zustände". Trotz dieser objektiven Einwände verkannte Ockert nicht, daß die Bewohner der Elendsquartiere ihre Lage subjektiv anders einschätzten als die betroffenen Behörden: „Ich habe (...) mit den verschiedenartigsten Menschen gesprochen und habe gefunden, daß die Verhältnisse dieser Menschen grundverschieden sind. Die einen nennen ihre Kolonie ihr 'Erdenglück' und in der Tat sind die Bewohner glückliche und zufriedene Menschen, andere hausen verbittert und verbissen in elenden Dachpappenhütten und ballen die Fäuste, wenn man zu ihnen kommt. Aber eines haben sie alle gemeinsam, die Abneigung gegen das Wohnen in den enggebauten Etagenhäusern der Stadt"[188]. Wie zutreffend diese Beobachtung war, zeigte der Umstand, daß sich die Laubenbewohner regelmäßig weigerten, „die Neubauwohnungen wegen der höheren Miete zu beziehen"[189]. Ockert sah folglich erst „nach dem Kriege die richtige Zeit und Gelegenheit" gekommen, um die „wilden" Siedlungen zu sanieren[190]. Diese deprimierende Prognose fußte freilich in der Hauptsache auf der Tatsache, daß er auf seiner „Bereisung" nichts weniger als eine veritable Kleinstadt innerhalb der 1937 geschaffenen Großstadt entdeckt hatte, die 4.995 Wohnlauben und etwa drei Mal so viele Einwohner umfaßte. Die fast 5.000 Buden verteilten sich dabei wie folgt: Hamburg–Mitte 383, davon 333 in Moorfleet, Hamburg–West 2.465, davon in Bahrenfeld 739 und in Lurup 1.168, Hamburg–Nord 557, davon in Niendorf 351 und in Schnelsen 160, Hamburg–Ost 1.176, davon in Billstedt 210, in Bramfeld 226 und in Wandsbek 436, in Hamburg–Süd 414, davon in Harburg 396[191].

Wie schwierig eine Sanierung werden würde, zeigten nicht zuletzt die von Ockert teilweise festgestellten Eigentumsverhältnisse. So belief sich die Relation

---

188 StAHH. Architekt Gutschow A 330: Schreiben Ockerts an Krogmann v. 8.5.1940.
189 Ebd.: Fragen der Besprechung über Wohnlaubenbereinigung v. 15.6.1940, 2.
190 Schreiben Ockerts (188), 2.
191 StAHH. FD IV DV VI A 1a XXXII A: Bericht Ockerts bzgl. Wohnlaubensanierung v. 8.5.1940. Anlage.

von Pächtern zu Eignern in Hamburg–Ost auf 890 (= 75,7%) zu 285 (= 24,3%), in Hamburg–Nord auf 311 (= 55,8%) zu 246 (= 44,2%) und in Harburg auf 385 (= 97,2%) zu 11 (= 2,8%) Personen. Hinzu kam, daß die Zahl der ständig genutzten Lauben weit kleiner war als die Menge ihrer Bewohner. Nach Ockerts Schätzungen für Hamburg–West kamen auf die dort festgestellte Zahl von 2.465 Wohnlauben rund 7.000 Bewohner, auf jede Bude folglich 2,8 Menschen. Überträgt man dieses Verhältnis auf die Gesamtzahl der festgestellten Hütten, käme man auf eine Kolonialpopulation von insgesamt 13.986 Personen. Bezogen auf die von Bürgermeister Krogmann zur Beseitigung des Wohnlaubenelends Ende 1940 bereitgestellten 160.000 RM ergäbe das einen Pro–Kopf–Betrag von 11,44 RM oder einen Zuschuß je Laube von 32,03 RM[192]. Wie auch immer man diese Zuwendungen qualifizieren mag, eine Sanierung der Stadtrandsiedlungen war mit dieser bescheidenen Abschlagszahlung nicht einmal in Angriff zu nehmen. Die geschlagenen groß–deutschen Groß–Hamburger bekamen daher am Ende des Zweiten Weltkriegs statt „Lebensraum im Osten" Nissenhütten in „Armbek", „Jammerbrook" und anderswo.

9.3.3. Die Kleingärten für Erwerbslose nach der 3. Notverordnung vom 6.10. 1931. Antizyklisches Beschäftigungsprogramm oder beschäftigungstherapeutische „Robinsonade"?

Obwohl die Wirtschaftspolitik der Regierung Brüning im Prinzip vom Grundgedanken einer deflationären Haushaltssanierung um fast jeden (politischen) Preis bestimmt wurde, verfolgte das Kabinett in der Landwirtschaftspolitik einen genau entgegengesetzten Kurs. Unter seinem knappen „Geldmantel" trug der „brave Hausvater" Heinrich Brüning daher eine agrarkonservative „Spendierhose", die „wie ein Bleigewicht auf dem Reichshaushalt" lastete[193]. Der nicht zuletzt vom Klasseninteresse des Rittergutsbesitzers Hindenburg diktierte Schutz der Landwirtschaft konterkarierte denn auch die Ziele der Deflationspolitik und trug erheblich dazu bei, den ohnehin gravierenden Konjunkturabschwung zu verstärken[194]. Diese soziale Unausgewogenheit stellte die Glaubwürdigkeit der Regierung aber auch deshalb in Frage, weil der Regierungschef bis 1930 Geschäftsführer des „Christlichen Deutschen Gewerkschaftsbundes" gewesen war. Selbst wenn sich der Wandel Brünings vom „christlichen Gewerkschaftsfunktionär (...) zum Erfüllungsgehilfen industrieller Interessen" mit guten Gründen bestreiten

---

192 Ebd.: Notiz v. 12.12.1940.
193 Blaich (93), 103.
194 Ebd., 102f.

läßt[195], blieben die Hilfsmaßnahmen seines Kabinetts zugunsten der abhängig Beschäftigten im Vergleich zur „Ost(preußen)hilfe" verschwindend gering[196]. Diese Tatsache trifft auch auf die von der 3. „Verordnung des Reichspräsidenten zur Sicherung von Wirtschaft und Finanzen und zur Bekämpfung politischer Ausschreitungen" vorgesehene Bereitstellung von Kleingärten für Erwerbslose zu[197]. Die am 6.10.1931 erlassene NVO stand in enger Verbindung mit gleichgerichteten Bestrebungen zur Förderung der landwirtschaftlichen und vorstädtischen Klein–Siedlung und diente wie sie dem Zweck, „die Seßhaftmachung der Bevölkerung (...) zu fördern, (...) die Erwerbslosigkeit zu vermindern und Erwerbslosen den Lebensunterhalt zu erleichtern". Finanziert werden sollte das Programm durch Mittel der Hauszinssteuer, Zuschüsse des Reichsfinanzministeriums und Eigenleistungen der Erwerbslosen[198], die freilich laut Ausführungsverordnung vom 23.12.1931 kein neues Arbeitsverhältnis begründeten[199]. Planung und Durchführung der Initiative übertrug die Regierung einem neugeschaffenen, dem Reichskanzler unterstellten, Reichssiedlungskommissariat, das am 25.10.1932 Brünings Parteifreund, dem Zentrumspolitiker Konrad Saaßen, übertragen wurde[200].

Der Reichskommissar hatte zunächst mit Hilfe der grundbesitzenden Körperschaften des öffentlichen Rechts geeignetes Land auszuweisen und bereitzustellen. Geplantes Siedlungsgebiet sollte dabei gegebenenfalls enteignet, in Aussicht genommenes Kleingartenland dagegen höchstens in zehnjährige Zwangspacht genommen werden. Zu diesem Zweck übertrug die 3. NVO die in §5 Abs. 2 und 3 KGO fixierten Landesrechte der Zwangspacht und der Pachtpreisfestsetzung auf den Reichskommissar. Sodann hatte Saaßen die von den Ländern abzuführenden Mittel aus den Erträgen der Hauszinssteuer zu sammeln und im Einvernehmen mit dem Reichsrat umzulegen. Bei dieser Umverteilung der als Darlehen gewährten Mittel ließ sich der Reichskommissar von dem Grundsatz leiten, daß Geld nicht nach dem „Gießkannenprinzip" auszuschütten, sondern sich „auf diejenigen Landesteile zu beschränken, in denen die Zahl der Erwerbslosen oder die politischen und wirtschaftlichen Verhältnisse (...) dies vordringlich erscheinen lassen". Diese Regionen waren nach Meinung Saaßens „1. Groß–Berlin und

---

195 Ebd., 99.
196 Vgl. ebd., 93f., 100 u. 103f.
197 RGBl. 1931, Teil I, 551f.
198 Ebd. Zur vorstädtischen Kleinsiedlung siehe: Harlander u.a. (95), zur Lage in Hamburg siehe: Bose u.a. (63), 131ff.
199 RGBl. 1931, Teil I, 790ff.
200 Harlander u.a. (95), 69.

die übrigen Großstädte, 2. Industriegebiete mit besonders starker Arbeitslosigkeit"[201].

Welche Motive die Regierung bewogen, die Förderung des Kleingartenwesens in ihr Siedlungsprogramm einzubeziehen, läßt sich nur erschließen, da die Erwerbslosengärten in den Kabinettsberatungen keine Rolle spielten[202]. Offenkundig ist nur, daß das Projekt keinen Bruch mit der Deflationspolitik vollzog, da es in der Hauptsache auf vorhandene Ländermittel zurückgriff. Finanztechnisch glich die Initiative daher dem im Juni desselben Jahres beschlossenen Arbeitsbeschäftigungsprogramm, das im Vorgriff auf die zu erwartenden Steuereinnahmen des kommenden Jahres finanziert wurde[203]. Diese Kontinuität kommt auch in den Überlegungen des für die Arbeitsbeschaffung zuständigen Referenten im Reichsfinanzministerium, Stephan Poerschke, zum Ausdruck, der die in der Öffentlichkeit grassierenden Siedlungspläne erstmals auf ministerieller Ebene systematisierte und in die Regierungsberatungen einbrachte[204]: „Wie Poerschke aus der Erinnerung schreibt, will ihm vor dem Hintergrund (...) des immer nur kurzfristigen Charakters gewöhnlicher Arbeitsbeschaffungsmaßnahmen im Laufe des Jahrs 1931 'der Gedanke' gekommen sein, 'ob es nicht möglich sein sollte, durch eine neue Form der *Siedlung* eine Lösung zu finden, die alle jene Mängel beseitigte, die der üblichen Form der Arbeitsbeschaffung unvermeidlich anhafteten'"[205].

In der Tat hat es den Anschein, als ob Poerschke hoffte, die vergeblichen Maßnahmen zur Wiedereingliederung der Arbeitslosen in die Produktion durch eine erfolgreiche Ausgliederung der Erwerbslosen aus dem Arbeitsprozeß zu ersetzen und aus den unselbständigen Hungerleidern selbständige „Hungerkünstler" zu machen. Sein Versuch, sich aus der sozialpolitischen Verantwortung zu stehlen, fußte folglich nicht zuletzt auf der Tatsache, daß die Agrarregionen des Reiches durchweg krisenfester waren als die deutschen Industriegebiete. Namentlich Württemberg genoß in diesen Jahren den ebenso verbreiteten wie fragwürdigen Ruf einer „Wirtschaftsoase"[206]. Die für das Land typische „Verbindung industrieller Arbeit mit landwirtschaftlichem Nebenerwerb" brachte es freilich mit sich, „daß viele Erwerbslose aus dem Kreis der Unterstützten aus-

---

201 StAHH. Landherrenschaften XXII A 57/7: Schreiben des Reichskommissars an die Länderregierungen v. 10.11.1931.
202 Vgl.: Akten der Reichskanzlei. Weimarer Republik. Die Kabinette Brüning I und II, Bd. 11, 2, bearb. v. T. Koops, Boppard 1982, 1664ff., 1714f., 1739f. u. 1774f.
203 Blaich (93), 94.
204 Vgl. hierzu Harlander u.a. (95), 12–26 u. 31–37.
205 Ebd., 27. Hervorhebung i. O.
206 Sehr deutlich wurde dieser Zusammenhang von Heinrich Förster, Das deutsche Kleingartenwesen in der heutigen Zeit, (Hamburg 1933), 7 herausgestellt.

schieden, ohne sich beim Arbeitsamt zu melden. Daher war die unsichtbare Arbeitslosigkeit in Württemberg erheblich höher als im Reichsdurchschnitt. Nach einer 1933 vorgenommenen Zählung waren im Reich von 100 Erwerbslosen 13 bis 14, in Württemberg aber 33 nicht gemeldet"[207]. Der erhoffte arbeitsmarktpolitische Effekt der Initiative stand so von Beginn an in einem klaren Mißverhältnis zu ihrer nicht weniger erwünschten propagandistischen Wirkung, zumal sie die umstrittene Hilfe für den ostelbischen Großgrundbesitz durch Subventionen für das allseits beliebte vorstädtische „Rittergut des kleinen Mannes" ergänzte und damit politisch entschärfte. Der Hildesheimer Senator Fahrenholz hat diesen Funktionszusammenhang klar zum Ausdruck gebracht, als er darauf hinwies, „daß gerade unsere notleidenden Kreise (...) sich durch Betätigung in einem Garten etwas nützlich machen in der Nahrungsmittelversorgung und dadurch wenigstens eine Erleichterung für diesen Teil der durch die hohen Schutzzölle für die Landwirtschaft stark belasteten Verbraucher erzielt wird"[208].

Hinzu kam, daß das Siedlungs- und mehr noch das wesentlich billigere und damit potentiell massenwirksamere Kleingartenprogramm, das je Parzelle nur maximal 100 RM gegenüber 2.500 RM pro Siedlerstelle beanspruchte, den bewährten sozialpolitischen Kausalnexus von Grundbesitz, Heimatliebe und Revolutionsprophylaxe mobilisierte. Knapp drei Wochen vor dem Erlaß der 3. NVO fand der oben zitierte Chor der Siedlungsenthusiasten denn auch im preußischen Minister für Volkswohlfahrt, Heinrich Hirtsiefer, einen einflußreichen Stimmführer, der ebenso wie Brüning dem Zentrum angehörte und gleich ihm christlicher Gewerkschaftsfunktionär gewesen war: „Die Schwierigkeiten und Gefahren der Arbeitslosenfrage erschöpfen sich keineswegs in der Beschaffung von Mitteln zur Befriedigung der Bedürfnisse (...); es ist vielmehr von gleicher Wichtigkeit, wie man die aus dem Erwerbsleben ausgeschalteten Menschen von dem durch die ihnen aufgezwungene Untätigkeit auf ihnen lastenden Druck befreit. Dies kann in erster Linie dadurch geschehen, daß man ihnen eine Tätigkeit verschafft, die ihnen eine gewisse Befriedigung gibt, auch wenn es keine eigentliche Lohnarbeit ist und wenn sie nur unwesentlich zur Aufbesserung der Lebenshaltung beiträgt. Eine solche Tätigkeit stellt in ganz hervorragendem Maße die Gartenarbeit dar"[209].

Die von den SPD-Bürgermeistern Brauer und Dudek geforderte „Kanalisierung" der Spontansiedlung erhielt damit eine spezifische Doppelbedeutung, die zugleich auf die objektive, stadtplanerische und die subjektive, volkspädagogi-

---

207 Blaich (93), 61f.
208 Fahrenholz, Stadtrandsiedlungen, Kleingärten und Fürsorge, in: Jugend und Volkswohl 8 (1932), 111.
209 Zit.n. ebd., 110.

sche Seite der Bewegung zielte. Wie seinerzeit der äußere Druck der britischen „Hungerblockade" sollte nun der innere Druck der „aufgezwungenen Untätigkeit" im Kleingarten ausagiert und abreagiert werden. Die Befriedigung der Bedürfnisse[210] stand dabei allenfalls gleichberechtigt neben der Befriedung der Bedürftigen. Zu Recht hob der Titel der 3. NVO daher nicht nur auf die Sicherung von Wirtschaft und Finanzen ab, sondern ebensosehr auf die Bekämpfung politischer Ausschreitungen. Der Hamburger DNVP–MdBÜ Nagel traf daher den Nagel auf den Kopf, als er erklärte: „Weg von der Straße und hinaus auf das Land: das ist der gesunde Gedanke, der hier verwirklicht wird"[211].

Die Ausführungsbestimmungen vom 10.11.1931 verfügten zunächst, potentielles Kleingartenland möglichst ohne Aufwand von Barkapital aus Flächenreserven der öffentlichen Hand bereitzustellen[212]. Die mindestens 400 qm großen Erwerbslosengärten sollten dabei in erster Linie an kinderreiche Dauerarbeitslose und Kurzarbeiter vergeben werden, die aufgrund ihrer Erfahrung geeignet waren, bei der Erschließung der Anlagen mitzuwirken. Vorfinanziert wurden die Kolonien, die auf Grünflächen, Spazierwege und Spielplätze verzichten mußten[213], durch unverzinsliche Tilgungsdarlehen des Reiches in Höhe von maximal 100 RM je Parzelle, die von Staat oder Kommune verbürgt und im Laufe von zehn Jahren nach Einbringung der ersten Ernte zurückgezahlt werden mußten. Die Gesamtförderung belief sich 1932 auf geschätzte 48 Mio. RM, von denen allerdings nur 10% auf Erwerbslosengartenprojekte entfielen. Diese Summe bildete in den Planungen Saaßens freilich nur die erste Tranche eines Langzeitprogramms, da seiner Meinung nach ein Erfolg nur dann zu erwarten war, „wenn ein beachtlicher Teil (...) unserer Industriearbeiter angesiedelt wird. Hierzu ist eine planmäßige Fortführung des Siedlungswerks über Jahre und Jahrzehnte hinaus notwendig"[214].

---

210 Zur geringen ökonomischen Bedeutung der Erwerbslosenkleingärten siehe: K. v. Meyenburg, Mensch und Erde, in: Adolf Muesmann (Hg.), Die Umstellung im Siedlungswesen, Stuttgart 1932, 16f.; Kurt Schilling, Die Einrichtung der kleingärtnerischen Siedlungsstelle, in: Ebd., 32–40; Hans Kampffmeyer, Gärten für Arbeitslose, in: Wohnungswirtschaft 8 (1931), 332 und 8. Reichs–Kleingärtnertag zu Hannover am 30. und 31.5.1931. Verhandlungsbericht, Frankfurt/M. 1931, 120 (Schriften des RVKD 22).
211 Stenographische Berichte über die Sitzungen der Bürgerschaft zu Hamburg: 7. Sitzung v. 16.3.1932, 346.
212 StAHH. Landherrenschaften XXII A 57/7: Reichskommissar für die vorstädtische Kleinsiedlung. Richtlinien zur vorstädtischen Kleinsiedlung und die Bereitstellung von Kleingärten für Erwerbslose v. 10.11.1931 (Abschrift).
213 Ebd.: Schreiben des Reichskommissars an das MfV v. 25.1.1932, 6f. (Abschrift).
214 Ebd.: Rundschreiben des Reichskommissars an die Länderregierungen v. 7.12.1931 (Abschrift).

Auf Hamburg entfielen in diesem Rahmen 1,4 Mio. RM, die vom Senat gegen die Bedenken der FD, die finanzielle Folgelasten scheute, und die Befürchtungen der Gesundheitsbehörde, die in der Massierung erwerbsloser Siedler eine „politische Gefahr" erblickte, am 23.11.1931 verbürgt wurden[215]. Neben diversen Siedlungsprojekten sollten aus diesem Etat 1.304 Erwerbslosengärten finanziert werden, von denen 1.156 in der Horner Marsch, 82 in Groß Borstel und 62 in Winterhude angelegt werden sollten[216]. Die Pachtdauer der zwischen 600 und 1.000 qm großen Parzellen betrug zehn Jahre. Die fälligen Tilgungsraten wurden in Form eines Pachtzuschlags über die Vereine eingezogen[217]. Die Durchführung des Projekts, das von der Bürgerschaft am 16.3.1932[218], vom Reichskommissar am 23.3.1932 gebilligt wurde[219], lag in den Händen der „Deutschen Bau- und Bodenbank A.G." in Berlin, die als Kurator des Reiches das Gesamtprogramm betreute, und der Hamburger Finanzdeputation[220], die seine Umsetzung vor Ort auf den auch für die Erwerbslosensiedlung zuständigen Schreber- und Kleingartenbund Hamburg[221] übertrug[222].

Zu diesem ersten Darlehn in Höhe von 128.900 RM für 1.304 Erwerbslosengärten kam am 13.5.1932 ein zweites, nachbewilligtes Darlehn in Höhe von 7.850 RM für zusätzliche 157 Erwerbslosengärten, von denen 57 in Bramfeld, 60 in Rahlstedt und 40 in Öjendorf errichtet werden sollten[223]. Diese 1.461 Erwerbslosengärten des 1. Bauabschnitts wurden freilich nicht alle erstellt, da ein Teil der in Frage kommenden Flächen in Horn und Winterhude bereits von „Wilden" besetzt worden war[224]. Der Reichskommissar kürzte daher das ursprünglich zugesagte Finanzvolumen bereits im Juni 1932 wegen fehlenden Verwendungsnachweises auf 124.200 RM oder 1.242 Erwerbslosengärten[225].

---

215 Ebd.: Auszug aus dem Protokoll des Senats v. 23.11. 1931.
216 Verhandlungen zwischen Senat und Bürgerschaft 1932: Mitteilung des Senats an die Bürgerschaft v. 14.3.1932.
217 StAHH. Landherrenschaften XXII A 18, Bd. 1: Protokoll des KGB v. 26.6.1932.
218 Stenographische Berichte über die Sitzungen der Bürgerschaft zu Hamburg: 7. Sitzung v. 16.3.1932, 350.
219 StAHH. Landherrenschaften XXII A 57/7: Bescheid des Reichskommissars v. 23.3.1932 (Abschrift).
220 StAHH. FD IV DV V C 8c XXVI B: Vertrag zwischen der Deutschen Bau- und Bodenbank und der FD v. 2.4.1932 (Abschrift).
221 StAHH. Landherrenschaften XII A 20, Bd. 3: Protokoll des hamburg-preußischen Kleingartenausschusses v. 23.1. 1933. Zur bereits 1933 endenden Trägerschaft des SKBH siehe Bose u.a. (63), 132ff.
222 StAHH. FD IV DV V c 8c XXVI B: Vertragsentwurf zwischen der FD und dem SKBH v. April 1932.
223 Ebd.: Deutsche Bau- und Bodenbank an BD v. 13.5.1932.
224 Ebd.: Mitteilung der DV v. 8.4.1932 und Bericht des Gartenwesens v. 12.3.1932.
225 Ebd.: Mitteilung des Reichskommissars an die BD v. 6.6.1932.

Obwohl Hamburg die im Rahmen des 1. Bauabschnitts zugeteilten Mittel nicht hatte ausschöpfen können, beabsichtigte der Senat im folgenden Jahr nichtsdestoweniger, die auf die Hansestadt entfallenden 885.000 RM des 2. Bauabschnitts in voller Höhe zu übernehmen. Von den Geldern dieses dritten Darlehns, das 135.000 RM für die Schaffung von 1.800 Erwerbslosengärten vorsah[226], konnte die Stadt aber nur rund ein Drittel verwenden und mit ihrer Hilfe weitere 668 Gärten anlegen lassen. Von ihnen lassen sich 607 lokalisieren: 45 Gärten lagen in Alsterdorf, 108 auf dem Billwerder Ausschlag, 247 in Fuhlsbüttel, 31 in Geesthacht, 108 im Landkreis Pinneberg und 68 im Landkreis Stormarn[227]. Erst Anfang 1935 wurden ein viertes und fünftes Darlehn vergeben, die zusammen 30.000 RM für 500 Erwerbslosengärten bewilligten, von denen 420 auf Bergedorf und Billstedt sowie 80 auf Barmbek entfielen[228]. Insgesamt hatte die Stadt damit im Rahmen der 3. NVO Reichsmittel in Höhe von 204.300 RM erhalten und 2.410 Erwerbslosengärten geschaffen. Was nach Maßgabe des Reichssiedlungskommissars über Jahre und Jahrzehnte hatte fortgesetzt werden sollen, erwies sich damit als „Strohfeuer", das bereits im zweiten Jahr seiner Unterhaltung mehr als die Hälfte seines „Heizwertes" eingebüßt hatte, zumal auch die durchschnittlichen Aufwendungen pro Parzelle, die 1932 100 RM, 1933 75 RM und 1934/35 60 RM betrugen, im fraglichen Zeitraum Schritt für Schritt absanken.

Diese Kurzatmigkeit kennzeichnete auch die Entwicklung im Reich, wo die Zahl der geförderten Erwerbslosengärten von 50.864 im Jahre 1932 auf 23.007 Anno 1933 zurückging[229]. Außer in Hamburg, Mecklenburg-Schwerin und Oldenburg gingen die Planer fast durchweg von z.T. drastisch verringerten Bedarfszahlen aus. Inwieweit ihre Annahmen realistischer waren als der völlig überzogene Hamburger Ansatz, steht freilich dahin, da die statistische Überlieferung auch in dieser Frage ein überaus verwirrendes Bild bietet. So legte die Hansestadt im 1. Bauabschnitt nach Ausweis der Akten 1.242, nach Auskunft des MfV 1.399 und nach Angabe des „Statistischen Jahrbuchs deutscher Städte" 1.206 Erwerbslosengärten an[230]. Ähnliches gilt für Harburg-Wilhelmsburg, das

---

226 Verhandlungen zwischen Senat und Bürgerschaft 1932: Mitteilung des Senats an die Bürgerschaft v. 22.8.1932, 109ff.
227 StAHH. FD IV DV V c 8c XXVI B: Zwischenbehördliche Besprechung v. 6.1.1933, 6 und Landherrenschaften XXII A 57/7: Vertrag zwischen der Deutschen Bau- und Bodenbank und dem Senat v. 22.2.1933 (Abschrift).
228 Ebd.: Bewilligungsbescheide des Präsidenten der BTA v. 8.4.1935.
229 Angaben nach Pauly, Zur Förderung des Schrebergartenwesens mit Reichsmitteln, in: KGW 9 (9) (1932), 80.
230 Statistisches Jb. deutscher Städte 28 (N.F. 7) (1933), 387.

laut Jahrbuch 606, nach Kaisenberg dagegen nur 524 Gärten erstellte. Nur Altona erscheint in beiden Fällen mit der konstanten Größe von 400 Parzellen[231]. Wie immer man diese Schwankungen erklären mag, Tatsache ist, daß die Anzahl der im Großraum Hamburg mit Mitteln der 3. NVO geschaffenen Erwerbslosengärten weit geringer war als die Menge der spontan auf- bzw. ausgebauten Dauerlogis der „Wilden". Allein in Stormarn, wo nur 1935 von Seiten Hamburgs 68 Erwerbslosengärten eingerichtet worden waren, belief sich die Zahl der illegalen Dauerwohnlauben im selben Jahr bekanntlich auf 4.520 Gebäude. Auch in Altona standen den 400 nachweislich eingerichteten Erwerbslosengärten des Jahres 1932 Anno 1935 2.600 ständig bewohnte „wilde" Wohnlauben gegenüber. Selbst in Hamburg, wo die Lage wegen des Landmangels am günstigsten aussah, gab es neben den 1.242 offiziellen Erwerbslosengärten 1.100 von der GFV im Rahmen der Vereinshilfe und 1.073 auf dem Wege der Selbsthilfe errichtete Dauerquartiere.

Diese offenkundig geringe und zudem schnell abnehmende Bedeutung der staatlichen Erwerbslosengärten beruhte im wesentlichen auf drei Gründen. Zunächst setzte das Erwerbslosengartenprogramm viel zu spät ein, um die mit der Jahreswende 1929/30 aufkommende „wilde" Siedlungsbewegung noch nachhaltig beeinflussen, geschweige denn effektiv „kanalisieren" zu können. Als die 3. NVO in Kraft trat, war ein Teil der Nachfrage daher längst befriedigt. Hinzu kam, daß die Durchführung des Programms nur bedingt geeignet war, potentielle Interessenten zur Mitarbeit zu bewegen, da die vielfach bezeugte „bürokratische Engherzigkeit" der Kommunalverwaltungen viele Bewerber ebenso abschreckte wie die Furcht, „es könne ihnen infolge der Übernahme eines Gärtchens unter Umständen die Erwerbslosenrente gekürzt werden"[232]. Eine ähnliche Wirkung hatten die gleich zu schildernden Auswahlkriterien für Antragsteller, die manche Bewerbungen weniger befördert als behindert haben dürften. Der allenthalben tolerierte Ausweg in die „Wildnis" erwies sich insofern für viele Betroffene auch weiterhin als echte Alternative. Die wahre revolutionsprophylaktische Wirkung des Kleingartens beruhte während der Weltwirtschaftskrise auf jeden Fall weniger auf der lautstarken Förderung regulärer Erwerbslosengärten als auf der stillschweigenden Duldung „wilder" Landnahmen. Im Endeffekt erwies sich die amtliche Passivität damit als weitaus wirksamer als die von Staats wegen entwickelten Aktivitäten.

---

231 Ebd., 387f. und Kaisenberg, Kleingärten für Erwerbslose, in: KGW 9 (3) (1932), 18.
232 H. Förster, Kleingärten für Erwerbslose, in: KGW 9 (3) (1932), 18. Ähnlich auch Pauly, Zur Förderung (229), 80.

Das mit Abstand größte Projekt, das im Rahmen der 3. NVO geplant und umgesetzt wurde, war die Erwerbslosengartenkolonie in der Horner Marsch. Sie umfaßte 1.156 Parzellen und damit fast die Hälfte der 2.410 von Staats wegen geschaffenen Erwerbslosengärten. Ihr Einzugsgebiet stellte ein spitzwinkliges Dreieck im Umfang von 80 ha dar, dessen im Westen gelegene Basis von der Güterumgehungsbahn beschrieben wurde. Die beiden Schenkel bildeten im Süden die Bille, im Norden die damals erst projektierte Steubenstraße[233]. Von diesen 80 ha entfielen 66 ha auf die Erwerbslosengärten, 11,7 ha auf eine 90 Parzellen umfassende Erwerbslosensiedlung und 2,3 ha auf den „Hamburger Turngau"[234]. Obwohl die Beschaffenheit des mit Öjendorfer Sandboden aufgehöhten Geländes derart schlecht war, daß sich die Frage stellte, ob der in Aussicht genommene Grund überhaupt Erträge abwerfe[235], war die Domänenverwaltung davon überzeugt, „daß sich trotzdem – besonders unter den vielen Erwerbslosen – genügend Interessenten finden, denen daran liegt, ein Fleckchen Erde zu erhalten, auf dem sie sich betätigen können und durch das sie abgelenkt werden von ihren Sorgen"[236]. Auch der Umstand, daß Teile des Um–Landes bereits von „Wilden" besiedelt worden war[237], deren Zahl sich 1931 auf 80, 1933 auf 415 und 1933/34 auf 645 Familien belief[238], vermochte die rührigen Initiatoren nicht irre zu machen. Die notwendigen Aufschließungsarbeiten wurden daher im Frühjahr 1932 aufgenommen. Sie standen unter der Federführung von KGD und SKBH und begannen zunächst mit der Drainage des moorigen, von sauren Wassertümpeln durchsetzten Untergrundes. Wie schwer ein solches Gelände zu kultivieren war, bezeugt ein zeitgenössischer Bericht von der Laubenkolonisation eines Teils des Bramfelder Moores: „Nur Kenner dieser Gegend (...) werden ermessen können, wie sauer es diesen Kleingärtnern geworden sein mag, dem Sumpfboden zentimeterweise ertragreichen Boden abzugewinnen. Mitten im naßkalten Winter, bei Sturm und bei Regen, haben sich diese Helden der Arbeit nicht gescheut, unentwegt Aufschließungsarbeiten (...) vorzunehmen. Und als mit dem Frühjahr schon ein größerer Komplex bebaut werden konnte, da fehlte die Versorgung (...) mit dem nötigen Trinkwasser. Und diese Kleingärtner, im Wirtschaftsprozeß schon seit Jahren aus der Arbeit gestoßen, hier fanden sie Genugtuung und empfanden wieder den moralischen Wert geleisteter Arbeit. 6

---

233 StAHH. FD IV DV I C 4d II Q 13f I: Notiz der DV v. 9.1.1932.
234 Ebd.: Vermerk des Gartenwesens v. 31.5.1932.
235 Ebd.: Notiz der DV v. 9.1.1932 und Schreiben der gleichgeschalteten Landesgruppe Groß–Hamburg an Krogmann v. 28.6.1934.
236 Ebd.: Notiz der DV v. 9.1.1932.
237 Ebd.: Vermerk des Gartenwesens v. 31.5.1932.
238 StAHH. FD IV DV VI A 1a XXXII A: Protokoll der zwischenbehördlichen Besprechung v. 29.8.1934.

Brunnen, zum Teil über 40 Meter tief, sind im Laufe des Sommers errichtet worden. Tag für Tag mußte monatelang gebohrt werden, bei Regen, und, was unangenehmer war, bei tropischer Hitze"[239].

Zu den schwierigen äußeren Bedingungen kamen in Horn organisatorische und gruppendynamische Probleme, die in gegenseitigen Diebstahls- und Unterschlagungsvorwürfen mündeten. Ein im März 1934 vorgelegter Untersuchungsbericht des Hamburger Oberbaurats Peters machte für diese Unregelmäßigkeiten zunächst die schlechten Bodenverhältnisse, die Massierung von über tausend Erwerbslosen, die ungenügende Staatsaufsicht und die mangelnde Buchführung der Vereine verantwortlich. Darüber hinaus monierte der Berichterstatter die „Hetze von kommunistischer Seite", die im Verein mit der allgemeinen Unzufriedenheit bei den „stark links eingestellten Erwerbslosen" dazu geführt habe, „daß das im Jahre 1933 (...) einsetzende stramme Regiment ebenso zu Beschwerden Anlaß bot wie früher die fast vollkommene Selbstverwaltung". Gleichwohl sah Peters in der Kolonie weniger einen politischen als einen polizeilichen „Gefahrenherd": *„Ein gesteigerter Erwerbssinn der armen Erwerbslosen*, die seit Jahren nichts in die Finger bekommen hatten, der Wunsch, den eigenen Platz möglichst schön herzurichten, der Mangel an Einsicht und Übersicht bei diesen Leuten, nicht zuletzt alte Requisitionserinnerungen aus dem Kriege ließen sie diese, im Einzelfalle kleinen Entwendungen und Übervorteilungen gering ansehen, bis mit einem Male Rechenschaft gefordert wurde. Jetzt erst merkten diese Leute auf, und Angst und Neid und Verhetzung führten zu den gegenseitigen Angebereien"[240].

Diese krisenbedingte Entsolidarisierung lenkt den Blick nicht zuletzt auf die Auswahlkriterien für die Rekrutierung der Erwerbslosengärtner. Sie wurden weitgehend kommunal bestimmt, da die 3. NVO nur die Eignung des Bewerbers und seine Mitarbeit bei der Kolonieanlage vorschrieb. Die Hamburger KGD verlangte denn auch als weitere Voraussetzung eine mindestens zweijährige Erfahrung in Klein-Gartenbau oder Landwirtschaft[241]. Anderwärts pochte man, wie Geheimrat Pauly vom MfV, auf „Arbeitswilligkeit und Einordnungsbereitschaft" und empfahl, daß „persönlich ungeeignete (...), den guten Geist der Anderen (...) zersetzende Elemente alsbald ausgemerzt und durch geeignete ersetzt" würden[242]. Inwieweit derartige Empfehlungen schon in der Endphase der

---

239 Fs. hg. anläßlich des 10-jährigen Bestehens des Bezirksverbandes Stormarn im RVKD, Hamburg 1933, 25f.
240 StAHH. Landherrenschaften XXII A 57/7: Bericht von Oberbaurat Peters über Unregelmäßigkeiten bei der Erschließung der Horner Marsch v. 7.3.1934. Hervorhebung i.O.
241 Hamburger Nachrichten v. 21.2.1932.
242 Pauly, Zur Förderung (229), 79.

Republik aufgegriffen wurden, steht dahin. Nach 1933 richteten sie sich zum Teil gegen vermeintlich „Asoziale", vor allem aber gegen Juden und Deutsche mit jüdischen Ehepartnern[243]. Im Prinzip griffen die Auswahlverfahren damit auf die Vergabe- und Erfolgskriterien der stadt- bzw. landesväterlich inspirierten Armengärten zurück. Als wirklich neu erwies sich allein der rassenbiologisch aufgeladene Antisemitismus, der dem „aufgeklärten Absolutismus" fremd gewesen war. Die unter der Diktatur geltenden Grundsätze bildeten daher ein Stück der nationalsozialistischen Gegen-Aufklärung, die Goebbels 1933 proklamiert hatte, als er erklärte, „mit der Machtergreifung werde das Jahr 1789 aus der Geschichte gestrichen"[244].

Ein typischer Erwerbslosengärtner war der am 9.1.1904 geborene Buffetier Emil August Klein. Er wohnte mit seiner Frau und zwei 1928 bzw. 1930 geborenen Kleinkindern im Hamburger Stadtteil St. Georg zur Untermiete. Im Juli 1930, etwa vier Monate nach der Geburt seines zweiten Sprößlings, wurde Klein vom Strudel der Weltwirtschaftskrise erfaßt und immer tiefer in den Mahlstrom des sozialen Abstiegs hineingezogen. Seine (undatierte) Bewerbung um einen NVO-Garten begründete der zwischenzeitlich zum Wohlfahrtsempfänger abgesunkene Buffetier wie folgt: „Ich bin auf dem Lande aufgewachsen und verstehe mich auf Gemüse- und Kartoffelbau. Da die Arbeitslosigkeit auf die Dauer unerträglich wird, bitte ich höflichst, mein Gesuch zu berücksichtigen"[245].

Der offenbar umgehend genehmigte Antrag berechtigte Klein zum Empfang einer laubenkolonisatorischen Grundausstattung, die den „Schiffbrüchigen" und seine Familie mit allem versah, was sie nach Maßgabe von „Vater Staat" zum Überleben auf der vermutlich recht feuchten „pädagogischen Insel" der Kolonie „Poggenpool" benötigten. Die 102 RM teure Pionierausrüstung beinhaltete eine Laube im Wert von 66,10 RM, Werkzeuge und Gerätschaften in Höhe von 13 RM, Pflanz- und Saatgut zum Preis von 11,39 RM sowie Umlagekosten für Materialvorhaltung, Wegebau und Wasserversorgung von insgesamt 11,51 RM[246].

Wer das Standardrüstzeug eines solchen Erwerbslosengärtners Position für Position Revue passieren läßt, wird erneut an Robinson Crusoe oder die reichsdeutschen Kolonisten der Kaiserzeit erinnert, auch wenn die überlebensnotwendigen Hilfsmittel dort aus dem Laderaum des gestrandeten Schiffes, hier aus dem „Bauch" des „Staatsschiffes" stammten[247]. Im Endeffekt glichen sich Lau-

---

243 StAHH. Sozialbehörde I AF 47.15: Bericht der Wohlfahrtsstelle XI v. 4.4.1933.
244 K. D. Bracher, Demokratie und Machtergreifung, in: Ders. u.a. (Hg.) (170), 35.
245 StAHH. FD IV DV I C 4d II Q 13f I: Schreiben der BTA an die Hamburger Finanzverwaltung v. 23.12.1935. Anlage 1 (Abschrift).
246 Ebd.: Anlage 3.
247 Vgl. Gustav Noske, Kolonialpolitik und Sozialdemokratie, Stuttgart 1914, 149.

benkolonisation und Kolonisation, „Land in Sonne" und „Platz an der Sonne", einmal mehr wie ein Ei dem anderen: Mochten die Größenverhältnisse in „Deutsch Südwest" auch eher einem Straußenei, die in „Hamburg Ost" allenfalls einem Mövenei gleichen, in der Substanz enthielten beide das „Gelbe vom Ei" deutscher Kolonialidylle.

Im Frühjahr 1933 wurden die Erwerbslosengärten der Horner Marsch bezugsfertig. Die effektiven Gesamtaufwendungen des Reiches betrugen 96.800 RM, von denen 4.782 RM oder rund 5% veruntreut worden waren. Hinzu kamen Unterschlagungen von Gerätschaften in einem Umfang von 387,81 RM[248]. Die Verwaltung der Kolonie übernahm der SKBH, dem der Gesamtkomplex bis zum 31.12.1944 in Generalpacht übertragen wurde. Die fälligen Pachtzahlungen beliefen sich zunächst auf 1 Pfg./qm, ab 1937 auf 2 Pfg./qm[249], während die Tilgung „in 20 gleichen Raten von je 4.840 RM am 1. April und am 1. Oktober eines jeden Jahres an die hamburgische Finanzverwaltung zurückzuzahlen" war[250]. Obwohl die Pacht pro Jahr und Parzelle nur 5,70 RM, die korrespondierende Tilgungsrate bloß 8,37 RM betrug, jeder Erwerbslosengärtner also nicht mehr als 14,07 RM per Annum oder 1,17 RM pro Monat aufbringen mußte, traten aufgrund der schlechten Bodenqualität bereits 1934 erste Zahlungsschwierigkeiten auf. Bis 1938 wurden in ihrem Gefolge 131 Parzellen (= 11,3%) in einem Gesamtumfang von 7,86 ha (= 11,8%) aufgegeben. Ein aus demselben Jahre datierender Bericht über die Lage der Erwerbslosengärtner zog daraus den Schluß, „daß es sich tatsächlich um eine der ärmsten Bevölkerungsschichten handelt, die bisher nicht in der Lage war, den Boden durch guten Dung, Torfmull usw. in einen ertragreichen Boden umzuwandeln"[251]. Wie verzweifelt die Lage mancher Kolonisten war, zeigt die Tatsache, daß der Vorstand des am 14.1.1933 gegründeten KGV „Achterbrook", der einen Teil der Fläche als Unterpächter des SKBH übernommen hatte, 1935 und 1936 versuchte, die Erwerbslosengärtner der Horner Marsch mit Flugblättern zum Zahlungsboykott aufzuwiegeln[252]. Der Verein wurde daraufhin von der Gestapo am 18.1.1937 unter Bezug auf die noch von Hindenburg erlassene „Verordnung des Reichspräsidenten zum Schutze von Volk und Staat" vom 28.2.1933 verboten

---

248 StAHH. Landherrenschaften XXII A57/7: Bericht von Oberbaurat Peters v. 7.3.1934, 6.
249 StAHH. FD IV DV I C 4d II Q 13f I: Stellungnahme des Gartenwesens v. 28.12.1934.
250 Ebd.: Bericht der Hamburgischen Finanzverwaltung v. 11.4.1935.
251 Ebd.: Besichtigungsbericht der Horner Marsch v. 23.11.1938.
252 Ebd.: Schreiben des KGV Horner Marsch v. 6.1.1938.

Weltwirtschaftskrise und „wilde" Laubenkolonisation 625

und aufgelöst[253]. Der Vereinsvorsitzende, der Bauarbeiter Franz Knabben, und das Vereinsmitglied Johannes Eberhardt wurden darüber hinaus von der Behörde für Technik und Arbeit wegen Vertragsbruchs verklagt und am 7.7.1938 vom Landgericht Hamburg zur Nachzahlung der ausstehenden Pacht- und Tilgungsbeträge verurteilt[254]. Obwohl die Behörde in der Folgezeit auch gegen andere säumige Zahler prozessierte, waren die Außenstände, die sich bei Knabben auf 99,55 RM und bei Eberhardt auf 97,20 RM beliefen, nicht hereinzubekommen, „da sämtliche Mobiliar- und Lohnpfändungen negativ ausfielen"[255]. Trotz dieser Mißerfolge gab die Behörde ihre Prozeßstrategie nicht auf, „um endlich einmal (...) zu beweisen, daß auch die Kleingärtner der Horner Marsch verpflichtet sind, Beiträge, Pachten usw. zu zahlen" und „um die Mitgliedschaft (...) *endlich einmal von unsauberen und quertreiberischen Elementen endgültig* zu befreien"[256].

Im Gegensatz zu Gott Vater, der Robinson nach der Devise „Hilf dir selbst, dann hilft dir Gott" im Laufe der Zeit zu einem blühenden Dominion verhalf, war „Vater Staat" nicht bereit, seinen in der Horner Marsch gestrandeten „Robinsöhnen" eine echte Über-Lebenschance einzuräumen. Die Tatsache, daß über 10% der Kolonisten resignierten, bezeugt diesen Sachverhalt ebenso wie der Umstand, daß viele von denen, die weitermachten, noch fünf Jahre nach der Besiedlung mit finanziellen Schwierigkeiten zu kämpfen hatten. Wenn sich ein ganzer Verein unter den Bedingungen der Diktatur dazu bereit fand, öffentlich für einen Zahlungsboykott zu werben, konnte die Lage vor Ort wohl allenfalls eine Zwangslage sein. Im Endeffekt erwies sich das staatliche Erwerbslosengartenprogramm der 3. NVO damit selbst aus der Binnenperspektive als viel zu knapp bemessenes Feigenblatt, das die materielle Blöße vieler Betroffener kaum bedeckte.

---

253 Ebd.: Staatspolizeistelle. Gestapo. 5a–8008/36 v. 18.1.1937 (Abschrift). Vgl. auch Amtsgericht Hamburg. Vereinsregister des Amtsgerichts Hamburg Bd. L, 343f. Die Vereinsakte selbst wurde vernichtet.
254 StAHH. FD IV DV I C 4d II Q 13f I: Urteil des Landgerichts Hamburg v. 7.7.1938 (4 S 50/38–182–).
255 Ebd.: Schreiben des KGV Horner Marsch v. 6.1.1938.
256 Ebd.: Schreiben der Bauverwaltung an die Landesgruppe Groß-Hamburg v. 10.9.1938, 3. Hervorhebungen i.O. gesperrt.

10. Das Kleingartenwesen im Nationalsozialismus.

10.1. „Gleichschaltung" und Selbstgleichschaltung der deutschen Kleingärtner am Beispiel Hamburgs.

Ende der 50er Jahre veröffentlichte Ex–Geheimrat Walther Pauly zu Ehren des 150. Geburtstages von Daniel Gottlob Moritz Schreber im „Fachberater für das deutsche Kleingartenwesen" einen Rückblick auf die Geschichte der deutschen Kleingartenbewegung, der erstmals auch die Ereignisse des Jahres 1933 streifte. In dieser Darstellung versuchte Pauly den Eindruck zu erwecken, als ob es den führenden Funktionären des RVKD gelungen wäre, die „Schrebergartensache" so „bedeutsam und volkstümlich" zu machen, daß „auch der 'Umbruch' und die Gleichschaltung nicht mehr viel verderben konnten. Außer der Beseitigung der größtenteils der sozialdemokratischen Partei angehörenden Leiter war ja in der Organisation nicht viel gleichzuschalten, sie wurden natürlich durch PGs ersetzt (...). Heinrich Försters Verdienste und Stellung waren freilich so überragend, daß man ihn nicht ausschalten konnte"[1].

Diese Lesart, die jeder „Vergangenheitsbewältigung" den Boden entzog, da sie die nationalsozialistische Machtübernahme kurzerhand als personalpolitisches Revirement abtat, verfestigte sich unter den Bedingungen des „Kalten Krieges" zur Sprachregelung, die der erste Vorsitzende des 1949 in Bochum gegründeten „Verbandes Deutscher Kleingärtner", Paul Brando, unbedenklich übernahm[2]. Die Tatsache, daß Walther Pauly seine eigene Mitarbeit im „Führerring" der Fachschaft Kleingärtner des NS–"Reichsbundes der Kleingärtner und Kleinsiedler Deutschlands" ebenso verheimlicht hatte wie die Mitwirkung des im Amt verbliebenen Ministerialrats im Reichsinnenministerium, Georg Kaisenberg, wurde in diesem Zusammenhang genausowenig problematisiert wie die beängstigende Kooperationsbereitschaft des angeblich nicht auszuschaltenden Heinrich Försters[3]. Eine ähnliche Diskretion wahrte auch Kurt Schilling[4], der sich bereits 1957 nicht mehr an seine NSDAP–Mitgliedschaft erinnern konnte (oder

---

1 Pauly, Zum 150. Geburtstag Dr. Schrebers, in: Der Fachberater für das deutsche Kleingartenwesen 9 (31) (1959), 8.
2 Paul Brando, Kleine Gärten – einst und jetzt, (Hamburg 1965), 52 u. 74f.
3 Der Kleingärtner und Kleinsiedler. Kalender für das Jahr 1934, Berlin o.J., 3.
4 Kurt Schilling, Die Entwicklung des deutschen Kleingartenwesens, in: Der Fachberater für das deutsche Kleingartenwesen 7 (25) (1957), 1–31.

wollte), obwohl er als Reichsschulungsleiter für Gartenbau auch im Reichsbund eine hervorragende Funktion innegehabt hatte[5]. Ähnliche „Konversionen" hatten der Vorsitzende des Münchner Orts- und Bayerischen Landesverbandes des RVKD, Karl Freytag[6], der ehemalige Chefpropagandist der Schreberjugendpflege, Gerhard Richter[7], der Vorsitzende des LVGH, Friedrich Meyer[8], und Harry Maass vollzogen, der am 1.1.1934 förderndes Mitglied der SS geworden war[9]. Ein nicht unbeträchtlicher Teil der „Parteigenossen" in den Spitzengliederungen des neugeschaffenen Reichsbundes waren daher keine „alten Kämpfer", sondern alte Bekannte aus dem aufgelösten RVKD oder den fortbestehenden Fachministerien der liquidierten Republik. Welche persönlichen und sachlichen Motive sie bewogen haben (mögen), sich den neuen Herren anzudienen, wissen wir nicht, auch wenn ihr nach 1945 beobachtetes Schweigen wenig Gutes verheißt.

10.1.1. Die „Säuberung" des Hamburger Gartenwesens: Denunziation und Suspension des „Juden" Rosenbaum, Pensionierung Otto Linnes.

Obwohl die NSDAP und die mit ihr verbündete Kampffront Schwarz-Weiß-Rot aus DNVP und Stahlhelm bei den Reichstagswahlen am 5.3.1933 in Hamburg mit 46,8% der Stimmen die absolute Mehrheit verfehlt hatte, fanden sich die bürgerlichen Parteien der Hansestadt unter dem Eindruck des Sieges, den das Rechtsbündnis mit 51,9% im Reich erzielt hatte, dazu bereit, Hitlers Gefolgsleuten auch hier den Weg an die Macht zu ebnen[10]. Von entscheidender Bedeutung für die Regierungsbildung war der Umfall der 1930 zur Deutschen Staatspartei umgebildeten DDP[11]. Obwohl sie den Wahlkampf in einer „technische(n) Li-

---

5 KuK 5 (1935), 8.
6 Siehe Freytags Ergebenheitsadresse in: Heinrich Förster, Das deutsche Kleingartenwesen im nationalen Staat, Frankfurt/M. 1933, 4 (Schriften des RVKD 22) und das spätere, vorbehaltlose Lob Brandos (2), 76.
7 Gerhard Richter, 75 Jahre Dienst am Kinde. Geschichte des Schrebervereins der Westvorstadt in Leipzig, Leipzig 1939. Titelblatt.
8 StAHH. Senat. Cl. VII Lit. Cb No. 5 Vol. 12b Fasc. 57 Inv. 7h: Niederschrift v. 14.1.1928 und Senatskanzlei-Präsidialabteilung 1935 Pb 267: Stellungnahme Goedeckes v. 23.11.1934.
9 Gert Gröning u. Joachim Wolschke-Buhlman, Die Liebe zur Landschaft, T.1: Natur in Bewegung, München 1986, 46.
10 Grundsätzlich hierzu: Werner Johe, Im Dritten Reich 1933–1945, in: Hamburg. Geschichte der Stadt und ihrer Bewohner, Bd. 2, Hamburg 1986, 265ff.; Ders., Institutionelle Gleichschaltung in Hamburg 1933, in: U. Büttner/W. Jochmann (Hg.), Zwischen Demokratie und Diktatur, (Hamburg 1984), 66–90 und W. Jochmann, Die Errichtung der nationalsozialistischen Herrschaft in Hamburg, in: U. Büttner/Ders., Hamburg auf dem Weg ins Dritte Reich, Hamburg 1983, 39–73.
11 Dieter Langewiesche, Liberalismus in Deutschland, (Frankfurt/M. 1988), 250f.

stenverbindung" mit der SPD geführt hatte[12], wechselte die Staatspartei im Nachhinein die Front und reichte den Gegnern von gestern die Hand zum Regierungsbündnis. Auch wenn „einige Mitglieder der staatsparteilichen Fraktion – es waren wohl gerade die jüdischen Abgeordneten – (...) sich (...) nicht dazu entschließen (konnten), den neuen Senat en bloc zu wählen", so daß die NSDAP– und DNVP–Senatoren weniger Stimmen erhielten als die Abgeordnetenzahl der Koalition aus NSDAP, Stahlhelm, DNVP, DVP und DStP erwarten ließ[13], ging die vorerst letzte, halbwegs parlamentarische Regierungsbildung am 8.3.1933 reibungslos vonstatten.

Auf den ersten Blick machte die neue, vom Hamburger Kaufmann Carl Vincent Krogmann geführte Regierung, in der die NSDAP sechs von zwölf Senatoren stellte, nach Herkunft und Beruf ihrer Mitglieder einen relativ sachverständigen und unideologischen Eindruck[14]. Dieses Bild konservativer Wohlanständigkeit erwies sich jedoch bald als Mummenschanz, der die Öffentlichkeit irreführen und über das wahre Gesicht des Senats hinwegtäuschen sollte. Ehe man sich's versah, trat hinter der biedermännischen Maske des „ehrbaren Kaufmanns" Krogmann das brutale Profil des NSDAP–Gauleiters Karl Kaufmann hervor, der nach seiner Ernennung zum Reichsstatthalter am 16.5.1933 gleichsam zum Stellvertreter des „Führers" in Hamburg avancierte.

In der Tat war der neue Senat von Beginn an bloß ein verlängerter Arm Berlins, der die „nationale Revolution" noch vor ihrer scheinlegitimatorischen Absicherung durch das am 23.3.1933 verabschiedete Ermächtigungsgesetz mit aller Gewalt vorantrieb. Diese innerhamburgische „Gleichschaltung", deren äußeres Gegenstück in der zentralistischen Mediatisierung der ehemaligen Reichsländer bestand[15], setzte unmittelbar nach der Konstituierung des Krogmann–Senats ein. Neben der Ausschaltung des öffentlichen Lebens spielte daher die „Gleichschaltung" der staatlichen Verwaltung eine tragende Rolle. Das administrative „Streamlining" folgte dabei einer Doppelstrategie, die die Institutionen zugleich substantiell aushöhlte und personell auskämmte: „Unmittelbar nach der Senatsbildung am 8. März wurden unerwünschte Beamte beurlaubt, an erster Stelle waren das Juden, Pazifisten, Sozialdemokraten und Demokraten. Die Grundlage dafür lieferte zwar erst das „Gesetz zur Wiederherstellung des Berufsbeamtentums" vom 7. April 1933, aber das hinderte die Nationalsozialisten keinesfalls, schon vorher vollendete Tatsachen zu schaffen"[16]. Besonderer Druck wurde auf die

---

12 Henning Timpke (Hg.), Dokumente zur Gleichschaltung des Landes Hamburg 1933, (Hamburg 1983), 32.
13 Ebd., 76.
14 Johe, Im Dritten Reich (10), 269f.
15 Ders., Institutionelle Gleichschaltung (10), 75.
16 Jochmann (10), 45.

Beamten ausgeübt, die sich während der Weimarer Zeit in verfassungstreuen Parteien engagiert hatten. Die Pressionen gingen in vielen Fällen zugleich von oben und von unten aus, so daß die Betroffenen gewissermaßen zwischen die Spannbacken eines politischen Schraubstocks gerieten: „Es kennzeichnet die Situation, daß die Behörden oft durch Proteste und Drohungen fanatischer und dienstbeflissener Bürger zu raschem Vorgehen gegen die Juden veranlaßt wurden"[17].

In einen derartigen Schraubstock geriet auch der Leiter der Hamburger KGD, Karl Georg Rosenbaum. Am 11.3.1933, drei Tage nach der Konstituierung des NS-Senats, richtete der Hamburger Gartenbauarchitekt und NSDAP-Parteigenosse Hermann König[18] in seiner Eigenschaft als Vorsitzender des am 22.1.1914 in Kassel gegründeten „Bundes Deutscher Gartenarchitekten"[19] ein Schreiben an den neuen Leiter des Bauamtes, den NSDAP-Staatsrat Georg Ahrens, in dem er die unverzügliche Amtsenthebung Rosenbaums und seines Vorgesetzten Otto Linne einklagte[20]. Sein vierseitiger Brief, der einen ebenso langen Anhang sowie eine acht Seiten umfassende Denkschrift zur Neugestaltung der deutschen Wirtschaft enthielt, war ein trauriges Dokument persönlicher Niedertracht. Der Zweck des Verleumdungsschreibens bestand zunächst darin, Karl Georg Rosenbaum menschlich und fachlich herabzusetzen. Jüdische Herkunft und angeblich mangelnde Qualifikation verbanden sich in den Augen des Denunzianten dabei zum zeittypischen Zerrbild einer vermeintlich jüdischen „Afterkarriere", für die nicht persönliche Leistung und berufliche Befähigung, sondern Byzantinismus und Nepotismus den Ausschlag gegeben hätten. Rosenbaums Einstellung in den hamburgischen Staatsdienst war daher nach Meinung Königs „auf Grund seiner hiesigen Familienbeziehungen", seine spätere Beförderung dank der Protektion seines Vorgesetzten Otto Linne erfolgt, der „dem Juden R. größtmögliche Förderung zu Teil werden ließ". Selbst die Schaffung der Hamburger KGD erschien König bloß als eine „für ihn besonders geschaffene" Pfründe, Rosenbaums Wahl zum demokratischen Bürgerschaftsabgeordneten als quasi erschlichenes Produkt „seiner jüdischen Beredsamkeit".

Obwohl die dummdreiste Verlogenheit dieser Vorwürfe kaum zu überbieten war, stellten sie im Grunde nur eine rufmörderische Personalisierung der von der NSDAP generell betriebenen Hetze dar. Was den Haß des Verleumders im Falle

---

17 Ebd., 54.
18 Zu König siehe StAHH. Bauverwaltung. Personalakten 228: Otto Armand Linne und Richard Meyer, Öffentliche Gartenanlagen von Hermann König, in: Der Deutsche Gartenarchitekt 8 (4) (1931), 37–42.
19 Zum BDGA siehe StAHH. Politische Polizei SA 2027.
20 StAHH. Bauverwaltung. Personalakten 228: Otto Armand Linne: (Unpaginiertes) Schreiben Königs an Ahrens v. 11.3.1933. Alle folgenden Zitate ebenda.

Rosenbaums verstärkte, ja verdoppelte, war die in seinen Augen besonders verwerfliche Tatsache, daß der Leiter der Hamburger KGD zugleich Jude und aktiver Demokrat war und damit die von den Nazis verteufelte „Systemzeit" der Republik gleich zweifach repräsentierte. Hinzu kam, daß König ein eingefleischter Antisemit war, der schon die Kriegsschuldfrage des Ersten Weltkriegs entsprechend beantwortet hatte. Wie er selbst nicht ohne rückblickenden Stolz bekannte, hatte er „seit dem Zusammenbruch von 1918 der festen Überzeugung gelebt (...), daß auch für Deutschland noch einmal die Zeit kommen würde, wo die Juden und Judengenossen den Lohn empfangen, den sie sich vielfach verdient haben".

Dieser Erlösungs–Glaube an einen national(sozialistisch)en dies irae war bei König freilich nicht nur politisch, sondern zugleich persönlich motiviert. Diese individuelle Betroffenheit rührte zum Teil daher, daß König in den, Mitte der zwanziger Jahre ausgefochtenen, publizistischen und parlamentarischen Auseinandersetzungen um die von Otto Linne gestaltete architektonische Erweiterung des von Wilhelm Cordes im landschaftlichen Stil angelegten Ohlsdorfer Friedhofes zu den Gegnern des Gartendirektors, Rosenbaum dagegen zu seinen Verteidigern gehört hatte[21]. Wie stark diese Polemik Königs Aversionen nun allerdings auch immer geschürt haben mochte, der Hauptgrund seiner Rachsucht fußte offenkundig auf seiner durch die Revolution veränderten Lage als Kleinunternehmer: „Als Ergebnis meines jahrelangen Kampfes gegen Rosenbaum und Linne, habe ich, obgleich ich vor dem Kriege umfangreiche Grünanlagen für den Hamburger Staat laufend ausführte, nach dem Kriege auch nicht einen einzigen Auftrag vom Hamburger Staat mehr erhalten. Auch durch die marxistischen Baugesellschaften (...) habe ich natürlich ebenfalls niemals einen Auftrag erhalten, und da auch den Hamburger Juden meine antisemitische Einstellung bekannt war, hätte ich mich nicht dreiundzwanzig Jahre in Hamburg als selbständiger Gartenarchitekt halten können, wenn mir nicht meine umfangreiche Tätigkeit in allen Teilen Deutschlands und des Auslands die Existenzmöglichkeit gegeben hätte". Die dem Brief beigefügte Denkschrift zur notwendigen Neuordnung der Wirtschaft, die König augenscheinlich im Auftrag des BDGA verfaßt hatte, erschöpfte sich denn auch in mittelständischen Haßtiraden gegen die angeblich „marxistische Mißwirtschaft" der Garten– und Friedhofsverwaltung, die städtischen Regiebetriebe und das „marxistische, mittelstands– und gewerbefeindliche Parla-

---

21 Vgl. ebd.: (Undatierte) Stellungnahme Linnes zu den Vorwürfen Königs (Abschrift), 3f. und StAHH. Disziplinarkammer D 8/23: Beschluß v. 26.8.1924, der Linne gegen alle Vorwürfe mit Nachdruck in Schutz nahm.

ment"[22]. Im Endeffekt war Königs Denunziation daher nichts geringeres als ein konzentrierter Ausdruck des seinerzeit weit verbreiteten Krisenbewußtseins des deutschen Mittelstandes, der seinen von der Hochindustrialisierung erzwungenen Positions– und Ansehensverlust nur schwer verkraften konnte. Ob die freien Architekten und kleinen Bauunternehmer über die „Ehrenteit–Gesellschaften" des Reformwohnungsbaus klagten, die Gartenbauarchitekten über den Regiebetrieb der Gartenverwaltungen[23] oder die Einzelhändler über die Warenhäuser, blieb dabei im Grunde gleichgültig, da sich das gewerbliche Kleinbürgertum in fast allen Wirtschaftszweigen einem scharfen Konkurrenzdruck ausgesetzt sah, der alternative Unternehmensformen gewerkschaftlich–genossenschaftlicher Art ebenso hervorbrachte wie Aktivitäts– und Funktionszuwächse des Staates oder private Kapital– und Betriebskonzentrationen. Königs Schreiben vom 11.3.1933 erscheint vor diesem Hintergrund denn auch keineswegs nur als persönlicher Racheakt, sondern zugleich als repräsentatives Dokument „mittelständischer Ideologie und Forderungen", die bekanntlich „den ältesten Kern der NS–Bewegung ausmachten"[24].

Zu diesem Angriff Königs traten am 14. und 17.3.1933 zwei briefliche Vorstöße der „Gemeinnützigen Freien Vereinigung Hamburger Kleingärtner", in denen die GfV um die Anerkennung der Gemeinnützigkeit im Sinne der KGO und die Entlassung Rosenbaums vom Amt des Leiters der KGD einkam[25]. Während die uralte, im Grunde separatistische Bitte um Anerkennung als gemeinnütziges Kleingartenunternehmen auch vom neuen Senat abschlägig beschieden wurde, da die Vereinigung als Bezirksverband des LVGH seit 1929 an sämtlichen ihm übertragenen Rechten und Pflichten teilhatte[26], trug die gegen Rosenbaum vorgebrachte Klage der parteipolitischen Betätigung im Amt unzweifelhaft dazu bei, den Leiter der KGD endgültig „unmöglich" zu machen. Obwohl die Eingabe auf rassistische Verunglimpfungen verzichtete, entblödete sich der GfV–Vorsitzende Großheim nicht, die KGD, die sich Rosenbaum einmal mehr „auf Kosten der Kleingärtner" selbst geschaffen haben sollte, in militaristischer Manier als feindliches „Maschinengewehrnest" zu diffamieren, daß seine Exi-

---

22 StAHH. Bauverwaltung. Personalakten 228: Otto Armand Linne: Hermann König, Die neue Wirtschaft. Vgl. auch die Denkschrift des BDGA in: Der Deutsche Gartenarchitekt 8 (9) (1931), 104f.
23 Zur Verteidigung des staatlichen Regiebetriebs siehe die Stellungnahme Linnes (21), 5 und den ebd. archivierten Bericht des Regierungsdirektors in der Allgemeinen Verwaltung der Baubehörde, Alfred Olshausen, v. 30.3.1933, 6f.
24 Martin Broszat, Der Staat Hitlers, (12. Aufl. München 1989), 208.
25 StAHH. Bauverwaltung. Personalakten. Ablieferung 1985, Nr. 45: Karl Georg Rosenbaum: Schreiben der GfV an den Senat v. 14.3.1933 und Brief des GfV–Vorsitzenden Großheim an Stavenhagen v. 17.3.1933.
26 Ebd.: Schreiben der Baubehörde an die GfV v. 3.4.1933.

tenzrechtfertigung vor allem darin sehe, „die jetzige Bewegung zu bekämpfen"[27].
Der Angegriffene, der wegen seiner Verdienste um das Hamburger Kleingartenwesen am 22.3.1931 mit der „Silbernen Medaille" des LVGH ausgezeichnet[28] und noch Anfang 1933 für das „gute" und „sachliche" Verhältnis zwischen Verband und Behörde gelobt worden war[29], würdigte diese ungeheuerlichen Vorwürfe mit keinem Wort. Er legte statt dessen einen persönlichen Rechenschaftsbericht über seine Arbeit als Leiter der KGD vor, in der er auch auf seine Tätigkeit als Bürgerschaftsabgeordneter von DDP und DStP einging: „Ich habe jetzt noch einmal nachgelesen und befriedigt festgestellt, daß ich fast immer wie ein allerdings nicht beauftragter Vertreter der Baubehörde gesprochen habe. An parteipolitischen Debatten habe ich mich nicht beteiligt. Jedenfalls bin ich nicht in die Bürgerschaft gegangen, damit meine Partei blüht, wächst und gedeiht, sondern um meine Lebensaufgabe, die mir nicht Broterwerb allein ist, besser fördern zu können. Nachdem heute Kleingarten und Siedlung allgemeine Anerkennung gefunden haben, habe ich kein Interesse mehr aktiv politisch tätig zu sein". Als echte politische Gegner erschienen ihm in diesem Zusammenhang allein die freien Gewerkschaften, „die mit Recht erkannten, daß der Kleingärtner ihrer Agitation entzogen ist. Das Heranbringen bürgerlicher Gedankengänge an einen Personenkreis, der sonst von dieser Seite überhaupt nicht erfaßt werden konnte, die Achtung vor dem Besitz anderer, die der eigene kleine Besitz erzeugt, die Zufriedenheit und das Glück, die der Garten bringt, waren Gründe genug, die Kleingartenbewegung zumindest nicht zu fördern"[30]. Obwohl Rosenbaum damit die Gegensätze zur freigewerkschaftlichen (und sozialdemokratischen) Wohnungsbaufraktion fälschlicherweise zu einem Prinzipienstreit aufbauschte und seinen Abschied von der Partei-Politik tendenziell in die Form einer Schutzbehauptung kleidete, kam seine Sicht der Dinge der Wahrheit doch unzweifelhaft erheblich näher als die seiner Verleumder. Rosenbaums Vorgesetzter, Gartendirektor Otto Linne, der seit 1924 der DVP angehörte und wohl nicht zuletzt deshalb ebenfalls in die „Schußlinie" der „braunen" Sykophanten geraten war, ließ es sich denn auch nicht nehmen, den von König völlig verzerrten beruflichen Werdegang seines Untergebenen Punkt für Punkt richtigzustellen[31]. Offiziell bestätigt wurden ihre Gegendarstellungen durch ein Gutachten

---

27 Ebd.: Großheim, Parteiwirtschaft.
28 Unser Kleingärtnertag in Altona im Hotel Kaiserhof am 22. März, in: GHK 4 (1931), 52.
29 Jb. 1933 des LVGH im RVKD, Hamburg o.J., 53f.
30 StAHH. Bauverwaltung. Personalakten Ablieferung 1985, Nr. 45: Karl Georg Rosenbaum: Stellungnahme Rosenbaums v. 20.3.1933.
31 Stellungnahme Linnes (21), 1f.

des Regierungsdirektors der Allgemeinen Verwaltung der Baubehörde, Alfred Olshausen, der in einer Stellungnahme vom 23.3.1933 die Vorwürfe gegen Rosenbaum und Linne scharf zurückwies und nachdrücklich dafür eintrat, den kurz vor der Pensionierung stehenden Gartendirektor mit Rücksicht auf die Lage der Staatsfinanzen wie im Hinblick auf seine hohe Qualifikation weiterzubeschäftigen[32]. Was die Angriffe Königs gegen den Leiter der KGD anlangte, kam Olshausen in einem zweiten Gutachten vom 30.3.1933 zu der ebenso zutreffenden wie mutigen Feststellung, „daß das Schreiben des Herrn König ein Ausfluß niedrigster persönlicher Gehässigkeit ist"[33]. Diese untadelige Haltung der hamburgischen Bauverwaltung, zu der sich auch Staatsrat Otto Rautenberg bekannte, verkam freilich spätestens mit der Verabschiedung des Ermächtigungsgesetzes am 23.3.1933 zum ohnmächtigen Protest, da die „nationale Erhebung" zugleich die „niedrigsten Instinkte" entfesselte und mit beispiellosem Zynismus in den Rang politischer Tugenden erhob. Die nationalsozialistische „Abrechnung" mit den „Novemberverbrechern" verquickte sich daher allenthalben mit der Begleichung offener „Privatrechnungen": Das „letzte Stündlein" der Republik entpuppte sich damit als „Sternstunde" aller möglichen Gesinnungslumpen.

Die Kaltstellung Otto Linnes erforderte in diesem Zusammenhang allerdings keine große „kriminelle Energie". Da der Gartendirektor die Altersgrenze erreicht hatte, lag seine Weiterbeschäftigung allein im Ermessen des Senats. Es reichte folglich, wenn man ihn regelrecht pensionierte. Am 15.11.1933 wurde Linne daher auf ausdrücklichen Wunsch des am 18.3.1933 zum Senator avancierten NSDAP-Gauorganisationsleiters Hans Nieland in den Ruhestand versetzt[34].

Im Fall Karl Georg Rosenbaums war eine solche dienstrechtliche Grundlage freilich nicht vorhanden. Gleichwohl fand sich der neue Bausenator, der Hamburger DNVP-Vorsitzende Max Stavenhagen, dazu bereit, ihn am 31.3.1933, also einen Tag vor dem reichsweiten Boykott jüdischer Geschäfte, bis auf weiteres zu beurlauben[35]. Gegenüber NSDAP-Staatsrat Ahrens „begründete" er seinen Entschluß dabei auf eine Weise, die für das seit dem 8.3.1933 im Senat herrschende Un-Rechtsbewußtsein wohl typisch gewesen sein dürfte. In der Sache schloß sich der neue Behördenchef den Urteilen von Linne, Olshausen und Rautenberg an und bestätigte einmal mehr, daß der Beschuldigte sich „um die

---

32 Bericht Olshausens (21), 1f.
33 StAHH. Bauverwaltung. Personalakten. Ablieferung 1985, Nr. 45: Karl Georg Rosenbaum: Stellungnahme Olshausens v. 30.3.1933.
34 Ebd.: Personalakten 228: Otto Armand Linne: Schreiben Stavenhagens an Linne v. 15.11.1933.
35 Ebd.: Ablieferung 1985, Nr. 45: Karl Georg Rosenbaum: Undatierter Bericht Stavenhagens an Ahrens. Alle folgenden Zitate ebendort.

Förderung des Kleingartenwesens verdient gemacht habe". Dieser Sachstand war für den Senator freilich nicht maßgebend: „Bei der politischen Lage und angesichts des starken Widerstandes aus einzelnen Kreisen der Kleingärtner und Siedler gegen seine Person, der (...) aber auch anerkennende Urteile anderer Siedler, auch aus nationalen Kreisen gegenüberstehen, halte ich es nicht für angängig, Rosenbaum in seiner (...) Stellung zu belassen. Es würde das zu Reibungen führen, die sachlich schädlich wären. Es ist nicht angängig, daß an einer solchen Stelle ein Mann jüdischer Abstammung unter den heutigen Verhältnissen tätig ist"[36].

Mit diesen Worten war die Katze aus dem Sack, Rosenbaums (dienstliche) Zukunft entschieden. Nicht die Sache, sondern die Person hatte den Ausschlag gegeben, nicht die verwaltungsrechtliche Prinzipientreue, die machtpolitische Opportunität hatte gesprochen. Obwohl Rosenbaums Suspendierung ohne erkennbare Pressionen seitens der NSDAP–Senatoren erfolgte und obendrein zu einem Zeitpunkt stattfand, zu dem die DStP noch an der Regierung beteiligt war und mit Walter Matthaei den Präses der Finanzbehörde stellte[37], erklärte sein DNVP–„Kollege" seinen Parteifreund Rosenbaum wider besseres Wissen in Acht und Bann. Man wird daher kaum fehlgehen, wenn man Stavenhagens Verhalten als sachlich grundlos, juristisch rechtlos und persönlich ehrlos kennzeichnet[38].

Das endgültige Aus für den beruflichen Werdegang des suspendierten Leiters der Hamburger KGD brachte das am 7.4.1933 erlassene Gesetz zur Wiederherstellung des Berufsbeamtentums[39], das seine noch am selben Tag erfolgende Versetzung in den Ruhestand mit einem scheinlegitimatorischen Anstrich versah. Ob Rosenbaum in diesem Zusammenhang wegen seiner „nicht arischen Abstammung" und/oder seiner „bisherigen politischen Betätigung" aus dem Dienst entfernt wurde, wissen wir nicht[40]. Rosenbaum selbst wird diese Frage

---

36 Ebd. Das Zeugnis Rautenbergs habe ich nicht finden können. Vielleicht beruhte es auf einer mündlichen Mitteilung.
37 Matthaeis (und Stavenhagens) Ausscheiden aus dem Senat erfolgte erst am 18.5.1933. (Timpke (Hg.) (12), 312).
38 Es versteht sich von selbst, daß Stavenhagen nach 1945 alles daran setzte, sich zum „Persilscheinheiligen" zu stilisieren. (Vgl. StAHH. Senatskanzlei. Personalakten A 45: Max Stavenhagen).
39 RGBl., Teil I, 175ff.
40 Unklar ist, ob Rosenbaum im Ersten Weltkrieg zur „kämpfenden Truppe" gehörte. Wenn ja, hätte er aufgrund § 3 (2) Berufsbeamtengesetz nicht in den Ruhestand versetzt werden dürfen.

wohl eher kalt gelassen haben. Er konnte von Glück sagen, daß er aufgrund seiner mehr als zehn Dienstjahre wenigstens Ruhegehalt bezog[41].

Ihre institutionelle Ergänzung erfuhr die „Säuberung" des Hamburger Kleingartenwesens durch die Zerschlagung der während der Weimarer Republik geschaffenen „Foren" demokratischer Mitbestimmung. Sie begann am 29.12.1933 mit der rechtswidrigen Auflösung des Kleingartenbeirats und endete am 1.5.1936 mit der Abschaffung der Pachteinigungsämter, deren Aufgaben auf die untere Verwaltungsbehörde übergingen. Die basisdemokratische Clearingstelle für die beteiligten Interessengruppen fiel damit ebenso fort wie die unabhängige Schiedsstelle für Pachtstreitigkeiten. Ihre Liquidation führte in beiden Fällen zu einem entsprechenden Machtgewinn der Exekutive, die auf diese Weise eine administrative Variante desselben „Führerprinzips" verwirklichte, das auch für die Neuordnung der Kleingartenvereine und –verbände maßgeblich werden sollte[42].

10.1.2. Die „Gleichschaltung" des RVKD und ihre Auswirkungen auf Hamburg.

Trotz der Berufung Hitlers zum Reichskanzler am 30.1. und der Verabschiedung des Ermächtigungsgesetzes am 23.3.1933 nahmen die Verbandsorgane der deutschen Kleingärtnerschaft von der „nationalsozialistischen Revolution" zunächst keine Notiz. Im festen Glauben an die Neutralitätsideologie des RVKD gab sich zumal die „Kleingartenwacht" einem „Dornröschenschlaf" hin, der die Wirkung des in den Kolonien weit verbreiteten Schlafmohns mit Leichtigkeit überbot. Nichts auf der Welt schien die Kleingärtner weniger anzugehen als der neue „große Mann". Gartenzäune und Hecken hatten schon manchem Frühjahrssturm getrotzt – warum nicht auch den diesjährigen Sturmabteilungen?

---

41 Der zwangspensionierte Rosenbaum verzog zunächst nach Baden–Baden, später nach Freiburg i. B. Am 21.2.1939 emigrierte er nach Brasilien und ließ sich in Sao Paulo als Kaufmann nieder. Am 13.6.1952 wurde er im Rahmen der „Wiedergutmachung" rehabilitiert und rückwirkend zum Oberbaurat a.D. ernannt. Mitte der 50er Jahre kehrte Rosenbaum nach Hamburg zurück, verzog aber schon bald nach Wachenheim an der Weinstraße. Dort ist er am 21.11.1959 im Alter von 76 Jahren gestorben. (StAHH. Bauverwaltung. Personalakten. Ablieferung 1985, Nr. 45: Karl Georg Rosenbaum).
42 StAHH. Senatskanzlei–Präsidialabteilung 1935 A 80: Änderung der VO zur Ausführung der KGO v. 1.5.1936. Höhere Verwaltungsbehörde für das Stadtgebiet wurde nun der Senator für Technik und Arbeit, für das Landgebiet der Senator für innere Verwaltung; untere Verwaltungsbehörde für das Stadtgebiet wurde die BTA, für das Landgebiet die Landherrenschaften.

Dieser Aberglaube wurde in Hamburg freilich am 18.4.1933 jäh bloßgestellt, als der Präses der Baubehörde den als Landesverband Groß–Hamburg des RVKD anerkannten „Schreber– und Kleingartenbund" dem eigens zu diesem Zweck ernannten nationalsozialistischen Staatskommissar Johannes Goedecke unterstellte. Die Verfügung, die den LVGH praktisch zum verlängerten Arm der neuen Regierung machte, begründete Stavenhagen mit dem aus „Kreisen der nationalen Kleingärtner und Siedler" erhobenen Vorwurf, daß der Vorstand des SKBH „überwiegend links zusammengesetzt sei" und „bei der Zuteilung, bei der weiteren Behandlung, bei der Leitung der Schrebergärten und vor allem der Stadtrandsiedlungen links gerichtete Persönlichkeiten bevorzugt" habe. Diese vermeintliche Vetternwirtschaft sollte Goedecke im Interesse „der öffentliche(n) Ruhe und Ordnung" beenden und zugleich die weitere Abwicklung des Erwerbslosengartenprogramms in geordnete Bahnen lenken[43].

Ähnlich wie bei der Entlassung Karl Georg Rosenbaums griff der Senator damit auch hier auf zwei für die Gleichschaltung des Hamburger Kleingartenwesens zentrale Rechtfertigungsmuster zurück: die Stimmung(smache) interessierter Kreise und den von ihnen erhobenen Vorwurf parteipolitischer Begünstigung. Dieses Vorgehen wurde im Fall des LVGH noch dadurch erleichtert, daß der Landesverbandsvorsitzende Friedrich Meyer im Gegensatz zu den Beamten der Baubehörde bereit war, den Kurs der Behördenleitung mitzutragen. In einer bereits am 14.4. verfaßten Ergebenheitsadresse an den Wandsbeker Magistrat hatte das ehemalige SPD–Mitglied in seiner Eigenschaft als Ortsverbandsvorsitzender der Wandsbeker Kolonisten seine Bereitschaft zur Kooperation zu Protokoll gegeben: „Es ist stets unser Bestreben gewesen, die Großstadtmenschen durch die Verbindung mit der Heimaterde wieder zu vaterländischem Denken zu bringen. (...). Wir werden auch die Gleichschaltung in unseren Vereinen durchführen und wären besonders dankbar, wenn wir die vollste Unterstützung hätten in den Fällen, wo wir Elemente, die nicht innerlich sich dem nationalen Gedanken fügen

---

43 StAHH. Arbeitsbehörde I: Verfügung des Präses der Baubehörde v. 18.4.1933. Der ehrenamtliche Polit–Kommissar Johannes Goedecke war von Beruf Ingenieur und Mitglied der NSDAP. Er avancierte am 1.11.1933 zum Landesgruppenleiter der Landesgruppe Groß–Hamburg im gleichgeschalteten Reichsbund und übte diese Funktion bis zum 15.11.1938 aus. Sein Nachfolger wurde der Abteilungsleiter Kurt Stangneth, der freilich schon am 20.12. durch den bisherigen hauptamtlichen Geschäftsführer der Landesgruppe, Alfred Essele, ersetzt wurde, dessen Amtszeit sich allerdings ebenfalls als Intermezzo entpuppte. Endgültiger und zugleich letzter Landesgruppenführer wurde daher am 3.4.1939 der frühere NSDAP–MdBü Heinz Hermann Morisse, der bereits seit 1937 im Auftrag des Reichsstatthalters und Gauleiters Kaufmann als Sonderbeauftragter für das Hamburger Kleingartenwesen tätig gewesen war. (Amtsgericht Hamburg: Vereinsregister des Amtsgerichts Hamburg, Bd. LII, 85–88).

wollen, ausschalten müssen"⁴⁴. In den Ohren ernsthaft um Neutralität bemühter Kleingärtner mußte es daher wie Hohn klingen, als Stavenhagen auf der am 19.3.1933 im Stadtpark stattfindenden Kundgebung anläßlich der Jahreshauptversammlung des LVGH wahrheitswidrig verbreitete: „Die Organisation der Kleingärtner und Siedler sei parteilos, und es sei zu wünschen, daß die Parteipolitik auch den Kolonien ferngehalten werde"⁴⁵.

Wie verlogen diese Ausführungen für Kenner der Lage in Hamburg nun allerdings auch immer sein mochten, spiegelten sie doch zugleich die damals noch unentschiedene Situation im Reichsverband. Der am selben Tag gehaltene Festvortrag des RVKD–Vorsitzenden Förster bot den Hamburger Verbandsmitgliedern denn auch bloß einen bekannten Rückblick auf die sozialpolitischen Leistungen des RVKD, in dem die herkömmlichen Motive antiurbaner Zivilisationskritik⁴⁶, agrar–romantischer Rückbesinnung⁴⁷, der „*Entproletarisierung* des Volkes"⁴⁸ und die aus Parzellenbesitz und Kleingartenbau angeblich naturwüchsig sprießende Liebe zu Vaterland und Grundeigentum⁴⁹ einmal mehr den Ton angaben. Försters Bekenntnis zur politischen Neutralität der Bewegung⁵⁰ fügte sich diesem Standardrepertoire insofern ebenso ein wie sein Ruf nach einer Novellierung der KGO zugunsten des Dauergartens⁵¹ oder sein Eintreten für eine gesetzliche Bodenreform⁵².

Ein neuer, verdächtiger Zungenschlag kennzeichnete erst die das Referat abschließende Zukunftsperspektive. Wieder einmal zitierte ein hoher Verbandsfunktionär des RVKD Goethes „Faust"–Dichtung und wieder einmal – verstümmelt. Statt auf Fausts „Verjüngungskur" im ersten berief sich der Redner diesmal auf sein Landgewinnungsprojekt im zweiten Teil der Tragödie. Der Originalmonolog und die von Förster ohne Angabe der Auslassungen vorgetragene, hier kursiv gesetzte, Schrumpfform lauten wie folgt:

„Ein Sumpf zieht am Gebirge hin,
Verpestet alles schon Errungene;
Den faulen Pfuhl euch abzuziehn,
Das wär das Höchsterrungene.

---

44 StAHH. Liegenschaftsamt Wandsbek 179.
45 GHK 4 (1933), 61.
46 Heinrich Förster, Das deutsche Kleingartenwesen in der heutigen Zeit, o.O. o.J., 9.
47 Ebd., 11.
48 Ebd., 16. Hervorhebung i.O. gesperrt.
49 Ebd., 16f.
50 Ebd., 17.
51 Ebd.
52 Ebd., 18.

*Eröffn ich Räume vielen Millionen,
Nicht sicher zwar, doch tätig–frei zu wohnen.
Grün das Gefilde, fruchtbar!* Mensch und Herde
Sogleich behaglich auf der neusten Erde,
Gleich angesiedelt an des Hügels Kraft,
Den aufgewälzt kühn–emsige Völkerschaft!
*Im Innern hier ein paradiesisch Land:
Da rase Flut bis auf zum Rand!
Und wie sie nascht, gewaltsam einzuschließen,
Gemeindrang eilt, die Lücke zu verschließen.*
Ja! Diesem Sinne bin ich ganz ergeben,
Das ist der Weisheit letzter Schluß:
Nur der verdient sich Freiheit wie das Leben,
Der täglich sie erobern muß!
*Und so verbringt, umrungen von Gefahr,
Hier Kindheit, Mann und Greis sein tüchtig Jahr.
Solch ein Gewimmel möcht ich sehn,
Auf freiem Grund mit freiem Volke stehn!*
Zum Augenblicke dürft ich sagen:
'Verweile doch, du bist so schön!
Es kann die Spur von meinen Erdetagen
Nicht in Äonen untergehn'.
Im Vorgefühl von solchem hohen Glück
Genieß ich jetzt den höchsten Augenblick"[53].

In den Augen Försters war das Faust–Problem damit gelöst. Weit entfernt, den von ihm „zurechtgeschusterten" Monolog der Titelfigur zu problematisieren, identifizierte ihn der Mainfrankfurter Lehrer in schülerhafter Weise mit dem „Sehnen unseres großen Dichterfürsten"[54] und erhob die „Palastszene" damit zur Schlüsselszene des gesamten Werks. Dieses vorweggenommene, säkularisierte „Happy end" war freilich nicht auf laubenkolonialem Mist gewachsen. Försters

---

53 Ebd. und J. W. Goethe, Faust. Eine Tragödie, in: Sämtliche Werke, Bd. 5, (München 1977), 508f. Weitere Beschwörungen der Textpassage vom „freien Volk auf freiem Grund" finden sich bei: Gottfried Feder, Das Programm der NSDAP und seine weltanschaulichen Grundgedanken, 25. – 40. Aufl. München 1930, 55; Heinrich Förster, Das deutsche Kleingartenwesen (6), 6; Ders., Der soziale Gedanke im deutschen Kleingartenwesen, in: KGW 9 (6) (1932), 51ff.; C. Heiberg, Mittheilungen über das Armenwesen mit Rücksicht auf die Herzogthümer Schleswig und Holstein, Altona 1835, 89; Karl Scheffler, Was will das werden? Ein Tagebuch im Kriege, Leipzig 1917, 78; Rudolf Alexander Schröder, Das deutsche politische Weltbild im Werk und Leben Goethes, in: Ders., Die Aufsätze und Reden, Bd. 1, Berlin (1939), 164f. und Fritz Schumacher, Selbstgespräche, Hamburg 1949, 193f., der allerdings spöttisch darauf hinweist, daß Faust zum Zeitpunkt des Monologs bereits blind war.
54 Förster, Das deutsche Kleingartenwesen in der heutigen Zeit (46), 19.

Interpretation bildete vielmehr bloß die kleingärtnerisch zugespitzte Variante einer bereits im Kaiserreich entstandenen Faustrezeption, die „faustisch" zum Schlüsselwort perfektibilistischen Strebens erhoben hatte: „In allen Variationen tönt uns aus der 'Faust'-Literatur dieser Zeit das hohe Lied der Arbeit, der entsagungsvollen Tätigkeit und der Preis des Kolonisators entgegen". Bereits in der 1870 erschienen Faust-Ausgabe Gustav von Loepers hatte der „*Abenteurer* Faust" seine Vollendung daher folgerichtig als „*Ansiedler*" gefunden. Ihre brutale Apotheose fand diese Deutung in der 1933 veröffentlichten Arbeit „Faust im Braunhemd" von Kurt Engelbrecht, „in dessen Vorwort es heißt: 'Höchste Beglückung findet der deutsche Faust (...) im Ringen um neuen Heimatboden für sein Volk'"[55]. Zugriff, Zitierweise und Zeitpunkt spiegelten insofern einen geistesgeschichtlichen Dreh- und Angelpunkt vor, in dem der „höchste Augenblick" mit der „nationalsozialistischen Erhebung" vermeintlich zusammenfiel. Schon der von Förster gewählte Beginn des Goethe-Zitats läßt diese vorgetäuschte Koinzidenz erkennen: Der RVKD-Vorsitzende beginnt mit dem abstrakten Vers „Eröffn ich Räume vielen Millionen"; Faust dagegen spricht ganz konkret von dem Sumpf, den er trockenlegen (lassen) will. Während bei Förster daher unweigerlich die verbrecherische Phrase vom „Lebensraum im Osten" mitschwingt, die Leerstelle der Abstraktion also unversehens zum Schlupfloch des „braunen" Zeitgeistes wird, geht es dem „herbeizitierten" Faust im Grunde um ein traditionelles Vorhaben des Landesausbaus. Die Vorgeschichte des Faustschen Drainage-Projekts, dessen (grundrechtliche) Voraussetzung auf der mörderischen „Expropriation" der benachbarten kleinen Landbesitzer Philemon und Baucis beruht[56], mußte der Festredner daher ebenso verschweigen wie die Tatsache, daß Faust den „höchsten Augenblick" nur in Form einer emotionalen Vorwegnahme erlebt. So wie Moses das „Gelobte Land" niemals betrat, sollte auch Faust das von ihm geplante Neuland (vor den Deichen) nie erreichen. Ein derartiges Ende vor dem „eigentlichen" Anfang hätte zur damaligen Aufbruchs-„Stimmung" allerdings bloß wie die Faust aufs Auge gepaßt. So war es nur folgerichtig, daß Förster auch das geflügelte Wort über der Weisheit letzten Schluß stillschweigend unterschlug. Von Freiheit und Leben, die man sich täglich (neu) erobern müsse, war nach dem 30.1.1933 in Deutschland keine Rede mehr. „Blond und blauäugig" taumelte der pervertierte „Faust im Braunhemd" in die „deutsche Katastrophe" (Friedrich Meinecke) und ging dort sang- und klanglos

---

55 Karl Robert Mandelkow, Goethe in Deutschland. Rezeptionsgeschichte eines Klassikers, Bd. 1, München 1980, 250 u. 259. Hervorhebungen i.O. Diese arbeitspädagogische Deutung des Dramas feierte – bezeichnenderweise – in der Germanistik des ostdeutschen „Arbeiter- und Bauernparadieses" eine triste Renaissance. (Vgl. Ebd., Bd. 2, München (1989), 205, 207 u.v.a. 213ff.).

56 Goethe (53), 495–502.

– zum Teufel. Der grölend eingeklagte „Lebensraum im Osten" glich folglich fatal den im Ersten Weltkrieg versprochenen Kriegerheimstätten, deren „Räume für die vielen Millionen" in den meisten Fällen das Sargformat nicht überschritten hatten.

Am 2.4.1933 nahm der Vorstand des RVKD „zu der durch die nationale Erhebung geschaffenen Lage" endlich offiziell Stellung und erklärte in diesem Zusammenhang zugleich seine Bereitschaft, auch *„unter der Regierung des nationalen Aufbaus (...) an der Lösung der ihm gestellten staatserhaltenden Aufgaben weiterzuarbeiten"*[57]. Die Richtung der (künftigen) Verbandspolitik stand damit fest. Anfang Mai sprach der Gesamtvorstand die „dringende Empfehlung" aus, in allen Kolonien die Hakenkreuzflagge zu hissen und „auch von den staatlich festgesetzten Hoheitszeichen für Reich und Länder ausgiebigen Gebrauch zu machen"[58]. Mit dem Hoheitszeichen für das Reich war zu diesem Zeitpunkt selbstverständlich nicht mehr das von den Nazis verhöhnte „Schwarz–Rot–Senf" der Republik gemeint, sondern die von Hindenburg am 12.3.1933 unter Bruch von Art. 3 WRV bestimmte Kombination von Schwarz–Weiß–Rot und Hakenkreuz[59], die ähnlich wie die Verbindung von Deutschland– und Horst–Wessel–Lied die von Hitler geführte Koalitionsregierung versinnbildlichte. Ihre windige Koexistenz fand mit der Ausschaltung der „alten Rechten" im Gefolge des Gesetzes gegen die Neubildung von Parteien vom 14.7.1933 allerdings ein schnelles Ende, das mit der Erhebung der Hakenkreuzfahne zur alleinigen Reichs– und Nationalflagge am 15.9.1935 seinen folgerichtigen Abschluß fand[60]. Mit diesem Ukas war der nationalsozialistische „Bildersturm" freilich noch nicht beendet. Der Monopolanspruch der Nazis führte in Hamburg vielmehr im April 1937 dazu, daß den Kleingärtnern nicht nur das Hissen der grün–weiß–gelben „Schreberflagge", sondern selbst das Zeigen der Hamburger Farben ohne Begründung untersagt wurde[61]. Die Beflaggungs–Empfehlung des RVKD–Vorstands vom Mai 1933 bedeutete insofern nichts anderes als den Anfang vom Ende der verbandspolitischen Kapitulation.

Die organisatorische „Gleichschaltung" des RVKD vollzog sich in zwei Phasen. Ihren ersten Akt bildete die vom Reichsarbeitsministerium in Abstimmung mit dem Amt für Agrarpolitik der NSDAP veranlaßte Neubesetzung des Vorstands. Neuer Interims-Vorsitzender wurde der bisherige Chef des Bayerischen Landesverbandes, der Münchner Oberlehrer Karl Freytag, der sich den in der „Hauptstadt der Bewegung" entstandenen Un-Geist augenscheinlich am schnell-

---

57 Kundgebung!, in: KGW 10 (4) (1933). Titelblatt. Zitate i.O. fett.
58 GHK 5 (1933), 81.
59 RGBl. 1933, Teil I, 103.
60 RGBl. 1935, Teil I, 1145.
61 KuK/HH 4 (1937), 61.

sten zu eigen gemacht hatte. Ihm zur Seite standen Georg Kaisenberg, Walter Pauly, Friedrich Meyer und der zunächst noch wankelmütige, zumindest auf die Wahrung seines Gesichts bedachte, Heinrich Förster[62]. Seine unentschiedene, für die Masse der Mitglieder gewiß nicht unmaßgebliche Haltung sollte sich freilich bald klären. In einem knapp drei Monate nach seiner Hamburger Rede gehaltenen Festvortrag anläßlich der am 10./11.6.1933 in Augsburg vollzogenen „Gleichschaltung" des Bayerischen Landesverbandes erwies sich der angeblich „getreue Eckart der deutschen Kleingärtnerschaft"[63] als vorbehaltloser Lobredner der „Regierung des erwachten Volkes"[64], der nur noch das Ziel kannte, „die äußere Gleichschaltung, die auf allen Gebieten des öffentlichen Lebens vollzogen worden ist, zur *Gleichschaltung der Gesinnung* werden zu lassen"[65]. Statt auf Adolf Damaschke und Harry Maass berief sich Förster nun auf Adolf Hitler, den NS-Staatssekretär im Reichswirtschaftsministerium, Gottfried Feder, und den Reichsleiter des kommunalpolitischen Amtes der NSDAP, den Münchner Oberbürgermeister Karl Fiehler[66]. Obwohl Förster auch jetzt noch versuchte, bestimmte, gegen die Bau- und Bodenspekulation gerichtete Versatzstücke der NS-Ideologie im Sinne der mittlerweile obsoleten Reichsverbandspolitik zu deuten[67], litten sein Bekenntnis zum bäuerlichen Erbhofrecht[68] und namentlich seine nun offen ausgesprochene Sorge um das „Volk ohne Raum"[69] doch keinen Zweifel mehr, auf welcher Seite er stand. Der in Kleingärtnerkreisen beliebte lyrische Abschluß des Festvortrags bemühte daher nicht mehr den berühmten Staatsminister des einstigen Großherzogtums Sachsen-Weimar-Eisenach, sondern den unbekannten NS-Sympathisanten Heinrich Lersch. An die Stelle des alten, in Hamburg zumindest verbal erneuerten Bekenntnisses zum „freien Volk auf freiem Raum" trat daher in Augsburg das dumpfe Credo: „Ich glaub an Deutschland wie an Gott!"[70].

Dieses gotteslästerliche Glaubens-Bekenntnis fand allerdings in der nationalsozialistischen Haltung zur Bodenreform einen vermeintlichen Berührungspunkt, der nicht nur Förster und viele Kleingärtner, sondern auch Damaschke und die

---

62 GHK 6 (1933), 105.
63 So Karl Freytag in seinem Vorwort zu Förster, Das deutsche Kleingartenwesen (6), 3.
64 Ebd., 15.
65 Ebd., 5. Hervorhebung i.O. gesperrt.
66 Ebd., 6ff.
67 Ebd., 5.
68 Ebd., 14.
69 Ebd., 7f.
70 Ebd., 16.

meisten Bodenreformer in seinen Bann schlug[71]. Zu dem generellen Gesichtspunkt einer der angeblichen Neutralität des Staates korrespondierenden verbandspolitischen Neutralität trat damit der punktuelle Aspekt einer scheinbaren Interessenidentität, der die Selbst–Gleichschaltung der organisierten „Gartenfreunde" nicht unwesentlich befördert haben dürfte. Das NSDAP–Programm vom 24.2.1920, dessen dogmatische Bedeutung durch Hitlers Sieg über die Strasser–Gruppe am 14.2.1926[72] anscheinend nachhaltig bestätigt worden war, forderte nämlich in Punkt 17 „eine unseren nationalen Bedürfnissen angepaßte Bodenreform, Schaffung eines Gesetzes zur unentgeltlichen Enteignung von Boden für gemeinnützige Zwecke. Abschaffung des Bodenzinses und Verhinderung jeder Bodenspekulation"[73]. Diese Zielsetzung war von Hitler freilich bereits am 13.4.1928 erheblich abgeschwächt und antisemitisch verengt worden. Die parteiamtliche Interpretation des Abschnitts lautete nun: „Da die N.S.D.A.P. auf dem Boden des Privateigentums steht, ergibt sich von selbst, daß der Passus 'Unentgeltliche Enteignung' nur auf die Schaffung gesetzlicher Möglichkeiten Bezug hat, Boden, der auf unrechtmäßige Weise erworben wurde oder nicht nach den Gesichtspunkten des Volkswohls verwaltet wird, wenn nötig, zu enteignen. Dies richtet sich demgemäß in erster Linie gegen die jüdischen Grundspekulationsgesellschaften"[74].

Diese programmatische Zurücknahme entsprang offenkundig der von Hitler nach dem gescheiterten „Marsch auf die Feldherrnhalle" entwickelten Strategie der „legalen Revolution", die sich im Zuge der zunehmenden Destabilisierung der Weimarer Republik im Gefolge der Weltwirtschaftskrise nicht zuletzt in dem taktischen Bestreben äußerte, am „Hof" des „Ersatzkaisers" Hindenburg mit seiner agrarkonservativen, deutschnationalen und reichswehrhaften Kamarilla akzeptiert zu werden. Am 22.4.1931 distanzierte sich die Reichsleitung der NSDAP folgerichtig vom angeblichen „Marxist(en) Damaschke"[75] und legte

---

71 Josef Seemann, BDB, in: D. Fricke (Hg.), Lexikon zur Parteiengeschichte, Bd. 1, Köln 1983, 286ff.
72 Broszat (24), 38.
73 Zit.n. Ludwig Daniel Pesl, Nationalsozialismus und Bodenreform, Berlin 1932, 5.
74 Zit.n. Ebd., 6.
75 Ebd., 7. Siehe auch die Ebd., 25ff. dokumentierte Zeitungs–Polemik des späteren Reichsernährungsministers Darré gegen Damaschke und den BDB. Sie erschien später unter dem Titel Damaschke und der Marxismus, in: R. W. Darré, Erkenntnisse und Werden. Aufsätze aus der Zeit vor der Machtergreifung, 2. Aufl. Goslar 1940, 211–228. Wie wenig die Nazis Damaschke schätzten, zeigt auch die Tatsache, daß sie nach 1933 die in Rahlstedt gelegene Damaschke–Straße in Max Eyth–Straße umbenannten. (Als Hamburg „erwachte". 1933 – Alltag im Nationalsozialismus, (Hamburg 1983), 141).

damit jeden ernstzunehmenden Gedanken an eine nationalsozialistische Bodenreform ad acta[76].

Wie wenig von der NSDAP in dieser Hinsicht zu erwarten sein würde[77], hätte freilich auch ein Blick in Adolf Hitlers Buch „Mein Kampf" erkennen lassen, das in der Nachfolge malthusianischer Überlegungen[78] unmißverständlich betont hatte, *„daß jede deutsche innere Kolonisation in erster Linie nur dazu zu dienen hat, soziale Mißstände zu beseitigen, vor allem den Boden der allgemeinen Spekulation zu entziehen, niemals aber genügen kann, etwa die Zukunft der Nation ohne neuen Grund und Boden sicherzustellen"*[79]. Bereits Mitte der 20er Jahre hatte die nationalsozialistische Haltung zur Bodenreform damit eine eindeutig expansionistische Richtung erhalten, die unter Bruch aller herkömmlichen Vorstellungen vor allem darauf zielte, *„den Boden in Einklang zu bringen mit der Volkszahl"*[80]. Hitlers Position war in dieser Hinsicht unmißverständlich: *„Damit ziehen wir Nationalsozialisten bewußt einen Strich unter die außenpolitische Richtung unserer Vorkriegszeit. Wir setzen dort an, wo man vor sechs Jahrhunderten endete. Wir stoppen den ewigen Germanenzug nach dem Süden und Westen Europas und weisen den Blick nach dem Land im Osten. Wir schließen endlich ab die Kolonial- und Handelspolitik der Vorkriegszeit und gehen über zur Bodenpolitik der Zukunft"*[81]. Die Losung der nationalsozialistischen Boden(reform)politik hieß daher weder äußere noch innere, geschweige denn Lauben-Kolonisation, sondern Ost-Kolonisation, der das „Schwert" den Raum und der „Pflug" den Boden bereiten sollte[82]. Deutschland – und das bedeutete auch in der Weimarer Republik der europäischen Zwischenkriegszeit immer noch Bismarcks Klein-Deutschland – war für den Österreicher Hitler denn auch im Grunde kein Thema. Seine Vision, ja sein Wahn zielte von vornherein auf ein neues Groß-Deutschland, das *„entweder Weltmacht oder überhaupt nicht sein"* würde[83].

---

76 Broszat (24), 47.
77 Laut Karl Heinz Lampert, Staatliche Sozialpolitik im Dritten Reich, in: K. D. Bracher (Hg.), Nationalsozialistische Diktatur 1933–1945, Bonn (1986), 184 gehörte die Bodenreform, neben der Arbeitszeitverkürzung und der Gewinnbeteiligung in Großbetrieben, zu den nationalsozialistischen Zielsetzungen, die „in der Praxis überhaupt nicht ernsthaft verfolgt" wurden.
78 Adolf Hitler, Mein Kampf. Zwei Bände in einem Band, (800.–804. Aufl.), München o.J., 146f. Vgl. auch R. W. Darré, Innere „Kolonisation", in: Ders., Erkenntnisse (75), 18–23.
79 Hitler (78), 149. Hervorhebung i.O.
80 Ebd., 735. Hervorhebung i.O.
81 Ebd., 742. Hervorhebung i.O.
82 Vgl. ebd., 743 u. 736.
83 Ebd., 742. Hervorhebung i.O.

Diese aggressive Expansionsstrategie ist den deutschen Kleingärtnern keineswegs verborgen geblieben. Ihr neuer Interims–Vorsitzender Karl Freytag beeilte sich vielmehr, diese Wahnvorstellungen schnellstmöglich aufzugreifen und massenwirksam weiterzuverbreiten. Unter Berufung auf „unser heiligstes Recht (...) auf die Mutter Scholle" schwor Freytag dem „Führer" im Juli 1933 unbedingte „Gefolgschaftstreue": „Gebt jedem Deutschen ein Stück Grund und Boden. Und laßt dann wieder einmal einen Krieg kommen. Ihr werdet sehen, wie jeder das heiligste Opfer für's Vaterland zu bringen gerne bereit ist, sein Blut und sein Leben. (...). Unsere gesamten Kleingartenbestrebungen (...) sind aber nur eine Etappe zu dem Endziel (...), zu der Gewinnung der Kleinsiedlung, der Heimstätte, der Kleinfarm, der ländlichen Kolonisation. Das ist die Stufenleiter, auf welcher unser deutsches Volk (...) wieder emporklimmen soll und muß, wenn es seinen Platz an der Sonne bewahren will. (...). Die Verkennung dieses Ziels war die große Unterlassungssünde in der Vergangenheit. Die Folge davon war der Einbruch fremder Nationen im Osten des deutschen Reiches. Slawen haben dort kolonisiert und deutschen Grund und Boden weggenommen, den wir heute so dringend benötigen. Darum gilt es, unsere Jugend (...) für den Erwerb neuen Bodens zu ertüchtigen, um verlorenes Gut zurückzuerobern"[84].

Trotz der Anbiederung führender Verbandsfunktionäre gaben sich die neuen Herren mit den Ergebnissen der personellen „Säuberung" nicht zufrieden, sondern lösten den RVKD auf dem am 29.7.1933 in Nürnberg stattfindenden 9. Reichskleingärtnertag auch organisatorisch auf. Zugleich wurde die Liquidationsmasse des alten Verbandes im Auftrag des Amtes für Agrarpolitik bei der Reichsleitung der NSDAP in den neugegründeten „Reichsbund der Kleingärtner und Kleinsiedler Deutschlands" überführt[85]. Das gleiche Schicksal traf die Verbände der Kleinsiedler und Reichsbahnlandwirte. Sie wurden freilich schon nach knapp fünf Jahren wieder verselbständigt, da sich die neue Mammutorganisation wegen divergierender Interessen und konkurrierender Behördenzuständigkeiten nicht bewährt hatte[86]. „Infolgedessen nahm am 24.1.1938 der Reichsbund die

---

84 Karl Freytag, Wir Kleingärtner im nationalen Staat, in: KGW 10 (7) (1933), 63f. Hervorhebung i.O. gesperrt.
85 Siehe hierzu: Der Reichsbund, in: KuK 1 (1933/34), 4–9 und StAHH. Wandsbek. Amt für Arbeitsbeschaffung C 3.
86 Die Siedler verselbständigten sich, unter Federführung des Reichsheimstättenamtes der DAF, am 19.11.1936 als Deutscher Siedlerbund, die Reichsbahnkleinwirte am 18.12.1935 als Hauptverband Deutscher Reichsbahnkleinwirte. (Ebd.; Vogelsang, Zur Geschichte der Reichsbahnlandwirtschaft 1896–1939, Arnstadt o.J., 83 u. 103 und 75 Jahre Bundesbahnland–wirtschaft, in: Eisenbahn–Landwirt 68 (1985), 140–147).

Bezeichnung „Reichsbund Deutscher Kleingärtner" an"⁸⁷. Während sich die in der „Stadt der Reichsparteitage" vollzogene zwischenverbandliche Zentralisation damit als Mißerfolg erwies, konnte sich die neue, am „Führerprinzip" ausgerichtete Binnenstruktur bis zum Ende der NS–Diktatur behaupten. Seit Nürnberg vollzog sich der Prozeß der organisatorischen Willensbildung daher nach dem stadtbekannten Indoktrinations–Verfahren des „Nürnberger Trichters". Oberster „Eintrichterer" wurde der damalige NS–Regierungsrat im Reichsluftfahrtministerium Hans Kammler[88], sein laubenkolonialer Adlatus, der nationalsozialistische Diplomlandwirt Hermann Steinhaus, der als Fachschaftsführer der Kleingärtner zugleich das beratende Gremium des „Führerrings" leitete[89]. An diese Spitzengliederung schlossen sich die jeweiligen Landes– bzw. Provinzgruppenführer, die Stadtgruppen– und Vereinsführer dergestalt an, daß die Struktur des Reichsbundes der Hierarchie der NSDAP entsprach[90].

Obwohl die Neuausrichtung des organisierten Kleingartenwesens damit in ihren Grundzügen feststand, erwies sich die „Gleichschaltung" vor Ort aufgrund der Masse der betroffenen Positionen und Funktionsträger als vertracktes Unternehmen, zumal die Schwierigkeiten mit der nach unten wachsenden Breite der Verbandspyramide überproportional zunahmen. Die größten Friktionen entstanden demzufolge dort, wo die Basis der Hierarchie zugleich die Grenze zweier Reichsländer überschritt. In richtiger Erkenntnis der zu erwartenden Schwierigkeiten hatte das Fachblatt der Abteilung Siedlung des NSDAP–Gaus Hamburg, „Der Nazi–Siedler und Kleingärtner", daher bereits im April 1933 in vermeintlich versöhnlichem Tonfall erklärt: „Der Zweck und Sinn der Gleichschaltung ist nicht etwa der, anstelle bisheriger marxistischer (...) Parteiwillkür ein anderes, diesmal nationalsozialistisches Regiment einzurichten, es ist im Gegenteil unser Wille, daß jeder ehrliche Volksgenosse (...) zur Mitarbeit am Aufbau unseres

---

87 Hermann Steinhaus, Grundsätzliche Kleingartenfragen, Frankfurt/O.–Berlin (1938), 29f. Die staatliche Aufsicht teilten sich – ganz im Stil der NS–typischen „Polykratie der Ressorts" (Martin Broszat) – das Reichsarbeits– und das Reichslandwirtschaftsministerium. (Ernst Heinz Schäfer, Das Kleingartenrecht im Rahmen nationalsozialistischer Siedlungsbestrebungen, Jur. Diss. Berlin 1938, 10f.).
88 Der promovierte Bauingenieur Hans Kammler übernahm die Führung des Reichsbundes am 29.7.1933 und übte sie bis Juli 1935 aus. Sein Nachfolger wurde der am 9.8.1897 geborene Hans Kaiser, der zunächst Ortsgruppenleiter, später Stadtrat und seit dem 29.7.1933 Provinzialgruppenführer der Provinzgruppe Berlin im Reichsbund gewesen war. (KuK/HH 7 (1935), 122; Hermann Steinhaus, Die deutschen Kleingärten in der Erzeugungsschlacht, Erfurt 1937, 3 und Vogelsang (86), 136 u. 140).
89 KuK 1 (1933/34), 7.
90 Der Kleingärtner und Kleinsiedler. Kalender für das Jahr 1934, o.O. o.J., 95.

Vaterlandes herangezogen werden soll"[91]. Diese moderate, erkennbar aus Opportunitätsgründen[92] gespeiste Absichtserklärung traf im Vorstand des LVGH auf offene Ohren. Bereits einen Monat später wurde der von Stavenhagen ernannte Kommissar Goedecke als 1. Vorsitzender des Landesverbandes kooptiert, während die beiden bisherigen Spitzenfunktionäre Friedrich Meyer und Max Hermann an die zweite bzw. dritte Stelle zurücktraten[93]. Dieser erste Vorstand Goedecke bildete, wie die erste Regierung Hitler oder der Senat Krogmann, freilich bloß ein Übergangsgremium, in dem der neue Mann die rechte politische Überzeugungstreue vertrat, die alten Herren dagegen nur noch den notwendigen Sachverstand repräsentierten. Der Zweck des Revirements wurde denn auch offen mit den „außerordentlichen Schwierigkeiten" begründet, die der „Gleichschaltung" im Großraum Hamburg entgegenstanden[94].

Exkurs: Kleingärtnerischer Exodus als „innere Emigration": laubenkoloniale „Wildnis" als Zuflucht für politisch und „rassisch" Verfolgte?

Die Tatsache, daß religiös und politisch Verfolgte der Alten Welt den Rücken kehrten und Zuflucht in den überseeischen Kolonien suchten, um in der Neuen Welt ein neues Leben zu beginnen, ist spätestens seit dem Exodus der „Pilgrim Fathers" allgemein bekannt. Die ferne Kolonie mit ihrer offenen „frontier" besaß den Charakter einer vergleichsweise sicheren Freistatt, die sich im Idealfall zu einem souveränen Freistaat fortentwickelte. Wie stark die Kolonisation von Häretikern, Non-Konformisten und Rebellen mitgeprägt wurde, belegt nicht zuletzt die Geschichte des Strafvollzugs, der Teile der „neuerworbenen" Gebiete schon früh zu Strafkolonien umfunktionierte. Diese Doppelbedeutung des Wortes Kolonie zeigt auch der für das Kleingartenwesen nicht minder bedeutsame Inseltopos. Neben die „Rettungsinsel" für den schiffbrüchigen Robinson oder den politisch gescheiterten Chiang Kai-shek tritt die „Gefängnisinsel" in Gestalt Australiens, der Isle du Diable oder St. Helenas. Auch die „Inseln im Häusermeer" erweisen sich in diesem Zusammenhang einmal mehr als genuine Elemente des weltumspannenden Kolonialreichs der Moderne. Freilich nicht als Stätten der Deportation: Laubenstrafkolonien in „Asphaltdschungel" oder „Steinwüste" hat es nie gegeben. Mehrfach bezeugt sind dagegen Laubenverstecke und -schlupf-

---

91 Der Nazi-Siedler und Kleingärtner 5 (1933), 37.
92 Zur vielfach „uneinheitlich und opportunistisch" durchgeführten „Gleichschaltung" siehe Broszat (24), 241f.
93 Der Nazi-Siedler und Kleingärtner 5 (1933), 37.
94 Siehe Ebd. und GHK 7 (1933), 125.

winkel, die teils als Zufluchtsort, teils als Operationsbasis dienten. Relativ bekannt ist das Beispiel Erich Honeckers, der sich Ende 1933 „in der Laube eines Genossen in der Gartenanlage 'Sonnenschein' in Essen–Haarzopf" verbarg, um den Widerstand von KPD und KJVD zu koordinieren[95]. Auch der Hamburger Kommunist Helmut Warncke berichtet, daß um die Jahreswende 1933/34 in einer Hamburger Schreberlaube Wachsmatrizen für Flugblätter getippt wurden[96]. Was für Honecker und Warncke bloße Episode blieb, wurde für die späteren österreichischen Bundespräsidenten, die SPÖ–Politiker Adolf Schärf und Franz Jonas, dagegen zum echten Bestandteil ihrer Überlebensstrategie. Beiden gelang es nach 1938 sich dem Zugriff der Polizei durch Flucht in die Laubenkolonien für geraume Zeit zu entziehen: Schärf in seiner Laube auf der Schmelz, Jonas im Verein „Blumenfreunde" in Wien–Floridsdorf[97].

Eine wirkliche Freistatt boten die Kolonien freilich trotz ihrer verschachtelten Gebiets– und Gebäudestruktur nur in den seltensten Fällen. Der Hauptgrund für die Unsicherheit lag in der weltanschaulichen Spaltung der Kolonisten, die die politische Zersplitterung der Gesellschaft – allen Neutralitätsbekundungen ihrer Interessenverbände zum Hohn – nur allzu getreu widerspiegelte. Das Spitzel(un)wesen kam in den Kleingartenanlagen folglich zu einer vergleichbaren Blüte wie in den Großstadtquartieren, auch wenn die gegenseitige Überwachung in den vereinzelten, unregelmäßig benutzten Wohnlauben schwieriger war als in den kompakt gebauten, durch Treppenhäuser verbundenen Mietwohnungen. Das berühmteste Beispiel eines solchen Verrats war die Denunziation Ernst Thälmanns durch Hermann Hilliges, den Kassierer der in Berlin–Gatow gelegenen Laubenkolonie „Havelblick", der den in der Stadtwohnung seines Laubennachbarn Kluczynski untergetauchten KPD–Führer der Polizei überantwortete[98]. Weiter erschwert wurde die Anlage von Laubenverstecken durch die im Zuge der „Gleichschaltung" erfolgende Durchsetzung des „Führerprinzips", das den Organisationsaufbau auf allen Ebenen straffte und auch an der Basis „durchsichtiger" machte. Zugleich wurden Kleingärtner, die erklärte oder vermeintliche Gegner der Diktatur waren, in Acht und Bann getan und rücksichtslos ihrer Parzellen beraubt[99], so daß sich die Zahl möglicher Schlupfwinkel im Laufe der Zeit mehr und mehr verringerte.

---

95 Erich Honecker, Aus meinem Leben, Berlin/Ost 1981, 71.
96 Helmut Warncke, Bloß keine Fahnen, Hamburg 1988, 42.
97 Bundesverband Deutscher Gartenfreunde (Hg.), Freizeit– und Kleingartennutzung in den Städten der Ballungszentren, (Bonn) o.J., 77f.
98 Ernst Thälmann. Eine Biographie, Berlin/Ost 1979, 659–662.
99 Bürgerschaftsfraktion der KPD. Hamburg, Kleingärtner, Behelfsheimer, was tust Du nun... 10 Jahre danach, Hamburg (1953), 5.

In dieselbe Kerbe schlug die parallel dazu einsetzende Rassenverfolgung, die schon in den vermeintlich „guten Nazijahren" vor 1939 dazu führte, daß die meisten Parzellen jüdischer Kolonisten wegen der fehlenden Verbindung von „Blut und Boden" brutal „arisiert" wurden[100]. Im Gegensatz zu den immer wieder bekräftigten Zielsetzungen seiner Vorkämpfer und Fürsprecher erhielt das deutsche Kleingartenwesen damit zum ersten Mal in seiner Geschichte eine unmenschliche Exklusivität, die seine bisherige, klassenkämpferische, parteipolitische und konfessionelle Neutralität radikal in Frage stellte: Die Gartenpforte durfte von nun an nur noch mit gültigem „Ahnenpaß" passiert werden!

Das Ergebnis dieses Terrors hat der „Norddeutsche Kleingärtner" wie folgt zusammengefaßt: „Eine grundsätzliche Forderung des Nationalsozialismus ist es, daß deutscher Grund und Boden nicht in jüdische Hände kommt. Und ebenso wie kein Jude Bauer sein kann, so kann auch kein Jude Kleingärtner sein! Schon seit Jahren werden in unserer Kleingartenbewegung keine Juden und Judenabkömmlinge geduldet, denn in den Satzungen der dem Reichsbund Deutscher Kleingärtner angeschlossenen Kleingärtnervereine heißt es ausdrücklich: 'Mitglied kann nur werden, wer Reichsdeutscher arischer Abstammung ist!' Aber auch als Verpächter kleingärtnerisch genutzten Landes gibt es keine Juden mehr, der Besitz solcher Ländereien ist zumeist auf die Kommunalverwaltungen übergegangen"[101]. Mit der Enteignung jüdischer Kleingartenpächter und -verpächter war die nationalsozialistische „Bodenpolitik" gegenüber den Juden freilich nicht erschöpft. In Altona verbanden sich die gleichgeschaltete Stadtgruppe der Kleingärtner und das städtische Rechtsamt im Jahre 1934 zu einem antisemitischen Übergriff besonderer Art, indem sie eine 7.040 qm große Reservefläche des jüdischen Friedhofs in Langenfelde in Zwangspacht nahmen, obwohl das Gebiet bereits geweiht worden war. Stadtgruppe, Oberbürgermeister und Regierungspräsident ließen sich dadurch freilich nicht umstimmen, sondern erklärten im Brustton der Überzeugung, daß der Zwangsumwandlung keine „berechtigten Kulturinteressen" entgegenstünden, und bekundeten damit freimütig, daß ihnen im Umgang mit Juden nichts mehr heilig sei[102].

Wie hart der Verlust des Kleingartens den einzelnen jüdischen Pächter (und seine Familie) traf, hat Ralph Giordano in seinem Roman „Die Bertinis" eindrucksvoll vergegenwärtigt: „Recha Lemberg (...) kehrte seltsam geschrumpft von Steilshoop nach Barmbek zurück (...). Ihren Kopf hatte sie noch tiefer als

---

100 Vgl. Ingrid Matthäi, Grüne Inseln in der Großstadt: eine kultursoziologische Studie über das organisierte Kleingartenwesen in Westberlin, Marburg 1989, 161f. und Im Namen des Deutschen Volkes. Justiz und Nationalsozialismus, (Köln 1989), 107.
101 Bernhard Wenzel, Die Macht Judas wird gebrochen!, in: Norddeutscher Kleingärtner (Juli 1943), Titelblatt.
102 StAHH. Rechtsamt Altona F.17.

sonst zwischen die Schultern gezogen, und ihr Blick war bodenwärts gerichtet, als wage sie niemanden anzusehen. Bei den Bertinis brach sie auf dem Korridor zusammen, wurde auf das Sofa im Wohnzimmer getragen und klapperte dort mit den Zähnen, als hätte sie das Fieber gepackt. Es dauerte fast eine Stunde, bis die Bertinis und Rudolph Lemberg erfuhren, was (...) Recha in den Zustand völliger Verstörung versetzt hatte. Als sie ihren Garten betreten wollte, hatte auf dem Dach der festen Laube die neue Fahne geweht, das Hakenkreuz, an einem hohen Schaft, schwarz und weiß und rot. Recha war stehengeblieben, leichenfahl, gebeugt, und als sie die Pforte zu öffnen versuchte, da paßte ihr alter Schlüssel nicht mehr. Da hatte sie aufgeschrien und war gegen die Hecke getaumelt. Und dann hatte sie zu laufen begonnen (...)"[103].

Trotz des systematisch gesteigerten Terrors gelang es einigen Juden, sich zeitweise in die Laubenkolonien abzusetzen und dort nicht zuletzt bei (ehemaligen) Aktivisten aus der organisierten Arbeiterbewegung unterzuschlüpfen[104]. Das bedrückendste Beispiel eines solchen „Versteckspiels" auf Leben und Tod bildet das Schicksal des späteren bundesdeutschen TV–Quizmasters Hans Rosenthal, der seit dem 27.3.1943 in einer Laube der Berliner Kolonie „Dreieinigkeit" in einem kleinen Verschlag mit Tapetentür hauste. Unter dem ständigen Druck der Verfolgung, der täglichen Furcht vor Entdeckung und der gegen Kriegsende zunehmenden Bombardierungen konnte Rosenthal hier dank der mutigen Hilfsbereitschaft zweier Berliner Frauen überleben, bis ihn der Sieg der Alliierten nach über zwei Jahren aus seiner Zwangslage befreite[105].

Wie beglückend solche Lebensrettungen nun allerdings auch heute noch sein mögen, können sie doch nicht darüber hinwegtäuschen, daß die Laubenkolonien insgesamt nur ein bescheidenes Refugium darstellten. Auch wenn die schriftliche Überlieferung vornehmlich relativ prominente Fälle dokumentiert, die theoretisch die „Spitze eines Eisberges" bilden könnten, lagen die laubenkolonialen „Rettungsinseln" dem „Mutterland" doch viel zu nah, um den Zugriff der Staatsgewalt ernsthaft zu erschweren. Die Hochzeiten der Laubenverstecke dürften daher auf die Anfangs– und Endphase der Diktatur zu datieren sein, als die „braune" Herrschaft noch nicht bzw. nicht mehr voll etabliert war. Dieses indirekt proportionale Verhältnis von „Budenzauber" und Staatsterror, vereinspolitischer Un–Übersichtlichkeit und machtpolitischer In–Stabilität, läßt sich für den Beginn der NS–Diktatur jedenfalls ohne Mühe ablesen. Die oben geschilderte Renitenz und Resistenz der Stadtrandsiedler und Erwerbslosenkolonisten Hamburgs verdeutlicht das ebenso wie die bereits angedeuteten Probleme bei der

---

103 Ralph Giordano, Die Bertinis, (Frankfurt/M. 1982), 173f.
104 Inge Deutschkron, Ich trug den gelben Stern, (Köln 1978), 18f.
105 Hans Rosenthal, Zwei Leben in Deutschland, (Bergisch–Gladbach 1980), 59–90.

„Gleichschaltung" des LVGH. Sein von Goedecke, Hermann und Meyer gebildeter neuer Interims–Vorstand sprach daher ein offenes Geheimnis aus, als er am 13.6.1933 öffentlich einräumte: „Im Gebiete des Landesverbandes Groß–Hamburg ist die vom Reichsverband gemeinsam mit der Reichsleitung der NSDAP angeordnete Gleichschaltung auf ausserordentliche Schwierigkeiten gestossen, die ihre Ursachen in der Grösse des Verbandsgebietes und der politischen Trennung zwischen hamburgischen und preussischen Gebieten, in der Verschiedenheit der wirtschaftlichen und sozialen Lage der Vereinsmitglieder und auch in den immer noch nachwirkenden weltanschaulichen Gegensätzen haben. Es sind nicht weniger als 14 Bezirksverbände mit 300 Einzelvereinen im Landesverband zusammengeschlossen und es war vorauszusehen, dass die mit der Gleichschaltung einer so grossen Zahl Vereinigungen verbundene Riesenarbeit unter den obwaltenden schwierigen Verhältnissen nicht innerhalb der kurzen Frist befriedigend durchgeführt werden konnte"[106].

10.1.3. Die „Gleichschaltung" des Landesverbandes Groß–Hamburg und seine Folgen.

Trotz dieser verzwickten Situation wurde die „Gleichschaltung" des LVGH auf ähnliche Weise in Angriff genommen wie die politische und organisatorische Ausrichtung des RVKD. Parallel zur Durchsetzung des „Führerprinzips" im Inneren trat dabei in Hamburg die Durchsetzung des schon in der Weimarer Republik geforderten „closed allotment–Systems" nach außen, so daß der zunächst nur unter Kuratel gestellte LVGH vergleichsweise schnell zu einer mehr oder minder umfassenden Zwangsorganisation aufwuchs[107]. Seinen Abschluß fand dieser Prozeß mit der am 17.10.1933 erfolgenden Gründung der „Landesgruppe Groß–Hamburg der Kleinsiedler und Kleingärtner", die nach dem Ausscheiden der Siedler am 1.12.1939 in „Landesbund Hamburg der Kleingärtner" umfirmierte[108].

Trotz dieser Zwangsmaßnahmen ließ die von den Nationalsozialisten erstrebte verbandspolitische Friedhofsruhe erstaunlich lange auf sich warten. Besonders heftige Auseinandersetzungen spielten sich dabei im 1922 gegründeten KGV „Bramfeld" ab. In Umlauf gebracht wurden sie freilich erst am 10.12.1934, als sich das Vereinsmitglied Walter Meincke in seiner Eigenschaft als NSDAP– und

---

106 StAHH. Staatliche Pressestelle I–IV 7430: Gleichschaltung des LVGH. 13.6.1933.
107 Ebd.
108 StAHH. FD IV DV V c 8c V F: Interner Bericht der Finanzverwaltung v. 24.11.1934 und Zwischenbericht der Hamburger Vermögens– und Liegenschaftsverwaltung v. 23.3.1937.

SA–Genosse veranlaßt sah, die SA um „Befreiung von dem marxistischen Terror" zu bitten. Meinckes Vorwürfe richteten sich namentlich gegen den früheren Vereinsvorsitzenden Karl Rieckhoff und seine Familie, die angeblich keine Gelegenheit ausgelassen hatten, um den neuen Staat zu verunglimpfen. So habe Rieckhoff noch 1934 die „Marxistenflagge schwarz rot gelb" gehißt und seine Frau den Reichstagsbrand der NSDAP zur Last gelegt, während seine Kinder sich damit verlustiert hätten, daß Horst–Wessel–Lied zu verballhornen und die SA „mit Holzgewehr und Krücken" aufmarschieren zu lassen. Im Verein mit seinem Nachfolger Johann Westphal und anderen „marxistisch" eingestellten Kolonisten sei es Rieckhoff auf diese Weise gelungen, die „innere Gleichschaltung" in Bramfeld zu sabotieren, zumal die widerspenstige Clique unerwartete Rückendeckung erhalten habe, als „der *bisher marxistisch eingestellte (...) F. A. O. Meyer* (...) auf einer öffentlichen Versammlung in Wandsbek im Helbingshof in Gegenwart von Staatskommissar Goedecke" erklärt hatte: „*'Herr Staatskommissar Goedecke, unser Weg, der Weg der Schrebergärtner zum Hakenkreuz, geht erst einmal über Schwarz Weiß Rot'*"[109].

Obwohl die Vorwürfe Meinckes, dem unbekannte Täter am Totensonntag 1934 seine 2.000 M. teure Laube niederbrannten, weit über den Einzugsbereich des Vereins hinauswiesen, blieben sie, abgesehen von der folgenden Entlassung Westphals, dem das Schiedsgericht der Stadtgruppe Wandsbek freilich nur bescheinigte, daß er „nicht hart genug" sei[110], erstaunlicherweise ohne Folgen. Zwar räumte auch Goedecke ein, daß Meyer, der seit 1933 Mitglied der NSDAP war, „kein Nationalsozialist in unserem Sinne ist", betonte jedoch, daß er als fleißiger und engagierter Fachmann unentbehrlich sei, während er Meincke, der offenbar selbst die Vereinsführung anstrebte, „die administrativen, fachlichen und persönlichen Voraussetzungen für eine derartige Tätigkeit" absprach[111].

Aus gegebenem Anlaß zog Goedecke in diesem Zusammenhang zugleich eine ebenso bemerkenswerte wie beschämende Bilanz der Durchsetzung des „Führerprinzips" auf Vereinsebene: „Es gehört dazu nicht nur eine alte Parteimitgliedsnummer, sondern vor allem eine eigene mustergültige Lebensführung und ein ruhiges, bestimmtes Auftreten. Ich habe leider vielfach sehr schlechte Erfahrungen gemacht mit solchen Vereinsführern, die im Frühjahr v.Js. eingesetzt worden sind, nur weil sie alte Parteigenossen waren (...). Diese Parteigenossen haben teilweise kläglich versagt, teilweise sogar die schwierigen Finanzen der Vereine vollkommen ruiniert durch unverantwortliche Geschäftsführung,

---

109 StAHH. Senatskanzlei–Präsidialabteilung 1935 Pb 267: Schreiben Meinckes v. 10.12.1934. Hervorhebungen i.O.
110 Ebd.: Schiedsgerichtsspruch der Stadtgruppe Wandsbek v. 13.10.1934.
111 Ebd.: Stellungnahme Goedeckes v. 23.11.1934, 1f.

in einzelnen Fällen sogar durch persönliche Bereicherungen und Unterschlagungen. Ich bin dadurch zu der Erkenntnis gekommen, daß die Einsetzung eines als Pg. bekannten Vereinsführers unseren weltanschaulichen Bestrebungen mehr schadet als nützt, wenn der betr. Pg. nicht in jeder Hinsicht seiner Aufgabe entspricht"[112]. Auf welche Irrwege diese „Vereinsführer" die ihnen ausgelieferten „Gefolgschaften" trieben, mußten auch die Parzellanten der Gartenkolonie „Billerhude" erfahren. Ihre damalige Lage stellten sie rückblickend wie folgt dar: „Eine Offenlegung der Einnahmen und Ausgaben vor den Mitgliedern oder gar eine Kontrolle gab es in diesen Jahren nicht. Dagegen herrschte aber die Befehlsgewalt, alle sollten flaggen, Aufmärsche mit blankgeputztem, geschultertem Spaten, vollzähliger Versammlungsbesuch mit ständiger politischer Aufklärung und dergleichen mehr waren die Vorschrift (...). 1935/36 wurde dann verfügt, daß als Parzellenbesitzer nur solche berücksichtigt werden sollten, die der N.S.D.A.P. angehörten, die Leser des Hamburger Tageblatts waren, die zur Winterhilfe beisteuerten und auch bisher geflaggt hatten"[113].

Diese Mischung aus Unvermögen und Unredlichkeit, Rechtsradikalismus und Rechthaberei, kennzeichnete auch die Tätigkeit der Landesgruppenführung, die sich unter dem Einfluß von Goedeckes Stellvertreter, dem für die Liquidation des aufgelösten LVGH verantwortlichen Volkswirt Adolf Mann, immer mehr verselbständigte. Die im Zuge dieser Entwicklung auftretenden Spannungen bewogen den Stadtoberinspektor bei der Hamburger Liegenschaftsverwaltung, Ernst Mörcke, am 13.1.1937 den Stadtkämmerer, Senator Hans Nieland, einzuschalten[114]. Obwohl Mörcke ebenso wie Mann und Nieland Mitglied der NSDAP war, hinderte ihn dieser Umstand nicht, dem stellvertretenden Landesgruppenführer jede fachliche und menschliche Qualifikation abzusprechen: „Pg. Dr. Mann ist m.E. der eigentliche Leiter der L.Gr. und als solcher weder bei den Behörden, noch bei den ihm unterstellten Vereinsführern noch bei den einzelnen

---

112 Ebd., 2f. Dieser Pragmatismus Goedeckes lag ganz auf der Linie Hitlers, der am 5.7.1933 vor den in Berlin versammelten Reichsstatthaltern erklärt hatte: „Die Revolution ist kein permanenter Zustand, sie darf sich nicht zu einem Dauerzustand ausbilden. Man muß den frei gewordenen Strom der Revolution in das sichere Bett der Evolution hinüberleiten. Die Erziehung der Menschen ist dabei das wichtigste. Der heutige Zustand muß verbessert und die Menschen, die ihn verkörpern, müssen zur nationalsozialistischen Staatsauffassung erzogen werden. Man darf daher nicht einen Wirtschaftler absetzen, wenn er ein guter Wirtschaftler, aber noch kein Nationalsozialist ist; zumal dann nicht, wenn der Nationalsozialist, den man an seine Stelle setzt, von der Wirtschaft nichts versteht". (Max Domarus (Hg.), Hitler. Reden und Proklamationen 1932–1945, Bd. 1, (Würzburg) 1962, 286).
113 60 Jahre Gartenkolonie Billerhude 1921–1981, o.O. o.J., 6.
114 StAHH. FD IV DV V c 8c V F: Schreiben Mörckes an Nieland v. 13.1.1937. Die am Schluß zitierte Drohung habe ich in der KuK/HH nicht finden können.

Kleingärtnern beliebt, sondern eher gehaßt und zum Teil gefürchtet". Die Gründe für Manns schlechten Ruf sah Mörcke in der unsoliden Abwicklung der ihm anvertrauten ehemaligen Bezirksverbände SKBH i.L. und GfV i.L., die bei der Finanzbehörde mittlerweile Pachtrückstände in Höhe von 15.000 M. aufwiesen, der fortgesetzten illegalen Umwidmung von staatlichen Entschädigungsgeldern für geräumte Kolonisten zugunsten der geplanten Anlage neuer Dauerkolonien und der Aufblähung der Landesgruppe zu einem „Wasserkopf von Verwaltungsapparat", dessen Geschäftsgebahren „absolut nicht zu dem größten Teil der Schrebergärtner" passe, die durchweg „in bescheidenen Verhältnissen leben" müßten. In Mörckes Augen besaß Mann deshalb „nicht das Bestreben wirklich das Los des Kleingärtners zu bessern (...), sondern nur das Streben nach Macht und einem gut bezahlten Posten auf Kosten minderbemittelter Volksgenossen". Wie weit diese Fehlentwicklung gediehen sei, zeige die allenthalben spürbare Verängstigung: „Die Schreber wagen dagegen öffentlich nicht aufzumucken, weil ihnen in der Kleingartenzeitung angedroht worden ist, ins Kz. zu kommen, wenn die Meckereien gegen die L.Gr. nicht aufhören".

Die Reaktion auf Mörckes Initiative ließ angesichts der schweren, offenkundig überfälligen Vorwürfe nicht lange auf sich warten. Knapp 14 Tage später beschloß der Senat im Einvernehmen mit Reichsstatthalter Kaufmann, die Geschäftsführung der Landesgruppe durch die Buch- und Betriebsprüfstelle der Hamburgischen Vermögens- und Liegenschaftsverwaltung untersuchen zu lassen[115]. Bereits ihr erster Zwischenbericht vom 23.3.1937 stellte die von Mörcke geäußerten Beschwerden noch in den Schatten[116]. In der Tat hatte die Landesgruppe von den Einnahmen des Jahres 1936 in Höhe von 204.000 RM. die Hälfte für sich beansprucht, während sie die neun Stadtgruppen mit 45.500 RM. und die rund 220 Vereine mit 56.500 RM. buchstäblich abgespeist hatte. Darüber hinaus monierten die Revisoren die personelle und finanzielle Verquickung der Landesgruppe mit den in Liquidation befindlichen ehemaligen Bezirksgruppen des LVGH auf der einen und diversen, teils übernommenen, teils neu geschaffenen Suborganisationen wie der „Laubenunterstützungskasse", der „Kaufsparkasse", der „Bedarfs- und Verwertungsvermittlung" eGmbH, der „Sozialen Siedlung Groß-Hamburg" eGmbH und der „Arbeitsgemeinschaft Heimstätten und Siedlung" eGmbH auf der anderen Seite. Zwischen allen diesen, nach Rechtsstatus und Zielsetzung zum Teil völlig verschiedenen Gesellschaften, Hilfseinrichtungen und Organisationen war es zu einem ebenso regen wie regellosen Zahlungsmittelaustausch gekommen, der offenkundig dazu gedient hatte, fragwürdige Finanztransaktionen zu vertuschen, notwendige Konkurse – wie im

---

115 Ebd.: Auszug aus der Niederschrift über die Senatsberatung v. 27.1.1937.
116 Ebd.: 1. Zwischenbericht v. 23.3.1937, 2.

Fall der „Bedarfs- und Verwertungsvermittlung" – zu hintertreiben[117] oder zweckgebundene Mittel wie den durch einen Pachtaufschlag von 1 Pfg./qm aufgebrachten „Opferpfennig" für neue Dauergärten zugunsten der Sanierung verschuldeter Stadtgruppen zu veruntreuen[118]. Der am 6.5.37 erstattete dritte und letzte Zwischenbericht der Buchprüfer kam angesichts dieser Durchstechereien zu der Schlußfolgerung[119], daß die Landesgruppe – vermutlich von Beginn an – nicht nur mit erheblichen Unterbilanzen gewirtschaftet habe, sondern obendrein bestrebt gewesen sei, diese Verluste mit Hilfe „wilder" Umbuchungen zu verschleiern, um damit nicht zuletzt die eigenen, extrem gestiegenen Aufwandsentschädigungen und Gehälter, für die im übrigen nie Lohnsteuer gezahlt worden war, systematisch zu tarnen. Wenn die Revisoren in diesem Zusammenhang feststellten, daß „die führenden Persönlichkeiten wie ein Teil der maßgebenden Angestellten (...) in kaufmännischer Beziehung absolut ungeeignet" seien, brachten sie damit freilich nur die halbe Wahrheit zum Ausdruck. In Wirklichkeit waren die neuen „Führer" nicht nur vollkommen inkompetent, sondern auch völlig korrupt. Indem die „braune Elite" die sozialpolitischen Zwecke ihrer demokratischen Amtsvorgänger zu Mitteln ihrer persönlichen Bereicherung erniedrigte, untergrub sie sowohl das bis dahin bestehende Vertrauensverhältnis zwischen Führung und Mitgliedschaft als auch die traditionelle volkswohlfahrtliche Zielsetzung des Gesamtverbandes. Der Aufstieg von „Bonzen" mit „Parteiabzeichen" in den Reihen der deutschen Kleingärtnerschaft bildete insofern nur das personalpolitische Pendant für den Niedergang ihrer organisierten Interessenvertretung.

Angesichts dieser, teils erkennbaren, teils absehbaren Verwerfungen hielten es weder der Senat noch der Reichsstatthalter für geboten, die schwer belasteten Mitglieder der Landesgruppenführung und ihre Helfershelfer strafrechtlich zur Verantwortung ziehen zu lassen. Der sich abzeichnende Skandal wurde folglich vertuscht, die weitere Buchprüfung abgebrochen, der fragliche „Ukas" kassiert. Obwohl Goedecke und namentlich Mann auf diese Weise mit einem „blauen Auge" davonkamen, waren sie als Landesgruppenführer auf Dauer nichtsdestoweniger untragbar geworden. Während Mann ziemlich unvermittelt abgelöst wurde, erhielt der von ihm überspielte Goedecke mit der Ernennung Heinz Hermann Morisses zum Sonderbeauftragten für das Hamburger Kleingartenwesen zunächst nur einen „Vormund", bevor auch er, nach gut einjähriger Schamfrist, endgültig zurücktrat[120].

---

117 Ebd.: 3. Zwischenbericht v. 6.5.1937, 4.
118 Ebd.: 1. Zwischenbericht (116), 5ff.
119 Ebd.: 3. Zwischenbericht (117), 6.
120 Vgl. die Angaben in Anm.(43).

10.2. Die ideologische „Aufnordung" des deutschen Kleingartenwesens im Zeichen von „Blut und Boden".

Auf einen kurzen Nenner gebracht, besagte die „von völkisch–rassistischen Gruppen (...) sowie von nationalsozialistischen Ideologen geschaffene und formulierte 'Blut–und–Boden'–Ideologie (...), daß es für das deutsche Volk als einem der allein kulturschöpferischen nordischen Rasse zuzurechnenden Volk bestimmte, (...) dem geschichtlichen Wandel nicht unterworfene Bedingungen der Existenz gäbe: das deutsche Volk benötige zu seiner Existenz eine 'natürliche' Lebensordnung, die im Idealfall bäuerlich bestimmt war. Das wichtigste Merkmal dieser Ideologie, die von angeblich unübersteigbaren, rational nicht begründbaren (...) Urgegebenheiten der Existenz (...) ausging, war die absolute Entgeschichtlichung der Natur"[121]. Diese Hypostasierung, die die vorindustrielle Lebenswelt gleichsam zur metahistorischen Norm erhob, der gegenüber die moderne, großstädtische Industriekultur letzten Endes als normwidrige, ja „anormale" Form der „Entfremdung von der Natur" erscheinen mußte, war freilich keineswegs das geistige Eigentum „vaterländischer" oder „völkischer" Gruppen. Das agrarromantische Gegensatzpaar von Land und Stadt, „Jungbrunnen" und „Sündenbabel" samt seinen zwillingsformelhaften Variationen „Verwurzelung" und „Entwurzelung", „Kultur" und „Überkultur", „Heimatliebe" und „Kosmopolitismus", hatte bekanntlich das kakophon orchestrierte Leitmotiv der industriellen Revolution seit den Tagen Rousseaus wie ein kontrapunktisch geführtes Leidmotiv begleitet, das die geistesgeschichtlichen und psychosozialen Folgen der politökonomischen Umwälzung mehr oder minder dissonant modulierte. Was die Nationalsozialisten und ihre völkisch–rassistischen Vorläufer mit Hilfe des griffigen Stabreims „Blut und Boden" politisch vermarkteten, war daher ideengeschichtlich alles andere als originell. Ein grundlegender Teil der NS–Ideologie stellte insofern nur eine bestimmte, wirkungsmächtige Replik des Zeitgeistes selbst dar, der an dem durch die industrielle Revolution entfesselten liberalen Fortschrittsglauben tendenziell irre zu werden begann. Das Verlaufsmuster des Prozesses folgte in seinen Grundzügen einem Modell von Challenge und Response, in dem Kapital und (großstädtische) Kapitale die Aktion, „Blut und Boden" die zwangsläufige Abwehr–Reaktion bildeten. Ein Teil der Anziehungskraft, die der Nationalsozialismus auf viele Boden– und Lebensreformer, Heimatschützer, Kleinbauern, Kleingärtner und Siedler, Anti–Alkoholiker, Vegetarier und Wandervögel ausübte, beruhte auf dieser, von der NSDAP im Grunde nur rezipierten Grundstimmung. Vielen Menschen aus diesen Kreisen

---

121 Klaus Bergmann, Agrarromantik und Großstadtfeindschaft, Meisenheim am Glan 1970, 327.

bot die Hitler-Partei geradezu eine politische Ersatz-Heimstatt für ihre bedrohte Heimat in einer sich radikal verändernden Welt. Während die traditionellen Parteien der Linken und der Mitte den industriellen Fortschritt im Prinzip vorbehaltlos bejahten und die der alten Rechten ihre System-Opposition elitär verengten, erschien ihnen die (auch personell) junge, „gleichsam volksparteiliche" NSDAP[122] zugleich radikal volkstümlich und radikal oppositionell, zwar revolutionär in den Mitteln, doch reaktionär in der Zielsetzung. Was die nationalsozialistische Variante der „Blut und Boden"-Ideologie von ihren Vorläufern unterschied und sie geistesgeschichtlich einzigartig gefährlich werden ließ, war ihre von vielen (anfangs) verkannte, von ebensovielen bewußt in Kauf genommene, ja geteilte rassenbiologische Zuspitzung –, „entfernte man (...) den spezifisch rassistischen Akzent (...), so konnte sie als Zusammenfassung des gesamten, verstärkt seit dem Ende des 19. Jahrhunderts datierenden Anti-Urbanismus angesehen werden"[123].

Dieser pseudowissenschaftlich aufgeladene Rassismus durchdrang im Laufe der Zeit auch die Einrichtungen des deutschen Kleingartenwesens. Wie ein Weißdorn mit einem Quittenreis okuliert wird, pfropften Kammler und seine Parteigenossen den nationalsozialistischen Rassenhaß auf die herkömmlichen, von Schreber datierenden „Veredelungs"-Phantasien, ohne bei seinen Nachfolgern auf erkennbaren Widerstand zu stoßen. So sah Gerhard Richter, einst oberster „Spielvater" des RVKD und nun überzeugtes NSDAP-Mitglied, das „Endziel" der Schreberpädagogik in „fanatischer Heimatliebe und Wertschätzung unseres Volkstums"[124] in Verbindung mit *„treue(r) Fürsorge und Opfersinn für den Nachwuchs, Rassenreinheit, Führertum, kämpferische(r) Einstellung (...), Sparsamkeit, Ordnung und Schönheit"*[125]. *„Wenn der erlebte deutsche Boden unseren Kindern deutsche Wesensart und nationalsozialistisches Denken einimpfen, wenn Gartenerlebnisse es in fanatischer Liebe zum Führer (...) entbrennen lassen: Dann ist die schönste Aufgabe der Abteilung 'Heimatliebe und Volkstum' erfüllt"*[126]. Obwohl sich Richter – ähnlich wie der mit ihm „konvertierte" Förster – erkennbar bemühte, die herkömmlichen Versatzstücke der kleingärtnerischen Verbandsideologie mit den sozial- und bevölkerungspolitischen Wahnvorstellungen der neuen Führung zu amalgamieren, erschienen ihre Elemente doch von

---

122 Broszat (24), 50.
123 Bergmann (121), 340.
124 Richter, 75 Jahre (7), 79.
125 Ebd., 89. Zit. i.O. gesperrt.
126 Ebd., 90. Zit. i.O. gesperrt. Ähnlich auch K. Reumuth, Die Schreberkinderpflege im nationalsozialistischen Staate, in: KGW 10 (7) (1933), 67ff. und E. Lüdemann, Erziehung des jungen Städters zur Verbundenheit von Blut und Boden, in: HLZ 13 (28) (1934), 451f.

nun an in einem neuen, aberwitzigen Irrlicht. So wurde der, in der Gestalt des „Spielvaters" inkarnierte, patriarchalische Grundgedanke der Schreberpädagogik zum „Führerprinzip" gesteigert, die aus der Parzelle angeblich erwachsende Vaterlandsliebe zum „Blut und Boden"–„Fanatismus" eskaliert und die ursprünglich in Aufklärung und Philanthropismus wurzelnde Erziehung zur „Einimpfung" einer unmenschlichen Doktrin „aufgenordet".

Was für die Erziehung der Kinder und Jugendlichen galt, kennzeichnete auch den Prozeß der „inneren Gleichschaltung" ihrer Eltern. Unter den vom Kammler verkündeten „wichtigen Grundsätze(n)" des Reichsbundes rangierte daher der Rassismus an erster Stelle: *„Nur der erblich gesunde, nordisch deutsche Volksgenosse in den Städten ist geeignet, deutschen Boden als Kleingarten und Kleinsiedlung in Pacht oder in Eigentum zu nutzen"*[127]. Die von den Nationalsozialisten verfolgte „Bevölkerungspolitik" in den Kolonien ließ sich demzufolge von einer „Totalität des Blutgedankens"[128] leiten, die weit über den Antisemitismus hinausging. Wie beim Abholzen und Auslichten mißwüchsiger Büsche, Halb-Stämme und Un-Kräuter unternahm Kammler schon Ende 1933 den Versuch, „Schwachsinnige und Krüppel" systematisch auszugrenzen: „Jeder Kleingärtner und Kleinsiedler muß sich darüber klar sein, daß bei dem heutigen Stand des Kinderzuwachses in Deutschland auf jeden arbeitenden Volksgenossen in einer Generation drei alte als Rentenempfänger kommen, die er gewissermaßen mit unterhalten muß. (...). Wenn man überlegt, daß wir in *Deutschland rund 600.000 Schwachsinnige und Krüppel* haben, die jeder pro Tag rund RM. 6,– Steuermittel erfordern, so wird es wohl jedem Volksgenossen klar, welche Verantwortung jeder Mann und jede Frau bei der Erzeugung eines Menschen trägt"[129]. Wie diese zur „Erzeugung" denaturierte Zeugung aussehen sollte, beschrieb der geschäftsführende Direktor des Reichsausschusses für Volksgesund-

---

127 Hans Kammler, Die Kleingärtner- und Kleinsiedlerbewegung in Deutschland, in: Der Kleingärtner und Kleinsiedler. Kalender für das Jahr 1935, Berlin 1935, 81f. Zit. i.O. gesperrt.
128 So SS–Untersturmführer Graf, Der Kleingarten als Lebensnotwendigkeit der Großstadt, in: Jb. für den Kleingarten. Kalender für das Jahr 1937, Berlin 1937, 73. Zu den Auswahlkriterien für Kleingartenbewerber siehe den Fragebogen bei Hermann Steinhaus, Die Arbeiten der Kleingärtnerorganisation im Kriege, Frankfurt/O.–Berlin (1940), 40f. (Das deutsche Kleingartenwesen 7): Hier rangieren neben bekannten sozialpolitischen Kriterien wie Einkommenshöhe, Wohnsituation und Kinderzahl typische Selektionsmuster des Terrorstaates wie Fragen nach der „deutsche(n) Reichsangehörigkeit", der „deutschen oder artverwandten" Abstammung, der familiären Erbgesundheit oder der „Qualifikation" als „Frontkämpfer" oder „Kämpfer für die nationale Erhebung".
129 Hans Kammler, Der Reichsbund der Kleingärtner und Kleinsiedler Deutschlands e.V., in: KuK 1 (1933/34), 6. Hervorhebung i.O. gesperrt.

heit, Ruttke, folgendermaßen: „Jeder junge Volksgenosse muß wissen, daß er in seinem persönlichen Fortkommen sich selbst die größten Hindernisse in den Weg legt, wenn er (...) bei der Eheschließung sich nicht darüber unterrichtet, ob die von ihm in Aussicht genommene Ehegefährtin aus einer erbkranken Familie stammt (...). Die Erkenntnisse der Rassenkunde zeigen uns, daß der junge deutsche Volksgenosse sich als Gattin nur eine solche gleichen oder nordischen Blutes auswählen soll"[130].

Während der nationalsozialistische Rassenwahn sich Jahr für Jahr steigerte und schließlich mit beispielloser Radikalität austobte, blieb die bei Richard Walther Darré, Gottfried Feder, Heinrich Himmler und anderen grassierende „Agromanie" trotz der „Erntedankfeste der nationalsozialistischen Partei auf dem Bückeberg" ein „bloßes Lippenbekenntnis"[131]. Obwohl die von Darré geleitete Agrarpolitik – neben dem von Goebbels beherrschten Ressort für Propaganda – „der einzige Bereich (war), in dem der führende Funktionär der Parteileitung zugleich die Leitung (...) der gleichgeschalteten Berufsorganisation wie des zuständigen Ministeriums übernahm"[132], gab es keine ernstzunehmenden Anzeichen für eine Rückkehr Deutschlands zum Agrarstaat der Vergangenheit. Die agrarromantischen Vorkämpfer eines „Dritten Reiches" sahen sich daher ebenso schnell getäuscht wie enttäuscht: „Besonders schockiert waren die naiven Schollefanatiker über die Tatsache, daß Adolf Hitler, von dem sie wußten, daß er ein Tierfreund, Vegetarier und Gegner der Vivisektion war, zum Zwecke der Arbeitsbeschaffung und Aufrüstung von Anfang an eine industrielle Expansion größten Ausmaßes befürwortete, die in den folgenden Jahren (...) zu einer Landflucht ohne Beispiel führte"[133]. Nicht nur auf sie mußte es daher wie Hohn wirken, daß ausgerechnet die „wichtigste Neuerung der NS–Agrarpolitik"[134], das Reichserbhofgesetz vom 29.9. 1933, nicht unerheblich zu dieser Entwicklung beitrug[135], zumal sich die Staatsführung nach dem im August 1934 angelaufenen Programm zur Verbesserung der Wohnverhältnisse auf dem Lande „im Interesse der industriellen Kriegsvorbereitung" nicht mehr bemühte, „die Landflucht zu bremsen", sondern nur noch bestrebt war, die abgewanderten Arbeitskräfte

---

130 Ruttke, Die bevölkerungspolitische Bedeutung der deutschen Kleingärtner– und Kleinsiedler–Bewegung, in: 2. Reichskleingärtner– und Kleinsiedlertag in Braunschweig v. 26.–28.7.1935, o.O. o.J., 18f.
131 Bergmann (121), 354f.
132 Broszat (24), 234.
133 Jost Hermand, Grüne Utopien in Deutschland, (Frankfurt/M. 1991), 113. Vgl. auch Rolf Peter Sieferle, Fortschrittsfeinde, München 1984, 217–224.
134 Broszat (24), 236.
135 Ebd., 237. Siehe auch Fritz Blaich, Wirtschaft und Rüstung in Deutschland 1933–1919, in: Bracher u.a. (Hg.) (77), 305ff.

durch Arbeitseinsätze ungelernter Hilfskräfte zu ersetzten oder durch Fördermaßnahmen zur Mechanisierung ganz überflüssig zu machen[136].

Diese desillusionierende Bilanz der „Reagrarisierung" galt auch für die Ergebnisse der nationalsozialistischen Laubenkolonialpolitik. Zwar wurde der Kleingarten unter Berufung auf den Odals-Gedanken[137], der „die Reinheit des Blutes und seine Verbindung mit dem Boden" angeblich bereits bei den Germanen gewährleistet hatte[138], ideologisch genauso aufgewertet wie der Bauernhof, doch weckte diese hochtrabende Befrachtung der Parzelle zugleich entsprechend hohe Erwartungen, die sich naturgemäß erneut um die alte Streitfrage des Dauergartens drehten. Reichsbundführer Kammler erklärte folglich vollmundig: *„Dauerpacht mit dem Ziele zum Eigentum ist und bleibt das Ziel der Kleingärtner- und Kleinsiedlerbewegung"*[139]. Wie stark dieses Verlangen auch an der Basis war, zeigte eine Massenversammlung von 60.000 Hamburger Kleingärtnern, die am 4.3.1934 auf der städtischen Moorweide zu einem „Tag des Spatens" zusammenkamen, um „'*Für Eigenheim und Eigengarten*' ein glühendes Bekenntnis abzugeben. Wer keinen Spaten in der Hand trug, hatte sich einen 'Spaten' in der Form einer kleinen Anstecknadel an den Mantel gesteckt, um seine Zustimmung zu den Zielen der Kleingärtner zu bekunden"[140].

Diese hohen Erwartungen wurden freilich nur in höchst bescheidenem Maße erfüllt, da die Politik des Reichsbundes in Partei und Staat alles andere als unumstritten war. Neben dem bekannten Schwenk der NSDAP in der Bodenreformfrage waren es vor allem agrarpolitische Erwägungen, die dafür sorgten, daß die kleingärtnerischen Halbstämme nicht in den Himmel wuchsen. Der mit der NSDAP sympathisierende bayerische Staatswissenschaftler Ludwig Pesl behauptete sogar unumwunden: „Wichtiger (...) als Siedeln ist die Aufgabe, der Landwirtschaft insgesamt aufzuhelfen (...). Es dürfen nicht Tausende von Bauerngütern zwangsweise versteigert und Bauernfamilien dadurch vertrieben werden. Besitzfestigung ist heute wichtiger als neue Siedlungen schaffen"[141]. Ein entscheidendes Widerlager fand Pesls Position in der Haltung Richard Walther

---

136 Ebd., 307.
137 Zum Odal siehe E. Haberkern / J. Wallach, Hilfswörterbuch für Historiker, 2. Teil, 5. Aufl. München (1964), 459.
138 Hermann Steinhaus, Begründung und Entwurf einen neuen und umfassenden Kleingartenrechts, in: Das deutsche Kleingartenwesen 5 (1940), 107. Vgl. auch Ders., Grundsätzliche Kleingartenfragen, Frankfurt/O.-Berlin o.J., 22ff. (Das deutsche Kleingartenwesen 3).
139 Kammler, Die Kleingärtner- und Kleinsiedlerbewegung (127), 83. Zit. i.O. fett. Vgl. auch Ders., Die Aufgaben des Reichsbundes der Kleingärtner und Kleinsiedler, in: Der Kleingärtner und Kleinsiedler. Kalender für das Jahr 1934, Berlin o.J., 90.
140 Hamburger Nachrichten v. 5.3.1934. Hervorhebung i.O. gesperrt.
141 Pesl (73), 38f.

Darrés, der bereits 1926 erklärt hatte: „Erhaltung des Bestehenden heißt heute die Aufgabe, nicht Neuansiedlung zweifelhafter Rassenelemente"[142]. Wen Darré mit diesen „zweifelhaften Rassenelementen" meinte, ließ er 1931 durchblicken: „Mit Schrebergärten und Eigenheimen, mit Kleinsiedlungen und Bauernromantik, mit Vegetarismus und Nacktkultur, mit Zupfgeige und Strumpflosigkeit glaubte man das Übel bannen zu können, ohne das diabolische Grinsen des Kapitalismus zu bemerken, dem es schließlich nur recht ist, wenn man sich in seinem System mit Schrebergärten und Eigenheimen, mit Gartenstädten und Kleinsiedlungen gesund und häuslich einrichtet"[143].

Zu diesen grundsätzlichen, aus dem rassistischen „Blut und Boden"-Konzept gespeisten Vorbehalten traten wirtschafts- und wehrpolitische Einwände, die es zunehmend ausgeschlossen erscheinen ließen, „sämtliche erbgesunden deutschen Arbeiter durch Kleinsiedlungen mit dem Boden zu verbinden"[144]. Bereits auf dem vom 26. bis zum 28.7.1935 in Braunschweig stattfindenden 2. Reichskleingärtner- und Kleinsiedlertag korrigierte Kammler daher seine in den vorangegangenen Jahren entwickelten Perspektiven und erklärte: „Die neu zu schaffenden Flächen für Kleingärten und Kleinsiedlungen werden sich zwangsläufig in erster Linie östlich der Elbe, das heißt in dem zur Zeit bevölkerungsschwachen Osten, entwickeln"[145]. Auch wenn die einmal gegebenen Zusagen zur Seßhaftmachung der deutschen Kleingärtner in der Folgezeit bei passender Gelegenheit zuweilen erneuert wurden[146], bot die Haltung des Regimes im Hinblick auf die Zukunft der Laubenkolonien doch ab jetzt ein Bild, dessen Konturen nicht mehr von wohlfeilen Versprechungen, sondern von gedämpften Erwartungen bestimmt wurden, zumal die Projektions-Flächen der Dauergartensehnsucht in diesem Zusammenhang von den großstädtischen Ballungsräumen in den „bevölkerungsschwachen Osten" verlagert und damit tendenziell der geplanten Eroberung von „Lebensraum im Osten" ein-, ja untergeordnet worden waren. Das Schicksal des Dauergartens sollte sich folglich dort entscheiden, wo schon das Los der Kriegerheimstätte gefallen war – auf den Schlachtfeldern Europas.

---

142 Darré, Innere „Kolonisation" (78), 23.
143 Zit.n. Hermand (133), 112f.
144 Schäfer (87), 7.
145 Hans Kammler, Die Berücksichtigung der Kleingarten- und Kleinsiedlungsanlagen bei der Aufteilung des deutschen Raumes, in: 2. Reichskleingärtner- und Kleinsiedlertag (130), 23.
146 Siehe hierzu die Ausführungen von Reichsarbeitsminister Franz Seldte auf dem 4. Reichskleingärtnertag 1939 in Wien, in: KuK 8 (1939), 175.

10.3. Die Funktionalisierung des deutschen Kleingartenwesens für Kriegsvorbereitung und Krieg.

10.3.1. Im Bannkreis kleingärtnerischer Autarkie I: Die Reichsbund–Propaganda für „Nutzgarten" und „Nahrungsfreiheit".

Zu den vielfältigen Déjà–vu–Erlebnissen, die Hitlers Weltmachtstreben mit dem ersten deutschen „Griff nach der Weltmacht" verbanden, zählte auch der erneuerte Ruf nach nationalökonomischer Autarkie. Im Unterschied zum Ersten Weltkrieg, wo der Gedanke weitgehend ein Produkt des Krieges selbst gewesen war, gehörte er im Zweiten Weltkrieg freilich schon der Phase der Kriegsvorbereitung an, die nicht zuletzt den Auf– bzw. Ausbau einer blockadesicheren Großraumwirtschaft anstrebte. In der Tat war „ein möglichst hohes Maß an Autarkie (…) die Voraussetzung jeder risikoreichen, imperialistischen Lebensraum–Politik: der Bauernstand war eben darum der 'erste Stand im Staate', weil er – wie in Italien – jene 'Erzeugungsschlachten' zu schlagen hatte, mit denen die Autarkie erreicht werden sollte"[147].

Einen zentralen Grund für die Erneuerung der Autarkiebestrebungen bildeten daher die Erfahrungen des Ersten Weltkriegs. Obwohl die Regierung Hitler „nach außen hin die 'Dolchstoßlegende' vertrat, wußte die politische Führung nur zu gut, daß sich schon ab 1916 'General Hunger' als zuverlässiger Verbündeter der 'Feindbundstaaten' im deutschen Hinterland bewährt hatte. (…). Dieses Trauma sicherte der Landwirtschaft innerhalb des NS–Rüstungsprogramms einen herausragenden Platz. Die Produktion von Nahrungsmitteln mußte wenigstens so weit vom Weltmarkt abgekoppelt werden, daß die Wiederholung eines 'Steckrübenwinters' unbedingt vermieden werden konnte"[148]. Hitlers vielfach bezeugte, geradezu zwangsneurotisch wiederholte Versicherung, daß es einen November 1918 nie wieder geben werde, zielte unverkennbar auf diesen (für ihn) prägenden Zusammenhang von „Hungerblockade" und „Hungerrevolte". Die Autarkiepolitik der Regierung setzten deshalb bereits kurz nach der „Machtergreifung" ein. Das vom „Reichsnährstand" organisierte, unter dem Schlagwort „Nahrungsfreiheit für das deutsche Volk" bekannt gewordene Programm[149] fand dabei in der von der Weltwirtschaftskrise reproduzierten Selbstversorgermentalität breiter Volksschichten ein quasi natürliches Widerlager, zu dem auch die er-

---

147 Bergmann (121), 337. Vgl. auch Bernd–Jürgen Wendt, Großdeutschland. Außenpolitik und Kriegsvorbereitung des Hitler–Regimes, (2. Aufl. München 1993), 61f. u. 167f.
148 Blaich (135), 287 und Hans Erich Volkmann, Zum Verhältnis von Großwirtschaft und NS–Regime im Zweiten Weltkrieg, in: Bracher u.a. (Hg.) (77), 495.
149 Blaich (135), 304.

neut auf ihre alternativ-ökonomische Basisfunktion reduzierten Kleingärten gehörten. An diesen, aus der Not geborenen Schrumpfbegriff der Laubenkolonie knüpften die NS-Ideologen an. Schon um die Jahreswende 1933/34 betrachtete der zuständige Reichsbund-Fachschaftsführer Steinhaus die Kleingartenanlagen daher nicht mehr „als Erholungsstätten, sondern als deutschen Boden, der dazu beitragen soll, einen großen Teil der deutschen Arbeiter zu Selbstversorgern zu machen und sie durch den vermehrten Gemüsebau zurückzuführen zu einer natürlichen Lebensweise"[150]. Auf der zwei Monate später stattfindenden Berliner „Grünen Woche" präsentierte sich der Reichsbund folgerichtig mit der Zielsetzung: „Der richtig genutzte Kleingarten verbindet den Stadtmenschen mit dem Boden. Er ermöglicht Ernährungsbeihilfe und Erholung durch Arbeit"[151].

Diese Aufgabenstellung gab zu denken. Bereits die autarkistische Verengung des Kleingartens zum Nutzgarten ohne Blumen und Zierpflanzen[152] mußte bei näherer Betrachtung als Transformation der gesamtwirtschaftlichen Not in eine nischenökonomische Tugend erscheinen, zumal sie die in den vermeintlich „Goldenen Zwanzigern" verstärkt eingeforderte Erholungsfunktion der Kolonien im Rückgriff auf die reform-absolutistische Arbeitspädagogik erneut ergonomisch auflud und dabei kurzerhand zur „Erholung durch Arbeit" pervertierte. Wie der Reichsarbeitsdienst, der ab 1935 für die männliche, ab 1939 für die weibliche Jugend obligatorisch wurde, sollte auch das Kleingartenwesen die „Arbeit am deutschen Boden" mit der „Arbeit am deutschen Menschen" vermitteln[153] und dafür sorgen, „daß ein jeder Volksgenosse jede Stunde seiner Zeit und jede Kraft seines Lebens dem Staate widmen muß, will er seine Zeit begreifen und ein rechter nationalsozialistischer Arbeiter am Aufbau und zur Erhaltung des Staates sein. (...). Es wird eine Leistungsschau kommen, die ergeben wird, ob ein jeder mit dem ihm anvertrauten Pfunde gut gehandelt und gewirtschaftet hat und man wird diese Leistung nicht ermessen nach der Größe der Krautköpfe, die er zu ziehen vermochte, sondern nach deren Güte – und viel mehr noch, nach seinem eigenen Kopf und danach, ob er sich zu einem ganzen 'Kerl' entwickelt

---

150 Hermann Steinhaus, Die Zusammenarbeit des Reichsbundes mit dem Reichsnährstand, in: KuK 4 (1933/34), 3. Vgl. auch Friedrich Heyer, Die Aufgaben der Kleingarten- und Stadtrandsiedlungen, in: Gartenkunst 48 (1935), 118.
151 So der Text der Schautafel des Reichsbundes zur Berliner „Grünen Woche", in: KuK 6 (1933/34), 8. Vgl. auch das Nutzgartenplädoyer Heinrich Försters in: KuK 7 (1933/ 34), 4f.
152 Steinhaus, Die Zusammenarbeit (150), 3.
153 Siehe hierzu: Zur Geschichte der Arbeitserziehung in Deutschland, Teil 2, Berlin/ Ost 1971, 150.

hat, fähig in dem nun größeren Deutschland größere Lasten auf sich zu nehmen, größere Leistungen als Arbeiter und Volksgenosse zu vollbringen"[154].

Die unter dem Leitmotiv „Erholung durch Arbeit" propagierte Verknüpfung von Autarkie und Austerität erstrebte die „Nahrungsfreiheit" allerdings nicht nur zu Lasten der Freizeit, sondern auch auf Kosten der bisherigen Ernährung. Vor dem Hintergrund lebensreformerischer Traditionen und kriegswirtschaftlicher Erfahrungen aus der Zeit des Ersten Weltkriegs kam es daher im Zeichen der „Fleisch- und Fettlücke"[155] zu einer Wiederbelebung des Vegetarismus. Schon auf dem Hamburger „Tag des Spatens" hatte Steinhaus unumwunden erklärt: „Es ist ein schönes Zusammentreffen, daß diese Kundgebung (...) auf den Tag des Eintopfgerichts fällt. Manchem ist es vielleicht noch nicht klar, daß es sich bei diesem Tage der Winterhilfe nicht lediglich um die Geldsammlung handelt (...), wichtig ist auch, daß (...) der deutsche Volksgenosse mit (...) dem einfachen Gemüsegericht wieder bekannt gemacht wird. Wir hatten uns, insbesondere die Schwerarbeiter, in den letzten Jahren bereits so weit verzogen, daß wir Eierkoteletts, Beefsteak und Schweinebraten als unsere wertvollste Nahrung ansahen und der Wert des Gemüses immer mehr verkannt wurde"[156].

Die für das Kleingartenwesen von alters her charakteristischen volkspädagogischen Bestrebungen wurden auf diese Weise ernährungsphysiologisch verengt und im Sinne autarkistischer Verbrauchslenkung optimiert. Der Kampf gegen das „'rüstungsfeindliche' Butterbrot" ging dabei Hand in Hand mit einer Werbekampagne für Kartoffeln, Quark, Seefische und „Volksmarmelade"[157]. Die kleingärtnerische Produktion sollte in diesem Zusammenhang nicht nur ausgeweitet und verbessert, sondern vor allem auch optimal verwertet werden. Neben der Hebung der Bodenqualität, der weiteren Verbreitung der Fruchtwechselwirtschaft und der Verbesserung des Pflanzenschutzes ging es den neuen Verbandsführern daher nicht zuletzt um die Obstverarbeitung zu Marmelade und Most. Schon Anfang 1934 hatte Steinhaus deshalb die Parole ausgegeben: „Jedes unserer Mitglieder muß Süßmost trinken lernen!"[158]. Der traditionelle „Blaukreuzzug" gegen den laubenkolonialen Alkoholkonsum verschwisterte sich damit unversehens mit dem „Hakenkreuzzug" für die nationale „Nahrungs-

---

154 Winkel, Besinnliche Betrachtungen eines Kleingärtners zur Winterszeit, in: Zs. für Volksernährung 5 (1939), 71. Vgl. auch Schiller, Sozialer Wohnungsbau und Kleingarten, in: Das deutsche Kleingartenwesen 6 (1941), 79f.
155 Blaich (135), 308.
156 KuK/HH 4 (1934), 41. Zur Volkspädagogischen Funktion des „Eintopfsonntags" vgl. Hitlers Rede zur Eröffnung des 3. Winterhilfswerkes am 8.10.1935 in der Berliner Krolloper in: Domarus (Hg.) (112), 545.
157 Blaich (135), 309f.
158 KuK/HH 4 (1934), 42.

freiheit" und senkte den deutschen Bierverbrauch in der Folge „von 79,4 Litern pro Kopf im Jahr 1930 auf 68,7 Liter 1938", auch wenn dieser Rückgang vor allem durch die „Einschränkung des Hopfenanbaus zugunsten anderer, devisensparender Kulturen" erreicht wurde[159].

Auch die Kartoffel, das vielbeschworene „Rückgrat" der „Kriegskochkunst" des Ersten Weltkrieges, erfuhr in diesen Jahren eine fragwürdige kulinarische Renaissance[160]. Anfang 1938 erhob der Hamburger „Kleingärtner und Kleinsiedler" die Parole „Mittags und abends Kartoffeln" zum Leitsatz der Verbandspropaganda und erklärte: Die Hausfrau „*dient* damit unserer Versorgungslage, sie *arbeitet* dadurch mit an der Erringung der Nahrungsfreiheit unseres Volkes"[161]. Ein Jahr später wurde dieser Aufruf mit Hilfe zweier Comic–Figuren zur Kampagne ausgeweitet: Von nun an warben „Roderich, das Leckermaul, und Gemahlin Garnichtfaul" in gewohnt hausarbeitsteiliger Weise für Kartoffeln in allen unmöglichen Variationen[162]. Daß der zu Kartoffelmehl verarbeitete „Erdapfel" mittlerweile auch als Mittel zur Brotstreckung diente[163], wurde von den beiden „Heimkriegern" freilich taktvoll verschwiegen.

Mit dem Beginn des Zweiten Weltkrieges erfuhren die Bemühungen um den Kartoffelanbau im Kleingarten allerdings eine nur allzu verständliche Revision. Während die Werbung für den Kartoffelkonsum weiterlief, wurde die Kartoffelproduktion in den Laubenkolonien – mit Ausnahme der Frühkartoffelbestellung – zugunsten des ohnehin dominierenden Gemüsebaus mehr und mehr eingeschränkt[164]. Unter dem Eindruck der offenbar erst jetzt zur Kenntnis genommenen Fehlschläge des Ersten Weltkriegs empfahl Steinhaus: „Ein Kartoffelanbau im Kleingarten wird im allgemeinen nicht als zweckmäßig bezeichnet werden können. Die Kartoffel ist nämlich mehr eine landwirtschaftliche als eine gärtnerische Kulturpflanze. Der Boden wird durch sie zu wenig ertragreich ausgenutzt. Außerdem birgt ein fortwährender Anbau von Kartoffeln die Gefahr von Kartoffelkrankheiten in sich"[165]. Obwohl diese Umorientierung begründet war, hat ihr offenkundig verspäteter Beginn die bereits im ersten Kriegsjahr auftretenden Mängel bei der Kartoffelversorgung vermutlich nicht unerheblich verschärft. Wie im Ersten Weltkrieg rief der Kartoffelmangel nämlich auch im Zweiten

---

159 Blaich (135), 311.
160 Kurt Stangneth, Zur ernährungspolitischen Bedeutung des Kleingartens, in: Jb. für den Kleingarten. Kalender für das Jahr 1937, Berlin o.J., 105f.
161 KuK/HH 1 (1938), Titelblatt. Hervorhebungen i.O. gesperrt.
162 KuK/HH 2 (1939), 37.
163 Blaich (135), 310.
164 Vgl. KuK/HH 1 (1940), 1f. und 2 (1940), 15.
165 Hermann Steinhaus, Organisation und Bewirtschaftung der Kleingärten und ihre volkswirtschaftliche Bedeutung, nat. wiss. Diss. Halle 1940, 29.

Weltkrieg die erste – neu hinzukommende – großstädtische Versorgungslücke hervor. In der Tat wies der laubenkoloniale Kartoffellandanteil, der 1939 im Durchschnitt 86 qm betrug[166], überdurchschnittlich hohe Proportionen ausgerechnet in Agrarregionen wie Ostpreußen (201 qm), Schleswig–Holstein (181 qm), Pommern (171 qm), Niedersachsen (144 qm) und Mecklenburg (128 qm) aus, während er in industriellen und kommerziellen Ballungsräumen wie dem Rheinland (116 qm), Hamburg (107 qm), Schlesien (84 qm), Berlin (67 qm) oder dem Land Sachsen (19 qm) demgegenüber zum Teil weit abfiel. Die seit 1940 vielfach bezeugte Mißstimmung wegen der schlechten Kartoffelversorgung[167], die sich „insbesondere in Arbeiterkreisen" zu „Klagen über ständiges Hungergefühl"[168] steigerte, war daher bei Kriegsbeginn ebenso absehbar wie die Wiederkehr des Kartoffel–Abschnitts auf der Lebensmittelkarte[169].

Trotz der andauernden landwirtschaftlichen „Erzeugungsschlacht"[170] und der fortgesetzten „Gulaschkanonaden" an den „Eintopfsonntagen" wiederholten sich daher alle aus dem Ersten Weltkrieg bekannten Schwierigkeiten wie das Hamstern nicht lagerfähiger Frühkartoffeln, die winterlichen Transport–[171] und Lagerprobleme[172] oder die unermüdlichen Aufrufe zu einer sparsamen Wirtschaftsführung mit nahezu gebetsmühlenartiger Monotonie. Diese „Renaissance" schloß Innovationen freilich nicht aus. So „entdeckten" die allenthalben aktiven Propagandisten haushälterischer Sparsamkeit im Zweiten Weltkrieg die Pellkartoffel und erklärten: „Es ist längst kein Geheimnis mehr, daß dadurch etwa 10 bis 15 vH. Kartoffeln eingespart werden können. Zudem spart die Hausfrau die Arbeit des Schälens in der Küche"[173]. Die bereits im Frühjahr 1937 angelaufene Kampagne „Kampf dem Verderb"[174], die eine möglichst restlose Verwertung der vorhandenen Nahrungsmittel bezweckte, wurde daher mit Kriegsbeginn verstärkt. Unter dem Motto „Mit Kohlköpfen gegen Tommies!" wurde die deutsche Hausfrau ein zweites Mal zu den Fahnen gerufen: „Jawohl, meine Hausfrauen, ihre Küche ist zum Kriegsschauplatz geworden (...). Ihre Kriegskunst ist die

---

166 Diese und alle folgenden Angaben nach Ebd., 31.
167 Meldungen aus dem Reich. Auswahl aus den geheimen Lageberichten des Sicherheitsdienstes der SS 1939–1944, (Neuwied 1965), 36, 57, 161f., 176f. u. 230f.
168 Ebd., 269.
169 Ebd., 502.
170 Wilhelm Staudinger, Die deutschen Kleingärtner in der Erzeugungsschlacht, in: KuK/HH 2 (1937), 29 und Hermann Steinhaus, Die deutschen Kleingärtner in der Erzeugungsschlacht, Erfurt 1937.
171 Meldungen aus dem Reich (167), 176f.
172 Haushalten – auch mit Kartoffeln, in: Norddeutscher Kleingärtner 2 (1944). Unpaginiert.
173 Ebd.
174 KuK/HH 5 (1937), 88f. und 6 (1937), 103f.

Kochkunst". Um den „Gestellungsbefehl" nicht gar zu martialisch erscheinen zu lassen, wurde er nach bewährter kleingärtnerischer Manier lyrisch „verzukkert"[175]:

„John Bull hat uns den Krieg erklärt.
Wir kennen seine Schliche.
Die Männer kämpfen mit dem Schwert,
die Frauen ... in der Küche!
Wenn es um die Ernährung geht,
dann zieht die Hausfrau ins Gefecht.
Auf ihrer Siegesfahne steht:
'Kampf dem Verderb – im Krieg erst recht!'".

Während die kleingärtnerische Kartoffelproduktion auch im Zweiten Weltkrieg keine hervorragende Bedeutung erlangte, konnte der laubenkoloniale Obst- und Gemüsebau allem Anschein nach recht beachtliche Erträge erzielen. Diese Vermutung läßt sich zunächst aus der Korrelation der Anbauflächen erschließen. Bei einer durchschnittlichen Parzellengröße von 391 qm entfielen im Jahre 1939 auf Kartoffelland im Mittel 86 qm (= 22%), auf Gemüseland 196 qm (= 50%) sowie auf Obstbäume und -sträucher, Kleintiergehege, Wege und Lauben insgesamt 109 qm (=28 %)[176]. Während sich die Bedeutung des Gemüsebaus unmittelbar aus seinem Flächenanteil ergibt, folgt sie für den Obstbau – trotz des offenkundig geringen Geländeanteils – mittelbar aus den Expansionsphasen von Nachkriegszeit und Weltwirtschaftskrise, die beide dazu beitrugen, daß bei Beginn des Zweiten Weltkriegs nahezu alle Kolonien über einen gut eingewachsenen Baum- und Buschbestand verfügten.

Von herausragender Bedeutung für die Steigerung der Ertragsergebnisse dürften jedoch die bis dahin beispiellosen Bemühungen zur Verbesserung der kleingärtnerischen Fachberatung gewesen sein. Der im März 1934 aufgebaute „Fachliche Schulungsapparat" des Reichsbundes konnte allein in den ersten beiden Jahren seiner Tätigkeit 8.241 Schulungsleiter ausbilden, die bis zum 31.3.1936 38.812 Schulungsabende veranstalteten, an denen 2.547.742 Kleingärtner und -siedler teilnahmen[177]. Bezogen auf die 1938 ermittelte Mitgliederzahl des Reichsbundes in Höhe von 763.662 Personen[178] ergab das einen jährlichen Schnitt von 1,7 Schulungsabenden pro Kopf. Selbst im ersten Kriegswinter

---

175 Ebd. 12 (1939), 248.
176 Angaben nach Steinhaus, Organisation (165), 31.
177 Ders., Erzeugungsschlacht (170), 60–71.
178 Ders., Organisation (165), 16. Zu ihnen zählten 4.439 Kleingärtner Danzig-Westpreußens, 31.630 Schreber des Landesbundes Donauland und 1.505 Kolonisten aus den Sudeten.

1939/40 konnte der Reichsbund noch „15.630 Fachberatungsveranstaltungen mit 662.003 Teilnehmern" durchführen. Obwohl der Schnitt jetzt nur noch bei 0,86 Schulungsabenden pro Kopf lag, dürfte sich die Intensität der Betreuung zu dieser Zeit sogar noch gesteigert haben, da der Verband mittlerweile über 15.582 Fachberater verfügte[179].

Das alles entscheidende Erfolgskriterium des Ertrags erschöpfte sich demgegenüber ein weiteres Mal in mehr oder minder fragwürdigen Dunkelziffern. So wurden 1938 zwar insgesamt 4.853.051 Kern- bzw. Steinobstbäume und 7.360.070 Beerenobststräucher ermittelt[180], doch ließen diese, auf den ersten Blick beeindruckenden Zahlen keine ernst zu nehmenden Rückschlüsse auf die Ernteergebnisse zu. Fachschaftsführer Steinhaus behalf sich daher mit einer Hochrechnung auf der Basis der Obsternte in den 46.500 Groß-Hamburger Kleingärten, die im Jahre 1939 insgesamt 7.273 t Kern-, Stein- und Beerenobst erbracht hatten. Den Hamburger Durchschnittsertrag von rund 156 kg multiplizierte er dann mit der Gesamtzahl der Reichsbundparzellen in Höhe von 559.280 Kleingärten[181] und errechnete auf diese Weise einen Ertrag von insgesamt 87.247 t[182]. Selbst wenn man unterstellt, daß die Hamburger Basiszahlen methodisch und technisch korrekt erhoben worden sind, beruhte die Hochrechnung doch auf einer mehr als fragwürdigen Induktion, die die unterschiedlichen Betriebsschwerpunkte der einzelnen Landesbünde vollkommen ausklammerte. So konnten in den Schwerpunktregionen laubenkolonialen Kartoffelbaus unmöglich gleich hohe Obsterträge erwirtschaftet werden wie in Hamburg, das eindeutig nicht zu dieser Gruppe zählte. Umgekehrt rangierten nur vier von 17 Landesbünden über dem Hamburger Durchschnitt von elf Obstbäumen pro Parzelle, während es bei den Beerensträuchern sogar nur ein Landesbund war, der mehr als 30 Sträucher pro Garten aufwies[183]. Der Hamburger Obstertrag erwies sich damit als ausgesprochenes Spitzenresultat, seine Übertragung auf den Gesamtverband als unzulässige Verallgemeinerung. Dieser grundsätzliche Einwand läßt sich auch gegen Steinhaus' Erhebung des kleingärtnerischen Gemüsebaus geltend machen. Die Basis seiner Hochrechnungen, Münster in Westfalen, war in diesem Fall so schmal, daß von einer seriösen Grundannahme nicht mehr die Rede sein konnte. Während er bei der Extrapolation des Obstertrags immerhin

---

179 Charlotte Lebahn, Kleingarten – Kleingartenvereine und ihre Bedeutung für die Vorratshaltung und Ernährung, in: Markt und Verbrauch 13 (3/4) (1942), 92.
180 Steinhaus, Organisation (165), 21f.
181 Ebd., 17f. Es fehlen die Kleingärten Bayerns, Bremens, Danzig-Westpreußens, der Kurmark, Österreichs, der Saarpfalz und der Sudeten. Sie wurden von Steinhaus mit insgesamt 167.030 Parzellen veranschlagt.
182 Ebd., 22.
183 Ebd., 31.

noch den fünftstärksten Landesbund zugrunde gelegt hatte, fußte seine Schätzung nun auf einer beliebigen Mittelstadt mit 2.477 Kleingärten, die 1939 auf einer Fläche von 103 ha 1.072 t Gemüse erbracht hatten. Der auf dieser Basis errechnete reichsweite Gemüseertrag von 227.734 t[184] besaß damit allenfalls propagandistischen Wert.

Die erstmals erhobenen Ergebnisse laubenkolonialer Kleintierzucht boten im Prinzip ein ähnliches Bild. Zwar belief sich der Tierbestand bei Kriegsbeginn – ungeachtet der weiter geltenden stadthygienischen Restriktionen – auf insgesamt 549.163 Hühner, 389.769 Kaninchen, 11.873 Bienenstöcke, 5.934 Ziegen und 13.699 Schweine[185], doch ergab das bei 763.662 Reichsbundparzellen nicht einmal ein Huhn pro Mitglied, geschweige denn pro Familienmitglied. Von einer Selbstversorgung mit tierischem Eiweiß und Fett konnten die Kolonisten daher allenfalls träumen, zumal alle Haustiere zu den unmittelbaren Nahrungskonkurrenten des Menschen zählen. Ihr Raum- und Nahrungsbedarf ging zugleich unweigerlich zu Lasten der Obst- und Gemüseerzeugung. Allen qualitativen Unterschieden zum Trotz spiegelte die Binnenkonkurrenz zwischen tierischer und pflanzlicher Produktion insofern denselben Verdrängungswettbewerb wider, der auch die unterschiedlichen Prioritätssetzungen bei Obst und Gemüse kennzeichnete. Es überrascht folglich nicht, daß die jeweiligen Schwerpunktregionen kleingärtnerischer Nahrungsmittelerzeugung einen relativ exklusiven Charakter besaßen. Während die Spitzenreiter der Kleintierzucht von Berlin und den beiden Sachsen gestellt wurden[186], lagen beim Kartoffelbau Ostpreußen, Schleswig-Holstein und Pommern vorn[187], beim Gemüseland dagegen Schleswig-Holstein, Pommern und die Provinz Sachsen, bei der Obstbaumzahl Anhalt, gefolgt von Mecklenburg, Niedersachsen und der Provinz Sachsen[188]. Diese relative Ausschließlichkeit erfuhr im Falle der Tierzucht noch eine grundsätzliche ernährungswirtschaftliche Einschränkung, da „mit derselben Bodenfläche, die ausreicht, um 10 Personen mit pflanzlichen Nahrungsmitteln zu versorgen, (…) nur 1 Person ernährt werden" kann, „wenn der Boden zur Haltung von Tieren benutzt wird und diese Person vom Tier und seinen Produkten lebt"[189]. Die daraus resultierende höhere Effizienz der Pflanzenproduktion war schon im Ersten Weltkrieg erkannt[190] und im reichsweiten „Schweinemord" vom Frühjahr 1915

---

184 Ebd., 23.
185 Ebd., 26f.
186 Ebd., 26.
187 Ebd., 29f.
188 Ebd., 31.
189 M. O. Bruker, Unsere Nahrung – unser Leben, (11. Aufl. Hopferau-Heimen 1982), 184f. Vgl. auch Hermand (133), 41f.
190 Bruker (189), 185ff.

administrativ umgesetzt worden[191]. Die Tatsache, daß die Nazis bereits Ende 1933 begannen, das „Kohlrabiapostolat" der fleischlosen Kost zu erneuern, fand hier ein weiteres, wichtiges Widerlager, zumal der „Führer" in dieser Frage mit gutem Beispiel voranging und die herkömmliche Zweiteilung des nationalen „Krisenherdes" in „Fleischtöpfe" und „Suppenschüsseln" zumindest symbolisch aufhob.

Trotz ihrer Konzentration auf die Erzeugung von Obst und Gemüse[192] blieb die kleingärtnerische Produktion auch im Zweiten Weltkrieg hinter den Erwartungen zurück, da sie nicht in der Lage war, die durch die Unterbrechung des Außenhandels bewirkten Veränderungen im Konsumverhalten aufzufangen. Der durch kriegsbedingte Einschränkungen hervorgerufene Anstieg des Gemüseverbrauchs[193] führte vielmehr schon ab 1940 zu fortdauernden Versorgungsmängeln, die nicht nur den vom Reichsbund bewußt vernachlässigten Kartoffel-, sondern auch den von ihm gezielt geförderten Obst- und Gemüsebau betrafen[194]. Wie schnell die „braune Seifenblase" der „Nahrungsfreiheit" platzte, belegte die von Rudolf Hess am 21.3.1940 ins Leben gerufene „Brach- und Grabelandaktion"[195], die die „Kriegsgemüselandnahmen" des Ersten Weltkriegs bedenkenlos wiederbelebte. Einmal mehr wurden Blumenrabatten und Spielplätze der Kleingartenanlagen umgestochen[196], Hausgärten rigolt und öffentliche Grünflächen, selbst gegen den Rat des „Deutschen Gemeindetages", in fragwürdiges Kartoffel- und Gemüseland umgewandelt[197]. Das Ergebnis dieser schweißtreibenden Bemühungen entzieht sich unserer Kenntnis. Angesichts der Tatsache, daß die deutschen Kleingärten trotz eines Umfangs von 21.871 ha 1939 nur 0,08% der landwirtschaftlichen Nutzfläche Groß-Deutschlands ausmachten[198], läßt sich aber erahnen, wie groß bzw. klein der ernährungswirtschaftliche Ertrag dieser Aktivitäten gewesen sein dürfte.

Obwohl die Ernten damit erneut hinter den Erwartungen zurückblieben, scheinen sie im Zweiten Weltkrieg doch allenthalben höher gewesen zu sein als im Ersten. Wo sich – wie in Hamburg – ausnahmsweise Erträge verschiedener Jahre vergleichen lassen, weisen sie jedenfalls für die ersten drei Kriegsjahre

---

191 Vgl. hierzu die reichlich verspätete Kampfschrift von R. W. Darré, Der Schweinemord, München 1937.
192 Steinhaus, Organisation (165), 26.
193 Ebd., 24 sowie Große Aufgaben sind uns gestellt, in: KuK/HH 3 (1942), Titelblatt.
194 Meldungen aus dem Reich (167), 36, 57, 161f. u. 176f.
195 Werner Küster, Kleingarten-Pachtverträge, Frankfurt/O. (1940), 61-65 (Das deutsche Kleingartenwesen 9) und Steinhaus, Die Arbeiten (128), 61ff.
196 Großkundgebung der Kleingärtner, in: KuK/HH 2 (1943), Titelblatt.
197 Steinhaus, Die Arbeiten (128), 61f.
198 Ders., Organisation (165), 19f.

nicht nur recht beachtliche Ergebnisse, sondern auch mehr oder minder bemerkenswerte Zuwächse auf. So erzeugten die Groß–Hamburger Kolonisten 1939 in ihren 46.500 Gärten zusammen 13.400 t Gemüse[199] oder 288 kg pro Parzelle. 1941 belief sich die Gemüseproduktion – bei unbekannter Parzellenzahl – auf rund 14.223 t, 1942 auf 16.143 t, die sich auf 47.624 Kleingärten verteilten und damit einen Durchschnittsertrag von 388 kg erbrachten[200]. Die Steigerungsrate von 1939 auf 1941 betrüge demnach 6,2%, die von 1941 auf 1942 13,5%. Setzt man pro Kleingarten eine vierköpfige Durchschnittsfamilie mit einem gemittelten jährlichen Pro–Kopf–Verbrauch von 60–70 kg Gemüse an[201], hätte der Selbstversorgungsgrad für Gemüse 1939 zwischen 4,8 bzw. 4,1, 1942 sogar zwischen 6,4 bzw. 5,5 Personen gelegen. Die Stein– und Kernobsterträge lagen dagegen 1939 bei 5.020 t bzw. 108 kg pro Parzelle[202] und 1942 bei 5.052 t bzw. 106 kg je Garten[203]. Das ergäbe einen Rückgang von rund 1,9%. Die Beerenobsterträge beliefen sich demgegenüber 1939 auf 2.253 t bzw. 48 kg pro Parzelle[204] und 1942 auf 3.359 t bzw. 70 kg pro Kleingarten[205]. Das bedeutete einen Zuwachs von rund 46%. Welche Selbstversorgungsquoten mit diesen Ertragsergebnissen verbunden war, läßt sich freilich nicht ermitteln, da sich in diesem Fall ein zeitgemäßer Vergleichsmaßstab nicht finden ließ.

Mit den Erträgen des Jahres 1942 durchschritt die Groß–Hamburger Kleingartenbaukonjunktur freilich ihren kriegswirtschaftlichen Höhepunkt. Die auf die deutschen Niederlagen bei Stalingrad und El Alamein folgende Proklamation des „totalen Krieges" am 18.2.1943 dezimierte die ohnehin durch fortgesetzte Einberufungen geschwächte Kleingärtnerschaft auf breiter Front und dürfte der „Kampfkraft" der „Heimkrieger" einen nachhaltigen Schlag versetzt haben. Mehr und mehr Kolonisten wechselten von der „Heimatfront" an die Front und vertauschten dort die eher symbolische Waffe des Spatens mit Klappspaten und Karabiner[206]. Typische Indizien für die nun einsetzende „Konzentration aller Kräfte" waren zum einen das Ausbleiben der bisher lancierten statistischen Erfolgsmeldungen, zum anderen der Zusammenschluß der bis dahin selbständigen Kleingartenzeitschriften Bremens, Hamburgs, Mecklenburgs, Niedersachsens

---

199 Karl Kaufmann, Kleingärtner – Eure Stunde ist da, in: KuK/HH 4 (1942), Titelblatt.
200 KuK/HH 3 (1943), 27.
201 Hamburger Nachrichtenblatt v. 14.6.1945.
202 Steinhaus, Organisation (165), 22.
203 KuK/HH 3 (1943), 22.
204 Steinhaus, Organisation (165), 22.
205 KuK/HH 3 (1943), 27.
206 Siehe hierzu: Mit Adolf Hitler durch Kampf zum Sieg!, in: KuK/HH 10 (1939), 218; Hans Kaiser, Meine Kleingartenkameraden!, in: Ebd. 1 (1942), 1 und Der Spaten ist unsere Waffe, in: Ebd. 2 (1942), 1f.

und Schleswig-Holsteins zum Regionalorgan „Norddeutscher Kleingärtner"[207]. Noch nachhaltigere Auswirkungen hatte allerdings die alliierte Flächenbombardierung der Hansestadt im Sommer 1943. Die Luftangriffe töteten rund 55.000 Menschen, zerstörten etwa eine Viertelmillion Wohnungen und beraubten über 900.000 Hamburger ihrer gesamten Habe[208]. Der plötzliche Wohnraummangel und die Furcht vor neuerlichen Angriffen führten dazu, daß viele Bürger die Stadt fluchtartig verließen oder zwangsevakuiert wurden. Neben die verbleibenden Hamburger, deren Zahl sich vorübergehend auf 650.000 Menschen verringerte, trat damit die Diaspora der „Butenhamburger", von denen viele erst Jahre nach der Kapitulation zurückkehren konnten[209].

Auch wenn sich die Zahl der betroffenen Kleingärtner nicht feststellen läßt, steht außer Frage, daß sie von allen Kriegsfolgen heimgesucht wurden. Ob als Gestellungspflichtige für Wehrmacht und Volkssturm, ob als Bombentote, Obdachlose oder Evakuierte –, die „Heimkrieger" konnten sich dem blindlings zuschlagenden Terror der Kriegsmaschinen beider Seiten genausowenig entziehen wie alle anderen Bürger. Dieser Befund traf nicht zuletzt auf ihre Kolonien zu, die unter den Bombenangriffen ebenso litten wie andere Wohn- und Arbeitsstätten[210]: „Oft war es zu verzeichnen, daß jemand, der seine Stadtwohnung verloren hatte, ein zweites Mal in seinem Garten ausgebombt wurde"[211]. Selbst in München, das von unmittelbaren Kriegseinwirkungen verschont wurde, waren bei Kriegsende 1.516 Lauben und 462 Kleingärten völlig vernichtet, 1.211 Lauben und 1.432 Kleingärten teilweise zerstört und weitere 1.007 Parzellen durch Plünderungen beschädigt oder unbrauchbar gemacht worden[212].

Von einer Aufrechterhaltung, gar Ausweitung der 1942 in Hamburg erreichten Produktionsziffern konnte angesichts dieser Entwicklungen keine Rede sein. Der Luftkrieg und die ihm folgende Eroberung Deutschlands machten die „Heimatfront" im Gegensatz zum Ersten Weltkrieg vielmehr nach und nach zur Front, bis die Destruktion die Produktion erst ein- und dann überholte. Am bitteren Ende herrschte in den Kolonien einmal mehr die blanke Not. Die bekannten Mängel bei der Beschaffung von Sämereien, Pflanzen und Dünger, ja selbst bei Bast, Kokosstricken und Draht verschärften sich schließlich von Monat zu Monat und ließen die Stimmung der noch verbliebenen Kolonisten auf den Nullpunkt sinken. Die nationalsozialistische Propaganda blieb von diesem Menetekel

---

207 Bernhard Wenzel, Totaler Krieg – Konzentration aller Kräfte, in: Norddeutscher Kleingärtner (April 1943), Titelblatt.
208 ...mehr als ein Haufen Steine. Hamburg 1945–1949, Hamburg (1981), 45.
209 Ebd., 129.
210 Brando (2), 73.
211 Ebd., 75.
212 Ebd., 76.

freilich unberührt. So bramarbasierte der Fachberater Otto Schulze noch zu Beginn des Jahres 1944 in offenkundiger Analogie zu den Durchhalteparolen der Regierung: „Nein, wegen solcher Kleinigkeiten braucht man die Flinte doch nicht ins Korn zu werfen" und bezweifelte, „daß es jetzt schon Gärten geben sollte, wo das Land an Nährstoffen vollständig ausgepumpt sein sollte. Der Gartenkamerad versteht es nur nicht, die noch vorhandenen Nährstoffe im Boden richtig zu mobilisieren. Genau wie in einem Volke, so schlummern auch in unserer Gartenerde noch Kräfte, die nur darauf warten, mobilisiert zu werden"[213].

Diese „Mobilisierung" der letzten Nahrungs–Reserven führte am Ende des Zweiten Weltkriegs und mehr noch in der ihm folgenden Nachkriegszeit erneut zu der schon im Ersten Weltkrieg erprobten Rückkehr zu einem Jäger–und–Sammler–Dasein, daß den bekannten deutschen Willen zur „Germanisierung" aller möglichen Fremdvölker objektiv ironisierte, indem es die vermeintlichen „Herrenmenschen" in eben die Wälder zurückschickte, aus deren Dickicht sie einst hervorgekrochen waren. Was im Zeichen der Lebensmittelrationierung noch vergleichsweise zivilisiert begonnen hatte, setzte sich unter dem Schwindeletikett von Ersatzstoffen wie „Kartoffelmettwurst" oder „Kartoffelbrotaufstrich" fort, um schließlich beim Sammeln „zusätzlicher Ernährung aus Wald und Flur" einmal mehr freudlose Urständ zu feiern[214]. Die „Fahrt gegen Engelland" endete daher entweder als „Hamsterfahrt" oder als „Robinsonade": „Am Abend hatte ich meine Ernte eingebracht, einsam, wie Robinson auf seiner Insel. Ich kochte eine Handvoll Sieglinde und aß sie mit Salz und den 62,5 Gramm Butter, die ich auf einen neuen Abschnitt der Lebensmittelkarte bezogen hatte"[215].

10.3.2. Im Bannkreis kleingärtnerischer Autarkie II: Wehrkraft und Wohnwirtschaft im Zeichen von „Blut und Boden".

10.3.2.1. Städtisches Kleingartengrün als Brandschneise.

Der Aberglaube, daß der ländliche Lebens– und Arbeitsraum mehr und besser geeignete Wehrpflichtige hervorbringe als die urbanen Ballungsgebiete, gehörte bereits im 19. Jahrhundert zu den typischen Argumentationsfiguren einer konservativen Großstadtkritik, die dank des Redestroms der „Jungbrunnen"–Ideologen auch in die Kleingartenbewegung eingesickert war und seit den Tagen

---

213 Otto Schulze, Ausgebombt – ausgepumpt, in: Norddeutscher Kleingärtner (Januar 1944), Titelblatt.
214 Gabriele Stüber, Der Kampf gegen den Hunger 1945–1950, Neumünster 1984, 273ff.
215 Georg Lentz, Molle mit Korn. Drei Romane in einem Band, (Gütersloh o.J.), 303.

Schrebers zu den spielpädagogischen Überzeugungen seiner Epigonen zählte. An diese vermeintliche, schon von der vaterländischen Turnbewegung verfochtene Korrelation knüpften die Nationalsozialisten an und ließen bereits 1934 durchblicken, daß sich die von ihnen geplante „Zurückführung der entwurzelten Bevölkerungskreise der Städte zum Boden" auch „wehrpolitisch als bedeutungsvoll auswirken" werde[216]. 1935 nahm der Ministerialrat im Reichs- und Preußischen Ministerium für Landwirtschaft, Kummer, die Verkündung der allgemeinen Wehrpflicht zum Anlaß, diese Zielsetzung auf dem 2. Reichskleingärtner- und Kleinsiedlertag im Rückblick auf das „bittere Beispiel von 1918" zu präzisieren: „Der Arm, der die Waffe mit Erfolg zur Sicherung des deutschen Friedens führen soll, braucht außer soldatischen Tugenden und Fertigkeiten ausreichend physische Kräfte. (...). Sie kommen nicht am laufenden Band zustande. Geist und Körper der Kämpfer sind untrennbar miteinander verbunden; das heißt die tüchtigsten Truppen, die besten Waffen werden stumpf, wenn die Kampf- und Widerstandskraft des Heeres durch langanhaltende Unterernährung und Hunger zum Erlahmen gebracht werden. So hängen Nährstand und Wehrstand auf das engste zusammen"[217].

Zu diesen grundsätzlichen bevölkerungs-, ernährungs- und militärpolitischen Erwägungen traten am Vorabend des Zweiten Weltkriegs strategische Überlegungen, die die deutsche Stadt(grün)planung an die Entwicklungen der Luftkriegführung anzupassen versuchte, die spätestens seit dem Spanischen Bürgerkrieg wie ein Damoklesschwert über den europäischen Großstädten schwebte. Fachschaftsführer Steinhaus beschrieb diesen raumordnungspolitischen Aspekt wie folgt: „Die Stadt (...) ist nicht nur von verkehrs- und ernährungspolitischen Fragen abhängig, sondern ist schon seit (...) Bestehen der deutschen Städte in erster Linie durch die Kriegstechnik beeinflußt worden. Während noch bis vor wenigen Jahren kriegswichtige Städte möglichst eng bebaut wurden, ist heute auf Grund des Militärflugwesens und des Gaskrieges eine aufgelockerte Stadt eine grundsätzliche strategische Forderung". Das „Idealbild einer nationalsozialistischen Stadt" sah Steinhaus daher in einem militärisch optimierten Ballungsraum, der mit Hilfe einer Kombination ringförmiger Grüngürtel und segmentförmiger Grünkeile luftkriegsgerecht aufgelockert war[218]. Dieser Gedanke wurde auf dem 1939 in Wien stattfindenden 4. Reichskleingärtnertag vom Ministerialrat im Reichsluftfahrtministerium, Löfken, aufgegriffen und unter dem Schlagwort der „lufttechnische(n) Gesundung des deutschen Lebensraumes" populari-

---

216 Kammler, Die Aufgaben (139), 92.
217 Kummer, Die ernährungspolitische Bedeutung der deutschen Kleingärtner- und Kleinsiedlerbewegung, in: 2. Reichskleingärtner- und Kleinsiedlertag (130), 6 u. 16.
218 Steinhaus, Grundsätzliche Kleingartenfragen (138), 50f.

siert: „Die bestehenden oder neu zu schaffenden Freiflächen müssen zu einem einheitlichen Ganzen verbunden werden und sollten als Grünflächen strahlenförmig bis in die Stadtkerne hineinreichen, um als Brandschneisen die Luftempfindlichkeit der Großstädte herabzusetzen. Damit wird der Luftschutz zu einem Förderer des Kleingartenwesens. Er verlangt die Trennung lebenswichtiger Anlagen und Wohnstätten durch Schutzstreifen und Grünflächen, die durch die Ausweisung von Dauerkleingärten einer wirtschaftlichen Nutzung zugeführt werden können"[219].

Die 1933 im Zeichen von „Blut und Boden" begonnene Kleingartenpolitik der NSDAP entpuppte sich damit endgültig als Programm zur allseitigen Militarisierung der Kolonien. Ob bevölkerungspolitisch, ernährungswirtschaftlich, stadtplanerisch, volkspädagogisch oder propagandistisch – in den Augen der Nationalsozialisten und ihrer aus dem RVKD gewonnenen Proselyten erschienen die Laubenkolonien nur noch als Hilfs-Mittel zum Zweck der Kriegsführung. Die nach Arbeitsschluß angetretene Fahrt zur Parzelle führte den Kleingärtner daher nicht mehr zu einem weitgehend selbst geschaffenen Stück „Heimat", sondern zu einem wesentlich fremd bestimmten Abschnitt der (virtuellen) „Heimatfront", deren Attribute sich letzten Endes auf die ebenso griffigen wie handgreiflichen Totschlagworte „krisenfest" und „bombenfest" reduzierten[220].

10.3.2.2. Stadt(grün)planung und Wohnungsbau: vom Kleingarten mit Dauer-Wohnlaube zu „Leybude" und „Behelfsheimgarten".

Die nationalsozialistische Propaganda für eine Verbindung von „Blut und Boden" weckte freilich zunächst und vor allem neue Hoffnungen auf eine endgültige Verwirklichung des alten Kleingärtnertraums vom Dauergarten – zumindest in den Köpfen „erbgesunder Reichsdeutscher arischer Abstammung". In der grauen „braunen Theorie" erschien das geplante „Tausendjährige Reich" daher geradezu als potentielle Reichsheimstätte des ewigen Dauerkleingartens[221]. Die von Fachschaftsführer Steinhaus 1938 formulierte Planungsvorgabe sah dabei als „*Idealziel*" vor, „*daß auf jede vierte Familie, die eine städtische Mietwohnung ohne Gartenzulage bewohnt, ein Kleingarten, und zwar ein Dauerkleingar-*

---

219 KuK/HH 8 (1939), 179.
220 Kriegsjubiläum unseres Kleingartens, in: Norddeutscher Kleingärtner (Oktober 1943), Titelblatt.
221 Siehe Steinhaus, Grundsätzliche Kleingartenfragen (138), 50–54. Die gesetzliche Grundlage bildete das Gesetz über die Aufschließung von Wohnsiedlungsgebieten v. 22.9. 1933 (RGBl. 1933, Teil I, 659ff.).

ten, entfällt"[222]. Wie diese Zielsetzung entstand und begründet wurde, wissen wir nicht. Auch die Größenordnung der in Frage kommenden Klientel ist in Hamburg nie errechnet worden. Sicher ist nur, daß sie erheblich größer gewesen sein dürfte als die Zahl der 1939 ausgewiesenen 47.895 Parzellen, von denen sich, wie wir gleich sehen werden, nur ein bescheidener Prozentsatz als Dauerland klassifizieren läßt.

Diese Feststellung wirft die kaum zu beantwortende Frage nach der allgemeinen Entwicklung des Kleingartenwesens während der NS–Diktatur auf, da die langfristige Sicherung von Laubenland offenkundig von der generellen, nicht zuletzt städtebaulich zu verantwortenden, Verfügbarkeit geeigneter Flächen abhängt. Wir haben an anderer Stelle deutlich gemacht, daß der bekannte Mitgliederzuwachs des Reichsbundes zwischen 1933 und 1942 unter anderem auf der Durchsetzung des closed allotment–Systems beruhte, die keine neuen Kleingärten schuf, sondern bloß bereits vorhandene „freie" oder „wilde" Parzellen organisatorisch vereinnahmte und dadurch statistisch umwidmete. Ein vergleichbarer Befund trifft auf den sprunghaften Zuwachs der Hamburger Kleingärten zwischen 1937 und 1938/39 zu, der in der Hauptsache auf der Lösung der hamburgisch–preußischen Gebietsstreitigkeiten basierte. Ihm entsprach auf Reichsebene die Akquisition von Kleingärten sogenannter „Beutegermanen", die im Zuge der nationalsozialistischen Revisions– und Eroberungspolitik „heim ins Reich" geholt wurden[223]. Was dort die Groß–Hamburg–Lösung bewirkte, bewerkstelligte hier die Groß–Deutschlandpolitik.

Einen weiteren Anhaltspunkt für die Fragwürdigkeit der statistischen Überlieferung bieten die, bereits in den vermeintlich „guten Nazijahren" belegten Klagen über Kleingartenkündigungen[224], die zum Teil auf den Bau von Luftschutzbunkern wie 1939 in den Hamburger Stadtteilen Veddel und Neuhof[225], zum Teil auf andere militärische Umnutzungen zurückgeführt werden können[226]. Ob derartige Räumungen allerdings die Zahl der Neuanlagen überstiegen, und wenn ja, in welchem Maße, läßt sich aufgrund des vorhandenen Materials nicht entscheiden. Auf jeden Fall tauchten die für 1938 nachweisbaren 63.970 Parzel-

---

222 Hermann Steinhaus, Die Neuordnung des deutschen Kleingartenwesens, in: Gartenkunst 51 (1939), 3. Zit. i.O. gesperrt.
223 Ein typisches Beispiel bietet das Statistische Jb. deutscher Gemeinden 36 (N.F. 15) (1941), 430–448.
224 Werner Küster, Die Beschaffung von Land für Kleingärten, Frankfurt/O. – Berlin 1939, 34 (Das deutsche Kleingartenwesen 5) und StAHH. Senatskanzlei–Präsidialabteilung 1935 A 80: Rundschreiben des Reichs– und Preußischen Arbeitsministers v. 4.3.1936
225 StAHH. Strom– und Hafenbau I 129.
226 Brando (2), 60.

lenkündigungen im Reich[227] die seit 1933 abgegebenen Versprechen der Odals–Propagandisten in ein diffuses Zwielicht, das den auch von den Nazis beschworenen „Platz an der Sonne" bereits vor Kriegsbeginn nachhaltig verdunkelte.
  In die entgegengesetzte Richtung wiesen freilich die Bestimmungen über die Förderung von Kleingärten vom 22.3.1938[228], die dafür sorgten, daß bis 1941 Reichs– und Gemeindemittel in Höhe von rund 15,3 Mio. RM zur Verfügung gestellt wurden, um Neuland anzukaufen oder alte Anlagen in Wert zu setzen[229]. Das gleiche traf auf den weiteren Ausbau des Kündigungsschutzes zu, der in Anbetracht des Krieges am 2.8.1940 endgültig entfristet wurde[230]. Mit Ausnahme von Räumungen „für Zwecke der Reichsverteidigung"[231] waren Kündigungen von da an so gut wie verboten. Dieses hohe Maß an Sicherheit wurde erst durch die Novellierung der Kündigungsschutz–Verordnung vom 15.12.1944 wieder beschnitten[232]. Sie stand freilich schon ganz im Zeichen der Kriegseinwirkungen und regelte in erster Linie die Nachfolge eines „aus kriegsbedingten Gründen" verhinderten Kolonisten durch „einen geeigneten Vertreter"[233]. Diese Kündigungsmöglichkeit, die ursprünglich vor allem zugunsten von Luftkriegsbetroffenen geschaffen worden war, wurde am 23.1.1945 auf „Familien mit Kindern unter 14 Jahren und (...) Kriegsbeschädigte" erweitert. Auch Kleingärtner, die über eine Zweitparzelle bzw. einen übergroßen Garten verfügten oder ihre Wohnung in eine Gemeinde verlegt hatten, „die über 10 km von der früheren Wohnsitzgemeinde entfernt" lag, hatten von nun an mit einer Kündigung zu rechnen[234].
  Die Entwicklung des Groß–Hamburger Kleingartenbestandes bleibt angesichts dieser widersprüchlichen Indizien weitgehend offen, zumal sich für den Zeitraum der NS–Diktatur nur Angaben für Hamburg und Altona finden, die obendrein bloß die Jahre 1935, 1936 und 1941 abdecken[235]. Ihnen zufolge besa-

---

227 So Steinhaus laut Ebd., 59.
228 Abgedruckt bei Wilhelm Gisbertz, Reichsgeld für Kleingärten, Frankfurt/O. – Berlin o.J., 7–15 (Das deutsche Kleingartenwesen 4).
229 Ebd., 10 und Statistisches Jb. deutscher Gemeinden 36 (N.F. 15) (1941), 433.
230 RGBl. 1940, Teil I, 1074.
231 RGBl. 1939, Teil I, 1966. Vgl. auch Wilhelm Gisbertz, Kündigungsschutz für Kleingärten, Frankfurt/O. 1940, 10.
232 VO zur Änderung der VO über Kündigungsschutz v. 15.12.1944, in: RGBl. 1944, Teil I, 345ff.
233 Ebd., 346f. Vgl. auch Gisbertz, Die Kleingarten–Umquartierer, in: Der (soziale) Wohnungsbau in Deutschland 4 (9/10) (1944), 109f.
234 Bundesgesetzblatt, Teil III, Folge 29 v. 5.2.1962, 196.
235 Alle (folgenden) Angaben (berechnet) nach Statistisches Jb. deutscher Gemeinden 32 (N.F. 11) (1937), 111–115; 33 (N.F. 12) (1938), 42–46 und 36 (N.F. 15) (1941), 433–445.

ßen die beiden, 1937 vereinigten Städte 1935 46.324, 1936 43.441 und 1941 46.987 Kleingärten, von denen 1935 585 (= 1,26%), 1936 525 (= 1,2%) und 1941 5.477 (= 11,65%) als Dauerkleingärten ausgewiesen waren. Während die Zahl der normalen Parzellen damit per saldo stagnierte, konnte sich der Anteil des Dauerlandes demgegenüber verzehnfachen und stellte die Bilanz der Weimarer Republik infolgedessen absolut und relativ weit in den Schatten. Eingeleitet wurden die Dauergartenbestrebungen durch eine Initiative der zur Behörde für Technik und Arbeit reorganisierten Baudeputation, die angesichts der Umwidmung von Kleingartenflächen zugunsten der Erwerbslosensiedlung die Notwendigkeit erkannte, die „berechtigte Mißstimmung" unter den verdrängten Kolonisten aufzugreifen. Um dieses Stimmungstief so schnell wie möglich zu überwinden, hatte sich die BTA entschlossen, „diese Frage endlich einmal zu Gunsten der Kleingärtner zu klären", und fünf Pläne zur Ausweisung von Dauerland in Langenhorn–Nord, Fuhlsbüttel, Alsterdorf, Horn–Geest und Billstedt entwickelt[236].

Tatsächlich gelang es Behörde und Landesgruppe noch im Vorfeld der Groß–Hamburg–Lösung mehrere Dauergartenprojekte zu realisieren. Zu nennen wäre hier zunächst die Anfang 1935 geschaffene, 7 ha große Kolonie im Gleisdreieck Feuerbergstraße. Sie umfaßte 92 Gärten, die allerdings nur auf 20 Jahre verpachtet wurden[237] und daher keine echten Dauerkleingärten, sondern bloß langfristig gesicherte Zeitgärten darstellten. Zu ihnen kamen im Laufe desselben Jahres eine Daueranlage in Bergedorf im Umfang von 10 ha zu 155 Gärten[238] und eine Kolonie am Barmbeker Langenfort[239]. Der Löwenanteil aller dieser Bemühungen lag freilich im (noch) preußischen Öjendorf, wo 3.000 Dauergärten geplant wurden[240], und im ebenfalls preußischen (und auch dort verbliebenen) Barsbüttel, wo im Frühjahr 1937 eine 6 ha große Dauerkolonie eingerichtet wurde, deren Gärten allerdings erneut nur auf 20 Jahre verpachtet wurden[241].

Obwohl in Hamburg bis zum Inkrafttreten des Groß–Hamburg–Gesetzes am 1.4.1937 in Fuhlsbüttel am Flughafen, in Alsterdorf zwischen Sengelmann– und Hindenburgstraße, in Horn an der Güterumgehungsbahn und in Moorfleeth noch vier weitere Dauerkleingartenareale eingerichtet wurden[242], blieb ihre bebauungsplanerische Absicherung auch hier fragwürdig. Nach Meinung des Stadto-

---

236 StAHH. FD IV DV V c 8c I: Stellungnahme der BTA v. 10.12.1934, 1.
237 KuK/HH 3 (1935), 41.
238 KuK/HH 5 (1935), 84.
239 KuK/HH 9 (1935), 160.
240 KuK/HH 1 (1936), 3.
241 KuK/HH 5 (1937), 76.
242 StAHH. FD IV DV V c 8c I: Stellungnahme der hamburgischen Finanzverwaltung v. 10.9.1936.

berinspektors der Hamburgischen Liegenschaftsverwaltung Ernst Mörcke bestand das effektiv geschützte Hamburger Dauerland daher noch Mitte 1936 allein aus der Altanlage am Rübenkamp (10 ha), der Kolonie an der Feuerbergstraße (7 ha) und dem Gelände zwischen Sengelmann- und Hindenburgstraße (2 ha). Alle anderen vermeintlichen Dauerflächen qualifizierte Mörcke als mittel- bis langfristig gefährdete Zeitgärten: „Bei den auf hamburgischem Gebiet für Dauergartengelände ausgewiesenen Flächen kann ich mich dem Gedanken nicht verschließen, daß diese Flächen später im Stillen für andere Zwecke vorgesehen sind, z.B. das Gelände an dem Flughafen für die Vergrößerung des Flughafens, das Gelände an der Güterumgehungsbahn in Horn für eine Schlachthofanlage, das Gebiet in Moorfleeth für Bahnzwecke oder Industrieanlagen". Mörckes Darlegung endete mit der im Grunde vernichtenden Schlußfolgerung, „daß die Kleingartenplanung zum weitaus größten Teil auf preußisches Gebiet verlegt ist und Hamburg für Kleingärten kaum Gebiet zur Verfügung stellt. Unter diesen Umständen wird eine Lösung der Kleingartenfrage nicht möglich sein, solange nicht ein Groß–Hamburg besteht"[243].

Diese Kritik ist aus zwei Gründen bemerkenswert: Zum einen bestätigt sie den in der „Statistik deutscher Gemeinden" zwischen 1935 und 1936 erkennbaren Rückgang der Klein- und Dauerkleingärten Hamburgs aus der Binnenperspektive eines unmittelbar betroffenen Sachbearbeiters, zum anderen verdeutlicht sie einmal mehr die für die Hamburger Kleingartenpolitik grundlegende, vom politischen System prinzipiell unabhängige Konstante der hanseatischen Gebietsstruktur. Die enttäuschende Dauergartenbilanz der Weimarer Republik erweist sich vor diesem Hintergrund daher ebensowenig als Versagen der „Systemzeit" wie der stupende Zuwachs der späten 30er Jahre als Leistung des „Tausendjährigen Reiches". Die eigentlichen Erfolge der „Blut und Boden"-Politik beruhten in Groß–Hamburg ebenso wie in Groß–Deutschland vielmehr in hohem Maße auf äußerer Expansion[244]. Zum Zeitpunkt des Inkrafttretens des

---

243 Ebd. Mörckes Kritik bezog sich dabei nicht zuletzt auf den von der BTA am 31.7.1936 vorgelegten, später nie realisierten Plan zur Generalrevision der Kleingärten im hamburgisch–preußischen Landesplanungsgebiet. Er sah vor, 1.203 ha (= 41%) der 1936 im Planungsgebiet bestehenden Kleingartenfläche von insgesamt 2.941 ha Zug um Zug aufzuheben und durch die Neuanlage von 2.712 ha zu ersetzen bzw. zu ergänzen. Von den zu räumenden Flächen im Umfang von 1.203 ha lagen bezeichnenderweise 634 ha (= 53%) auf Hamburger Gebiet, während sich von den neu zu schaffenden Flächen im Umfang von 2.941 ha nur 498 ha (= 18,4%) dort befanden. (Angaben und Berechnungen nach StAHH. FD IV DV V c 8c I: Bericht der BTA über Hamburger Kleingartenfragen v. 31.7.1936 und Protokoll der Besprechung zwischen der BTA und der Hamburger Finanzverwaltung v. 22.9.1936).
244 Diese Parallelisierung von Stadt und Staat wurde auch vom Hamburger Reichsstatthalter Karl Kaufmann beschworen, als er anläßlich der Gründung der Landespla-

Groß–Hamburg–Gesetzes am 1.4.1937 gab es nach Mitteilung des Leiters der Hamburger KGD, Ernst Teske, auf Alt–Hamburger Gebiet infolgedessen nur circa 300 Dauergärten[245]. Diese klägliche Zwischenbilanz veranlaßte den zuständigen Ministerialrat im Reichs– und Preußischen Arbeitsministerium, Wilhelm Gisbertz, im Sommer desselben Jahres zu der ebenso lapidaren wie beschämenden Feststellung, daß die Kleingartenverhältnisse in Hamburg „im argen liegen"[246].

Die Lösung der Groß–Hamburg–Frage sollte diesen Zustand freilich schon bald verbessern. Bereits am 13.2.1937 hatte die BTA die Einstellung von 100.000 RM in den Haushaltsplan beantragt, um den (zum Teil veruntreuten) Dauergarten–"Opferpfennig" der Landesgruppe in einer angesparten Höhe von 60.000 RM aufzustocken. Mit der Gesamtsumme sollten sechs Areale mit insgesamt 348 Dauergärten finanziert werden, von denen 45 auf den Grünzug Alsterdorf, 25 auf die Barmbeker Grünanlage am Langenfort, 170 auf das Farmsener Moor, 60 auf den Fuhlsbütteler Erdkampsweg, 13 auf den Groß Borsteler Brödermannsweg und 35 auf das Gebiet am Alsterlauf entfielen[247]. Die vom Gartenwesen (nachgelieferte) Antragsbegründung stand weitgehend im Rahmen der herkömmlichen Argumentationsmuster. Was der Leiter der KGD, das NSDAP–Mitglied Ernst Teske, hier vorbrachte, las sich folglich wie eine nur leicht „aufgenordete" Stellungnahme seines jüdischen Amtsvorgängers Karl Georg Rosenbaum: „Ein Reich, das für Jahrhunderte gebaut werden soll, muß auf breitester Grundlage errichtet werden. In allen Staaten wird es immer der bodenständige Mensch sein, der seine Heimat am meisten schätzen und am besten verteidigen wird. Für die unbegüterten städtischen Volksgenossen bietet der Dauerkleingarten einen staatspolitisch sehr wichtigen Ausgleich, der von den verantwortlichen Stellen nicht hoch genug veranschlagt werden kann"[248]. Dieser Antrag wurde von Bürgermeister Krogmann – trotz der damals noch ungeklärten finanziellen Unregelmäßigkeiten auf Seiten der Landesgruppe[249] – am 17.7.1937 genehmigt und in der Folge umgesetzt[250].

Mit der Lösung der hamburgisch–preußischen Gebietsstreitigkeiten am 1.4.1937 und der ein Jahr später erfolgenden Schaffung der Einheitsgemeinde

---

nungsgemeinschaft Hamburg 1936 die Deutschen als „Volk ohne Raum" und Hamburg als „Stadt ohne Raum" apostrophierte. (Hamburger Tageblatt v. 3.9.1936).
245 StAHH. FD IV DV V c 8c VI: Antrag des Gartenwesens v. 2.4.1937, 1.
246 StAHH. FD IV DV V c 8c I: Bericht über die Besprechung im Reichs– und Preußischen Arbeitsministerium v. 24.7.1937, 1.
247 StAHH. FD IV DV V c 8c VI: Vorschlag der BTA v. 13.2.1937.
248 Ebd.: Antrag des Gartenwesens v. 2.4.1937, 2.
249 Vgl. ebd. die Stellungnahme der Hamburgischen Finanz–verwaltung v. 27.4.1937.
250 Ebd.: Telephonische Anordnung Krogmanns v. 17.7.1937.

kam es in Groß-Hamburg daher zu einer zwar kurzen, aber schwungvollen Ausweitung des städtischen Dauergartengeländes, zu der auch die 1938 geschaffene Daueranlage am Harburger Außenmühlenteich[251] und die Wilhelmsburger Dauerkolonie „Im Hövel"[252] gehörten. Wirklich massenwirksam waren freilich erst die Planungen vom Frühjahr 1939 mit ihrem bis dahin unglaublichen Gesamtumfang von 150 ha. Sie konzentrierten sich auf drei, östlich der Alster gelegene Schwerpunkte: die weitere Kolonisation des Farmsener Moores im Rahmen eines Grünzuges, der von der Barmbeker Lämmersieth entlang der Osterbek führen sollte, die Aufschließung des bis dahin als Segelflugplatz genutzten Holstenhofgeländes im Raum Hamm, Horn, Wandsbek und die Schaffung eines Grünzuges entlang der Bille unter Einbeziehung der Erwerbslosenkolonie „Horner Marsch"[253].

Alles in allem erreichte Groß-Hamburg damit bekanntlich bis 1941 einen Bestand von 5.477 Dauerkleingärten und folglich eine Dauergartenquote von 11,65%. Wie realitätstüchtig diese Zahlenangaben sind, steht freilich auf einem anderen Blatt. Die Hamburger Verbandszeitschrift präsentierte ihren Lesern im selben Jahr ein weit besseres Verhältnis von insgesamt rund 47.000 Klein- zu 8.656 (= 18,4%) Dauerkleingärten[254]. Wie sich diese Differenz von immerhin 3.179 Dauerparzellen erklären läßt, bleibt unerfindlich. Einen möglichen Schlüssel böte allenfalls die unterschiedlich enge bzw. weite Auslegung des Dauergartenbegriffs, der in Hamburg bekanntlich auch auf langfristig verpachtete Zeitgärten angewandt wurde. Dieser Befund traf auch auf das große Gebiet im Farmsener Moor zu, wo die Stadt eine bebauungsplanerische Festlegung der Gärten aus Furcht vor Entschädigungsansprüchen verschiedener Streuparzellenbesitzer vermied[255]. Ein beträchtlicher Teil des Dauergartenbooms der NS-Zeit beruhte daher auf der Vorspiegelung falscher Tatsachen. Inwieweit die Kleingärtner diesen juristischen Etikettenschwindel wahrnahmen, wissen wir nicht. Sicher ist dagegen, daß der Aufschwung mit Kriegsbeginn schnell abflaute. So wurden von den 96 Parzellen der rund 5,2 ha großen, zum KGV „Horner Geest" gehörenden Kolonie am Rahlstedter Weg in Farmsen bereits im Sommer 1940 nur noch 50%

---

251 KuK/HH 6 (1938), 84.
252 KuK/HH 8 (1938), 115.
253 Hamburger Anzeiger v. 1.4.1939.
254 KuK/HH 11 (1941), 141.
255 StAHH. FD IV DV V c 8c XXXV A: Protokoll der Besprechung zwischen der Landesgruppe und der Hamburgischen Vermögens- und Liegenschaftsverwaltung v. 17.6.1937.

bewirtschaftet, da die Pächter zum Heeresdienst und ihre Frauen zur Arbeit in verschiedenen Wehrbetrieben herangezogen worden waren[256].

Auf jeden Fall wurde die im Rahmen der Groß–Hamburg–Lösung initiierte, durch das Gesetz zur Neugestaltung der deutschen Städte vom 4.10.1937 vorgeschriebene Umgestaltung der Hansestadt zur nationalsozialistischen Metropole des Außenhandels im Frühjahr 1941 weitgehend eingestellt[257] und die erst am 8.1.1941 zu diesem Zweck geschaffene Dienststelle des Architekten für die Neugestaltung Hamburgs unter Leitung Konstanty Gutschows[258] zum Amt für kriegswichtigen Einsatz umfunktioniert[259]. Konkrete Planungen, geschweige denn Ausweisungen von Dauerkleingärten dürften von da ab nicht mehr stattgefunden haben, zumal im Laufe der Zeit nicht nur immer mehr Kleingärtner (und ihre Frauen), sondern auch viele „Spezialarbeiter" und „Planer" mobilisiert wurden[260]. Der unter Gutschows Federführung erarbeitete Hamburger Generalbebauungsplan von 1940/41[261] blieb angesichts der weiteren Ereignisse ein bloßes Planspiel. Die in seinem Rahmen vorgesehene Neuordnung der hanseatischen Dauer–Kleingartengebiete[262] braucht uns insofern nicht weiter zu interessieren, zumal sie im wesentlichen auf einen Generalrevisionsplan der BTA vom Sommer 1936 zurückgriff[263]. Bemerkenswert ist freilich, daß der Plan die 1938 von Steinhaus propagierte, 1940 vom Reichsarbeitsministerium übernommene Dauergartenquote, die auf vier gartenlose Mietwohnungen einen Dauerkleingarten vorsah[264], vorerst auf ein Verhältnis von 5:1 reduzierte[265].

Diese Relativierung der Versprechungen aus den vermeintlich „guten Nazijahren" kennzeichnete in gewisser Hinsicht den gesamten Bereich der vom Generalbebauungsplan angeschnittenen Kleingartenversorgung. Auf jeden Fall stach die Behandlung dieses vergleichsweise alltäglichen Problems von der

---

256 StAHH. FD IV DV I C 4d II AR 58: Schreiben der KGD an die Kämmerei v. 17.6.1937.
257 Werner Durth, Deutsche Architekten, Braunschweig/ Wiesbaden (1986), 156ff.
258 Ebd., 178.
259 Ebd., 185.
260 Norddeutscher Kleingärtner (Juni 1943), 9.
261 Grundsätzlich hierzu Michael Bose u.a., ... ein neues Hamburg entsteht, Hamburg 1986, 46–61.
262 StAHH. Strom– und Hafenbau I 129: Rundschreiben des Stadtplanungsamtes v. Februar/März 1941 u.v. 18.3.1941.
263 StAHH. Architekt Gutschow A 243: Vorläufiger Untersuchungsbericht der Landesplanungsgemeinschaft Hamburg v. 12.10.1940.
264 Ebd.: Schreiben des Reichsarbeitsministers an die Sozialverwaltungen der Landesregierungen v. 10.9.1940.
265 StAHH. Strom– und Hafenbau I 129: Rundschreiben des Stadtplanungsamtes vom Februar/März 1941, 2f.

vollmundigen Präsentation megalomanischer Großprojekte wie dem Elbbrückenvorhaben, der Neugestaltung des Elbufers oder dem Bau der geplanten Ringautobahn erkennbar ab. Wie fragwürdig die Zukunftsperspektive der Kleingärtner um die Jahreswende 1940/41 war, dokumentierte auch ein Rundschreiben des Reichsarbeitsministeriums an die Sozialverwaltungen der Länder vom 10.9.1940, das nachdrücklich dazu aufrief, „Vorsorge zu treffen, um der nach dem Kriege zu erwartenden erhöhten Nachfrage genügen zu können"[266]. Noch deutlicher äußerte sich ein halbes Jahr später das Hamburger Wohnwirtschafts- und Siedlungsamt, das unter Anspielung auf das gescheiterte Kriegerheimstättenprojekt des Ersten Weltkrieges mahnte: „Wir können die zurückkehrenden, wohnungssuchenden Soldaten nicht mit leeren Versprechungen abspeisen. Das bringt die Gefahr mit sich, daß das vom Weltkrieg her noch nicht beseitigte Wohnlaubenelend in verstärktem Maße aufleben wird"[267].

Diese aus gedämpften Erwartungen und offenkundigen Befürchtungen gemischten Überlegungen, die statt vom „Lebensraum im Osten" von mangelndem Wohnraum in Hamburg sprachen, verwiesen nicht zuletzt auf das mit der Dauergartenfrage untrennbar verbundene Dauerwohnproblem. Auch wenn sich dieser, mit dem Versagen des nationalsozialistischen Wohnungsbaus und der ihm entsprechenden Ausweitung des kleingärtnerischen Kündigungsschutzes eng verbundene Komplex nicht quantifizieren läßt, bieten die überlieferten Angaben im „Statistischen Jahrbuch deutscher Gemeinden" doch einen gewissen Einblick in seine Größenordnung. Ihnen zufolge gab es im Deutschen Reich 1935 62.052 und 1936 125.172 Dauerlogierer, von denen 49.000 (= 79%) bzw. 120.000 (= 96%) in Berlin und 7.995 (= 12,9%) bzw. 700 (= 0,6%) in Groß–Hamburg wohnten. Die nächste und zugleich letzte Erfassung erfolgte 1941. Sie führte freilich nicht mehr die Dauerwohner, sondern die leichter erfaßbaren Dauerwohnlauben auf. Sie beliefen sich im Reich auf 50.075 Gebäude, von denen 39.000 (= 77,9%) in Berlin und 2.500 (= 5%) in Hamburg standen[268].

Wie fragwürdig diese Zahlen auch immer sein mögen, so unzweifelhaft verdeutlichen sie doch zugleich die Tatsache, daß die Wohnlaubenproblematik vor allem ein groß–, ja hauptstädtisches Phänomen gewesen ist. Diese Dominanz Berlins relativiert sich freilich, wenn man die vom Jahrbuch vorgenommene Begrenzung auf Städte mit mehr als 50.000 Einwohnern aufhebt. So enthält die Groß–Hamburger Angabe für 1935 weder Daten aus Harburg–Wilhelmsburg noch Informationen aus Wandsbek, sondern nur 954 von der Hansestadt selbst

---

266 StAHH. Architekt Gutschow A 243: Schreiben des Reichsarbeitsministers an die Sozialverwaltungen der Landesregierungen v. 10.9.1940, 2.
267 Ebd.: Schreiben des Wohnwirtschafts– und Siedlungsamtes an das Stadtplanungsamt v. 9.4.1941, 5.
268 Alle Angaben nach den in Anm. (235) angegebenen Quellen.

und 7.041 von Altona gemeldete Dauerwohner. Nun wissen wir aber, daß im Sommer des fraglichen Jahres allein im Landkreis Stormarn 4.520 laubenkoloniale Dauerlogis gezählt wurden. Da Hamburg aber nicht nur an den Kreis Stormarn, sondern auch an die ebenfalls preußischen Kreise Pinneberg und Harburg sowie in bescheidenerem Maße an die Kreise Lauenburg und Stade grenzte, kann man sich vorstellen, wie groß der „Budenzauber", und mit ihm die Dunkelziffer des Jahrbuchs, allein in diesem Jahr gewesen sein muß. Die von der Statistik ausgewiesene Zahl für 1936 erweist sich infolgedessen als völlig indiskutabel, da die Quelle in diesem Jahr nur noch die Hamburger Dauerlogierer ausweist. Der rechnerische Rückgang von 7.995 auf 700 Dauerwohner (= 91,2%) entpuppt sich folglich als bloßer Scheinverlust, der auf der ausgebliebenen Angabe Altonas basiert. Doch auch die Überlieferung für das Jahr 1941 hält einer kritischen Würdigung nicht stand. Wie wir dank der Bereisung der Wohnlaubengebiete Groß–Hamburgs durch Oberbaurat Erwin Ockert wissen, zählte die Stadt im Sommer 1940 noch 4.995 „wilde" Siedlerstellen. Wie es Hamburg angesichts des seit 1938 rückläufigen Wohnungsbaus gelungen sein soll, diese Zahl binnen Jahresfrist auf 2.500 Dauerwohnlauben zu halbieren, bleibt unerfindlich, zumal die Rückgänge im Reich und in Berlin – trotz der seit 1939 verstärkt einsetzenden Dienstverpflichtungen aller Art – zwischen 1935 und 1941 nur 19,3 bzw. 20,4% betrugen.

Die 1940 von Ockert und ein Jahr später vom Wohnwirtschafts– und Siedlungsamt erneut festgestellte Über–Lebenskraft des „Volks ohne Wohnraum" verstärken daher den schon im Zusammenhang mit dem Rückgang des Wohnungsbaus und der ihn flankierenden Ausweitung des laubenkolonialen Kündigungsschutzes aufgekommenen Verdacht, daß der durch die Groß–Hamburg–Lösung bewirkte Dauergartenschub in erster Linie der wohnwirtschaftlichen Instrumentalisierung der Kleingartenanlagen dienen sollte. Ein frühes Indiz für die sich hier abzeichnende Politik bildete ein von E. Eichenherr entworfener, von Ernst Teske genehmigter Dauerwohnlaubentyp, der ursprünglich für den GBV „Moorfleeth" und die Erwerbslosenkolonie „Unterer Landweg" konzipiert worden war. Die 35 qm große Wohnlaube, die von der Horner Baustoffhandlung Otto Weger für 1.470,22 RM angeboten wurde, besaß nicht nur die bis dahin undenkbare Zahl von vier Räum(ch)en, sondern obendrein acht Bettstellen, einen Küchenherd, einen Stubenofen und einen externen Abort[269]. Auch wenn wir die Verbreitung dieses, durch zinslose Darlehn vergebenen Laubentyps nicht kennen, stellte er doch unzweifelhaft einen Höhepunkt laubenkolonialer Wohn-

---

269 Grund– und Aufriß in StAHH. Sozialbehörde I AF 47.15: Kostenvoranschlag und Bauzeichnung der Firma Otto Weger v. 3.11.1934.

kultur dar, der alle bis dahin genehmigten Typen-Lauben sowohl quantitativ wie qualitativ weit in den Schatten stellte.

Wie groß die wohnwirtschaftliche Bedeutung der Kleingärten zwischen 1933 und 1941 freilich auch immer gewesen sein mag, eine nachhaltige Funktion erhielten sie erst im Gefolge der alliierten Bombenangriffe gegen die deutsche Zivilbevölkerung[270]. Mit ihnen schlug zugleich die Geburtsstunde eines neuen Kleingartentyps – des Behelfsheimgartens. Sein oberster Schirmherr war ironischerweise der als „Reichstrunkenbold" berüchtigte Reichsorganisationsleiter der NSDAP, DAF-Chef Robert Ley, der bereits am 15.11.1940 zum Reichskommissar für den sozialen Wohnungsbau ernannt worden war[271]. Diese zu Lasten des Reichsarbeitsministeriums erfolgende Kompetenzverlagerung wurde am 23.10.1942 auch auf das Siedlungs- und Kleingartenwesen ausgedehnt[272] und ein knappes Jahr später im Rahmen des am 9.9.1943 geschaffenen „Deutschen Wohnhilfswerks für Luftkriegsbetroffene"[273] administrativ umgesetzt. Seitdem wurden bestehende Kleingartenlauben mit finanzieller Hilfe des Reiches „für den ganzjährigen Gebrauch" hergerichtet[274] oder bisher nicht bebaute Freiflächen wie Grabeland, Felder, Weiden und Tennisplätze bei Bedarf mit reichseinheitlichen Behelfsheimen versehen[275]. Der Auf- und Ausbau dieser Behelfsheime erfolgte dabei ohne Rücksicht auf den planungsrechtlichen Status des Geländes und unter Mißachtung aller baupolizeilichen Vorschriften. Nutznießer waren entweder (zu Hause) ausgebombte Kleingärtner oder Luftkriegsbetroffene, denen ein Kleingarten ganz oder teilweise übertragen worden war[276].

Obwohl die Folgen dieser Maßnahmen zunächst kaum absehbar waren, ließ die Umnutzung der Kleingartenanlagen für wohnwirtschaftliche Behelfszwecke schon damals das Schlimmste befürchten, auch wenn die verantwortlichen Fachleute bestrebt waren, alle stadthygienischen und stadtplanerischen Bedenken vom „grünen Tisch" zu wischen. Der Kleingartenreferent im Reichsarbeitsministerium, Ministerialrat Wilhelm Gisbertz, zeichnete daher ein geschöntes Bild, als er 1944 erklärte: „Da Kleingärten mit Wasser versorgt sind und auch sonst viele Einrichtungen besitzen, die zur besseren Eingewöhnung der neu zuziehen-

---

270 Einen ersten Zugang zum Problem bietet die Magisterarbeit von Ernst-Günther Matthiesen, Die Behelfsheimproblematik in den Hamburger Kleingärten im Zeitraum Juli/ August 1943 bis 1951, Hamburg 1991 (Ms.).
271 Bose u.a. (261), 94.
272 RGBl. 1942, Teil I, 623.
273 Fritz Georg Möller, Der Behelfsheimgarten, Med. Diss. Hamburg 1949, 1.
274 Erlaß des Reichswohnungskommissars v. 8.1.1944, zit. n. Norddeutscher Kleingärtner (April 1944), Titelblatt.
275 Möller (273), 2.
276 Gisbertz, Behelfsheime auf Kleingartenland, in: Der (soziale) Wohnungsbau in Deutschland 19/20 (1944), 214ff.

den Familien von großem Vorteil sind, ist Kleingartenland (...) vielfach geeigneter als anderes Gelände. Hinzu kommt, daß die Kleingärtner, die bisher schon (...) größere Arbeiten zum Besten der Gartengemeinschaft ausgeführt haben, den Luftkriegsbetroffenen wesentliche Arbeitshilfe leisten werden (...). Besonders vorteilhaft wird es sich auswirken, daß die Kleingärtner durch ihre Organisation seit Jahren wirtschaftlich eingehend beraten sind (...). Die (...) Luftkriegsbetroffenen können sich an dieser Beratung ohne weiteres beteiligen, daneben auch manche wichtige praktische Hinweise von den Kleingärtnern selbst erhalten"[277].

Welch mühsame Arbeit allein die Materialbeschaffung für derartige Baumaßnahmen mit sich brachte, hat die Hamburgerin Mathilde Wolff–Mönckeberg ebenso eindringlich beschrieben wie das eigentümliche Glück, das den Menschen aus dieser Selbsthilfe erwuchs: „Frauen, die müden Gesichter unter dem Kopftuch halb verborgen, klettern in den Ruinen herum, sie dürfen die noch brauchbaren Steine sammeln und haben Erlaubnisscheine, sich alles, was noch irgendwie zu benutzen ist, anzueignen. Sie schleppen es alles mit sich und bauen sich irgendwo weit draußen kleine Wohnstätten damit (...). Es muß erstaunlich sein, wie die armen Menschen es verstehen, aus dem rohen Material, aus halbverkohlten Brettern sich ganz nette Unterschlupfe zu machen. Da helfen alle: der Mann – wenn er da ist –, die Frau und alle Kinder, und sie sind so stolz auf ihr Werk und leben viel lieber so primitiv, fast wie Robinson, auf einsamer Heide in einem einzigen fensterlosen Raum als bei fremden Menschen untergebracht"[278].

Neben diesen selbst ausgebauten Notunterkünften existierte ein standardisierter, staatlicher Behelfsheimtyp, der in Anspielung an den Reichskommissar für den sozialen Wohnungsbau allgemein als „Ley–Bude" oder „Ley–Baracke" bezeichnet wurde und unter diesem wenig schmeichelhaften Firmenzeichen traurige Berühmtheit erlangte. Diese Notunterkunft, die auf einem, vermutlich von Albert Speer persönlich genehmigten Entwurf Ernst Neufferts basierte[279], bestand aus einer 20 qm großen Pultdachlaube mit Wohnküche und Kinderkammer, separatem Abort und Schuppen. Dazu kam als „grüne Stube" ein Garten, der im Regelfall 200 qm, in Hamburg jedoch 400 qm Pachtland umfaßte[280]. Ausgeführt wurde das Behelfsheim, je nach Materiallage, als Ziegel–, Hohl-

---

277 Ebd., 218.
278 Mathilde Wolff–Mönckeberg, Briefe, die sie nicht erreichten, (Hamburg 1978), 106.
279 Durth (257), 204 u. 152. Neuffert war seit 1944 Beauftragter für Normungsfragen im Reichsministerium Speer.
280 Hans Spiegel, Gestaltung und Ausführung des Behelfsheims, Teil 2, in: Der (soziale) Wohnungsbau in Deutschland 4 (9/10)(1944), 97f. Vgl. auch Möller (273), 1f.

block–, Lehm–, Rundholz– oder Stangenbau[281]. Vorgesehene Nutzer waren Ausgebombte unter besonderer Berücksichtigung Kriegsversehrter und Kinderreicher. Die „Ley–Bude" selbst wurde verschenkt, mußte jedoch in Selbst– und/ oder Nachbarschaftshilfe errichtet werden, das zugehörige Land wurde dagegen zu einem Preis von 2 Pfg./qm verpachtet[282].

Wieviele dieser Behelfsheime unter dem auslaufenden Protektorat Leys im Großraum Hamburg errichtet wurden, wissen wir nicht[283], zumal sich ihr Bau nach der Kapitulation ebenso fortsetzte wie der von der britischen Besatzungsmacht ausdrücklich geförderte Kleingartenbau[284]. Unstrittig ist dagegen, daß sich die ursprüngliche Überbrückungsmaßnahme, zu der auch die von KZ–Häftlingen hergestellten „Plattenhäuser" aus Betonfertigteilen[285], die von der Besatzungsmacht aufgestellten „Nissenhütten"[286] und die zu Wohnzwecken umgewandelten Hochbunker[287] gerechnet werden müssen, schnell zu einem Dauerprovisorium auswuchs, das den späteren Provisorien des Grundgesetzes oder der Bundeshauptstadt kaum nachstand.

Wie groß die Zahl der Kleingartenbewohner in dieser Zeit war, lassen die Ergebnisse der Hamburger Volkszählung vom 13.9.1950 erkennen[288]. Sie dürfte in etwa den Höhepunkt des laubenkolonialen Wohnbooms bezeichnen, da die Stadt im August 1949 mit der Gründung der Wohnungsgenossenschaft „Sozialer Wohnungsbau Hamburg" zur Produktion regulärer Wohnungen zurückkehrte. Die im folgenden wiedergegebenen Daten bleiben gleichwohl unvollständig, da sie allein auf der Basis der seinerzeit nachweisbaren 309 Hamburger Kleingartenvereine mit ihren 793 Kolonien und 56.381 Parzellen beruhen. Wie schmal diese Grundlage in Wirklichkeit war, zeigt ein Vergleich mit der Gesamtzahl aller in Groß–Hamburg bewirtschafteten Flächen unter 0,5 ha. Sie belief sich 1947 auf 172.214 Landstücke im Umfang von 11.030 ha (= 27,7%) der landwirtschaftlichen Nutzfläche der Hansestadt[289]. Korreliert man diese Zahl – in Er-

---

281 Hans Spiegel, Gestaltung und Ausführung des Behelfsheims, Teil 3, in: Der (soziale) Wohnungsbau in Deutschland 4 (9/10) (1944), 147–150.
282 Möller (273), 2.
283 Matthiesen (270), 12 Anm. 21.
284 Das Bauverbot für Behelfsheime erfolgte erst Ende 1950. (... mehr als ein Haufen Steine (208), 74).
285 Werner Skrentny (Hg.), Hamburg zu Fuß, Hamburg 1986, 110f.
286 Hartmut Hohlbein, Hamburg 1945, 2. Aufl. Hamburg 1985, 102f.
287 ... mehr als ein Haufen Steine (208), 69ff.
288 Die Kleingartensiedlungen im Gebiet der Hansestadt Hamburg, in: Hamburg in Zahlen 2 (1952), 57–65.
289 Die Kleingärten der Hansestadt Hamburg, in: Hamburg in Zahlen 4 (1948), 9f. Der Begriff Kleingarten bezeichnet hier allerdings nur kleine Pachtflächen bis zu einer Größe von 0,5 ha, keinesfalls Parzellen im Sinne der KGO.

mangelung anderer Vergleichsdaten – mit der Summe der Kleingärten des Jahres 1950, betrüge der Anteil echter, durch die KGO geschützter Parzellen bloß 32,7% oder ein rundes Drittel.

Ein ähnliches Bild ergibt die Aufschlüsselung der wohnwirtschaftlichen Daten der Volkszählung. Die Gebäude- und Wohnungszählung weist hier für die 56.381 erfaßten Kleingärten 27.493 bewohnte Behelfsbauten aus[290]. Bezogen auf die Gesamtzahl aller Behelfsbauten in Höhe von 55.704 Gebäuden entsprach das einem Prozentsatz von rund 49,3%. Besonders bemerkenswert war dabei der geringe Anteil der herkömmlichen Wohnlauben, der insgesamt bloß 4.177 Wohneinheiten betrug und damit nur 7,5% aller bzw. 15,2% aller in Kleingärten errichteten Notunterkünfte umfaßte. Auch in den Laubenkolonien dominierten damit erstaunlicherweise die genormten Behelfsheime. Mit 20.771 Einheiten oder 75,5% aller Gebäude stellten sie nicht nur die herkömmlichen Selbstbau- und Typenlauben weit in den Schatten, sondern übertrafen zugleich ihren Anteil an der Gesamtzahl der städtischen Behelfsbauten, der sich alles in allem auf 41.886 (= 75,2%) Buden belief[291].

Trotz dieser einschränkenden Vorbehalte bietet das Gesamtpanorama der Hamburger Kleingartensiedlungen des Jahres 1950 immer noch ein beeindruckendes Bild ihres demographischen und sozialpolitischen Absorbtionspotentials[292]:

Hamburger Kleingartensiedlungen im Jahre 1950			
Bezirk	Parzellen	Wohngebäude	Dauerwohner
Mitte	12.807	7.943	25.172
Altona	5.788	2.405	7.273
Eimsbüttel	7.312	2.764	8.270
Nord	9.310	3.651	11.260
Wandsbek	11.078	7.779	23.942
Bergedorf	1.923	782	900
Harburg	8.163	2.170	6.556
Summe	56.381	27.494	83.373

---

290 Alle folgenden Angaben nach: Die Kleingartensiedlungen (288), 60. Die fehlenden Anteile auf 100% entfallen auf Bunker, Wohnschiffe, Wohnwagen u.ä.
291 Wie unsicher die Zahlen freilich auch hier wieder sind, belegen die Angaben bei Matthiesen (270), 57, der den Anteil der Lauben aller Kategorien mit 9.469 Wohneinheiten beziffert. Bezogen auf die Gesamtzahl von 24.156 Gebäuden überhaupt, ergäbe das einen Anteil von 39,2%.
292 Zusammengestellt und berechnet nach: Die Kleingartensiedlungen (288), 62ff.

Mit einer laubenkolonialen Gesamtbevölkerung von 84.689 Personen hatten damit „*5,3 v.H. der gesamten Wohnbevölkerung Hamburgs auf dem Gelände der Kleingartenvereine eine* (...) Unterkunft gefunden. Die Bedeutung dieser Zahl kommt noch besser zum Ausdruck, wenn man sich vergegenwärtigt, daß sie *größer ist als die Einwohnerzahl von Göttingen (rd. 78.000) oder Neumünster (rd. 73.000)*"[293]. Die räumliche Verteilung der Kleingartenlogis folgte dabei in etwa den Schwerpunkten der Bombardements vom Sommer 1943[294]. Auf jeden Fall rangierten die Bezirke Mitte und Wandsbek mit 28,9% bzw. 28,3% aller Dauerwohnstätten eindeutig an der Spitze der sieben Hamburger Bezirke. Entsprechend hoch war auch der Anteil der Dauerwohner, der in Mitte 25.172 (= 29,7%) und in Wandsbek 23.942 (= 28,2%) Personen betrug. Die Zahl der Kleingartenbewohner in Hamburg–Mitte überstieg damit „die Einwohnerzahl der *Stadt Husum* (24.911), die (der) Kleingartenbewohner im Bezirk Wandsbek die der *Stadt Heide* (22.175)"[295].

Welche erstaunliche Dimension die laubenkoloniale „Inselwelt" im „Hamburger Häusermeer" seinerzeit besaß, belegt die folgende Momentaufnahme aus dem Jahre 1950[296]. Wie ein Atoll um seine abgesunkene Insel erstreckte sich in diesem Jahr ein nahezu konzentrisch gelagerter Archipel um das im „Feuersturm" des Jahres 1943 weitgehend zerstörte Stadtzentrum. Zum ersten Mal in seiner Geschichte besaß Hamburg damit einen fast kompletten großstädtischen Grüngürtel. Was hellsichtige Sozialreformer und Städtebauer seit den Tagen des Kaiserreichs vergeblich gefordert hatten, schuf die nationale Katastrophe des Zweiten Weltkriegs freilich nur als vergängliches Abfallprodukt, das in der kommenden „Wirtschaftswunderwelt" ebenso schnell wieder versinken sollte, wie es aus den Trümmern des „Tausendjährigen Reiches" aufgetaucht war. Die „insularen" Behelfsheimstätten blieben zwar „teilweise7 bis Ende der 50er Jahre bestehen", doch füllten sie „sich zunehmend mit sozial Gestrandeten, die vom Entwicklungstempo der Nachkriegsjahre überrollt wurden. Unter der glänzenden Fassade der Wirtschaftswundergesellschaft dokumentierten (sie) nun ein Phänomen sozialer Desintegration, das zu Beginn der 60er Jahre in die Wohnsilos der Nachkriegswohnungsbaus ausgelagert wurde. Manche 'Leybude' überdauer-

---

[293] Ebd., 60. Erste Hervorhebung i.O. fett, zweite gesperrt.
[294] Ebd., 62ff.
[295] Ebd., 64f. Hervorhebung i.O. gesperrt.
[296] Die kartographische Abbildung des Hamburger Kleingartenbestandes des Jahres 1950 wurde mir freundlicherweise von Herrn Bramesfeld von der Kleingartendienststelle der Hamburger Umweltbehörde zur Verfügung gestellt.

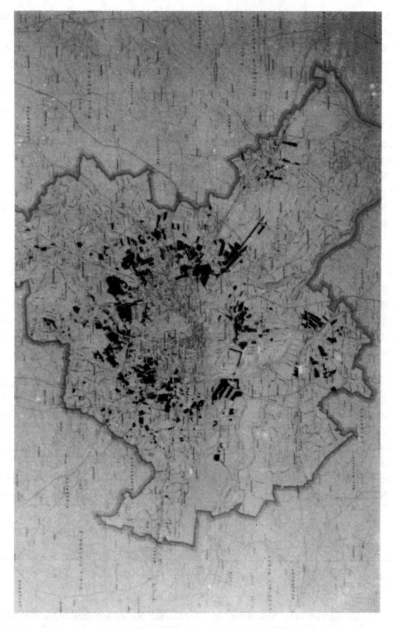

Hamburger Kleingarten–"Atoll" 1950

te jedoch die Jahrzehnte und ist noch heute in 'veredelter' Form an vielen Stellen des Stadtgebietes zu besichtigen"[297].

297 Frank Bajohr, Leybuden, Laubenkolonien und Nissenhütten, in: Improvisierter Neubeginn. Hamburg 1943–1953, (Hamburg 1989), 77.

11. Von Robinson zum „Robinson Club" oder Wie die „Eingeborenen von Trizonesien" die „Inseln im Häusermeer" verließen und auswanderten.

Die mit der doppelten Staatsgründung von BRD und DDR besiegelte neue Ära der deutschen Geschichte stand für das Kleingartenwesen im Westen unter der Signatur einer wachsenden Marginalisierung. Das lag in erster Linie daran, daß der in der zweiten Nachkriegszeit erneut auftretende wohn- und ernährungswirtschaftliche Boom der Kolonien dank des „sozialen Wohnungsbaus" des „Wirtschaftswunders" noch schneller abebbte als die strukturgeschichtlich analoge Hausse der ersten Nachkriegszeit aufgrund des „Reformwohnungsbaus" der „Goldenen Zwanziger Jahre".

Die erste typische Ausdrucksform dieses Prozesses bildete erneut die allmähliche Aufgabe des „Kriegsgemüselandes"[1] und das mit ihr verbundene Ausscheiden der reinen „Kartoffelkleingärtner"[2]. Nach Auskunft von Paul Brando, dem Vorsitzenden des am 19.8.1949 in Bochum gegründeten – 1974 in „Bundesverband Deutscher Gartenfreunde" umfirmierten – „Verbandes Deutscher Kleingärtner"[3] belief sich die Mitgliederzahl des Verbandes seinerzeit auf rund eine Million Kolonisten aller Kategorien[4]. Unter ihnen befanden sich freilich nur 752.589 Kleingärtner, deren Parzellen unter den Schutz der KGO fielen[5], während die übrigen 247.411 Kolonisten (= 24,7%) zur Kategorie der „Nur-Kartoffelbauern" zählten. Wie repräsentativ diese arithmetisch gemittelte Quote war, läßt sich nicht feststellen. 1948 zählte der Landesverband Bayern 95.000 Mitglieder, 1950 dagegen nur noch 62.000[6] und verzeichnete damit einen Rückgang von 33.000 Personen bzw. 34,7%.

Die zweite typische Ausdrucksform dieses Prozesses stellte die Baulandexpansion der 50er und 60er Jahre dar, die allenthalben große Teile des Kleingartenareals in Bau(erwartungs)land umwandelte[7], obwohl die „Einbeziehung des Kleingartenwesens in die Stadtentwicklungs- und Flächennutzungsplanung der

---

1 Paul Brando, Kleine Gärten – einst und jetzt, (Hamburg 1965), 89.
2 Ebd., 76.
3 Ebd., 86ff.
4 Ebd., 89.
5 Ebd., 186.
6 Ebd., 76.
7 Edmund Gassner, Geschichtliche Entwicklung und Bedeutung des Kleingartenwesens im Städtebau, Bonn 1987, 108.

Gemeinden" in diesen Jahrzehnten theoretisch beachtliche Fortschritte erzielte[8]. Die Mitgliederzahl des Verbandes sank demzufolge von (bereinigten) 752.467 Personen im Jahre 1949 auf 476.754 Menschen 1964[9] und summierte sich damit zu einem Verlust von 275.831 Mitgliedern (= 36,6%) in eineinhalb Jahrzehnten. In Hamburg sank die Zahl der Parzellen von 55.226 im Jahre 1950 auf 37.603 Anno 1964[10]. Auch wenn der Verlust in der Hansestadt damit geringer war als im Bundesdurchschnitt, betrug er doch immer noch 17.623 Gärten oder 31,9%. Ihren Tiefpunkt erreichte die Hamburger Entwicklung 1972 mit 30.185 Parzellen. Obwohl die Zahl der Kleingärten in der Folgezeit wieder leicht zunahm, erreichte sie Ende 1990 doch nur den vergleichsweise bescheidenen Bestand von 36.610 Gärten, die sich auf rund 1.700 ha verteilten – „dies entspricht der 111-fachen Fläche der Binnenalster oder etwa 2.000 Fußballfeldern"[11]. Seit dem Tiefstand Anno 1972 befindet sich die Hamburger Kleingartenbewegung damit in einer Phase dauerhafter Konsolidierung, deren Niveau in etwa dem Stand Mitte der 60er Jahre entspricht[12].

Diese Entwicklung, die aus der ursprünglichen Kleingärtnerbewegung gewissermaßen einen weitgehend gesetteten „Kleingärtnerstand" machte, war allerdings nicht nur die Folge eines äußeren, quantitativen Verdrängungswettbewerbs, sondern zugleich das Resultat eines inneren, qualitativen Funktionswandels, der das anfänglich multifunktionale Kleingartenwesen zusehends eindimensional verengte. So bereitete das deutsche „Wirtschaftswunder" dem klassischen „Wirtschaftsgarten" ein ebenso schnelles wie nachhaltiges Ende, das von der 1957 einsetzenden europäischen Agrarintegration teils flankiert, teils fortgeschrieben wurde. Das Ausscheiden der „Kartoffelkleingärtner" erwies sich damit nicht nur als konjunkturelle Bestandsbereinigung, die gleichsam die kleingärtnerische Spreu vom Weizen trennte[13], sondern vor allem als Vorspiel einer generellen Umorientierung, die den Kleingarten auf breiter Front zum reinen „Erholungsgarten" umwandelte[14].

Parallel zu diesem Verlust der ernährungswirtschaftlichen Bedeutung der Parzellen verringerte das „Wohnungswunder"[15] die volksgesundheitlichen

---

8 Vgl. ebd., 103–110.
9 Siehe die Tabelle bei Brando (1), 186f.
10 Die Hamburger Zahlen wurden mir freundlicherweise von Herrn Bramesfeld von der Kleingartendienststelle der Hamburger Umweltbehörde zur Verfügung gestellt.
11 Hamburger Abendblatt v. 29.11.1990.
12 Das scheint auch auf den Bundesverband zuzutreffen, dessen Mitgliederbestand sich 1987 auf 487.125 Personen belief. (Ingrid Matthäi, Grüne Inseln in der Großstadt, Marburg 1989, 168).
13 So Brando (1), 89.
14 Ebd., 122f. und Matthäi (12), 166f.
15 Dieter Frank (Hg.), Die fünfziger Jahre, München – Zürich (1981), 43.

Funktionen des Kleingartenwesens, da die Massenquartiere des „sozialen Wohnungsbaus" – ungeachtet aller berechtigten Kritik der 80er und 90er Jahre – zunächst einen erkennbaren Fortschritt gegenüber den Notunterkünften darstellten. Die berühmt–berüchtigten Wohn(ungs)krankheiten der Vergangenheit, die unter den behelfsmäßigen Lebensbedingungen zweier Kriegs– und Nachkriegszeiten erneut zu Tage getreten waren, gingen daher in dem Maße zurück, in dem „Behelfsheimer" und „Bunkermenschen" eine „Neue Heimat" fanden.

Der von den Hortikulturmissionaren von Beginn an geförderte, im Zeichen des versprochenen „Wohlstand(s) für alle" machtvoll gesteigerte Wille zum Eigenheim mit Garten tat ein übriges, um den Wert des Kleingartens weiter in Frage zu stellen, und machte die Laube in vielen Fällen zu einem bloßen Warteraum für die Zuteilung des fälligen Bausparkredits: „Nachdem sie ihre Autos abgezahlt hatten, sparten Hunderttausende für das Familieneigenheim im Grünen. Opas Schrebergartenidyll wurde von neudeutschem Besitzerstolz verdrängt. Als Hausbesitzer war man doch wer"[16].

Ein vergleichbarer Funktionsverlust traf die erzieherische Rolle der Schreberspielpädagogik. In der Gesamtbewegung ohnehin nur das Bestreben einer qualifizierten Minderheit, blieb ihr Anliegen nach 1945 eine bloße Reminiszenz: Die vom Krieg erzwungene Kultivierung der meisten Spielflächen und der durch die deutsche Teilung hervorgerufene Verlust des „Schreberlandes" Sachsen hatten ihr buchstäblich den angestammten Boden entzogen. Jede Neulandbeschaffung aber unterlag den restriktiven Bedingungen einer generellen wohnungsbaulichen Flächenverknappung, die nicht zuletzt dadurch bedingt war, daß Städte und Gemeinden verstärkt dazu übergingen, im Abstandsgrün der neugeschaffenen Massenquartiere halb–öffentliche Spielplätze anzulegen, die das Engagement der Schreberpädagogen zunehmend überflüssig erscheinen ließ.

Die alles überschattende Signatur der Epoche bildete allerdings die im Zuge des Ost–West–Gegensatzes erfolgende Umwandlung West–Deutschlands in einen Bestandteil der kapitalistischen Halb–Welt anglo–amerikanischer Prägung. „Tatsächlich lassen die fünfziger Jahre in der Bundesrepublik dasselbe Profil erkennen wie die 'Roaring Twenties' in den Vereinigten Staaten: Motorisierung, Technisierung des Alltags und feste Etablierung einer vom Komfortdenken geprägten Massenzivilisation, deren hedonistische Elemente alle überkommenen Werte und Lebensformen kräftig zu durchdringen begannen"[17]. Zu den Schlüsselworten der neuen Frei–Zeit zählte daher nicht mehr das altmodische „allot-

---

16 Ebd., 44.
17 Hans–Peter Schwarz, Die Ära Adenauer. Gründerjahre der Republik 1949–1957, in: Geschichte der BRD in 5 Bänden, hg. v. K. D. Bracher u.a., Bd. 2, Stuttgart – Wiesbaden (1981), 388.

ment", sondern das moderne „camping". „Den grauen, städtischen Alltag hinter sich lassen und hinaus ins Grüne fahren – und sei es nur zu einem Picknick am Wochenende" –, das war das neue Freizeit-Paradies. „Zwar ersetzte Rudi Schurickes Lied von den 'Caprifischern' häufig noch die Wirklichkeit (...), aber es dauerte nicht lange, bis der erste Auslandsurlaub auch für eine normale westdeutsche Familie erschwinglich wurde"[18]. Der Historiker Golo Mann zog angesichts dieser Entwicklung 1958 folgende Zwischenbilanz: „Wenn oder insofern materieller Wohlstand Glück erzeugen kann, ist Deutschland – West-Deutschland – heute glücklicher als es je war. Die 'Volkswagen' haben geleistet, was die Panzer nicht leisten konnten. Scharen von Deutschen, so zahlreich wie Hitlers Millionen–Armeen, breiten allsommerlich sich über Europa aus, diesmal nicht, um zu erobern, sondern sich ihres Lebens zu freuen"[19].

Ob die Deutschen mit ihrem zum „Volkswagen" rüstungskonvertierten „KDF–Wagen" tatsächlich nur friedliche Zwecke verfolgten, bleibe dahingestellt. Günter Grass beurteilte die Lage zwei Jahre später auf jeden Fall weit weniger optimistisch[20]:

„Normandie
Die Bunker am Strand
können ihren Beton nicht loswerden.
Manchmal kommt ein halbtoter General
und streichelt ihre Schießscharten.
Oder es wohnen Touristen
für fünf verquälte Minuten –
Wind, Sand, Papier und Urin:
Immer ist Invasion".

Dieser umfassenden zivilisatorischen Akzeleration der 50er Jahre, die nicht zuletzt eng mit einem geradezu kulturrevolutionären Nachholbedarf auf allen Gebieten der schönen Künste verbunden war, hatte die deutsche Kleingärtnerschaft auch geistig nichts entgegenzusetzen. Die Reden der Verbandsfunktionäre

---

18 Michael Wild, Die 50er Jahre, in: Improvisierter Neubeginn. Hamburg 1943–1953, (Hamburg 1989), 204f.
19 Golo Mann, Deutsche Geschichte des 19. und 20. Jahrhunderts, (Frankfurt/M. 1958), 937. Vgl. auch Michael Salmann, Unter deutschen Dächern, in: Frankfurter Rundschau v. 25.4.1992. Hier heißt es: „'Ich will eemal saan', sagt der Grundstücksnachbar, bekennender Republikaner–Wähler, 'mir sinn' doch mit den Banzern nie soweit noo Rußland rinkomm wie jetzt mit'n VW–Golf und Mercedes, mir exportiere doch wie wild!' Und seine Frau ergänzt: 'Un von hinne, aus China, komme schunn die VW–Santana!'".
20 Zit.n. Deutsche Lyrik. Gedichte seit 1945, hg. v. H. Bingel, (4. Aufl. München 1970), 47f.

ergingen sich vielmehr – wie einst im antiurbanen, argarromantischen Mai – in ohnmächtigen Klagen über den „Verschüttungsprozeß der Seele, des Geistes und des Gefühls", „die zahlreichen Diebstähle, die Betrugsaffären, (...) die Raub– und Banküberfälle, (die) Sittlichkeitsverbrechen und die vielen Morde", die „Komplizierung unseres gesellschaftlichen Lebens", die Automobilisten und Wochenendausflügler, und anderes mehr[21]. Wie anachronistisch die Bewegung wurde, signalisierte ihr ungebrochener Bezug auf die schon in der Weimarer Republik überholte Kleingarten–Poesie[22]. Anstatt die nach 1945 ins Kraut schießende west–deutsche Naturlyrik zu rezipieren, die den zwar vergeblichen, aber vorübergehend nichtsdestoweniger beeindruckenden Versuch einer „Wiederbelebung des Mythos aus dem Geiste der Kleingärtnerei"[23] unternahm, hielt man sich einmal mehr an das poetisch Ewig–Gestrige – mit dem einzigen Unterschied, daß das Gestrige mittlerweile zum Vorgestrigen geworden war.

Wie einleuchtend alle diese Erklärungen des laubenkolonialen Niedergangs nach 1945 nun allerdings auch immer sein mögen, so wenig erfassen sie die Totalität der bundesrepublikanischen Wirklichkeit dieser Jahr(zehnt)e. Dafür spricht nicht nur die erwähnte Konsolidierung seit Anfang der 70er Jahre, sondern vor allem die Entwicklung des Dauercampingwesens, das sich im Zuge der westdeutschen „Automobilmachung" herausbildete[24] und spätestens seit Mitte der 60er Jahre zunehmend konsolidierte[25]. Obwohl das Dauercamping auf den ersten Blick wie ein ortsfester Ableger des Touristikcampings aussieht, zeigt es bei näherem Hinsehen erstaunliche Parallelen zum Dauerkleingartenwesen[26]. Hier wären zunächst die räumliche Trennung des Stellplatzes von der Stadtwohnung und die quasi koloniale Verbundlage der Dauercampingparzellen zu nennen[27], die obendrein in der Regel auf Pachtland liegen, das ursprünglich landwirtschaftlich genutzt worden war[28]. Wie bei der Laubenkolonisation der Groß–Stadtränder treffen auch beim Dauercamping eine Gestalt der Stadtflucht (auf Zeit) und eine Form des Aussterbens landwirtschaftlicher Betriebe zusammen.

---

21 Siehe hierzu Brando (1), 132ff. u. 163ff.
22 Siehe Ebd., 294–308 und Ders., Saure Wochen – Frohe Feste. Ein praktisches Handbuch für Kleingärtner– und Siedlerfeste, Hamburg 1955.
23 Peter Rühmkorf, Das lyrische Weltbild der Nachkriegsdeutschen, in: Bestandsaufnahme. Eine deutsche Bilanz 1962, hg. v. H. W. Richter, München u.a. (1962), 453.
24 Gerd Völksen, Beurteilung des Dauercampingwesens in landespflegerischer Sicht, (Göttingen – Hannover 1974), 1.
25 Gert Gröning, Dauercamping, München (1979), 11 u. 21ff.
26 Völksen (24), 34f., der allerdings letztendlich doch die Unterschiede betont, da er den Kleingarten fälschlich auf seine ernährungswirtschaftliche Funktion als Nutzgarten reduziert.
27 So Gröning (25), 1 u.ö.
28 Ebd., 11 u.v.a. 42ff.

Anfangs spontan entstanden und allein durch private Pachtverträge legitimiert, traten die neuen Freizeiträume zunächst als „wilde" Dauercampingplätze in Erscheinung[29]. Ohne Wasser- und Stromanschluß auf der Parzelle, ohne Einkaufsmöglichkeit oder Restaurationsbetrieb sowie ohne ausreichende sanitäre Einrichtungen angelegt, boten die mit Steilwandzelten, Wohnwagen, ja selbst mit regellosen An-Bauten[30] bestückten, teilweise auch gärtnerisch genutzten Plätze[31] den Anblick einer wirtschaftswunderlichen „Bidonville", die Landschafts- und Naturschützer nicht weniger abstieß als die „wilden" Laubenkolonien Kommunalpolitiker und Stadt(grün)planer der Vergangenheit[32].

Wer die auf der folgenden Seite dokumentierten Eindrücke aus Ostermade im ostholsteinischen Kreis Neukirchen[33] betrachtet, kann sich daher des Eindrucks nicht erwehren, in dieser zweitgrößten Campinggemeinde der alten BRD eine genuine Kolonie des deutschen „Schreberlandes" vor Augen zu haben: Da sind die Parzellen mit ihren raumteilenden Hecken, den sommerlichen Behelfsquartieren und Sitzgruppen, da ist der Gemeinschaftsweg mit seiner halb ironischen, halb sentimentalen Reminiszenz an die heimische Hamburger Hoheluftchaussee, und über allem weht, auch wenn der Markenname gewechselt hat, die altehrwürdige laubenkoloniale Alkohol-Fahne.

Ungeachtet aller modernen Bild-Elemente wie Caravan, Fernsehantenne oder PKW erweist sich das Dauercamping denn auch allen bisherigen Untersuchungen zufolge als Mittel zur Kompensation der für das Großstadtleben charakteristischen psycho-physischen Belastungen[34]. Eine der Hauptursachen dieser Anspannungen scheint dabei wie in der Kaiserzeit in der Diskrepanz zwischen Wohnideal und Wohnrealität zu liegen[35]. Nach Gröning lebten jedenfalls noch 1972 84% aller Dauercamper-Haushalte Niedersachsens in Stadtwohnungen ohne zugehörige oder unmittelbar zugängliche Freiräume[36]. Eine ähnliche Korrelation wiesen bezeichnenderweise die von ihm zwei Jahre später untersuchten Kleingärtner-Haushalte aus, von denen sogar 92% in reinen „Betonburgen" lebten[37]. Wenn Gröning den Trend zum Dauercamping in diesem Zusammenhang als neuen Ausdruck des alten, arkadisch-bukolischen „Traum(s) vom Lande"

---

29 Ebd., 14.
30 Völksen (24), 24 u. 31.
31 Ebd., 16ff.
32 Gröning (25), 12 u. 68.
33 Die Aufnahmen aus dem Sommer 1991 stammen von mir.
34 Völksen (24), 7.
35 Ebd., 8.
36 Gröning (25), 113.
37 Ebd.

Dauercampingparzellen in Oster-made in Germany

interpretiert[38], wird man ihn freilich in dialektischer Umkehrung zugleich als abermalige Bekundung des ihm „siamesisch" verschwisterten Alptraums Stadt begreifen müssen. Es überrascht daher nicht, daß moderne Freizeitplaner auch im Dauercamping ein Mittel zur Stabilisierung der Gesellschaft erkannt haben. So schrieb der „Holiday Manager" Dieter Schmoll Mitte der 70er Jahre des 20. Jahrhunderts ganz im Stil der Spatenkulturtheoretiker des frühen 19. Jahrhunderts: „Das sind keine Klassenkämpfer, solange man ihnen ihre 125 qm Grün läßt"[39]. In der Tat: Der moderne „melting pot" Groß–Stadt wird so lange nicht überkochen, wie es ländliche Freiräume gibt, wo die Menschen den aufgestauten Konkurrenz–Druck der urban verdichteten Arbeits– und Lebenswelt ablassen können. Das eigentlich erstaunliche Moment dieses Funktionszusammenhanges liegt freilich nicht in der Tatsache selbst, sondern in dem paradoxen Umstand begründet, daß die Stadtflucht auf Zeit die städtische Lebenswelt und ihre Gewohnheiten zum größten Teil mitnimmt. Wie der stadtnahe Dauerkleingärtner tendiert nämlich auch der stadtferne(re) Dauercamper zu einer Übertragung des heimischen Wohnstils auf das Leben in der Freizeitanlage[40]. In Abwandlung einer berühmten Briefstelle bei Horaz ließe sich daher sagen: caelum, non animum mutant, qui ex oppido currunt – Wer aus der Stadt flieht, wechselt den Himmelsstrich, nicht die Seelenlage[41].

Der realisierte „Traum vom Land" gebiert insofern nur eine andere Form desselben Alptraums Stadt, vor dem man angeblich floh –, auch wenn die Wohn(wagen)blocks in Ostermade (und anderswo) in die Breite und nicht in die Höhe wachsen. Die Frage der Im–Mobilität spielt bei alledem keine Rolle: Ob aufgebockt oder in voller Fahrt – die Welt kommt allemal unter die Räder. Ein kurzer Blick in ein deutsches „mobile home" kann das verdeutlichen: „Die Tür stand offen. Ich sah, wie die Frau des Pinnebergers die Scheibe des Fernsehers putzte. Später saßen sie bei einem Tierfilm und spielten Skat. Der dritte Mann war ein Schwabe, dessen Wohnmobil rechtwinklig zum Pinneberger stand. Sie hatten eine uneinnehmbare Wagenburg gebildet. Da begriff ich, daß für diese Leute die ganze Erde ein kugelförmiger Campingplatz ist mit der UNO als Rezeption. Sie reisen nicht durch die Welt, die Welt reist mit ihnen in ihren beweg-

---

38 Ebd., 9f.
39 H. Dieter Schmoll, Camping und Freizeitpolitik, in: Holiday Manager 4 (3) (1976), 35, zit. n. Ebd., 16.
40 Völksen (24), 16ff.
41 Horaz, Epist. I, 11, 27.

lichen Heimen, in denen der Gummibaum die Amazonaswälder simuliert und der Kühlschrank die Arktis"[42].

---

42 Henning Boethius, Fast wie bei Muttern oder: Abenteuer Wildost. Vom Campen in den neuen Bundesländern und der allmählichen Vertreibung aus dem Schrebergarten Eden, in: Frankfurter Rundschau v. 10.8.1991. Vgl. auch Gabriele Hoffmann, Über den Zaun geguckt. Freizeit auf dem Dauercampingplatz und in der Kleingartenanlage, Frankfurt/M. 1994.

12. Verzeichnisse

12.1. Personenverzeichnis

A

Adenauer, Konrad 553, 605
Adorno, Theodor W.
    (i.e. Theodor Wiesengrund) 31
Ahrens, Georg 630, 634
Albrecht, Otto 77, 254, 258, 414, 423f,
    472, 487, 541
Amilaville, Etienne–Noël d' 182
Ammon, Otto 182
Andry, Nicolas 107, 175
Arminius (i.e., Adelhaid Gräfin zu
    Dohna–Poninska) 168ff, 204, 268,
    511, 517
Aristoteles 111, 133
Arndt, Ernst Moritz 228
Auguste Viktoria 72, 397
Augustinus, Aurelius 187
Avenarius, Ferdinand 533

B

Bachofen, Johann Jakob 349
Bagge, Hermann Julius Detlef 359
Balboa, Vasco Núñez de 183
Bannwolf, Ulrich 465, 558
Basedow, Johannes Bernhard 184
Bassermann, Ernst 271
Bauer, Gustav 416
Baumeister, Reinhard 512, 517
Bäumer, Gertrud 562
Bayer, H. 298, 450
Beaulieu, von 544
Bebel, August 269, 271, 279
Benjamin, Walter 185
Berenberg–Goßler, John von 391f
Bernardo, Thomas James 259
Bernstein, Eduard 271f, 278
Bertuch, Friedrich Justin 191, 415

Bethge 528, 550
Biedermann, Friedrich Karl 102
Bielefeldt, Alwin 69f, 70ff, 74, 84f, 87,
    144, 194, 239, 268, 334, 338, 340ff,
    362, 387f, 397, 476ff, 544
Bismarck, Otto von 156, 243, 280, 644
Blaich, Karl 334
Blindow 600
Blume, Carl Georg Friedrich 298f
Bock, Karl Ernst 102
Bodeau (i.e. Nicolas Baudeau) 181
Bodelschwingh, Friedrich von 259
Böge, Volker 21
Böhl, Gottlieb 139
Bötticher, Karl Heinrich von 206
Böttner, Johannes 248, 251f, 264, 393
Bonne, Georg 410, 604
Booth, William 259
Brando, Paul 627, 693
Brauer, Max 600, 605, 616
Breckwoldt, J. Albert 327
Bredel, Willi 489
Bromme, Max 394, 547
Bromme, Traugott 269
Brown, John 104
Brüning, Heinrich 409, 613, 616
Buehl, Adolf 329, 358, 360
Buffon, George Louis Leclerc de 133
Bussow, Carl 490f, 558

C

Campanella, Tommaso 490
Campe, Joachim Heinrich 134ff, 138ff,
    144, 184, 204, 283, 302
Camphausen, Ludolf 411
Carus, Ernst August 103

Cato (i.e. Marcus Porcius C. Censorius) 561
Cawley, John 33
Chapeaurouge, Paul de 455
Chaplin, Charles Spencer (Charlie) 19
Chiang Kai-shek 647
Classen, Walter 199f
Coenen, Friedrich 77, 79, 249
Cooper, James Fenimore 238
Cordes, Wilhelm 631
Cronberger, Bernhard 344
Cunow, Martin 269

D

Damaschke, Adolf 79, 89, 170, 347, 406ff, 605, 642ff
Dammann 258
Dammer, Udo 378
Darwin, Charles Robert 151f
Danton, Georges 285
Darré, Richard Walther 659ff
Davout, Louis Nicolas 284
Defoe, Daniel 124, 128ff, 135ff, 138, 142
Demuth, Max 23
Descartes, René 32
Deutscher, Isaac 186
Dewey, John 203
Diestel, Arnold 549, 556f
Dießenbacher, Hartmut 259
Dietz, Johann 269
Dietz, Lothar 352
Dietzgen, Joseph 185
Diogenes von Sinope 573
Dohna-Poninska, Adelhaid Gräfin zu (s. Arminius)
Dreitzel, A. 58
Droste-Hülshoff, Annette von 228
Dudek, Walter 599, 616
Dunant, Henri 259

E

Eberhardt, Johannes 625
Ebert, Friedrich 411, 479
Ehlgötz, Hermann 605
Ehrenteit, John 465, 558, 632

Eichendorff, Josef von 228
Eichenherr, E. 684
Ehlgötz, Hermann 535
Elias, Norbert 123, 234
Engelbrecht, Kurt 640
Engels, Friedrich 42, 171, 185, 270, 273f, 278, 280
Epikur 497
Erhard, Ludwig 91
Erhardt, Heinz 379
Ewers, Ernst August 191

F

Fahrenholz 616
Falk, Johannes Daniel 191
Falke, Gustav 228
Falke, Jakob von 533
Falkenhayn, Erich von 408
Fallada, Hans 595
Feder, Gottfried 642, 659
Fellenberg, Emanuel von 184, 190f
Feuerbach, Ludwig 185
Fiehler, Karl 642
Fischmann 450
Flaischlen, Caesar 228
Fletscher (i.e. Horace Fletcher) 354
Flinsch, Alexander 334
Flürscheim, Michael 406
Förster, Heinrich 86, 159f, 198ff, 254, 258, 478, 485, 487f, 546, 627, 638ff, 642, 657
Fontane, Theodor 228
Fränkel, Frau Konsul 73, 340
Frank, Johann Peter 105, 145
Freese, Heinrich 406
Freud, Sigmund 23f, 98, 110
Freytag, Karl 36f, 228, 628, 641, 645
Friedrich II. von Preußen 266f, 379
Friedrich VI. von Dänemark 52, 54
Friedrichs 609
Fritsch, Theodor 169, 511, 517
Fritzsche, Hugo 82, 94f, 216, 340, 495
Fröbel, Friedrich 168, 184, 188ff, 203
Fuhlberg, R. 392
Fulda, Ludwig 228

Verzeichnisse

G

Garvens, Franz August Adolf 284ff, 346
Gaudig, Hugo 203
George, Henry 405
Gerlach, Hans 378
Gesell, Karl 167ff, 174, 202, 204
Geusen 527
Giordano, Ralph 462, 649
Gisbertz, Wilhelm 680, 685
Gladstone, William Ewert 47
Glässing 340
Goebbels, Joseph 659
Goebel, Eugen 308ff, 580
Goedecke, Johannes 610, 637, 647, 651ff
Goethe, Johann Wolfgang 24, 33f, 38, 40, 191, 228, 495, 638ff
Goltz, Theodor von der 268
Gontscharow, Iwan Alexandrowitsch 258, 277
Goppelt, Georg 332, 439, 559
Gorz, André 494
Gossen, Hermann Heinrich 404
Grass, Günter 696
Gröner, Wilhelm 411
Gröning, Gert 696
Groh, Dieter 30
Großheim 632
Gutschow, Konstanty 580, 682
Gutsmuths, Johann Christoph Friedrich 108

H

Hahn, Wilhelm 542
Haller, Martin Joseph 593
Hallier, Emil 139
Hampe, August Ludwig 417
Hannibal 345ff
Hans, Arthur 194, 334, 340, 342, 527
Hansemann, David 411
Hansen, Adolph 292
Hansen, Georg 182
Hartmann, Philipp Karl 105ff, 154
Hasenclever, Wilhelm 279
Hasse, Ernst 515, 519
Hauschild, Ernst Innocenz 92, 118, 162ff, 165ff, 169, 195f, 202, 207, 212, 221f, 316
Hegel, Georg Wilhelm Friedrich 17, 24, 121f, 129, 161, 236, 269f, 495
Hegemann, Werner 242, 340, 342, 527, 605
Heidmann, Robert Woldemar 295
Heiligenthal, Roman 515, 605
Heine, Heinrich 228, 378
Heine, Wolfgang 187
Helfferich, Karl 471
Hennecke, Adolf 186
Hennicke, Alfred Benno 303
Herbart, Johann Friedrich 191, 205
Hermann, Max 463, 593, 647, 651
Hertel, P. 223
Hess, Rudolf 670
Hessen, Sergius 203
Hestermann 439
Hey 549, 556
Hilliges, Hermann 648
Himmler, Heinrich 659
Hindenburg, Paul von 378, 394, 408, 497, 613, 641, 643
Hinsch, Herbert 468
Hirschfeld, Magnus 81
Hirtsiefer, Heinrich 452, 616
Hitler, Adolf 628, 636, 641ff, 647, 659, 662
Hobbes, Thomas 123, 222
Hobrecht, James 241ff
Hoffmann, August 515f, 517ff
Hoffmann (von Fallersleben), August Heinrich 228
Hohenlohe-Schillingsfürst, Chlodwig zu 69, 72
Hollmann 377
Holm, Kurt 603
Homer 40
Honecker, Erich 648
Horaz (i.e. Quintus Horatius Flaccus) 700
Horkheimer, Max 31
Hothmann, Martin 393f, 440
Howard, Ebenezer 169f, 517
Huber, Victor Aimé 48f, 66, 268
Hübner 349

Huizinga, Johan 202
Huret, Jules 72, 257

J

Jacobi, Friedrich Heinrich 175
Jäger, Helmut 513
Jahn, Friedrich Ludwig 108, 150, 206
Janicaud, Walter 532
Jesus 15, 275
Jonas, Franz 648
Jörg, Johann Christian Gottfried 103

K

Käselau 449
Kaisenberg, Georg 416, 627, 642
Karl, Landgraf von Hessen 51f, 181, 189
Kammler, Hans 646, 657f, 661
Kaufmann, Karl 580, 629, 657
Kautsky, Karl 271
Keller, Gottfried 141
Kempelen, Wolfgang von 112
Kerschensteiner, Georg 203
Kiefl, Josef 198
Klein, Emil August 623f
Kleist, Heinrich von 170
Klopstock, Friedrich Gottlieb 33, 170
Kluczynski 648
Knabben, Franz 625
Knutzen 400, 606
Koch, Hugo 536
Köchel, Heinrich 66f
Kolumbus, Christoph 260
König, Hermann 630ff
Kopernikus, Nikolaus 32
Köster 599
Krieger, Hermann 317
Krogmann, Carl Vincent 530, 612f, 629, 647
Kummer 674

L

Lafargue, Paul 186, 491
Lamarck, Jean–Baptiste de Monet de 151
Lamettrie, Julien Offray de 112

Landerer, Albert 110
Landes, David S. 39
Lange, Annemarie 244, 572
Lange, Christian Friedrich 192f
Lattmann, Johannes August 358, 391
Legien, Carl 411
Leibniz, Gottfried Wilhelm 31f
Lehmann, Emil 467, 558, 560
Lemire, Jules–Auguste 70
Lenné, Peter Joseph 531, 533, 535
Lenz, Siegfried 177
Lersch, Heinrich 642
Lesser, Ludwig 367f, 533
Leuschner, Fürchtegott 55
Lévi–Strauss, Claude 258
Levy 464
Ley, Robert 685, 687
Lichtwark, Alfred 520, 533
Liebknecht, Wilhelm 279
Ling, Pehr Hendrik 108
Linne, Otto 256f, 391, 439ff, 446, 450, 519, 521, 523, 548, 630ff
Linsbauer, L. 223f
Loeper, Gustav von 640
Löns, Hermann 228
Lorenz, Konrad 535
Lorenz, Wilhelm 212, 217, 229
Lorinser, Ignaz 145
Loudon, John Claudius 169
Lubahn, Johannes 604
Ludendorff, Erich 201, 408
Lüders, Adolph Friedrich 53
Lüdtke, Hermann 66f
Luther, Johannes (Hänschen) 231f
Luther, Martin 120f, 197, 231

M

Maass, Harry 80, 536ff, 543f, 547, 551, 595, 628, 642
Mackensen, August von 408
Maetzel 548
Mangner, Eduard 207, 212, 214
Mangold, Karl von 268, 343, 357, 362
Mann, Adolf 653ff
Mann, Golo 696
Mann, Thomas 69
Marat, Jean–Paul 285

Marenholtz–Bülow, Bertha von 168, 203f
Martini, Oskar 607
Marx, Karl 42, 45, 56, 74, 120, 152, 171, 184f, 236, 238, 276, 280, 496, 526
Marx, Wilhelm 424
Matthaei, Walter 635
Matthies, Helene 303
Matz, Ulrich 21
Maul, Dietrich 422
Meding 609
Meincke, Walter 651f
Meinecke, Friedrich 640
Melle, Werner von 328
Meuthen, Gerhard 458f, 557f
Meyenburg, K. von 370
Meyer, Friedrich A. O. 592, 604, 628, 637, 642, 647, 651f
Meyer, Gustav 531, 533, 535
Meyer–Abich, Klaus Michael 26
Meyer–Marwitz, Bernhard 331
Michelangelo (i.e. Michelagniolo Buonarotti) 24
Migge, Leberecht 373f, 493, 536ff, 539ff, 543, 551, 572
Mill, John Stuart 47
Milton, John 32, 571
Mittenzwey, L. 212, 215f, 223, 235
Mittgaard, Nicolai 322, 326ff, 330, 332, 358, 360f, 368f, 370f, 376, 390
Moericke, Otto 527
Möller, Max 277
Mönckeberg, Carl 400, 517, 556
Mörcke, Ernst 653f, 679
Morisse, Heinz Hermann 655
Möser, Justus 531ff
Moses, Julius 80, 187
Moltke d.J., Helmuth von 345
Mülberger, Artur 274
Müller, Hermann 431
Muthesius, Hermann 533
Muthesius, Klaus 373

N

Nagel, Hermann 464, 468, 490, 498, 617
Napoleon I. 49, 191
Naumann, Friedrich 271
Neuffert, Ernst 686
Neumann–Hofer, Adolf 417
Newcomen, Thomas 33
Nieland, Hans 634, 653
Niethammer, Friedrich Immanuel 191
Noack, Victor 227, 411
Noske, Gustav 280ff

O

Ockert, Erwin 581, 612f, 684f
Oelsner, Gustav 552f, 594
Olmsted, Frederick Law 68, 517
Olshausen, Alfred 454, 634
Oppenheimer, Franz 516f
Otte, Friedrich Wilhelm 52

P

Paeplow, Friedrich Albert Karl 467, 556ff
Papin, Denis 33
Parkinson, Cyril Northcote 272
Pascal, Blaise 15
Patterson, J. E. 68
Pawlow, Iwan Petrowitsch 145
Pauly, Walther 255, 258, 454, 456, 492f, 561, 605, 622, 627, 642
Pesl, Ludwig 650
Pestalozzi, Johann Heinrich 114, 184, 190, 195
Peters 622
Peters, G. 37f
Peters, Carl 280
Petrarca, Francesco 33
Plinius (i.e. Gaius P. Secundus) 133
Poerschke, Stephan 615
Poninska (s. Arminius)
Pope, Alexander 33
Preuß, Hugo 412
Priebe, Hermann 353
Prießnitz, Vinzenz 104
Proudhon, Pierre Joseph 273

Q

Quillet, Claude 107f

R

Rank, Christoph 587
Rautenberg, Otto 591, 634
Reymond, Moritz von 253
Reinhold, Walter 254, 453, 472
Remarque, Erich Maria 348
Rheinbaben, Georg von 72, 334
Richter, Gerhard 79, 206, 212, 226, 229, 231ff, 236ff, 349, 373, 628, 657
Richter, H. 196f
Ridderhoff 609
Rieckhoff, Karl 652
Rikli, Arnold 158
Rilke, Rainer Maria 228
Ringpfeil 212
Ritter, Joachim 33f
Robespierre, Maximilien de 285
Rogers, Woodes 136ff
Rosenbaum, Karl Georg 439, 446ff, 456, 460f, 465, 467, 488, 490, 498, 550ff, 558f, 568, 604, 607, 630ff, 634ff, 680
Rosenthal, Hans 650
Roth, Carl Heinrich Franz 299ff
Rousseau, Jean-Jacques 28, 33, 104, 106, 108, 112ff, 137, 144, 153f, 158, 169, 181f, 193, 201f, 262ff, 656
Rückert, Friedrich 366
Ruttke, Falk 351, 659

S

Saaßen, Konrad 605, 614, 617
Saint-John Perse (i.e. Marie-René-Alexis Saint-Leger Leger) 142, 262
Saint-Marthe, Scévole 107
Saul, Klaus 20
Schaper, Marie 340, 342, 344, 352
Schärf, Adolf 648
Scheffler, Karl 295
Scheidemann, Philipp 416
Schelling, Friedrich Wilhelm Joseph 104
Schildbach, Karl Hermann 96, 103, 166
Schiller, Friedrich 17, 23f, 33, 38ff, 55, 123, 228, 236
Schilling, Kurt 80, 82f, 90f, 95, 212, 216, 254, 258, 373, 530, 605, 627

Schirrmeister, Paul 335
Schlieffen, Alfred von 345ff
Schmeling, Mathilde 340
Schmidt, Robert 416
Schmitt, Carl 222
Schmoll, Dieter 700
Schmoller, Gustav 170
Schneider, Camillo Karl 536
Schneider, Franz 166
Schönfelder, Adolph 603
Schramm, Gertrud 575
Schramm, Johannes 575
Schramm, Max 555f
Schreber, Anna 97, 118f, 124, 163
Schreber, Clara 97
Schreber, Daniel Gottlob Moritz 17, 91f, 96f, 100ff, 103ff, 110ff, 125f, 137, 144ff, 154ff, 158ff, 161ff, 169, 174f, 196, 202, 207, 212, 214, 222ff, 229, 280, 303, 316, 627, 674
Schreber, Daniel Gustav 97
Schreber, Daniel Paul 98, 110ff, 119, 144
Schreber, Friederike Charlotte 96
Schreber, Johann Gotthilf Daniel 96
Schreber, Louise Henriette Pauline 97
Schreber, Sidonie 97
Schröder, Julius 89
Schroth, Johannes 104
Schultz, Karl 334
Schultz-Melow, Max 551
Schultze-Naumburg, Paul 533
Schulz, Franz 250
Schulz, Hermann 160
Schulze, Otto 673
Schumacher, Fritz 347, 391, 521ff, 551ff, 568, 594, 605
Schumpeter, Joseph A. 184
Schüttauf, Hermann 542
Schuricke, Rudi 696
Schwabe, Johann Friedrich Heinrich 192ff, 236, 269, 415
Schwarz, Hans-Rudolf 21
Seeburg 55
Seidel, Heinrich 260ff, 264
Selkirk, Alexander 136ff, 140f
Sextro, Heinrich Philipp 178
Shaftesbury, Anthony Ashley Cooper 32

Shakespeare, William 123
Sieferle, Rolf Peter 30
Sieveking, Amalie 302f
Sieveking, Georg Hermann 301ff, 332, 360, 391, 440
Sitte, Camillo 512, 517f, 519f
Sloterdijk, Peter 573
Smidt 362
Smissen, Wilhelm van der 291
Smith, Adam 32
Sohnrey, Heinrich 171, 182
Solschenizyn, Alexander 184
Sombart, Werner 201, 270
Sottorf, Rudolf 292
Speer, Albert 686
Spence, Thomas 405
Stachanow, Aleksej 186
Stahmer 498
Stakovich 97
Stalin, Josef Wissarionowitsch 186
Stavenhagen, Max 634ff, 637f
Stechert, Kurt 296, 488
Stegerwald, Adam 583
Stein, Susanne 21
Stein, Tilman 21
Steinhaus, Hermann 646, 663ff, 668, 674f
Stelling, Johannes 417
Stinnes, Hugo 411
Stirner, Max (i.e. Kaspar Schmidt) 185
Stöckle 610
Stolberg, Christian 33
Stolberg, Friedrich Leopold 33
Stolten, Otto 290
Storck 212, 562
Strasser, Gregor 605, 643
Strasser, Otto 604, 643
Strauß und Torney, Lulu von 228
Strobel, Oskar 346
Stubbe, Heinrich 298f, 359
Stübben, Josef 517
Stubmann, Peter 448
Stuckenbrock, Claus 20
Sue, Eugène 238
Sutter, Ernst Otto 438
Swieten, Gerard van 105

T

Teich, A. 492f
Teske, Ernst 610, 680, 684
Thälmann, Ernst 648
Tissot, Victor 244
Tirpitz, Alfred von 355
Tocqueville, Alexis de 180
Toynbee, Arnold Joseph 173
Trost, Heinrich 389f
Tschopp, Ernst 25, 90
Tutenberg, Ferdinand 368f, 382

V

Verne, Jules 260
Varro (i.e. Gaius Terentius V.) 345
Vogeler, Heinrich 393
Vietor, C. R. 187
Volpette 71f, 76, 144
Voltaire (i.e. François–Marie Arouet) 31, 39

W

Wagner, Adolf 170, 408
Wagner, Martin 511, 520, 525, 605
Waldoff, Claire 496
Wallenstein, Albrecht Eusebius Wenzel 17
Warncke, Helmut 648
Watt, James 33
Weber, Max 186
Weger, Otto 684
Wegmann 42
Wehler Hans–Ulrich 269
Wehrli, Johann Jakob 190f
Weinert, Erich 489
Wendler, Otto Bernhard 539
Wenk, Juliane Emilie 97
Westphal, Johann 652
Wichern, Johann Hinrich 169, 184, 198, 275ff
Wilhelm II. 397, 411
Willer, Max 289, 291, 321
Wissell, Rudolf 431
Woermann, Adolf 280
Wolff, Hermann 378, 572

Wolff–Mönckeberg, Mathilde 686
Wuppermann, Hermann 294

Z

Zacharias, E. 450
Zille, Heinrich 15, 245f
Ziller, Tuiskon 205

12.2 Abkürzungsverzeichnis.

ADB	Allgemeine Deutsche Biographie
ADGB	Allgemeiner Deutscher Gewerkschaftsbund
AfK	Archiv für Kommunalgeschichte
ASG	Archiv für Sozialgeschichte
BD	Baudeputation
DBD	Bund Deutscher Bodenreformer
BdL	Bund der Landwirte
BDGA	Bund deutscher Gartenarchitekten
BPG	Bebauungsplangesetz
BTA	Behörde für Technik und Arbeit
BV	Bezirksverband
CVP	Christliche Volkspartei
DAF	Deutsche Arbeitsfront
DDP	Deutsche Demokratische Partei
DLG	Deutsche Landwirtschaftsgesellschaft
DNVP	Deutschnationale Volkspartei
DStP	Deutsche Staatspartei
DV	Domänenverwaltung
DVfW	Deutscher Verein für Wohnungsreform
DVP	Deutsche Volkspartei
FD	Finanzdeputation
FlLG	Fluchtliniengesetz
GBV	Gartenbauverein
GFV	Gemeinnützige Freie Vereinigung Hamburger Kleingärtner
GG	Geschichte und Gesellschaft
GHK	Groß–Hamburger Kleingarten
GWU	Geschichte in Wissenschaft und Unterricht
HAPAG	Hamburg Amerikanische Paketfahrt AG
HASPA	Hamburger Sparkasse
HHA	Hamburger Hochbahn AG
HKP	Hamburgische Kleingarten–Post
HLZ	Hamburger Lehrerzeitung

Verzeichnisse 711

KA	Kriegsakten
KBH	Kleingartenbund Hamburg
KGB	Kleingartenbeirat
KGBV	Kleingartenbauverein
KGD	Kleingartendienststelle
KGO	Kleingarten– und Kleinpachtlandordnung
KGV	Kleingartenverein
KGW	Kleingartenwacht
KJVD	Kommunistischer Jugendverband Deutschlands
KP	Kommunale Praxis
KPD	Kommunistische Partei Deutschlands
KuK	Der Kleingärtner und Kleinsiedler
KuK/HH	Der Kleingärtner und Kleinsiedler/Hamburg
LHV	Landwirtschaftlicher Hauptverein
LPA	Landesplanungsausschuß
LV	Landesverband
LVA	Landesversicherungsanstalt
LVGH	Landesverband Groß–Hamburg
MdBü	Mitglied der Bürgerschaft
MEA	Mieteeinigungsamt
MEW	Marx–Engels–Werke
MfV	(Preußisches) Ministerium für Volkswohlfahrt
MGFA	Militärgeschichtliches Forschungsamt
MGM	Militärgeschichtliche Mitteilungen
NDB	Neue Deutsche Biographie
N.F.	Neue Folge
NSDAP	Nationalsozialistische Deutsche Arbeiterpartei
NVO	Notverordnung
NZKW	Neue Zeitschrift für Kleingartenwesen
OSB	Oberschulbehörde
PG	Patriotische Gesellschaft (Hamburgische Gesellschaft zur Beförderung der Künste und nützlichen Gewerbe)
Pg	Parteigenosse (der NSDAP)
PP	Politische Polizei
PRO	Konsum–, Bau– und Sparverein Produktion
RGBl.	Reichsgesetzblatt
RJWG	Reichsjugendwohlfahrtsgesetz
RVA	Reichsversicherungsamt
RVKD	Reichsverband der Kleingartenvereine Deutschlands
RVVK	Reichsverband der Verpächter von Kleingartenland

SKBH	Schreber- und Kleingartenbund Hamburg
SP	Soziale Praxis
SPD	Sozialdemokratische Partei Deutschlands
SPÖ	Sozialdemokratische Partei Österreichs
StAHH	Staatsarchiv der Freien und Hansestadt Hamburg
SUB	Staats- und Universitätsbibliothek Hamburg
SW	Sämtliche Werke
VHS	Verband Hamburger Schrebervereine
VO	Verordnung
VSWG	Vierteljahrschrift für Sozial- und Wirtschaftsgeschichte
VfZG	Vierteljahrshefte für Zeitgeschichte
ZdASG	Zentralverband deutscher Arbeiter- und Schrebergärten (Klein- und Familiengärten)
ZfV	Zentralstelle für Volkswohlfahrt
ZHG	Zeitschrift des Vereins für Hamburgische Geschichte

12.3 Quellen- und Literaturverzeichnis.

12.3.1. Quellen.

12.3.1.1. Archivalien.

AMTSGERICHT HAMBURG
  Amtsgerichts Bergedorf. Vereinsregister: Bd. 2.
  Amtsgericht Hamburg. Vereinsregister: Bd. I – LXIII.
  Amtsgericht Wandsbek. Vereinsregister: Bd. 2.
STAATSARCHIV DER FREIEN UND HANSESTADT HAMBURG
  Allgemeine Armenanstalt II: 171.
  Altona Stadt und Land:
    Amtsgericht. Vereinsregister:
      D 40/1, Bd. 1 – 3.
    Bauverwaltung:
      XXIII Lit. J Nr. 1 u. Lit. L, Nr. 26.
    Gemeinde Blankenese. Amtsgericht:
      E 40, Bd. 1 – 3.
    Gemeinde Groß–Flottbek: Nr. 452.
    Gemeinde Klein–Flottbek: 24.
    Gemeinde Osdorf: D. 11.
    Gemeinde Stellingen–Langenfelde: 274.

Verzeichnisse

Rechtsamt: F 1–21.
Amtsgericht Hamburg. Vereinsregister:
  B 1977–21;
  B 1978–4;
  B 1978–10;
  B 1982–13.
Arbeitsbehörde I: 161.
Architekt Gutschow:
  A 243;
  A 330;
  A 366.
Baudeputation:
  B 98, Bd. 182, 191, 192, 196, 197, 199, 201, 202, 206 u. 211;
  B 346;
  B 1888;
  B 1896.
Baupflegekommission: 156.
Bauverwaltung. Personalakten:
  168 (Eugen Göbel).
  228 (Armand Otto Linne).
  229 (Georg Goppelt).
  Ablieferung 1985 Nr. 45: Karl Georg Rosenbaum.
  Ablieferung 1988: Eugen Göbel.
Bergedorf und Vierlande. Amtsgericht Bergedorf:
  953;
  969.
Botanische Staatsinstitute: II A II 230g.
Bürgerschaft I:
  187/1, Bd. 1 u. 2;
  187/2, Bd. 1; 790.
Erbschaftsamt: F 1883 Nr. 39.
Finanzdeputation:
  FD I – III 4, Bd. 46a, 58a u. 59.
  FD I – III 2348, Bd. D3, D7, D8, D10, E1, E3, E5 u. E7.
  FD IV DV I C 4a II F 22.
  FD IV DV I C 4a III C 44 u. 54.
  FD IV DV I C 4d II AR 59.
  FD IV DV I C 4d II AU 26.
  FD IV DV I C 4d II Q 9b, 9c u. 13f I.

FD IV DV V C 8c I; IV; V F u. G; VI; IX; XIV; XVIII; XXVI B; XVIII; XXXV A.
FD IV DV VI A 1a XXXII A u. B; XLII A; LI B, C u. D.
Finanzverwaltung. Personalakten:
118 (Max Stavenhagen).
Gemeinde Farmsen:
Nr. 125.10;
Nr. 145.4.
Harburg–Wilhelmsburg:
Amtsgericht Harburg: IX A 1, Bd. 1 – 3 u. B 133.
Magistrat: 3200 – 20 u. 21; 3201 – 02.
Polizeipräsidium: IV 50.32.
Hochschulwesen: Af 5/6.
Kriegsversorgungsamt: II d 12.
Landherrenschaften:
XII, A 4, Bd. 1;
XII, A 18;
XII, A 20;
XII, A 57/5;
XII, A 57/7 u. 8;
XII, A 95, Bd. 1;
XII, A 99.
Landherrenschaften. Kriegsakten:
KA 143;
KA 147.
Medizinalkollegium:
II T 2;
III G 1, Bd. 1 – 11.
Meldewesen: A 1, Bd. 9.
Oberschulbehörde:
OSB I: B 23 Nr. 9; B 28 Nr. 3 u. 4.
OSB II: Nr. 470e Fasc. 18.
OSB V: Nr. 710a.
Politische Polizei:
S 5807, 10377, 17656.
SA 1619, 1797; 1816, 1821, 1924, 1956, 2027, 2087, 2130, 2218, 2415, 2537, 2542, 2554, 2555, 2602, 2688, 16822, 18469 u. 20149.
Rechtsamt I: 167.
Senat:
Cl. I Lit. Sd No. 2 Vol. 9i Fasc. 9 Inv. 4.

Verzeichnisse

Cl. I Lit. Sd No. 2 Vol. 10 Fasc. 4 Inv. 79.
Cl. I Lit. Sd No. 3 Vol. 1 Fasc. 138.
Cl. I Lit. Sd No. 4 Vol. 1 Fasc. 152.
Cl. I Lit. T No. 19 Vol. 7 Fasc. 46.
Cl. III Lit. A – E No. 8 Vol. 69.
Cl. VII Lit. Cb No. 5 Vol. 12b Fasc. 57 Inv. 7a – 1.
Cl. VII Lit. Dd No. 7 Vol. 95.
Cl. VII Lit. Fd No. 1 Vol. 149.
Cl. VII Lit. Ka No. 12 Vol. 99b, 100b, 126 u. 141.
Cl. VII Lit. Lb No. 28a 2 Vol. 167.
Cl. VII Lit. Qd No. 383 Vol. 1.
Cl. VII Lit. Qd No. 453 Vol. 1 – 5.
Cl. VII Lit. Rf No. 345 Vol. 1.
Cl. VII Lit. Rf No. 410 Vol. 10.
Cl. VII Lit. Rf No. 536 Vol. 1.
Senat. Kriegsakten:
  Krg B II d 1a, Bd. 1 – 5;
  Kr C r 1.
Senatskanzlei. Personalakten:
  A 19 (Adolf Buehl).
  A 45 (Max Stavenhagen).
  A 51 (Georg Ahrens).
  A 97 (Otto Rautenberg).
  C 157 (Eugen Göbel).
  C 280 (Otto Linne).
Senatskanzlei. Präsidialabteilung:
  1933 A 35/23;
  1934 A 10/17;
  1935 A 80, Pb 267 u. 3820;
  1942 Aa 1036.
Senatskommissariat für die Reichsversicherung: 21, Bd. 2.
Senatskommission für die Justizverwaltung:
  I Ai Vol. 1;
  II Ai Vol. 1;
  X Bg 1 Vol. 1.
Senatskommission für die Reichs- und auswärtigen Angelegenheiten II.
Sozialbehörde I:
  AF 46.10; 47.10, 12, 13, 15–18, 20, 21 u. 83.15.
Staatliche Pressestelle:
  2045, 7430, 7432, 7434–7437, 7440.

Staatsangehörigkeitsaufsicht:
B I 1854/1086.
Strom- und Hafenbau I: 129.
Testamentsbehörden: Testament Stadt Nr. 8244.
Wandsbek Stadt:
Amtsgericht Wandsbek. Vereinsregister: Bd. 1.
Amt für Arbeitsbeschaffung: C 3.
Gemeinde Tonndorf-Lohe: G 12-17.
Liegenschaftsamt:
179, 297, 527, 609, 756, 947, 1039.
Magistrat: Magistrat B III c 37.
Polizeibehörde: G a 8.
Stadtbauamt: A c 18.
Wandsbek Land:
Amt und Gemeinde Bramfeld:
I G 1 u.2;
II E-03/3;
III 553-2.
Amt und Gemeinde Rahlstedt:
E 15-18.
Landratsamt: A 18.
Wohnwirtschafts- und Siedlungsamt: 24.
Zeitungsausschnitts-Sammlung: A 145.
UMWELTBEHÖRDE HAMBURG
Amt für Stadtgrün und Erholung. Kleingartendienststelle:
Kartographie des Hamburger Kleingartenbestandes 1950.

12.3.1.2. Periodika und Reihentitel.

Archiv für Soziale Hygiene und Demographie, N.F. 1 (1925/6) - 8 (1933/4).
Concordia. Zeitschrift der Zentralstelle für Arbeiterwohlfahrtseinrichtungen, 1 (1894) - 21 (1914).
Das deutsche Kleingartenwesen. Sondernachrichten des Reichsbundes deutscher Kleingärtner e.V., 3 (1938) - 7 (1942).
Das deutsche Kleingartenwesen, Frankfurt/O., hg. v. Wilhelm Gisbertz, Frankfurt/O.:
– Wilhelm Gisbertz, Das deutsche Kleingartenrecht, Frankfurt/O. 1938-40 (H. 1/2).

Verzeichnisse 717

- Hermann Steinhaus, Grundsätzliche Kleingartenfragen. Zur Unterrichtung der Unterorganisationsleiter des Reichsbundes Deutscher Kleingärtner e.V., Frankfurt/O.–Berlin (1938) (H. 3).
- Wilhelm Gisbertz, Reichsgeld für Kleingärten. Eingehende Erläuterung der Bestimmungen zur Förderung von Kleingärten v. 22.3.1938, Frankfurt/O.–Berlin o.J. (H. 4).
- Werner Küster, Die Beschaffung von Land für Kleingärten, Frankfurt/O.–Berlin 1939 (H. 5).
- Wilhelm Gisbertz, Kündigungsschutz für Kleingärten, Frankfurt/O. 1940 (H. 6).
- Hermann Steinhaus, Die Arbeiten der Kleingärtner–Organisation im Kriege, Frankfurt/O.–Berlin (1940) (H. 7).
- Wilhelm Gisbertz, Das deutsche Kleingartenrecht. Ergänzungs–Heft A, Frankfurt/O. 1938–40 (H. 8).
- Werner Küster, Kleingarten–Pachtverträge, Frankfurt/O. (1940) (H. 9).

Der Arbeiterfreund. Zeitschrift für die Arbeiterfrage. Organ des Central–Vereins für das Wohl der arbeitenden Klassen, 1 (1863) – 52 (1914).

Der Fachberater für das deutsche Kleingartenwesen, hg. v. Verband deutscher Kleingärtner e.V., 1 (1951) – 13 (1963).

Der Kleingärtner und Kleinsiedler. Fachblatt der Landesgruppe Groß–Hamburg im Reichsbund der Kleingärtner und Kleinsiedler Deutschlands, Hamburg, Jg. 1933 – 1943.

Der Kleingärtner und Kleinsiedler. Offizielles Nachrichtenblatt des Reichsbundes der Kleingärtner und Kleinsiedler Deutschlands, Berlin, Jg. 1933/4 – 1936.

Der Kleingärtner und Kleinsiedler. Kalender für das Jahr 1934. Hrsg. Reichsbund der Kleingärtner und Kleinsiedler Deutschlands e.V., Berlin.

Der Kleingarten. Illustrierte Monatsschrift für Gemüse–, Obst– und Gartenbau, Hamburg, 1 (1915) – 17 (1929).

Der Naturarzt. Zeitschrift des Deutschen Bundes für naturgemäße Heilweise, 27 (1899) – 68 (1940).

Der Nazi–Siedler und –Kleingärtner. Fachblatt der Abteilung Siedlung der NSDAP, Gau Hamburg, Jg. 1933.

Der praktische Ratgeber im Obst– und Gartenbau. Illustrierte Wochenschrift für Garten, Gartenliebhaber und Landwirte, 1 (1886) – 49 (1934).

Der (soziale) Wohnungsbau in Deutschland. Offizielles Organ des Reichskommissars für den sozialen Wohnungsbau, 1 (1941) – 5 (1945).

Deutscher Garten, Frankfurt/O.–Berlin, 50 (1935) – 56 (1941).

Deutscher Kleingarten Kalender, Erfurt, hg. v. RVKD, 1 (1925), 6 (1931) u. 7 (1932).

Die Gartenkunst. Zeitschrift für Gartenkunst und verwandte Gebiete, Frankfurt/ M., hg. v. Deutsche Gesellschaft für Gartenkunst, 12 (1910) – 40 (1938).
Die Gartenwelt. Illustrierte Wochenschrift für den gesamten Gartenbau, Berlin, hg. v. Max Hesdörffer, 1 (1896/7) – 16 (1913).
Die Siedlungs–Wirtschaft. Illustrierte Monatsschrift für Binnenkolonisation und Gartenbau, Worpswede, hg. v. Leberecht Migge, 1 (1922) – 7 (1929).
Gartenflora. Zeitschrift für Garten– und Blumenkunde, Berlin, hg. v. Deutsche Gartenbau–Gesellschaft, 39 (1890) – 87 (1938).
Geschäftsberichte der Hanseatischen Versicherungsanstalt, Jg. 1890–1921 u. 1923–1937.
Groß–Hamburger Kleingarten, 17 (1930) – 20 (1933).
Hamburger Volkshochschule. Verzeichnisse, Hamburg, Sommer–Semester 1919 – Wintersemester 1943/4,
Hamburgische Kleingarten–Post. Zeitschrift für die Kleingartenbewegung Hamburgs, hg. v. SKBH, 1 (1927) – 3 (1929).
Jahrbuch der Bodenreform, Jena, hg. v. Adolf Damaschke, 1 (1905) – 38 (1942).
Jahrbuch der Hamburgischen Gesellschaft zur Beförderung der Künste und nützlichen Gewerbe (Patriotische Gesellschaft), Jg. 1907, 1910, 1913.
Jahrbuch für den Kleingarten. Kalender für das Jahr, Berlin, hg. v. Reichsbund deutscher Kleingärtner e.V., Jg. 1937, 1938 u. 1941.
Jahrbuch 1933 des LV Groß–Hamburg e.V. im RVKD, Hamburg o.J.
Jugend und Volkswohl. Hamburger Blätter für Wohlfahrtspflege und Jugendpflege, Hamburg, hg. v. Jugend– und Wohl–fahrtsamt, 1 (1925) – 8 (1932).
Kleingarten–Jahrbuch. Bearbeitet i.A. der Kleingarten–Kommission der Stadt Altona v. F. Tutenberg, 2 (1918).
Kleingartenwacht. Mitteilungsblatt des RVKD, Erfurt, Jg. 3 (1926) – 10 (1933).
Kommunale Praxis. Zeitschrift für Kommunalpolitik und Gemeindesozialismus, hg. v. A. Südekum, 1 (1901) – 22 (1922).
Möller's Deutsche Gärtner–Zeitung, 17 (1902) – 54 (/1939).
Monatsblätter für Arbeiterversicherung, Berlin, hg. v. Mitgliedern der RVA, 1 (1907) – 16 (1922).
Neue Zeitschrift für Kleingartenwesen. Monatsschrift für das Kleingarten–Recht und die Kleingarten–Bewegung, hg. v. Ministerialrat Dr. Kaisenberg und dem RVKD, Berlin–Charlottenburg 1 (1922) u. 2 (1923).
Norddeutscher Kleingärtner. Zeitschrift der Landesbünde Niedersachsen, Schleswig–Holstein, Hamburg, Mecklenburg und der Landesgruppe Bremen, Hannover, 1 (1943) u. 2 (1944).
Nordwestdeutsche Schreberzeitung. Halbmonatsschrift für Kleingartenbestrebungen, Hamburg, Jg. 1 (1914).

Verzeichnisse 719

Schriften des Reichsverbandes der Kleingartenvereine Deutschlands, hg. v. RVKD, Frankfurt/M.:
- Heinrich Förster u. Max Krüger, Schafft Kleingärten. Ein Mahnruf an die verantwortlichen Führer in Staat und Gemeinde, Frankfurt/M. 1924 (H. 1).
- Hugo Fritzsche u. Kurt Schilling, Die Jugendpflege, eine wichtige Aufgabe der Kleingartenbewegung, Frankfurt/M. 1924 (H. 2).
- Georg Kaisenberg u. Otto Albrecht, Das Kleingartenrecht. Seine Anwendung und Fortbildung, Frankfurt/M. 1924 (H. 3).
- Heinrich Förster u. Otto Ernst Sutter, Kleingartenämter und Kleingartenbeiräte, Frankfurt/M. 1924 (H. 4).
- Otto Albrecht, Gemeindliche Dauer–Kleingartengebiete, Frankfurt/M. 1924 (H. 5).
- Heinrich Förster, Zur Lage des deutschen Kleingartenbaus. Vortrag, gehalten auf der Vertreterversammlung des RVKD zu Hamburg am 31.8.1924, Frankfurt/M. 1924 (H. 6).
- Drei Vorträge über Kleingartenwesen, gehalten während des 4. Reichskleingärtnertages zu München am 30. Mai und 1. Juni 1925, Frankfurt/M. 1925 (H. 7).
- Satzung und Grundsatzforderungen des RVKD, Frankfurt/M. 1925 (H. 8).
- 4. Reichs–Kleingärtnertag. Verhandlungsbericht nebst Geschäftsbericht des Vorstandes des RVKD. München 30.5. und 1.6.1925, Frankfurt/M. 1925 (H. 9).
- Max Bromme, Carl Rosenbaum u. Kurt Schilling, Kleingartenbau–Ausstellungen, Frankfurt/M. 1926 (H. 10).
- Walter Reinhold (Bearb.), Verwaltungsheft, Frankfurt/M. 1927 (H. 11).
- 5. Reichs–Kleingärtnertag. Verhandlungsbericht nebst Geschäftsbericht des Vorstandes des RVKD. Frankfurt/M. 30. und 31.7.1927, Frankfurt/M. 1927 (H. 12).
- Vier Vorträge über Kleingartenwesen, gehalten während des 5. Reichs–Kleingärtnertages zu Frankfurt/M. am 30. und 31. Juli 1927, Frankfurt/M. 1927 (H. 13).
- Adolf Damaschke, Vom neuen deutschen Bodenrecht in seiner Bedeutung für das Kleingartenwesen, Frankfurt/M. 1928 (H. 14).
- Walther Pauly, Schaffung von Kleingartendaueranlagen unter Berücksichtigung öffentlich–rechtlicher Verhältnisse, Frankfurt/M. 1928 (H. 16).
- Ärzteschaft und Kleingartenwesen. Eine Sammlung von Vorträgen und Aufsätzen über die volksgesundheitlichen Aufgaben des Kleingartenwesens, Frankfurt/M. 1929 (H. 17).
- 2. Internationaler Kongreß der Kleingärtnerverbände und 7. Reichs–Kleingärtnertag. Essen 1929. Verhandlungsbericht, Frankfurt/M. 1929 (H. 18).

- Gerhard Richter, Deutsche Schreberjugendpflege, Frankfurt/M. 1930 (H. 19).
- Karl Freytag, Kleingarten und Poesie, Frankfurt/M. 1930 (H. 20).
- Heinrich Förster, Alwin Bielefeldt, Walter Reinhold, Zur Geschichte des deutschen Kleingartenwesens, Frankfurt/M. 1931 (H. 21).
- 8. Reichs–Kleingärtnertag zu Hannover am 30. und 31.5.1931. Verhandlungsbericht nebst Geschäftsbericht des Vorstandes des RVKD, Frankfurt/M. 1931 (H. 22).
- Heinrich Förster, Das deutsche Kleingartenwesen im nationalen Staat. Festvortrag, gehalten zu Augsburg auf der Jahreshauptversammlung des LV Bayern am 11.6.1933, Frankfurt/M. 1933 (H. 23).

Soziale Praxis. Centralblatt für Sozialpolitik. Zugleich Organ des Verbands deutscher Gewerbegerichte, Berlin, 5 (1895/6) – 51 (1942).

Technisches Gemeindeblatt. Zeitschrift für die technischen und hygienischen Aufgaben der Verwaltung, Berlin, 1 (1898/9) – 47 (1944).

12.3.1.3. Amtsblätter, Gesetzessammlungen und –kommentare, Protokolle, Statistiken.

Akten der Reichskanzlei. Weimarer Republik. Die Kabinette Brüning I und II, Bd. 11, 1–3, bearb. v. Tilman Koops, Boppard 1982.

Allgemeiner Kongreß der Arbeiter- und Soldatenräte Deutschlands. Vom 16. bis 21. Dezember 1918 im Abgeordnetenhaus zu Berlin. Stenographische Berichte, (Reprint Glashütten i.T. 1972).

Amtsblatt der Freien und Hansestadt Hamburg (wechselnde Titel), Hamburg, Jg. 1916–1945.

Bäumer, G., R. Hartmann, H. Becker (Hg.), Das Reichs–Jugendwohlfahrtsgesetz, Berlin 1923.

Bundeskleingartengesetz. Kommentar v. Karl–Heinz Rothe, Wiesbaden u. Berlin (1983).

Das Medizinalwesen des Hamburgischen Staates. Eine Sammlung der Gesetzlichen Bestimmungen für das Medizinalwesen in Hamburg, auf Veranlassung des Medizinal–Collegiums hg. v. J. J. Reinicke, 3. vollst. umgearb. Aufl. 1900.

Die Verfassung des Deutschen Reiches v. 11.8.1919. Ein Kommentar v. Gerhard Anschütz, 14. Aufl. Berlin 1933.

Drucksachen der Deutschen National–Versammlung 1919/20, Nr. 301–700.

Entscheidungen des Reichsgerichts in Zivilsachen, Bd. 128, Berlin u. Leipzig 1930.

Gesetzsammlung der Freien und Hansestadt Hamburg. Amtliche Ausgabe, Hamburg, Bd. 29 (1892) u. 56 (1919).

Hamburg in Zahlen, hg. v. Statistisches Landesamt der Hansestadt Hamburg, Nr. 4 (1848), 2 (1952) u. 5 (1957).

Hamburgische Gesetze und Verordnungen, Bd. 2, hg. v. A. Wulff, 3. Aufl. Hamburg 1928/9.

Jahresbericht der Verwaltungsbehörden der Freien und Hansestadt Hamburg, Hamburg, Jg. 1925–1927.

Kaisenberg, Georg, Kleingarten- und Kleinpachtlandordnung nebst verwandtem Recht, 3. Aufl. Berlin 1924.

Krüger, Hans (Hg.), Reichsheimstätten–Gesetz nebst den preußischen und anderen landesrechtlichen Ausführungsbestimmungen, 3. verm. Aufl. Berlin 1930.

Preußisch–Deutscher Gesetz–Codex, Bd. 2, hg. v. P. Stoepel, 4. Aufl. Frankfurt/O. 1907.

Preußisches Verwaltungsblatt (wechselnder Titel), Berlin, 40 (1918/9) – 63 (1942).

Protokolle und Ausschußberichte der Hamburger Bürgerschaft, Hamburg, Jg. 1899 – 1933.

Reichs–Gesetzblatt, Berlin, Jg. 1916 – 1945.

Schäfer, Ernst Heinz, Das Kleingartenrecht im Rahmen nationalsozialistischer Siedlungsbestrebungen, jur. Diss. Berlin 1938.

Sokolowski–Mirels, John, Das deutsche Kleingartenrecht einschließlich des Verfahrens vor den Kleingartenschiedsgerichten. Ein Kommentar, Berlin 1930.

Statistisches Handbuch für den Hamburgischen Staat. Ausgabe 1920, hg. v. Statistisches Landesamt, Hamburg 1921.

Statistisches Jahrbuch deutscher Städte (wechselnder Titel), Dresden, 1 (1890) – 21 (1916) u. 22 (N.F. 1) (1927) – 36 (N.F. 15) (1941).

Statistisches Jahrbuch für das Deutsche Reich, Berlin, 48 (1929), 49 (1930) u. 54 (1935).

Statistisches Jahrbuch für die Freie und Hansestadt Hamburg, Hamburg, Jg. 1925 – 1937/8.

Stenographische Berichte über die Sitzungen der Bürgerschaft zu Hamburg, Hamburg, Jg. 1899 – 1933.

Strang, Gerulf, Bundeskleingartengesetz, Köln 1983.

Verhandlungen des Deutschen Reichstages. Stenographische Berichte (wechselnder Titel), Berlin, Jg. 1916 – 1932.

Verhandlungen zwischen Senat und Bürgerschaft, Hamburg, Jg. 1921 – 1932.

Volkswohlfahrt. Amtsblatt des preußischen Ministeriums für Volkswohlfahrt, Berlin, 1 (1920) – 13 (1932).

12.3.1.4. Broschüren, Dokumentensammlungen, Festschriften und (verstreute) zeitgenössische Publizistik

Albrecht, Otto, Deutsche Kleingartenpolitik, in: Die Arbeit 1 (1924), 168–176.

–: Die rechtlichen Mittel der Errichtung und Sicherung von Heimstätten-Gartengebieten, in: Schlesisches Heim 8 (7) (1928), 198–208.

–: Erster Reichs-Kleingärtnertag, in: Korrespondenzblatt des Allgemeinen Deutschen Gewerkschaftsbundes 31 (22) (1921), 311.

–: Heimstättengebiete und Kleingartenkolonien, in: Die Gartenkunst 26 (1924), 13–16.

–: Kleingartenwesen, Kleingartenbewegung und Kleingartenpolitik, Berlin 1924.

–: Proletarische Kleingartenbewegung, in: Korrespondenzblatt des Allgemeinen Deutschen Gewerkschaftsbundes 31 (13) (1921), 177f.

–: Wohnbauwirtschaft und Kleingartenwesen, in: Zeitschrift für Wohnungswesen 21 (3) (1923), 25ff.

Andry, Nicolas, Orthopädie, oder die Kunst bey den Kindern die Ungestaltheit des Leibes zu verhüten oder zu verbessern, Berlin 1744.

Arminius (i.e. Adelhaid Gräfin Dohna–Poninska), Die Großstädte in ihrer Wohnungsnot und die Grundlagen einer durchgreifenden Abhilfe, Leipzig 1874.

Basse, Kleingärten und Gartenheime in ihrer Bedeutung für die Volkswirtschaft, in: Hannoversche Garten- und Obstbauzeitung 27 (12) (1917), 133–138.

Baumeister, Reinhard, Stadterweiterungen in technischer, baupolizeilicher und wirtschaftlicher Beziehung, Berlin 1876.

Bayer, H., Die Familiengärten der Patriotischen Gesellschaft 1907–1922, in: Geschichte der Hamburgischen Gesellschaft zur Beförderung der Künste und nützlichen Gewerbe (Patriotische Gesellschaft), Bd. 2, H.2, Hamburg 1936, 201–213.

Behrend, Otto u. Karl Malbranc, Auf dem Prenzlauer Berg, Berlin–Frankfurt/M. 1928.

Berliner Kommunalpolitik 1921–1925. Tätigkeitsbericht der Berliner Stadtverordnetenfraktion der SPD, Berlin 1925.

Berliner Leben 1900–1914. Eine historische Reportage aus Erinnerungen und Berichten, 2 Bde, Berlin 1986.

Berliner Pflaster. Illustrierte Schilderungen aus dem Berliner Leben, hg. v. Moritz von Reymond, 3. Aufl. Berlin 1894.

Bernstein, Eduard, Die Voraussetzungen des Sozialismus und die Aufgaben der Sozialdemokratie, (Reprint Reinbek 1969).

Bertuch, Friedrich Justin, Ein Garten für Kinder, in: Allgemeines Teutsches Gartenmagazin 6 (1) (1809), 3f.

Beuchler, Klaus, Reporter zwischen Spree und Panke, Berlin/Ost (1953).
Biedermann, Karl, Mein Leben und ein Stück Zeitgeschichte. Erster Band 1812–1849, Breslau 1886.
Bielefeldt, Alwin, Arbeitergärten, in: Archiv für Volkswohlfahrt, 1 (1908), 454–464.
–: Arbeitergärten, in: Zeitschrift für das Armenwesen 5 (8) (1904), 225–240.
–: Arbeitergärten vom Rothen Kreuz. Verhütung und Bekämpfung der Tuberkulose durch die Arbeitergärten vom Rothen Kreuz, in: Das Rothe Kreuz und die Tuberkulose-Bekämpfung. Denkschrift, der 1. Internationalen Tuberkulose–Konferenz Berlin 22.–26.10.1902 gewidmet vom Volksheilstättenverein vom Rothen Kreuz. Hg. v. B. v. d. Knesebeck u. G. Pannwitz, Berlin 1902, 131–137.
–: Die volkswirtschaftliche Bedeutung des Kleingartenbaus, in: Arbeiten der Landwirtschaftskammer für die Provinz Brandenburg 45 (1924), 58–67.
Bilz, F. E., Das neue Naturheilverfahren. Ein Ratgeber in gesunden und kranken Tagen, 2 Bde, Leipzig o.J.
Blum, Otto, Städtebau, 2. Aufl. Berlin 1937.
Boecking, Alexander, Die Arbeitslosenfrage und der deutsche Kleingartenbau, in: Der Deutsche Gartenarchitekt 8 (11) (1931), 126–130.
Boetius, Henning, Fast wie bei Muttern oder: Abenteuer Wildost. Vom Campen in den neuen Bundesländern und der allmählichen Vertreibung aus dem Schrebergarten Eden, in: Frankfurter Rundschau v. 10.8.1991.
Bonne, Georg, Die Bodenbesitzreform, München 1924.
–: Entproletarisierung des Proletariats, in: Muesmann (Hg.), Die Umstellung, 124ff.
–: Heimstätten für unsere Helden, (3. Aufl.) München 1918.
Brando, Paul, Saure Wochen – Frohe Feste. Ein praktisches Handbuch für Kleingärtner– und Siedlerfeste, Hamburg 1955.
Braun, Otto, Von Weimar zu Hitler, Hamburg 1949.
Bredel, Willi, Maschinenfabrik N. & K., (Reprint 3. Aufl. Berlin/Ost 1982).
Bromme, Max, Der Garten als Freilichtwohnraum, in: Das Wohnungswesen der Stadt Frankfurt/M., Frankfurt/M. 1930, 173–185.
(Bromme, Traugott), Die freie Auswanderung als Mittel zur Abhülfe der Noth im Vaterlande, Dresden 1831.
Burghart, H., Die Kleingartenpflege im Dienste der Jugendfürsorge, in: Zentralblatt für Jugendrecht 21 (1929/30), 316–320.
Campe, Joachim Heinrich, Robinson der Jüngere, (Reprint Stuttgart 1981).
–: Über einige verkannte wenigstens ungenützte Mittel zur Beförderung der Industrie, (Reprint Frankfurt/M. 1969).
Christian, (Max), Städtische Freiflächen und Familiengärten, Berlin 1914.

Coenen, Friedrich, Das Berliner Laubenkoloniewesen, seine Mängel und seine Reform, Göttingen 1911.

Cronberger, Bernhard, Der Schulgarten des In- und Auslandes, 2. Aufl. Berlin 1909.

Cunow, Martin, Europäische Auswanderungen zur Colonisierung Afrikas und Asiens am mittelländischen Meere. Bestes Mittel zur Beruhigung Europas und gegen dessen Gefahr der Übervölkerung, 2. Aufl. Leipzig 1834.

Damaschke, Adolf, Aus meinem Leben, Leipzig u. Zürich (1924).

–: Der Neuaufbau der deutschen Familie und die Wohnungsfrage (Kriegerheimstätten), Darmstadt 1917.

–: Die Aufgaben der Gemeindepolitik, 10. Aufl. Jena 1922.

–: Die Bodenreform. Grundsätzliches und Geschichtliches zur Erkenntnis und Überwindung der sozialen Not, 18. Aufl. Jena 1920.

–: Die Sozialisierung der Grundrente, Bremen 1919.

Dammer, Udo, Wie ziehen wir am besten Gemüse?, 2. Hundertts. Berlin o.J.).

Darré, Richard Walther, Der Schweinemord, München 1937.

–: Erkenntnisse und Werden. Aufsätze aus der Zeit der Machtergreifung, 2. Aufl. Goslar (1940).

Das Deutsche Reich in gesundheitlicher und demographischer Beziehung. Festschrift, den Teilnehmern des 14. Internationalen Kongresses für Hygiene und Demographie, Berlin 1907.

Das große Bekenntnis zur deutschen Bodenreform und Das Zeugnisbuch für Bodenreform. Jubiläums-Ausgabe 1898–1928, Frankfurt/O. 1928.

Das große Zille Buch, hg. v. H. Reinoß, (Gütersloh o.J.).

Das Kleingartenwesen in Deutschland, in: Wirtschaftsberichte der DAF, Berlin (Januar–Heft) 1940.

Das verlorene Paradies. Ein Gedicht in zwölf Gesängen von Milton, Leipzig u. Wien o.J.

Das wiedergewonnene Paradies. Onkel Wassermanns lehrreiche, erprobte und immerwährende Ratschläge für Kleingärtner und Siedler o.O. o.J.

Defoe, Daniel, Robinson Crusoe, (Reprint London–New York 1969).

Dein Reich komme! Missionspredigten (Äußere), Leipzig–Philadelphia 1896. (Emil Ohly's Sammlung geistlicher Kasualreden X).

Denkschrift über die Schreberjugendpflege im Freistaat Sachsen, Leipzig 1928. (Schriften des LV Sachsen im RVKD 7).

Der deutsche Soldat. Briefe aus dem Weltkrieg, hg. v. R. Hoffmann, 21.–30.Ts. München 1937.

Der Kleingarten. Eine Darstellung seiner historischen Entwicklung in Nürnberg, Nürnberg 1923. (Mitteilungen des Statistischen Amtes der Stadt Nürnberg 7).

Der Kleingartenbau im Moore, in: Hannoversche Garten- und Obstbau-Zeitung 29 (2) (1919), 17.

Deutsche Akademie für Städtebau, Reichs- und Landesplanung, Richtlinien für die Ordnung und Beschaffung von Grünflächen in der Stadt- und Landesplanung, in: Raumforschung und Raumordnung 3/4 (1943), 92–102.

Deutsche Lyrik. Gedichte nach 1945, hg. v. H. Bingel, (4. Aufl. München 1970).

Deutscher Verein für Wohnungsreform, Vom Erfolg und vom weiteren Ausbau der Kleingartenbestrebungen, Frankfurt/M. 1915.

Deutschkron, Inge, Ich trug den gelben Stern, (Köln 1978).

Die bayerische Fabrikinspektion im Jahre 1888, in: Die Neue Zeit 7 (1889), 498–507.

Die Bibel oder die ganze Heilige Schrift des Alten und Neuen Testaments nach der deutschen Übersetzung M. Luthers, Stuttgart (1965).

Die deutsche Volksernährung und der englische Aushungerungsplan. Eine Denkschrift von F. Aereboe u.a. Hg. v. P. Eltzbacher, Braunschweig 1915.

Die deutschen Städte. Geschildert nach den Ergebnissen der ersten deutschen Städteausstellung zu Dresden 1903, 2 Bde, Leipzig 1904.

Die Einrichtungen zum Besten der Arbeiter auf den Bergwerken Preußens. I.A. seiner Exzellenz des Herrn Ministers für Handel, Gewerbe und öffentliche Arbeiten. Nach amtlichen Quellen bearb., 2 Bde, Berlin 1875/6.

Die Gemeinnützigkeit der Kleingartenvereine und der Volkswohlfahrtsminister, in: Reichsverwaltungsblatt 52 (49) (1931), 965ff.

Die Gesundheitsverhältnisse Hamburgs im neunzehnten Jahrhundert. Den ärztlichen Teilnehmern der 73. Versammlung Deutscher Naturforscher und Ärzte gewidmet von dem Medizinal-Collegium, Hamburg 1901.

Die Sonntagsruhe in den Berliner Laubenkolonien, in: Der Weg 5 (7) (1913), Sp. 253f.

Die Stadt Leipzig in hygienischer Beziehung. Festschrift für die Teilnehmer der XVII. Versammlung des deutschen Vereines für öffentliche Gesundheitspflege, Leipzig 1891.

Die Vereinsgärten in Bornheim, in: Gemeinnützige Blätter für Groß-Frankfurt 1 (1899), 97–100.

Diesel, Gertrud, Zur Entwicklung der Kleingartenwirtschaft im Bereich der ehemaligen preußisch-hessischen Staatseisenbahnen, in: Archiv für Eisenbahnwesen 44 (1921), 1085–1101.

Die Tätigkeit des Kriegsausschusses der Groß-Berliner Laubenkolonien im Kriegsjahr 1915, o.O. o.J.

Dietzgen, Josef, Die Religion der Sozialdemokratie, in: Josef Dietzgens Gesammelte Schriften, hg. v. E. Dietzgen, 4. Aufl. Berlin 1930, 89–156.

Die Zentralstelle für Volkswohlfahrt in Berlin und einige Ergebnisse ihrer ersten Informationsreise, in: Arbeiterfreund 45 (1907), 291–296.

Domarus, Max, Hitler. Reden und Proklamationen 1932–1945, 2 Bde, (Würzburg) 1962/3.

30 Jahre Wohnungsreform 1898–1928. Denkschrift aus Anlaß des 30–jährigen Bestehens, hg. v. DVfW, Berlin 1928.

Dreitzel, A., Der Kartoffelbau durch Arme Berlins, Berlin 1880.

Ehlgötz, Hermann, Kleingärten in Mannheim. Beitrag zur „Wohnungsfürsorge und Ansiedelung nach dem Kriege", Karlsruhe 1918. (Schriftenreihe des Badischen Landeswohnungsvereins 16).

–: Städtebaukunst, Leipzig 1921.

175 Jahre Gesellschaft der Freunde des vaterländischen Schul– und Erziehungswesens. GEW LV Hamburg, Hamburg o.J.

Eltzbacher, Paul u.a., Ernährung in der Kriegszeit. Ein Ratgeber, Braunschweig 1914.

Entstehungsgeschichte und Einweihung des Johannisthals zu Leipzig, hg. zum Besten der Armenschüler von M. C. Fürchtegott Leuschner, o.O. o.J.

Erlbeck, Alfred, Die sozialhygienische und volkswirtschaftliche Bedeutung der Kleingärten für die städtische Bevölkerung, in: Gesundheit 40 (2) (1915), 26–29 u. (3), 40–43.

Ernährungsblatt. Ratschläge für die Kriegszeit, hg. v. der ZfV, o.O. 1914.

Fallada, Hans, Kleiner Mann – was nun?, (Reprint Berlin/Ost 1954).

Familiengärten und andere Kleingartenbestrebungen in ihrer Bedeutung für Stadt und Land. Vorbericht und Verhandlungen der 6. Konferenz der ZfV in Danzig am 18. Juni 1912, Berlin 1913. (Schriften der ZfV (N.F. 8)).

Familien– und Schrebergärten, in: Gartenstadt 34 (1911), 28ff.

Fassbender, Eugen, Grundzüge der modernen Städtebaukunde, Leipzig u. Wien 1912.

Feder, Gottfried, Das Programm der NSDAP und seine weltanschaulichen Grundgedanken, 25.–40.Aufl. München 1930.

Festschrift hg. anläßlich des 10–jährigen Bestehens des Bezirksverbandes Stormarn des RVKD, Hamburg 1933.

Förster, Heinrich, Das deutsche Kleingartenwesen in der heutigen Zeit. Festvortrag, gehalten auf der Jahreshauptversammlung des LV Groß–Hamburg e.V. am Sonntag, dem 19. März 1933, (Hamburg 1933).

–: Der Kriegs–Schülergarten. Ein Beitrag zur Frage der erzieherischen und volkswirtschaftlichen Bedeutung des Schülergartens, Frankfurt/M. 1916.

–: Die augenblickliche Lage und zukünftige Gestaltung des Schreber– und Kleingartenwesens, Leipzig 1929. (Schriften des LV Sachsen im RVKD 8).

–: Vom Kleingartenwesen des Auslands, Frankfurt/O.–Berlin 1938.

–: Wesen und Bedeutung der Kleingartenbewegung, in: Zeitschrift für Kommunalwirtschaft 19 (17) (1929), 1234–1242.

Fortgesetzte Chronik des Johannisthales mit kurzen Verständigungen über das Kinderfest und über die Linden, nebst der von Herrn Oberlehrer Kunath gehaltenen Festrede, hg. zum Besten des Kinderfestes v. M. Carl Fürchtegott Leuschner, Leipzig 1834.

Freie Aufsätze von Berliner Kindern, gesammelt und hg .v. G. Gramberg, Leipzig 1910.

Freizeit– und Kleingartennutzung in den Städten der Ballungszentren. Internationales Seminar des Bundesverbandes Deutscher Kleingartenfreunde v. 20.–22.8.1987 in Ratingen o.O. o.J. (Schriftenreihe des Bundesverbandes Deutscher Gartenfreunde 48).

Fritsch, Theodor, Die Stadt der Zukunft, Leipzig 1896.

Fröbel, Friedrich, Die Menschenerziehung, 4. Aufl. Stuttgart 1984. (Ausgewählte Schriften 2).

–: Die Pädagogik des Kindergartens, hg. v. W. Lange, 2. Aufl. Berlin 1874. (Gesammelte pädagogische Schriften II. Abteilung).

–: Eine vollständige briefliche Darstellung der Beschäftigungsmittel des Kindergartens, in: Ausgewählte Schriften, Bd. 3, (Stuttgart 1982), 162–182.

–: Entwurf eines Planes zur Begründung und Ausführung eines Kindergartens, in: Ausgewählte Schriften, Bd. 1, (Godesberg 1951), 114–125.

–: Mutter– und Koselieder, 6. Aufl. Wien u. Leipzig (1883).

Fromm, Wilhelm, Arbeitergärten, in: Zeitschrift für Gewerbehygiene XIII (24), 668f.

Fuchs, Arno, Die Großstadt und ihr Verkehr. Kulturkundliche und ethnische Anschauungsstoffe für den Anschauungsunterricht in großen und mittleren Städten. Für Volks– und Hilfsschulen, Berlin 1906.

Führer durch die Kleingarten–Ausstellung Hamburg 1918, veranstaltet v. 7.–10. September 1918 in der Ernst–Merck–Halle des zoologischen Gartens, (Hamburg o.J.).

75 Jahre Bundesbahnlandwirtschaft, in: Eisenbahn–Landwirt 68 (1985), 140–147.

75 Jahre Volksfürsorge Versicherungsgruppe 1913–1988, (Lübeck 1988).

25 Jahre Arbeit im Dienste der Volksgesundheit. Festschrift zum 25jährigen Bestehen des Deutschen Bundes der Vereine für naturgemäße Lebens– und Heilweise, hg. v. der Bundesleitung, Berlin 1914.

Fünfundzwanzig Jahre Kleingarten–Verein Eppendorf v. 1904 e.V., Hamburg, Hamburg (1929).

Fuhlberg, R., Die Kleingartenbau–Ausstellung, in: Neue Hamburger Zeitung. Abendausgabe v. 9.9.1918.

Gärten im Städtebau. Dokumentation zum 1.–14.Bundeswettbewerb. Wettbewerb für Kleingartenanlagen der Städte und Gemeinden und ihrer kleingärtnerischen Organisationen, Bonn 1981. (Schriftenreihe des Bundesministeriums für Raumordnung, Bauwesen und Städtebau).
Gartenanlagen für Arme, in: Schleswig–Holstein–Lauenburgische Provinzialberichte 15 (1826), 309.
Gartenbau–Ausstellung Altona 1914. Hg. i.A. der Stadt Altona. Bearb. v. Hugo Koch, (Hamburg o.J.).
GBV Zum Alten Lande 75 Jahre. 1906/1981, o.O. o.J.
Gartenkunstbestrebungen auf sozialem Gebiete. 3 Vorträge gehalten auf der Hauptversammlung der Deutschen Gesellschaft für Gartenkunst in Nürnberg, 18.–23.8.1906, Würzburg (1907).
Gartenordnung des GBV „Schreber" Nord–Winterhude e.V. Sitz Hamburg v. 17.10.1913, o.O. o.J.
Gartenordnung der Stadtgruppe Harburg und Umgebung der Kleingärtner, o.O. o.J.
Geheimrat Bielefeldt, in: Lübeckische Blätter 66 (1924), 119f.
Gesell, Heinrich Karl, Einige Winke über Methode, Disciplin und wechselseitigen Unterricht, Dresden 1841.
Gienapp, Emil, Der Kleingartenbau als wirtschaftliche Kriegshilfe, in: Kommunale Rundschau X (6) (1917), 84ff.
–: Der Kleingartenbau im Dienste gesundheitlicher und sozialer Fürsorge, in: Die gesunde Stadt 44 (1919), Sp. 121–126.
–: Schreber– oder Arbeitergärten, in: Gutenbergs Illustriertes Sonntagsblatt 1909, 375ff.
–: Von der sozialen und wirtschaftlichen Wertung sogenannter Schreber– und Arbeitergärten, in: Zentralblatt für Volksbildungswesen 9 (1) (1909), 1–5.
Giordano, Ralph, Die Bertinis, (Frankfurt/M. 1982).
Glückseligkeitslehre für das physische Leben des Menschen. Ein diätetischer Führer durch das Leben von Philipp Carl Hartmann, gänzlich umgearbeitet und vermehrt von Moritz Schreber, 10. Aufl. Leipzig 1876.
Goethe, J. W., Sämtliche Werke in 18 Bänden, (München 1977).
Goltz, Theodor von der, Die ländliche Arbeiterklasse und der preußische Staat, (Reprint Frankfurt/M. 1968).
Gontscharow, Iwan A., Die Fregatte Pallas, (Stuttgart o.J.).
Grobler, Johannes, Kleingarten–Politik, in: Der Städtebau 1929, 190ff.
Gruber, Max, Tuberkulose und Wohnungsnot. Referat erstattet der 14. Hauptversammlung des BDB, Berlin (o.J.).
Gut, Albert (Hg.), Der Wohnungsbau in Deutschland nach dem Weltkriege, München 1928.

Hahn, W(ilhelm), Eine Schrebergartenanlage in Rüstringen i.O., in: August Stürzenacker (Hg.), Wohnungsfürsorge und Ansiedlung nach dem Kriege, Karlsruhe o.J. (Schriftenreihe des Badischen Landeswohnungsvereins 16).
Ders. u. Leberecht Migge (Hg.), Der Ausbau eines Grün–gürtels der Stadt Kiel, Kiel 1922.
Hamburgische Kriegshilfe. Frauenausschuß für Lebensmittelversorgung, Gebote für die Hauswirtschaft in der Kriegszeit. Flugblatt Nr. 3, o.O. o.J.
Hans, Arthur, Kleingärten als Schmuck, nicht als Unzierde des Ortsbildes, in: Gesundheit 43 (1918), Sp. 293–298.
–: Planmäßige Förderung des Kleingartenwesens. Eine Aufgabe der Gegenwart und Zukunft, Dresden o.J. (Beiträge zur Kleingartenfrage 2).
Hansen, Adolf u. Rudolf Sottorf, Die Kollauer Chronik, 3 Bde, Lokstedt 1922, Altona–Stellingen 1929 u. 1938.
Hansen, P. Chr. (Hg.), Schleswig–Holstein, seine Wohlfahrtsbestrebungen und gemeinnützigen Einrichtungen, Kiel 1882.
Harms, Wohlfahrtseinrichtungen im Kreise Waldenburg in Schlesien, in: Zeitschrift der Centralstelle für Arbeiter–Wohlfahrtseinrichtungen V (9) (1898), 101–104.
Hauptstadt Berlin, klar ey!, in: Die Tageszeitung v. 26.6.1990.
Hauschild, E(rnst) I(nnocenz), Das moderne Gesamtgymnasium zu Leipzig, Leipzig 1854.
–: Die leibliche Pflege der Kinder zu Hause und in der Schule, Leipzig 1858.
–: 30 pädagogische Briefe aus der Schule an das Elternhaus, (Pädagogische Briefe 3. Folge), Leipzig 1865.
–: 50 pädagogische Briefe, Bremen 1860.
–: Über Erziehung und Unterricht der Kinder in und ausser dem elterlichen Hause, auf dem Lande und in der Stadt, Leipzig 1840.
–: 40 pädagogische Briefe, Leipzig 1862.
Heiberg, C., Mittheilungen über das Armenwesen, mit Rücksicht auf die Herzogthümer Schleswig und Holstein, Altona 1835.
Heiligenthal, Roman, Deutscher Städtebau, Heidelberg 1921.
Heilverfahren und Gesundheitsfürsorge bei der LVA der Hansestädte, hg. v. Vorstand der LVA, (Lübeck) 1929.
Heimatbuch vom Wedding, hg. unter Mitwirkung von Schulmännern des Bezirks Wedding v. Franz Gottwald, Berlin (1924).
Heine, Heinrich, Sämtliche Schriften in 12 Bänden, hg. v. K. Briegleb, (Frankfurt/M. u.a. 1981).
Hesdörffer, Max, Gemüsebau während des Krieges. Eine Anleitung zur Erzielung höchster Gemüseerträge in Haus– und Kleingarten und ein Mahnwort an jeden Deutschen, Berlin 1916.

–: Der Kleingarten. Seine Anlage, Einteilung und Bewirtschaftung, 35.–40. Ts. Berlin o.J.

Hinz, Heinrich, „Der Schrebergarten". Praktische Ratschläge zur Einrichtung von Schreber–, Klein– und Hausgärten, Frankfurt/O. 1915.

Hinz, H., Die Bedeutung der Schrebergärten für die Volkswohlfahrt, in: Körper und Geist 24 (10) (1915), 145–150.

Hirschfeld, Magnus, Die Gurgel Berlins, Berlin u. Leipzig o.J. (Großstadt-Dokumente 41).

Hirtsiefer, Heinrich, Die staatliche Wohlfahrtspflege in Preußen 1919–1923, Berlin 1924.

Hitler, Adolf, Mein Kampf. Zwei Bände in einem Band, 800.–804. Aufl. München o.J.

Hoch, Julius, Die Entwickelung der Ferienkolonien, Lübeck 1883.

Höpfner, Karl August, Grundbegriffe des Städtebaus, Bd. 1, Berlin 1921.

Hoffmann, August, Beförderung des Kleingartenbaues durch Schreber–Gärten, in: Zeitschrift für Stadtverordnete (Bunzlau) 1 (5) (1904), 100f.

–: Hygienische und soziale Betätigung deutscher Städte auf den Gebieten des Gartenbaues, Düsseldorf 1904.

Honecker, Erich, Aus meinem Leben, Berlin/Ost 1981.

Howard, Ebenezer, Gartenstädte von morgen. Das Buch und seine Geschichte, hg. v. J. Posener, Frankfurt/M. u. Berlin 1968.

Huber, Victor Aimé, Reisebriefe aus England im Sommer 1854, Hamburg (1855).

–: Wirtschaftsvereine und innere Ansiedlung, in: –: Ausgewählte Schriften über Sozialreform und Genossenschaftswesen, hg. u. bearb. v. K. Mundy, Berlin o.J., 836–869.

Huret, Jules, Berlin um 1900, (Reprint Berlin 1979).

Hygiene und soziale Hygiene in Hamburg. Zur 90. Versammlung der Deutschen Naturforscher und Ärzte in Hamburg im Jahre 1928, hg. v. der Gesundheitsbehörde Hamburg, Hamburg 1928.

Im Gespräch, in: Hamburger Abendblatt v. 9.6.1988.

Im Namen des deutschen Volkes. Justiz im Nationalsozialismus, (Köln 1989).

Jablanczy, Julius, Die Arbeitergärten der Leobersdorfer Maschinenfabrik von Ganz & Co., deren Anlage und Pflege, Wien 1890.

Jänicke, Rückblick auf die Mission in der Laubenkolonie, in: Blätter aus der Stadtmission (Berlin) 26 (1903), 147–151.

Janson, Arthur, Auf 300 qm Gemüseland den Bedarf eines Haushalts ziehen, 2. Aufl. Berlin 1911.

Jantke, Carl u. Dietrich Hilger (Hg.), Die Eigentumslosen. Der deutsche Pauperismus und die Emanzipationskrise in Darstellungen und Deutungen der zeitgenössischen Literatur, Freiburg – München (1965).

Jubiläums–Zeitschrift. 40 Jahre 1946–1986. Gartenverein Klein Borstel e.V. 411, o.O. (1986).

Kalckstein, Walter von, Arbeitergärten (Schrebergärten), Gantzsch 1909 (Kultur und Fortschritt 262).

Kampffmeyer, Hans, Gärten für Arbeitslose, in: Wohnungswirtschaft VIII (1931), 329 u. 332.

–: Siedlung und Kleingarten, Wien 1926.

Katscher, Leopold, Der jetzige Stand der Arbeitergärtenbewegung, in: Die Hilfe 3 (1912), 44f.

–: Fabrik–, Jugend–, Armen– und Heilgärten, in: Soziale Medizin und Hygiene 6 (1911), 69–78.

Kant, Immanuel, Mutmaßlicher Anfang der Menschengeschichte, in: Ders., Schriften zur Geschichtsphilosophie, Stuttgart (1974), 67–84.

–: Vorlesung über Pädagogik, in: Ders., Ausgewählte Schriften zur Pädagogik und ihrer Begründung, besorgt v. H.–H.Groothoff, Paderborn 1963, 9–59.

Kautzky, Karl, Das Erfurter Programm, Berlin/Ost 1965.

Keller, Gottfried, Jeremias Gotthelf, in: Sämtliche Werke und ausgewählte Briefe, Bd. 3, 2. Aufl. München 1968, 916–968.

Klages, Ludwig, Mensch und Erde, (Reprint Stuttgart (1956)).

Kleine Freiheit, streng geregelt, in: Das Haus. Europas größte Bau– und Wohnzeitschrift. Ausgabe Hamburg 7 (8) (1992), 42.

Kleiner Ratgeber für das Haus v. J. Bischoff, Berlin o.J.

Kleines Hamburger Kriegskochbuch. Zusammengestellt von der Hamburger Ortsgruppe des Vereins ehemaliger Seminaristinnen des Casseler Frauenbildungsvereins, Hamburg o.J.

Kleingärtner, Behelfsheimer, was tust du nun... 1943/1953. 10 Jahre danach?, hg. v. Bürgerschaftsfraktion der KPD, Hamburg 1953.

Kleingartenbau und Kriegsfürsorge, in: Neue Korrespondenz v. 27.10.1914.

Kloss, Moritz, Dr. med. D. G. M. Schreber, in: Neue Jahrbücher für die Turnkunst (Leipzig) 8 (1862), 11–16.

Koch, Hugo, Gartenkunst im Städtebau, Berlin 1914.

Kochendorf, Richard, Lungen–Gymnastik ohne Geräte: Nach dem System von Dr. med. D. G. M. Schreber, Leipzig 1907.

Köchel, Heinrich, Der oberschlesische Arbeitergarten. Ein Gartenbau–Leitfaden für den oberschlesischen Berg– und Hüttenarbeiter, Laurahütte 1893.

KPD. Von der Streikagitation zur Streikaktion. Bericht der Bezirksleitung Wasserkante an den Bezirksparteitag vom 2.–4.12.1932, o.O. o.J.

Krause, Kurt, Unsere wildwachsenden Küchenpflanzen. Eine Handreichung für die Kriegszeit, (Berlin 1915).

Krautwig, Schrebergärten für Lungenkranke, in: Centralblatt für allgemeine Gesundheitspflege. Organ des niederrheinischen Vereins für öffentliche Gesundheitspflege (Bonn) 31 (1912), 407f.

Krieger, Hermann, Schrebergärtnerei in Hamburg, in: Neue Hamburger Zeitung. Abendausgabe v.7.9.1909.

Kriegsbriefe gefallener Studenten, hg. v. Philipp Witkop, (111.–120. Ts. München 1928).

Krupp 1812–1912. Zum 100jährigen Bestehen der Firma Krupp und der Gußstahlfabrik in Essen. Hg. auf den Hundertsten Geburtstag Alfred Krupps, Jena 1912.

Kruschwitz, Hans, Erfolge und Aussichten des Kriegsgemüse- und Kleingartenbaues in Sachsen, Dresden 1915. (Freie Beiträge zur Wohnungsfrage im Königreich Sachsen 7).

Küster, Ernst, Kriegsgemüse, in: Deutscher Wille (Der Kunstwart) XXX (17) (1917), 224–228.

Lafargue, Paul, Das Recht auf Faulheit, (Reprint Frankfurt/M.–Wien (1966)).

Landesbund Schleswig–Holstein der Kleingärtner (Hg.), Jubiläums–Festschrift: Es begann anno 1855, Kiel 1980.

Lange, Christian Friedrich , Feldgärtnerei–Kolonien oder ländliche Erziehungsanstalten für Armenkinder. Erster und Dritter Theil, Dresden u. Leipzig 1836 u. 1847.

Laubenkolonien, in: Zeitschrift des deutsch–evangelischen Vereins zur Förderung der Sittlichkeit (Berlin) 27 (7/8) (1913), 54.

Lehbahn, Charlotte, Kleingarten – Kleingartenvereine und ihre Bedeutung für die Vorratshaltung und Ernährung, in: Markt und Verbrauch 14 (3/4) (1942), 87–93.

Lemmer, Ludwig, Der Pachtgarten in der städtebaulichen Planung, in: Baupolitik 2 (1927), 21–25.

Lentz, Georg, Molle mit Korn. Drei Romane in einem Band, (Gütersloh o.J.).

Lenz, Siegfried, Exerzierplatz, Hamburg 1985.

Les jardins ouvriers, in: Revue internationale du Travail (Genève) X (Juillet–Décembre 1924), 91–124.

Lesser, Ludwig, Der Kleingarten. Seine zweckmäßigste Anlage und Bewirtschaftung, Berlin 1915. (Großberliner Verein für das Kleinwohnungswesen 1).

–: Gartenbau und Kriegsbeschädigten–Ansiedlung, in: Berliner Vereinigung zur Förderung der Kriegsbeschädigten–Ansiedlung (Hg.), Beiträge zur Ansiedlung unserer Kriegsbeschädigten, Berlin 1916, 20ff.

Lichtwark, Alfred, Park- und Gartenstudien, Berlin 1909.
Lippmann, Leo, Mein Leben, Hamburg 1964.
Loos, Adolf, Sämtliche Schriften in 2 Bänden, Wien–München (1962).
Lorenz, Wilhelm, Der Spielleiter im Schreber- und Gartenwesen, Leipzig u. Berlin 1927.
Lubahn, Johannes, Arbeitsbeschaffung für 250.000 Arbeitslose und Errichtung von 100.000 Kleinstheimstätten, Potsdam o.J.
Lüdemann, E., Erziehung des jungen Städters zur Verbundenheit mit Blut und Boden, in: Hamburger Lehrerzeitung 13 (28) (1934), 451f.
Lüders, Adolph Friedrich, Einige Bemerkungen über mehrere Ursachen des Elends in der untern Volksklasse und die Mittel, dasselbe zu verhindern, besonders in Beziehung auf die Herzogtümer Schleswig und Holstein, Altona 1829.
Luther, Martin, Pädagogische Schriften, hg. v. H. Lorenzen, Paderborn 1957.
Lyschinska, Mary J., Der Kindergarten, in: Handbuch der Frauenbewegung, hg. v. H. Lange u. G. Bäumer, III. Teil, Berlin 1902, 129–143.
Maass, Harry, Dein Garten, Dein Arzt. Fort mit den Garten–sorgen, Frankfurt/O. o.J.
–: Der deutsche Volkspark der Zukunft (Laubenkolonie und Grünanlagen), Frankfurt/O. 1913.
–: Heimstätten und ihre Gärten. Die Heimstättenfrage des Gartengestalters, Dresden 1919.
–: Kleingärten als Förderer der Kriegerheimstätten, in: Der Vortrupp 5 (4) (1916), 110–117.
–: Laubenkolonie und Schrebergarten, in: Neue Hamburger Zeitung v.15.3.1913.
Magenau, Julius, Die Steigerung der Erträge des nutzbaren Eisenbahnareals hauptsächlich durch Obstkultur, Stuttgart 1873.
Mangner, Eduard, Dr. Schreber, ein Kämpfer für Volkserziehung, Leipzig 1877.
–: Spielplätze und Erziehungsvereine. Praktische Winke zur Förderung harmonischer Jugenderziehung nach dem Vorbild der Leipziger Schrebervereine, Leipzig 1884.
Mangold, Karl von, Die städtische Bodenfrage. Eine Untersuchung über Tatsachen, Ursachen und Abhilfe, Göttingen 1907.
–: Kleingarten und Volkskultur, in: Der Kunstwart 26 (1) (1912), 15–19.
–: Vom Erfolg der Kriegskleingartenbestrebungen, in: Die Hilfe 45 (1915), 725ff.
Marenholtz–Bülow, Bertha von, Die Arbeit und die neue Erziehung nach Fröbels Methode, Berlin 1866.

Marx, Karl, Grundrisse der Kritik der politischen Ökonomie (Rohentwurf), Berlin/Ost 1974.
–: u. F. Engels, Werke, Bd. 1–39 u. zwei Ergänzungsbände, Berlin/Ost 1972ff.
Mecke, Hanna, Heimgartenarbeit als soziale Hilfe, in: Evangelisch–Sozial 18 (4) (1909), 100–103.
...mehr als ein Haufen Steine. Hamburg 1943–1949, Hamburg (1981).
Meldungen aus dem Reich. Auswahl aus den geheimen Lageberichten des Sicherheitsdienstes der SS 1939–1944, (Neuwied 1965).
Meyer–Marwitz, Bernhard, Die Straße der Jugend, (Hamburg 1946).
Migge, Leberecht, Deutsche Binnenkolonisation, Berlin 1926.
–: Die Gartenkultur des 20. Jahrhunderts, Jena 1913.
–: Die Krise des sozialen Gartens (Auszug), in: Siedlungs–Wirtschaft III (3) (1925), 122.
–: Jedermann Selbstversorger. Eine Lösung der Siedlungsfrage durch neuen Gartenbau, Jena 1918.
–: Laubenkolonien und Kleingärten, München 1917.
–: u. Harry Maass, Leitsätze für Kleingarten–Politik, in: Siedlungs–Wirtschaft III (5) (1925), 214f.
Mill, John Stuart, Grundsätze der Politischen Ökonomie, nach der Ausgabe letzter Hand, 2 Bde, 2. Aufl. Jena 1924.
Minner, Die Bedeutung der Schrebergärten–Anlagen für die Gemeinden, Leipzig (1912). (Flugblatt Nr. 1. Verlag „Unser Garten").
Mittenzwey, L., Die Pflege des Bewegungsspiels, insbesondere durch die Leipziger Schrebervereine, Leipzig 1896.
Mittgaard, Nicolai, Wie denken wir uns einen Schrebergarten, in: Hamburger Fremdenblatt v. 15.5.1915.
Moericke, Otto, Die Bedeutung der Kleingärten für die Bewohner unserer Städte, Karlsruhe 1912. (Schriften des badischen Landeswohnungsvereins 2).
Muesmann, Adolf (Hg.), Die Umstellung im Siedlungswesen, Stuttgart 1932.
Muthesius, Klaus, Die Möglichkeiten und der volkswirtschaftliche Nutzen der aktiven Beteiligung einer Großstadtbevölkerung an der produktiven Bodennutzung, Diss. Berlin 1927.
Neue Aufgaben in der Bauordnungs– und Ansiedlungsfrage. Eine Eingabe des DVfW, Göttingen 1906.
1926–1976. 50 Jahre „Fortschritt und Schönheit" e.V. (Dauergartenkolonie 412, Hamburg 60, Dennerallee), o.O. o.J. (Ms.).
1932–1982 KGV Horner–Marsch, o.O. (1982).
New–York Hamburger Gummi–Waaren Compagnie 1873–1923, Berlin (1923).

Noak, Victor, Bodenreform und das soziale Schreber- und Kleingartenwesen, Leipzig 1924. (Schriften des LV Sachsen der Schreber- und Gartenvereine 4).

Noske, Gustav, Kolonialpolitik und Sozialdemokratie, Stuttgart 1914.

Novalis (i.e. Georg Philipp Friedrich Freiherr von Hardenberg), Heinrich von Ofterdingen, Potsdam o.J.

Obermayr, Benedikt, Deserteure der städtischen Zivilisation, in: Die Tat 22 (1931), 985f.

Ordnung, Fleiß und Sparsamkeit. Texte und Dokumente zur Entstehung der „bürgerlichen Tugend", hg. v. P. Münch, (München 1984).

Parzelle–Laube–Kolonie. Kleingärten zwischen 1880–1930. Texte und Bilder zur Ausstellung im Museum „Berliner Arbeiterleben um 1900" v. 18. März 1988 bis 8. April 1989, (Berlin/Ost) o.J.

Pauly, (Walter), Der Kleingarten im Stadtbauplan, in: Der Neubau 10 (16) (1928), 192ff.

Pensées de Pascal sur la Religion et sur quelques autres Sujets. Nouvelle Édition, Paris o.J.

Pesl, Ludwig Daniel, Nationalsozialismus und Bodenreform, Berlin 1932.

Peters, G., Zur Kleingartenbewegung, in: Der Landmesser 6 (4) (1918), 49–55.

Poninska, Adelhaid Gräfin (Dohna–), Grundzüge eines Systems der Regeneration der unteren Volksklassen durch Vermittlung der höheren, Leipzig 1854.

Priebe, Hermann, Kriegerfrauen! Helft euren Männern den Sieg gewinnen! Sieben ernste Bitten an die Frauen und Mütter unserer tapferen Feldgrauen, Berlin 1916.

Ratschläge für Lungenkranke. Für die bei der LVA der Hansestädte versicherten Personen zusammengestellt, Lübeck o.J.

Reden und Predigten vom Gebiet der Inneren Mission und Diakonie, hg. v. Th. Schäfer, 5 Bde, Hamburg 1876.

Rehorn, Die Entwicklung der Kleingartendaueranlagen im Siedlungsverband Ruhrkohlenbezrik, in: Rheinische Blätter für Wohnungswesen und Bauberatung 23 (1927), 355f.

RVKD. Geschäftsbericht 21.5.1923 bis 1.5.1925, Frankfurt/M. o.J.

Reinhold, Walter, Sozialistische Kleingartenpolitik in der Gemeinde, in: Kommunale Blätter der SPD (Berlin) 7 (2) (1930), 6ff.

Remarque, Erich Maria, Im Westen nichts Neues, 31.–50. Ts. Berlin 1929.

Richter, Gerhard, Das Buch der Schreberjugendpflege, Leipzig 1925.

–: 75 Jahre Dienst am Kinde. Geschichte des Schrebervereins der Westvorstadt in Leipzig, Leipzig 1939.

Richter, H., Gartenarbeit für unsere Großstadtjugend, in: Neue Bahnen 20 (2) (1895), 74–86.

Ringpfeil, Was bieten wir unseren Schreberkindern an Leib und Seele, Leipzig 1927. (Schriften des LV Sachsen der Schreber- und Gartenvereine 5).
Ritter, Alfons, Schreber. Künder und Streiter für wahre Volkserziehung. Ein Weckruf für uns alle, Erfurt 1936.
Rivière, Louis, Les jardins ouvriers, Paris 1898.
Römer, Willy, Erntefest im Schrebergarten. Berlin 1912–1927, Berlin/Ost 1985.
Rogers, Woodes, A Cruising Voyage Round the World, (Reprint New York 1969).
Roscher, Wilhelm, System der Armenpflege und Armenpolitik. Ein Hand- und Lesebuch für Geschäftsmänner und Studierende, 3. Aufl. Stuttgart u. Berlin 1906.
Rosenthal, Hans, Zwei Leben in Deutschland, (Bergisch–Gladbach 1980).
Rousseau, Jean–Jacques, Discours sur L'Origine et les Fondements de L'Inégalité parmi les Hommes suivie de La Reine Fantasque, (Reprint Paris 1973).
–: Emile oder über die Erziehung, hg. v. M. Rang, Stuttgart (1986).
–: Les Confessions, (Reprint Paris (1964)).
–: Les Rêveries du promeneur solitaire, Paris (1967). (oeuvres complètes I).
R(udorf), E(rnst), Über das Verhältnis des modernen Lebens zur Natur, in: Preussische Jahrbücher XLV (3) (1880), 261–276.
Rüdiger, Otto, Alexander Selkirk in Hamburg. Nach einer Flugschrift vom Jahre 1713, in: Aus Hamburgs Vergangenheit, hg. v. K. Koppmann, Erste Folge, Hamburg u. Leipzig 1886, 185–208.
Rutschky, Katharina (Hg.), Schwarze Pädagogik. Quellen zur Naturgeschichte der bürgerlichen Erziehung, (Frankfurt/M. u.a. 1977).
Saint–John Perse (i.e. Alexis Saint–Léger Leger), Oeuvres complètes, Paris (1972).
Sallmann, Michael, Unter deutschen Dächern, in: Frankfurter Rundschau v. 25.4.1992.
Satzung des GBV „Schreber" Nord–Winterhude e.V. Sitz Hamburg, o.O. o.J.
Satzung und Gartenordnung der Gemeinnützigen Freien Vereinigung Hamburger Kleingärtner, o.O. o.J.
Satzungen des Vereins: Gemeinnütziger GBV „Reiherhoop" v. 1917 e.V., (Harburg 1934).
Scheffler, Karl, Der junge Tobias, Hamburg u. München 1962.
–: Was will werden? Ein Tagebuch im Kriege, Leipzig 1917.
Schildbach, (Carl Hermann), Schreber, in: Deutsche Turnerzeitung (Berlin) 1 (1862), 4ff.
–: Zweiter Bericht über die gymnastisch–orthopädische Heilanstalt zu Leipzig, Leipzig 1861.

Schiller, Hans, Kleingartennot – Kleingartenhilfe, Frankfurt/O. 1936.
Schillers Briefwechsel mit Körner. Von 1784 bis zum Tode Schillers, (2 Theile), hg. v. K. Goedecke, 2. Aufl. Leipzig 1878.
Schillers sämtliche Werke in vier Hauptbänden und zwei Ergänzungsbänden, hg. v. Paul Merker, Leipzig o.J.
Schilling, Kurt, Das Kleingartenwesen in Sachsen, Dresden 1924.
Schlager. Das Große Schlager-Buch. Deutsche Schlager 1800–Heute, hg. v. Monika Sperr, (München 1978).
Schmidt, Ernst Wilhelm, In Utöpchen, Berlin 1947.
Schmidt, Peter, Die Bedeutung der Kleingartenkultur in der Arbeiterfrage, Berlin 1897.
Schmoller, Gustav von, Mahnruf in der Wohnungsfrage, in: Zur Sozial- und Gewerbepolitik der Gegenwart, Leipzig 1890, 342–371.
Schneider, Johann, Der Kleingarten, Leipzig und Berlin 1915. (Aus Natur und Geisteswelt 498).
–: Die wirtschaftliche Bedeutung des Kleingartens, in: Der Lehrmeister in Garten und Kleintierhof 13 (4) (1915), 25f.
Schneider, Oskar, Rede zur Schlußveranstaltung im Bundeswettbewerb „Gärten im Städtebau" am 12.12.1987 in der Stadthalle Bonn–Bad Godesberg, o.O. o.J.
Schnetzer, Ueli, Die grüne Lunge der Stadt, in: VDI nachrichten magazin 8 (1989), 24–32.
Schreber, Daniel Gottlob Moritz, Ärztliche Zimmergymnastik, 4. Aufl. Leipzig 1858.
–: Allgemeine Wehrkraft als Aufgabe der Volkserziehung, in: Die Gartenlaube 18 (1861), 278ff.
–: Anthropos. Der Wunderbau des menschlichen Organismus, sein Leben und seine Gesundheitsgesetze, Leipzig 1859.
–: Das Buch der Erziehung an Leib und Seele, 2. Aufl. Leipzig o.J.
–: Das Buch der Erziehung an Leib und Seele, 3. stark vermehrte Aufl. Durchgesehen und erweitert v. Dr. Carl Hennig, Leipzig (1891).
–: Das Buch der Gesundheit oder die Lebenskunst nach der Einrichtung und den Gesetzen der menschlichen Natur, 2. Aufl. Leipzig 1861.
–: Das Pangymnastikon oder das ganze Turnsystem an einem einzigen Geräte, Leipzig 1862.
–: Das Turnen vom ärztlichen Standpunkte aus, zugleich als eine Staatsangehörigkeit dargestellt, Leipzig 1843.
–: Der Hausfreund als Erzieher und Führer zu Familienglück, Volksgesundheit und Menschenveredelung für Väter und Mütter des deutschen Volks, Leipzig 1861.

–: Die Eigentümlichkeiten des kindlichen Organismus im gesunden und kranken Zustande, Leipzig 1852.
–: Die Jugendspiele in ihrer gesundheitlichen und pädagogischen Bedeutung, in: Die Gartenlaube 26 (1860), 414f.
–: Die Normalgaben der Arzneimittel, Leipzig 1840.
–: Die planmäßige Schärfung der Sinnesorgane, Leipzig 1859.
–: Die schädlichen Körperhaltungen und Gewohnheiten der Kinder nebst Angabe der Mittel dagegen, Leipzig 1853.
–: Die Verhütung der Rückgratsverkrümmungen oder des Schiefwuchses, Leipzig 1846.
–: Die Wasserheilmethode in ihren Grenzen und ihrem wahren Werthe, 2. Aufl. Leipzig 1885.
–: Ein ärztlicher Blick in das Schulwesen in der Absicht: zu heilen, und nicht: zu verletzen, Leipzig 1858.
–: Kinesiatrik oder die gymnastische Heilmethode, Leipzig 1852.
–: Über Volkserziehung und zeitgemäße Entwicklung derselben durch Hebung des Lehrerstandes und Annäherung von Schule und Haus, Leipzig 1860.
Schreber, Daniel Paul, Denkwürdigkeiten eines Nervenkranken, (Reprint Frankfurt/M. u.a. 1973).
Schreiber, Emil O., Die Schrebervereine zu Leipzig, in: Jahrbuch für deutsche Jugend- und Volksspiele 4 (1885), 122–128.
Schubert, Walter, Mein Gartenbuch. Für Kleingärtner, Siedler und Gartenbesitzer, Bad Oeynhausen u.a. (1947). (Friesdorfer Hefte 10).
Schulz, Hermann, Fürsorge und Kleingartenbau, in: Frankfurter Wohlfahrtsblätter 33 (2/3) (1930), 186f.
Schumacher, Fritz, Das Werden einer Wohnstadt, Hamburg 1932.
–: Die Bedeutung der großstädtischen Siedlungsbewegung, in: Hamburger Nachrichten v.8.6.1933.
–: Köln. Entwicklungsfragen einer Großstadt, Köln 1923.
–: Grünpolitik der Großstadt-Umgebung, in: Conférence internationale de l'aménagement des villes, P.1: Rapports, Amsterdam 1924, 89–102.
–: Selbstgespräche, Hamburg (1949).
–: Stufen des Lebens, Stuttgart u. Berlin (1935).
Schutzverband für Deutschen Grundbesitz e.V. Berlin, Die Kleingartenbewegung im Deutschen Reich, Berlin 1933.
Schwabe, Johann Friedrich Heinrich, Grundsätze der Erziehung und des Unterrichts sittlich verwahrloster und verlassener Kinder in Beschreibung einer diesem Zweck gewidmeten Anstalt, Eisleben 1833.
60 Jahre „Gartenkolonie Billerhude" 1921–1981, o.O. o.J.
Seidel, Heinrich, Leberecht Hühnchen, Stuttgart u. Berlin 1930.

Sextro, Heinrich Philipp, Über die Bildung der Jugend zur Industrie, (Reprint Frankfurt/M. 1968).
Sieker, Hugo, Der Garten ohne Zaun, Wedel (1943).
Sieveking, Georg Hermann, Die Geschichte des Hammerhofes, 3 Teile, Hamburg 1899, 1902 u. 1933.
Siller, Franz u. Camillo Schneider, Wiens Schrebergärten, Kleingartenbau und Siedlungswesen, Bd. 1, Wien 1920.
Sitte, Camillo, Der Städtebau nach seinen künstlerischen Grundsätzen. Nachdruck der 3. Aufl. Wien 1901 und des Originalmanuskripts aus dem Jahre 1889, (Wien–New York 1972).
–: Großstadt–Grün I u. II, in: Der Lotse (Hamburg) 1901, 139–146 u. 225–232.
Smissen, Wilhelm van der, Die Landwirtschaft auf der Hamburger Geest, Hannover 1908.
Smith, Adam, Der Wohlstand der Nationen, München 1974.
Sohnrey, Heinrich, Der Zug vom Lande und die soziale Revolution, Leipzig 1894.
Sombart, Werner, Warum gibt es in den Vereinigten Staaten keinen Sozialismus?, Tübingen 1907.
Spiegel, Hans Wilhelm, Der Pachtvertrag der Kleingartenvereine, Jur. Diss. Tübingen 1933. (Beiträge zur Kenntnis des Rechtslebens 9).
Spörhase, Rolf, Bau–Verein zu Hamburg A.G., Hamburg (1940).
Stählin, Wilhelm, Der neue Lebensstil. Ideale deutscher Jugend, 6.–10. Ts. Jena 1919.
Stechert, Kurt, Die Villen der Proletarier, in: Urania (Jena) 6 (8) (1930), 242–246.
Steinhaus, Hermann, Die deutschen Kleingärtner in der Erzeugungsschlacht. Das fachliche Schulungsprogramm des Reichsbund der Kleingärtner und Kleinsiedler Deutschlands e.V., Erfurt 1937.
–: Organisation und Bewirtschaftung der Kleingärten und ihre ernährungswirtschaftliche Bedeutung, Nat. wiss. Diss. Halle 1940.
Stirner, Max (i.e. Kaspar Schmidt), Der Einzige und sein Eigentum, Berlin o.J.
Storck, Jugendamt und Kleingartenbewegung, in: Zentralblatt für Jugendrecht und Jugendwohlfahrt 19 (1927/8), 141f.
Streitfragen der deutschen und schwedischen Heilgymnastik. Erörtert in Form myologischer Briefe zwischen D. G. M. Schreber und A. C. Neumann, Leipzig 1858.
Striegler, Bernhard, Leipzig als Turnerstadt, in: Leipziger Kalender 1904, 91–97.
Stropp, Emma, Arbeitergärten vor der Toren Berlins, in: Daheim 49 (48) (1913), 3f.
Stübben, Josef, Der Städtebau, Darmstadt 1890.

Sutter, Otto Ernst, Gemeindliche Kleingartenbauämter, Frankfurt/M. 1918.
Tadler, Johann, Wie es zu Millionen Kleingärtnern und Kleinsiedlern kam und was sie heute bewegt, Berlin/Ost 1949.
Teuscher, Adolf u. Max Müller, Die Gartenschule, ihr Wesen und Werden, Leipzig 1926.
Thiem, Georg, Die ertragreiche Bewirtschaftung kleiner Gärten, Karlsruhe 1915. (Schriften des Badischen Landeswohnungsvereins 7).
Tissot, Victor, Reportagen aus Bismarcks Reich, (Reprint Berlin (1989)).
Tittler, Arbeiterverhältnisse und Arbeiterwohlfahrtseinrichtungen im oberschlesischen Industriebezirk, Breslau 1905.
Trojan, Johannes, Berliner Bilder. 100 Momentaufnahmen, 2. Aufl. Berlin 1903.
Unser Garten. Führer und Katalog der Gesamtausstellung für das Kleingartenwesen Hamburg 1924. 30. August bis 7. September in der Stadthalle am Stadtpark unter dem Protektorat des Herrn Senator Dr. Schramm. Veranstaltet vom RVKD–Gauverband Hamburg und Umgebung, Blankenese o.J.
Vietor, C. R., Mosaik. Bilder aus dem Leben eines modernen Großstadtpfarrers, Bremen 1909.
Vogelsang, Zur Geschichte der Reichsbahnlandwirtschaft 1896–1939, Arnstadt o.J.
Voß, W., Städtische Kleinsiedlung, in: Archiv für exakte Wirtschaftsforschung (Thünen–Archiv) 9 (1918/9), 377–412.
Vossen, Rüdiger, Weihnachtsbräuche in aller Welt, (Hamburg 1985).
Wagemann, Arnold, Über die Bildung des Volkes zur Industrie, (Reprint Glashütten i.T. 1971).
Wagner, Adolf, Wohnungsnot und städtische Bodenfrage, Berlin o.J. (Soziale Streitfragen 11).
Wagner, Martin, Städtische Freiflächenpolitik, Berlin 1915.
Waldoff, (Claire), Weeste noch…!, Düsseldorf–München (1953).
Waltemath, Kuno, Pflege des Kleingartenbaus, in: Mitteilungen der Deutschen Landwirtschafts–Gesellschaft 30 (5) (1915), 50ff.
Warnke, Helmut, Bloß keine Fahnen, Hamburg 1988.
Wendler, Otto Bernhard, Laubenkolonie Erdenglück, Berlin 1931.
Wendt, Georg, Kleingartenwesen und Partei, in: Unser Weg (Berlin) 3 (1929), 35–38.
Werbeschrift des LV Sachsen der Schreber– und Gartenvereine e.V., Leipzig 1927. (Schriften des LV Sachsen der Schreber– und Gartenvereine 6).
Wichern, Johann Hinrich, Sämtliche Werke, 10 Bde, hg. v. P. Meinhold, Berlin u. Hamburg 1962ff.
Wille, Karl, Entwicklung und wirtschaftliche Bedeutung des Kleingartenwesens, (Wiwi. Diss. Münster 1939).

Willer, Max, Die Schrebergartenbewegung in Hamburg, in: Neue Hamburger Zeitung v. 22.2.1913.

Winkel, Besinnliche Betrachtung eines Kleingärtners zur Winterszeit, in: Zeitschrift für Volksernährung 5 (1939), 70f.

Wolf, Ulrich, Gartenproduktion oder Gartenkonsum als Grundlage moderner Grünflächenpolitik im Städtebau, in: Die Baupolitik 24 (1929), 289ff.

Wolff–Mönckeberg, Mathilde, Briefe, die sie nicht erreichten. Briefe einer Mutter an ihre Kinder in den Jahren 1940–1946, (Hamburg 1978).

Wulff, L., Was können Schrebers Zimmergymnastik–Übungen, auch teils abgewandelt, für Alte, Schwache und Kranke leisten?, Parchim 1929.

Zille, Heinrich, Berliner Geschichten und Bilder, 6.–10.Ts. Dresden 1925.

20 Städtebauer zum Dauergarten–Problem, in: Siedlungs–Wirtschaft III (4) (1925), 170–175 u. (5), 207–213.

Zweiter Reichskleingärtner– und Kleinsiedlertag in Braunschweig v. 26.–28. Juli 1935. Vorträge, (Erfurt o.J.).

Zuckmayer, Carl, Als wär's ein Stück von mir. Erinnerungen, (Frankfurt/M. u. Hamburg 1969).

12.3.2. Bibliographien, Handbücher, Lexika und sonstige Nachschlagewerke.

Alberti, Hans–Joachim von, Mass und Gewicht. Geschichtliche und tabellarische Darstellung von den Anfängen bis zur Gegenwart, Berlin 1957.

Albrecht, Hans, (Hg.), Handbuch der sozialen Wohlfahrtspflege in Deutschland, Berlin 1902.

Auböck, Maria u. Roland Hagmüller, Handbuch für Wiener Kleingärtner, Wien 1986.

Bibliographie zur deutschen historischen Städteforschung, T.1, Köln–Wien (1986).

Biographisches Lexikon der hervorragendsten Ärzte aller Zeiten und Völker, Bd. 5, Berlin u. Leipzig 1887.

Brauchle, Alfred, Zur Geschichte der Physiotherapie. Naturheilkunde in ärztlichen Lebensbildern, 4. Aufl. Heidelberg 1971.

Brockhaus' Konversations–Lexikon. 16 Bände und ein Ergänzungsband, 14. Aufl. Leipzig 1901ff. u. 1907.

Bücherkunde zur Hamburgischen Geschichte. Hg. v. D. Möller, A. Tecke u. G. Esping, 4 Bde, Hamburg 1939, 1956, 9171 u. 1983.

Bürgerschaftsmitglieder 1859–1959, zusammengestellt von F. Mönckeberg, 8 Ordner, Hamburg o.J. (Ms.).

Cassel's German & English Dictionary, (12th Ed.) London (1976).

Dammer, Otto (Hg.), Handbuch der Arbeiterwohlfahrt, 2 Bde, Stuttgart 1902/3.
Der kleine Brockhaus. Handbuch des Wissens in einem Band, Leipzig 1928.
Der kleine Pauly. Lexikon der Antike, 5 Bde, (München 1979).
Deutsches Biographisches Archiv. Microfiche Edition. Hg. v. B. Fabian, München 1982 u. 1986.
Deutsches Sprichwörter-Lexikon, hg. v. K. F. W. Wander, 5 Bde, Leipzig 1867ff.
Deutsches Wörterbuch von J. u. W. Grimm, 16 Bde, Leipzig 1854ff.
Diekmann, W., Die Betriebsorganisation in der deutschen Kriegswirtschaft 1914–1918, Hamburg 1937.
dtv–Lexikon. Ein Konversationslexikon in 20 Bänden, (München 1976).
Eberstadt, Rudolf, Handbuch des Wohnungswesens und der Wohnungsfürsorge, 2. Aufl. Jena 1910.
Encyclopaedia of the Social Sciences, 15 Vol., New York 1949.
Fricke, Dieter (Hg.), Die deutsche Arbeiterbewegung 1869–1914. Ein Handbuch über ihre Organisation und Tätigkeit im Klassenkampf, (Berlin/Ost 1976).
Führer durch Hamburgs gemeinnützige Einrichtungen. Hg. für die Hamburgische Kriegshilfe von der Hamburger Gesellschaft für Wohltätigkeit. Bearb. v. J. Kämmerer, Hamburg (1917).
Geschichte der deutschen Arbeiterbewegung. Biographisches Lexikon, Berlin/Ost 1970.
Geschichtliche Grundbegriffe. Historisches Lexikon zur politisch-sozialen Sprache in Deutschland. Hg. v. O. Brunner u.a., (bisher) 6 Bde, Stuttgart 1974ff.
Gurlitt, Cornelius, Handbuch des Städtebaus, Berlin 1920.
Haberkern, Eugen u. J. F. Wallach, Hilfswörterbuch für Historiker, 2 Teile, 5. Aufl. Stuttgart (1964).
Hamburgisches Adreßbuch für 1850, Hamburg o.J.
Hamburgisches Staatshandbuch. Amtliche Ausgabe, Jg. 1897–1929.
Handbuch der deutschen Bildungsgeschichte, Bd. III: 1800–1870, hg. v. K.-E. Jeismann u. P. Lundgren, München 1987.
Handbuch der deutschen Schulhygiene, Dresden u. Leipzig 1914.
Handbuch der deutschen Wirtschafts- und Sozialgeschichte, hg. v. H. Aubin u. W. Zorn, 2 Bde, Stuttgart 1971 u. 1976.
Handbuch der kommunalen Wissenschaft und Praxis, hg. v. H. Peters, 3 Bde, Berlin u.a. 1956ff.
Handbuch der Tuberkulose-Fürsorge. Eine Darstellung der deutschen Verhältnisse, nebst einem Anhang über die Einrichtungen im Auslande, hg. v. K. H. Blümel, 2 Bde, München 1926.

Handbuch der wertschaffenden Arbeitslosenfürsorge. Notstandsarbeiten, Bau von Landarbeiterwohnungen, Umsiedlung, Frühgemüsebau, hg. v. W. Scholtz u. E. Herrnstadt, Berlin 1929.
Handbuch für die deutsche Siedlungsbewegung. Das grüne Manifest und der Feldzug der Arbeit, hg. v. Bruno Tanzmann – Hellerau, Flaichheim in Thüringen 1927.
Handbuch für Wohltätigkeit in Hamburg. Hg. v. dem Armen–Kollegium und in dessen Auftrag bearb. v. H. Joachim, 2. Aufl. Hamburg 1909.
Handbuch Stadtgrün, hg. v. G. Richter, München u.a. (1981).
Handbuch zur deutschen Militärgeschichte, Bd. 1, hg. v. Militärgeschichtlichen Forschungsamt, München 1979.
Handwörterbuch der Kommunalwissenschaften, 4 Bde u. 2 Erg.–bde, Jena 1918ff.
Handwörterbuch der Raumforschung und Raumordnung, hg. v. d. Akademie für Raumforschung und Landesplanung, 3 Bde, 2. Aufl. Hannover 1970.
Handwörterbuch der Staatswissenschaften, 8 Bde u. 1 Erg.–bd., 4. Aufl. Jena 1923ff.
Handwörterbuch des Wohnungswesens, i.A. des DVfW, Berlin, hg. v. G. Albrecht u.a., Jena 1930.
Handwörterbuch zur Kommunalpolitik, hg. v. R. Voigt, Opladen 1984. (Studienbücher zur Sozialwissenschaft 50).
Heindl, Johann Baptist, Galerie berühmter Pädagogen, verdienter Schulmänner, Jugend– und Volksschriftsteller und Componisten aus der Gegenwart in Biographien und Skizzen, 2 Bde, München 1859.
Herder Lexikon Symbole, (5. Aufl.) Freiburg u.a. (1978).
Jahrbuch der historischen Forschung in der BRD, hg. v. d. Arbeitsgemeinschaft Außeruniversitärer Historischer Forschungseinrichtungen in der BRD, Stuttgart 1974ff.
Jahresbericht über soziale Hygiene, Demographie und Medizinalstatistik sowie alle Zweige der sozialen Versicherung, Jg. 1 (1900/1) – 11 (1918).
Kayser, Werner, Fritz Schumacher, Architekt und Städtebauer. Eine Bibliographie, Hamburg 1984. (Arbeitshefte zur Denkmalspflege in Hamburg 5).
Klassiker der Pädagogik, 2 Bde, hg. v. H. Scheuerl, München 1979.
Kleines Lateinisch–deutsches Handwörterbuch v. K. E. Georges, Leipzig 1875.
Küpper, Heinz (Hg.), Illustriertes Lexikon der deutschen Umgangssprache in 8 Bänden, (Stuttgart 1982ff.).
Lexikon der hamburgischen Schriftsteller bis zur Gegenwart, 8 Bde. Hamburg 1851–1883.
Lexikon zur Parteiengeschichte. Die bürgerlichen und kleinbürgerlichen Parteien und Verbände in Deutschland 1798–1945, 4 Bde, Köln 1983ff.

Matthias Lexers Mittelhochdeutsches Taschenwörterbuch, 34. Aufl. Stuttgart 1974.
Melhop, W., Historische Topographie der Freien und Hansestadt Hamburg, Hamburg 1895.
Meyers Taschenlexikon Geschichte, 6 Bde, Mannheim u.a. (1982).
Medizin und Städtebau. Ein Handbuch für gesundheitlichen Städtebau, Bd. 1. München u.a. (1957).
Neuester Wegweiser durch Hamburg und seine Umgebungen, 3. Aufl. Berlin 1850. (Griebens Reiseführer).
Post, Julius, Musterstätten persönlicher Fürsorge von Arbeitgebern für ihre Geschäftsangehörigen, 2 Bde, Berlin 1889 u. 1893.
Schleswig–Holsteinisches Wörterbuch. (Volksausgabe)., hg. v. O. Mensing, 5 Bde, Neumünster 1927ff.
Schwarz, Max, M.d.R. Biographisches Handbuch der Reichstage, (Hannover 1965).
Staatslexikon. Recht Wirtschaft Gesellschaft, hg. v. d. Görres–Gesellschaft, 8 Bde u. 3 Erg.–Bde., 6. Aufl. Freiburg i.B. 1957ff.
Stockhorst, Fünftausend Köpfe. Wer war was im Dritten Reich, (Bruchsal 1967).
Wörterbuch der deutschen Volkskunde, 3. Aufl. Stuttgart (1981).
Wörterbuch der Symbolik, hg. v. M. Lurker, 2. Aufl. Stuttgart (1983).
Wörterbuch der Wohnungs– und Siedlungswirtschaft, Stuttgart 1938.

12.3.3. Darstellungen.

Albert, Richard, Wie Kappeln sich in der Zeit von 1800 bis heute aus der Umklammerung des Roester Gutsbezirkes befreite, in: Jahrbuch des Angler Heimatvereins 37 (1973), 38–66.
Albrecht, Jörg, Schrebergärten, Braunschweig 1989.
Allinger, Gustav, Das Hohelied von Gartenkunst und Gartenbau. 150 Jahre Gartenbau–Ausstellungen in Deutschland, Berlin u. Hamburg (1963).
–: Der deutsche Garten, München 1950.
Als Hamburg „erwachte". 1933 – Hamburg im Nationalsozialismus, (Hamburg 1983).
Altvater, E., Industrie– und Fabrikschulen im Frühkapitalismus, in: Ders. u. F. Huisken (Hg.), Materialien zur politischen Ökonomie des Ausbildungssektors, Erlangen 1971, 91–100.
Amery, Carl, Die Kapitulation oder Deutscher Katholizismus heute, Reinbek 1963.

Andacht, Wilhelm, Die Schleswig-Holsteinische Industrieschule, Neumünster 1939.

Ansprenger, Franz, Auflösung der Kolonialreiche, (München 1966).

Apelt, Willibald, Geschichte der Weimarer Verfassung, 2. Aufl. München u. Berlin 1964.

Arbeitergärten im Ruhrgebiet. Hg. i.A. des Landschaftsverbandes Westfalen-Lippe v. Vera Steinborn, Dortmund 1991.

Ariès, Philippe u. Georges Duby (Hg.), Geschichte des privaten Lebens, 5 Bde, Frankfurt/M. 1989ff.

Baade, Fritz, Die neuen agrarischen Ideen seit 1914, in: Die Wirtschaftswissenschaft nach dem Kriege, Bd. 1, München u. Leipzig 1925, 228–258.

Bachofen, J. J., Das Mutterrecht. Ein Auswahl hg. v. H.-J.Heinrichs, (7. Aufl. Frankfurt/M. 1989).

Bahrdt, Hans Paul, Die moderne Großstadt, Reinbek 1961.

Bajohr, Frank, Leybuden, Laubenkolonien, Nissenhütten, in: Improvisierter Neubeginn. Hamburg 1943–1953, (Hamburg 1989), 70–77.

Bargmann, Wolfgang, Der Weg der Medizin seit dem 19. Jahrhundert, in: Propyläen Weltgeschichte, Bd. 9, hg. v. G. Mann, Berlin–Frankfurt/M. (1986), 529–558.

Baumeyer, Franz, Der Fall Schreber, in: Psyche 9 (1955/6), 513–536.

Bazin, Germain, Du Mont's Geschichte der Gartenbaukunst, (Köln 1990).

Benjamin, Walter, Über den Begriff der Geschichte, in: Ders., Gesammelte Schriften I,2 (Frankfurt/M. 1974), 691–704.

Berger-Thimme, Dorothea, Wohnungsfrage und Sozialstaat, Frankfurt/M.–Bern 1976.

Bergmann, Klaus, Agrarromantik und Großstadtfeindschaft, Meisenheim am Glan 1970.

Bitterli, Urs, Die „Wilden" und die „Zivilisierten", München (1976).

Blaich, Fritz, Der schwarze Freitag. Inflation und Wirtschaftskrise, (2. Aufl. München 1990).

–: Die Epoche des Merkantilismus, Wiesbaden 1973.

Bloch, Ernst, Das Prinzip Hoffnung, 3 Bde, (5. Aufl. Frankfurt/M. 1978).

Bodenschatz, Harald, Platz frei für das neue Berlin – Geschichte der Stadterneuerung seit 1871, Berlin 1987.

Borinski, Ludwig, Der englische Roman des 18. Jahrhunderts, Frankfurt/M.–Bonn 1968.

Bose, Michael u.a., ...ein neues Hamburg entsteht, Hamburg 1986.

Bracher, Karl Dietrich, Die Auflösung der Weimarer Republik, 3. Aufl. Villingen 1960.

–: Die deutsche Diktatur, (6. Aufl. Frankfurt/M. u.a. 1979).

Ders. u.a. (Hg.), Nationalsozialistische Diktatur 1933–1945. Eine Bilanz, Bonn (1986).
Brand, Inge, Entwicklung und sozialhygienische Bedeutung des Lübecker Kleingartenwesens, Med. Diss. Hamburg 1952.
Brando, Paul, Kleine Gärten einst und jetzt – geschichtliche Entwicklung des deutschen Kleingartenwesens, Hamburg 1965.
Brandt, Otto, Geschichte Schleswig–Holsteins. Ein Grundriß, 7. Aufl. Kiel 1976.
Broszat, Martin, Der Staat Hitlers, (12. Aufl. München 1989).
Bruch, Rüdiger vom (Hg.), Weder Kommunismus noch Kapitalismus. Bürgerliche Sozialreform in Deutschland vom Vormärz bis zur Ära Adenauer, München (1985).
Bruhns, Karl, Der Kleingarten und der Städtebau, Diss. Braunschweig 1933.
Bruker, M. O., Unsere Nahrung – unser Leben, (11. Aufl. Hopferau–Heimen 1982).
Büttner, Ursula, Hamburg in der Staats– und Wirtschaftskrise 1928–1931, (Hamburg 1982).
–: Politische Gerechtigkeit und Sozialer Geist, Hamburg zur Zeit der Weimarer Republik, (Hamburg 1985).
–: Vereinigte Liberale und Deutsche Demokraten in Hamburg 1906–1930, in: ZHG 63 (1977), 1–34.
Burmeister, Günther, Die Chronik des Kleingartenwesens von Kappeln, Kappeln 1961.
Calasso, Roberto, Die geheime Geschichte des Senatspräsidenten Dr. Daniel Paul Schreber, Frankfurt/M. 1980.
Clifford, Derek, Geschichte der Gartenkunst, München 1966.
Daiber, Hans, „Wir pumpen die Fische direkt in die Küche". Erkundungen in Europas ersten Landschaftsgärten, in: Die Welt v. 5.7.1986.
Das andere Hamburg, hg. v. J. Berlin, (Köln 1981).
Deutscher Isaac, Stalin. Eine politische Biographie, (Berlin 1979).
Dibelius, Wilhelm, Englische Berichte über Hamburg und Norddeutschland aus dem 16. bis 18. Jahrhundert, in: ZHG 19 (1914), 51–82.
Die Freizeitgestaltung in den Kleingärten Europas, hg. v. Office International du Coin de Terre et des Jardins Ouvriers, Bettembourg (1976).
Dießenbacher, Hartmut, Altruismus als Abenteuer, in: Jahrbuch der Sozialarbeit (Reinbek) 4 (1981), 272–298.
Dreßen, Wolfgang, Die pädagogische Maschine. Zur Geschichte des industrialisierten Bewußtseins in Preußen–Deutschland, Frankfurt/M. u.a. 1982.
Durth, Werner, Deutsche Architekten, Braunschweig 1986.

Eckhardt, Wolfgang, Das Humankapital als Faktor der wirtschaftlichen Entwicklung im Zeitalter des deutschen Merkantilismus. Ein Beitrag zur Geschichte der Bildungsökonomie, Jur. u. Wiso. Diss. Mainz 1972.
Elias, Norbert, Über den Prozeß der Zivilisation, 2 Bde, (Frankfurt/M. 1976).
Enzensberger, Hans Magnus, Eine Theorie des Tourismus, in: Ders., Einzelheiten I, (Frankfurt/M. 1966), 179–205.
Erbach, Günther, Der Anteil der Turner am Kampf um ein einheitliches und demokratisches Deutschland in der Periode der Revolution und Konterrevolution in Deutschland (1848–1852), Leipzig 1956.
Erichsen, Ernst, Das Bettel- und Armenwesen in Schleswig-Holstein während der ersten Hälfte des 19. Jahrhunderts, in: Zeitschrift der Gesellschaft für Schleswig-Holsteinische Geschichte 80 (1956), 93–148.
Ernst Thälmann. Eine Biographie, Berlin/Ost 1979.
Falter, Felix, Die Grünflächen der Stadt Basel, Phil. Diss. Basel 1984.
Farny, Horst u. Martin Kleinlosen, Kleingärten in Berlin (West), Berlin 1986.
Fetscher, Iring, Rousseaus politische Philosophie, (5. Aufl. Frankfurt/M. 1988).
Fohrmann, Jürgen, Abenteuer und Bürgertum. Zur Geschichte der deutschen Robinsonaden im 18. Jahrhundert, Stuttgart (1981).
Franck, Dieter (Hg.), Die fünfziger Jahre, München–Zürich (1981).
Franke, Gabriele u.a., „Bauer Eggers' Linden stehen noch". Erster Barmbeker Geschichtsrundgang, Hamburg 1986.
Frauendorfer, Sigmund von, Ideengeschichte der Agrarwirtschaft und Agrarpolitik im deutschen Sprachgebiet, Bd. 1: Von den Anfängen bis zum 1. Weltkrieg, 2. Aufl. München u.a. 1963.
Frecot, J. u.a., Fidus 1868–1948, München 1972.
Freudenthal, Herbert, Vereine in Hamburg. Ein Beitrag zur Geschichte und Volkskunde der Geselligkeit, Hamburg 1968.
Friebis, Eckart, Vom Armengarten zur humanökologischen Ausgleichsfläche, Freiburg 1987.
Friedell, Egon, Kulturgeschichte der Neuzeit, 3 Bde, (28. Aufl.) München (1954).
Froese, Udo, Das Kolonisationswerk Friedrichs des Großen, Heidelberg u. Berlin 1938.
Gabrielsson, Peter, Zur Entwicklung des bürgerlichen Garten und Landhausbesitzes bis zum Beginn des 19. Jahrhunderts, in: Gärten, Landhäuser und Villen des Hamburger Bürgertums. Ausstellung 29. Mai – 26. Oktober 1975. Museum für Hamburgische Geschichte, o.O. o.J., 11–18.
Gassner, Edmund, Geschichtliche Entwicklung und Bedeutung des Kleingartenwesens im Städtebau, Bonn 1987.
Gerhardt, Martin, J. H. Wichern. Ein Lebensbild, 3 Bde, Hamburg 1922.

Gerndt, Siegmar, Idealisierte Natur, Stuttgart 1981.
Geschichte Berlins, 2 Bde, hg. v. W. Ribbe, München (1987).
Geschichte der Hamburgischen Gesellschaft zur Beförderung der Künste und nützlichen Gewerbe (Patriotische Gesellschaft), 3 Bde u. 1 Registerband, Hamburg 1897ff.
Geschichte des deutschen Gartenbaus, hg. v. Günther Franz, Stuttgart 1984.
Goecke, Michael, Stadtparkanlagen im Industriezeitalter. Das Beispiel Hamburgs, Hannover–Berlin (1981).
–: Vorgeschichte und Entstehung des Stadtparks in Hamburg, Diss. Hannover 1980.
Gorz, André, Abschied vom Proletariat, (Reinbek 1983).
Gothein, Marie Luise, Geschichte der Gartenkunst, 2 Bde, Jena 1926.
Gröning, Gert, Dauercamping, München (1979).
–: Tendenzen im Kleingartenwesen, dargestellt am Beispiel einer Großstadt, (Stuttgart 1974). (Landschaft + Stadt. Beiheft 10).
Ders. u. Joachim Wolschke–Bulmahn, Die Liebe zur Landschaft, 3 Teile, München 1986ff.
Dies., Von Ackermann bis Ziegelhütte. Ein Jahrhundert Kleingartenkultur in Frankfurt/M., Frankfurt/M. 1995.
Gottschalk, H., Das Kleingartenwesen Berlins in seiner Entwicklung und volkswirtschaftlichen Bedeutung, Diss. Gießen 1924.
Groh, Dieter, Negative Integration und revolutionärer Attentismus, (Frankfurt/M. u.a. 1974).
Ders. u. R.–P. Sieferle, Naturerfahrung, Bürgerliche Gesellschaft, Gesellschaftstheorie, in: Merkur 7 (1981), 663–675.
Gründer, Horst, Geschichte der deutschen Kolonien, 2. Aufl. München u.a. (1991).
Günther, Helmut u. Helmut Schäfer, Vom Schamanentanz zur Rumba. Die Geschichte des Gesellschaftstanzes, Stuttgart 1959.
Habermas, Jürgen, Theorie des kommunikativen Handelns, 2 Bde, (Frankfurt/M. 1982).
Hackenbrock sen., M., Geschichte und Entwicklung der Orthopädie, in: Orthopädie in Praxis und Klinik, Bd. II, Stuttgart–New York 1981, 1–68.
Hallier, Emil, Joachim Heinrich Campes Leben und Wirken, 2. Aufl. Soest 1862.
Hamburg. Geschichte der Stadt und ihrer Bewohner. Hg. v. W. Jochmann u. H.–D. Loose, 2 Bde, Hamburg (1982 u. 1986).
Hamburg und seine Bauten. Hg. v. Architekten– und Ingenieurverein, 6 Bde, Hamburg 1890–1984.
Harlander, Tilman u.a., Siedeln in der Not, (Hamburg 1988).

Hartmann, Kristiana, Deutsche Gartenstadtbewegung. Kulturpolitik und Gesellschaftsreform, München (1976).
Hasbach, Wilhelm, Die englischen Landarbeiter in den letzten 100 Jahren und die Einhegungen, Leipzig 1894.
Hauschild, Der vorläufige Reichswirtschaftsrat 1920–1926, Berlin 1926.
Haushofer, Helmut, Ideengeschichte der Agrarwirtschaft und Agrarpolitik im deutschen Sprachgebiet, Bd. 2: Vom 1. Weltkrieg bis zur Gegenwart, München u.a. 1958.
Hegemann, Werner, Das steinerne Berlin. Geschichte der größten Mietskasernenstadt der Welt, Berlin 1931.
Heiber, Helmut, Die Republik von Weimar, (8. Aufl. München 1975).
Heilbronn, Kurt, Die Entwicklung der Kleingartenbewegung bis zum Jahre 1921 und ihr Einfluß auf die Volksernährung, Med. Diss. Rostock 1923.
Heimatchronik der Freien und Hansestadt Hamburg, v. E. Lehe u.a., Köln (1957).
Helms, E., Die LVA der Hansestädte in Lübeck 1891–1938, in: Zeitschrift des Vereins für Lübeckische Geschichte XXXVIII (1958), 42–91.
Hennebo, Dieter (Hg.), Geschichte des Stadtgrüns,
   Bd. 1: Ders., Von der Antike bis zur Zeit des Absolutismus, Hannover u.a. 1970,
   Bd. 2: Heinz Wiegand, Entwicklung des Stadtgrüns zwischen 1890 und 1925 am Beispiel der Arbeiten Fritz Enkes, Hannover 1977.
–: u. A. Hoffmann, Geschichte der deutschen Gartenkunst, 3 Bde, Hamburg 1963ff.
Hepp, Corona, Avantgarde. Moderne Kunst, Kulturkritik und Reformbewegung nach der Jahrhundertwende, München 1987.
Hermand, Jost, Grüne Utopien in Deutschland. Zur Geschichte des ökologischen Bewußtseins, (Frankfurt/M. 1991).
Hermann, Klaus, Pflügen, Säen, Ernten. Landarbeit und Landtechnik in der Geschichte, (Reinbek 1985).
Herzner, Eberhard, Der Garten in der Ortsplanung und im Wohnungsbau, in: Bauamt und Gemeindebau 5 (1960), 198–203.
Hessing, F. J., Die wirtschaftliche und soziale Bedeutung des Kleingartenwesens, Münster 1958.
Heyden, Wilhelm, Das Turnen in den Hamburger Staatsschulen, in: ZHG 12 (1908), 235–260.
Hindelang, Sabine, Konservatismus und soziale Frage, Frankfurt/M. u.a. (1983).
Hipp, Hermann, Die New-York Hamburger Gummi-Waaren Compagnie, in: Volker Plagemann (Hg.), Industriekultur in Hamburg, München (1984), 81f.
–: Wohnstadt Hamburg, (Hamburg 1982).

Hofmann, Gabriele, „Der kleine Bruder des Urlaubs" – Das Wochenende auf dem Dauercampingplatz, in: C. Cantauw (Hg.), Arbeit, Freizeit, Reisen, Münster – New York (1995), 92 - 104.
–: Über den Zaun geguckt. Freizeit auf dem Dauercampingplatz und in der Kleingartenanlage, Frankfurt/M. 1994.
Hohlbein, Hartmut, Hamburg 1945, 2. Aufl. 1985.
Ders. u.a., Vom Vier–Städte–Gebiet zur Einheitsgemeinde. Altona – Harburg–Wilhelmsburg – Wandsbek gehen in Groß–Hamburg auf, Hamburg 1988.
Horaz, Sämtliche Werke. Lateinisch und deutsch, (8. Aufl.) München (1957).
Huber, Werner, Gertrud Bäumer, Augsburg 1970.
Hücking, Renate u. Ekkehard Launer, Aus Menschen Neger machen, (Hamburg 1986).
Israels, Han, Schreber, father and son, Amsterdam 1981.
Jochmann, Werner, Die Errichtung der nationalsozialistischen Herrschaft in Hamburg, in: U. Büttner u. Ders., Hamburg auf dem Weg ins Dritte Reich, Hamburg 1983, 39–73.
Johannes, Egon, Entwicklung, Funktionswandel und Bedeutung städtischer Kleingärten, dargestellt am Beispiel der Städte Kiel, Hamburg und Bremen, Kiel 1955.
Johe, Werner, Institutionelle Gleichschaltung in Hamburg 1933, in: U. Büttner, u. W. Jochmann, Zwischen Demokratie und Diktatur, (Hamburg 1984), 66–90.
–: Territorialer Expansionsdrang oder wirtschaftliche Notwendigkeit, in: ZHG 64 (1978), 149–180.
Jonas, Hans, Das Prinzip Verantwortung, (Frankfurt/M. 1984).
Jüngst, Gerhard, Die gesundheitlichen und sozialhygienischen Probleme der heutigen Nissenhütten–Lager und ihrer Bewohner, Hamburg 1951.
Kabel, Erich, Baufreiheit und Raumordnung. Die Verflechtung von Baurecht und Bauentwicklung im deutschen Städtebau, Ravensburg 1949.
Kasten, Emil, Die Kleingartenfrage. Bedeutung und Förderung des deutschen Kleingartenwesens, Wiso. Diss. Frankfurt/M. 1924 (Ms.).
Katsch, Günther u. Johann B. Walz, Kleingärten und Kleingärtner im 19. und 20. Jahrhundert. Bilder und Dokumente, Leipzig 1996.
Keller, Herbert, Die Entwicklung des öffentlichen Grüns in der Freien und Hansestadt Bremen, TH.–Diss. Hannover 1958.
–: Harry Maass, in: Das Gartenamt 10 (1972), 554–557.
–: Kleine Geschichte der Gartenkunst, Berlin–Hamburg 1976.
Kerényi, Karl, Die Mythologie der Griechen, 2 Bde, (5. Aufl. München 1981).
Kilian, G. W. u. P. Uibe, D. G. M. Schreber, in: Forschungen und Fortschritte. Nachrichtenblatt der deutschen Wissenschaft 32 (1958), 335.

Kleinlosen, Martin u. Jürgen Milchert, Berliner Kleingärten, Berlin 1989.
Klose, Olaf u. Christian Dege, Die Herzogtümer im Gesamtstaat 1721–1830, Neumünster 1960. (Geschichte Schleswig-Holsteins 6).
Klueting, Edeltraut (Hg.), Antimodernismus und Reform. Beiträge zur Geschichte der deutschen Heimatbewegung, Darmstadt (1991).
Kluge, Ulrich, Die deutsche Revolution 1918/9, (Frankfurt/M. 1985).
Koch, Erich, Sozialpolitische Aspekte in der Naturheilbewegung, in: Zeitschrift für ärztliche Fortbildung 65 (7) (1971), 397ff.
Koch, Hansjoachim W., Der Sozialdarwinismus, München 1973.
Köberle, Kordula, Die Hydrotherapeutische Anstalt der Universität Berlin von ihrer Gründung im Jahre 1901 bis 1933, Med. Diss. Berlin 1978.
Koller, Evamaria, Umwelt-, sozial-, wirtschafts- und freizeitgeographische Aspekte von Schrebergärten in Großstädten, dargestellt am Beispiel Regensburgs, o.O. 1988.
Kott, Jan, Kapitalismus auf einer öden Insel, in: Marxistische Literaturkritik, hg. v. Viktor Zmegac, Bad Homburg (1970), 259–273.
Krabbe, Wolfgang R., Gesellschaftsveränderung durch Lebensreform, Göttingen 1974.
Krause, Werner u. Günther Rudolph, Grundlinien ökonomischen Denkens in Deutschland 1848 bis 1945, Berlin/Ost 1980.
Kreck, Hans Christoph, Die medico–mechanische Therapie Gustav Zanders in Deutschland, Med. Diss. Frankfurt/M. 1987.
Krogmann, Carl Vincent, Geliebtes Hamburg, 2. Aufl. Hamburg 1963.
Kuczynski, Jürgen, Geschichte des Alltags des deutschen Volkes 1600–1945. Studien, 6 Bde, Köln 1980ff.
Kuhn, Waldemar, Kleinbürgerliche Siedlungen in Stadt und Land, München 1921. (Siedlungswerk 1).
Lang, Heidi u. Hans Stallmach, Werkbank, Waschtag, Schrebergarten. Das alltägliche Leben der Braunschweiger Arbeiterschaft im Kaiserreich und in der Weimarer Republik, Braunschweig 1990.
Lange, Annemarie, Berlin in der Weimarer Republik, Berlin/Ost 1987.
–: Berlin zur Zeit Bebels und Bismarcks, Berlin/Ost 1984.
–: Das Wilhelminische Berlin, Berlin/Ost 1967.
Langewiesche, Dieter, Liberalismus in Deutschland, (Frankfurt/M. 1988).
Larsen, Egon (i.e. Egon Lehrburger), Graf Rumford. Ein Amerikaner in München, München 1961.
Laufenberg, Heinrich, Geschichte der Arbeiterbewegung in Hamburg, Altona und Umgebung, 2 Bde, Hamburg 1911 u. 1931.

Lauter, Wolfgang u. Mathias Jung, Schrebergärten. Gärten zu Nutz und Frommen – Poesie zwischen Karotten und Kürbis, Rasen und Rosen, (Hamm 1987).
Lauw, Gwan, Die Kleingartenbewegung in der Schweiz, Lörrach 1934.
Leberecht Migge, hg. v. Fachbereich Stadt- und Landschaftsplanung der Gesamthochschule Kassel, (Worpswede 1981).
Lehberger, Reiner (Hg.), Krieg in der Schule – Schule im Krieg, Hamburg 1989.
Lévi–Strauss, Claude, Traurige Tropen, (Köln–Berlin 1970).
Liebs, Elke, Die pädagogische Insel. Studien zur Rezeption des „Robinson Crusoe" in deutschen Jugendbearbeitungen, Stuttgart 1977.
Linse, Ulrich, Zurück, o Mensch, zur Mutter Erde. Landkommunen in Deutschland 1890–1933, München 1983.
Lorenz, Konrad, Die acht Todsünden der zivilisierten Menschheit, (19. Aufl. München–Zürich 1988).
Lothane, Zwi, In Defence of Schreber: Soul Murder and Psychiatry, London 1992.
Lukacs, Georg, Faust und Faustus, (19.–22. Ts. Reinbek 1971).
Lüders, Marie–Elisabeth, Das unbekannte Heer, Berlin 1936.
Mandelkow, Karl Robert, Goethe in Deutschland. Rezeptionsgeschichte eines Klassikers, 2 Bde, München 1980 u. 1989.
Mann, Golo, Deutsche Geschichte des 19. und 20. Jahrhunderts, (Frankfurt/M. 1958).
Marcuse, Ludwig, Philosophie des Glücks, (Zürich 1972).
Martin Wagner 1885–1957. Wohnungsbau und Stadtplanung. Die Rationalisierung des Glücks, Berlin 1985.
Matthäi, Ingrid, Grüne Inseln in der Großstadt: eine kultursoziologische Studie über das organisierte Kleingartenwesen in Westberlin, Marburg 1989.
Matthies, Helene, Ein Weltkind Gottes, Hamburg (1984).
Matthiesen, Ernst–Günther, Die Behelfsheimproblematik in den Hamburger Kleingärten im Zeitraum Juli/August 1943 bis 1951, Magisterarbeit Hamburg 1991 (Ms.).
Maul, Dietrich, Das deutsche Kleingartenrecht, Jur. Diss. Erlangen 1925.
Michelangelo. Gemälde. Skulpturen. Architekturen. Gesamtausgabe von L. Goldscheider, Köln 1964.
Möckel, Andreas, Geschichte der Heilpädagogik, Stuttgart 1988.
Möller, Ilse, Hamburg, (Stuttgart 1985).
Moosburger, Siegfried, Ideologie und Leibeserziehung im 19. und 20. Jahrhundert, München 1970.
Müller, Fritz Georg, Der Behelfsheimgarten als Quelle der Erholung und der zusätzlichen Ernährung, Med. Diss. Hamburg 1949.

Müller, Gerhard, Stein auf Stein. Eine Chronik der hamburgischen Kleingartenbewegung, (Hamburg 1958).

Müller, Ludwig, Die kleine Welt der Gartenzwerge, Niedernhausen 1986.

Mumford, Lewis, Mythos der Maschine. Kultur, Technik und Macht, (11.–15. Ts. Frankfurt/M. 1978).

Muth, Heinrich, Jugendpflege und Politik. Zur Jugend- und Innenpolitik des Kaiserreichs, in: GWU 12 (1961), 597–618.

Nadav, Daniel S., Julius Moses und die Politik der Sozialhygiene in Deutschland, Gerlingen 1985.

Neuburger, Max, Die Lehre von der Heilkraft der Natur im Wandel der Zeiten, Stuttgart 1926.

Neuendorff, Edmund, Geschichte der neuern deutschen Leibesübung vom Beginn des 19. Jahrhunderts bis zur Gegenwart, (Dresden 1930ff.).

Neumann, Hannes, Die deutsche Turnbewegung in der Revolution 1848/49 und in der amerikanischen Emigration, Schorndorf 1968.

Niederland, William G., Der Fall Schreber, Frankfurt/M. 1978.

–: Schreber's Father, in: Journal of the American Psychoanalytic Association 8 (1960), 492–499.

Niethammer, Lutz (Hg.), Wohnen im Wandel. Beiträge zur Geschichte des Alltags in der bürgerlichen Gesellschaft, Wuppertal 1979.

Ders. u. Franz Brüggemeier, Wie wohnten Arbeiter im Kaiserreich?, in: ASG 16 (1976), 61–134.

Nipperdey, Thomas, Deutsche Geschichte 1800–1918, 3 Bde, (6., 3., 2. Aufl.) München (1993).

–: Verein als soziale Struktur in Deutschland im späten 18. und frühen 19. Jahrhundert, in: Geschichtswissenschaft und Vereinswesen im 19. Jahrhundert, Göttingen 1972, 1–44.

Nörnberg, Hans–Jürgen u. Dirk Schubert, Massenwohnungsbau in Hamburg, Berlin 1975.

Olk, Thomas u. Rolf G. Heinze, Die Bürokratisierung der Nächstenliebe, in: Jahrbuch der Sozialarbeit (Reinbek) 4 (1981), 233–271.

Paulmann, Johannes, „Ein Experiment in Sozialökonomie": Agrarische Siedlungspolitik in England und Wales vom Ende des 19 .Jahrhunderts bis zum Beginn des Zweiten Weltkriegs, in: GG 21 (1995), 506–532.

Peters, K.–H., Die Bodenreform, Hamburg (1971).

Peukert, Detlev J. K., Grenzen der Sozialdisziplinierung. Aufstieg und Krise der deutschen Jugendfürsorge von 1878–1932, (Köln 1986).

Pfann, Hans, Der kleine Garten zu Beginn des XIX. Jahrhunderts, Straßburg 1935.

Pfeiffer, Kurt, D. G. M. Schreber und sein Wirken für die Volksgesundheit, Med. Diss. Düsseldorf 1937.
Pfeil, Elisabeth, Großstadtforschung. Entwicklung und gegenwärtiger Stand, 2. Aufl. Hannover 1972.
Pire, G., J.-J.Rousseau et Robinson Crusoe, in: Revue de Littérature comparée 30 (1956), 479–496.
Plessen, Marie–Louise u. Peter von Zahn, Zwei Jahrtausende Kindheit, (Köln 1979).
Pollert, Hubert, Daniel Defoes Stellung zum englischen Kolonialwesen, Diss. Münster 1928.
Posch, Wilfried, Die Wiener Gartenstadtbewegung, (Wien 1981).
Rathje, Else, Die Bedeutung der Kleingärten für Fürsorge und Erziehung, Wiso. Diss. Frankfurt/M. 1934.
Rautenberg, Otto u. Fritz Schumacher, Die Hamburgische Baudeputation unter Bürgermeister Schramm (1920–1928), in: ZHG 45 (1959), 93–103.
Reble, Albert, Geschichte der Pädagogik, 13. Aufl. Stuttgart 1980.
Reck, Siegfried, Arbeiter nach der Arbeit. Sozialhistorische Studien zu den Wandlungen des Arbeiteralltags, Lahn–Gießen 1977.
Reckwitz, Erhard, Die Robinsonade. Themen und Formen einer literarischen Gattung, Amsterdam 1976.
Reis, Trude, Johann Falk als Erzieher verwahrloster Jugend, Berlin 1931.
Reulecke, Jürgen, Bürgerliche Sozialreformer und Arbeiterjugend im Kaiserreich, in: ASG 22 (1982), 299–329.
–: Geschichte der Urbanisierung in Deutschland, Frankfurt/M. 1985.
–: Sozialer Frieden durch soziale Reform. Der Centralverein für das Wohl der arbeitenden Klassen in der Frühindustrialisierung, Wuppertal 1983.
Reye, Hans, Der Absturz aus dem Frieden. Hamburg 1914–1918, (Hamburg 1984).
Reyer, Jürgen, Familie, Kindheit und öffentliche Kindererziehung, in: Jahrbuch der Sozialarbeit (Reinbek) 4 (1981), 299–343.
Richter, Elli, Das Kleingartenwesen in wirtschaftlicher und rechtlicher Hinsicht, dargestellt an der Entwicklung von Groß–Berlin, Staatswiss. Diss. Berlin 1930.
Ritter, Joachim, Landschaft. Zur Funktion des Ästhetischen in der modernen Gesellschaft, in: Ders., Subjektivitäten, Frankfurt/M. 1974, 141–163.
Rogge, Henning, Fabrikwelt um die Jahrhundertwende am Beispiel der AEG–Maschinenfabrik Berlin–Wedding, Köln 1983.
Rohls, H. W., Vom Notbehelf zum Freizeit–Ort, in: Berlin um 1900. Anfänge der Arbeiterfreizeit, Berlin/Ost 1987, 116–122.
Rollka, Bodo u. Volker Spiess (Hg.), Berliner Laubenpieper, Berlin 1987.

Rosenberg, Arthur, Entstehung und Geschichte der Weimarer Republik, 2 Bde, (12. Aufl. Frankfurt/M. 1971).

Rothschuh, Karl Eduard, Naturheilbewegung – Reformbewegung – Alternativbewegung, Stuttgart 1983.

Rücke, Karl-Heinz, Städtebau und Gartenkunst, Hamburg (1963).

Rühle, Otto, Illustrierte Kultur- und Sittengeschichte des Proletariats, Berlin 1930.

Rühmkorf, Peter, Das lyrische Weltbild der Nachkriegsdeutschen, in: Bestandsaufnahme. Eine deutsche Bilanz 1962, hg. v. H. W. Richter, München u.a. (1962), 447–476.

Rürup, Reinhard, Deutschland im 19. Jahrhundert: 1815–1871, Göttingen 1984.

Saldern, Adelheid von, Häuserleben. Zur Geschichte städtischen Arbeiterwohnens vom Kaiserreich bis heute, Bonn 1995.

–: Sozialdemokratie und kommunale Wohnungsbaupolitik in den 20er Jahren am Beispiel von Hamburg und Wien, in: ASG 25 (1985), 183–237.

Saul, Klaus, Der Kampf um die Jugend zwischen Volksschule und Kaserne. Ein Beitrag zur „Jugendpflege" im Wilhelminischen Reich 1890–1914, in: MGM 1 (1971), 97–125.

–: Staat, Industrie, Arbeiterbewegung im Kaiserreich. Zur Innen- und Sozialpolitik des Wilhelminischen Deutschland 1903–1914, (Düsseldorf 1974).

Ders. u.a. (Hg.), Arbeiterfamilien im Kaiserreich. Materialien zur Sozialgeschichte in Deutschland. 1871–1914, (Düsseldorf) 1982.

Schatzman, Morton, Die Angst vor dem Vater, Reinbek 1974.

Scherpner, Hans, Geschichte der Jugendfürsorge, Göttingen 1966.

Scheuerl, Hans (Bearb.), Beiträge zur Theorie des Spiels, (8./9. Aufl.) Weinheim u.a. (1969).

–: Das Spiel, 6./7. Aufl. Weinheim–Berlin 1968.

Schmidt, Franz, Der Schrebergarten als kultureller Faktor. Ein Überblick über das Kleingartenwesen unter besonderer Berücksichtigung des Raumes Wien, Diss. Wien 1975.

Schnack, Friedrich, Traum vom Paradies. Eine Kulturgeschichte des Gartens, Hamburg (1962).

Schreber – Der Arzt der Kleingärten, in: Bayerisches Ärzteblatt (München) 16 (1961), 394f.

Schreiber, Elisabeth, Schreber und der Zeitgeist, Berlin 1987.

Schröder, Rudolf Alexander, Das deutsche politische Weltbild im Werk und Leben Goethes (1934), in: Ders., Die Aufsätze und Reden, Bd. 1, Berlin (1939), 146–165.

Schüddekopf, Ernst Otto, Herrliche Kaiserzeit. Deutschland 1871–1941, Frankfurt/M. 1971.

Schütze, Rudolf, Moritz Schreber und sein Werk, in: Münchner Medizinische Wochenschrift 46 (1936), 1888f.

Schumpeter, Joseph A., Kapitalismus, Sozialismus und Demokratie, 2. Aufl. Bern 1950.

Schwarz, Hans–Peter, Die Ära Adenauer. Gründerjahre der Republik 1949–1957, Stuttgart–Wiesbaden (1981). (Geschichte der BRD, hg. v. K. D. Bracher u.a., Bd. 2).

Schwendter, Rolf, Alternative Ökonomie, in: Aus Politik und Zeitgeschichte B 26 (1989), 41–51.

Sieferle, Rolf Peter, Fortschrittsfeinde? Opposition gegen Technik und Industrie, München 1984.

Siegmann, Wolfgang, Das Kleingartenwesen. Erscheinungsbild, Bedarf und Funktion. Diss. Hannover 1963.

Skalweit, August, Die deutsche Kriegsernährungswirtschaft, Stuttgart 1927.

Skrentny, Werner (Hg.), Hamburg zu Fuß, Hamburg 1986.

Sloterdijk, Peter, Kritik der zynischen Vernunft, 2 Bde, (Frankfurt/M. 1983).

Sozialpolitische und städtebauliche Bedeutung des Kleingartenwesens, Bonn 1976. (Schriftenreihe des Bundesministeriums für Raumordnung, Bauwesen und Städtebau 03.045).

Stach, Reinhard, Robinson der Jüngere als pädagogisch–didaktisches Modell des philanthropischen Erziehungsdenkens, Ratingen 1970.

Städtisches Grün in Geschichte und Gegenwart, Hannover 1975. (Veröffentlichungen der Akademie für Raumforschung und Landesplanung. Forschungs– und Sitzungsberichte 101).

Starbatty, Joachim, Die englischen Klassiker der Nationalökonomie. Lehre und Wirkung, (Darmstadt 1985).

Stavenhagen, Gerhard, Geschichte der Wirtschaftstheorie, 4. Aufl. Göttingen 1969.

Steinecke, Fritz, Der Schulgarten, Heidelberg 1951.

Stollberg, Gunnar, Die Naturheilvereine im Kaiserreich, in: ASG 28 (1988), 287–305.

Stüber, Gabriele, Der Kampf gegen den Hunger 1945–1950. Die Ernährungslage in der britischen Besatzungszone Deutschlands, insbesondere in Schleswig–Holstein und Hamburg, Neumünster 1984.

Stürmer, Rainer, Freiflächenpolitik in Berlin in der Weimarer Republik, Berlin 1991.

Sywottek, Arnold u. Axel Schild (Hg.), Massenwohnung und Eigenheim, Frankfurt/M. 1988.

Tenfelde, K., Großstadtjugend in Deutschland vor 1914, in: VSWG 69 (1982), 182–218.

Tennstedt, Florian, Sozialgeschichte der Sozialpolitik in Deutschland. Vom 18. Jahrhundert bis zum Ersten Weltkrieg, Göttingen (1981).
Teuteberg, H.–J. (Hg.), Homo habitans. Zur Sozialgeschichte des ländlichen und städtischen Wohnens in der Neuzeit, Münster 1985.
Ders. (Hg.), Urbanisierung im 19. und 20. Jahrhundert. Historische und geographische Aspekte, Köln–Wien 1983.
Tomlinson, F. L., The Cultivation of Allotments in England and Wales during the War, in: International Review of Agri–cultural Economics (n.s.) 1 (1923), 163–210.
Trautmann, Paul, Kiels Ratsverfassung und Ratswirtschaft, Kiel 1909. (Mitteilungen der Gesellschaft für Kieler Stadtgeschichte 25/26).
Thacker, Christopher, Die Geschichte der Gärten, (Zürich 1979).
Theye, Thomas (Hg.), Wir und die Wilden, (Reinbek 1985).
Timm, Christoph, Der preußische Generalsiedlungsplan für Groß–Hamburg von 1923, in: ZHG 71 (1985), 75–125.
–: „Eine Art Wildwest". Die Altonaer Erwerbslosensiedlungen in Lurup und Osdorf von 1932, in: A. Sywottek (Hg.), Das andere Altona, (Hamburg 1984).
Toynbee, Arnold, A Selection from his Works, Oxford u.a. (1979).
Ullrich, Volker, Kriegsalltag. Hamburg im Ersten Weltkrieg, (Köln 1982).
Ulrich, Hermann, Defoes Robinson Crusoe, die Geschichte eines Weltbuches, Leipzig 1924.
Une étude: la remarquable famille Schreber, in: Scilicet 4 (1973), 287–321.
Valentin, Bruno, Geschichte der Orthopädie, Stuttgart 1961.
Verk, Sabine, Laubenleben. Eine Untersuchung zum Gestaltungs-, Gemeinschafts- und Umweltverhalten von Kleingärtnern, Münster - New York 1994.
Völksen, Gerd, Beurteilung des Dauercampingwesens aus landespflegerischer Sicht, (Göttingen–Hannover 1974).
Voß, Jo, Geschichte der Berliner Fröbelbewegung, Weimar 1937.
Wagner, Birgit, Gärten und Utopien. Natur– und Glücksvorstellungen in der französischen Spätaufklärung, Frankfurt/M. 1982.
Wallach, Jehuda L., Das Dogma der Vernichtungsschlacht, (München 1970).
Wanetschek, Margret, Die Grünanlagen in der Stadtplanung Münchens von 1790–1860, München 1971. (Neue Schriftenreihe des Stadtarchivs München 52).
Was nützet mir ein schöner Garten... Historische Parks und Gärten in Hamburg, Hamburg 1990.
Weber, Max, Die protestantische Ethik und der Geist des Kapitalismus, in: Ders., Gesammelte Aufsätze zur Religionssoziologie I, Tübingen 1978, 17–206.
Wehler, H.–U., Bismarck und der Imperialismus, (4. Aufl. München 1976).

–: Das Deutsche Kaiserreich, (2. Aufl.) Göttingen (1975).
–: Deutsche Gesellschaftsgeschichte. 1700–1914, (bisher) 3 Bde, (2., 3. u. 1. Aufl.) München 1989ff.
Wellenkamp, Elmar, „Mit dem Handwagen nach Großvaters Garten...". Schrebergärten in Hannover, in: Wochenend & schöner Schein. Freizeit und modernes Leben in den Zwanziger Jahren. Das Beispiel Hannover, (Berlin 1991), 53–62.
Wendt, Bernd–Jürgen, Großdeutschland. Außenpolitik und Kriegsvorbereitung des Hitlerregimes, (2. Aufl. München 1993).
Weniger, Kai, Wiederaufbau und Neubauplanungen in Hamburg 1945–1950, Phil. Diss. Hamburg 1967.
Wildt, Michael, Die 50er Jahre, in: Improvisierter Neubeginn. Hamburg 1943–1953, (Hamburg 1989), 198–207.
–: Der Traum vom Sattwerden, Hamburg 1986.
Wimmer, Clemens Alexander, Geschichte der Gartentheorie, Darmstadt (1989).
„Wir sind die Kraft". Arbeiterbewegung in Hamburg von den Anfängen bis 1945, Hamburg 1988.
Wischermann, Clemens, Wohnen in Hamburg vor dem Ersten Weltkrieg, Münster 1983.
Wormbs, Brigitte, Natürlich mit Korsett, in: Natur 6 (1983), 47–50.
Zieschang, Klaus, Vom Schützenfest zum Turnfest, Ahrensburg (1977).
Zmarzlik, Hans–Günther, Der Sozialdarwinismus in Deutsch–land als geschichtliches Problem, in: VfZG 11 (1963), 246–273.
Zur Geschichte der Arbeitserziehung in Deutschland, 2 Teile, Berlin/Ost 1970f. (Monumenta paedagogika 10 u. 11).
Zwerger, Brigitte, Bewahranstalt – Kleinkinderschule – Kindergarten, Weinheim u. Basel 1980.